Excel 函数与公式速查宝典 第2版

538 节视频讲解+手机扫码看视频+行业案例+素材源文件+在线服务

Excel精英部落◎编著

·北京·

内容提要

《Excel 函数与公式速查宝典（第 2 版）》是一本通过实例介绍 Excel 函数与公式实用技巧的图书，包含工作和生活中常用的众多函数，涵盖面广，随查随用，既是一本 Excel 函数与公式应用大全，也是一本 Excel 函数与公式效率手册。

《Excel 函数与公式速查宝典（第 2 版）》共 14 章，具体内容包括认识 Excel 公式、了解公式中的函数、学习公式数据源的引用、诊断公式返回的错误值、文本函数、日期与时间函数、逻辑函数、信息函数、数学函数、统计函数、查找函数和引用函数、财务函数、数据库函数、工程函数。外加两章附录，主要讲解 ChatGPT 在辅助函数公式创建方面的应用，其中每个重要且常用的函数均配有实例讲解，通过学习，读者不仅可以扩充视野，还能对函数举一反三、活学活用。

《Excel 函数与公式速查宝典（第 2 版）》包含 538 节同步视频讲解，赠送全书实例的素材和源文件，非常适合 Excel 从入门到精通、从新手到高手各层次的读者使用。行政管理、财务管理、市场营销、人力资源管理、统计分析等人员均可将此书作为案头速查参考手册。本书适用于 Excel 2021/2019/2016/2013/2010/2007/2003 等版本。

图书在版编目（CIP）数据

Excel 函数与公式速查宝典 / Excel 精英部落编著. —2 版. —北京 ：中国水利水电出版社, 2025.1 (2025.3重印) .

ISBN 978-7-5226-1876-0

Ⅰ. ①E… Ⅱ. ①E… Ⅲ. ①表处理软件 Ⅳ. ①TP391.13

中国版本图书馆 CIP 数据核字(2023)第 204904 号

书　　名	Excel 函数与公式速查宝典（第 2 版） Excel HANSHU YU GONGSHI SUCHA BAODIAN(DI 2 BAN)
作　　者	Excel 精英部落　编著
出版发行	中国水利水电出版社 （北京市海淀区玉渊潭南路 1 号 D 座　100038） 网址：www.waterpub.com.cn E-mail：zhiboshangshu@163.com 电话：（010）62572966-2205/2266/2201（营销中心）
经　　售	北京科水图书销售有限公司 电话：（010）68545874、63202643 全国各地新华书店和相关出版物销售网点
排　　版	北京智博尚书文化传媒有限公司
印　　刷	北京富博印刷有限公司
规　　格	145mm×210mm　32 开本　20.5 印张　643 千字
版　　次	2019 年 2 月第 1 版第 1 次印刷 2025 年 1 月第 2 版　2025 年 3 月第 2 次印刷
印　　数	4001—9000 册
定　　价	99.80 元

凡购买我社图书，如有缺页、倒页、脱页的，本社营销中心负责调换

前　言

Excel 是微软办公软件套装 Office 的一个重要组成部分，是一款功能强大的数据处理软件，广泛应用于各类企业日常办公中，也是目前应用最广泛的数据处理软件之一。作为职场人员，掌握 Excel 这个办公利器，必将让你的工作更加便捷高效，更加得心应手！Excel 中一个最重要的工具便是函数，灵活的公式设计可以解决日常办公中众多的数据计算、统计、分析需求，让日常工作变得高效、智能。而很多用户在使用公式时会面临记不住、不会用等困扰，若是逐个深入钻研需要投入大量时间与精力。所以我们编写了这本《Excel 函数与公式速查宝典》，结合相应案例介绍了办公中常用的函数功能和应用技巧，遇到问题，随查随用，方便快捷。

本书特点

视频讲解：本书录制了 538 节视频，其中包含常用函数的功能讲解及案例分析，手机扫描书中二维码，可以随时随地看视频。

内容详尽：本书介绍了 Excel 2021 常用函数的使用方法和技巧，介绍过程中结合实例辅助理解，科学合理，好学好用。

公式解析：本书对函数功能和使用方法都进行了详细解析，同时对所应用的公式也进行了分层解析，这一点对于想深入学习函数用法的读者尤其重要，让读者能知其然，更知其所以然。

图解操作：本书采用图解模式逐一介绍每个函数的功能及其应用技巧，清晰直观、简洁明了、好学好用，希望读者朋友可以在最短的时间里学会相关知识点，从而快速解决办公中的疑难问题。

AI 赋能：随着 ChatGPT 的迅速发展与应用，在 Excel 函数的应用方面，也可以借助其强大的自然语言处理能力，来辅助我们对函数公式的设计与编辑。因此本书设计了两章附录、讲解如何应用 ChatGPT 来准确提问，获取公式，为本书赋能。

在线服务：本书提供 QQ 交流群 830284198，“三人行，必有我师”，读者可以在群里相互交流，共同进步。

本书目标读者

财务管理：财务管理人员需要熟练掌握财务相关的各类数据，通过对大量数据的计算分析，辅助公司领导对公司的经营状况有一个清晰的判定，并为公司财务政策的制定，提供有效的参考。

人力资源管理：人力资源管理人员工作中经常需要对各类数据进行整理、计算、汇总、查询、分析等处理。熟练掌握并应用此书中的知识进行数据分析，可以自动得出所期望的结果，轻松解决工作中的许多难题。

行政管理：公司行政人员经常需要使用各类数据管理与分析表格，通过本书可以轻松、快捷地学习 Excel 相关知识，以提升行政管理人员的数据处理、统计分析等能力，提高工作效率。

市场营销：营销人员经常需要面对各类数据，因此对销售数据进行统计和分析显得非常重要。Excel 中用于数据处理和分析的函数众多，所以将本书作为案头手册，可以在需要时随查随用，非常方便。

广大读者：普通人也需要注意很多重要数据，如个人收支情况、贷款还款情况等。作为一个负责任的人，对这些都应该做到心中有数。广大读者均可通过 Excel 对数据进行记录、计算与分析。

本书资源获取及在线交流方式

使用手机微信扫一扫下面的公众号二维码，关注后输入 EX18760 至公众号后台，即可获取本书相应资源的下载链接。将该链接复制到计算机浏览器的地址栏中（一定要复制到计算机浏览器的地址栏中），根据提示进行下载。

推荐加入 QQ 群：830284198。对本书有任何疑问，都可在群里提问和交流。

（本书中的所有数据都是为了说明 Excel 函数与公式的应用技巧，实际工作中切不可直接应用。比如，涉及个税计算的基准问题，请参考本书方法，以最新基准计算。）

作者简介

本书由Excel精英部落组织编写。Excel精英部落是一个Excel技术研讨、项目管理、培训咨询和图书创作的Excel办公协作联盟，其成员多为长期从事行政管理、人力资源管理、财务管理、营销管理、市场分析及Office相关培训的工作者。本书具体编写人员有吴祖珍、姜楠、陈媛、王莹莹、汪洋慧、张发明、吴祖兵、李伟、彭志霞、陈伟、杨国平、张万红、徐宁生、王成香、郭伟民、徐冬冬、袁红英、殷齐齐、韦余靖、徐全锋、殷永盛、李翠利、柳琪、杨素英、张发凌等，在此对他们的付出表示感谢。

致谢

本书能够顺利出版，是作者、编辑和所有审校人员共同努力的结果，在此表示感谢。同时，祝福所有读者在职场一帆风顺。

编　者

目 录

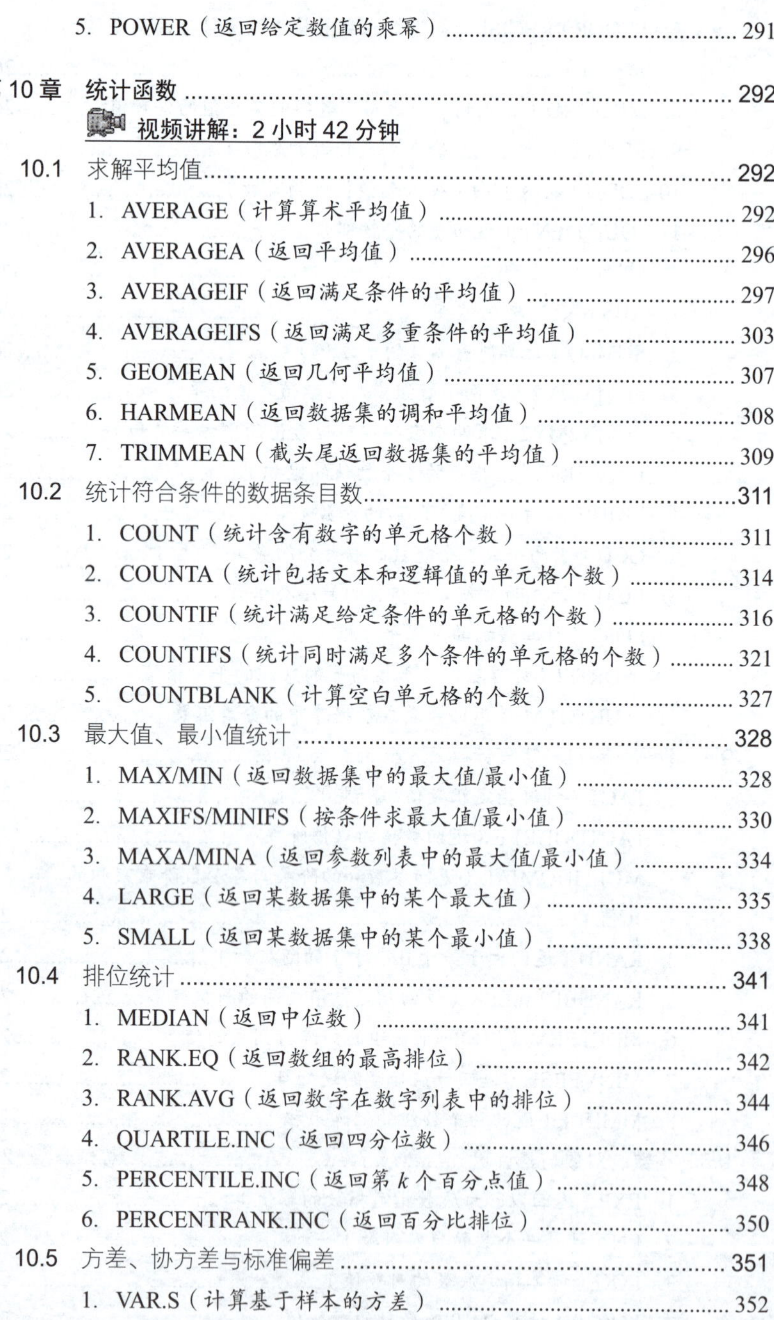

第 1 章　必备基础——认识 Excel 公式

1.1　了解公式的结构

公式是 Excel 中为了解决某些计算问题、查询问题、统计问题等而建立的计算式。例如，“=B2+C3+D2”“=IF(B2>=80,"达标","不达标")”“=SUM(B2:D2)”等形式的表达式都称为公式。

1. 公式的组成部分

公式以等号开头，中间使用运算符连接。例如，“=15+22-9”是公式，“=(22+8)×4”也是公式。Excel 中的公式并非只用于常量间的运算，否则就与计算器没什么区别了。Excel 中进行的数据计算会涉及对数据源的引用，当数据源变动时，计算结果将自动发生变化；同时为了完成一些特殊的数据运算或数据统计分析，还会在公式中引入函数。也就是说，公式计算是 Excel 中的一项非常重要的功能，并且函数扮演着最重要的角色。

下面通过表 1-1 所列的一些公式来看看它的结构。

表 1-1　公式举例及其组成部分

公式举例	组成部分
=D2*3	等号、单元格引用、运算符、常量
=B2+C2	等号、单元格引用、运算符
=B2&"辆"	等号、单元格引用、连接运算符、常量
=SUM(B2:B20)	等号、函数、单元格引用、运算符
=IF(C2>90,"优秀","")	等号、函数、单元格引用、运算符、常量

了解了公式的组成部分后，接着会逐一介绍公式的运算符、函数及单元格引用。同时，在后面的函数分类章节中使用的每一个计算式都是一个完整的公式。

2. 公式的运算符

扫一扫，看视频

运算符是公式的基本元素，也是必不可少的元素。每个运算符代表一种运算。Excel 中有 4 类运算符，每类运算符都有其

独特的作用。其中，“算术运算符”（“+”“-”“*”“/”等）与“比较运算符”（“>”“<”“>=”“<>”等）读者都很熟悉，在此不再赘述。关于“文本连接运算符”与“引用运算符”，可以通过下面的示例了解。

1）文本连接运算符

文本连接运算符只有一个，即“&”，它可以将多个单元格的文本连接到一个单元格中显示。如图 1-1 所示，在 C2 单元格中使用了公式“=A2&B2”，即将 A2 与 B2 单元格中的数据连接成一个数据，结果显示在 C2 单元格中。

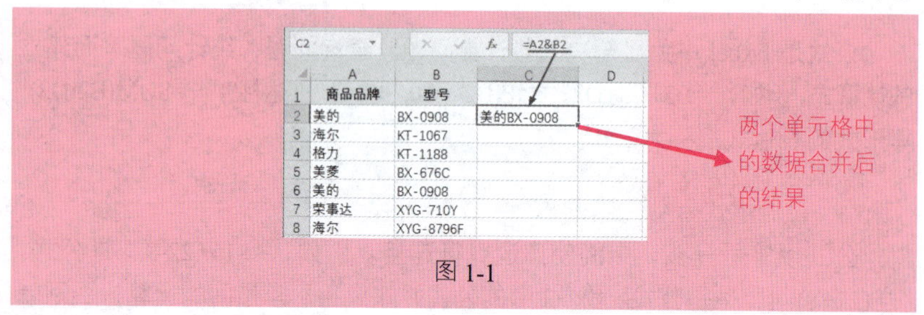

图 1-1

“&”也可以连接常量，图 1-2 中的“":"”就是一个常量（注意，常量要使用双引号）。

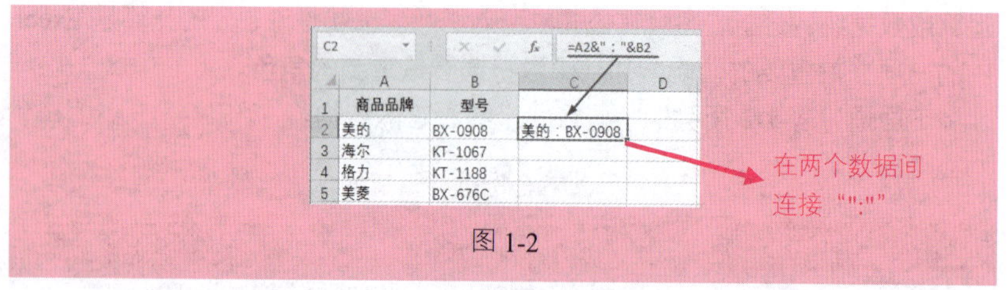

图 1-2

图 1-3 中的“(鼓楼店)”也是常量，这样连接后表示在后面添加“(鼓楼店)”这个后缀。如果向下复制公式，则会先合并 A 列和 B 列的数据，然后统一添加“(鼓楼店)”这个后缀。

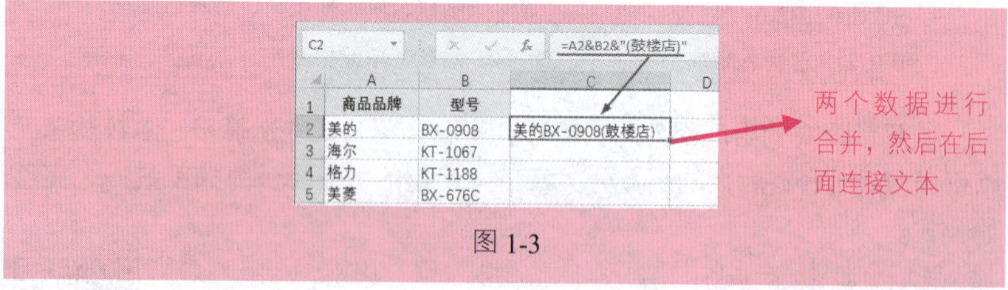

图 1-3

2）引用运算符

引用运算符有 3 个，见表 1-2。

表 1-2 引用运算符

运 算 符	作 用	示 例
:（冒号）	表示整个区域都作为运算对象	A1:D8
,（逗号）	联合多个特定区域引用运算，间隔参数	SUM(A1:C2,C2:D10)
（空格）	交叉运算，即对两个共同引用区域中共有的单元格进行运算	A1:B8 B1:D8

如图 1-4 所示，E10 单元格内的公式为“=SUM(E2:E9)”，其中使用了引用运算符“:”（冒号），表示从 E2 开始到 E3、E4、E5、…E9 这样一个区域都是参与运算的区域。

E10 =SUM(E2:E9)

	A	B	C	D	E
1	产品	瓦数	产地	单价	采购盒数
2	白炽灯	200	南京	¥ 4.50	5
3	日光灯	100	广州	¥ 8.80	6
4	白炽灯	80	南京	¥ 2.00	12
5	白炽灯	100	南京	¥ 3.20	8
6	2d灯管	5	广州	¥ 12.50	10
7	2d灯管	10	南京	¥ 18.20	6
8	白炽灯	100	广州	¥ 3.80	10
9	白炽灯	40	广州	¥ 1.80	10
10					67

表示 E2～E9 间的所有单元格

图 1-4

1.2 输入与修改公式

只有在单元格中输入公式，才能完成计算、统计、查询等任务。1.1 节中已介绍了的公式组成部分，本节将介绍输入和修改公式。

1. 输入公式

公式要以“=”（等号）开始，等号后面的计算式可以包括运算符、常量、引用、函数。在应用公式时，首先要想好该如何输入公式才能达到求解目的。整理好思路后，在编辑过程中可以配合手工输入与鼠标选取目标单元格来操作。下面学习一个最简单的公式输入过程。

扫一扫，看视频

❶ 选中要输入公式的单元格，如本例选中 F2 单元格，在编辑栏中输入“=”，如图 1-5 所示。

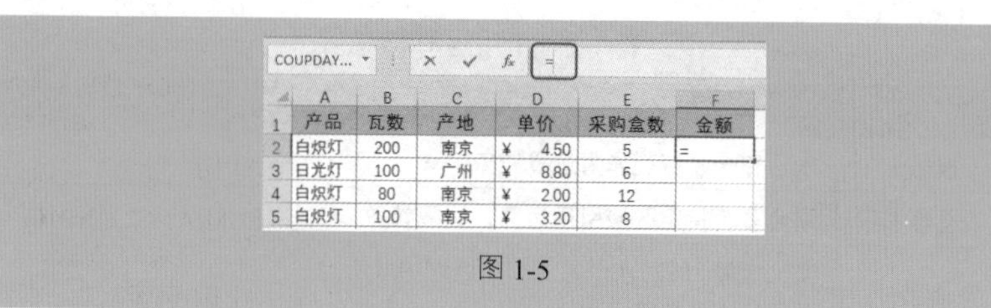

图 1-5

❷ 在 D2 单元格中单击，即可引用 D2 单元格数据进行运算，如图 1-6 所示。

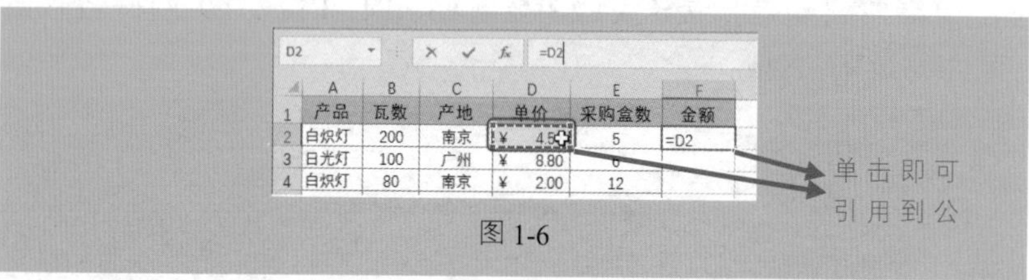

图 1-6

❸ 当需要输入运算符时，可以手工输入，如图 1-7 所示。

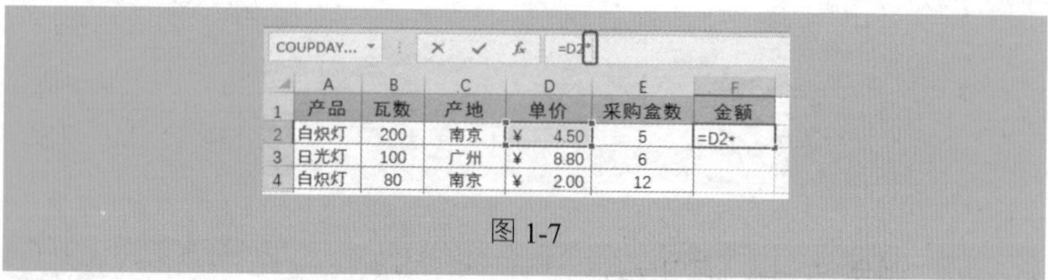

图 1-7

❹ 在要参与运算的单元格中单击，如单击 E2 单元格，如图 1-8 所示。

❺ 按 Enter 键即可计算出结果，如图 1-9 所示。

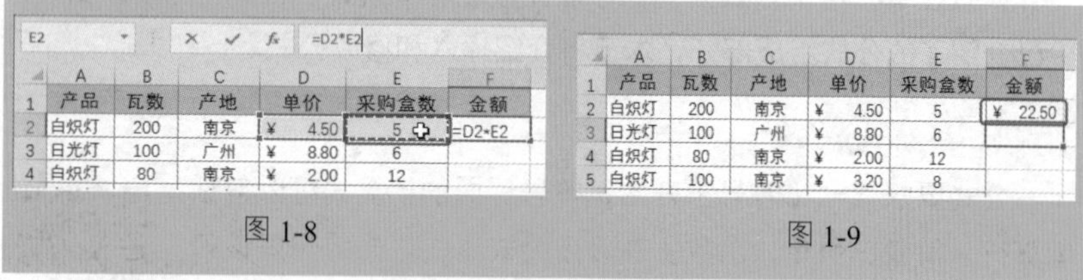

图 1-8　　　　图 1-9

注意：

❶ 在选择参与运算的单元格时，如果需要引用的是单个单元格，直接单击该单元格即可；如果需要引用的是单元格区域，则在起始单元格中单击，然后按住鼠标左键不放拖动即可选中单元格区域。

❷ 在编辑栏中输入公式时，可以看到单元格中与编辑栏中是同步显示的。因

此在选中目标单元格后，直接在单元格中输入公式，也能达到相同的目的。

❸ 要修改或重新编辑公式，只需选中目标单元格，将光标定位到编辑栏中，直接更改即可。

如果公式中未使用函数，则操作方法比较简单，只要按上面的方法在编辑栏中输入公式即可。当遇到要引用的单元格时，用鼠标点选即可。

如果公式中使用了函数，则应该输入函数名称，然后按照该函数的参数设定规则为其设置参数。当输入函数的参数时，运算符与常量同样是手工输入；当引用单元格区域时，则用鼠标点选。在 1.2 节中将讲解函数参与公式运算的过程。

2. 修改公式

如果发现公式输入有误，或者想变更计算方式、修改参数等，都可以重新进入编辑状态去修改。例如，在下面的工作表中对本月的销售额进行了判断，原定的达标额为 50000，现在要修正为 40000，因此需要对原公式进行修改。

扫一扫，看视频

❶ 双击 C2 单元格，进入单元格编辑状态，如图 1-10 所示。

❷ 在编辑栏中将 50000 修改为 40000，如图 1-11 所示。

❸ 按 Enter 键即可修改公式，然后将修改后的公式通过填充的方式应用于其他单元格中，以达到统一修改判断标准的目的，如图 1-12 所示。

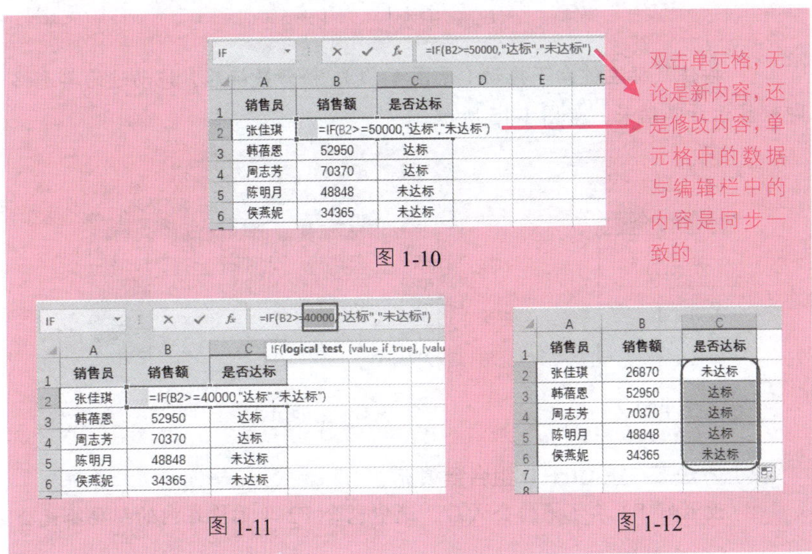

图 1-10

图 1-11

图 1-12

1.3 公式的批量运算

在 Excel 中进行数据运算时，往往需要同时得到多个计算结果。逐个输入公式显然麻烦，那么如何实现批量运算呢？通过公式的复制即可快速、准确地完成批量运算。例如，1.2 节中的例子，在完成 F2 单元格公式的建立后，很显然我们并不只是想计算出这一个产品的金额，而是需要依次计算出所有产品的金额。在这种情况下，通过复制公式即可完成批量运算。

1. 复制公式完成批量计算

扫一扫，看视频

在连续单元格中通过复制公式实现批量运算有两种最常用的方法。

1）方法一：用填充柄填充

❶ 选中 F2 单元格，将鼠标指针指向此单元格右下角，直至出现黑色十字形图标，如图 1-13 所示。

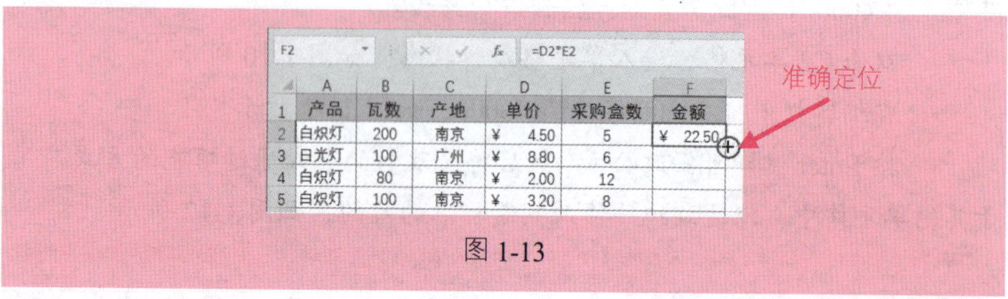

F2 =D2*E2

	A	B	C	D	E	F
1	产品	瓦数	产地	单价	采购盒数	金额
2	白炽灯	200	南京	¥ 4.50	5	¥ 22.50
3	日光灯	100	广州	¥ 8.80	6	
4	白炽灯	80	南京	¥ 2.00	12	
5	白炽灯	100	南京	¥ 3.20	8	

图 1-13

❷ 按住鼠标左键向下拖动（见图 1-14），松开鼠标后，拖动过的单元格即可显示计算结果，如图 1-15 所示。

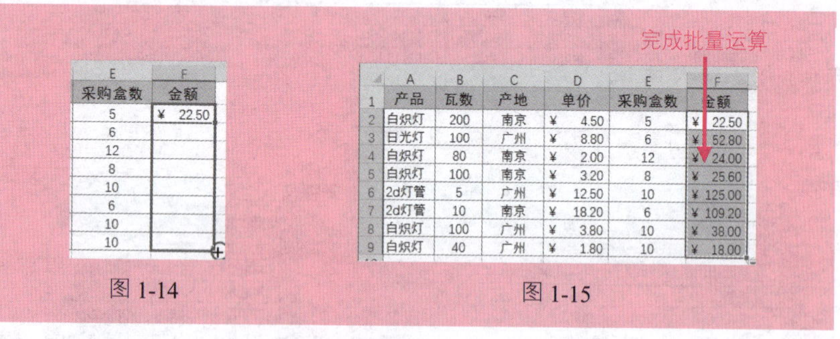

E	F
采购盒数	金额
5	¥ 22.50
6	
12	
8	
10	
6	
10	
10	

图 1-14

	A	B	C	D	E	F
1	产品	瓦数	产地	单价	采购盒数	金额
2	白炽灯	200	南京	¥ 4.50	5	¥ 22.50
3	日光灯	100	广州	¥ 8.80	6	¥ 52.80
4	白炽灯	80	南京	¥ 2.00	12	¥ 24.00
5	白炽灯	100	南京	¥ 3.20	8	¥ 25.60
6	2d灯管	5	广州	¥ 12.50	10	¥ 125.00
7	2d灯管	10	南京	¥ 18.20	6	¥ 109.20
8	白炽灯	100	广州	¥ 3.80	10	¥ 38.00
9	白炽灯	40	广州	¥ 1.80	10	¥ 18.00

图 1-15

2）方法二：按 Ctrl+D 组合键填充

❶ 设置好 F2 单元格的公式后，选中包含 F2 单元格在内的想要填充公

式的单元格区域，如图 1-16 所示。

❷ 按 Ctrl+D 组合键即可快速填充，如图 1-17 所示。

准确选中

=D2*E2

	A	B	C	D	E	F
	产品	瓦数	产地	单价	采购盒数	金额
	白炽灯	200	南京	¥ 4.50	5	¥ 22.50
	白光灯	100	广州	¥ 8.80	6	
	白炽灯	80	南京	¥ 2.00	12	
	白炽灯	100	南京	¥ 3.20	8	
	2d灯管	5	广州	¥ 12.50	10	
	2d灯管	10	南京	¥ 18.20	6	
	白炽灯	100	广州	¥ 3.80	10	
	白炽灯	40	广州	¥ 1.80	10	

图 1-16

D	E	F
单价	采购盒数	金额
¥ 4.50	5	¥ 22.50
¥ 8.80	6	¥ 52.80
¥ 2.00	12	¥ 24.00
¥ 3.20	8	¥ 25.60
¥ 12.50	10	¥ 125.00
¥ 18.20	6	¥ 109.20
¥ 3.80	10	¥ 38.00
¥ 1.80	10	¥ 18.00

图 1-17

2. 超大范围的公式复制

当要输入公式的单元格区域非常大时（如几百条甚至上千条），采用拖动填充柄的方法会非常耗时，因此选择使用快捷键方式来填充，但要注意先要对目标区域进行准确的定位选择，然后执行快捷键。

❶ 在本例中的 I3 单元格中已经建立了第一个公式，选中 I3 单元格，可以在编辑栏中看到公式。在名称框中输入想填充到的单元格地址，如 I3: I32（为了便于显示查看，本例只选中少量条目），如图 1-18 所示。

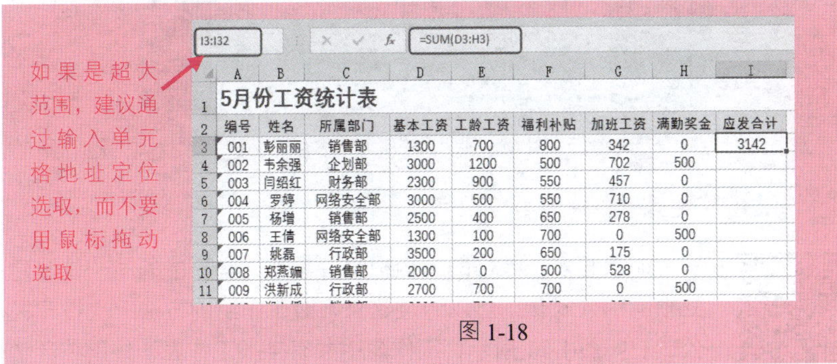

	A	B	C	D	E	F	G	H	I
1	5月份工资统计表								
2	编号	姓名	所属部门	基本工资	工龄工资	福利补贴	加班工资	满勤奖金	应发合计
3	001	彭丽丽	销售部	1300	700	800	342	0	3142
4	002	韦余强	企划部	3000	1200	500	702	500	
5	003	闫绍红	财务部	2300	900	550	457	0	
6	004	罗婷	网络安全部	3000	500	550	710	0	
7	005	杨增	销售部	2500	400	650	278	0	
8	006	王倩	网络安全部	1300	100	700	0	500	
9	007	姚磊	行政部	3500	200	650	175	0	
10	008	郑燕媚	销售部	2000	0	500	528	0	
11	009	洪新成	行政部	2700	700	700	0	500	

图 1-18

❷ 按 Enter 键，即可选中需要填充公式的 I3: I32 单元格区域，如图 1-19 所示。

❸ 按 Ctrl+D 组合键，就可以一次性复制公式到 I3: I32 单元格区域，如图 1-20 所示。

	A	B	C	D	E	F	G	H	I
1	5月份工资统计表								
2	编号	姓名	所属部门	基本工资	工龄工资	福利补贴	加班工资	满勤奖金	应发合计
3	001	彭丽丽	销售部	1300	700	800	342	0	3142
4	002	韦余强	企划部	3000	1200	500	702	500	
5	003	闫绍红	财务部	2300	900	550	457	0	
6	004	罗婷	网络安全部	3000	500	550	710	0	
7	005	杨增	销售部	2500	400	650	278	0	
8	006	王倩	网络安全部	1300	100	700	0	500	
9	007	姚磊	行政部	3500	200	650	175	0	
10	008	郑燕媚	销售部	2000	0	500	528	0	
11	009	洪新成	行政部	2700	700	700	0	500	
12	010	郑立媛	销售部	2000	700	500	628	0	
13	011	艾羽	财务部	1300	0	800	176	0	
14	012	章晔	企划部	2300	600	650	325	0	
15	013	钟文	企划部	1300	600	700	233	0	
16	014	朱安婷	网络安全部	2000	800	500	494	0	
17	015	钟武	销售部	2500	700	550	739	0	
18	016	梅香菱	网络安全部	1300	600	800	0	0	
19	017	李霞	行政部	2000	200	500	250	0	
20	018	苏海涛	销售部	2000	100	400	0	0	
21	019	喻可	财务部	1300	100	700	0	500	
22	020	苏曼	销售部	2500	400	550	353	0	

注意，选择区域中要包含已经建立了公式的 I3 单

图 1-19

	A	B	C	D	E	F	G	H	I
1	5月份工资统计表								
2	编号	姓名	所属部门	基本工资	工龄工资	福利补贴	加班工资	满勤奖金	应发合计
3	001	彭丽丽	销售部	1300	700	800	342	0	3142
4	002	韦余强	企划部	3000	1200	500	702	500	5902
5	003	闫绍红	财务部	2300	900	550	457	0	4207
6	004	罗婷	网络安全部	3000	500	550	710	0	4760
7	005	杨增	销售部	2500	400	650	278	0	3828
8	006	王倩	网络安全部	1300	100	700	0	500	2600
9	007	姚磊	行政部	3500	200	650	175	0	4525
10	008	郑燕媚	销售部	2000	0	500	528	0	3028
11	009	洪新成	行政部	2700	700	700	0	500	4600
12	010	郑立媛	销售部	2000	700	500	628	0	3828
13	011	艾羽	财务部	1300	0	800	176	0	2276
14	012	章晔	企划部	2300	600	650	325	0	3875
15	013	钟文	企划部	1300	600	700	233	0	2833
16	014	朱安婷	网络安全部	2000	800	500	494	0	3794
17	015	钟武	销售部	2500	700	550	739	0	4489
18	016	梅香菱	网络安全部	1300	600	800	0	0	2700
19	017	李霞	行政部	2000	200	500	250	0	2950
20	018	苏海涛	销售部	2000	100	400	0	0	2500
21	019	喻可	财务部	1300	100	700	0	500	2600
22	020	苏曼	销售部	2500	400	550	353	0	3803
23	021	蒋苗苗	企划部	1300	500	700	150	0	2650
24	022	胡子强	销售部	2800	300	800	0	0	3900
25	023	刘玲燕	行政部	2300	500	550	657	0	4007
26	024	韩要荣	网络安全部	2000	500	500	150	0	3150
27	025	侯淑媛	销售部	3000	1000	650	1608	0	6258
28	026	孙丽萍	行政部	1300	0	800	0	0	2100

图 1-20

3. 在多表同一单元格建立公式

扫一扫，看视频

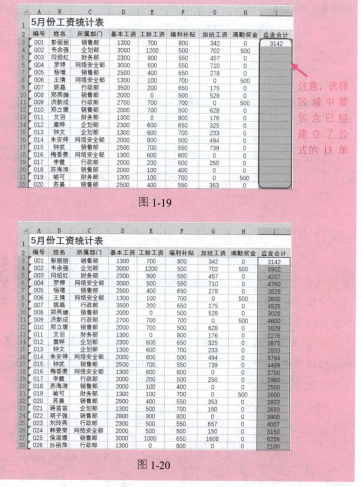

如果有多张表格的结构相同，想在这些表格的同一位置建立相同的公式，则可以通过建立临时工作组的方法一次性建立公式。如图 1-21 所示，工作簿中共有 4 张工作表，分别统计了全年 4 个季度员工的考核成绩，4 张工作表中都需要对每人的考核成绩进行求总运算，这时可以按如下步骤一次性建立公式。

❶ 按住 Ctrl 键不放，依次单击 4 张工作表的标签，将这几张工作表建立为一个临时的工作组。

❷ 在编辑栏中输入公式：=SUM(B2:D2)（见图 1-22），按 Enter 键即可得出结果。

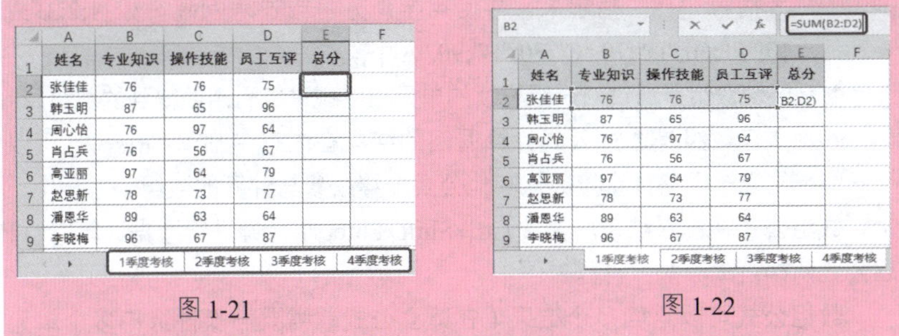

姓名	专业知识	操作技能	员工互评	总分
张佳佳	76	76	75	
韩玉明	87	65	96	
周心怡	76	97	64	
肖占兵	76	56	67	
高亚丽	97	64	79	
赵思新	78	73	77	
潘恩华	89	63	64	
李晓梅	96	67	87	

1季度考核 2季度考核 3季度考核 4季度考核

图 1-21

B2 =SUM(B2:D2)

姓名	专业知识	操作技能	员工互评	总分
张佳佳	76	76	75	B2:D2)
韩玉明	87	65	96	
周心怡	76	97	64	
肖占兵	76	56	67	
高亚丽	97	64	79	
赵思新	78	73	77	
潘恩华	89	63	64	
李晓梅	96	67	87	

1季度考核 2季度考核 3季度考核 4季度考核

图 1-22

❸ 向下复制公式得出批量结果，如图 1-23 所示。

❹ 切换到“2 季度考核”“3 季度考核”“4 季度考核”工作表，可以看到 E2:E9 单元格区域建立了相同的公式，如图 1-24～图 1-26 所示。

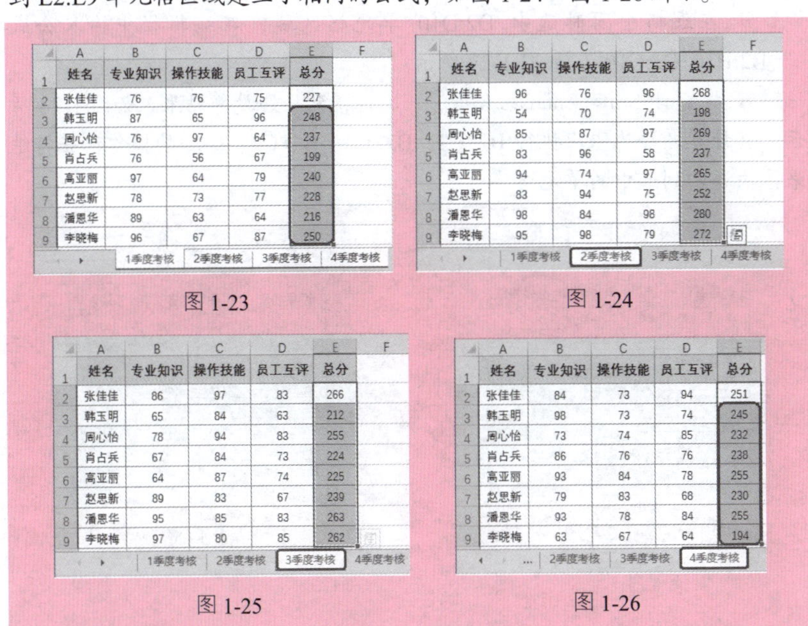

姓名	专业知识	操作技能	员工互评	总分
张佳佳	76	76	75	227
韩玉明	87	65	96	248
周心怡	76	97	64	237
肖占兵	76	56	67	199
高亚丽	97	64	79	240
赵思新	78	73	77	228
潘恩华	89	63	64	216
李晓梅	96	67	87	250

1季度考核 2季度考核 3季度考核 4季度考核

图 1-23

姓名	专业知识	操作技能	员工互评	总分
张佳佳	96	76	96	268
韩玉明	54	70	74	198
周心怡	85	87	97	269
肖占兵	83	96	58	237
高亚丽	94	74	97	265
赵思新	83	94	75	252
潘恩华	98	84	98	280
李晓梅	95	98	79	272

1季度考核 2季度考核 3季度考核 4季度考核

图 1-24

姓名	专业知识	操作技能	员工互评	总分
张佳佳	86	97	83	266
韩玉明	65	84	63	212
周心怡	78	94	83	255
肖占兵	67	84	73	224
高亚丽	64	87	74	225
赵思新	89	83	67	239
潘恩华	95	85	83	263
李晓梅	97	80	85	262

1季度考核 2季度考核 3季度考核 4季度考核

图 1-25

姓名	专业知识	操作技能	员工互评	总分
张佳佳	84	73	94	251
韩玉明	98	73	74	245
周心怡	73	74	85	232
肖占兵	86	76	76	238
高亚丽	93	84	78	255
赵思新	79	83	68	230
潘恩华	93	78	84	255
李晓梅	63	67	64	194

... 2季度考核 3季度考核 4季度考核

图 1-26

1.4 了解数组公式

要使用数组公式，首先需要大致了解什么是数组。数组有 3 种不同的类

型，分别是常量数组、区域数组和内存数组。

- 构成常量数组的元素有数字、文本、逻辑值和错误值等，用一对大括号“{}”括起来，并使用半角分号或逗号间隔，如{1;2;3}或{0,"E";60,"D";70,"C";80,"B";90,"A"}等。
- 区域数组是通过对一组连续的单元格区域进行引用而得到的数组。
- 内存数组是通过公式计算返回的结果在内存中临时构成，且可以作为一个整体直接嵌入其他公式中继续参与计算的数组。

数组公式在输入结束后要按 Ctrl+Shift+Enter 组合键进行数据计算，计算后公式两端自动添加“{}”。

数组公式可以返回多个结果（在建立公式前需要一次性选中多个单元格），也可以返回一个结果（调用多数据计算返回一个结果）。

下面来看一个简单的数组公式。在下面的工作表中需要使用数组公式一次性计算每种产品的总销售额。

❶ 在表格中同时选中 D2:D10 单元格区域，在编辑栏中输入公式“=B2:B10*C2:C10”，如图 1-27 所示。

❷ 按 Ctrl+Shift+Enter 组合键，一次性得到一组计算结果，如图 1-28 所示。其计算顺序为依次执行 B2*C2、B3*C3、B4*C4、……的操作，并将结果依次返回到选中的单元格。

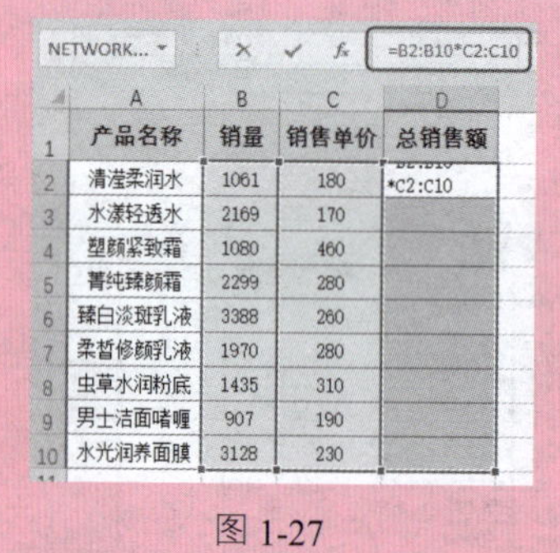

NETWORK... =B2:B10*C2:C10

	A	B	C	D
1	产品名称	销量	销售单价	总销售额
2	清滢柔润水	1061	180	=B2:B10 *C2:C10
3	水漾轻透水	2169	170	
4	塑颜紧致霜	1080	460	
5	菁纯臻颜霜	2299	280	
6	臻白淡斑乳液	3388	260	
7	柔皙修颜乳液	1970	280	
8	虫草水润粉底	1435	310	
9	男士洁面啫喱	907	190	
10	水光润养面膜	3128	230	

图 1-27

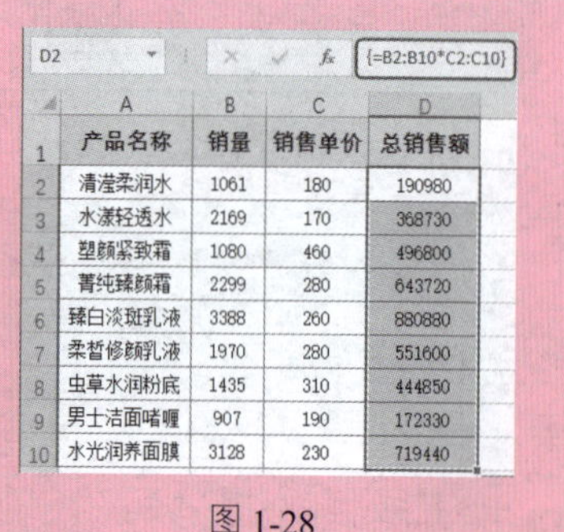

D2 {=B2:B10*C2:C10}

	A	B	C	D
1	产品名称	销量	销售单价	总销售额
2	清滢柔润水	1061	180	190980
3	水漾轻透水	2169	170	368730
4	塑颜紧致霜	1080	460	496800
5	菁纯臻颜霜	2299	280	643720
6	臻白淡斑乳液	3388	260	880880
7	柔皙修颜乳液	1970	280	551600
8	虫草水润粉底	1435	310	444850
9	男士洁面啫喱	907	190	172330
10	水光润养面膜	3128	230	719440

图 1-28

1. 多个单元格数组公式

扫一扫，看视频

一般情况下，数组公式可以返回一组结果，这样的数组公式称为多个单元格数组公式。下面学习一个实例。

本例中需要根据某产品各系列的销售额统计前 3 名的销售额是多少，这时要一次性返回 3 个值，可以用数组公式一次性返回。

❶ 在表格中选中 E2:E4 单元格，在编辑栏中输入公式“=LARGE(B2:C7,{1;2;3})”，如图 1-29 所示。

NETWORK... =LARGE(B2:C7,{1;2;3})

	A	B	C	D	E	F
1	月份	高景观	口袋车		总销售额前3名	
2	1月	10619	11800		3})	
3	2月	11690	12176			
4	3月	10807	12849			
5	4月	12990	10800			
6	5月	13880	15560			
7	6月	14170	12000			

公式中的“{1;2;3}”是常量数组。常量数组可以应用于公式中

图 1-29

❷ 按 Ctrl+Shift+Enter 组合键，得到的结果如图 1-30 所示。公式在进行运算时使用 LARGE 函数并设置参数值为常量数组“{1;2;3}”来提取前 3 名中最大的数据。

E2 {=LARGE(B2:C7,{1;2;3})}

	A	B	C	D	E	F
1	月份	高景观	口袋车		总销售额前3名	
2	1月	10619	11800		15560	
3	2月	11690	12176		14170	
4	3月	10807	12849		13880	
5	4月	12990	10800			
6	5月	13880	15560			
7	6月	14170	12000			

图 1-30

2. 单个单元格数组公式

有时为了进行一些特殊计算，虽然返回的结果只有一个数据，但也需要使用数组公式，因为它们在计算时是调用内部数组进行数组运算的，这样的数组公式称为单个单元格数组公式。

扫一扫，看视频

本例中需要使用公式根据某产品两个系列推车的销售额数据统计出前 3 名的总销售额。

❶ 在表格中将光标定位在单元格 E2 中，在编辑栏中输入公式“=SUM(LARGE(B2:C7,{1;2;3}))”，如图 1-31 所示。

❷ 按 Ctrl+Shift+Enter 组合键，得到的结果如图 1-32 所示。公式在进行运算时先将“LARGE(B2:C7,{1;2;3})”部分返回一个数组，也就是“{15560;14170;13880}”，然后使用 SUM 函数对这个数组进行求和运算。

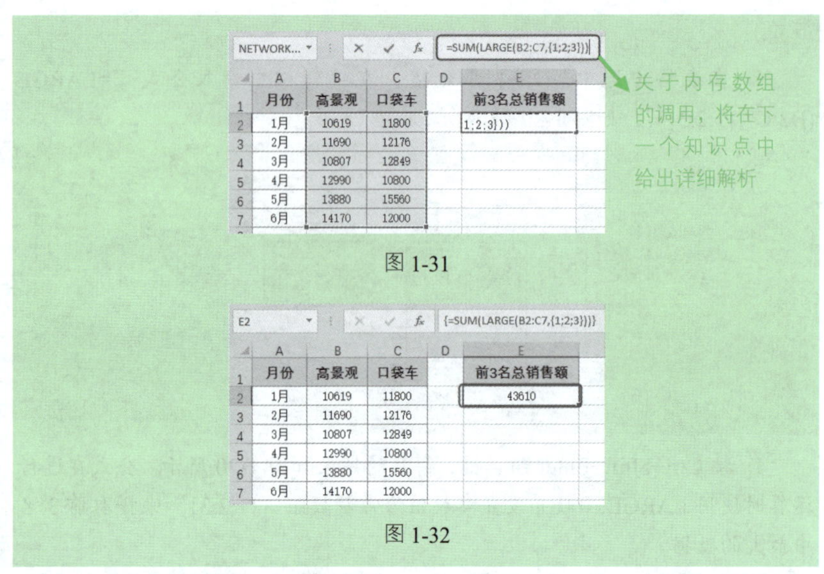

	A	B	C	D	E
1	月份	高景观	口袋车		前3名总销售额
2	1月	10619	11800		1;2;3}))
3	2月	11690	12176		
4	3月	10807	12849		
5	4月	12990	10800		
6	5月	13880	15560		
7	6月	14170	12000		

图 1-31

E2 {=SUM(LARGE(B2:C7,{1;2;3}))}

	A	B	C	D	E
1	月份	高景观	口袋车		前3名总销售额
2	1月	10619	11800		43610
3	2月	11690	12176		
4	3月	10807	12849		
5	4月	12990	10800		
6	5月	13880	15560		
7	6月	14170	12000		

图 1-32

3. 公式如何调用内存数组运算

扫一扫，看视频

内存数组是指通过公式计算返回的结果在内存中临时构成，并可以作为一个整体直接嵌套至其他公式中继续参与计算的数组。下面通过例子来看一下内存数组是如何调用的。

在图 1-33 所示的表格中，使用公式“=SUM((B2:B9={"口袋车","轻便"}) *C2:C9)”来统计某两个系列产品的合计销售金额。

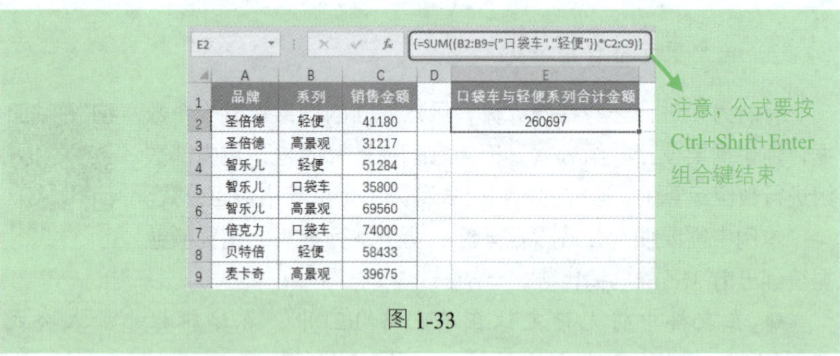

	A	B	C	D	E
1	品牌	系列	销售金额		口袋车与轻便系列合计金额
2	圣倍德	轻便	41180		260697
3	圣倍德	高景观	31217		
4	智乐儿	轻便	51284		
5	智乐儿	口袋车	35800		
6	智乐儿	高景观	69560		
7	倍克力	口袋车	74000		
8	贝特倍	轻便	58433		
9	麦卡奇	高景观	39675		

图 1-33

下面对上述公式分步进行解析，看一下此公式是如何调用内存数组的。

❶ 选中“B2:B9={"口袋车","轻便"}”这一部分，在键盘上按 F9 功能键，可以看到会依次判断 B2:B9 单元格区域的各个值是否为“口袋车”或者“轻

便”。如果是，则返回 TRUE；如果不是，则返回 FALSE。构建的是一个数组，同时也是前面讲到的内存数组，如图 1-34 所示。

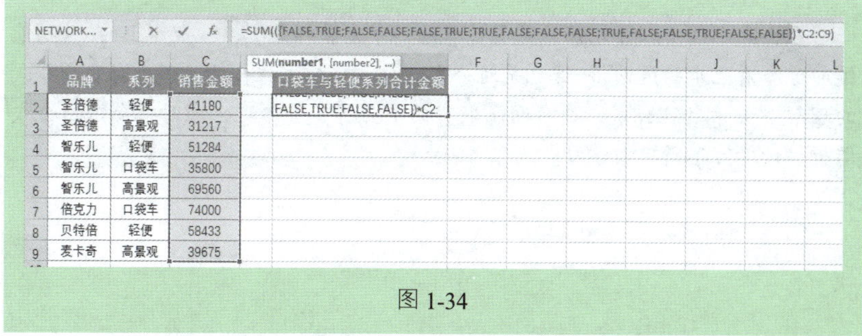

图 1-34

❷ 选中公式中“C2:C9”这一部分，在键盘上按 F9 功能键，可以看到返回的是 C2:C9 单元格区域中的各个单元格的值，这是一个区域数组，如图 1-35 所示。

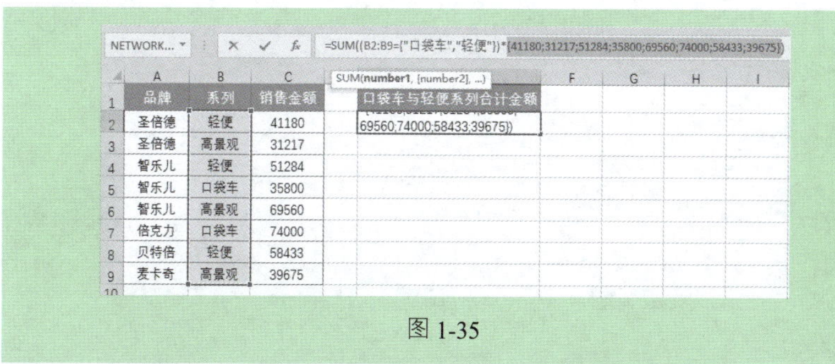

图 1-35

❸ 选中公式中“(B2:B9={"口袋车","轻便"})*C2:C9”这一部分，在键盘上按 F9 功能键，可以看到会把步骤❶数组中的 TRUE 值对应在步骤❷中的值取出，这仍然是一个构建内存数组的过程，如图 1-36 所示。

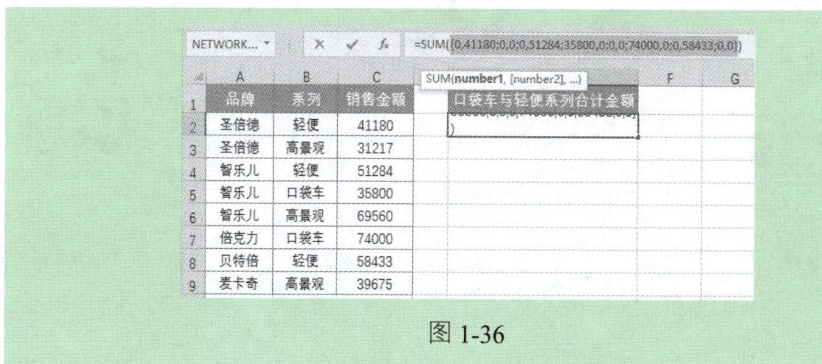

图 1-36

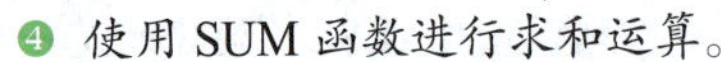
❹ 使用 SUM 函数进行求和运算。

注意：

在公式中选中部分（注意是要计算的一个完整部分），按键盘上的 F9 功能键即可查看此步的返回值。这也是对公式的分步解析过程，便于读者对复杂公式的理解。关于数组公式，在后面函数实例中会有多处体现，同时也会给出公式解析，读者可不断巩固学习。

第 2 章　了解公式中的函数

2.1 认识函数

只用表达式的公式只能解决简单的计算，要想完成一些特殊、复杂的数据运算，以及进行数据统计分析等，都必须使用函数。函数是应用于公式中的一个最重要的元素。

1. 函数的作用

函数可以看作是程序预定义的可以解决某些特定运算的计算式，有了函数的参与，才能解决非常复杂的手工运算，甚至是无法通过手工完成的运算。下面通过一个例子来理解函数。

扫一扫，看视频

如图 2-1 所示，选中 F10 单元格，以“=”开头，使用单元格依次相加的办法进行求和运算。

F10　=F2+F3+F4+F5+F6+F7+F8+F9

	A	B	C	D	E	F
1	产品	瓦数	产地	单价	采购盒数	金额
2	白炽灯	200	南京	¥ 4.50	5	¥ 22.50
3	日光灯	100	广州	¥ 8.80	6	¥ 52.80
4	白炽灯	80	南京	¥ 2.00	12	¥ 24.00
5	白炽灯	100	南京	¥ 3.20	8	¥ 25.60
6	2d灯管	5	广州	¥ 12.50	10	¥ 125.00
7	2d灯管	10	南京	¥ 18.20	6	¥ 109.20
8	白炽灯	100	广州	¥ 3.80	10	¥ 38.00
9	白炽灯	40	广州	¥ 1.80	10	¥ 18.00
10						¥ 415.10

图 2-1

但试想一下，如果有更多条数据，多达成百上千条，我们还要这样逐个相加吗？显然不太方便，甚至是不现实的。此时使用一个函数就可以立即解决这样的问题，如图 2-2 所示。

这样无论有多少个条目，只需将函数参数中的单元格地址写清楚即可实现快速求和。例如，输入“=SUM(B2:B1005)”，则会对 B2～B1005 之间的所有单元格进行求和运算。

F10 =SUM(F2:F9)

引用要计算的单元格区域的地址

	A	B	C	D	E	F
1	产品	瓦数	产地	单价	采购盒数	金额
2	白炽灯	200	南京	¥ 4.50	5	¥ 22.50
3	日光灯	100	广州	¥ 8.80	6	¥ 52.80
4	白炽灯	80	南京	¥ 2.00	12	¥ 24.00
5	白炽灯	100	南京	¥ 3.20	8	¥ 25.60
6	2d灯管	5	广州	¥ 12.50	10	¥ 125.00
7	2d灯管	10	南京	¥ 18.20	6	¥ 109.20
8	白炽灯	100	广州	¥ 3.80	10	¥ 38.00
9	白炽灯	40	广州	¥ 1.80	10	¥ 18.00
10						¥ 415.10

图 2-2

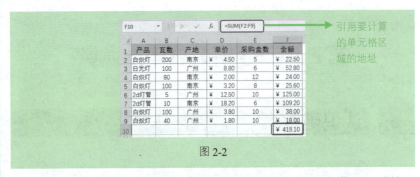

除此之外，还有些函数能解决普通数学表达式无法解决的问题。例如，IF 函数先进行条件判断，当满足条件时返回什么值，当不满足时又返回什么值；MID 函数从一个文本字符串中提取部分需要的文本等。这样的运算或统计无法为其设计数学表达式。例如，需要在图 2-3 所示的工作表中根据员工的销售额返回其销售排名，使用的是专业的排位函数。针对这样的统计需求，如果不使用函数而只使用表达式，显然是无法做到的。

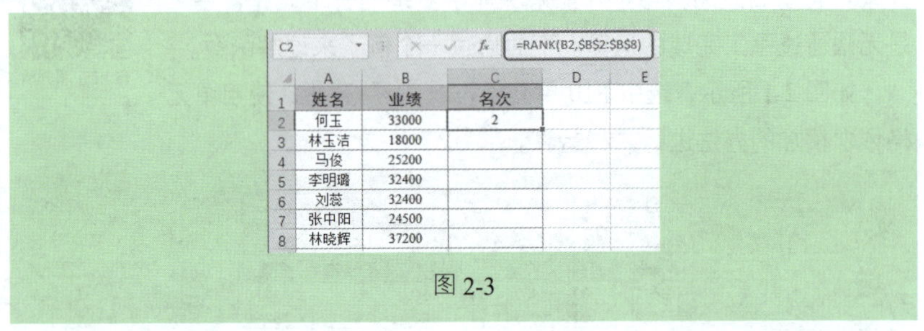

C2 =RANK(B2,$B$2:$B$8)

	A	B	C	D	E
1	姓名	业绩	名次		
2	何玉	33000	2		
3	林玉洁	18000			
4	马俊	25200			
5	李明璐	32400			
6	刘蕊	32400			
7	张中阳	24500			
8	林晓辉	37200			

图 2-3

因此，要想完成各种复杂的计算、数据统计、文本处理、数据查找等，就必须使用函数。函数是公式运算中非常重要的元素，是 Excel 程序中一个非常重要的功能块。此外，还可以利用函数的嵌套来解决众多办公难题。当然，能做到根据分析需求就设计出合适的公式，也非一朝一夕之功，可以选择一本好书，多看多练，应用得多了，才能运用自如。

2. 函数的构成

扫一扫，看视频

无论函数执行什么计算、输出什么结果，它都是由函数名称和函数参数两部分组成的。函数参数应该写在函数名称后面的括号中，当有多个参数时，各个参数之间用英文逗号隔开。不同的函数都有其固有的规则，只有设置满足规则的参数，才能返回正确的计算结果。

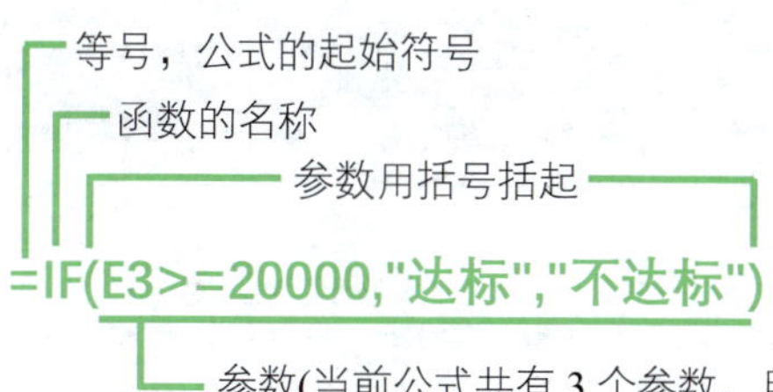

函数必须要在公式中使用才有意义，单独的函数是没有意义的——在单元格中只输入函数，返回的是一个文本，而不是计算结果。如图 2-4 所示，因为没有使用“=”号开头，所以返回的是一个文本。

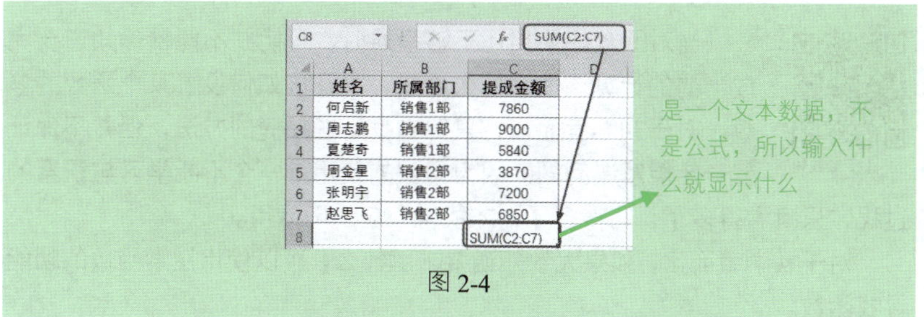

	A	B	C	D
1	姓名	所属部门	提成金额	
2	何启新	销售1部	7860	
3	周志鹏	销售1部	9000	
4	夏楚奇	销售1部	5840	
5	周金星	销售2部	3870	
6	张明宇	销售2部	7200	
7	赵思飞	销售2部	6850	
8			SUM(C2:C7)	

图 2-4

另外，函数的参数设置必须满足一定的规则，否则也会返回错误值。

例 1：如图 2-5 所示，因为“合格”与“不合格”是文本，当应用于公式中时必须要使用双引号，当前未使用双引号，所以参数不符合规则。

D2　=IF(C2>=85,合格,不合格)

	A	B	C	D	E
1	姓名	所属部门	成绩	是否合格	
2	何启新	销售部	8(	#NAME?	
3	周志鹏	财务部	90		
4	夏楚奇	销售部	84		
5	周金星	人事部	87		
6	张明宇	财务部	92		

因为部分参数格式不对，所以结果错误

图 2-5

例 2：在图 2-6 所示的例子中，要使用 SUMIF 函数统计“冰箱”的总销量，返回了错误的结果 0。这是因为 SUMIF 函数有 3 个参数，第一个参数用于条件判断的区域；第二个参数是条件；第三个参数是当满足条件时用于求和的区域。这里因为参数设置顺序有误，所以公式不能返回正确值，重新修改一个参数即可返回正确的计算结果，如图 2-7 所示。

通过以上分析可以看到，使用不同的函数，以及灵活地设置参数，可以解决多种不同的问题。

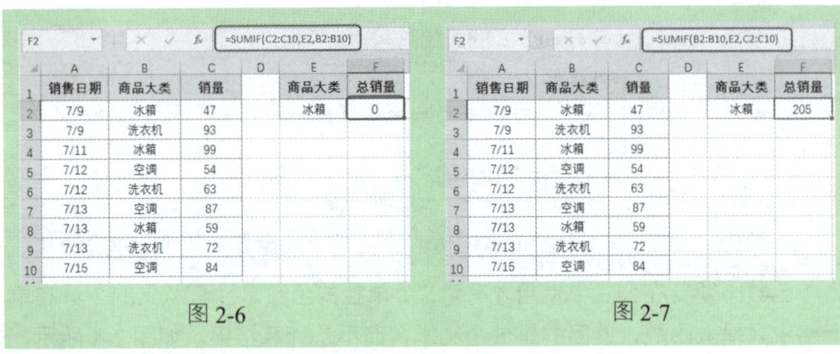

	A	B	C	D	E	F
1	销售日期	商品大类	销量		商品大类	总销量
2	7/9	冰箱	47		冰箱	0
3	7/9	洗衣机	93			
4	7/11	冰箱	99			
5	7/12	空调	54			
6	7/12	洗衣机	63			
7	7/13	空调	87			
8	7/13	冰箱	59			
9	7/13	洗衣机	72			
10	7/15	空调	84			

图 2-6

	A	B	C	D	E	F
1	销售日期	商品大类	销量		商品大类	总销量
2	7/9	冰箱	47		冰箱	205
3	7/9	洗衣机	93			
4	7/11	冰箱	99			
5	7/12	空调	54			
6	7/12	洗衣机	63			
7	7/13	空调	87			
8	7/13	冰箱	59			
9	7/13	洗衣机	72			
10	7/15	空调	84			

图 2-7

3. 初学者如何学会使用函数

扫一扫，看视频

当对函数的使用还不够精通时，可能并不能精确知道要完成当前的计算该使用什么函数，以及该如何设置某个函数的参数。对于初学者而言，只能去找一些便捷的方法，但并不保证就一定能解决问题。因为函数的使用是一个不断学习与积累的过程，只有看得多了，写得多了，才能得心应手地运用。

对于初学者而言，如果大致知道要求解什么，可以使用搜索函数的功能寻找函数。

❶ 单击编辑栏前的 *fx* 按钮，打开“插入函数”对话框。

❷ 在“搜索函数”文本框中输入简短的文字，说明你要做什么。例如，此处输入“工作日”，如图 2-8 所示。

❸ 单击“转到”按钮，可以看到列表中显示的几个函数都与工作日的计算有关。选中函数，下面会显示对该函数的功能介绍，如图 2-9 所示。

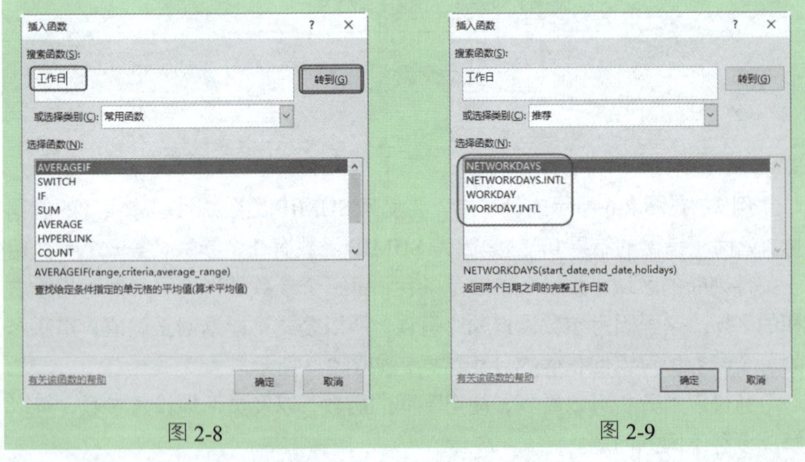

图 2-8

图 2-9

❹ 选择函数后，单击“确定”按钮，打开“函数参数”对话框，将光标定位到不同参数编辑框中，下面会显示对该参数的解释（见图 2-10），从而便于初学者正确设置参数。

函数参数
NETWORKDAYS
Start_date
End_date
Holidays
= 任意
= 任意
= 任意
=
返回两个日期之间的完整工作日数
Start_date 是一串表示起始日期的数字
计算结果 =
有关该函数的帮助(H)
确定
取消

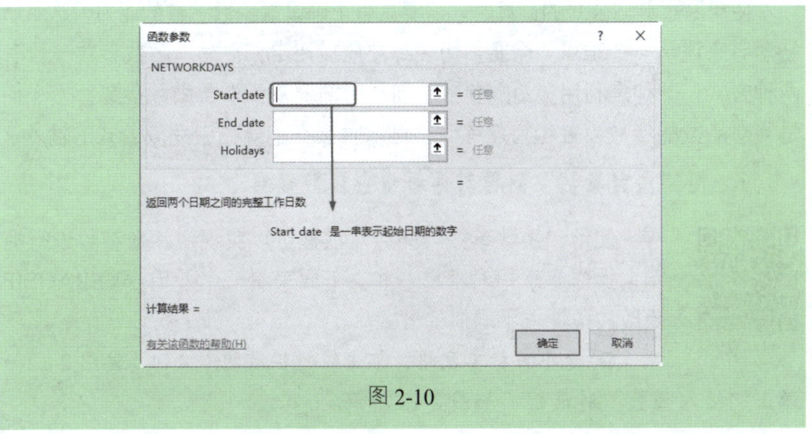

图 2-10

❺ 如果想了解更加详细的用法，还可以直接单击“有关该函数的帮助”超链接，弹出“Excel 帮助”窗口，其中显示了该函数的语法、说明及使用示例（见图 2-11），能让读者更加深入地去学习。

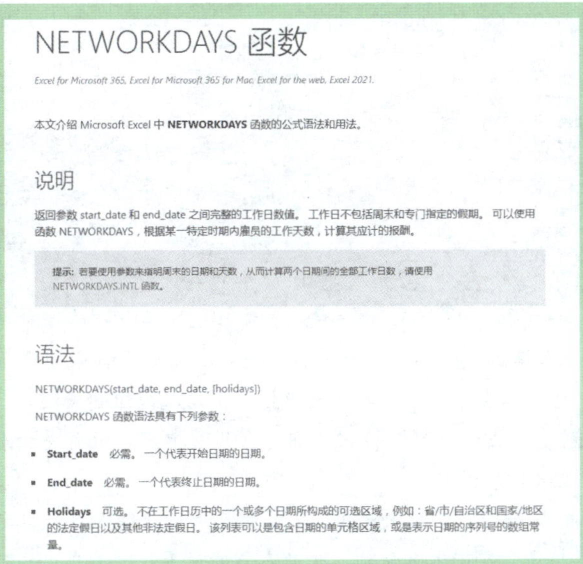

NETWORKDAYS 函数
Excel for Microsoft 365, Excel for Microsoft 365 for Mac, Excel for the web, Excel 2021.
本文介绍 Microsoft Excel 中 NETWORKDAYS 函数的公式语法和用法。
说明
返回参数 start_date 和 end_date 之间完整的工作日数值。工作日不包括周末和专门指定的假期。可以使用函数 NETWORKDAYS，根据某一特定时期内雇员的工作天数，计算其应计的报酬。
提示：若要使用参数来指明周末的日期和天数，从而计算两个日期间的全部工作日数，请使用 NETWORKDAYS.INTL 函数。
语法
NETWORKDAYS(start_date, end_date, [holidays])
NETWORKDAYS 函数语法具有下列参数：
Start_date 必需。一个代表开始日期的日期。
End_date 必需。一个代表终止日期的日期。
Holidays 可选。不在工作日历中的一个或多个日期所构成的可选区域，例如：省/市/自治区和国家/地区的法定假日以及其他非法定假日。该列表可以是包含日期的单元格区域，或是表示日期的序列号的数组常量。

图 2-11

2.2 建立函数公式

使用函数参与公式的计算时，需要具有正确设置函数参数的能力，这对于初学者来说是一个难点，需要多用多练才能应用自如。写入函数参数一般有两种方式：一种是利用“函数参数”向导对话框逐步设置函数参数；另一种是当对函数的参数设置较为熟练时，可以直接在编辑栏中完成公式的输入。

1. 用“函数参数”向导对话框设置函数参数

扫一扫，看视频

使用“函数参数”向导对话框可以实现对函数参数进行提示，操作起来相对容易一些。下面来看一个使用 AVERAGEIF 函数按条件求平均值的公式。

❶ 选中目标单元格，单击编辑栏前的 *fx* 按钮（见图 2-12），弹出“插入函数”对话框，如图 2-13 所示。

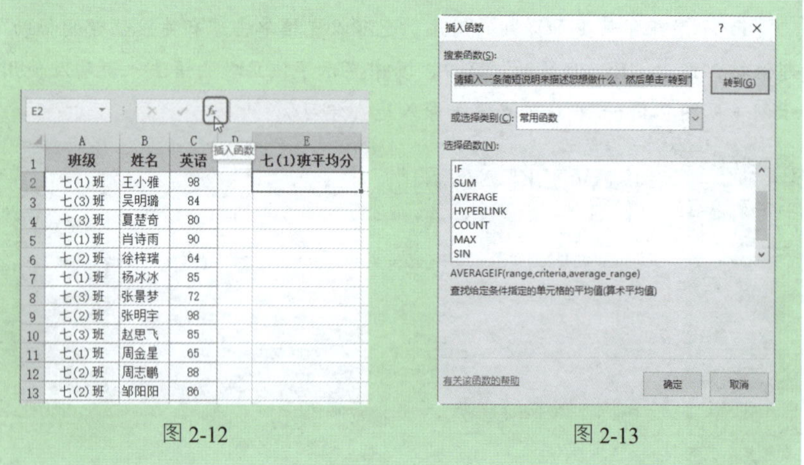

图 2-12　　图 2-13

❷ 在“选择函数”列表中找到需要使用的函数。如果完全不知道使用哪个函数，也可以在“搜索函数”框中按提示输入简短的关键词，如此处输入“平均值”，单击“转到”按钮，即可在列表中显示所有关于求平均值的函数，如图 2-14 所示。

❸ 单击“确定”按钮，弹出“函数参数”对话框。将光标定位到第一个参数设置框中，在下方可看到关于此参数的设置说明（此说明可以帮助读者更好地理解参数），如图 2-15 所示。

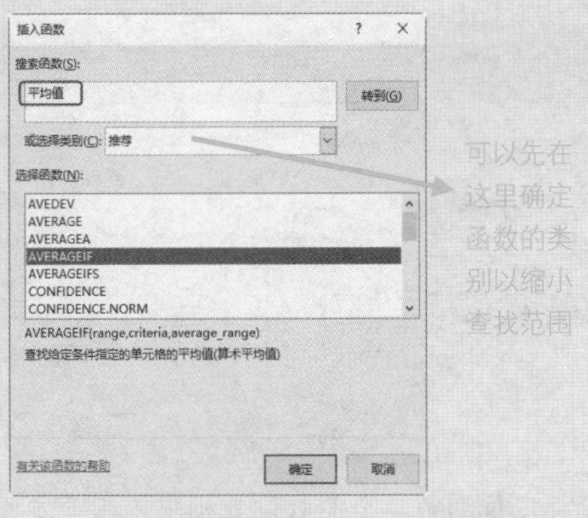

图 2-14

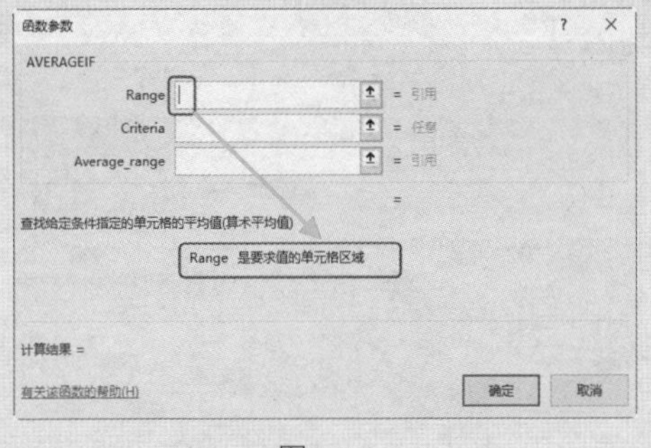

图 2-15

④ 单击右侧的按钮，回到数据表中，拖动鼠标选择数据表中的单元格区域作为参数（见图 2-16），释放鼠标后得到第一个参数，如图 2-17 所示。

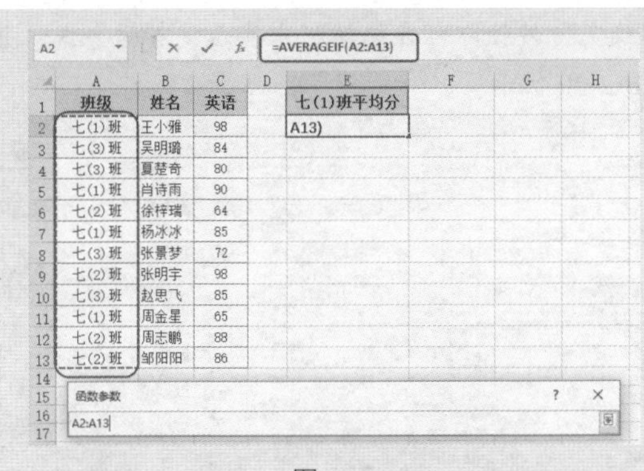

	A	B	C	D	E
1	班级	姓名	英语		七(1)班平均分
2	七(1)班	王小雅	98		A13)
3	七(3)班	吴明璐	84		
4	七(3)班	夏楚奇	80		
5	七(1)班	肖诗雨	90		
6	七(2)班	徐梓瑞	64		
7	七(1)班	杨冰冰	85		
8	七(3)班	张景梦	72		
9	七(2)班	张明宇	98		
10	七(3)班	赵思飞	85		
11	七(1)班	周金星	65		
12	七(2)班	周志鹏	88		
13	七(2)班	邹阳阳	86		

图 2-16

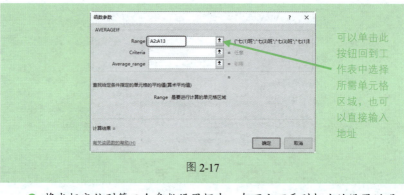

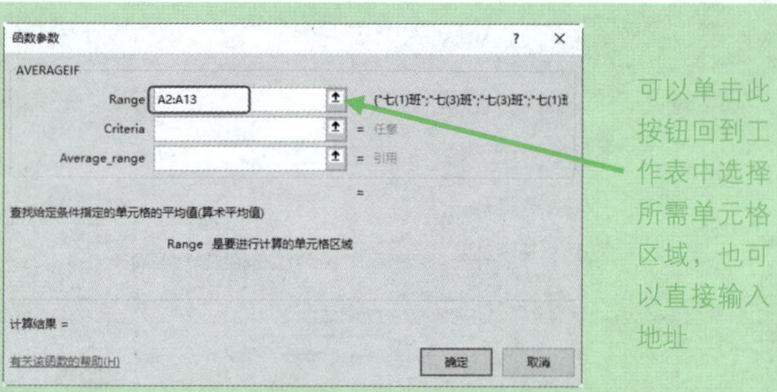

可以单击此按钮回到工作表中选择所需单元格区域，也可以直接输入地址

图 2-17

❺ 将光标定位到第二个参数设置框中，在下方可看到相应的设置说明，手工输入第二个参数，如图 2-18 所示。

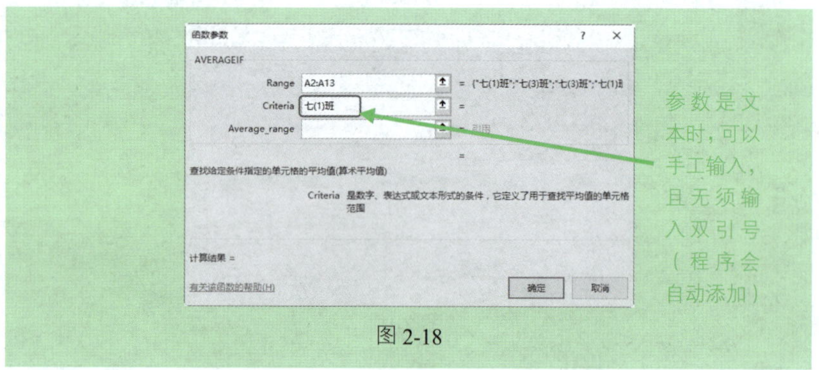

图 2-18

❻ 将光标定位到第三个参数设置框中，按步骤❹的方法到工作表中选择单元格区域或手工输入单元格区域，如图 2-19 所示。

❼ 单击“确定”按钮即可在编辑栏中显示完整的公式，并得到最终的计算结果，如图 2-20 所示。

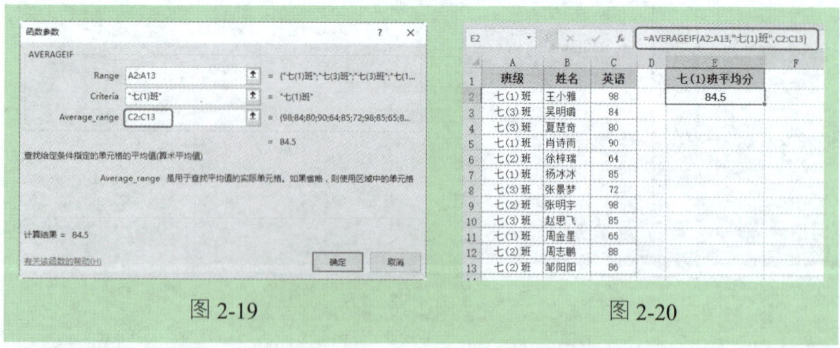

	A	B	C	D	E
1	班级	姓名	英语		七(1)班平均分
2	七(1)班	王小雅	98		84.5
3	七(3)班	吴明璐	84		
4	七(3)班	夏楚奇	80		
5	七(1)班	肖诗雨	90		
6	七(2)班	徐梓瑞	64		
7	七(1)班	杨冰冰	85		
8	七(3)班	张景梦	72		
9	七(2)班	张明宇	98		
10	七(3)班	赵思飞	85		
11	七(1)班	周金星	65		
12	七(2)班	周志鹏	88		
13	七(2)班	邹阳阳	86		

图 2-19　　图 2-20

注意：

如果对要使用的函数的参数比较了解，则不必打开“函数参数”对话框，直接在编辑栏中编辑即可。编辑时注意参数间的逗号要手工输入，如果参数是文本，也要手工输入。当需要引用单元格或单元格区域时，利用鼠标拖动选取即可。

如果是嵌套函数，则使用手工输入的方式比“函数参数”向导更方便一些。当然，前面也提到过，要用好嵌套函数的公式，需要多用多练。

2. 手动录入函数

如果对有些函数已经很熟悉了，可以直接在编辑栏中输入函数名称并按该函数语法逐一设置参数。下面的工作表为各销售员学历的统计表，需要统计“硕士”学历的人数。下面来学习一下如何手动设置函数的参数。

扫一扫，看视频

❶ 将光标定位在 D2 单元格中，输入“=”号，再输入函数名称“COUNTIF(”（左括号表示开始进入函数参数的设置），如图 2-21 所示。

❷ 用鼠标拖动选择 C2:C9 单元格区域，此时可以看到 C2:C9 显示到公式编辑栏中，如图 2-22 所示。

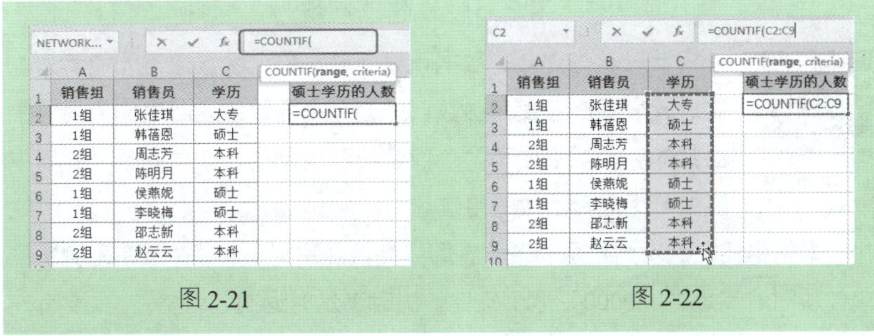

图 2-21　　图 2-22

❸ 输入“,”用于间隔下一个参数，设置第二个参数为“"硕士"”，如图 2-23 所示。

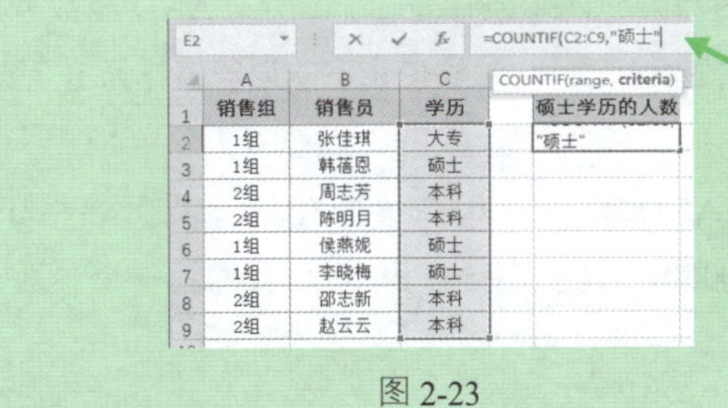

在手动录入函数时，一定要知道该函数参数的规则，如这里的 COUNTIF 函数，第一个参数是用于判断的区域，第二个参数是判断条件，并且如果条件是文本，则需要使用双引号。只有做到这些了解，才可以使用该函数来建立公式

图 2-23

❹ 输入“)”标志着参数设置结束，如图 2-24 所示。按 Enter 键，即可得到统计结果，如图 2-25 所示。

NETWORK... | × ✓ *fx* | =COUNTIF(C2:C9,"硕士")

	A	B	C	D	E
1	销售组	销售员	学历		硕士学历的人数
2	1组	张佳琪	大专		"硕士")
3	1组	韩蓓恩	硕士		
4	2组	周志芳	本科		
5	2组	陈明月	本科		
6	1组	侯燕妮	硕士		
7	1组	李晓梅	硕士		
8	2组	邵志新	本科		
9	2组	赵云云	本科		

图 2-24

	A	B	C	D	E
1	销售组	销售员	学历		硕士学历的人数
2	1组	张佳琪	大专		3
3	1组	韩蓓恩	硕士		
4	2组	周志芳	本科		
5	2组	陈明月	本科		
6	1组	侯燕妮	硕士		
7	1组	李晓梅	硕士		
8	2组	邵志新	本科		
9	2组	赵云云	本科		

图 2-25

2.3 函数的嵌套运算

1. 嵌套函数可以解决更复杂的运算——例 1

扫一扫，看视频

针对一些复杂的数据计算问题，单个函数通常无能为力。这时就需要嵌套使用函数，即让一个函数的返回值作为另一个函数的参数。下面举两个嵌套函数的例子，在后面各个章节中随处可见嵌套函数的用法。

本例中要求一次判断两项条件，即“高景观系列”与“口袋车系列”推车必须同时满足“>80000”这个条件，同时满足时返回“合格”；只要有一个不满足，就返回“不合格”。为了达到这个判断目的，我们首先想到的就是使用 IF 函数进行判断，但是单独使用一个 IF 函数是无法实现的，此时在 IF 函数中嵌套了一个 AND 函数判断两个条件是否都满足，AND 函数就是用于判断给定的所有条件是否都为“真”，然后使用它的返回值作为 IF 函数的第一个参数。

因此将公式设计为“=IF(AND(B2>80000,C2>80000),"合格","不合格")”，即将“AND(B2>80000,C2>80000)”这一部分作为 IF 函数的第一个参数，如图 2-26 所示。

作为IF函数的第一个参数，表示用AND函数判断"B2>80000"和"C2>80000"这两个条件是否都成立，如果都成立，则返回TRUE；否则返回FALSE。这一部分判断完成后，即进入IF函数的判断，如果这一步返回TRUE，则最终结果返回"合格"；如果这一步返回FALSE，则最终结果返回"不合格"

D2　=IF(AND(B2>80000,C2>80000),"合格","不合格")

	A	B	C	D	E	F
1	店铺	高景观系列	口袋车系列	是否合格		
2	国购店	84534	86454	合格		
3	港汇店	75446	74564			
4	明发店	87564	86763			
5	天鹅湖店	74532	67454			
6	瑶海店	67865	85645			

图 2-26

向下复制D2单元格的公式，可以看到批量返回的关于各个店铺是否合格的判断结果，如图2-27所示。

	A	B	C	D
1	店铺	高景观系列	口袋车系列	是否合格
2	国购店	84534	86454	合格
3	港汇店	75446	74564	不合格
4	明发店	87564	86763	合格
5	天鹅湖店	74532	67454	不合格
6	瑶海店	67865	85645	不合格

图 2-27

2. 嵌套函数可以解决更复杂的运算——例2

在图2-28所示的表格中，要求对人员按职位进行调薪。调薪规则是：如果是总监，就加薪800元，其他职位薪资不变。思考一下，对于这一需求，只使用IF函数是否能判断？

扫一扫，看视频

这时需要使用另一个函数来辅助IF函数，即用RIGHT函数提取职位名称的后两个字并判断是否为"总监"。如果是，则返回一个结果；如果不是，则返回另一个结果。

	A	B	C	D
1	姓名	职位	基本工资	
2	刘杰	销售员	3500	
3	何启新	出纳	3800	
4	陈宇	财务总监	5500	
5	周志鹏	销售员	3500	
6	夏楚奇	销售总监	5000	
7	周金星	设计员	4200	
8	张明	销售员	3500	
9	赵思飞	设计总监	5000	

图 2-28

因此将公式设计为“=IF(RIGHT(B2,2)="总监",C2+800,C2)”，即将“RIGHT(B2,2)="总监"”这一部分作为 IF 函数的第一个参数，如图 2-29 所示。

作为 IF 函数的第一个参数，表示从 B2 的最右侧提取两个字符，并判断是不是“总监”，如果是，则返回 TRUE，否则返回 FALSE。这一部分判断完成后，即进入 IF 函数的判断，如果这一步返回 TRUE，则最终结果返回 C2+800；如果这一步返回 FALSE，则最终结果返回 C2

D2 =IF(RIGHT(B2,2)="总监",C2+800,C2)

	A	B	C	D	E	F
1	姓名	职位	基本工资	调薪后		
2	刘杰	销售员	3500	3500		
3	何启新	出纳	3800			
4	陈宇	财务总监	5500			
5	周志鹏	销售员	3500			
6	夏楚奇	销售总监	5000			

图 2-29

向下复制 D2 单元格的公式，可以看到能逐一对 B 列中的职位进行判断，并且自动返回调整后的薪资，如图 2-30 所示。

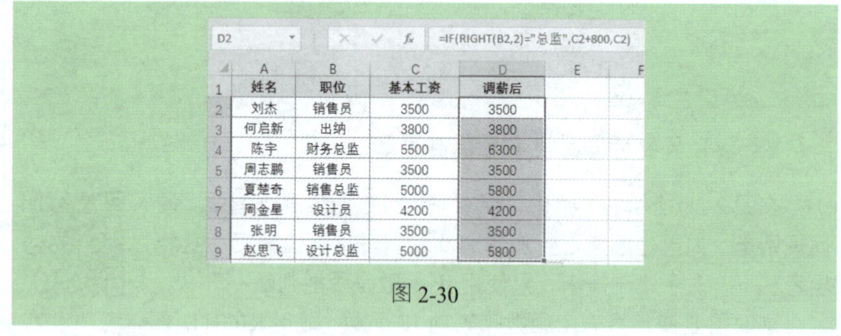

D2 =IF(RIGHT(B2,2)="总监",C2+800,C2)

	A	B	C	D	E	F
1	姓名	职位	基本工资	调薪后		
2	刘杰	销售员	3500	3500		
3	何启新	出纳	3800	3800		
4	陈宇	财务总监	5500	6300		
5	周志鹏	销售员	3500	3500		
6	夏楚奇	销售总监	5000	5800		
7	周金星	设计员	4200	4200		
8	张明	销售员	3500	3500		
9	赵思飞	设计总监	5000	5800		

图 2-30

第3章　必备基础——学习公式数据源的引用

3.1 公式中引用单元格参与运算

在使用公式进行数据运算时，除了可以将一些常量运用到公式中外，最主要的是引用单元格中的数据进行计算，我们称之为对数据源的引用。在引用数据源时，可以采用相对引用方式、绝对引用方式，也可以引用其他工作表或工作簿中的数据。不同的引用方式可满足不同的应用需求，在不同的应用场合需要使用不同的引用方式。

1. 引用相对数据源

在编辑公式时，当单击单元格或选取单元格区域参与运算时，其默认的引用方式是相对引用方式，其显示为 A1、A2:B2 这种形式。采用相对方式引用的数据源，在将公式复制到其他位置时，公式中的单元格地址会随之改变。

扫一扫，看视频

选中 C2 单元格，在编辑栏中输入公式“=IF(B2>=30000,"达标","不达标")”，按 Enter 键返回第一项结果；然后按照前面章节中介绍的方法复制公式，得到批量结果，如图 3-1 所示。

C2　=IF(B2>=30000,"达标","不达标")

	A	B	C	D	E	F
1	姓名	业绩	是否达标			
2	何玉	33000	达标			
3	林玉洁	18000	不达标			
4	马俊	25200	不达标			
5	李明璐	32400	达标			
6	刘蕊	32400	达标			
7	张中阳	26500	不达标			
8	林晓辉	37200	达标			

图 3-1

下面来看复制公式后单元格的引用情况。选中 C3 单元格，在编辑栏中显示该单元格的公式为“=IF(B3>=30000,"达标","不达标")”，如图 3-2 所示（即对 B3 单元格中的值进行判断）；选中 C6 单元格，在编辑栏中显示该单

元格的公式为 “=IF(B6>=30000,"达标","不达标")”，如图 3-3 所示（即对 B6 单元格中的值进行判断）。

	A	B	C
1	姓名	业绩	是否达标
2	何玉	33000	达标
3	林玉洁	18000	不达标
4	马俊	25200	不达标
5	李明璐	32400	达标
6	刘蕊	32400	达标
7	张中阳	26500	不达标
8	林晓辉	37200	达标

图 3-2

	A	B	C
1	姓名	业绩	是否达标
2	何玉	33000	达标
3	林玉洁	18000	不达标
4	马俊	25200	不达标
5	李明璐	32400	达标
6	刘蕊	32400	达标
7	张中阳	26500	不达标
8	林晓辉	37200	达标

图 3-3

通过对比 C2、C3、C6 单元格的公式可以发现，当首先建立了 C2 单元格的公式，再向下复制公式时，数据源自动发生相应的变化，这也正是对其他销售员业绩进行判断所需要的正确公式。在这种情况下，用户就需要使用相对引用的数据源。

2. 引用绝对数据源

扫一扫，看视频

绝对引用是指把公式移动或复制到其他单元格中，公式的引用位置保持不变。绝对引用的单元格地址前会使用 “$” 符号。“$” 符号表示 “锁定”，添加了 “$” 符号的就是绝对引用。

在图 3-4 所示的表格中，对 B2 单元格使用了绝对引用，向下复制公式可以看到每个返回值完全相同（见图 3-5）。这是因为无论将公式复制到哪里，永远是 “=IF($B$2>=30000,"达标","不达标")” 这个公式，所以返回值是不会有任何变化的。

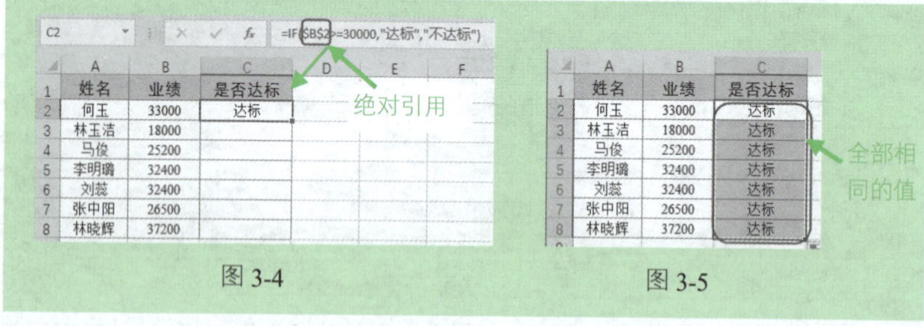

	A	B	C
1	姓名	业绩	是否达标
2	何玉	33000	达标
3	林玉洁	18000	
4	马俊	25200	
5	李明璐	32400	
6	刘蕊	32400	
7	张中阳	26500	
8	林晓辉	37200	

图 3-4

	A	B	C
1	姓名	业绩	是否达标
2	何玉	33000	达标
3	林玉洁	18000	达标
4	马俊	25200	达标
5	李明璐	32400	达标
6	刘蕊	32400	达标
7	张中阳	26500	达标
8	林晓辉	37200	达标

图 3-5

通过上面的分析，似乎相对引用才是用户需要的引用方式。其实并非如此，绝对引用也有其必须要使用的场合。

在图 3-6 所示的表格中，要对各位销售员的业绩排名次。首先在 C2 单元格中输入公式“=RANK(B2,B2:B8)”，得到的是第一位销售员的销售业绩。目前公式是没有什么错误的。

C2 =RANK(B2,B2:B8)

	A	B	C	D	E
1	姓名	业绩	名次		
2	何玉	39000	1		
3	林玉洁	38700			
4	马俊	25200			
5	李明璐	32400			
6	刘蕊	32960			
7	张中阳	24500			
8	林晓辉	37200			

相对引用

图 3-6

当向下填充公式到 C3 单元格时，得到的就是错误的结果了（因为用于排名的数值区域发生了变化，已经不是整个数值区域），如图 3-7 所示。

C3 =RANK(B3,B3:B9)

	A	B	C	D	E
1	姓名	业绩	名次		
2	何玉	39000	1		
3	林玉洁	387	1		
4	马俊	25200			
5	李明璐	32400			
6	刘蕊	32960			
7	张中阳	24500			
8	林晓辉	37200			

图 3-7

继续向下复制公式，可以看到返回的名次都是错的，如图 3-8 所示。

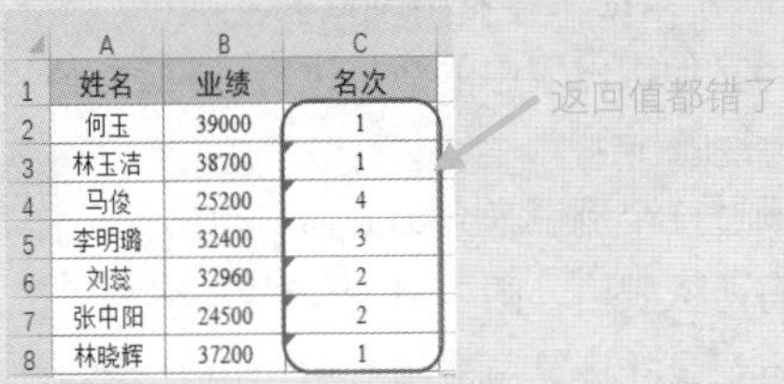

	A	B	C
1	姓名	业绩	名次
2	何玉	39000	1
3	林玉洁	38700	1
4	马俊	25200	4
5	李明璐	32400	3
6	刘蕊	32960	2
7	张中阳	24500	2
8	林晓辉	37200	1

返回值都错了

图 3-8

在这种情况下，显然 RANK 函数用于排名的数值区域这个数据源是不能发生变化的，必须对其进行绝对引用。因此将公式更改为“=RANK(B2,$B$2:$B$8)”，然后向下复制公式，即可得到正确的结果，如图 3-9 所示。

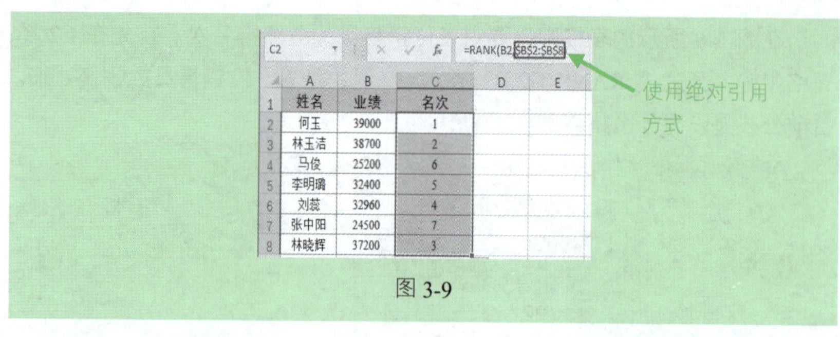

	A	B	C	D	E
1	姓名	业绩	名次		
2	何玉	39000	1		
3	林玉洁	38700	2		
4	马俊	25200	6		
5	李明璐	32400	5		
6	刘蕊	32960	4		
7	张中阳	24500	7		
8	林晓辉	37200	3		

图 3-9

定位任意单元格，可以看到只有相对引用的单元格发生了变化，绝对引用的单元格没有任何变化，如图 3-10 所示。

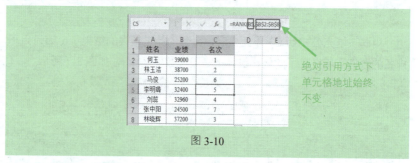

C5　=RANK(B5,$B$2:$B$8)

	A	B	C	D	E
1	姓名	业绩	名次		
2	何玉	39000	1		
3	林玉洁	38700	2		
4	马俊	25200	6		
5	李明璐	32400	5		
6	刘蕊	32960	4		
7	张中阳	24500	7		
8	林晓辉	37200	3		

绝对引用方式下单元格地址始终不变

图 3-10

3. 引用当前工作表之外的单元格

扫一扫，看视频

日常工作中会不断产生众多数据，这些数据会根据性质的不同被记录在不同的工作表中。在进行数据计算时，如果要对关联数据进行合并计算或引用判断等，就需要在建立公式时引用其他工作表中的数据。

在引用其他工作表中的数据进行计算时，需要按如下格式来引用。

工作表名!数据源地址

下面通过一个例子来介绍如何引用其他工作表中的数据进行计算。当前工作簿中有两张表格，图 3-11 所示的表格为“员工培训成绩表”，用于对成绩数据进行记录并计算总成绩；图 3-12 所示的表格为“平均分统计表”，用于对成绩按分部求平均值。显然，求平均值的运算需要引用“员工培训成绩表”中的数据。

❶ 在“平均分统计表”中选中目标单元格，在编辑栏中应用“=AVERAGE()”函数，将光标定位到括号中，如图 3-13 所示。

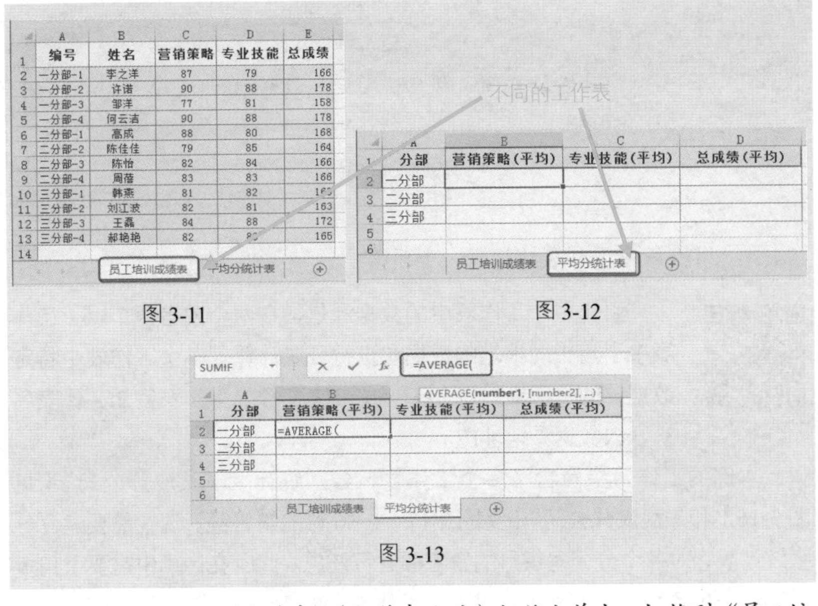

图 3-11　　图 3-12

图 3-13

❷ 在“员工培训成绩表”（工作表名称）标签上单击，切换到“员工培训成绩表”中，选中要参与计算的数据（选择时可以看到编辑栏中会同步显示），如图 3-14 所示。

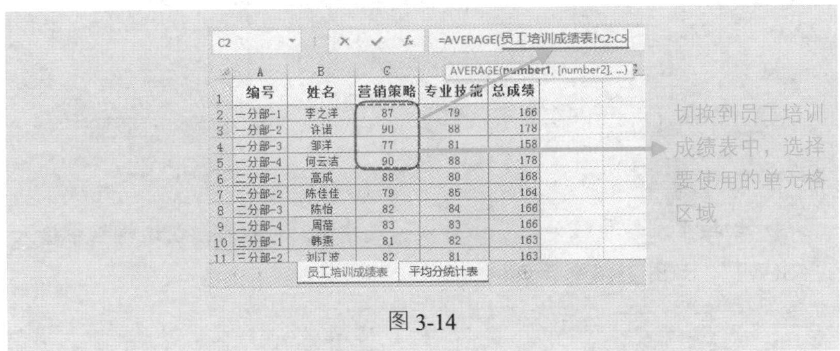

图 3-14

❸ 如果此时公式输入完成了，则按 Enter 键结束输入（图 3-15 已得出计算值）；如果公式还未完成建立，则手工输入。当要引用单元格区域时，则先单击目标工作表标签，切换到目标工作表中，再去选择目标区域即可。

注意：

在需要引用其他工作表中的单元格时，也可以直接在编辑栏中输入公式，但注意要使用“工作表名!数据源地址”这种格式。

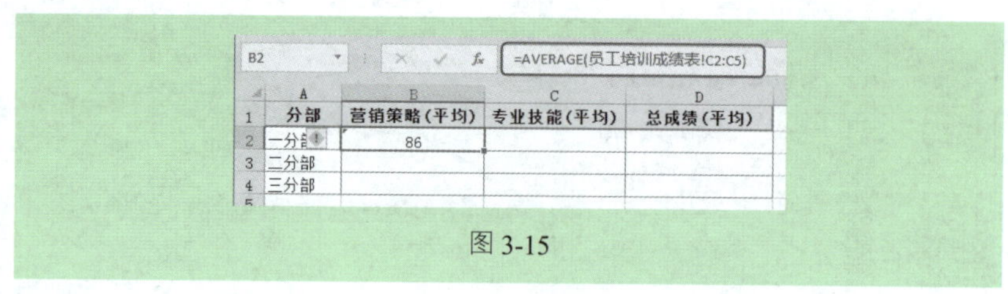

图 3-15

4. 引用多个工作表中的同一单元格

扫一扫，看视频

引用多个工作表中的数据源是指在两个或者两个以上工作表中引用相同地址的数据源进行公式计算。多个工作表中特定数据源的引用格式为“=函数('工作表名 1:工作表名 2:工作表名 3……'!数据源地址)”。

本例的工作簿中包含了多个工作表，分别统计了“长沙分公司”（见图 3-16）和“武汉分公司”（见图 3-17）1～6 月的销售额。现在需要建立一张统计表，对各个分公司每月的销售额进行汇总。此时在计算中需要引用多个工作表中的同一单元格进行计算，具体操作如下：

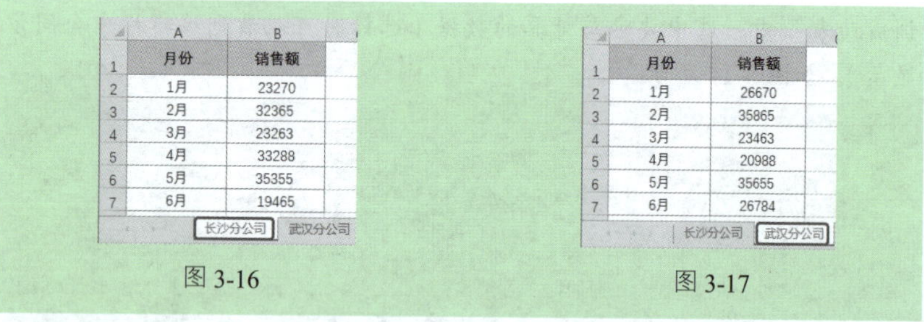

月份	销售额
1月	23270
2月	32365
3月	23263
4月	33288
5月	35355
6月	19465

图 3-16

月份	销售额
1月	26670
2月	35865
3月	23463
4月	20988
5月	35655
6月	26784

图 3-17

❶ 切换至“销售统计表”工作表，选中 B2 单元格，在编辑栏中输入“=SUM(”，如图 3-18 所示。

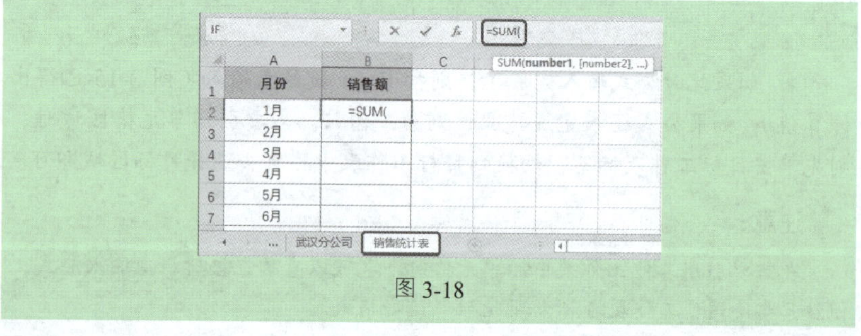

图 3-18

❷ 单击“长沙分公司”工作表标签（见图 3-19），按住 Shift 键不放，再单击“武汉分公司”工作表标签（此时选中的工作表组成一个工作组，如果这两个工作表中间还有其他工作表，也一起补充选中），然后单击 B2 单元格，此时可以看到公式为“=SUM('长沙分公司:武汉分公司'!B2”，如图 3-20 所示。

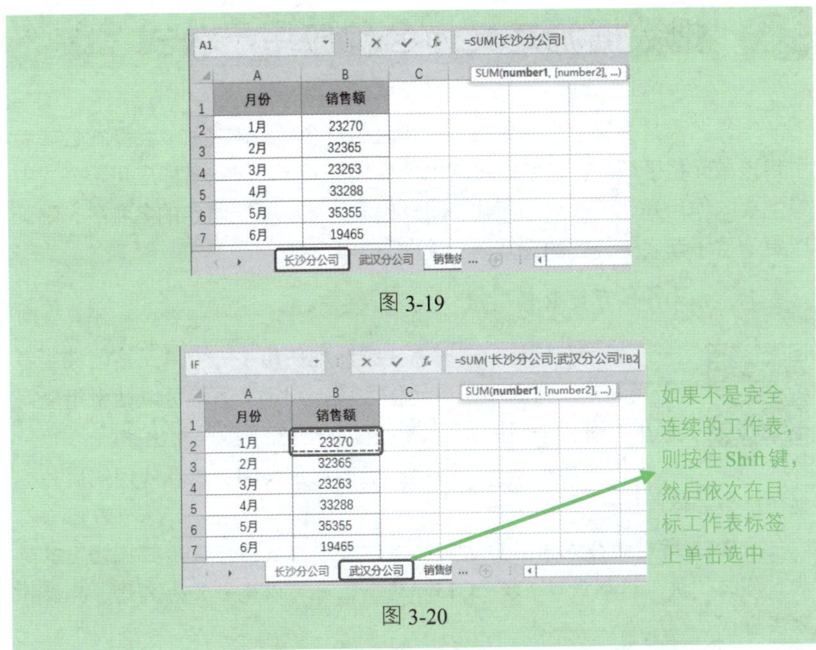

=SUM(长沙分公司!
=SUM('长沙分公司:武汉分公司'!B2
如果不是完全连续的工作表，则按住 Shift 键，然后依次在目标工作表标签上单击选中

图 3-19

图 3-20

❸ 输入公式后面的右括号，按 Enter 键即可进行数据计算，并自动返回到“销售统计表”工作表的 B2 单元格，如图 3-21 所示。

❹ 向下填充 B2 单元格的公式至 B7 单元格，即可依次得到其他月份的总销售业绩。例如，选中 B4 单元格对比公式，如图 3-22 所示。

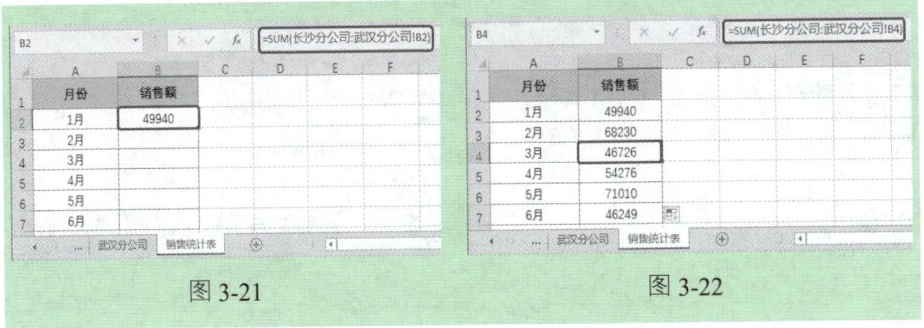

图 3-21　　图 3-22

注意：

在上例中要通过复制的方式获取其他月份的总销售额，前提是保证用于计算的多个表格的结构要一样，因为这个公式复制也是相对数据源引用的例子，随着公式的向下复制，用于计算的数据源也相应发生改变。

3.2 把数据源定义为名称应用于公式

定义名称是指将一个单元格区域指定为一个特有的名称，当要在公式中引用该单元格区域时，只要输入这个名称代替即可。因此名称应用于公式中最主要的作用是让公式更加简化，同时如果为名称指定特定的名称名，则可以更加益于读者对公式的理解。

1. 定义名称方便数据引用

扫一扫，看视频

如果在设计公式时需要频繁地使用某一个单元格区域或者引用其他工作表中的单元格区域，则定义名称可以让引用变得简单，避免来回切换选取的麻烦，也能有效防止出错。

下面简单学习一下名称是如何定义的，以及如何使用名称来代替单元格区域。

图 3-23 所示的公式中引用了其他工作表中的数据，显示数据繁冗不简洁。那么“员工培训成绩表!C2:C13”这个区域可以先定义为名称。其操作方法为：

首先选中目标单元格区域，然后在名称框中输入名称（见图 3-24），按 Enter 键即可完成该名称的定义。

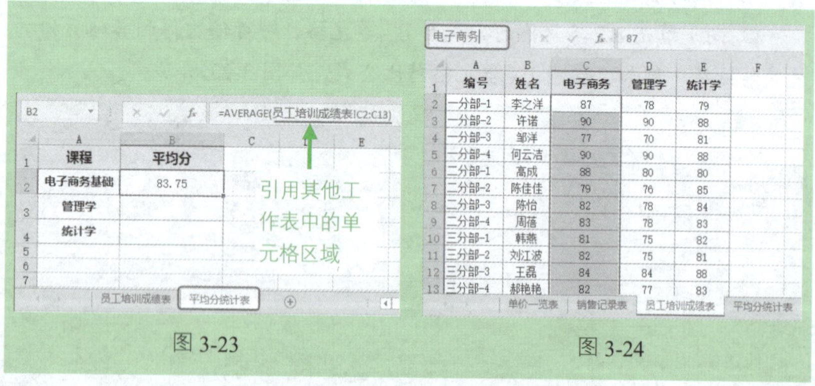

编号	姓名	电子商务	管理学	统计学
一分部-1	李之洋	87	78	79
一分部-2	许诺	90	90	88
一分部-3	邹洋	77	70	81
一分部-4	何云洁	90	90	88
二分部-1	高成	88	80	80
二分部-2	陈佳佳	79	76	85
二分部-3	陈怡	82	78	84
二分部-4	周蓓	83	78	83
三分部-1	韩燕	81	75	82
三分部-2	刘江波	82	75	81
三分部-3	王磊	84	84	88
三分部-4	郝艳艳	82	77	83

图 3-23　　图 3-24

定义名称后，在公式中则可以使用“电子商务”来代替“员工培训成绩表!C2:C13”这个区域，而不必再跨表选择单元格区域，如图 3-25 所示。

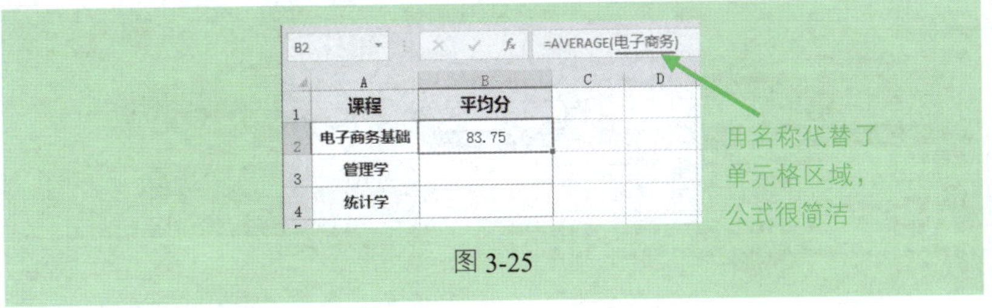

图 3-25

2. 名称的管理

对名称的管理包括定义名称、删除名称、修改名称的引用位置，重命名名称等。

定义名称最简便的方法就是前面小节中讲到的只要选中单元格区域，在名称栏中输入后按 Enter 键即可。但注意程序对名称名是有规范要求的，即名称的第一个字符必须是字母、汉字、下划线或反斜杠（\），其他字符可以是字母、汉字、半角句号或下划线。另外，名称不能与单元格名称（如 A1、B2 等）相同。

创建了名称之后，如果需要对名称进行管理，可以打开“名称管理器”对话框进行编辑。

❶ 在“公式”选项卡的“定义的名称”组中单击“名称管理器”按钮（见图 3-26），打开“名称管理器”对话框。

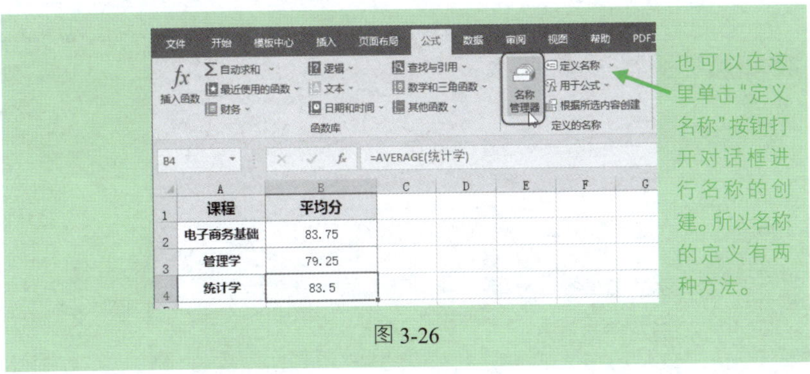

图 3-26

❷ 选中需要修改的名称，可以在下面的“引用位置”框中重新设置引用位置，如图 3-27 所示；或者单击“编辑”按钮，打开“编辑名称”对话

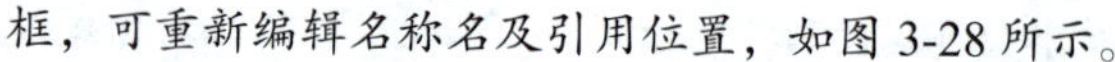

框，可重新编辑名称名及引用位置，如图 3-28 所示。

❸ 如果有名称不再需要使用，则选中名称后，单击“删除”按钮。

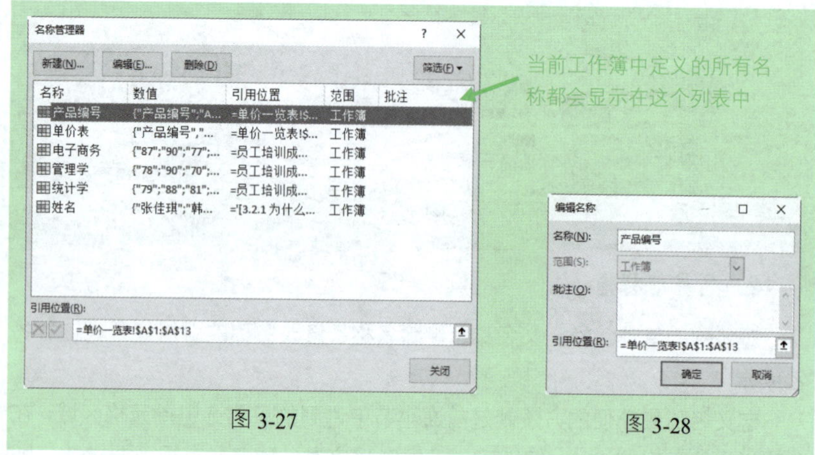

图 3-27

图 3-28

第4章　诊断改错——诊断公式返回的错误值

4.1　学会根据错误值分析与解决问题

当在 Excel 中使用公式时经常会返回各种错误值，如“#N/A”“#VALUE!”“#DIV/0!”等，出现这些错误值的原因有很多种。如果公式不能计算正确结果，Excel 将显示一个错误值。例如，在需要数字的公式中使用文本、删除了被公式引用的单元格或者找不到目标值时都会返回错误值。下面将一些错误值对应的错误原因进行分析总结，并给出相应的解决办法。

1.“####”错误值的原因解析

错误原因：输入的日期和时间为负数，返回“####”错误值。

解决方法：将输入的日期和时间前的负号删除。

扫一扫，看视频

本例的工作表中统计了公司员工的学历、籍贯及出生日期。由于输入错误，导致出生日期部分单元格出现“####”错误值。

❶ 选中 F5 单元格，将光标定位在编辑栏中，选中日期之前的等号（=）和负号（–），如图 4-1 所示。

❷ 按 Delete 键删除，即可解决“####”错误值，完整地显示正确的日期，效果如图 4-2 所示。

NETWORK...　=-1990/12/1

	A	B	C	D	E	F
1	员工编号	销售组	姓名	学历	籍贯	出生日期
2	‘001	1组	张佳佳	本科	湘潭市	1990/9/13
3	‘002	2组	韩玉明	专科	徐州市	1992/5/27
4	‘003	1组	周心怡	本科	南宁市	1989/3/19
5	‘004	2组	肖占兵	专科	常州市	=-1990/12/1
6	‘005	2组	高亚丽	专科	汉中市	1995/2/16
7	‘006	1组	赵思新	本科	宜昌市	##################
8	‘007	1组	潘恩华	专科	株洲市	1988/5/23
9	‘008	2组	李晓梅	专科	曲阜市	1991/4/17
10	‘009	2组	周家明	本科	安阳市	1990/4/21

图 4-1

F5　1990/12/1

	A	B	C	D	E	F
1	员工编号	销售组	姓名	学历	籍贯	出生日期
2	‘001	1组	张佳佳	本科	湘潭市	1990/9/13
3	‘002	2组	韩玉明	专科	徐州市	1992/5/27
4	‘003	1组	周心怡	本科	南宁市	1989/3/19
5	‘004	2组	肖占兵	专科	常州市	1990/12/1
6	‘005	2组	高亚丽	专科	汉中市	1995/2/16
7	‘006	1组	赵思新	本科	宜昌市	##################
8	‘007	1组	潘恩华	专科	株洲市	1988/5/23

图 4-2

2. “#DIV/0!”错误值的原因解析

扫一扫，看视频

错误原因：公式中包含除数为 0 的值或空白单元格。

解决方法：使用 IFERROR 函数来解决。

❶ 图 4-3 所示的工作表中列出了一些被除数和除数，由于除数中（B2、B4 单元格）有 0 值和空白单元格，导致“商”列中出现了“#DIV/0!”错误值。

❷ 在表格中将光标定位在单元格 C2 中，输入公式“=IFERROR(A2/B2,"")”，如图 4-4 所示。

	A	B	C
1	被除数	除数	商
2	43	0	#DIV/0!
3	56	5	11.20
4	79		#DIV/0!
5	261	10	26.10
6	280	3	93.33

图 4-3

IF =IFERROR(A2/B2,"")

	A	B	C	D
1	被除数	除数	商	
2	43	0	ROR(A2/B2,"")	
3	56	5	11.20	
4	79		#DIV/0!	
5	261	10	26.10	
6	280	3	93.33	

图 4-4

❸ 按 Enter 键即可快速进行除法运算，返回空值，效果如图 4-5 所示。

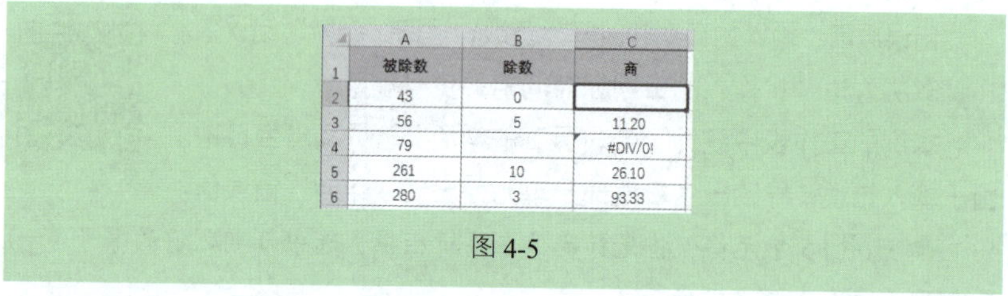

	A	B	C
1	被除数	除数	商
2	43	0	
3	56	5	11.20
4	79		#DIV/0!
5	261	10	26.10
6	280	3	93.33

图 4-5

3. “#N/A”错误值的原因解析

扫一扫，看视频

原因 1：数据源引用错误

错误原因：公式引用的数据源不正确，或者不能使用。

解决方法：引用正确的数据源。

本例的工作表中统计了公司员工的学历、性别、入职时间以及年龄等相关信息，建立公式实现通过输入姓名即可查询该员工年龄，但是由于输入的姓名错误，导致公式所在单元格出现“#N/A”错误值，如图 4-6 所示。

❶ 选中 G2 单元格，在单元格中将错误的员工姓名更改为“高亚丽”（即这个姓名在 A 列中要能对应找到），如图 4-7 所示。

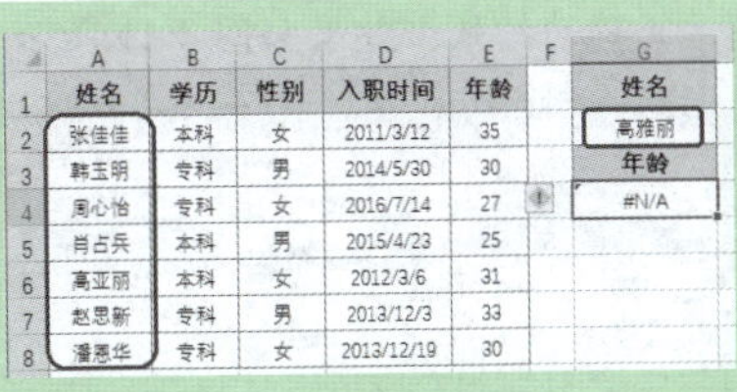

	A	B	C	D	E	F	G
1	姓名	学历	性别	入职时间	年龄		姓名
2	张佳佳	本科	女	2011/3/12	35		高雅丽
3	韩玉明	专科	男	2014/5/30	30		年龄
4	周心怡	专科	女	2016/7/14	27		#N/A
5	肖占兵	本科	男	2015/4/23	25		
6	高亚丽	本科	女	2012/3/6	31		
7	赵思新	专科	男	2013/12/3	33		
8	潘恩华	专科	女	2013/12/19	30		

图 4-6

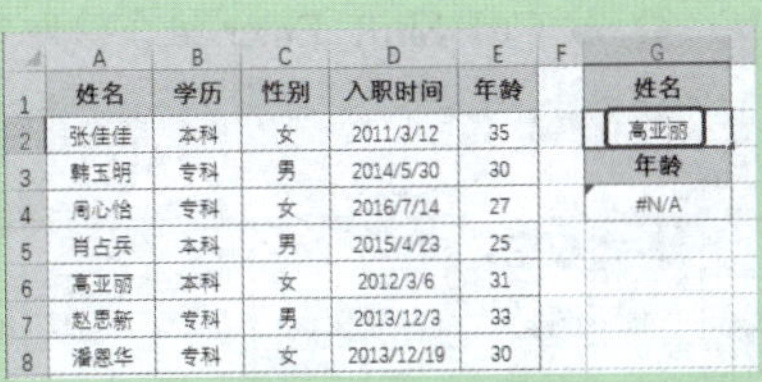

	A	B	C	D	E	F	G
1	姓名	学历	性别	入职时间	年龄		姓名
2	张佳佳	本科	女	2011/3/12	35		高亚丽
3	韩玉明	专科	男	2014/5/30	30		年龄
4	周心怡	专科	女	2016/7/14	27		#N/A
5	肖占兵	本科	男	2015/4/23	25		
6	高亚丽	本科	女	2012/3/6	31		
7	赵思新	专科	男	2013/12/3	33		
8	潘恩华	专科	女	2013/12/19	30		

图 4-7

❷ 退出单元格编辑状态即可解决“#N/A”错误值，显示正确的查找结果，效果如图 4-8 所示。

	A	B	C	D	E	F	G
1	姓名	学历	性别	入职时间	年龄		姓名
2	张佳佳	本科	女	2011/3/12	35		高亚丽
3	韩玉明	专科	男	2014/5/30	30		年龄
4	周心怡	专科	女	2016/7/14	27		31
5	肖占兵	本科	男	2015/4/23	25		
6	高亚丽	本科	女	2012/3/6	31		
7	赵思新	专科	男	2013/12/3	33		
8	潘恩华	专科	女	2013/12/19	30		

图 4-8

原因 2：数组公式中行数和列数引用不一致

错误原因：数组公式中使用的参数的行数或列数与包含数组公式的区域的行数或列数不一致。

解决方法：正确选取相同的行数和列数区域。

在下面的工作表中统计了销量和单价，计算总销售额时引用的行数中数组公式的行和列不一致，导致公式所在单元格出现“#N/A”错误值，如图 4-9 所示。

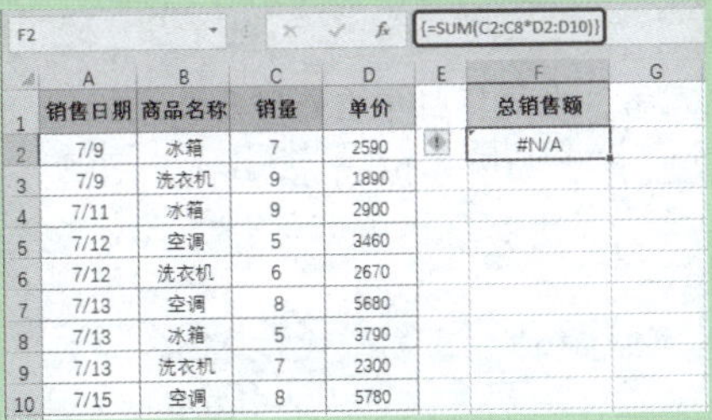

F2 {=SUM(C2:C8*D2:D10)}

	A	B	C	D	E	F	G
1	销售日期	商品名称	销量	单价		总销售额	
2	7/9	冰箱	7	2590		#N/A	
3	7/9	洗衣机	9	1890			
4	7/11	冰箱	9	2900			
5	7/12	空调	5	3460			
6	7/12	洗衣机	6	2670			
7	7/13	空调	8	5680			
8	7/13	冰箱	5	3790			
9	7/13	洗衣机	7	2300			
10	7/15	空调	8	5780			

图 4-9

❶ 在表格中将光标定位在 F2 单元格中，重新修改公式为“=SUM(C2:C10*D2:D10)”，如图 4-10 所示。

❷ 按 Ctrl+Shift+Enter 组合键即可显示正确的结果，效果如图 4-11 所示。

IF =SUM(C2:C10*D2:D10)

	A	B	C	D	E	F
1	销售日期	商品名称	销量	单价		总销售额
2	7/9	冰箱	7	2590		C10*D2:D10)
3	7/9	洗衣机	9	1890		
4	7/11	冰箱	9	2900		
5	7/12	空调	5	3460		
6	7/12	洗衣机	6	2670		
7	7/13	空调	8	5680		
8	7/13	冰箱	5	3790		
9	7/13	洗衣机	7	2300		
10	7/15	空调	8	5780		

图 4-10

F2 {=SUM(C2:C10*D2:D10)}

	A	B	C	D	E	F
1	销售日期	商品名称	销量	单价		总销售额
2	7/9	冰箱	7	2590		221290
3	7/9	洗衣机	9	1890		
4	7/11	冰箱	9	2900		
5	7/12	空调	5	3460		
6	7/12	洗衣机	6	2670		
7	7/13	空调	8	5680		
8	7/13	冰箱	5	3790		
9	7/13	洗衣机	7	2300		
10	7/15	空调	8	5780		

图 4-11

4. “#NAME?”错误值的原因解析

扫一扫，看视频

原因 1：公式中的文本要添加双引号

错误原因：在公式中引用文本时没有加双引号。

解决方法：为公式中引用的文本添加双引号。

本例表格为公司各系列产品的每月销量数据，在使用公式输入总销量考评结果时，由于在公式中引用的文本“优”“良”“差”没有加双引号，导致错误值的出现，如图 4-12 所示。

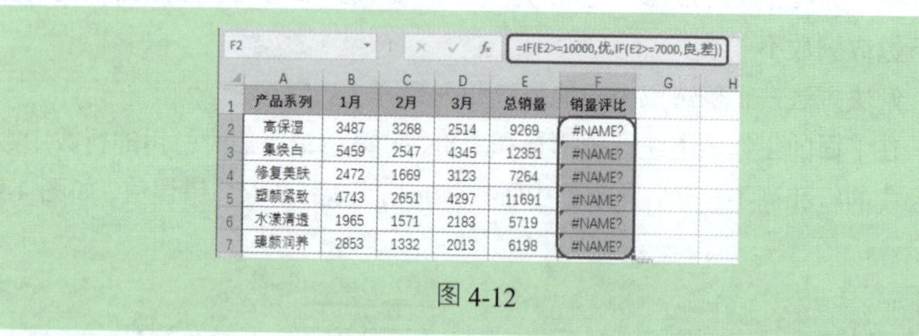

F2 =IF(E2>=10000,优,IF(E2>=7000,良,差))

	A	B	C	D	E	F	G	H
1	产品系列	1月	2月	3月	总销量	销量评比		
2	高保湿	3487	3268	2514	9269	#NAME?		
3	集焕白	5459	2547	4345	12351	#NAME?		
4	修复美肤	2472	1669	3123	7264	#NAME?		
5	提颜紧致	4743	2651	4297	11691	#NAME?		
6	水漾清透	1965	1571	2183	5719	#NAME?		
7	臻颜润养	2853	1332	2013	6198	#NAME?		

图 4-12

❶ 选中 F2 单元格，在编辑栏中重新修改公式为“=IF(E2>=10000,"优",IF(E2>=7000,"良","差"))”，如图 4-13 所示。

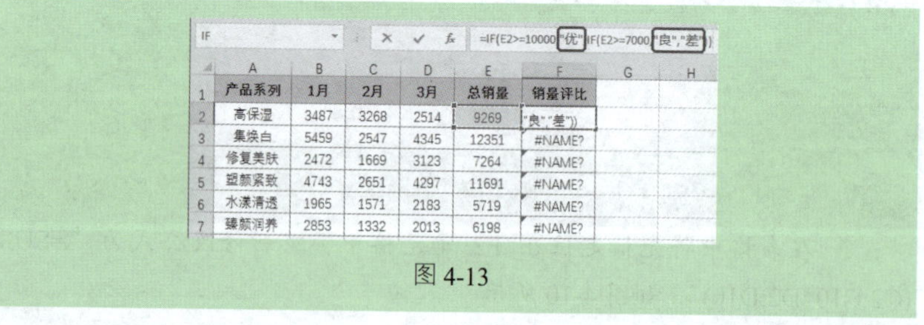

IF =IF(E2>=10000,"优",IF(E2>=7000,"良","差"))

	A	B	C	D	E	F	G	H
1	产品系列	1月	2月	3月	总销量	销量评比		
2	高保湿	3487	3268	2514	9269	"良","差"))		
3	集焕白	5459	2547	4345	12351	#NAME?		
4	修复美肤	2472	1669	3123	7264	#NAME?		
5	提颜紧致	4743	2651	4297	11691	#NAME?		
6	水漾清透	1965	1571	2183	5719	#NAME?		
7	臻颜润养	2853	1332	2013	6198	#NAME?		

图 4-13

❷ 按 Enter 键即可显示正确的结果，如图 4-14 所示。

F2 =IF(E2>=10000,"优",IF(E2>=7000,"良","差"))

	A	B	C	D	E	F
1	产品系列	1月	2月	3月	总销量	销量评比
2	高保湿	3487	3268	2514	926[illegible]	良
3	集焕白	5459	2547	4345	12351	#NAME?
4	修复美肤	2472	1669	3123	7264	#NAME?
5	塑颜紧致	4743	2651	4297	11691	#NAME?
6	水漾清透	1965	1571	2183	5719	#NAME?
7	臻颜润养	2853	1332	2013	6198	#NAME?

图 4-14

❸ 利用公式填充功能，重新对其他系列产品的总销量进行评定，结果如图 4-15 所示。

	A	B	C	D	E	F
1	产品系列	1月	2月	3月	总销量	销量评比
2	高保湿	3487	3268	2514	9269	良
3	集焕白	5459	2547	4345	12351	优
4	修复美肤	2472	1669	3123	7264	良
5	塑颜紧致	4743	2651	4297	11691	优
6	水漾清透	1965	1571	2183	5719	差
7	臻颜润养	2853	1332	2013	6198	差

图 4-15

原因 2：公式中引用了没有定义的名称

错误原因：在公式中引用了没有定义的名称。

解决方法：重新定义名称再应用到公式中。

本例的工作表中要求统计出某个部门的总销售额，在使用 SUMIF 函数时公式中应用了名称（见图 4-16），但是从打开的“名称管理器”对话框中可以看到，并不存在“部门”这个名称，如图 4-17 所示。

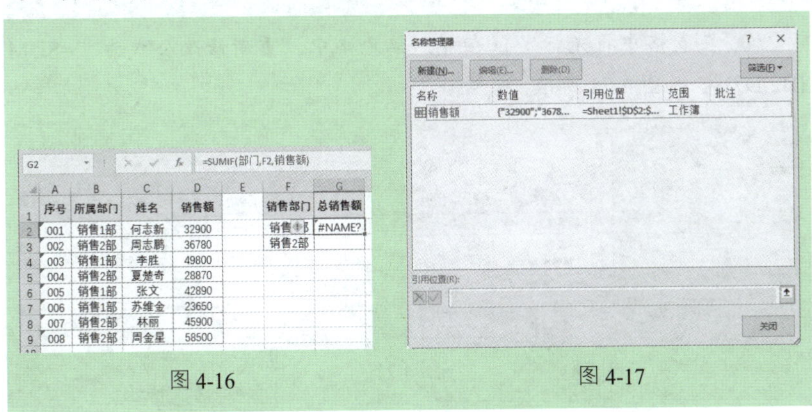

G2 =SUMIF(部门,F2,销售额)

	A	B	C	D	E	F	G
1	序号	所属部门	姓名	销售额		销售部门	总销售额
2	001	销售1部	何志新	32900		销售1部	#NAME?
3	002	销售2部	周志鹏	36780		销售2部	
4	003	销售1部	李胜	49800			
5	004	销售2部	夏楚奇	28870			
6	005	销售1部	张文	42890			
7	006	销售1部	苏维金	23650			
8	007	销售2部	林丽	45900			
9	008	销售2部	周金星	58500			

图 4-16　　图 4-17

重新选中 B2:B9 单元格区域，在名称框中输入名称（见图 4-18），按 Enter 键完成名称的建立。这时公式单元格中自动返回了正确值，如图 4-19 所示。

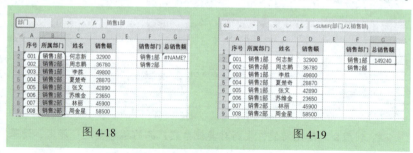

部门　销售1部

	A	B	C	D	E	F	G
1	序号	所属部门	姓名	销售额		销售部门	总销售额
2	001	销售1部	何志新	32900		销售1部	#NAME?
3	002	销售2部	周志鹏	36780		销售2部	
4	003	销售1部	李胜	49800			
5	004	销售2部	夏楚奇	28870			
6	005	销售1部	张文	42890			
7	006	销售1部	苏维金	23650			
8	007	销售2部	林丽	45900			
9	008	销售2部	周金星	58500			

图 4-18

G2　=SUMIF(部门,F2,销售额)

	A	B	C	D	E	F	G
1	序号	所属部门	姓名	销售额		销售部门	总销售额
2	001	销售1部	何志新	32900		销售1部	149240
3	002	销售2部	周志鹏	36780		销售2部	
4	003	销售1部	李胜	49800			
5	004	销售2部	夏楚奇	28870			
6	005	销售1部	张文	42890			
7	006	销售1部	苏维金	23650			
8	007	销售2部	林丽	45900			
9	008	销售2部	周金星	58500			

图 4-19

原因 3：引用单元格区域时缺少冒号

错误原因：区域引用中漏掉了冒号（:）运算符。

解决方法：添加漏掉的冒号。

本例的工作表需要使用公式计算一季度总销量，由于引用单元格区域时漏掉了冒号“:”，这就不是一个正确格式的单元格区域了，因此出现了“#NAME?”错误值（见图 4-20）。

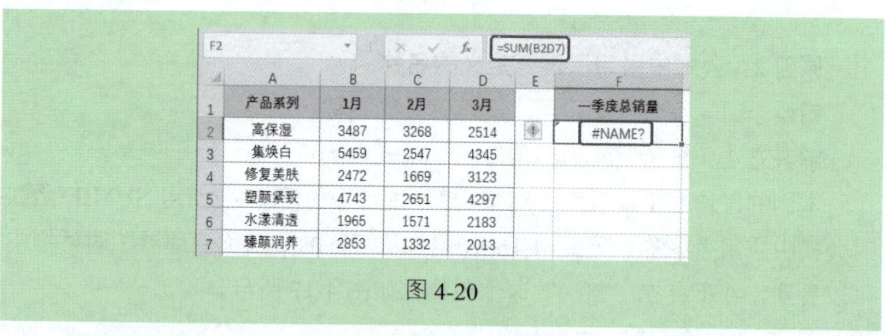

F2　=SUM(B2D7)

	A	B	C	D	E	F
1	产品系列	1月	2月	3月		一季度总销量
2	高保湿	3487	3268	2514		#NAME?
3	集焕白	5459	2547	4345		
4	修复美肤	2472	1669	3123		
5	塑颜紧致	4743	2651	4297		
6	水漾清透	1965	1571	2183		
7	臻颜润养	2853	1332	2013		

图 4-20

❶ 在表格中将光标定位在 F2 单元格中，重新修改公式为“=SUM(B2:D7)”，如图 4-21 所示。

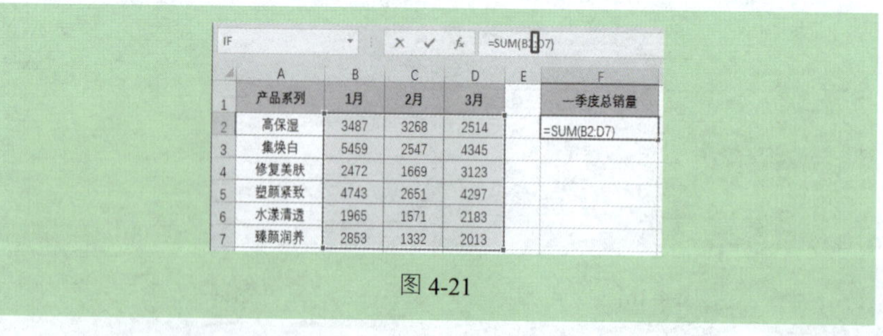

IF　=SUM(B2:D7)

	A	B	C	D	E	F
1	产品系列	1月	2月	3月		一季度总销量
2	高保湿	3487	3268	2514		=SUM(B2:D7)
3	集焕白	5459	2547	4345		
4	修复美肤	2472	1669	3123		
5	塑颜紧致	4743	2651	4297		
6	水漾清透	1965	1571	2183		
7	臻颜润养	2853	1332	2013		

图 4-21

❷ 按 Enter 键即可显示正确的结果，如图 4-22 所示。

	A	B	C	D	E	F
1	产品系列	1月	2月	3月		一季度总销量
2	高保湿	3487	3268	2514		52492
3	集焕白	5459	2547	4345		
4	修复美肤	2472	1669	3123		
5	塑颜紧致	4743	2651	4297		
6	水漾清透	1965	1571	2183		
7	臻颜润养	2853	1332	2013		

图 4-22

原因 4：函数名称拼写错误

错误原因：输入的函数名称拼写错误。

解决方法：重新正确输入函数名称即可解决错误值。

5. “#NUM!”错误值的原因解析

错误原因：在公式中使用的函数引用了一个无效的参数。

解决方法：正确引用函数的参数。

扫一扫，看视频

本例的工作表需要使用公式计算 A 列中数值的算术平均值，由于部分引用的数据为负数，导致出现了“#NUM!”错误值，如图 4-23 所示。

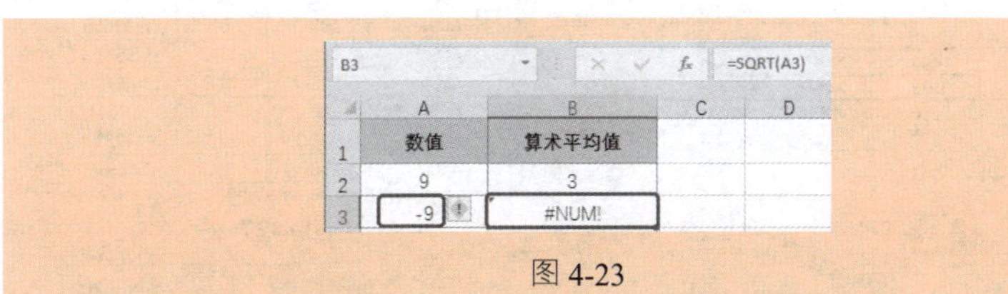

B3 =SQRT(A3)

	A	B	C	D
1	数值	算术平均值		
2	9	3		
3	-9	#NUM!		

图 4-23

❶ 在表格中将光标定位在单元格 B2 中，重新修改公式为“=SQRT(ABS(A3))”，如图 4-24 所示。

❷ 按 Enter 键即可显示正确的结果（因为 ABS 函数用于将负值转换为正值），如图 4-25 所示。

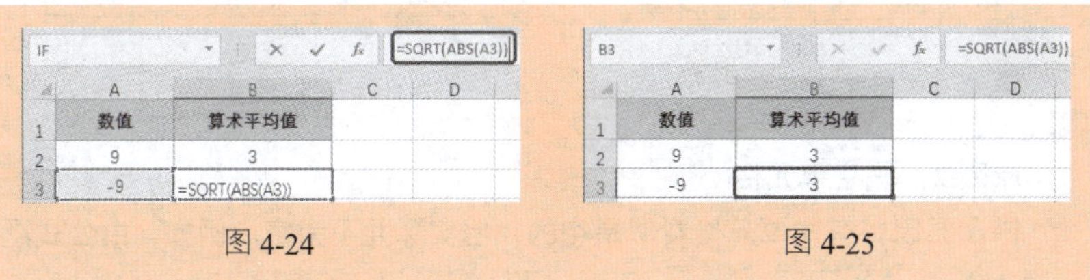

IF =SQRT(ABS(A3))

	A	B	C	D
1	数值	算术平均值		
2	9	3		
3	-9	=SQRT(ABS(A3))		

图 4-24

B3 =SQRT(ABS(A3))

	A	B	C	D
1	数值	算术平均值		
2	9	3		
3	-9	3		

图 4-25

6. “#VALUE!”错误值的原因解析

扫一扫，看视频

原因 1：不正确的数据类型参与了运算

错误原因：公式中参数的数据类型不正确。例如，文本类型的数据参与了数值运算；当有日期参与计算时，使用了程序不能识别的规范日期等。

解决方法：对错误的数据源重新修改。

本例的工作表在计算销售员的销售金额时，由于参与计算的参数有的带上了产品单位（这样的数据为文本数据），当使用公式计算销售金额时则出现了“#VALUE!”错误值，如图 4-26 所示。

选中 B5 和 B7 单元格，将“件”字删除，按 Enter 键即可返回正确的计算结果，如图 4-27 所示。

再如，在图 4-28 所示的表格中，因为日期不是规范日期，所以返回“#VALUE!”错误值。只要将日期更改为程序能识别的规范日期，即可解决问题，如图 4-29 所示。

D5 =B5*C5

	A	B	C	D
1	产品编号	销售数量	单价	销售金额
2	A001	331	45.8	15159.8
3	A002	237	20.4	4834.8
4	A003	325	20.1	6532.5
5	A004	192件	6	#VALUE!
6	A005	446	12.4	5530.4
7	A006	198件	24.6	#VALUE!
8	A007	286	14	4004
9	A008	248	12.3	3050.4
10	A009	290	5.4	1566

图 4-26

	A	B	C	D
1	产品编号	销售数量	单价	销售金额
2	A001	331	45.8	15159.8
3	A002	237	20.4	4834.8
4	A003	325	20.1	6532.5
5	A004	192	68	13056
6	A005	446	12.4	5530.4
7	A006	198	24.6	4870.8
8	A007	286	14	4004
9	A008	248	12.3	3050.4
10	A009	290	5.4	1566

图 4-27

E5 =DATEDIF(D5,TODAY(),"Y")

	A	B	C	D	E	F
1	员工编号	姓名	学历	出生日期	年龄	
2	001	张佳佳	本科	1990/9/13	31	
3	002	韩玉明	专科	1992/5/27	30	
4	003	周心怡	本科	1989/3/19	33	
5	004	肖占兵	专科	1990.12.1	#VALUE!	
6	005	高亚丽	专科	1995/2/16	27	
7	006	赵思新	本科	1987/7/29	34	
8	007	潘恩华	专科	1988/5/23	34	
9	008	李晓梅	专科	1991.4.17	#VALUE!	
10	009	周家明	本科	1990/4/21	32	

图 4-28

	A	B	C	D	E
1	员工编号	姓名	学历	出生日期	年龄
2	001	张佳佳	本科	1990/9/13	31
3	002	韩玉明	专科	1992/5/27	30
4	003	周心怡	本科	1989/3/19	33
5	004	肖占兵	专科	1990/12/1	31
6	005	高亚丽	专科	1995/2/16	27
7	006	赵思新	本科	1987/7/29	34
8	007	潘恩华	专科	1988/5/23	34
9	008	李晓梅	专科	1991/4/17	31
10	009	周家明	本科	1990/4/21	32

图 4-29

原因 2：假空单元格

错误原因：有些单元格看似是空的，但实际并不为空。例如，由公式返回的空值、单元格中包含特殊符号“'”或自定义单元格格式为“;;;”，这些情况都会导致单元格看似为空，一旦这些单元格参与运算，就可能返回“#VALUE!”错误值。

解决方法：针对性地选中这些假空单元格，按 Delete 键删除，使其真正成为空单元格。

如图 4-30 所示，由于使用公式在 D5 和 D7 单元格中返回了空字符串，因此在 E5 单元格中使用公式“=C5+D5”求和时出现了错误值。

选中 D5 和 D7 单元格，按 Delete 键即可解决问题，如图 4-31 所示。

D5 =IF(B5>2,B5*300,"")

	A	B	C	D	E	F
1	姓名	工龄	基本工资	工龄工资	应发工资	
2	张佳佳	5	3500	1500	5000	
3	韩玉明	3	4000	900	4900	
4	周心怡	4	3700	1200	4900	
5	肖占兵	2	4100		#VALUE!	
6	高亚丽	4	3500	1200	4700	
7	赵思新	1	4000		#VALUE!	
8	潘恩华	5	3800	1500	5300	
9	李晓梅	3	4100	900	5000	
10	周家明	4	3500	1200	4700	

图 4-30

	A	B	C	D	E
1	姓名	工龄	基本工资	工龄工资	应发工资
2	张佳佳	5	3500	1500	5000
3	韩玉明	3	4000	900	4900
4	周心怡	4	3700	1200	4900
5	肖占兵	2	4100		4100
6	高亚丽	4	3500	1200	4700
7	赵思新	1	4000		4000
8	潘恩华	5	3800	1500	5300
9	李晓梅	3	4100	900	5000
10	周家明	4	3500	1200	4700

图 4-31

又如，在图 4-32 所示的表格中，B2 单元格是真空，所以 D2 单元格中的计算结果为 0；而 B3 单元格看似为空，但 D3 单元格中为错误值，这表示 B3 中有空格或其他字符，并非真空。

选中 B3 单元格，按 Delete 键即可解决问题，如图 4-33 所示。

	A	B	C	D	E
1	产品编号	销售数量	单价	销售金额	
2	A001		45.8	0	
3	A002		20	#VALUE!	
4	A003	325	20.1	6532.5	
5	A004	192	68	13056	
6	A005	446	12.4	5530.4	
7	A006	198	24.6	4870.8	
8	A007	286	14	4004	
9	A008	248	12.3	3050.4	
10	A009	290	5.4	1566	

图 4-32

	A	B	C	D
1	产品编号	销售数量	单价	销售金额
2	A001		45.8	0
3	A002		20.4	0
4	A003	325	20.1	6532.5
5	A004	192	68	13056
6	A005	446	12.4	5530.4
7	A006	198	24.6	4870.8
8	A007	286	14	4004
9	A008	248	12.3	3050.4
10	A009	290	5.4	1566
11				

图 4-33

原因 3：公式中函数的参数与语法不一致

错误原因：在公式中函数引用的参数与语法不一致。

解决方法：重新设置该函数的参数。

7. “#REF!” 错误值的原因解析

扫一扫，看视频

错误原因：在公式计算中引用了无效的单元格。

解决方法：正确引用有效单元格或将计算结果转换为数值。

本例的销售报表中统计了公司各系列产品前两个季度的销量，用公式计算了每种产品两个季度的总销量（见图 4-34），但是由于操作错误，删除了 C 列单元格数据，导致在输入公式时使用了无效的单元格引用，出现了“#REF!”错误值，如图 4-35 所示。

	A	B	C	D
1	产品系列	1季度	2季度	上半年销量合计
2	高保湿	74446	85676	160122
3	集焕白	47568	67555	115123
4	修复美肤	88674	69685	158359
5	塑颜紧致	76855	67589	144444
6	水漾清透	87685	45855	133540
7	臻颜润养	64756	97664	162420

图 4-34

C2 =B2+#REF!

	A	B	C	D
1	产品系列	1季度	上半年销量合计	
2	高保湿	7444	#REF!	
3	集焕白	47568	#REF!	
4	修复美肤	88674	#REF!	
5	塑颜紧致	76855	#REF!	
6	水漾清透	87685	#REF!	
7	臻颜润养	64756	#REF!	

图 4-35

其解决办法如下：

❶ 在 C 列前重新插入新列（见图 4-36），在新添加的列中添加 2 季度销量数据，如图 4-37 所示。

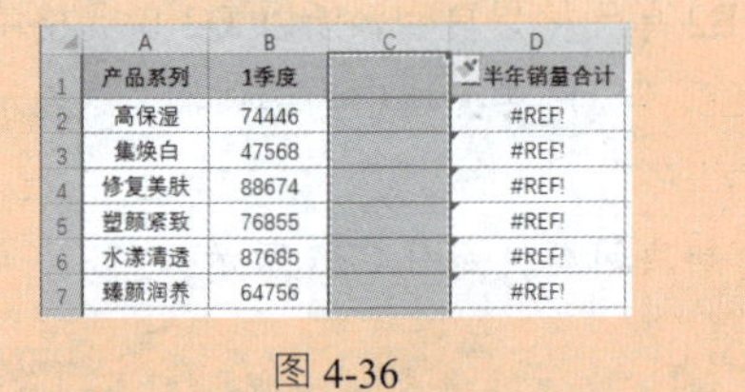

	A	B	C	D
1	产品系列	1季度		上半年销量合计
2	高保湿	74446		#REF!
3	集焕白	47568		#REF!
4	修复美肤	88674		#REF!
5	塑颜紧致	76855		#REF!
6	水漾清透	87685		#REF!
7	臻颜润养	64756		#REF!

图 4-36

	A	B	C	D
1	产品系列	1季度	2季度	上半年销量合计
2	高保湿	74446	85676	#REF!
3	集焕白	47568	67555	#REF!
4	修复美肤	88674	69685	#REF!
5	塑颜紧致	76855	67589	#REF!
6	水漾清透	87685	45855	#REF!
7	臻颜润养	64756	97664	#REF!

图 4-37

❷ 选中 D2 单元格，在编辑栏中将公式中的“#REF!”错误值改为“=B2+C2”，按 Enter 键即可显示正确的结果，并向下填充公式，结果如图 4-38 所示。

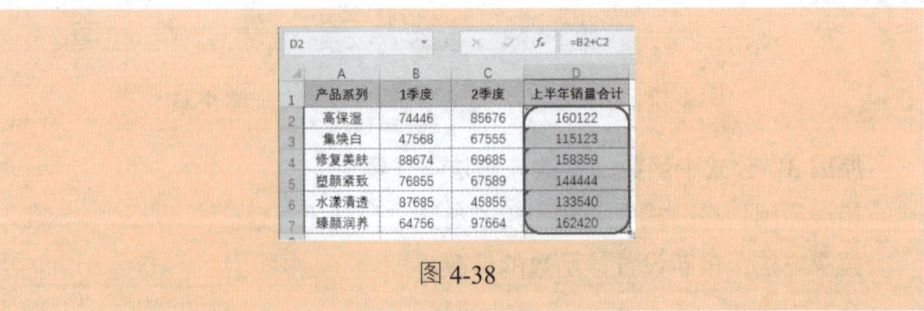

D2 =B2+C2

	A	B	C	D
1	产品系列	1季度	2季度	上半年销量合计
2	高保湿	74446	85676	160122
3	集焕白	47568	67555	115123
4	修复美肤	88674	69685	158359
5	塑颜紧致	76855	67589	144444
6	水漾清透	87685	45855	133540
7	臻颜润养	64756	97664	162420

图 4-38

8. “#NULL!”错误值的原因解析

扫一扫，看视频

错误原因：在公式中使用了不正确的区域运算符。

解决方法：在公式中正确使用区域运算符。

本例的销售报表中统计了 7 月上旬各种产品的销量及单价，需要计算总销售额，使用的公式为“=SUM(C2:C8 D2:D8)”（中间没有使用正常的运算符“*”），按 Ctrl+Shift+Enter 组合键后返回“#NULL!”错误值，如图 4-39 所示。

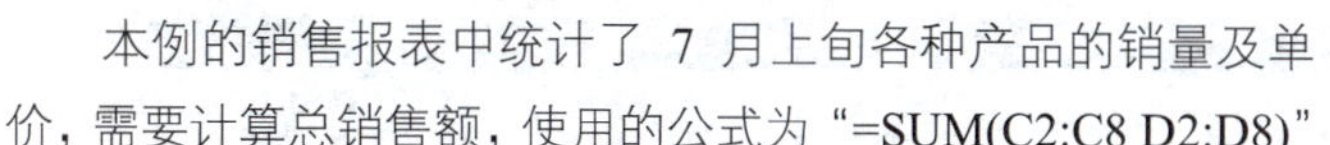

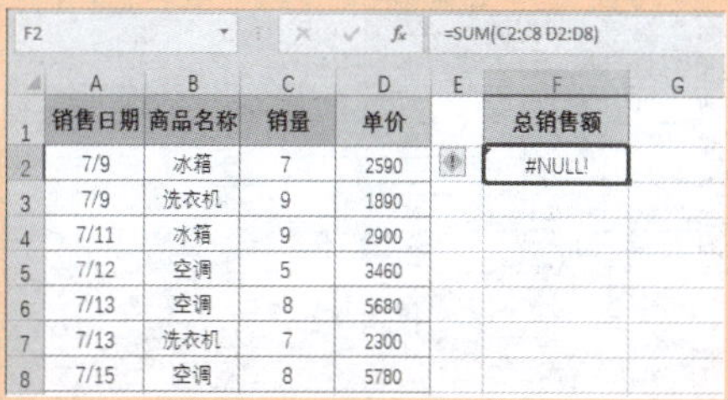

F2　　=SUM(C2:C8 D2:D8)

	A	B	C	D	E	F	G
1	销售日期	商品名称	销量	单价		总销售额	
2	7/9	冰箱	7	2590		#NULL!	
3	7/9	洗衣机	9	1890			
4	7/11	冰箱	9	2900			
5	7/12	空调	5	3460			
6	7/13	空调	8	5680			
7	7/13	洗衣机	7	2300			
8	7/15	空调	8	5780			

图 4-39

其解决办法如下：

❶ 在表格中将光标定位在 F2 单元格中，重新修改公式为“=SUM(C2:C8*D2:D8)”，如图 4-40 所示。

❷ 按 Ctrl+Shift+Enter 组合键，即可显示正确的结果，如图 4-41 所示。

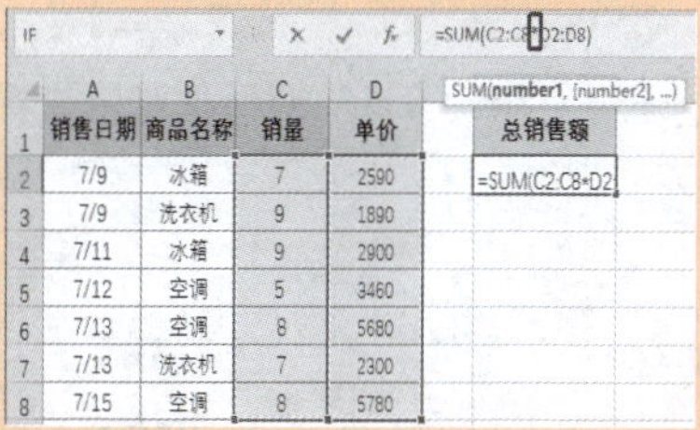

IF　　=SUM(C2:C8*D2:D8)　　SUM(number1, [number2], ...)

	A	B	C	D	E
1	销售日期	商品名称	销量	单价	总销售额
2	7/9	冰箱	7	2590	=SUM(C2:C8*D2
3	7/9	洗衣机	9	1890	
4	7/11	冰箱	9	2900	
5	7/12	空调	5	3460	
6	7/13	空调	8	5680	
7	7/13	洗衣机	7	2300	
8	7/15	空调	8	5780	

图 4-40

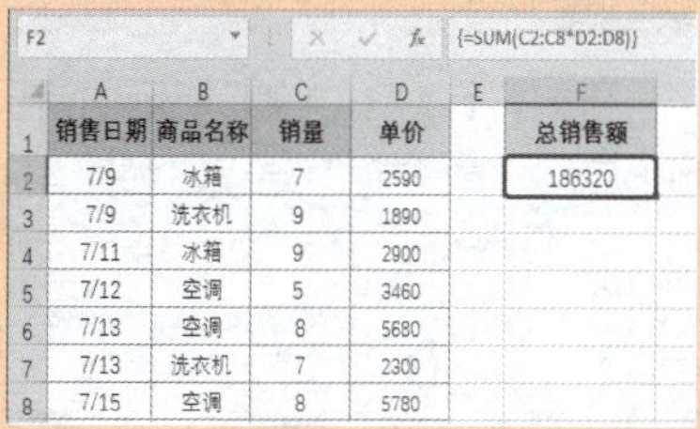

F2　　{=SUM(C2:C8*D2:D8)}

	A	B	C	D	E	F
1	销售日期	商品名称	销量	单价		总销售额
2	7/9	冰箱	7	2590		186320
3	7/9	洗衣机	9	1890		
4	7/11	冰箱	9	2900		
5	7/12	空调	5	3460		
6	7/13	空调	8	5680		
7	7/13	洗衣机	7	2300		
8	7/15	空调	8	5780		

图 4-41

9. 学会使用“错误检查”

扫一扫，看视频

“错误检查”是 Excel 中的一个功能项，当出现错误值时，可以利用它对导致错误的原因进行初步的分析，从而为解决问题提供思路。

例如，针对图 4-42 所示的错误值，选中有错误值的 E5

单元格，在“公式”选项卡的“公式审核”组中单击“错误检查”按钮（见图 4-42），打开“错误检查”对话框。“错误检查”对话框中显示某个值的数据类型有错误，如图 4-43 所示。

图 4-42

图 4-43

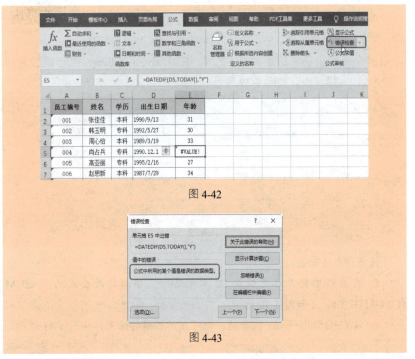

再如，针对图 4-44 所示的错误值，通过“错误检查”对话框可以查看到提示“无效名称”错误，如图 4-45 所示。

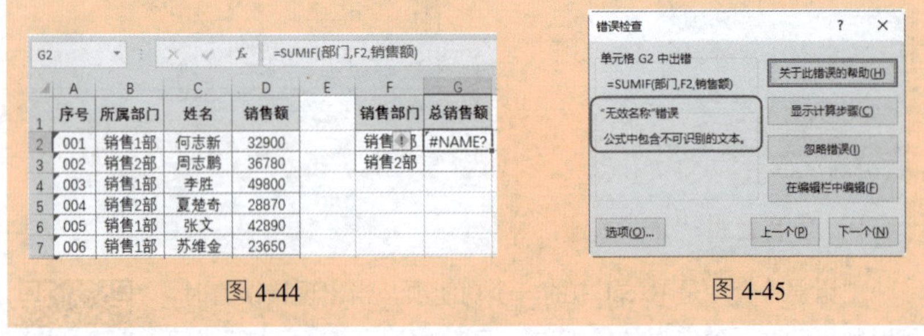

图 4-44　　图 4-45

在“错误检查”对话框中，还可以通过单击“关于此错误的帮助”按钮打开 Office 帮助，以了解更多造成公式返回错误值的原因介绍，如图 4-46

所示。

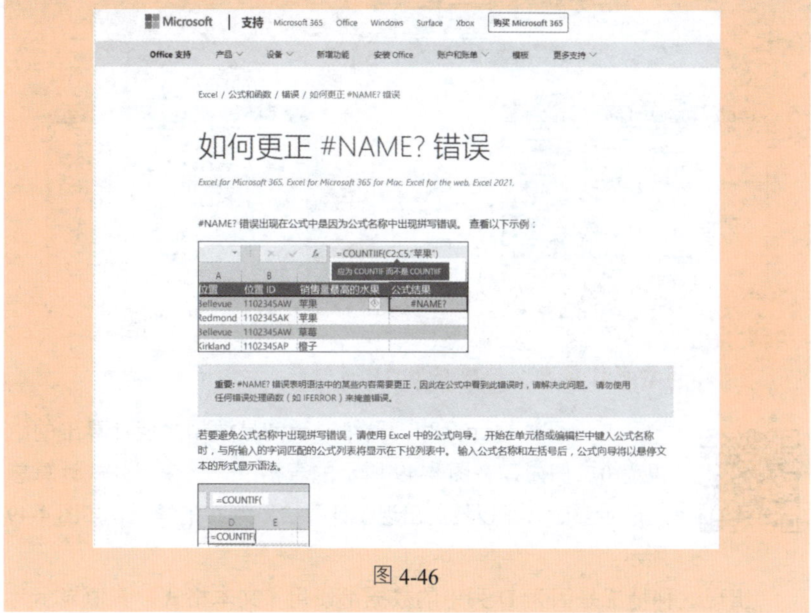

图 4-46

4.2 公式运用中的常见问题

1. 计算日期差值无法返回正确天数

扫一扫，看视频

在使用日期数据进行计算时，通常返回值依然是日期。例如，根据员工的出生日期计算年龄，或者根据员工的入职日期计算员工的工龄（见图 4-47）等，这时仍然显示日期很不便于对结果的阅读。这种情况是因为当根据日期进行计算时，显示结果的单元格会默认自动设置为日期格式，所以这时需要手动把这些单元格设置成常规格式，才能正确显示数据。

选择需要显示为常规数字的单元格，在“开始”选项卡的“数字”组中单击“数字格式”下拉按钮，在下拉列表中选择“常规”格式（见图 4-47），即可将日期变成计算出的工龄数字，如图 4-48 所示。

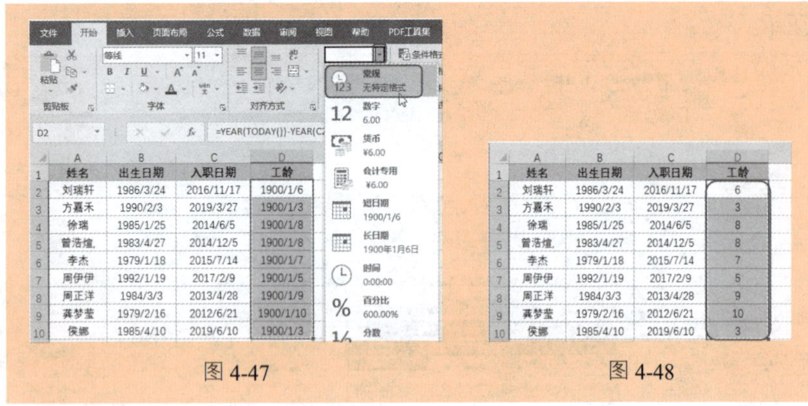

姓名	出生日期	入职日期	工龄
刘瑞轩	1986/3/24	2016/11/17	1900/1/6
方嘉禾	1990/2/3	2019/3/27	1900/1/3
徐瑞	1985/1/25	2014/6/5	1900/1/8
曾浩煊	1983/4/27	2014/12/5	1900/1/8
李杰	1979/1/18	2015/7/14	1900/1/7
周伊伊	1992/1/19	2017/2/9	1900/1/5
周正洋	1984/3/3	2013/4/28	1900/1/9
龚梦莹	1979/2/16	2012/6/21	1900/1/10
侯娜	1985/4/10	2019/6/10	1900/1/3

图 4-47

姓名	出生日期	入职日期	工龄
刘瑞轩	1986/3/24	2016/11/17	6
方嘉禾	1990/2/3	2019/3/27	3
徐瑞	1985/1/25	2014/6/5	8
曾浩煊	1983/4/27	2014/12/5	8
李杰	1979/1/18	2015/7/14	7
周伊伊	1992/1/19	2017/2/9	5
周正洋	1984/3/3	2013/4/28	9
龚梦莹	1979/2/16	2012/6/21	10
侯娜	1985/4/10	2019/6/10	3

图 4-48

2. 引用数据计算时，结果却为 0

扫一扫，看视频

在进行数据计算时，虽然显示的是数据，但计算出的结果为 0。例如，在图 4-49 所示的表格中，当使用公式计算总应收金额时，可以看到出现了计算结果为 0 的情况，如图 4-49 所示。

出现这种情况是因为 D 列中的数据都使用了文本格式，看似显示为数字，实际是无法进行计算的文本格式。因此需要将文本数据转换为数值数据。

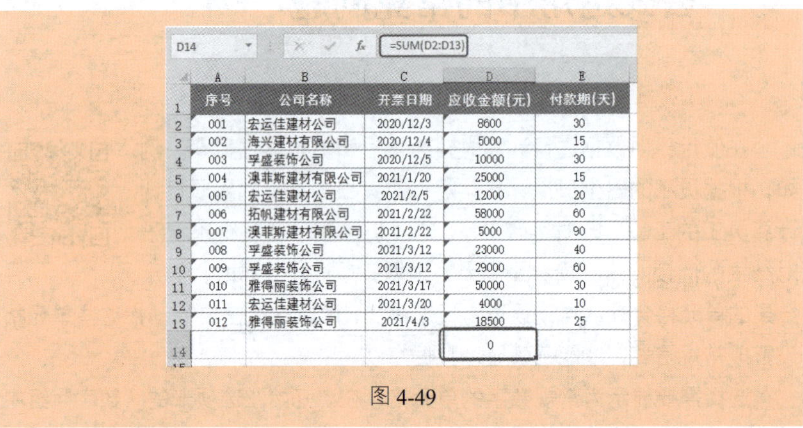

序号	公司名称	开票日期	应收金额(元)	付款期(天)
001	宏运佳建材公司	2020/12/3	8600	30
002	海兴建材有限公司	2020/12/4	5000	15
003	孚盛装饰公司	2020/12/5	10000	30
004	澳菲斯建材有限公司	2021/1/20	25000	15
005	宏运佳建材公司	2021/2/5	12000	20
006	拓帆建材有限公司	2021/2/22	58000	60
007	澳菲斯建材有限公司	2021/2/22	5000	90
008	孚盛装饰公司	2021/3/12	23000	40
009	孚盛装饰公司	2021/3/12	29000	60
010	雅得丽装饰公司	2021/3/17	50000	30
011	宏运佳建材公司	2021/3/20	4000	10
012	雅得丽装饰公司	2021/4/3	18500	25
			0	

图 4-49

选中“应收金额（元）”列的数据区域，单击左上的◈按钮的下拉按钮，在下拉列表中选择“转换为数字”（见图 4-50），即可显示出正确的计算结果，如图 4-51 所示。

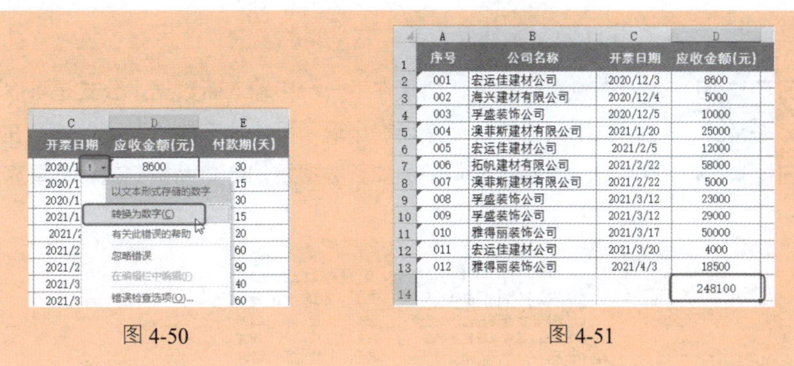

图 4-50

	A	B	C	D
1	序号	公司名称	开票日期	应收金额(元)
2	001	宏运佳建材公司	2020/12/3	8600
3	002	海兴建材有限公司	2020/12/4	5000
4	003	孚盛装饰公司	2020/12/5	10000
5	004	澳菲斯建材有限公司	2021/1/20	25000
6	005	宏运佳建材公司	2021/2/5	12000
7	006	拓帆建材有限公司	2021/2/22	58000
8	007	澳菲斯建材有限公司	2021/2/22	5000
9	008	孚盛装饰公司	2021/3/12	23000
10	009	孚盛装饰公司	2021/3/12	29000
11	010	雅得丽装饰公司	2021/3/17	50000
12	011	宏运佳建材公司	2021/3/20	4000
13	012	雅得丽装饰公司	2021/4/3	18500
14				248100

图 4-51

3. 更改了数据源，公式结果却不自动更新

在单元格中输入公式后，被公式引用的单元格只要发生数据更改，公式则会自动重算得出计算结果。现在无论怎么更改数值，公式计算结果始终保持不变。出现这种计算结果不能自动更新的情况，是因为关闭了“自动重算”这项功能，可按如下方法进行恢复。

扫一扫，看视频

❶ 单击“文件”选项卡打开列表，单击左侧列表中的“选项”命令，打开“Excel 选项”对话框。

❷ 单击“公式”标签，在“计算选项”栏中重新选中“自动重算”单选按钮，如图 4-52 所示。单击“确定”按钮，即可解决公式结果不自动更新的问题。

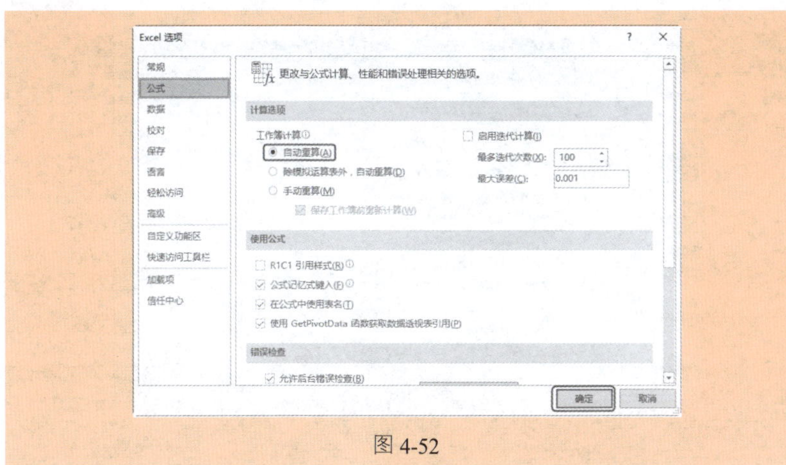

图 4-52

4. 新输入的行中不能自动填充上一行的公式

在建立公式后，如果在下一行中输入新数据，公式是可以自动向下填充的，但是现在出现了不能填充的情况。例如，在图 4-53 中，在第 6 行中添加新数据后，E7 单元格并未自动填充公式。

	A	B	C	D	E
1	编号	品名	单价	销量	总额
2	001	修身荷花九分袖外套	156	16	2496
3	002	薰衣草飘袖夏装裙	189	15	2835
4	003	OL气质风衣	266	19	5054
5	004	牛仔夏季半身裙	126	23	2898
6	005	韩范破洞牛仔裤	129	22	
7	006	民族风长款流苏雪纺衫	199		
8	007	纯色宽松半袖t恤	79		
9	008	印花七分袖雪纺连衣裙	88		

图 4-53

要让新输入的行中自动填充上一行的公式，需要满足两个条件：一是插入行之前至少要有 4 行以上有相同的公式，下一行才可以执行自动填充；二是开启了“扩展数据区域格式及公式”功能。

单击“文件”选项卡打开列表，单击左侧列表中的“选项”命令，打开“Excel 选项”对话框。选择“高级”标签，在“编辑选项”栏中重新勾选“扩展数据区域格式及公式”复选框，如图 4-54 所示。

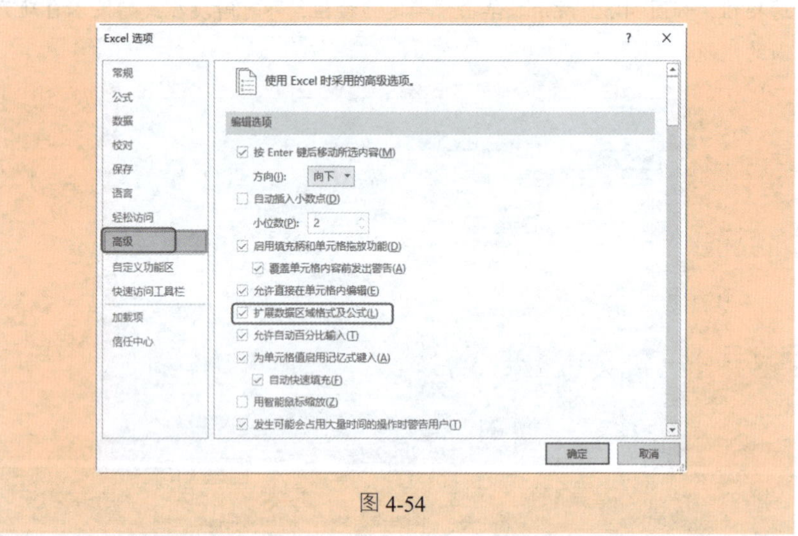

图 4-54

5. 修正小数时计算结果出错

在 Excel 工作表中进行小数运算时，小数部分经常会出现四舍五入的情况，从而导致返回结果与实际结果有出入。

本例的工作表中统计了公司员工的出勤天数和工资，并且用公式汇总了员工的工资，但是公式运算的结果与实际结果差 1 分钱（见图 4-55），解决该错误需要按以下操作进行。

	A	B	C	D	E	F
1	销售员	基本工资	提成奖金	应发工资		公式汇总结果
2	张佳琪	1600	5547.09	7147.09		41015.64
3	韩蓓恩	1750	4493.97	6243.97		实际汇总结果
4	周志芳	1890	6199.08	8089.08		41015.63
5	陈明月	1800	9654.84	11454.84		
6	侯燕妮	1750	6330.65	8080.65		

图 4-55

❶ 单击“文件”选项卡打开列表，单击左侧列表中的“选项”命令，打开“Excel 选项”对话框。

❷ 选择“高级”标签，在“计算此工作簿时”栏中勾选“将精度设为所显示的精度”复选框，在弹出的“Microsoft Excel”对话框中单击“确定”按钮（见图 4-56），返回“Excel 选项”对话框。

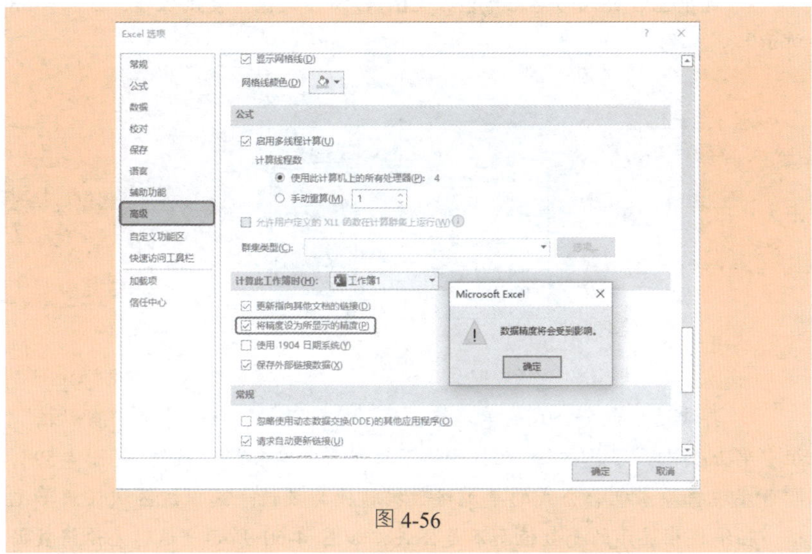

图 4-56

❸ 再次单击“确定”按钮，即可解决汇总金额与实际结果差 1 分钱的

问题，如图 4-57 所示。

	A	B	C	D	E	F
1	销售员	基本工资	提成奖金	应发工资		公式汇总结果
2	张佳琪	1600	5547.09	7147.09		41015.63
3	韩蓓恩	1750	4493.97	6243.97		实际汇总结果
4	周志芳	1890	6199.08	8089.08		41015.63
5	陈明月	1800	9654.84	11454.84		
6	侯燕妮	1750	6330.65	8080.65		

图 4-57

注意：

设置完成后，该工作簿内所有的公式计算都将受到影响，按照“所见即所得”的模式计算。例如，设置单元格数字格式为 0 位小数后，数据将以整数部分进行计算，因此开启此功能时需慎用。

6. 将公式结果复制到别处使用时出错

扫一扫，看视频

在完成公式计算后，公式所在单元格会显示计算结果，但是其本质还是公式。如果将公式结果移至其他位置使用或者数据源被删除等都会影响公式的显示结果。因此对于计算完毕的数据，如果不再需要改变，则可以将其转换为数值。

❶ 选中包含公式的单元格，按 Ctrl+C 组合键执行复制操作，如图 4-58 所示。

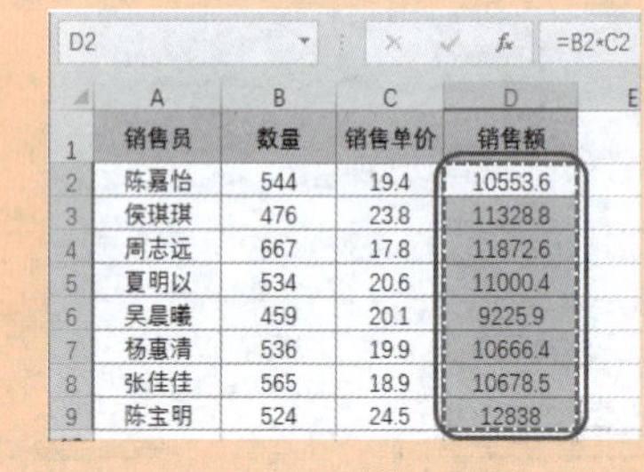

D2 =B2*C2

	A	B	C	D
1	销售员	数量	销售单价	销售额
2	陈嘉怡	544	19.4	10553.6
3	侯琪琪	476	23.8	11328.8
4	周志远	667	17.8	11872.6
5	夏明以	534	20.6	11000.4
6	吴晨曦	459	20.1	9225.9
7	杨惠清	536	19.9	10666.4
8	张佳佳	565	18.9	10678.5
9	陈宝明	524	24.5	12838

图 4-58

❷ 再次选中包含公式的单元格区域，在“开始”选项卡的“剪贴板”组中单击“粘贴”下拉按钮，在打开的下拉列表中单击“值”按钮（见图 4-59），即可实现将原本包含公式的单元格数据转换为数值。选中该区域任意单元格，在编辑栏显示的是数值而不是公式，如图 4-60 所示。这时无论将数据复制到哪里使用都不会再出错。

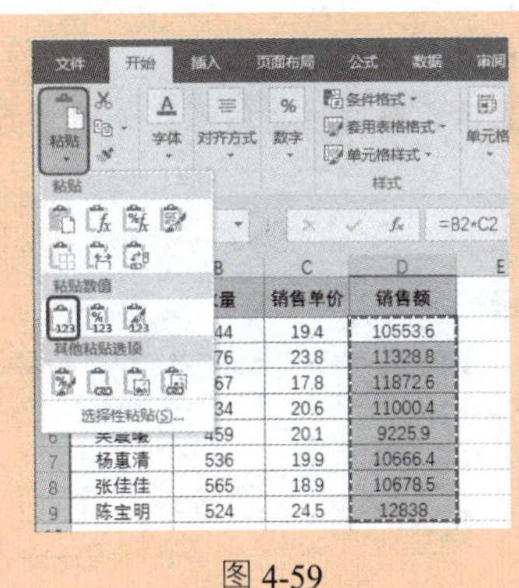

图 4-59

	A	B	C	D
1	销售员	数量	销售单价	销售额
2	陈嘉怡	544	19.4	10553.6
3	侯琪琪	476	23.8	11328.8
4	周志远	667	17.8	11872.6
5	夏明以	534	20.6	11000.4
6	吴晨曦	459	20.1	9225.9
7	杨惠清	536	19.9	10666.4
8	张佳佳	565	18.9	10678.5
9	陈宝明	524	24.5	12838

图 4-60

7. 修正循环引用不能计算的公式

当一个单元格内的公式直接或间接地引用了这个公式本身所在的单元格时，就称为循环引用。

扫一扫，看视频

当有循环引用情况存在时，每次打开工作簿都会弹出图 4-61 所示的对话框提示。下面介绍定位取消循环引用的方法。

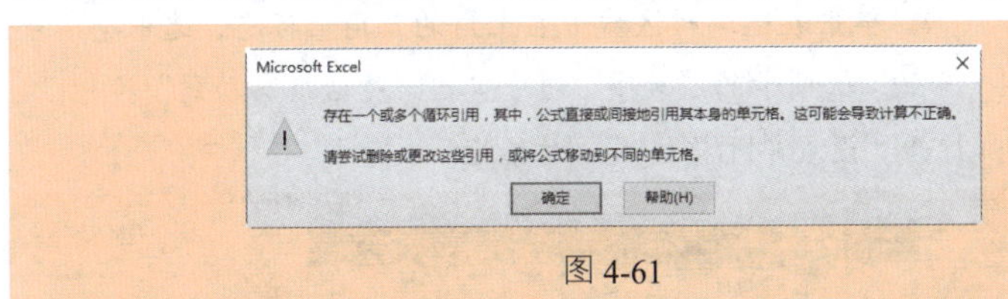

图 4-61

❶ 在“公式”选项卡的“公式审核”组中单击“错误检查”下拉按钮，在打开的下拉列表中依次选择“循环引用”→$E$6（被循环引用的单元格）命令，如图 4-62 所示，即可选中 E6 单元格。

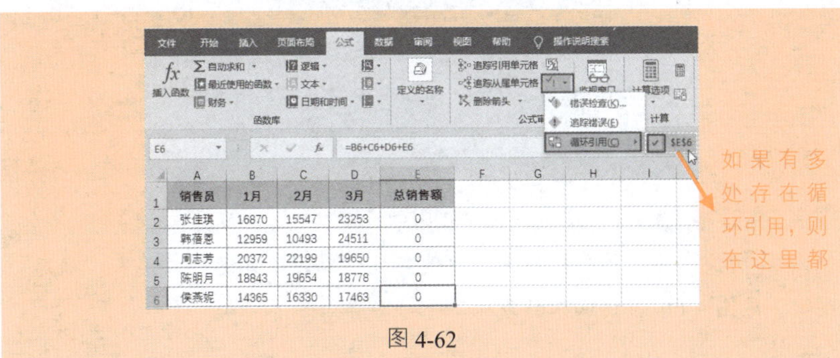

图 4-62

❷ 将光标定位在编辑栏中时，选中循环引用的部分（即“+E6”）（见图 4-63），将其删除，E6 单元格即可显示正确的运算结果，如图 4-64 所示。

IF　=B6+C6+D6+E6

	A	B	C	D	E
1	销售员	1月	2月	3月	总销售额
2	张佳琪	16870	15547	23253	0
3	韩蓓恩	12959	10493	24511	0
4	周志芳	20372	22199	19650	0
5	陈明月	18843	19654	18778	0
6	侯燕妮	14365	16330	17463	C6+D6+E6

图 4-63

E6　=B6+C6+D6

	A	B	C	D	E
1	销售员	1月	2月	3月	总销售额
2	张佳琪	16870	15547	23253	0
3	韩蓓恩	12959	10493	24511	0
4	周志芳	20372	22199	19650	0
5	陈明月	18843	19654	18778	0
6	侯燕妮	14365	16330	17463	48158

图 4-64

8. 如何禁止对公式的修改

扫一扫，看视频

对于建立了多个计算公式的表格来说，为了保障公式不被修改，可以对公式实施保护措施。通过下面这项操作可以保障公式区域禁止被编辑，而保留对非公式区域的操作权限。

❶ 单击表格编辑区域中左上角的三角形标志，选中整体表格编辑区，在“开始”选项卡的“数字”组中单击“对话框启动器”按钮（见图 4-65），打开“设置单元格格式”对话框。

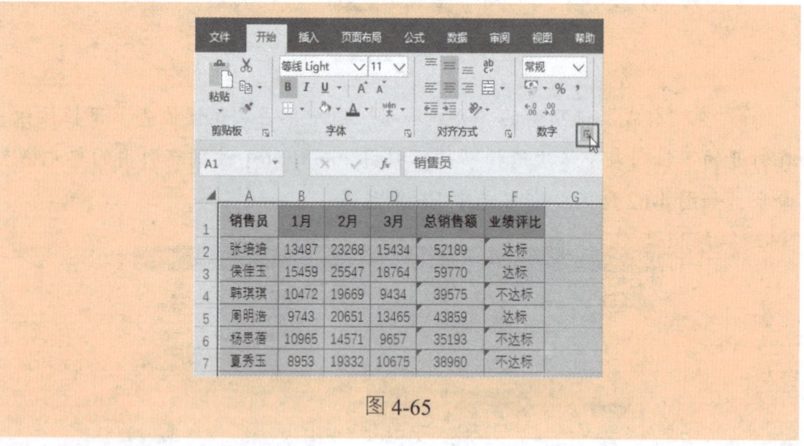

	A	B	C	D	E	F
1	销售员	1月	2月	3月	总销售额	业绩评比
2	张培培	13487	23268	15434	52189	达标
3	侯佳玉	15459	25547	18764	59770	达标
4	韩琪琪	10472	19669	9434	39575	不达标
5	周明浩	9743	20651	13465	43859	达标
6	杨思蓓	10965	14571	9657	35193	不达标
7	夏秀玉	8953	19332	10675	38960	不达标

图 4-65

❷ 切换至“保护”标签下，取消勾选“锁定”复选框，单击“确定”按钮（见图 4-66），返回工作表中。

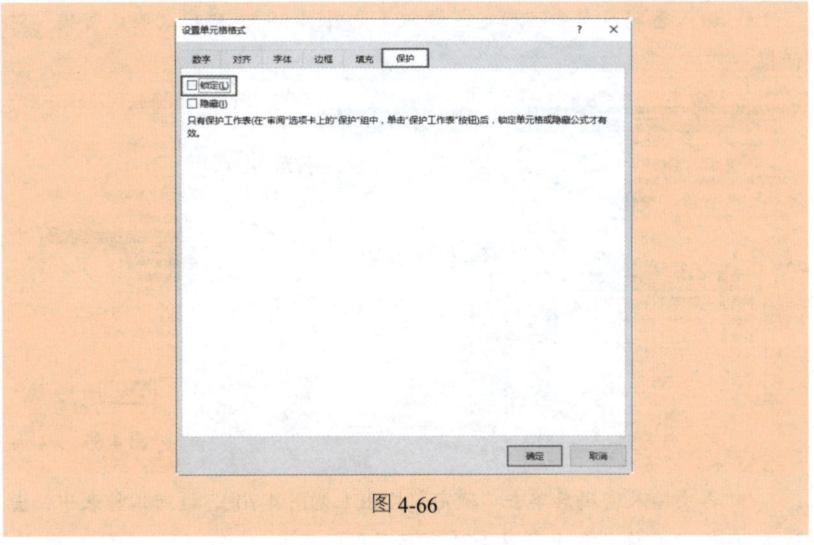

图 4-66

❸ 选中表格中有公式的区域，再次打开“设置单元格格式”对话框，切换至“保护”标签下，勾选“锁定”复选框，单击“确定”按钮（见图 4-67），返回工作表中。

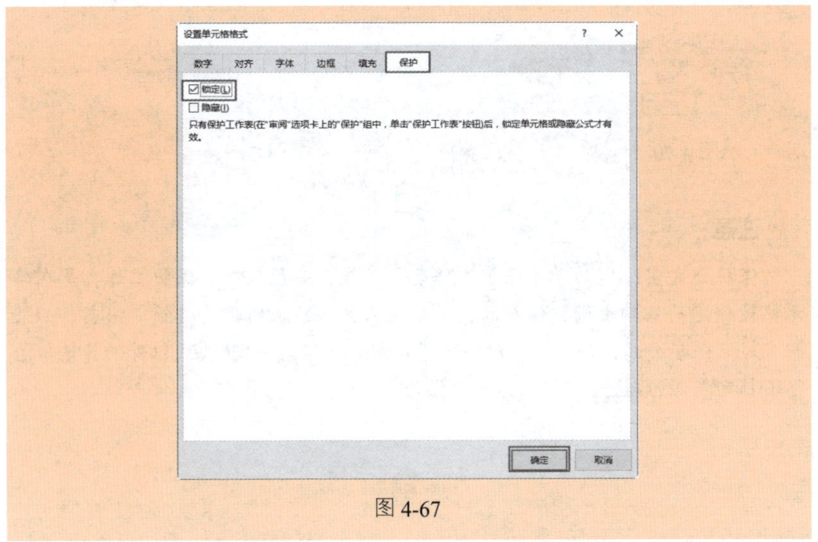

图 4-67

❹ 在“审阅”选项卡的“保护”组中单击“保护工作表”按钮（见图 4-68），打开“保护工作表”对话框。

❺ 输入密码后单击“确定”按钮（见图 4-69），跳出“确认密码”对话框。

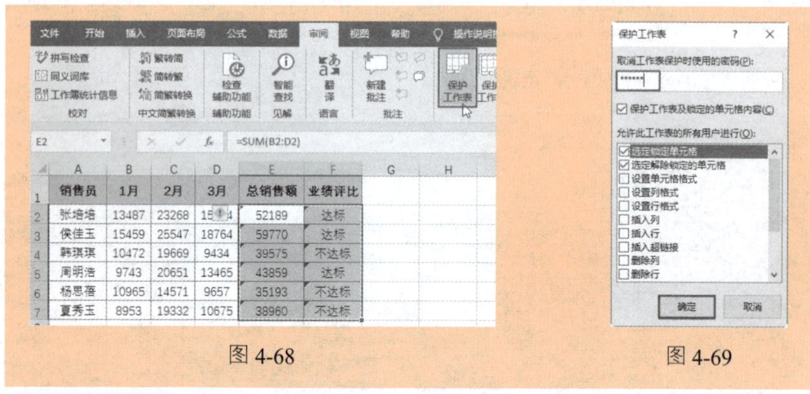

图 4-68　　图 4-69

❻ 再次输入密码后单击“确定”按钮（见图 4-70），返回工作表中，尝试编辑 F2 单元格，会出现图 4-71 所示的警示框。

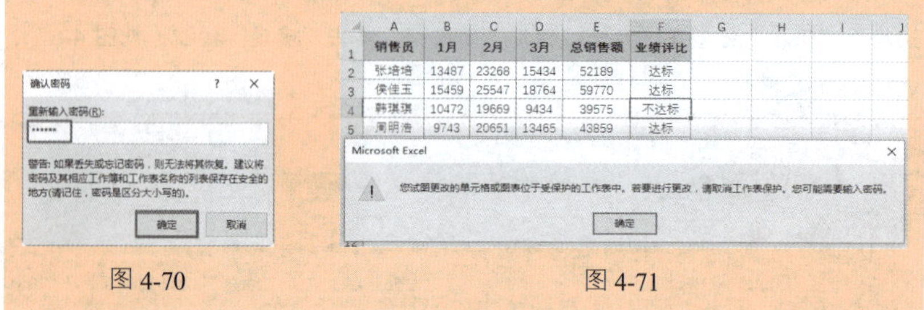

图 4-70　　图 4-71

注意：

保护公式实际借助于“保护工作表”功能，其原理是：保护工作表是在单元格被锁定的基础上进行保护的，整个表格区域默认的都是被锁定状态。如果想实现只保护公式，则可以只对公式所在单元格进行锁定（公式以外的其他单元格不锁定），然后执行保护工作表的操作。

第5章　文本函数

5.1 文本合并连接

在处理文本数据时，经常要进行文本合并连接，可以使用CONCATENATE、CONCAT 和 TEXTJOIN 函数。用于满足每个不同条件下对文本的合并，从而生成新的数据。

1. CONCATENATE（合并两个或多个文本字符串）

【函数功能】CONCATENATE 函数可将最多 255 个文本字符串连接成一个文本字符串。

【函数语法】CONCATENATE(text1, [text2], ...)

- text1：必需，要连接的第一个文本项。
- [text],…：可选，其他文本项，最多为 255 项。项与项之间必须用逗号隔开。

【用法解析】

=CONCATENATE("销售","−",B1)

连接项可以是文本、数字、单元格引用或这些项的组合。文本、符号等要使用双引号

注意：

与 CONCATENATE 函数用法相似的还有“&”符号，如使用“="销售"&"−"&B1”可以得到与“=CONCATENATE("销售","−",B1)”相同的效果。

例 1：将两列分散的数据合并为一列

扫一扫，看视频

在图 5-1 所示的表格中，“班级”与“年级”是分列显示的，现在需要将这两列数据合并。

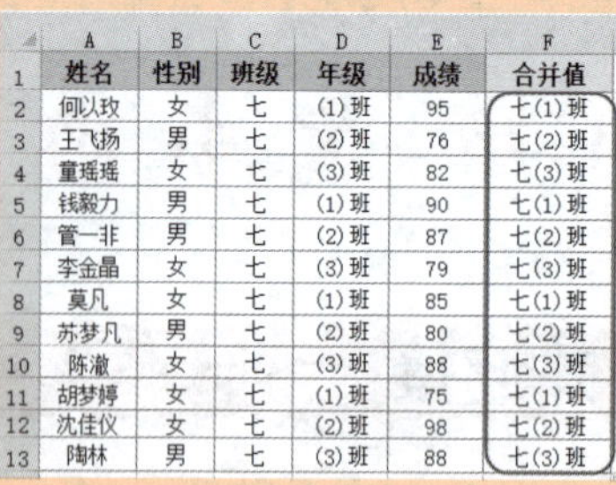

	A	B	C	D	E	F
1	姓名	性别	班级	年级	成绩	合并值
2	何以玫	女	七	(1) 班	95	七(1) 班
3	王飞扬	男	七	(2) 班	76	七(2) 班
4	童瑶瑶	女	七	(3) 班	82	七(3) 班
5	钱毅力	男	七	(1) 班	90	七(1) 班
6	管一非	男	七	(2) 班	87	七(2) 班
7	李金晶	女	七	(3) 班	79	七(3) 班
8	莫凡	女	七	(1) 班	85	七(1) 班
9	苏梦凡	男	七	(2) 班	80	七(2) 班
10	陈澈	女	七	(3) 班	88	七(3) 班
11	胡梦婷	女	七	(1) 班	75	七(1) 班
12	沈佳仪	女	七	(2) 班	98	七(2) 班
13	陶林	男	七	(3) 班	88	七(3) 班

图 5-1

❶ 选中 F2 单元格，在编辑栏中输入公式（见图 5-2）：

```
=CONCATENATE(C2,D2)
```

❷ 按 Enter 键即可将 C2 与 D2 单元格中的数据合并，得到新的数据，如图 5-3 所示。将 F2 单元格的公式向下填充，可一次性得到合并后的数据。

NETWORK... =CONCATENATE(C2,D2)

	A	B	C	D	E	F
1	姓名	性别	班级	年级	成绩	合并值
2	何以玫	女	七	(1) 班	95	TE(C2, D2)
3	王飞扬	男	七	(2) 班	76	
4	童瑶瑶	女	七	(3) 班	82	
5	钱毅力	男	七	(1) 班	90	

图 5-2

	A	B	C	D	E	F
1	姓名	性别	班级	年级	成绩	合并值
2	何以玫	女	七	(1) 班	95	七(1) 班
3	王飞扬	男	七	(2) 班	76	
4	童瑶瑶	女	七	(3) 班	82	
5	钱毅力	男	七	(1) 班	90	
6	管一非	男	七	(2) 班	87	

图 5-3

例 2：在数据前统一加上相同文字

扫一扫，看视频

在图 5-4 所示的表格中，要在“部门”列的前面统一添加“凌华分公司”文字。此时可以使用 CONCATENATE 函数来建立公式。

	A	B	C	D
1	姓名	部门	销售额(万元)	完整部门
2	杨世奇	1部	5.62	凌华分公司1部
3	袁晓宇	1部	8.91	凌华分公司1部
4	夏甜甜	2部	5.61	凌华分公司2部
5	吴玉	3部	5.72	凌华分公司3部
6	蔡天放	1部	5.55	凌华分公司1部
7	朱小琴	2部	4.68	凌华分公司2部
8	袁庆元	1部	4.25	凌华分公司1部
9	张芯瑜	3部	5.97	凌华分公司3部
10	王彦	2部	8.82	凌华分公司2部
11	姜美	3部	3.64	凌华分公司3部

图 5-4

❶ 选中 D2 单元格，在编辑栏中输入公式（见图 5-5）：

```
=CONCATENATE("凌华分公司",B2)
```

❷ 按 Enter 键，即可将“凌华分公司”文字与 B2 单元格中的数据相连接，如图 5-6 所示。将 D2 单元格的公式向下填充，可一次性得到合并后的完整部门。

NETWORK... =CONCATENATE("凌华分公司",B2)

	A	B	C	D	E
1	姓名	部门	销售额（万元）	完整部门	
2	杨世奇	1部	5.62	B2)	
3	袁晓宇	1部	8.91		
4	夏甜甜	2部	5.61		
5	吴玉	3部	5.72		

图 5-5

	A	B	C	D
1	姓名	部门	销售额（万元）	完整部门
2	杨世奇	1部	5.62	凌华分公司1部
3	袁晓宇	1部	8.91	
4	夏甜甜	2部	5.61	
5	吴玉	3部	5.72	

图 5-6

【公式解析】

=CONCATENATE("凌华分公司",B2)

连接文字要使用双引号

例 3：合并面试人员的总分数与录取情况

CONCATENATE 函数不仅能合并单元格引用的数据、文字等，还可以将函数的返回结果进行连接。例如，在图 5-7 所示的表格中，可以对成绩进行判断（这里规定面试成绩和笔试成绩合计达到 120 分及以上的人员将予以录取），并将总分数与录取情况合并。

	A	B	C	D
1	姓名	面试成绩	笔试成绩	是否录取
2	张芯瑜	60	60	120/录取
3	吴凤仪	50	60	110/未录取
4	简一置	69	78	147/录取
5	刘颖	55	66	121/录取
6	陈昭义	32	60	92/未录取
7	李陆	80	50	130/录取

图 5-7

❶ 选中 D2 单元格，在编辑栏中输入公式（见图 5-8）：

```
=CONCATENATE(SUM(B2:C2),"/",IF(SUM(B2:C2)>=120,"录取",
"未录取"))
```

❷ 按 Enter 键，即可得出第一位面试人员的总分数与录取情况的合并项，如图 5-9 所示。将 D2 单元格的公式向下填充，即可将其他面试人员的总分数与录取情况进行合并。

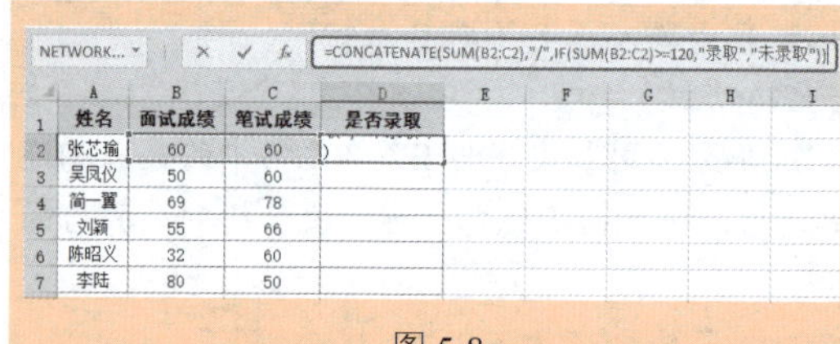

	A	B	C	D
1	姓名	面试成绩	笔试成绩	是否录取
2	张芯瑜	60	60	)
3	吴凤仪	50	60	
4	简一置	69	78	
5	刘颖	55	66	
6	陈昭义	32	60	
7	李陆	80	50	

图 5-8

	A	B	C	D
1	姓名	面试成绩	笔试成绩	是否录取
2	张芯瑜	60	60	120/录取
3	吴凤仪	50	60	
4	简一置	69	78	
5	刘颖	55	66	
6	陈昭义	32	60	
7	李陆	80	50	

图 5-9

【公式解析】

① 对 B2:C2 单元格区域中的各项成绩进行求和运算

=CONCATENATE(SUM(B2:C2),"/",IF(SUM(B2:C2)>=120,"录取","未录取"))

③ 将①的返回值与②的返回值在 D 列单元格中用“/”连接符连接

② 判断①的总分，如果总分>=120，则返回“录取”；否则返回“未录取”

2. CONCAT（将多个文本字符串合并成一个字符串）

【函数功能】CONCAT 函数用于将多个区域或字符串的文本组合起来。

【函数语法】CONCAT(text1, [text2],…)

- text1：必需，要连接的文本项。字符串或字符串数组、单元格区域。
- [text2],…：可选，要连接的其他文本项。文本项最多可以有 253 个文本参数。每个参数可以是一个字符串或字符串数组，如单元格区域。

【用法解析】

=CONCATE(文本 1,文本 2,...)

单个文本，单个单元格或单元格区域都可以，如果是单元格区域就依次将各个单元格中的内容合并

例：比较 CONCAT 函数与 CONCATENATE 函数

扫一扫，看视频

如果只是连接单元格或文本字符串，CONCAT 函数与 CONCATENATE 函数的效果是一样的。但是它也有与 CONCATENATE 函数不同的地方，下面分别比较一下。

❶ CONCATENATE 函数的例 2 中的公式也可以直接修改为"=CONCAT("凌华分公司",B2)",如图 5-10 所示。

D2 | =CONCAT("凌华分公司",B2)

	A	B	C	D	E
1	姓名	部门	销售额(万元)	完整部门	
2	杨世奇	1部	5.62	凌华分公司1部	
3	袁晓宇	1部	8.91	凌华分公司1部	
4	夏甜甜	2部	5.61	凌华分公司2部	
5	吴玉	3部	5.72	凌华分公司3部	
6	蔡天放	1部	5.55	凌华分公司1部	

图 5-10

❷ 如果要连接一个单元格区域的数据,使用 CONCATENATE 函数需要逐一写入单个的单元格地址,如图 5-11 所示(需要逐个写入单元格);而使用 CONCAT 函数则可以直接使用单元格区域地址,如图 5-12 所示(可以直接写单元格区域)。

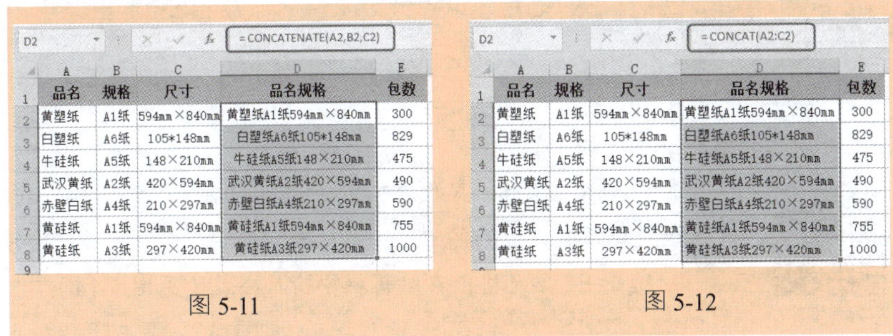

D2 | =CONCATENATE(A2,B2,C2)

	A	B	C	D	E
1	品名	规格	尺寸	品名规格	包数
2	黄塑纸	A1纸	594mm×840mm	黄塑纸A1纸594mm×840mm	300
3	白塑纸	A6纸	105*148mm	白塑纸A6纸105*148mm	829
4	牛硅纸	A5纸	148×210mm	牛硅纸A5纸148×210mm	475
5	武汉黄纸	A2纸	420×594mm	武汉黄纸A2纸420×594mm	490
6	赤壁白纸	A4纸	210×297mm	赤壁白纸A4纸210×297mm	590
7	黄硅纸	A1纸	594mm×840mm	黄硅纸A1纸594mm×840mm	755
8	黄硅纸	A3纸	297×420mm	黄硅纸A3纸297×420mm	1000
9					

图 5-11

D2 | =CONCAT(A2:C2)

	A	B	C	D	E
1	品名	规格	尺寸	品名规格	包数
2	黄塑纸	A1纸	594mm×840mm	黄塑纸A1纸594mm×840mm	300
3	白塑纸	A6纸	105*148mm	白塑纸A6纸105*148mm	829
4	牛硅纸	A5纸	148×210mm	牛硅纸A5纸148×210mm	475
5	武汉黄纸	A2纸	420×594mm	武汉黄纸A2纸420×594mm	490
6	赤壁白纸	A4纸	210×297mm	赤壁白纸A4纸210×297mm	590
7	黄硅纸	A1纸	594mm×840mm	黄硅纸A1纸594mm×840mm	755
8	黄硅纸	A3纸	297×420mm	黄硅纸A3纸297×420mm	1000

图 5-12

3. TEXTJOIN(将多个区域中的文本组合起来)

【函数功能】TEXTJOIN 函数用于将多个区域或字符串的文本组合起来,并包括在要组合的各文本值之间指定的分隔符。如果分隔符是空的文本字符串,则此函数将有效连接这些区域。

【函数语法】TEXTJOIN(delimiter, ignore_empty, text1, [text2], …)

- delimiter:必需,指定的字符串,或者为空,或用双引号引起来的一个或多个字符,或对有效文本字符串的引用。如果提供了一个数字,它将被视为文本。
- ignore_empty:必需,如果为 TRUE,则忽略空白单元格。
- text1:必需,要连接的文本项。文本字符串或字符串数组,如单元格区域。

- [text2],...：可选，要连接的其他文本项。文本项目最多可以包含252个文本参数，包括text1。每个都可以是文本字符串或字符串数组，如单元格区域。

【用法解析】

指定连接符号
=TEXTJOIN("、", TRUE,A2, A3, B2, B3)
必需参数
要连接的文本项，可以是文本字符串、单元格、单元格区域

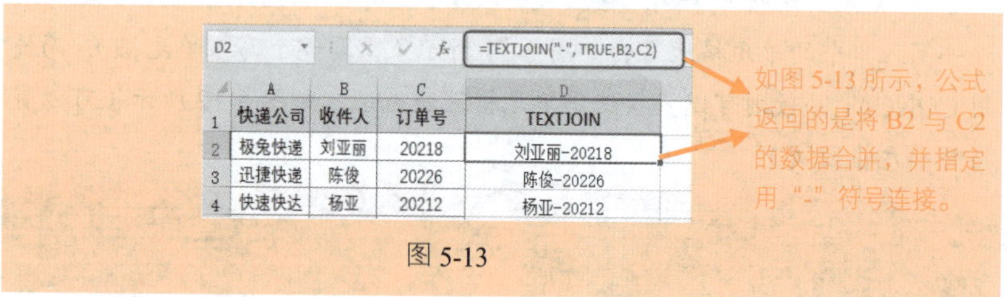

D2 =TEXTJOIN("-", TRUE,B2,C2)

	A	B	C	D
1	快递公司	收件人	订单号	TEXTJOIN
2	极兔快递	刘亚丽	20218	刘亚丽-20218
3	迅捷快递	陈俊	20226	陈俊-20226
4	快速快达	杨亚	20212	杨亚-20212

如图5-13所示，公式返回的是将B2与C2的数据合并，并指定用"-"符号连接。

图 5-13

例1：获取录取人员的全部名单

扫一扫，看视频

本例表格中统计了某次考核的人员录取情况，现在想一次性获取所有录取人员的名单。

❶ 选中E2单元格，在编辑栏中输入公式（见图5-14）：

```
=TEXTJOIN("、",TRUE,IF(C2:C10="录取",A2:A10,""))
```

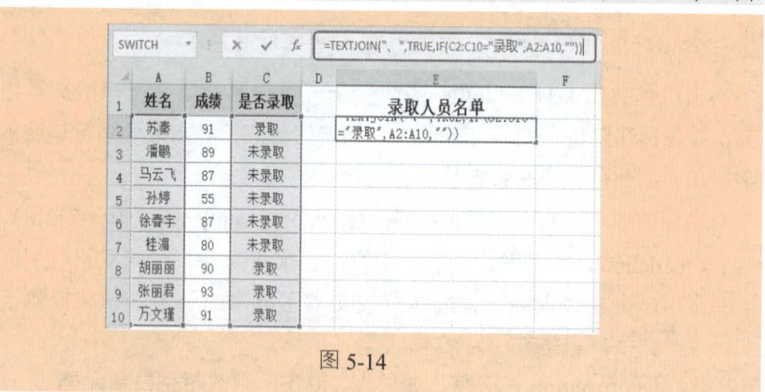

SWITCH =TEXTJOIN("、",TRUE,IF(C2:C10="录取",A2:A10,""))

	A	B	C	D	E	F
1	姓名	成绩	是否录取		录取人员名单	
2	苏秦	91	录取		="录取",A2:A10,""))	
3	潘鹏	89	未录取			
4	马云飞	87	未录取			
5	孙婷	55	未录取			
6	徐春宇	87	未录取			
7	桂湄	80	未录取			
8	胡丽丽	90	录取			
9	张丽君	93	录取			
10	万文瑾	91	录取			

图 5-14

❷ 按Ctrl+Shift+Enter组合键，可以看到返回的是录取人员名单，并用"、"号间隔，如图5-15所示。

	A	B	C	D	E
1	姓名	成绩	是否录取		录取人员名单
2	苏秦	91	录取		苏秦、胡丽丽、张丽君、万文瑾
3	潘鹏	89	未录取		
4	马云飞	87	未录取		
5	孙婷	55	未录取		
6	徐春宇	87	未录取		
7	桂湄	80	未录取		
8	胡丽丽	90	录取		
9	张丽君	93	录取		
10	万文瑾	91	录取		

图 5-15

【公式解析】

① 数组公式，使用 IF 函数逐一判断 C2:C10 单元格区域中的各个值是否为“录取”，如果是，则返回 TRUE；否则返回 FALSE。然后将 TRUE 值对应在 A2:A10 单元格区域中的值取出，将 FALSE 值对应在 A2:A10 单元格区域中的值取空值

=TEXTJOIN("、",TRUE,IF(C2:C10="录取",A2:A10,""))

② 将①步中取出的值用“、”连接起来，并忽略取出的空值

例 2：获取各个兴趣课程的报名人员名单

扫一扫，看视频

本例表格中统计了各个兴趣课程的报名情况，现在想一次性获取各个兴趣课程的报名人员名单。

❶ 选中 H2 单元格，在编辑栏中输入公式（见图 5-16）：

```
=TEXTJOIN("、",TRUE,IF($D$2:$D$17=G2,$C$2:$C$17,""))
```

NETWORK... =TEXTJOIN("、",TRUE,IF($D$2:$D$17=G2,$C$2:$C$17,""))

	A	B	C	D	E	F	G	H
1	序号	报名时间	姓名	所报课程	学费		课程	人员名单
2	1	2022/8/2	陆路	轻黏土手工	780		轻黏土手工	=TEXTJOIN("、",TRUE,IF($D$2:$D$17=G2,$C$2:$C$17,""))
3	2	2022/9/6	李林杰	卡漫	1080		卡漫	
4	3	2022/8/11	林成曦	轻黏土手工	780		水墨画	
5	4	2022/9/12	罗成佳	水墨画	980			
6	5	2022/9/14	姜旭旭	卡漫	1080			
7	6	2022/8/18	崔心怡	轻黏土手工	780			
8	7	2022/10/1	吴可佳	轻黏土手工	780			
9	8	2022/10/2	张云翔	水墨画	980			
10	9	2022/9/4	刘成瑞	轻黏土手工	780			
11	10	2022/10/12	刘萌	水墨画	980			
12	11	2022/10/10	张梦芸	水墨画	980			
13	12	2022/10/10	张梓阳	卡漫	1080			
14	13	2022/9/11	杨一帆	轻黏土手工	780			
15	14	2022/10/11	李小蝶	卡漫	1080			
16	15	2022/10/17	黄新磊	卡漫	1080			
17	16	2022/10/17	冯琪	水墨画	980			

图 5-16

❷ 按 Ctrl+Shift+Enter 组合键，可以看到返回的是所有报名“轻黏土手工”课程的人员名单，并用“、”号间隔，如图 5-17 所示。

	A	B	C	D	E	F	G	H
1	序号	报名时间	姓名	所报课程	学费		课程	人员名单
2	1	2022/8/2	陆路	轻黏土手工	780		轻黏土手工	陆路、林成曦、崔心怡、吴可佳、刘成瑞、杨一帆
3	2	2022/9/6	李林杰	卡漫	1080		卡漫	
4	3	2022/8/11	林成曦	轻黏土手工	780		水墨画	
5	4	2022/9/12	罗成佳	水墨画	980			
6	5	2022/9/14	姜旭旭	卡漫	1080			
7	6	2022/8/18	崔心怡	轻黏土手工	780			
8	7	2022/10/1	吴可佳	轻黏土手工	780			
9	8	2022/10/2	张云翔	水墨画	980			
10	9	2022/9/4	刘成瑞	轻黏土手工	780			
11	10	2022/10/12	刘萌	水墨画	980			
12	11	2022/10/10	张梦芸	水墨画	980			
13	12	2022/10/10	张梓阳	卡漫	1080			
14	13	2022/9/11	杨一帆	轻黏土手工	780			
15	14	2022/10/11	李小蝶	卡漫	1080			
16	15	2022/10/17	黄新磊	卡漫	1080			
17	16	2022/10/17	冯琪	水墨画	980			

图 5-17

❸ 选中 H2 单元格，向下填充公式，可批量获取其他课程的报名人员名单，如图 5-18 所示。

	A	B	C	D	E	F	G	H
1	序号	报名时间	姓名	所报课程	学费		课程	人员名单
2	1	2022/8/2	陆路	轻黏土手工	780		轻黏土手工	陆路、林成曦、崔心怡、吴可佳、刘成瑞、杨一帆
3	2	2022/9/6	李林杰	卡漫	1080		卡漫	李林杰、姜旭旭、张梓阳、李小蝶、黄新磊
4	3	2022/8/11	林成曦	轻黏土手工	780		水墨画	罗成佳、张云翔、刘萌、张梦芸、冯琪
5	4	2022/9/12	罗成佳	水墨画	980			
6	5	2022/9/14	姜旭旭	卡漫	1080			
7	6	2022/8/18	崔心怡	轻黏土手工	780			
8	7	2022/10/1	吴可佳	轻黏土手工	780			
9	8	2022/10/2	张云翔	水墨画	980			
10	9	2022/9/4	刘成瑞	轻黏土手工	780			
11	10	2022/10/12	刘萌	水墨画	980			
12	11	2022/10/10	张梦芸	水墨画	980			
13	12	2022/10/10	张梓阳	卡漫	1080			
14	13	2022/9/11	杨一帆	轻黏土手工	780			
15	14	2022/10/11	李小蝶	卡漫	1080			
16	15	2022/10/17	黄新磊	卡漫	1080			
17	16	2022/10/17	冯琪	水墨画	980			

图 5-18

【公式解析】

① 数组公式，使用 IF 函数逐一判断 D2:D17 单元格区域中的每个值是否等于 G2 中的值，如果是，则返回 TRUE；否则返回 FALSE。然后将 TRUE 值对应在 C2:C17 单元格区域中的值取出，将 FALSE 值对应在 C2:C17 单元格区域中的值取空值

```
=TEXTJOIN("、",TRUE,IF($D$2:$D$17=G2,$C$2:$C$17,""))
```

② 将①中取出的值用“、”连接起来，并忽略取出的空值

例 3：获取每个班级中小于 60 分的名单

本例表格中统计了不同班级的学生成绩，要求统计出每个班级中成绩小于 60 分的名单。不同于前面实例的是，这里要同时满足两个条件，即指定班级和小于 60 这两个条件。公式需要建立为如下样式。

❶ 选中 G2 单元格，在编辑栏中输入公式：

```
=TEXTJOIN("、",TRUE,
IF(($C$2:$C$15=F2)*($D$2:$D$15<60),$A$2:$A$15,""))
```

❷ 按 Ctrl+Shift+Enter 组合键，返回的是“七（1）班”中小于 60 分的名单，如图 5-19 所示。

G2 {=TEXTJOIN("、",TRUE,IF(($C$2:$C$15=F2)*($D$2:$D$15<60),$A$2:$A$15,""))}

	A	B	C	D	E	F	G
1	姓名	性别	班级	成绩		班级	小于60分的名单
2	李成雪	女	七(1)班	96		七(1)班	林成瑞、何心怡
3	陈江远	男	七(2)班	76		七(2)班	
4	刘澈	女	七(1)班	82			
5	苏瑞瑞	女	七(1)班	90			
6	苏俊成	男	七(2)班	87			
7	周洋	男	七(2)班	79			
8	林成瑞	男	七(1)班	59			
9	邹阳阳	男	七(2)班	80			
10	张景源	男	七(1)班	88			
11	杨冰冰	女	七(1)班	75			
12	肖诗雨	女	七(2)班	98			
13	田心贝	女	七(2)班	88			
14	何心怡	女	七(1)班	57			
15	徐梓瑞	男	七(2)班	59			

图 5-19

❸ 选中 G2 单元格，向下填充公式，可获取“七（2）班”中小于 60 分的名单，如图 5-20 所示。

	A	B	C	D	E	F	G
1	姓名	性别	班级	成绩		班级	小于60分的名单
2	李成雪	女	七(1)班	96		七(1)班	林成瑞、何心怡
3	陈江远	男	七(2)班	76		七(2)班	徐梓瑞
4	刘澈	女	七(1)班	82			
5	苏瑞瑞	女	七(1)班	90			
6	苏俊成	男	七(2)班	87			
7	周洋	男	七(2)班	79			
8	林成瑞	男	七(1)班	59			
9	邹阳阳	男	七(2)班	80			
10	张景源	男	七(1)班	88			
11	杨冰冰	女	七(1)班	75			
12	肖诗雨	女	七(2)班	98			
13	田心贝	女	七(2)班	88			
14	何心怡	女	七(1)班	57			
15	徐梓瑞	男	七(2)班	59			

图 5-20

【公式解析】

=TEXTJOIN("、",TRUE,
IF(($C$2:$C$15=F2)*($D$2:$D$15<60),$A$2:$A$15,""))

这个公式不同于前面两个实例的是，在用 IF 函数判断条件时，同时判断了两个条件，每个条件之间用“*”相连接

4. CONCAT 函数与 TEXTJOIN 函数的比较

扫一扫，看视频

比较 CONCAT 函数与 TEXTJOIN 函数，可以发现 CONCAT 函数不支持使用分隔符连接文本，TEXTJOIN 函数支持使用分隔符连接文本。

❶ 沿用 CONCAT 函数中的例子可以看到，CONCAT 函数是将指定区域中的数据依次连接起来，不能使用分隔符进行连接，如图 5-21 所示。

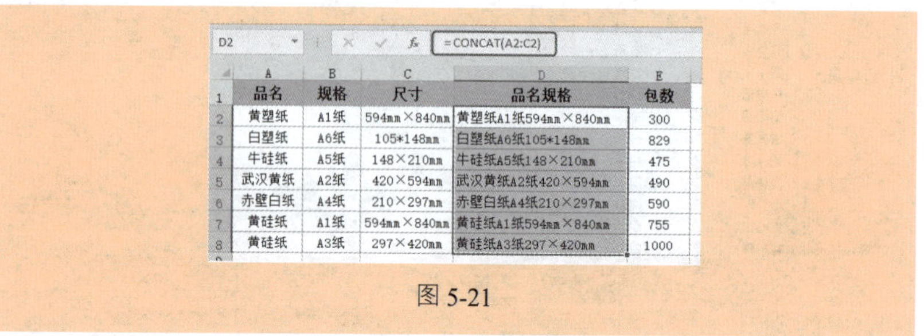

D2 =CONCAT(A2:C2)

	A	B	C	D	E
1	品名	规格	尺寸	品名规格	包数
2	黄塑纸	A1纸	594mm×840mm	黄塑纸A1纸594mm×840mm	300
3	白塑纸	A6纸	105*148mm	白塑纸A6纸105*148mm	829
4	牛硅纸	A5纸	148×210mm	牛硅纸A5纸148×210mm	475
5	武汉黄纸	A2纸	420×594mm	武汉黄纸A2纸420×594mm	490
6	赤壁白纸	A4纸	210×297mm	赤壁白纸A4纸210×297mm	590
7	黄硅纸	A1纸	594mm×840mm	黄硅纸A1纸594mm×840mm	755
8	黄硅纸	A3纸	297×420mm	黄硅纸A3纸297×420mm	1000

图 5-21

❷ 如果使用 TEXTJOIN 函数，则可以按语法规则为待连接的区域指定一个统一的连接符。选中 D2 单元格，在编辑栏中输入公式（见图 5-13）：

```
=TEXTJOIN("/", TRUE,A2,B2,C2)
```

❸ 按 Enter 键，可以连接 A2、B2、C2 中的数据，并使用“/”符号进行间隔，如图 5-22 所示。

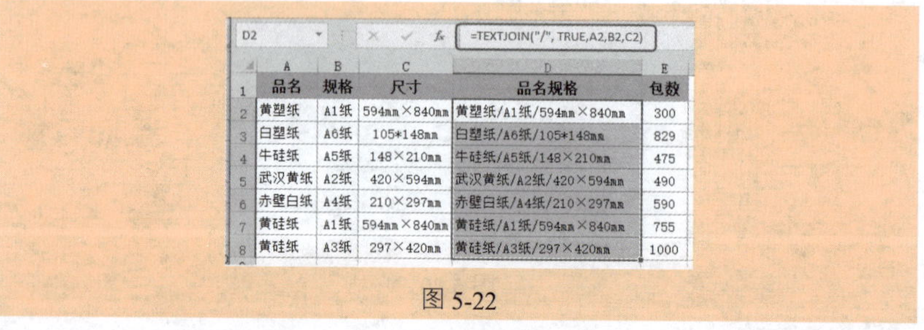

D2 =TEXTJOIN("/", TRUE,A2,B2,C2)

	A	B	C	D	E
1	品名	规格	尺寸	品名规格	包数
2	黄塑纸	A1纸	594mm×840mm	黄塑纸/A1纸/594mm×840mm	300
3	白塑纸	A6纸	105*148mm	白塑纸/A6纸/105*148mm	829
4	牛硅纸	A5纸	148×210mm	牛硅纸/A5纸/148×210mm	475
5	武汉黄纸	A2纸	420×594mm	武汉黄纸/A2纸/420×594mm	490
6	赤壁白纸	A4纸	210×297mm	赤壁白纸/A4纸/210×297mm	590
7	黄硅纸	A1纸	594mm×840mm	黄硅纸/A1纸/594mm×840mm	755
8	黄硅纸	A3纸	297×420mm	黄硅纸/A3纸/297×420mm	1000

图 5-22

例如，针对 TEXTJOIN 函数中的例 1 的数据源，如果使用 CONCAT 函数，公式为：

```
=CONCAT(IF(C2:C10="录取",A2:A10,""))
```

按 Ctrl+Shift+Enter 组合键，得出的结果如图 5-23 所示。

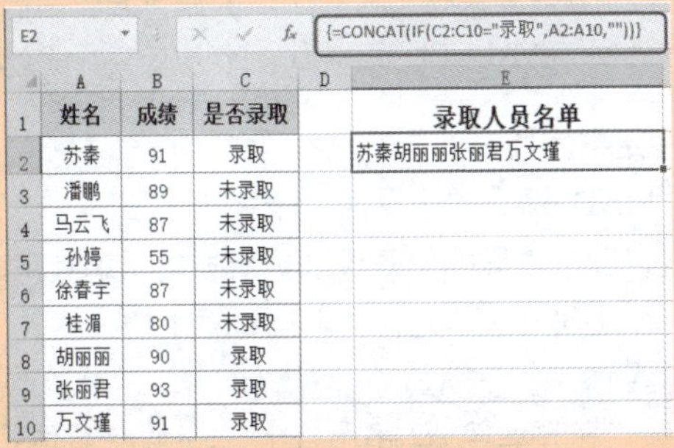

E2 {=CONCAT(IF(C2:C10="录取",A2:A10,""))}

	A	B	C	D	E
1	姓名	成绩	是否录取		录取人员名单
2	苏秦	91	录取		苏秦胡丽丽张丽君万文瑾
3	潘鹏	89	未录取		
4	马云飞	87	未录取		
5	孙婷	55	未录取		
6	徐春宇	87	未录取		
7	桂湄	80	未录取		
8	胡丽丽	90	录取		
9	张丽君	93	录取		
10	万文瑾	91	录取		

图 5-23

两者可以返回相同的结果，但依次是面临无法使用间隔符这个问题。

5.2 文本查找与替换

查找字符在字符串中的位置一般用于辅助对数据的提取，即只有先确定了字符的所在位置才能实现准确提取，因此具备该功能的函数常配合提取文本的函数使用。另外，对于文本的替换需要使用 REPLACE 和 SUBSTITUTE 函数，通过文本新旧替换函数，可以实现数据的批量更改。但要寻找数据规律，实现批量更改，很多时候都需要配合多个函数来确定替换位置。

1. FIND（查找指定字符串在字符串中的位置）

【函数功能】FIND 函数用于查找指定字符串在一个字符串中首次出现的位置。该函数总是从指定位置开始，返回找到的第一个匹配字符串的位置，而不管其后是否还有相匹配的字符串。

【函数语法】FIND(find_text, within_text, [start_num])

- find_text：必需，要查找的字符串。
- within_text：必需，包含要查找字符串的字符串。
- start_num：可选，指定要从哪个位置开始查找。

【用法解析】

=FIND("怎么",A1,5)

在 A1 单元格中查找“怎么”，并返回其在 A1 单元格中的起始位置。如果在文本中找不到指定字符串，返回“#VALUE!”错误值

可以用这个参数指定从哪个位置开始查找。一般会省略，省略时表示从头开始查找

例 1：找出指定文本所在的位置

扫一扫，看视频

FIND 函数用于返回一个字符串在另一个字符串中的起始位置，通过下面的例子可以更清晰地了解其用法。

❶ 选中 C2 单元格，在编辑栏中输入公式（见图 5-24）：

```
=FIND(":",A2)
```

❷ 按 Enter 键，即可返回 A2 单元格中“:”的起始位置。将 C2 单元格的公式向下填充，即可依次返回 A 列各单元格中“:”的起始位置，如图 5-25 所示。

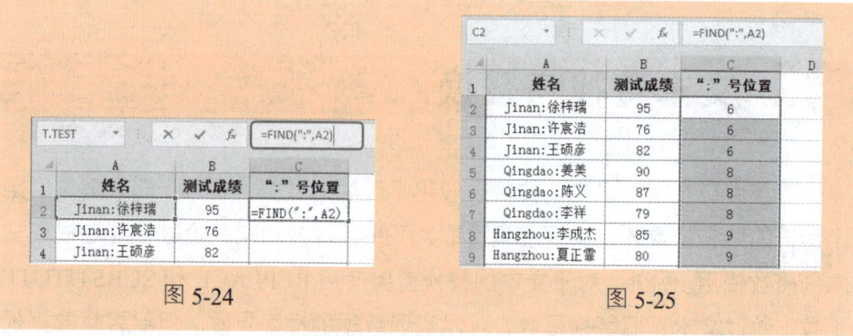

T.TEST　=FIND(":",A2)

	A	B	C
1	姓名	测试成绩	“:”号位置
2	Jinan:徐梓瑞	95	=FIND(":",A2)
3	Jinan:许宸浩	76	
4	Jinan:王硕彦	82	

图 5-24

C2　=FIND(":",A2)

	A	B	C	D
1	姓名	测试成绩	“:”号位置	
2	Jinan:徐梓瑞	95	6	
3	Jinan:许宸浩	76	6	
4	Jinan:王硕彦	82	6	
5	Qingdao:姜美	90	8	
6	Qingdao:陈义	87	8	
7	Qingdao:李祥	79	8	
8	Hangzhou:李成杰	85	9	
9	Hangzhou:夏正霏	80	9	

图 5-25

例 2：查找位置是为了辅助提取（从公司名称中提取姓名）

扫一扫，看视频

FIND 函数用于返回一个字符串在另一个字符串中的起始位置，可以辅助其他函数，但只返回位置并不能辅助对文本的整理或格式修正。换句话说，更多的时候使用该函数查找位置是为了辅助文本提取。例如，在图 5-26 所示的表格中，要从“公司名称与姓名”列中提取姓名。由于姓名有 3 个字的，也有 2 个字的，因此无法直接使用 LEFT 函数提取。此时需要结合使用 LEFT 函数与 FIND 函数来提取。

❶ 选中 C2 单元格，在编辑栏中输入公式：

```
=LEFT(A2,FIND(":",A2)-1)
```

❷ 按 Enter 键，即可从 A2 单元格中提取姓名，如图 5-27 所示。将 C2 单元格的公式向下填充，即可依次从 A 列中提取姓名。

	A	B	C
1	公司名称与姓名	测试成绩	提取姓名
2	徐梓瑞:Jinan	95	徐梓瑞
3	许宸浩:Jinan	76	许宸浩
4	王硕彦:Jinan	82	王硕彦
5	姜美:Qingdao	90	姜美
6	陈义:Qingdao	87	陈义
7	李祥:Qingdao	79	李祥
8	李成杰:Hangzhou	85	李成杰
9	夏正霏:Hangzhou	80	夏正霏
10	万文锦:Hangzhou	88	万文锦

图 5-26

C2 =RIGHT(A2,LEN(A2)-FIND(":",A2))

	A	B	C	D	E
1	姓名	测试成绩	提取姓名		
2	Jinan:徐梓瑞	95	徐梓瑞		
3	Jinan:许宸浩	76			
4	Jinan:王硕彦	82			
5	Qingdao:姜美	90			

图 5-27

【公式解析】

LEFT 函数用于返回从文本左侧开始指定个数的字符

① 返回 ":" 在 A2 单元格中的位置

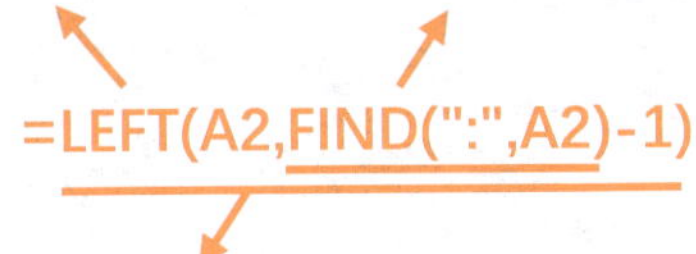

② 从 A2 单元格中字符串的最左侧开始提取，提取的字符数是①的返回结果减 1。因为①的返回结果是 ":" 的位置，而要提取的字符数是 ":" 前的字符数，所以进行减 1 处理

例 3：查找位置是为了辅助提取（从产品名称中提取规格）

扫一扫，看视频

例如，在图 5-28 所示的表格中，"产品名称" 列中包含规格信息，想从产品名称中提取规格信息。

	A	B	C
1	产品编码	产品名称	规格
2	VOa001	VOV绿茶面膜-200g	200g
3	VOa002	VOV樱花面膜-200g	200g
4	B011213	碧欧泉矿泉爽肤水-100ml	100ml
5	B011214	碧欧泉美白防晒霜-30g	30g
6	B011215	碧欧泉美白面膜-3p	3p
7	H0201312	水之印美白乳液-100g	100g
8	H0201313	水之印美白隔离霜-20g	20g
9	H0201314	水之印绝配无瑕粉底-15g	15g

图 5-28

❶ 选中 C2 单元格，在编辑栏中输入公式：

```
=RIGHT(B2,LEN(B2)-FIND("-",B2))
```

❷ 按 Enter 键，即可从 A2 单元格中提取规格，如图 5-29 所示。将 C2 单元格的公式向下填充，即可依次从 B 列中提取规格。

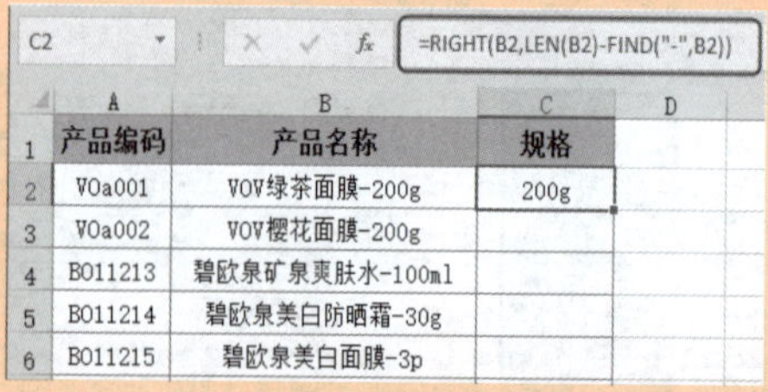

C2　=RIGHT(B2,LEN(B2)-FIND("-",B2))

	A	B	C	D
1	产品编码	产品名称	规格	
2	VOa001	VOV绿茶面膜-200g	200g	
3	VOa002	VOV樱花面膜-200g		
4	B011213	碧欧泉矿泉爽肤水-100ml		
5	B011214	碧欧泉美白防晒霜-30g		
6	B011215	碧欧泉美白面膜-3p		

图 5-29

【公式解析】

=RIGHT(B2,LEN(B2)-FIND("-",B2))

RIGHT 函数用于返回从文本右侧开始指定个数的字符

① 统计 B2 单元格中字符串的长度

② 在 B2 单元格中返回“-”的位置。①减去②的值作为 RIGHT 函数的第二个参数

③ 从 B2 单元格的右侧开始提取，提取字符数为①减去②的值

2. FINDB（查找指定字符串在字符串中的位置–按字节算）

【函数功能】FINDB 函数用于查找指定字符串在一个字符串中首次出现的位置，返回结果按字节计算。

【函数语法】FINDB(find_text,within_text,[start_num])

- find_text：必需，要查找的字符串。
- within_text：必需，包含要查找字符串的字符串。
- start_num：可选，指定要从哪个位置开始查找。

【用法解析】

=FINDB(";",A1)

FINDB 函数与 FIND 函数用法类似，不同的是，FIND 函数是按字符数计算的，而 FINDB 函数是按字节数计算的。如果在文本中找不到指定字符串，则与 FIND 函数一样，FINDB 函数也会返回“#VALUE!”错误值

例：返回字符串中指定字符串的位置

FINDB 函数以字节为单位返回一个字符串在另一个字符串中的起始位置。

❶ 选中 C2 单元格，在编辑栏中输入公式（见图 5-30）：

```
=FINDB(":",A2)
```

❷ 按 Enter 键，然后将 C2 单元格的公式向下复制，可以看到依次返回 A 列各字符串中“:”的起始位置，如图 5-31 所示。

T.TEST　=FINDB(":",A2)

	A	B	C
1	姓名	测试成绩	“:”号位置
2	徐梓瑞:Jinan	95	=FINDB(":",A2)
3	许宸浩:Jinan	76	
4	王硕彦:Jinan	82	

图 5-30

C2　=FINDB(":",A2)

	A	B	C
1	姓名	测试成绩	“:”号位置
2	徐梓瑞:Jinan	95	7
3	许宸浩:Jinan	76	7
4	王硕彦:Jinan	82	7
5	姜美:Qingdao	90	5
6	陈义:Qingdao	87	5
7	李祥:Qingdao	79	5
8	李成杰:Hangzhou	85	7

图 5-31

3. SEARCH（查找字符串的起始位置）

【函数功能】SEARCH 函数返回指定查找字符串在原始字符串中首次出现的位置，从左到右查找，忽略英文字母的大小写。

【函数语法】SEARCH(find_text,within_text,[start_num])

- find_text：必需，要查找的字符串。
- within_text：必需，要在其中查找 find_text 参数的值的字符串。
- start_num：可选，指定在 within_text 参数中从哪个位置开始查找。

【用法解析】

在 A1 单元格中查找 VO，并返回其在 A1 单元格中的起始位置。如果在文本中找不到指定字符串，返回“#VALUE!”错误值

注意：

SEARCH 函数和 FIND 函数的区别主要有以下两点。

（1）FIND 函数区分大小写，而 SEARCH 函数不区分大小写（见图 5-32）。

（2）SEARCH 函数支持通配符，而 FIND 函数不支持（见图 5-33）。例如，公式“=SEARCH("VO?",A2)”返回的是以 VO 开头的 3 个字符组成的字符串首次出现的位置。

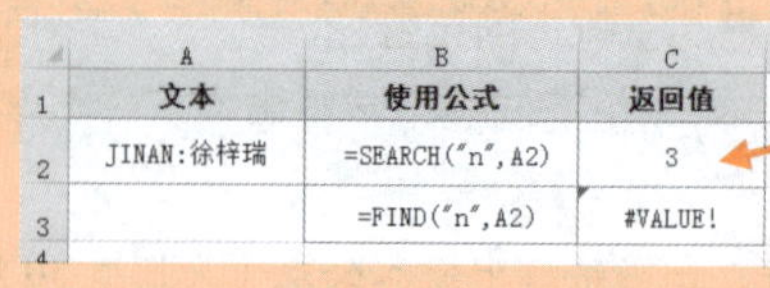

	A	B	C
1	文本	使用公式	返回值
2	JINAN:徐梓瑞	=SEARCH("n",A2)	3
3		=FIND("n",A2)	#VALUE!

查找的是小写的 n，SEARCH 函数不区分大小写，而 FIND 函数区分，所以找不到

图 5-32

	A	B	C
1	文本	使用公式	返回值
2	JINAN:徐梓瑞	=SEARCH("n?",A2)	3
3		=FIND("n?",A2)	#VALUE!

查找对象中使用了通配符，SEARCH 函数可以包含，FIND 函数不能包含

图 5-33

例：从产品名称中提取品牌名称

扫一扫，看视频

产品名称中包含品牌名称，要求将品牌名称批量提取出来。

❶ 选中 D2 单元格，在编辑栏中输入公式（见图 5-34）：

```
=MID(B2,SEARCH("vov",B2),3)
```

❷ 按 Enter 键，然后将 D2 单元格的公式向下复制，可以得到图 5-35 所示的提取效果。

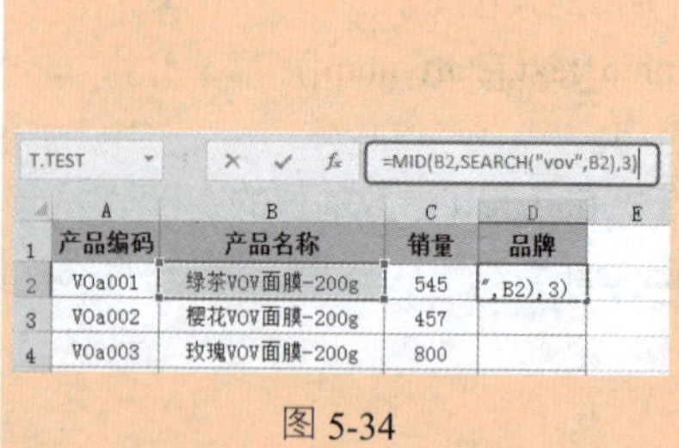

T.TEST　=MID(B2,SEARCH("vov",B2),3)

	A	B	C	D	E
1	产品编码	产品名称	销量	品牌	
2	VOa001	绿茶VOV面膜-200g	545	",B2),3)	
3	VOa002	樱花VOV面膜-200g	457		
4	VOa003	玫瑰VOV面膜-200g	800		

图 5-34

D2　=MID(B2,SEARCH("vov",B2),3)

	A	B	C	D	E
1	产品编码	产品名称	销量	品牌	
2	VOa001	绿茶VOV面膜-200g	545	VOV	
3	VOa002	樱花VOV面膜-200g	457	VOV	
4	VOa003	玫瑰VOV面膜-200g	800	VOV	
5	VOa004	芦荟VOV面膜-200g	474	VOV	
6	VOa005	火山泥VOV面膜-200g	780	VOV	
7	VOa006	红景天VOV面膜-200g	550	VOV	
8	VOa007	珍珠VOV面膜-200g	545	VOV	

图 5-35

【公式解析】

MID 函数返回文本字符串中从指定位置开始的特定数目的字符

① 查找 VOV 在 B2 单元格字符串中的位置

② 使用 MID 函数从 B2 单元格中提取字符串，从①返回值处开始提取，提取长度为 3 个字符

4. SEARCHB（查找字符串的起始位置–按字节算）

【函数功能】

SEARCHB 函数返回指定字符串在原始字符串中首次出现的位置，返回结果按字节计算。

【函数语法】SEARCHB(find_text,within_text,[start_num])

- find_text：必需，要查找的字符串。
- within_text：必需，要在其中查找 find_text 参数的值的字符串。
- start_num：可选，指定在 within_text 参数中从哪个位置开始查找。

【用法解析】

=SEARCHB(";",A1)

SEARCHB 函数与 SEARCH 函数用法类似，不同的是，SEARCH 函数是按字符数计算的，而 SEARCHB 函数是按字节数计算的

例：返回指定字符串在文本字符串中的位置

在图 5-36 所示的表格中，针对 A 列中的字符串，分别使用 B 列中对应的公式得出的字节数如 C 列所示。

	A	B	C
1	产品名称	公式	位置
2	绿茶面膜	=SEARCHB("面膜",A2) →	5
3	芦荟面膜	=SEARCHB("面膜",A3) →	5
4	火山泥面膜	=SEARCHB("面膜",A4) →	7
5	传明酸美白保湿面膜	=SEARCHB("面膜",A5) →	15

每个文字代表两个字节

图 5-36

5. REPLACE（用指定的字符替换文本字符串中的部分文本）

【函数功能】REPLACE 函数使用其他文本字符串并根据所指定的字符数替换某文本字符串中的部分文本。

【函数语法】REPLACE(old_text, start_num, num_chars, new_text)

- old_text：必需，要替换其部分字符的文本。
- start_num：必需，要用 new_text 替换的 old_text 中字符的位置。
- num_chars：必需，希望使用 new_text 替换 old_text 中字符的个数。
- new_text：必需，用于替换 old_text 中字符的文本。

【用法解析】

=REPLACE（要替换的字符串，开始位置，替换个数，新文本）

如果是文本，要加上引号。此参数可以只保留前面的逗号，后面保持空白不设置，其意义是用空白来替换旧文本

例：对产品名称批量更改

扫一扫，看视频

在图 5-37 所示的表格中，需要将“产品名称”中的“水之印”文本都替换为“水 Z 印”。对此，可以使用 REPLACE 函数一次性替换。

❶ 选中 C2 单元格，在编辑栏中输入公式：

```
=REPLACE(B2,1,3,"水 Z 印")
```

❷ 按 Enter 键，即可提取 B2 单元格中指定位置的字符，并替换为指定的新字符，如图 5-38 所示。然后将 C2 单元格的公式向下复制，可以实现批量替换。

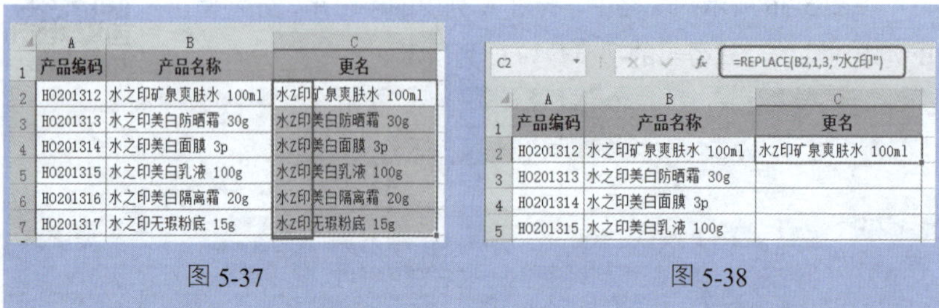

	A	B	C
1	产品编码	产品名称	更名
2	H0201312	水之印矿泉爽肤水 100ml	水Z印矿泉爽肤水 100ml
3	H0201313	水之印美白防晒霜 30g	水Z印美白防晒霜 30g
4	H0201314	水之印美白面膜 3p	水Z印美白面膜 3p
5	H0201315	水之印美白乳液 100g	水Z印美白乳液 100g
6	H0201316	水之印美白隔离霜 20g	水Z印美白隔离霜 20g
7	H0201317	水之印无瑕粉底 15g	水Z印无瑕粉底 15g

图 5-37

C2 =REPLACE(B2,1,3,"水Z印")

	A	B	C
1	产品编码	产品名称	更名
2	H0201312	水之印矿泉爽肤水 100ml	水Z印矿泉爽肤水 100ml
3	H0201313	水之印美白防晒霜 30g	
4	H0201314	水之印美白面膜 3p	
5	H0201315	水之印美白乳液 100g	

图 5-38

【公式解析】

=REPLACE(B2,1,3,"水 Z 印")

使用新文本“水 Z 印”替换 B2 单元格中从第一个字符开始的 3 个字符

6. REPLACEB（用指定的字符替换文本字符串中的部分文本–按字节算）

【函数功能】REPLACEB 函数是使用其他文本字符串并根据所指定的字节数替换某文本字符串中的部分文本。

【函数语法】REPLACEB(old_text,start_num,num_bytes,new_text)

- old_text：必需，要替换其部分字符的文本。

- start_num：必需，要用 new_text 替换的 old_text 中字符的位置。
- num_bytes：必需，使用 new_text 替换 old_text 中字符的字节数。
- new_text：必需，用于替换 old_text 中字符的文本。

【公式解析】

=REPLACEB(要替换的字符串,开始位置,替换的字节数,新文本)

REPLACEB 函数与 REPLACE 函数的用法类似，不同的是，REPLACE 函数是按字符数计算的，而 REPLACEB 函数是按字节数计算的

例：快速更改产品名称的格式

如图 5-39 所示，“品名规格”列的格式中使用了下划线，现在想批量替换为“*”，即得到 C 列的显示结果。

扫一扫，看视频

❶ 选中 C2 单元格，在编辑栏中输入公式：

```
=REPLACEB(A2,5,2,"*")
```

❷ 按 Enter 键，即可得到需要的显示格式，如图 5-40 所示。然后向下复制 C2 单元格的公式，即可实现格式的批量转换。

	A	B	C
1	品名规格	总金额	品名规格
2	1945＿70黄塑纸	¥ 20,654.00	1945*70黄塑纸
3	1945＿80白塑纸	¥ 30,850.00	1945*80白塑纸
4	1160＿45牛硅纸	¥ 50,010.00	1160*45牛硅纸
5	1300＿70武汉黄纸	¥ 45,600.00	1300*70武汉黄纸
6	1300＿80赤壁白纸	¥ 29,458.00	1300*80赤壁白纸
7	1940＿80白硅纸	¥ 30,750.00	1940*80白硅纸

图 5-39

C2 =REPLACEB(A2,5,2,"*")

	A	B	C	D
1	品名规格	总金额	品名规格	
2	1945＿70黄塑纸	¥ 20,654.00	1945*70黄塑纸	
3	1945＿80白塑纸	¥ 30,850.00		
4	1160＿45牛硅纸	¥ 50,010.00		

图 5-40

【公式解析】

=REPLACEB(A2,5,2,"*")

由于原“品名规格”列中的“＿”是全角格式的，一个全角字符占 2 字节，因此当使用 REPLACEB 函数替换时，需要将此参数设置为 2，即从第 5 位开始替换，共替换 2 字节

7. SUBSTITUTE（替换旧文本）

【函数功能】SUBSTITUTE 函数用于在文本字符串中用指定的新文本替换旧文本。

【函数语法】SUBSTITUTE(text,old_text,new_text,[instance_num])

- text：必需，需要替换其中字符的文本，或对含有文本的单元格的引用。
- old_text：必需，需要替换的旧文本。
- new_text：必需，用于替换 old_text 的新文本。
- instance_num：可选，用于指定要以 new_text 替换第几次出现的 old_text。

【用法解析】

=SUBSTITUTE（要替换的文本,旧文本,新文本,第 n 个旧文本）

可选。如果省略，则会将 text 中出现的每一处 old_text 都更改为 new_text；如果指定了，则只有指定的第几次出现的 old_text 才被替换

例 1：快速批量删除文本中的多余空格

扫一扫，看视频

在图 5-41 所示的表格中，由于数据输入不规范或者由复制得来，因此存在很多空格。通过 SUBSTITUTE 函数可以一次性删除空格。

❶ 选中 B2 单元格，在编辑栏中输入公式：

```
=SUBSTITUTE(A2," ","")
```

❷ 按 Enter 键，即可得到删除 A2 单元格中空格后的数据，如图 5-41 所示。

❸ 将 B2 单元格的公式向下复制，可以实现批量删除空格，如图 5-42 所示。

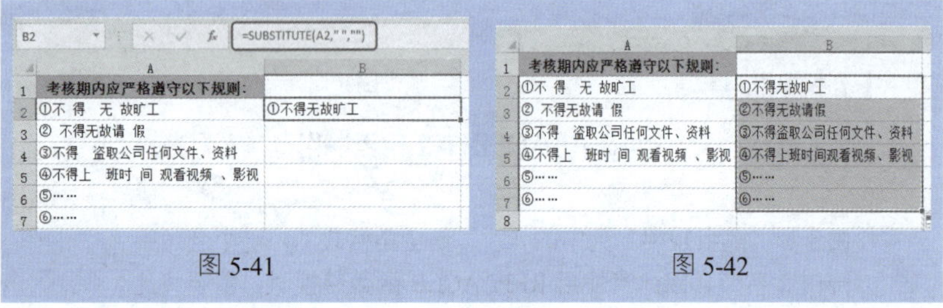

图 5-41　　图 5-42

【公式解析】

=SUBSTITUTE(A2," ","")

第一个双引号中有一个空格，第二个双引号中无空格，即用无空格替换空格，以达到删除空格的目的

例 2：规范参会人员名称填写格式

在图 5-43 所示的表格中，想将 A 列数据格式更改为如 B 列所示，即删除第一个“-”符号，将第二个“-”符号替换为“:”（这是一个 SUBSTITUTE 函数与 REPLACE 函数嵌套的例子，读者可查看对其中公式的解析）。

	A	B	C
1	地区-公司-代表	参会代表	
2	安徽-云凯置业-曲云	安徽云凯置业:曲云	
3	北京-千惠广业-乔娜	北京千惠广业:乔娜	
4	安徽-朗文置业-胡明云	安徽朗文置业:胡明云	
5	上海-骏捷广业-李钦娜	上海骏捷广业:李钦娜	
6	北京-富源置业-杨倩	北京富源置业:杨倩	
7	北京-景泰广业-谢凯志	北京景泰广业:谢凯志	
8	安徽-群发广业-刘媛	安徽群发广业:刘媛	

图 5-43

❶ 选中 B2 单元格，在编辑栏中输入公式：

```
=SUBSTITUTE(REPLACE(A2,3,1,""),"-",":")
```

❷ 按 Enter 键即可得到更改格式后的数据，如图 5-44 所示。然后将 B2 单元格的公式向下复制，可以实现批量更改格式。

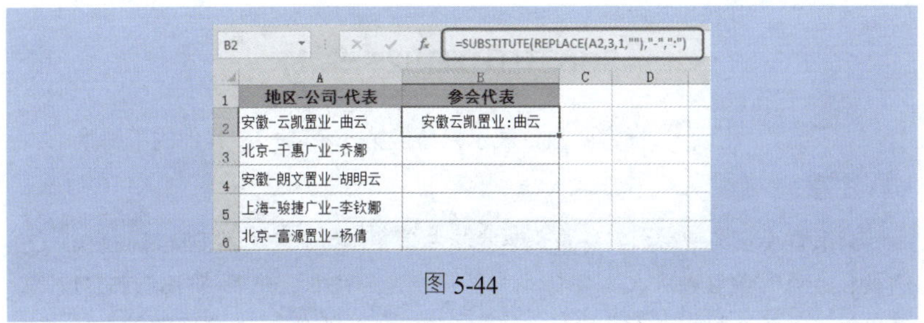

B2　=SUBSTITUTE(REPLACE(A2,3,1,""),"-",":")

	A	B	C	D
1	地区-公司-代表	参会代表		
2	安徽-云凯置业-曲云	安徽云凯置业:曲云		
3	北京-千惠广业-乔娜			
4	安徽-朗文置业-胡明云			
5	上海-骏捷广业-李钦娜			
6	北京-富源置业-杨倩			

图 5-44

【公式解析】

① 将 A2 单元格字符串中的第三个字符替换为空白，即删除

=SUBSTITUTE(REPLACE(A2,3,1,""),"-",":")

② 将①的返回值作为目标字符串，然后使用 SUBSTITUTE 函数将其中的“-”替换为“:”

例 3：查找特定文本且将首次出现的删除，其他保留

扫一扫，看视频

当前数据表如图 5-45 所示，要求将 B 列中的第一个“-”删除，而第二个“-”保留。此时使用 SUBSTITUTE 函数需要指定第 4 个参数。

❶ 选中 C2 单元格，在编辑栏中输入公式：

```
=SUBSTITUTE(B2,"-",,1)
```

❷ 按 Enter 键，即可返回对 B2 单元格字符串中的“-”进行替换后的字符串，如图 5-46 所示。然后将 C2 单元格的公式向下复制，可以实现对其他字符串的批量替换。

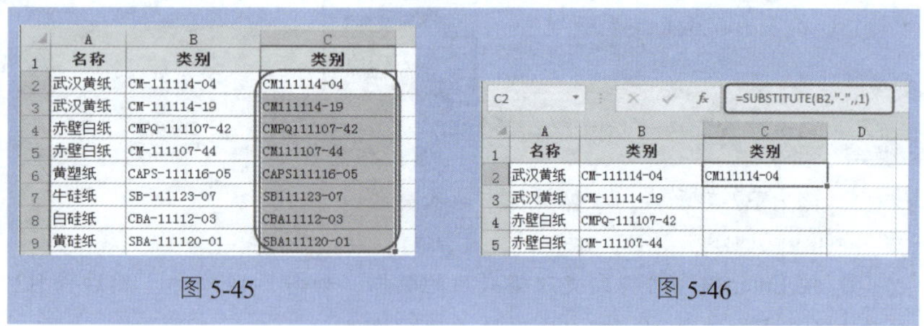

	A	B	C
1	名称	类别	类别
2	武汉黄纸	CM-111114-04	CM111114-04
3	武汉黄纸	CM-111114-19	CM111114-19
4	赤壁白纸	CMPQ-111107-42	CMPQ111107-42
5	赤壁白纸	CM-111107-44	CM111107-44
6	黄塑纸	CAPS-111116-05	CAPS111116-05
7	牛硅纸	SB-111123-07	SB111123-07
8	白硅纸	CBA-11112-03	CBA11112-03
9	黄硅纸	SBA-111120-01	SBA111120-01

图 5-45

C2 =SUBSTITUTE(B2,"-",,1)

	A	B	C	D
1	名称	类别	类别	
2	武汉黄纸	CM-111114-04	CM111114-04	
3	武汉黄纸	CM-111114-19		
4	赤壁白纸	CMPQ-111107-42		
5	赤壁白纸	CM-111107-44		

图 5-46

【公式解析】

指定此数，表示只替换第一个“-”，其他的不替换

注意：

如果需要在某一文本字符串中替换指定位置处的任意文本，使用 REPLACE 函数；如果需要在某一文本字符串中替换指定的文本，使用 SUBSTITUTE 函数。按位置还是按指定字符替换，这是 REPLACE 函数与 SUBSTITUTE 函数的区别。

5.3 文本提取应用

提取文本是指从文本字符串中提取部分文本。例如，可以用 LEFT 函数从文本字符串左侧提取，也可以使用 RIGHT 函数从文本字符串右侧提取，还可以使用 MID 函数从文本字符串任意指定位置提取等。无论哪种提取方

式，如果要实现批量提取，都要寻找文本字符串中的相关规律，从而准确地提取有用数据。

1. LEN（返回文本字符串中的字符数）

【函数功能】LEN 函数用于返回文本字符串中的字符数。

【函数语法】LEN(text)

text：必需，要计算其长度的文本。空格将作为字符进行计数。

【用法解析】

=LEN(B1)

参数为任何有效的字符串表达式

例 1：检测身份证号码位数是否正确

身份证号码都是 18 位的，因此可以利用 LEN 函数检查表格中的身份证号码位数是否符合要求，如果位数正确，则返回空格，否则返回文字“错误”，如图 5-47 所示。

扫一扫，看视频

❶ 选中 C2 单元格，在编辑栏中输入公式：

```
=IF(LEN(B2)=18,"","错误")
```

❷ 按 Enter 键即可判断第一个人的身份证号码位数是否正确，如图 5-48 所示。将 C2 单元格的公式向下填充，即可判断其他身份证号码的位数是否正确。

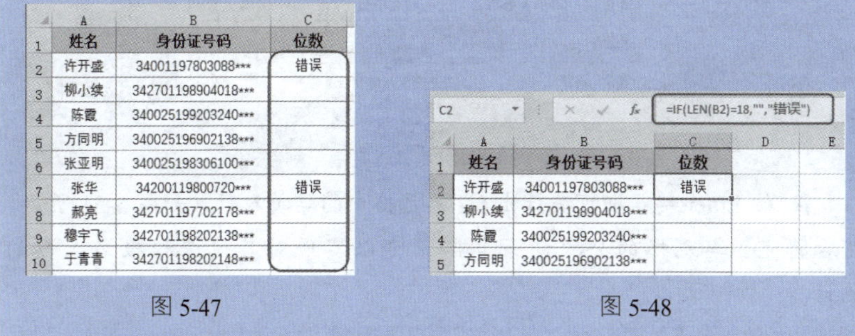

	A	B	C
1	姓名	身份证号码	位数
2	许开盛	34001197803088***	错误
3	柳小续	342701198904018***	
4	陈霞	340025199203240***	
5	方同明	340025196902138***	
6	张亚明	340025198306100***	
7	张华	34200119800720***	错误
8	郝亮	342701197702178***	
9	穆宇飞	342701198202138***	
10	于青青	342701198202148***	

图 5-47

C2 =IF(LEN(B2)=18,"","错误")

	A	B	C	D	E
1	姓名	身份证号码	位数		
2	许开盛	34001197803088***	错误		
3	柳小续	342701198904018***			
4	陈霞	340025199203240***			
5	方同明	340025196902138***			

图 5-48

【公式解析】

① 统计 B2 单元格中的字符串长度是否等于 18

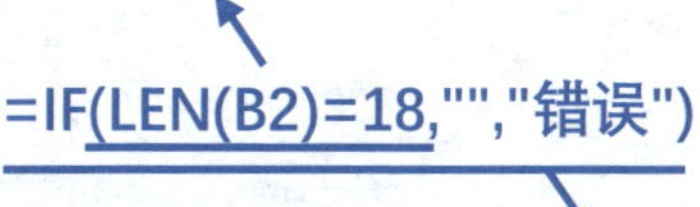

② 如果①的结果为真，则返回空格，否则返回文字“错误”

例 2：LEN 函数嵌套辅助统计——根据报名学员统计人数

LEN 函数常用于配合其他函数使用，在后面介绍 MID 函数、FIND 函数时会介绍此函数嵌套在其他函数中使用的例子。下面介绍一个使用 LEN 函数配合前面学习的 SUBSTITUTE 函数来变向实现数据统计。

图 5-49 所示的表格统计了各门课程报名的学员姓名（在日常工作中很多人会使用这种统计方式），现要求将实际人数统计出来。

	A	B	C	D
1	课程	满员人数	报名学员	已报人数
2	少儿中国舞	12	何晴洁,夏雨菲,朱苹,李春琳,苏萌萌,林夏,秦雯,高珊珊	8
3	少儿围棋（初）	8	刘瑞轩,方嘉禾,徐瑞,曾浩煊,李杰	5
4	少儿硬笔书法	12	周伊伊,周正洋,龚梦莹,侯娜	4
5	少儿卡漫	8	崔小蝶,毛少林,黄中洋,刘瑞	4

图 5-49

❶ 选中 D2 单元格，在编辑栏中输入公式（见图 5-50）：

```
=LEN(C2)-LEN(SUBSTITUTE(C2,",",""))+1
```

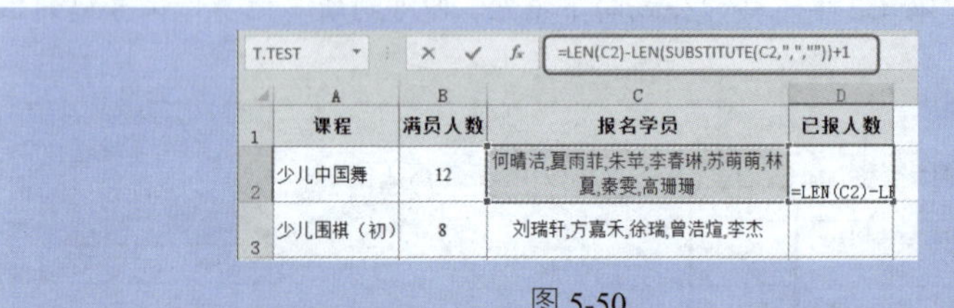
T.TEST　=LEN(C2)-LEN(SUBSTITUTE(C2,",",""))+1

	A	B	C	D
1	课程	满员人数	报名学员	已报人数
2	少儿中国舞	12	何晴洁,夏雨菲,朱苹,李春琳,苏萌萌,林夏,秦雯,高珊珊	=LEN(C2)-LE
3	少儿围棋（初）	8	刘瑞轩,方嘉禾,徐瑞,曾浩煊,李杰	

图 5-50

❷ 按 Enter 键，即可统计出 C2 单元格中的学员人数，如图 5-51 所示。然后将 D2 单元格的公式向下复制，可以实现对其他课程报名人数的统计。

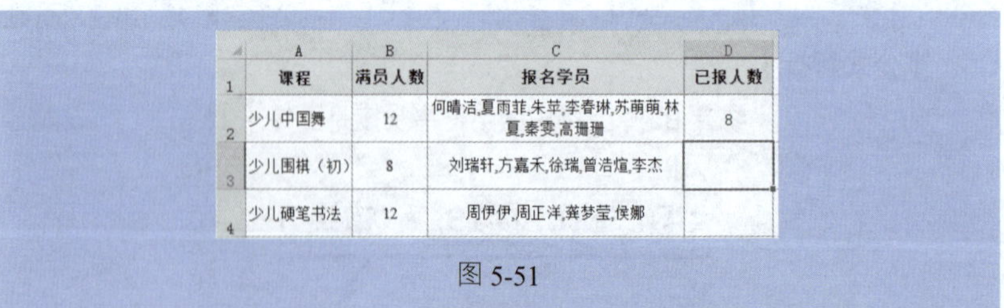

	A	B	C	D
1	课程	满员人数	报名学员	已报人数
2	少儿中国舞	12	何晴洁,夏雨菲,朱苹,李春琳,苏萌萌,林夏,秦雯,高珊珊	8
3	少儿围棋（初）	8	刘瑞轩,方嘉禾,徐瑞,曾浩煊,李杰	
4	少儿硬笔书法	12	周伊伊,周正洋,龚梦莹,侯娜	

图 5-51

【公式解析】

① 统计 C2 单元格中字符串的长度

② 将 C2 单元格中的逗号替换为空

=LEN(C2)-LEN(SUBSTITUTE(C2,",",""))+1

④ 将①返回的字符串的总长度减去③的统计结果，得到的就是逗号数量，逗号数量加 1 为姓名的数量

③ 统计取消了逗号后 C2 单元格中字符串的长度

2. LENB（返回文本字符串中的字节数）

【函数功能】LENB 函数用于返回文本字符串中的字节数。

【函数语法】LENB(text)

text：必需，要计算其长度的文本。空格将作为字符进行计数。

【用法解析】

=LENB(B1)

LEN 函数是按字符数计算的，而 LENB 函数是按字节数计算的。数字、字母、英文、标点符号（半角状态下输入的）都是按 1 计算的；汉字、全角状态下的标点符号，每个字符按 2 计算

例：返回文本字符串中的字节数

扫一扫，看视频

在图 5-52 所示的表格中，针对 A 列中的字符串，分别使用 C 列中对应的公式进行计算，得出的字节数如 B 列所示。

	A	B	C
1	字符串	字节数	对应的公式
2	函数实例	8	=LENB(A2)
3	Excel	5	=LENB(A3)
4	20130506	8	=LENB(A4)
5	2013/5/6	5	=LENB(A5)

日期值返回的字节数为 5，因为日期对应的是 5 位数的数据序列

图 5-52

3. LEFT（按指定字符数从字符串最左侧提取字符）

【函数功能】LEFT 函数用于从字符串左侧开始提取指定个数的字符。

【函数语法】LEFT(text, [num_chars])

- text：必需，包含要提取的字符的文本字符串。

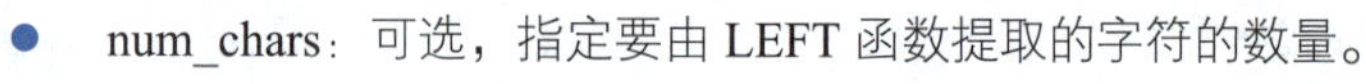

- num_chars：可选，指定要由 LEFT 函数提取的字符的数量。

【用法解析】

表示要提取字符的文本字符串　　表示要提取多少个字符（从最左侧开始）

例 1：提取分部名称

扫一扫，看视频

如果要提取的字符在字符串左侧，并且要提取的字符宽度一致，可以直接使用 LEFT 函数提取。图 5-53 所示为从 B 列中提取分部名称。

	A	B	C	D
1	姓名	部门	销售额(万元)	分部名称
2	许开盛	凌华分公司1部	5.62	凌华分公司
3	柳小续	凌华分公司1部	8.91	凌华分公司
4	陈霞	凌华分公司2部	5.61	凌华分公司
5	方同明	凌华分公司2部	5.72	凌华分公司
6	张亚明	枣庄分公司1部	5.55	枣庄分公司
7	张华	枣庄分公司1部	4.68	枣庄分公司
8	郝亮	枣庄分公司2部	4.25	枣庄分公司
9	穆宇飞	枣庄分公司2部	5.97	枣庄分公司
10	于青青	花冲分公司1部	8.82	花冲分公司
11	姜美	花冲分公司2部	3.64	花冲分公司

图 5-53

❶ 选中 D2 单元格，在编辑栏中输入公式：

```
=LEFT(B2,5)
```

❷ 按 Enter 键，即可提取 B2 单元格中字符串的前 5 个字符，如图 5-54 所示。然后将 D2 单元格的公式向下复制，可以实现批量提取。

D2　fx　=LEFT(B2,5)

	A	B	C	D
1	姓名	部门	销售额(万元)	分部名称
2	许开盛	凌华分公司1部	5.62	凌华分公司
3	柳小续	凌华分公司1部	8.91	
4	陈霞	凌华分公司2部	5.61	
5	方同明	凌华分公司2部	5.72	

图 5-54

例 2：从商品全称中提取产地

扫一扫，看视频

如果要提取的字符是从字符串最左侧开始，但长度不一，则无法直接使用 LEFT 函数提取，需要配合 FIND 函数从字符串中寻找统一规律，利用 FIND 函数的返回值来确定提取的字符长度。在图 5-55 所示的数据表中，商品全称中包含产地信息，但产地有 3 个字的，也有 4 个字的，所以可以利用 FIND 函数先找到“产”字的位置，然后将此值作为 LEFT 函数的第二个参数。

❶ 选中 D2 单元格，在编辑栏中输入公式：

```
= LEFT(B2,FIND("产",B2)-1)
```

❷ 按 Enter 键，即可提取 B2 单元格字符串中“产”字前的字符，如图 5-56 所示。然后将 D2 单元格的公式向下复制，可以实现批量提取。

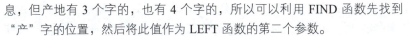

	A	B	C	D
1	商品编码	商品全称	库存数量	产地
2	TM0241	印度产紫檀	15	印度
3	HHL0475	海南产黄花梨	25	海南
4	HHT02453	东非产黑黄檀	10	东非
5	HHT02476	巴西产黑黄檀	17	巴西
6	HT02491	南美洲产黄檀	15	南美洲
7	YDM0342	非洲产崖豆木	26	非洲
8	WM0014	菲律宾产乌木	24	菲律宾

图 5-55

D2 =RIGHT(B2,4)

	A	B	C	D
1	商品编码	商品全称	库存数量	产地
2	TM0241	紫檀（印度）	23	（印度）
3	HHL0475	黄花梨（海南）	45	
4	HHT02453	黑黄檀（东非）	24	
5	HHT02476	黑黄檀（巴西）	27	
6	HT02491	黄檀（非洲）	41	

图 5-56

【公式解析】

① 返回“产”字在 B2 单元格中的位置，然后进行减 1 处理。因为要提取的字符是“产”字之前的所有字符串，所以要进行减 1 处理

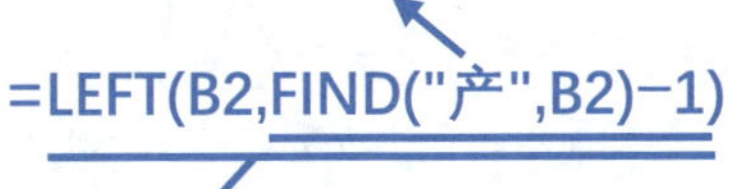

② 从 B2 单元格中字符串的最左侧开始提取，提取的字符数是①返回的结果

例 3：只对满足条件的产品调价

图 5-57 所示的表格统计了一系列产品的定价，现在需要对部分产品进行调价。具体规则为：当产品是“蓝莓”系列时，价格上调 5 元，其他产品保持不变。

扫一扫，看视频

	A	B	C	D
1	产品名称	规格	价格(元)	调价(元)
2	蓝莓味「小鲜酯」	90g	18	23
3	苹果味婴幼儿米饼	100g	30	30
4	宝宝水果条	48g	32	32
5	黄桃果泥	120	40	40
6	藜麦米粉	100g	35	35
7	蓝莓蔓越莓干	80g	30	35
8	蓝莓牛奶卡通米果棒	120g	28	33
9	菠萝果泥	100g	35	35
10	蓝莓叶黄素片	瓶	49	54

图 5-57

要完成这项自动判断，需要公式能自动找出文本“蓝莓”，从而实现当满足条件时进行调价运算。由于“蓝莓”都显示在产品名称的前面，因此使用 LEFT 函数来提取。

❶ 选中 D2 单元格，在编辑栏中输入公式：

```
=IF(LEFT(A2,2)="蓝莓",C2+5,C2)
```

❷ 按 Enter 键，即可根据 A2 单元格中的产品名称判断其是否满足“蓝莓”系列这个条件。从图 5-58 中可以看到，当前是满足的，因此计算结果是“C2+5”的值。将 D2 单元格的公式向下填充，可一次性得到批量判断结果。

D2 fx =IF(LEFT(A2,2)="蓝莓",C2+5,C2)

	A	B	C	D	E
1	产品名称	规格	价格(元)	调价(元)	
2	蓝莓味「小鲜酪」	90g	18	23	
3	苹果味婴幼儿米饼	100g	30		
4	宝宝水果条	48g	32		
5	黄桃果泥	120	40		
6	藜麦米粉	100g	35		

图 5-58

【公式解析】

LEFT 是一个文本函数，用于从给定字符串的左侧开始提取字符，提取字符的数量用第二个参数来指定。在 6.3 节中将详细介绍此函数

=IF(LEFT(A2,2)="蓝莓",C2+5,C2)

这部分是此公式的关键，表示从 A2 单元格中数据的左侧开始提取，共提取 2 个字符。提取后判断其是否为“蓝莓”，如果是，则返回“C2+5”；否则只返回 C2 的值，即不调价

例 4：统计各个地区分公司的参会总人数

扫一扫，看视频

图 5-59 所示的表格的 A 列中为公司名称和所属地区，并使用“-”符号将地区和分公司相连接；B 列中为参加会议的人数统计。利用 LEFT 函数配合 SUM 函数可以统计出各地区分公司参加会议的总人数。

❶ 在表格空白处建立各地址列表，然后选中 E2 单元格，在编辑栏中输入公式：

```
=SUM((LEFT($A$2:$A$8,2)=D2)*$B$2:$B$8)
```

❷ 按 Ctrl+Shift+Enter 组合键，即可统计出“安徽”地区参会的总人数，如图 5-59 所示。

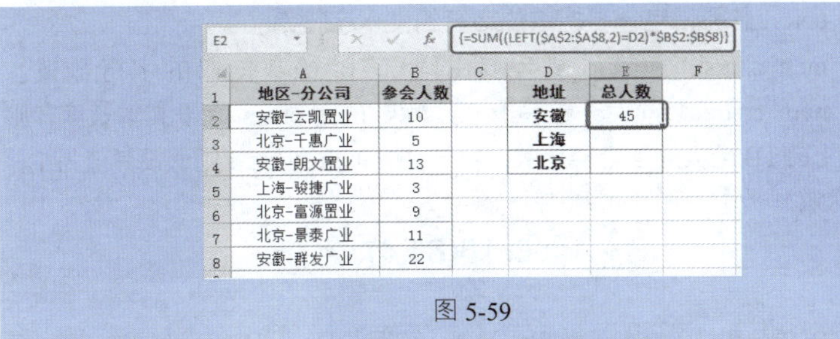

E2 {=SUM((LEFT($A$2:$A$8,2)=D2)*$B$2:$B$8)}

	A	B	C	D	E	F
1	地区-分公司	参会人数		地址	总人数	
2	安徽-云凯置业	10		安徽	45	
3	北京-千惠广业	5		上海		
4	安徽-朗文置业	13		北京		
5	上海-骏捷广业	3				
6	北京-富源置业	9				
7	北京-景泰广业	11				
8	安徽-群发广业	22				

图 5-59

❸ 选中 E2 单元格，向下复制公式到 E4 单元格，可以看到分别统计出“上海”地区和“北京”地区参会的总人数，如图 5-60 所示。

E2 {=SUM((LEFT($A$2:$A$8,2)=D2)*$B$2:$B$8)}

	A	B	C	D	E	F
1	地区-分公司	参会人数		地址	总人数	
2	安徽-云凯置业	10		安徽	45	
3	北京-千惠广业	5		上海	3	
4	安徽-朗文置业	13		北京	25	
5	上海-骏捷广业	3				
6	北京-富源置业	9				
7	北京-景泰广业	11				
8	安徽-群发广业	22				

图 5-60

【公式解析】

① 将 A2:A8 单元格区域中的值从左侧提取，共提取 2 个字符。然后判断其是否等于 D2 中的“安徽”，如果等于，则返回 TRUE；否则返回 FALSE。返回的是一个数组

③ 使用 SUM 函数对②数组求和

② 如果①的返回结果是 TRUE，则返回其在 B 列中的对应值；如果为 FALSE，则返回 0 值。返回的也是一个数组

4. LEFTB（按指定字节数从字符串的最左侧开始提取字符）

【函数功能】LEFTB 函数用于从字符串左侧开始提取指定个数的字符

（按字节计算）。

【函数语法】LEFTB(text,[num_chars])

- text：必需，包含要提取的字符的文本字符串。
- num_chars：可选，指定要由 LEFTB 函数提取的字符数量。num_chars 必须大于或等于 0。如果 num_chars 大于文本长度，则 LEFTB 函数返回全部文本；如果省略 num_chars，则假设其值为 1。

【用法解析】

=LEFTB(B1,4)

LEFTB 函数与 LEFT 函数用法类似，不同的是，LEFT 函数是按字符数计算的，而 LEFTB 函数是按字节数计算的。数字、字母、标点符号（半角状态下输入的）都是按 1 字节计算的；汉字、全角状态下的标点符号，每个字符按 2 字节计算

扫一扫，看视频

例：按字节数从左侧提取字符

在图 5-61 所示的表格中，针对 A 列中的字符串，分别使用 C 列中对应的公式提取字符，如 B 列所示。

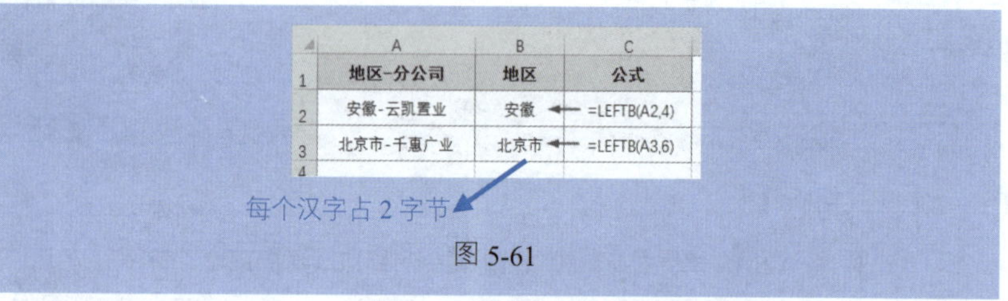

	A	B	C
1	地区-分公司	地区	公式
2	安徽-云凯置业	安徽	=LEFTB(A2,4)
3	北京市-千惠广业	北京市	=LEFTB(A3,6)
4			

图 5-61

5. RIGHT（按指定字符数从字符串最右侧开始提取字符）

【函数功能】RIGHT 函数用于从字符串最右侧开始提取指定个数的字符。

【函数语法】RIGHT(text,[num_chars])

- text：必需，包含要提取的字符的文本字符串。
- num_chars：可选，指定要由 RIGHT 函数提取的字符数量。

【用法解析】

表示要提取字符的文本字符串　　表示要提取多少个字符（从最右侧开始）

例 1：提取商品的产地

扫一扫，看视频

如果要提取的字符串在右侧，并且要提取的字符宽度一致，可以直接使用 RIGHT 函数提取。例如，在下面的表格中要从商品全称中提取产地。

❶ 选中 D2 单元格，在编辑栏中输入公式（见图 5-62）：

```
=RIGHT(B2,4)
```

❷ 按 Enter 键，即可提取 B2 单元格中字符串的最后 4 个字符，即产地信息。然后将 D2 单元格的公式向下复制，可以实现批量提取，如图 5-63 所示。

T.TEST　=RIGHT(B2,4)

	A	B	C	D
1	商品编码	商品全称	库存数量	产地
2	TM0241	紫檀（印度）		=RIGHT(B2,4)
3	HHL0475	黄花梨（海南）	45	
4	HHT02453	黑黄檀（东非）	24	
5	HHT02476	黑黄檀（巴西）	27	

图 5-62

D2　=RIGHT(B2,4)

	A	B	C	D
1	商品编码	商品全称	库存数量	产地
2	TM0241	紫檀（印度）	23	（印度）
3	HHL0475	黄花梨（海南）	45	（海南）
4	HHT02453	黑黄檀（东非）	24	（东非）
5	HHT02476	黑黄檀（巴西）	27	（巴西）
6	HT02491	黄檀（非洲）	41	（非洲）

图 5-63

例 2：从文字与金额合并显示的字符串中提取金额数据

扫一扫，看视频

如果要提取的字符串虽然是从最右侧开始的，但长度不一，则无法直接使用 RIGHT 函数提取，此时需要配合其他函数来确定提取的长度。在图 5-64 所示的表格中，由于“燃油附加费”的填写方式不规范，导致无法计算总费用。此时可以使用 RIGHT 函数配合其他函数实现对燃油附加费金额的提取。

❶ 选中 D2 单元格，在编辑栏中输入公式：

```
=B2+RIGHT(C2,LEN(C2)-5)
```

❷ 按 Enter 键，即可提取 C2 单元格中的金额数据，并实现总费用的计算，如图 5-65 所示。然后将 D2 单元格的公式向下复制，可以实现批量计算。

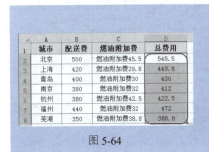

	A	B	C	D
1	城市	配送费	燃油附加费	总费用
2	北京	500	燃油附加费45.5	545.5
3	上海	420	燃油附加费29.8	449.8
4	青岛	400	燃油附加费30	430
5	南京	380	燃油附加费32	412
6	杭州	380	燃油附加费42.5	422.5
7	福州	440	燃油附加费32	472
8	芜湖	350	燃油附加费38.8	388.8

图 5-64

D2　=B2+RIGHT(C2,LEN(C2)-5)

	A	B	C	D	E
1	城市	配送费	燃油附加费	总费用	
2	北京	500	燃油附加费45.5	545.5	
3	上海	420	燃油附加费29.8		
4	青岛	400	燃油附加费30		
5	南京	380	燃油附加费32		
6	杭州	380	燃油附加费42.5		
7	福州	440	燃油附加费32		
8	芜湖	350	燃油附加费38.8		

图 5-65

【公式解析】

① 求取 C2 单元格中字符串的总长度，减 5 处理是因为“燃油附加费”共 5 个字符，减去后的值为去除“燃油附加费”文字后剩下的字符数

② 从 C2 单元格中字符串的最右侧开始提取，提取的字符数是①的返回结果

6. RIGHTB（按指定字节数从最右侧提取字符）

【函数功能】RIGHTB 函数用于从字符串右侧开始提取指定个数的字符（按字节计算）。

【函数语法】RIGHTB(text,[num_bytes])

- text：必需，包含要提取的字符的文本字符串。
- num_bytes：可选，按字节指定要由 RIGHTB 函数提取的字符数量。num_bytes 必须大于或等于 0。如果 num_bytes 大于文本长度，则 RIGHTB 函数返回所有文本；如果省略 num_bytes，则假设其值为 1。

【用法解析】

=RIGHTB(A1,3)

RIGHTB 函数与 RIGHT 函数的用法类似，不同的是，RIGHT 函数是按字符数计算的，而 RIGHTB 函数是按字节数计算的

扫一扫，看视频

例：返回文本字符串中最后指定的字符

在图 5-66 所示的表格中，针对 A 列中的字符串，分别使用 C 列中对应的公式提取字符，如 B 列所示。

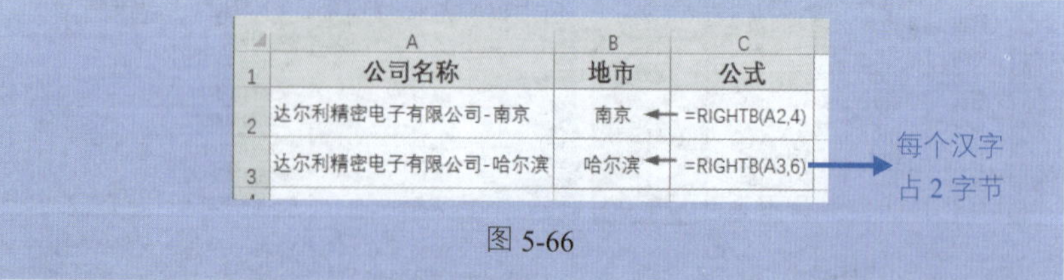

	A	B	C
1	公司名称	地市	公式
2	达尔利精密电子有限公司-南京	南京	=RIGHTB(A2,4)
3	达尔利精密电子有限公司-哈尔滨	哈尔滨	=RIGHTB(A3,6)

图 5-66

7. MID（从任意位置提取指定数量的字符）

【函数功能】MID 函数用于从一个字符串中的指定位置开始提取指定数量的字符。

【函数语法】MID(text, start_num, num_chars)

- text：必需，包含要提取的字符的文本字符串。
- start_num：必需，文本中要提取的第一个字符的位置。文本中第一个字符的 start_num 为 1，以此类推。
- num_chars：必需，指定希望 MID 函数从文本中提取字符的个数。

【用法解析】

=MID(在哪里提取,指定提取位置,提取的字符数量)

MID 函数的应用范围比 LEFT 和 RIGHT 函数要广。它可以从任意位置开始提取，并且通常会嵌套 LEN 函数和 FIND 函数辅助提取

例 1：从身份证号码中提取出生年份

扫一扫，看视频

图 5-67 所示的表格的 B 列中记录了公司员工的身份证号码，由于员工身份证号码的第 7～10 位表示持证人的出生年份，因此可以使用 MID 函数快速提取出每位员工的出生年份。

❶ 选中 C2 单元格，在编辑栏中输入公式：

```
=MID(B2,7,4)
```

❷ 按 Enter 键，即可返回“张佳佳”的出生年份为 1990，如图 5-68 所示。然后将 C2 单元格的公式向下复制，可以实现批量提取。

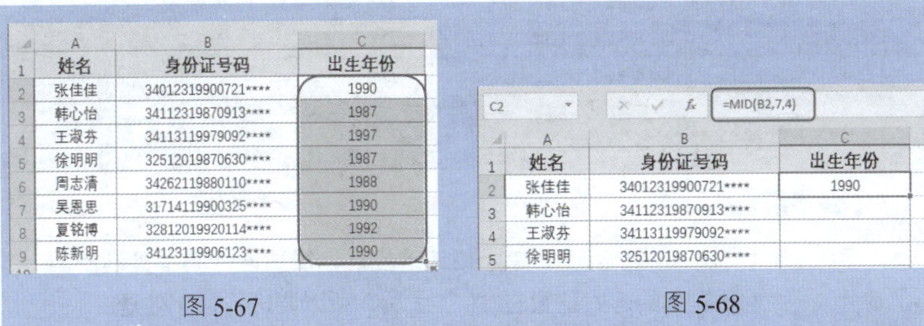

	A	B	C
1	姓名	身份证号码	出生年份
2	张佳佳	34012319900721****	1990
3	韩心怡	34112319870913****	1987
4	王淑芬	34113119979092****	1997
5	徐明明	32512019870630****	1987
6	周志清	34262119880110****	1988
7	吴恩思	31714119900325****	1990
8	夏铭博	32812019920114****	1992
9	陈新明	34123119906123****	1990

图 5-67

C2 =MID(B2,7,4)

	A	B	C
1	姓名	身份证号码	出生年份
2	张佳佳	34012319900721****	1990
3	韩心怡	34112319870913****	
4	王淑芬	34113119979092****	
5	徐明明	32512019870630****	

图 5-68

【公式解析】

从 B2 单元格的第 7 位开始提取，共提取 4 个字符

例 2：提取括号内的字符串

扫一扫，看视频

如果要提取的字符串在原字符串中的起始位置不固定，则无法直接使用 MID 函数提取。在图 5-69 所示的数据表中，要提取公司名称中括号内的文本（括号位置不固定），可以利用 FIND 函数先找到“(”的位置，然后以这个位置值作为 MID 函数的第二个参数。

	A	B	C
1	公司名称	订购数量	地市
2	达尔利精密电子（南京）有限公司	2200	南京
3	达尔利精密电子（济南）有限公司	3350	济南
4	信瑞精密电子（德州）有限公司	2670	德州
5	信华科技集团精密电子分公司（杭州）	2000	杭州
6	亚东科技机械有限责任公司（台州）	1900	台州

图 5-69

❶ 选中 C2 单元格，在编辑栏中输入公式：

```
=MID(A2,FIND(" ( ",A2)+1,2)
```

❷ 按 Enter 键，即可提取 A2 单元格中字符串括号内的字符，如图 5-70 所示。然后将 C2 单元格的公式向下复制，可以实现批量提取。

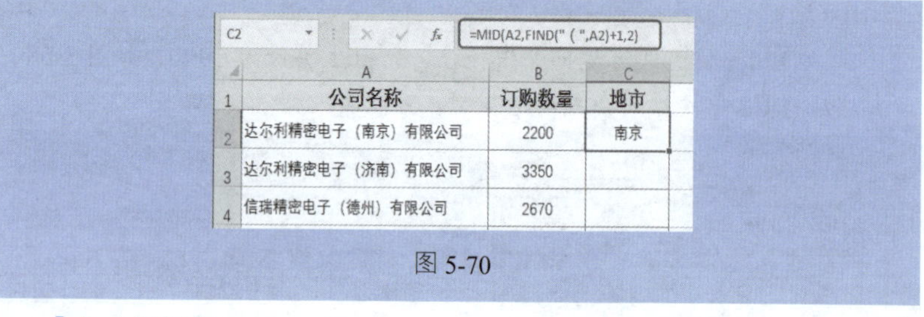

C2　=MID(A2,FIND(" (",A2)+1,2)

	A	B	C
1	公司名称	订购数量	地市
2	达尔利精密电子（南京）有限公司	2200	南京
3	达尔利精密电子（济南）有限公司	3350	
4	信瑞精密电子（德州）有限公司	2670	

图 5-70

【公式解析】

① 返回“(”在 A2 单元格中的位置，然后进行加 1 处理。因为要提取的起始位置在“(”之后，所以要进行加 1 处理

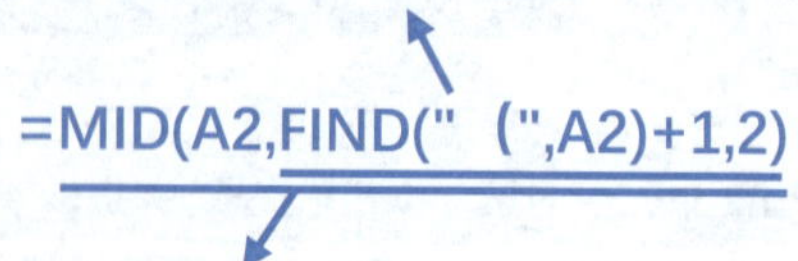

② 以①的返回值为起始位置，在 A2 单元格字符串中共提取 2 个字符

8. MIDB（从任意位置提取指定字节数的字符）

【函数功能】MIDB 函数用于从一个字符串中的指定位置开始提取指定字节数的字符。

【函数语法】MIDB(text,start_num,num_bytes)

- text：必需，包含要提取的字符的文本字符串。
- start_num：必需，文本中要提取的第一个字符的位置。文本中第一个字符的 start_num 为 1，以此类推。
- num_bytes：必需，指定希望 MIDB 函数从文本中返回字符的个数（按字节）。

【用法解析】

=MIDB(在哪里提取,指定提取位置,提取的字节数量)

MIDB 函数与 MID 函数的用法类似，不同的是，MID 函数是按字符数计算的，而 MIDB 函数是按字节数计算的

例：从文本字符串中提取指定位置的文本信息

扫一扫，看视频

在图 5-71 所示的表格中，针对 A 列中的字符串，分别使用 C 列中对应的公式提取字符，如 B 列所示。

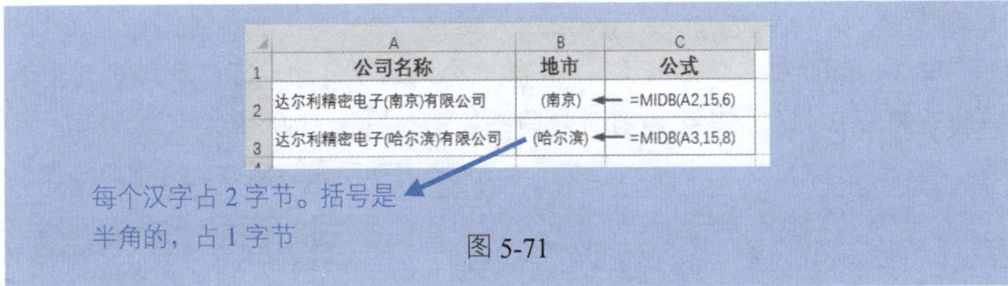

	A	B	C
1	公司名称	地市	公式
2	达尔利精密电子(南京)有限公司	(南京)	=MIDB(A2,15,6)
3	达尔利精密电子(哈尔滨)有限公司	(哈尔滨)	=MIDB(A3,15,8)

每个汉字占 2 字节。括号是半角的，占 1 字节

图 5-71

注意：

如果提取的字符都是全角的，可以直接使用 MID 函数；如果是全半角交替的，则使用 MIDB 函数。

5.4 文本清洗整理

文本的清洗函数可以理解为通过这些函数辅助对数据进行规范性的整理，如清除文本中不能打印的字符或者换行符、清除文本的空格，因为它们

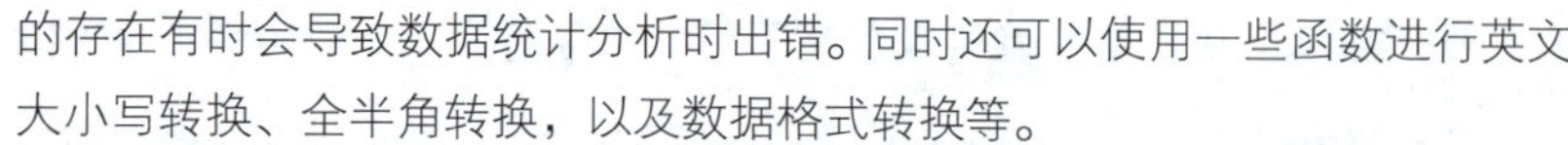
的存在有时会导致数据统计分析时出错。同时还可以使用一些函数进行英文大小写转换、全半角转换，以及数据格式转换等。

1. CLEAN（删除文本中不能打印的字符）

【函数功能】CLEAN 函数用于删除文本中不能打印的字符，即删除文本中的换行符。

【函数语法】CLEAN(text)

text：必需，需要删除不能打印的字符的文本。

【用法解析】

=CLEAN(A1)

TRIM 函数用于删除单词或字符间多余的空格，仅保留一个空格。CLEAN 函数则用于删除文本中的换行符。两个函数都是用于规范文本书写的函数，可对单元格中的数据文本进行格式的修正

例：删除产品名称中的换行符

扫一扫，看视频

如果数据中存在换行符，则不利于后期对数据的分析。此时可以使用 CLEAN 函数一次性删除文本中的换行符。

❶ 选中 C2 单元格，在编辑栏中输入公式（见图 5-72）：

```
=CLEAN(B2)
```

❷ 按 Enter 键，然后将 C2 单元格的公式向下复制，可以看到 C 列中返回的是删除 B 列数据中的换行符后的结果，如图 5-73 所示。

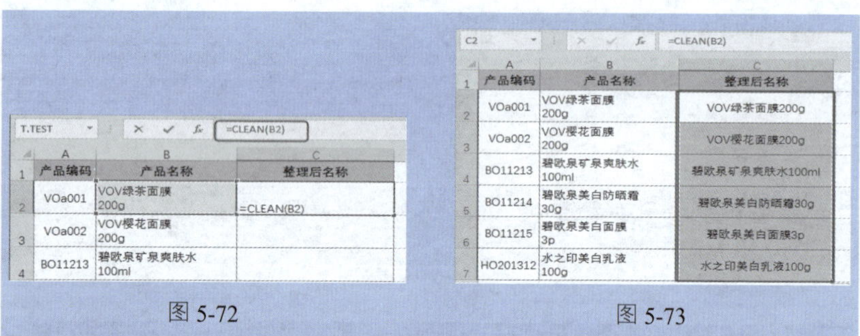

	A	B	C
1	产品编码	产品名称	整理后名称
2	VOa001	VOV绿茶面膜 200g	=CLEAN(B2)
3	VOa002	VOV樱花面膜 200g	
4	BO11213	碧欧泉矿泉爽肤水 100ml	

图 5-72

	A	B	C
1	产品编码	产品名称	整理后名称
2	VOa001	VOV绿茶面膜 200g	VOV绿茶面膜200g
3	VOa002	VOV樱花面膜 200g	VOV樱花面膜200g
4	BO11213	碧欧泉矿泉爽肤水 100ml	碧欧泉矿泉爽肤水100ml
5	BO11214	碧欧泉美白防晒霜 30g	碧欧泉美白防晒霜30g
6	BO11215	碧欧泉美白面膜 3p	碧欧泉美白面膜3p
7	HO201312	水之印美白乳液 100g	水之印美白乳液100g

图 5-73

2. TRIM（删除文本中的多余空格）

【函数功能】TRIM 函数用于删除字符串中多余的空格，但是会在字符串中间保留一个空格用于连接。

【函数语法】TRIM(text)

text：必需，需要删除其中空格的文本。

【用法解析】

=TRIM(A1)

仅可去除字符串中多余的空格，且中间会保留一个空格

例：删除产品名称中多余的空格

扫一扫，看视频

在下面的表格中，B 列的产品名称前后及克数前有多个空格，使用 TRIM 函数可一次性删除前后空格且在克数的前面保留一个空格作为间隔。

❶ 选中 C2 单元格，在编辑栏中输入公式（见图 5-74）：

```
=TRIM(B2)
```

T.TEST　=TRIM(B2)

	A	B	C
1	产品编码	产品名称	删除空格
2	V0a001	VOV绿茶面膜 200g	=TRIM(B2)
3	V0a002	VOV樱花面膜　　200g	
4	B011213	碧欧泉矿泉爽肤水　　100ml	
5	B011214	碧欧泉美白防晒霜　　30g	

图 5-74

❷ 按 Enter 键，然后将 C2 单元格中的公式向下复制，可以看到 C 列中返回的是对 B 列数据优化后的结果，如图 5-75 所示。

	A	B	C
1	产品编码	产品名称	删除空格
2	V0a001	VOV绿茶面膜 200g	VOV绿茶面膜 200g
3	V0a002	VOV樱花面膜　　200g	VOV樱花面膜 200g
4	B011213	碧欧泉矿泉爽肤水　　100ml	碧欧泉矿泉爽肤水 100ml
5	B011214	碧欧泉美白防晒霜　　30g	碧欧泉美白防晒霜 30g
6	B011215	碧欧泉美白面膜　　3p	碧欧泉美白面膜 3p
7	H0201312	水之印美白乳液　　100g	水之印美白乳液 100g
8	H0201313	水之印美白隔离霜　　20g	水之印美白隔离霜 20g
9	H0201314	水之印绝配无瑕粉底　　15g	水之印绝配无瑕粉底 15g

图 5-75

3. UPPER（将文本转换为大写形式）

【函数功能】UPPER 函数用于将一个字符串中的所有小写字母转换为大写字母。

【函数语法】UPPER(text)

text：必需，需要转换成大写字母的文本。text 可以为引用或文本字符串。

扫一扫，看视频

例：将文本转换为大写形式

要求将 A 列的小写英文字母转换为大写形式，即得到 B 列的显示效果，如图 5-76 所示。

❶ 选中 B2 单元格，在编辑栏中输入公式：

```
=UPPER(A2)
```

❷ 按 Enter 键，即可将 A2 单元格中的小写字母转换为大写形式，如图 5-77 所示。然后向下复制 B2 单元格的公式，即可实现批量转换。

	A	B	C	D
1	月份	月份	销售额	
2	january	JANUARY	10560.6592	
3	february	FEBRUARY	12500.652	
4	march	MARCH	8500.2	
5	april	APRIL	8800.24	
6	may	MAY	9000	
7	june	JUNE	10400.265	

图 5-76

B2 =UPPER(A2)

	A	B	C	D
1	月份	月份	销售额	
2	january	JANUARY	10560.6592	
3	february		12500.652	
4	march		8500.2	

图 5-77

4. LOWER（将文本转换为小写形式）

【函数功能】LOWER 函数用于将一个文本字符串中的所有大写字母转换为小写字母。

【函数语法】LOWER(text)

text：必需，要转换为小写字母的文本。LOWER 函数不改变文本中非字母的字符。

扫一扫，看视频

例：将文本转换为小写形式

要求将 A 列中的英文字母转换为小写形式，即得到 B 列的显示效果，如图 5-78 所示。

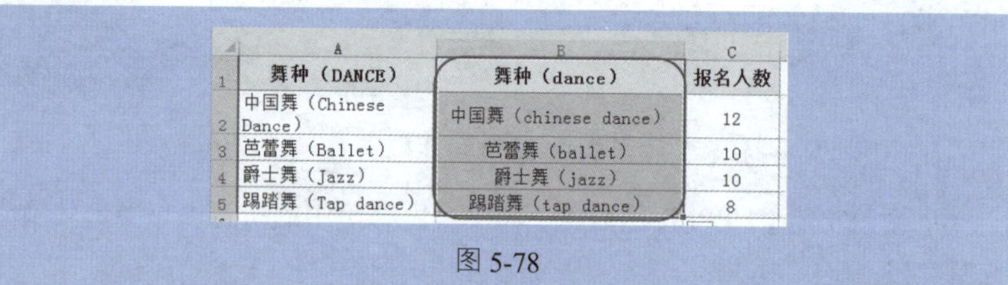

	A	B	C
1	舞种（DANCE）	舞种（dance）	报名人数
2	中国舞（Chinese Dance）	中国舞（chinese dance）	12
3	芭蕾舞（Ballet）	芭蕾舞（ballet）	10
4	爵士舞（Jazz）	爵士舞（jazz）	10
5	踢踏舞（Tap dance）	踢踏舞（tap dance）	8

图 5-78

❶ 选中 B1 单元格，在编辑栏中输入公式：

```
=LOWER(A1)
```

❷ 按 Enter 键，即可将 A1 单元格中的英文文本全部转换为小写形式，如图 5-78 所示。然后向下复制 B1 单元格的公式，即可实现批量转换。

B1 =LOWER(A1)

	A	B	C
1	舞种（DANCE）	舞种（dance）	报名人数
2	中国舞（Chinese Dance）		12
3	芭蕾舞（Ballet）		10

图 5-79

5. PROPER（将文本字符串的首字母转换成大写）

【函数功能】PROPER 函数用于将文本字符串的首字母及任何非字母字符之后的首字母转换成大写，并将其余的字母转换成小写。

【函数语法】PROPER(text)

text：必需，用引号括起来的文本、返回文本值的公式或对包含文本（要进行部分大写转换）的单元格的引用。

例：将单词的首字母转换为大写

如图 5-80 所示，A 列中的英文字母只有首字母是大写，PROPER 函数可以实现一次性将每个单词的首字母都转换为大写，即得到 B 列的数据。

扫一扫，看视频

	A	B	C	D
1	Item	转换后正确Item	onglyAg	Agree
2	Store locations are convenient	Store Locations Are Convenient	12%	14%
3	Store hours are convenient	Store Hours Are Convenient	15%	18%
4	Stores are well-maintained	Stores Are Well-Maintained	9%	11%
5	I like your web site	I Like Your Web Site	18%	32%
6	Employees are friendly	Employees Are Friendly	2%	6%
7	Employees are helpful	Employees Are Helpful	3%	4%
8	Pricing is competitive	Pricing Is Competitive	38%	24%

图 5-80

❶ 选中 B2 单元格，在编辑栏中输入公式：

```
=PROPER(A2)
```

❷ 按 Enter 键，即可将 A2 单元格中英文文本的每个单词的首字母转换为大写，如图 5-81 所示。然后向下复制 B2 单元格的公式，即可实现批量转换。

B2 =PROPER(A2)

	A	B	C	D
1	Item	转换后正确Item	onglyAg	Agree
2	Store locations are convenient	Store Locations Are Convenient	12%	14%
3	Store hours are convenient		15%	18%
4	Stores are well-maintained		9%	11%

图 5-81

6. VALUE（将文本型数字转换为数值）

【函数功能】VALUE 函数用于将代表数字的文本型数字转换成数值。

【函数语法】VALUE(text)

text：必需，带引号的文本，或对包含要转换文本的单元格的引用。

扫一扫，看视频

例：将文本型数字转换为可计算的数值

在表格中计算总金额时，由于单元格的格式被设置成文本，从而导致总金额无法计算，如图 5-82 所示。

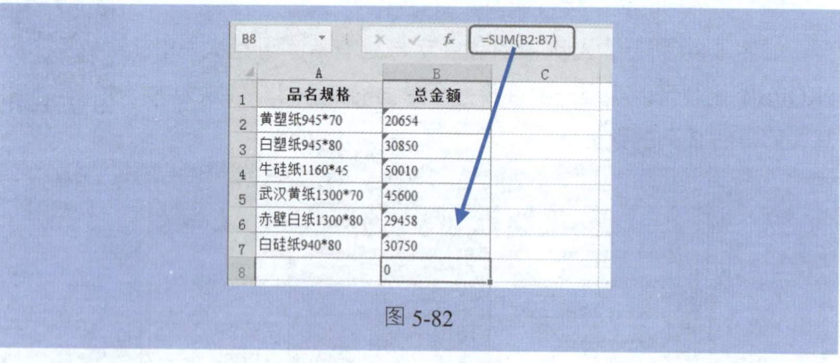

B8 =SUM(B2:B7)

	A	B	C
1	品名规格	总金额	
2	黄塑纸945*70	20654	
3	白塑纸945*80	30850	
4	牛硅纸1160*45	50010	
5	武汉黄纸1300*70	45600	
6	赤壁白纸1300*80	29458	
7	白硅纸940*80	30750	
8		0	

图 5-82

❶ 选中 C2 单元格，在编辑栏中输入公式：

```
=VALUE(B2)
```

❷ 按 Enter 键，即可将 B2 单元格中的文本型数字转换为数值。然后向下复制 C2 单元格的公式，即可实现批量转换，如图 5-83 所示。

❸ 转换后可以看到，如果在 C8 单元格中使用公式进行求和运算，即可得到正确结果，如图 5-84 所示。

C2 =VALUE(B2)

	A	B	C
1	品名规格	总金额	
2	黄塑纸945*70	20654	20654
3	白塑纸945*80	30850	30850
4	牛硅纸1160*45	50010	50010
5	武汉黄纸1300*70	45600	45600
6	赤壁白纸1300*80	29458	29458
7	白硅纸940*80	30750	30750
8		0	

图 5-83

C8 =SUM(C2:C7)

	A	B	C
1	品名规格	总金额	
2	黄塑纸945*70	20654	20654
3	白塑纸945*80	30850	30850
4	牛硅纸1160*45	50010	50010
5	武汉黄纸1300*70	45600	45600
6	赤壁白纸1300*80	29458	29458
7	白硅纸940*80	30750	30750
8		0	207322

图 5-84

7. ASC（将全角字符转换为半角字符）

【函数功能】ASC 函数用于将全角（双字节）字符转换成半角（单字节）字符。

【函数语法】ASC(text)

text：文本或对包含文本的单元格引用。如果文本中不包含任何全角字符，则文本不会更改。

例：修正全半角字符不统一导致数据无法统计的问题

在图 5-85 所示的表格中，可以看到“中国舞”报名人数有 2 条记录，但使用 SUMIF 函数（关于 SUMIF 函数的应用详见第 2 章）统计时只统计出报名总人数为 2。

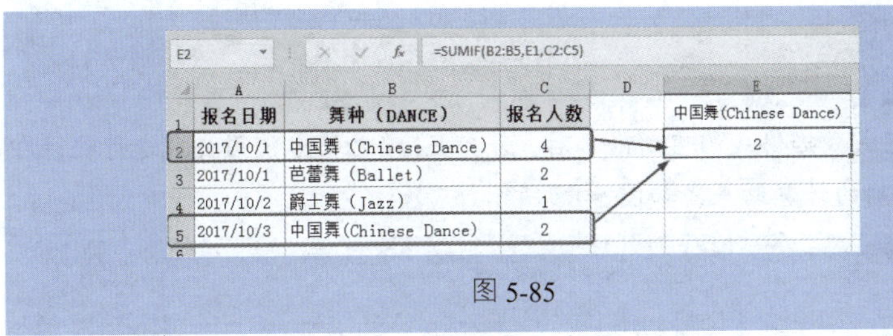

E2 =SUMIF(B2:B5,E1,C2:C5)

	A	B	C	D	E
1	报名日期	舞种（DANCE）	报名人数		中国舞(Chinese Dance)
2	2017/10/1	中国舞（Chinese Dance）	4		2
3	2017/10/1	芭蕾舞（Ballet）	2		
4	2017/10/2	爵士舞（Jazz）	1		
5	2017/10/3	中国舞(Chinese Dance)	2		

图 5-85

出现这种情况是因为 SUMIF 函数是以“中国舞(Chinese Dance)”为查找对象的，其中的英文与字符是半角状态，而 B 列中的英文与字符有半角的，也有全角的，这就造成了当格式不匹配时就找不到了，所以不被作为统计对象。这时就可以使用 ASC 函数先一次性将数据源中的字符格式进行统一，然后进行数据统计。

❶ 选中 D2 单元格，在编辑栏中输入公式：

```
=ASC(B2)
```

❷ 按 Enter 键，然后向下复制 D2 单元格的公式进行批量转换，如图 5-86 所示。

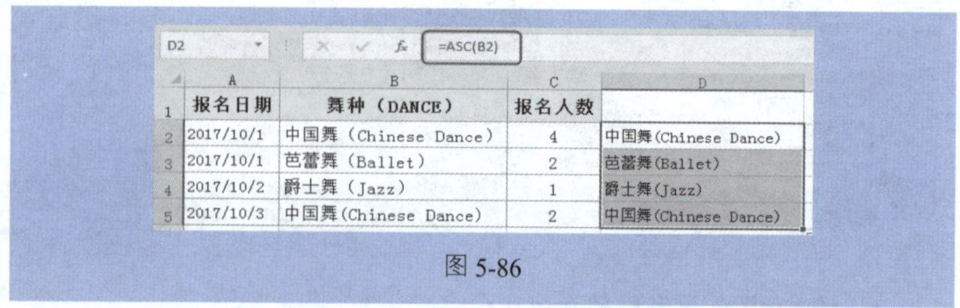

图 5-86

❸ 选中 D 列中转换后的数据，按 Ctrl+C 组合键复制，然后选中 B2 单元格，在“开始”选项卡的“剪贴板”组中单击“粘贴”下拉按钮，在打开的下拉列表中单击“值”按钮，实现数据的覆盖粘贴，如图 5-87 所示。

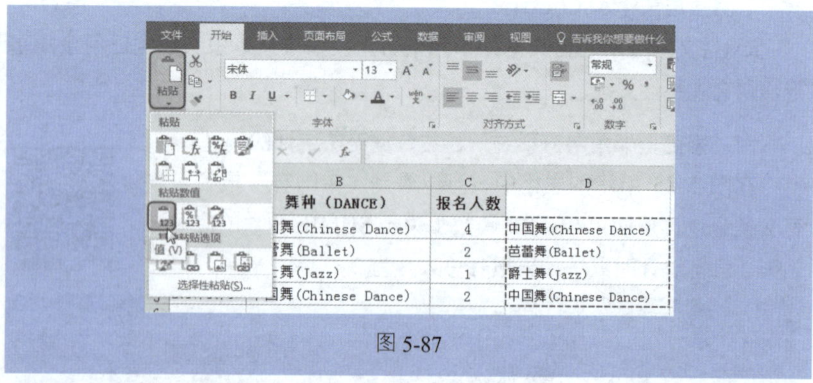

图 5-87

❹ 完成数据格式的重新修正后，若在 E2 单元格中使用公式进行统计即可得到正确的计算结果，如图 5-88 所示。

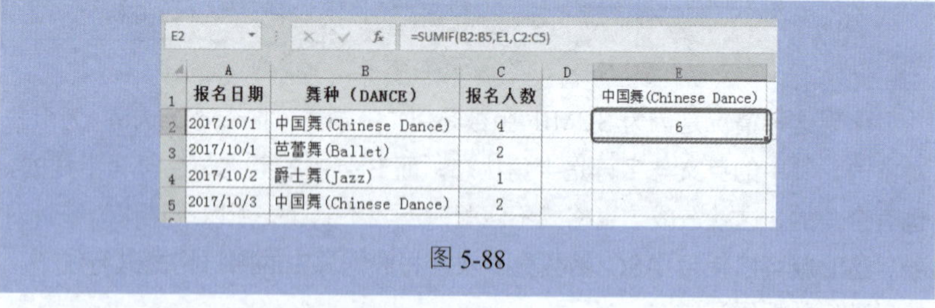

图 5-88

8. WIDECHAR（将半角字符转换为全角字符）

【函数功能】WIDECHAR 函数用于将字符串中的半角（单字节）字符

转换为全角（双字节）字符。

【函数语法】WIDECHAR(text)

text：必需，文本或对包含要更改文本的单元格的引用。如果文本中不包含任何半角字符，则文本不会更改。

例：将半角字符转换为全角字符

扫一扫，看视频

WIDECHAR 函数与 ASC 函数的功能相反，用于将半角字符转换为全角字符。如果当前数据中的英文字母或字符全、半角格式不一，为了方便查找与后期的数据分析，也可以事先一次性更改为全角格式，如图 5-89 所示。具体应用环境与 ASC 函数相同。

D2 =WIDECHAR(B2)

	A	B	C	D
1	报名日期	舞种（DANCE）	报名人数	
2	2017/10/1	中国舞（Chinese Dance）	4	中国舞（Ｃｈｉｎｅｓｅ　Ｄａｎｃｅ）
3	2017/10/1	芭蕾舞（Ballet）	2	芭蕾舞（Ｂａｌｌｅｔ）
4	2017/10/2	爵士舞（Jazz）	1	爵士舞（Ｊａｚｚ）
5	2017/10/3	中国舞(Chinese Dance)	2	中国舞（Ｃｈｉｎｅｓｅ　Ｄａｎｃｅ）

图 5-89

5.5 文本处理

我们将文本的比较（EXACT）、对文本进行重复（REPT）、指定单元格中数据的显示格式（TEXT）、四舍五入数据并添加“$”或“￥”符号等函数称为文本处理函数，放在本节中进行讲解。

1. TEXT（指定单元格中数据的显示格式）

【函数功能】TEXT 函数用于将数值转换为以指定数字格式表示的文本。

【函数语法】TEXT(value,format_text)

- value：必需，数值、计算结果为数值的公式，或对包含数值的单元格的引用。
- format_text：必需，用引号括起来的文本字符串的数字格式。format_text 不能包含“*”（星号）。

【用法解析】

=TEXT(数据,想转换为的文本格式)

第二个参数是格式代码，用来告诉 TEXT 函数，应该将第一个参数的数据更改成什么样子。多数自定义格式的代码都可以直接用在 TEXT 函数中。如果不知道怎样给 TEXT 函数设置格式代码，可以打开“设置单元格格式”对话框，在“分类”列表框中选择“自定义”，在右侧的“类型”列表框中选择 Excel 提供的数字格式代码，如图 5-90 所示

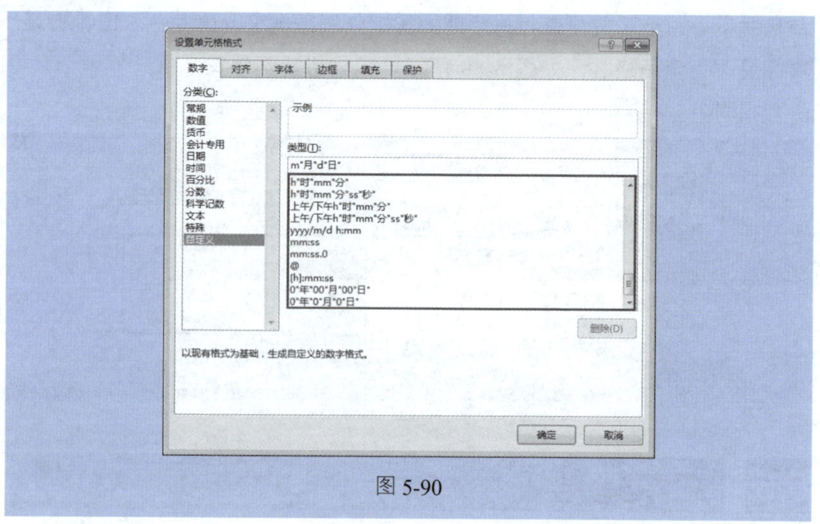

图 5-90

例如，在图 5-91 所示的表格中，使用公式“=TEXT(A2,"0 年 00 月 00 日")”可以将 A2 单元格的数据转换为 C2 单元格所示的样式。

又如，在图 5-92 所示的表格中，使用公式“=TEXT(A2,"上午/下午 h 时 mm 分")”可以将 A2 单元格中的数据转换为 C2 单元格所示的样式。

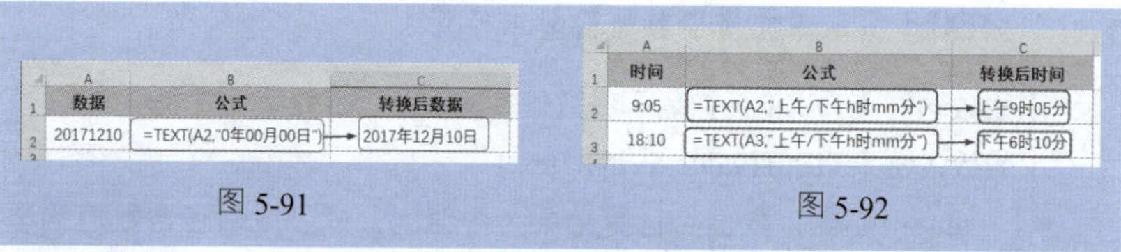

	A	B	C
1	数据	公式	转换后数据
2	20171210	=TEXT(A2,"0年00月00日")	2017年12月10日

图 5-91

	A	B	C
1	时间	公式	转换后时间
2	9:05	=TEXT(A2,"上午/下午h时mm分")	上午9时05分
3	18:10	=TEXT(A3,"上午/下午h时mm分")	下午6时10分

图 5-92

扫一扫，看视频

例 1：返回值班日期对应的星期数

图 5-93 所示的员工值班表显示了每位员工的值班日期，为了方便查看，需要显示出各值班日期对应的星期数。

❶ 选中 B2 单元格，在编辑栏中输入公式：

```
=TEXT(A2,"AAAA")
```

❷ 按 Enter 键即可返回 A2 单元格中日期对应的星期数，如图 5-94 所示。然后将 B2 单元格的公式向下复制，可以实现一次性返回各值班日期对应的星期数。

	A	B	C
1	值班日期	星期数	值班人员
2	2024-6-3	星期一	丁洪英
3	2024-6-4	星期二	丁德波
4	2024-6-5	星期三	马丹
5	2024-6-6	星期四	马娅瑞
6	2024-6-7	星期五	罗昊
7	2024-6-8	星期六	冯仿华
8	2024-6-9	星期日	杨雄涛
9	2024-6-13	星期四	陈安祥
10	2024-6-14	星期五	王家连
11	2024-6-15	星期六	韩启云
12	2024-6-16	星期日	孙祥鹏

图 5-93

B2 =TEXT(A2,"AAAA")

	A	B	C	D
1	值班日期	星期数	值班人员	
2	2024-6-3	星期一	丁洪英	
3	2024-6-4		丁德波	
4	2024-6-5		马丹	
5	2024-6-6		马娅瑞	
6	2024-6-7		罗昊	
7	2024-6-8		冯仿华	
8	2024-6-9		杨雄涛	
9	2024-6-13		陈安祥	
10	2024-6-14		王家连	
11	2024-6-15		韩启云	
12	2024-6-16		孙祥鹏	

图 5-94

【公式解析】

=TEXT(A2,"AAAA")

"AAAA"：中文星期对应的格式代码

扫一扫，看视频

例 2：让计算的加班时长显示为“*小时*分”形式

在计算时间差值时，默认会得到图 5-95 所示的效果。

E2 =D2-C2

	A	B	C	D	E
1	姓名	部门	签到时间	签退时间	加班时长
2	张佳佳	财务部	18:58:01	20:35:19	1:37:18
3	周传明	企划部	18:15:03	20:15:00	
4	陈秀月	财务部	19:23:17	21:27:19	
5	杨世奇	后勤部	18:34:14	21:34:12	

图 5-95

如果想让计算结果显示为“*小时*分”的形式（图 5-95 所示的 E 列数据），则可以使用 TEXT 函数来设置公式。

❶ 选中 E2 单元格，在编辑栏中输入公式：

```
=TEXT(D2-C2,"h小时m分")
```

❷ 按 Enter 键即可将“D2−C2”的值转换为“*小时*分”的形式，如

图 5-96 所示。然后将 E2 单元格的公式向下复制，可以实现时间差值的计算并转换为“*小时*分”的形式。

	A	B	C	D	E
1	姓名	部门	签到时间	签退时间	加班时长
2	张佳佳	财务部	18:58:01	20:35:19	1小时37分
3	周传明	企划部	18:15:03	20:15:00	1小时59分
4	陈秀月	财务部	19:23:17	21:27:19	2小时4分
5	杨世奇	后勤部	18:34:14	21:34:12	2小时59分
6	袁晓宇	企划部	18:50:26	20:21:18	1小时30分
7	夏甜甜	后勤部	18:47:21	21:27:09	2小时39分
8	吴晶晶	财务部	19:18:29	22:31:28	3小时12分
9	蔡天放	财务部	18:29:58	19:23:20	0小时53分
10	朱小琴	后勤部	18:41:31	20:14:06	1小时32分
11	袁庆元	企划部	18:52:36	21:29:10	2小时36分

图 5-95

E2 =TEXT(D2-C2,"h小时m分")

	A	B	C	D	E
1	姓名	部门	签到时间	签退时间	加班时长
2	张佳佳	财务部	18:58:01	20:35:19	1小时37分
3	周传明	企划部	18:15:03	20:15:00	
4	陈秀月	财务部	19:23:17	21:27:19	
5	杨世奇	后勤部	18:34:14	21:34:12	

图 5-96

【公式解析】

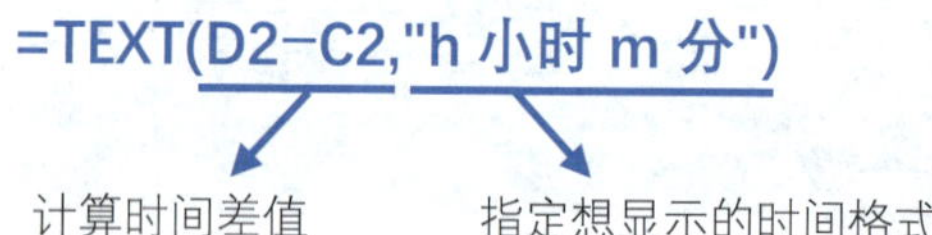
=TEXT(D2-C2,"h 小时 m 分")
计算时间差值
指定想显示的时间格式

例 3：解决日期计算返回日期序列号问题

扫一扫，看视频

在进行日期数据的计算时，默认会显示为日期对应的序列号值，如图 5-97 所示。常规的处理办法是，重新设置单元格的格式为日期格式，以正确显示标准日期。

除此之外，还可以使用 TEXT 函数将计算结果一次性转换为标准日期，即得到图 5-98 所示的 D 列中的数据。

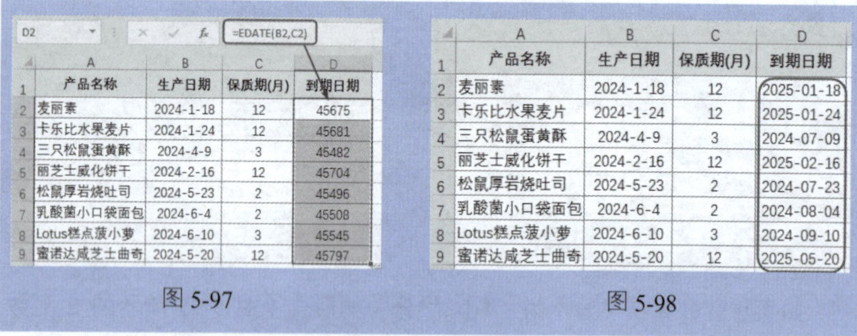

D2 =EDATE(B2,C2)

	A	B	C	D
1	产品名称	生产日期	保质期(月)	到期日期
2	麦丽素	2024-1-18	12	45675
3	卡乐比水果麦片	2024-1-24	12	45681
4	三只松鼠蛋黄酥	2024-4-9	3	45482
5	丽芝士威化饼干	2024-2-16	12	45704
6	松鼠厚岩烧吐司	2024-5-23	2	45496
7	乳酸菌小口袋面包	2024-6-4	2	45508
8	Lotus糕点菠小萝	2024-6-10	3	45545
9	蜜诺达咸芝士曲奇	2024-5-20	12	45797

图 5-97

	A	B	C	D
1	产品名称	生产日期	保质期(月)	到期日期
2	麦丽素	2024-1-18	12	2025-01-18
3	卡乐比水果麦片	2024-1-24	12	2025-01-24
4	三只松鼠蛋黄酥	2024-4-9	3	2024-07-09
5	丽芝士威化饼干	2024-2-16	12	2025-02-16
6	松鼠厚岩烧吐司	2024-5-23	2	2024-07-23
7	乳酸菌小口袋面包	2024-6-4	2	2024-08-04
8	Lotus糕点菠小萝	2024-6-10	3	2024-09-10
9	蜜诺达咸芝士曲奇	2024-5-20	12	2025-05-20

图 5-98

❶ 选中 D2 单元格，在编辑栏中输入公式：

```
=TEXT(EDATE(B2,C2),"yyyy-mm-dd")
```

❷ 按 Enter 键，即可进行日期计算并将计算结果转换为标准日期格式，

如图 5-99 所示。然后将 D2 单元格的公式向下复制，即可实现批量计算日期并转换。

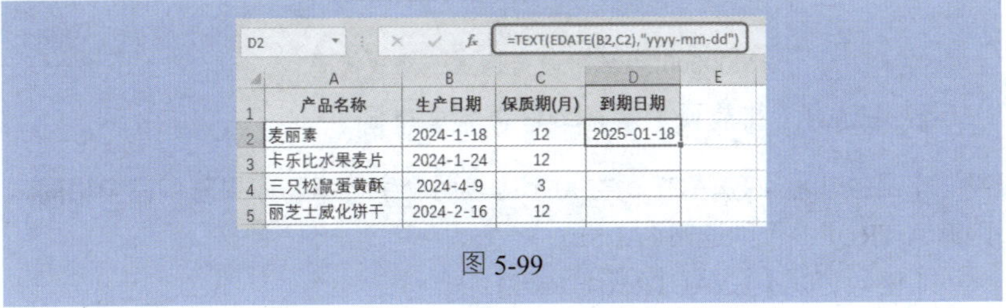

D2 =TEXT(EDATE(B2,C2),"yyyy-mm-dd")

	A	B	C	D	E
1	产品名称	生产日期	保质期(月)	到期日期	
2	麦丽素	2024-1-18	12	2025-01-18	
3	卡乐比水果麦片	2024-1-24	12		
4	三只松鼠蛋黄酥	2024-4-9	3		
5	丽芝士威化饼干	2024-2-16	12		

图 5-99

【公式解析】

=TEXT(EDATE(B2,C2),"yyyy-mm-dd")

① EDATE 函数用于计算所指定月数之前或之后的日期。此步是根据产品的生产日期与保质期（月）计算出到期日期，但返回结果是日期序列号

② 将①的结果转换为标准的日期格式

例 4：将数据显示为统一的位数

TEXT 函数可以将长短不一的数据显示为固定的位数。如图 5-100 所示，在进行编码整理时，希望将编码都显示为 6 位数（原编码长短不一），不足 6 位的前面用 0 补齐，即把 A 列中的编码转换成 B 列中的形式。

扫一扫，看视频

❶ 选中 B2 单元格，在编辑栏中输入公式（见图 5-101）：

```
=TEXT(A2,"000000")
```

❷ 按 Enter 键，即可将 A2 单元格中的编码转换为 6 位数。然后将 B2 单元格中的公式向下复制，可以得到批量转换结果。

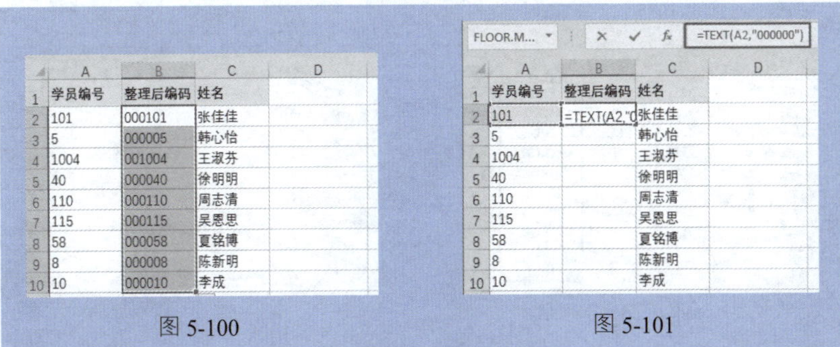

	A	B	C	D
1	学员编号	整理后编码	姓名	
2	101	000101	张佳佳	
3	5	000005	韩心怡	
4	1004	001004	王淑芬	
5	40	000040	徐明明	
6	110	000110	周志清	
7	115	000115	吴恩思	
8	58	000058	夏铭博	
9	8	000008	陈新明	
10	10	000010	李成	

图 5-100

FLOOR.M... =TEXT(A2,"000000")

	A	B	C	D
1	学员编号	整理后编码	姓名	
2	101	=TEXT(A2,"0	张佳佳	
3	5		韩心怡	
4	1004		王淑芬	
5	40		徐明明	
6	110		周志清	
7	115		吴恩思	
8	58		夏铭博	
9	8		陈新明	
10	10		李成	

图 5-101

【公式解析】

=TEXT(A2,"000000")

"000000"为数字设置格式的格式代码

2. EXACT（比较两个字符串是否完全相同）

【函数功能】EXACT 函数用于比较两个字符串，如果它们完全相同，则返回 TRUE；否则返回 FALSE。

【函数语法】EXACT(text1, text2)

- text1：必需，第一个文本字符串。
- text2：必需，第二个文本字符串。

【用法解析】

=EXACT(text1, text2)

EXACT 函数要求两个字符串必须完全相同，包括内容中是否有空格、大小写是否区分等，即必须完全相同才判断为 TRUE，否则就是 FALSE。不过要注意的是，格式上的差异会被忽略

例：比较两次测试数据是否完全一致

扫一扫，看视频

图 5-102 所示的表格统计了两次抗压测试的结果，想快速判断两次抗压测试的结果是否一致，可以使用 EXACT 函数来完成。

❶ 选中 D2 单元格，在编辑栏中输入公式：

```
=EXACT(B2,C2)
```

❷ 按 Enter 键即可得出第一条测试的对比结果，如图 5-103 所示。将 D2 单元格的公式向下填充，即可一次性得到其他测试的对比结果。

	A	B	C	D
1	抗压测试	一次测试	二次测试	测试结果
2	1	125	125	TRUE
3	2	128	125	FALSE
4	3	120	120	TRUE
5	4	119	119	TRUE
6	5	120	120	TRUE
7	6	128	125	FALSE
8	7	120	120	TRUE
9	8	119	119	TRUE
10	9	122	122	TRUE
11	10	120	120	TRUE

图 5-102

D2 =EXACT(B2,C2)

	A	B	C	D
1	抗压测试	一次测试	二次测试	测试结果
2	1	125	125	TRUE
3	2	128	125	
4	3	120	120	
5	4	119	119	
6	5	120	120	
7	6	128	125	
8	7	120	120	
9	8	119	119	
10	9	122	122	
11	10	120	120	

图 5-103

【公式解析】

二者相等时返回 TRUE，不等时返回 FALSE。如果在公式外层嵌套一个 IF 函数，则可以返回更为直观的文字结果，如“相同”“不同”。IF 函数可将公式优化为“=IF(EXACT(B2,C2), "相同","不同")”

3. REPT（按照给定的次数重复显示文本）

【函数功能】按照给定的次数重复显示文本。

【函数语法】REPT(text, number_times)

- text：必需，需要重复显示的文本。
- number_times：必需，用于指定文本重复次数的正数。

【用法解析】

表示在目标单元格中显示 5 个★号

例：快速输入身份证号码填写框

扫一扫，看视频

身份证有固定的 18 位号码，手工逐个插入对应的方框符号比较浪费时间，此时使用 REPT 函数就可以实现一次性输入指定数量的方框。

❶ 选中 B3 单元格，在编辑栏中输入公式（见图 5-104）：

```
=REPT("□",18)
```

❷ 按 Enter 键即可一次性填充 18 个空白方框，如图 5-105 所示。

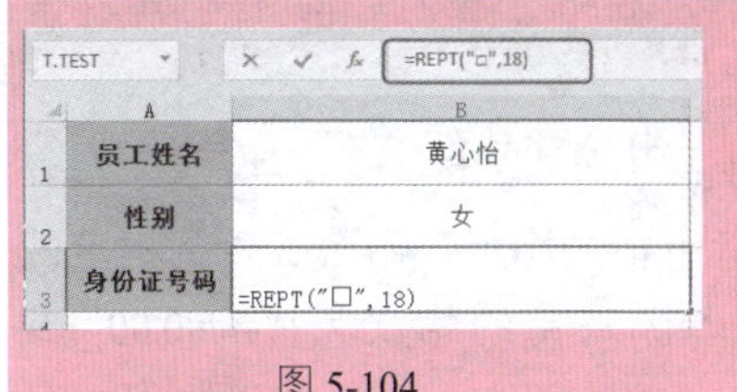

图 5-104

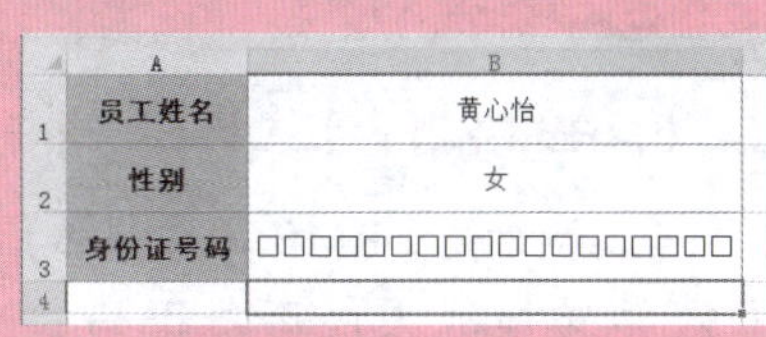

图 5-105

4. DOLLAR（四舍五入数值，并添加千分位符号和“$”符号）

【函数功能】DOLLAR 函数是依照货币格式将小数四舍五入到指定的位数并转换成美元货币格式文本。采用的格式为($#,##0.00_)或($#,##0.00)。

【函数语法】DOLLAR (number,[decimals])

- number：必需，数字、对包含数字的单元格的引用，或者计算结果为数字的公式。
- decimals：可选，十进制数的小数位数。如果 decimals 为负数，则 number 在小数点左侧进行舍入。如果省略 decimals，则假设其值为 2。

【用法解析】

=DOLLAR(A1,2)

可省略，省略时默认保留两位小数

例：将销售额转换为美元格式

扫一扫，看视频

如图 5-106 所示，要求将 B 列中的销售额都转换为 C 列中带美元符号的格式。

❶ 选中 C2 单元格，在编辑栏中输入公式：

```
=DOLLAR(B2,2)
```

❷ 按 Enter 键即可将 B2 单元格的金额转换为美元，如图 5-107 所示。然后向下复制 C2 单元格的公式，即可实现批量转换。

	A	B	C
1	姓名	销售额	转换为$（美元）货币形式
2	周志成	4598.6593	$4,598.66
3	江晓丽	3630.652	$3,630.65
4	叶文静	4108.4	$4,108.40
5	刘霜	2989.23	$2,989.23
6	邓晓兰	3217	$3,217.00
7	陈浩	4532.263	$4,532.26

图 5-106

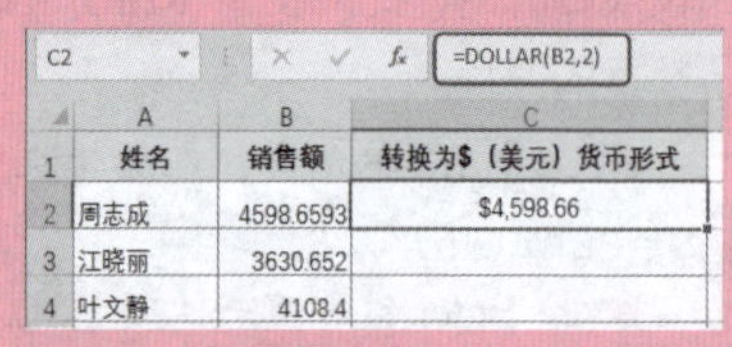

C2 =DOLLAR(B2,2)

	A	B	C
1	姓名	销售额	转换为$（美元）货币形式
2	周志成	4598.6593	$4,598.66
3	江晓丽	3630.652	
4	叶文静	4108.4	

图 5-107

5. RMB（四舍五入数值，并添加千分位符号和“¥”符号）

【函数功能】RMB 函数是依照货币格式将小数四舍五入到指定的位数并转换成人民币货币格式文本。采用的格式为 (¥#,##0.00_) 或 (¥#,##0.00)。

【函数语法】RMB(number, [decimals])

- number：必需，表示数字、对包含数字的单元格的引用，或者计算结果为数字的公式。

- decimals：可选，小数点右边的位数。如果 decimals 为负数，则 number 从小数点往左按相应位数四舍五入。如果省略 decimals，则假设其值为 2。

【用法解析】

=RMB(A1,2)

可省略，省略时默认保留两位小数

例：将销售额转换为人民币格式

扫一扫，看视频

如图 5-108 所示，要求将 B 列中的销售额都转换为 C 列中带人民币符号的格式。

❶ 选中 C2 单元格，在编辑栏中输入公式：

```
=RMB(B2,2)
```

❷ 按 Enter 键，即可将 B2 单元格的销售额转换为带人民币符号的格式，如图 5-109 所示。然后向下复制 C2 单元格的公式，即可实现批量转换。

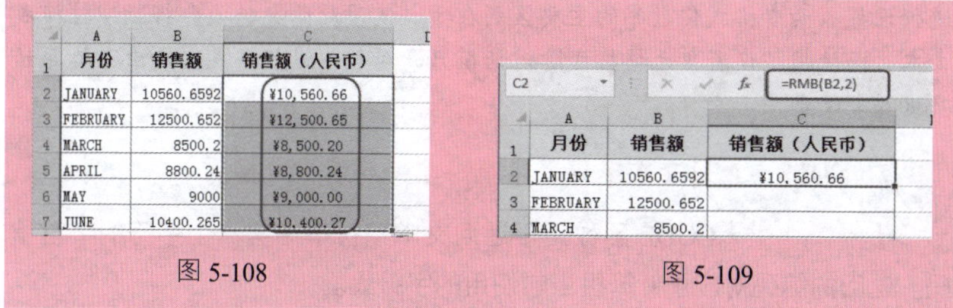

	A	B	C
1	月份	销售额	销售额（人民币）
2	JANUARY	10560.6592	¥10,560.66
3	FEBRUARY	12500.652	¥12,500.65
4	MARCH	8500.2	¥8,500.20
5	APRIL	8800.24	¥8,800.24
6	MAY	9000	¥9,000.00
7	JUNE	10400.265	¥10,400.27

图 5-108

C2 =RMB(B2,2)

	A	B	C
1	月份	销售额	销售额（人民币）
2	JANUARY	10560.6592	¥10,560.66
3	FEBRUARY	12500.652	
4	MARCH	8500.2	

图 5-109

6. FIXED（将数字显示为千分位格式并转换为文本）

【函数功能】FIXED 函数是将数字按指定的小数位数进行取整，利用句号和逗号，以小数格式对该数进行格式设置，并以文本形式返回结果。

【函数语法】FIXED(number, [decimals], [no_commas])

- number：必需，要进行舍入并转换为文本的数字。
- decimals：可选，十进制数的小数位数。
- no_commas：可选，一个逻辑值，如果为 TRUE，则会禁止 FIXED 函数在返回的文本中包含逗号。

例：解决因四舍五入而造成的显示误差问题

扫一扫，看视频

财务人员在进行数据计算时，小金额的误差也是不允许的，为了避免因数据的四舍五入而造成金额误差，可以使用 FIXED

函数来避免小误差的出现，从而更好地提高工作效率。

❶ 选中 D2 单元格，在公式编辑栏中输入公式：

```
=FIXED(B2,2)+FIXED(C2,2)
```

❷ 按 Enter 键，即可得到与显示相一致的计算结果。然后向下复制 D2 单元格的公式，即可实现批量计算，如图 5-110 所示。

D2 =FIXED(B2,2)+FIXED(C2,2)

	A	B	C	D	E
1	序号	收入1	收入2	收入	
2	1	1068.48	1598.46	2666.94	
3	2	1347.66	1317.87	2665.53	
4	3	2341.58	1028.63	3370.21	
5					

图 5-110

注意：

这种格式的转换也可以在选中原数据后，打开“设置单元格格式”对话框进行设置。两者格式化数字的主要区别在于，使用此函数转换会将数字转换成文本，而使用“设置单元格格式”对话框只是对数字进行格式化输出，其原始数据并未改变。

7. CODE（返回文本字符串中第一个字符的字符编码）

【函数功能】CODE 函数用于返回文本字符串中第一个字符的字符编码。返回的编码对应于计算机当前使用的字符集。

【函数语法】CODE(text)

text：必需，需要得到其第一个字符编码的文本。

例：返回字符编码对应的数字

扫一扫，看视频

CODE 函数可以返回任意字符的字符编码（字符编码范围为 1～255）。

❶ 选中 B2 单元格，在编辑栏中输入公式：

```
=CODE(A2)
```

❷ 按 Enter 键即可返回 A2 单元格中字符对应的字符编码。然后向下复制 B2 单元格的公式，即可实现批量查看，如图 5-111 所示。

8. CHAR（返回对应于字符编码的字符）

【函数功能】CHAR 函数用于返回对应于字符编码的字符。函数 CHAR

可将其他类型计算机文件中的字符编码转换为字符。

【函数语法】CHAR(number)

number：必需，介于 1~255 之间，用于指定所需字符的数字。字符是用户计算机所用字符集中的字符。

例：返回字符编码对应的字符

扫一扫，看视频

若要返回任意字符编码对应的字符，可以使用 CHAR 函数来实现。

❶ 选中 B2 单元格，在编辑栏中输入公式：

```
=CHAR(A2)
```

❷ 按 Enter 键，即可返回 A2 单元格中字符编码对应的字符。然后向下复制 B2 单元格的公式，即可实现批量查看，如图 5-112 所示。

B2 =CODE(A2)

	A	B	C	D
1	字符	字符编码		
2	A	65		
3	B	66		
4	C	67		
5	D	68		
6	a	97		
7	b	98		
8	c	99		

图 5-111

B2 =CHAR(A2)

	A	B	C	D
1	字符编码	字符		
2	100	d		
3	101	e		
4	102	f		
5	103	g		
6	104	h		
7	105	i		
8	106	j		

图 5-112

9. BAHTTEXT 函数（将数字转换为泰语文本）

【函数功能】BAHTTEXT 函数用于将数字转换为泰语文本并添加后缀"泰铢"。

【函数语法】BAHTTEXT(number)

number：必需，要转换成文本的数字、对包含数字的单元格的引用，或者结果为数字的公式。

例：将总金额转换为 ß（铢）货币格式文本

扫一扫，看视频

使用 BAHTTEXT 函数可以将表格中的数字转换为 ß（铢）货币格式文本。图 5-113 所示为将 B 列总金额转换为 C 列的样式。

❶ 选中 C2 单元格，在编辑栏中输入公式：

```
=BAHTTEXT(B2)
```

❷ 按 Enter 键，即可将总金额 20654 转换为 ß（铢）货币格式，如图 5-114 所示。然后向下复制 C2 单元格的公式，即可将其他数字格式的总金额转换为 ß（铢）货币格式。

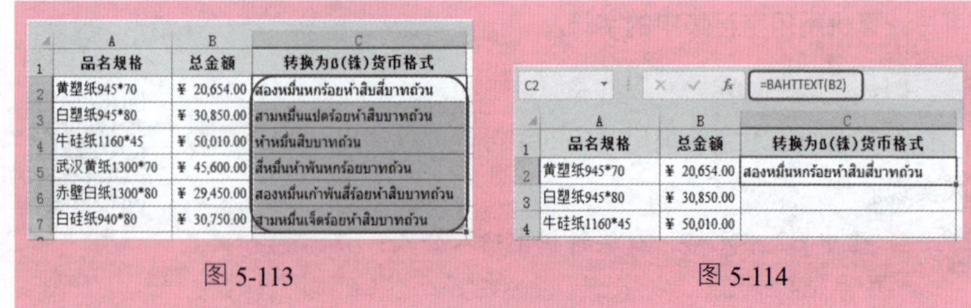

	A	B	C
1	品名规格	总金额	转换为ß(铢)货币格式
2	黄塑纸945*70	¥ 20,654.00	สองหมื่นหกร้อยห้าสิบสี่บาทถ้วน
3	白塑纸945*80	¥ 30,850.00	สามหมื่นแปดร้อยห้าสิบบาทถ้วน
4	牛硅纸1160*45	¥ 50,010.00	ห้าหมื่นสิบบาทถ้วน
5	武汉黄纸1300*70	¥ 45,600.00	สี่หมื่นห้าพันหกร้อยบาทถ้วน
6	赤壁白纸1300*80	¥ 29,450.00	สองหมื่นเก้าพันสี่ร้อยห้าสิบบาทถ้วน
7	白硅纸940*80	¥ 30,750.00	สามหมื่นเจ็ดร้อยห้าสิบบาทถ้วน

图 5-113

C2 =BAHTTEXT(B2)

	A	B	C
1	品名规格	总金额	转换为ß(铢)货币格式
2	黄塑纸945*70	¥ 20,654.00	สองหมื่นหกร้อยห้าสิบสี่บาทถ้วน
3	白塑纸945*80	¥ 30,850.00	
4	牛硅纸1160*45	¥ 50,010.00	

图 5-114

第 6 章　日期与时间函数

6.1 按要求返回日期

按要求返回日期是指根据给定的日期返回日期中的年份、月份数、日数、星期数等，并且提取后的数据还可以进行数据计算。这些函数一般都会搭配其他函数使用来达到求解目的。

1. NOW（返回当前日期与时间）

【函数功能】NOW 函数用于返回计算机设置的当前日期和时间的序列号。

【函数语法】NOW()

NOW 函数没有参数。

【用法解析】

无参数。NOW 函数的返回值与当前计算机设置的日期和时间一致。所以只有当前计算机的日期和时间设置正确，NOW 函数才会返回正确的日期和时间

例：为打印报表添加当前时间

NOW 函数可以返回当前的日期与时间值，因此此函数可以为打印报表添加当前时间。

扫一扫，看视频

❶ 选中 K1 单元格，在公式编辑栏中输入公式（见图 6-1）：

```
=NOW()
```

NETWORK...　=NOW()

	A	B	C	D	E	F	G	H	I	J	K	L
1	6月份工资条									打印时间	=NOW()	
2	工号	姓名	部门	基本工资	工龄工资	加班工资	满勤奖	考勤扣款	代扣代缴	应发工资	个人所得税	实发工资
3	NO.001	章晔	行政部	3200	1400	200	0	280	920	3600	0	3600
4												
5	工号	姓名	部门	基本工资	工龄工资	加班工资	满勤奖	考勤扣款	代扣代缴	应发工资	个人所得税	实发工资
6	NO.002	姚磊	人事部	3500	1000	200	300	0	900	4100	0	4100

图 6-1

❷ 按 Enter 键即可显示出当前的年、月、日及时间，如图 6-2 所示。

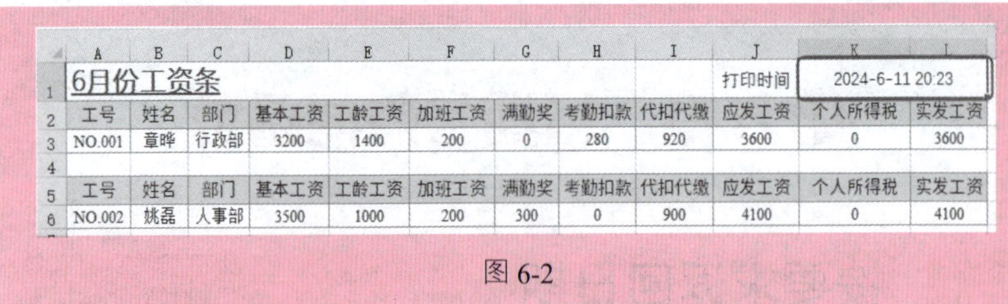

6月份工资条									打印时间	2024-6-11 20:23	
工号	姓名	部门	基本工资	工龄工资	加班工资	满勤奖	考勤扣款	代扣代缴	应发工资	个人所得税	实发工资
NO.001	章晔	行政部	3200	1400	200	0	280	920	3600	0	3600
工号	姓名	部门	基本工资	工龄工资	加班工资	满勤奖	考勤扣款	代扣代缴	应发工资	个人所得税	实发工资
NO.002	姚磊	人事部	3500	1000	200	300	0	900	4100	0	4100

图 6-2

2. TODAY（返回当前日期）

【函数功能】TODAY 用于返回当前日期的序列号。

【函数语法】TODAY()

TODAY 函数没有参数。

【用法解析】

无参数。在单元格中使用 TODAY 函数时，返回与系统一致的当前日期。也可以作为参数嵌套在其他函数中使用

例 1：计算展品的陈列时间

扫一扫，看视频

某展馆约定某个展架上展品的上架时间不能超过 30 天，根据这个上架时间，可以快速求出展品的陈列时间（见图 6-3 中的 C 列结果），从而方便对展品的陈列情况进行管理。

❶ 选中 C2 单元格，在编辑栏中输入公式：

```
=TEXT(TODAY()-B2,"0")
```

❷ 按 Enter 键即可根据 B2 单元格中的上架时间计算出已陈列时间，如图 6-4 所示。然后向下复制 C2 单元格的公式，即可批量求取各展品的陈列时间。

展品	上架时间	陈列时间
A	2024-5-15	27
B	2024-5-17	25
C	2024-5-22	20
D	2024-6-1	10
E	2024-6-3	8
F	2024-6-5	6
G	2024-6-7	4

图 6-3

C2 =TEXT(TODAY()-B2,"0")

展品	上架时间	陈列时间	
A	2024-5-15	27	
B	2024-5-17		
C	2024-5-22		
D	2024-6-1		
E	2024-6-3		
F	2024-6-5		

图 6-4

【公式解析】

=TEXT(TODAY()-B2,"0")

如果只是使用“TODAY()-B2”求取差值，默认会显示为日期值，要想查看天数值，需要重新将单元格的格式更改为“常规”。为了省去此步操作，可在外层嵌套 TEXT 函数，将计算结果直接转换为数值

例 2：判断会员是否可以升级

扫一扫，看视频

图 6-5 所示的表格中显示出了公司会员的办卡日期，按公司规定，会员办卡时间达到一年（365 天）即可升级为银卡用户。现在需要根据系统当前的显示日期判断每位客户是否可以升级，即得到 C 列的判断结果。

❶ 选中 C2 单元格，在编辑栏中输入公式：

```
=IF(TODAY()-B2>365,"升级","不升级")
```

❷ 按 Enter 键，即可根据 B2 单元格的办卡日期判断是否满足升级的条件，如图 6-6 所示。然后向下复制 C2 单元格的公式，即可批量判断各会员是否可以升级。

	A	B	C
1	姓名	办卡日期	是否可以升级
2	韩启云	2023-4-24	升级
3	贾云馨	2023-5-3	升级
4	潘思佳	2023-5-10	升级
5	孙祥鹏	2023-12-10	不升级
6	吴晓宇	2024-1-18	不升级
7	夏子玉	2024-1-22	不升级
8	杨明霞	2024-3-3	不升级
9	张佳佳	2024-2-16	不升级
10	甄新蓓	2024-4-10	不升级

图 6-5

C2 =IF(TODAY()-B2>365,"升级","不升级")

	A	B	C	D	E
1	姓名	办卡日期	是否可以升级		
2	韩启云	2023-4-24	升级		
3	贾云馨	2023-5-3			
4	潘思佳	2023-5-10			
5	孙祥鹏	2023-12-10			
6	吴晓宇	2024-1-18			
7	夏子玉	2024-1-22			
8	杨明霞	2024-3-3			
9	张佳佳	2024-2-16			

图 6-6

【公式解析】

=IF(TODAY()-B2>365,"升级","不升级")

① 判断当前日期与 B2 单元格日期的差值是否大于 365，如果是，则返回 TRUE；否则返回 FALSE

② 如果①的结果为 TRUE，则返回“升级”；否则返回“不升级”

3. YEAR（返回日期中的年份）

【函数功能】YEAR 函数用于返回某日期中的年份，返回值为 1900～9999 之间的整数。

【函数语法】YEAR(serial_number)

serial_number：必需，要提取其中年份的一个日期。

【用法解析】

应使用标准格式的日期，或使用 DATE 函数来构建标准日期。如果日期以文本形式输入，则无法提取

例 1：从固定资产新增日期中提取新增年份

扫一扫，看视频

在固定资产统计列表中统计了各项固定资产的新增日期，现在想从新增日期中提取新增年份。

❶ 选中 C2 单元格，在编辑栏中输入公式（见图 6-7）：

```
=YEAR(B2)
```

❷ 按 Enter 键即可从 B2 单元格的日期中提取年份。然后将 C2 单元格的公式向下复制，即可实现批量提取年份，如图 6-8 所示。

C2 =YEAR(B2)

	A	B	C
1	固定资产名称	新增日期	新增年份
2	空调	19.06.05	2019
3	冷暖空调机	19.06.22	
4	饮水机	17.06.05	
5	uv喷绘机	18.05.01	
6	印刷机	20.04.10	
7	覆膜机	20.10.01	

图 6-7

	A	B	C
1	固定资产名称	新增日期	新增年份
2	空调	19.06.05	2019
3	冷暖空调机	19.06.22	2019
4	饮水机	17.06.05	2017
5	uv喷绘机	18.05.01	2018
6	印刷机	20.04.10	2020
7	覆膜机	20.10.01	2020
8	平板彩印机	21.02.02	2021
9	亚克力喷绘机	21.10.01	2021

图 6-8

例 2：计算员工的工龄

扫一扫，看视频

下面表格对企业员工的入职日期进行了记录，现在要求计算每位员工的工龄。

❶ 选中 D2 单元格，在编辑栏中输入公式：

```
=YEAR(TODAY())-YEAR(C2)
```

❷ 按 Enter 键后即可显示一个日期值，如图 6-9 所示。

❸ 选中 D2 单元格，向下复制公式后，返回值如图 6-10 所示。

NETWORK... =YEAR(TODAY())-YEAR(C2)

	A	B	C	D
1	姓名	出生日期	入职日期	工龄
2	刘瑞轩	1991-3-24	2019-11-17	YEAR(C2)
3	方嘉禾	1990-2-3	2021-3-27	
4	徐瑞	1985-1-25	2019-6-5	
5	曾浩煊	1983-4-27	2020-12-5	
6	李杰	1989-1-18	2019-7-14	
7	周伊伊	1992-1-19	2020-2-9	
8	周正洋	1984-3-3	2021-4-28	
9	龚梦莹	1992-2-16	2022-6-21	
10	侯娜	1990-4-10	2022-6-10	

图 6-9

	A	B	C	D
1	姓名	出生日期	入职日期	工龄
2	刘瑞轩	1991-3-24	2019-11-17	1900-1-5
3	方嘉禾	1990-2-3	2021-3-27	1900-1-3
4	徐瑞	1985-1-25	2019-6-5	1900-1-5
5	曾浩煊	1983-4-27	2020-12-5	1900-1-4
6	李杰	1989-1-18	2019-7-14	1900-1-5
7	周伊伊	1992-1-19	2020-2-9	1900-1-4
8	周正洋	1984-3-3	2021-4-28	1900-1-3
9	龚梦莹	1992-2-16	2022-6-21	1900-1-2
10	侯娜	1990-4-10	2022-6-10	1900-1-2

图 6-10

❹ 选中 D 列中返回的日期值，在“开始”选项卡的“数字”组中重新设置单元格的格式为“常规”格式即可正确显示工龄，如图 6-11 所示。

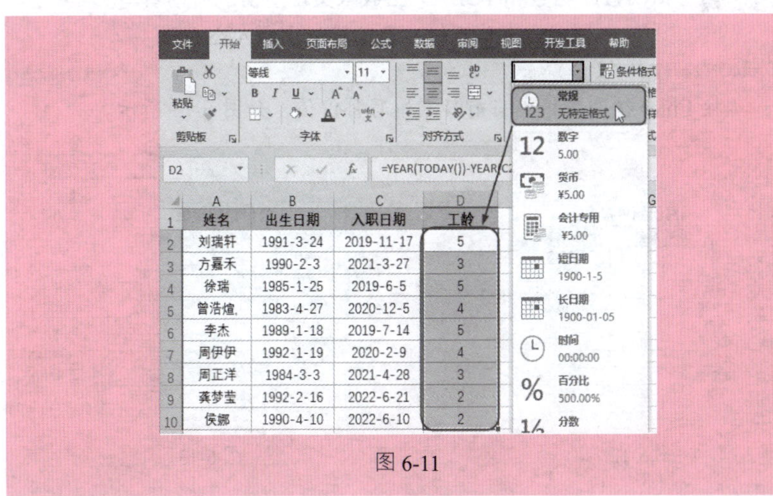

	A	B	C	D
1	姓名	出生日期	入职日期	工龄
2	刘瑞轩	1991-3-24	2019-11-17	5
3	方嘉禾	1990-2-3	2021-3-27	3
4	徐瑞	1985-1-25	2019-6-5	5
5	曾浩煊	1983-4-27	2020-12-5	4
6	李杰	1989-1-18	2019-7-14	5
7	周伊伊	1992-1-19	2020-2-9	4
8	周正洋	1984-3-3	2021-4-28	3
9	龚梦莹	1992-2-16	2022-6-21	2
10	侯娜	1990-4-10	2022-6-10	2

图 6-11

【公式解析】

① 返回当前日期。然后使用 YEAR 函数返回其年份

② 返回 C2 单元格入职日期中的年份

二者差值即为工龄

4. MONTH（返回日期中的月份）

【函数功能】MONTH 函数用于返回以序列号表示的日期中的月份。月份是介于 1（1 月）~12（12 月）之间的整数。

【函数语法】MONTH(serial_number)

serial_number：必需，要提取其中月份的一个日期。

【用法解析】

=MONTH(A1)

应使用标准格式的日期，或者使用 DATE 函数来构建标准日期。如果日期以文本形式输入，则无法提取

例 1：自动填写销售报表中的月份

扫一扫，看视频

有些报表每月都需要建立且结构相似，对于表头信息需要更改月份值（见图 6-12 中的月份销售报表），此时可以使用 MONTH 函数和 TODAY 函数来实现月份的自动填写。

❶ 选中 A1 单元格，在编辑栏中输入公式：

```
=MONTH(TODAY())
```

❷ 按 Enter 键即可根据当前日期填写月份值，如图 6-13 所示。

	A	B	C
1	月份销售报表		
2	姓名	销量	销售额
3	刘瑞轩	89	9345
4	方嘉禾	76	9196
5	徐瑞	82	9594
6	曾浩煊	90	11070
7	李杰	87	10440
8	周伊伊	79	9796
9	周正洋	85	10115
10	龚梦莹	80	9680
11	侯娜	83	10375
12	袁庆元	75	8850

图 6-12

A1 =MONTH(TODAY())

	A	B	C	D
1	9 月份销售报表			
2	姓名	销量	销售额	
3	刘瑞轩	89	9345	
4	方嘉禾	76	9196	
5	徐瑞	82	9594	
6	曾浩煊	90	11070	
7	李杰	87	10440	
8	周伊伊	79	9796	
9	周正洋	85	10115	
10	龚梦莹	80	9680	
11	侯娜	83	10375	
12	袁庆元	75	8850	

图 6-13

【公式解析】

=MONTH(TODAY())

先使用 TODAY 函数返回当前日期，再使用 MONTH 函数提取这个日期中的月份

例 2：判断是否为本月的应收账款

扫一扫，看视频

图 6-14 所示的表格对公司往来账款的应收账款进行了统计，现在需要快速找到本月的账款，即使用公式得到 D 列的判断结果。

	A	B	C	D
1	款项编码	金额	借款日期	是否是本月账款
2	KC-RE001	¥ 22,000.00	2024-6-24	本月
3	KC-RE012	¥ 25,000.00	2024-7-3	
4	KC-RE021	¥ 39,000.00	2024-6-25	本月
5	KC-RE114	¥ 85,700.00	2024-8-27	
6	KC-RE015	¥ 62,000.00	2024-5-8	
7	KC-RE054	¥ 124,000.00	2024-7-19	
8	KC-RE044	¥ 58,600.00	2024-6-12	本月
9	KC-RE011	¥ 8,900.00	2024-6-20	本月
10	KC-RE012	¥ 78,900.00	2024-7-15	

图 6-14

❶ 选中 D2 单元格，在编辑栏中输入公式：

```
=IF(MONTH(C2)=MONTH(TODAY()),"本月","")
```

❷ 按 Enter 键，返回结果为空，表示 C2 单元格中的日期不是本月的，如图 6-15 所示。向下复制 D2 单元格的公式，即可得到批量判断结果。

D2 =IF(MONTH(C2)=MONTH(TODAY()),"本月","")

	A	B	C	D	E
1	款项编码	金额	借款日期	是否是本月账款	
2	KC-RE001	¥ 22,000.00	2024-6-24	本月	
3	KC-RE012	¥ 25,000.00	2024-7-3		
4	KC-RE021	¥ 39,000.00	2024-6-25		
5	KC-RE114	¥ 85,700.00	2024-8-27		
6	KC-RE015	¥ 62,000.00	2024-5-8		

图 6-15

【公式解析】

① 提取 C2 单元格中日期的月份

② 提取当前日期的月份

=IF(MONTH(C2)=MONTH(TODAY()),"本月","")

③ 当①与②结果相等时，返回“本月”文字，否则返回空值

例 3：统计指定月份的销售额

销售报表按日期记录了 3 月与 4 月的销售额，数据显示次序混乱，如果要想对月总销售额进行统计会比较麻烦，此时可以使用 MONTH 函数自动对日期进行判断，再配合 SUMPRODUCT 函数快速统计出指定月份的销售额。

扫一扫，看视频

❶ 选中 E2 单元格，在编辑栏中输入公式：

```
=SUMPRODUCT((MONTH(A2:A15)=4)*C2:C15)
```

❷ 按 Enter 键即可返回 4 月的总销售额，如图 6-16 所示。

E2 =SUMPRODUCT((MONTH(A2:A15)=4)*C2:C15)

	A	B	C	D	E
1	销售日期	导购	销售额		4月份总销售额
2	2024-3-7	刘嘉	16900		115360
3	2024-3-12	龚梦莹	13700		
4	2024-3-15	刘嘉	13850		
5	2024-3-18	周伊伊	15420		
6	2024-3-20	刘嘉	13750		
7	2024-4-11	刘嘉	18500		
8	2024-4-5	周伊伊	15900		
9	2024-3-7	周伊伊	13800		
10	2024-4-10	龚梦莹	14900		
11	2024-4-15	刘嘉	13250		
12	2024-4-18	龚梦莹	14780		
13	2024-4-20	龚梦莹	12040		
14	2024-4-21	周伊伊	11020		
15	2024-4-17	刘嘉	14970		

图 6-16

【公式解析】

① 依次提取 A2:A15 单元格区域中各日期的月份，并依次判断是否等于 4，如果是，则返回 TRUE；否则返回 FALSE，返回的是一个数组

=SUMPRODUCT((MONTH(A2:A15)=9)*C2:C15)

② 将①返回的数组依次与 C2:C15 单元格区域中的每个值相乘，TRUE 与数值相乘返回数值本身，FALSE 与数值相乘返回 0，即满足条件的返回数值，不满足条件的返回 0。最后使用 SUMPRODUCT 函数进行求和运算

5. DAY（返回日期中的日数）

【函数功能】DAY 函数用于返回以序列号表示的某日期的日数，用整数 1～31 表示。

【函数语法】DAY(serial_number)

serial_number：必需，要提取其中日数的一个日期。

【用法解析】

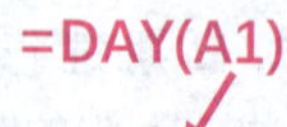

应使用标准格式的日期，或者使用 DATE 函数来构建标准日期。如果日期以文本形式输入，则无法提取

例 1：按本月缺勤天数计算扣款金额

扫一扫，看视频

图 6-17 所示的表格中统计了 5 月现场客服人员的缺勤天数，要求计算每位人员应扣款金额，即得到 C 列中的统计结果。要得到此统计需要根据当月天数求出单日工资（假设月工资为 3000）。

❶ 选中 C3 单元格，在编辑栏中输入公式：

```
=B3*(3000/(DAY(DATE(2024,6,0))))
```

❷ 按 Enter 键即可求出第一位人员的扣款金额，如图 6-18 所示。然后向下复制 C3 单元格的公式，即可得到批量计算结果。

	A	B	C
1	5月现场客服人员缺勤统计表		
2	姓名	缺勤天数	扣款金额
3	刘瑞轩	3	290.32
4	方嘉禾	1	96.77
5	徐瑞	5	483.87
6	曾浩煊	8	774.19
7	李杰	2	193.55
8	周伊伊	7	677.42
9	周正洋	4	387.10
10	龚梦莹	6	580.65
11	侯娜	3	290.32

图 6-17

C3 =B3*(3000/(DAY(DATE(2024,6,0))))

	A	B	C	D	E
1	5月现场客服人员缺勤统计表				
2	姓名	缺勤天数	扣款金额		
3	刘瑞轩	3	290.32		
4	方嘉禾	1			
5	徐瑞	5			
6	曾浩煊	8			
7	李杰	2			
8	周伊伊	7			
9	周正洋	4			

图 6-18

【公式解析】

① 构建“2024-6-0”这个日期，注意当指定日期为 0 时，实际获取的日期就是上月的最后一天。因为不能确定上月的最后一天是第 30 天还是第 31 天，使用此方法指定，就可以让程序自动获取最大日期

=B3*(3000/(DAY(DATE(2024,6,0))))

获取单日工资后，与缺席天数相乘即可得到扣款金额

② 提取①日期中的天数，即 5 月的最后一天。用 3000 除以天数获取单日工资

例 2：实现员工生日自动提醒

扫一扫，看视频

在档案统计表中，要求能根据员工的出生日期给出生日自动提醒，即当天生日的员工能显示出“生日”提醒文字，如图 6-19 所示。

	A	B	C	D	E
1	姓名	所属部门	性别	出生日期	生日提醒
2	张跃进	行政部	男	1991-2-13	
3	吴佳娜	人事部	女	1991-3-17	
4	柳惠	行政部	女	1990-8-14	
5	项筱筱	行政部	女	1989-6-11	生日
6	宋佳佳	行政部	女	1987-11-20	
7	刘琰	人事部	男	1989-10-25	
8	蔡晓燕	行政部	女	1991-2-26	
9	吴春华	行政部	女	1993-12-2	
10	汪涛	行政部	男	1994-6-11	生日
11	赵晓	行政部	女	1994-10-25	

图 6-19

❶ 选中 E2 单元格，在编辑栏中输入公式：

```
=IF(AND(MONTH(D2)=MONTH(TODAY()),DAY(D2)=DAY(TODAY())),
"生日","")
```

❷ 按 Enter 键，即可判断第一位员工当天是否生日，只有 D 列的日期与系统日期的月份和日数相同时，才返回“生日”文字，否则返回空值，如图 6-20 所示。然后向下复制 E2 单元格的公式，即可得到批量判断结果。

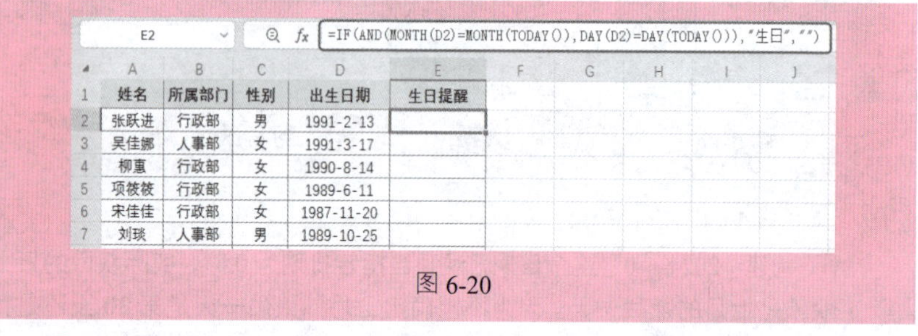

E2　=IF(AND(MONTH(D2)=MONTH(TODAY()),DAY(D2)=DAY(TODAY())),"生日","")

	A	B	C	D	E	F	G	H	I	J
1	姓名	所属部门	性别	出生日期	生日提醒					
2	张跃进	行政部	男	1991-2-13						
3	吴佳娜	人事部	女	1991-3-17						
4	柳惠	行政部	女	1990-8-14						
5	项筱筱	行政部	女	1989-6-11						
6	宋佳佳	行政部	女	1987-11-20						
7	刘琰	人事部	男	1989-10-25						

图 6-20

【公式解析】

① 提取 D2 单元格中日期的月数并判断其是否等于当前日期的月数

② 提取 D2 单元格中日期的日数并判断其是否等于当前日期的日数

=IF(AND(MONTH(D2)=MONTH(TODAY()),DAY(D2)=DAY(TODAY())),"生日","")

④ 当③结果为 TRUE 时，返回“生日”

③ 判断①与②是否同时满足

6. WEEKDAY（返回指定日期对应的星期数）

【函数功能】WEEKDAY 函数用于返回某日期为星期几。默认情况下，其值为 1（星期日）~7（星期六）之间的整数。

【函数语法】WEEKDAY(serial_number,[return_type])

- serial_number：必需，要返回星期数的日期。
- return_type：可选，表示确定返回值类型的数字。

【用法解析】

=WEEKDAY(A1,2)

有多种输入方式：带引号的字符串（如"2021/02/26"）、序列号（如 42797，表示 2024 年 3 月 3 日）、其他公式或函数的结果（如 DATEVALUE("2021/02/26")）

当指定为数字 1 或省略时，1~7 代表星期日到星期六；当指定为数字 2 时，1~7 代表星期一到星期日；当指定为数字 3 时，0~6 代表星期一到星期日

例 1：快速返回值班日期对应的星期数

扫一扫，看视频

在建立值班表时，通常只会填写值班日期，如果将值班日期对应的星期数也显示出来，则更加便于查看。

❶ 选中 B2 单元格，在编辑栏中输入公式（见图 6-21）：

```
=WEEKDAY(A2,2)
```

❷ 按 Enter 键，然后向下复制 B2 单元格的公式，即可批量返回 A 列中各值班日期对应的星期数，如图 6-22 所示。

NETWORK... =WEEKDAY(A2,2)

	A	B	C	D
1	值班日期	星期数	值班员工	
2	2024-5-10	Y(A2,2)	甄新蓓	
3	2024-5-11		吴晓宇	
4	2024-5-12		夏子玉	
5	2024-5-13		周志毅	
6	2024-5-16		甄新蓓	
7	2024-5-17		周志毅	
8	2024-5-18		夏子玉	
9	2024-5-19		吴晓宇	
10	2024-5-20		甄新蓓	
11	2024-5-23		周志毅	

图 6-21

	A	B	C
1	值班日期	星期数	值班员工
2	2024-5-10	5	甄新蓓
3	2024-5-11	6	吴晓宇
4	2024-5-12	7	夏子玉
5	2024-5-13	1	周志毅
6	2024-5-16	4	甄新蓓
7	2024-5-17	5	周志毅
8	2024-5-18	6	夏子玉
9	2024-5-19	7	吴晓宇
10	2024-5-20	1	甄新蓓
11	2024-5-23	4	周志毅

图 6-22

【公式解析】

=WEEKDAY(A2,2)

指定此参数表示用 1~7 代表星期一到星期日，这种显示方式更加符合我们的查看习惯

例 2：判断值班日期是工作日还是双休日

图 6-23 所示的表格中统计了员工的加班日期与加班时数，因为平时加班与双休日加班的加班费有所不同，所以要根据加班日期判断各条加班记录是平时加班还是双休日加班，即得到 D 列的判断结果。

	A	B	C	D
1	加班日期	员工姓名	加班时数	加班类型
2	2024-5-6	甄新蓓	5	平时加班
3	2024-5-7	林澈	1.5	平时加班
4	2024-5-9	夏夏	2	平时加班
5	2024-5-10	吴晓宇	6	平时加班
6	2024-5-12	甄新蓓	1.5	双休日加班
7	2024-5-15	吴晓宇	2.5	平时加班
8	2024-5-18	夏夏	5	双休日加班
9	2024-5-21	林澈	1	平时加班
10	2024-5-27	甄新蓓	3	平时加班
11	2024-5-29	吴晓宇	1.5	平时加班

图 6-23

❶ 选中 D2 单元格，在编辑栏中输入公式：

```
=IF(OR(WEEKDAY(A2,2)=6,WEEKDAY(A2,2)=7),"双休日加班",
"平时加班")
```

❷ 按 Enter 键即可根据 A2 单元格的日期判断加班类型，如图 6-24 所示。然后向下复制 D2 单元格的公式，即可批量返回加班类型。

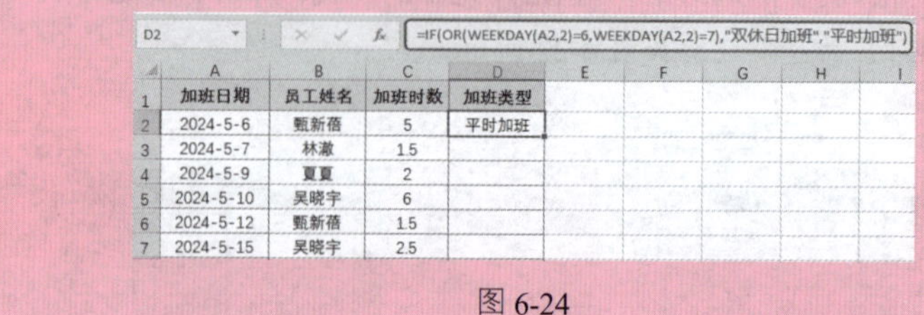

D2　=IF(OR(WEEKDAY(A2,2)=6,WEEKDAY(A2,2)=7),"双休日加班","平时加班")

	A	B	C	D	E	F	G	H	I
1	加班日期	员工姓名	加班时数	加班类型					
2	2024-5-6	甄新蓓	5	平时加班					
3	2024-5-7	林澈	1.5						
4	2024-5-9	夏夏	2						
5	2024-5-10	吴晓宇	6						
6	2024-5-12	甄新蓓	1.5						
7	2024-5-15	吴晓宇	2.5						

图 6-24

【公式解析】

① 判断 A2 单元格中的星期数是否为 6

② 判断 A2 单元格中的星期数是否为 7

=IF(OR(WEEKDAY(A2,2)=6,WEEKDAY(A2,2)=7),"双休日加班","平时加班")

③ 判断①步结果与②步结果中是否有一个满足。只要有一个满足，就返回“双休日加班”，否则返回“平时加班”

例 3：计算工作日与双休日的加班工资

图 6-25 所示的表格中统计了员工的加班日期与加班时数，其中工作日加班的加班工资为 50 元/小时，双休日加班的加班工资为 100 元/小时。现在想自动判断加班日是工作日还是双休日，并自动计算出加班工资。

❶ 选中 D2 单元格，在编辑栏中输入公式：

```
=IF(WEEKDAY(A2,2)<6,C2*50,C2*100)
```

❷ 按 Enter 键即可计算出第一项加班条目的加班工资金额，如图 6-25 所示。

D2   fx =IF(WEEKDAY(A2,2)<6,C2*50,C2*100)

	A	B	C	D	E
1	加班日期	员工姓名	加班时数	加班工资	
2	2024-5-6	甄新蓓	5	250	
3	2024-5-7	林澈	1.5		
4	2024-5-9	夏夏	2		
5	2024-5-10	吴晓宇	6		
6	2024-5-12	甄新蓓	1.5		

图 6-25

❸ 选中 D2 单元格，然后向下复制 D2 单元格的公式，即可得出各条加班记录的加班工资，如图 6-26 所示。

	A	B	C	D
1	加班日期	员工姓名	加班时数	加班工资
2	2024-5-6	甄新蓓	5	250
3	2024-5-7	林澈	1.5	75
4	2024-5-9	夏夏	2	100
5	2024-5-10	吴晓宇	6	300
6	2024-5-12	甄新蓓	1.5	150
7	2024-5-15	吴晓宇	2.5	125
8	2024-5-18	夏夏	5	500
9	2024-5-21	林澈	1	50
10	2024-5-27	甄新蓓	3	150
11	2024-5-29	吴晓宇	1.5	75

图 6-26

【公式解析】

① 返回 A2 单元格日期对应的星期数，并判断是否小于 6，小于 6 的话表示工作日

② 如果①步为真，计算“C2*50”，否则计算“C2*100”

7. WEEKNUM（返回日期对应一年中的第几周）

【函数功能】WEEKNUM 函数用于返回一个数字，该数字代表一年中的第几周。

【函数语法】WEEKNUM(serial_number,[return_type])

- serial_number：必需，一周中的日期。
- return_type：可选，确定星期从哪一天开始。

【用法解析】

=WEEKNUM(A1,2)

WEEKNUM 函数将 1 月 1 日所在的星期定义为一年中的第一个星期

当指定为数字 1 或省略时，表示从星期日开始，星期内的天数从 1（星期日）~7（星期六）；当指定为数字 2 时，表示从星期一开始，星期内的天数从 1（星期一）~7（星期日）

例 1：返回几次活动日期分别对应一年中的第几周

扫一扫，看视频

下面表格中给出了全年几次促销活动的日期，使用 WEEKNUM 函数可以快速判断这几次活动日期对应一年中的第几周。

❶ 选中 B2 单元格，在编辑栏中输入公式（见图 6-27）：

```
="第"&WEEKNUM(A2,2)&"周"
```

❷ 按 Enter 键即可返回 A2 单元格中的活动日期对应此年的第几周。然后向下复制 B2 单元格中的公式，即可批量返回各活动日期对应此年的第几周，如图 6-28 所示。

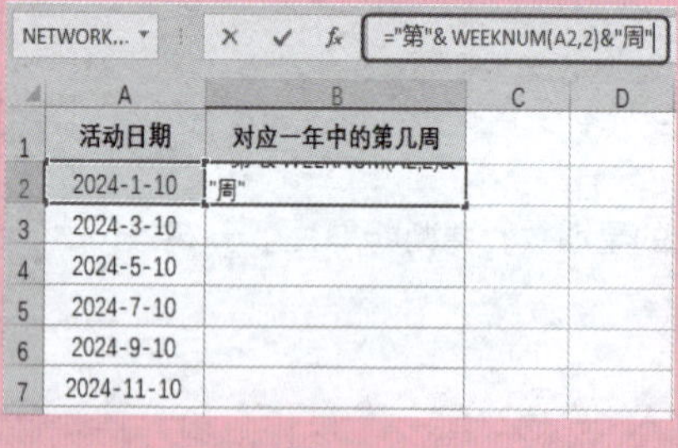

NETWORK... ="第"& WEEKNUM(A2,2)&"周"

	A	B	C	D
1	活动日期	对应一年中的第几周		
2	2024-1-10	"周"		
3	2024-3-10			
4	2024-5-10			
5	2024-7-10			
6	2024-9-10			
7	2024-11-10			

图 6-27

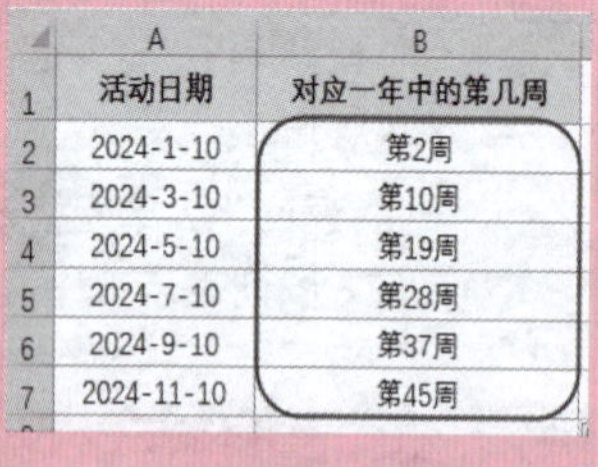

	A	B
1	活动日期	对应一年中的第几周
2	2024-1-10	第2周
3	2024-3-10	第10周
4	2024-5-10	第19周
5	2024-7-10	第28周
6	2024-9-10	第37周
7	2024-11-10	第45周

图 6-28

【公式解析】

="第"& WEEKNUM(A2,2)&"周"

指定此参数表示一周从星期一开始，星期内的天数从 1（星期一）~7（星期日）

例 2：计算借书历经的周数

图 6-29 所示的表格中显示了每个借书条目的借阅日期与归还日期，要求快速得出每个借书条目所历经的周数，即得到 D 列的结果。

扫一扫，看视频

❶ 选中 D2 单元格，在编辑栏中输入公式：

```
=WEEKNUM(C2,2)-WEEKNUM(B2,2)
```

❷ 按 Enter 键，即可得出 B2 单元格日期到 C2 单元格日期中间共经历了几周，如图 6-30 所示。然后向下复制 D2 单元格的公式即可批量得出结果。

	A	B	C	D
1	借阅人	借阅日期	归还日期	历经周数
2	李锐	2024-3-3	2024-3-30	4
3	张文涛	2024-3-5	2024-3-22	2
4	李平	2024-3-7	2024-4-5	4
5	侯淑媛	2024-3-16	2024-4-27	6
6	刘智南	2024-3-24	2024-4-10	3
7	侯淑媛	2024-4-10	2024-5-10	4
8	李平	2024-5-5	2024-5-27	4
9	孙丽萍	2024-5-14	2024-5-31	2
10	张文涛	2024-5-18	2024-6-5	3
11	苏敏	2024-5-19	2024-6-22	5

图 6-29

D2 =WEEKNUM(C2,2)-WEEKNUM(B2,2)

	A	B	C	D	E	F
1	借阅人	借阅日期	归还日期	历经周数		
2	李锐	2024-3-3	2024-3-30	4		
3	张文涛	2024-3-5	2024-3-22			
4	李平	2024-3-7	2024-4-5			
5	侯淑媛	2024-3-16	2024-4-27			

图 6-30

【公式解析】

=WEEKNUM(C2,2)−WEEKNUM(B2,2)

① 计算归还日期在一年中的第几周

② 计算借阅日期在一年中的第几周

③ 二者差值为借书历经的周数

8. EOMONTH［返回指定月份前(后)几个月最后一天的序列号］

【函数功能】EOMONTH 函数用于返回某个月份最后一天的序列号，该月份与 start_date 相隔（之前或之后）指定的月份数，可以计算正好在特

定月份中最后一天到期的到期日。

【函数语法】EOMONTH(start_date, months)

- start_date：必需，开始日期。
- months：必需，start_date 之前或之后的月份数。

【公式解析】

=EOMONTH(起始日期,指定之前或之后的月份)

起始日期：标准格式的日期，或使用 DATE 函数来构建标准日期。如果是非有效日期，将返回错误值

指定之前或之后的月份：如果此参数为正值，将生成未来日期；为负值将生成过去日期。如果 months 不是整数，将截尾取整

例如，在图 6-31 所示的表中，参数显示在 A、B 两列中，通过 C 列中显示的公式可得到 D 列的结果。

	A	B	C	D
1	日期	间隔月份数	公式	返回日期
2	2024-2-5	5	=EOMONTH(A2,B2)	2024-7-31
3	2024-5-10	-2	=EOMONTH(A3,B3)	2024-3-31
4	2024-6-12	15	=EOMONTH(A4,B4)	2025-9-30

图 6-31

例 1：根据促销的开始日期计算促销天数

扫一扫，看视频

下面表格给出了各项产品开始促销的具体日期，并计划活动全部到月底结束，现在需要根据促销的开始日期计算促销天数。

❶ 选中 D2 单元格，在编辑栏中输入公式：

```
=EOMONTH(C2,0)-C2
```

❷ 按 Enter 键返回一个日期值，如图 6-32 所示。

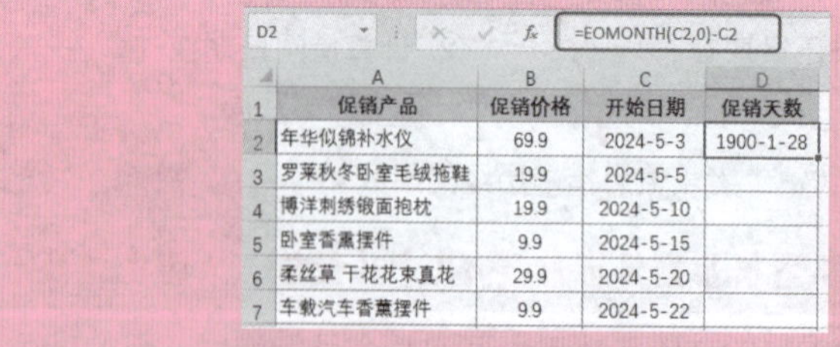

D2 =EOMONTH(C2,0)-C2

	A	B	C	D
1	促销产品	促销价格	开始日期	促销天数
2	年华似锦补水仪	69.9	2024-5-3	1900-1-28
3	罗莱秋冬卧室毛绒拖鞋	19.9	2024-5-5	
4	博洋刺绣缎面抱枕	19.9	2024-5-10	
5	卧室香薰摆件	9.9	2024-5-15	
6	柔丝草 干花花束真花	29.9	2024-5-20	
7	车载汽车香薰摆件	9.9	2024-5-22	

图 6-32

❸ 向下复制 C2 单元格的公式得到的都是日期值，接着在“开始”选项卡的“数字”组中将单元格的格式更改为“常规”，即可正确显示促销天数，如图 6-33 所示。

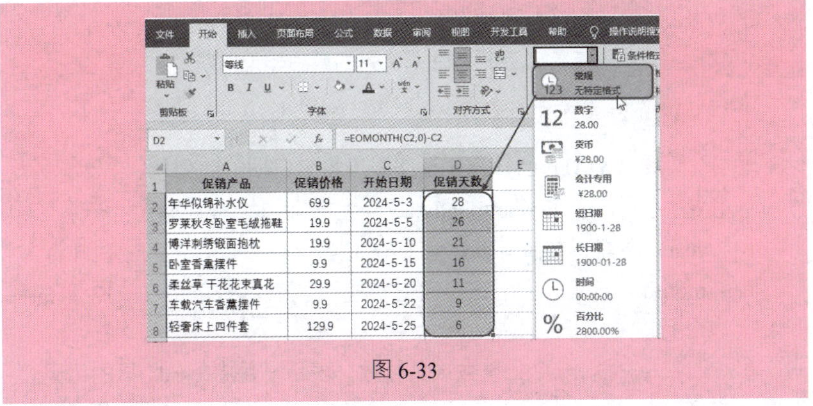

	A	B	C	D
1	促销产品	促销价格	开始日期	促销天数
2	年华似锦补水仪	69.9	2024-5-3	28
3	罗莱秋冬卧室毛绒拖鞋	19.9	2024-5-5	26
4	博洋刺绣锻面抱枕	19.9	2024-5-10	21
5	卧室香薰摆件	9.9	2024-5-15	16
6	柔丝草 干花花束真花	29.9	2024-5-20	11
7	车载汽车香薰摆件	9.9	2024-5-22	9
8	轻奢床上四件套	129.9	2024-5-25	6

图 6-33

【公式解析】

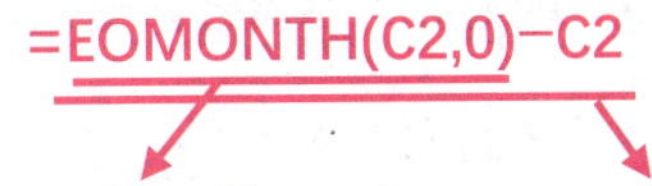

① 返回的是 C2 单元格日期所在月份的最后一天的日期

② 最后一天的日期减去开始日期即为促销天数

例 2：计算优惠券的有效截止日期

某商场发放的优惠券的使用规则是：在发出日期起的特定几个月的最后一天内使用有效，现在要在表格中返回各种优惠券的有效截止日期。

扫一扫，看视频

❶ 选中 D2 单元格，在编辑栏中输入公式（见图 6-34）：

```
=EOMONTH(B2,C2)
```

❷ 按 Enter 键即可返回一个日期的序列号，注意，将单元格的格式更改为“日期”即可正确显示日期。然后向下复制 D2 单元格的公式，即可批量返回各优惠券的有效截止日期，如图 6-35 所示。

	A	B	C	D
1	券名	放发日期	有效期(月)	截止日期
2	A券	2024-5-1	6	=EOMONTH(B2,C2)
3	B券	2024-5-1	8	
4	C券	2024-6-20	10	

图 6-34

	A	B	C	D
1	券名	放发日期	有效期(月)	截止日期
2	A券	2024-5-1	6	2024-11-30
3	B券	2024-5-1	8	2025-1-31
4	C券	2024-6-20	10	2025-4-30

图 6-35

【公式解析】

=EOMONTH(B2,C2)

返回的是 B2 单元格日期间隔 C2 中指定月份后那个月的最后一天日期

9. DATE（构建标准日期）

【函数功能】DATE 函数用于返回表示特定日期的序列号。

【函数语法】DATE(year,month,day)

- year：必需，其值可以包含 1 ~ 4 位数字。
- month：必需，一个正整数或负整数，表示一年中 1 ~ 12 月的每个月。
- day：必需，一个正整数或负整数，表示一月中 1 ~ 31 日的每天。

【用法解析】

第 1 个参数用 4 位数指定年份

=DATE(年份,月份,日期)

第 2 个参数是月份，可以是正整数或负整数。如果该参数值大于 12，则从指定年份的 1 月开始累加该月份数；如果该参数值小于 1，则从指定年份的 1 月开始递减该月份数，然后再加上 1，就是要返回的日期的月数

第 3 个参数是日数，可以是正整数或负整数。如果该参数值大于指定月份的天数，则从指定月份的第 1 天开始累加该天数；如果该参数值小于 1，则从指定月份的第 1 天开始递减该天数，然后加上 1，就是要返回的日期的日数

如图 6-36 所示，参数显示在 A、B、C 三列中，通过 D 列中显示的公式，可得到 E 列的结果。

	A	B	C	D	E
1	参数1	参数2	参数3	公式	返回日期
2	2024	6	5	=DATE(A2,B2,C2)	2024-6-5
3	2024	13	5	=DATE(A3,B3,C3)	2025-1-5
4	2024	5	40	=DATE(A4,B4,C4)	2024-6-9
5	2024	5	-5	=DATE(A5,B5,C5)	2024-4-25

图 6-36

例 1：将不规范日期转换为标准日期

扫一扫，看视频

由于数据来源不同或输入不规范，经常会出现将日期录入为图 6-37 所示的 B 列中的样式。为了方便后期对数据的分析，可以一次性将其转换为标准日期。

	A	B	C	D
1	值班人员	加班日期	加班时长	标准日期
2	刘长城	20240503	2.5	2024-5-3
3	李岩	20240503	1.5	2024-5-3
4	高雨馨	20240505	1	2024-5-5
5	卢明宇	20240505	2	2024-5-5
6	郑淑娟	20240508	1.5	2024-5-8
7	左卫	20240511	3	2024-5-11
8	庄美尔	20240511	2.5	2024-5-11
9	周彤	20240512	2.5	2024-5-12
10	杨飞云	20240512	2	2024-5-12

图 6-37

❶ 选中 D2 单元格，在编辑栏中输入公式：

```
=DATE(MID(B2,1,4),MID(B2,5,2),MID(B2,7,2))
```

❷ 按 Enter 键即可将 B2 单元格中的数据转换为标准日期，如图 6-38 所示。然后将 D2 单元格的公式向下复制，即可实现对 B 列中日期的一次性转换。

D2　=DATE(MID(B2,1,4),MID(B2,5,2),MID(B2,7,2))

	A	B	C	D	E
1	值班人员	加班日期	加班时长	标准日期	
2	刘长城	20240503	2.5	2024-5-3	
3	李岩	20240503	1.5		
4	高雨馨	20240505	1		
5	卢明宇	20240505	2		
6	郑淑娟	20240508	1.5		

图 6-38

【公式解析】

① 从第 1 位开始提取，共提取 4 位

② 从第 5 位开始提取，共提取 2 位

③ 从第 7 位开始提取，共提取 2 位

=DATE(MID(B2,1,4),MID(B2,5,2),MID(B2,7,2))

④ 将①②③的返回结果构建为一个标准日期

例 2：计算临时工 0 的工作天数

扫一扫，看视频

下面表格中统计了一段时间内临时工的工作开始日期，工作统一结束日期为“2024-5-20”，要求计算出每位临时工工作的

实际工作天数，如图 6-39 所示。

❶ 选中 C2 单元格，在编辑栏中输入公式：

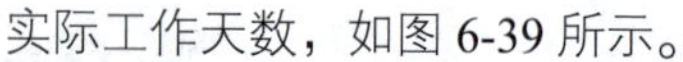

```
=DATE(2024,5,20)-B2
```

❷ 按 Enter 键，即可计算出 B2 单元格中的日期距离“2024-5-20”这个日期的间隔天数（但默认返回的是日期值），如图 6-40 所示。然后将 D2 单元格中的公式向下复制，可以实现对 B 列中日期的一次性转换。

	A	B	C
1	姓名	开始日期	工作天数
2	周彤	2024-3-4	77
3	杨飞云	2024-3-3	78
4	周保利	2024-3-10	71
5	林志杰	2024-3-7	74
6	郑梅	2024-4-18	32
7	左子卫	2024-4-19	31
8	陈梅	2024-4-3	47
9	周小雨	2024-4-16	34

图 6-39

C2 =DATE(2024,5,20)-B2

	A	B	C	D	E
1	姓名	开始日期	工作天数		
2	周彤	2024-3-4	1900-3-17		
3	杨飞云	2024-3-3			
4	周保利	2024-3-10			
5	林志杰	2024-3-7			
6	郑梅	2024-4-18			
7	左子卫	2024-4-19			

图 6-40

❸ 选中 C2 单元格，拖动右下角的填充柄向下复制公式。选中 C2:C9 单元格区域，在“开始”选项卡的“数字”选项组中设置“常规”格式，即可正确显示工作天数，如图 6-41 所示。

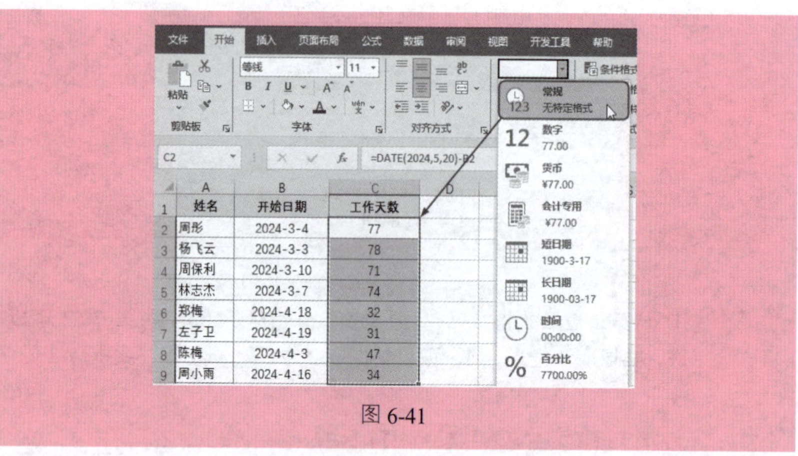

	A	B	C
1	姓名	开始日期	工作天数
2	周彤	2024-3-4	77
3	杨飞云	2024-3-3	78
4	周保利	2024-3-10	71
5	林志杰	2024-3-7	74
6	郑梅	2024-4-18	32
7	左子卫	2024-4-19	31
8	陈梅	2024-4-3	47
9	周小雨	2024-4-16	34

图 6-41

【公式解析】

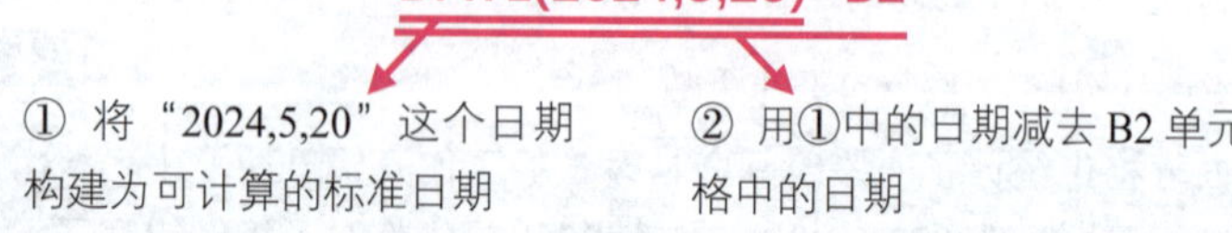

=DATE(2024,5,20)-B2
① 将“2024,5,20”这个日期构建为可计算的标准日期
② 用①中的日期减去 B2 单元格中的日期

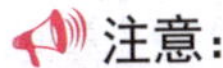

注意：

在进行日期计算时，通常都会默认返回日期，当想查看序列号值时，只要重新设置单元格的格式为“常规”即可。在后面的实例中再次遇到此类情况时不再赘述。

6.2 日期计算

日期计算是指计算两个日期间隔的年数、月数、天数，两个日期间的工作日等。在日期数据的处理中，日期计算是一种很常用的操作。

1. DATEDIF（用指定的单位计算起始日和结束日之间的天数）

【函数功能】DATEDIF 函数用于计算两个日期之间的年数、月数和天数。

【函数语法】DATEDIF(date1,date2,code)

- date1：必需，起始日期。
- date2：必需，结束日期。
- code：必需，指定返回两个日期之间间隔值的参数代码。

DATEDIF 函数的 code 参数与返回值见表 6-1。

表 6-1　code 参数与返回值

code 参数	DATEDIF 函数返回值
y	返回两个日期之间的年数
m	返回两个日期之间的月数
d	返回两个日期之间的天数
ym	忽略两个日期的年数和天数，返回之间的月数
yd	忽略两个日期的年数，返回之间的天数
md	忽略两个日期的月数和年数，返回之间的天数

【用法解析】

注意第 2 个参数的日期值不能小于第 1 个参数的日期值
=DATEDIF(A2,B2,"d")
第 3 个参数为 d，DATEDIF 函数将求两个日期值间隔的天数，
等同于公式“=B2−A2”。但还有多种形式可以指定

如果为函数设置适合的第 3 个参数，还可以让 DATEDIF 函数在计算间隔天数时忽略两个日期值中的年或月信息，如图 6-42 所示。

将第 3 个参数设置为 md，DATEDIF 函数将忽略两个日期值中的年和月，直接求 3 日和 16 日之间间隔的天数，所以公式返回 13

	A	B	C	D	E
1	起始日期	终止日期	间隔天数	公式	公式说明
2	2023-1-3	2024-3-16	438	=DATEDIF(A2,B2,"d")	直接计算两个日期间隔天数
3			13	=DATEDIF(A2,B2,"md")	计算时忽略两个日期的年和月
4			72	=DATEDIF(A2,B2,"yd")	计算时忽略两个日期的年数

将第 3 个参数设置为 yd，DATEDIF 函数将忽略两个日期中的年数，直接求 1 月 3 日与 3 月 16 日之间间隔的天数，所以公式返回 72

图 6-42

如果计算两个日期值间隔的月数，就将 DATEDIF 函数的第 3 个参数设置为 m，如图 6-43 所示。

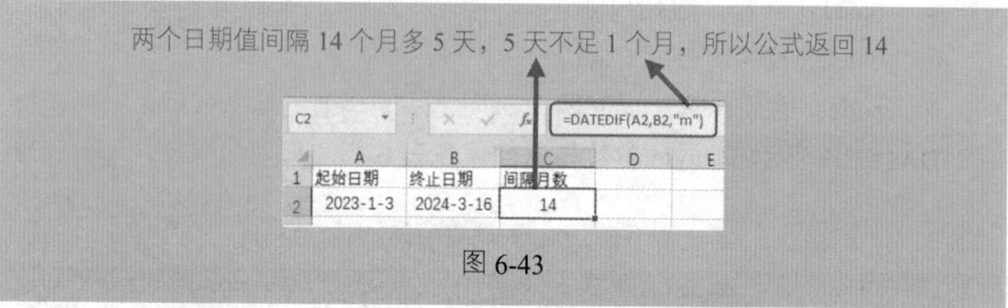

图 6-43

将 DATEDIF 函数的第 3 个参数设置为 y，函数将返回两个日期值间隔的年数，如图 6-44 所示。

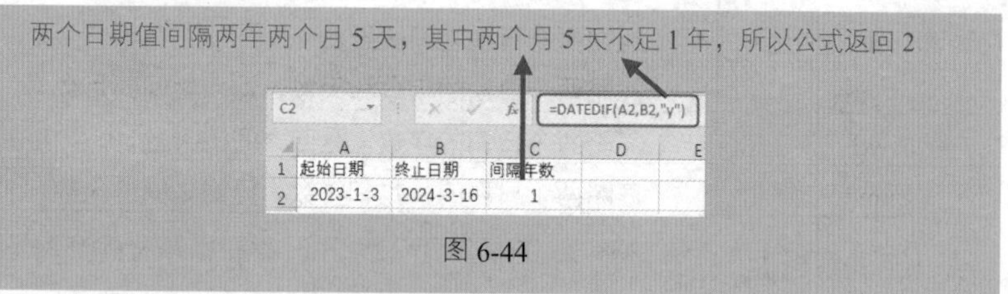

图 6-44

例 1：计算固定资产已使用月数

扫一扫，看视频

图 6-45 所示的表格中显示了部分固定资产的新增日期，要求计算出每项固定资产的已使用月数，即得到 D 列的计算结果。

❶ 选中 D2 单元格，在编辑栏中输入公式：

```
=DATEDIF(C2,TODAY(),"m")
```

❷ 按 Enter 键，即可根据 C2 单元格中的新增日期计算出第一项固定资产已使用月数，如图 6-46 所示。然后将 D2 单元格的公式向下复制，即可实现批量计算各固定资产的已使用月数。

序号	物品名称	新增日期	使用时间(月)
A001	空调	20.06.05	48
A002	冷暖空调机	20.06.22	47
A003	饮水机	21.06.05	36
A004	uv喷绘机	20.05.01	49
A005	印刷机	22.04.10	26
A006	覆膜机	21.10.01	32
A007	平板彩印机	20.02.02	52
A008	亚克力喷绘机	22.10.01	20

图 6-45

D2 =DATEDIF(C2,TODAY(),"m")

序号	物品名称	新增日期	使用时间(月)
A001	空调	20.06.05	48
A002	冷暖空调机	20.06.22	
A003	饮水机	21.06.05	
A004	uv喷绘机	20.05.01	
A005	印刷机	22.04.10	
A006	覆膜机	21.10.01	
A007	平板彩印机	20.02.02	
A008	亚克力喷绘机	22.10.01	

图 6-46

【公式解析】

① 返回当前日期

=DATEDIF(C2,TODAY(),"m")

② 返回 C2 单元格日期与当前日期相差的月数

例 2：计算员工工龄

扫一扫，看视频

一般在员工档案表中会记录员工的入职日期（见图 6-47），根据入职日期可以使用 DATEDIF 函数计算员工的工龄。

❶ 选中 D2 单元格，在编辑栏中输入公式：

```
=DATEDIF(C2,TODAY(),"y")
```

❷ 按 Enter 键即可根据 C2 单元格中的入职日期计算出其工龄，如图 6-48 所示。然后将 D2 单元格的公式向下复制，即可实现批量获取各员工的工龄。

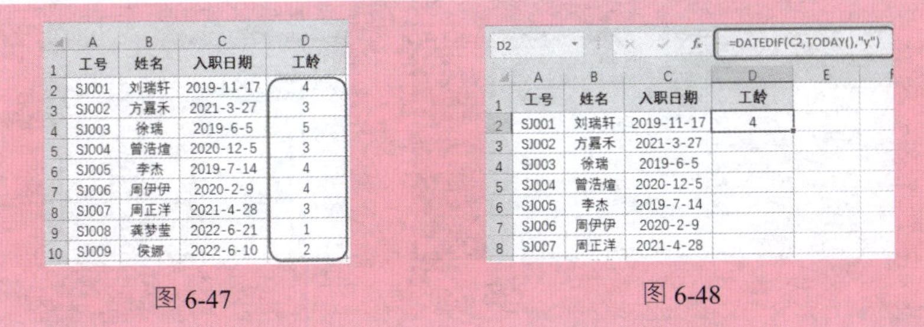

工号	姓名	入职日期	工龄
SJ001	刘瑞轩	2019-11-17	4
SJ002	方嘉禾	2021-3-27	3
SJ003	徐瑞	2019-6-5	5
SJ004	曾浩煊	2020-12-5	3
SJ005	李杰	2019-7-14	4
SJ006	周伊伊	2020-2-9	4
SJ007	周正洋	2021-4-28	3
SJ008	龚梦莹	2022-6-21	1
SJ009	侯娜	2022-6-10	2

图 6-47

D2 =DATEDIF(C2,TODAY(),"y")

工号	姓名	入职日期	工龄
SJ001	刘瑞轩	2019-11-17	4
SJ002	方嘉禾	2021-3-27	
SJ003	徐瑞	2019-6-5	
SJ004	曾浩煊	2020-12-5	
SJ005	李杰	2019-7-14	
SJ006	周伊伊	2020-2-9	
SJ007	周正洋	2021-4-28	

图 6-48

【公式解析】

例 3：根据员工工龄自动追加工龄工资

扫一扫，看视频

下面表格中记录了员工的入职时间，现在要求根据入职时间计算工龄工资（每满一年，工龄工资自动增加 200 元），即得到 D 列的数据。

❶ 选中 D2 单元格，在编辑栏中输入公式：

```
=DATEDIF(C2,TODAY(),"y")*200
```

❷ 按 Enter 键即可得出一个日期值，如图 6-49 所示。

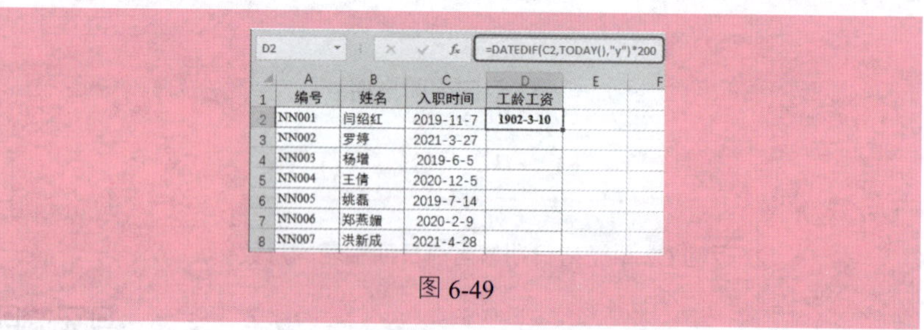

图 6-49

❸ 将 D2 单元格的公式向下复制，即可批量得出一列日期值。选中返回的日期值，在“开始”选项卡的“数字”组中将单元格的格式设置为“常规”格式，即可显示正确的工龄工资，如图 6-50 所示。

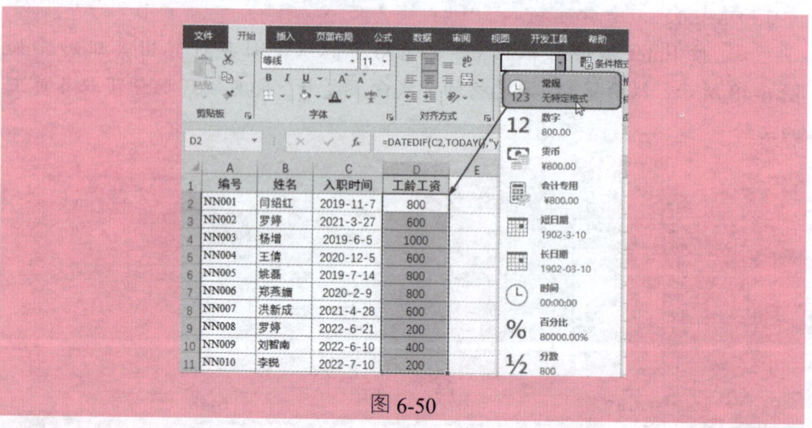

图 6-50

【公式解析】

① 返回当前日期

=DATEDIF(C2,TODAY(),"y")*200

② 判断 C2 单元格日期与①返回的结果日期之间的年数（用 y 参数指定）。最后将取得的结果乘以 200 即为工龄工资。

例 4：设计动态生日提醒

为达到人性化管理的目的，人事部门需要在员工生日之时派送生日贺卡，因此需要在员工生日前几日进行准备工作。在员工档案表中可建立公式，实现自动提醒 3 日内过生日的员工。

扫一扫，看视频

❶ 选中 E2 单元格，在编辑栏中输入公式（见图 6-51）：

```
=IF(DATEDIF(D2-3,TODAY(),"YD")<=3,"提醒","")
```

❷ 按 Enter 键，即可判断 D2 单元格的日期与当前日期的距离是否在 3 日或 3 日内，如果是，则返回“提醒”；否则返回空白。然后向下复制 E2 单元格的公式，可以批量返回判断结果，如图 6-52 所示。

T.TEST　=IF(DATEDIF(D2-3,TODAY(),"YD")<=3,"提醒","")

	A	B	C	D	E	F
1	员工工号	员工姓名	性别	出生日期	是否三日内过生日	
2	20131341	刘瑞轩	男	1986/2/2	=IF(DATEDIF(D2-3,T	
3	20131342	方嘉禾	男	1990/10/28		
4	20131343	徐瑞	女	1991/3/22		

图 6-51

	A	B	C	D	E
1	员工工号	员工姓名	性别	出生日期	是否三日内过生日
2	20131341	刘瑞轩	男	1986/2/2	
3	20131342	方嘉禾	男	1990/11/1	提醒
4	20131343	徐瑞	女	1991/3/22	
5	20131344	曾浩煊	男	1992/12/3	
6	20131345	胡清清	女	1993/10/29	提醒

图 6-52

【公式解析】

① 用了 YD 参数，忽略两个日期之间的年数，求相差的天数并判断差是否小于等于 3

=IF(DATEDIF(D2−3,TODAY(),"YD")<=3,"提醒","")

② 如果①的结果为 TRUE，则返回“提醒”；否则返回空白

2. DAYS360（按照一年 360 天的算法计算两日期之间相差的天数）

【函数功能】DAYS360 函数用于按照一年 360 天的算法（每个月以 30

天计，一年共计 12 个月）返回两日期之间相差的天数。

【函数语法】DAYS360(start_date,end_date,[method])

- start_date：必需，起始日期。
- end_date：必需，结束日期。如果 start_date 在 end_date 之后，则 DAYS360 函数将返回一个负数。
- method：可选，一个逻辑值，它指定在计算中是采用欧洲方法还是美国方法。

【用法解析】

DAYS360 函数与 DATEDIF 函数的区别在于：DAYS360 函数无论当月是 31 天还是 28 天，全部都以 30 天计算，而 DATEDIF 函数是以实际天数计算的

=DAYS360(A2,B2)

使用标准格式的日期，或使用 DATE 函数来构建标准日期。如果是非有效日期，函数将返回错误值

注意：

计算两个日期之间相差的天数，要"算尾不算头"，即起始日当天不算作 1 天，结束日当天要算作 1 天。

例：计算应付账款的还款剩余天数

图 6-53 所示的表格中统计了各项账款的借款金额与应还日期，通过这些数据可以快速计算各项账款的还款剩余天数，即得到 D 列的结果（如果结果为负数，表示已过期的天数）。

	A	B	C	D
1	公司名称	借款金额	应还日期	还款剩余天数
2	宏运佳建材公司	¥ 20,850.00	2024-6-22	11
3	海兴建材有限公司	¥ 5,000.00	2024-7-17	36
4	孚盛装饰公司	¥ 15,600.00	2024-6-23	12
5	澳菲建材有限公司	¥ 120,000.00	2024-9-15	94
6	拓帆建材有限公司	¥ 15,000.00	2024-9-10	89
7	澳菲建材有限公司	¥ 20,000.00	2024-7-10	29
8	宏运佳建材公司	¥ 8,500.00	2024-11-11	150

图 6-53

❶ 选中 D2 单元格，在编辑栏中输入公式：

```
=DAYS360(TODAY(),C2)
```

❷ 按 Enter 键，即可判断第一项借款的还款剩余天数，如图 6-54 所示。然后向下复制 D2 单元格的公式，可以批量返回计算结果。

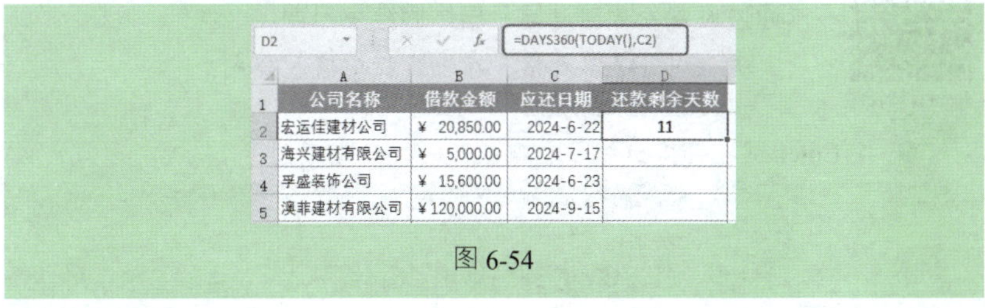

D2 =DAYS360(TODAY(),C2)

	A	B	C	D
1	公司名称	借款金额	应还日期	还款剩余天数
2	宏运佳建材公司	¥ 20,850.00	2024-6-22	11
3	海兴建材有限公司	¥ 5,000.00	2024-7-17	
4	孚盛装饰公司	¥ 15,600.00	2024-6-23	
5	澳菲建材有限公司	¥ 120,000.00	2024-9-15	

图 6-54

【公式解析】

① 返回当前日期

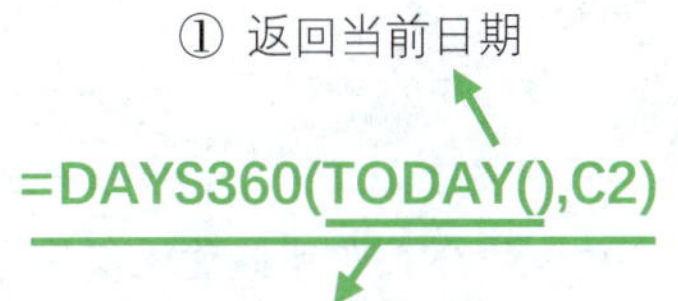

② 按照一年 360 天的算法计算当前日期与①返回结果间的差值

3. WORKDAY（获取间隔若干工作日后的日期）

【函数功能】WORKDAY 函数用于返回在某日期（起始日期）之前或之后且与该日期相隔指定工作日的某一日期的日期值。工作日不包括周末和专门指定的节假日。

【函数语法】WORKDAY(start_date, days, [holidays])

- start_date：必需，起始日期。
- days：必需，start_date 之前或之后不含周末及节假日的天数。
- holidays：可选，一个可选列表，其中包含需要从工作日历中排除的一个或多个日期。

【用法解析】

正值表示未来日期；负值表示过去日期；0 值表示开始日期

=WORKDAY(起始日期,往后计算的工作日数,节假日)

可选。除去周末之外另外再指定的不计算在内的日期。应是一个包含相关日期的单元格区域，或者一个由表示这些日期的序列值构成的数组常量。holidays 中的日期或序列值的顺序可以是任意的

例：根据休假天数计算休假结束日期

扫一扫，看视频

图 6-55 所示的表格中显示了休假开始日期与休假天数，要求通过设置公式自动显示出休假结束日期。

❶ 选中 D2 单元格，在编辑栏中输入公式：

```
=WORKDAY(B2,C2)
```

❷ 按 Enter 键即可得出结果（默认是一个日期序列号）。

D2　=WORKDAY(B2,C2)

	A	B	C	D
1	姓名	休假开始日期	休假天数	休假结束日期
2	刘瑞轩	2024-4-10	22	45422
3	方嘉禾	2024-4-2	15	
4	徐瑞	2024-5-1	30	
5	曾浩煊	2024-5-22	40	
6	胡清宇	2024-6-25	8	

图 6-55

❸ 向下复制 D2 单元格的公式即可批量返回结果，选中返回的结果，在“开始”选项卡的“数字”组中将单元格的格式修改为“短日期”，即可显示出正确的日期，如图 6-56 所示。

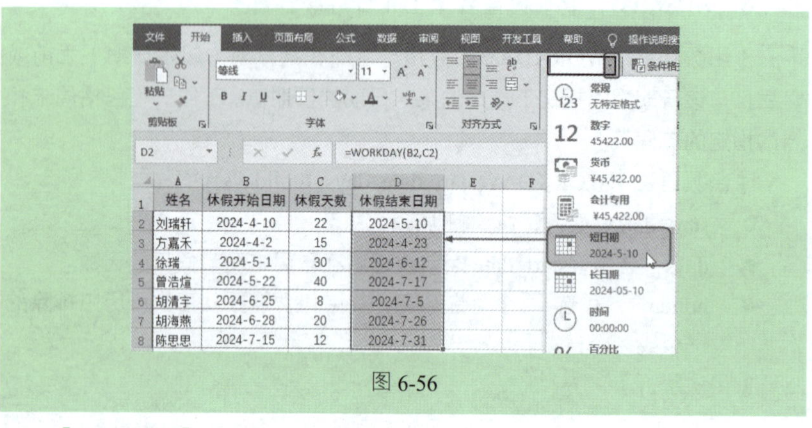

	A	B	C	D
1	姓名	休假开始日期	休假天数	休假结束日期
2	刘瑞轩	2024-4-10	22	2024-5-10
3	方嘉禾	2024-4-2	15	2024-4-23
4	徐瑞	2024-5-1	30	2024-6-12
5	曾浩煊	2024-5-22	40	2024-7-17
6	胡清宇	2024-6-25	8	2024-7-5
7	胡海燕	2024-6-28	20	2024-7-26
8	陈思思	2024-7-15	12	2024-7-31

图 6-56

【公式解析】

=WORKDAY(B2,C2)

以 B2 单元格日期为起始日期，返回 C2 个工作日后的日期

4. WORKDAY.INTL 函数

【函数功能】WORKDAY.INTL 函数用于返回指定的若干个工作日之前

或之后的日期的序列号（使用自定义周末参数）。周末参数指明周末有几天以及是哪几天。工作日不包括周末和专门指定的节假日。

【函数语法】WORKDAY.INTL(start_date, days, [weekend], [holidays])

- start_date：必需，起始日期（将被截尾取整）。
- days：必需，start_date 之前或之后的工作日天数。
- weekend：可选，一周中属于周末的日期和不作为工作日的日期。
- holidays：可选，一个可选列表，其中包含需要从工作日日历中排除的一个或多个日期。

【用法解析】

正值表示未来日期；负值表示过去日期；0 值表示开始日期

= WORKDAY.INTL (起始日期,往后计算的工作日数,指定周末日的参数,节假日)

与 WORKDAY 函数不同的是，此参数可以自定义周末日，详见表 6-3

WORKDAY.INTL 函数的 weekend 参数与返回值见表 6-3。

表 6-3 WORKDAY.INTL 函数的 weekend 参数与返回值

weekend 参数	WORKDAY.INTL 函数返回值
1 或省略	星期六、星期日
2	星期日、星期一
3	星期一、星期二
4	星期二、星期三
5	星期三、星期四
6	星期四、星期五
7	星期五、星期六
11	仅星期日
12	仅星期一
13	仅星期二
14	仅星期三
15	仅星期四

续表

weekend 参数	WORKDAY.INTL 函数返回值
16	仅星期五
17	仅星期六
自定义参数 0000011	周末日为星期六、星期日（周末字符串值的长度为 7 个字符，从星期一开始，分别表示一周的一天。1 表示非工作日，0 表示工作日）

例 1：根据休假天数计算休假结束日期（指定一天为法定节假日）

扫一扫，看视频

沿用前面的例子，要求指定每周只有周日为法定节假日，现在要根据休假的起始日期、休假天数来计算休假结束日期，可以使用 WORKDAY.INTL 函数来建立公式。

❶ 选中 D2 单元格，在编辑栏中输入公式：

```
=WORKDAY.INTL(B2,C2,11)
```

❷ 按 Enter 键，然后向下复制公式并修改单元格的格式为“短日期”，得到的结果如图 6-57 所示（可将返回结果与上一个例子进行对比）。

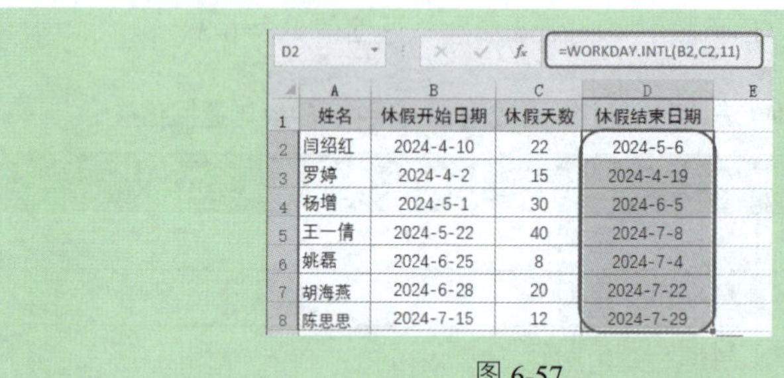

D2　=WORKDAY.INTL(B2,C2,11)

	A	B	C	D	E
1	姓名	休假开始日期	休假天数	休假结束日期	
2	闫绍红	2024-4-10	22	2024-5-6	
3	罗婷	2024-4-2	15	2024-4-19	
4	杨增	2024-5-1	30	2024-6-5	
5	王一倩	2024-5-22	40	2024-7-8	
6	姚磊	2024-6-25	8	2024-7-4	
7	胡海燕	2024-6-28	20	2024-7-22	
8	陈思思	2024-7-15	12	2024-7-29	

图 6-57

【公式解析】

=WORKDAY.INTL(B2,C2,11)

因为指定第 3 个参数为 11，所以一周只有星期日为休息日

例 2：根据项目各流程所需工作日计算项目结束日期

扫一扫，看视频

一个项目的完成在各个流程上需要一定的工作日，并且该企业约定每周只有星期日是非工作日，星期六算正常工作日。要求根据整个流程计算项目的大概结束时间。

❶ 选中 C3 单元格，在编辑栏中输入公式：

```
=WORKDAY.INTL(C2,B3,11,$E$2:$E$6)
```

❷ 按 Enter 键即可计算出执行日期为“2024-9-20”，间隔工作日为 2 日后的日期（见图 6-58），如果此期间含有周末日期，则只把星期日当作周末日。

C3 =WORKDAY.INTL(C2,B3,11,$E$2:$E$6)

	A	B	C	D	E
1	流程	所需工作日	执行日期		国庆
2	设计		2024-9-20		2024-10-1
3	确认设计	2	2024-9-23		2024-10-2
4	材料采购	3			2024-10-3
5	装修	30			2024-10-4
6	验收	2			2024-10-5

图 6-58

❸ 向下复制 C3 单元格的公式，即可依次返回间隔指定工作日后的日期，如图 6-59 所示。

	A	B	C	D	E
1	流程	所需工作日	执行日期		国庆
2	设计		2024-9-20		2024-10-1
3	确认设计	2	2024-9-23		2024-10-2
4	材料采购	3	2024-9-26		2024-10-3
5	装修	30	2024-11-6		2024-10-4
6	验收	2	2024-11-8		2024-10-5
7					

图 6-59

❹ 查看 C4 单元格的公式，可以看到当公式向下复制到 C4 单元格时，起始日期变成了 C3 单元格中的日期，而指定的节假日数据区域是不变的（因为使用了绝对引用方式），如图 6-60 所示。

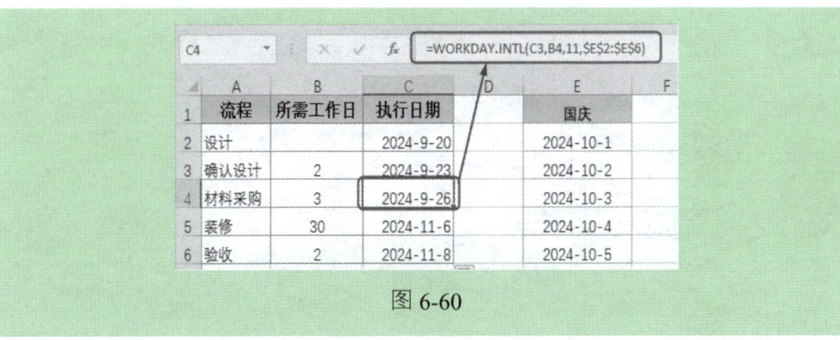

C4 =WORKDAY.INTL(C3,B4,11,$E$2:$E$6)

	A	B	C	D	E	F
1	流程	所需工作日	执行日期		国庆	
2	设计		2024-9-20		2024-10-1	
3	确认设计	2	2024-9-23		2024-10-2	
4	材料采购	3	2024-9-26		2024-10-3	
5	装修	30	2024-11-6		2024-10-4	
6	验收	2	2024-11-8		2024-10-5	

图 6-60

【公式解析】

=WORKDAY.INTL(C3,B4,11,$E$2:$E$6)

用此参数指定仅星期日为周末日　　除周末日之外要排除的日期

5. NETWORKDAYS（计算两个日期之间的工作日）

【函数功能】NETWORKDAYS 函数用于返回参数 start_date 和 end_date 之间完整的工作日数值。工作日不包括周末和专门指定的假期。

【函数语法】NETWORKDAYS(start_date, end_date, [holidays])

- start_date：必需，起始日期。
- end_date：必需，结束日期。
- holidays：可选，在工作日中排除的特定日期。

【用法解析】

=NETWORKDAYS(起始日期,结束日期,节假日)

可选。除去周末之外另外再指定的不计算在内的日期。应是一个包含相关日期的单元格区域，或者一个由表示这些日期的序列值构成的数组常量。holidays 中的日期或序列值的顺序可以是任意的

例：计算临时工的实际工作天数

扫一扫，看视频

假设企业在某一段时间雇用了一批临时工，根据开始日期与结束日期可以计算每位临时工的实际工作日天数，以方便对他们工资的核算。

❶ 选中 D2 单元格，在编辑栏中输入公式：

```
=NETWORKDAYS(B2,C2,$F$2)
```

❷ 按 Enter 键，即可计算出开始日期“2024-5-1”到结束日期“2024-6-10”期间的工作日数，如图 6-61 所示。

D2　=NETWORKDAYS(B2,C2,$F$2)

	A	B	C	D	E	F
1	姓名	开始日期	结束日期	工作日数		法定假日
2	刘瑛	2024-5-1	2024-6-10	28		2024-5-10
3	赵晓	2024-5-5	2024-6-10			
4	左亮亮	2024-5-12	2024-6-10			
5	郑大伟	2024-5-18	2024-6-10			
6	汪满盈	2024-5-20	2024-6-10			
7	吴佳娜	2024-5-20	2024-6-10			

图 6-61

❸ 向下复制 D2 单元格的公式，即可依次返回每位临时工的工作日数，如图 6-62 所示。

	A	B	C	D	E	F
1	姓名	开始日期	结束日期	工作日数		法定假日
2	刘琰	2024-5-1	2024-6-10	28		2024-5-10
3	赵晓	2024-5-5	2024-6-10	25		
4	左亮亮	2024-5-12	2024-6-10	21		
5	郑大伟	2024-5-18	2024-6-10	16		
6	汪满盈	2024-5-20	2024-6-10	16		
7	吴佳娜	2024-5-20	2024-6-10	16		

图 6-62

【公式解析】

=NETWORKDAYS (B2,C2,$F$2)

指定的法定假日在公式复制过程中始终不变，所以使用绝对引用

6. NETWORKDAYS.INTL 函数

【函数功能】NETWORKDAYS.INTL 函数用于返回两个日期之间的所有工作日数，使用参数指定哪些天是周末，以及有多少天是周末。工作日不包括周末和专门指定的节假日。

【函数语法】NETWORKDAYS.INTL(start_date, end_date, [weekend], [holidays])

- start_date 和 end_date：必需，要计算其差值的日期。start_date 可以早于或晚于 end_date，也可以与它相同。
- weekend：可选，介于 start_date 和 end_date 之间但又不包括在所有工作日数中的周末日。
- holidays：可选，表示要从工作日日历中排除的一个或多个日期。holidays 应是一个包含相关日期的单元格区域，或者是一个由表示这些日期的序列值构成的数组常量。holidays 中的日期或序列值的顺序可以是任意的。

【用法解析】

=NETWORKDAYS.INTL(起始日期,结束日期,指定周末日的参数,节假日)

与 NETWORKDAYS 函数不同的是，此参数可以自定义周末日，详见表 6-4

NETWORKDAYS.INTL 函数的 weekend 参数与返回值参见表 6-4。

表 6-4　NETWORKDAYS.INTL 函数的 weekend 参数与返回值

weekend 参数	NETWORKDAYS.INTL 函数返回值
1 或省略	星期六、星期日
2	星期日、星期一
3	星期一、星期二
4	星期二、星期三
5	星期三、星期四
6	星期四、星期五
7	星期五、星期六
11	仅星期日
12	仅星期一
13	仅星期二
14	仅星期三
15	仅星期四
16	仅星期五
17	仅星期六
自定义参数 0000011	周末日为星期六、星期日（周末字符串值的长度为 7 个字符，从星期一开始，分别表示一周的一天。1 表示非工作日，0 表示工作日）

例：计算临时工的实际工作天数（指定只有星期一为休息日）

扫一扫，看视频

沿用前面的例子，要求根据临时工工作时的开始日期与结束日期计算工作日数，但此时要求指定每周只有星期一一天为周末日，此时则可以使用 NETWORKDAYS.INTL 函数来建立公式。

❶ 选中 D2 单元格，在编辑栏中输入公式：

```
=NETWORKDAYS.INTL(B2,C2,12,$F$2)
```

❷ 按 Enter 键，即可计算出开始日期“2024-9-1”到结束日期“2024-10-10”期间的工作日数（期间只有星期一为周末日），如图 6-63 所示。

	A	B	C	D	E	F
1	姓名	开始日期	结束日期	工作日数		法定假日
2	刘琰	2024-5-1	2024-6-10	34		2024-5-10
3	赵晓	2024-5-5	2024-6-10			
4	左亮亮	2024-5-12	2024-6-10			
5	郑大伟	2024-5-18	2024-6-10			
6	汪满盈	2024-5-20	2024-6-10			
7	吴佳娜	2024-5-20	2024-6-10			

D2 =NETWORKDAYS.INTL(B2,C2,12,$F$2)

图 6-63

❸ 向下复制 D2 单元格的公式，即可依次返回满足指定条件的工作日数，如图 6-64 所示。

	A	B	C	D	E	F
1	姓名	开始日期	结束日期	工作日数		法定假日
2	刘琰	2024-5-1	2024-6-10	34		2024-5-10
3	赵晓	2024-5-5	2024-6-10	30		
4	左亮亮	2024-5-12	2024-6-10	25		
5	郑大伟	2024-5-18	2024-6-10	20		
6	汪满盈	2024-5-20	2024-6-10	18		
7	吴佳娜	2024-5-20	2024-6-10	18		

图 6-64

【公式解析】

=NETWORKDAYS.INTL(B2,C2,12,$F$2)

指定仅星期一为周末日　　除周末日之外要排除的日期

7. YEARFRAC（从起始日到结束日所经过的天数占全年天数的比例）

【函数功能】YEARFRAC 函数用于返回 start_date 和 end_date 之间的天数占全年天数的比例。

【函数语法】YEARFRAC(start_date, end_date, [basis])

- start_date：必需，起始日期。
- end_date：必需，结束日期。
- basis：可选，要使用的日期计数基准类型（见表 6-5）。

【用法解析】

=YEARFRAC(A2,B2,1)

YEARFRAC 函数的 basis 参数用于指定日期计数基准类型

表 6-5　YEARFRAC 函数的 basis 参数与返回值

basis 参数	YEARFRAC 函数返回值
0 或省略	30/360，以一年 360 天为基准，用美国（NASD）方法计算
1	实际天数/该年实际天数
2	实际天数/360
3	实际天数/365
4	30/360，以一年 360 天为基准，用欧洲方法计算

美国方法（NASD）与欧洲方法有细微的差别。

- 美国方法（NASD）：如果起始日期是一个月的最后一天，则等于同月的 30 号。如果结束日期是一个月的最后一天，并且起始日期早于 30 号，则结束日期等于下一个月的 1 号；否则，结束日期等于本月的 30 号。
- 欧洲方法：起始日期和结束日期为一个月的 31 号，都将等于本月的 30 号。

例：根据休假日期计算休假天数占全年天数的百分比

扫一扫，看视频

人事部门列出了本年度休假员工列表，根据休假的起始日与结束日可以计算休假天数占全年天数的百分比。

❶ 选中 D2 单元格，在编辑栏中输入公式：

```
=YEARFRAC(B2,C2,3)
```

❷ 按 Enter 键，即可判断第一位员工的休假天数占全年天数的百分比（默认返回的是小数，见图 6-65）。然后向下复制 D2 单元格的公式，即可批量返回每位员工的休假天数占全年天数的百分比，如图 6-66 所示。

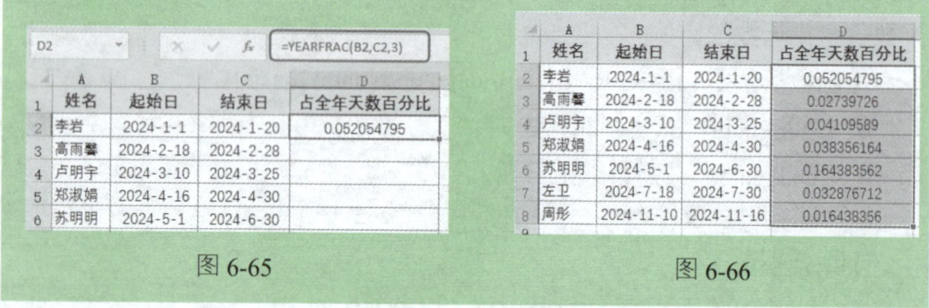

D2
=YEARFRAC(B2,C2,3)
A B C D
1 姓名 起始日 结束日 占全年天数百分比
2 李岩 2024-1-1 2024-1-20 0.052054795
3 高雨馨 2024-2-18 2024-2-28
4 卢明宇 2024-3-10 2024-3-25
5 郑淑娟 2024-4-16 2024-4-30
6 苏明明 2024-5-1 2024-6-30
A B C D
1 姓名 起始日 结束日 占全年天数百分比
2 李岩 2024-1-1 2024-1-20 0.052054795
3 高雨馨 2024-2-18 2024-2-28 0.02739726
4 卢明宇 2024-3-10 2024-3-25 0.04109589
5 郑淑娟 2024-4-16 2024-4-30 0.038356164
6 苏明明 2024-5-1 2024-6-30 0.164383562
7 左卫 2024-7-18 2024-7-30 0.032876712
8 周彤 2024-11-10 2024-11-16 0.016438356

图 6-65　　图 6-66

❸ 选中返回结果列，在“开始”选项卡的“数字”组中将单元格的格式更改为“百分比”，即可正确显示出百分比值，如图 6-67 所示。

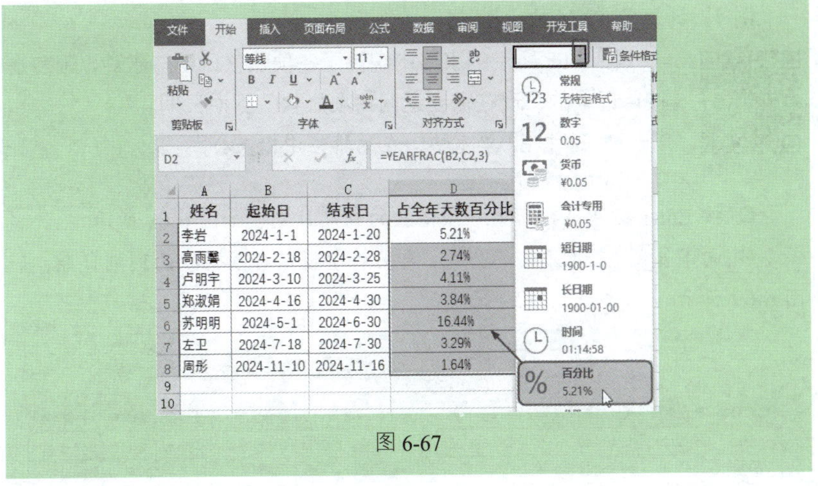

图 6-67

【公式解析】

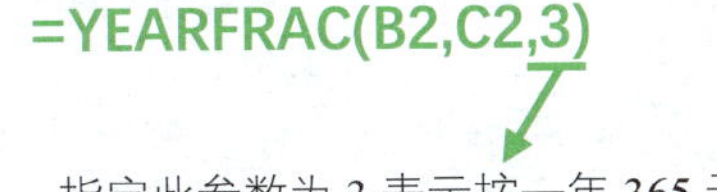

指定此参数为 3 表示按一年 365 天计算

8. EDATE（计算间隔指定月数后的日期）

【函数功能】EDATE 函数用于返回表示某个日期的序列号，该日期与指定日期（start_date）相隔（之前或之后）指定的月数。

【函数语法】EDATE(start_date, months)

- start_date：必需，起始日期。应使用 DATE 函数输入日期，或者将日期作为其他公式或函数的结果输入。
- months：必需，start_date 之前或之后的月数。months 为正值将生成未来日期；为负值将生成过去日期。

【用法解析】

使用标准格式的日期，或使用 DATE 函数来构建标准日期。如果是非有限日期，函数将返回错误值

如果指定为正值，将生成起始日之后的日期；如果指定为负值，将生成起始日之前的日期

例 1：计算应收账款的到期日期

扫一扫，看视频

图 6-68 所示的表格中统计了各项账款日期与账龄，账龄是按月记录的，现在需要返回每项账款的到期日期。

❶ 选中 E2 单元格，在编辑栏中输入公式：

```
=EDATE(C2,D2)
```

❷ 按 Enter 键即可判断第一项借款的到期日期，如图 6-68 所示。

❸ 向下复制 E2 单元格的公式，即可批量返回各项借款的到期日期，如图 6-69 所示。

E2 =EDATE(C2,D2)

	A	B	C	D	E
1	发票号码	借款金额	账款日期	账龄(月)	到期日期
2	12023	20850.00	2024-5-30	8	2025-1-30
3	12584	5000.00	2024-2-10	10	
4	20596	15600.00	2024-3-10	3	
5	23562	120000.00	2024-4-25	4	
6	63001	15000.00	2024-3-20	5	
7	125821	20000.00	2024-2-1	6	
8	125001	9000.00	2024-4-28	3	

图 6-68

	A	B	C	D	E
1	发票号码	借款金额	账款日期	账龄(月)	到期日期
2	12023	20850.00	2024-5-30	8	2025-1-30
3	12584	5000.00	2024-2-10	10	2024-12-10
4	20596	15600.00	2024-3-10	3	2024-6-10
5	23562	120000.00	2024-4-25	4	2024-8-25
6	63001	15000.00	2024-3-20	5	2024-8-20
7	125821	20000.00	2024-2-1	6	2024-8-1
8	125001	9000.00	2024-4-28	3	2024-7-28

图 6-69

例 2：根据出生日期与性别计算退休日期

扫一扫，看视频

企业有接近于退休年龄的员工，人力资源部门建立表格予以统计，可以根据出生日期与性别计算退休日期。假设男性退休年龄为 55 岁，女性退休年龄为 50 岁，可按如下方法建立公式。

❶ 选中 E2 单元格，在编辑栏中输入公式（见图 6-70）：

```
=EDATE(D2,12*((C2="男")*5+50))+1
```

❷ 按 Enter 键即可计算出第一位员工的退休日期。然后向下复制 E2 单元格的公式，即可批量返回各位员工的退休日期，如图 6-71 所示。

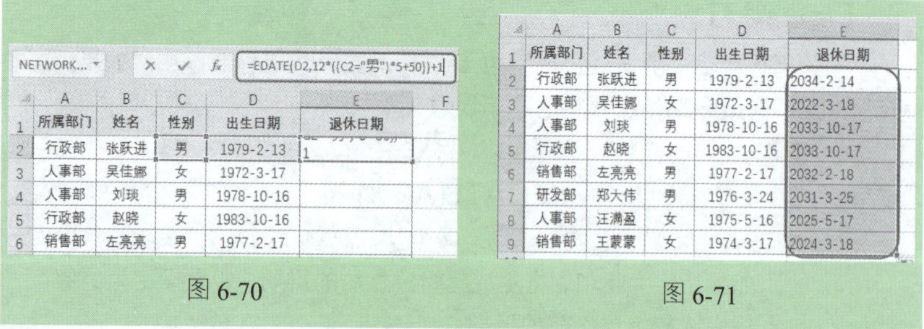

NETWORK... =EDATE(D2,12*((C2="男")*5+50))+1

	A	B	C	D	E
1	所属部门	姓名	性别	出生日期	退休日期
2	行政部	张跃进	男	1979-2-13	1
3	人事部	吴佳娜	女	1972-3-17	
4	人事部	刘琰	男	1978-10-16	
5	行政部	赵晓	女	1983-10-16	
6	销售部	左亮亮	男	1977-2-17	

图 6-70

	A	B	C	D	E
1	所属部门	姓名	性别	出生日期	退休日期
2	行政部	张跃进	男	1979-2-13	2034-2-14
3	人事部	吴佳娜	女	1972-3-17	2022-3-18
4	人事部	刘琰	男	1978-10-16	2033-10-17
5	行政部	赵晓	女	1983-10-16	2033-10-17
6	销售部	左亮亮	男	1977-2-17	2032-2-18
7	研发部	郑大伟	男	1976-3-24	2031-3-25
8	人事部	汪满盈	女	1975-5-16	2025-5-17
9	销售部	王蒙蒙	女	1974-3-17	2024-3-18

图 6-71

【公式解析】

① 如果 C2 单元格显示为男性，则“C2="男"”返回 1，然后退休年龄为“1*5+50”；如果 C2 单元格显示为女性，则“C2="男"”返回 0，然后退休年龄为“1*0+50”，乘以 12 将返回的年龄转换为月数

=EDATE(D2,12*((C2="男")*5+50))+1

② 使用 EDATE 函数返回日期，此日期是 D2 单元格中出生日期之后几个月（由①的结果指定）的日期

6.3 时间函数

时间函数是用于时间提取、计算等的函数，主要有 TIME、HOUR、MINUTE、SECOND 等函数。

1. TIME（构建标准时间格式）

【函数功能】TIME 函数用于返回某一特定时间的小数值。

【函数语法】TIME(hour, minute, second)

- hour：必需，0 ~ 32767 之间的数值，代表小时。
- minute：必需，0 ~ 32767 之间的数值，代表分钟。
- second：必需，0 ~ 32767 之间的数值，代表秒。

【用法解析】

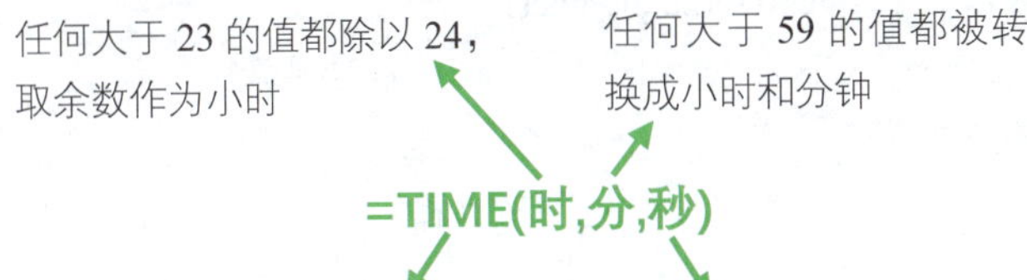
任何大于 23 的值都除以 24，取余数作为小时
任何大于 59 的值都被转换成小时和分钟
=TIME(时,分,秒)

几个参数可以是指定的常数，也可以是单元格的引用

任何大于 59 的值都被转换成小时、分钟和秒

注意：

当 TIME 函数返回的时间值是一个小数值时，即 0.5 代表 12:00PM，因为该时间值正好是一天的一半。

例：计算指定促销时间后的结束时间

扫一扫，看视频

例如，某网店预备在某日的几个时段进行促销活动，开始时间不同，但促销时长都只有 2 小时 30 分，利用 TIME 函数可以求出每个促销商品的结束时间。

❶ 选中 C2 单元格，在编辑栏中输入公式（见图 6-72）：

```
=B2+TIME(2,30,0)
```

❷ 按 Enter 键即可计算出第一件商品的促销结束时间。然后向下复制 C2 单元格的公式，即可依次返回各促销商品的结束时间，如图 6-73 所示。

YEARFRAC　=B2+TIME(2,30,0)

	A	B	C	D
1	商品名称	促销时间	结束时间	
2	清风抽纸	8:10:00	=B2+TIME(2,3	
3	行车记录仪	8:15:00		
4	控油洗面奶	10:30:00		
5	金龙鱼油	14:00:00		

图 6-72

	A	B	C
1	商品名称	促销时间	结束时间
2	清风抽纸	8:10:00	10:40:00
3	行车记录仪	8:15:00	10:45:00
4	控油洗面奶	10:30:00	13:00:00
5	金龙鱼油	14:00:00	16:30:00

图 6-73

【公式解析】

=B2+TIME(2,30,0)

将 2、30、0 这 3 个数字转换为“2:30:00”这个时间（注意，在实际运算时是转换为小数值计算的）

2. HOUR（返回时间值的小时数）

【函数功能】HOUR 函数用于返回时间值的小时数。

【函数语法】HOUR(serial_number)

serial_number：必需，一个时间值，其中包含要查找的小时。

【用法解析】

=HOUR(A2)

可以是单元格的引用或使用 TIME 函数构建的标准时间序列号。例如，公式“=HOUR(8:10:00)”不能返回正确的值，需要使用公式“=HOUR(TIME(8,10,0))”

如果使用单元格的引用作为参数，也可以返回正确的值，如图 6-74 所示。图 6-74 中还显示了 MINUTE 函数（用于返回时间中的分钟数）与

SECOND 函数（用于返回时间中的小时数）的返回值。

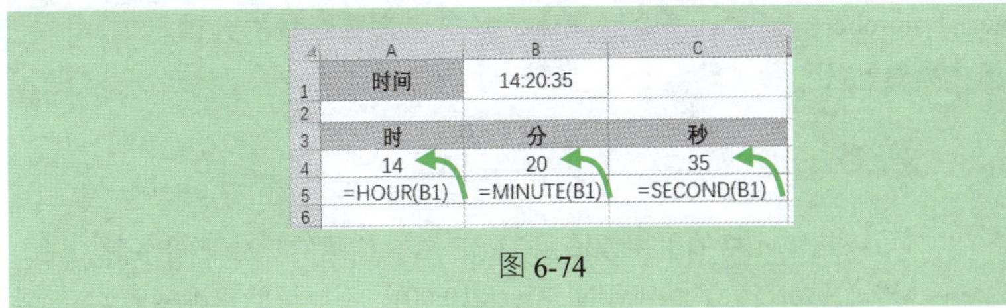

图 6-74

例：界定车辆进入停车场的整点时间区间

扫一扫，看视频

某停车场想统计出哪个时段为停车高峰，因此当记录了车辆的进入时间后（见图 6-75），可以通过函数界定此时间的整点区间，即得到 C 列的结果。

❶ 选中 C2 单元格，在编辑栏中输入公式：

```
=HOUR(B2)&":00-"&HOUR(B2)+1&":00"
```

❷ 按 Enter 键即可得出对 B2 单元格时间界定的整点区间，如图 6-76 所示。然后向下复制 C2 单元格的公式，即可依次对 B 列中的时间界定整点区间。

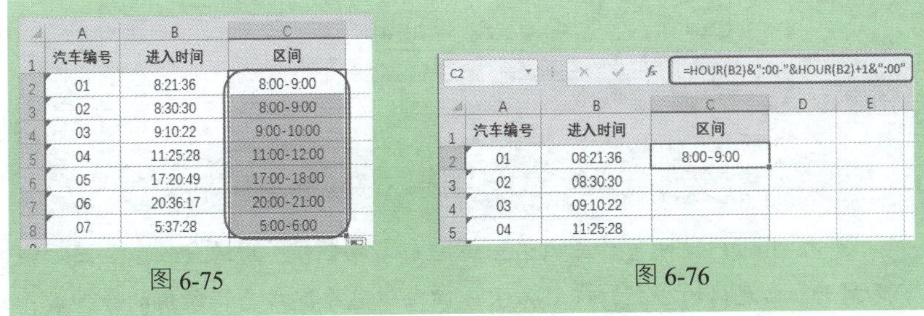

图 6-75　　　　图 6-76

【公式解析】

① 提取 B2 单元格时间的小时数

② 提取 B2 单元格时间的小时数并进行加 1 处理

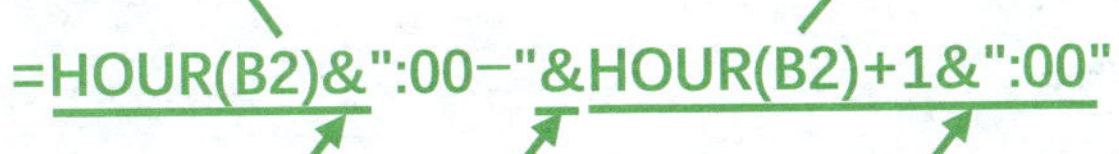

多处使用“&”符号将①结果②结果与多字符相连接

3. MINUTE（返回时间值的分钟数）

【函数功能】MINUTE 函数用于返回时间值的分钟数。

【函数语法】MINUTE(serial_number)

serial_number：必需，一个时间值，其中包含要查找的分钟。

【用法解析】

=MINUTE(A2)

可以是单元格的引用或使用 TIME 函数构建的标准时间序列号。例如，公式“= MINUTE (8:10:00)”不能返回正确的值，需要使用公式“= MINUTE (TIME(8,10,0))”

例 1：比赛用时统计（分钟数）

扫一扫，看视频

下面表格中对某次万米跑步比赛中各选手的开始时间与结束时间进行了记录，现在需要统计出每位选手完成全程所用的分钟数。

❶ 选中 D2 单元格，在编辑栏中输入公式（见图 6-77）：

```
=(HOUR(C2)*60+MINUTE(C2)-HOUR(B2)*60-MINUTE(B2))
```

YEARFRAC　=(HOUR(C2)*60+MINUTE(C2)-HOUR(B2)*60-MINUTE(B2))

	A	B	C	D	E	F
1	参赛选手	开始时间	结束时间	完成全程所用分钟数		
2	张志宇	10:12:35	11:22:14	=(HOUR(C2)*60+MINUT		
3	周奇奇	10:12:35	11:20:37			
4	韩家墅	10:12:35	11:10:26			

图 6-77

❷ 按 Enter 键即可计算出第一位选手完成全程所用的分钟数。然后向下复制 D2 单元格的公式，即可依次返回每位选手完成全程所用的分钟数，如图 6-78 所示。

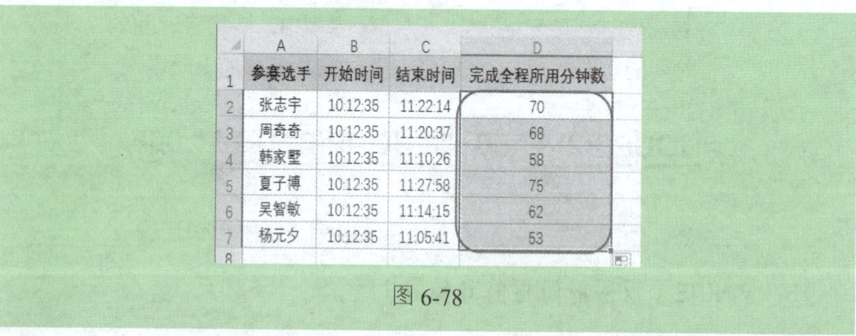

	A	B	C	D
1	参赛选手	开始时间	结束时间	完成全程所用分钟数
2	张志宇	10:12:35	11:22:14	70
3	周奇奇	10:12:35	11:20:37	68
4	韩家墅	10:12:35	11:10:26	58
5	夏子博	10:12:35	11:27:58	75
6	吴智敏	10:12:35	11:14:15	62
7	杨元夕	10:12:35	11:05:41	53

图 6-78

【公式解析】

① 提取 C2 单元格时间的小时数乘以 60 表示转换为分钟数，再与提取的分钟数相加

② 提取 B2 单元格时间的小时数乘以 60 表示转换为分钟数，再与提取的分钟数相加

=(HOUR(C2)*60+MINUTE(C2)−HOUR(B2)*60−MINUTE(B2))

③ ①结果减②结果为用时分钟数

例 2：计算停车费

下面表格对某车库车辆的进入与驶出时间进行了记录，可以通过建立公式进行停车费的计算。本例约定每小时停车费为 12 元，且停车费按实际停车时间计算。

扫一扫，看视频

❶ 选中 D2 单元格，在编辑栏中输入公式（见图 6-79）：

```
=(HOUR(C2-B2)+MINUTE(C2-B2)/60)*12
```

❷ 按 Enter 键即可计算出第一辆车的停车费。然后向下复制 D2 单元格的公式，可以依次返回每辆车的停车费，如图 6-80 所示。

D2 =(HOUR(C2-B2)+MINUTE(C2-B2)/60)*12

	A	B	C	D	E
1	车牌号	入库时间	出库时间	停车费	
2	沪A-5VB98	8:21:32	10:31:14	25.8	
3	沪B-08U69	9:15:29	9:57:37		
4	沪B-YT100	10:10:37	15:46:20		

图 6-79

	A	B	C	D
1	车牌号	入库时间	出库时间	停车费
2	沪A-5VB98	8:21:32	10:31:14	25.8
3	沪B-08U69	9:15:29	9:57:37	8.4
4	沪B-YT100	10:10:37	15:46:20	67
5	沪A-4G190	11:35:57	19:27:58	94.4
6	沪A-61454	12:46:27	14:34:15	21.4
7	沪A-7YE32	13:29:40	14:39:41	14

图 6-80

【公式解析】

① 计算“C2−B2”中的小时数

② 计算“C2−B2”中的分钟数，除以 60 表示转换为小时数

=(HOUR(C2−B2)+MINUTE(C2−B2)/60)*12

③ 用得到的停车总小时数乘以每小时的停车费

4. SECOND（返回时间值的秒数）

【函数功能】SECOND 函数用于返回时间值的秒数。

【函数语法】SECOND(serial_number)

serial_number：必需，一个时间值，其中包含要查找的秒数。

【用法解析】

=SECOND(A2)

可以是单元格的引用或使用 TIME 函数构建的标准时间序列号。例如，公式“= SECOND (8:10:00)”不能返回正确的值，需要使用公式“= SECOND (TIME(8,10,0))”

例：计算机器的运行秒数

图 6-81 所示的表格的 B 列与 C 列中显示了机器运行的开始时间与停止时间，要求计算出运行秒数，即得到 D 列的结果。

	A	B	C	D
1	机器编号	开始时间	停止时间	运行秒数
2	A1001	9:55:20	9:59:00	220
3	A1002	10:18:12	10:28:10	598
4	A1003	10:38:56	10:50:12	676
5	A1004	10:42:10	11:01:58	1188
6	A1005	10:55:08	10:55:56	48
7	A1006	11:21:20	11:29:56	516

图 6-81

❶ 选中 D2 单元格，在编辑栏中输入公式：

```
=HOUR(C2-B2)*60*60+MINUTE(C2-B2)*60+SECOND(C2-B2)
```

❷ 按 Enter 键即可得出一个时间值（暂未显示出秒数），如图 6-82 所示。

D2   fx   =HOUR(C2-B2)*60*60+MINUTE(C2-B2)*60+SECOND(C2-B2)

	A	B	C	D	E	F	G	H
1	机器编号	开始时间	停止时间	运行秒数				
2	A1001	9:55:20	9:59:00	0:00:00				
3	A1002	10:18:12	10:28:10					
4	A1003	10:38:56	10:50:12					
5	A1004	10:42:10	11:01:58					
6	A1005	10:55:08	10:55:56					
7	A1006	11:21:20	11:29:56					

图 6-82

❸ 选中 D2 单元格，在“开始”选项卡的“数字”组中重新设置单元

格的格式为“常规”。然后向下复制 D2 单元格的公式，即可批量得出各机器的运行秒数，如图 6-83 所示。

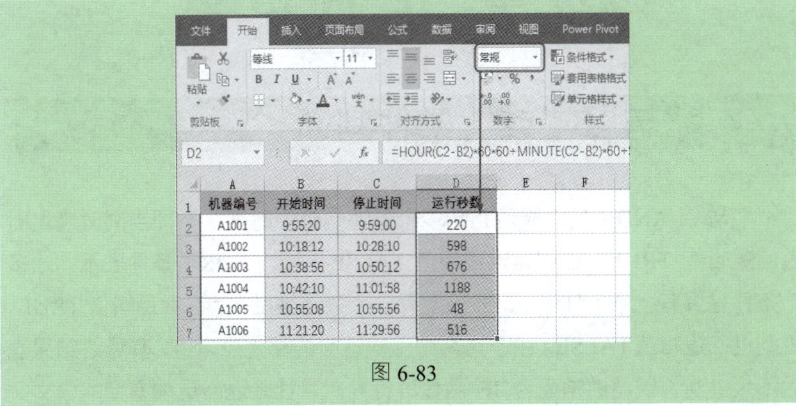

	A	B	C	D
1	机器编号	开始时间	停止时间	运行秒数
2	A1001	9:55:20	9:59:00	220
3	A1002	10:18:12	10:28:10	598
4	A1003	10:38:56	10:50:12	676
5	A1004	10:42:10	11:01:58	1188
6	A1005	10:55:08	10:55:56	48
7	A1006	11:21:20	11:29:56	516

图 6-83

【公式解析】

① 计算“C2−B2”中的小时数，两次乘以 60 表示转换为秒数

② 计算“C2−B2”中的分钟数，乘以 60 表示转换为秒数

=HOUR(C2−B2)*60*60+MINUTE(C2−B2)*60+SECOND(C2−B2)

③ 计算“C2−B2”中的秒数

④ 三者相加为总秒数

第 7 章　逻辑函数

7.1 “与”“或”条件判断

“与”（AND）条件表示判断多个条件是否同时满足，即当同时满足时返回逻辑值 TRUE，否则返回逻辑值 FALSE；“或”（OR）条件表示判断多个条件是否有一个条件满足，即只要有一个条件满足，就返回逻辑值 TRUE，否则返回逻辑值 FALSE。由于这两个函数返回的都是逻辑值，其最终结果表达不太直观，因此通常配合 IF 函数进行判断，让其返回更加易懂的中文文本结果，如“达标”“合格”等。

1. AND（判断多个条件是否同时成立）

【函数功能】AND 函数用来检验一组条件判断是否都为“真”（TRUE），即当所有条件均为“真”时，返回的运算结果为 TRUE；反之，返回的运算结果为 FALSE。因此，该函数一般用来检验一组数据是否都满足条件。

【函数语法】AND(logical1,[logical2],...)

logical1,logical2,...：第一个参数是必需，后续的为可选。表示测试条件值或表达式，不过最多只能有 30 个条件值或表达式。

【用法解析】

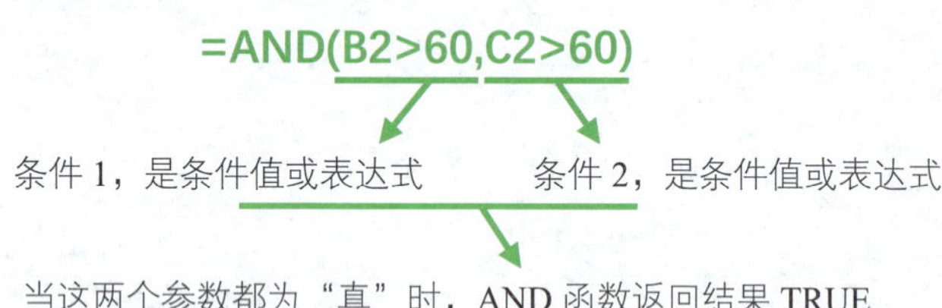

在图 7-1 所示的表格中可以看到，E2 单元格中返回的是 TRUE，原因是“B2>60”与“C2>60”这两个条件同时为“真”；E3 单元格中返回的是 FALSE，原因是“B3>60”与“C3>60”这两个条件中有一个不为“真”。

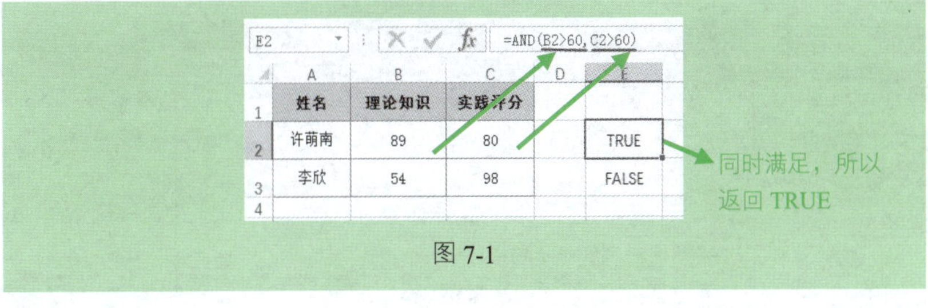

图 7-1

注意：

所有参数必须是测试条件值或表达式，但是最多只能有 30 个条件值或表达式。这个函数的最终返回值只能是 TRUE 或 FALSE，因此常嵌套在 IF 函数中作为判断条件（后面会有实例展现嵌套用法）。

例 1：满足双条件时给予奖金

图 7-2 所示的表格中给出了每位员工的业绩与工龄数据，现要求依据业绩和工龄判断是否发放奖金。其规则为：如果员工业绩超过 30000 元且工龄超过 5 个月，则予以发放奖金；如果不满足此条件，则不予发放。

扫一扫，看视频

❶ 在工作表中选中 D2 单元格，在“公式”选项卡的“函数库”组中单击“逻辑”右侧的下拉按钮，在打开的下拉列表中选择 AND，如图 7-3 所示。

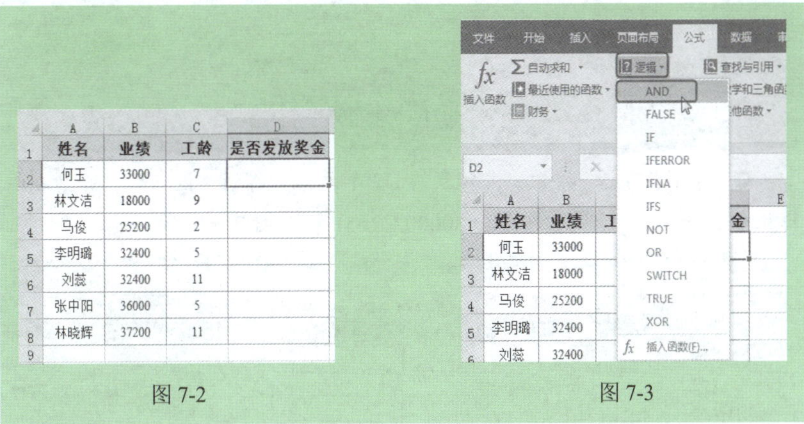

图 7-2　　图 7-3

❷ 打开“函数参数”对话框，将光标定位于第一个参数设置框中，设置条件为“B2>30000”，如图 7-4 所示。

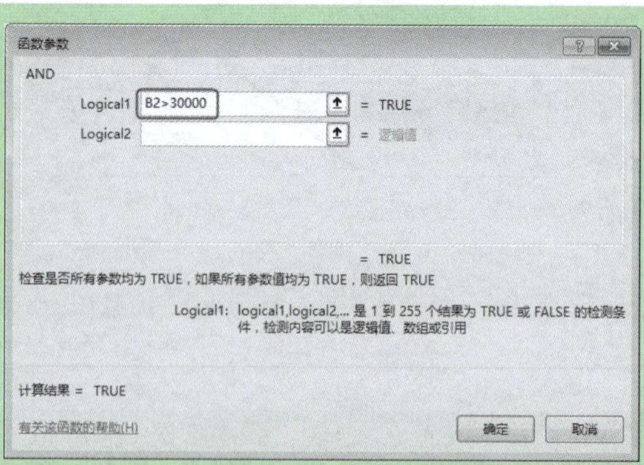

图 7-4

❸ 将光标定位于第二个参数设置框中，设置条件为“C2>5”，如图 7-5 所示。

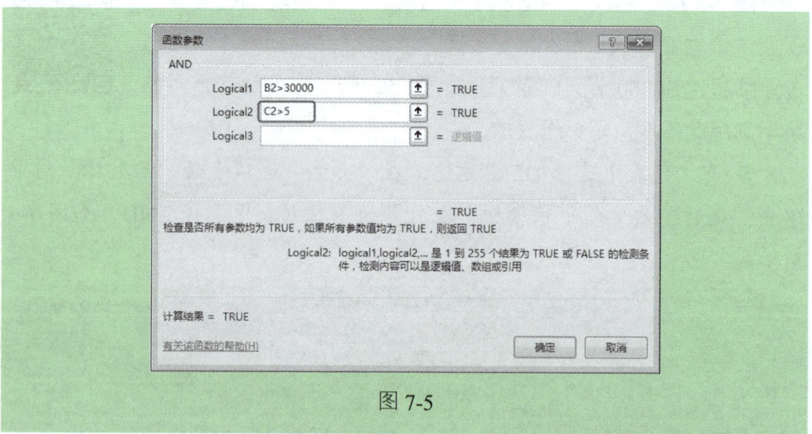

图 7-5

❹ 单击“确定”按钮，工作表的 D2 单元格中得到了返回值，并且在编辑栏中显示公式为“=AND(B2>30000,C2>5)”，如图 7-6 所示。

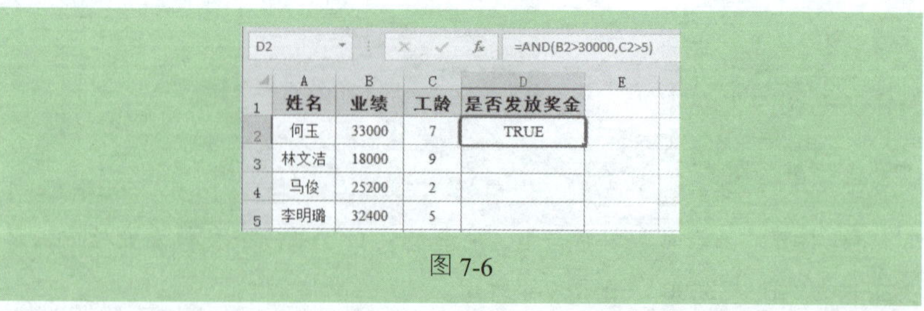
D2 =AND(B2>30000,C2>5)

	A	B	C	D	E
1	姓名	业绩	工龄	是否发放奖金	
2	何玉	33000	7	TRUE	
3	林文洁	18000	9		
4	马俊	25200	2		
5	李明璐	32400	5		

图 7-6

❺ 选中D2单元格，将鼠标指针指向该单元格右下角，当出现黑色十字形图标时，按住鼠标左键向下拖动（见图7-7），释放鼠标，可以看到D列的每个单元格中都得到了返回值，如图7-8所示。

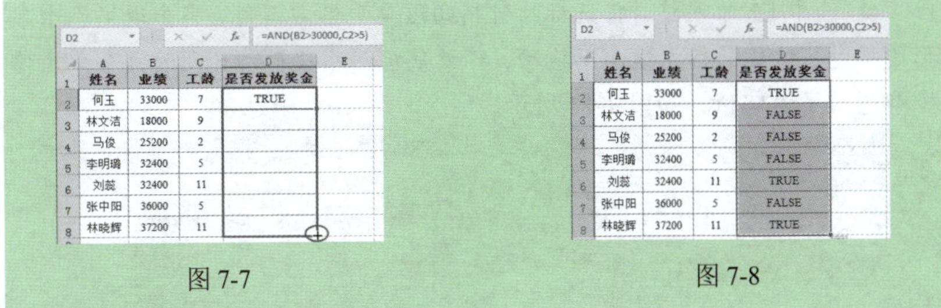

D2 =AND(B2>30000,C2>5)

	A	B	C	D
1	姓名	业绩	工龄	是否发放奖金
2	何玉	33000	7	TRUE
3	林文洁	18000	9	
4	马俊	25200	2	
5	李明璐	32400	5	
6	刘蕊	32400	11	
7	张中阳	36000	5	
8	林晓辉	37200	11	

图7-7

D2 =AND(B2>30000,C2>5)

	A	B	C	D
1	姓名	业绩	工龄	是否发放奖金
2	何玉	33000	7	TRUE
3	林文洁	18000	9	FALSE
4	马俊	25200	2	FALSE
5	李明璐	32400	5	FALSE
6	刘蕊	32400	11	TRUE
7	张中阳	36000	5	FALSE
8	林晓辉	37200	11	TRUE

图7-8

【公式解析】

① 参数1，判断“B2>30000”是否为真　　② 参数2，判断“C2>5”是否为真

③ 当两个逻辑表达式同时为真时，返回TRUE，否则返回FALSE

例2：判断员工考核是否通过

图7-9所示的表格中给出了每位员工的考核成绩是否合格的数据，现在要求根据每门课程的合格情况来判断是否通过公司考核。其规则为：当员工的3门课程的考核成绩都为“合格”时才可以通过考核。

❶ 在工作表中选中E2单元格，在“公式”选项卡的“函数库”组中单击“逻辑”右侧的下拉按钮，在打开的下拉列表中选择AND，如图3-9所示。

❷ 打开“函数参数”对话框，分别在每个参数设置框中设置参数。3个参数分别设置为“B2="合格"”“C2="合格"”“D2="合格"”，如图7-10所示。

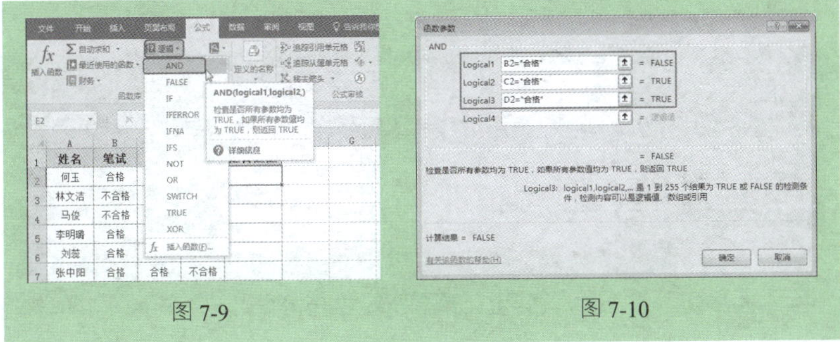

图7-9　　图7-10

❸ 单击“确定”按钮，工作表的E2单元格中得到了返回值，并且在编辑栏中显示公式为“=AND(B2="合格",C2="合格",D2="合格")”，如图7-11所示。

❹ 选中E2单元格，将鼠标指针指向该单元格右下角，当出现黑色十字形图标时，按住鼠标左键向下拖动，释放鼠标，可以看到E列的每个单元格中都得到了返回值，如图7-12所示。

E2 =AND(B2="合格",C2="合格",D2="合格")

	A	B	C	D	E	F	G
1	姓名	笔试	实践	面试	是否通过		
2	何玉	合格	合格	合格	TRUE		
3	林文洁	不合格	合格	合格			
4	马俊	不合格	合格	合格			
5	李明璐	合格	合格	合格			
6	刘蕊	合格	合格	合格			

图7-11

E2 =AND(B2="合格",C2="合格",D2="合格")

	A	B	C	D	E	F	G
1	姓名	笔试	实践	面试	是否通过		
2	何玉	合格	合格	合格	TRUE		
3	林文洁	不合格	合格	合格	FALSE		
4	马俊	不合格	合格	合格	FALSE		
5	李明璐	合格	合格	合格	TRUE		
6	刘蕊	合格	合格	合格	TRUE		
7	张中阳	合格	合格	不合格	FALSE		
8	林晓辉	不合格	合格	不合格	FALSE		
9							

图7-12

【公式解析】

① 参数1　② 参数2　③ 参数3

=AND(B2="合格",C2="合格",D2="合格")

④ 当3个逻辑表达式同时为真时，返回TRUE；只要有1个不为真，就返回FALSE

例3：AND函数常配合IF函数使用

扫一扫，看视频

由于AND函数返回的是逻辑值，为了让最终结果能显示为更加直观的中文文字，因此通常会配合IF函数来使用。

如图7-13所示，这是上面使用过的“=AND(B2>30000,C2>5)”公式，返回的结果是TRUE或者FALSE。

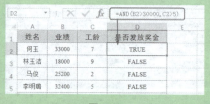

D2 =AND(B2>30000,C2>5)

	A	B	C	D	E
1	姓名	业绩	工龄	是否发放奖金	
2	何玉	33000	7	TRUE	
3	林玉洁	18000	9	FALSE	
4	马俊	25200	2	FALSE	
5	李明璐	32400	5	FALSE	

图7-13

如果将“AND(B2>30000,C2>5)”作为 IF 函数的第一个参数，则可以返回结果：当“AND(B2>30000,C2>5)”的结果为 TRUE 时，返回“发放”文字，否则返回空值。

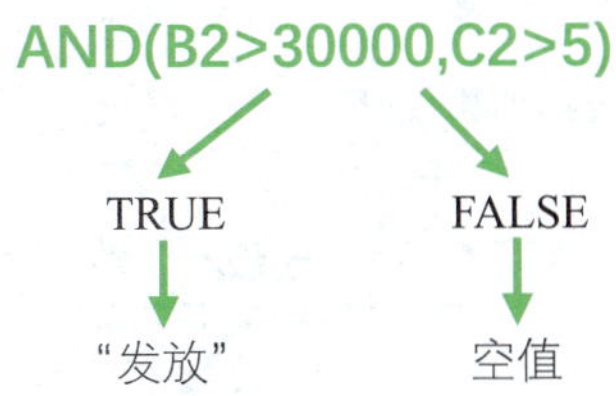

因此，只要将公式整理为图 7-14 所示的样式，就可以按要求返回需要的值，显然这样的返回效果更加直观、实用。

D2 =IF(AND(B2>30000,C2>5),"发放","")

	A	B	C	D
1	姓名	业绩	工龄	是否发放奖金
2	何玉	33000	7	发放
3	林玉洁	18000	9	
4	马俊	25200	2	
5	李明璐	32400	5	
6	刘蕊	32400	11	发放

将 AND 函数的返回值作为 IF 函数的第一个参数

图 7-14

【公式解析】

① IF 函数的第一个参数，返回的结果为 TRUE 或 FALSE

② IF 函数的第二个参数，当①为真时，返回该结果

= IF(AND(B2>30000,C2>5),"发放","")

③ IF 的第三个参数，当①为假时，返回空值

注意：

IF 函数是一个非常实用的逻辑判断函数，并且可以通过嵌套实现多层条件判断。同时为了实现更加复杂的条件判断，也会将其他函数作为此函数的参数来使用。在 7.2 节中将通过多个实例引导读者深入学习。

2. OR（判断多个条件是否至少有一个条件成立）

【函数功能】当 OR 函数的参数中任意一个参数逻辑值为 TRUE 时，即返回 TRUE；当所有参数的逻辑值均为 FALSE 时，则返回 FALSE。

【函数语法】OR(logical1, logical2, ...)

logical1,logical2,...：第一个参数是必需，后续的为可选。表示要检查的条件或表达式，最多可以有 255 个条件。

【用法解析】

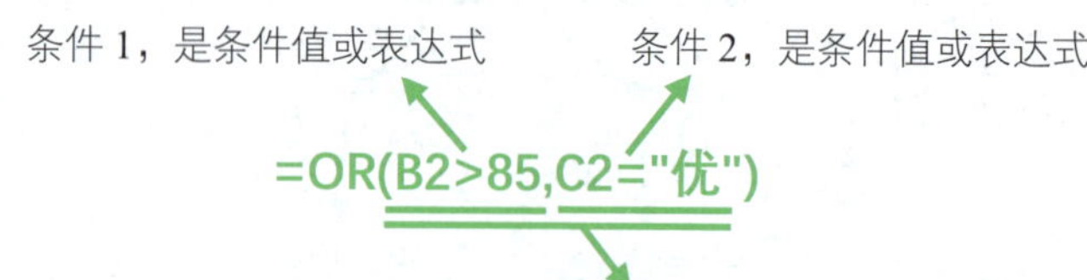

条件 1，是条件值或表达式
条件 2，是条件值或表达式
=OR(B2>85,C2="优")
只要这两个参数中有一个为真，OR 函数就返回结果 TRUE

如图 7-15 所示，E2 单元格中返回的是 TRUE，原因是“B2>85”与“C2="优"”这两个条件有一个为真；如图 7-16 所示，E3 单元格中返回的是 FALSE，原因是“B3>85”与“C3="优"”这两个条件都不成立。

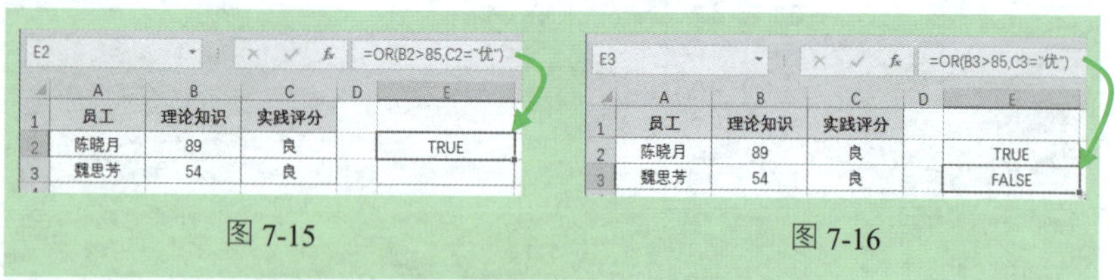

E2 =OR(B2>85,C2="优")

	A	B	C	D	E
1	员工	理论知识	实践评分		
2	陈晓月	89	良		TRUE
3	魏思芳	54	良		

图 7-15

E3 =OR(B3>85,C3="优")

	A	B	C	D	E
1	员工	理论知识	实践评分		
2	陈晓月	89	良		TRUE
3	魏思芳	54	良		FALSE

图 7-16

例 1：当 3 项成绩中有一项达标时给予合格

扫一扫，看视频

图 7-17 所示是公司本年度对员工的考核达标情况的统计表，现在要求根据每一课程的达标情况来判断员工是否通过年终考核。其规则为：当员工的 3 门课程的考核成绩中有一门为“达标”时，即可通过考核。E 列是公式的返回结果。

	A	B	C	D	E
1	姓名	笔试	实践	面试	是否合格
2	何启新	不达标	不达标	达标	TRUE
3	周鹏	达标	达标	达标	TRUE
4	夏楚奇	不达标	达标	不达标	TRUE
5	周金星	不达标	不达标	不达标	FALSE
6	张明宇	不达标	达标	达标	TRUE
7	赵飞	达标	达标	达标	TRUE
8	韩佳人	达标	不达标	达标	TRUE
9	刘莉	不达标	不达标	不达标	FALSE

图 7-17

❶ 选中 E2 单元格，在编辑栏中输入公式（见图 7-18）：

```
=OR(B2="达标",C2="达标",D2="达标")
```

❷ 按 Enter 键，即可依据 B2、C2、D2 的达标情况返回考核成绩是否合

格。若结果显示为 TRUE，则表明考核通过；若结果显示为 FALSE，则表明未通过，如图 7-19 所示。将 E2 单元格的公式向下填充，即可一次性得到批量判断结果。

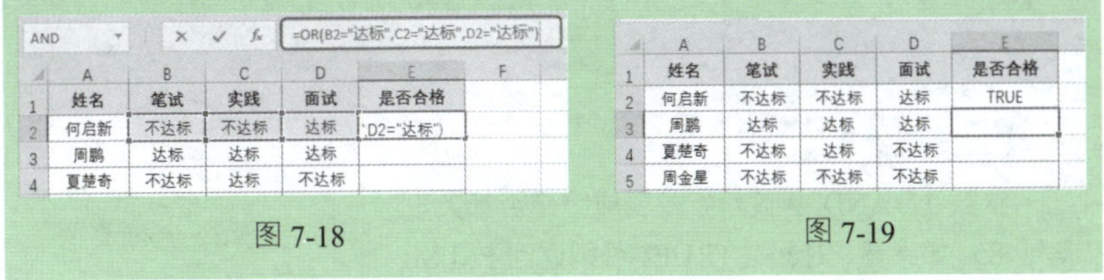

=OR(B2="达标",C2="达标",D2="达标")

	A	B	C	D	E
1	姓名	笔试	实践	面试	是否合格
2	何启新	不达标	不达标	达标	D2="达标")
3	周鹏	达标	达标	达标	
4	夏楚奇	不达标	达标	不达标	

图 7-18

	A	B	C	D	E
1	姓名	笔试	实践	面试	是否合格
2	何启新	不达标	不达标	达标	TRUE
3	周鹏	达标	达标	达标	
4	夏楚奇	不达标	达标	不达标	
5	周金星	不达标	不达标	不达标	

图 7-19

【公式解析】

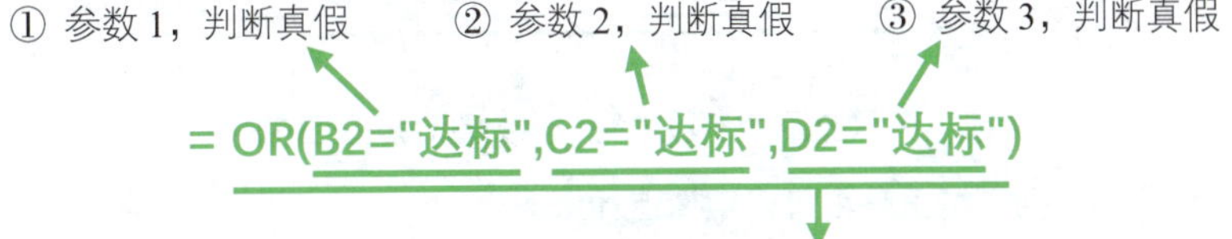
① 参数 1，判断真假
② 参数 2，判断真假
③ 参数 3，判断真假
= OR(B2="达标",C2="达标",D2="达标")
④ 当 3 个逻辑表达式有一个为真时，返回 TRUE，否则返回 FALSE

例 2：对考核成绩进行综合评定

如图 7-20 所示，表格中统计了员工的两项考核成绩，并且计算了平均分，要求根据成绩判断考核是否达标。其规则为：两门课的成绩必须全部大于等于 85 分，或者平均分大于等于 85 分，才可以评定为达标，否则为不达标。

扫一扫，看视频

	A	B	C	D	E
1	姓名	笔试	实践	平均分	是否达标
2	何启新	89	87	88.00	TRUE
3	周鹏	92	81	86.50	TRUE
4	夏楚奇	78	84	81.00	FALSE
5	周金星	87	81	84.00	FALSE
6	张明宇	91	90	90.50	TRUE
7	赵飞	84	83	83.50	FALSE
8	韩佳人	80	92	86.00	TRUE
9	刘莉	82	89	85.50	TRUE

图 7-20

❶ 选中 E2 单元格，在编辑栏中输入公式（见图 7-21）：

```
=OR(AND(B2>=85,C2>=85),D2>=85)
```

❷ 按 Enter 键，即可依据 B2、C2、D2 的分数判断考核是否达标。若结果显示为 TRUE，则表明考核达标；若结果显示为 FALSE，则表明未达标，如图 7-22 所示。将 E2 单元格的公式向下填充，可一次性得到批量判断结果。

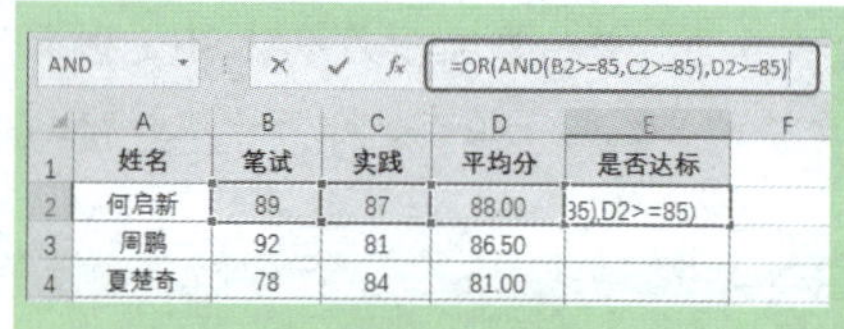

AND | fx =OR(AND(B2>=85,C2>=85),D2>=85)

	A	B	C	D	E	F
1	姓名	笔试	实践	平均分	是否达标	
2	何启新	89	87	88.00	35),D2>=85)	
3	周鹏	92	81	86.50		
4	夏楚奇	78	84	81.00		

图 7-21

	A	B	C	D	E
1	姓名	笔试	实践	平均分	是否达标
2	何启新	89	87	88.00	TRUE
3	周鹏	92	81	86.50	
4	夏楚奇	78	84	81.00	
5	周金星	87	81	84.00	

图 7-22

【公式解析】

① 参数 1，AND 函数判断各项成绩是否都大于等于 85，如果是，则返回 TRUE；否则返回 FALSE

② 参数 2，判断真假

= OR(AND(B2>=85,C2>=85),D2>=85)

③ 只要两个参数中有一个为真，就返回 TRUE

例 3：判断员工是否可以申请退休

扫一扫，看视频

与 AND 函数一样，OR 函数的最终返回结果只能是逻辑值 TRUE 或 FALSE，如果想让最终返回的结果更加直观，可以在 OR 函数的外层嵌套使用 IF 函数。

如图 7-23 所示，表格统计了公司部分老员工的年龄和工龄情况。公司规定：年龄达到 59 岁或工龄达到 30 年的即可申请退休。现在需要使用公式判断员工是否可以申请退休。

	A	B	C	D	E
1	员工编号	姓名	年龄	工龄	是否可以申请退休
2	GSY-001	何志新	59	35	是
3	GSY-002	周志鹏	53	27	否
4	GSY-003	夏楚奇	56	30	是
5	GSY-004	周金星	57	33	是
6	GSY-005	张明宇	49	25	否
7	GSY-006	赵思飞	58	35	是
8	GSY-007	韩佳人	59	27	是
9	GSY-008	刘莉莉	55	28	否
10	GSY-009	吴世芳	52	30	是
11	GSY-010	王淑芬	57	29	否

图 7-23

❶ 选中 E2 单元格，在编辑栏中输入公式（见图 7-24）：

```
=IF(OR(C2>=59,D2>=30),"是","否")
```

❷ 按 Enter 键，即可依据 C2 和 D2 的年龄和工龄情况判断是否可以申请退休，如图 7-25 所示。将 E2 单元格的公式向下填充，可一次性得到批量判断结果。

AND　=IF(OR(C2>=59,D2>=30),"是","否")

	A	B	C	D	E
1	员工编号	姓名	年龄	工龄	是否可以申请退休
2	GSY-001	何志新	59	35	D2>=30),"是","否")
3	GSY-002	周志鹏	53	27	
4	GSY-003	夏楚奇	56	30	

图 7-24

	A	B	C	D	E
1	员工编号	姓名	年龄	工龄	是否可以申请退休
2	GSY-001	何志新	59	35	是
3	GSY-002	周志鹏	53	27	
4	GSY-003	夏楚奇	56	30	
5	GSY-004	周金星	57	33	

图 7-25

【公式解析】

① 判断“C2>=59”和“D2>=30”两个条件，这两个条件中只要有一个为真，就返回 TRUE，否则返回 FALSE。当前这项判断返回的是 TRUE

③ 若①为 FALSE，则返回“否”

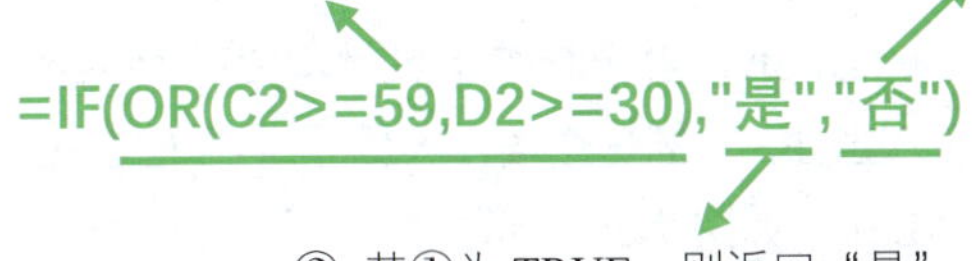

② 若①为 TRUE，则返回“是”

3. TRUE（返回逻辑值 TRUE）

【函数功能】TRUE 函数用于返回参数的逻辑值，也可以直接在单元格或公式中使用。

扫一扫，看视频

【函数语法】TRUE()

TRUE 函数没有参数，可以在其他函数中被当作参数来使用。可以直接在单元格或公式中输入 TRUE，而不使用此函数。Excel 提供 TRUE 函数的目的主要是与其他程序兼容。

【用法解析】

例如，在 A1 单元格中使用公式“=TRUE()”，返回结果是 TRUE，如图 7-26 所示。

假如 TRUE 函数嵌套在 IF 函数中使用，使用公式“=IF(B2=C2,TRUE(),"")”，表示当“B2=C2”这个条件成立时，返回 TRUE()，而 TRUE()的返回值就是 TRUE，如图 7-27 所示。

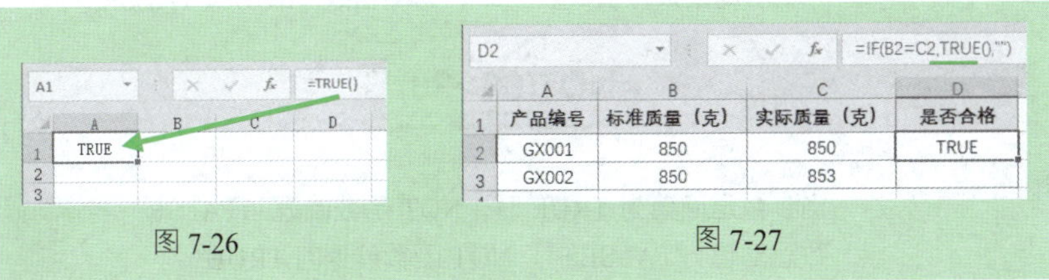

图 7-26　　图 7-27

4. FALSE（返回逻辑值 FALSE）

扫一扫，看视频

【函数功能】FALSE 函数用于返回参数的逻辑值，也可以直接在单元格或公式中使用。一般配合其他函数来使用。

【函数语法】FALSE ()

FALSE 函数没有参数，可以在其他函数中被当作参数来使用。可以直接在单元格或公式中输入 FALSE，而不使用此函数。Excel 提供 FALSE 函数的目的主要是与其他程序兼容。

【用法解析】

例如，在 A1 单元格中使用公式 "=FALSE()"，返回结果是 FALSE，如图 7-28 所示。假如 FALSE 函数嵌套在 IF 函数中使用，使用公式 "=IF(B3=C3,"", FALSE())"，表示当"B3=C3"这个条件不成立时，返回 FALSE()，而 FALSE() 的返回值就是 FALSE，如图 7-29 所示。

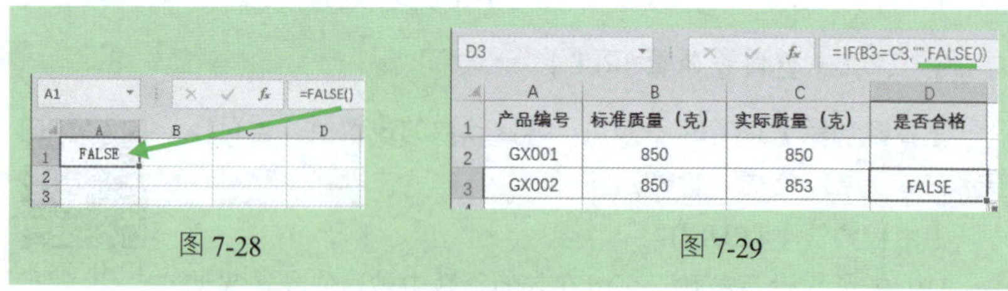

图 7-28　　图 7-29

5. NOT（对逻辑值求反）

扫一扫，看视频

【函数功能】NOT 函数用于对参数求反。当要确保一个值不等于某一特定值时，可以使用 NOT 函数。

【函数语法】NOT(logical)

logical：必需，一个返回值为 TRUE 或 FALSE 的值或表达式。

【用法解析】

表示测试条件值或表达式，返回值是 TRUE 或 FALSE

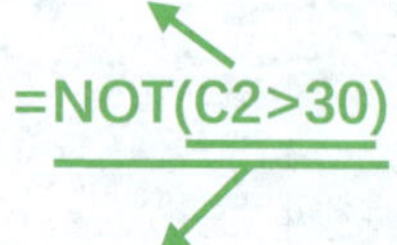

当参数返回值为 TRUE 时，NOT 函数就返回 FALSE；当参数返回值为 FALSE 时，NOT 函数就返回 TRUE

如图 7-30 所示，E2 单元格的返回值是 TRUE，因为“C2>30”这个判断条件的值是 FALSE。NOT 函数求反，最终结果为 TRUE。

如图 7-31 所示，E3 单元格的返回值是 FALSE，因为“C3>30”这个判断条件的值是 TRUE。NOT 函数求反，最终结果为 FALSE。

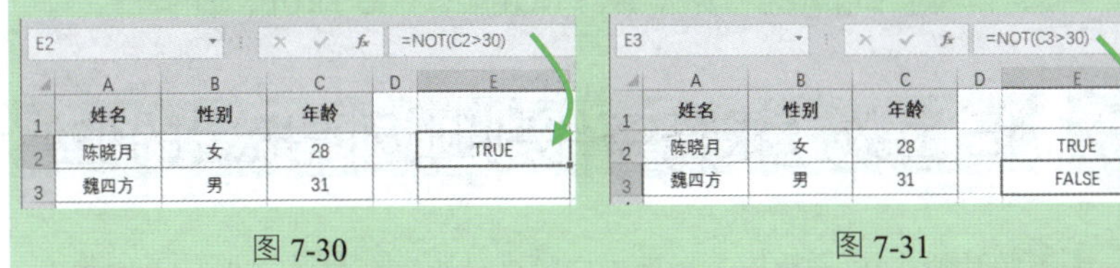

图 7-30　　图 7-31

例：排除大于 45 岁的应聘者

扫一扫，看视频

图 7-32 所示的表格中统计了应聘人员信息。公司规定：不录用年龄超过 45 岁的员工。因此可以利用公式将年龄大于 45 岁的应聘者排除。

	A	B	C	D	E	F
1	姓名	性别	年龄	学历	应聘岗位	是否排除
2	刘应玲	女	28	专科	销售专员	FALSE
3	苏成杰	男	32	本科	销售专员	FALSE
4	何成洁	女	47	专科	客服	TRUE
5	李成	女	22	专科	客服	FALSE
6	余晶晶	女	46	本科	助理	TRUE
7	冯易	男	31	硕士	研究员	FALSE
8	陈俊	男	29	本科	研究员	FALSE
9	李君浩	男	48	本科	研究员	TRUE
10	刘帅	男	29	硕士	会计	FALSE
11	李霖林	男	33	本科	会计	FALSE

图 7-32

❶ 选中 F2 单元格，在编辑栏中输入公式（见图 7-33）：

```
=NOT(C2<45)
```

❷ 按 Enter 键，即可依据 C2 单元格中的年龄判断是否应该排除（返回 FALSE 的表示不排除，返回 TRUE 的表示排除），如图 7-34 所示。将 F2 单元格的公式向下填充，可一次性得到批量判断结果。

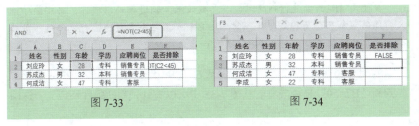

AND　=NOT(C2<45)

	A	B	C	D	E	F
1	姓名	性别	年龄	学历	应聘岗位	是否排除
2	刘应玲	女	28	专科	销售专员	)T(C2<45)
3	苏成杰	男	32	本科	销售专员	
4	何成洁	女	47	专科	客服	

图 7-33

F3

	A	B	C	D	E	F
1	姓名	性别	年龄	学历	应聘岗位	是否排除
2	刘应玲	女	28	专科	销售专员	FALSE
3	苏成杰	男	32	本科	销售专员	
4	何成洁	女	47	专科	客服	
5	李成	女	22	专科	客服	

图 7-34

【公式解析】

=NOT(C2<45)

判断“C2<45”是否为“真”，如果为“真”，最终 NOT 函数返回 FALSE，即不排除；如果不为“真”，最终 NOT 函数返回 TRUE，即排除

7.2 IF 函数（根据条件判断返回指定的值）

【函数功能】IF 函数用于根据指定的条件来判断其为“真”（TRUE），还是为“假”（FALSE），从而返回相应的内容。

【函数语法】IF(logical_test,value_if_true,value_if_false)

- logical_test：必需，逻辑判断表达式。
- value_if_true：必需，当表达式 logical_test 为“真”（TRUE）时，显示该参数所表达的内容。
- value_if_false：必需，当表达式 logical_test 为“假”（FALSE）时，显示该参数所表达的内容。

【用法解析】

第一个参数是逻辑判断表达式，返回结果为 TRUE 或 FALSE

第二个参数为函数返回值，当第一个参数返回 TRUE 时，公式最终返回这个值。如果是文本，要使用双引号

第三个参数为函数返回值，当第一个参数返回 FALSE 时，公式最终返回这个值。如果是文本，要使用双引号

注意：

在使用 IF 函数进行判断时，其参数设置必须遵循规则进行，要按顺序输入，即第一个参数为判断条件，第二个参数和第三个参数为函数返回值。当颠倒顺序或格式不对时，都不能让公式返回正确的结果。

如图 7-35 所示，C2 单元格的公式为“=IF(B2<50,"补货","充足")”，表示先判断“B2<50”是否成立。从图 7-35 中可以看到，判断条件不成立，返回

的值是第三个参数，结果为“充足”。

如图 7-36 所示，C3 单元格的公式为“=IF(B3<50,"补货","充足")”，表示先判断“B3<50”是否成立。从图 7-36 中可以看到，判断条件成立，返回的值是第二个参数，结果为“补货”。

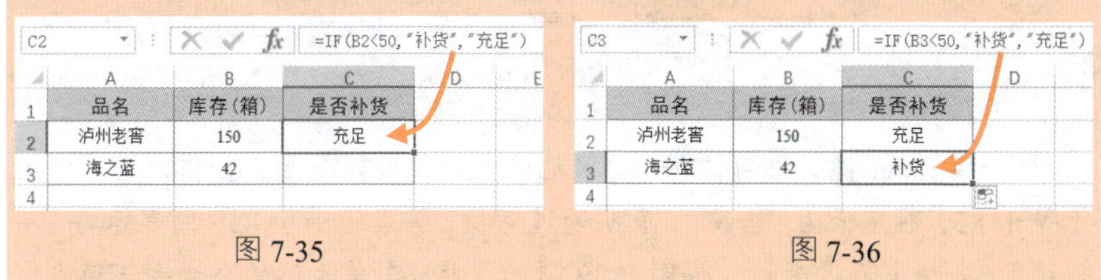

C2 =IF(B2<50,"补货","充足")

	A	B	C	D	E
1	品名	库存(箱)	是否补货		
2	泸州老窖	150	充足		
3	海之蓝	42			
4					

图 7-35

C3 =IF(B3<50,"补货","充足")

	A	B	C	D
1	品名	库存(箱)	是否补货	
2	泸州老窖	150	充足	
3	海之蓝	42	补货	
4				

图 7-36

注意：

IF 函数是一个非常重要的函数，用户需要根据上面的介绍熟练地掌握它的 3 个基本参数。除此之外，该函数可以进行多层嵌套，以便实现一次性判断多个条件；并且 IF 的第一个参数可以通过其他函数的返回值得到，只要它能实现逻辑值的判断即可（例如，前面 AND 函数与 OR 函数中的例 3 都是嵌套函数的例子），这也实现了对多个条件的判断。在下面的实例中会从多个方面展示 IF 函数的参数设置方法。

例 1：判断考核成绩是否合格

如图 7-37 所示，表格中给出了每位员工本月的考核成绩，现在要求根据他们的成绩判断其是否通过公司考核。规则为：只有当考核成绩大于等于 85 时，才可以判定为合格，即通过考核。E 列中是公式的返回结果。

扫一扫，看视频

	A	B	C	D	E
1	工号	姓名	所属部门	成绩	是否合格
2	GX001	何启新	销售部	86	合格
3	GX002	周志鹏	财务部	90	合格
4	GX003	夏楚奇	销售部	84	不合格
5	GX004	周金星	人事部	87	合格
6	GX005	张明宇	财务部	92	合格
7	GX006	赵思飞	人事部	87	合格
8	GX007	韩佳人	销售部	89	合格
9	GX008	刘莉莉	销售部	82	不合格

图 7-37

❶ 选中 E2 单元格，在编辑栏中输入公式（见图 7-38）：

```
=IF(D2>=85,"合格","不合格")
```

IF　=IF(D2>=85,"合格","不合格")

	A	B	C	D	E
1	工号	姓名	所属部门	成绩	是否合格
2	GX001	何启新	销售部	86	格","不合格")
3	GX002	周志鹏	财务部	90	
4	GX003	夏楚奇	销售部	84	
5	GX004	周金星	人事部	87	

图 7-38

❷ 按 Enter 键，即可依据 D2 单元格中的成绩判断是否合格。若成绩大于等于 85，则显示为“合格”，表明通过考核；若成绩小于 85，则显示为“不合格”，表明未通过考核，如图 7-39 所示。将 E2 单元格的公式向下填充，可一次性得到批量判断结果。

	A	B	C	D	E
1	工号	姓名	所属部门	成绩	是否合格
2	GX001	何启新	销售部	86	合格
3	GX002	周志鹏	财务部	90	
4	GX003	夏楚奇	销售部	84	
5	GX004	周金星	人事部	87	

图 7-39

【公式解析】

① 判断 D2 单元格中的数值是否大于等于 85

=IF(D2>=85,"合格","不合格")

② 如果“D2>=85”成立，则返回“合格”

③ 如果“D2>=85”不成立，则返回“不合格”

例 2：根据销售额计算员工提成金额

扫一扫，看视频

如图 7-40 所示，表格中给出了每位员工本月的销售额，要求依据员工的销售额计算提成金额。公司规定销售额不同，提成率也不同：当销售额小于 8000 元时，提成率为 5%；当销售额在 8000～10000 元之间时，提成率为 8%；当销售额大于 10000 元时，提成率为 10%。

这是一个 IF 函数嵌套的例子，IF 函数最多可以达到 7 层嵌套，从而实现多个条件的判断。在下面的公式解析中将会对这种用法进行详细的讲解。

	A	B	C	D
1	姓名	所属部门	销售额	提成金额
2	何启新	销售1部	8600	688
3	周志鹏	销售3部	9500	760
4	夏奇	销售2部	4840	242
5	周金星	销售1部	10870	1087
6	张明宇	销售3部	7920	396
7	赵飞	销售2部	4870	243.5
8	韩玲玲	销售1部	11890	1189
9	刘莉	销售2部	9820	785.6

图 7-40

❶ 选中 D2 单元格，在编辑栏中输入公式（见图 7-41）：

```
=C2*IF(C2>10000,10%,IF(C2>8000,8%,5%))
```

❷ 按 Enter 键即可依据 C2 单元格中的销售额判断其提成率。然后将 C2 单元格中的销售额乘以返回的提成率作为提成金额，如图 7-42 所示。将 D2 单元格的公式向下填充，可一次性得到批量判断结果。

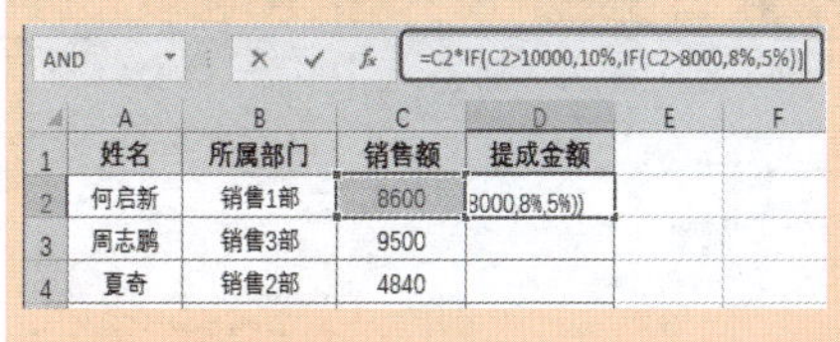

AND　=C2*IF(C2>10000,10%,IF(C2>8000,8%,5%))

	A	B	C	D	E	F
1	姓名	所属部门	销售额	提成金额		
2	何启新	销售1部	8600	3000,8%,5%))		
3	周志鹏	销售3部	9500			
4	夏奇	销售2部	4840			

图 7-41

	A	B	C	D	E
1	姓名	所属部门	销售额	提成金额	
2	何启新	销售1部	8600	688	
3	周志鹏	销售3部	9500		
4	夏奇	销售2部	4840		
5	周金星	销售1部	10870		

图 7-42

【公式解析】

① 判断 C2 单元格中的值是否大于 10000。如果是，则返回 10%；如果不是，则执行第二层 IF 函数（整体作为前一个 IF 函数的第三个参数）

② 判断 C2 单元格中的值是否大于 8000。如果是，则返回 8%；如果不是，则返回 5%

④ 用 C2 乘以返回的提成率得到提成金额

③ 经过①与②的两层判断，就可以界定数值范围，并返回相应的百分比

例 3：比较两个供应商提供的供货单价是否相等

图 7-43 所示为 A 供应商提供的供货单价表。图 7-44 所示为 B 供应商提供的供货单价表。现在需要对这两个供货单价表进行比较，看哪些产品的供货单价存在差异。

扫一扫，看视频

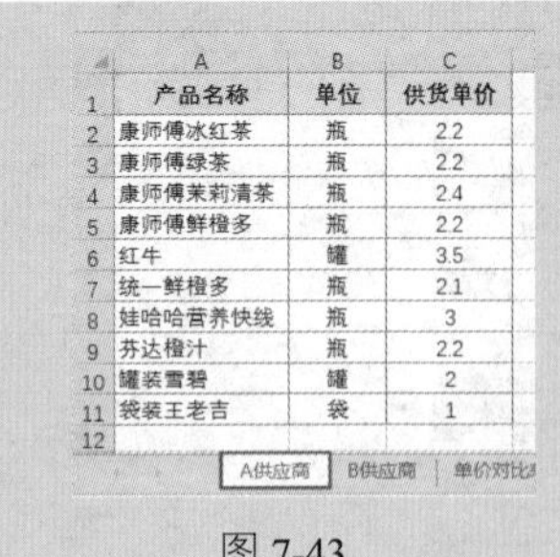

	A	B	C
1	产品名称	单位	供货单价
2	康师傅冰红茶	瓶	2.2
3	康师傅绿茶	瓶	2.2
4	康师傅茉莉清茶	瓶	2.4
5	康师傅鲜橙多	瓶	2.2
6	红牛	罐	3.5
7	统一鲜橙多	瓶	2.1
8	娃哈哈营养快线	瓶	3
9	芬达橙汁	瓶	2.2
10	罐装雪碧	罐	2
11	袋装王老吉	袋	1
12			

图 7-43

	A	B	C
1	产品名称	单位	供货单价
2	康师傅冰红茶	瓶	2.2
3	康师傅绿茶	瓶	2.3
4	康师傅茉莉清茶	瓶	2.4
5	康师傅鲜橙多	瓶	2.1
6	红牛	罐	3.5
7	统一鲜橙多	瓶	1.9
8	娃哈哈营养快线	瓶	3
9	芬达橙汁	瓶	2.2
10	罐装雪碧	罐	2
11	袋装王老吉	袋	1
12			

A供应商　B供应商　单价对比

图 7-44

❶ 建立“单价对比表”，注意，“产品名称”的顺序要与前面两张表保持一致。选中 C2 单元格，在编辑栏中输入公式（见图 7-45）：

```
=IF(A供应商!C2=B供应商!C2,"相同","有差异")
```

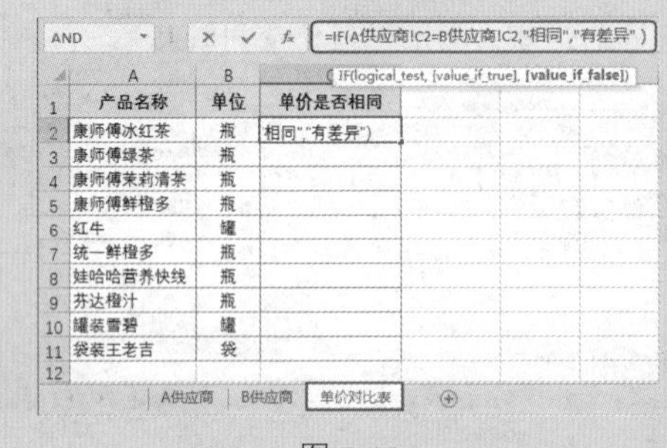

	A	B	C
1	产品名称	单位	单价是否相同
2	康师傅冰红茶	瓶	相同","有差异")
3	康师傅绿茶	瓶	
4	康师傅茉莉清茶	瓶	
5	康师傅鲜橙多	瓶	
6	红牛	罐	
7	统一鲜橙多	瓶	
8	娃哈哈营养快线	瓶	
9	芬达橙汁	瓶	
10	罐装雪碧	罐	
11	袋装王老吉	袋	
12			

图 7-45

❷ 按 Enter 键，即可依据“A 供应商”和“B 供应商”两张工作表的 C2 单元格中的数值进行判断。如果数值相同，则显示“相同”；如果数值不同，则显示“有差异”，如图 7-46 所示。

❸ 将 C2 单元格的公式向下填充，可一次性得到批量判断结果，如图 7-47 所示。

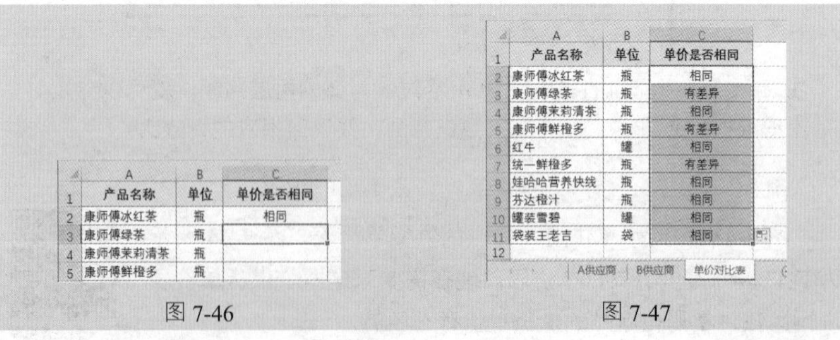

	A	B	C
1	产品名称	单位	单价是否相同
2	康师傅冰红茶	瓶	相同
3	康师傅绿茶	瓶	
4	康师傅茉莉清茶	瓶	
5	康师傅鲜橙多	瓶	

图 7-46

	A	B	C
1	产品名称	单位	单价是否相同
2	康师傅冰红茶	瓶	相同
3	康师傅绿茶	瓶	有差异
4	康师傅茉莉清茶	瓶	相同
5	康师傅鲜橙多	瓶	有差异
6	红牛	罐	相同
7	统一鲜橙多	瓶	有差异
8	娃哈哈营养快线	瓶	相同
9	芬达橙汁	瓶	相同
10	罐装雪碧	罐	相同
11	袋装王老吉	袋	相同
12			

图 7-47

【公式解析】

本例中涉及对其他工作表中单元格区域的引用

=IF(A 供应商!C2=B 供应商!C2,"相同","有差异")

参数 1 是一个逻辑判断表达式，当“A 供应商”表中 C2 单元格中的数值等于“B 供应商”表中 C2 单元格中的数值时，表示条件判断为真，返回“相同”；否则返回“有差异”

注意：

这个公式中涉及了对其他工作表中数据源的引用，其操作方法与在当前工作表中引用数据一样。当需要引用某个表中的数据时，先单击该工作表标签，然后单击要引用的单元格或选择单元格区域即可。

例 4：根据双条件判断跑步成绩是否合格

为了鼓励员工积极进行身体锻炼，公司每年都会组织员工进行体能测试。公司规定：男员工必须在 8 分钟之内跑完 1000 米才算合格，女员工则必须在 10 分钟之内跑完 1000 米才算合格。图 7-48 所示的表格统计了本次体能测试的成绩，现在需要快速判断每位员工的完成时间是否合格。

	A	B	C	D	E	F
1	员工编号	姓名	年龄	性别	完成时间（分）	是否合格
2	GSY-001	何志新	35	男	12	不合格
3	GSY-002	周志鹏	28	男	7.9	合格
4	GSY-003	夏楚奇	25	男	7.6	合格
5	GSY-004	周金星	27	女	9.4	合格
6	GSY-005	张明宇	30	男	6.9	合格
7	GSY-006	赵思飞	31	男	7.8	合格
8	GSY-007	韩佳人	36	女	11.2	不合格
9	GSY-008	刘莉莉	24	女	12.3	不合格
10	GSY-009	吴世芳	30	女	9.1	合格
11	GSY-010	王淑芬	27	女	8.9	合格

图 7-48

❶ 选中 F2 单元格，在编辑栏中输入公式（见图 7-49）：

```
=IF(OR(AND(D2="男",E2<=8),AND(D2="女",E2<=10)),"合格",
"不合格")
```

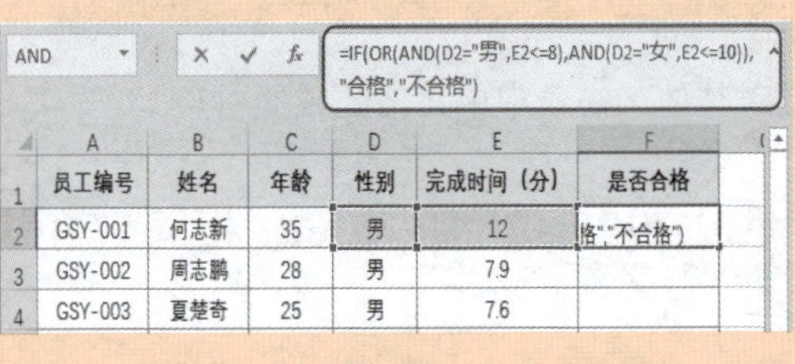

AND | fx =IF(OR(AND(D2="男",E2<=8),AND(D2="女",E2<=10)),"合格","不合格")

	A	B	C	D	E	F
1	员工编号	姓名	年龄	性别	完成时间（分）	是否合格
2	GSY-001	何志新	35	男	12	格","不合格")
3	GSY-002	周志鹏	28	男	7.9	
4	GSY-003	夏楚奇	25	男	7.6	

图 7-49

❷ 按 Enter 键，即可依据 D2 和 E2 判断体能测试是否合格，如图 7-50 所示。将 F2 单元格的公式向下填充，可一次性得到批量判断结果。

	A	B	C	D	E	F
1	员工编号	姓名	年龄	性别	完成时间（分）	是否合格
2	GSY-001	何志新	35	男	12	不合格
3	GSY-002	周志鹏	28	男	7.9	
4	GSY-003	夏楚奇	25	男	7.6	

图 7-50

【公式解析】

① 这一部分的返回值是 IF 函数的第一个参数。它使用 OR 函数嵌套 AND 函数的方法来设置条件。如果这一部分返回 TRUE，IF 函数就返回“合格”，否则返回“不合格”

④ 当②和③的两个返回值中有一个为 TRUE，OR 函数就返回 TRUE。并且通过①解析知道，当 OR 函数返回 TRUE 时，IF 函数返回“合格”，否则返回“不合格”

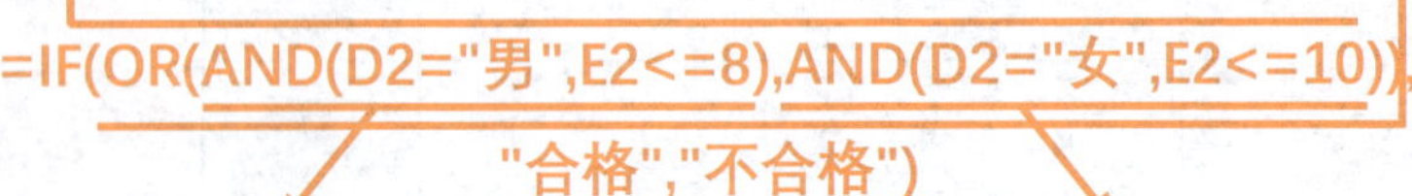

② OR 函数的第一个参数，判断 D2 单元格中是否为“男”且 E2 单元格中数值是否小于等于 8，若同时满足，则返回 TRUE；否则返回 FALSE

③ OR 函数的第二个参数，判断 D2 单元格中是否为“女”且 E2 单元格中数值是否小于等于 10，若同时满足，则返回 TRUE；否则返回 FALSE

扫一扫，看视频

例 5：根据双重条件判断退休年龄

图 7-51 所示的表格统计了公司即将退休老员工的年龄和职位情况。为了挽留管理人才，公司规定：普通员工女性退休年

龄为 55 岁，男性为 60 岁；当职位为总经理或副总经理时，统一延迟 5 年。现在需要使用公式得到每位员工的退休年龄。

	A	B	C	D	E
1	员工编号	姓名	性别	职位	退休年龄
2	GSY-001	何志新	男	总经理	65
3	GSY-002	周志鹏	男	副总经理	65
4	GSY-003	夏楚奇	男	人事总监	60
5	GSY-004	周金星	女	财务总监	55
6	GSY-005	张明宇	男	出纳	60
7	GSY-006	赵思飞	男	文员	60
8	GSY-007	韩佳人	女	销售总监	55
9	GSY-008	刘莉莉	女	市场总监	55
10	GSY-009	吴世芳	女	副总经理	60
11	GSY-010	王淑芬	女	会计	55

图 7-51

❶ 选中 E2 单元格，在编辑栏中输入公式（见图 7-52）：

```
=IF(C2="男",60,55)+IF(OR(D2="总经理",D2="副总经理"),5,0)
```

❷ 按 Enter 键，即可依据 C2 中的性别和 D2 中的职位情况计算退休年龄，如图 7-53 所示。将 E2 单元格的公式向下填充，可一次性得到批量判断结果。

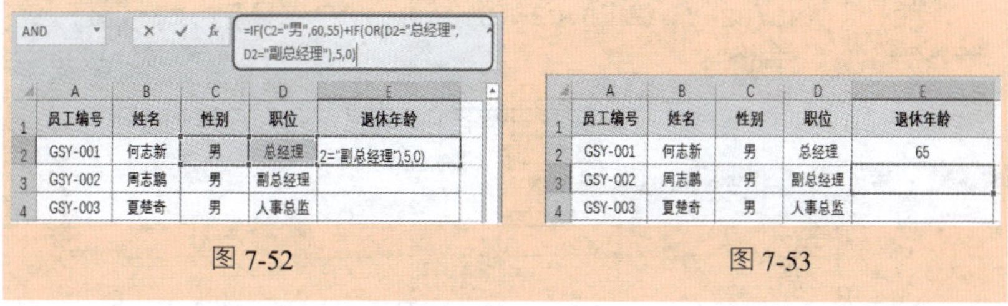

图 7-52 图 7-53

【公式解析】

① 判断 C2 单元格中的性别是否为“男”，如果是，则返回 60；否则返回 55

② 判断 D2 单元格中的职位是否为“总经理”或者“副总经理”，如果是其中之一，则返回 TRUE；否则返回 FALSE

=IF(C2="男",60,55)+IF(OR(D2="总经理",D2="副总经理"),5,0)

④ ①与③之和为最终的退休年龄

③ 当②结果为 TRUE 时，返回 5，否则返回 0

例6：根据双重条件判断完成时间是否合格

扫一扫，看视频

本例统计了不同项目中“一级工”和“二级工”的完成时间，要求根据职级和完成用时来判断最终的完成时间是否达到了合格标准。这里需要按照以下规定来设置公式：当职级为“一级工”时，用时小于10小时，返回结果为“合格”；当职级为“二级工”时，用时小于15小时，返回结果为“合格”；否则返回结果为“不合格”。

通过判断最终得到D列中的数据，如图7-54所示。

	A	B	C	D
1	项目	职级	完成用时（小时）	是否合格
2	1	一级工	9	合格
3	2	二级工	14	合格
4	3	二级工	15	不合格
5	4	一级工	12	不合格
6	5	二级工	12	合格
7	6	二级工	16	不合格
8	7	二级工	9	合格

图7-54

❶ 选中D2单元格，在编辑栏中输入公式（见图7-55）：

```
=IF(OR(AND(B2="一级工",C2<10),AND(B2="二级工",C2<15)),
"合格","不合格")
```

`=IF(OR(AND(B2="一级工",C2<10),AND(B2="二级工",C2<15)),"合格","不合格")`

	A	B	C	D
1	项目	职级	完成用时（小时）	是否合格
2	1	一级工	9	=IF(OR(AND(B2=
3	2	二级工	14	
4	3	二级工	15	

图7-55

❷ 按Enter键，因为B2单元格是“一级工”，C2单元格是“9”（小于10小时），所以返回结果为“合格”，如图7-56所示。将D2单元格的公式向下填充，可一次性得到批量判断结果。

	A	B	C	D
1	项目	职级	完成用时（小时）	是否合格
2	1	一级工	9	合格
3	2	二级工	14	
4	3	二级工	15	

图7-56

【公式解析】

① 使用 AND 函数判断 B2 单元格是否为“一级工”，并且 C2 单元格中的时间是否小于 10，这两个条件同时满足时，返回 TRUE，否则返回 FALSE

② 使用 AND 函数判断 B2 单元格是否为“二级工”，并且 C2 单元格中的时间是否小于 15，这两条件同时满足时，返回 TRUE，否则返回

=IF(OR(AND(B2="一级工",C2<10),AND(B2="二级工",C2<15)),"合格","不合格")

③ 只要两个 AND 函数的返回值中有一个为 TRUE，就返回“合格”，否则返回“不合格”

例 7：根据员工的职位和工龄调整工资

扫一扫，看视频

图 7-57 所示的表格中统计了员工的职位、工龄以及基本工资。为了鼓励员工创新，不断推出优质的新产品，公司决定上调研发员薪资，其他职位工资暂时不变。加薪规则：工龄大于 5 年的研发员工资上调 1000 元，其他的研发员上调 500 元。

	A	B	C	D	E
1	姓名	职位	工龄	基本工资	调薪后工资
2	何志新	设计员	1	4000	不变
3	周志鹏	研发员	3	5000	5500
4	夏楚奇	会计	5	3500	不变
5	周金星	设计员	4	5000	不变
6	张明宇	研发员	2	4500	5000
7	赵思飞	测试员	4	3500	不变
8	韩佳人	研发员	6	6000	7000
9	刘莉莉	测试员	8	5000	不变
10	吴世芳	研发员	3	5000	5500

图 7-57

❶ 选中 E2 单元格，在编辑栏中输入公式（见图 7-58）：

```
=IF(NOT(B2="研发员"),"不变",IF(AND(B2="研发员",C2>5),
D2+1000,D2+500))
```

AND | × ✓ fx | =IF(NOT(B2="研发员"),"不变",IF(AND(B2="研发员",C2>5),D2+1000,D2+500))

	A	B	C	D	E	F	G	H
1	姓名	职位	工龄	基本工资	调薪后工资			
2	何志新	设计员	1	4000	00,D2+500))			
3	周志鹏	研发员	3	5000				
4	夏楚奇	会计	5	3500				
5	周金星	设计员	4	5000				

图 7-58

❷ 按 Enter 键，即可依据 B2 中的职位和 C2 中的工龄判断其是否符合加薪条件以及加薪金额。如果符合加薪条件，再用 D2 中的基本工资加上加薪金额，即为加薪后的薪资水平，如图 7-59 所示。将 E2 单元格的公式向下填充，可一次性得到批量判断结果。

	A	B	C	D	E
1	姓名	职位	工龄	基本工资	调薪后工资
2	何志新	设计员	1	4000	不变
3	周志鹏	研发员	3	5000	
4	夏楚奇	会计	5	3500	

图 7-59

【公式解析】

① 用于判断 B2 单元格中的职位是否为“研发员”，如果不是研发员，则返回“不变”，否则进入下一个 IF 函数的判断

=IF(NOT(B2="研发员"),"不变",IF(AND(B2="研发员",C2>5),D2+1000,D2+500))

② 判断 B2 单元格中的职位是否为“研发员”，并且 C2 单元格中工龄是否大于 5，若这两个条件同时满足，则返回 TRUE；否则返回 FALSE

③ 若②返回 TRUE，则 IF 函数返回“D2+1000”的值；若②返回 FALSE，则 IF 返回“D2+500”的值

例 8：用数组公式判断一组数据是否都满足要求

扫一扫，看视频

图 7-60 所示的表格中记录了某台机器 10 次的生产测试情况，要求每次生产出的产品的克重在 850～900 之间才算合格，只要有任意一个克重不符合要求，就返回“不合格”。例如，根据图 7-60 所示的数据，返回结果为“不合格”，是因为第 7 次的测试结果未达到 850 的最低要求。

❶ 选中 D2 单元格，在编辑栏中输入公式（见图 7-61）：

```
=IF(AND(B2:B11>=850,B2:B11<=900),"合格","不合格")
```

❷ 按 Ctrl+Shift+Enter 组合键，即可对 B 列数据进行判断并返回该产品的合格情况，如图 7-62 所示。

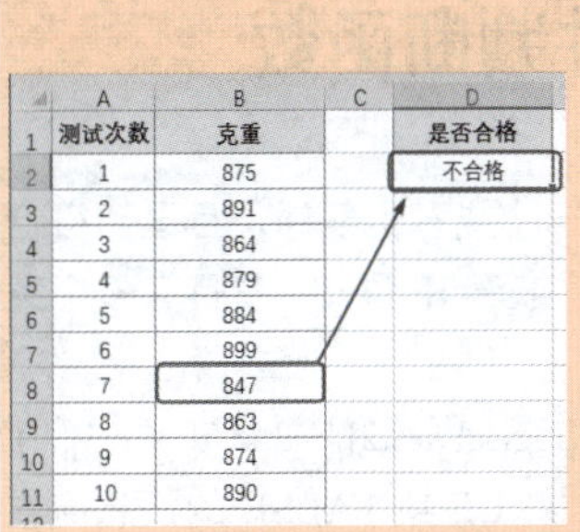

	A	B	C	D
1	测试次数	克重		是否合格
2	1	875		不合格
3	2	891		
4	3	864		
5	4	879		
6	5	884		
7	6	899		
8	7	847		
9	8	863		
10	9	874		
11	10	890		

图 7-60

NETWORK... =IF(AND(B2:B11>=850,B2:B11<=900),"合格","不合格")

	A	B	C	D	E	F	G
1	测试次数	克重		是否合格			
2	1	875		格","不合格")			
3	2	891					
4	3	864					
5	4	879					
6	5	884					
7	6	899					
8	7	847					
9	8	863					
10	9	874					
11	10	890					
12							

图 7-61

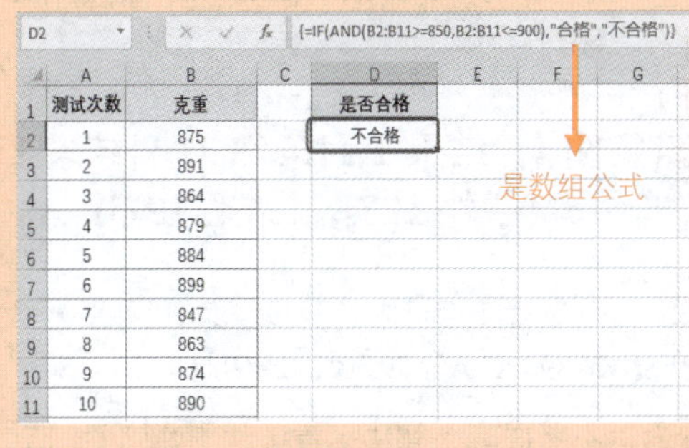

D2 {=IF(AND(B2:B11>=850,B2:B11<=900),"合格","不合格")}

	A	B	C	D	E	F	G
1	测试次数	克重		是否合格			
2	1	875		不合格			
3	2	891					
4	3	864					
5	4	879					
6	5	884					
7	6	899					
8	7	847					
9	8	863					
10	9	874					
11	10	890					

图 7-62

【公式解析】

① 依次判断 B2:B11 这一组中每个数据是否大于等于 850

② 依次判断 B2:B11 这一组中每个数据是否小于等于 900

=IF(AND(B2:B11>=850,B2:B11<=900),"合格","不合格")

③ 当①与②同时满足时，返回 TRUE，否则返回 FALSE

④ 当③的结果是 TRUE 时，返回“合格”，否则返回“不合格”

注意：

该公式进行了数组运算，先判断 B2:B11 单元格区域的每个值是否大于等于 850，再判断 B2:B11 单元格区域的每个值是否小于等于 900，得到一个由逻辑值 TRUE 和 FALSE 组成的数组，然后对数组内的值进行判断，只有当数组中的值都为 TRUE 时，才能返回 TRUE，最终 IF 函数返回“合格”，否则返回“不合格”。

7.3 IFS 函数——多层条件判断函数

【函数功能】IFS 函数用于检查是否满足一个或多个条件，且返回符合第一个 TRUE 条件的值。IFS 函数可以取代多个嵌套 IF 语句，并且有多个条件时更方便阅读。

【函数语法】IFS(logical_test1,value_if_true1, [logical_test2],[value_if_true2],...)

- logical_test1：必需，表示计算结果为 TRUE 或 FALSE 的任意值或表达式。
- value_if_true1：必需，表示当 logical_test1 的计算结果为 TRUE 时要返回的信息。

【用法解析】

=IFS(条件 1，结果 1，[条件 2]，[结果 2]，…，[条件 127]，[结果 127])

IFS 函数逻辑非常清晰，有多少条件，逐一写入即可，如 =IFS(A2>89,"A",A2>79,"B",A2>69,"C",…)

IF 函数可以通过不断嵌套来解决多重条件判断问题，而 IFS 函数则可以很好地解决多重条件问题，并且参数书写起来非常简易和易于理解。下面比较一下 IF 函数的多层嵌套与 IFS 函数。

例如，下面的例子中有 5 层条件：当“面试成绩=100”时，返回“满分”；当“100>面试成绩>=95”时，返回“优秀”；当“95>面试成绩>=80”时，返回“良好”；当“80>面试成绩>=60”时，返回“及格”；当“面试成绩<60”时，返回“不及格”。

❶ 选中 C2 单元格，在编辑栏中输入公式：

```
=IFS(B2=100,"满分",B2>=95,"优秀",B2>=80,"良好",B2>=60,
"及格",B2<60,"不及格")
```

❷ 按 Enter 键，即可判断 B2 单元格中的值并返回结果，如图 7-63 所示。

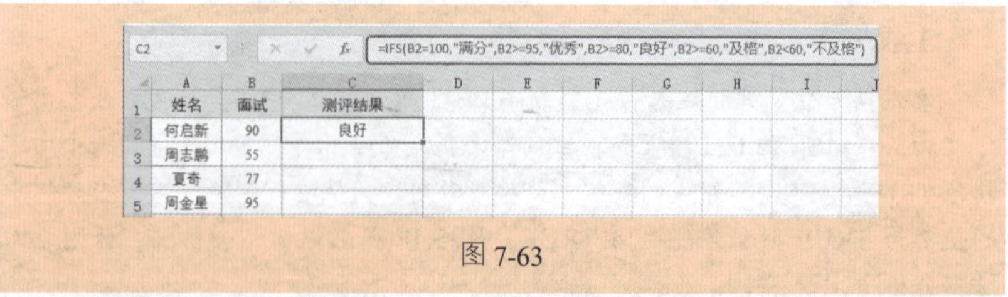

C2 =IFS(B2=100,"满分",B2>=95,"优秀",B2>=80,"良好",B2>=60,"及格",B2<60,"不及格")

	A	B	C
1	姓名	面试	测评结果
2	何启新	90	良好
3	周志鹏	55	
4	夏奇	77	
5	周金星	95	

图 7-63

❸ 选中 C2 单元格，向下填充公式到 C11 单元格，可批量判断其他面试成绩并返回测评结果，如图 7-64 所示。

	A	B	C
1	姓名	面试	测评结果
2	何启新	90	良好
3	周志鹏	55	不及格
4	夏奇	77	及格
5	周金星	95	优秀
6	张明宇	76	及格
7	赵飞	99	优秀
8	韩玲玲	78	及格
9	刘莉	78	及格
10	李杰	89	良好
11	周莉美	64	及格

图 7-64

比较一下，如果使用 IF 函数进行这项判断，则公式如下：

```
=IF(B2=100,"满分",IF(B2>=95,"优秀",IF(B2>=80,"良好
",IF(B2>=60,"及格","不及格"))))
```

这么多层的括号书写起来稍不仔细就很容易出错，而使用 IFS 函数实现起来则非常简单，只要条件和值成对出现就可以了。

例 1：IFS 函数的条件判断表达式

扫一扫，看视频

IFS 函数与 IF 函数一样，也可以很灵活地设置条件判断的表达式。沿用 7.2 节的例 7，下面来学习 IFS 函数条件判断表达式的设置。本例的判断规则为：非研发员工资不变；对于研发员，如果其工龄大于 5 年，则工资上调 1000 元；否则上调 500 元。

❶ 选中 E2 单元格，在编辑栏中输入公式：

```
=IFS(NOT(B2="研发员"),"不变",AND(B2="研发员",C2>5),
D2+1000,B2="研发员",D2+500)
```

❷ 按 Enter 键，即可判断 B2 与 C2 中的值并返回结果，如图 7-65 所示。

E2　=IFS(NOT(B2="研发员"),"不变",AND(B2="研发员",C2>5),D2+1000,B2="研发员",D2+500)

	A	B	C	D	E	F	G	H	I	J
1	姓名	职位	工龄	基本工资	调薪后工资					
2	何志新	设计员	1	4000	不变					
3	周志鹏	研发员	3	5000						
4	夏楚奇	会计	5	3500						
5	周金星	设计员	4	5000						

图 7-65

❸ 选中 E2 单元格，向下填充公式到 E10 单元格，可批量判断其他员工的职位与工龄，并依照条件返回调薪后工资，如图 7-66 所示。

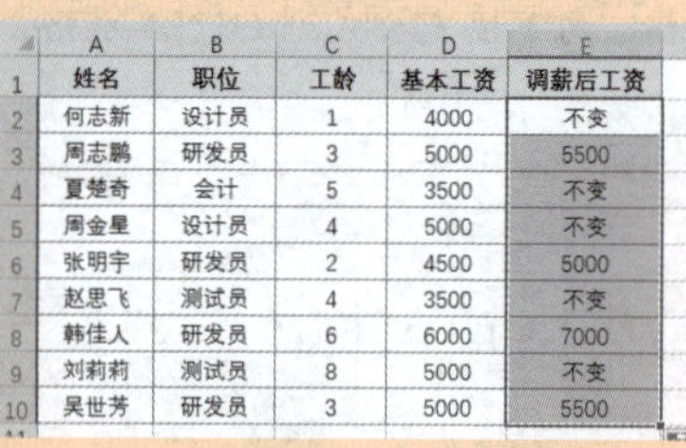

	A	B	C	D	E
1	姓名	职位	工龄	基本工资	调薪后工资
2	何志新	设计员	1	4000	不变
3	周志鹏	研发员	3	5000	5500
4	夏楚奇	会计	5	3500	不变
5	周金星	设计员	4	5000	不变
6	张明宇	研发员	2	4500	5000
7	赵思飞	测试员	4	3500	不变
8	韩佳人	研发员	6	6000	7000
9	刘莉莉	测试员	8	5000	不变
10	吴世芳	研发员	3	5000	5500

图 7-66

【公式解析】

① 第 1 组判断条件和返回结果。用 NOT 函数首先判断 B2 单元格中的“职位”是否为研发员，如果不是研发员，则返回“不变”

=IFS(NOT(B2="研发员"),"不变",AND(B2="研发员",C2>5), D2+1000,B2="研发员",D2+500)

② 第 2 组判断条件和返回结果。用 AND 函数判断 B2 单元格中的职位是否为“研发员”并且 C2 单元格中的工龄是否大于 5，若同时满足，则返回“D2+1000”的值

③ 第 3 组判断条件和返回结果。如果既不满足①，又不满足②，则返回“D2+500”的值

例 2：根据性别判断跑步成绩是否合格

扫一扫，看视频

继续沿用 7.2 节中的例子，如例 4，既要判断性别，又要判断完成时间，如果使用 IFS 函数来建立公式，则能更加便于理解。

❶ 选中 F2 单元格，在编辑栏中输入公式：

```
=IFS(AND(D2="男",E2<=8),"合格",AND(D2="女",E2<=10),"合格",E2>=8,"不合格")
```

❷ 按 Enter 键即可判断 D2 与 E2 中的值并返回判断结果，如图 7-67 所示。

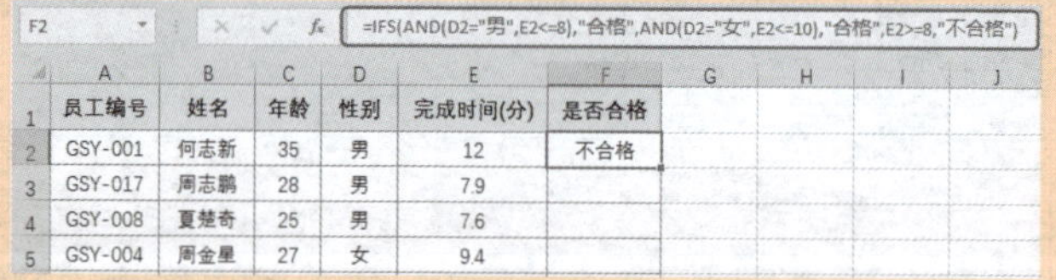

F2　=IFS(AND(D2="男",E2<=8),"合格",AND(D2="女",E2<=10),"合格",E2>=8,"不合格")

	A	B	C	D	E	F	G	H	I	J
1	员工编号	姓名	年龄	性别	完成时间(分)	是否合格				
2	GSY-001	何志新	35	男	12	不合格				
3	GSY-017	周志鹏	28	男	7.9					
4	GSY-008	夏楚奇	25	男	7.6					
5	GSY-004	周金星	27	女	9.4					

图 7-67

❸ 选中F2单元格，向下填充公式到F11单元格，可批量判断其他员工的性别和完成时间，并依照条件判断是否合格，如图7-68所示。

	A	B	C	D	E	F
1	员工编号	姓名	年龄	性别	完成时间(分)	是否合格
2	GSY-001	何志新	35	男	12	不合格
3	GSY-017	周志鹏	28	男	7.9	合格
4	GSY-008	夏楚奇	25	男	7.6	合格
5	GSY-004	周金星	27	女	9.4	合格
6	GSY-005	张明宇	30	男	6.9	合格
7	GSY-011	赵思飞	31	男	7.8	合格
8	GSY-017	韩佳人	36	女	11.2	不合格
9	GSY-028	刘莉莉	24	女	12.3	不合格
10	GSY-009	吴世芳	30	女	9.1	合格
11	GSY-013	王淑芬	27	女	8.9	合格

图7-68

【公式解析】

① 第1组判断条件和返回结果。用AND函数判断D2单元格中的性别是否为“男”，并且E2单元格中的完成时间是否小于等于8，若同时满足，则返回“合格”文字

=IFS(AND(D2="男",E2<=8),"合格",AND(D2="女",E2<=10),"合格",E2>=8,"不合格")

② 第2组判断条件和返回结果。用AND函数判断D2单元格中的性别是否为“女”，并且E2单元格中的完成时间是否小于等于10，若同时满足，则返回“合格”文字

③ 第3组判断条件和返回结果

7.4 SWITCH函数根据表达式的返回值匹配结果

【函数功能】SWITCH函数是根据表达式计算一个值，并返回与该值所匹配的结果。如果不匹配，就返回可选默认值。

【函数语法】SWITCH(expression,value1,result1, [value2,result2],...,[value126,result 126],[default])

- expression：必需，要计算的表达式，其结果与value*n*相对应。

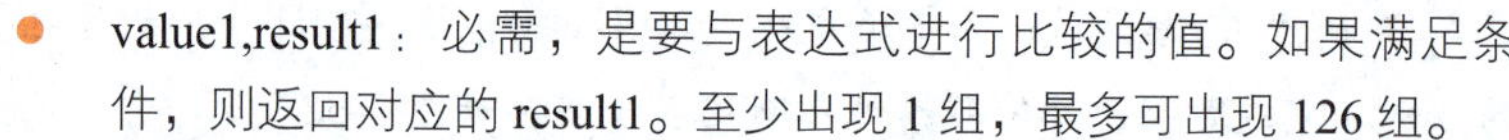

- value1,result1：必需，是要与表达式进行比较的值。如果满足条件，则返回对应的 result1。至少出现 1 组，最多可出现 126 组。
- default：可选，是在对应值与表达式匹配时要返回的结果。当在 value*n* 表达式中没有找到匹配值时，则返回 default 值；当没有对应的 result*n* 表达式时，则标识为 default 参数。default 必须是函数中的最后一个参数。

【用法解析】

=SWITCH(要计算的表达式，要匹配的值，存在匹配项时的返回值，不存在匹配项时的返回值)

实际上，SWITCH 函数的原理可以理解为：根据表达式计算一个值，并返回与这个值所匹配的结果。下面试着解释一下这个最简单的公式：

```
=SWITCH(J4,"A级","500","B级","200","C级","100")
```

当 J4 单元格中的值是“A 级”时，返回 500；当 J4 单元格中的值是“B 级”时，返回 200；当 J4 单元格中的值是“C 级”时，返回 100。但是在实际应用中，第一个参数是一个表达式，它是一个需要灵活判断的值，下面会通过具体实例再次巩固学习。

例 1：只安排星期一至星期三值班

扫一扫，看视频

在本例中要求根据给定的日期来建立一个只在星期一至星期三安排值班的值班表。如果日期对应的是星期一、星期二、星期三，则返回对应的星期数，对于其他星期数统一返回“无值班”文字。

❶ 选中 B2 单元格，在编辑栏中输入公式：

```
=SWITCH(WEEKDAY(A2),2,"星期一",3,"星期二",4,"星期三","无值班")
```

❷ 按 Enter 键即可判断 A2 单元格中的日期值并返回结果，如图 7-69 所示。

B2 =SWITCH(WEEKDAY(A2),2,"星期一",3,"星期二",4,"星期三","无值班")

	A	B	C	D	E	F	G	H
1	日期	星期数	值班员工					
2	2022/9/10	无值班						
3	2022/9/11							
4	2022/9/12							
5	2022/9/13							
6	2022/9/14							

图 7-69

❸ 选中 B2 单元格，向下填充公式到 B13 单元格，可批量判断其他日期并返回对应的值班星期数及是否安排值班，如图 7-70 所示。

	A	B	C
1	日期	星期数	值班员工
2	2022/9/10	无值班	
3	2022/9/11	无值班	
4	2022/9/12	星期一	
5	2022/9/13	星期二	
6	2022/9/14	星期三	
7	2022/9/17	无值班	
8	2022/9/18	无值班	
9	2022/9/19	星期一	
10	2022/9/20	星期二	
11	2022/9/23	无值班	
12	2022/9/26	星期一	
13	2022/9/27	星期二	

图 7-70

【公式解析】

① 使用 WEEKDAY(A2)的值作为表达式，WEEKDAY 函数用于返回一个日期对应的星期数，返回的是数字 1、2、3、4、5、6、7，分别对应星期日、星期一、星期二、星期三、星期四、星期五、星期六

② 如果①的返回值为 2，则返回“星期一”

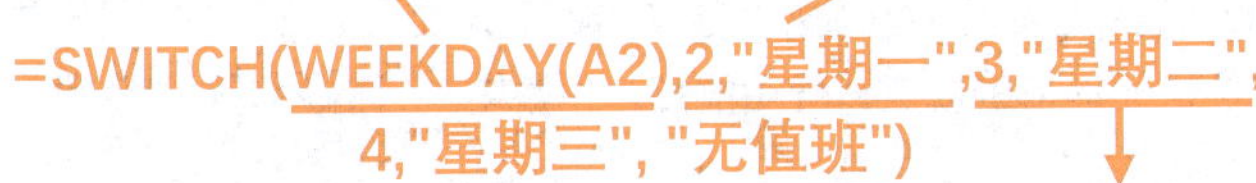
=SWITCH(WEEKDAY(A2),2,"星期一",3,"星期二",
4,"星期三", "无值班")

③ 如果①的返回值为 3，则返回“星期二”

④ 如果①的返回值为 4，则返回“星期三”

⑤ 除此之外都返回“无值班”

例 2：提取纸张大小的规格分类

在本例表格的 B 列中显示了纸张的品名规格，其中包含了纸张的大小规则，即纸张名称后的数字 1 表示 A1 型纸张，数字 2 表示 A2 型纸张，以此类推。现在需要快速地提取纸张的大小规格。

扫一扫，看视频

❶ 选中 D2 单元格，在编辑栏中输入公式：

```
=SWITCH(MID(B2,FIND(":",B2)-1,1),"1","A1 纸","2","A2 纸",
"3","A3 纸","4","A4 纸","5","A5 纸")
```

❷ 按 Enter 键即可判断 B2 单元格中的值并返回结果，如图 7-71 所示。

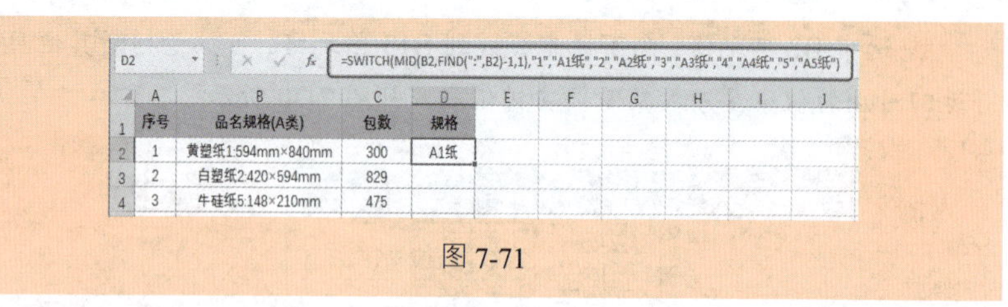

D2 =SWITCH(MID(B2,FIND(":",B2)-1,1),"1","A1纸","2","A2纸","3","A3纸","4","A4纸","5","A5纸")

	A	B	C	D	E	F	G	H	I	J
1	序号	品名规格(A类)	包数	规格						
2	1	黄塑纸1:594mm×840mm	300	A1纸						
3	2	白塑纸2:420×594mm	829							
4	3	牛硅纸5:148×210mm	475							

图 7-71

❸ 选中 D2 单元格，向下填充公式到 D8 单元格，可批量判断 B 列中的其他值并返回对应大小规格，如图 7-72 所示。

	A	B	C	D
1	序号	品名规格(A类)	包数	规格
2	1	黄塑纸1:594mm×840mm	300	A1纸
3	2	白塑纸2:420×594mm	829	A2纸
4	3	牛硅纸5:148×210mm	475	A5纸
5	4	武汉黄纸2:420×594mm	490	A2纸
6	5	赤壁白纸4:210×297mm	590	A4纸
7	6	黄硅纸1:594mm×840mm	755	A1纸
8	6	黄硅纸3:297×420mm	1000	A3纸

图 7-72

【公式解析】

① 使用 MID 函数和 FIND 函数提取数据，这里的提取规则为：先使用 FIND 函数找到“:”符号的位置，然后从这个位置的减 1 处开始提取，共提取 1 位，即提取的就是冒号后的那一位数字

② 如果①的返回值为 1，则返回“A1 纸”

=SWITCH(MID(B2,FIND(":",B2)-1,1),"1","A1 纸","2","A2 纸","3","A3 纸","4","A4 纸","5","A5 纸")

④ 如果①的返回值为 3，则返回“A3 纸”，以此类推

③ 如果①的返回值为 2，则返回“A2 纸”

7.5 IFERROR 函数根据错误值返回指定值

【函数功能】IFERROR 函数可以在公式的计算结果错误时，返回指定的值；否则将返回公式的结果。IFERROR 函数可以捕获和处理公式中的错误。

【函数语法】IFERROR(value,value_if_error)

- value：必需，检查是否存在错误的参数。
- value_if_error：必需，公式的计算结果错误时要返回的值。计算得到的错误类型有#N/A、#VALUE!、#REF!、#DIV/0!、#NUM!、#NAME?或#NULL!。

例：解决被除数为空值（或 0 值）时返回错误值问题

扫一扫，看视频

在计算各个产品上半年销量占年销量的百分比时会应用到除法，当除数为 0 值时会返回错误值，而为了避免错误值出现，可以使用 IFERROR 函数。

❶ 在图 7-73 中使用公式“=B2/C2”，当 C 列中存在 0 值或空值时会出现错误值。

❷ 选中 D2 单元格，在编辑栏中输入公式（见图 7-74）：

```
=IFERROR(B2/C2,"")
```

D2　=B2/C2

	A	B	C	D
1	系列	上半年销量	年销量	占年销量比
2	保湿系列	600	1600	37.50%
3	美白系列	0	0	#DIV/0!
4	祛斑系列	300	1000	30.00%
5	祛痘系列	500	800	62.50%
6	滋养系列	200	400	50.00%

图 7-73

SUM　=IFERROR(B2/C2,"")

	A	B	C	D
1	系列	上半年销量	年销量	占年销量比
2	保湿系列	600	1600	OR(B2/C2,"")
3	美白系列	0	0	
4	祛斑系列	300	1000	
5	祛痘系列	500	800	
6	滋养系列	200	400	

图 7-74

❸ 按 Enter 键即可返回计算结果。此时可以看到返回正确的结果，如图 7-75 所示。

❹ 选中 D2 单元格，向下填充公式到 D6 单元格，批量得出其他计算结果（当除数为 0 值时，返回结果为空），如图 7-76 所示。

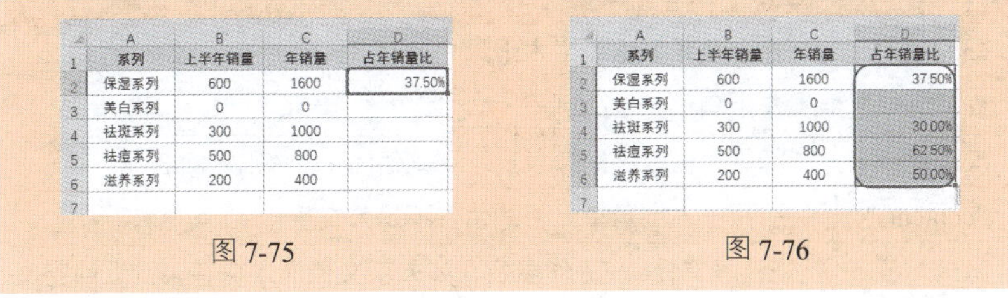

	A	B	C	D
1	系列	上半年销量	年销量	占年销量比
2	保湿系列	600	1600	37.50%
3	美白系列	0	0	
4	祛斑系列	300	1000	
5	祛痘系列	500	800	
6	滋养系列	200	400	
7				

图 7-75

	A	B	C	D
1	系列	上半年销量	年销量	占年销量比
2	保湿系列	600	1600	37.50%
3	美白系列	0	0	
4	祛斑系列	300	1000	30.00%
5	祛痘系列	500	800	62.50%
6	滋养系列	200	400	50.00%
7				

图 7-76

【公式解析】

=IFERROR(B2/C2,"")

↓

当 B2/C2 的计算结果为错误值时返回空值，否则返回公式的正确结果

第8章 信息函数

8.1 获取信息函数

获取信息函数用于获取当前操作环境信息、单元格格式信息、单元格内容信息等，另外还可以获取单元格内容对应的数值类型信息等。

1. CELL（返回有关单元格格式、位置或内容的信息）

【函数功能】CELL 函数用于返回有关单元格的格式、位置或内容的信息。

【函数语法】CELL(info_type, [reference])

- info_type：必需，一个文本值，指定要返回的单元格信息的类型。
- reference：可选，需要其相关信息的单元格。

【用法解析】

=CELL(信息类型)

指定要返回什么类型的信息，参数指定详见表 8-1

CELL 函数的 info_type 参数与返回值见表 8-1。

表 8-1 CELL 函数的 info_type 参数与返回值

info_type 参数	CELL 函数返回值
"address"	左上角单元格的文本地址
"col"	左上角单元格的列号
"color"	如果负值以不同颜色显示，则值为 1；否则返回 0
"contents"	引用中左上角单元格的值，不是公式
"filename"	路径+文件名+工作表名，如果新文档尚未保存，则返回空文本（""）
"format"	与单元格中不同的数字格式相对应的文本值。表 8-2 列出了不同格式的文本值

续表

info_type 参数	CELL 函数返回值
"parentheses"	如果正值或所有单元格均加括号，则值为 1；否则返回 0
"prefix"	与单元格中不同的“标志前缀”相对应的文本值。如果单元格文本左对齐，则返回单引号 (')；如果单元格文本右对齐，则返回双引号 (")；如果单元格文本居中对齐，则返回插入字符 (^)；如果单元格文本两端对齐，则返回反斜杠 (\ )；如果是其他情况，则返回空文本 ("")
"protect"	如果单元格没有锁定，则返回 0；如果单元格锁定，则返回 1
"row"	左上角单元格的行号
"type"	与单元格中的数据类型相对应的文本值。如果单元格为空，则返回 b；如果单元格包含文本常量，则返回 l；如果单元格包含其他内容，则返回 v
"width"	取整后的单元格的列宽

例 1：获取正在选取的单元格地址

扫一扫，看视频

❶ 选中 A3 单元格，在编辑栏中输入公式：

```
=CELL("address")
```

❷ 按 Enter 键即可返回当前单元格的地址，如图 8-1 所示。

当再选择其他单元格时，按 F9 键刷新或退出编辑后重新选定的单元格将更新，因此可以看到 A3 单元格的返回地址会即时更新，如图 8-2 所示。

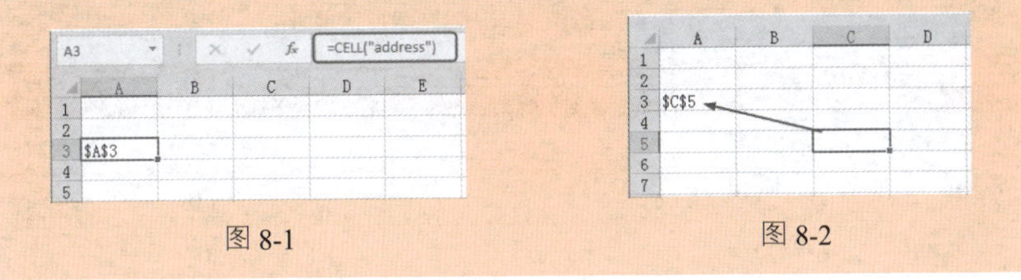

图 8-1　　图 8-2

例 2：获取当前文件的路径和工作表名

扫一扫，看视频

使用 CELL 函数可以快速获取当前文件的路径。

❶ 选中 A1 单元格，在编辑栏中输入公式：

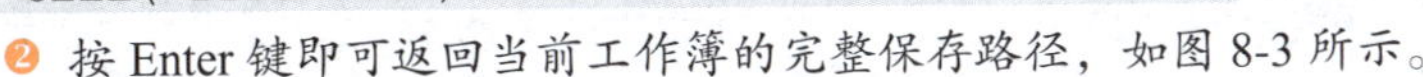

```
=CELL("filename")
```

❷ 按 Enter 键即可返回当前工作簿的完整保存路径，如图 8-3 所示。

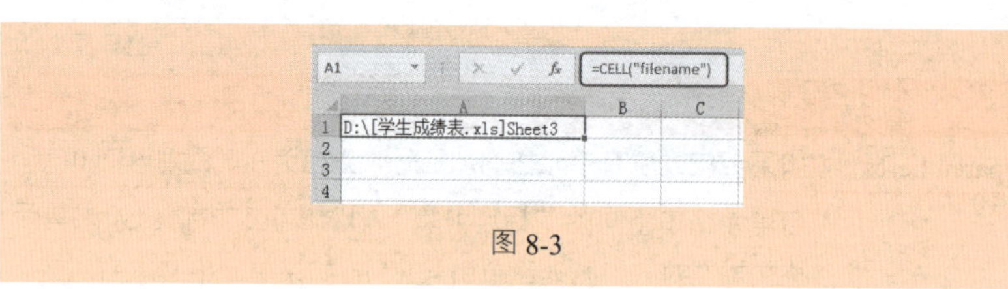

图 8-3

例 3：分辨日期和数字

扫一扫，看视频

使用 CELL 函数能分辨出日期和数字。

❶ 选中 B2 单元格，在编辑栏中输入公式：

```
=IF(CELL("format",A2)="D1","日期","非日期")
```

❷ 按 Enter 键，即可判断出 A1 单元格中的数据是否为日期，如图 8-4 所示。

❸ 选中 B2 单元格，向下复制公式可批量判断，如图 8-5 所示。

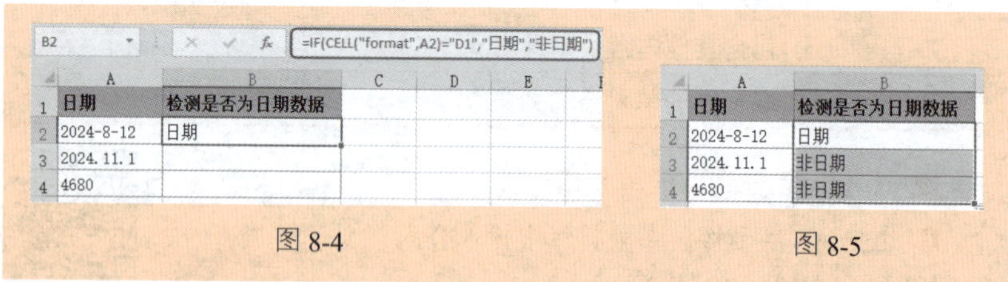

图 8-4　　图 8-5

【公式解析】

=IF(CELL("format",A2)="D1","日期","非日期")

info_type 为 format，公式结果与格式的对应关系见表 8-2

表 8-2　公式结果与格式的对应关系

Microsoft Excel 的格式	CELL 返回值
常规	"G"
0	"F0"
#,##0	",0"
0.00	"F2"
#,##0.00	",2"
($#,##0_);($#,##0)	"C0"
($#,##0_);[Red]($#,##0)	"C0-"

续表

Microsoft Excel 的格式	CELL 返回值
($#,##0.00_);($#,##0.00)	"C2"
($#,##0.00_);[Red]($#,##0.00)	"C2-"
0%	"P0"
0.00%	"P2"
0.00E+00	"S2"
#?/?或# ??/??	"G"
d-mmm-yy	"D1"
d-mmm	"D2"
mmm-yy	"D3"
yy-m-d 或 yy-m-d h:mm 或 dd-mm-yy	"D4"
dd-mm	"D5"
h:mm:ss AM/PM	"D6"
h:mm AM/PM	"D7"
h:mm:ss	"D8"
h:mm	"D9"

例 4：判断设置的列宽是否符合标准

❶ 选中 B2 单元格，在编辑栏中输入公式：

```
=IF(CELL("width",A1)=15,"标准列宽","非标准列宽")
```

❷ 按 Enter 键，即可判断出 A1 单元格的列宽是否为 15，如果是，则返回“标准列宽”；如果不是，则返回“非标准列宽”，如图 8-6 所示。

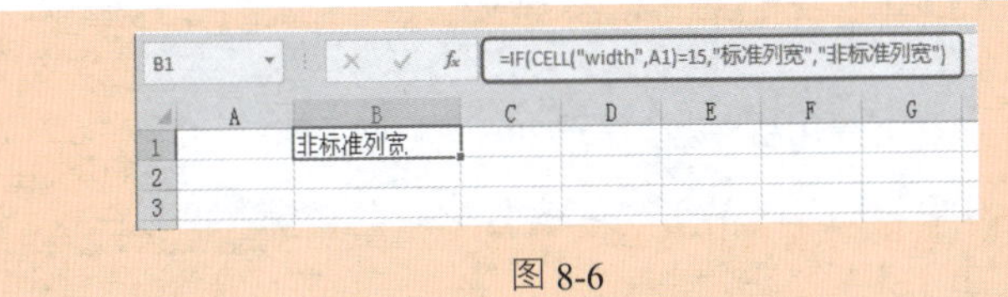

图 8-6

例 5：解决带文字单位的数字无法参与计算的问题

如果数据带有单位，则无法在公式中进行大小判断。如图 8-7 所示，表格中的库存带有单位“盒”，无法使用 IF 函数进

行条件判断，此时可以使用 CELL 函数进行转换。

	A	B	C
1	产品名称	库存	补充提示
2	观音饼（桂花）	17盒	
3	观音饼（绿豆沙）	19盒	
4	观音饼（花生）	22盒	
5	莲花礼盒（黑芝麻）	11盒	
6	莲花礼盒（桂花）	13盒	
7	榛子椰蓉	18盒	
8	杏仁薄饼	69盒	
9	观音酥（椰丝）	16盒	
10	观音酥（肉松）	37盒	

图 8-7

❶ 选中 C2 单元格，在编辑栏中输入公式：

```
=IF(CELL("contents",B2)<="20","补货","")
```

❷ 按 Enter 键，即可提取 B2 单元格数据并进行数量判断，最终返回是否补货，如图 8-8 所示。

❸ 将 C2 单元格的公式向下复制，即可批量返回结果，如图 8-9 所示。

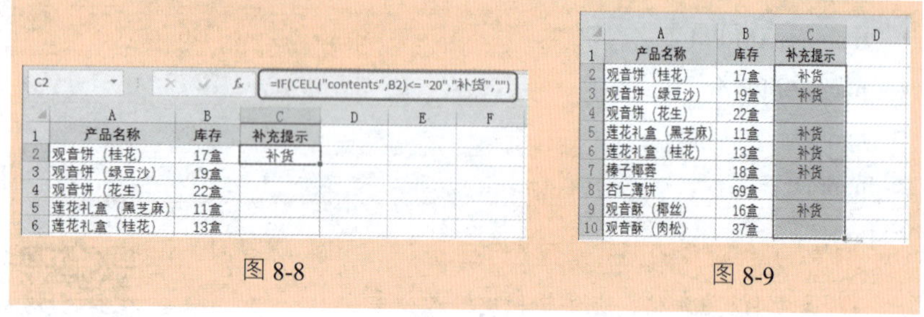
C2 =IF(CELL("contents",B2)<="20","补货","")

	A	B	C
1	产品名称	库存	补充提示
2	观音饼（桂花）	17盒	补货
3	观音饼（绿豆沙）	19盒	
4	观音饼（花生）	22盒	
5	莲花礼盒（黑芝麻）	11盒	
6	莲花礼盒（桂花）	13盒	

图 8-8

	A	B	C
1	产品名称	库存	补充提示
2	观音饼（桂花）	17盒	补货
3	观音饼（绿豆沙）	19盒	补货
4	观音饼（花生）	22盒	
5	莲花礼盒（黑芝麻）	11盒	补货
6	莲花礼盒（桂花）	13盒	补货
7	榛子椰蓉	18盒	补货
8	杏仁薄饼	69盒	
9	观音酥（椰丝）	16盒	补货
10	观音酥（肉松）	37盒	

图 8-9

【公式解析】

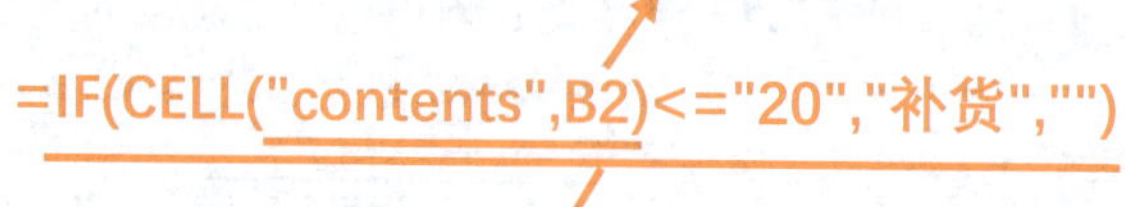
① 提取 B2 单元格数据中的数值
=IF(CELL("contents",B2)<="20","补货","")
② 如果①结果小于等于 20，则返回“补货”

2. INFO（返回当前操作环境的信息）

【函数功能】INFO 函数用于返回有关当前操作环境的信息。

【函数语法】INFO (type_text)

type_text：必需，用于指定要返回的信息类型的文本。

【用法解析】

=INFO(信息类型)

指定要返回什么类型的信息，参数指定详见表 8-3

表 8-3 所列为 INFO 函数的 type_text 参数与返回值。

表 8-3　INFO 函数的 type_text 参数与返回值

type_text 参数	INFO 函数返回值
"directory"	默认保存文件的路径
"numfile"	打开的工作簿中活动工作表的数目
"origin"	以当前滚动位置为基准，返回窗口中可见的左上角单元格的绝对单元格引用，如果有带前缀"$A:"的文本，则此值与 Lotus 1-2-3 3.x 版兼容
"osversion"	当前操作系统的版本号，文本值
"recalc"	当前的重新计算模式，返回"自动"或"手动"
"release"	Microsoft Excel 的版本号，文本值
"system"	返回操作系统名称：mac 表示 Macintosh 操作系统，pcdos 表示 Windows 操作系统

例：返回工作簿默认保存路径

工作簿默认保存路径是指在保存工作簿时，如果不重新指定保存位置，将会把文件默认保存到一个位置。此默认保存路径可以使用 INFO 函数查看。

扫一扫，看视频

❶ 选中 A1 单元格，在编辑栏中输入公式：

```
=INFO("directory")
```

❷ 按 Enter 键，返回的是工作簿的默认保存路径，如图 8-10 所示。

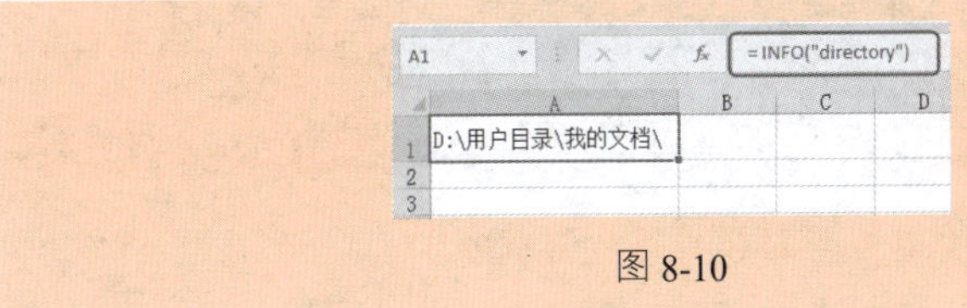

图 8-10

3. TYPE（返回单元格内的数值类型）

【函数功能】TYPE 函数用于返回数值的类型。

【函数语法】TYPE(value)

value：必需，可以为任意数值，如数字、文本以及逻辑值等。

表 8-4 所列为不同 value 参数对应的 TYPE 值。

表 8-4　不同 value 参数对应的 TYPE 值

value 参数	TYPE 函数返回值
数字	1
文本	2
逻辑值	4
误差值	16
数组	64

例：测试数据是否为数值型

扫一扫，看视频

图 8-11 所示的表格中统计了每台机器的生产产量，但是在计算总产量时发现总计结果不对，因此可以用如下方法来判断数据是否为数值型。

❶ 选中 C2 单元格，在编辑栏中输入公式：

```
=TYPE(B2)
```

❷ 按 Enter 键，然后向下复制公式，返回结果是 2 的表示单元格中的是文本而非数字，如图 8-11 所示。

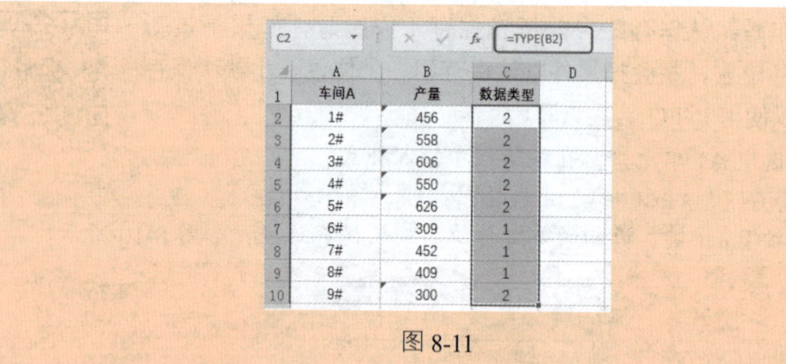

图 8-11

4. ERROR.TYPE（返回与错误值对应的数字）

【函数功能】ERROR.TYPE 函数用于返回对应于 Microsoft Excel 中某一错误值的数字，如果没有错误值，则返回错误值“#N/A”。

【函数语法】ERROR.TYPE(error_val)

error_val：必需，需要查找其标号的一个错误值。

表 8-5 所列为 ERROR.TYPE 函数的 error_val 参数与返回值。

表 8-5　ERROR.TYPE 函数的 error_val 参数与返回值

error_val 参数	ERROR.TYPE 函数返回值
#NULL!	1
#DIV/0!	2
#VALUE!	3
#REF!	4
#NAME?	5
#NUM!	6
#N/A	7
#GETTING_DATA	8
其他值	#N/A

例：返回各类错误值对应的数字

ERROR.TYPE 函数用于返回各种错误值对应的数字。下面给出表格并进行数据运算测试，以查看不同错误值返回的数字，如果没有错误值，则返回错误值“#N/A”。

扫一扫，看视频

❶ 选中 C2 单元格，在编辑栏中输入公式：

```
=ERROR.TYPE(A2/B2)
```

❷ 按 Enter 键返回 2（见图 8-12），因为计算“A2/B2”返回的错误值是“#DIV/0!”。

C2　=ERROR.TYPE(A2/B2)

	A	B	C	D
1	数据A	数据B	返回错误值对应的数字	返回结果说明
2	22	0	2	返回错误值#DIV/0!
3	-25			
4	20	2元		
5	36	5		

图 8-12

❸ 选中 C3 单元格，在编辑栏中输入公式：

```
=ERROR.TYPE(SQRT(A3))
```

❹ 按 Enter 键返回 6（见图 8-13），因为计算“SQRT(A3)”返回的错误值是“#NUM!”。

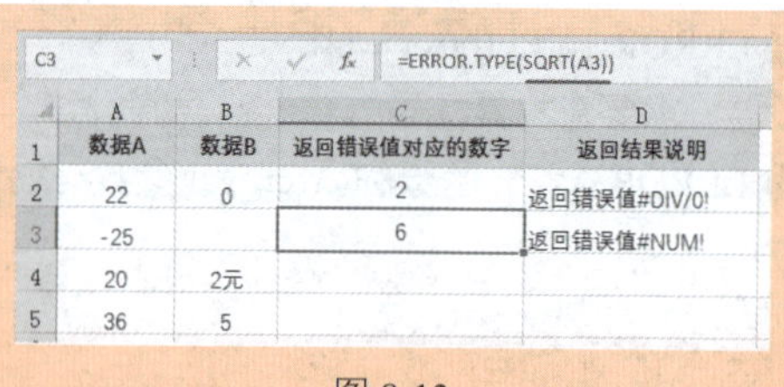

C3 =ERROR.TYPE(SQRT(A3))

	A	B	C	D
1	数据A	数据B	返回错误值对应的数字	返回结果说明
2	22	0	2	返回错误值#DIV/0!
3	-25		6	返回错误值#NUM!
4	20	2元		
5	36	5		

图 8-13

❺ 选中 C4 单元格，在编辑栏中输入公式：

```
=ERROR.TYPE(A4*B4)
```

❻ 按 Enter 键返回 3（见图 8-14），因为计算“A4*B4”返回的错误值是“#VALUE!”。

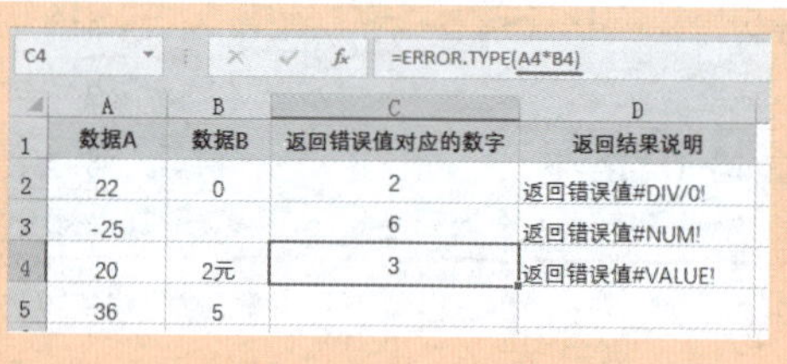

C4 =ERROR.TYPE(A4*B4)

	A	B	C	D
1	数据A	数据B	返回错误值对应的数字	返回结果说明
2	22	0	2	返回错误值#DIV/0!
3	-25		6	返回错误值#NUM!
4	20	2元	3	返回错误值#VALUE!
5	36	5		

图 8-14

❼ 选中 C5 单元格，在编辑栏中输入公式：

```
=ERROR.TYPE(A5/B5)
```

❽ 按 Enter 键返回“#N/A”（见图 8-15），因为计算“A5/B5”时是不返回错误值的。

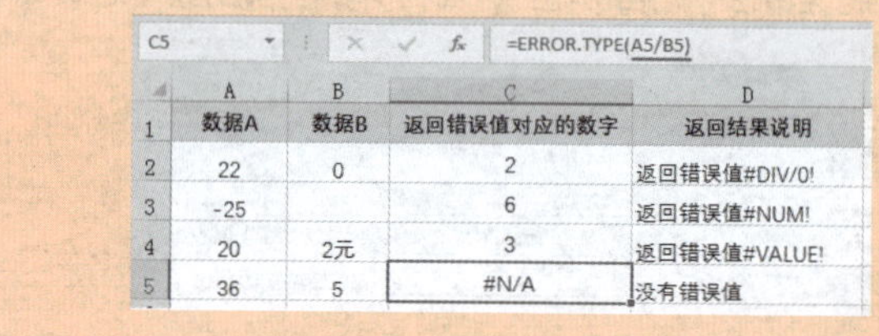

C5 =ERROR.TYPE(A5/B5)

	A	B	C	D
1	数据A	数据B	返回错误值对应的数字	返回结果说明
2	22	0	2	返回错误值#DIV/0!
3	-25		6	返回错误值#NUM!
4	20	2元	3	返回错误值#VALUE!
5	36	5	#N/A	没有错误值

图 8-15

8.2 IS 判断函数

IS 类函数主要用于对数据信息进行判断，如判断数据是否为空、判断数

据是否为任意错误值、判断数据是数值还是文本、判断数据奇偶性等。

1. ISBLANK（判断单元格是否为空）

【函数功能】ISBLANK 函数用于判断指定值是否为空值。

【函数语法】ISBLANK(value)

value：必需，要检验的值。

【用法解析】

=ISBLANK(A1)

参数可以是空白（空单元格）、错误值、逻辑值、文本、数字、引用值，或者引用要检验的以上任意值的名称

例：将没有成绩的同学统一标注“缺考”

图 8-16 所示的表格中统计了学生的成绩，其中的空单元格表示“缺考”，可以使用 ISBLANK 函数将没有成绩的同学统一标注为“缺考”。

扫一扫，看视频

❶ 选中 C2 单元格，在编辑栏中输入公式：

```
=IF(ISBLANK(B2),"缺考","")
```

❷ 按 Enter 键返回“缺考”文字（因为 B2 单元格为空），如图 8-16 所示。

❸ 向下复制 C2 单元格的公式，可以得到批量判断结果，如图 8-17 所示。

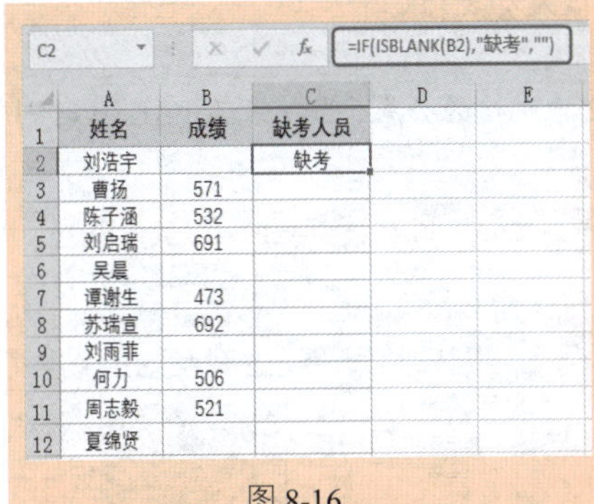

C2 =IF(ISBLANK(B2),"缺考","")

	A	B	C	D	E
1	姓名	成绩	缺考人员		
2	刘浩宇		缺考		
3	曹扬	571			
4	陈子涵	532			
5	刘启瑞	691			
6	吴晨				
7	谭谢生	473			
8	苏瑞宣	692			
9	刘雨菲				
10	何力	506			
11	周志毅	521			
12	夏绵贤				

图 8-16

	A	B	C	D
1	姓名	成绩	缺考人员	
2	刘浩宇		缺考	
3	曹扬	571		
4	陈子涵	532		
5	刘启瑞	691		
6	吴晨		缺考	
7	谭谢生	473		
8	苏瑞宣	692		
9	刘雨菲		缺考	
10	何力	506		
11	周志毅	521		
12	夏绵贤		缺考	

图 8-17

【公式解析】

① 判断 B2 单元格是否为空，如果是，则返回 TRUE；否则返回 FALSE

② 当①返回 TRUE 时，返回“缺考”

2. ISNUMBER（检测给定值是否为数字）

【函数功能】ISNUMBER 函数用于判断指定数据是否为数字。

【函数语法】ISNUMBER(value)

value：必需，要检验的值。

【用法解析】

=ISNUMBER(A1)

参数可以是空白（空单元格）、错误值、逻辑值、文本、数字、引用值，或者引用要检验的以上任意值的名称

例：当无法计算时，检测数据是否为数值数据

扫一扫，看视频

在图 8-18 所示的表格中可以看到，当使用 SUM 函数计算总销售数量时，计算结果是错误的。这时可以用 ISNUMBER 函数来检测数字是否为数值数据，通过返回结果可以针对性地修改数据。

❶ 选中 C2 单元格，在编辑栏中输入公式：

```
=ISNUMBER(B2)
```

❷ 按 Enter 键，然后向下复制 C2 单元格的公式，当结果为 FALSE 时则表示为非数值数据，如图 8-19 所示。

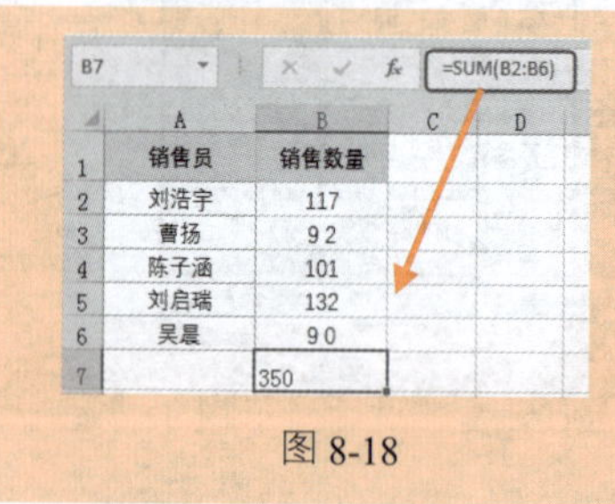

B7 =SUM(B2:B6)

	A	B	C	D
1	销售员	销售数量		
2	刘浩宇	117		
3	曹扬	9 2		
4	陈子涵	101		
5	刘启瑞	132		
6	吴晨	9 0		
7		350		

图 8-18

C2 =ISNUMBER(B2)

	A	B	C
1	销售员	销售数量	检测是否是数值数据
2	刘浩宇	117	TRUE
3	曹扬	9 2	FALSE
4	陈子涵	101	TRUE
5	刘启瑞	132	TRUE
6	吴晨	9 0	FALSE

图 8-19

注意：

通过检查数据发现，B3 与 B6 单元格中的数据中间都出现了空格，所以导致数据计算时无法将其计算在内。

3. ISTEXT（检测给定值是否为文本）

【函数功能】ISTEXT 函数用于判断指定数据是否为文本。

【函数语法】ISTEXT(value)

value：必需，要检验的值。

【用法解析】

=ISTEXT(A1)

参数可以是空白（空单元格）、错误值、逻辑值、文本、数字、引用值，或者引用要检验的以上任意值的名称

例：统计出缺考人数

在统计某次考试成绩时，其中包含一些缺考情况，并显示“缺考”文字。通过判断给定值是否为文本可以变向统计出缺考人数。

扫一扫，看视频

❶ 选中 D2 单元格，在编辑栏中输入公式：

```
=SUM(ISTEXT(B2:B12)*1)
```

❷ 按 Ctrl+Shift+Enter 组合键，即可统计出缺考人数，如图 8-20 所示。

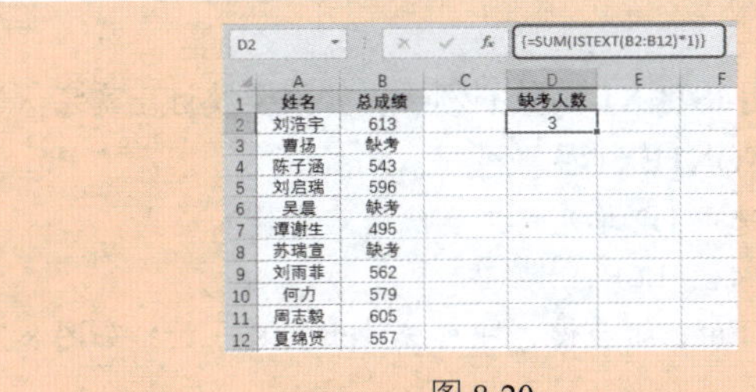

D2 {=SUM(ISTEXT(B2:B12)*1)}

	A	B	C	D	E	F
1	姓名	总成绩		缺考人数		
2	刘浩宇	613		3		
3	曹扬	缺考				
4	陈子涵	543				
5	刘启瑞	596				
6	吴晨	缺考				
7	谭谢生	495				
8	苏瑞宣	缺考				
9	刘雨菲	562				
10	何力	579				
11	周志毅	605				
12	夏绵贤	557				

图 8-20

【公式解析】

① 判断 B2:B12 单元格区域是不是文本，如果是，则返回 TRUE；否则返回 FALSE

=SUM(ISTEXT(B2:B12)*1)

③ 用 SUM 函数对②返回数组中的 1 进行求和运算

② 用①结果进行乘以 1 处理。TRUE 值乘以 1 返回 1，FALSE 值乘以 1 返回 0，返回的是一个数组

4. ISNONTEXT（检测给定值是否为非文本）

【函数功能】ISNONTEXT 函数用于判断指定数据是否为非文本。

【函数语法】ISNONTEXT(value)

value：必需，要检验的值。

【用法解析】

=ISNONTEXT(A1)

参数可以是空白（空单元格）、错误值、逻辑值、文本、数字、引用值，或者引用要检验的以上任意值的名称

当参数是文本时，返回 FALSE；当参数是除文本之外的其他任意数据时，都返回 TRUE，如图 8-21 所示。

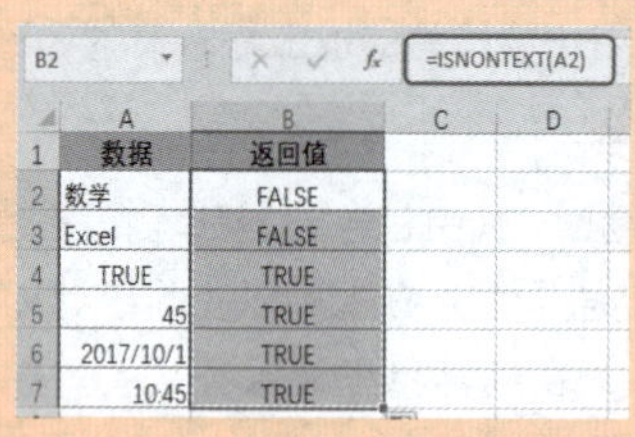
B2　=ISNONTEXT(A2)

	A	B	C	D
1	数据	返回值		
2	数学	FALSE		
3	Excel	FALSE		
4	TRUE	TRUE		
5	45	TRUE		
6	2017/10/1	TRUE		
7	10:45	TRUE		

图 8-21

例：统计实考人数

扫一扫，看视频

沿用 ISTEXT 函数的例子，如果要统计出实考人数，只要使用 ISNONTEXT 函数即可。

❶ 选中 D2 单元格，在编辑栏中输入公式：

```
=SUM(ISNONTEXT(B2:B12)*1)
```

❷ 按 Ctrl+Shift+Enter 组合键，即可统计出实考人数，如图 8-22 所示。

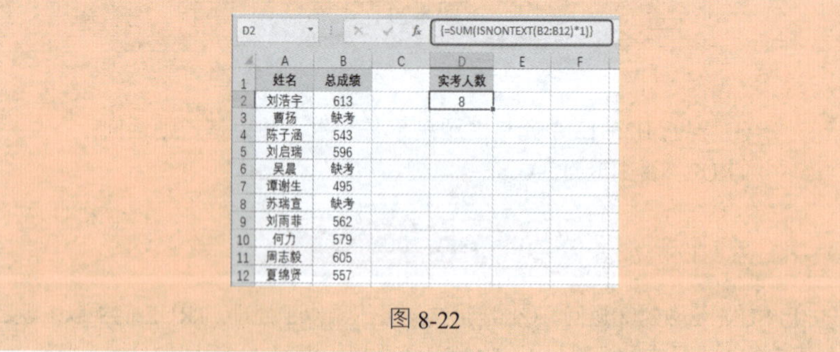
D2　{=SUM(ISNONTEXT(B2:B12)*1)}

	A	B	C	D	E	F
1	姓名	总成绩		实考人数		
2	刘浩宇	613		8		
3	曹扬	缺考				
4	陈子涵	543				
5	刘启瑞	596				
6	吴晨	缺考				
7	谭谢生	495				
8	苏瑞宣	缺考				
9	刘雨菲	562				
10	何力	579				
11	周志毅	605				
12	夏绵贤	557				

图 8-22

5. ISEVEN（判断数字是否为偶数）

【函数功能】ISEVEN 函数用于判断指定值是否为偶数。

【函数语法】ISEVEN(number)

number：必需，要检验的数值。

【用法解析】

=ISEVEN(A1)

如果参数值为偶数，则返回 TRUE；否则返回 FALSE

例：根据工号返回性别信息

某公司为有效判定员工性别，规定：如果员工工号的最后一位数为偶数，表示性别为“女”，反之为“男”。根据这一规定，可以使用 ISEVEN 函数来判断工号最后一位数的奇偶性，从而确定员工的性别。

扫一扫，看视频

❶ 选中 C2 单元格，在编辑栏中输入公式：

```
=IF(ISEVEN(RIGHT(B2,1)),"女","男")
```

❷ 按 Enter 键，即可按工号的最后一位数来判断员工性别，如图 8-23 所示。

❸ 向下复制 C2 单元格的公式，即可实现批量判断，如图 8-24 所示。

C2 =IF(ISEVEN(RIGHT(B2,1)),"女","男")

	A	B	C	D	E
1	姓名	工号	性别		
2	刘浩宇	ML-16003	男		
3	曹心雨	ML-16004			
4	陈子阳	AB-15001			
5	刘启瑞	YL-11009			

图 8-23

	A	B	C
1	姓名	工号	性别
2	刘浩宇	ML-16003	男
3	曹心雨	ML-16004	女
4	陈子阳	AB-15001	男
5	刘启瑞	YL-11009	男
6	吴成	AB-09005	男
7	谭子怡	ML-13006	女
8	苏瑞宣	YL-15007	男
9	刘雨菲	ML-13010	女
10	何力	YL-11011	男
11	周志毅	ML-13007	男

图 8-24

【公式解析】

① 从右侧提取 B2 单元格中的数字，提取 1 位

=IF(ISEVEN(RIGHT(B2,1)),"女","男")

③ 当②返回 TRUE 时，返回“女”；否则返回“男”

② 判断①中提取的数字是否为偶数，如果是，则返回 TRUE；否则返回 FALSE

6. ISODD（判断数字是否为奇数）

【函数功能】ISODD 函数用于判断指定值是否为奇数。

【函数语法】ISODD(number)

number：必需，要检验的数值。如果参数 number 不是整数，则截尾取整；如果参数 number 不是数值型，则 ISODD 函数返回错误值“#VALUE!”。

【用法解析】

=ISODD(A1)

如果值为奇数，则返回 TRUE；否则返回 FALSE

例 1：从身份证号码中提取性别

扫一扫，看视频

在前面学习文本函数时，通过配合使用 MOD 函数与 MID 函数可以从身份证号码中判断性别。在此处 ISODD 函数也可以实现从身份证号码中提取性别。

❶ 选中 C2 单元格，在编辑栏中输入公式：

```
=IF(ISODD(MID(B2,17,1)),"男","女")
```

❷ 按 Enter 键，即可根据 B2 单元格中的身份证号码判断其性别，如图 8-25 所示。

❸ 向下复制 C2 单元格的公式，即可实现批量判断，如图 8-26 所示。

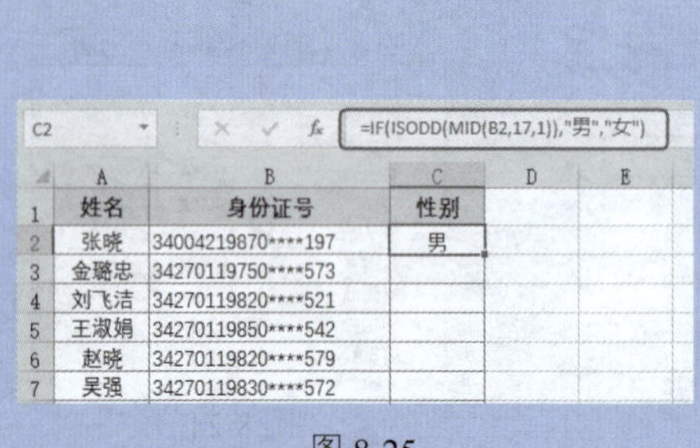

C2　=IF(ISODD(MID(B2,17,1)),"男","女")

	A	B	C	D	E
1	姓名	身份证号	性别		
2	张晓	34004219870****197	男		
3	金璐忠	34270119750****573			
4	刘飞洁	34270119820****521			
5	王淑娟	34270119850****542			
6	赵晓	34270119820****579			
7	吴强	34270119830****572			

图 8-25

	A	B	C
1	姓名	身份证号	性别
2	张晓	34004219870****197	男
3	金璐忠	34270119750****573	男
4	刘飞洁	34270119820****521	女
5	王淑娟	34270119850****542	女
6	赵晓	34270119820****579	男
7	吴强	34270119830****572	男
8	左皓成	34270119640****518	男
9	蔡明	34022219881****561	女
10	陈芳菲	34222219860****366	女
11	陈曦	34022219871****540	女
12	吕志梁	34022219850****232	男

图 8-26

【公式解析】

① 从 B2 单元格的第 17 位开始提取，共提取 1 位数

=IF(ISODD(MID(B2,17,1)),"男","女")

③ 当②返回 TRUE 时，返回“男”；否则返回“女”

② 判断①中提取的数字是否为奇数，如果是，则返回 TRUE；否则返回 FALSE

例 2：分奇偶月计算总销量

在全年销量统计表（见图 8-27）中，要求分别统计出奇偶月的总销售量。

	A	B	C	D
1	月份	销售量	偶数月销量	奇数月销量
2	1月	100		
3	2月	80		
4	3月	310		
5	4月	120		
6	5月	180		
7	6月	65		
8	7月	380		
9	8月	165		
10	9月	189		
11	10月	260		
12	11月	122		
13	12月	98		

图 8-27

❶ 选中 C2 单元格，在编辑栏中输入公式：

```
=SUM(ISODD(ROW(B2:B13))*B2:B13)
```

❷ 按 Ctrl+Shift+Enter 组合键，即可计算出偶数月的总销售量，如图 8-28 所示。

❸ 选中 D2 单元格，在编辑栏中输入公式：

```
=SUM(ISODD(ROW(B2:B13)-1)*B2:B13)
```

❹ 按 Ctrl+Shift+Enter 组合键，即可计算出奇数月的总销售量，如图 8-29 所示。

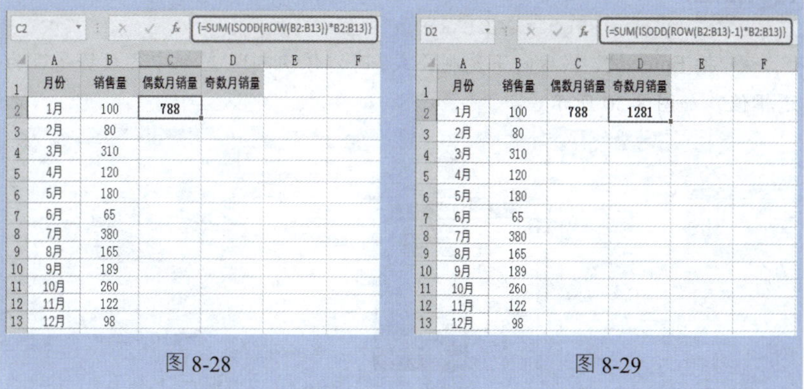

C2 {=SUM(ISODD(ROW(B2:B13))*B2:B13)}

	A	B	C	D	E	F
1	月份	销售量	偶数月销量	奇数月销量		
2	1月	100	788			
3	2月	80				
4	3月	310				
5	4月	120				
6	5月	180				
7	6月	65				
8	7月	380				
9	8月	165				
10	9月	189				
11	10月	260				
12	11月	122				
13	12月	98				

图 8-28

D2 {=SUM(ISODD(ROW(B2:B13)-1)*B2:B13)}

	A	B	C	D	E	F
1	月份	销售量	偶数月销量	奇数月销量		
2	1月	100	788	1281		
3	2月	80				
4	3月	310				
5	4月	120				
6	5月	180				
7	6月	65				
8	7月	380				
9	8月	165				
10	9月	189				
11	10月	260				
12	11月	122				
13	12月	98				

图 8-29

【公式解析】

① 依次返回 B2:B13 的行号，返回一个数组

=SUM(ISODD(ROW(B2:B13))*B2:B13)

③ ②数组中为 TRUE 值的对应在 B2:B13 中取值，然后再使用 SUM 函数进行求和，即得到偶数月的总销售量

② 判断①数组中各数值是否为奇数（奇数对应的是偶数月的销量），如果是，则返回 TRUE；否则返回 FALSE。返回的是一个数组

7. ISLOGICAL（检测给定值是否为逻辑值）

【函数功能】ISLOGICAL 函数用于判断指定数据是否为逻辑值。

【函数语法】ISLOGICAL(value)

value：必需，要检验的值。

【用法解析】

=ISLOGICAL(A1)

参数可以是空白（空单元格）、错误值、逻辑值、文本、数字、引用值，或者引用要检验的以上任意值的名称

例：检验数值是否为逻辑值

扫一扫，看视频

ISLOGICAL 函数只有在值是 TRUE 或 FALSE 时才会返回 TRUE，针对其他值都返回 FALSE。

❶ 选中 B2 单元格，在编辑栏中输入公式：

```
=ISLOGICAL(A2)
```

❷ 按 Enter 键，然后向下复制公式，可以依次判断 A 列中各数据是否为逻辑值，如图 8-30 所示。

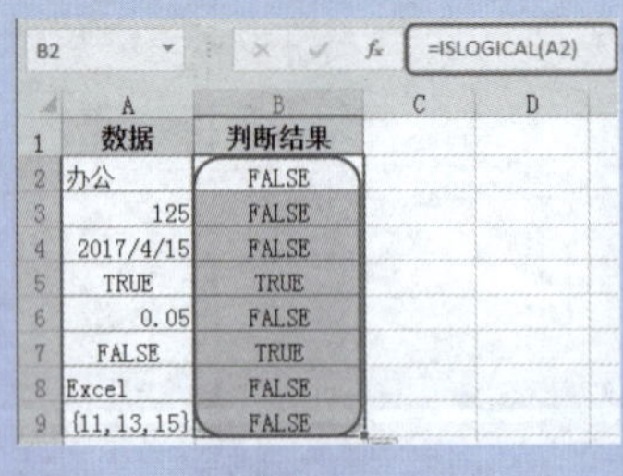

	A	B	C	D
1	数据	判断结果		
2	办公	FALSE		
3	125	FALSE		
4	2017/4/15	FALSE		
5	TRUE	TRUE		
6	0.05	FALSE		
7	FALSE	TRUE		
8	Excel	FALSE		
9	{11,13,15}	FALSE		

图 8-30

8. ISERROR（检测给定值是否为任意错误值）

【函数功能】ISERROR 函数用于判断指定数据是否为任意错误值。

【函数语法】ISERROR(value)

value：必需，要检验的值。

【用法解析】

=ISERROR (A1)

参数 value 可以是空白（空单元格）、错误值、逻辑值、文本、数字、引用值，或者引用要检验的以上任意值的名称

例：忽略错误值进行求和运算

在统计销售量时，由于有些产品没有销售量，因此输入文字“无”，造成在计算总销售额时出现了错误值，如图 8-31 所示。此时要计算总销售额可以使用 ISERROR 函数忽略错误值。

❶ 选中 F2 单元格，在编辑栏中输入公式：

```
=SUM(IF(ISERROR(D2:D8),0,D2:D8))
```

❷ 按 Ctrl+Shift+Enter 组合键，即可忽略错误值计算出总销售额，如图 8-32 所示。

	A	B	C	D	E
1	编号	单价	销售量	总销售额	
2	001	45	80	3600	
3	002	38.8	无	#VALUE!	
4	003	47.5	75	3562.5	
5	004	35.8	81	2899.8	
6	005	32.7	无	#VALUE!	
7	006	44	75	3300	
8	007	38	77	2926	

图 8-31

F2 {=SUM(IF(ISERROR(D2:D8),0,D2:D8))}

	A	B	C	D	E	F	G
1	编号	单价	销售量	总销售额		总计	
2	001	45	80	3600		16288.3	
3	002	38.8	无	#VALUE!			
4	003	47.5	75	3562.5			
5	004	35.8	81	2899.8			
6	005	32.7	无	#VALUE!			
7	006	44	75	3300			
8	007	38	77	2926			

图 8-32

【公式解析】

① 判断 D2:D8 单元格区域中的值是否为错误值。返回的是 TRUE 与 FALSE 组成的数组

=SUM(IF(ISERROR(D2:D8),0,D2:D8))

③ 对②数组进行求和运算

② 如果①结果为 TRUE 值（即错误值），IF 函数将返回 0；否则返回 D2:D8 中的值。返回的也是一个数组

9. ISNA（检测给定值是否为错误值“#N/A”）

【函数功能】ISNA 函数用于判断指定数据是否为错误值“#N/A”。

【函数语法】ISNA(value)

value：必需，要检验的值。

【用法解析】

=ISNA(A1)

参数 value 可以是空白（空单元格）、错误值、逻辑值、文本、数字、引用值，或者引用要检验的以上任意值的名称

例：查询编号错误时显示“无此编号”

在使用 LOOKUP 函数或 VLOOKUP 函数进行查询时，当查询对象错误时通常都会返回错误值“#N/A”，如图 8-33 所示。为了避免这种错误值出现，可以配合 IF 函数与 ISNA 函数实现当出现查询对象错误时返回“无此编号”提示文字。

G2 =VLOOKUP($F2,$A:$D,COLUMN(B1),FALSE)

	A	B	C	D	E	F	G	H	I
1	员工编号	姓名	理论知识	操作成绩		员工编号	姓名	理论知识	操作成绩
2	Ktws-003	王明阳	76	79		Ktws-010	#N/A	#N/A	#N/A
3	Ktws-005	黄照先	89	90					
4	Ktws-011	夏红蕊	89	82					
5	Ktws-013	贾云馨	84	83					
6	Ktws-015	陈世发	90	81					
7	Ktws-017	马雪蕊	82	81					
8	Ktws-018	李沐天	82	86					
9	Ktws-019	朱明健	75	87					
10	Ktws-021	龙明江	81	90					

图 8-33

❶ 选中 G2 单元格，在编辑栏中输入公式：

```
=IF(ISNA(VLOOKUP($F2,$A:$D,COLUMN(B1),FALSE)),
"无此编号",VLOOKUP($F2,$A:$D,COLUMN(B1),FALSE))
```

❷ 按 Enter 键后向右复制公式，可以看到当 F2 单元格中的编号有误时，返回所设置的提示文字，如图 8-34 所示。

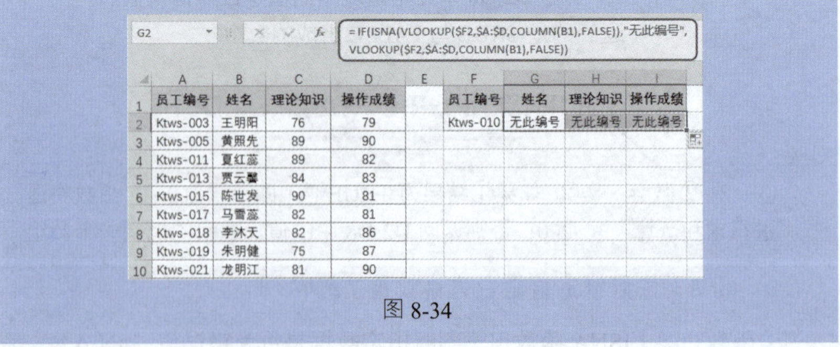

G2 =IF(ISNA(VLOOKUP($F2,$A:$D,COLUMN(B1),FALSE)),"无此编号",VLOOKUP($F2,$A:$D,COLUMN(B1),FALSE))

	A	B	C	D	E	F	G	H	I
1	员工编号	姓名	理论知识	操作成绩		员工编号	姓名	理论知识	操作成绩
2	Ktws-003	王明阳	76	79		Ktws-010	无此编号	无此编号	无此编号
3	Ktws-005	黄照先	89	90					
4	Ktws-011	夏红蕊	89	82					
5	Ktws-013	贾云馨	84	83					
6	Ktws-015	陈世发	90	81					
7	Ktws-017	马雪蕊	82	81					
8	Ktws-018	李沐天	82	86					
9	Ktws-019	朱明健	75	87					
10	Ktws-021	龙明江	81	90					

图 8-34

【公式解析】

=IF(ISNA(VLOOKUP($F2,$A:$D,COLUMN(B1),FALSE)),"无此编号",VLOOKUP($F2,$A:$D,COLUMN(B1),FALSE))

VLOOKUP 函数在此不作解释，可以参照第 6 章中的公式解析学习。此公式只是在 VLOOKUP 函数外层嵌套了 IF 函数与 ISNA 函数，表示用 ISNA 函数判断 VLOOKUP 函数部分返回的是否为错误值“#N/A”，如果是，则返回“无此编号”文字；否则返回 VLOOKUP 函数查询到的值

注意：

上面的公式看似很复杂，其实并不难实现。只要遵循“=IF(ISNA(原公式),0,原公式)”这个定律即可。

10. ISERR（检测给定值是否为“#N/A”之外的错误值）

【函数功能】ISERR 函数用于判断指定数据是否为错误值“#N/A”之外的任意错误值。

【函数语法】ISERR(value)

value：必需，要检验的值。

【用法解析】

=ISERR (A1)

参数 value 可以是空白（空单元格）、错误值、逻辑值、文本、数字、引用值，或者引用要检验的以上任意值的名称

例：检验数据是否为错误值“#N/A”

本例表格中在计算补贴金额时，为了方便公式的复制，产生了一些不必要的错误值（见图 8-35），现在想对数据计算结果进行整理，以得到正确的显示结果。

扫一扫，看视频

❶ 选中 C2 单元格，在编辑栏中输入公式：

```
=IF(ISERR(A2*500),"",A2*500)
```

❷ 按 Enter 键后，向下复制公式即可避免错误值的产生，如图 8-36 所示。

	A	B	C
1	村名	补贴金额	
2	凌岩	#VALUE!	
3	12	6000	
4	白云	#VALUE!	
5	8	4000	
6	西峰	#VALUE!	
7	12	6000	
8	西冲	#VALUE!	
9	15	7500	
10	青河	#VALUE!	
11	17	8500	
12	赵村	#VALUE!	
13	20	10000	

图 8-35

C2 =IF(ISERR(A2*500),"",A2*500)

	A	B	C	D	E
1	村名	补贴金额	正确结果		
2	凌岩	#VALUE!			
3	12	6000	6000		
4	白云	#VALUE!			
5	8	4000	4000		
6	西峰	#VALUE!			
7	12	6000	6000		
8	西冲	#VALUE!			
9	15	7500	7500		
10	青河	#VALUE!			
11	17	8500	8500		
12	赵村	#VALUE!			
13	20	10000	10000		

图 8-36

【公式解析】

如果 A2*500 返回的是错误值，则返回空值；否则返回 A2*500 的结果

=IF(ISERR(A2*500),"",A2*500)

11. ISREF（检测给定值是否为引用）

【函数功能】ISREF 函数用于判断指定数据是否为引用。

【函数语法】ISREF(value)

value：必需，要检验的值。

【用法解析】

=ISREF(A1)

参数 value 可以是空白（空单元格）、错误值、逻辑值、文本、数字、引用值，或者引用要检验的以上任意值的名称

例：检验给定值是否为引用

扫一扫，看视频

在图 8-37 所示的表格中，C 列是返回值，D 列是对应的公式。从图 8-31 中可以看到，当给定值是引用时，返回 TRUE；当给定值是文本或计算结果时，返回 FALSE。

	A	B	C	D
1	数据A	数据B	是否为引用	公式
2	人力		TRUE	=ISREF(A2)
3	emotion		TRUE	=ISREF(A3)
4	0.0001	0.0009	FALSE	=ISREF(A4*B4)
5	1	9	FALSE	=ISREF(A5*B5)
6		资源	否	=IF((ISREF(资源)),"是","否")
7		""	否	=IF((ISREF("")),"是","否")

图 8-37

12. ISFORMULA（检测单元格内容是否为公式）

【函数功能】ISFORMULA 函数用于判断指定单元格内容是否为公式。

【函数语法】ISFORMULA(reference)

reference：必需，对要测试单元格的引用。引用可以是单元格引用或引用单元格的公式或名称。

例：检验单元格内容是否为公式计算结果

❶ 选中 E2 单元格，在编辑栏中输入公式：

```
=ISFORMULA(D2)
```

扫一扫，看视频

❷ 按 Enter 键后，向下复制公式即可对 D 列中的各个单元格内容进行检测，返回 TRUE 的表示是公式计算结果，返回 FALSE 的表示不是公式计算结果，如图 8-38 所示。

E2 =ISFORMULA(D2)

	A	B	C	D	E
1	编号	单价	销售量	总销售额	检测结果
2	001	45	80	3600	TRUE
3	002	38.8	无	无	FALSE
4	003	47.5	75	3562.5	TRUE
5	004	35.8	81	2899.8	TRUE
6	005	32.7	无	无	FALSE
7	006	44	75	3300	TRUE
8	007	38	77	2926	TRUE

图 8-38

8.3 其他信息函数

1. NA（返回错误值“#N/A”）

【函数功能】NA 函数用于返回错误值“#N/A”。

【函数语法】NA( )

NA 函数没有参数。

【用法解析】

只要使用公式“=NA( )”，就返回错误值“#N/A”，如图 8-39 所示。

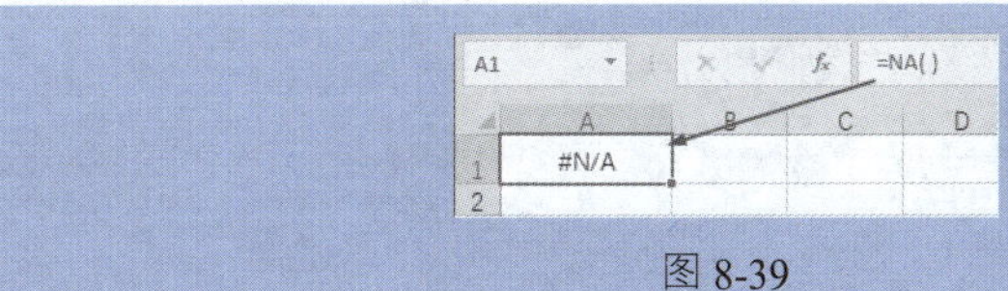

图 8-39

2. N（将参数转换为数值并返回）

【函数功能】N 函数用于返回转换为数值后的值。

【函数语法】N(value)

value：要转换的值。参数可以直接输入值，也可以是单元格的引用。

【用法解析】

不同类型的值经过 N 函数转换后的返回值见表 8-6。

表 8-6　value 参数与 N 函数返回值

value 参数	N 函数返回值
数字	该数字
日期	该日期的序列号
TRUE	1
FALSE	0
错误值	错误值
其他值	0

例 1：将指定的数据转换为数值

扫一扫，看视频

在图 8-40 所示的表格中，当销售量没有数据时显示文字“无”。

❶ 选中 C2 单元格，在编辑栏中输入公式：

```
=N(B2)
```

❷ 按 Enter 键后，向下复制公式即可将文字转换为数字 0，如图 8-40 所示。

通过转换，可以看到当对 B 列数据求平均值时，中文不计算在内；当对 C 列数据求平均值时，因为中文被转换成了数字 0，所以计算平均值时也计算在内，如图 8-41 所示。

C2　=N(B2)

	A	B	C
1	姓名	销售量	转换后数据
2	王明阳	36	36
3	黄照先	无	0
4	夏红蕊	12	12
5	贾云馨	20	20
6	陈世发	无	0
7	马雪蕊	23	23
8	李沐天	54	54

图 8-40

	A	B	C
1	姓名	销售量	转换后数据
2	王明阳	36	36
3	黄照先	无	0
4	夏红蕊	12	12
5	贾云馨	20	20
6	陈世发	无	0
7	马雪蕊	23	23
8	李沐天	54	54
9	平均销售量	29	21

图 8-41

例 2：根据订单日期自动生成订单编号

在一份销售记录表中记录了某一类产品订单的生成日期，要求根据订单生成日期的序列号与当前行号自动生成订单编号。

❶ 选中 A2 单元格，在编辑栏中输入公式：

```
=N(B2)&"-"&ROW(A1)
```

❷ 按 Enter 键即可根据 B2 单元格中的订单生成日期生成订单编号，如图 8-42 所示。

❸ 向下复制 A2 单元格的公式，即可实现批量生成订单编号，如图 8-43 所示。

A2　=N(B2)&"-"&ROW(A1)

	A	B	C	D	E
1	订单编号	订单生成日期	数量	总金额	
2	45383-1	2024-4-1	116	39000	
3		2024-4-12	55	7800	
4		2024-4-19	1090	11220	
5		2024-5-5	200	51000	
6		2024-5-16	120	40000	
7		2024-5-19	45	4800	
8		2024-5-29	130	49100	

图 8-42

	A	B	C	D
1	订单编号	订单生成日期	数量	总金额
2	45383-1	2024-4-1	116	39000
3	45394-2	2024-4-12	55	7800
4	45401-3	2024-4-19	1090	11220
5	45417-4	2024-5-5	200	51000
6	45428-5	2024-5-16	120	40000
7	45431-6	2024-5-19	45	4800
8	45441-7	2024-5-29	130	49100

图 8-43

【公式解析】

① 将 B2 单元格中的日期转换为序列号

② 返回 A1 单元格的行号。公式向下复制时会依次返回 2、3、4 等

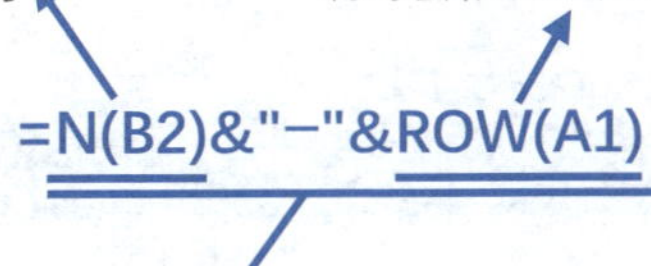

③ 使用连接符将①和②的返回结果相连接

3. PHONETIC（连接文本）

【函数功能】提取文本字符串中的拼音（furigana）字符。也就是说，此函数起到连接文本的作用。

【函数语法】PHONETIC(reference)

reference：必需，文本字符串或对单个单元格或包含拼音文本字符串的单元格区域的引用。

【用法解析】

=PHONETIC(A1:C3)

如果是多行多列，则 PHONETIC 函数的连接顺序为：先行后列，从左向右，由上到下。如果 reference 为不相邻单元格的区域，将返回错误值 "#N/A"

PHONETIC 函数不支持数字、日期、时间、逻辑值、错误值等。在图 8-44 所示的表格中可以看到，B1 和 B4 单元格中的数字与日期都已被忽略。

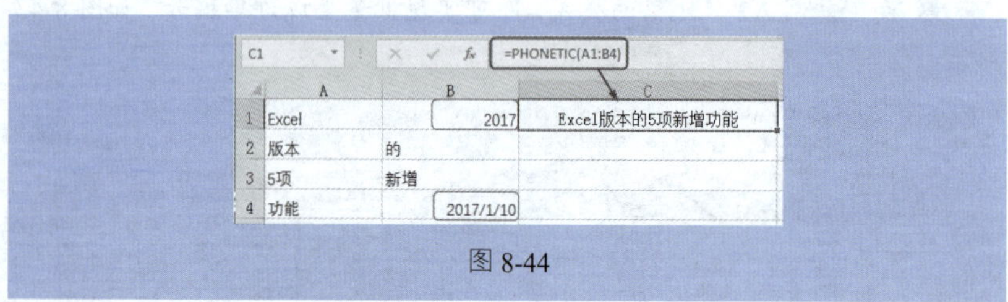

图 8-44

PHONETIC 函数不支持任何公式生成的值。在图 8-45 所示的表格中可以看到，B4 单元格中的值是使用公式得到的。因此，图 8-46 所示的表格在使用 PHONETIC 函数连接时，B4 单元格中的值被忽略。

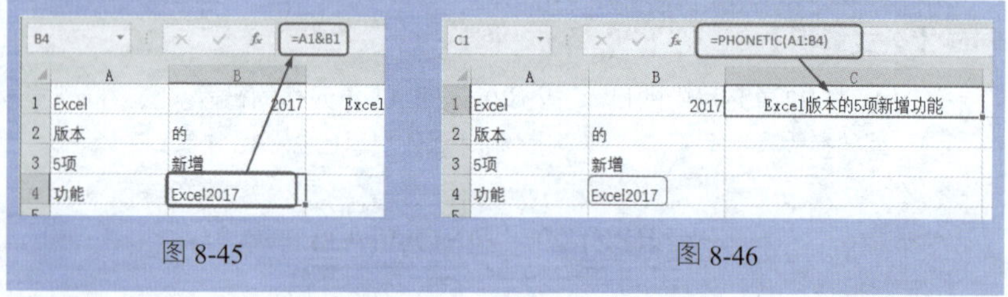

图 8-45　　图 8-46

例：整理不规则的公司制度

扫一扫，看视频

图 8-47 所示的表格中的数据由复制得来，本该一行显示的数据分成了多行显示，可以使用 PHONETIC 函数连接整理。

❶ 选中 C1 单元格，在编辑栏中输入公式：

```
=PHONETIC(A1:A6)
```

❷ 按 Enter 键即可返回连接后的数据，如图 8-47 所示。

❸ 选中 C2 单元格，在编辑栏中输入公式：

```
=PHONETIC(B1:B8)
```

❹ 按 Enter 键即可返回连接后的数据，如图 8-48 所示。

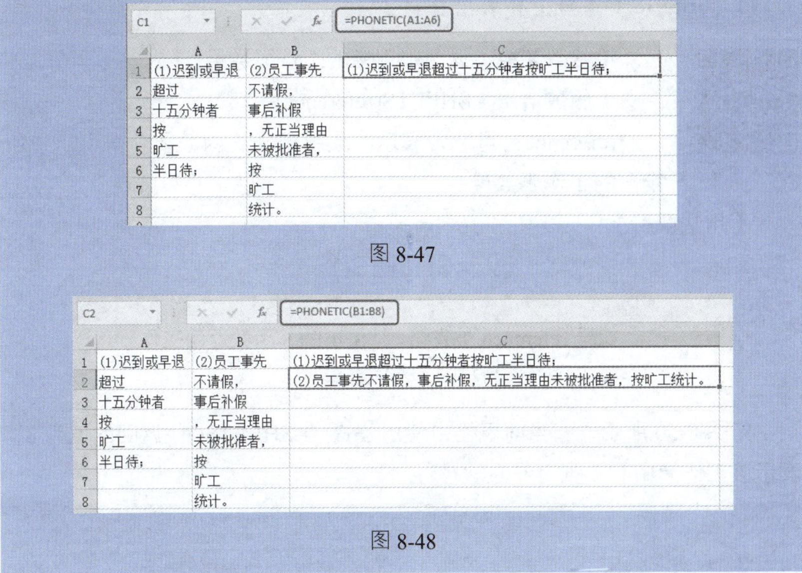

	A	B	C
1	(1)迟到或早退	(2)员工事先	(1)迟到或早退超过十五分钟者按旷工半日待;
2	超过	不请假,	
3	十五分钟者	事后补假	
4	按	,无正当理由	
5	旷工	未被批准者,	
6	半日待;	按	
7		旷工	
8		统计。	

图 8-47

	A	B	C
1	(1)迟到或早退	(2)员工事先	(1)迟到或早退超过十五分钟者按旷工半日待;
2	超过	不请假,	(2)员工事先不请假,事后补假,无正当理由未被批准者,按旷工统计。
3	十五分钟者	事后补假	
4	按	,无正当理由	
5	旷工	未被批准者,	
6	半日待;	按	
7		旷工	
8		统计。	

图 8-48

4. SHEET（返回工作表编号）

扫一扫，看视频

【函数功能】返回引用工作表的工作表编号。

【函数语法】SHEET(value)

value：可选，为所需返回工作表编号的工作表或引用的名称。

【用法解析】

如果 value 被省略，则 SHEET 函数返回含有该函数的工作表编号

如图 8-49 所示，在当前表格中使用公式“=SHEET()”返回的值为 2，表示该工作表是当前工作簿中的第 2 张工作表。

	A	B	C	D	E	F
1	订单编号	订单生成日期	数量	总金额		
2	45383-1	2024-4-1	116	39000		2
3	45394-2	2024-4-12	55	7800		
4	45401-3	2024-4-19	1090	11220		
5	45417-4	2024-5-5	200	51000		
6	45428-5	2024-5-16	120	40000		
7	45431-6	2024-5-19	45	4800		
8	45441-7	2024-5-29	130	49100		

图 8-49

5. SHEETS（返回工作表总数量）

扫一扫，看视频

【函数功能】返回引用中的工作表数量。

【函数语法】SHEETS(reference)

reference：可选，表示一项引用，此函数要获得引用中所包含的工作表数量。

【用法解析】

如果 reference 被省略，则 SHEETS 函数返回工作簿中含有该函数的工作表数量

如图 8-50 所示，在当前表格中使用公式“=SHEETS()”返回的值为 3，表示该工作簿中有 3 张工作表。

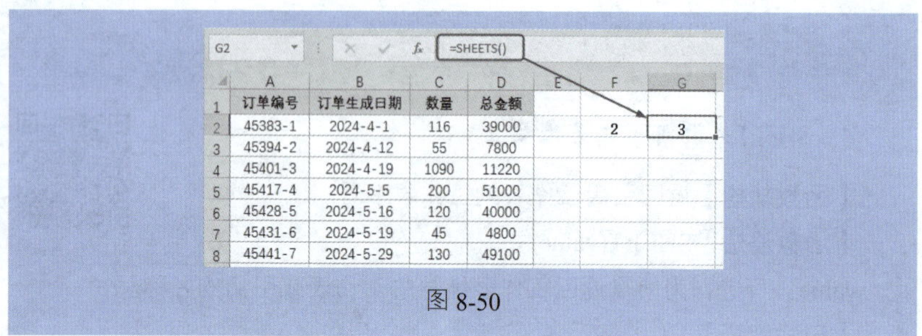

G2 =SHEETS()

	A	B	C	D	E	F	G
1	订单编号	订单生成日期	数量	总金额			
2	45383-1	2024-4-1	116	39000		2	3
3	45394-2	2024-4-12	55	7800			
4	45401-3	2024-4-19	1090	11220			
5	45417-4	2024-5-5	200	51000			
6	45428-5	2024-5-16	120	40000			
7	45431-6	2024-5-19	45	4800			
8	45441-7	2024-5-29	130	49100			

图 8-50

第9章 数学函数

9.1 求和运算

在进行数据运算时，求和运算是最常用的运算之一，不仅包括简单的基础求和，还包括按条件求和。当使用函数进行求和运算时，可以在单张工作表或多张工作表中进行，如对多表数据一次性求和。例如，SUMIF 函数可以按指定条件求和，如统计各部门工资之和、对某一类数据求和等。SUMIFS 函数可按多重条件求和，如统计指定店面中指定品牌的销售总额、按月汇总出库量、多条件对某一类数据求和等。另外，本节还将重点介绍一个既可以按条件求和又可以计数的函数：SUMPRODUCT。

1. SUM（对给定的数据区域求和）

【函数功能】SUM 函数可以将指定为参数的所有数字相加。每个参数都可以是区域、单元格引用、数组、常量、公式或另一个函数的结果。

【函数语法】SUM(number1,[number2],...])

- number1：必需，想要相加的第一个数值参数。
- number2,...：可选，想要相加的第 2~255 个数值参数。

【用法解析】

SUM 函数参数的写法也有多种形式：

=SUM(1,2,3)

当前有 3 个参数，参数间用逗号分隔，参数个数最少是 1 个，最多只能设置 255 个。当前公式的计算结果等同于“=1+2+3”。

也可引用其他工作表中的单元格区域

=SUM(D2:D3,D9:D10,Sheet2!A1:A3)

共 3 个参数，因为单元格区域是不连续的，所以必须分别使用各自的单元格区域，中间用逗号分隔。公式计算结果等同于将这几个单元格区域中的所有值相加除了单元格引用和数值，SUM 函数的参数还可以是其他公式的计算结果。例如：

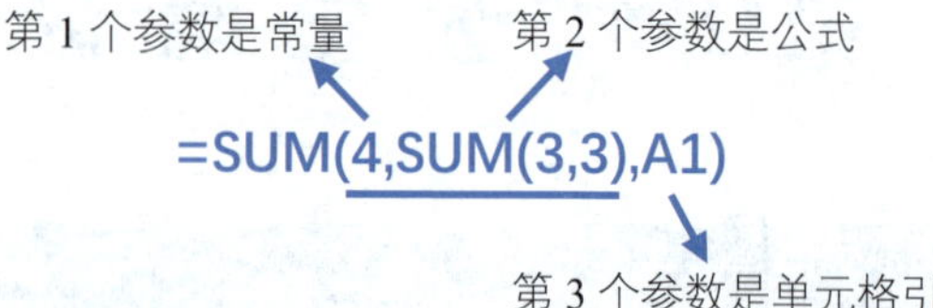

将单元格引用设置为 SUM 函数的参数，如果单元格中包含非数值类型的数据，SUM 函数会忽略它们，只计算其中的数值，如图 9-1 所示。

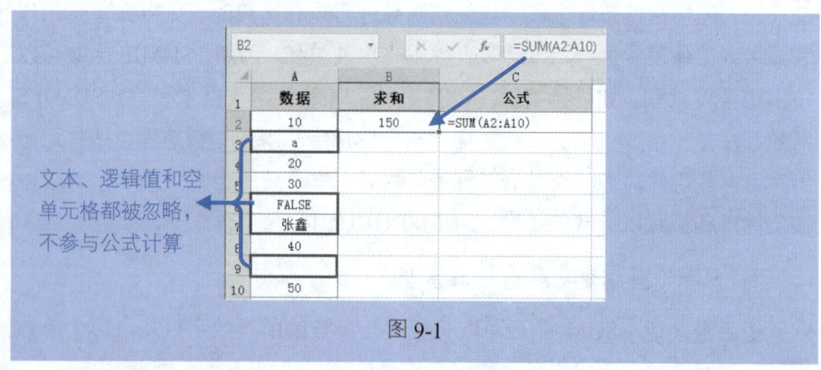

图 9-1

但 SUM 函数不会忽略错误值，如果参数中包含错误，公式将返回错误值，如图 9-2 所示。

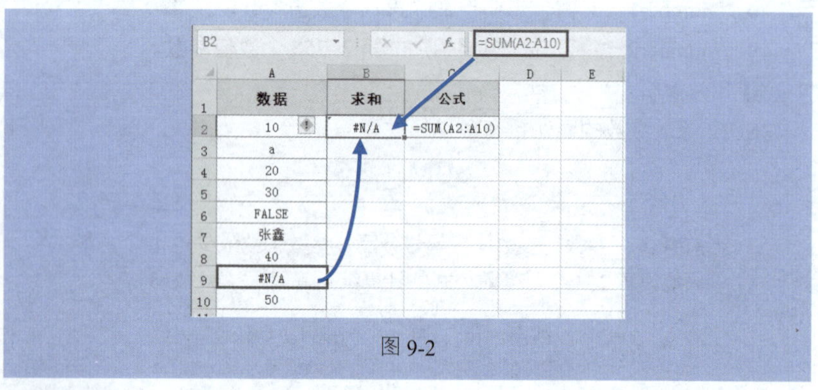

图 9-2

扫一扫，看视频

例 1：快速求总销售额（用“自动求和”按钮）

如图 9-3 所示，表格中统计了公司每位销售员一季度各月的销售额，现在需要批量计算每位销售员第一季度的总销售额。

	A	B	C	D	E	F
1	所属部门	姓名	1月	2月	3月	一季度销售额
2	销售1部	何志新	12900	13850	9870	36620
3	销售1部	周志鹏	16780	9790	10760	37330
4	销售1部	夏楚奇	9800	11860	12900	34560
5	销售2部	周金星	8870	9830	9600	28300
6	销售2部	张明宇	9860	10800	11840	32500
7	销售2部	赵思飞	9790	11720	12770	34280
8	销售3部	韩佳人	8820	9810	8960	27590
9	销售3部	刘莉莉	9879	12760	10790	33429
10	销售3部	吴世芳	11860	9849	10800	32509
11	销售3部	王淑芬	10800	9870	12880	33550

图 9-3

❶ 选中 F2 单元格，在“公式”选项卡的“函数库”选项组中单击“自动求和”按钮（见图 9-4），即可在 F2 单元格中自动输入求和公式（见图 9-5）：

```
=SUM(C2:E2)
```

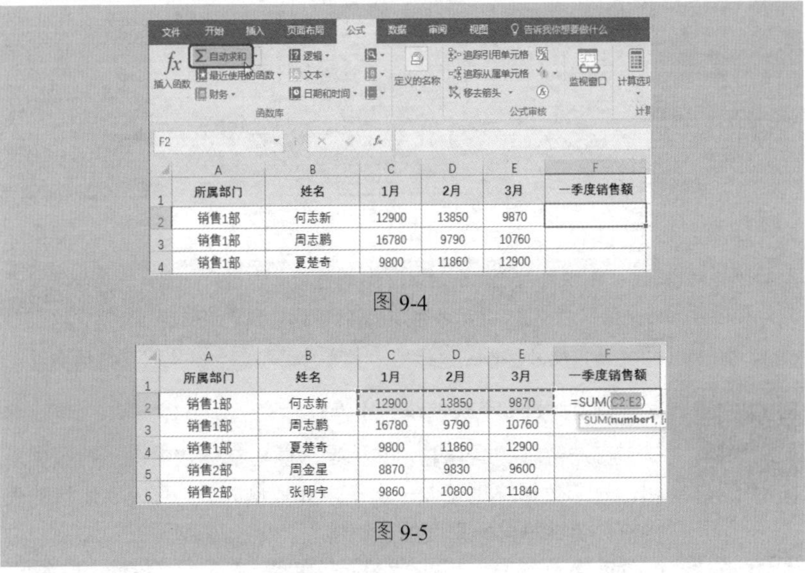

	A	B	C	D	E	F
1	所属部门	姓名	1月	2月	3月	一季度销售额
2	销售1部	何志新	12900	13850	9870	
3	销售1部	周志鹏	16780	9790	10760	
4	销售1部	夏楚奇	9800	11860	12900	

图 9-4

	A	B	C	D	E	F
1	所属部门	姓名	1月	2月	3月	一季度销售额
2	销售1部	何志新	12900	13850	9870	=SUM(C2:E2)
3	销售1部	周志鹏	16780	9790	10760	
4	销售1部	夏楚奇	9800	11860	12900	
5	销售2部	周金星	8870	9830	9600	
6	销售2部	张明宇	9860	10800	11840	

图 9-5

❷ 按 Enter 键，即可根据 C2、D2、E2 中的数值求出一季度的总销售额，如图 9-6 所示。将 F2 单元格的公式向下填充，可一次得到批量计算结果。

	A	B	C	D	E	F
1	所属部门	姓名	1月	2月	3月	一季度销售额
2	销售1部	何志新	12900	13850	9870	36620
3	销售1部	周志鹏	16780	9790	10760	
4	销售1部	夏楚奇	9800	11860	12900	

图 9-6

在单击“自动求和”按钮时，程序会自动判断当前数据源的情况，默认填入参数，一般连续的数据区域都会被自动默认作为参数。如果并不是要对默认的参数进行计算，这时候可以对参数进行修改。

例如，在图 9-7 所示的单元格中要计算销售 1 部在 1 月的总销售额，就需要更改默认的数据源。使用自动求和功能计算，可以看到默认参与计算的单元格区域为 C2:C12。此时，只需用鼠标拖动的方式重新选择 C2:C4 单元格区域，即可改变参数，然后按 Enter 键返回计算结果，如图 9-8 所示。

	A	B	C	D
1	所属部门	姓名	1月	2月
2	销售1部	何志新	12900	13850
3	销售1部	周志鹏	16780	9790
4	销售1部	夏楚奇	9800	11860
5	销售2部	周金星	8870	9830
6	销售2部	张明宇	9860	10800
7	销售2部	赵思飞	9790	11720
8	销售3部	韩佳人	8820	9810
9	销售3部	刘莉莉	9879	12760
10	销售3部	吴世芳	11860	9849
11	销售3部	王淑芬	10800	9870
12				
13	销售1部1月总销售额		=SUM(C2:C12)	

图 9-7

	A	B	C	D
1	所属部门	姓名	1月	2月
2	销售1部	何志新	12900	13850
3	销售1部	周志鹏	16780	9790
4	销售1部	夏楚奇	9800	11860
5	销售2部	周金星	8870	9830
6	销售2部	张明宇	9860	10800
7	销售2部	赵思飞	9790	11720
8	销售3部	韩佳人	8820	9810
9	销售3部	刘莉莉	9879	12760
10	销售3部	吴世芳	11860	9849
11	销售3部	王淑芬	10800	9870
12				
13	销售1部1月总销售额		39480	

图 9-8

注意：

“自动求和”并不仅仅用于求和运算，而是将几个常用的快速计算的函数集成到此处，方便用户使用。单击“自动求和”右侧的下拉按钮，可以看到还有平均值、最大值、最小值以及计数等选项。当要使用这些运算时，可以从这里快速选择。

扫一扫，看视频

例 2：对一个数据块一次性求和

在进行求和运算时，并不是只能对一列数据、一行数据求和，一个数据块也可以一次性求和。例如，在图 9-9 所示的表格中，要计算出一季度的总销售额。

SUMIF　=SUM(C2:E7)

	A	B	C	D	E	F	G
1	所属部门	姓名	1月	2月	3月		1季度总销售额
2	销售1部	何志新	12900	13850	9870		=SUM(C2:E7)
3	销售1部	周志鹏	16780	9790	10760		
4	销售1部	夏楚奇	9800	11860	12900		
5	销售2部	周金星	8870	9830	9600		
6	销售2部	张明宇	9860	10800	11840		
7	销售2部	赵思飞	9790	11720	12770		

图 9-9

❶ 选中 G2 单元格，在编辑栏中输入公式（见图 9-9）：

```
=SUM(C2:E7)
```

❷ 按 Enter 键，即可依据 C2:E7 整个单元格区域的数据进行求和计算，如图 9-10 所示。

	A	B	C	D	E	F	G
1	所属部门	姓名	1月	2月	3月		1季度总销售额
2	销售1部	何志新	12900	13850	9870		203590
3	销售1部	周志鹏	16780	9790	10760		
4	销售1部	夏楚奇	9800	11860	12900		
5	销售2部	周金星	8870	9830	9600		
6	销售2部	张明宇	9860	10800	11840		
7	销售2部	赵思飞	9790	11720	12770		

图 9-10

例 3：对多表数据一次性求和

扫一扫，看视频

图 9-11 ~ 图 9-14 所示为 4 张工作表，分别统计了当年 4 个季度每月每位工人的生产量，现在需要计算全年的生产量。这种情况下就需要对多个表格的数据进行求和运算。

	A	B	C	D	E	F
1	所属车间	姓名	性别	1月	2月	3月
2	一车间	何志新	男	129	138	97
3	二车间	周志鹏	男	167	97	106
4	二车间	夏楚奇	男	96	113	129
5	一车间	周金星	女	85	95	96
6	二车间	张明宇	男	79	104	115
7	一车间	赵思飞	男	97	117	123
8	二车间	韩佳人	女	86	91	88
9	一车间	刘莉莉	女	98	126	102
10	二车间	吴世芳	女	112	99	105
11	一车间	王淑芬	女	107	90	121

1季度　2季度　3季度　4季度

图 9-11

	A	B	C	D	E	F
1	所属车间	姓名	性别	4月	5月	6月
2	一车间	何志新	男	130	124	130
3	二车间	周志鹏	男	14	131	121
4	二车间	夏楚奇	男	110	101	124
5	一车间	周金星	女	112	125	108
6	二车间	张明宇	男	104	131	117
7	一车间	赵思飞	男	124	135	103
8	二车间	韩佳人	女	131	102	91
9	一车间	刘莉莉	女	102	106	105
10	二车间	吴世芳	女	97	134	132
11	一车间	王淑芬	女	118	121	142

1季度　2季度　3季度　4季度

图 9-12

	A	B	C	D	E	F
1	所属车间	姓名	性别	7月	8月	9月
2	一车间	何志新	男	120	112	102
3	二车间	周志鹏	男	112	141	131
4	二车间	夏楚奇	男	109	121	107
5	一车间	周金星	女	105	130	137
6	二车间	张明宇	男	115	105	125
7	一车间	赵思飞	男	124	97	108
8	二车间	韩佳人	女	130	108	104
9	一车间	刘莉莉	女	93	104	97
10	二车间	吴世芳	女	126	114	105
11	一车间	王淑芬	女	116	108	118

1季度　2季度　3季度　4季度

图 9-13

	A	B	C	D	E	F
1	所属车间	姓名	性别	10月	11月	12月
2	一车间	何志新	男	131	120	112
3	二车间	周志鹏	男	120	124	107
4	二车间	夏楚奇	男	114	107	115
5	一车间	周金星	女	115	116	98
6	二车间	张明宇	男	117	102	104
7	一车间	赵思飞	男	108	105	104
8	二车间	韩佳人	女	109	93	109
9	一车间	刘莉莉	女	92	108	117
10	二车间	吴世芳	女	116	115	132
11	一车间	王淑芬	女	108	110	128

1季度　2季度　3季度　4季度

图 9-14

❶ 新建一个工作表作为统计表，选中 D2 单元格，在编辑栏中输入公式前面的部分“=SUM(”，如图 9-15 所示。

❷ 按住 Shift 键，依次在“1 季度”“2 季度”“3 季度”工作表的名称标签上单击（此时，这 3 张工作表和“4 季度”工作表形成了一个工作组），然后利用鼠标拖动的方法选中 D2:F2 单元格区域，如图 9-16 所示。

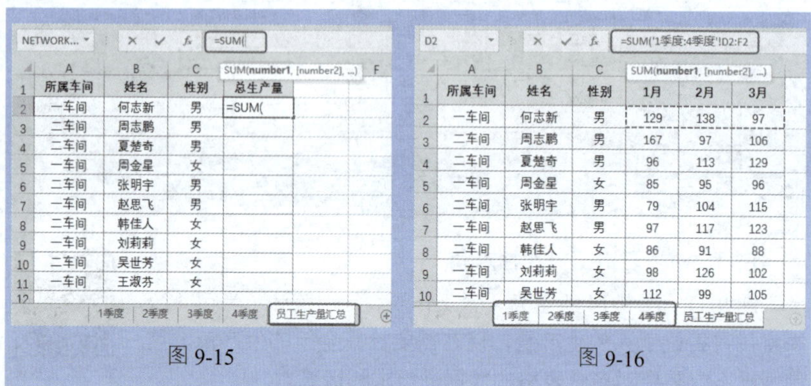

	A	B	C	D
1	所属车间	姓名	性别	总生产量
2	一车间	何志新	男	=SUM(
3	二车间	周志鹏	男	
4	二车间	夏楚奇	男	
5	一车间	周金星	女	
6	二车间	张明宇	男	
7	一车间	赵思飞	男	
8	二车间	韩佳人	女	
9	一车间	刘莉莉	女	
10	二车间	吴世芳	女	
11	一车间	王淑芬	女	

图 9-15

	A	B	C	D	E	F
1	所属车间	姓名	性别	1月	2月	3月
2	一车间	何志新	男	129	138	97
3	二车间	周志鹏	男	167	97	106
4	二车间	夏楚奇	男	96	113	129
5	一车间	周金星	女	85	95	96
6	二车间	张明宇	男	79	104	115
7	一车间	赵思飞	男	97	117	123
8	二车间	韩佳人	女	86	91	88
9	一车间	刘莉莉	女	98	126	102
10	二车间	吴世芳	女	112	99	105

图 9-16

❸ 输入公式的其他运算符号（此公式中只需再输入右括号），按 Enter 键，即可依据“1 季度”“2 季度”“3 季度”“4 季度”工作表中 D2:F2 单元格区域的数值求出“何志新”全年的总生产量，如图 9-17 所示。

❹ 将 F2 单元格的公式向下填充，可一次性计算出每位员工全年的总生产量，如图 9-18 所示。

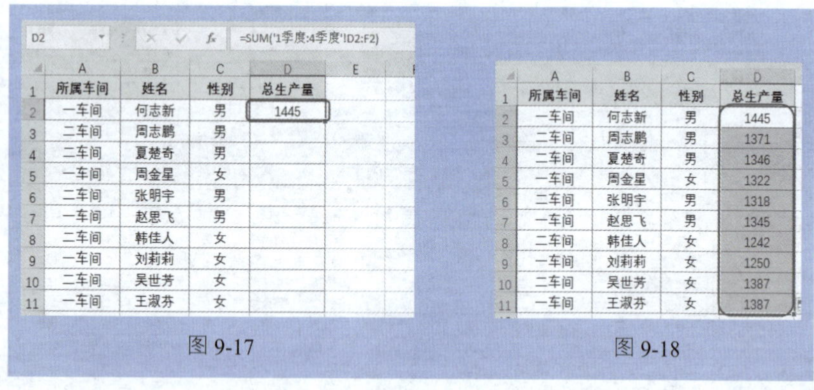

	A	B	C	D
1	所属车间	姓名	性别	总生产量
2	一车间	何志新	男	1445
3	二车间	周志鹏	男	
4	二车间	夏楚奇	男	
5	一车间	周金星	女	
6	二车间	张明宇	男	
7	一车间	赵思飞	男	
8	二车间	韩佳人	女	
9	一车间	刘莉莉	女	
10	二车间	吴世芳	女	
11	一车间	王淑芬	女	

图 9-17

	A	B	C	D
1	所属车间	姓名	性别	总生产量
2	一车间	何志新	男	1445
3	二车间	周志鹏	男	1371
4	二车间	夏楚奇	男	1346
5	一车间	周金星	女	1322
6	二车间	张明宇	男	1318
7	一车间	赵思飞	男	1345
8	二车间	韩佳人	女	1242
9	一车间	刘莉莉	女	1250
10	二车间	吴世芳	女	1387
11	一车间	王淑芬	女	1387

图 9-18

【公式解析】

此公式的计算原理是先要建立工作组，然后在选中参与计算的单元格区域时，表示已经选中了工作组内所有表中相同位置的单元格区域。

公式“=SUM('1 季度:4 季度'!D2:F2)”是对“1 季度”“2 季度”“3 季度”和“4 季度”这 4 张工作表中 D2:F2 单元格区域的数值求和，而不只是计算“1 季度”中 D2:F2 区域的和。通过将公式向下填充可以一次性得到每位员工的全年总生产量，如图 9-19 所示。

D3　=SUM('1季度:4季度'!D3:F3)

	A	B	C	D	E
1	所属车间	姓名	性别	总生产量	
2	一车间	何志新	男	1445	
3	二车间	周志鹏	男	1371	
4	二车间	夏楚奇	男	1346	
5	一车间	周金星	女	1322	
6	二车间	张明宇	男	1318	
7	一车间	赵思飞	男	1345	
8	二车间	韩佳人	女	1242	

复制公式时，引用区域自动变化

图 9-19

有一点需要注意的是，每张工作表中（包括统计表）数据的次序需要保持一致，因为建立的公式需要通过填充批量统计。

例 4：求排名前三的总产值

如图 9-20 所示，表格中统计了每个车间每位员工第一季度每个月的产值，需要找到这 3 个月中前三名的产值并求和。这个公式的设计需要使用 LARGE 函数提取前三名的值，然后在外层嵌套 SUM 函数中进行求和运算。

扫一扫，看视频

	A	B	C	D	E	F	G
1	姓名	性别	1月	2月	3月		前三名总产值
2	何志新	男	129	138	97		
3	周志鹏	男	167	97	106		
4	夏楚奇	男	96	113	129		
5	周金星	女	85	95	96		
6	张明宇	男	79	104	115		
7	赵思飞	男	97	117	123		
8	韩佳人	女	86	91	88		

图 9-20

❶ 选中 G2 单元格，在编辑栏中输入公式：

```
=SUM(LARGE(C2:E8,{1,2,3}))
```

❷ 按 Ctrl+Shift+Enter 组合键，即可依据 C2:E8 单元格区域中的数值求出前三名的总产值，如图 9-21 所示。

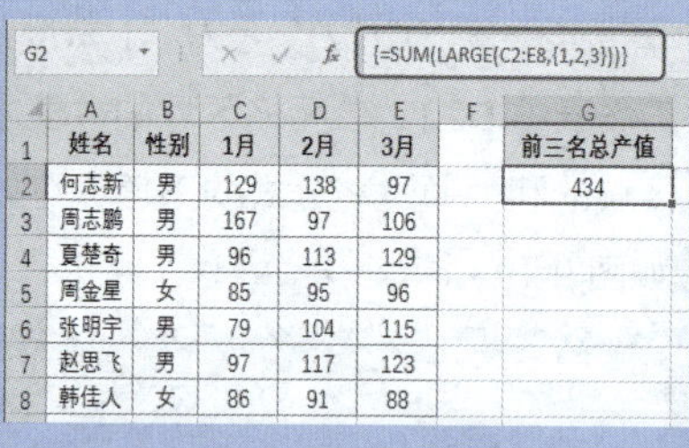

G2　{=SUM(LARGE(C2:E8,{1,2,3}))}

	A	B	C	D	E	F	G
1	姓名	性别	1月	2月	3月		前三名总产值
2	何志新	男	129	138	97		434
3	周志鹏	男	167	97	106		
4	夏楚奇	男	96	113	129		
5	周金星	女	85	95	96		
6	张明宇	男	79	104	115		
7	赵思飞	男	97	117	123		
8	韩佳人	女	86	91	88		

图 9-21

【公式解析】

① 从 C2:E8 区域的数据中返回排名前三名的 3 个数，返回值组成的是一个指数组

=SUM(LARGE(C2:E8,{1,2,3}))

② 对①中的数组进行求和运算

LARGE 函数返回某一数据集中的某个最大值。返回排名第几的那个值，需要用第二个参数指定，如 LARGE(C2:E8,1)，表示返回第一名的值；LARGE(C2:E8,3)，表示返回第三名的值。这里要一次性返回前三名的值，所以在公式中使用了{1,2,3}这样一个常量数组

2. SUMIF（按照指定条件求和）

【函数功能】SUMIF 函数可以对区域中符合指定条件的值求和。

【函数语法】SUMIF(range, criteria, [sum_range])

- range：必需，用于确定条件判断单元格区域。
- criteria：必需，用于确定对哪些单元格求和的条件，其形式可以为数字、表达式、单元格引用、文本或函数。
- sum_range：可选，表示根据条件判断的结果进行计算的单元格区域。

【用法解析】

第 1 个参数是用于条件判断的区域，必须是单元格引用

第 3 个参数是用于求和的区域。行、列数应与第 1 个参数相同

=SUMIF($A$2:$A$5,E2,$C$2:$C$5)

第 2 个参数是求和条件，可以是数字、文本、单元格引用或公式等。如果是文本，必须使用双引号

注意：

在使用 SUMIF 函数时，其参数的设置必须按以下顺序输入：第 1 个参数和第 3 个参数中的数据是一一对应关系，行数与列数必须保持相同。

如果用于条件判断的区域（第 1 个参数）与用于求和的区域（第 3 个参数）是同一单元格区域，则可以省略第 3 个参数。

如图 9-22 所示，F2 单元格的公式为“=SUMIF($A$2:$A$5,E2,$C$2:$C$5)”。其中，用于条件判断的区域为“$A$2:$A$5”；判断条件为“E2”；用于求和的区域为“$C$2:$C$5”。在“$A$2:$A$5”中满足条件“E2”的单元格在“$C$2:$C$5”中对应的数值是 12900 和 9800，对它们进行求和运算，因此公式返回的结果是 22700。

F2 =SUMIF($A$2:$A$5,E2,$C$2:$C$5)

	A	B	C	D	E	F	G
1	所属部门	姓名	销售额		销售部门	总销售额	
2	销售1部	何志新	12900		销售1部	22700	
3	销售2部	周志鹏	16780		销售2部		
4	销售1部	夏楚奇	9800				
5	销售2部	周金星	8870				

图 9-22

例 1：统计各销售员的销售金额

图 9-23 所示的表格是一张销售记录表，现在需要分别统计出每位销售员的总销售额。

扫一扫，看视频

❶ 为不同销售员建立标识，注意不要有空格，不要有错字，下面的公式需要引用单元格，如图 9-23 所示。

	A	B	C	D	E	F	G	H	I
1	销售单号	类别	数量	单价	金额	销售员		销售员	金额
2	0800001	脚垫	1	980	980	王紫玉		王紫玉	
3	0800002	头腰靠枕	4	19.9	79.6	王紫玉		陈欣怡	
4	0800002	香水/空气净化	2	199	398	陈欣怡		刘慧	
5	0800003	香水/空气净化	2	69	138	陈欣怡			
6	0800004	脚垫	3	199	597	王紫玉			
7	0800004	脚垫	1	499	499	王紫玉			
8	0800005	座垫/座套	1	980	980	陈欣怡			
9	0800006	功能小件	1	39	39	刘慧			
10	0800007	座垫/座套	1	680	680	刘慧			
11	080008	座垫/座套	2	169	338	王紫玉			
12	080008	座垫/座套	1	169	169	刘慧			
13	080008	香水/空气净化	4	68	272	刘慧			
14	080009	座垫/座套	2	980	1960	刘慧			
15	080010	头腰靠枕	4	179	716	王紫玉			
16	080011	香水/空气净化	2	68	136	王紫玉			
17	080012	功能小件	1	39	39	王紫玉			
18	080013	头腰靠枕	5	198	990	刘慧			
19	080014	香水/空气净化	2	39	78	陈欣怡			
20	080015	脚垫	1	410	410	陈欣怡			

图 9-23

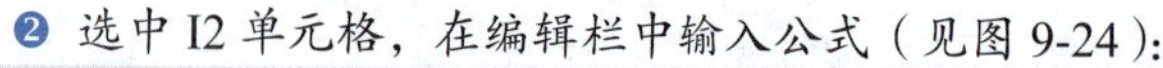

❷ 选中 I2 单元格，在编辑栏中输入公式（见图 9-24）：

```
=SUMIF($F$2:$F$20,H2,$E$2:$E$20)
```

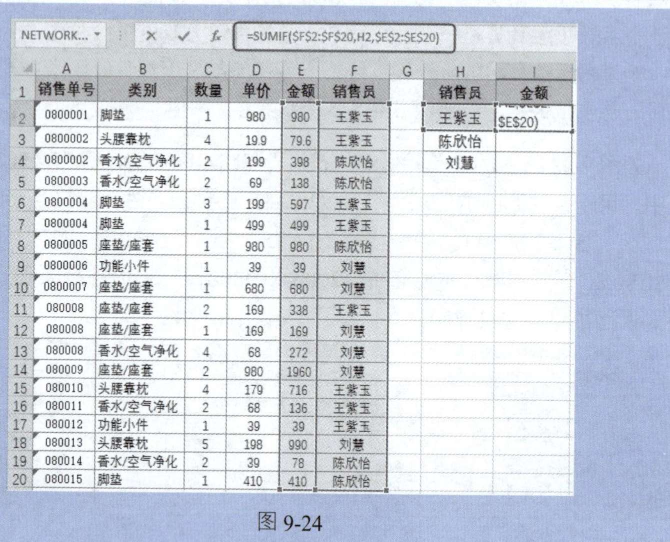

NETWORK... =SUMIF($F$2:$F$20,H2,$E$2:$E$20)

	A	B	C	D	E	F	G	H	I
1	销售单号	类别	数量	单价	金额	销售员		销售员	金额
2	0800001	脚垫	1	980	980	王紫玉		王紫玉	$E$20)
3	0800002	头腰靠枕	4	19.9	79.6	王紫玉		陈欣怡	
4	0800002	香水/空气净化	2	199	398	陈欣怡		刘慧	
5	0800003	香水/空气净化	2	69	138	陈欣怡			
6	0800004	脚垫	3	199	597	王紫玉			
7	0800004	脚垫	1	499	499	王紫玉			
8	0800005	座垫/座套	1	980	980	陈欣怡			
9	0800006	功能小件	1	39	39	刘慧			
10	0800007	座垫/座套	1	680	680	刘慧			
11	080008	座垫/座套	2	169	338	王紫玉			
12	080008	座垫/座套	1	169	169	刘慧			
13	080008	香水/空气净化	4	68	272	刘慧			
14	080009	座垫/座套	2	980	1960	刘慧			
15	080010	头腰靠枕	4	179	716	王紫玉			
16	080011	香水/空气净化	2	68	136	王紫玉			
17	080012	功能小件	1	39	39	王紫玉			
18	080013	头腰靠枕	5	198	990	刘慧			
19	080014	香水/空气净化	2	39	78	陈欣怡			
20	080015	脚垫	1	410	410	陈欣怡			

图 9-24

❸ 按 Enter 键，即可依据 E2:E20 和 F2:F20 单元格区域的数据计算出 H2 单元格中销售员“王紫玉”的总销售额。接着将 I2 单元格的公式向下填充，可一次性得到每位销售员的总销售额，如图 9-25 所示。

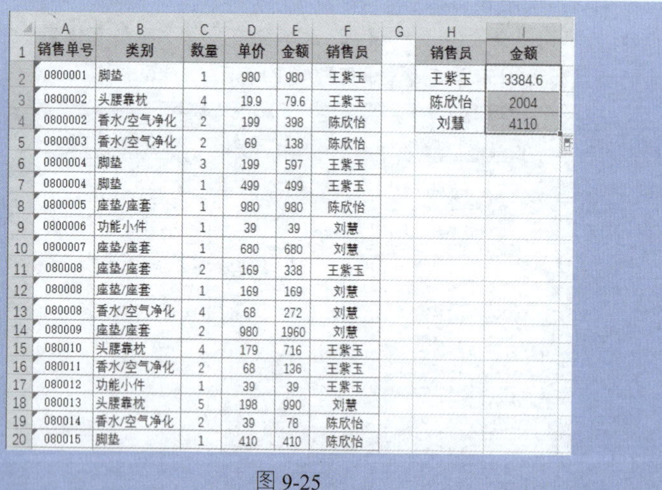

	A	B	C	D	E	F	G	H	I
1	销售单号	类别	数量	单价	金额	销售员		销售员	金额
2	0800001	脚垫	1	980	980	王紫玉		王紫玉	3384.6
3	0800002	头腰靠枕	4	19.9	79.6	王紫玉		陈欣怡	2004
4	0800002	香水/空气净化	2	199	398	陈欣怡		刘慧	4110
5	0800003	香水/空气净化	2	69	138	陈欣怡			
6	0800004	脚垫	3	199	597	王紫玉			
7	0800004	脚垫	1	499	499	王紫玉			
8	0800005	座垫/座套	1	980	980	陈欣怡			
9	0800006	功能小件	1	39	39	刘慧			
10	0800007	座垫/座套	1	680	680	刘慧			
11	080008	座垫/座套	2	169	338	王紫玉			
12	080008	座垫/座套	1	169	169	刘慧			
13	080008	香水/空气净化	4	68	272	刘慧			
14	080009	座垫/座套	2	980	1960	刘慧			
15	080010	头腰靠枕	4	179	716	王紫玉			
16	080011	香水/空气净化	2	68	136	王紫玉			
17	080012	功能小件	1	39	39	王紫玉			
18	080013	头腰靠枕	5	198	990	刘慧			
19	080014	香水/空气净化	2	39	78	陈欣怡			
20	080015	脚垫	1	410	410	陈欣怡			

图 9-25

【公式解析】

① 在条件区域 F2:F20 中找到 H2 中指定销售员所在的单元格

② 如果只是对某一个销售员的总销售额进行计算，可以将这个参数直接换为文本，如“王紫玉”。这里使用相对引用作为这个参数，是为了批量建立公式

=SUMIF($F$2:$F$20,H2,$E$2:$E$20)

③ 将①中找到的满足条件的在 E2:E20 单元格区域中对应的销售额进行求和运算

注意：

在本例公式中，条件判断区域“$F$2:$F$20”和求和区域“$E$2:$E$20”使用了数据源的绝对引用，因为在公式填充过程中，这两部分需要保持不变；而判断条件区域“H2”则需要随着公式的填充进行相应的变化，所以使用了数据源的相对引用。

如果只在单个单元格中应用公式，而不进行复制填充，数据源使用相对引用与绝对引用可返回相同的结果。

例 2：分别统计前半个月与后半个月的销售额

扫一扫，看视频

图 9-26 所示的表格中按日期统计了当月的销售记录，要求分别统计出前半个月与后半个月的销售总额。

	A	B	C	D
1	日期	品名	金额（元）	
2	2024-6-1	带腰带短款羽绒服	489	
3	2024-6-1	低领烫金毛衣	298	
4	2024-6-2	修身低腰牛仔裤	680	
5	2024-6-2	毛昵短裙	522	
6	2024-6-7	毛昵短裙	748	
7	2024-6-9	毛昵短裙	458	
8	2024-6-10	带腰带短款羽绒服	489	
9	2024-6-21	低领烫金毛衣	298	
10	2024-6-22	OL风长款毛昵外套	560	
11	2024-6-24	薰衣草飘袖冬装裙	465	
12	2024-6-25	修身荷花袖外套	565	
13	2024-6-25	低领烫金毛衣	298	
14	2024-6-27	V领全羊毛打底毛衣	228	
15	2024-6-28	小香风羽绒服	568	

图 9-26

❶ 选中 E2 单元格，在编辑栏中输入公式：

```
=SUMIF(A2:A15,"<=2024-6-15",C2:C15)
```

❷ 按 Enter 键即可得出前半个月的销售总金额，如图 9-27 所示。

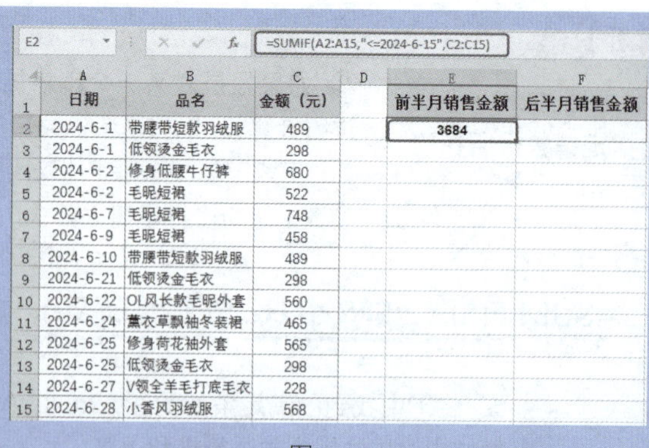

E2 =SUMIF(A2:A15,"<=2024-6-15",C2:C15)

	A	B	C	D	E	F
1	日期	品名	金额（元）		前半月销售金额	后半月销售金额
2	2024-6-1	带腰带短款羽绒服	489		3684	
3	2024-6-1	低领烫金毛衣	298			
4	2024-6-2	修身低腰牛仔裤	680			
5	2024-6-2	毛昵短裙	522			
6	2024-6-7	毛昵短裙	748			
7	2024-6-9	毛昵短裙	458			
8	2024-6-10	带腰带短款羽绒服	489			
9	2024-6-21	低领烫金毛衣	298			
10	2024-6-22	OL风长款毛昵外套	560			
11	2024-6-24	薰衣草飘袖冬装裙	465			
12	2024-6-25	修身荷花袖外套	565			
13	2024-6-25	低领烫金毛衣	298			
14	2024-6-27	V领全羊毛打底毛衣	228			
15	2024-6-28	小香风羽绒服	568			

图 9-27

❸ 选中 F2 单元格，在编辑栏中输入公式：

```
=SUMIF(A2:A15,">2024-6-15",C2:C15)
```

❹ 按 Enter 键即可得出后半个月的销售总金额，如图 9-28 所示。

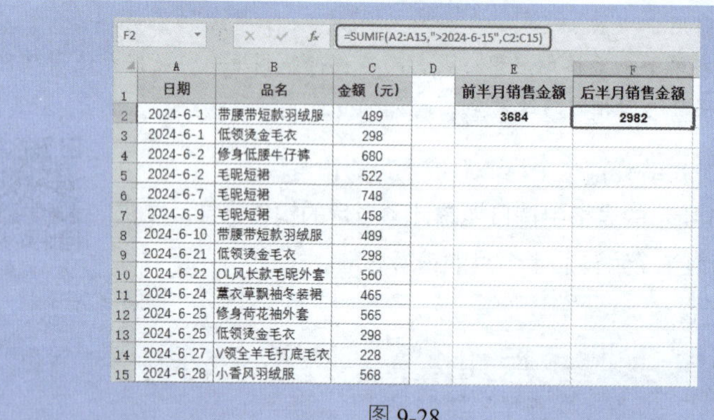

F2 =SUMIF(A2:A15,">2024-6-15",C2:C15)

	A	B	C	D	E	F
1	日期	品名	金额（元）		前半月销售金额	后半月销售金额
2	2024-6-1	带腰带短款羽绒服	489		3684	2982
3	2024-6-1	低领烫金毛衣	298			
4	2024-6-2	修身低腰牛仔裤	680			
5	2024-6-2	毛昵短裙	522			
6	2024-6-7	毛昵短裙	748			
7	2024-6-9	毛昵短裙	458			
8	2024-6-10	带腰带短款羽绒服	489			
9	2024-6-21	低领烫金毛衣	298			
10	2024-6-22	OL风长款毛昵外套	560			
11	2024-6-24	薰衣草飘袖冬装裙	465			
12	2024-6-25	修身荷花袖外套	565			
13	2024-6-25	低领烫金毛衣	298			
14	2024-6-27	V领全羊毛打底毛衣	228			
15	2024-6-28	小香风羽绒服	568			

图 9-28

【公式解析】

① 用于条件判断的区域　　② 用于求和的区域

=SUMIF(A2:A15,">2024-6-15",C2:C15)

③ 条件区域是日期值，所以一定要使用双引号

例 3：用通配符实现按品类统计销售额

由于数据的存在形式多种多样，因此根据不同的数据表现形式，在进行数据计算时要采取不同的应对方式。例如，在

图 9-29 所示的表格中，商品名称都包含商品的品类，但并未建立单独的列表管理品类。这时要想按品类来统计销售额，可以借助通配符来实现。

	A	B	C	D	E
1	商品名称	销售数量	销售金额		手工曲奇总销售金额
2	手工曲奇（迷你）	175	2100		7790
3	手工曲奇（草莓）	146	1971		
4	手工曲奇（红枣）	68	918		
5	马蹄酥（花生）	66	844.8		
6	手工曲奇（香草）	150	2045		
7	伏苓糕（铁盒）	15	537		
8	伏苓糕（椒盐）	54	529.2		
9	伏苓糕（礼盒）	29	1521.5		
10	薄烧（榛果）	20	512		
11	薄烧（醇香）	49	490		
12	手工曲奇（巧克力	35	472.5		
13	薄烧（蔓越莓）	43	430		
14	马蹄酥（椒盐）	30	384		
15	马蹄酥（孜然）	19	376.2		
16	薄烧（杏仁）	32	320		
17	手工曲奇（原味）	21	283.5		
18	马蹄酥（可可）	40	984		
19	伏苓糕（桂花）	20	180		
20	马蹄酥（海苔）	13	166.4		
21	伏苓糕（绿豆沙）	11	99		
22	伏苓糕（香芋）	10	90		

图 9-29

❶ 选中 E2 单元格，在编辑栏中输入公式（见图 9-30）：

```
=SUMIF($A$2:$A$22,"手工曲奇*",$C$2:$C$22)
```

NETWORK... =SUMIF($A$2:$A$22,"手工曲奇*",$C$2:$C$22)

	A	B	C	D	E
1	商品名称	销售数量	销售金额		手工曲奇总销售金额
2	手工曲奇（迷你）	175	2100		$C$22)
3	手工曲奇（草莓）	146	1971		
4	手工曲奇（红枣）	68	918		
5	马蹄酥（花生）	66	844.8		
6	手工曲奇（香草）	150	2045		
7	伏苓糕（铁盒）	15	537		
8	伏苓糕（椒盐）	54	529.2		
9	伏苓糕（礼盒）	29	1521.5		
10	薄烧（榛果）	20	512		
11	薄烧（醇香）	49	490		
12	手工曲奇（巧克力	35	472.5		
13	薄烧（蔓越莓）	43	430		
14	马蹄酥（椒盐）	30	384		
15	马蹄酥（孜然）	19	376.2		
16	薄烧（杏仁）	32	320		
17	手工曲奇（原味）	21	283.5		
18	马蹄酥（可可）	40	984		
19	伏苓糕（桂花）	20	180		
20	马蹄酥（海苔）	13	166.4		
21	伏苓糕（绿豆沙）	11	99		
22	伏苓糕（香芋）	10	90		

图 9-30

❷ 按 Enter 键，即可依据 A2:A22 和 C2:C22 单元格区域的商品名称和销售金额计算出“手工曲奇”这个品类的总销售金额，如图 9-28 所示。

【公式解析】

=SUMIF($A$2:$A$22,"手工曲奇*",$C$2:$C$22)

公式的关键点是对第 2 个参数的设置，其中使用了“*”通配符。“*”可以代替任意字符，表示只要以“手工曲奇”开头的都是统计对象。除了“*”是通配符以外，“?”也是通配符，它用于代替任意单个字符，如“吴？”即代表“吴三”“吴四”“吴有”等，但不能代替“吴有才”，因为“有才”是两个字符。

关于这个例子可以扩展一下，如果要一次性对多个品类进行统计怎么办呢？显然是需要将第 2 个参数设置为单元格的引用方式。首先把品类都列举出来，然后注意观察图 9-31 中公式的处理方式，单元格地址与“*”采用怎样的连接方式，可以将这种连接方式记下来。

F2 =SUMIF($A$2:$A$24,E2&"*",$C$2:$C$24)

	A	B	C	D	E	F
1	商品名称	销售数量	销售金额		品类	总销售金额
2	手工曲奇（迷你）	175	2100		手工曲奇	7790
3	手工曲奇（草莓）	146	1971		马蹄酥	3509.4
4	手工曲奇（红枣）	68	918		伏苓糕	2956.7
5	马蹄酥（花生）	66	844.8		薄烧	2432
6	手工曲奇（香草）	150	2045			

图 9-31

要批量建立公式求解多个品类，则要注意对公式中数据源的引用方式。

扫一扫，看视频

例 4：用通配符求所有车间员工的工资和

如图 9-32 所示，表格统计了工厂各部门员工的基本工资，其中既包括行政人员，又包括“一车间”和“二车间”的工人，现在需要计算车间工人的工资和。

	A	B	C	D	E	F	G
1	所属部门	姓名	性别	职位	基本工资		车间工人工资和
2	一车间	何志新	男	高级技工	3800		25100
3	二车间	周志鹏	男	技术员	4500		
4	财务部	吴思兰	女	会计	3500		
5	一车间	周金星	女	初级技工	2600		
6	人事部	张明宇	男	人事专员	3200		
7	一车间	赵思飞	男	中级技工	3200		
8	财务部	赵新芳	女	出纳	3000		
9	一车间	刘莉莉	女	初级技工	2600		
10	二车间	吴世芳	女	中级技工	3200		
11	后勤部	杨传霞	女	主管	3500		
12	二车间	郑嘉新	男	初级技工	2600		
13	后勤部	顾心怡	女	文员	3000		
14	二车间	侯诗奇	男	初级技工	2600		

图 9-32

❶ 选中 G2 单元格，在编辑栏中输入公式（见图 9-33）：

```
=SUMIF(A2:A14,"?车间",E2:E14)
```

IF | =SUMIF(A2:A14,"?车间",E2:E14)

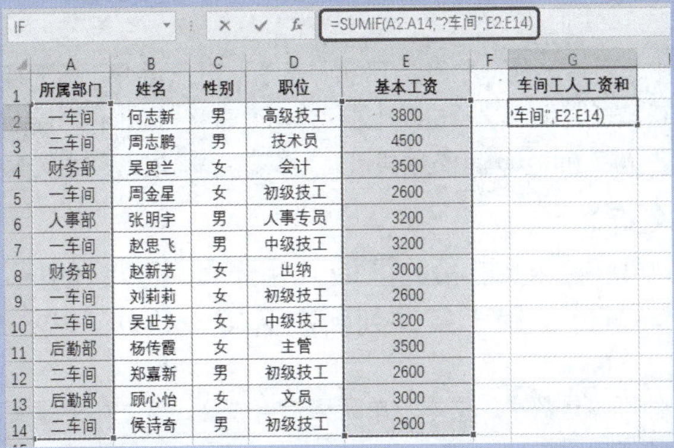

	A	B	C	D	E	F	G
1	所属部门	姓名	性别	职位	基本工资		车间工人工资和
2	一车间	何志新	男	高级技工	3800		车间",E2:E14)
3	二车间	周志鹏	男	技术员	4500		
4	财务部	吴思兰	女	会计	3500		
5	一车间	周金星	女	初级技工	2600		
6	人事部	张明宇	男	人事专员	3200		
7	一车间	赵思飞	男	中级技工	3200		
8	财务部	赵新芳	女	出纳	3000		
9	一车间	刘莉莉	女	初级技工	2600		
10	二车间	吴世芳	女	中级技工	3200		
11	后勤部	杨传霞	女	主管	3500		
12	二车间	郑嘉新	男	初级技工	2600		
13	后勤部	顾心怡	女	文员	3000		
14	二车间	侯诗奇	男	初级技工	2600		

图 9-33

❷ 按 Enter 键，即可依据 A2:A14 和 E2:E14 单元格区域的所属部门和基本工资计算车间工人的工资和，如图 9-32 所示。

【公式解析】

=SUMIF(A2:A14,"?车间",E2:E14)

这个公式与上一个公式相似，只是在“车间”前使用“?”通配符来代替一个文字，因为“车间”前只有一个字，所以使用代表单个字符的“?”通配符即可

3. SUMIFS（对满足多重条件的单元格求和）

【函数功能】SUMIFS 函数用于对某一区域（区域：两个或多于两个单元格的区域；区域可以相邻或不相邻）满足多重条件的单元格求和。

【函数语法】SUMIFS(sum_range, criteria_range1, criteria1, [criteria_range2, criteria2], ...)

- sum_range：必需，对一个或多个单元格求和，包括数字或包含数字的名称、区域或单元格引用。空值和文本值将被忽略。只有当每一个单元格满足为其指定的所有关联条件时，才对这些单元格进行求和。
- criteria_range1：必需，在其中计算关联条件的区域。至少有一个关联条件的区域，最多可有 127 个关联条件的区域。

- criteria1：必需，条件的形式为数字、表达式、单元格或文本。至少有一个条件，最多可有 127 个条件。

注意：

在条件中使用通配符，即问号（?）和星号（*）。其中，问号匹配任意单个字符；星号匹配任意字符序列。另外，SUMIFS 函数中 criteria_range 参数包含的行数和列数必须与 sum_range 参数相同。

【用法解析】

=SUMIFS(用于求和的区域，用于条件判断的区域，条件，用于条件判断的区域，条件……)

条件可以是数字、文本、单元格引用或公式等。如果是文本，必须使用双引号

例 1：统计指定仓库指定商品的出库总数量

扫一扫，看视频

在下面的实例表格中，仓库名称和商品类别都有所不同，现在想分不同的仓库统计某种商品的出库合计数量。要同时判断两个条件进行求和，需要使用 SUMIFS 函数实现。

❶ 为不同的仓库建立标识，注意不要有空格，不要有错字，下面的公式需要引用单元格，如图 9-34 所示。

	A	B	C	D	E	F	G	H
1	出单日期	商品编码	仓库名称	商品类别	销售件数		仓库	瓷片
2	2024-6-8	WJ3606B	建材商城仓库	瓷片	35		西城仓	
3	2024-6-8	WJ3608B	建材商城仓库	瓷片	900		建材商城仓库	
4	2024-6-3	WJ3608C	东城仓	瓷片	550		东城仓	
5	2024-6-4	WJ3610C	东城仓	瓷片	170			
6	2024-6-2	WJ8868	建材商城仓库	大理石	90			
7	2024-6-2	WJ8869	东城仓	大理石	230			
8	2024-6-8	WJ8870	西城仓	大理石	600			
9	2024-6-7	WJ8871	东城仓	大理石	636			
10	2024-6-6	WJ8872	东城仓	大理石	650			
11	2024-6-5	WJ8873	东城仓	大理石	10			
12	2024-6-16	WJ8874	东城仓	大理石	38			
13	2024-6-4	Z8G031	建材商城仓库	抛釉砖	28			
14	2024-6-3	Z8G031	建材商城仓库	抛釉砖	200			
15	2024-6-15	Z8G032	建材商城仓库	抛釉砖	587			
16	2024-6-14	Z8G033	西城仓	抛釉砖	25			
17	2024-6-10	ZG6011	西城仓	瓷片	32			
18	2024-6-17	ZG6012	西城仓	瓷片	1000			
19	2024-6-16	ZG6013	西城仓	抛釉砖	133			
20	2024-6-9	ZG6014	西城仓	瓷片	819			
21	2024-6-4	ZG6015	西城仓	瓷片	900			
22	2024-6-3	ZG6016	西城仓	抛釉砖	817			
23	2024-6-11	ZG6017	西城仓	抛釉砖	274			
24	2024-6-17	ZG63010	东城仓	瓷片	691			
25	2024-6-13	ZG63011A	建材商城仓尼	瓷片	1000			
26	2024-6-19	ZG63016B	建材商城仓尼	瓷片	80			

图 9-34

❷ 选中 H2 单元格，在编辑栏中输入公式（见图 9-35）：

```
=SUMIFS($E$2:$E$26,$C$2:$C$26,G2,$D$2:$D$26,$H$1)
```

NETWORK... | =SUMIFS($E$2:$E$26,$C$2:$C$26,G2,$D$2:$D$26,$H$1)

	A	B	C	D	E	F	G	H	I
1	出单日期	商品编码	仓库名称	商品类别	销售件数		仓库	瓷片	
2	2024-6-8	WJ3606B	建材商城仓库	瓷片	35		西城仓	$E$26))	
3	2024-6-8	WJ3608B	建材商城仓库	瓷片	900		建材商城仓库		
4	2024-6-3	WJ3608C	东城仓	瓷片	550		东城仓		
5	2024-6-4	WJ3610C	东城仓	瓷片	170				
6	2024-6-2	WJ8868	建材商城仓库	大理石	90				
7	2024-6-2	WJ8869	东城仓	大理石	230				
8	2024-6-8	WJ8870	西城仓	大理石	600				
9	2024-6-7	WJ8871	东城仓	大理石	636				
10	2024-6-6	WJ8872	东城仓	大理石	650				
11	2024-6-5	WJ8873	东城仓	大理石	10				
12	2024-6-16	WJ8874	东城仓	大理石	38				
13	2024-6-4	Z8G031	建材商城仓库	抛釉砖	28				
14	2024-6-3	Z8G031	建材商城仓库	抛釉砖	200				
15	2024-6-15	Z8G032	建材商城仓库	抛釉砖	587				
16	2024-6-14	Z8G033	西城仓	抛釉砖	25				
17	2024-6-10	ZG6011	西城仓	瓷片	32				
18	2024-6-17	ZG6012	西城仓	瓷片	1000				
19	2024-6-16	ZG6013	西城仓	抛釉砖	133				
20	2024-6-9	ZG6014	西城仓	瓷片	819				
21	2024-6-4	ZG6015	西城仓	瓷片	900				
22	2024-6-3	ZG6016	西城仓	抛釉砖	817				
23	2024-6-11	ZG6017	西城仓	抛釉砖	274				
24	2024-6-17	ZG63010	东城仓	瓷片	691				
25	2024-6-13	ZG63011A	建材商城仓	瓷片	1000				
26	2024-6-19	ZG63016B	建材商城仓	瓷片	80				

图 9-35

❸ 按 Enter 键，得到的是满足 G2 单元格中仓库名称与 H1 单元格中商品类别名称两个条件的销售件数的总和。接着选中 H2 单元格，向下填充公式，可以对其他仓库的销售件数总和进行统计，如图 9-36 所示。

	A	B	C	D	E	F	G	H
1	出单日期	商品编码	仓库名称	商品类别	销售件数		仓库	瓷片
2	2024-6-8	WJ3606B	建材商城仓库	瓷片	35		西城仓	2751
3	2024-6-8	WJ3608B	建材商城仓库	瓷片	900		建材商城仓库	2015
4	2024-6-3	WJ3608C	东城仓	瓷片	550		东城仓	1411
5	2024-6-4	WJ3610C	东城仓	瓷片	170			
6	2024-6-2	WJ8868	建材商城仓库	大理石	90			
7	2024-6-2	WJ8869	东城仓	大理石	230			
8	2024-6-8	WJ8870	西城仓	大理石	600			
9	2024-6-7	WJ8871	东城仓	大理石	636			
10	2024-6-6	WJ8872	东城仓	大理石	650			
11	2024-6-5	WJ8873	东城仓	大理石	10			
12	2024-6-16	WJ8874	东城仓	大理石	38			
13	2024-6-4	Z8G031	建材商城仓库	抛釉砖	28			
14	2024-6-3	Z8G031	建材商城仓库	抛釉砖	200			
15	2024-6-15	Z8G032	建材商城仓库	抛釉砖	587			
16	2024-6-14	Z8G033	西城仓	抛釉砖	25			
17	2024-6-10	ZG6011	西城仓	瓷片	32			
18	2024-6-17	ZG6012	西城仓	瓷片	1000			
19	2024-6-16	ZG6013	西城仓	抛釉砖	133			
20	2024-6-9	ZG6014	西城仓	瓷片	819			
21	2024-6-4	ZG6015	西城仓	瓷片	900			
22	2024-6-3	ZG6016	西城仓	抛釉砖	817			
23	2024-6-11	ZG6017	西城仓	抛釉砖	274			
24	2024-6-17	ZG63010	东城仓	瓷片	691			
25	2024-6-13	ZG63011A	建材商城仓	瓷片	1000			
26	2024-6-19	ZG63016B	建材商城仓	瓷片	80			

图 9-36

【公式解析】

① 用于求和的区域

② 用于条件判断的区域和第一个条件

③ 用于条件判断的区域和第二个条件，因为第二个条件不变，所以用了绝对引用

=SUMIFS($E$2:$E$26,$C$2:$C$26,G2,$D$2:$D$26,$H$1)

④ 将同时满足②和③的记录对应在①中的销售件数进行求和运算，返回的计算结果即为“西城仓”中“瓷片”的总销售件数

注意：

整个公式中只有 G2 是相对引用，其他全部为绝对引用，因为在复制公式时只有 G2 中的对象是需要变动的。

例 2：按月汇总出库量

扫一扫，看视频

如图 9-37 所示，表格统计了 5 月和 6 月的出货数量，由于录入的数据较粗糙，因此日期顺序较乱。现在需要使用函数分别计算这两个月中每个月的出库量。

	A	B	C	D	E	F	G
1	日期	商品编号	规格	出货数量		月份	出库量
2	2024-5-5	ZG63012A	300*600	856		5月	8500
3	2024-5-8	ZG63012B	300*600	460		6月	6177
4	2024-5-19	ZG63013B	300*600	1015			
5	2024-5-18	ZG63013C	300*600	930			
6	2024-6-22	ZG63015A	300*600	1044			
7	2024-6-2	ZG63016A	300*600	550			
8	2024-6-8	ZG63016B	300*600	846			
9	2024-5-7	ZG63016C	300*600	902			
10	2024-6-6	ZG6605	600*600	525			
11	2024-5-5	ZG6606	600*600	285			
12	2024-6-4	ZG6607	600*600	453			
13	2024-5-4	ZG6608	600*600	910			
14	2024-6-3	ZGR80001	600*600	806			
15	2024-5-15	ZGR80001	800*800	1030			
16	2024-6-14	ZGR80002	800*800	988			
17	2024-5-23	ZGR80005	800*800	980			
18	2024-5-12	ZGR80008	600*600	500			
19	2024-6-11	ZGR80008	800*800	965			
20	2024-5-10	ZGR80012	800*800	632			

图 9-37

❶ 选中 G2 单元格，在编辑栏中输入公式（见图 9-38）：

```
=SUMIFS(D2:D20,A2:A20,">=24-5-1",A2:A20,"<=24-5-31")
```

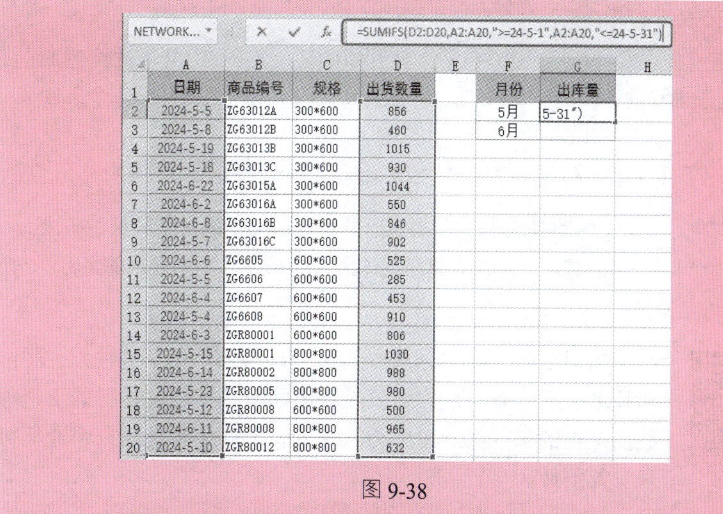

NETWORK... =SUMIFS(D2:D20,A2:A20,">=24-5-1",A2:A20,"<=24-5-31")

	A	B	C	D	E	F	G	H
1	日期	商品编号	规格	出货数量		月份	出库量	
2	2024-5-5	ZG63012A	300*600	856		5月	5-31")	
3	2024-5-8	ZG63012B	300*600	460		6月		
4	2024-5-19	ZG63013B	300*600	1015				
5	2024-5-18	ZG63013C	300*600	930				
6	2024-6-22	ZG63015A	300*600	1044				
7	2024-6-2	ZG63016A	300*600	550				
8	2024-6-8	ZG63016B	300*600	846				
9	2024-5-7	ZG63016C	300*600	902				
10	2024-6-6	ZG6605	600*600	525				
11	2024-5-5	ZG6606	600*600	285				
12	2024-6-4	ZG6607	600*600	453				
13	2024-5-4	ZG6608	600*600	910				
14	2024-6-3	ZGR80001	600*600	806				
15	2024-5-15	ZGR80001	800*800	1030				
16	2024-6-14	ZGR80002	800*800	988				
17	2024-5-23	ZGR80005	800*800	980				
18	2024-5-12	ZGR80008	600*600	500				
19	2024-6-11	ZGR80008	800*800	965				
20	2024-5-10	ZGR80012	800*800	632				

图 9-38

❷ 按 Enter 键，即可依据 A2:A20 和 D2:D20 单元格区域的日期和出货数量计算出 5 月的出库量。

❸ 选中 G3 单元格，在编辑栏中输入公式（见图 9-39）：

```
=SUMIFS(D2:D20,A2:A20,">=24-6-1",A2:A20,"<=24-6-30")
```

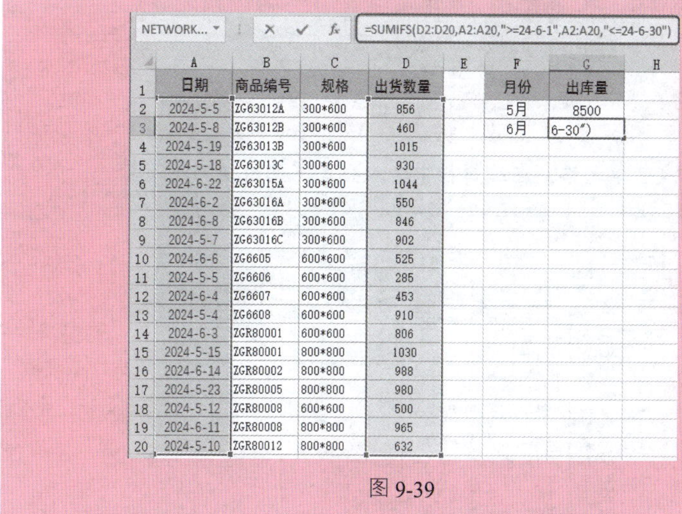

NETWORK... =SUMIFS(D2:D20,A2:A20,">=24-6-1",A2:A20,"<=24-6-30")

	A	B	C	D	E	F	G	H
1	日期	商品编号	规格	出货数量		月份	出库量	
2	2024-5-5	ZG63012A	300*600	856		5月	8500	
3	2024-5-8	ZG63012B	300*600	460		6月	6-30")	
4	2024-5-19	ZG63013B	300*600	1015				
5	2024-5-18	ZG63013C	300*600	930				
6	2024-6-22	ZG63015A	300*600	1044				
7	2024-6-2	ZG63016A	300*600	550				
8	2024-6-8	ZG63016B	300*600	846				
9	2024-5-7	ZG63016C	300*600	902				
10	2024-6-6	ZG6605	600*600	525				
11	2024-5-5	ZG6606	600*600	285				
12	2024-6-4	ZG6607	600*600	453				
13	2024-5-4	ZG6608	600*600	910				
14	2024-6-3	ZGR80001	600*600	806				
15	2024-5-15	ZGR80001	800*800	1030				
16	2024-6-14	ZGR80002	800*800	988				
17	2024-5-23	ZGR80005	800*800	980				
18	2024-5-12	ZGR80008	600*600	500				
19	2024-6-11	ZGR80008	800*800	965				
20	2024-5-10	ZGR80012	800*800	632				

图 9-39

❹ 按 Enter 键，即可依据 A2:A20 和 D2:D20 单元格区域的日期和出货数量计算出 6 月的出库量。

【公式解析】

① 用于求和的区域

② 用于条件判断的区域和第一个条件

③ 用于条件判断的区域和第二个条件

=SUMIFS(D2:D20,A2:A20,">=24-5-1",A2:A20,"<=24-5-31")

④ 将同时满足②和③的记录对应在①中的出货数量进行求和运算，返回的计算结果即为两个日期区间的总出库量

例 3：多条件对某一类数据求总和

扫一扫，看视频

如图 9-40 所示，表格统计了公司各部门员工的性别、职位和基本工资信息。现在需要统计出所有车间男性员工的工资总额。这里的车间有一车间与二车间，因此需要使用一个通配符来设置条件。

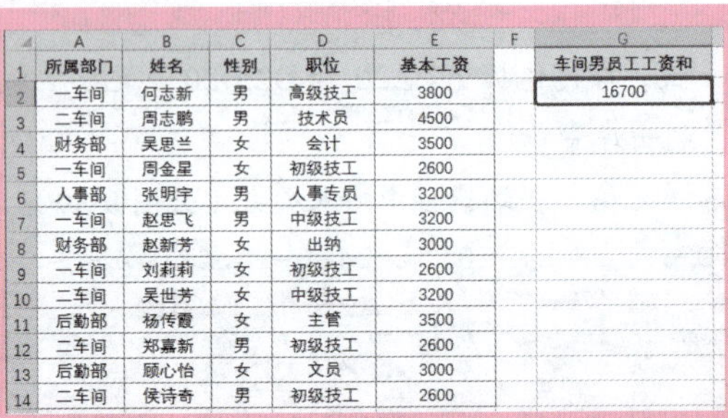

	A	B	C	D	E	F	G
1	所属部门	姓名	性别	职位	基本工资		车间男员工工资和
2	一车间	何志新	男	高级技工	3800		16700
3	二车间	周志鹏	男	技术员	4500		
4	财务部	吴思兰	女	会计	3500		
5	一车间	周金星	女	初级技工	2600		
6	人事部	张明宇	男	人事专员	3200		
7	一车间	赵思飞	男	中级技工	3200		
8	财务部	赵新芳	女	出纳	3000		
9	一车间	刘莉莉	女	初级技工	2600		
10	二车间	吴世芳	女	中级技工	3200		
11	后勤部	杨传霞	女	主管	3500		
12	二车间	郑嘉新	男	初级技工	2600		
13	后勤部	顾心怡	女	文员	3000		
14	二车间	侯诗奇	男	初级技工	2600		

图 9-40

❶ 选中 G2 单元格，在编辑栏中输入公式（见图 9-41）：

```
=SUMIFS(E2:E14,A2:A14,"?车间",C2:C14,"男")
```

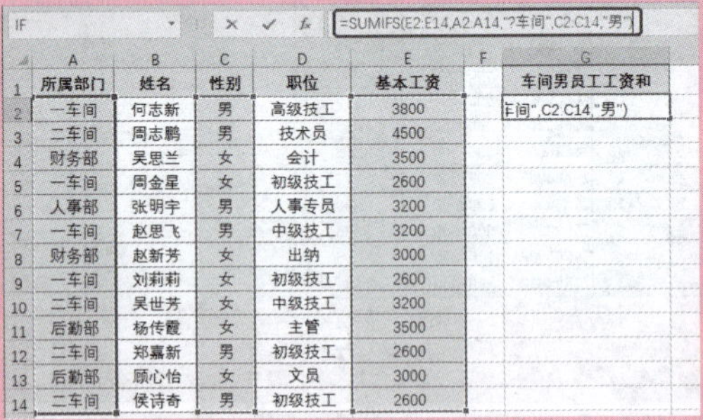

IF | =SUMIFS(E2:E14,A2:A14,"?车间",C2:C14,"男")

	A	B	C	D	E	F	G
1	所属部门	姓名	性别	职位	基本工资		车间男员工工资和
2	一车间	何志新	男	高级技工	3800		车间",C2:C14,"男")
3	二车间	周志鹏	男	技术员	4500		
4	财务部	吴思兰	女	会计	3500		
5	一车间	周金星	女	初级技工	2600		
6	人事部	张明宇	男	人事专员	3200		
7	一车间	赵思飞	男	中级技工	3200		
8	财务部	赵新芳	女	出纳	3000		
9	一车间	刘莉莉	女	初级技工	2600		
10	二车间	吴世芳	女	中级技工	3200		
11	后勤部	杨传霞	女	主管	3500		
12	二车间	郑嘉新	男	初级技工	2600		
13	后勤部	顾心怡	女	文员	3000		
14	二车间	侯诗奇	男	初级技工	2600		

图 9-41

❷ 按 Enter 键，即可依据 A2:A14 和 C2:C14 单元格区域的所属部门和性别信息以及 E2:E14 单元格区域中的基本工资金额计算出所有车间男员工的工资和。

【公式解析】

=SUMIFS(E2:E14,A2:A14,"?车间",C2:C14,"男")

用“"?车间"”来作为条件可以表示一车间，也可以表示二车间，即只要是车间，就满足条件

4. SUMPRODUCT（将数组间对应的元素相乘，并返回乘积之和）

【函数功能】SUMPRODUCT 函数用于在给定的几组数组中将数组间对应的元素相乘，并返回乘积之和。

【函数语法】SUMPRODUCT(array1, [array2], [array3], ...)

- array1：必需，其相应元素为需要进行相乘并求和的第一个数组参数。
- array2, array3,...：可选，有 2~255 个数组参数，其相应元素需要进行相乘并求和。

【用法解析】

SUMPRODUCT 函数是一个数学函数，其最基本的用法是对数组间对应的元素相乘，并返回乘积之和。它的语法如下：

= SUMPRODUCT（A2:A4,B2:B4,C2:C4)

执行的运算是“A2*B2*C2+A3*B3*C3+A4*B4*C4”，即将每个数组中的数据一一对应相乘再相加

如图 9-42 所示，可以理解 SUMPRODUCT 函数实际是进行了“1*3+8*2”这一计算，并返回计算结果。

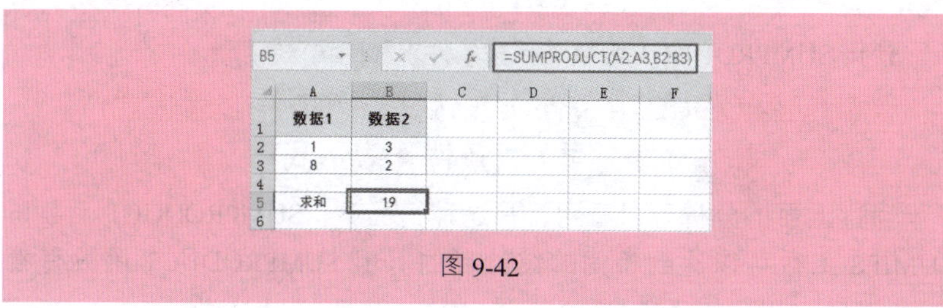

	A	B	C	D	E	F
1	数据1	数据2				
2	1	3				
3	8	2				
4						
5	求和	19				
6						

图 9-42

实际上，SUMPRODUCT 函数的作用非常强大，它可以代替 SUMIF 函数和 SUMIFS 函数进行条件求和，也可以代替 COUNTIF 函数和 COUNTIFS 函数进行计数运算。当需要判断一个条件或双条件时，SUMPRODUCT 函数可以进行求和，计算，与使用 SUMIF、SUMIFS、COUNTIF、COUNTIFS 没有什么差别。

图 9-43 所示的公式沿用了 SUMIFS 函数中的例 1 的数据源，使用 SUMPRODUCT 函数来设计公式，可见二者得到了相同的计算结果，并且也比较好理解（下面通过标注给出了此公式的计算原理）。

① 第一个判断条件。满足条件的返回 TRUE，否则返回 FALSE。返回数组

② 第二个判断条件。满足条件的返回 TRUE，否则返回 FALSE。返回数组

=SUMPRODUCT(($C$2:$C$26=G2)*($D$2:$D$26="瓷片")*($E$2:$E$26))

③ 将①数组与②数组相乘，同为 TRUE 的返回 1，否则返回 0，最终返回一个由 1 和 0 组成的数组，再将此数组与 E2:E26 单元格区域依次相乘，显然，与 1 相乘的得出结果，与 0 相乘的返回 0，最后将乘积求和

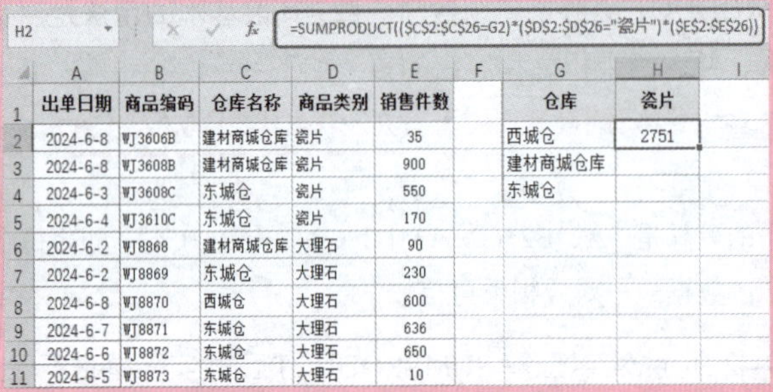

H2 =SUMPRODUCT(($C$2:$C$26=G2)*($D$2:$D$26="瓷片")*($E$2:$E$26))

	A	B	C	D	E	F	G	H	I
1	出单日期	商品编码	仓库名称	商品类别	销售件数		仓库	瓷片	
2	2024-6-8	WJ3606B	建材商城仓库	瓷片	35		西城仓	2751	
3	2024-6-8	WJ3608B	建材商城仓库	瓷片	900		建材商城仓库		
4	2024-6-3	WJ3608C	东城仓	瓷片	550		东城仓		
5	2024-6-4	WJ3610C	东城仓	瓷片	170				
6	2024-6-2	WJ8868	建材商城仓库	大理石	90				
7	2024-6-2	WJ8869	东城仓	大理石	230				
8	2024-6-8	WJ8870	西城仓	大理石	600				
9	2024-6-7	WJ8871	东城仓	大理石	636				
10	2024-6-6	WJ8872	东城仓	大理石	650				
11	2024-6-5	WJ8873	东城仓	大理石	10				

图 9-43

使用 SUMPRODUCT 函数进行按条件求和的语法如下：

=SUMPRODUCT((条件 1 表达式) * ((条件 2 表达式) * 条件 3 表达式) * (条件 4 表达式)，...)

通过上面的分析可以看到，在这种情况下，SUMPRODUCT 函数与 SUMIFS 函数可以达到相同的统计目的。但 SUMPRODUCT 函数有着

SUMIFS 不可替代的作用。首先，在 Excel 2010 之前的版本中是没有 SUMIFS 这个函数的，因此要想实现双条件判断，必须使用 SUMPRODUCT 函数；其次，SUMIFS 函数在求和时只能对单元格区域进行求和或计数，即对应的参数只能设置为单元格区域，不能设置为返回结果、非单元格的公式，但是 SUMPRODUCT 函数没有这个限制。也就是说，它对条件的判断更加灵活。下面通过一个例子来说明。依然沿用 SUMIFS 函数中的例 2 的数据源，图 9-44 中使用的公式也可以实现按月统计出库量，并且公式也不难理解（下面通过标注给出公式解析）。

G2 =SUMPRODUCT((MONTH($A$2:$A$20)=F2)*($D$2:$D$20))

	A	B	C	D	E	F	G	H
1	日期	商品编号	规格	出货数量		月份	出库量	
2	2024-5-5	ZG63012A	300*600	856		5	8500	
3	2024-5-8	ZG63012B	300*600	460		6		
4	2024-5-19	ZG63013B	300*600	1015				
5	2024-5-18	ZG63013C	300*600	930				
6	2024-6-22	ZG63015A	300*600	1044				
7	2024-6-2	ZG63016A	300*600	550				
8	2024-6-8	ZG63016B	300*600	846				
9	2024-5-7	ZG63016C	300*600	902				
10	2024-6-6	ZG6605	600*600	525				
11	2024-5-5	ZG6606	600*600	285				
12	2024-6-4	ZG6607	600*600	453				
13	2024-5-4	ZG6608	600*600	910				
14	2024-6-3	ZGR80001	600*600	806				
15	2024-5-15	ZGR80001	800*800	1030				
16	2024-6-14	ZGR80002	800*800	988				
17	2024-5-23	ZGR80005	800*800	980				
18	2024-5-12	ZGR80008	600*600	500				
19	2024-6-11	ZGR80008	800*800	965				
20	2024-5-10	ZGR80012	800*800	632				

图 9-44

① 使用 MONTH 函数将 A2:A20 单元格区域中各日期的月份数提取出来，返回一个数组，然后判断该数组中各值是否等于 F2 中指定的“6”，如果等于，则返回 TRUE；否则返回 FALSE，得到的还是一个数组

=SUMPRODUCT((MONTH($A$2:$A$20)=F2)*($D$2:$D$20))

② 将①返回的数组与 D2:D20 单元格区域中的值依次相乘，TRUE 乘以数值返回数值本身，FALSE 乘以数值返回 0，对最终数组求

例 1：计算商品的折后总金额

近期公司进行了产品促销酬宾活动，针对不同的产品给出了相应的折扣。如图 9-45 所示，表格统计了部分产品的编号、名称、单价、本次的折扣以及销售数量。现在需要计算产品的折后总销售额。

扫一扫，看视频

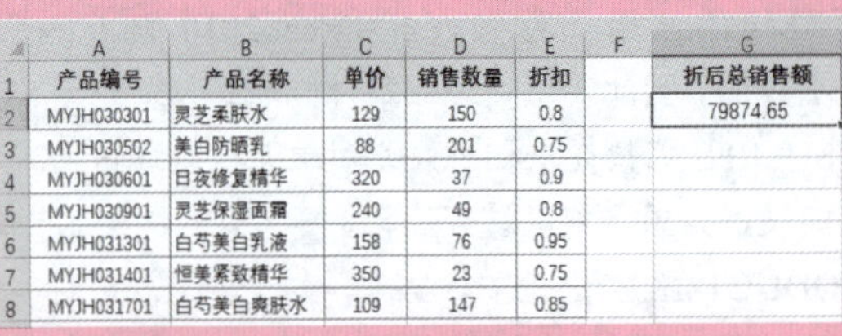

	A	B	C	D	E	F	G
1	产品编号	产品名称	单价	销售数量	折扣		折后总销售额
2	MYJH030301	灵芝柔肤水	129	150	0.8		79874.65
3	MYJH030502	美白防晒乳	88	201	0.75		
4	MYJH030601	日夜修复精华	320	37	0.9		
5	MYJH030901	灵芝保湿面霜	240	49	0.8		
6	MYJH031301	白芍美白乳液	158	76	0.95		
7	MYJH031401	恒美紧致精华	350	23	0.75		
8	MYJH031701	白芍美白爽肤水	109	147	0.85		

图 9-45

❶ 选中 G2 单元格，在编辑栏中输入公式（见图 9-46）:

```
=SUMPRODUCT(C2:C8,D2:D8,E2:E8)
```

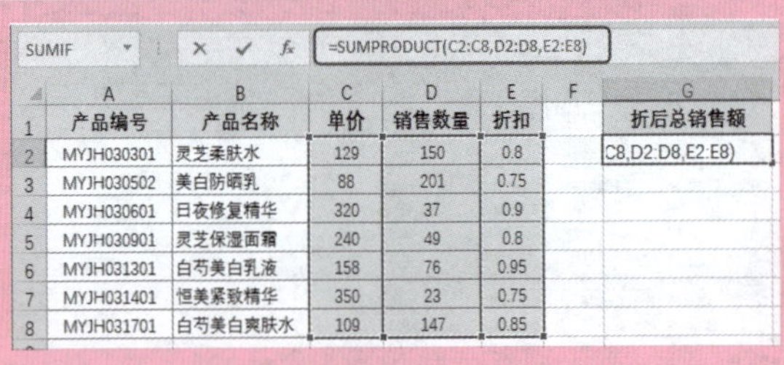

SUMIF | =SUMPRODUCT(C2:C8,D2:D8,E2:E8)

	A	B	C	D	E	F	G
1	产品编号	产品名称	单价	销售数量	折扣		折后总销售额
2	MYJH030301	灵芝柔肤水	129	150	0.8		C8,D2:D8,E2:E8)
3	MYJH030502	美白防晒乳	88	201	0.75		
4	MYJH030601	日夜修复精华	320	37	0.9		
5	MYJH030901	灵芝保湿面霜	240	49	0.8		
6	MYJH031301	白芍美白乳液	158	76	0.95		
7	MYJH031401	恒美紧致精华	350	23	0.75		
8	MYJH031701	白芍美白爽肤水	109	147	0.85		

图 9-46

❷ 按 Enter 键，即可依据 C2:C8、D2:D8 和 E2:E8 单元格区域的数值计算出本次促销活动中所有产品的折后总销售额。

【公式解析】

=SUMPRODUCT(C2:C8,D2:D8,E2:E8)

公式依次将 C2:C8、D2:D8 和 E2:E8 区域中的值一一对应相乘，即依次计算 C2*D2*E2、C3*D3*E3、C4*D4*E4、……返回的结果依次为 15480、13266、10656、……形成一个数组，然后公式将返回的结果进行求和运算，得到的结果即为折后总销售额

例 2：只汇总统计周末的总营业额

扫一扫，看视频

如图 9-47 所示，表格中统计了商场 6 月的销售记录，其中包括工作日和周末的销售业绩，现在需要统计周末的总营业额。

❶ 选中 E2 单元格，在编辑栏中输入公式（见图 9-48）:

```
=SUMPRODUCT((WEEKDAY(B2:B15,2)>5)*C2:C15)
```

❷ 按 Enter 键，即可依据 B2:B15 和 C2:C15 单元格区域的日期和数值计算出周末的总营业额。

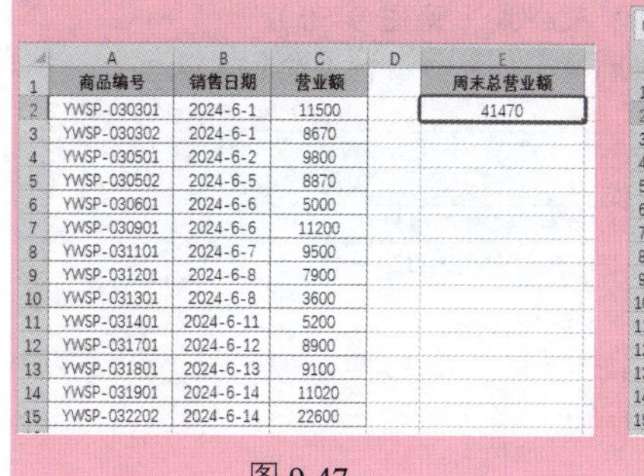

	A	B	C	D	E
1	商品编号	销售日期	营业额		周末总营业额
2	YWSP-030301	2024-6-1	11500		41470
3	YWSP-030302	2024-6-1	8670		
4	YWSP-030501	2024-6-2	9800		
5	YWSP-030502	2024-6-5	8870		
6	YWSP-030601	2024-6-6	5000		
7	YWSP-030901	2024-6-6	11200		
8	YWSP-031101	2024-6-7	9500		
9	YWSP-031201	2024-6-8	7900		
10	YWSP-031301	2024-6-8	3600		
11	YWSP-031401	2024-6-11	5200		
12	YWSP-031701	2024-6-12	8900		
13	YWSP-031801	2024-6-13	9100		
14	YWSP-031901	2024-6-14	11020		
15	YWSP-032202	2024-6-14	22600		

图 9-47

NETWORK... =SUMPRODUCT((WEEKDAY(B2:B15,2)>5)*C2:C15)

	A	B	C	D	E
1	商品编号	销售日期	营业额		周末总营业额
2	YWSP-030301	2024-6-1	11500		*C2:C15)
3	YWSP-030302	2024-6-1	8670		
4	YWSP-030501	2024-6-2	9800		
5	YWSP-030502	2024-6-5	8870		
6	YWSP-030601	2024-6-6	5000		
7	YWSP-030901	2024-6-6	11200		
8	YWSP-031101	2024-6-7	9500		
9	YWSP-031201	2024-6-8	7900		
10	YWSP-031301	2024-6-8	3600		
11	YWSP-031401	2024-6-11	5200		
12	YWSP-031701	2024-6-12	8900		
13	YWSP-031801	2024-6-13	9100		
14	YWSP-031901	2024-6-14	11020		
15	YWSP-032202	2024-6-14	22600		

图 9-48

【公式解析】

① WEEKDAY 函数是一个日期函数，用于返回某日期为星期几，如星期一对应数字 1，星期二对应数字 2，以此类推。公式这一步依次提取 B2:B15 单元格区域中各日期的星期数，并依次判断是否大于 5（大于 5 的 6 和 7 分别代表星期六和星期日），如果是，则返回 TRUE；否则返回 FALSE，返回的是一个数组

=SUMPRODUCT((WEEKDAY(B2:B15,2)>5)*C2:C15)

② 将①数组中是 TRUE 值的，对应在 C2:C15 单元格区域中取值。返回一个数组，接着对数组内的值求和

例 3：只统计某两个销售平台合计金额

如图 9-49 所示，表格中统计了某个时段商品在各个平台上的销售情况，现在想统计出某个平台的销售合计金额。

扫一扫，看视频

	A	B	C	D	E
1	产品编码	销售平台	销售金额(元)		京东和唯品会合计金额
2	ZG63012A	天猫	298		4186
3	ZG63012B	天猫	880		
4	ZG63012A	唯品会	298		
5	ZG63013C	京东	522		
6	ZG63015A	天猫	748		
7	ZG63016A	京东	458		
8	ZG63016B	天猫	560		
9	ZG63016C	京东	465		
10	ZG6605	唯品会	565		
11	ZG6606	天猫	292		
12	ZG6607	天猫	365		
13	ZG6608	京东	229		
14	ZG63015A	唯品会	759		
15	ZGR80001	天猫	352		
16	ZG63012B	京东	890		
17	ZGR80005	天猫	532		

图 9-49

❶ 选中 G2 单元格，在编辑栏中输入公式（见图 9-50）：

```
=SUMPRODUCT(((B2:B17="京东")+(B2:B17="唯品会"))*C2:C17)
```

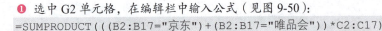

NETWORK... =SUMPRODUCT(((B2:B17="京东")+(B2:B17="唯品会"))*C2:C17)

	A	B	C	D	E	F	G
1	产品编码	销售平台	销售金额(元)		京东和唯品会合计金额		
2	ZG63012A	天猫	298		="唯品会"))*C2:C17)		
3	ZG63012B	天猫	880				
4	ZG63012A	唯品会	298				
5	ZG63013C	京东	522				
6	ZG63015A	天猫	748				
7	ZG63016A	京东	458				
8	ZG63016B	天猫	560				
9	ZG63016C	京东	465				
10	ZG6605	唯品会	565				
11	ZG6606	天猫	292				
12	ZG6607	天猫	365				
13	ZG6608	京东	229				
14	ZG63015A	唯品会	759				
15	ZGR80001	天猫	352				
16	ZG63012B	京东	890				
17	ZGR80005	天猫	532				

图 9-50

❷ 按 Enter 键，即可对 B2:B17 单元格区域中的销售平台名称进行判断，并对满足条件的进行求和运算。

【公式解析】

=SUMPRODUCT(((B2:B17="京东")+(B2:B17="唯品会"))*C2:C17)

此处的设置是公式的关键点，首先，当 B2:B17 单元格区域中是“京东”时，返回 TRUE，否则返回 FALSE；接着，依次在 B2:B17 单元区域中判断是否为“唯品会”，如果是，则返回 TRUE；否则返回 FALSE。两个数组相加将会取所有 TRUE，即 TRUE 加 FALSE 也返回 TRUE。这样就实现了找到所有的“京东”与“唯品会”。最后将满足条件的取 C2:C17 单元格区域中的值，再进行求和运算

注意：

以此公式扩展，如果要统计更多销售平台的合计金额，只要使用“+”连接即可。同理，如果要统计某几个地区、某几位销售员的销售额等都可以使用类似的公式。

扫一扫，看视频

例 4：统计大于 12 个月的账款

图 9-51 所示的表格按时间统计了借款金额，要求分别统计出 12 个月以内的账款与 12 个月以上的账款。

公司名称	开票日期	应收金额		账龄	金额
通达科技	2023-06-04	¥ 5,000.00		12个月以内	¥ 236,500.00
中汽出口贸易	2024-01-05	¥ 10,000.00		12个月以上	¥ 12,000.00
兰苑包装	2023-07-08	¥ 22,800.00			
安广彩印	2023-12-10	¥ 8,700.00			
弘扬科技	2024-02-20	¥ 25,000.00			
灵运商贸	2024-01-22	¥ 58,000.00			
安广彩印	2024-04-30	¥ 5,000.00			
兰苑包装	2023-05-05	¥ 12,000.00			
兰苑包装	2024-05-12	¥ 23,000.00			
华宇包装	2023-07-01	¥ 29,000.00			
通达科技	2024-05-17	¥ 50,000.00			

图 9-51

❶ 选中 F2 单元格，在编辑栏中输入公式（见图 9-52）：

```
=SUMPRODUCT((DATEDIF(B2:B12,TODAY(),"M")<=12)*C2:C12)
```

❷ 按 Enter 键，即可对 B2:B12 单元格区域中的日期进行判断，并计算出 12 个月以内的账款合计值。

=SUMPRODUCT((DATEDIF(B2:B12,TODAY(),"M")<=12)*C2:C12)

公司名称	开票日期	应收金额		账龄	金额
通达科技	2023-06-04	¥ 5,000.00		12个月以内	12)*C2:C12)
中汽出口贸易	2024-01-05	¥ 10,000.00		12个月以上	
兰苑包装	2023-07-08	¥ 22,800.00			
安广彩印	2023-12-10	¥ 8,700.00			
弘扬科技	2024-02-20	¥ 25,000.00			
灵运商贸	2024-01-22	¥ 58,000.00			
安广彩印	2024-04-30	¥ 5,000.00			
兰苑包装	2023-05-05	¥ 12,000.00			
兰苑包装	2024-05-12	¥ 23,000.00			
华宇包装	2023-07-01	¥ 29,000.00			
通达科技	2024-05-17	¥ 50,000.00			

图 9-52

❸ 选中 F3 单元格，在编辑栏中输入公式（见图 9-53）：

```
=SUMPRODUCT((DATEDIF(B2:B12,TODAY(),"M")>12)*C2:C12)
```

=SUMPRODUCT((DATEDIF(B2:B12,TODAY(),"M")>12)*C2:C12)

公司名称	开票日期	应收金额		账龄	金额
通达科技	2023-06-04	¥ 5,000.00		12个月以内	¥ 236,500.00
中汽出口贸易	2024-01-05	¥ 10,000.00		12个月以上	>12)*C2:C12)
兰苑包装	2023-07-08	¥ 22,800.00			
安广彩印	2023-12-10	¥ 8,700.00			
弘扬科技	2024-02-20	¥ 25,000.00			
灵运商贸	2024-01-22	¥ 58,000.00			
安广彩印	2024-04-30	¥ 5,000.00			
兰苑包装	2023-05-05	¥ 12,000.00			
兰苑包装	2024-05-12	¥ 23,000.00			
华宇包装	2023-07-01	¥ 29,000.00			
通达科技	2024-05-17	¥ 50,000.00			

图 9-53

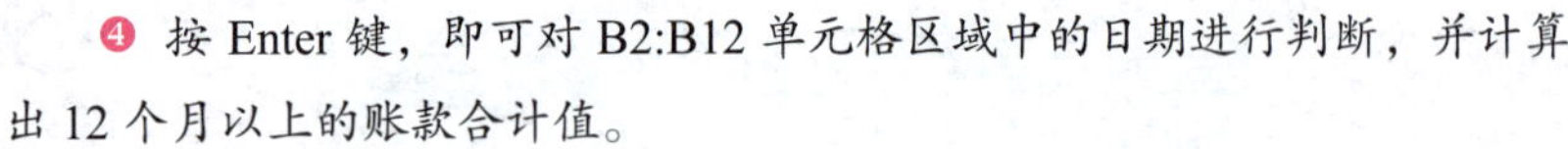

❹ 按 Enter 键，即可对 B2:B12 单元格区域中的日期进行判断，并计算出 12 个月以上的账款合计值。

【公式解析】

DATEDIF 函数是日期函数，用于计算两个日期之间的年数、月数和天数（用不同的参数指定）

TODAY 函数是日期函数，用于返回特定日期的序列号

=SUMPRODUCT((DATEDIF(B2:B12,TODAY(),"M")>12)*C2:C12)

① 依次返回 B2:B12 单元格区域日期与当前日期相差的月数。返回结果是一个

② 依次判断①返回的数组是否大于 12，如果是，则返回 TRUE；否则返回 FALSE。返回 TRUE 的为找到的满足条件的单元格

③ 将②返回的数组与 C2:C12 单元格区域的值依次相乘，即将满足条件的取值进行求和运算

扫一扫，看视频

例 5：统计指定班级中大于指定分数的人数

如图 9-54 所示，该表格统计了本次月考七年级各班学生的总分，需要统计出各班总分高于 300 的人数。

	A	B	C	D	E	F	G
1	准考证号	姓名	班级	总分		班级	分数高于300的人数
2	2017070101	何志新	7(1)班	364		7(1)班	3
3	2017070201	周志鹏	7(2)班	330		7(2)班	2
4	2017070102	夏楚奇	7(1)班	338			
5	2017070202	周金星	7(2)班	276			
6	2017070103	张明宇	7(1)班	298			
7	2017070203	赵思飞	7(2)班	337			
8	2017070104	韩佳人	7(1)班	265			
9	2017070204	刘莉莉	7(2)班	296			
10	2017070105	吴世芳	7(1)班	316			
11	2017070205	王淑芬	7(2)班	299			

图 9-54

❶ 选中 G2 单元格，在编辑栏中输入公式（见图 9-55）：

```
=SUMPRODUCT((C$2:C$11=F2)*(D$2:D$11>300))
```

❷ 按 Enter 键，即可依据 C2:C11 和 D2:D11 单元格区域中的班级信息和数值计算出 7（1）班分数高于 300 的人数，如图 9-56 所示。将 G2 单元格的公式向下填充，可一次性得到批量计算结果。

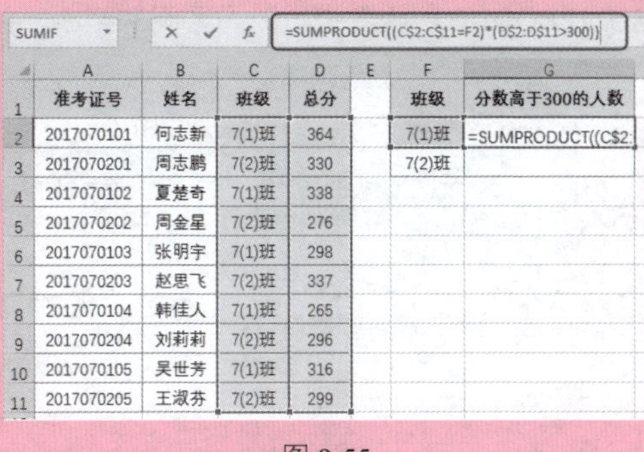

SUMIF　=SUMPRODUCT((C$2:C$11=F2)*(D$2:D$11>300))

	A	B	C	D	E	F	G
1	准考证号	姓名	班级	总分		班级	分数高于300的人数
2	2017070101	何志新	7(1)班	364		7(1)班	=SUMPRODUCT((C$2:
3	2017070201	周志鹏	7(2)班	330		7(2)班	
4	2017070102	夏楚奇	7(1)班	338			
5	2017070202	周金星	7(2)班	276			
6	2017070103	张明宇	7(1)班	298			
7	2017070203	赵思飞	7(2)班	337			
8	2017070104	韩佳人	7(1)班	265			
9	2017070204	刘莉莉	7(2)班	296			
10	2017070105	吴世芳	7(1)班	316			
11	2017070205	王淑芬	7(2)班	299			

图 9-55

	A	B	C	D	E	F	G
1	准考证号	姓名	班级	总分		班级	分数高于300的人数
2	2017070101	何志新	7(1)班	364		7(1)班	3
3	2017070201	周志鹏	7(2)班	330		7(2)班	
4	2017070102	夏楚奇	7(1)班	338			
5	2017070202	周金星	7(2)班	276			
6	2017070103	张明宇	7(1)班	298			

图 9-56

【公式解析】

① 依次判断 C2:C11 单元格区域中的值是否为 F2 单元格中的班级“7（1）班”，如果是，则返回 TRUE；否则返回 FALSE。形成一个数组

② 依次判断 D2:D11 单元格区域中的数值是否大于 300，如果是，则返回 TRUE；否则返回 FALSE。形成一个数组

=SUMPRODUCT((C$2:C$11=F2)*(D$2:D$11>300))

③ 将①和②返回的结果先相乘再相加。在相乘时，逻辑值 TRUE 为 1，FALSE 为 0

注意：

这是一个满足多条件计数的例子。此公式使用函数 COUNTIFS 函数也可以完成公式的设计。这种情况下，SUMPRODUCT 函数与 COUNTIFS 函数都可以获取相同的统计效果。与 SUMIFS 函数一样，SUMPRODUCT 函数的参数设置更加灵活，因此可以实现满足更多条件的求和与计数统计。

例 6：统计某测试的达标次数

如图 9-57 所示，该表格统计了某机器的 8 次测试结果，其中有达标的，也有未达标的。达标的要满足指定的时间区间，

此时可以使用 SUMPRODUCT 函数进行时间区间的判断，并返回计数统计的结果。

	A	B	C	D
1	达标时间	1:02:00至1:03:00		达标次数
2	序号	用时		4
3	1次测试	1:02:55		
4	2次测试	1:03:20		
5	3次测试	1:01:10		
6	4次测试	1:01:00		
7	5次测试	1:02:50		
8	6次测试	1:02:59		
9	7次测试	1:03:02		
10	8次测试	1:02:45		

图 9-57

❶ 选中 D2 单元格，在编辑栏中输入公式（见图 9-58）：

```
=SUMPRODUCT((B3:B10>TIMEVALUE("1:02:00"))*(B3:B10<
TIMEVALUE("1:03:00")))
```

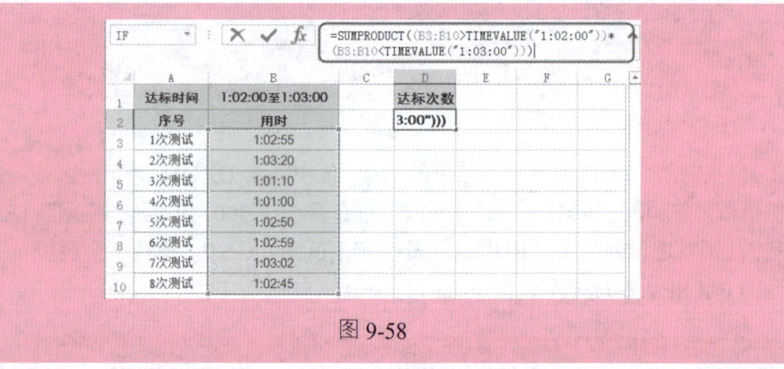

IF　=SUMPRODUCT((B3:B10>TIMEVALUE("1:02:00"))*(B3:B10<TIMEVALUE("1:03:00")))

	A	B	C	D	E	F	G
1	达标时间	1:02:00至1:03:00		达标次数			
2	序号	用时		3:00")))			
3	1次测试	1:02:55					
4	2次测试	1:03:20					
5	3次测试	1:01:10					
6	4次测试	1:01:00					
7	5次测试	1:02:50					
8	6次测试	1:02:59					
9	7次测试	1:03:02					
10	8次测试	1:02:45					

图 9-58

❷ 按 Enter 键，即可判断 B3:B10 单元格区域的值是否满足条件，并返回图 9-57 所示的结果。

【公式解析】

公式实际是要判断 B3:B10 单元格区域中的值同时满足大于“1:02:00”且小于“1:03:00”这个条件，并进行计数统计

TIMEVALUE 函数是日期函数类型，用于返回由文本字符串所代表的小数值。本例公式中的 TIMEVALUE("1:02:00")就是将“1:02:00”这个时间值转换成小数，因为时间的比较是将时间值转换成小数值再进行比较的

=SUMPRODUCT((B3:B10>TIMEVALUE("1:02:00"))*
(B3:B10<TIMEVALUE("1:03:00")))

9.2 数据的舍入

数据的舍入，顾名思义，是指对数据进行舍入处理。但数据的舍入并不仅限于四舍五入，还可以向下舍入、向上舍入、截尾取整等。要实现不同的舍入结果，需要使用不同的函数。

1. ROUND（对数据进行四舍五入）

【函数功能】ROUND 函数可将某个数值四舍五入为指定的位数。

【函数语法】ROUND(number,num_digits)

- number：必需，要四舍五入的数值。
- num_digits：必需，位数，按此位数对 number 参数进行四舍五入。

【用法解析】

必需，表示要进行舍入的目标数据。可以是常数、单元格引用或公式返回值

=ROUND(A2,2)

四舍五入后保留的小数位数

- 大于 0，则将数值四舍五入到指定的小数位
- 等于 0，则将数值四舍五入到最接近的整数
- 小于 0，则在小数点左侧进行四舍五入

如图 9-59 所示，表格中 A 列的各值为参数 1，当为参数 2 指定不同值时，可以返回不同的结果。

	A	B	C
1	数值	公式	结果
2	20.346	=ROUND(A2,0)	20
3	20.346	=ROUND(A3,2)	20.35
4	20.346	=ROUND(A4,-1)	20
5	-20.346	=ROUND(A5,2)	-20.35

除了第 2 个参数为负值，其他都是四舍五入的结果

图 9-59

例 1：计算各产品的本月完成率情况

如图 9-60 所示，表格中根据每种产品的计划产量与实际产量计算出它们的完成率情况。完成率显示百分比且不显示小数。

扫一扫，看视频

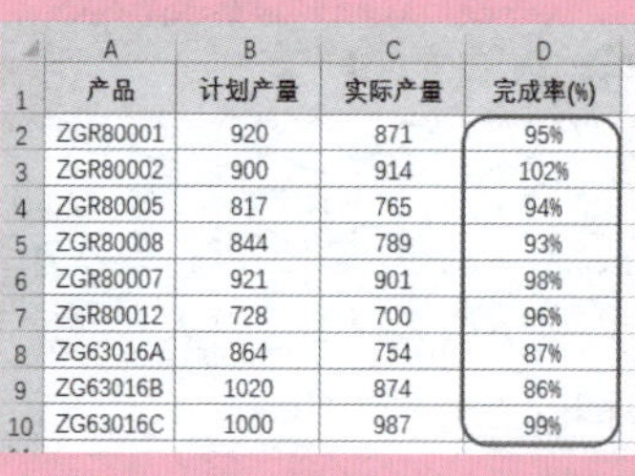

	A	B	C	D
1	产品	计划产量	实际产量	完成率(%)
2	ZGR80001	920	871	95%
3	ZGR80002	900	914	102%
4	ZGR80005	817	765	94%
5	ZGR80008	844	789	93%
6	ZGR80007	921	901	98%
7	ZGR80012	728	700	96%
8	ZG63016A	864	754	87%
9	ZG63016B	1020	874	86%
10	ZG63016C	1000	987	99%

图 9-60

❶ 选中 D2 单元格，在编辑栏中输入公式（见图 9-61）：

```
=ROUND(C2/B2,2)
```

❷ 按 Enter 键，即可根据 B2 和 C2 单元格的值计算完成率，显示的是保留两位小数的小数值，如图 9-62 所示。

	A	B	C	D
1	产品	计划产量	实际产量	完成率(%)
2	ZGR80001	920	871	B2,2)
3	ZGR80002	900	914	
4	ZGR80005	817	765	
5	ZGR80008	844	789	

图 9-61

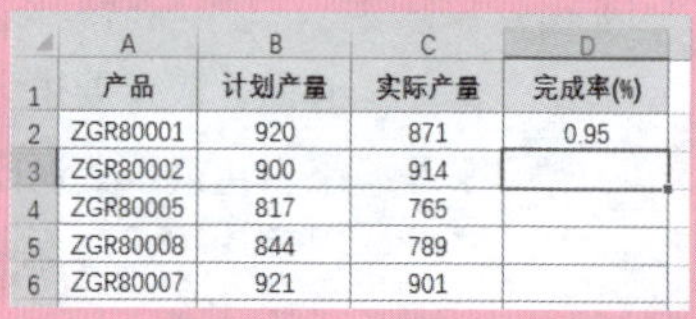

	A	B	C	D
1	产品	计划产量	实际产量	完成率(%)
2	ZGR80001	920	871	0.95
3	ZGR80002	900	914	
4	ZGR80005	817	765	
5	ZGR80008	844	789	
6	ZGR80007	921	901	

图 9-62

❸ 将 D2 单元格的公式向下填充，可一次性得到批量计算结果。选中计算出的“完成率”这一列数据，在“开始”选项卡的“数字”组中将数字的格式改为百分比格式，如图 9-63 所示。

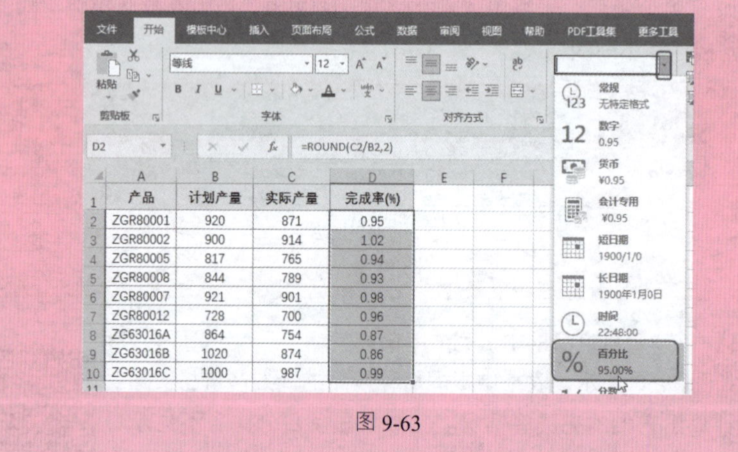

	A	B	C	D
1	产品	计划产量	实际产量	完成率(%)
2	ZGR80001	920	871	0.95
3	ZGR80002	900	914	1.02
4	ZGR80005	817	765	0.94
5	ZGR80008	844	789	0.93
6	ZGR80007	921	901	0.98
7	ZGR80012	728	700	0.96
8	ZG63016A	864	754	0.87
9	ZG63016B	1020	874	0.86
10	ZG63016C	1000	987	0.99

图 9-63

例 2：以 1 个百分点为单位计算奖金或扣款

如图 9-64 所示，表格中统计了每位销售员的完成量（B1 单元格中的达标值为 85.00%）。要求通过设置公式实现根据完成量自动计算奖金，未达标的计算扣款，本例计算奖金以及扣款的规则如下：当完成量大于等于达标值 1 个百分点时（自动进行四舍五入，如 4.3 个百分点算 4 个百分点，4.6 个百分点算 5 个百分点），给予 200 元奖励，并向上累加，扣款规则与奖励规则相同。

	A	B	C
1	达标值	85.00%	
2	姓名	完成量	奖金或扣款(元)
3	何慧	89.40%	800
4	周云溪	87.00%	400
5	夏景辉	90.45%	1000
6	吴若晨	83.36%	-400
7	周琪	84.52%	0
8	韩佳欣	90.40%	1000
9	吴思兰	88.58%	800
10	孙祥	90.80%	1200
11	杨淑霞	87.61%	600

图 9-64

❶ 选中 C3 单元格，在编辑栏中输入公式（见图 9-65）：

```
=ROUND(B3-$B$1,2)*100*200
```

❷ 按 Enter 键，即可根据 B3 单元格的完成量和 B1 单元格的达标值得出奖金或扣款金额，如图 9-66 所示。将 C3 单元格的公式向下填充，可一次性得到批量计算结果。

NETWORK... =ROUND(B3-$B$1,2)*100*200

	A	B	C	D	E
1	达标值	85.00%			
2	姓名	完成量	奖金或扣款(元)		
3	何慧	89.40%	200		
4	周云溪	87.00%			
5	夏景辉	90.44%			
6	吴若晨	83.36%			
7	周琪	84.52%			

图 9-65

	A	B	C	D
1	达标值	85.00%		
2	姓名	完成量	奖金或扣款(元)	
3	何慧	89.40%	800	
4	周云溪	87.00%		
5	夏景辉	90.45%		
6	吴若晨	83.36%		

图 9-66

【公式解析】

=ROUND(B3-$B$1,2)*100*200

① 计算 B3 单元格中的值与 B1 单元格中的值的差值，并保留两位小数

② 将①的返回值乘以 100，表示将小数值转换为整数值，即超出的百分点，再乘以 200 表示计算奖金总额

2. INT（将数字向下舍入到最接近的整数）

【函数功能】INT 函数用于将数字向下舍入到最接近的整数。

【函数语法】INT(number)

number：必需，需要进行向下舍入到取整的实数。

【用法解析】

=INT(A2)

唯一参数，表示要进行舍入的目标数据，可以是常数、单元格引用或公式返回值

如图 9-67 所示，以 A 列中的各值为参数，根据参数为正数或负数，返回值有所不同。

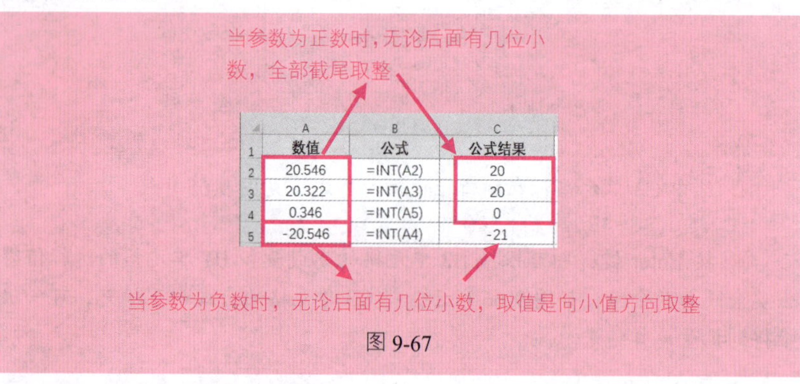
当参数为正数时，无论后面有几位小数，全部截尾取整
当参数为负数时，无论后面有几位小数，取值是向小值方向取整

	A	B	C
1	数值	公式	公式结果
2	20.546	=INT(A2)	20
3	20.322	=INT(A3)	20
4	0.346	=INT(A5)	0
5	-20.546	=INT(A4)	-21

图 9-67

扫一扫，看视频

例：对平均销量取整

如图 9-68 所示，计算平均销量时通常会出现多个小数位，现在希望平均销量保持整数，可以在原公式的外层使用 INT 函数。

E2 =AVERAGE(C2:C10)

	A	B	C	D	E
1	所属部门	销售员	销量(件)		平均销量(件)
2	销售2部	何慧兰	4469		5640.777778
3	销售1部	周云溪	5678		
4	销售2部	夏楚玉	4698		
5	销售1部	吴若晨	4840		
6	销售2部	周小琪	7953		
7	销售1部	韩佳欣	6790		
8	销售2部	吴思兰	4630		
9	销售1部	孙倩新	4798		
10	销售1部	杨淑霞	6911		

图 9-68

❶ 选中 E2 单元格，在编辑栏中输入公式（见图 9-69）：

```
=INT(AVERAGE(C2:C10))
```

❷ 按 Enter 键，即可根据 C2:C10 单元格区域中的数值计算出平均销量，如图 9-70 所示。

AND　　=INT(AVERAGE(C2:C10))

	A	B	C	D	E
1	所属部门	销售员	销量(件)		平均销量(件)
2	销售2部	何慧兰	4469		GE(C2:C10))
3	销售1部	周云溪	5678		
4	销售2部	夏楚玉	4698		
5	销售1部	吴若晨	4840		
6	销售2部	周小琪	7953		
7	销售1部	韩佳欣	6790		
8	销售2部	吴思兰	4630		
9	销售1部	孙倩新	4798		
10	销售1部	杨淑霞	6911		

图 9-69

	A	B	C	D	E
1	所属部门	销售员	销量(件)		平均销量(件)
2	销售2部	何慧兰	4469		5640
3	销售1部	周云溪	5678		
4	销售2部	夏楚玉	4698		
5	销售1部	吴若晨	4840		
6	销售2部	周小琪	7953		
7	销售1部	韩佳欣	6790		
8	销售2部	吴思兰	4630		
9	销售1部	孙倩新	4798		
10	销售1部	杨淑霞	6911		

图 9-70

【公式解析】

=INT(AVERAGE(C2:C10))

将 AVERAGE 函数的返回值作为 INT 函数的参数，可见此参数可以是单元格的引用，也可以是其他函数的返回值

3. TRUNC（不考虑四舍五入对数字进行截断）

【函数功能】TRUNC 函数用于将数字的小数部分截去，返回整数。

【函数语法】TRUNC(number,[num_digits])

- number：必需，需要截尾取整的数字。
- num_digits：可选，用于指定取整精度的数字。num_digits 的默认值为 0。

【用法解析】

=TRUNC(A2,2)

必需，表示要进行舍入的目标数据，可以是常数、单元格引用或公式返回值

可选，表示保留的小数位数，不考虑四舍五入，其他直接舍去

如图 9-71 所示，以 A 列中的各值为参数 1，根据参数 2 的不同可返回不同的值。

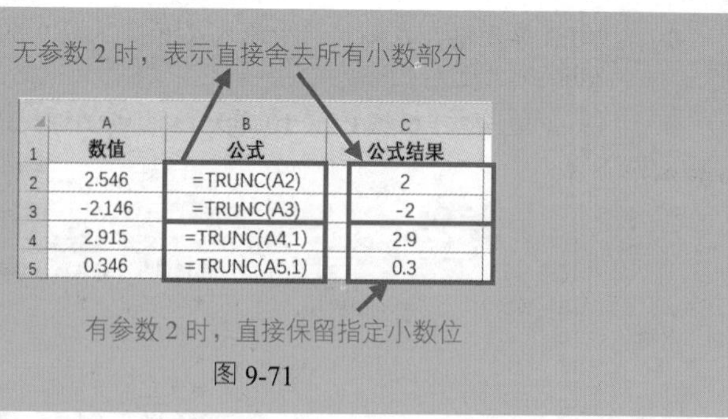
无参数 2 时，表示直接舍去所有小数部分
有参数 2 时，直接保留指定小数位

	A	B	C
1	数值	公式	公式结果
2	2.546	=TRUNC(A2)	2
3	-2.146	=TRUNC(A3)	-2
4	2.915	=TRUNC(A4,1)	2.9
5	0.346	=TRUNC(A5,1)	0.3

图 9-71

例：计算平均分且保留 1 位小数

扫一扫，看视频

如图 9-72 所示，表格中统计了学生的各科目成绩，要求计算平均分，并且让平均分保留 1 位小数（不考虑四舍五入情况）。

	A	B	C	D	E
1	销售员	语文	数学	英语	平均分
2	何慧兰	82	88	92	87.3
3	吴若晨	88	89	88	88.3
4	何慧兰	87	95	68	83.3
5	周云溪	91	96	56	81
6	吴若晨	89	91	89	89.6
7	周云溪	85	87	85	85.6
8	夏楚玉	90	89	92	90.3
9	何慧兰	89	85	91	88.3
10	周云溪	92	92	96	93.3
11	夏楚玉	88	90	81	86.3

图 9-72

❶ 选中 E2 单元格，在编辑栏中输入公式（见图 9-73）：

```
=TRUNC(AVERAGE(B2:D2),1)
```

❷ 按 Enter 键，即可根据 B2:D2 单元格区域中的数值计算出平均分并保留 1 位小数，如图 9-74 所示。将 E2 单元格的公式向下填充，可一次性得到批量计算结果。

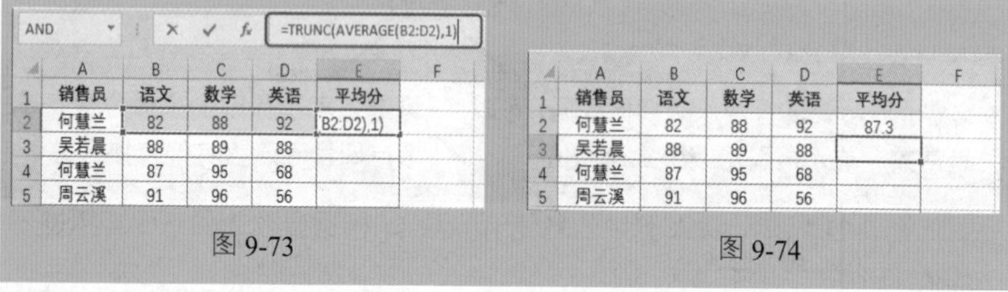
AND
=TRUNC(AVERAGE(B2:D2),1)

	A	B	C	D	E	F
1	销售员	语文	数学	英语	平均分	
2	何慧兰	82	88	92	B2:D2),1)	
3	吴若晨	88	89	88		
4	何慧兰	87	95	68		
5	周云溪	91	96	56		

图 9-73

	A	B	C	D	E	F
1	销售员	语文	数学	英语	平均分	
2	何慧兰	82	88	92	87.3	
3	吴若晨	88	89	88		
4	何慧兰	87	95	68		
5	周云溪	91	96	56		

图 9-74

【公式解析】

=TRUNC(AVERAGE(B2:D2),1)

AVERAGE 函数计算出的平均值可能包含很多小数位，如 AVERAGE(B2:D2)计算出的平均值为 87.33333333，使用 TRUNC 将 87.33333333 保留 1 位小数

4. ROUNDUP（远离零值向上舍入数值）

【函数功能】ROUNDUP 函数用于朝着远离 0（零）的方向将数字进行向上舍入。

【函数语法】ROUNDUP(number,num_digits)

- number：必需，需要向上舍入的任意实数。
- num_digits：必需，要将数字舍入到的位数。

【用法解析】

必需，表示要进行舍入的目标数据，可以是常数、单元格引用或公式返回值

=ROUNDUP(A2,2)

必需，表示要舍入到的位数

- 大于 0，则将数字向上舍入到指定的小数位
- 等于 0，则将数字向上舍入到最接近的整数
- 小于 0，则在小数点左侧向上进行舍入

如图 9-75 所示，以 A 列中的各值为参数 1，当参数 2 的设置不同时，可返回不同的值。

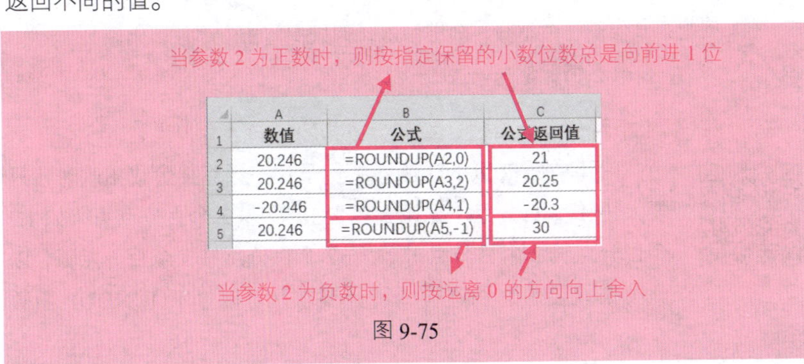

当参数 2 为正数时，则按指定保留的小数位数总是向前进 1 位
当参数 2 为负数时，则按远离 0 的方向向上舍入

	A	B	C
1	数值	公式	公式返回值
2	20.246	=ROUNDUP(A2,0)	21
3	20.246	=ROUNDUP(A3,2)	20.25
4	-20.246	=ROUNDUP(A4,1)	-20.3
5	20.246	=ROUNDUP(A5,-1)	30

图 9-75

例 1：计算材料长度（材料只能多不能少）

扫一扫，看视频

如图 9-76 所示，表格中统计了花圃半径，需要计算所需材料的长度，在计算周长时出现多位小数位（如图 9-76 中的 C 列显示），由于所需材料只能多不能少，因此可以使用 ROUNDUP 函数向上舍入。

	A	B	C	D
1	花圃编号	半径（米）	周长	需材料长度
2	01	10	31.415926	31.5
3	02	15	47.123889	47.2
4	03	18	56.5486668	56.6
5	04	20	62.831852	62.9
6	05	17	53.4070742	53.5

图 9-76

❶ 选中 D2 单元格，在编辑栏中输入公式（见图 9-77）：

```
=ROUNDUP(C2,1)
```

❷ 按 Enter 键即可根据 C2 单元格中的值计算所需材料的长度，如图 9-78 所示。将 D2 单元格的公式向下填充，可一次性得到批量计算结果。

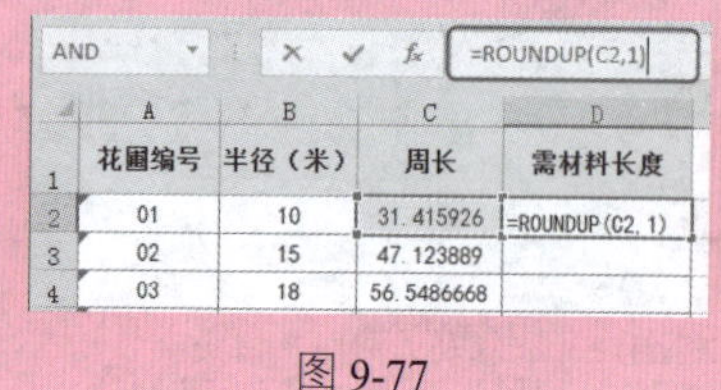

AND =ROUNDUP(C2,1)

	A	B	C	D
1	花圃编号	半径（米）	周长	需材料长度
2	01	10	31.415926	=ROUNDUP(C2,1)
3	02	15	47.123889	
4	03	18	56.5486668	

图 9-77

	A	B	C	D
1	花圃编号	半径（米）	周长	需材料长度
2	01	10	31.415926	31.5
3	02	15	47.123889	
4	03	18	56.5486668	
5	04	20	62.831852	

图 9-78

【公式解析】

=ROUNDUP(C2,1)

保留一位小数，向上舍入，即只保留 1 位小数，无论什么情况都向前进 1 位

例 2：以 1 个百分点为单位计算奖金或扣款（向上舍入）

扫一扫，看视频

沿用前面 ROUND 函数的例子，在计算奖金或扣款时，只要大于 1 个百分点（无论大多少），都按 2 个百分点算（如 1.2 个百分点算 2 个百分点），大于 2 个百分点按 3 个百分点算，以此类推。要想达到这样的统计要求，可以换 ROUNDUP 函数来建立公式。

❶ 选中 C3 单元格，在编辑栏中输入公式（见图 9-79）：

```
=ROUNDUP(B3-$B$1,2)*100*200
```

❷ 按 Enter 键，即可根据 B3 单元格的完成量和 B1 单元格的达标值得出奖金或扣款金额，如图 9-80 所示。

NETWORK... × ✓ fx =ROUNDUP(B3-$B$1,2)*100*200

	A	B	C	D	E
1	达标值	85.00%			
2	销售员	完成量	奖金或扣款		
3	何慧	89.40%	$B$1,2)*100*200		
4	周云溪	87.00%			
5	夏景辉	90.44%			
6	吴若晨	83.36%			
7	周琪	84.52%			

图 9-79

	A	B	C	D
1	达标值	85.00%		
2	销售员	完成量	奖金或扣款	
3	何慧	89.40%	1000	
4	周云溪	87.00%		
5	夏景辉	90.44%		
6	吴若晨	83.36%		

图 9-80

❸ 将 C3 单元格的公式向下填充，可一次性得到批量计算结果，如图 9-81 所示。

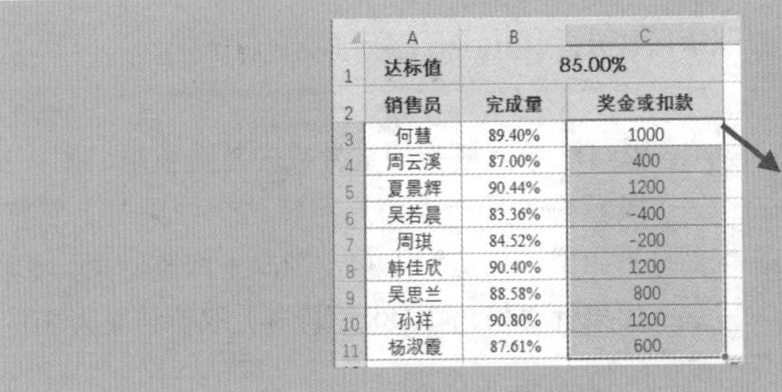

	A	B	C
1	达标值	85.00%	
2	销售员	完成量	奖金或扣款
3	何慧	89.40%	1000
4	周云溪	87.00%	400
5	夏景辉	90.44%	1200
6	吴若晨	83.36%	-400
7	周琪	84.52%	-200
8	韩佳欣	90.40%	1200
9	吴思兰	88.58%	800
10	孙祥	90.80%	1200
11	杨淑霞	87.61%	600

可将 ROUNDUP 函数的计算结果与 ROUND 函数的计算结果进行对比。例如，89.4%使用 ROUND 函数时，则为超过达标值 4 个百分点，而使用 ROUNDUP 函数则为超过达标值 5 个百分点

图 9-81

例 3：计算物品的快递费用

扫一扫，看视频

如图 9-82 所示，表格中统计当天所收每一件快递的物品重量，需要计算快递费用，收费规则：首重 1 公斤（注意，是每公斤）为 8 元，续重每斤（注意，是每斤）为 2 元。

	A	B	C
1	单号	物品重量	费用
2	2022071201	5.23	26
3	2022071202	8.31	38
4	2022071203	13.64	60
5	2022071204	85.18	346
6	2022071205	12.01	54
7	2022071206	8	36
8	2022071207	1.27	10
9	2022071208	3.69	20
10	2022071209	10.41	46

图 9-82

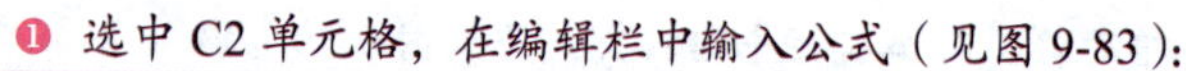

❶ 选中 C2 单元格，在编辑栏中输入公式（见图 9-83）：

```
=IF(B2<=1,8,8+ROUNDUP((B2-1)*2,0)*2)
```

❷ 按 Enter 键即可根据 B2 单元格中的重量计算出费用，如图 9-84 所示。将 C2 单元格的公式向下填充，可一次性得到批量计算结果。

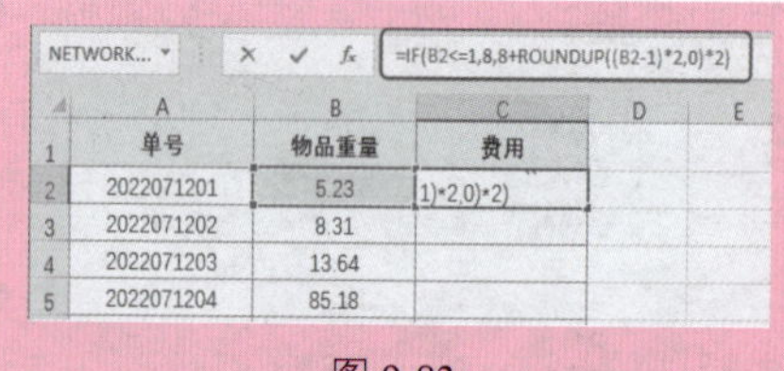

=IF(B2<=1,8,8+ROUNDUP((B2-1)*2,0)*2)

	A	B	C
1	单号	物品重量	费用
2	2022071201	5.23	1)*2,0)*2)
3	2022071202	8.31	
4	2022071203	13.64	
5	2022071204	85.18	

图 9-83

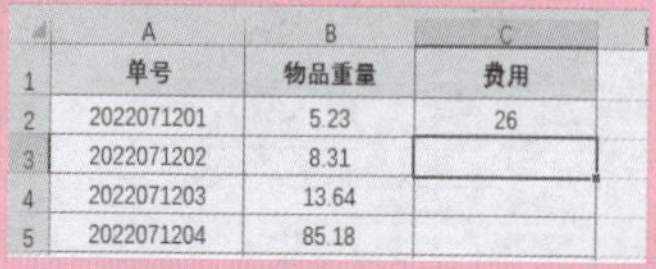

	A	B	C
1	单号	物品重量	费用
2	2022071201	5.23	26
3	2022071202	8.31	
4	2022071203	13.64	
5	2022071204	85.18	

图 9-84

【公式解析】

① 判断 B2 单元格的值是否小于等于 1，如果是，则返回 8；否则进行后面的运算

=IF(B2<=1,8,8+ROUNDUP((B2-1)*2,0)*2)

② B2 单元格中的重量减去首重重量，乘以 2 表示将公斤转换为斤，将这个结果向上取整（如果计算值为 1.34，则向上取整结果为 2；如果计算值为 2.188，则向上取整结果为 3）

③ 将②的结果乘以 2 再加上首重费用 8 元表示此物件的总物流费用金额

5. ROUNDDOWN（靠近零值向下舍入数值）

【函数功能】ROUNDDOWN 函数用于朝着 0（零）的方向将数字进行向下舍入。

【函数语法】ROUNDDOWN(number,num_digits)

- number：必需，需要向下舍入的任意实数。
- num_digits：必需，要将数字舍入到的位数。

【用法解析】

=ROUNDDOWN(A2,2)

- A2：必需，表示要进行舍入的目标数据，可以是常数、单元格引用或公式返回值
- 2：必需，表示要舍入到的位数
  - 大于 0，则将数字向下舍入到指定的小数位
  - 等于 0，则将数字向下舍入到最接近的整数
  - 小于 0，则在小数点左侧向下进行舍入

如图 9-85 所示，以 A 列中的各值为参数 1，当参数 2 设置不同时，可返回不同的结果。

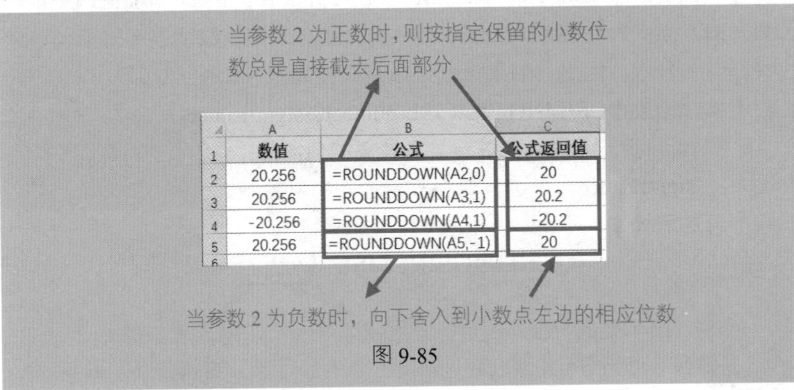
当参数 2 为正数时，则按指定保留的小数位数总是直接截去后面部分
当参数 2 为负数时，向下舍入到小数点左边的相应位数

	A	B	C
1	数值	公式	公式返回值
2	20.256	=ROUNDDOWN(A2,0)	20
3	20.256	=ROUNDDOWN(A3,1)	20.2
4	-20.256	=ROUNDDOWN(A4,1)	-20.2
5	20.256	=ROUNDDOWN(A5,-1)	20

图 9-85

例：购物金额舍尾取整

扫一扫，看视频

图 9-86 所示的表格中在计算购物订单的金额时给出 0.88 折扣，计算折扣后出现小数，现在希望折后应收金额能舍去小数金额。

	A	B	C	D
1	单号	金额	折扣金额	折后应收
2	2024071201	771	678.48	678
3	2024071202	1030	906.4	906
4	2024071203	564	496.32	496
5	2024071204	5510	4848.8	4848
6	2024071205	801	704.88	704
7	2024071206	1195	1051.6	1051
8	2024071207	727	639.76	639
9	2024071208	1367	1202.96	1202
10	2024071209	2000	1760	1760

图 9-86

❶ 选中 D2 单元格，在编辑栏中输入公式（见图 9-87）：

```
=ROUNDDOWN(C2,0)
```

❷ 按 Enter 键即可根据 C2 单元格中的数值计算出折后应收金额，如图 9-88 所示。将 D2 单元格的公式向下填充，可一次性得到批量计算结果。

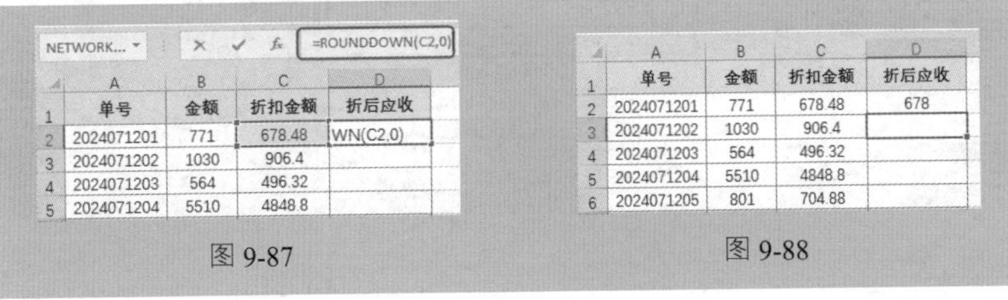
NETWORK...
=ROUNDDOWN(C2,0)

	A	B	C	D
1	单号	金额	折扣金额	折后应收
2	2024071201	771	678.48	WN(C2,0)
3	2024071202	1030	906.4	
4	2024071203	564	496.32	
5	2024071204	5510	4848.8	

图 9-87

	A	B	C	D
1	单号	金额	折扣金额	折后应收
2	2024071201	771	678.48	678
3	2024071202	1030	906.4	
4	2024071203	564	496.32	
5	2024071204	5510	4848.8	
6	2024071205	801	704.88	

图 9-88

6. CEILING.PRECISE（向上舍入到最接近指定数字的某个值的倍数值）

【函数功能】CEILING.PRECISE 函数可将参数 number 向上舍入（正向无穷大的方向）为最接近 significance 的倍数。无论该数字的符号如何，该数字都向上舍入。但是，如果该数字或有效位为 0，则返回 0。

【函数语法】CEILING.PRECISE(number, [significance])

- number：必需，要进行舍入计算的值。
- significance：可选，要将数字舍入的倍数。

【用法解析】

= CEILING.PRECISE（A2,2）

必需，表示要进行舍入的目标数据，可以是常数、单元格引用或公式返回值

可选，表示要舍入的倍数。省略时默认为 1

注意：

因为是使用倍数的绝对值，所以无论数字或指定基数的符号如何，所有返回值的符号和 number 的符号一致（即无论 significance 参数是正数还是负数，最终结果的符号都由 number 的符号决定），且返回值永远大于或等于 number 值。

CEILING.PRECISE 与 ROUNDUP 同为向上舍入函数，但二者是不同的。ROUNDUP 函数与 ROUND 函数一样是对数据按指定位数舍入，只是不考虑四舍五入的情况，总是向前进 1 位。而 CEILING.PRECISE 函数是将数据向上舍入（绝对值增大的方向）为最近基数的倍数。

下面通过基本公式及其返回值看 CEILING.PRECISE 函数是如何返回值的。如图 9-89 所示，数值及指定不同的 significance 值时所返回的结果。

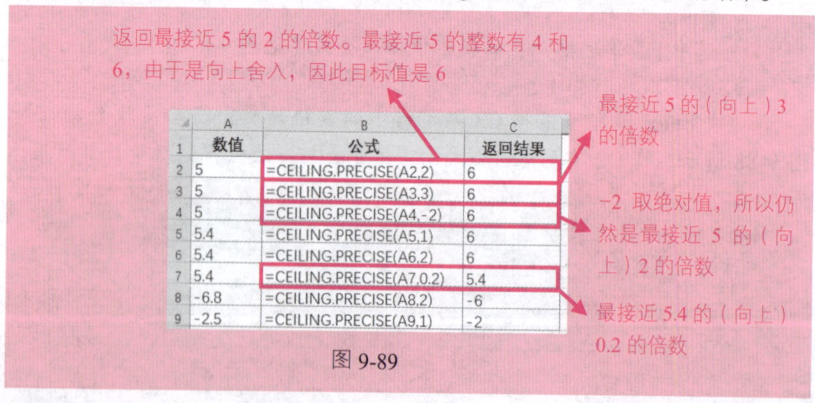

	A	B	C
1	数值	公式	返回结果
2	5	=CEILING.PRECISE(A2,2)	6
3	5	=CEILING.PRECISE(A3,3)	6
4	5	=CEILING.PRECISE(A4,-2)	6
5	5.4	=CEILING.PRECISE(A5,1)	6
6	5.4	=CEILING.PRECISE(A6,2)	6
7	5.4	=CEILING.PRECISE(A7,0.2)	5.4
8	-6.8	=CEILING.PRECISE(A8,2)	-6
9	-2.5	=CEILING.PRECISE(A9,1)	-2

返回最接近 5 的 2 的倍数。最接近 5 的整数有 4 和 6，由于是向上舍入，因此目标值是 6
最接近 5 的（向上）3 的倍数
-2 取绝对值，所以仍然是最接近 5 的（向上）2 的倍数
最接近 5.4 的（向上）0.2 的倍数

图 9-89

例如，有一个实例要求根据停车分钟数来计算停车费用，停车 1 小时 4 元，不足 1 小时按 1 小时计算。使用 ROUNDUP 函数与 CEILING.PRECISE 函数均可以实现。

使用 CEILING.PRECISE 函数的公式为“=CEILING . PRECISE(B2/60,1)*4”，如图 9-90 所示。

C2 =CEILING.PRECISE(B2/60,1)*4

	A	B	C
1	车牌号	停车分钟数	费用(元)
2	20220729082	40	4
3	20220729114	174	12
4	20220729023	540	36
5	20220729143	600	40
6	20220729155	273	20
7	20220729160	32	4

参数为 1，表示将 B2/60（将分钟数转换为小时数）向上取整，只保留整

图 9-90

注意：

如果 CEILING.PRECISE 函数的参数为 1，当 number 为整数时，返回结果始终是 number；当 number 为小数时，始终是将整数向上进 1 位并舍弃小数位。

使用 ROUNDUP 函数的公式为“=ROUNDUP(B2/60,0)*4”，如图 9-91 所示。

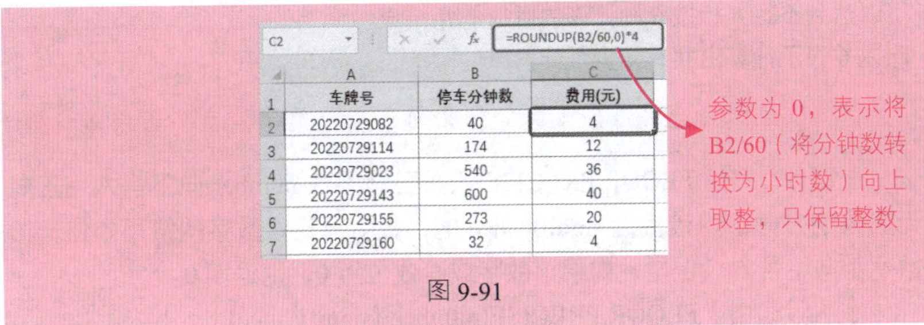
C2 =ROUNDUP(B2/60,0)*4

	A	B	C
1	车牌号	停车分钟数	费用(元)
2	20220729082	40	4
3	20220729114	174	12
4	20220729023	540	36
5	20220729143	600	40
6	20220729155	273	20
7	20220729160	32	4

图 9-91

例：按指定计价单位计算总话费

扫一扫，看视频

如图 9-92 所示，表格中统计了多项国际长途的通话时间，现在要计算通话费用，计价规则为：每 6 秒计价一次，不足 6 秒按 6 秒计算，第 6 秒费用为 0.07 元。

❶ 选中 C2 单元格，在编辑栏中输入公式（见图 9-93）：

```
=CEILING.PRECISE(B2,6)/6*0.07
```

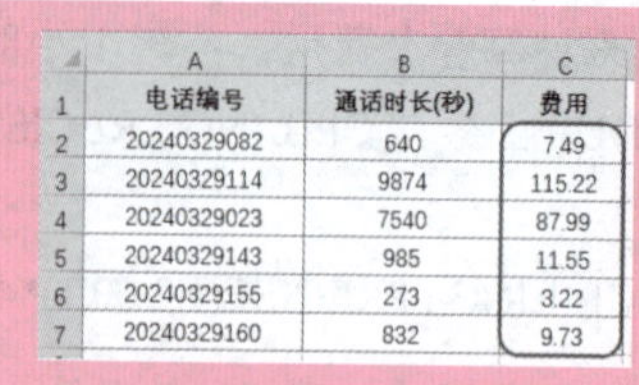

	A	B	C
1	电话编号	通话时长(秒)	费用
2	20240329082	640	7.49
3	20240329114	9874	115.22
4	20240329023	7540	87.99
5	20240329143	985	11.55
6	20240329155	273	3.22
7	20240329160	832	9.73

图 9-92

NETWORK... =CEILING.PRECISE(B2,6)/6*0.07

	A	B	C	D
1	电话编号	通话时长(秒)	费用	
2	20240329082	640	1))*0.07	
3	20240329114	9874		
4	20240329023	7540		

图 9-93

❷ 按 Enter 键，即可根据 B2 单元格中的通话时长计算通话费用，如图 9-94 所示。将 C2 单元格的公式向下填充，可一次性得到批量计算结果。

	A	B	C
1	电话编号	通话时长(秒)	费用
2	20240329082	640	7.49
3	20240329114	9874	
4	20240329023	7540	
5	20240329143	985	
6	20240329155	273	
7	20240329160	832	

图 9-94

【公式解析】

=CEILING.PRECISE(B2,6)/6*0.07

① 用 CEILING.PRECISE 函数向上舍入，表示返回最接近通话秒数的 6 的倍数（向上舍入可以达到不足 6 秒按 6 秒计算的目的）。用结果除以 6 表示计算出共有多少个计价单位

② 用①的结果乘以每6秒的费用，得到总费用

7. FLOOR.PRECISE（向下舍入到最接近指定数字的某个值的倍数值）

【函数功能】FLOOR.PRECISE 函数可将参数 number 向下舍入（正向无穷大的方向）为最接近 significance 的倍数。无论该数字的符号如何，该数字都向下舍入。但是，如果该数字或有效位为 0，则返回 0。

【函数语法】FLOOR.PRECISE(number, [significance])

- number：必需，要进行舍入计算的值。
- significance：可选，要将数字舍入的倍数。

【用法解析】

= FLOOR.PRECISE(A2,2)

必需，表示要进行舍入的目标数据，可以是常数、单元格引用或公式返回值

可选，表示要舍入的倍数。省略时默认为 1

注意：

因为是使用倍数的绝对值，所以无论数字或指定基数的符号如何，所有返回值的符号和 number 的符号一致（即无论 significance 参数是正数还是负数，最终结果的符号都由 number 的符号决定），且返回值永远小于或等于 number 值。

FLOOR.PRECISE 与 ROUNDDOWN 同为向下舍入函数，但二者是不同的。

而 ROUNDDOWN 函数是对数据按指定位数舍入，只是不考虑四舍五入的情况总是不向前进位，而是直接将剩余的小数位截去。而 FLOOR.PRECISE 函数是将数据向下舍入（绝对值增大的方向）为最近基数的倍数。

下面通过基本公式及其返回值来具体看看 FLOOR.PRECISE 函数是如何返回值的（学习这个函数可与上面的 CEILING.PRECISE 函数用法解析对比，如图 9-95 所示。其中使用的数值与 significance 参数的设置在 CEILING .PRECISE 函数中完全一样，但是通过对比可以看到返回值不同）。

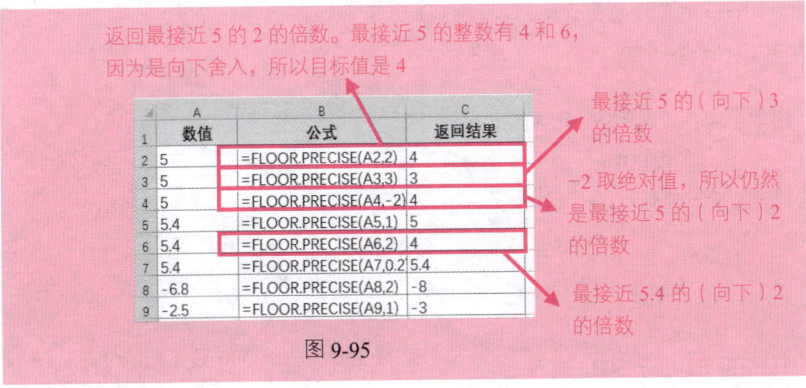
返回最接近 5 的 2 的倍数。最接近 5 的整数有 4 和 6，
因为是向下舍入，所以目标值是 4
最接近 5 的（向下）3
的倍数
−2 取绝对值，所以仍然
是最接近 5 的（向下）2
的倍数
最接近 5.4 的（向下）2
的倍数

	A	B	C
1	数值	公式	返回结果
2	5	=FLOOR.PRECISE(A2,2)	4
3	5	=FLOOR.PRECISE(A3,3)	3
4	5	=FLOOR.PRECISE(A4,-2)	4
5	5.4	=FLOOR.PRECISE(A5,1)	5
6	5.4	=FLOOR.PRECISE(A6,2)	4
7	5.4	=FLOOR.PRECISE(A7,0.2	5.4
8	-6.8	=FLOOR.PRECISE(A8,2)	-8
9	-2.5	=FLOOR.PRECISE(A9,1)	-3

图 9-95

例：计算计件工资中的奖金

如图 9-96 所示，表格中统计了车间工人 4 月份的生产件数，需要根据生产件数计算月奖金。奖金发放规则：生产件数小于 300 件，无奖金；生产件数大于等于 300 件，奖金为 300 元，并且每增加 10 件，奖金增加 50 元。

扫一扫，看视频

❶ 选中 F2 单元格，在编辑栏中输入公式（见图 9-97）：

```
=IF(E2<300,0,FLOOR.PRECISE(E2-300,10)/10*50+300)
```

❷ 按 Enter 键即可根据 E2 单元格中的数值计算奖金，如图 9-98 所示。

将 F2 单元格的公式向下填充，可一次性得到批量计算结果。

	A	B	C	D	E	F
1	所属车间	姓名	性别	职位	生产件数	奖金
2	一车间	何志新	男	高级技工	351	550
3	二车间	周志鹏	男	技术员	367	600
4	二车间	夏楚奇	男	初级技工	386	700
5	一车间	周金星	女	初级技工	291	0
6	二车间	张明宇	男	技术员	401	800
7	一车间	赵思飞	男	中级技工	305	300
8	二车间	韩佳人	女	高级技工	384	700
9	一车间	刘莉莉	女	初级技工	289	0
10	一车间	王淑芬	女	初级技工	347	500
11	二车间	郑嘉新	男	初级技工	290	0
12	一车间	张盼盼	女	技术员	450	1050
13	二车间	侯诗奇	男	初级技工	312	350

图 9-96

ASIN =IF(E2<300,0,FLOOR.PRECISE(E2-300,10)/10*50+300)

	A	B	C	D	E	F
1	所属车间	姓名	性别	职位	生产件数	奖金
2	一车间	何志新	男	高级技工	351	0)/10*50+300)
3	二车间	周志鹏	男	技术员	367	
4	二车间	夏楚奇	男	初级技工	386	
5	一车间	周金星	女	初级技工	291	

图 9-97

	A	B	C	D	E	F
1	所属车间	姓名	性别	职位	生产件数	奖金
2	一车间	何志新	男	高级技工	351	550
3	二车间	周志鹏	男	技术员	367	
4	二车间	夏楚奇	男	初级技工	386	
5	一车间	周金星	女	初级技工	291	

图 9-98

【公式解析】

① 如果 E2 小于 300，表示无奖金；如果 E2 大于 300，则进入后面的计算判断

② E2 减 300 为去除 300 后还剩的件数，使用 FLOOR.PRECISE 向下舍入，表示返回最接近剩余件数的 10 的倍数，即满 10 件的计算在内，不满 10 件的舍去

=IF(E2<300,0,FLOOR.PRECISE(E2-300,10)/10*50+300)

③ 用②的结果除以 10，表示计算出共有几个 10 件，即能获得 50 元奖金的次数

④ 用③得到的可获得 50 元奖金的次数乘以 50，表示除 300 元以外所获取的奖金额

8. MROUND（舍入到最接近指定数字的某个值的倍数值）

【函数功能】MROUND 函数用于返回舍入到指定倍数最接近 number 的数字。

【函数语法】MROUND(number,multiple)

- number：必需，需要舍入的值。
- multiple：必需，要将数值 number 舍入到的倍数。

【用法解析】

= MROUND（A2,2）

A2：必需，表示要进行舍入的目标数据，可以是常数、单元格引用或公式返回值

2：必需，表示要舍入到的倍数。如果省略此参数，则必须输入逗号占位

注意：

参数 number 和 multiple 的正负符号必须一致，否则 MROUND 函数将返回“#NUM!”错误值。

如图 9-99 所示，以 A 列中的各值为参数 1，参数 2 的设置不同时可返回不同的值。

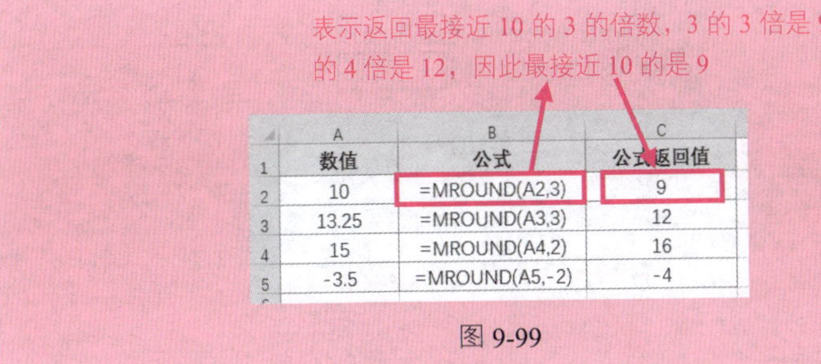
表示返回最接近 10 的 3 的倍数，3 的 3 倍是 9，3 的 4 倍是 12，因此最接近 10 的是 9

	A	B	C
1	数值	公式	公式返回值
2	10	=MROUND(A2,3)	9
3	13.25	=MROUND(A3,3)	12
4	15	=MROUND(A4,2)	16
5	-3.5	=MROUND(A5,-2)	-4

图 9-99

例：计算商品运送车次

本例将根据运送商品总数量与每车可装箱数量来计算运送车次。具体规定如下：

- 每 45 箱商品装一辆车。
- 如果最后剩余商品数量大于半数（即 23 箱），可以再装一车运送一次，否则剩余商品不使用车辆运送。

扫一扫，看视频

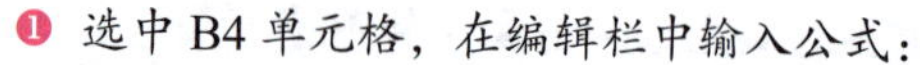

❶ 选中 B4 单元格，在编辑栏中输入公式：

```
=MROUND(B1,B2)
```

❷ 按 Enter 键，即可得出最接近 1000 的 45 的倍数，如图 9-100 所示。

❸ 选中 B5 单元格，在编辑栏中输入公式：

```
=B4/B2
```

❹ 按 Enter 键，即可计算出需要运送的车次，如图 9-101 所示（运送 22 次后还剩 10 箱，所以不需再用车辆运送）。

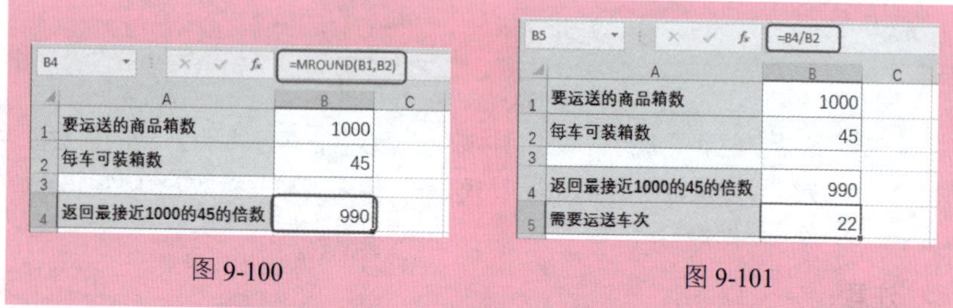

B4 =MROUND(B1,B2)

	A	B	C
1	要运送的商品箱数	1000	
2	每车可装箱数	45	
3			
4	返回最接近1000的45的倍数	990	

图 9-100

B5 =B4/B2

	A	B	C
1	要运送的商品箱数	1000	
2	每车可装箱数	45	
3			
4	返回最接近1000的45的倍数	990	
5	需要运送车次	22	

图 9-101

❺ 假如商品总箱数为 1020，运送车次变成了 23，因为运送 22 车后，还有 30 箱，所以需要再运送一次，即总运送车次为 23，如图 9-102 所示。

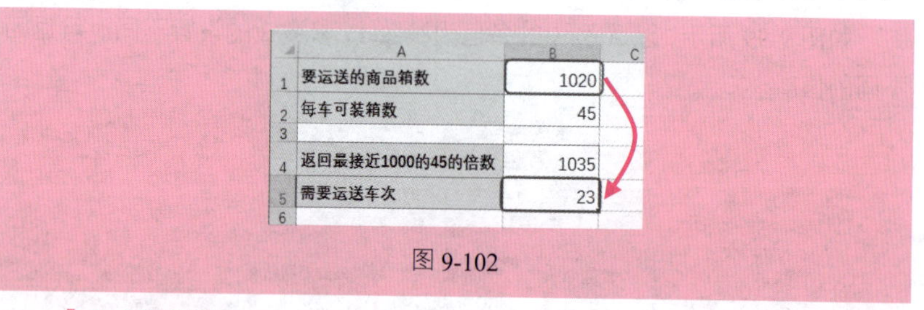

	A	B	C
1	要运送的商品箱数	1020	
2	每车可装箱数	45	
3			
4	返回最接近1000的45的倍数	1035	
5	需要运送车次	23	
6			

图 9-102

【公式解析】

=MROUND(B1,B2)

公式中 MROUND(B1,B2)这一部分的原理就是返回 45 的倍数，并且这个倍数的值最接近 B1 单元格中的值。“最接近”这 3 个字非常重要，它决定了不过半数就少装一车，过半数就多装一车

9. EVEN（将数字向上舍入到最接近的偶数）

【函数功能】EVEN 函数用于返回沿绝对值增大方向取整后最接近的偶数。该函数可以处理那些成对出现的对象。

【函数语法】EVEN(number)

number：必需，要舍入的值。如果 number 为非数值参数，EVEN 函数将返回错误值“#VALUE!”。

【用法解析】

=EVEN(A2)

无论 number 的正负号如何，函数都向远离 0 的方向舍入。如果 number 恰好是偶数，则无须进行任何舍入处理

例：将数字向上舍入到最接近的偶数

扫一扫，看视频

图 9-103 所示的表格给出了一组数值，需要使用函数返回它们最接近的偶数（以绝对值向上的方向）。

❶ 选中 B2 单元格，在编辑栏中输入公式（见图 9-103）：

```
=EVEN(A2)
```

❷ 按 Enter 键，即可求出 A2 单元格中数据最接近的偶数。将 B2 单元格的公式向下填充，可一次性得到批量计算结果，如图 9-104 所示。

AND　=EVEN(A2)

	A	B	C
1	数值	结果	
2	-7.5	= EVEN(A2)	
3	7		
4	0		

图 9-103

	A	B	C
1	数值	结果	
2	-7.5	-8	
3	7	8	
4	0	0	
5	7.55	8	
6	8.5	10	

图 9-104

10. ODD（将数字向上舍入到最接近的奇数）

【函数功能】ODD 函数用于返回对指定数值进行向上舍入后的奇数。

【函数语法】ODD(number)

number：必需，需要舍入的值。如果 number 为非数值参数，ODD 函数将返回错误值“#VALUE!”。

【用法解析】

=ODD(A2)

无论数字符号如何，都向远离 0 的方向向上舍入。如果 number 恰好是奇数，则无须进行任何舍入处理

例：将数字向上舍入到最接近的奇数

扫一扫，看视频

图 9-105 所示的表格给出了一组数值，需要使用函数返回它们最接近的奇数（以绝对值向上的方向）。

❶ 选中 B2 单元格，在编辑栏中输入公式（见图 9-105）：

```
=ODD(A2)
```

❷ 按 Enter 键即可求出 A2 单元中数据最接近的奇数。将 B2 单元格的公式向下填充，可一次性得到批量计算结果，如图 9-106 所示。

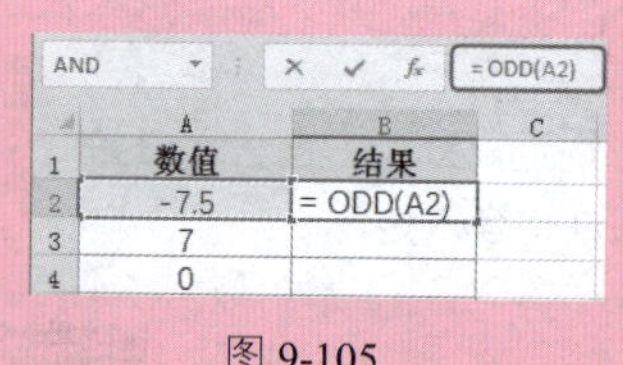

	A	B	C
1	数值	结果	
2	-7.5	= ODD(A2)	
3	7		
4	0		

图 9-105

	A	B	C
1	数值	结果	
2	-7.5	-9	
3	7	7	
4	0	1	
5	7.55	9	
6	8.5	9	

图 9-106

11. QUOTIENT（返回商的整数部分）

【函数功能】QUOTIENT 函数用于返回商的整数部分，舍掉商的小数部分。

【函数语法】QUOTIENT(numberator,denominator)

- numberator：必需，被除数。
- denominator：必需，除数。

【用法解析】

必需　　必需

例：在对人员分组时取整数

扫一扫，看视频

要将 586 个人按组平均分配，如果按 5、7、11、13 等奇数组来分配，会出现小数，如图 9-107 所示。但是人数并不能是小数，所以可以直接使用 QUOTIENT 函数对求商结果取整数，即可得到图 9-108 所示的结果。

	A	B	C
1	人数	分组	每组的人数
2	586	5	117.2
3	586	7	83.71428571
4	586	11	53.27272727
5	586	13	45.07692308

图 9-107

	A	B	C
1	人数	分组	每组的人数
2	586	5	117
3	586	7	83
4	586	11	53
5	586	13	45

图 9-108

❶ 选中 C2 单元格，在编辑栏中输入公式（见图 9-109）：

```
=QUOTIENT(A2,B2)
```

❷ 按 Enter 键，即可根据 A2、B2 单元格中的数值返回一个整数，如图 9-110 所示。将 C2 单元格的公式向下填充，可一次性得到批量计算结果。

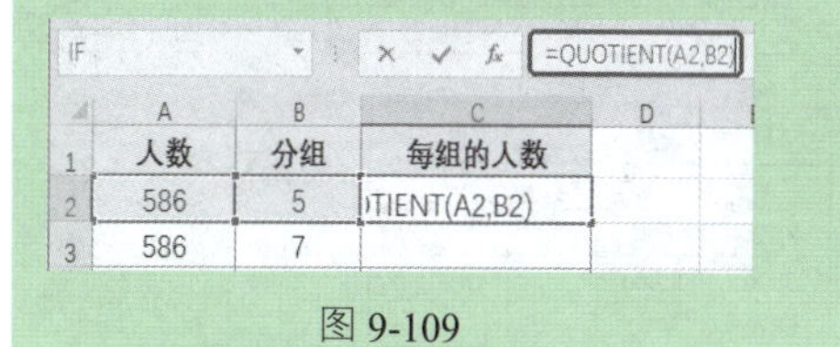

图 9-109

	A	B	C
1	人数	分组	每组的人数
2	586	5	117
3	586	7	

图 9-110

9.3 其他数学运算函数

1. ABS 函数（求绝对值）

【函数功能】ABS 函数用于返回参数的绝对值。

【函数语法】ABS(number)

number：必需，需要计算其绝对值的实数。

【用法解析】

=ABS(A2)

必需，需要计算其绝对值的实数

例：比较销售员的上月与本月销售额

如图 9-111 所示，表格中统计了公司员工 1 月和 2 月的销售额，需要对这两个月的销售业绩进行比较，并将结果显示为“上升××”或“下降××”。

扫一扫，看视频

	A	B	C	D	E
1	所属部门	姓名	1月	2月	1、2月业绩比较
2	销售1部	何志新	12900	13850	上升950
3	销售1部	周志鹏	10780	9790	下降990
4	销售1部	夏楚奇	9800	11860	上升2060
5	销售2部	周金星	8870	9830	上升960
6	销售2部	张明宇	11860	10800	下降1060
7	销售2部	赵思飞	9790	11720	上升1930
8	销售3部	韩佳人	8820	9810	上升990

图 9-111

❶ 选中 E2 单元格，在编辑栏中输入公式（见图 9-112）：

```
=IF(D2-C2>0,"上升","下降")&ABS(D2-C2)
```

AND | × ✓ fx | =IF(D2-C2>0,"上升","下降")&ABS(D2-C2)

	A	B	C	D	E
1	所属部门	姓名	1月	2月	1、2月业绩比较
2	销售1部	何志新	12900	13850	")&ABS(D2-C2)
3	销售1部	周志鹏	10780	9790	
4	销售1部	夏楚奇	9800	11860	
5	销售2部	周金星	8870	9830	

图 9-112

❷ 按 Enter 键，即可依据 C2、D2 中的数值求出“何志新”2 月的销售业绩较 1 月“上升 950”，如图 9-113 所示。将 E2 单元格的公式向下填充，可一次性得到批量计算结果。

	A	B	C	D	E
1	所属部门	姓名	1月	2月	1、2月业绩比较
2	销售1部	何志新	12900	13850	上升950
3	销售1部	周志鹏	10780	9790	
4	销售1部	夏楚奇	9800	11860	
5	销售2部	周金星	8870	9830	

图 9-113

【公式解析】

① 判断 D2 与 C2 的差值是否大于 0，如果大于 0，则返回“上升”；否则返回“下降”

② 使用 ABS 函数求解“D2−C2”的绝对值

③ 将①和②的结果使用“&”进行连接，得到最终的文本与数字的结合效果

2. SUMSQ（计算所有参数的平方和）

【函数功能】SUMSQ 用于返回所有参数的平方和。

【函数语法】SUMSQ(number1,[number2],…)

number1, number2…：number1 是必需参数，后续参数是可选参数，即要进行计算的 1 ~ 255 个参数，可以是数值、区域或引用数组。

【用法解析】

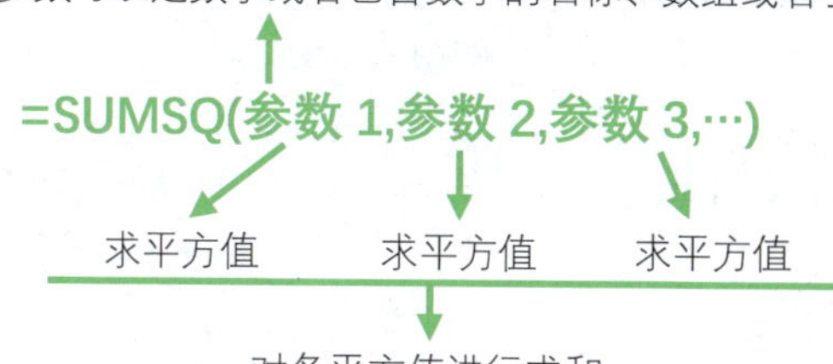

例：计算平方和

如图 9-114 所示，表格给出了两组数值，需要使用函数返回它们的平方和。

	A	B	C	D
1	数值A	数值B	平方和	
2	2	8	68	
3	4	-5	41	
4	-6	3	45	
5	1.5	7	51.25	

图 9-114

❶ 选中 C2 单元格，在编辑栏中输入公式（见图 9-115）：

```
=SUMSQ(A2,B2)
```

❷ 按 Enter 键，即可根据 A2 和 B2 单元格中的数值返回它们的平方和，如图 9-116 所示。将 C2 单元格的公式向下填充，可一次性得到批量计算结果。

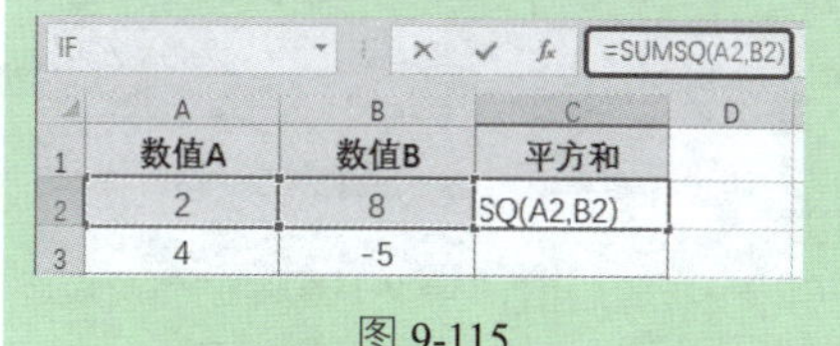

	A	B	C	D
1	数值A	数值B	平方和	
2	2	8	SQ(A2,B2)	
3	4	-5		

图 9-115

	A	B	C
1	数值A	数值B	平方和
2	2	8	68
3	4	-5	

图 9-116

【公式解析】

分别求 A2 与 B2 的平方值，然后对两个平方值结果求和

3. SUMXMY2（求两个数组中对应数值之差的平方和）

【函数功能】SUMXMY2 函数用于返回两个数组中对应数值之差的平

方和。

【函数语法】SUMXMY2(array_x,array_y)

- array_x：必需，第一个数组或数值区域。
- array_y：必需，第二个数组或数值区域。

如果 array_x 和 array_y 的元素数目不同，则函数 SUMXMY2 返回错误值“#N/A”。

【用法解析】

两个参数数组的数目必须相同，如果不同，函数会返回错误值“#N/A”

= SUMXMY2(A1:A3,B1:B3)

执行的运算是“(A1−B1) ^{2}+(A2−B2) ^{2}+(A3−B3) ^{2}”

例：计算数值之差的平方和

扫一扫，看视频

图 9-117 所示的表格给出了两组数值，需要使用函数返回数组 A 和数组 B 之差的平方和。

❶ 选中 D2 单元格，在编辑栏中输入公式（见图 9-117）：

```
=SUMXMY2(A2:A4,B2:B4)
```

❷ 按 Enter 键，即可根据 A 列和 B 列数据区域中的数值返回它们之差的平方和，如图 9-118 所示。

AND　=SUMXMY2(A2:A4,B2:B4)

	A	B	C	D
1	数组A	数组B		差的平方和
2	2	1		=SUMXMY2(A2:A4,B2:B4)
3	4	5		
4	9	3		
5				

图 9-117

	A	B	C	D
1	数组A	数组B		差的平方和
2	2	1		38
3	4	5		
4	9	3		

图 9-118

【公式解析】

=SUMXMY2(A2:A4,B2:B4)

分别求出$(A2-B2)^2$、$(A3-B3)^2$、$(A4-B4)^2$，再对得出的值进行求和运算

4. SUMX2MY2（求两个数组中对应数值的平方差之和）

【函数功能】SUMX2MY2 函数用于返回两个数组中对应数值的平方差

之和。

【函数语法】SUMX2MY2(array_x,array_y)

- array_x：必需，第一个数组或数值区域。
- array_y：必需，第二个数组或数值区域。

array_x 和 array_y 的元素数目不同，函数 SUMX2MY2 返回错误值 "#N/A"。

【用法解析】

两个参数数组的数目必须相同，如果不同，函数会返回错误值 "#N/A"

=SUMX2MY2(A1:A3,B1:B3)

执行的运算是 "$(A1^2-B1^2)+(A2^2-B2^2)+(A3^2-B3^2)$"

例：计算数值的平方差之和

图 9-119 所示的表格给出了两组数值，需要使用函数返回数组 A 和数组 B 的平方差之和。

❶ 选中 D2 单元格，在编辑栏中输入公式（见图 9-119）：

```
=SUMX2MY2(A2:A4,B2:B4)
```

❷ 按 Enter 键，即可根据 A 列和 B 列数据区域中的数值返回它们的平方差之和，如图 9-120 所示。

编辑栏：AND　=SUMX2MY2(A2:A4,B2:B4)

	A	B	C	D
1	数组A	数组B		平方差之和
2	2	1		A2:A4,B2:B4)
3	4	5		
4	9	3		

图 9-119

	A	B	C	D
1	数组A	数组B		平方差之和
2	2	1		66
3	4	5		
4	9	3		

图 9-120

【公式解析】

=SUMX2MY2(A2:A4,B2:B4)

分别求出 $A2^2-B2^2$、$A3^2-B3^2$、$A4^2-B4^2$ 的值，再对得到的值进行求和运算

5. PRODUCT（求指定的多个数值的乘积）

【函数功能】PRODUCT 函数用于计算作为参数的所有数字的乘积，然

后返回乘积。

【函数语法】PRODUCT(number1,[number2],...)

- number1：必需，需要相乘的第一个数字或单元格区域。
- number2,...：可选，需要相乘的其他数字或单元格区域。最多可以使用 255 个参数。

【用法解析】

参数可以为不同形式，如下所示：

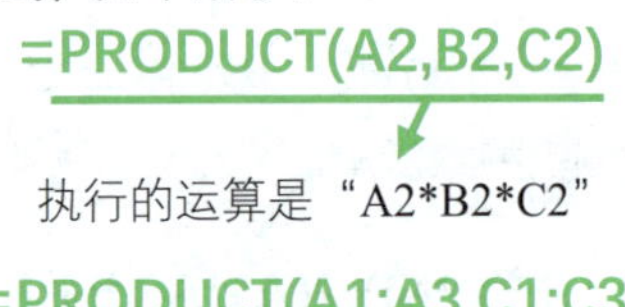

执行的运算是“A2*B2*C2”

=PRODUCT(A1:A3,C1:C3)

执行的运算是“=A1*A2*A3*C1*C2*C3”

例 1：求一批零件的体积

如图 9-121 所示，表格中统计了某一批零件的长、宽、高，现在想批量计算出这批零件中各零件的体积。

	A	B	C	D	E
1	零件编号	长(厘米)	宽(厘米)	高(厘米)	体积
2	APS_001	7.7	5.4	4.8	199.584
3	APS_002	6.7	5.7	4.9	187.131
4	APS_003	6.1	5.6	4.6	157.136
5	APS_004	5.7	4.3	2.5	61.275
6	APS_005	6.6	4.3	3.5	99.33
7	APS_006	6.9	4.1	3.2	90.528
8	APS_007	7.9	3.4	3.9	104.754
9	APS_008	8.2	5.5	4.5	202.95

图 9-121

❶ 选中 E2 单元格，在编辑栏中输入公式（见图 9-122）：

```
=PRODUCT(B2,C2,D2)
```

❷ 按 Enter 键，即可根据 B2、C2、D2 单元格中的值计算出体积，如图 9-123 所示。将 E2 单元格的公式向下填充，可一次性得到批量计算结果。

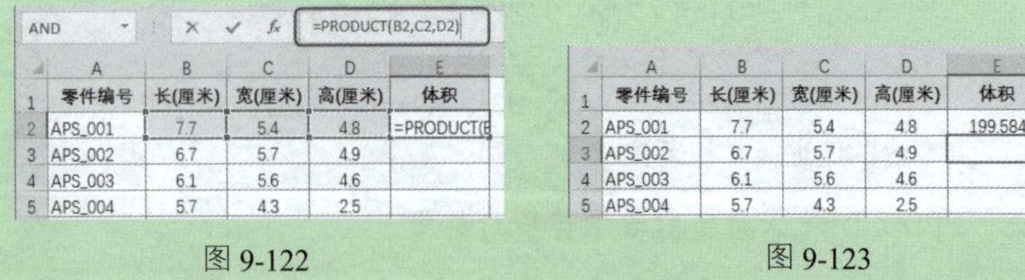

AND　=PRODUCT(B2,C2,D2)

	A	B	C	D	E
1	零件编号	长(厘米)	宽(厘米)	高(厘米)	体积
2	APS_001	7.7	5.4	4.8	=PRODUCT(E
3	APS_002	6.7	5.7	4.9	
4	APS_003	6.1	5.6	4.6	
5	APS_004	5.7	4.3	2.5	

图 9-122

	A	B	C	D	E
1	零件编号	长(厘米)	宽(厘米)	高(厘米)	体积
2	APS_001	7.7	5.4	4.8	199.584
3	APS_002	6.7	5.7	4.9	
4	APS_003	6.1	5.6	4.6	
5	APS_004	5.7	4.3	2.5	

图 9-123

例 2：计算指定数值的阶乘

扫一扫，看视频

图 9-124 所示的表格中给出数值 1～6，可以使用 PRODUCT 函数求出 6 的阶乘。

❶ 选中 C2 单元格，在编辑栏中输入公式（见图 9-124）：

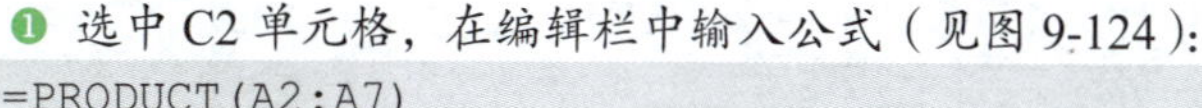

```
=PRODUCT(A2:A7)
```

❷ 按 Enter 键，即可根据 A 列数据区域中的数值返回 6 的阶乘，如图 9-125 所示。

IF | =PRODUCT(A2:A7)

	A	B	C	D	E	F
1	数组		6的阶乘			
2	1		)UCT(A2:A7)			
3	2					
4	3					
5	4					
6	5					
7	6					

图 9-124

	A	B	C	D	E
1	数组		6的阶乘		
2	1		720		
3	2				
4	3				
5	4				
6	5				
7	6				

图 9-125

注意：

按照相同的方法可以求任意数据的阶乘。

6. MOD（求两个数值相除后的余数）

【函数功能】MOD 函数用于求两个数值相除后的余数，其结果的正负号与除数相同。

【函数语法】MOD(number,divisor)

- number：必需，被除数。
- divisor：必需，除数。

【用法解析】

=MOD(被除数,除数)

- 被除数：必需，用于指定被除数，可以是常量、引用或公式返回值
- 除数：必需，用于指定除数，可以是常量、引用或公式返回值

单纯地求余数好像并没有多大实际应用意义。其实不然，通常 MOD 函数的返回值将作为其他函数的参数使用，可以辅助对满足条件数据的判断。下面通过实例来讲解。

扫一扫，看视频

例：汇总出奇偶行的数据

如图 9-126 所示，表格对每日的进出库数量进行了统计，

其中的“出库”在偶数行，“入库”在奇数行，要求汇总出“入库”数量的合计值与“出库”数量的合计值。

	A	B	C	D	E	F
1	日期	类别	数量		汇总入库量	汇总出库量
2	2024-6-1	出库	79		650	613
3	2024-6-1	入库	90			
4	2024-6-2	出库	136			
5	2024-6-2	入库	120			
6	2024-6-3	出库	96			
7	2024-6-3	入库	110			
8	2024-6-4	出库	95			
9	2024-6-4	入库	100			
10	2024-6-5	出库	99			
11	2024-6-5	入库	120			
12	2024-6-6	出库	108			
13	2024-6-6	入库	110			

图 9-126

❶ 选中 E2 单元格，在编辑栏中输入公式（见图 9-127）：

```
=SUMPRODUCT(MOD(ROW(2:13),2)*C2:C13)
```

NETWORK... =SUMPRODUCT(MOD(ROW(2:13),2)*C2:C13)

	A	B	C	D	E	F
1	日期	类别	数量		汇总入库量	汇总出库量
2	2024-6-1	出库	79		13),2)*C2:C13)	
3	2024-6-1	入库	90			
4	2024-6-2	出库	136			
5	2024-6-2	入库	120			
6	2024-6-3	出库	96			
7	2024-6-3	入库	110			
8	2024-6-4	出库	95			
9	2024-6-4	入库	100			
10	2024-6-5	出库	99			
11	2024-6-5	入库	120			
12	2024-6-6	出库	108			
13	2024-6-6	入库	110			

图 9-127

❷ 按 Enter 键，即可根据 B 列的类别信息和 C 列的数量汇总入库量。

❸ 选中 F2 单元格，在编辑栏中输入公式（见图 9-128）：

```
=SUMPRODUCT(MOD(ROW(2:13)+1,2)*C2:C13)
```

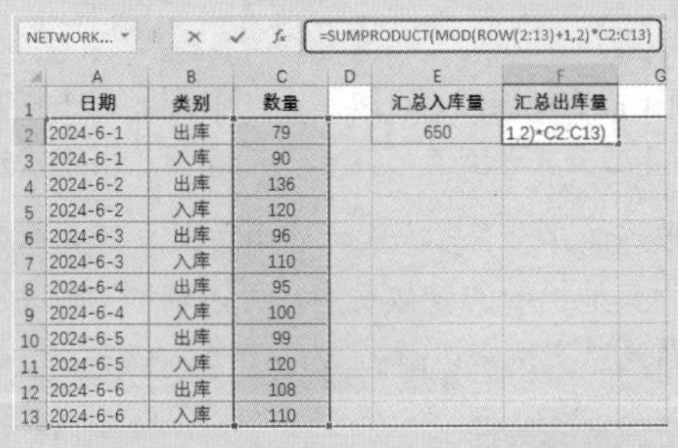

NETWORK... =SUMPRODUCT(MOD(ROW(2:13)+1,2)*C2:C13)

	A	B	C	D	E	F
1	日期	类别	数量		汇总入库量	汇总出库量
2	2024-6-1	出库	79		650	1,2)*C2:C13)
3	2024-6-1	入库	90			
4	2024-6-2	出库	136			
5	2024-6-2	入库	120			
6	2024-6-3	出库	96			
7	2024-6-3	入库	110			
8	2024-6-4	出库	95			
9	2024-6-4	入库	100			
10	2024-6-5	出库	99			
11	2024-6-5	入库	120			
12	2024-6-6	出库	108			
13	2024-6-6	入库	110			

图 9-128

❹ 按 Enter 键，即可根据 B 列的类别信息和 C 列的数值汇总出库量。

【公式解析】

① 用 ROW 函数返回 2～13 行的行号，返回的是{2;3;4;5;6;7;8;9;10;11;12;13}这样一个数组

ROW 函数用于返回引用的行号

=SUMPRODUCT(MOD(ROW(2:13),2)*C2:C13)

② 求①中数组与 2 相除的余数，能整除的返回 0，不能整除的返回 1（偶数行返回 0，奇数行返回 1），返回一个数组

③ 将②返回的数组中是 1 的值对应在 C2:C13 单元格中的值取出，并进行求和运算。因为入库在奇数行，所以求出的是入库总和

=SUMPRODUCT(MOD(ROW(2:13)+1,2)*C2:C13)

求出库总和时，需要提取的是偶数行的数据，偶数行的行号本身是可以被 2 整除的，因此进行加 1 处理就变成了不能被 2 整除，让其结果返回余数为 1。当返回余数为 1 时，会将 C2:C13 单元格区域中对应的值取值，因此得到的是出库总和

7. GCD（求两个或多个整数的最大公约数）

【函数功能】GCD 函数用于返回两个或多个整数的最大公约数。最大公约数是指能分别将 number1 和 number2 除尽的最大整数。

【函数语法】GCD(number1,[number2],...)

number1,number2,...：number1 是必需参数，后续参数是可选参数。数值的个数为 1～255。如果任意数值为非整数，则截尾取整。

【用法解析】

参数可以为不同形式，如下所示：

= GCD (A2,B2,C2)

求 3 个数的最大公约数

= GCD (A1:B10)

求 A1:B10 单元格区域中所有数据的最大公约数

例：求两个或多个整数的最大公约数

扫一扫，看视频

图 9-129 所示的表格给出了 3 组数据，要求快速求出所有数据的最大公约数。

❶ 选中E2单元格，在编辑栏中输入公式（见图9-129）：

```
=GCD(A2:C6)
```

❷ 按Enter键即可根据A2:C6单元格区域中的数值返回它们的最大公约数，如图9-130所示。

IF =GCD(A2:C6)

	A	B	C	D	E
1	数值				最大公约数
2	168	180	120		=GCD(A2:C6)
3	48	156	24		
4	60	108	96		
5	132	120	168		
6	156	36	12		

图9-129

	A	B	C	D	E
1	数值				最大公约数
2	168	180	120		12
3	48	156	24		
4	60	108	96		
5	132	120	168		
6	156	36	12		

图9-130

8. LCM（计算两个或多个整数的最小公倍数）

【函数功能】LCM函数用于返回整数的最小公倍数。最小公倍数是所有整数参数number1、number2等的最小正整数倍数。函数LCM可以将分母不同的分数相加。

【函数语法】LCM(number1，[number2],…)

number1,number2,…：number1是必需的，后续数值是可选的。这些是要计算最小公倍数的1~255个数值。如果值不是整数，则截尾取整。

【用法解析】

参数可以为不同形式，如下所示：

= LCM (A2,B2,C2)

求3个数的最小公倍数

= LCM (A1:B10)

求A1:B10单元格区域中所有数据的最小公倍数

例：计算两个或多个整数的最小公倍数

扫一扫，看视频

图9-131所示的表格给出了3组数据，要求快速求出所有数据的最小公倍数。

❶ 选中E2单元格，在编辑栏中输入公式（见图9-131）：

```
=LCM(A2:C6)
```

❷ 按Enter键，即可根据A2:C6单元格区域中的数值返回它们的最小公倍数，如图9-132所示。

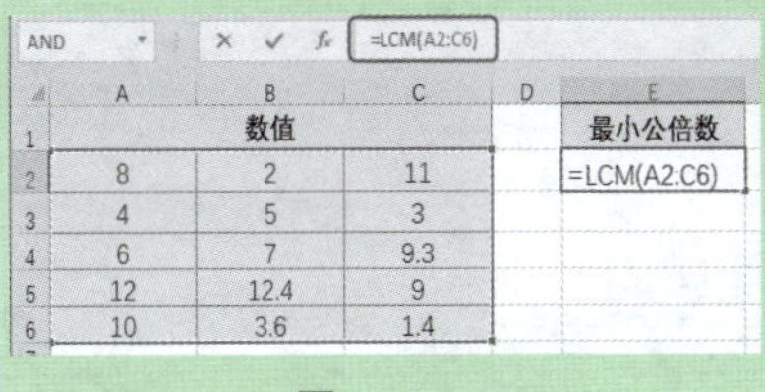

AND | =LCM(A2:C6)

	A	B	C	D	E
1	数值				最小公倍数
2	8	2	11		=LCM(A2:C6)
3	4	5	3		
4	6	7	9.3		
5	12	12.4	9		
6	10	3.6	1.4		

图 9-131

	A	B	C	D	E
1	数值				最小公倍数
2	8	2	11		27720
3	4	5	3		
4	6	7	9.3		
5	12	12.4	9		
6	10	3.6	1.4		

图 9-132

9. SQRT（计算数据的算术平方根）

【函数功能】SQRT 函数用于返回算术平方根。

【函数语法】SQRT(number)

number：必需，要计算平方根的数。

【用法解析】

=SQRT (A2)

必需，要计算算算术平方根的数

例：计算数据的算术平方根

图 9-133 所示的表格给出了一组数据，要求快速求出每个数据的算术平方根。

扫一扫，看视频

❶ 选中 B2 单元格，在编辑栏中输入公式（见图 9-133）：

```
=SQRT(A2)
```

❷ 按 Enter 键，即可求出 A2 单元格数据的算术平方根，然后向下复制 B2 单元格的公式，可得到批量计算结果，如图 9-134 所示。

AND | =SQRT(A2)

	A	B
1	数值A	算术平方根
2	4	=SQRT(A2)
3	8	
4	15	
5	16	
6	25	

图 9-133

	A	B
1	数值A	算术平方根
2	4	2
3	8	2.828427125
4	15	3.872983346
5	16	4
6	25	5

图 9-134

10. SQRTPI（计算指定正数值与 π 的乘积的平方根值）

【函数功能】SQRTPI 函数用于返回某正数与 π 的乘积的平方根。

【函数语法】SQRTPI(number)

number：必需，与 π 相乘的数。

【用法解析】

= SQRTPI (A2)

必需，与 π 相乘的数

例：计算指定正数值与 π 的乘积的平方根值

扫一扫，看视频

图 9-135 所示的表格给出了一组数据，要求快速求出每个数据与 π 的乘积的平方根值。

❶ 选中 B2 单元格，在编辑栏中输入公式（见图 9-135）：

```
=SQRTPI(A2)
```

❷ 按 Enter 键，即可求出 A2 单元格中的数据与 π 的乘积的平方根值，然后向下复制 B2 单元格的公式，可得到批量计算结果，如图 9-136 所示。

AND　=SQRTPI(A2)

	A	B	C
1	数值	与 π 的乘积的平方根值	
2	10	=SQRTPI(A2)	
3	25		
4	20		
5	2.5		
6	3.45		

图 9-135

	A	B	C
1	数值	与 π 的乘积的平方根值	
2	10	5.604991216	
3	25	8.862269255	
4	20	7.926654595	
5	2.5	2.802495608	
6	3.45	3.292186911	
7			

图 9-136

11. SUBTOTAL（返回列表或数据库中的分类汇总）

【函数功能】SUBTOTAL 函数用于返回列表或数据库中的分类汇总。通常，使用 Excel 程序中“数据”选项卡的“大纲”组中的“分类汇总”命令更便于创建带有分类汇总的列表。一旦创建了分类汇总列表，就可以通过编辑 SUBTOTAL 函数对该列表进行修改。通过参数的设置以指定使用何种函数在列表中进行分类汇总计算。

【函数语法】SUBTOTAL(function_num,ref1,[ref2],...])

- function_num：必需，该参数代码的对应功能见表 9-1，指定使用何种函数在列表中进行分类汇总计算。
- ref1,ref2,...：ref1 为必需参数，后续是可选的，表示要进行分类汇总计算的 1～29 个区域或引用。

表 9-1　function_num 参数代码的对应功能

function_num（包含隐藏值）	function_num（忽略隐藏值）	函　数
1	101	AVERAGE
2	102	COUNT
3	103	COUNTA
4	104	MAX
5	105	MIN
6	106	PRODUCT
7	107	STDEV
8	108	STEDVP
9	109	SUM
10	110	VAR
11	111	SARP

【用法解析】

SUBTOTAL(指定进行什么计算,进行分类汇总计算的区域)

用代码指定将执行什么运算，各代码代表的运算参见表 9-1

要执行运算的目标数据区域

例：对一类数据进行汇总、计数和平均值运算

SUBTOTAL 函数可以对一组数据进行求和汇总、计数统计、统计平均值、求取最大最小值等，实际上，它类似于进行各种不同计算类型的分类汇总统计。具体使用方法如下。

扫一扫，看视频

❶ 选中 G1 单元格，在编辑栏中输入公式（见图 9-137）：

```
=SUBTOTAL(1,D2:D7)
```

AND　=SUBTOTAL(1,D2:D7)

	A	B	C	D	E	F	G
1	编号	姓名	所属部门	工资		销售部-平均值	(1,D2:D7)
2	NN003	韩要荣	销售部	14900		销售部-计数	
3	NN004	侯淑媛	销售部	6680		销售部-求和	
4	NN006	李平	销售部	15000		销售部-最大值	
5	NN008	张文涛	销售部	5200			
6	NN009	孙文胜	销售部	5800			
7	NN012	黄博	销售部	6000			
8	NN001	章丽	企划部	5565			
9	NN011	崔志飞	企划部	8000			
10	NN013	叶伊琳	企划部	2200			
11	NN002	刘玲燕	财务部	2800			
12	NN007	苏敏	财务部	4800			
13	NN005	孙丽萍	办公室	2200			
14	NN010	周保国	办公室	2280			

图 9-137

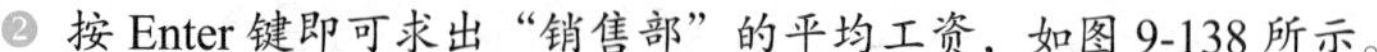

❷ 按 Enter 键即可求出“销售部”的平均工资，如图 9-138 所示。

❸ 选中 G2 单元格，在编辑栏中输入公式：

```
=SUBTOTAL(2,D2:D7)
```

	A	B	C	D	E	F	G
1	编号	姓名	所属部门	工资		销售部-平均值	8930
2	NN003	韩要荣	销售部	14900		销售部-计数	
3	NN004	侯淑媛	销售部	6680		销售部-求和	
4	NN006	李平	销售部	15000		销售部-最大值	
5	NN008	张文涛	销售部	5200			
6	NN009	孙文胜	销售部	5800			
7	NN012	黄博	销售部	6000			
8	NN001	章丽	企划部	5565			
9	NN011	崔志飞	企划部	8000			
10	NN013	叶伊琳	企划部	2200			
11	NN002	刘玲燕	财务部	2800			
12	NN007	苏敏	财务部	4800			
13	NN005	孙丽萍	办公室	2200			
14	NN010	周保国	办公室	2280			

图 9-138

❹ 按 Enter 键即可求出“销售部”的记录条数，如图 9-139 所示。

G2 =SUBTOTAL(2,D2:D7)

	A	B	C	D	E	F	G
1	编号	姓名	所属部门	工资		销售部-平均值	8930
2	NN003	韩要荣	销售部	14900		销售部-计数	6
3	NN004	侯淑媛	销售部	6680		销售部-求和	
4	NN006	李平	销售部	15000		销售部-最大值	
5	NN008	张文涛	销售部	5200			
6	NN009	孙文胜	销售部	5800			
7	NN012	黄博	销售部	6000			
8	NN001	章丽	企划部	5565			
9	NN011	崔志飞	企划部	8000			
10	NN013	叶伊琳	企划部	2200			
11	NN002	刘玲燕	财务部	2800			
12	NN007	苏敏	财务部	4800			
13	NN005	孙丽萍	办公室	2200			
14	NN010	周保国	办公室	2280			

图 9-139

❺ 选中 G3 单元格，在编辑栏中输入公式：

```
=SUBTOTAL(9,D2:D7)
```

❻ 按 Enter 键即可求出“销售部”的工资合计值，如图 9-140 所示。

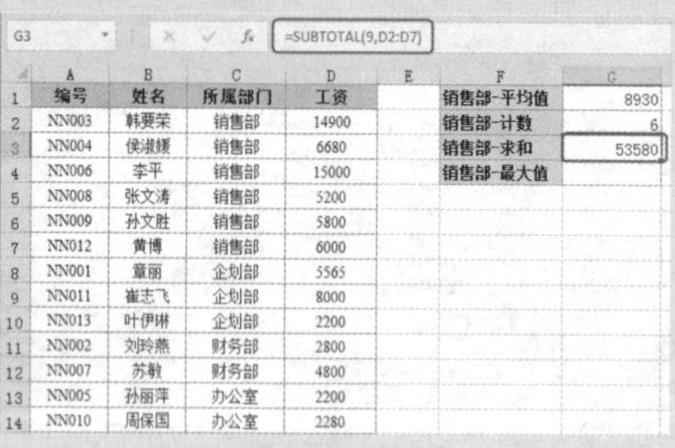

G3 =SUBTOTAL(9,D2:D7)

	A	B	C	D	E	F	G
1	编号	姓名	所属部门	工资		销售部-平均值	8930
2	NN003	韩要荣	销售部	14900		销售部-计数	6
3	NN004	侯淑媛	销售部	6680		销售部-求和	53580
4	NN006	李平	销售部	15000		销售部-最大值	
5	NN008	张文涛	销售部	5200			
6	NN009	孙文胜	销售部	5800			
7	NN012	黄博	销售部	6000			
8	NN001	章丽	企划部	5565			
9	NN011	崔志飞	企划部	8000			
10	NN013	叶伊琳	企划部	2200			
11	NN002	刘玲燕	财务部	2800			
12	NN007	苏敏	财务部	4800			
13	NN005	孙丽萍	办公室	2200			
14	NN010	周保国	办公室	2280			

图 9-140

❼ 选中 G4 单元格，在编辑栏中输入公式：

```
=SUBTOTAL(4,D2:D7)
```

❽ 按 Enter 键即可求出“销售部”工资的最大值，如图 9-141 所示。

G4 =SUBTOTAL(4,D2:D7)

	A	B	C	D	E	F	G
1	编号	姓名	所属部门	工资		销售部-平均值	8930
2	NN003	韩要荣	销售部	14900		销售部-计数	6
3	NN004	侯淑媛	销售部	6680		销售部-求和	53580
4	NN006	李平	销售部	15000		销售部-最大值	15000
5	NN008	张文涛	销售部	5200			
6	NN009	孙文胜	销售部	5800			
7	NN012	黄博	销售部	6000			
8	NN001	章丽	企划部	5565			
9	NN011	崔志飞	企划部	8000			
10	NN013	叶伊琳	企划部	2200			
11	NN002	刘玲燕	财务部	2800			
12	NN007	苏敏	财务部	4800			
13	NN005	孙丽萍	办公室	2200			
14	NN010	周保国	办公室	2280			

图 9-141

注意：

SUBTOTAL 函数用第一个参数指定进行哪种方式的汇总。在编辑栏中输入函数名称与左括号后，将光标定位于第一个参数处，此时会打开参数设置提示框（见图 9-142），可以根据提示进行设置。

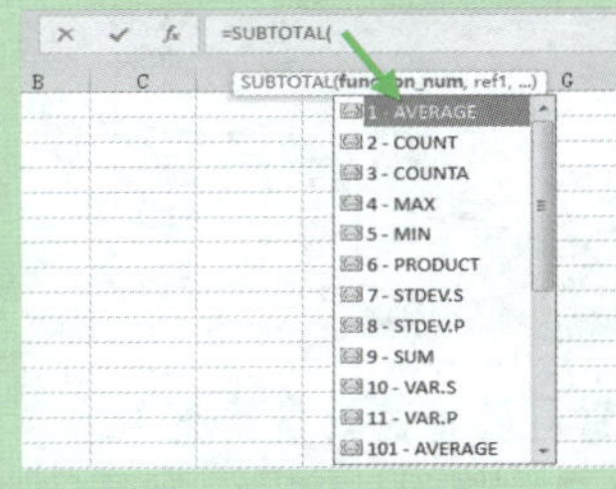

图 9-142

注意：

通过示例的运算可以看到，SUBTOTAL 函数可以代替 SUM、AVERAGE、COUNT、MAX 等 11 种函数（见表 9-1 中列举的）。

9.4 阶乘、随机与矩阵计算

1. FACT（计算指定正数值的阶乘）

【函数功能】FACT 函数用于返回某数的阶乘，一个数的阶乘等于

1×2×3×…×概数。

【函数语法】FACT(number)

number：必需，要计算其阶乘的非负数。如果 number 不是整数，则截尾取整。

【用法解析】

FACT(number)

必需，可以是常数、单元格引用

扫一扫，看视频

例：求任意数值的阶乘

图 9-143 所示的表格给出了一组数据，要求快速求出每个数值的阶乘。

❶ 选中 B2 单元格，在编辑栏中输入公式（见图 9-143）：

```
=FACT(A2)
```

❷ 按 Enter 键即可求出 A2 单元格数据的阶乘。然后向下复制 B2 单元格的公式，可得到批量计算结果，如图 9-144 所示。

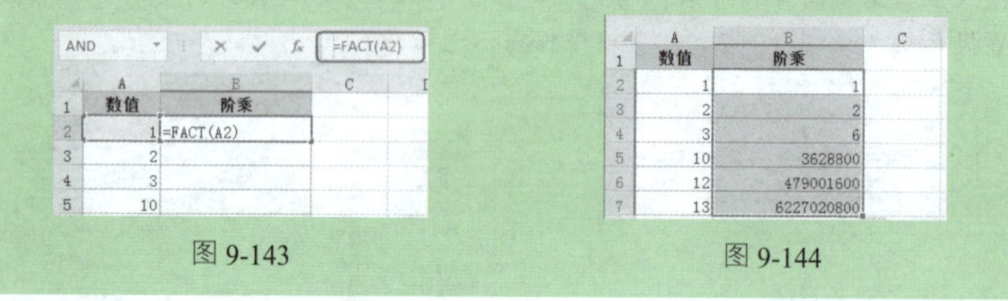

图 9-143　　　　图 9-144

2. FACTDOUBLE（返回数值的双倍阶乘）

【函数功能】FACTDOUBLE 函数用于返回数值的双倍阶乘。

【函数语法】FACTDOUBLE(number)

number：必需，要计算其双倍阶乘的数值。如果 number 不是整数，则截尾取整。

【用法解析】

FACTDOUBLE (number)

必需，可以是常数、单元格引用

扫一扫，看视频

例：求任意数值的双倍阶乘

图 9-145 所示的表格给出了 3 组数据，要求快速求出所有数据的最大公约数。

❶ 选中 B2 单元格，在编辑栏中输入公式（见图 9-145）：

```
=FACTDOUBLE(A2)
```

❷ 按 Enter 键，即可求出 A2 单元格中数据的双倍阶乘。然后向下复制 B2 单元格的公式，可得到批量计算结果，如图 9-146 所示。

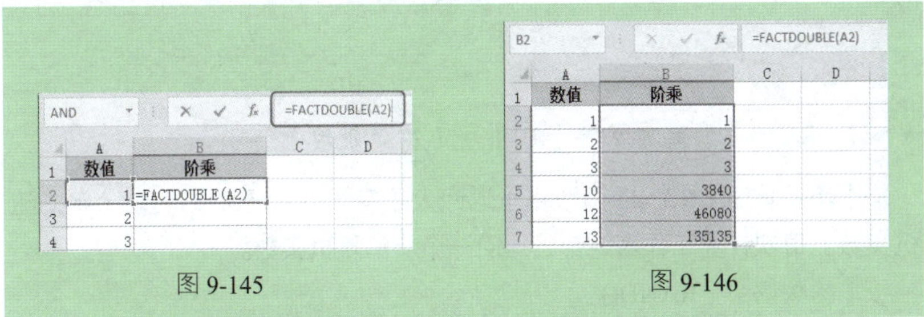

AND　=FACTDOUBLE(A2)

	A	B	C	D
1	数值	阶乘		
2	1	=FACTDOUBLE(A2)		
3	2			
4	3			

图 9-145

B2　=FACTDOUBLE(A2)

	A	B	C	D
1	数值	阶乘		
2	1	1		
3	2	2		
4	3	3		
5	10	3840		
6	12	46080		
7	13	135135		

图 9-146

3. MULTINOMIAL（返回参数和的阶乘与各参数阶乘乘积的比值）

【函数功能】MULTINOMIAL 函数用于返回参数和的阶乘与各参数阶乘乘积的比值。

【函数语法】MULTINOMIAL(number1,[number2],...)

number1：必需参数，后续参数是可选的。这些是用于 MULTINOMIAL 函数运算的 1～255 个数字。

【用法解析】

MULTINOMIAL (A2:B2)

执行的运算是“(A2+B2)的阶乘/A2 的阶乘*B2 的阶乘”

例：求参数和的阶乘与各参数阶乘乘积的比值

扫一扫，看视频

图 9-147 所示的表格给出了 3 组数据，要求快速求出所有数据的最大公约数。

❶ 选中 D2 单元格，在编辑栏中输入公式：

```
=MULTINOMIAL(A2,B2)
```

❷ 按 Enter 键，即可求出数值 1 和 2 之和的阶乘与 1 的阶乘和 2 的阶乘乘积的比值，如图 9-147 所示。

❸ 选中 D3 单元格，在编辑栏中输入公式：

```
=MULTINOMIAL(A3,B3,C3)
```

❹ 按 Enter 键，即可求出数值 1、2 和 3 之和的阶乘与 1、2 和 3 的阶乘乘积的比值，如图 9-148 所示。

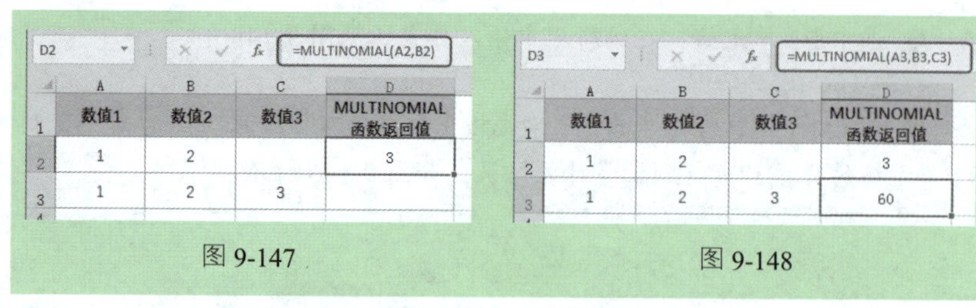

D2 =MULTINOMIAL(A2,B2)

	A	B	C	D
1	数值1	数值2	数值3	MULTINOMIAL 函数返回值
2	1	2		3
3	1	2	3	

图 9-147

D3 =MULTINOMIAL(A3,B3,C3)

	A	B	C	D
1	数值1	数值2	数值3	MULTINOMIAL 函数返回值
2	1	2		3
3	1	2	3	60

图 9-148

4. RAND（返回大于等于 0 小于 1 的随机数）

【函数功能】RAND 函数用于返回大于等于 0 小于 1 的均匀分布的随机实数。每次计算工作表时都将返回一个新的随机实数。

【函数语法】RAND()

【用法解析】

RAND( )

没有任何参数。如果在某一单元格内应用公式"=RAND()"，然后在编辑状态下按 F9 键，将会产生一个变化的随机数

例：随机获取选手编号

扫一扫，看视频

在进行某项比赛时，自动为各位选手随机自动生成编号，要求编号是 1~100 的整数。

❶ 选中 B2 单元格，在编辑栏中输入公式：

```
=ROUND(RAND()*100-1,0)
```

❷ 按 Enter 键，即可随机自动生成 1～100 的整数（每次按 F9 键，编号都会随机生成），如图 9-149 所示。

❸ 向下复制 B2 单元格的公式，可以随机获取所有人员的编号（每次按 F9 键，编号都会随机生成），如图 9-150 所示。

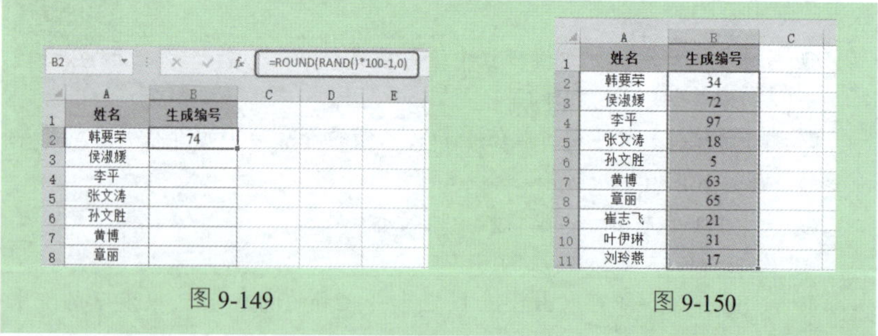

B2 =ROUND(RAND()*100-1,0)

	A	B	C	D	E
1	姓名	生成编号			
2	韩要荣	74			
3	侯淑媛				
4	李平				
5	张文涛				
6	孙文胜				
7	黄博				
8	章丽				

图 9-149

	A	B	C
1	姓名	生成编号	
2	韩要荣	34	
3	侯淑媛	72	
4	李平	97	
5	张文涛	18	
6	孙文胜	5	
7	黄博	63	
8	章丽	65	
9	崔志飞	21	
10	叶伊琳	31	
11	刘玲燕	17	

图 9-150

【公式解析】

=ROUND(RAND()*100-1,0)

外层再使用 ROUND 函数，表示将②得到的小数向上舍入取整

① 获取 0~1 的随机数

② 进行乘以 100 处理是将小数转换为有两位整数的数值，减 1 处理是避免随机生成 100 这个编号

5. RANDBETWEEN（返回指定数值之间的随机数）

【函数功能】RANDBETWEEN 函数用于返回位于指定两个数之间的一个随机整数。每次计算工作表时都将返回一个新的随机整数。

【函数语法】RANDBETWEEN(bottom,top)

- bottom：必需，RANDBETWEEN 函数将返回最小整数。
- top：必需，RANDBETWEEN 函数将返回最大整数。

【用法解析】

RANDBETWEEN(10,100)

生成 10~100 的随机数

例：随机生成两个指定数之间的整数

在开展某项活动时，选手的编号需要随机生成，并且要求编号都是 3 位数。

扫一扫，看视频

❶ 选中 B2 单元格，在编辑栏中输入公式：

```
=RANDBETWEEN(100,1000)
```

❷ 按 Enter 键，即可随机自动生成 100~1000 的整数（每次按 F9 键，编号都会随机生成），如图 9-151 所示。

❸ 向下复制 B2 单元格的公式，可以随机获取所有人员的编号（每次按 F9 键，编号都会随机生成），如图 9-152 所示。

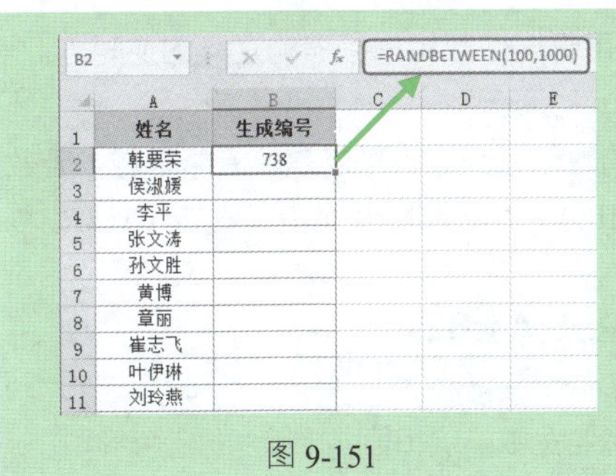

图 9-151

姓名	生成编号
韩要荣	704
侯淑媛	197
李平	221
张文涛	415
孙文胜	574
黄博	233
章丽	814
崔志飞	975
叶伊琳	228
刘玲燕	356

图 9-152

6. MDETERM（返回一个数组的矩阵行列式的值）

【函数功能】MDETERM 函数用于返回一个数组的矩阵行列式的值。

【函数语法】MDETERM(array)

array：必需，行数和列数相等的数值数组。

【用法解析】

MDETERM(A1:B2)

执行的运算是“A1*B2−A2*B1”

例：求一个数组的矩阵行列式的值

扫一扫，看视频

已知两组数据，要求求出矩阵行列式的值。

❶ 选中 D2 单元格，在编辑栏中输入公式：

```
=MDETERM(A2:B3)
```

❷ 按 Enter 键即可得出 A2:B3 矩阵行列式的值，如图 9-153 所示。

D2 =MDETERM(A2:B3)

	A	B	C	D
1	数据1	数据2		MDETERM返回值
2	8	12		-40
3	6	4		

图 9-153

【公式解析】

=MDETERM(A2:B3)

执行“8×4−6×12”的操作

7. MINVERSE（返回数组矩阵的逆矩阵）

【函数功能】MINVERSE 函数用于返回数组中存储的矩阵的逆矩阵。

【函数语法】MINVERSE(array)

array：必需，行数和列数相等的数值数组，也可以是单元格区域。若数组中包含文字或空格的单元格，则 MINVERSE 函数返回错误值“#VALUE!”。

【用法解析】

MINVERSE(A1:B2)

行数与列数必须相等

例：求矩阵行列式的逆矩阵

扫一扫，看视频

图 9-154 所示的表格中给出了一个矩阵行列式，现在要求求出它的逆矩阵。

❶ 选中 E2:C4 单元格区域，在编辑栏中输入公式（见图 9-154）：

```
=MINVERSE(A2:C4)
```

❷ 按 Ctrl+Shift+Enter 组合键，即可得出逆矩阵，如图 9-155 所示。

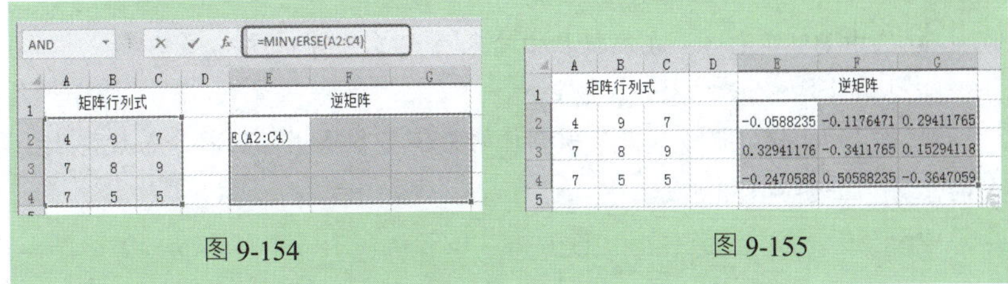

	A	B	C	D	E	F	G
1	矩阵行列式				逆矩阵		
2	4	9	7		E(A2:C4)		
3	7	8	9				
4	7	5	5				

图 9-154

	A	B	C	D	E	F	G
1	矩阵行列式				逆矩阵		
2	4	9	7		-0.0588235	-0.1176471	0.29411765
3	7	8	9		0.32941176	-0.3411765	0.15294118
4	7	5	5		-0.2470588	0.50588235	-0.3647059
5							

图 9-155

8. MMULT（返回两个数组的矩阵乘积）

【函数功能】MMULT 函数用于返回两个数组的矩阵乘积，结果矩阵的行数与 array1 的行数相同，矩阵的列数与 array2 的列数相同。

【函数语法】MMULT(array1,array2)

- array1：必需，要进行矩阵乘法运算的数组。
- array2：必需，要进行矩阵乘法运算的数组。

【用法解析】

数组 1 的列数必须与数组 2 的行数相同，而且两个数组中都只能包含数值

执行的运算是“A1*B5+B1*B6+C1*B7”

例：按评分标准与评分人数计算总分

扫一扫，看视频

图 9-156 所示的表格中给出了某项测评的评分标准，同时也统计出了 3 位参加人员的打分人数，现在需要根据每项测评的打分人数计算出总分（见图 9-156）。

	A	B	C	D
1	面试	笔试	实践	
2	10	20	30	
3				
4		小A（打分人数）	小B（打分人数）	小C（打分人数）
5	面试	1	2	3
6	笔试	1	2	2
7	实践	2	1	1
8	总分	90	90	100
9				

图 9-156

❶ 选中 B8 单元格，在编辑栏中输入公式（见图 9-157）：

```
=MMULT($A$2:$C$2,B5:B7)
```

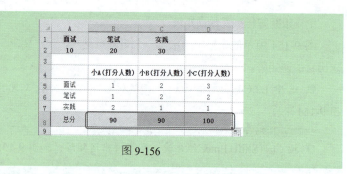

❷ 按 Enter 键，即可根据几项测评的分值与各项测评的打分人数得出小 A 的总分，如图 9-158 所示。

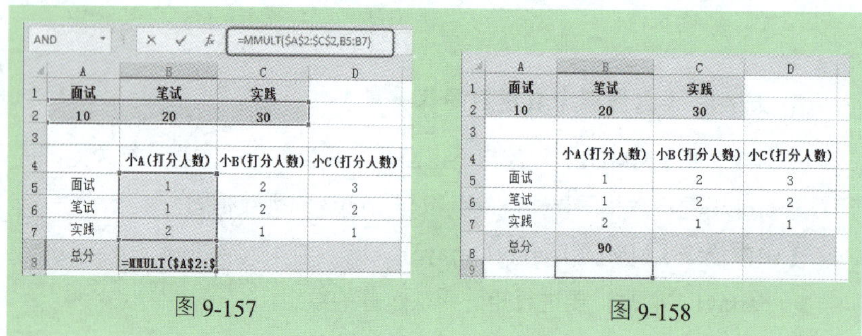

AND =MMULT($A$2:$C$2,B5:B7)

	A	B	C	D
1	面试	笔试	实践	
2	10	20	30	
3				
4		小A（打分人数）	小B（打分人数）	小C（打分人数）
5	面试	1	2	3
6	笔试	1	2	2
7	实践	2	1	1
8	总分	=MMULT($A$2:$		

图 9-157

	A	B	C	D
1	面试	笔试	实践	
2	10	20	30	
3				
4		小A（打分人数）	小B（打分人数）	小C（打分人数）
5	面试	1	2	3
6	笔试	1	2	2
7	实践	2	1	1
8	总分	90		
9				

图 9-158

❸ 选中 B8 单元格，向右复制公式到 D8 单元格，可以得到每位人员的总分。

【公式解析】

=MMULT($A$2:$C$2,B5:B7)

执行“A2*B5+B2*B6+C2*B7”的操作，即计算出“10×1+20×1+30×2”的结果

注意：

公式中对数组 1 使用了绝对引用，是为了便于将公式向右复制，因为用于显示评分标准的 A2:C2 单元格区域是始终不变的，所以使用了绝对引用。

9.5 指数、对数与幂计算

1. EXP（返回以e为底数指定指数的幂值）

【函数功能】EXP 函数用于返回 e 的 *n* 次幂。e=2.71828182845904，是自然对数的底数。

【函数语法】EXP(number)

number：必需，应用于底数 e 的指数。

例：返回以 e 为底数指定指数的幂值

若要求解任意指数的幂值，可以使用 EXP 函数来实现。

扫一扫，看视频

❶ 选中 B2 单元格，在编辑栏中输入公式：

```
=EXP(A2)
```

❷ 按 Enter 键，即可求出以 e 为底数的指数-1 的幂值。

❸ 向下复制 B2 单元格的公式，可以查看到以 e 为底数其他指定指数的幂值，如图 9-159 所示。

B2 =EXP(A2)

	A	B	C
1	指数	e为底数的幂值	
2	-1	0.367879441	
3	0	1	
4	1	2.718281828	
5	5	148.4131591	

图 9-159

2. LN（计算一个数的自然对数）

【函数功能】LN 函数用于计算一个数的自然对数。自然对数以常数项 e 为底数，e = 2.71828182845904。LN 函数是 EXP 函数的反函数。

【函数语法】LN(number)

number：必需，要计算其自然对数的正实数。

例：求任意正数值的自然对数值

如果需要求解任意正数值的自然对数值，可以使用 LN 函数来设置公式。

扫一扫，看视频

❶ 选中 B2 单元格，在编辑栏中输入公式：

```
=LN(A2)
```

❷ 按 Enter 键即可求出 1 的自然对数值。

❸ 向下复制 B2 单元格的公式，可以查看到其他数值的对数值，如图 9-160 所示。

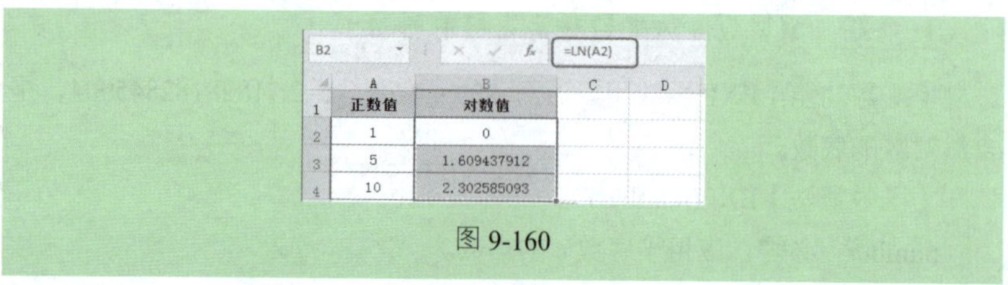

	A	B
1	正数值	对数值
2	1	0
3	5	1.609437912
4	10	2.302585093

图 9-160

3. LOG（计算指定底数的对数值）

【函数功能】LOG 函数用于计算以指定数字为底数的数的对数值。

【函数语法】LOG(number,[base])

- number：必需，想要计算其对数的正实数。
- base：可选，对数的底数，如果省略底数，假定其值为 10。

例：求指定正数值和底数的对数值

扫一扫，看视频

如果需要求解图 9-161 所示的表格中的任意正数值和底数的对数值，可以使用 LOG 函数来实现。

❶ 选中 C2 单元格，在编辑栏中输入公式：

```
=LOG(A2,B2)
```

❷ 按 Enter 键即可求出以 2 为底数正数值为 2 的对数值。

❸ 向下复制 C2 单元格的公式，可以查看到其他指定正数值和底数的对数值（见图 9-161）。

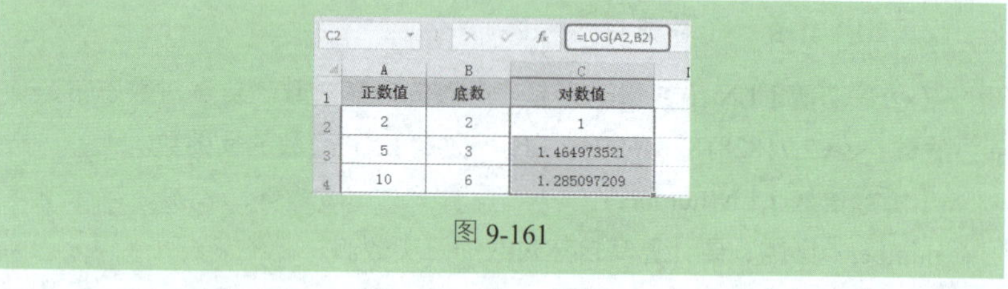

	A	B	C
1	正数值	底数	对数值
2	2	2	1
3	5	3	1.464973521
4	10	6	1.285097209

图 9-161

4. LOG10（计算以 10 为底数的对数值）

【函数功能】LOG10 函数用于返回以 10 为底数的对数值。

【函数语法】LOG10(number)

number：必需，想要计算其常用对数的正实数。

例：求任意正数值以 10 为底数的对数值

如果要求任意正数值以 10 为底数的对数值，可以使用 LOG10 函数来实现。

扫一扫，看视频

❶ 选中 B2 单元格，在编辑栏中输入公式：

```
=LOG10(A2)
```

❷ 按 Enter 键即可求出以 10 为底数、正数值为 2 的对数值。

❸ 向下复制 B2 单元格的公式，可以查看到以 10 为底数的其他正数值的对数值，如图 9-162 所示。

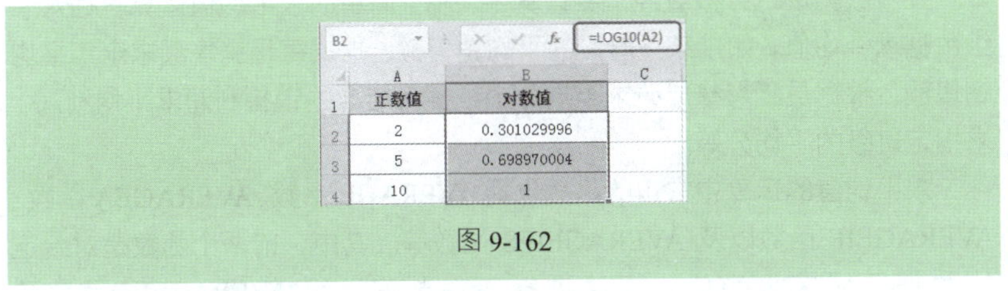

B2 =LOG10(A2)

	A	B	C
1	正数值	对数值	
2	2	0.301029996	
3	5	0.698970004	
4	10	1	

图 9-162

5. POWER（返回给定数值的乘幂）

【函数功能】POWER 函数用于返回给定数值的乘幂。

【函数语法】POWER(number, power)

- number：必需，底数，可以为任意实数。
- power：必需，指数，底数按该指数次幂乘方。

例：求任意数值的 *n* 次或多次方根值

如果要求任意数值的 3 次或多次方根值，可以使用 POWER 函数来实现。

扫一扫，看视频

❶ 选中 C2 单元格，在编辑栏中输入公式：

```
=POWER(A2,B2)
```

❷ 按 Enter 键，即可计算出底数为 0.5、指数为 2 的方根值。

❸ 向下复制 C2 单元格的公式，可以查看到其他数值与指定 n 次的方根值，如图 9-163 所示。

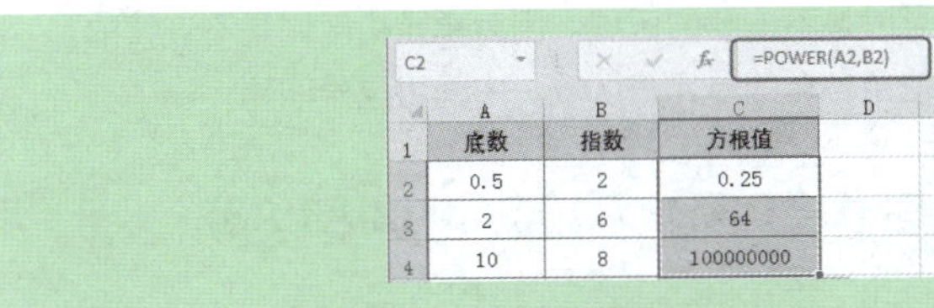

C2 =POWER(A2,B2)

	A	B	C	D
1	底数	指数	方根值	
2	0.5	2	0.25	
3	2	6	64	
4	10	8	100000000	

图 9-163

第10章 统计函数

10.1 求解平均值

在对数据进行分析时经常要计算平均值。简单的求平均值运算包括对一组数据求平均值，如求某一时段的平均销售额、根据每月销售额求全年平均销售额、根据员工考核成绩求平均分、根据各店面的销售利润求平均利润、求指定班级的平均分等。

求平均值的运算中常用的函数包括 AVERAGE 函数、AVERAGEA 函数、AVERAGEIF 函数以及 AVERAGEIFS 函数等。其中，前两个函数是对给定的数据区域求平均值，无法进行条件判定，而 AVERAGEIF 函数和 AVERAGEIFS 函数则可以按条件求平均值。

1. AVERAGE（计算算术平均值）

【函数功能】AVERAGE 函数用于计算所有参数的算术平均值。

【函数语法】AVERAGE(number1,[number2],...)

number1,number2,...：number1 是必需参数，表示要计算平均值的 1～255 个参数。

【用法解析】

AVERAGE 函数参数的写法也有多种形式，具体如下所示：

当前有 3 个参数，参数间用逗号分隔。参数个数最少是 1 个，最多只能设置 255 个。当前公式的计算结果等同于“=(1+2+3)/3”

=AVERAGE(1,2,3)

共 3 个参数，可以是不连续的区域。因为单元格区域是不连续的，所以必须分别使用各自的单元格区域，中间用逗号间隔

=AVERAGE(D2:D3,D9:D10,Sheet2!A1:A3)

也可以引用其他工作表中的单元格区域

除了单元格引用和数值，参数还可以是其他公式的计算结果

第 1 个参数是常量

= AVERAGE(4,SUM(3,3),A1)

第 3 个参数是单元格引用

注意：

同 SUM 函数一样，AVERAGE 函数最多可以设置 255 个参数。如果参数是单元格引用，AVERAGE 函数只对其中数值类型的数据进行运算，文本、逻辑值、空单元格都会被函数忽略。

值得注意的是，如果单元格包含 0 值，则计算在内。如图 10-1 所示，求解 A1:A5 单元格区域值的平均值，结果为 497；如图 10-2 所示，求解 A1:A6 单元格区域值的平均值，结果为 414.167，表示 A3 单元格的 0 值也计算在内了；而图 10-3 所示为求解 A1:A6 单元格区域值的平均值，结果为 497，表示 A3 单元格的空值不计算在内。

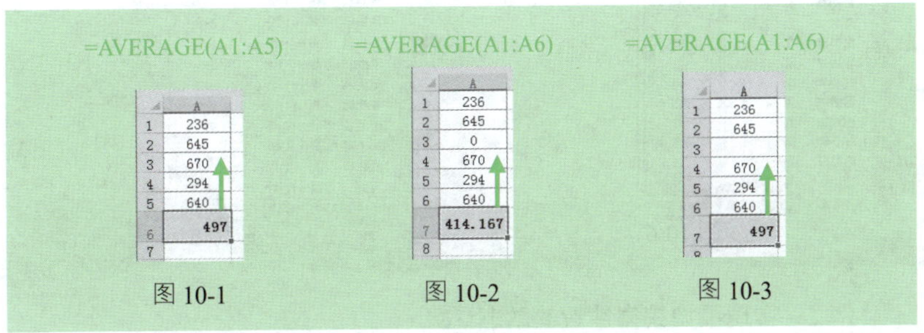

图 10-1　图 10-2　图 10-3

例 1：计算学生考试的平均成绩

图 10-4 所示的表格统计了学生的模考成绩，要求计算出平均分，可以利用 Excel 中的“自动求和”功能中的“平均值”功能来实现。

扫一扫，看视频

❶ 选中 E2 单元格，在“公式”选项卡的“函数库”组中单击“自动求和”下拉按钮，在打开的下拉列表中单击“平均值”按钮（见图 10-4），即可在 E2 单元格中自动输入求平均值的公式，但默认的数据源区域并不正确，如图 10-5 所示。

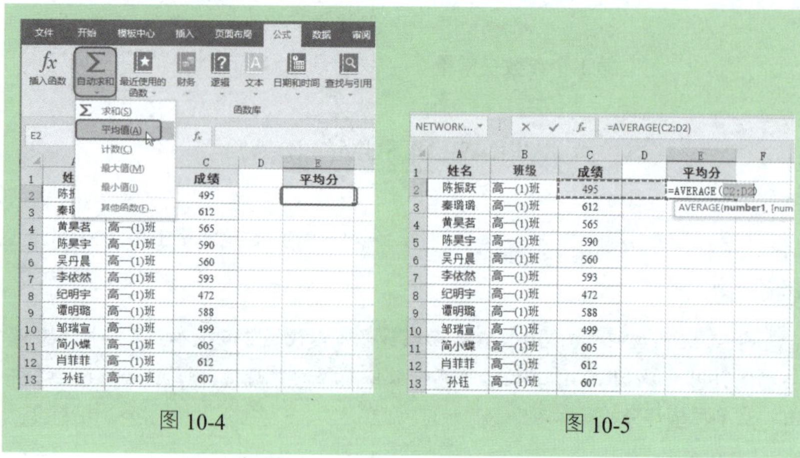

图 10-4　　图 10-5

❷ 重新选择 C2:C13 单元格区域作为参数，如图 10-6 所示。

❸ 按 Enter 键即可得出平均值的结果，如图 10-7 所示。

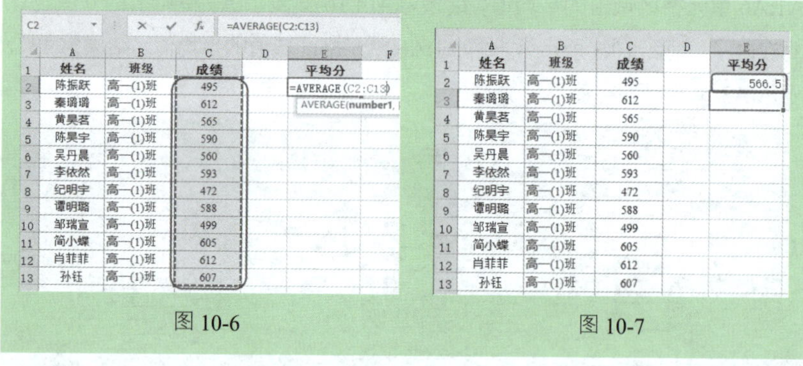

图 10-6　　图 10-7

例 2：实现平均销售件数的动态计算

扫一扫，看视频

实现数据的动态计算是一个比较常用的需求。例如，在销售记录随时添加时可以即时更新平均销售件数、总和值等。下面的例子要求实现平均销售件数的动态计算，即当有新条目添加时，平均销售件数能自动重算。要实现根据数据的增补自动地动态计算，需要借助“表格”功能，此功能相当于将数据转换为动态区域。具体操作如下。

❶ 在当前表格中选中任意单元格，在“插入”选项卡的“表格”中单击“表格”按钮（见图 10-8），打开“创建表”对话框，勾选“表包含标题”复选框，单击“确定”按钮，如图 10-9 所示。

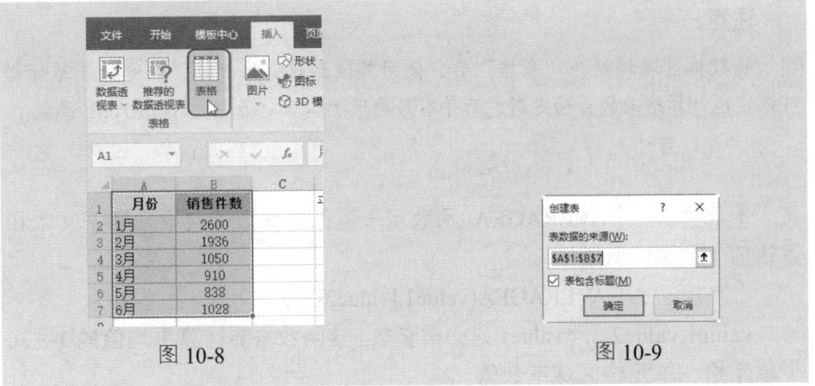

图 10-8　　　　图 10-9

❷ 选中 D2 单元格，在编辑栏中输入“=AVERAGE(”，接着选择 B2:B7 作为数据源，可以看到数据源自动变为一个名称，这个名称就是前面❶步中生成的动态名称，如图 10-10 所示。

❸ 按 Enter 键即可得出平均销售件数的结果，如图 10-11 所示。

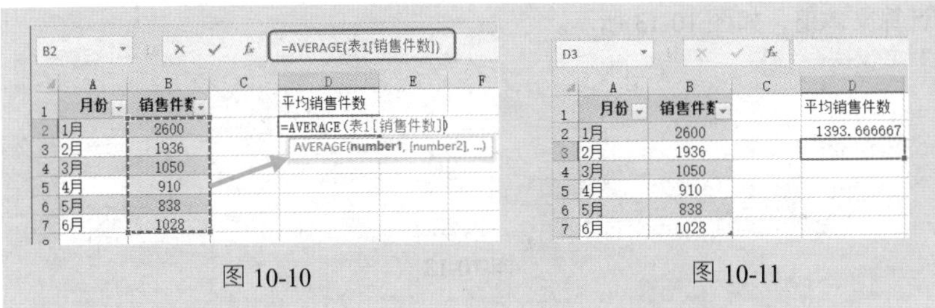

图 10-10　　　　图 10-11

❹ 当增补数据时，可以看到平均销售件数能自动重新计算，如图 10-12 所示。这是因为作为 AVERAGE 函数参数的那个动态名称的引用区域自动发生了变化，所以能实现根据当前数据动态求取平均销售件数。

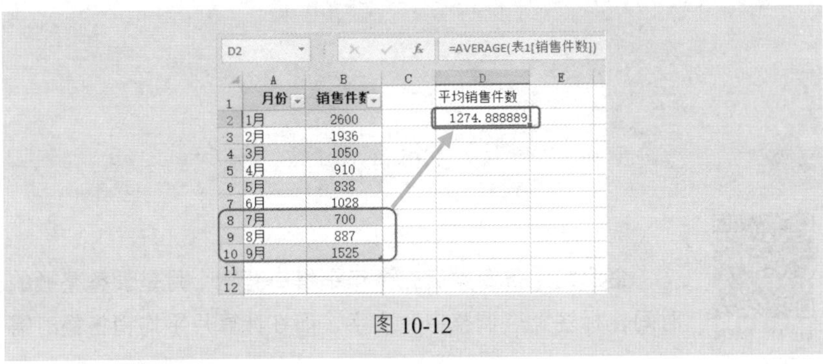

图 10-12

注意：

将数据区域转换为"表格"后，使用其他函数引用数据区域进行计算时都可以实现计算结果的自动更新，而并不只局限于本例中介绍的 AVERAGE 函数。

2. AVERAGEA（返回平均值）

【函数功能】AVERAGEA 函数用于返回其参数（包括数字、文本和逻辑值）的平均值。

【函数语法】AVERAGEA(value1,[value2],...)

value1,value2,...：value1 是必需参数。该函数需要计算平均值的 1 ~ 30 个单元格、单元格区域或数值。

【用法解析】

AVERAGEA 函数与 AVERAGE 函数的区别仅在于：AVERAGE 函数不计算文本值，如图 10-13 所示。

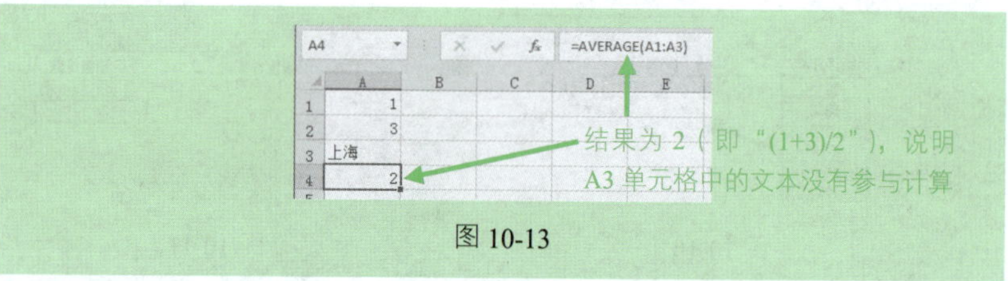

图 10-13

AVERAGEA 函数的主要特点：参数可以是逻辑值、文本，如图 10-14 所示。

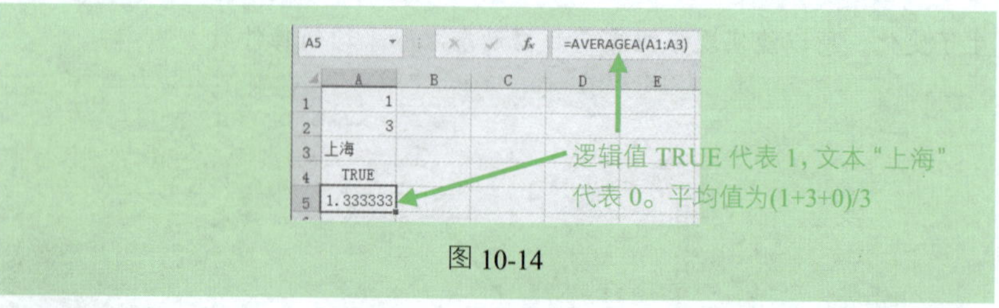

图 10-14

例：计算全年平均销售额（将文本单元格计算在内）

企业约定各专卖店在全年销售中有一个月是调整整顿的时间，标注上"调整中"文字，而在计算月平均销售额时需要将全年 12 个月都计算在内，此时计算平均销售额需要使用 AVERAGEA 函数。

❶ 选中 B14 单元格，在编辑栏中输入公式（见图 10-15）：

```
=AVERAGEA(B2:B13)
```

❷ 按 Enter 键即可依据 B2:B13 单元格区域中的数据计算平均销售额，如图 10-16 所示。

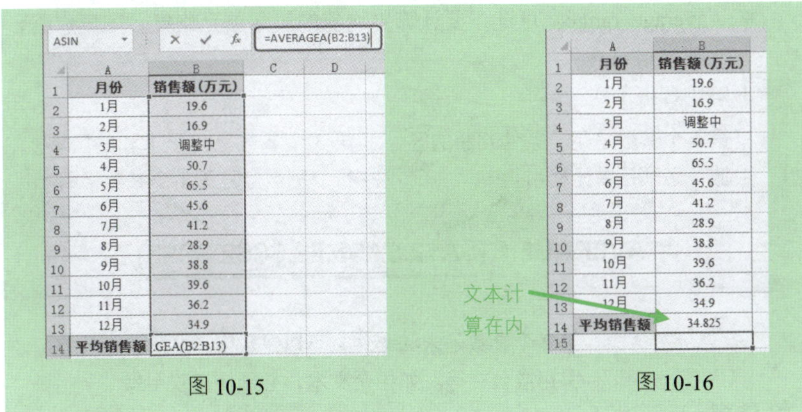

	A	B
1	月份	销售额（万元）
2	1月	19.6
3	2月	16.9
4	3月	调整中
5	4月	50.7
6	5月	65.5
7	6月	45.6
8	7月	41.2
9	8月	28.9
10	9月	38.8
11	10月	39.6
12	11月	36.2
13	12月	34.9
14	平均销售额	.GEA(B2:B13)

图 10-15

	A	B
1	月份	销售额（万元）
2	1月	19.6
3	2月	16.9
4	3月	调整中
5	4月	50.7
6	5月	65.5
7	6月	45.6
8	7月	41.2
9	8月	28.9
10	9月	38.8
11	10月	39.6
12	11月	36.2
13	12月	34.9
14	平均销售额	34.825

图 10-16

❸ 使用公式“=AVERAGE(B2:B13)”对比查看计算结果（文本不计算在内），如图 10-17 所示。

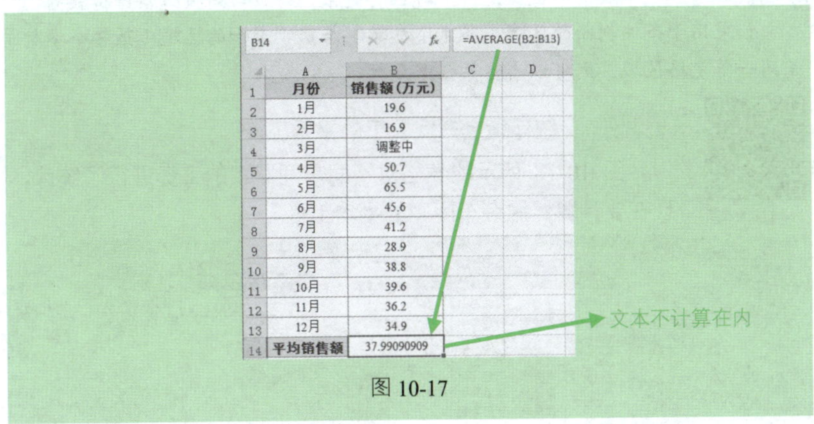

	A	B
1	月份	销售额（万元）
2	1月	19.6
3	2月	16.9
4	3月	调整中
5	4月	50.7
6	5月	65.5
7	6月	45.6
8	7月	41.2
9	8月	28.9
10	9月	38.8
11	10月	39.6
12	11月	36.2
13	12月	34.9
14	平均销售额	37.99090909

图 10-17

3. AVERAGEIF（返回满足条件的平均值）

【函数功能】AVERAGEIF 函数用于返回某个区域内满足给定条件的所有单元格的平均值（算术平均值）。

【函数语法】AVERAGEIF(range,criteria,[average_range])

- range：必需，要计算平均值的一个或多个单元格，其中包括数字或包含数字的名称、数组或引用。
- criteria：必需，数字、表达式、单元格引用或文本形式的条件，用于定义要对哪些单元格计算平均值。例如，条件可以表示为 32、"32" ">32" "apples"或 b4。
- average_range：可选，要计算平均值的实际单元格集。如果忽略，则使用 range。

【用法解析】

第 1 个参数是用于条件判断的区域，必须是单元格引用

第 3 个参数是用于求和的区域。行、列数应与第 1 个参数相同

= AVERAGEIF ($A$2:$A$5,E2,$C$2:$C$5)

第 2 个参数是求和条件，可以是数字、文本、单元格引用或公式等。如果是文本，必须使用双引号

注意：

在使用 AVERAGEIF 函数时，其参数的设置必须要按以下顺序输入：第 1 个参数和第 3 个参数中的数据是一一对应的关系，行数与列数必须保持相同。

如果用于条件判断的区域（第 1 个参数）与用于求和的区域（第 3 个参数）是同一单元格区域，则可以省略第 3 个参数。

扫一扫，看视频

例 1：统计指定车间职工的平均工资

图 10-18 所示的表格对不同车间职工的工资进行了统计，现在要计算“服装车间”的平均工资。

	A	B	C	D	E	F	G
1	职工工号	姓名	车间	性别	基本工资		服装车间平均工资
2	RCH001	张佳佳	服装车间	女	3500		3018.333333
3	RCH002	周传明	鞋包车间	男	2900		
4	RCH003	陈秀月	鞋包车间	女	2800		
5	RCH004	杨世奇	服装车间	男	3100		
6	RCH005	袁晓宇	鞋包车间	男	2900		
7	RCH006	夏甜甜	服装车间	女	2700		
8	RCH007	吴晶晶	鞋包车间	女	3850		
9	RCH008	蔡天放	服装车间	男	3050		
10	RCH009	朱小琴	鞋包车间	女	3120		
11	RCH010	袁庆元	服装车间	男	2780		
12	RCH011	张芯瑜	鞋包车间	女	3400		
13	RCH012	李慧珍	服装车间	女	2980		

图 10-18

❶ 选中 G2 单元格，在编辑栏中输入公式（见图 10-19）：

```
=AVERAGEIF(C2:C13,"服装车间",E2:E13)
```

ASIN　=AVERAGEIF(C2:C13,"服装车间",E2:E13)

	A	B	C	D	E	F	G
1	职工工号	姓名	车间	性别	基本工资		服装车间平均工资
2	RCH001	张佳佳	服装车间	女	3500		3,"服装车间",E2:E13)
3	RCH002	周传明	鞋包车间	男	2900		
4	RCH003	陈秀月	鞋包车间	女	2800		
5	RCH004	杨世奇	服装车间	男	3100		
6	RCH005	袁晓宇	鞋包车间	男	2900		
7	RCH006	夏甜甜	服装车间	女	2700		
8	RCH007	吴晶晶	鞋包车间	女	3850		
9	RCH008	蔡天放	服装车间	男	3050		
10	RCH009	朱小琴	鞋包车间	女	3120		
11	RCH010	袁庆元	服装车间	男	2780		
12	RCH011	张芯瑜	鞋包车间	女	3400		
13	RCH012	李慧珍	服装车间	女	2980		

图 10-19

❷ 按 Enter 键，即可依据 C2:C13 和 E2:E13 单元格区域中的数据计算“服装车间”的平均工资。

【公式解析】

① 在条件区域 C2:C13 中查找“服装车间”

如果要求“鞋包车间”的平均工资，只要将此处条件更改为“鞋包车间”即可

= AVERAGEIF(C2:C13,"服装车间",E2:E13)

③ 对所取的值进行求平均值运算

② 将①中找到的满足条件的对应在 E2:E13 单元格区域中的值取出来，然后对所取的值进行求平均值运算

例 2：按班级统计平均分数

图 10-20 所示的表格是某次竞赛的成绩统计表，其中包含三个班级，现在需要分别统计出每个班级的平均分。

❶ 在表格的空白处建立班级标识（见图 10-20）。

	A	B	C	D	E	F	G
1	姓名	性别	班级	成绩		班级	平均分
2	何以玫	女	七(1)班	91		七(1)班	
3	王飞扬	男	七(2)班	88		七(2)班	
4	童瑶瑶	女	七(3)班	82		七(3)班	
5	钱毅力	男	七(1)班	90			
6	管一非	男	七(2)班	87			
7	李金晶	女	七(3)班	79			
8	莫凡	女	七(1)班	85			
9	苏梦凡	男	七(2)班	80			
10	陈澈	女	七(3)班	88			
11	胡梦婷	女	七(1)班	75			
12	沈佳仪	女	七(2)班	98			
13	陶林	男	七(3)班	88			
14	吴凤仪	女	七(1)班	78			
15	简一翼	男	七(2)班	82			
16	刘颖	女	七(3)班	89			

图 10-20

❷ 选中 G2 单元格，在编辑栏中输入公式（见图 10-21）：

```
=AVERAGEIF($C$2:$C$16,F2,$D$2:$D$16)
```

❸ 按 Enter 键，即可依据 C2:C16 和 D2:D16 单元格区域的数值计算出 F2 单元格中指定班级“七（1）班”的平均成绩。将 G2 单元格的公式向下填充，可一次性得到每个班级的平均分，如图 10-22 所示。

NETWORK... =AVERAGEIF($C$2:$C$16,F2,$D$2:$D$16)

	A	B	C	D	E	F	G
1	姓名	性别	班级	成绩		班级	平均分
2	何以玫	女	七(1)班	91		七(1)班	$D$16)
3	王飞扬	男	七(2)班	88		七(2)班	
4	童瑶瑶	女	七(3)班	82		七(3)班	
5	钱毅力	男	七(1)班	90			
6	管一非	男	七(2)班	87			
7	李金晶	女	七(3)班	79			
8	莫凡	女	七(1)班	85			
9	苏梦凡	男	七(2)班	80			
10	陈澈	女	七(3)班	88			
11	胡梦婷	女	七(1)班	75			
12	沈佳仪	女	七(2)班	98			
13	陶林	男	七(3)班	88			
14	吴凤仪	女	七(1)班	78			
15	简一翼	男	七(2)班	82			
16	刘颖	女	七(3)班	89			

图 10-21

	A	B	C	D	E	F	G
1	姓名	性别	班级	成绩		班级	平均分
2	何以玫	女	七(1)班	91		七(1)班	83.8
3	王飞扬	男	七(2)班	88		七(2)班	87
4	童瑶瑶	女	七(3)班	82		七(3)班	85.2
5	钱毅力	男	七(1)班	90			
6	管一非	男	七(2)班	87			
7	李金晶	女	七(3)班	79			
8	莫凡	女	七(1)班	85			
9	苏梦凡	男	七(2)班	80			
10	陈澈	女	七(3)班	88			
11	胡梦婷	女	七(1)班	75			
12	沈佳仪	女	七(2)班	98			
13	陶林	男	七(3)班	88			
14	吴凤仪	女	七(1)班	78			
15	简一翼	男	七(2)班	82			
16	刘颖	女	七(3)班	89			

图 10-22

【公式解析】

=AVERAGEIF($C$2:$C$16,F2,$D$2:$D$16)

① 将用于条件判断的区域

② 判断条件，表示在 C2:C16 单元格区域中找到 F2 中指定的班级。如果只是对某一个班级计算平均分，可以把此参数直接指定为文本，如“七（1）班”

③ 将①中找到的满足条件的对应在 D2:D16 单元格区域中的成绩进行求平均值运算

注意：

在本例公式中，条件判断区域“$C$2:$C$16”和求和区域“$D$2:$D$16”使用了数据源的绝对引用，因为在公式填充过程中，这两部分需要保持不变；而判断条件区域 F2 则需要随着公式的填充进行相应的变化，所以使用了数据源的相对引用。

如果只在单个单元格中应用公式，而不进行复制填充，数据源使用相对引用与绝对引用可返回相同的结果。

扫一扫，看视频

例 3：统计不同机器的平均生产数量

例如，图 10-23 所示的表格中是某企业为测定新购入的三种型号机器的生产数量，分别抽取 5 个数据，现在需要统计每种型号机器每小时的平均生产数量。

❶ 在表格的空白处建立机器号标识（见图 10-23）。

	A	B	C	D	E	F
1	操作员编号	机器号	生产数量/小时		机器号	平均生产数量/小时
2	001	1号机器	68		1号机器	
3	008	3号机器	65		2号机器	
4	006	1号机器	58		3号机器	
5	007	1号机器	61			
6	011	3号机器	65			
7	028	2号机器	64			
8	033	3号机器	62			
9	024	1号机器	60			
10	022	1号机器	74			
11	005	2号机器	71			
12	015	2号机器	67			
13	012	3号机器	58			
14	013	2号机器	65			
15	004	2号机器	75			
16	002	3号机器	61			

图 10-23

❷ 选中 F2 单元格，在编辑栏中输入公式（见图 10-24）：

```
=AVERAGEIF($B$2:$B$16,E2,$C$2:$C$16)
```

NETWORK... = AVERAGEIF($B$2:$B$16,E2,$C$2:$C$16)

	A	B	C	D	E	F
1	操作员编号	机器号	生产数量/小时		机器号	平均生产数量/小时
2	001	1号机器	68		1号机器	$C$16)
3	008	3号机器	65		2号机器	
4	006	1号机器	58		3号机器	
5	007	1号机器	61			
6	011	3号机器	65			
7	028	2号机器	64			
8	033	3号机器	62			
9	024	1号机器	60			
10	022	1号机器	74			
11	005	2号机器	71			
12	015	2号机器	67			
13	012	3号机器	58			
14	013	2号机器	65			
15	004	2号机器	75			
16	002	3号机器	61			

图 10-24

❸ 按 Enter 键即可统计出“1 号机器”的平均生产数量。选中 F2 单元格，将光标定位到右下角，向下填充公式到 F4 单元格中，分别得到其他机器的平均生产数量，如图 10-25 所示。

	A	B	C	D	E	F
1	操作员编号	机器号	生产数量/小时		机器号	平均生产数量/小时
2	001	1号机器	68		1号机器	64.2
3	008	3号机器	65		2号机器	68.4
4	006	1号机器	58		3号机器	62.2
5	007	1号机器	61			
6	011	3号机器	65			
7	028	2号机器	64			
8	033	3号机器	62			
9	024	1号机器	60			
10	022	1号机器	74			
11	005	2号机器	71			
12	015	2号机器	67			
13	012	3号机器	58			
14	013	2号机器	65			
15	004	2号机器	75			
16	002	3号机器	61			

图 10-25

【公式解析】

① 用于条件判断的区域

② 判断条件，表示在 B2:B16 中查找 E2 单元格中指定的机器号

=AVERAGEIF($B$2:$B$16,E2,$C$2:$C$16)

③ 将找到的满足条件的对应在 C2:C16 单元格区域中的生产数量进行求平均值运算

例 4：使用通配符对某一类数据求平均值

扫一扫，看视频

如图 10-26 所示，表格统计了本月店铺各电器商品的销量数据，现在只想统计电视类商品的平均销量。要找出电视类商品，其规则是：只要商品名称中包含“电视”文字，就为符合条件的数据，因此可以在设置判断条件时使用通配符。具体方法如下。

❶ 选中 D2 单元格，在编辑栏中输入公式（见图 10-27）：

```
=AVERAGEIF(A2:A11,"*电视*",B2:B11)
```

	A	B	C	D	E
1	商品名称	销量		电视的平均销量	
2	长虹电视机	35		28	
3	Haier电冰箱	29			
4	TCL平板电视机	28			
5	三星手机	31			
6	三星智能电视	29			
7	美的电饭锅	270			
8	创维电视机3D	30			
9	手机索尼SONY	104			
10	电冰箱长虹品牌	21			
11	海尔电视机57英寸	17			

图 10-26

COUPDAY... =AVERAGEIF(A2:A11,"*电视*",B2:B11)

	A	B	C	D	E
1	商品名称	销量		电视的平均销量	
2	长虹电视机	35		"*电视*",B2:B11)	
3	Haier电冰箱	29			
4	TCL平板电视机	28			
5	三星手机	31			
6	三星智能电视	29			
7	美的电饭锅	270			
8	创维电视机3D	30			
9	手机索尼SONY	104			
10	电冰箱长虹品牌	21			
11	海尔电视机57 英寸	17			

图 10-27

❷ 按 Enter 键，即可依据 A2:A11 单元格区域的商品名称和 B2:B11 单元格区域的销量计算电视类商品的平均销量。

【公式解析】

=AVERAGEIF(A2:A11,"*电视*",B2:B11)

公式的关键点是对第 2 个参数的设置，其中使用了“*”通配符。“*”可以代替任意字符，如“*电视*”即等同于“长虹电视机”“海尔电视机 57 英寸”等，它们都是满足条件的记录。除了“*”是通配符以外，“?”也是通配符，它用于代替任意单个字符，如“张?”，即代表“张三”“张四”等

注意：

在本例中，如果将 AVERAGEIF 函数更改为 SUMIF 函数，则可以求出任意某类商品的总销售量，这也是日常工作中很实用的一项操作。

例 5：排除部分数据计算平均值

如图 10-28 所示，某游乐城全年中有两个月是维护部分机器的时间，因此只开放部分项目。现在根据全年的利润额计算月平均利润，但要求除去维护机器的那两个月。具体可按如下方法设置公式。

扫一扫，看视频

❶ 选中 D2 单元格，在编辑栏中输入公式（见图 10-29）：

```
=AVERAGEIF(A2:A13,"<>*(维护)",B2:B13)
```

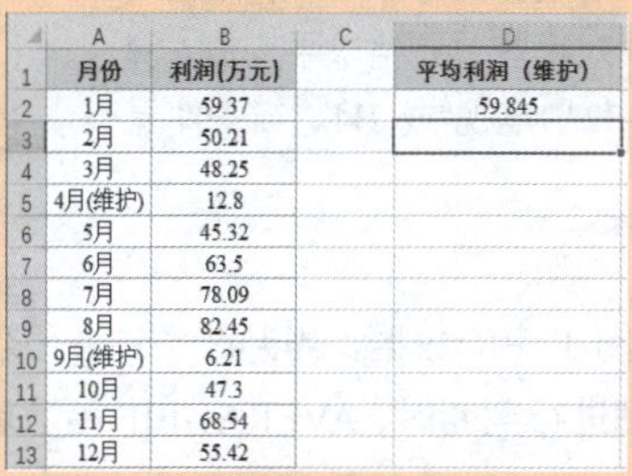

	A	B	C	D
1	月份	利润(万元)		平均利润（维护）
2	1月	59.37		59.845
3	2月	50.21		
4	3月	48.25		
5	4月(维护)	12.8		
6	5月	45.32		
7	6月	63.5		
8	7月	78.09		
9	8月	82.45		
10	9月(维护)	6.21		
11	10月	47.3		
12	11月	68.54		
13	12月	55.42		

图 10-28

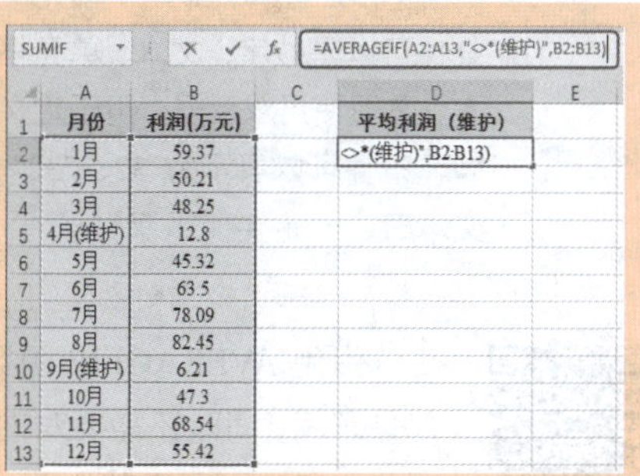

SUMIF =AVERAGEIF(A2:A13,"<>*(维护)",B2:B13)

	A	B	C	D	E
1	月份	利润(万元)		平均利润（维护）	
2	1月	59.37		<>*(维护)",B2:B13)	
3	2月	50.21			
4	3月	48.25			
5	4月(维护)	12.8			
6	5月	45.32			
7	6月	63.5			
8	7月	78.09			
9	8月	82.45			
10	9月(维护)	6.21			
11	10月	47.3			
12	11月	68.54			
13	12月	55.42			

图 10-29

❷ 按 Enter 键即可计算出排除维护机器的月份后的月平均利润。

【公式解析】

=AVERAGEIF(A2:A13,"<>*(维护)",B2:B13)

“*(维护)”表示以“(维护)”结尾的记录，前面加上“<>”表示要满足的条件是所有不以“(维护)”结尾的记录，首先把所有找到的满足这个条件的对应在 B2:B13 单元格区域中的值取出，然后对这些值求平均值

4. AVERAGEIFS（返回满足多重条件的平均值）

【函数功能】AVERAGEIFS 函数用于返回满足多重条件的所有单元格的平均值（算术平均值）。

【函数语法】

AVERAGEIFS(average_range,criteria_range1,criteria1,[criteria_range

2, criteria2],…)

- average_range：必需，要计算平均值的一个或多个单元格，其中包括数字或包含数字的名称、数组或引用。
- criteria_range1,criteria_range2,…：“criteria_range1”为必需，“criteria_range2”为可选，表示用于条件判断的区域。
- criteria1,criteria2,…：“criteria1”为必需，“criteria2”为可选，表示判断条件。

【用法解析】

=AVERAGEIFS(用于求平均值的区域,用于条件判断的区域,条件,用于条件判断的区域,条件,...)

条件可以是数字、文本、单元格引用或公式等。如果条件是文本，必须使用双引号，用于定义要对哪些单元格求平均值。例如，条件可以表示为 32、"32" ">32" "电视"或 B4。当条件是文本时，一定要使用双引号

例 1：统计指定车间指定性别职工的平均工资

扫一扫，看视频

沿用 AVERAGEIF 函数例 1 中的数据，当判断条件并不仅仅是车间，同时还需要对性别进行判断时，AVERAGEIF 函数就无法实现了，它需要使用 AVERAGEIFS 函数来设置公式。

❶ 选中 G2 单元格，在编辑栏中输入公式（见图 10-30）：

```
=AVERAGEIFS(E2:E13,C2:C13,"服装车间",D2:D13,"女")
```

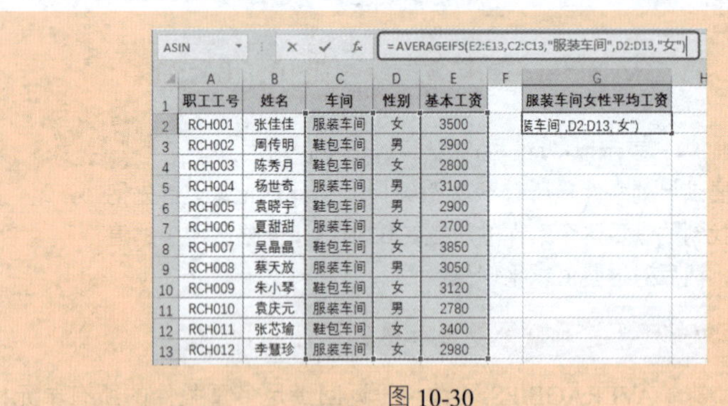

ASIN　=AVERAGEIFS(E2:E13,C2:C13,"服装车间",D2:D13,"女")

	A	B	C	D	E	F	G
1	职工工号	姓名	车间	性别	基本工资		服装车间女性平均工资
2	RCH001	张佳佳	服装车间	女	3500		装车间",D2:D13,"女")
3	RCH002	周传明	鞋包车间	男	2900		
4	RCH003	陈秀月	鞋包车间	女	2800		
5	RCH004	杨世奇	服装车间	男	3100		
6	RCH005	袁晓宇	鞋包车间	男	2900		
7	RCH006	夏甜甜	服装车间	女	2700		
8	RCH007	吴晶晶	鞋包车间	女	3850		
9	RCH008	蔡天放	服装车间	男	3050		
10	RCH009	朱小琴	鞋包车间	女	3120		
11	RCH010	袁庆元	服装车间	男	2780		
12	RCH011	张芯瑜	鞋包车间	女	3400		
13	RCH012	李慧珍	服装车间	女	2980		

图 10-30

❷ 按 Enter 键，即可分别在 C2:C13 和 D2:D13 单元格区域中进行双条件判断，从而只对满足条件的数据求平均值，如图 10-31 所示。

	A	B	C	D	E	F	G
1	职工工号	姓名	车间	性别	基本工资		服装车间女性平均工资
2	RCH001	张佳佳	服装车间	女	3500		3060
3	RCH002	周传明	鞋包车间	男	2900		
4	RCH003	陈秀月	鞋包车间	女	2800		
5	RCH004	杨世奇	服装车间	男	3100		
6	RCH005	袁晓宇	鞋包车间	男	2900		
7	RCH006	夏甜甜	服装车间	女	2700		
8	RCH007	吴晶晶	鞋包车间	女	3850		
9	RCH008	蔡天放	服装车间	男	3050		
10	RCH009	朱小琴	鞋包车间	女	3120		
11	RCH010	袁庆元	服装车间	男	2780		
12	RCH011	张芯瑜	鞋包车间	女	3400		
13	RCH012	李慧珍	服装车间	女	2980		

图 10-31

【公式解析】

① 用于求平均值的区域

② 第一个判断条件的区域与判断条件

= AVERAGEIFS(E2:E13,C2:C13,"服装车间",D2:D13,"女")

④ 对同时满足两个条件的区域求平均值

③ 第二个判断条件的区域与判断条件

例 2：分性别统计千米跑的平均速度

本例是对学生千米跑步成绩的统计表，其中共有三个班级，每个班级抽取 7 位同学，其中男生 4 名，女生 3 名。现要建立每个班级男女生平均速度的统计报表。完成这项判断需要同时满足两个条件，即同时指定班级与性别，这两个条件同时满足才能求平均值。这里就需要使用 AVERAGEIFS 函数来设置公式。

❶ 在表格的空白处建立班级标识和性别标识，如图 10-32 所示。

	A	B	C	D	E	F	G	H
1	姓名	班级	性别	完成时间(分钟)		班级	男(分钟)	女(分钟)
2	韩佳人	七(1)班	女	11.2		七(1)班		
3	何心怡	七(1)班	女	8.24		七(2)班		
4	何志新	七(1)班	男	7.2		七(3)班		
5	胡晓阳	七(3)班	男	7.32				
6	林成瑞	七(1)班	男	6.92				
7	刘莉莉	七(2)班	女	12.3				
8	苏俊成	七(2)班	男	7.1				
9	田心贝	七(3)班	女	8.75				
10	王小雅	七(1)班	女	8.9				
11	吴明璐	七(3)班	女	9.1				
12	夏楚奇	七(3)班	男	7.6				
13	肖诗雨	七(2)班	女	9.58				
14	徐梓瑞	七(2)班	男	7.5				
15	杨冰冰	七(1)班	男	7.98				
16	张景梦	七(3)班	女	7.16				
17	张明宇	七(2)班	男	6.9				
18	赵思飞	七(3)班	男	7.8				
19	周金星	七(1)班	男	8.4				
20	周洋	七(3)班	男	6.8				
21	周志鹏	七(2)班	男	7.9				
22	邹阳阳	七(2)班	女	9.05				

图 10-32

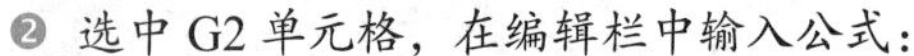

❷ 选中 G2 单元格，在编辑栏中输入公式：

```
=AVERAGEIFS($D$2:$D$22,$B$2:$B$22,F2,$C$2:$C$22,"男")
```

❸ 按 Enter 键，即可统计出班级为“七（1）班”、性别为“男”的平均速度，如图 10-33 所示。

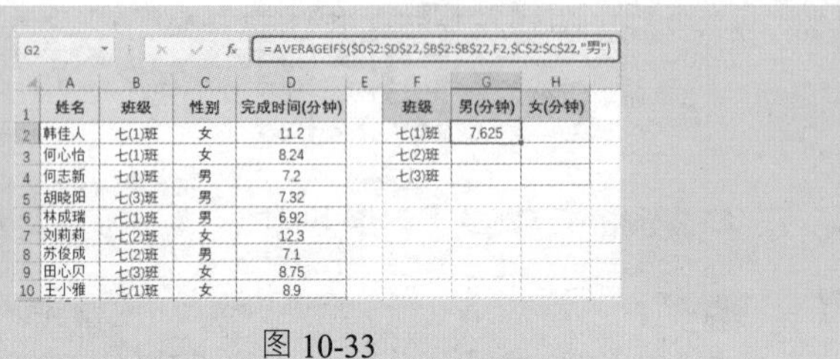

G2 =AVERAGEIFS($D$2:$D$22,$B$2:$B$22,F2,$C$2:$C$22,"男")

	A	B	C	D	E	F	G	H
1	姓名	班级	性别	完成时间(分钟)		班级	男(分钟)	女(分钟)
2	韩佳人	七(1)班	女	11.2		七(1)班	7.625	
3	何心怡	七(1)班	女	8.24		七(2)班		
4	何志新	七(1)班	男	7.2		七(3)班		
5	胡晓阳	七(3)班	男	7.32				
6	林成瑞	七(1)班	男	6.92				
7	刘莉莉	七(2)班	女	12.3				
8	苏俊成	七(2)班	男	7.1				
9	田心贝	七(3)班	女	8.75				
10	王小雅	七(1)班	女	8.9				

图 10-33

❹ 选中 H2 单元格，在编辑栏中输入公式：

```
=AVERAGEIFS($D$2:$D$22,$B$2:$B$22,F2,$C$2:$C$22,"女")
```

❺ 按 Enter 键，即可统计出班级为“七（1）班”、性别为“女”的平均速度，如图 10-34 所示。

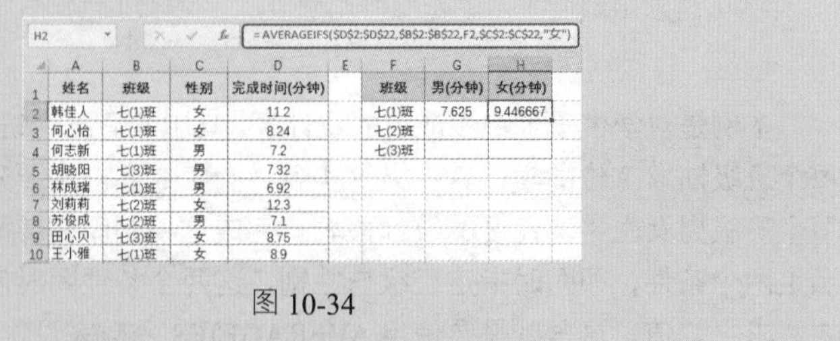

H2 =AVERAGEIFS($D$2:$D$22,$B$2:$B$22,F2,$C$2:$C$22,"女")

	A	B	C	D	E	F	G	H
1	姓名	班级	性别	完成时间(分钟)		班级	男(分钟)	女(分钟)
2	韩佳人	七(1)班	女	11.2		七(1)班	7.625	9.446667
3	何心怡	七(1)班	女	8.24		七(2)班		
4	何志新	七(1)班	男	7.2		七(3)班		
5	胡晓阳	七(3)班	男	7.32				
6	林成瑞	七(1)班	男	6.92				
7	刘莉莉	七(2)班	女	12.3				
8	苏俊成	七(2)班	男	7.1				
9	田心贝	七(3)班	女	8.75				
10	王小雅	七(1)班	女	8.9				

图 10-34

❻ 选中 G2:H3 单元格区域，将光标定位到单元格右下角，向下填充公式，一次性得到不同班级不同性别对应的平均速度，如图 10-35 所示。

	A	B	C	D	E	F	G	H
1	姓名	班级	性别	完成时间(分钟)		班级	男(分钟)	女(分钟)
2	韩佳人	七(1)班	女	11.2		七(1)班	7.625	9.446667
3	何心怡	七(1)班	女	8.24		七(2)班	7.35	10.31
4	何志新	七(1)班	男	7.2		七(3)班	7.38	8.336667
5	胡晓阳	七(3)班	男	7.32				
6	林成瑞	七(1)班	男	6.92				
7	刘莉莉	七(2)班	女	12.3				
8	苏俊成	七(2)班	男	7.1				
9	田心贝	七(3)班	女	8.75				
10	王小雅	七(1)班	女	8.9				
11	吴明璐	七(3)班	女	9.1				
12	夏楚奇	七(3)班	男	7.6				
13	肖诗雨	七(2)班	女	9.58				
14	徐梓瑞	七(2)班	男	7.5				
15	杨冰冰	七(1)班	男	7.98				
16	张景梦	七(3)班	女	7.16				
17	张明宇	七(2)班	男	6.9				
18	赵思飞	七(3)班	男	7.8				
19	周金星	七(1)班	男	8.4				
20	周洋	七(3)班	男	6.8				
21	周志鹏	七(2)班	男	7.9				
22	邹阳阳	七(2)班	女	9.05				

图 10-35

【公式解析】

① 用于求平均值的区域　　② 第一个判断条件的区域与判断条件

=AVERAGEIFS($D$2:$D$22,$B$2:$B$22,F2,$C$2:$C$22,"男")

④ 对同时满足两个条件的区域求平均值　　③ 第二个判断条件的区域与判断条件

注意：

因为对条件的判断都是采用引用单元格的方式，并且建立后的公式需要向下复制，所以公式中对条件的引用采用相对方式，而对其他用于计算的区域与条件判断区域则采用绝对引用方式。

5. GEOMEAN（返回几何平均值）

【函数功能】GEOMEAN 函数用于返回正数数组或数据区域的几何平均值。

【函数语法】GEOMEAN(number1,[number2],...)

number1,number2,...：number1 是必需参数，要计算其平均值的 1～30 个参数。也可以不使用这种用逗号分隔参数的形式，而用单个数组或数组引用的形式。

【用法解析】

参数必须是数字且不能有任意一个为 0。其他类型的值都被该函数忽略不计

=GEOMEAN(A1:A5)

计算平均值有两种方式：一种是算术平均值；另一种是几何平均值。算术平均值就是前面使用 AVERAGE 函数得到的计算结果，它的计算原理是 $(a+b+c+d+\ldots)/n$ 这种方式。这种计算方式下，每个数据之间不具有相互影响关系，是独立存在的。

几何平均值是指 n 个观察值连续乘积的 n 次方根，它的计算原理是 $\sqrt[n]{X_1X_2X_3\ldots X_n}$ 。计算几何平均值要求各观察值之间存在连乘积关系，它的主要用途是对比率、指数等进行平均，计算平均发展速度。

例：判断两组数据的稳定性

图 10-36 所示的表格中统计了某两人 6 个月中每月的工资

数据。利用求几何平均值的方法可以判断出谁的收入比较稳定。

❶ 选中 E2 单元格，在编辑栏中输入公式：

```
=GEOMEAN(B2:B7)
```

❷ 按 Enter 键即可得到“小张”的月工资几何平均值，如图 10-36 所示。

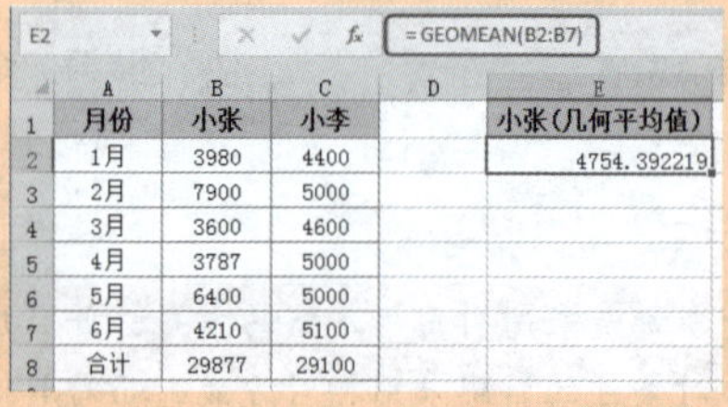

E2 =GEOMEAN(B2:B7)

	A	B	C	D	E
1	月份	小张	小李		小张(几何平均值)
2	1月	3980	4400		4754.392219
3	2月	7900	5000		
4	3月	3600	4600		
5	4月	3787	5000		
6	5月	6400	5000		
7	6月	4210	5100		
8	合计	29877	29100		

图 10-36

❸ 选中 F2 单元格，在编辑栏中输入公式：

```
=GEOMEAN(C2:C7)
```

❹ 按 Enter 键即可得到“小李”的月工资几何平均值，如图 10-37 所示。

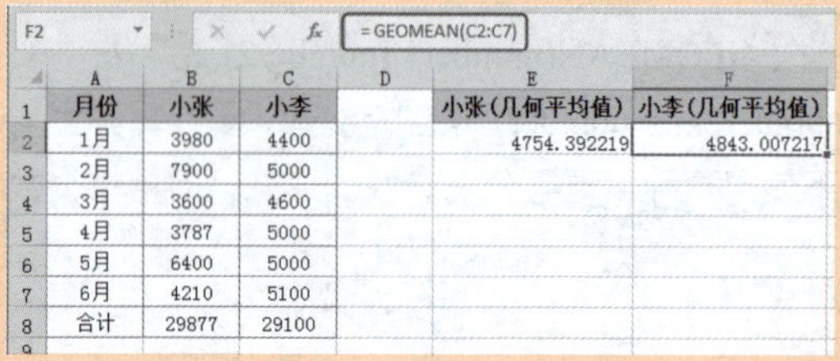

F2 =GEOMEAN(C2:C7)

	A	B	C	D	E	F
1	月份	小张	小李		小张(几何平均值)	小李(几何平均值)
2	1月	3980	4400		4754.392219	4843.007217
3	2月	7900	5000			
4	3月	3600	4600			
5	4月	3787	5000			
6	5月	6400	5000			
7	6月	4210	5100			
8	合计	29877	29100			

图 10-37

【公式解析】

从统计结果可以看到，小张的合计工资大于小李的合计工资，但小张的月工资几何平均值小于小李的月工资几何平均值。几何平均值越大，表示其值越稳定，因此小李的收入更加稳定。

6. HARMEAN（返回数据集的调和平均值）

【函数功能】HARMEAN 函数用于返回数据集合的调和平均值（调和平均值与倒数的算术平均值互为倒数）。

【函数语法】HARMEAN(number1,[number2],...)

number1,number2,...：number1 是必需参数，要计算其平均值的 1 ~ 30 个参数。

【用法解析】

参数必须是数字。其他类型值都被该函数忽略不计。当参数包含小于 0 的数字时，HARMEAN 函数将会返回“#NUM!”错误值

=HARMEAN(A1:A5)

调和平均值的计算原理是 $n/(1/a+1/b+1/c+\ldots)$，a、b、c 都要大于 0。

调和平均值具有以下两个主要特点。

- 调和平均值易受极端值的影响，且受极小值的影响比受极大值的影响更大。
- 只要有一个标志值为 0，就不能计算调和平均值。

例：计算固定时间内几位学生的平均解题数

扫一扫，看视频

在实际应用中，往往由于缺乏总体单位数的资料而不能直接计算算术平均数，这时需要用调和平均法来求得平均数。例如，5 名学生分别在一个小时内完成的解题数分别为 4、4、5、7、6，要求计算出平均解题数。使用公式“=5/(1/4+1/4+1/5+1/7+1/6)”计算出结果等于 4.95。但如果数据众多，使用这种公式显然是不方便的，因此可以使用 HARMEAN 函数快速求解。

❶ 选中 D2 单元格，在编辑栏中输入公式（见图 10-38）：

```
=HARMEAN(B2:B6)
```

❷ 按 Enter 键即可计算出平均解题数，如图 10-39 所示。

	A	B	C	D
1	姓名	解题数/小时		平均解题数
2	李成杰	4		AN(B2:B6)
3	夏正霏	4		
4	万文锦	5		
5	刘岚轩	7		
6	孙悦	6		

图 10-38

	A	B	C	D
1	姓名	解题数/小时		平均解题数
2	李成杰	4		4.952830189
3	夏正霏	4		
4	万文锦	5		
5	刘岚轩	7		
6	孙悦	6		

图 10-39

7. TRIMMEAN（截头尾返回数据集的平均值）

【函数功能】TRIMMEAN 函数用于返回数据集的内部平均值。先从数据集的头部和尾部除去一定百分比的数据点后，再求该数据集的平均值。当希望在分析中剔除一部分数据的计算时，可以使用此函数。

【函数语法】TRIMMEAN(array,percent)

- array：必需，要进行整理并求平均值的数组或数据区域。
- percent：必需，计算时所要除去的数据的比例。当 percent=0.2 时，在 10 个数据中除去 2 个数据（10×0.2=2）、在 20 个数据中除去 4 个数据（20×0.2=4）。

【用法解析】

目标数据区域　　要除去的数据比例

=TRIMMEAN(A1:A30,0.1)

将除去的数据个数向下舍入为最接近的 2 的倍数。例如，当前参数中 A1:A30 有 30 个数据，30 个数据的 10%等于 3 个数据。TRIMMEAN 函数将对称地在数据集的头部和尾部各除去 1 个数据

例：通过 10 位评委打分计算选手的最后得分

扫一扫，看视频

如图 10-40 所示，在进行某技能比赛中，10 位评委分别为进入决赛的 3 名选手进行打分，通过 10 位评委的打分结果计算出 3 名选手的最后得分。要求是去掉最高分与最低分再求平均分，此时可以使用 TRIMMEAN 函数来求解。

	A	B	C	D
1		程伊琳	何萧阳	李家欣
2	评委1	9.65	8.95	9.35
3	评委2	9.1	8.78	9.25
4	评委3	10	8.35	9.47
5	评委4	8.35	8.95	9.04
6	评委5	8.95	10	9.29
7	评委6	8.78	9.35	8.85
8	评委7	9.25	9.65	8.75
9	评委8	9.45	8.93	8.95
10	评委9	9.23	8.15	9.05
11	评委10	9.25	8.35	9.15
12				
13	最后得分	9.21	8.91	9.12

图 10-40

❶ 选中 B13 单元格，在编辑栏中输入公式（见图 10-41）：

```
=TRIMMEAN(B2:B11,0.2)
```

❷ 按 Enter 键，即可除去 B2:B11 单元格区域中的最大值与最小值并求出平均值，如图 10-42 所示。将 B13 单元格的公式向右填充，可得到其他选手的平均分。

ASIN | =TRIMMEAN(B2:B11,0.2)

	A	B	C	D
1		程伊琳	何萧阳	李家欣
2	评委1	9.65	8.95	9.35
3	评委2	9.1	8.78	9.25
4	评委3	10	8.35	9.47
5	评委4	8.35	8.95	9.04
6	评委5	8.95	10	9.29
7	评委6	8.78	9.35	8.85
8	评委7	9.25	9.65	8.75
9	评委8	9.45	8.93	8.95
10	评委9	9.23	8.15	9.05
11	评委10	9.25	8.35	9.15
12				
13	最后得分	2:B11,0.2)		

图 10-41

	A	B	C	D
1		程伊琳	何萧阳	李家欣
2	评委1	9.65	8.95	9.35
3	评委2	9.1	8.78	9.25
4	评委3	10	8.35	9.47
5	评委4	8.35	8.95	9.04
6	评委5	8.95	10	9.29
7	评委6	8.78	9.35	8.85
8	评委7	9.25	9.65	8.75
9	评委8	9.45	8.93	8.95
10	评委9	9.23	8.15	9.05
11	评委10	9.25	8.35	9.15
12				
13	最后得分	9.21		
14				

图 10-42

【公式解析】

从 10 个数中提取 20%，即提取两个数，因此是除去首尾两个数再求平均值

=TRIMMEAN(B2:B11,0.2)

10.2 统计符合条件的数据条目数

在 Excel 中对数据处理的方式除了求和、求平均值等运算比较常用以外，计数统计也是经常进行的一项运算，即统计条目数或满足条件的条目数。例如，在进行员工学历分析时，统计各学历的人数、通过统计即将退休的人数制定人才编制计划；通过统计男女职工人数分析公司员工性别分布状况等都需要进行计数运算。

1. COUNT（统计含有数字的单元格个数）

【函数功能】COUNT 函数用于返回数字参数的个数。即统计数组或单元格区域中含有数字的单元格个数。

【函数语法】COUNT(value1,[value2],...)

value1,value2,...：value1 是必需参数，包含或引用各种类型数据的参数（1～30 个），其中只有数字类型的数据才能被统计。

【用法解析】

统计该区域中数字的个数。非数字不统计，时间、日期也属于数字

=COUNT(A2:A10)

例 1：统计出席会议的人数

扫一扫，看视频

图 10-43 所示为某项会议的签到表，有签到时间的表示参与会议，没有签到时间的表示没有参与会议。在这张表格中可以使用 COUNT 函数统计出席会议的人数。

	A	B	C	D	E
1	姓名	签到时间	部门		出席人数
2	张佳佳		财务部		9
3	周传明	8:58:01	企划部		
4	陈秀月		财务部		
5	杨世奇	8:34:14	后勤部		
6	袁晓宇	8:50:26	企划部		
7	夏甜甜	8:47:21	后勤部		
8	吴晶晶		财务部		
9	蔡天放	8:29:58	财务部		
10	朱小琴	8:41:31	后勤部		
11	袁庆元	8:52:36	企划部		
12	周亚楠	8:43:20	人事部		
13	韩佳琪		企划部		
14	肖明远	8:47:49	人事部		

图 10-43

❶ 选中 E2 单元格，在编辑栏中输入公式（见图 10-44）：

```
=COUNT(B2:B14)
```

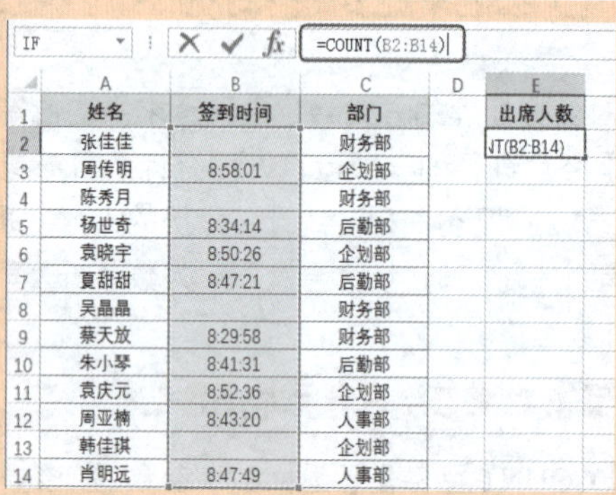

IF | =COUNT(B2:B14)

	A	B	C	D	E
1	姓名	签到时间	部门		出席人数
2	张佳佳		财务部		JT(B2:B14)
3	周传明	8:58:01	企划部		
4	陈秀月		财务部		
5	杨世奇	8:34:14	后勤部		
6	袁晓宇	8:50:26	企划部		
7	夏甜甜	8:47:21	后勤部		
8	吴晶晶		财务部		
9	蔡天放	8:29:58	财务部		
10	朱小琴	8:41:31	后勤部		
11	袁庆元	8:52:36	企划部		
12	周亚楠	8:43:20	人事部		
13	韩佳琪		企划部		
14	肖明远	8:47:49	人事部		

图 10-44

❷ 按 Enter 键即可统计出 B2:B14 单元格区域中数字的个数。

例 2：统计获取交通补助的总人数

扫一扫，看视频

图 10-45 所示为“销售部”交通补助统计表。图 10-46 所示为“企划部”交通补助统计表（相同格式的还有“售后部”），要求统计出获取交通补助的总人数。具体操作方法如下。

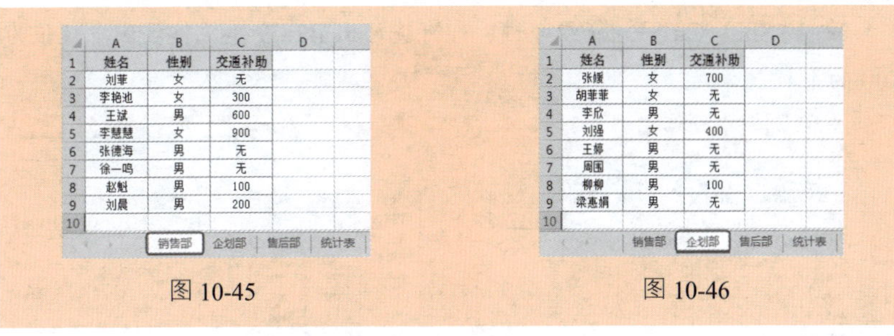

	A	B	C	D
1	姓名	性别	交通补助	
2	刘菲	女	无	
3	李艳池	女	300	
4	王斌	男	600	
5	李慧慧	女	900	
6	张德海	男	无	
7	徐一鸣	男	无	
8	赵魁	男	100	
9	刘晨	男	200	
10				

图 10-45

	A	B	C	D
1	姓名	性别	交通补助	
2	张媛	女	700	
3	胡菲菲	女	无	
4	李欣	男	无	
5	刘强	女	400	
6	王婷	男	无	
7	周国	男	无	
8	柳柳	男	100	
9	梁惠娟	男	无	
10				

图 10-46

❶ 在“统计表”中选中要输入公式的单元格，首先输入前半部分公式“=COUNT(”，如图 10-47 所示。

❷ 在第一个统计表标签上单击，然后按住 Shift 键，在最后一个统计表标签上单击，即选中的所有要参加计算的工作表为“销售部:售后部”（3 张统计表）。

❸ 用鼠标选中参与计算的单元格或单元格区域，此例为“C2:C9”，接着输入右括号完成公式的输入，按 Enter 键得到统计结果，如图 10-48 所示。

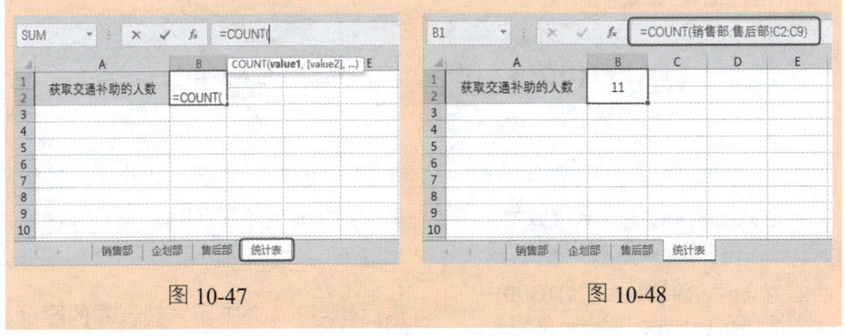

图 10-47

图 10-48

【公式解析】

建立工作组，即这些工作表中的 C2:C9 单元格区域都是被统计的对象

=COUNT(销售部:售后部!C2:C9)

例 3：统计某一项成绩为满分的人数

如图 10-49 所示，表格中统计了 8 位学生的成绩，要求得出的统计结果是某一项成绩为满分的人数，即只要有一科为 100 分就被作为统计对象。

扫一扫，看视频

❶ 选中 E2 单元格，在编辑栏中输入公式（见图 10-50）：

```
=COUNT(0/((B2:B9=100)+(C2:C9=100)))
```

❷ 按 Shift+Ctrl+Enter 组合键，即可统计出 B2:C9 单元格区域中数值为 100 的个数。

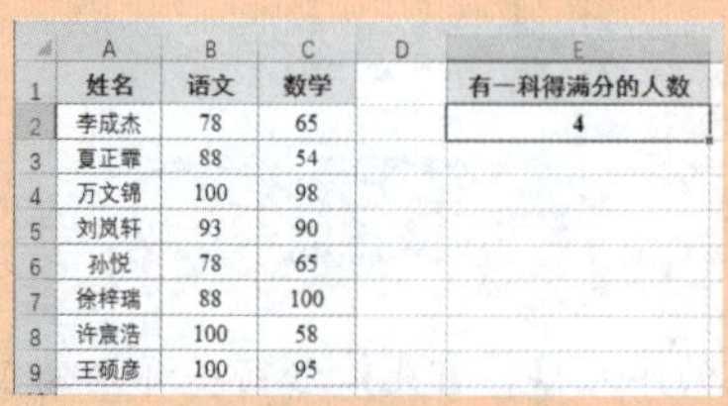

	A	B	C	D	E
1	姓名	语文	数学		有一科得满分的人数
2	李成杰	78	65		4
3	夏正霏	88	54		
4	万文锦	100	98		
5	刘岚轩	93	90		
6	孙悦	78	65		
7	徐梓瑞	88	100		
8	许宸浩	100	58		
9	王硕彦	100	95		

图 10-49

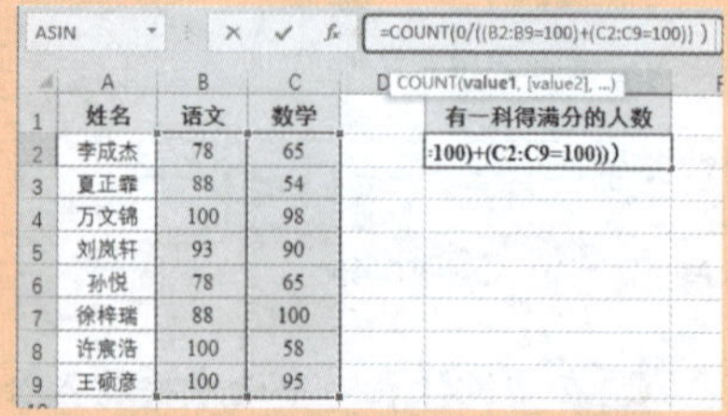

ASIN =COUNT(0/((B2:B9=100)+(C2:C9=100)))

COUNT(value1, [value2], ...)

	A	B	C	D	E
1	姓名	语文	数学		有一科得满分的人数
2	李成杰	78	65		:100)+(C2:C9=100)))
3	夏正霏	88	54		
4	万文锦	100	98		
5	刘岚轩	93	90		
6	孙悦	78	65		
7	徐梓瑞	88	100		
8	许宸浩	100	58		
9	王硕彦	100	95		

图 10-50

【公式解析】

=COUNT(0/((B2:B9=100)+(C2:C9=100)))

① 判断 B2:B9 单元格区域有哪些是等于 100 的，并返回一个数组。等于 100 的返回 TRUE，其余的返回 FALSE

② 判断 C2:C9 单元格区域有哪些是等于 100 的，并返回一个数组。等于 100 的返回 TRUE，其余的返回 FALSE

③ 将①的返回数组与②的返回数组相加，当有一个为 TRUE 时，返回结果为 1，其他的返回结果为 0

④ 0 起到辅助的作用（也可以用 1 等其他数字），当③的返回值为 1 时，除法得出一个数字；当③的返回值为 0 时，除法返回“#DIV/0!”错误值（因为当 0 作为被除数时都会返回错误值）

最后使用 COUNT 函数统计④的数组中数字的个数。这个公式实际是一个 COUNT 函数灵活运用的例子

2. COUNTA（统计包括文本和逻辑值的单元格个数）

【函数功能】COUNTA 函数的功能是返回参数列表中非空的单元格个数。数字、文本、逻辑值等只要单元格不是空的都作为满足条件的统计对象。

【函数语法】COUNTA(value1,[value2],...)

value1,value2,...：value1 是必需参数，包含或引用各种类型数据的参数（1～30 个），其中参数可以是任何类型。

【用法解析】

统计该区域中非空单元格的个数。有任何内容（无论是什么值）都被统计。如果单元格看似为空，或实际有空格也会被统计

COUNTA 函数与 COUNT 函数的区别是，COUNT 函数用于统计数字的个数（见图 10-51），而 COUNTA 函数用于统计除空值外的所有值的个数（见图 10-52）。

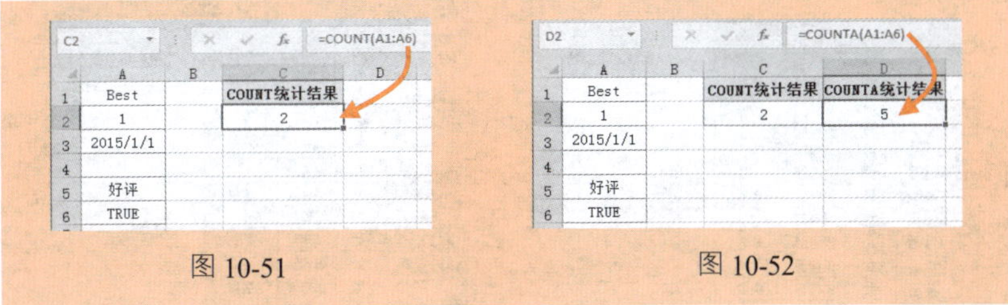

C2 =COUNT(A1:A6)

	A	B	C	D
1	Best		COUNT统计结果	
2	1		2	
3	2015/1/1			
4				
5	好评			
6	TRUE			

图 10-51

D2 =COUNTA(A1:A6)

	A	B	C	D
1	Best		COUNT统计结果	COUNTA统计结果
2	1		2	5
3	2015/1/1			
4				
5	好评			
6	TRUE			

图 10-52

例 1：统计有效的调查问卷

扫一扫，看视频

图 10-53 所示为对某次问卷有效情况的记录表（实际工作中可能有更多数据条目），要统计出有效问卷的份数，靠手工去数肯定是不现实的，此时可以使用 COUNTA 函数轻松统计。

❶ 选中 D2 单元格，在编辑栏中输入公式（见图 10-54）：

```
=COUNTA(B2:B25)
```

	A	B	C	D
1	问卷编号	是否有效		有效份数
2	PL001	✓		16
3	PL002			
4	PL003	✓		
5	PL004	✓		
6	PL005			
7	PL006	✓		
8	PL007	✓		
9	PL008	✓		
10	PL009	✓		
11	PL010			
12	PL011			
13	PL012	✓		
14	PL013			
15	PL014	✓		
16	PL015	✓		
17	PL016			
18	PL017	✓		
19	PL018			
20	PL019	✓		
21	PL020	✓		
22	PL021	✓		
23	PL022	✓		
24	PL023	✓		
25	PL024			

图 10-53

ASIN =COUNTA(B2:B25)

	A	B	C	D	E
1	问卷编号	是否有效		有效份数	
2	PL001	✓		A(B2:B25)	
3	PL002				
4	PL003	✓			
5	PL004	✓			
6	PL005				
7	PL006	✓			
8	PL007	✓			
9	PL008	✓			
10	PL009	✓			
11	PL010				
12	PL011				
13	PL012	✓			
14	PL013				
15	PL014	✓			
16	PL015	✓			
17	PL016				
18	PL017	✓			
19	PL018				
20	PL019	✓			
21	PL020	✓			
22	PL021	✓			
23	PL022	✓			
24	PL023	✓			
25	PL024				

图 10-54

❷ 按 Enter 键，即可统计出 B2:B25 单元格区域中有值的条目数。

例 2：统计非正常出勤的人数

扫一扫，看视频

图 10-55 所示的表格统计了各个部门人员的出勤情况，其中非正常出勤的有文字记录，如“病假”“事假”等。要求通过公式统计非正常出勤的人数。

❶ 选中 F2 单元格，在编辑栏中输入公式（见图 10-56）：

```
=COUNTA(D2:D14)
```

	A	B	C	D	E	F
1	姓名	性别	部门	出勤情况		非正常出勤人数
2	李成杰	男	销售部	病假		6
3	张景梦	女	设计部	病假		
4	张明宇	男	财务部			
5	赵思飞	男	销售部			
6	周金星	男	财务部			
7	苏俊成	男	设计部	事假		
8	田心贝	女	财务部			
9	王小雅	女	销售部	早退		
10	李洁	女	设计部			
11	陈玉	女	销售部	病假		
12	吴锡	男	销售部			
13	何月兰	女	设计部			
14	郭恩惠	女	设计部	事假		

图 10-55

NETWORK... =COUNTA(D2:D14)

	A	B	C	D	E	F
1	姓名	性别	部门	出勤情况		非正常出勤人数
2	李成杰	男	销售部	病假		=COUNTA(D2:D14)
3	张景梦	女	设计部	病假		
4	张明宇	男	财务部			
5	赵思飞	男	销售部			
6	周金星	男	财务部			
7	苏俊成	男	设计部	事假		
8	田心贝	女	财务部			
9	王小雅	女	销售部	早退		
10	李洁	女	设计部			
11	陈玉	女	销售部	病假		
12	吴锡	男	销售部			
13	何月兰	女	设计部			
14	郭恩惠	女	设计部	事假		

图 10-56

❷ 按 Enter 键，即可统计 D2:D14 单元格区域中显示文字的条目数。

3. COUNTIF（统计满足给定条件的单元格的个数）

【函数功能】COUNTIF 函数用于统计区域中满足给定条件的单元格的个数。

【函数语法】COUNTIF(range,criteria)

- range：必需，要计算其中满足条件的单元格个数的单元格区域。
- criteria：必需，确定哪些单元格将被计算在内的条件，其形式可以为数字、表达式或文本。

【用法解析】

形式可以为数字、表达式或文本，文本必须要使用双引号，也可以使用通配符

=COUNTIF(计数区域,计数条件)

CUOUNTIF 函数与 COUNT 函数的区别为：COUNT 函数无法进行条件判断，COUNTIF 函数可以进行条件判断。不满足条件的不被统计

例 1：统计指定学历的人数

图 10-57 所示的表格统计了公司员工的姓名、性别、部门、年龄及学历信息，需要统计本科学历员工人数。

	A	B	C	D	E	F	G
1	姓名	性别	部门	年龄	学历		本科学历员工人数
2	张佳佳	女	财务部	29	本科		7
3	周传明	男	企划部	32	专科		
4	陈秀月	女	财务部	27	研究生		
5	杨世奇	男	后勤部	26	专科		
6	袁晓宇	男	企划部	30	本科		
7	夏甜甜	女	后勤部	27	本科		
8	吴晶晶	女	财务部	29	研究生		
9	蔡天放	男	财务部	35	专科		
10	朱小琴	女	后勤部	25	本科		
11	袁庆元	男	企划部	34	本科		
12	周亚楠	男	人事部	27	研究生		
13	韩佳琪	女	企划部	30	本科		
14	肖明远	男	人事部	28	本科		

图 10-57

❶ 选中 G2 单元格，在编辑栏中输入公式（见图 10-58）：

```
=COUNTIF(E2:E14,"本科")
```

❷ 按 Enter 键，即可统计 E2:E14 单元格区域中显示“本科”的人数。

IF　=COUNTIF(E2:E14,"本科")

	A	B	C	D	E	F	G
1	姓名	性别	部门	年龄	学历		本科学历员工人数
2	张佳佳	女	财务部	29	本科		=COUNTIF(E2:E14,"本科")
3	周传明	男	企划部	32	专科		
4	陈秀月	女	财务部	27	研究生		
5	杨世奇	男	后勤部	26	专科		
6	袁晓宇	男	企划部	30	本科		
7	夏甜甜	女	后勤部	27	本科		
8	吴晶晶	女	财务部	29	研究生		
9	蔡天放	男	财务部	35	专科		
10	朱小琴	女	后勤部	25	本科		
11	袁庆元	男	企划部	34	本科		
12	周亚楠	男	人事部	27	研究生		
13	韩佳琪	女	企划部	30	本科		
14	肖明远	男	人事部	28	本科		

图 10-58

【公式解析】

用于数据判断的区域　　判断条件，文本要使用双引号

=COUNTIF(E2:E14,"本科")

例 2：统计加班超过指定时长的人数

图 10-59 所示的表格中统计了某段时间的加班时长，现在想统计加班达到三小时及三小时以上的人数。

	A	B	C	D	E	F
1	姓名	开始时间	结果时间	加班时长		加班达到三小时的人数
2	崔志茗	12:00:00	14:30:00	2:30:00		3
3	陈春	17:00:00	20:00:00	3:00:00		
4	崔丽纯	10:00:00	16:00:00	6:00:00		
5	韦玲芳	14:30:00	18:00:00	3:30:00		
6	陈振涛	19:00:00	21:00:00	2:00:00		
7	张伊琳	20:00:00	22:30:00	2:30:00		
8	刘霜	19:00:00	21:00:00	2:00:00		
9	唐雨萱	19:00:00	21:00:00	2:00:00		
10	简佳	20:00:00	22:00:00	2:00:00		
11	王家洋	19:00:00	21:00:00	2:00:00		
12	刘楠楠	19:00:00	21:30:00	2:30:00		
13	林丽	20:00:00	22:00:00	2:00:00		

图 10-59

❶ 选中 F2 单元格，在编辑栏中输入公式（见图 10-60）：

```
=COUNTIF(D2:D13,">=3:00:00")
```

❷ 按 Enter 键，即可统计 D2:D13 单元格区域中值大于“3:00:00”的条目数。

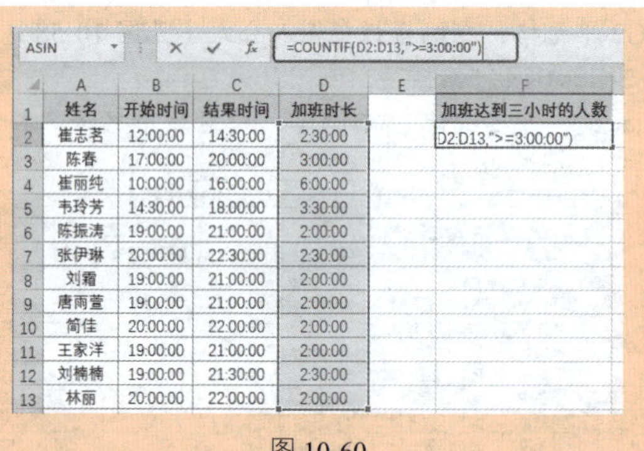

ASIN | =COUNTIF(D2:D13,">=3:00:00")

	A	B	C	D	E	F
1	姓名	开始时间	结果时间	加班时长		加班达到三小时的人数
2	崔志茗	12:00:00	14:30:00	2:30:00		D2:D13,">=3:00:00")
3	陈春	17:00:00	20:00:00	3:00:00		
4	崔丽纯	10:00:00	16:00:00	6:00:00		
5	韦玲芳	14:30:00	18:00:00	3:30:00		
6	陈振涛	19:00:00	21:00:00	2:00:00		
7	张伊琳	20:00:00	22:30:00	2:30:00		
8	刘霜	19:00:00	21:00:00	2:00:00		
9	唐雨萱	19:00:00	21:00:00	2:00:00		
10	简佳	20:00:00	22:00:00	2:00:00		
11	王家洋	19:00:00	21:00:00	2:00:00		
12	刘楠楠	19:00:00	21:30:00	2:30:00		
13	林丽	20:00:00	22:00:00	2:00:00		

图 10-60

【公式解析】

用于数据判断的区域

判断条件，是一个判断时间值的表达式

=COUNTIF(D2:D13,">=3:00:00")

例 3：统计成绩表中成绩大于 90 分的人数

扫一扫，看视频

图 10-61 所示的表格是某次竞赛的成绩统计表，现在想统计大于 90 分的人数。

❶ 选中 F2 单元格，在编辑栏中输入公式（见图 10-62）：

```
=COUNTIF(D2:D16,">90")
```

❷ 按 Enter 键，即可统计 D2:D16 单元格区域中值大于 90 的条目数。

	A	B	C	D	E	F
1	姓名	性别	班级	成绩		大于90分的人数
2	何以玫	女	七(1)班	91		4
3	王飞扬	男	七(2)班	88		
4	童瑶瑶	女	七(3)班	92		
5	钱毅力	男	七(1)班	90		
6	管一非	男	七(2)班	87		
7	李金晶	女	七(3)班	79		
8	莫凡	女	七(1)班	85		
9	苏梦凡	男	七(2)班	91		
10	陈澈	女	七(3)班	88		
11	胡梦婷	女	七(1)班	75		
12	沈佳仪	女	七(2)班	98		
13	陶林	男	七(3)班	88		
14	吴凤仪	女	七(1)班	78		
15	简一置	男	七(2)班	82		
16	刘颖	女	七(3)班	89		

图 10-61

NETWORK... =COUNTIF(D2:D16,">90")

	A	B	C	D	E	F
1	姓名	性别	班级	成绩		大于90分的人数
2	何以玫	女	七(1)班	91		">90")
3	王飞扬	男	七(2)班	88		
4	童瑶瑶	女	七(3)班	92		
5	钱毅力	男	七(1)班	90		
6	管一非	男	七(2)班	87		
7	李金晶	女	七(3)班	79		
8	莫凡	女	七(1)班	85		
9	苏梦凡	男	七(2)班	91		
10	陈澈	女	七(3)班	88		
11	胡梦婷	女	七(1)班	75		
12	沈佳仪	女	七(2)班	98		
13	陶林	男	七(3)班	88		
14	吴凤仪	女	七(1)班	78		
15	简一置	男	七(2)班	82		
16	刘颖	女	七(3)班	89		

图 10-62

【公式解析】

用于数据判断的区域　　判断条件，是一个判断表达式

=COUNTIF(D2:D16,">90")

例 4：统计各课程的报名人数

图 10-63 所示的表格中是某培训机构对学员报名情况的记录，现在想建立各个不同课程报名人数的统计报表。

❶ 在表格的空白处建立课程标识，即各种不同课程的名称（见图 10-63）。

❷ 选中 H3 单元格，在编辑栏中输入公式（见图 10-64）：

```
=COUNTIF($D$2:$D$22,G2)
```

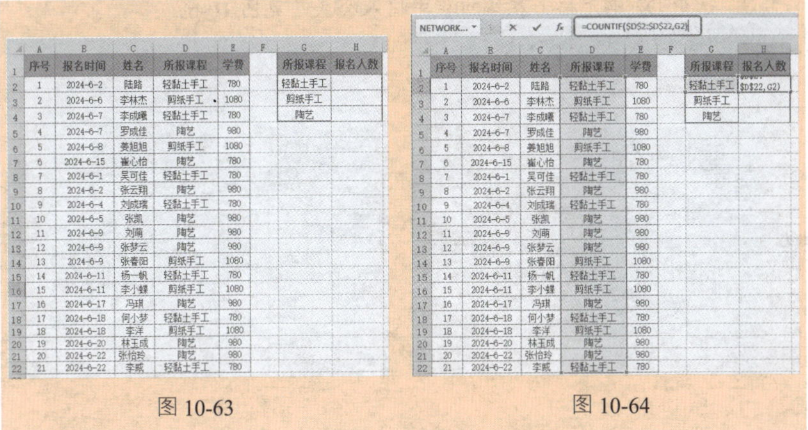

	A	B	C	D	E	F	G	H
1	序号	报名时间	姓名	所报课程	学费		所报课程	报名人数
2	1	2024-6-2	陆路	轻黏土手工	780		轻黏土手工	
3	2	2024-6-6	李林杰	剪纸手工	1080		剪纸手工	
4	3	2024-6-7	李成曦	轻黏土手工	780		陶艺	
5	4	2024-6-7	罗成佳	陶艺	980			
6	5	2024-6-8	姜旭旭	剪纸手工	1080			
7	6	2024-6-15	崔心怡	陶艺	780			
8	7	2024-6-1	吴可佳	轻黏土手工	780			
9	8	2024-6-2	张云翔	陶艺	980			
10	9	2024-6-4	刘成瑞	轻黏土手工	780			
11	10	2024-6-5	张凯	陶艺	980			
12	11	2024-6-9	刘萌	陶艺	980			
13	12	2024-6-9	张梦云	陶艺	980			
14	13	2024-6-9	张春阳	剪纸手工	1080			
15	14	2024-6-11	杨一帆	轻黏土手工	780			
16	15	2024-6-11	李小蝶	剪纸手工	1080			
17	16	2024-6-17	冯琪	陶艺	980			
18	17	2024-6-18	何小梦	轻黏土手工	780			
19	18	2024-6-18	李洋	剪纸手工	1080			
20	19	2024-6-20	林玉成	陶艺	980			
21	20	2024-6-22	张怡玲	陶艺	980			
22	21	2024-6-22	李威	轻黏土手工	780			

图 10-63

NETWORK... =COUNTIF($D$2:$D$22,G2)

	A	B	C	D	E	F	G	H
1	序号	报名时间	姓名	所报课程	学费		所报课程	报名人数
2	1	2024-6-2	陆路	轻黏土手工	780		轻黏土手工	$D$22, G2)
3	2	2024-6-6	李林杰	剪纸手工	1080		剪纸手工	
4	3	2024-6-7	李成曦	轻黏土手工	780		陶艺	
5	4	2024-6-7	罗成佳	陶艺	980			
6	5	2024-6-8	姜旭旭	剪纸手工	1080			
7	6	2024-6-15	崔心怡	陶艺	780			
8	7	2024-6-1	吴可佳	轻黏土手工	780			
9	8	2024-6-2	张云翔	陶艺	980			
10	9	2024-6-4	刘成瑞	轻黏土手工	780			
11	10	2024-6-5	张凯	陶艺	980			
12	11	2024-6-9	刘萌	陶艺	980			
13	12	2024-6-9	张梦云	陶艺	980			
14	13	2024-6-9	张春阳	剪纸手工	1080			
15	14	2024-6-11	杨一帆	轻黏土手工	780			
16	15	2024-6-11	李小蝶	剪纸手工	1080			
17	16	2024-6-17	冯琪	陶艺	980			
18	17	2024-6-18	何小梦	轻黏土手工	780			
19	18	2024-6-18	李洋	剪纸手工	1080			
20	19	2024-6-20	林玉成	陶艺	980			
21	20	2024-6-22	张怡玲	陶艺	980			
22	21	2024-6-22	李威	轻黏土手工	780			

图 10-64

❸ 按 Enter 键，即可统计“轻黏土手工”课程的报名人数。选中 H2 单元格，向下填充公式到 H4 单元格中，分别得到其他各个不同课程的报名人数，如图 10-65 所示。

序号	报名时间	姓名	所报课程	学费		所报课程	报名人数
1	2024-6-2	陆路	轻黏土手工	780		轻黏土手工	7
2	2024-6-6	李林杰	剪纸手工	1080		剪纸手工	5
3	2024-6-7	李成曦	轻黏土手工	780		陶艺	9
4	2024-6-7	罗成佳	陶艺	980			
5	2024-6-8	姜旭旭	剪纸手工	1080			
6	2024-6-15	崔心怡	陶艺	780			
7	2024-6-1	吴可佳	轻黏土手工	780			
8	2024-6-2	张云翔	陶艺	980			
9	2024-6-4	刘成瑞	轻黏土手工	780			
10	2024-6-5	张凯	陶艺	980			
11	2024-6-9	刘萌	陶艺	980			
12	2024-6-9	张梦云	陶艺	980			
13	2024-6-9	张春阳	剪纸手工	1080			
14	2024-6-11	杨一帆	轻黏土手工	780			
15	2024-6-11	李小蝶	剪纸手工	1080			
16	2024-6-17	冯琪	陶艺	980			
17	2024-6-18	何小梦	轻黏土手工	780			
18	2024-6-18	李洋	剪纸手工	1080			
19	2024-6-20	林玉成	陶艺	980			
20	2024-6-22	张怡玲	陶艺	980			
21	2024-6-22	李威	轻黏土手工	780			

图 10-65

例 5：统计同时在两列数据中都出现的条目数

扫一扫，看视频

活用 COUNTIF 函数还可以对两列（或多列）中都出现的数据进行条目统计。例如，公司中每个月份的优秀员工给出了列表（图 10-66 所示为两个月中优秀员工的列表），要求统计在两个月（或多个月）中都是优秀员工的人数。

❶ 选中 D2 单元格，在编辑栏中输入公式（见图 10-67）：

```
=SUM(COUNTIF(A2:A12,B2:B12))
```

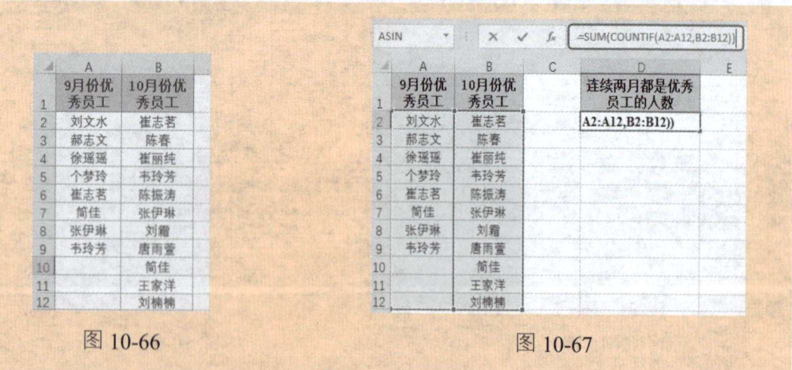

9月份优秀员工	10月份优秀员工
刘文水	崔志茗
郝志文	陈春
徐瑶瑶	崔丽纯
个梦玲	韦玲芳
崔志茗	陈振涛
简佳	张伊琳
张伊琳	刘霜
韦玲芳	唐雨萱
	简佳
	王家洋
	刘楠楠

图 10-66

ASIN　=SUM(COUNTIF(A2:A12,B2:B12))

9月份优秀员工	10月份优秀员工		连续两月都是优秀员工的人数
刘文水	崔志茗		A2:A12,B2:B12))
郝志文	陈春		
徐瑶瑶	崔丽纯		
个梦玲	韦玲芳		
崔志茗	陈振涛		
简佳	张伊琳		
张伊琳	刘霜		
韦玲芳	唐雨萱		
	简佳		
	王家洋		
	刘楠楠		

图 10-67

❷ 按 Ctrl+Shift+Enter 组合键，即可统计在 A2:A12 和 B2:B12 区域中都出现的人数，如图 10-68 所示。

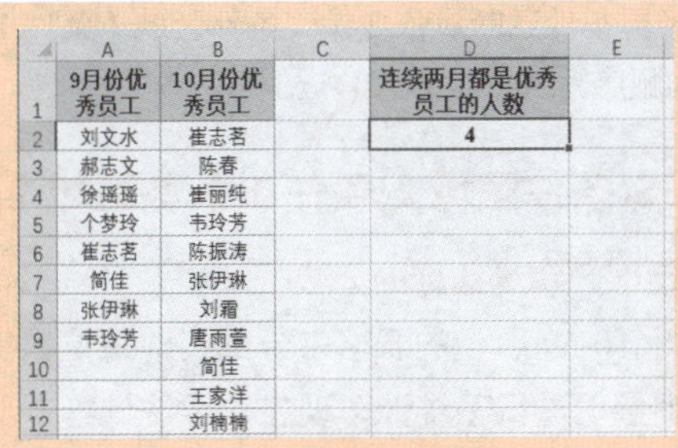

	A	B	C	D	E
1	9月份优秀员工	10月份优秀员工		连续两月都是优秀员工的人数	
2	刘文水	崔志茗		4	
3	郝志文	陈春			
4	徐瑶瑶	崔丽纯			
5	个梦玲	韦玲芳			
6	崔志茗	陈振涛			
7	简佳	张伊琳			
8	张伊琳	刘霜			
9	韦玲芳	唐雨萱			
10		简佳			
11		王家洋			
12		刘楠楠			

图 10-68

【公式解析】

① 公式是按 Ctrl+Shift+Enter 组合键结束的，可见是一个数组公式。把 A2:A12 作为数据区域，依次把 B2、B3、B4、...B12 作为判断条件，出现重复的显示为 1，没有重复的显示为 0，返回的是一个数组

=SUM(COUNTIF(A2:A12,B2:B12))

② 将①返回的数组进行求和运算，即统计出共出现多少个 1

注意：

如果需要对更多列的数据进行判断，则为 COUNTIF 函数添加更多参数，各单元格区域使用逗号间隔即可。

4. COUNTIFS（统计同时满足多个条件的单元格的个数）

【函数功能】COUNTIFS 函数用于计算某个区域中满足多个条件的单元格个数。

【函数语法】COUNTIFS(criteria_range1, criteria1, [criteria_range2, criteria2],…)

- criteria_range1：必需，在其中计算关联条件的第一个区域。
- criteria1：必需，条件的形式为数字、表达式、单元格引用或文本，它定义了要计数的单元格范围。例如，条件可以表示为 32、">32"、B4、"apples"或 "32"。
- criteria_range2, criteria2, ...：可选，附加的区域及其关联条件，最多允许 127 个区域/条件对。

【用法解析】

参数的设置与 COUNTIF 函数的要求一样。只是 COUNTIFS 函数可以进行多层条件判断。依次按“条件区域 1,条件 1,条件区域 2,条件 2”的顺序写入参数即可

=COUNTIFS(条件区域 1,条件 1,条件区域 2,条件 2,...)

例 1：统计指定部门销量达标的人数

扫一扫，看视频

图 10-69 所示的表格中分部门对每位销售人员的季度销量（季销量）进行了统计，现在需要统计指定部门销量达标的人数。例如，统计一部销量大于 300 件（约定大于 300 件为达标）的人数。

❶ 选中 E2 单元格，在编辑栏中输入公式（见图 10-70）：

```
=COUNTIFS(B2:B11,"一部",C2:C11,">300")
```

	A	B	C	D	E
1	员工姓名	部门	季销量		一部销量达标的人数
2	陈波	一部	234		3
3	刘文水	一部	352		
4	郝志文	二部	226		
5	徐瑶瑶	一部	367		
6	个梦玲	二部	527		
7	崔大志	二部	109		
8	方刚名	一部	446		
9	刘楠楠	一部	135		
10	张宇	二部	537		
11	李想	一部	190		

图 10-69

ASIN =COUNTIFS(B2:B11,"一部",C2:C11,">300")

	A	B	C	D	E	F
1	员工姓名	部门	季销量		一部销量达标的人数	
2	陈波	一部	234		2:C11,">300")	
3	刘文水	一部	352			
4	郝志文	二部	226			
5	徐瑶瑶	一部	367			
6	个梦玲	二部	527			
7	崔大志	二部	109			
8	方刚名	一部	446			
9	刘楠楠	一部	135			
10	张宇	二部	537			
11	李想	一部	190			

图 10-70

❷ 按 Enter 键，即可统计既满足“一部”条件又满足“>300”条件的记录条数。

【公式解析】

第一个条件判断区域与判断条件　　第二个条件判断区域与判断条件

=COUNTIFS(B2:B11,"一部",C2:C11,">300")

例 2：统计各个岗位的应聘人数（分性别统计）

扫一扫，看视频

例如，图 10-71 所示的表格是企业某次招聘情况的记录数据，现在要分性别统计出各个岗位应聘的人数。

❶ 在表格的空白处建立应聘岗位标识和人数标识，这是一

个二维统计表，因此包含行列标识（见图 10-71）。

❷ 选中 K2 单元格，在编辑栏中输入公式：

```
=COUNTIFS($E$2:$E$22,J2,$B$2:$B$22,"男")
```

	A	B	C	D	E	F	G	H	I	J	K	L
1	姓名	性别	年龄	学历	应聘岗位	初试时间	参加初试	初试通过		应聘岗位	人数(男)	人数(女)
2	曹正	男	26	专科	客服	2024-3-12	是	是		研究员		
3	陈江远	男	32	专科	客服	2024-1-5	是			客服		
4	冯易	男	31	硕士	研究员	2024-3-8	是	是		销售专员		
5	顾源	女	33	本科	客服	2024-1-5	是	是		助理		
6	郭军	男	23	本科	销售专员	2024-3-25	是					
7	何路	男	27	专科	研究员	2024-1-5	是	是				
8	简志能	男	27	高中	销售专员	2023-12-14	是					
9	李红玉	女	29	本科	客服	2024-3-9	是					
10	李明璐	女	28	本科	助理	2024-2-15	是	是				
11	李琼	女	33	本科	销售专员	2023-12-14	是	是				
12	凌玲	女	23	本科	助理	2024-2-15	是					
13	刘澈	女	36	专科	研究员	2024-3-11	是	是				
14	孙倩	男	26	本科	销售专员	2023-12-13	是	是				
15	王雪峰	女	22	本科	销售专员	2024-3-25	是					
16	吴东	男	22	硕士	研究员	2024-3-25	是	是				
17	杨依林	男	31	本科	研究员	2024-3-10	是					
18	张以军	男	33	本科	销售专员	2024-3-25	是	是				
19	周洋	女	21	专科	销售专员	2023-12-13	是					
20	朱子进	男	28	本科	研究员	2024-3-10	是	是				
21	邹娜	女	22	专科	客服	2023-12-13	是	是				
22	苏明荣	女	34	专科	客服	2023-12-13	是					

图 10-71

❸ 按 Enter 键，即可统计出同时满足应聘岗位为“研究员”且性别为“男”两个条件的人数，如图 10-72 所示。

K2 =COUNTIFS($E$2:$E$22,J2,$B$2:$B$22,"男")

	A	B	C	D	E	F	G	H	I	J	K	L
1	姓名	性别	年龄	学历	应聘岗位	初试时间	参加初试	初试通过		应聘岗位	人数(男)	人数(女)
2	曹正	男	26	专科	客服	2024-3-12	是	是		研究员	5	
3	陈江远	男	32	专科	客服	2024-1-5	是			客服		
4	冯易	男	31	硕士	研究员	2024-3-8	是	是		销售专员		
5	顾源	女	33	本科	客服	2024-1-5	是	是		助理		
6	郭军	男	23	本科	销售专员	2024-3-25	是					
7	何路	男	27	专科	研究员	2024-1-5	是	是				
8	简志能	男	27	高中	销售专员	2023-12-14	是					
9	李红玉	女	29	本科	客服	2024-3-9	是					
10	李明璐	女	28	本科	助理	2024-2-15	是	是				
11	李琼	女	33	本科	销售专员	2023-12-14	是	是				

图 10-72

❹ 选中 L2 单元格，在编辑栏中输入公式：

```
=COUNTIFS($E$2:$E$22,J2,$B$2:$B$22,"女")
```

❺ 按 Enter 键，即可统计出同时满足应聘岗位为“研究员”且性别为“女”两个条件的人数，如图 10-73 所示。

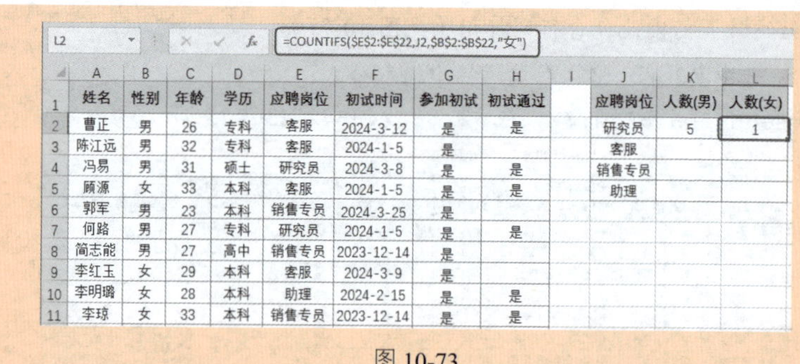

L2 =COUNTIFS($E$2:$E$22,J2,$B$2:$B$22,"女")

	A	B	C	D	E	F	G	H	I	J	K	L
1	姓名	性别	年龄	学历	应聘岗位	初试时间	参加初试	初试通过		应聘岗位	人数(男)	人数(女)
2	曹正	男	26	专科	客服	2024-3-12	是	是		研究员	5	1
3	陈江远	男	32	专科	客服	2024-1-5	是			客服		
4	冯易	男	31	硕士	研究员	2024-3-8	是	是		销售专员		
5	顾源	女	33	本科	客服	2024-1-5	是	是		助理		
6	郭军	男	23	本科	销售专员	2024-3-25	是					
7	何路	男	27	专科	研究员	2024-1-5	是	是				
8	简志能	男	27	高中	销售专员	2023-12-14	是					
9	李红玉	女	29	本科	客服	2024-3-9	是					
10	李明璐	女	28	本科	助理	2024-2-15	是	是				
11	李琼	女	33	本科	销售专员	2023-12-14	是	是				

图 10-73

❻ 选中 K2:L2 单元格，将光标定位到右下角，向下拖动填充公式，分别得到其他不同岗位的不同性别的应聘人数，如图 10-74 所示。

	A	B	C	D	E	F	G	H	I	J	K	L
1	姓名	性别	年龄	学历	应聘岗位	初试时间	参加初试	初试通过		应聘岗位	人数(男)	人数(女)
2	曹正	男	26	专科	客服	2024-3-12	是	是		研究员	5	1
3	陈江远	男	32	专科	客服	2024-1-5	是			客服	2	4
4	冯易	男	31	硕士	研究员	2024-3-8	是	是		销售专员	4	3
5	顾源	女	33	本科	客服	2024-1-5	是	是		助理	0	2
6	郭军	男	23	本科	销售专员	2024-3-25	是					
7	何路	男	27	专科	研究员	2024-1-5	是	是				
8	简志能	男	27	高中	销售专员	2023-12-14	是					
9	李红玉	女	29	本科	客服	2024-3-9	是					
10	李明璐	女	28	本科	助理	2024-2-15	是	是				
11	李琼	女	33	本科	销售专员	2023-12-14	是	是				
12	凌玲	女	23	本科	助理	2024-2-15	是					

图 10-74

【公式解析】

第一个条件判断区域与判断条件　　第二个条件判断区域与判断条件

=COUNTIFS($E$2:$E$22,J2,$B$2:$B$22,"男")

当同时满足两个条件时为合格，并作为计数的对象

例 3：统计学生成绩各分数区段的人数

扫一扫，看视频

利用 COUNTIF 函数和 COUNTIFS 函数可以对学生考试成绩各分数区段的人数进行统计，从而形成学生成绩各分数区段人数统计报表。

❶ 在表格的空白处建立报表标识，即各种不同的成绩区间。

❷ 选中 F2 单元格，在编辑栏中输入公式：

```
=COUNTIF(C2:C20,"<80")
```

❸ 按 Enter 键，即可统计出 C2:C20 单元格区域中成绩小于 80 分的人数，如图 10-75 所示。

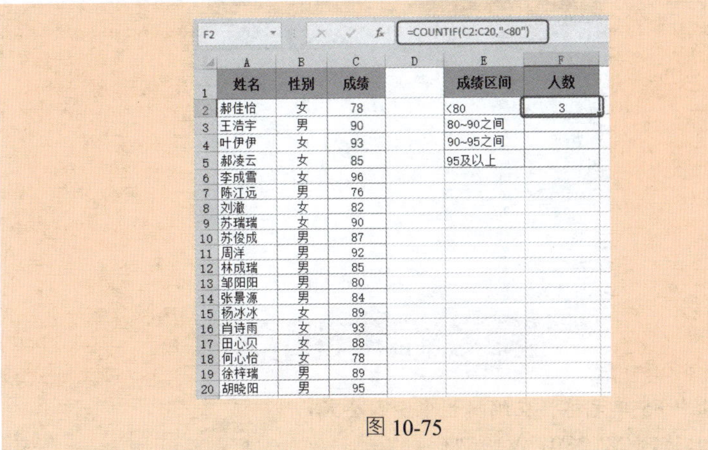

F2 | =COUNTIF(C2:C20,"<80")

姓名	性别	成绩		成绩区间	人数
郝佳怡	女	78		<80	3
王浩宇	男	90		80~90之间	
叶伊伊	女	93		90~95之间	
郝凌云	女	85		95及以上	
李成雪	女	96			
陈江远	男	76			
刘澈	女	82			
苏瑞瑞	女	90			
苏俊成	男	87			
周洋	男	92			
林成瑞	男	85			
邹阳阳	男	80			
张景源	男	84			
杨冰冰	女	89			
肖诗雨	女	93			
田心贝	女	88			
何心怡	女	78			
徐梓瑞	男	89			
胡晓阳	男	95			

图 10-75

❹ 选中 F3 单元格，在编辑栏中输入公式：

```
=COUNTIFS(C2:C20,">=80",C2:C20,"<90")
```

❺ 按 Enter 键，即可统计出 C2:C20 单元格区域中成绩在 80～90 之间的人数，如图 10-76 所示。

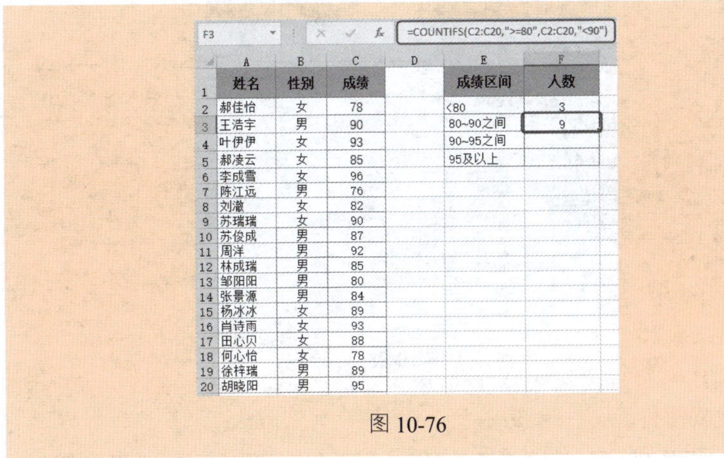

F3 | =COUNTIFS(C2:C20,">=80",C2:C20,"<90")

姓名	性别	成绩		成绩区间	人数
郝佳怡	女	78		<80	3
王浩宇	男	90		80~90之间	9
叶伊伊	女	93		90~95之间	
郝凌云	女	85		95及以上	
李成雪	女	96			
陈江远	男	76			
刘澈	女	82			
苏瑞瑞	女	90			
苏俊成	男	87			
周洋	男	92			
林成瑞	男	85			
邹阳阳	男	80			
张景源	男	84			
杨冰冰	女	89			
肖诗雨	女	93			
田心贝	女	88			
何心怡	女	78			
徐梓瑞	男	89			
胡晓阳	男	95			

图 10-76

❻ 选中 F4 单元格，在编辑栏中输入公式：

```
=COUNTIFS(C2:C20,">=90",C2:C20,"<95")
```

❼ 按 Enter 键，即可统计出 C2:C20 单元格区域中成绩在 90～95 之间的人数，如图 10-77 所示。

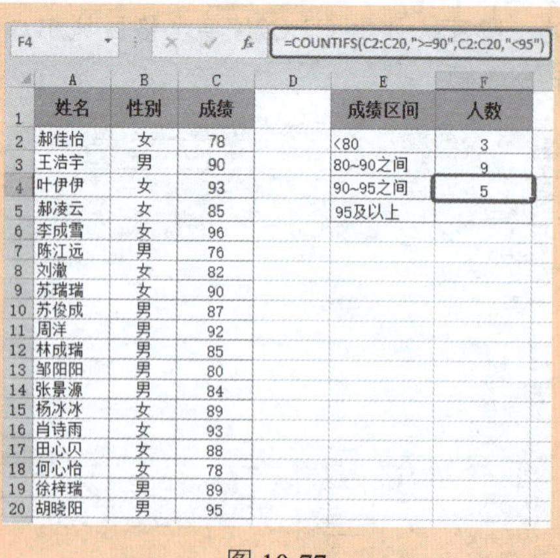

F4 =COUNTIFS(C2:C20,">=90",C2:C20,"<95")

	A	B	C	D	E	F
1	姓名	性别	成绩		成绩区间	人数
2	郝佳怡	女	78		<80	3
3	王浩宇	男	90		80~90之间	9
4	叶伊伊	女	93		90~95之间	5
5	郝凌云	女	85		95及以上	
6	李成雪	女	96			
7	陈江远	男	76			
8	刘澈	女	82			
9	苏瑞瑞	女	90			
10	苏俊成	男	87			
11	周洋	男	92			
12	林成瑞	男	85			
13	邹阳阳	男	80			
14	张景源	男	84			
15	杨冰冰	女	89			
16	肖诗雨	女	93			
17	田心贝	女	88			
18	何心怡	女	78			
19	徐梓瑞	男	89			
20	胡晓阳	男	95			

图 10-77

❽ 选中 F5 单元格，在编辑栏中输入公式：

```
=COUNTIF(C2:C20,">=95")
```

❾ 按 Enter 键，即可统计出 C2:C20 单元格区域中成绩在 95 及以上的人数，如图 10-78 所示。

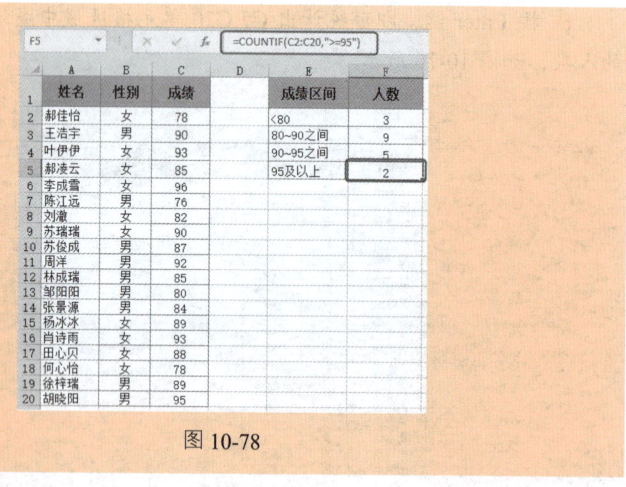

F5 =COUNTIF(C2:C20,">=95")

	A	B	C	D	E	F
1	姓名	性别	成绩		成绩区间	人数
2	郝佳怡	女	78		<80	3
3	王浩宇	男	90		80~90之间	9
4	叶伊伊	女	93		90~95之间	5
5	郝凌云	女	85		95及以上	2
6	李成雪	女	96			
7	陈江远	男	76			
8	刘澈	女	82			
9	苏瑞瑞	女	90			
10	苏俊成	男	87			
11	周洋	男	92			
12	林成瑞	男	85			
13	邹阳阳	男	80			
14	张景源	男	84			
15	杨冰冰	女	89			
16	肖诗雨	女	93			
17	田心贝	女	88			
18	何心怡	女	78			
19	徐梓瑞	男	89			
20	胡晓阳	男	95			

图 10-78

【公式解析】

第一个条件判断区域与判断条件　　第二个条件判断区域与判断条件

=COUNTIFS(C2:C20,">=80",C2:C20,"<90")

当同时满足两个条件时为合格，并作为计数的对象

5. COUNTBLANK（计算空白单元格的个数）

【函数功能】COUNTBLANK 函数用于计算某个单元格区域中空白单元格的个数。

【函数语法】COUNTBLANK(range)

range：必需，需要计算其中空白单元格个数的区域。

【用法解析】

即使单元格中含有公式返回的空值（使用公式 “=" "” 就会返回空值），该单元格也会计算在内，但包含 0 值的单元格不计算在内

=COUNTBLANK(A2:A10)

COUNTBLANK 函数与 COUNTA 函数 的区别是：COUNTA 函数 统计除空值外的所有值的个数，而 COUNTBLANK 函数统计空单元格的个数

例：检查应聘者填写的信息是否完善

在图 10-79 所示的应聘人员信息汇总表中，由于统计时出现缺漏，有些数据未能完整填写，此时需要对各条信息进行检测，如果有缺漏，就显示“未完善”文字。

	A	B	C	D	E	F	G	H	I
1	员工姓名	性别	年龄	学历	招聘渠道	招聘编号	应聘岗位	初试时间	是否完善
2	陈波	女	21	专科	招聘网站		销售专员	2024-2-13	未完善
3	刘文水	男	26	本科	现场招聘	R0050	销售专员	2024-2-13	
4	郝志文	男	27	高中	现场招聘	R0050	销售专员	2024-2-14	
5	徐瑶瑶	女	33	本科		R0050	销售专员	2024-2-14	未完善
6	个梦玲	女	33	本科	校园招聘	R0001	客服	2024-3-5	
7	崔大志	男	32		校园招聘	R0001	客服	2024-3-5	未完善
8	方刚名	男	27	专科	校园招聘	R0001	客服	2024-3-5	
9	刘楠楠	女	21	本科	招聘网站	R0002	助理	2024-4-15	
10	张宇		28	本科	招聘网站	R0002		2024-4-15	未完善
11	李想	男	31	硕士	猎头招聘	R0003	研究员	2024-5-8	
12	林成洁	女	29	本科	猎头招聘	R0003	研究员	2024-5-9	

图 10-79

❶ 选中 I2 单元格，在编辑栏中输入公式（见图 10-80）：

```
=IF(COUNTBLANK(A2:H2)=0,"","未完善")
```

NETWORK... | × ✓ fx | =IF(COUNTBLANK(A2:H2)=0,"","未完善")

	A	B	C	D	E	F	G	H	I
1	员工姓名	性别	年龄	学历	招聘渠道	招聘编号	应聘岗位	初试时间	是否完善
2	陈波	女	21	专科	招聘网站		销售专员	2024-2-13	善")
3	刘文水	男	26	本科	现场招聘	R0050	销售专员	2024-2-13	
4	郝志文	男	27	高中	现场招聘	R0050	销售专员	2024-2-14	
5	徐瑶瑶	女	33	本科		R0050	销售专员	2024-2-14	

图 10-80

❷ 按 Enter 键，根据 A2:H2 单元格是否有空单元格来判断信息填写是否完善，如图 10-81 所示。向下复制 I2 单元格的公式，可得出批量判断结果。

	A	B	C	D	E	F	G	H	I
1	员工姓名	性别	年龄	学历	招聘渠道	招聘编号	应聘岗位	初试时间	是否完善
2	陈波	女	21	专科	招聘网站		销售专员	2024-2-13	未完善
3	刘文水	男	26	本科	现场招聘	R0050	销售专员	2024-2-13	
4	郝志文	男	27	高中	现场招聘	R0050	销售专员	2024-2-14	
5	徐瑶瑶	女	33	本科		R0050	销售专员	2024-2-14	

图 10-81

【公式解析】

① 统计 A2:H2 单元格区域中空单元格的数量

=IF(COUNTBLANK(A2:H2)=0,"","未完善")

② 如果①的结果等于 0，表示没有空单元格，返回空白；如果①的结果不等于 0，表示有空单元格，返回“未完善”文字

10.3 最大值、最小值统计

求最大值与最小值是数据分析的一个重要方式。本节要讲解的用于求最大值与最小值的函数分别为 MAX、MIN、DMAX 等。在人事管理领域，它们用于统计考核最高分和最低分，以方便分析员工的业务水平；在财务领域，它们用于计算最高与最低利润额，从而掌握公司产品的市场价值。

1. MAX/MIN（返回数据集中的最大值/最小值）

【函数功能】MAX 函数和 MIN 函数用于返回数据集中的最大数值和最小数值。二者的语法是相同的，下面只给出 MAX 函数的语法。

【函数语法】MAX(number1,[number2],...)

number1,number2,...：number1 是必需参数，要找出最大数值的 1～30 个数值。

【用法解析】

返回这个数据区域中的最大值

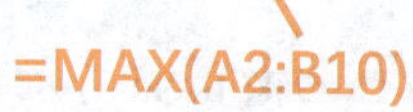

例 1：返回最高销量

扫一扫，看视频

图 10-82 所示的表格中统计了各个商品在本月的销售数量，要求统计出最高销量。

❶ 选中 E2 单元格，在编辑栏中输入公式（见图 10-83）：

```
=MAX(C2:C11)
```

❷ 按 Enter 键，即可统计出 C2:C11 单元格区域中的最大值。

	A	B	C	D	E
1	序号	品名	销售量		最高销量
2	1	老百年	435		690
3	2	三星迎驾	427		
4	3	五粮春	589		
5	4	新月亮	243		
6	5	新地球	320		
7	6	四开国缘	690		
8	7	新品兰十	362		
9	8	珠江金小麦	391		
10	9	今世缘兰地球	383		
11	10	张裕赤霞珠	407		

图 10-82

ASIN　=MAX(C2:C11)

	A	B	C	D	E
1	序号	品名	销售量		最高销量
2	1	老百年	435		=MAX(C2:
3	2	三星迎驾	427		
4	3	五粮春	589		
5	4	新月亮	243		
6	5	新地球	320		
7	6	四开国缘	690		
8	7	新品兰十	362		
9	8	珠江金小麦	391		
10	9	今世缘兰地球	383		
11	10	张裕赤霞珠	407		

图 10-83

注意：

与 MAX 函数对应的是 MIN 函数，用于返回数据集中的最小值，其用法与 MAX 函数一样。

例 2：根据部门与工龄计算应发奖金

扫一扫，看视频

MAX 函数和 MIN 函数也可以配合其他函数来完成一些复杂条件的判断并取值。例如，在某一项目完成后，企业预备给研发部与企划部两个部门的员工发放奖金，其规则如下：

- 研发部的员工按工龄以 400 元递增，企划部员工按工龄以 200 元递增。
- 计算年限为工龄数减 1 年。
- 最高不得超过 1500 元。

下面使用 MIN 函数和 SUM 函数来设计公式。

❶ 选中 D2 单元格，在编辑栏中输入公式（见图 10-84）：

```
=MIN(SUM((B2={"研发部","企划部"})*{400,200})*(C2-1),1500)
```

SUMIF　=MIN(SUM((B2={"研发部","企划部"})*{400,200})*(C2-1),1500)

	A	B	C	D	E	F	G	H
1	姓名	部门	工龄	奖金				
2	张俊	研发部	5	*(C2-1),1500)				
3	桂萍	研发部	7					
4	古晨	研发部	4					
5	王先仁	研发部	8					
6	章华	企划部	3					
7	潘美玲	企划部	5					

图 10-84

❷ 按 Enter 键即可计算出第一位员工的奖金，如图 10-85 所示。

❸ 选中 D2 单元格，向下填充公式到 D10 单元格，一次性得出其他员工的奖金，如图 10-86 所示。

	A	B	C	D
1	姓名	部门	工龄	奖金
2	张俊	研发部	5	1500
3	桂萍	研发部	7	
4	古晨	研发部	4	
5	王先仁	研发部	8	
6	章华	企划部	3	
7	潘美玲	企划部	5	
8	杨世成	企划部	4	
9	李再成	企划部	2	
10	刘威	企划部	3	

图 10-85

	A	B	C	D
1	姓名	部门	工龄	奖金
2	张俊	研发部	5	1500
3	桂萍	研发部	7	1500
4	古晨	研发部	4	1200
5	王先仁	研发部	8	1500
6	章华	企划部	3	400
7	潘美玲	企划部	5	800
8	杨世成	企划部	4	600
9	李再成	企划部	2	200
10	刘威	企划部	3	400

图 10-86

【公式解析】

① 判断 B2 单元格中的员工部门是{"研发部","企划部"}中的哪一个，对应的那一个级别返回 TRUE，另一个返回 FALSE。例如，B2 单元格的公式返回的是{TRUE,FALSE}。用这个数组与{400,200}数组相乘，FALSE 值转换为 0，TRUE 值转换为奖金幅度，即当前单元格公式得到的是数组{400,0}

=MIN(SUM((B2={"研发部","企划部"})* {400,200})*(C2-1),1500)

② 在①步返回奖金幅度后，再将 C2 中的工龄减去 1 得到年份数。两者相乘即为员工可获得的奖金，即 400×(5-1)=1600（元）

③ 由于规定不能超过 1500 元，最后可以利用 MIN 函数取前面步骤得出的结果与 1500 之间的最小值

注意：

通过上面的公式解析可以看到，这是一个活用 MIN 函数的例子，MIN 函数在此公式中起到的作用就是要在计算值与 1500 间取最小值，即满足最高不超过 1500 元这个条件。公式的关键处在于SUM 函数的部分，这是数组函数的写法，可以选中 D2 单元格，在“公式”选项卡的“公式审核”组中单击“公式求值”按钮，通过逐步分解公式去学习。

2. MAXIFS/MINIFS（按条件求最大值/最小值）

【函数功能】MAXIFS 函数与 MINIFS 函数分别用于返回一组数据中满足指定条件的最大值和最小值。二者的语法是相同的，下面只给出 MAXIFS 函数的语法。

【函数语法】

MAXIFS(max_range, criteria_range1, criteria1, [criteria_range2, criteria2], ...)

- max_range：必需，要确定最大值的单元格区域。
- criteria_range1：必需，要针对特定条件求值的单元格区域。
- criteria1：必需，用于确定哪些单元格是最大值的条件，格式为数字、表达式或文本。
- [criteria_range2, criteria2, ...]：可选，附加区域及其关联条件，最多可以输入 126 个区域/条件对。

【用法解析】

=MAXIFS(返回值区域,条件 1 区域,条件 1,条件 2 区域,条件 2,...,条件 *n* 区域,条件 *n*)

例 1：返回车间女职工的最高产量

图 10-87 所示的表格统计了某车间本月的生产产量数据，现在想统计出该车间女性职工的产量最高值。因为求最大值需要满足性别为“女”这一条件，所以要使用 IF 函数配合 MAX 函数来设计此公式。

扫一扫，看视频

❶ 选中 E2 单元格，在编辑栏中输入公式（见图 10-87）：

```
=MAXIFS(C2:C13,B2:B13,"女")
```

❷ 按 Enter 键即可返回女职工的最高产量，如图 10-88 所示。

SWITCH | =MAXIFS(C2:C13,B2:B13,"女")

	A	B	C	D	E
1	姓名	性别	产量		女职工最高产量
2	林洋	男	470		B13,"女")
3	李金	男	415		
4	刘小慧	女	319		
5	周金星	女	328		
6	张明宇	男	400		
7	赵思飞	男	375		
8	赵新芳	女	402		
9	刘莉莉	女	365		
10	吴世芳	女	322		
11	杨传霞	女	345		
12	顾心怡	女	378		
13	侯诗奇	男	464		

图 10-87

	A	B	C	D	E
1	姓名	性别	产量		女职工最高产量
2	林洋	男	470		402
3	李金	男	415		
4	刘小慧	女	319		
5	周金星	女	328		
6	张明宇	男	400		
7	赵思飞	男	375		
8	赵新芳	女	402		
9	刘莉莉	女	365		
10	吴世芳	女	322		
11	杨传霞	女	345		
12	顾心怡	女	378		
13	侯诗奇	男	464		

图 10-88

【公式解析】

此公式中就是标准的参数，第一个参数是返回值的区域，第二个参数是判断条件的区域，第三个参数是条件

=MAXIFS(C2:C13,B2:B13,"女")

例 2：忽略 0 值求出最低分数

扫一扫，看视频

在求最小值时，如果数据区域中包括 0 值，0 值将会是最小值，那么有没有办法实现忽略 0 值返回最小值呢？要达到这种统计结果可以使用 MINIFS 函数。

❶ 选中 E2 单元格，在编辑栏中输入公式（见图 10-89）：

```
=MINIFS(C2:C15,C2:C15,"<>0")
```

❷ 按 Enter 键，即可忽略 0 值求出最小值，如图 10-90 所示。

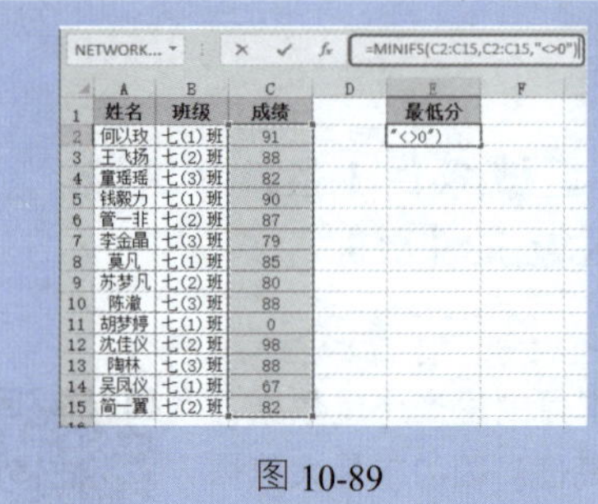

NETWORK...　=MINIFS(C2:C15,C2:C15,"<>0")

	A	B	C	D	E	F
1	姓名	班级	成绩		最低分	
2	何以玫	七(1)班	91		"<>0")	
3	王飞扬	七(2)班	88			
4	童瑶瑶	七(3)班	82			
5	钱毅力	七(1)班	90			
6	管一非	七(2)班	87			
7	李金晶	七(3)班	79			
8	莫凡	七(1)班	85			
9	苏梦凡	七(2)班	80			
10	陈澈	七(3)班	88			
11	胡梦婷	七(1)班	0			
12	沈佳仪	七(2)班	98			
13	陶林	七(3)班	88			
14	吴凤仪	七(1)班	67			
15	简一翼	七(2)班	82			

图 10-89

	A	B	C	D	E
1	姓名	班级	成绩		最低分
2	何以玫	七(1)班	91		67
3	王飞扬	七(2)班	88		
4	童瑶瑶	七(3)班	82		
5	钱毅力	七(1)班	90		
6	管一非	七(2)班	87		
7	李金晶	七(3)班	79		
8	莫凡	七(1)班	85		
9	苏梦凡	七(2)班	80		
10	陈澈	七(3)班	88		
11	胡梦婷	七(1)班	0		
12	沈佳仪	七(2)班	98		
13	陶林	七(3)班	88		
14	吴凤仪	七(1)班	67		
15	简一翼	七(2)班	82		

图 10-90

【公式解析】

此公式中是标准的参数，第一个参数是返回值的区域，第二个参数是判断条件的区域，第三个参数是条件（注意不等于 0 这个条件的写法）

=MINIFS(C2:C15,C2:C15,"<>0")

例 3：返回指定产品的最低报价

扫一扫，看视频

图 10-91 所示的表格统计的是各个公司对不同产品的报价，下面需要找出“喷淋头”这个产品的最低报价。

❶ 选中 G1 单元格，在编辑栏中输入公式（见图 10-91）：

```
=MAXIFS(C2:C14,B2:B14,"喷淋头")
```

SWITCH　=MAXIFS(C2:C14,B2:B14,"喷淋头")

	A	B	C	D	E	F	G
1	竞标单位	材料名称	单价	单位		喷淋头最低报价	"喷淋头")
2	A公司	火灾探测器	480	个			
3	A公司	报警按钮	200	个			
4	A公司	烟感器	55	个			
5	A公司	喷淋头	90	个			
6	A公司	多功能报警器	1200	个			
7	B公司	烟感器	65	个			
8	B公司	火灾探测器	480	个			
9	B公司	烟感器	60	个			
10	B公司	喷淋头	109	个			
11	B公司	报警按钮	200	个			
12	C公司	火灾探测器	550	个			
13	C公司	烟感器	55	个			
14	C公司	喷淋头	89	个			

图 10-91

❷ 按 Enter 键即可得到指定产品的最低报价，如图 10-92 所示。

	A	B	C	D	E	F	G
1	竞标单位	材料名称	单价	单位		喷淋头最低报价	109
2	A公司	火灾探测器	480	个			
3	A公司	报警按钮	200	个			
4	A公司	烟感器	55	个			
5	A公司	喷淋头	90	个			
6	A公司	多功能报警器	1200	个			
7	B公司	烟感器	65	个			
8	B公司	火灾探测器	480	个			
9	B公司	烟感器	60	个			
10	B公司	喷淋头	109	个			
11	B公司	报警按钮	200	个			
12	C公司	火灾探测器	550	个			
13	C公司	烟感器	55	个			
14	C公司	喷淋头	89	个			

图 10-92

例 4：按双条件返回最大值

MAXIFS 函数是可以写入多条件的，如本例要求统计出各个班级中男生与女生的最高分数。这里要同时满足两个条件，即同时指定班级和性别。公式需要建立为如下样式。

扫一扫，看视频

❶ 选中 H2 单元格，在编辑栏中输入公式（见图 10-93）：

```
=MAXIFS($D$2:$D$15,$B$2:$B$15,F2,$C$2:$C$15,G2)
```

NETWORK... =MAXIFS($D$2:$D$15,$B$2:$B$15,F2,$C$2:$C$15,G2)

	A	B	C	D	E	F	G	H
1	姓名	班级	性别	成绩		班级	性别	最高分数
2	李成雪	七(1)班	女	96		七(1)班	男	$C$15, G2)
3	陈江远	七(2)班	男	76		七(1)班	女	
4	刘澈	七(1)班	男	82		七(2)班	男	
5	苏瑞瑞	七(1)班	女	90		七(2)班	女	
6	苏俊成	七(2)班	男	87				
7	周洋	七(2)班	女	79				
8	林成瑞	七(1)班	男	59				
9	邹阳阳	七(2)班	男	80				
10	张景源	七(1)班	男	88				
11	杨冰冰	七(1)班	女	75				
12	肖诗雨	七(2)班	女	98				
13	田心贝	七(2)班	女	88				
14	何心怡	七(1)班	女	57				
15	徐梓瑞	七(2)班	男	59				

图 10-93

❷ 按 Enter 键即可返回“七（1）班”中性别为“男”的最高分数，如图 10-94 所示。

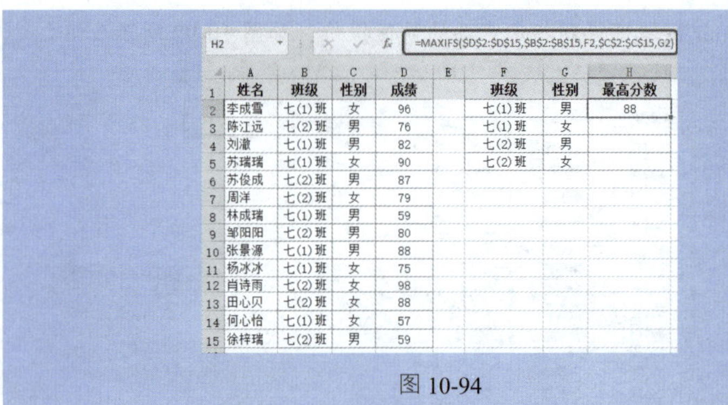

H2 =MAXIFS($D$2:$D$15,$B$2:$B$15,F2,$C$2:$C$15,G2)

	A	B	C	D	E	F	G	H
1	姓名	班级	性别	成绩		班级	性别	最高分数
2	李成雪	七(1)班	女	96		七(1)班	男	88
3	陈江远	七(2)班	男	76		七(1)班	女	
4	刘澈	七(1)班	男	82		七(2)班	男	
5	苏瑞瑞	七(1)班	女	90		七(2)班	女	
6	苏俊成	七(2)班	男	87				
7	周洋	七(2)班	女	79				
8	林成瑞	七(1)班	男	59				
9	邹阳阳	七(2)班	男	80				
10	张景源	七(1)班	男	88				
11	杨冰冰	七(1)班	女	75				
12	肖诗雨	七(2)班	女	98				
13	田心贝	七(2)班	女	88				
14	何心怡	七(1)班	女	57				
15	徐梓瑞	七(2)班	男	59				

图 10-94

❸ 选中 H2 单元格，向下填充公式，可获取各个班级中男生与女生各自对应的最高分数，如图 10-95 所示。

	A	B	C	D	E	F	G	H
1	姓名	班级	性别	成绩		班级	性别	最高分数
2	李成雪	七(1)班	女	96		七(1)班	男	88
3	陈江远	七(2)班	男	76		七(1)班	女	96
4	刘澈	七(1)班	男	82		七(2)班	男	87
5	苏瑞瑞	七(1)班	女	90		七(2)班	女	98
6	苏俊成	七(2)班	男	87				
7	周洋	七(2)班	女	79				
8	林成瑞	七(1)班	男	59				
9	邹阳阳	七(2)班	男	80				
10	张景源	七(1)班	男	88				
11	杨冰冰	七(1)班	女	75				
12	肖诗雨	七(2)班	女	98				
13	田心贝	七(2)班	女	88				
14	何心怡	七(1)班	女	57				
15	徐梓瑞	七(2)班	男	59				

图 10-95

【公式解析】

① 返回值的区域

② 第一个条件判断区域和第一个条

③第二个条件判断区域和第二个条件

=MAXIFS($D$2:$D$15,$B$2:$B$15,F2,$C$2:$C$15,G2)

3. MAXA/MINA（返回参数列表中的最大值/最小值）

【函数功能】MAXA 函数和 MINA 函数用于返回参数列表（包括数字、文本和逻辑值）中的最大值和最小值。二者的语法是相同的，下面只给出 MAXA 函数的语法。

【函数语法】MAXA(value1,[value2],...)

value1,value2,...：value1 是必需参数，要从中查找最大数值的 1～30 个参数。

【用法解析】

MAXA 函数与 MAX 函数的区别在于，MAXA 函数在求最大值时将文本值和逻辑值（如 TRUE 和 FALSE）作为数字参与，而 MAX 函数只计算数字

=MAXA(A2:B10)

例：返回各店面的最低利润（包含文本）

扫一扫，看视频

图 10-96 所示的表格中统计了各个分店的 1 月利润值，现在要统计最低利润。在 D2 单元格中使用公式“=MINA(B2:B11)”，可以看到返回值是 0，这是因为 B2:B11 单元格区域中包含一个文本值“整顿”，这个文本值也参与公式的运算，文本值为“0”值，所以返回结果为 0，如图 10-96 所示。

如果在 D3 单元格中使用公式“=MIN(B2:B11)”，可以看到返回值是 45.32（见图 10-97），因为文本不参与运算。

D2 =MINA(B2:B11)

	A	B	C	D
1	分店	1月利润(万元)		最低利润
2	市府广场店	108.37		0
3	舒城路店	整顿		
4	城隍庙店	98.25		
5	南七店	112.8		
6	太湖路店	45.32		
7	青阳南路店	163.5		
8	黄金广场店	98.09		
9	大润发店	102.45		
10	兴园小区店	56.21		
11	香雅小区店	77.3		

图 10-96

D3 =MIN(B2:B11)

	A	B	C	D
1	分店	1月利润(万元)		最低利润
2	市府广场店	108.37		0
3	舒城路店	整顿		45.32
4	城隍庙店	98.25		
5	南七店	112.8		
6	太湖路店	45.32		
7	青阳南路店	163.5		
8	黄金广场店	98.09		
9	大润发店	102.45		
10	兴园小区店	56.21		
11	香雅小区店	77.3		

图 10-97

4. LARGE（返回某数据集中的某个最大值）

【函数功能】LARGE 函数用于返回某一数据集中的某个最大值。

【函数语法】LARGE(array,k)

- array：必需，要从中查询第 k 个最大值的数组或数据区域。
- k：必需，返回值在数组或数据区域里的位置，即名次。

【用法解析】

可以是数组或单元格的引用　　指定返回第几名的值（从大到小）

=LARGE(A2:B10,1)

注意：

如果 LARGE 函数中的 array 参数为空，或者参数 k 小于等于 0，或者参数 k 大于数组或区域中数据的个数，则该函数会返回“#NUM!”错误值。

例 1：返回排名前 3 位的价格

扫一扫，看视频

图 10-98 所示的表格中统计了某大米在各地销售价格的随机数据，现在想快速查看排名前 3 位的价格分别是多少。

❶ 选中 F2:F4 单元格区域，在编辑栏中输入公式（见图 10-98）：

```
=LARGE(A2:D7,{1;2;3})
```

NETWORK... =LARGE(A2:D7,{1;2;3})

	A	B	C	D	E	F
1	某大米在各地的价格（随机抽取）					排名前3位的价格
2	2.18	2.61	1.99	2.14		=LARGE(A2:D7,{1;2;3})
3	2.15	2.59	2.26	2.58		
4	1.86	2.56	1.99	2.59		
5	2.35	2.31	2.72	2.06		
6	2.77	2.05	1.89	1.98		
7	2.29	2.42	2.16	2.86		

图 10-98

❷ 按 Ctrl+Shift+Enter 组合键，即可统计出 A2:D7 单元格区域中第 1～3 名的数据，如图 10-99 所示。

F2 {=LARGE(A2:D7,{1;2;3})}

	A	B	C	D	E	F
1	某大米在各地的价格（随机抽取）					排名前3位的价格
2	2.18	2.61	1.99	2.14		2.86
3	2.15	2.59	2.26	2.58		2.77
4	1.86	2.56	1.99	2.59		2.72
5	2.35	2.31	2.72	2.06		
6	2.77	2.05	1.89	1.98		
7	2.29	2.42	2.16	2.86		

图 10-99

【公式解析】

如果一次只返回一个名次的值，可以直接指定为 1、2、3 等，但此处使用数组公式一次性返回前 3 名的数据，则使用数组来指定，指定方式是使用分号间隔

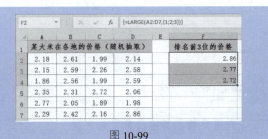

=LARGE(A2:D7,{1;2;3})

例 2：分班级统计各班级前 3 名的成绩

扫一扫，看视频

要同时返回第 1～3 名的成绩，就需要用到数组的部分操作。需要一次性选中要返回结果的 3 个单元格，然后配合 IF 函数对班级进行判断，具体公式设置如下。

❶ 选中 F2:F4 单元格区域，在编辑栏中输入公式（见图 10-100）：

```
=LARGE(IF($A$2:$A$12=F1,$C$2:$C$12),{1;2;3})
```

ASIN　=LARGE(IF($A$2:$A$12=F1,$C$2:$C$12),{1;2;3})

	A	B	C	D	E	F	G	H
1	班级	姓名	成绩			1班	2班	
2	1班	林玲	85		第一名	;2;3})		
3	2班	郑芸云	90		第二名			
4	1班	黄嘉诚	95		第三名			
5	2班	林娅	82					
6	1班	江小白	85					
7	1班	陈汇聪	92					
8	2班	叶伊静	92					
9	2班	苏灿	77					
10	1班	陆军	87					
11	2班	李霞儿	94					
12	1班	李杰	91					

图 10-100

❷ 按 Ctrl+Shift+Enter 组合键，即可对班级进行判断并返回对应班级前 3 名的成绩，如图 10-101 所示。

F2　{=LARGE(IF($A$2:$A$12=F1,$C$2:$C$12),{1;2;3})}

	A	B	C	D	E	F	G	H
1	班级	姓名	成绩			1班	2班	
2	1班	林玲	85		第一名	95		
3	2班	郑芸云	90		第二名	92		
4	1班	黄嘉诚	95		第三名	91		
5	2班	林娅	82					
6	1班	江小白	85					
7	1班	陈汇聪	92					
8	2班	叶伊静	92					
9	2班	苏灿	77					
10	1班	陆军	87					
11	2班	李霞儿	94					
12	1班	李杰	91					

图 10-101

❸ 选中 G2:G4 单元格区域，在编辑栏中输入公式（见图 10-102）：

```
=LARGE(IF($A$2:$A$12=G1,$C$2:$C$12),{1;2;3})
```

G2　{=LARGE(IF($A$2:$A$12=G1,$C$2:$C$12),{1;2;3})}

	A	B	C	D	E	F	G	H
1	班级	姓名	成绩			1班	2班	
2	1班	林玲	85		第一名	95	94	
3	2班	郑芸云	90		第二名	92	92	
4	1班	黄嘉诚	95		第三名	91	90	
5	2班	林娅	82					
6	1班	江小白	85					
7	1班	陈汇聪	92					
8	2班	叶伊静	92					
9	2班	苏灿	77					
10	1班	陆军	87					
11	2班	李霞儿	94					
12	1班	李杰	91					

图 10-102

❹ 按 Ctrl+Shift+Enter 组合键，即可对班级进行判断并返回对应班级前 3 名的成绩，如图 10-103 所示。

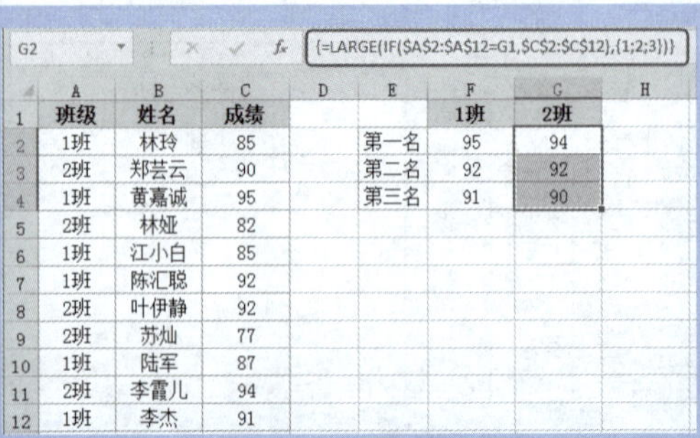

G2 fx {=LARGE(IF($A$2:$A$12=G1,$C$2:$C$12),{1;2;3})}

	A	B	C	D	E	F	G	H
1	班级	姓名	成绩			1班	2班	
2	1班	林玲	85		第一名	95	94	
3	2班	郑芸云	90		第二名	92	92	
4	1班	黄嘉诚	95		第三名	91	90	
5	2班	林娅	82					
6	1班	江小白	85					
7	1班	陈汇聪	92					
8	2班	叶伊静	92					
9	2班	苏灿	77					
10	1班	陆军	87					
11	2班	李霞儿	94					
12	1班	李杰	91					

图 10-103

【公式解析】

① 因为是数组公式，所以用 IF 函数依次判断 A2:A12 单元格区域中的各个值是否等于 F1 单元格中的值，如果等于返回 TRUE，否则返回 FALSE。返回的是一个数组

要想一次性返回连续几名的数据，则需要将此参数写成这种数组形式

=LARGE(IF($A$2:$A$12=F1,$C$2:$C$12),{1;2;3})

③ 一次性从②返回的数组中提取前 3 名的值

② 将①返回的数组依次对应在 C2:C12 单元格区域中取值，①返回的数组中为 TRUE 的返回其对应的值，为 FALSE 的返回 FALSE。结果还是一个数组

5. SMALL（返回某数据集中的某个最小值）

【函数功能】SMALL 函数用于返回某一数据集中的某个最小值。

【函数语法】SMALL (array,k)

- array：必需，要从中查询第 k 个最小值的数组或数据区域。
- k：必需，返回值在数组或数据区域中的位置，即名次。

【用法解析】

可以是数组或单元格的引用　　指定返回第几名的值（从小到大）

=SMALL(A2:B10,1)

例：返回倒数第一名的成绩与对应姓名

SMALL 函数可以返回数据区域中的第几个最小值，因此可以从成绩表返回任意指定的第几个最小值，并且搭配其他函数使用，还可以返回这个指定最小值对应的姓名。下面来看具体的公式设计与分析。

❶ 选中 D2 单元格，在编辑栏中输入公式：

```
=SMALL(B2:B12,1)
```

❷ 按 Enter 键即可得出 B2:B12 单元格的最低分，如图 10-104 所示。

D2 =SMALL(B2:B12,1)

	A	B	C	D	E	F
1	姓名	分数		最低分	姓名	
2	卢梦雨	93		61		
3	徐丽	72				
4	韦玲芳	87				
5	谭谢生	90				
6	柳丽晨	61				
7	谭谢生	88				
8	邹瑞宣	99				
9	刘璐璐	82				
10	黄永明	87				
11	简佳丽	89				
12	肖菲菲	89				

图 10-104

❸ 选中 E2 单元格，在编辑栏中输入公式：

```
=INDEX(A2:A12,MATCH(SMALL(B2:B12,1),B2:B12,))
```

❹ 按 Enter 键可得出最低分对应的姓名，如图 10-105 所示。

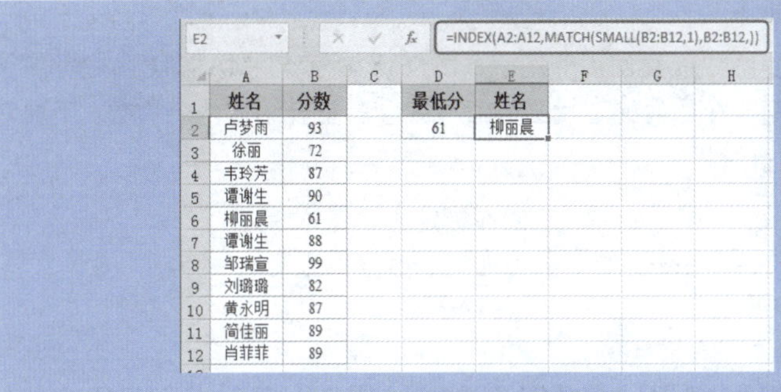

E2 =INDEX(A2:A12,MATCH(SMALL(B2:B12,1),B2:B12,))

	A	B	C	D	E	F	G	H
1	姓名	分数		最低分	姓名			
2	卢梦雨	93		61	柳丽晨			
3	徐丽	72						
4	韦玲芳	87						
5	谭谢生	90						
6	柳丽晨	61						
7	谭谢生	88						
8	邹瑞宣	99						
9	刘璐璐	82						
10	黄永明	87						
11	简佳丽	89						
12	肖菲菲	89						

图 10-105

如果只是返回最低分对应的姓名，MIN 函数也能代替 SMALL 函数。例如，如图 10-106 所示，使用公式“=INDEX(A2:A12,MATCH (MIN(B2:B12), B2:B12,))”。

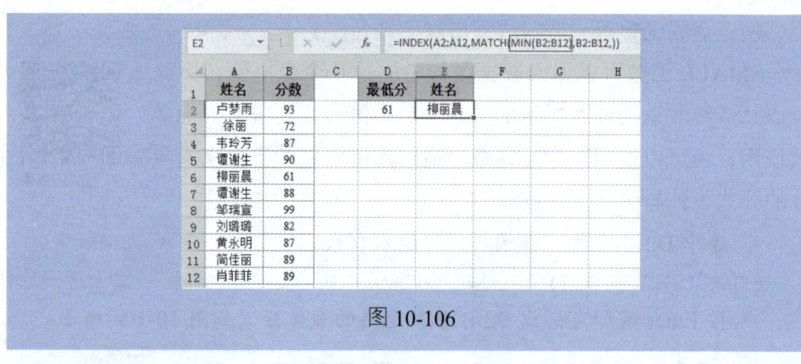

E2 =INDEX(A2:A12,MATCH(MIN(B2:B12),B2:B12,))

	A	B	C	D	E	F	G	H
1	姓名	分数		最低分	姓名			
2	卢梦雨	93		61	柳丽晨			
3	徐丽	72						
4	韦玲芳	87						
5	谭谢生	90						
6	柳丽晨	61						
7	谭谢生	88						
8	邹瑞宣	99						
9	刘璐璐	82						
10	黄永明	87						
11	简佳丽	89						
12	肖菲菲	89						

图 10-106

如果返回的不是最低分，而是要求返回倒数第 2 名、倒数第 3 名等，则必须要使用 SMALL 函数，公式的修改也很简单，只需将公式中 SMALL 函数的第 2 个参数重新指定一下即可，如图 10-107 所示。

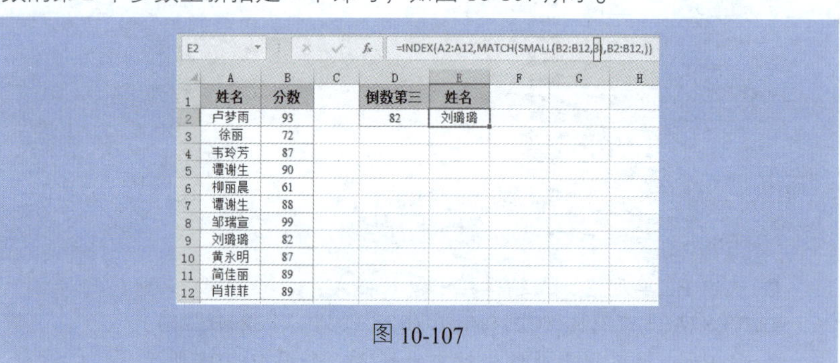

E2 =INDEX(A2:A12,MATCH(SMALL(B2:B12,3),B2:B12,))

	A	B	C	D	E	F	G	H
1	姓名	分数		倒数第三	姓名			
2	卢梦雨	93		82	刘璐璐			
3	徐丽	72						
4	韦玲芳	87						
5	谭谢生	90						
6	柳丽晨	61						
7	谭谢生	88						
8	邹瑞宣	99						
9	刘璐璐	82						
10	黄永明	87						
11	简佳丽	89						
12	肖菲菲	89						

图 10-107

【用法解析】

这是一个多函数嵌套使用的例子，INDEX 函数与 MATCH 函数都属于查找函数的范畴。在后面的查找函数章节中会着重介绍这两个函数。下面对 INDEX 公式进行解析。

返回表格或区域中指定位置处的值。这个指定位置是指行号

返回在指定方式下与指定数值匹配的数组中元素的相应位置

=INDEX(A2:A12,MATCH(SMALL(B2:B12,1),B2:B12,))

③ 返回 A2:A12 单元格区域中②返回结果所指定行处的值

① 返回 B2:B12 单元格区域中最小的一个值

② 返回①的返回值在 B2:B12 单元格区域中的位置，如在第 5 行，就返回数字 5

10.4 排位统计

顾名思义，排位统计就是对数据进行排序，当然衍生的函数并非只对数据排名次，还可以进行如返回一组数据的四分位数、返回一组数据的第 *k* 个百分点值、返回一组数据的百分比排位等的操作。

在 Excel 2010 版本后，统计函数变化比较大，排位统计函数中的 MEDIAN、RANK、PERCENTILE、QUARTILE、PERCENTRANK 几个函数都进行了改进，RANK 函数分出了 RANK.EQ(equal)，它等同于原来的 RANK 函数，另一个是 RANK.AVG(average)，PERCENTILE、QUARTILE、PERCENTRANK 这 3 个函数均分出了.INC(include)和.EXC(exclude)。在后面会具体介绍这些改进函数之间的区别。

1. MEDIAN（返回中位数）

【函数功能】MEDIAN 函数用于返回给定数值的中位数，中位数是在一组数值中居于中间的数值。如果参数集合中包含偶数个数字，MEDIAN 函数将返回位于中间的两个数字的平均值。

【函数语法】MEDIAN(number1,[number2],...)

number1,number2,...：number1 是必需参数，要找出中位数的 1～30 个数字参数。

【用法解析】

=MEDIAN(A2:B10)

- 参数可以是数字，也可以是包含数字的名称、数组或引用。
- 如果数组或引用参数包含文本、逻辑值或空白单元格，则这些值将被忽略；但包含 0 值的单元格将计算在内。
- 如果参数为错误值或不能转换为数字的文本，将会导致错误。

MEDIAN 函数用于计算趋中性，趋中性是统计分布中一组数中间的位置。三种最常见的趋中性计算方法如下：

- 平均值。平均值是算术平均数，由一组数相加然后除以这些数的个数计算得出。例如，2、3、3、5、7 和 10 的平均值是 30 除以 6，结果是 5。
- 中位数。中位数是一组数中间位置的数，即一半数的值比中位数

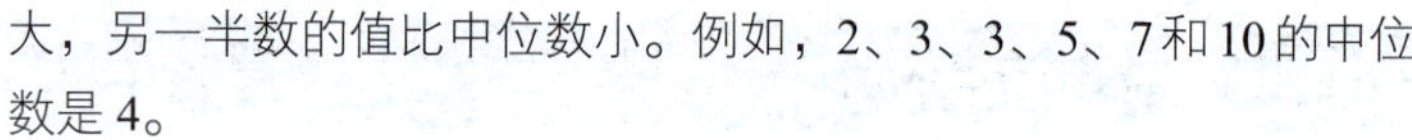

大，另一半数的值比中位数小。例如，2、3、3、5、7和10的中位数是 4。

- 众数。众数是一组数中最常出现的数。例如，2、3、3、5、7和10的众数是 3。

对于对称分布的一组数来说，这三种趋中性计算方法是相同的；对于偏态分布的一组数来说，这三种趋中性计算方法可能不同。

例：返回一个数据序列的中位数

扫一扫，看视频

图 10-108 所示的表格中给出了一组学生的身高，可求出这一组数据的中位数。

❶ 选中 D2 单元格，在编辑栏中输入公式（见图 10-109）：

```
=MEDIAN(B2:B12)
```

❷ 按 Enter 键即可求出中位数。

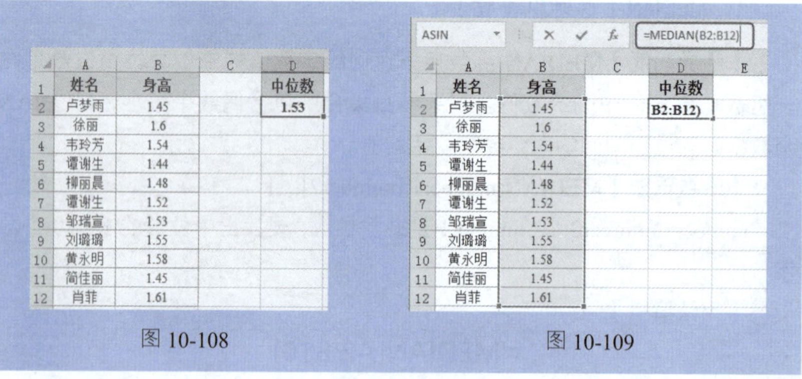

	A	B	C	D
1	姓名	身高		中位数
2	卢梦雨	1.45		1.53
3	徐丽	1.6		
4	韦玲芳	1.54		
5	谭谢生	1.44		
6	柳丽晨	1.48		
7	谭谢生	1.52		
8	邹瑞宣	1.53		
9	刘璐璐	1.55		
10	黄永明	1.58		
11	简佳丽	1.45		
12	肖菲	1.61		

图 10-108

	A	B	C	D	E
1	姓名	身高		中位数	
2	卢梦雨	1.45		B2:B12)	
3	徐丽	1.6			
4	韦玲芳	1.54			
5	谭谢生	1.44			
6	柳丽晨	1.48			
7	谭谢生	1.52			
8	邹瑞宣	1.53			
9	刘璐璐	1.55			
10	黄永明	1.58			
11	简佳丽	1.45			
12	肖菲	1.61			

图 10-109

2. RANK.EQ（返回数组的最高排位）

【函数功能】RANK.EQ 函数用于返回一个数字在数字列表中的排位，其大小相对于列表中的其他值。如果多个值具有相同的排位，则返回该组数值的最高排位。

【函数语法】RANK.EQ(number,ref,[order])

- number：必需，要查找其排位的数字。
- ref：必需，数字列表数组或对数字列表的引用。ref 中的非数值型值将被忽略。
- order：可选，一个指定数字的排位方式的数字。

【用法解析】

=RANK.EQ(A2,A2:A12,0)

当此参数为 0 时表示按降序排名，即最大的数值排名为 1；当此参数为 1 时表示按升序排名，即最小的数值排名为 1。此参数可省略，省略时默认为 0

例 1：对销售业绩进行排名

图 10-110 所示的表格中给出了本月销售部员工的销售额统计数据，现在要求对销售额数据进行排名，以直观查看每位销售部员工的销售排名情况。

❶ 选中 C2 单元格，在编辑栏中输入公式（见图 10-110）：

```
=RANK.EQ(B2,$B$2:$B$11,0)
```

❷ 按 Enter 键，即可返回 B2 单元格中数值在 B2:B11 单元格区域中的排名，如图 10-111 所示。将 B2 单元格的公式向下填充，可分别统计出每位销售部员工的销售业绩在全体销售员中的排名情况。

C2 =RANK.EQ(B2,$B$2:$B$11,0)

	A	B	C	D	E	F
1	姓名	销售额	名次			
2	林晨洁	43000	4			
3	刘美汐	15472				
4	苏竟	25487				
5	何阳	39806				
6	杜云美	54600				
7	李丽芳	45309				
8	徐萍丽	45388				
9	唐晓霞	19800				
10	张鸣	21820				
11	简佳	21890				

图 10-110

	A	B	C
1	姓名	销售额	名次
2	林晨洁	43000	4
3	刘美汐	15472	10
4	苏竟	25487	6
5	何阳	39806	5
6	杜云美	54600	1
7	李丽芳	45309	3
8	徐萍丽	45388	2
9	唐晓霞	19800	9
10	张鸣	21820	8
11	简佳	21890	7

图 10-111

【公式解析】

① 用于判断其排名的目标值

=RANK.EQ(B2,$B$2:$B$11,0)

② 目标列表区域，即在这个区域中判断参数 1 指定值的排名。此单元格区域使用绝对引用是因为公式是需要向下复制的，当复制公式时，只有参数 1 发生变化，而用于判断的这个区域是始终不能发生改变的

例 2：对不连续的数据进行排名

如图 10-112 所示，表格中按月份统计了销售量，其中包括

季度小计。要求通过公式返回指定季度的销售量在 4 个季度中的名次。

❶ 选中 E2 单元格，在编辑栏中输入公式（见图 10-113）：

```
=RANK.EQ(B9,(B5,B9,B13,B17))
```

	A	B	C	D	E
1	月份	销售量		季度	排名
2	1月	482		2季度	3
3	2月	520			
4	3月	480			
5	1季度合计	1482			
6	4月	625			
7	5月	457			
8	6月	487			
9	2季度合计	1569			
10	7月	490			
11	8月	652			
12	9月	480			
13	3季度合计	1622			
14	10月	481			
15	11月	680			
16	12月	490			
17	4季度合计	1651			

图 10-112

ASIN　=RANK.EQ(B9,(B5,B9,B13,B17))

	A	B	C	D	E	F
1	月份	销售量		季度	排名	
2	1月	482		2季度	=RANK.E	
3	2月	520				
4	3月	480				
5	1季度合计	1482				
6	4月	625				
7	5月	457				
8	6月	487				
9	2季度合计	1569				
10	7月	490				
11	8月	652				
12	9月	480				
13	3季度合计	1622				
14	10月	481				
15	11月	680				
16	12月	490				
17	4季度合计	1651				

图 10-113

❷ 按 Enter 键，即可在 B5、B9、B13、B17 这几个值中判断 B9 的名次。

【公式解析】

=RANK.EQ(B9,(B5,B9,B13,B17))

此参数不仅可以是一个数据区域，而且可以写成这种形式，注意要使用括号，并使用逗号间隔

3. RANK.AVG（返回数字在数字列表中的排位）

【函数功能】RANK.AVG 函数用于返回一个数字在数字列表中的排位，其大小相对于列表中的其他值。如果多个值具有相同的排位，则将返回平均排位。

【函数语法】RANK.AVG(number,ref,[order])

- number：必需，要查找其排位的数字。
- ref：必需，数字列表数组或对数字列表的引用。ref 中的非数值型值将被忽略。
- order：可选，一个指定数字的排位方式的数字。

【用法解析】

=RANK.AVG（A2,A2:A12,0）

当此参数为 0 时表示按降序排名，即最大的数值排位为 1；
当此参数为 1 时表示按升序排名，即最小的数值排位为 1。
此参数可省略，省略时默认为 0

注意：

RANK.AVG 函数是 Excel 2010 版本中的新增函数，属于 RANK 函数的分支函数。原 RANK 函数在 Excel 2010 版本中更新为 RANK.EQ，作用与用法都与 RANK 函数相同。RANK.AVG 函数的不同之处在于，对于数值相等的情况，返回该数值的平均排名。而作为对比，原 RANK 函数对于相等的数值返回其最高排名。例如，A 列中有两个最大值数值同为 37，原有的 RANK 函数返回它们的最高排名都为 1，而 RANK.AVG 函数则返回它们的平均排名，即(1+2)/2=1.5。

例：对员工考核成绩排名次

图 10-114 所示的表格中给出了员工某次考核的成绩，现在要求对考核成绩进行排名次。

扫一扫，看视频

❶ 选中 C2 单元格，在编辑栏中输入公式：

```
=RANK.AVG(B2,$B$2:$B$11,0)
```

❷ 按 Enter 键，即可返回 B2 单元格中的数值在 B2:B11 单元格区域中的排位名次，如图 10-114 所示。

C2 =RANK.AVG(B2,$B$2:$B$11,0)

	A	B	C	D	E	F
1	姓名	考核成绩	名次			
2	林晨洁	93	4			
3	刘美汐	72				
4	苏竟	94				
5	何阳	90				
6	杜云美	97				
7	李丽芳	88				
8	徐萍丽	87				
9	唐晓霞	90				
10	张鸣	95				
11	简佳	91				

图 10-114

❸ 将 C2 单元格的公式向下填充，可分别统计出每位员工的考核成绩在全体员工成绩中的排位情况，如图 10-115 所示。

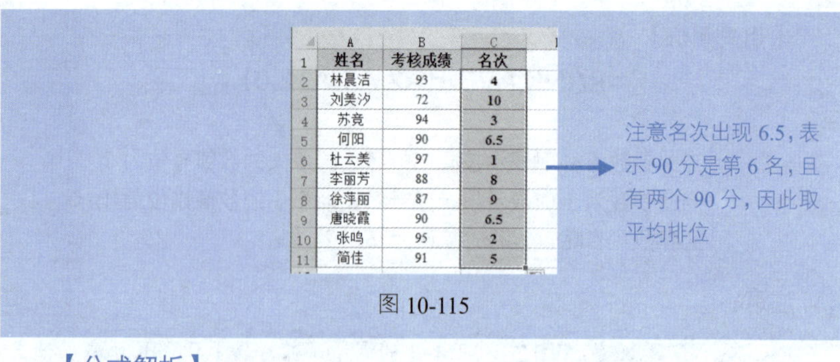

	A	B	C
1	姓名	考核成绩	名次
2	林晨洁	93	4
3	刘美汐	72	10
4	苏竟	94	3
5	何阳	90	6.5
6	杜云美	97	1
7	李丽芳	88	8
8	徐萍丽	87	9
9	唐晓霞	90	6.5
10	张鸣	95	2
11	简佳	91	5

注意名次出现 6.5，表示 90 分是第 6 名，且有两个 90 分，因此取平均排位

图 10-115

【公式解析】

① 用于判断其排位的目标值

=RANK.AVG(B2,$B$2:$B$11,0)

② 目标列表区域，即在这个区域中判断参数 1 指定值的排位

4. QUARTILE.INC（返回四分位数）

【函数功能】QUARTILE.INC 函数用于根据 0~1 之间的百分点值（包含 0 和 1）返回数据集的四分位数。

【函数语法】QUARTILE.INC(array,quart)

- array：必需，需要求得四分位数的数组或数字引用区域。
- quart：必需，决定返回哪一个四分位数。

【用法解析】

=QUARTILE.INC(A2:A12,1)

决定返回哪一个四分位数。有 5 个值可选择：0 表示最小值；1 表示第 1 个四分位数（25%处）；2 表示第 2 个四分位数（50%处）；3 表示第 3 个四分位数（75%处）；4 表示最大值

QUARTILE 函数在 Excel 2010 版本中分出了.INC(include)和.EXC(exclude)。上面讲了 QUARTILE.INC 函数的作用，而 QUARTILE.EXC 函数与 QUARTILE.INC 函数的区别在于，前者无法返回边值，即无法返回最大值与最小值。

如图 10-116 所示，QUARTILE.INC 函数可以设置 quart 为 0（返回最小值）和 4（返回最大值）；而 QUARTILE.EXC 函数无法使用这两个参数，如

图 10-117 所示。

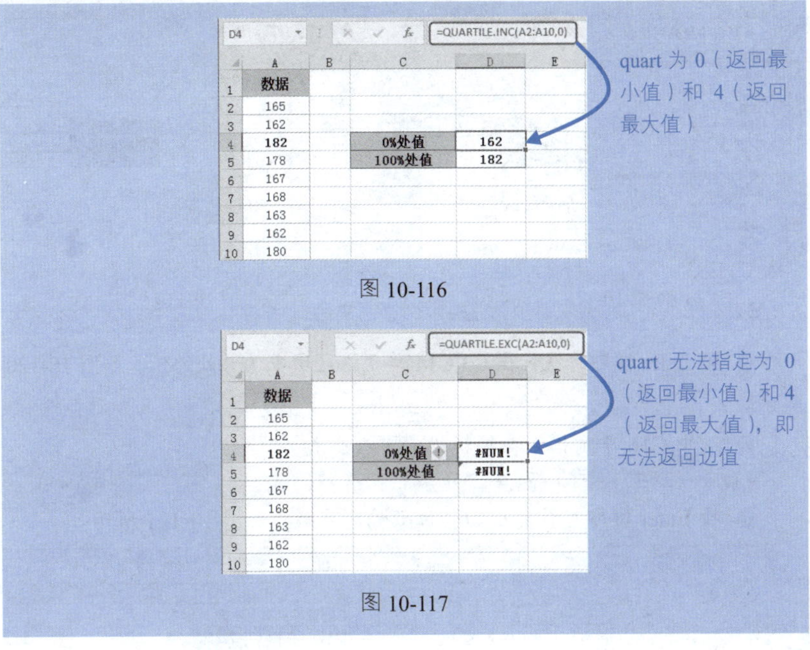

	A	B	C	D	E
1	数据				
2	165				
3	162				
4	182		0%处值	162	
5	178		100%处值	182	
6	167				
7	168				
8	163				
9	162				
10	180				

D4 =QUARTILE.INC(A2:A10,0)

图 10-116

	A	B	C	D	E
1	数据				
2	165				
3	162				
4	182		0%处值	#NUM!	
5	178		100%处值	#NUM!	
6	167				
7	168				
8	163				
9	162				
10	180				

D4 =QUARTILE.EXC(A2:A10,0)

图 10-117

例：四分位数偏度系数

处于数据中间位置的观测值称为中位数（Q2），而处于 25%和 75%位置的观测值分别称为低四分位数（Q1）和高四分位数（Q3）。在统计分析中，通过计算出的中位数、低四分位数、高四分位数可以计算出四分位数偏度系数，四分位数偏度系数也是度量偏度的一种方法。

❶ 选中 F6 单元格，在编辑栏中输入公式：

```
=QUARTILE.INC(C3:C14,1)
```

❷ 按 Enter 键即可统计出 C3:C14 单元格区域中 25%处的值，如图 10-118 所示。

❸ 选中 F7 单元格，在编辑栏中输入公式：

```
=QUARTILE.INC(C3:C14,2)
```

❹ 按 Enter 键，即可统计出 C3:C14 单元格区域中 50%处的值（等同于公式“= MEDIAN (C3:C14)”的返回值），如图 10-119 所示。

❺ 选中 F8 单元格，在编辑栏中输入公式：

```
=QUARTILE.INC(C3:C14,3)
```

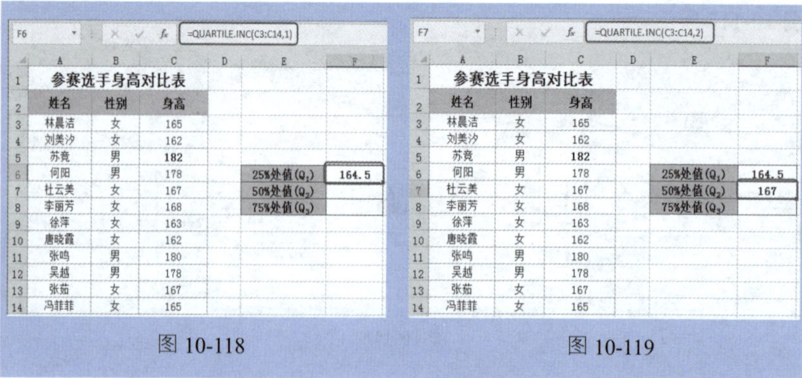

图 10-118　　图 10-119

❻ 按 Enter 键即可统计出 C3:C14 单元格区域中 75%处的值，如图 10-120 所示。

❼ 选中 C16 单元格，在编辑栏中输入公式：

```
=(F8-(2*F7)+F6)/(F8-F6)
```

❽ 按 Enter 键即可计算出四分位数偏度系数，如图 10-121 所示。

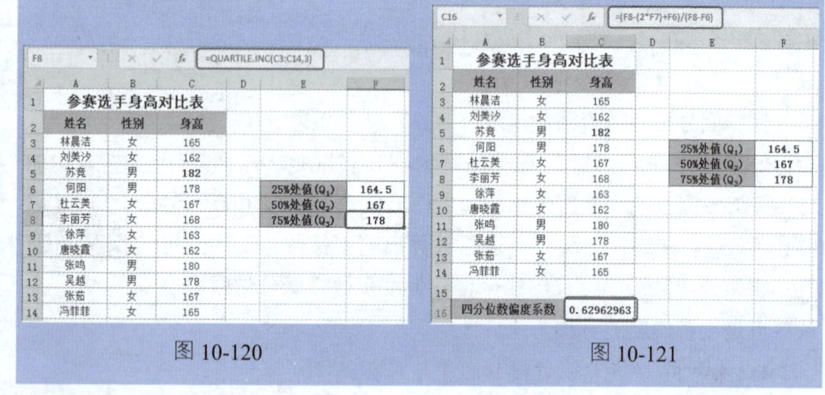

图 10-120　　图 10-121

注意：

四分位数偏度系数的计算公式如下：

$$\frac{Q_3-2Q_2+Q_1}{Q_3-Q_1}$$

5. PERCENTILE.INC（返回第 *k* 个百分点值）

【函数功能】PERCENTILE.INC 函数用于返回区域中数值的第 *k* 个百分点值，*k* 为 0~1 之间的百分点值，包含 0 和 1。

【函数语法】PERCENTILE.INC(array, *k*)

- array：必需，用于定义相对位置的数组或数据区域。
- *k*：必需，0～1 之间的百分点值，包含 0 和 1。

【用法解析】

=PERCENTILE.INC(A2:A12,0.5)

指定返回哪个百分点处的值，值为 0～1，参数为 0 时表示最小值，参数为 1 时表示最大值

注意：

PERCENTILE 函数在 Excel 2010 版本中分出了.INC(include)和.EXC(exclude)。PERCENTILE.INC 函数与 PERCENTILE.EXC 函数之间的区别同 QUARTILE.INC 函数“用法解析”内容处的介绍。

例：返回一组数据第 *k* 个百分点处的值

要求根据图 10-122 所示的表格中给出的身高数据返回指定的第 *k* 个百分点处的值。

扫一扫，看视频

❶ 选中 F1 单元格，在编辑栏中输入公式：

```
=PERCENTILE.INC(C2:C10,0)
```

❷ 按 Enter 键，即可统计出 C2:C10 单元格区域中的最低身高（等同于公式“=MIN(C2:C10)”的返回值），如图 10-122 所示。

❸ 选中 F2 单元格，在编辑栏中输入公式：

```
=PERCENTILE.INC(C2:C10,1)
```

❹ 按 Enter 键，即可统计出 C2:C10 单元格区域中的最高身高（等同于公式“=MAX(C2:C10)”的返回值），如图 10-123 所示。

F1 =PERCENTILE.INC(C2:C10,0)

	A	B	C	D	E	F
1	姓名	性别	身高		最低身高	159
2	林晨洁	女	161		最高身高	
3	刘美汐	女	159		80%处值	
4	苏竟	男	172			
5	何阳	男	179			
6	杜云美	女	165			
7	李丽芳	女	160			
8	徐萍	女	172			
9	唐晓霞	男	180			
10	张鸣	女	160			

图 10-122

F2 =PERCENTILE.INC(C2:C10,1)

	A	B	C	D	E	F
1	姓名	性别	身高		最低身高	159
2	林晨洁	女	161		最高身高	180
3	刘美汐	女	159		80%处值	
4	苏竟	男	172			
5	何阳	男	179			
6	杜云美	女	165			
7	李丽芳	女	160			
8	徐萍	女	172			
9	唐晓霞	男	180			
10	张鸣	女	160			

图 10-123

❺ 选中 F3 单元格，在编辑栏中输入公式：

```
=PERCENTILE.INC(C2:C10,0.8)
```

❻ 按 Enter 键即可统计出 C2:C10 单元格区域中身高数据的 80%处的值，如图 10-124 所示。

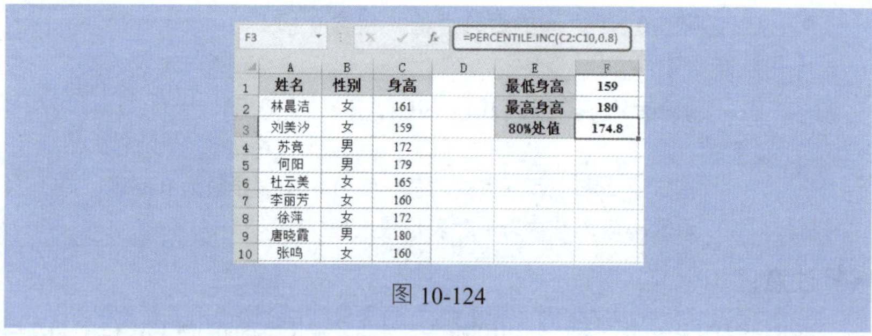

F3 =PERCENTILE.INC(C2:C10,0.8)

	A	B	C	D	E	F
1	姓名	性别	身高		最低身高	159
2	林晨洁	女	161		最高身高	180
3	刘美汐	女	159		80%处值	174.8
4	苏竟	男	172			
5	何阳	男	179			
6	杜云美	女	165			
7	李丽芳	女	160			
8	徐萍	女	172			
9	唐晓霞	男	180			
10	张鸣	女	160			

图 10-124

6. PERCENTRANK.INC（返回百分比排位）

【函数功能】PERCENTRANK.INC 函数用于将某个数值在数据集中的排位作为数据集的百分比值返回，此处的百分比值的范围为 0~1（含 0 和 1）。

【函数语法】PERCENTRANK.INC(array,x,[significance])

- array：必需，定义相对位置的数组或数字区域。
- x：必需，数组中需要得到其排位的值。
- significance：可选，表示返回的百分比值的有效位数。若省略，函数保留 3 位小数。

【用法解析】

该参数可以是数组或单元格引用

=PERCENTRANK.INC(A2:A12,A2)

如果此值不与参数 1 中任何值匹配，该函数将插入值以返回正确的百分比排位

PERCENTRANK 函数在 Excel 2010 版本中分出了.INC(include)和.EXC(exclude)。其中，PERCENTRANK.INC 函数返回的百分比值范围为 0~1（含 0 和 1）。PERCENTRANK.EXC 函数返回的百分比值范围为 0~1（不含 0 和 1）。下面的例子将给出在使用这两种函数时对结果值的影响对比。

扫一扫，看视频

例：将各月销售利润按百分比排位

图 10-125 所示为全年销售利润统计表，要求对此数据进行百分比排位。

❶ 选中 C2 单元格，在编辑栏中输入公式：

```
=PERCENTRANK.INC($B$2:$B$13,B2)
```

❷ 按 Enter 键，即可返回 B2 单元格中数值在 B2:B13 单元格区域中的百分比排位，如图 10-125 所示。

❸ 将 C2 单元格的公式向下填充，可分别统计出每个月的销售利润在全年利润列表中的百分比排位情况，如图 10-126 所示。

C2 =PERCENTRANK.INC($B$2:$B$13,B2)

	A	B	C	D	E	F
1	月份	利润(万元)	百分比排位			
2	1月	35.25	18.1%			
3	2月	51.5				
4	3月	75.81				
5	4月	62.22				
6	5月	55.51				
7	6月	32.2				
8	7月	60.45				
9	8月	77.9				
10	9月	41.55				
11	10月	55.51				
12	11月	65				
13	12月	34.55				

图 10-125

	A	B	C	D
1	月份	利润(万元)	百分比排位	
2	1月	35.25	18.1%	
3	2月	51.5	36.3%	
4	3月	75.81	90.9%	
5	4月	62.22	72.7%	
6	5月	55.51	45.4%	
7	6月	32.2	0.0%	
8	7月	60.45	63.6%	
9	8月	77.9	100.0%	
10	9月	41.55	27.2%	
11	10月	55.51	45.4%	
12	11月	65	81.8%	
13	12月	34.55	9.0%	

图 10-126

如果使用 PERCENTRANK.EXC 函数来返回统计值，可以看到取消了 0 值与 1 值，如图 10-127 所示。在使用 PERCENTRANK.INC 函数时，0 值表示最小值，1 值表示最大值。

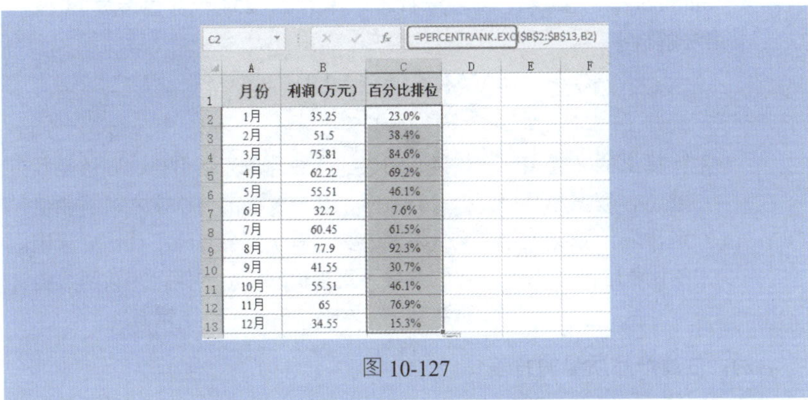

C2 =PERCENTRANK.EXC($B$2:$B$13,B2)

	A	B	C	D	E	F
1	月份	利润(万元)	百分比排位			
2	1月	35.25	23.0%			
3	2月	51.5	38.4%			
4	3月	75.81	84.6%			
5	4月	62.22	69.2%			
6	5月	55.51	46.1%			
7	6月	32.2	7.6%			
8	7月	60.45	61.5%			
9	8月	77.9	92.3%			
10	9月	41.55	30.7%			
11	10月	55.51	46.1%			
12	11月	65	76.9%			
13	12月	34.55	15.3%			

图 10-127

10.5 方差、协方差与标准偏差

方差和标准差是测度数据差异程度的最重要、最常用的指标，用来描述一维数据的波动性（集中还是分散）。方差是各个数据与其算术平均值的离差平方和的平均值，通常以 σ^2 表示。方差的计量单位和量纲不便于从经济意义上进行解释，所以实际统计工作中多用方差的算术平方根——标准差来测度统计数据的差异程度。标准差又称均方差、标准偏差，一般用 σ 表示。方差值越小表示数据越稳定。另外，在概率论和统计学中，标准差和方差一般是用来描述一维数据的。当遇到含有多维数据的数据集时，协方差用于衡量两个变量的总体误差。

在 Excel 中提供了一些方差统计函数，VAR.S 与 VARA（含文本）用于计算样本方差，VAR.P、VARPA（含文本）用于计算样本总体方差，STDEV.S、STDEVA（含文本）用于计算样本标准偏差，STDEV.P、STDEVPA（含文本）用于计算样本总体标准偏差，COVARIANCE.S 用于计算样本协方差、COVARIANCE.P 用于计算总体协方差。

1. VAR.S（计算基于样本的方差）

【函数功能】VAR.S 函数用于计算基于样本的方差（忽略样本中的逻辑值和文本）。

【函数语法】VAR.S(number1,[number2],...)

- number1：必需，对应于样本总体的第一个数值参数。
- number2, ...：可选，对应于样本总体的 2 ~ 254 个数值参数。

【用法解析】

=VAR.S(A2:A12)

计算出的方差值越小，数据越稳定，表示数据间的误差越小

如果该函数的参数为单元格引用，则该函数只会计算数字，其他类型的值（文本、逻辑值、文本格式的数字等）都会忽略不计；如果该函数的参数为直接输入参数的值，则该函数会计算数字、文本格式的数字、逻辑值

例：估算产品质量的方差

扫一扫，看视频

例如，要考查一台机器的生产能力，利用抽样程序来检验产品质量，假设提取 14 个值。根据行业通用法则：如果一个样本中的 14 个数据项的方差大于 0.005，则该机器必须关闭待修。

❶ 选中 B2 单元格，在编辑栏中输入公式：

```
=VAR.S(A2:A15)
```

❷ 按 Enter 键即可计算出方差为 0.0025478，如图 10-128 所示。此值小于 0.005，则此机器工作正常。

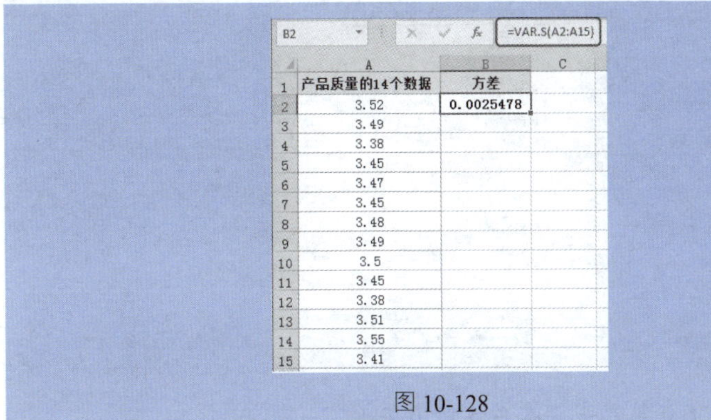

B2 =VAR.S(A2:A15)

	A	B	C
1	产品质量的14个数据	方差	
2	3.52	0.0025478	
3	3.49		
4	3.38		
5	3.45		
6	3.47		
7	3.45		
8	3.48		
9	3.49		
10	3.5		
11	3.45		
12	3.38		
13	3.51		
14	3.55		
15	3.41		

图 10-128

2. VARA（计算基于样本的方差）

【函数功能】VARA 函数用来计算给定样本的方差，它与 VAR.S 函数的区别在于文本和逻辑值（TRUE 和 FALSE）也将参与计算。

【函数语法】VARA(value1,[value2],...)

value1,value2,...：value1 是必需参数，对应于总体样本的 1～30 个数值参数。

【用法解析】

=VARA(A2:A12)

VARA 函数的作用与 VAR.S 函数相同，区别在于，使用 VARA 函数时，文本和逻辑值（TRUE 和 FALSE）也将参与计算

例：估算产品质量的方差（含文本）

例如，要考查一台机器的生产能力，利用抽样程序来检验产品质量，假设提取的 14 个值中有“机器检测”情况。要求使用此数据估算产品质量的方差。

扫一扫，看视频

❶ 选中 B2 单元格，在编辑栏中输入公式：

```
=VARA(A2:A15)
```

❷ 按 Enter 键即可计算出方差为 1.59427473（包含文本），如图 10-129 所示。

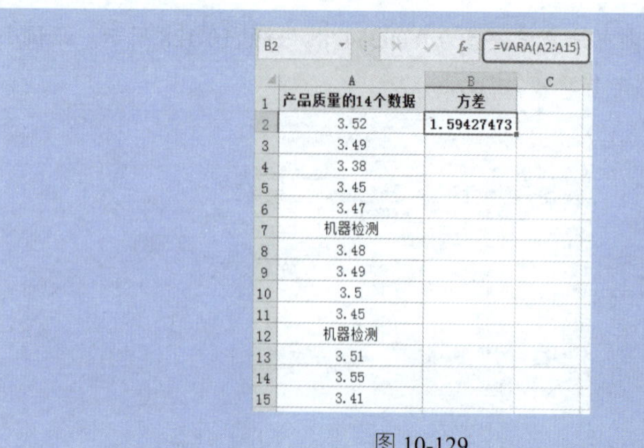

B2 =VARA(A2:A15)

	A	B	C
1	产品质量的14个数据	方差	
2	3.52	1.59427473	
3	3.49		
4	3.38		
5	3.45		
6	3.47		
7	机器检测		
8	3.48		
9	3.49		
10	3.5		
11	3.45		
12	机器检测		
13	3.51		
14	3.55		
15	3.41		

图 10-129

3. VAR.P（计算基于样本总体的方差）

【函数功能】VAR.P 函数用于计算基于样本总体的方差（忽略逻辑值和文本）。

【函数语法】VAR.P(number1,[number2],...)

- number1：必需，对应于样本总体的第一个数值参数。
- number2, ...：可选，对应于样本总体的 2 ~ 254 个数值参数。

【用法解析】

=VAR.P(A2:A12)

如果该函数的参数为单元格引用，则该函数只会计算数字，其他类型的值（文本、逻辑值、文本格式的数字等）都会忽略不计

假设总体数量是 100，样本数量是 20，当要计算 20 个样本的方差时使用 VAR.S 函数，但如果要根据 20 个样本值估算总体 100 个样本的方差，则使用 VAR.P 函数。

例：以样本值估算总体的方差

扫一扫，看视频

例如，要考查一台机器的生产能力，利用抽样程序来检验产品质量，假设提取 14 个值。想通过这个样本数据估计总体的方差。

❶ 选中 B2 单元格，在编辑栏中输入公式：

```
=VAR.P(A2:A15)
```

❷ 按 Enter 键即可计算出基于样本总体的方差为 0.00236582，如图 10-130 所示。

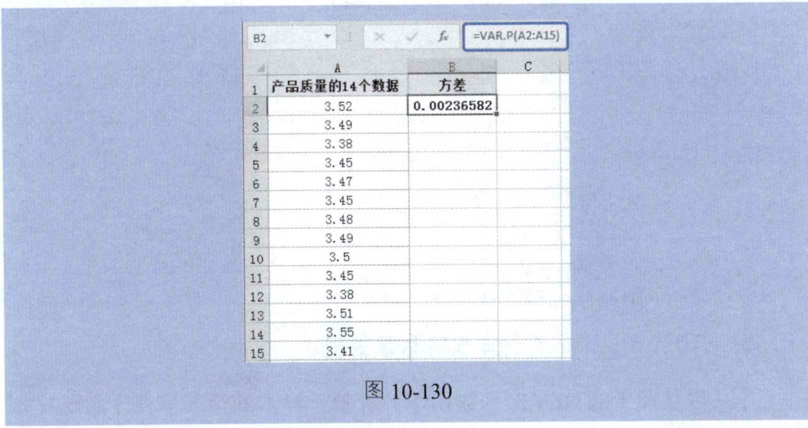

B2 =VAR.P(A2:A15)

	A	B	C
1	产品质量的14个数据	方差	
2	3.52	0.00236582	
3	3.49		
4	3.38		
5	3.45		
6	3.47		
7	3.45		
8	3.48		
9	3.49		
10	3.5		
11	3.45		
12	3.38		
13	3.51		
14	3.55		
15	3.41		

图 10-130

4. VARPA（计算基于样本总体的方差）

【函数功能】VARPA 函数用于计算样本总体的方差，它与 VARP 函数的区别在于文本和逻辑值（TRUE 和 FALSE）也将参与计算。

【函数语法】VARPA(value1,[value2],...)

value1,value2,...：value1 是必需参数，对应于样本总体的 1～30 个数值参数。

【用法解析】

=VARPA(A2:A12)

作用与 VAR.P 函数相同，区别在于，使用 VARPA 函数时文本和逻辑值（TRUE 和 FALSE）也将参与计算

例：以样本值估算总体的方差（含文本）

例如，要考查一台机器的生产能力，利用抽样程序来检验产品质量，假设提取 14 个值（其中包含“机器检测”情况）。要求通过这个样本数据估计总体的方差。

扫一扫，看视频

❶ 选中 B2 单元格，在编辑栏中输入公式：

```
=VARPA(A2:A15)
```

❷ 按 Enter 键即可计算出基于样本总体的方差为 1.48039796，如图 10-131 所示。

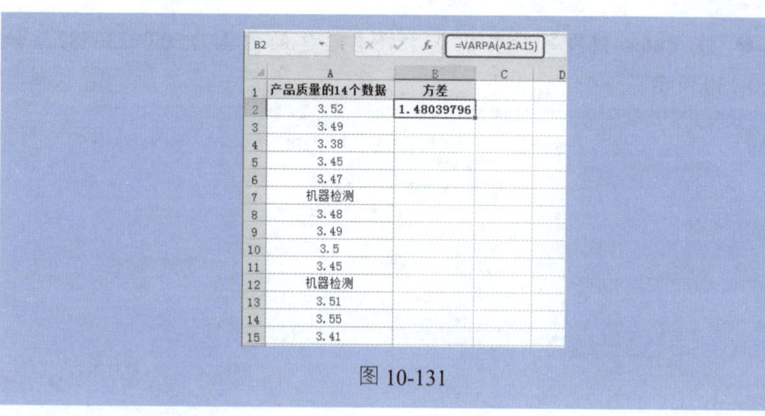

B2 =VARPA(A2:A15)

	A	B
1	产品质量的14个数据	方差
2	3.52	1.48039796
3	3.49	
4	3.38	
5	3.45	
6	3.47	
7	机器检测	
8	3.48	
9	3.49	
10	3.5	
11	3.45	
12	机器检测	
13	3.51	
14	3.55	
15	3.41	

图 10-131

5. STDEV.S（计算基于样本的标准偏差）

【函数功能】STDEV.S 函数用于计算基于样本的标准偏差（忽略样本中的逻辑值和文本）。

【函数语法】STDEV.S(number1,[number2],...)

- number1：必需，对应于总体样本的第一个数值参数，也可以用单一数组或对某个数组的引用来代替用逗号分隔的参数。
- number2, ...：可选，对应于总体样本的 2 ~ 254 个数值参数，也可以用单一数组或对某个数组的引用来代替用逗号分隔的参数。

【用法解析】

=STDEV.S(A2:A12)

如果该函数的参数为单元格引用，则该函数只会计算数字，其他类型的值（文本、逻辑值、文本格式的数字等）都会忽略不计；如果该函数的参数为直接输入参数的值，则该函数将会计算数字、文本格式的数字、逻辑值

注意：

标准差又称均方差、标准偏差，标准差反映数值相对于平均值的离散程度。标准差与均值的量纲（单位）是一致的，在描述一个波动范围时标准差更方便。例如，一个班的男生的平均身高是 170cm，标准差是 10cm，可以简便描述为本班男生的身高分布在 170±10cm。

扫一扫，看视频

例：估算入伍军人身高的标准偏差

例如，要考查一批入伍军人的身高情况，随机抽取 14 个人的身高数据，要求基于此样本估算标准偏差。

❶ 选中 B2 单元格，在编辑栏中输入公式：

```
=AVERAGE(A2:A15)
```

❷ 按 Enter 键即可计算出平均身高，如图 10-132 所示。

❸ 选中 C2 单元格，在编辑栏中输入公式：

```
=STDEV.S(A2:A15)
```

❹ 按 Enter 键即可基于此样本估算出标准偏差，如图 10-133 所示。

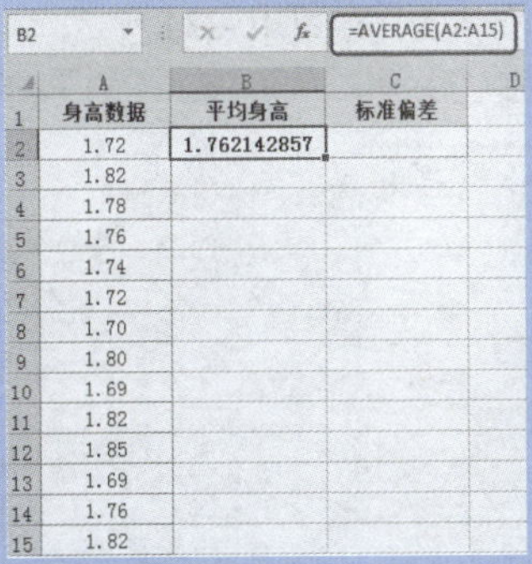

B2 =AVERAGE(A2:A15)

	A	B	C	D
1	身高数据	平均身高	标准偏差	
2	1.72	1.762142857		
3	1.82			
4	1.78			
5	1.76			
6	1.74			
7	1.72			
8	1.70			
9	1.80			
10	1.69			
11	1.82			
12	1.85			
13	1.69			
14	1.76			
15	1.82			

图 10-132

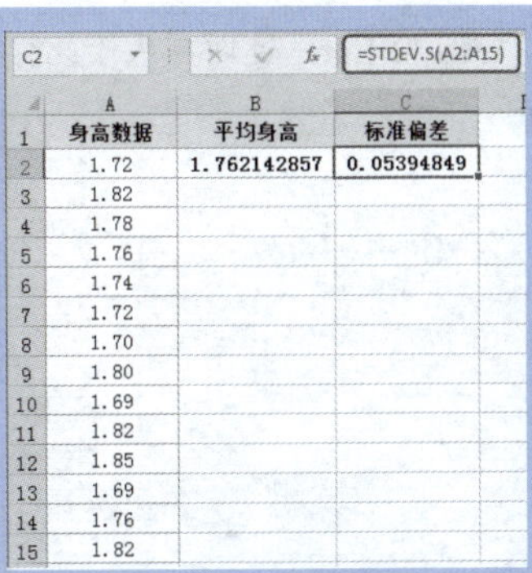

C2 =STDEV.S(A2:A15)

	A	B	C
1	身高数据	平均身高	标准偏差
2	1.72	1.762142857	0.05394849
3	1.82		
4	1.78		
5	1.76		
6	1.74		
7	1.72		
8	1.70		
9	1.80		
10	1.69		
11	1.82		
12	1.85		
13	1.69		
14	1.76		
15	1.82		

图 10-133

【公式解析】

=STDEV.S(A2:A15)

通过计算结果可以得出结论：本次入伍军人的身高分布在 1.7621±0.0539 m 区间

6. STDEVA（计算基于给定样本的标准偏差）

【函数功能】STDEVA 函数用于计算基于给定样本的标准偏差，它与 STDEV 函数的区别是文本值和逻辑值（TRUE 或 FALSE）也将参与计算。

【函数语法】STDEVA(value1,[value2],...)

value1,value2,...：value1 是必需参数，对应于总体样本的 1～30 个数值参数。

【用法解析】

=STDEVA(A2:A12)

作用与 STDEV.S 函数相同，区别在于，使用 STDEVA 函数时文本和逻辑值（TRUE 和 FALSE）也将参与计算

例：估算入伍军人身高的标准偏差（含文本）

例如，要考查一批入伍军人的身高情况，随机抽取 14 个人的身高数据（其中包含一项“无效测量”），要求基于此样本估算标准偏差。

❶ 选中 B2 单元格，在编辑栏中输入公式：

```
=STDEVA(A2:A15)
```

❷ 按 Enter 键即可基于此样本估算出标准偏差，如图 10-134 所示。

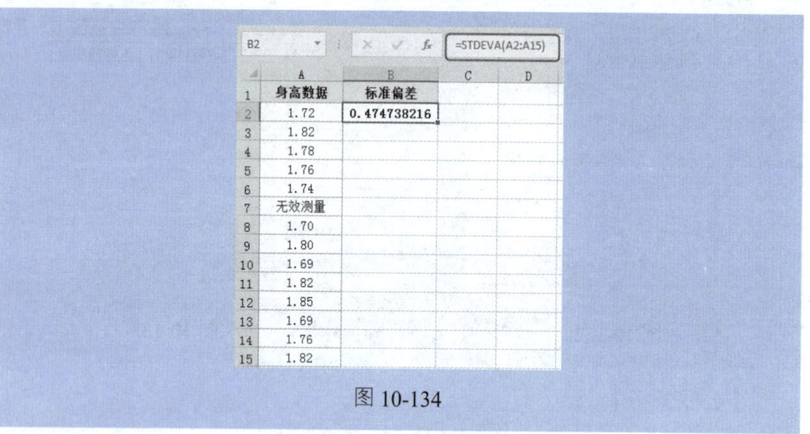

	A	B	C	D
1	身高数据	标准偏差		
2	1.72	0.474738216		
3	1.82			
4	1.78			
5	1.76			
6	1.74			
7	无效测量			
8	1.70			
9	1.80			
10	1.69			
11	1.82			
12	1.85			
13	1.69			
14	1.76			
15	1.82			

图 10-134

7. STDEV.P（计算样本总体的标准偏差）

【函数功能】STDEV.P 函数用于计算样本总体的标准偏差（忽略逻辑值和文本）。

【函数语法】STDEV.P(number1,[number2],...)

- number1：必需，对应于样本总体的第 1 个数值参数。
- number2, ...：可选，对应于样本总体的 2～254 个数值参数。

【用法解析】

=STDEV.P(A2:A12)

如果该函数的参数为单元格引用，则该函数只会计算数字，其他类型的值（文本、逻辑值、文本格式的数字等）都会忽略不计

假设总体数量是 100，样本数量是 20，当要计算 20 个样本的标准偏差时使用 STDEV.S 函数，但如果要根据 20 个样本值估算总体 100 个样本的标准偏差，则使用 STDEV.P 函数。

注意：

对于大样本来说，STDEV.S 函数与 STDEV.P 函数的计算结果大致相等，但对于小样本来说，二者计算结果差别会很大。

例：以样本值估算总体的标准偏差

例如，要考查一批入伍军人的身高情况，随机抽取 14 个人的身高数据，要求基于此样本估算总体的标准偏差。

❶ 选中 B2 单元格，在编辑栏中输入公式：

```
=STDEV.P(A2:A15)
```

❷ 按 Enter 键即可基于此样本估算出总体的标准偏差，如图 10-135 所示。

B2 =STDEV.P(A2:A15)

	A	B	C	D
1	身高数据	标准偏差		
2	1.72	0.051986066		
3	1.82			
4	1.78			
5	1.76			
6	1.74			
7	1.72			
8	1.70			
9	1.80			
10	1.69			
11	1.82			
12	1.85			
13	1.69			
14	1.76			
15	1.82			

图 10-135

8. STDEVPA（计算样本总体的标准偏差）

【函数功能】STDEVPA 函数用于计算样本总体的标准偏差，它与 STDEV.P 函数的区别是文本值和逻辑值（TRUE 或 FALSE）也将参与计算。

【函数语法】STDEVPA(value1,[value2],...)

value1,value2,...：value1 是必需参数，对应于总体样本的 1～30 个数值参数。

【用法解析】

=STDEVPA(A2:A12)

作用与 STDEV.P 函数相同，区别在于，使用 STDEVPA 函数时文本和逻辑值（TRUE 和 FALSE）也将参与计算

例：以样本值估算总体的标准偏差（含文本）

扫一扫，看视频

例如，要考查一批入伍军人的身高情况，随机抽取 14 个人的身高数据（包含一项“无效测量”），要求基于此样本估算总体的标准偏差。

❶ 选中 B2 单元格，在编辑栏中输入公式：

```
=STDEVPA(A2:A15)
```

❷ 按 Enter 键即可基于此样本估算出总体的标准偏差，如图 10-136 所示。

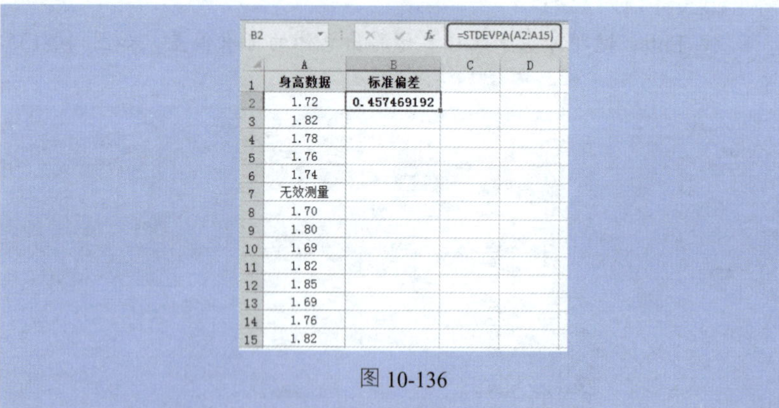

B2 =STDEVPA(A2:A15)

	A	B	C	D
1	身高数据	标准偏差		
2	1.72	0.457469192		
3	1.82			
4	1.78			
5	1.76			
6	1.74			
7	无效测量			
8	1.70			
9	1.80			
10	1.69			
11	1.82			
12	1.85			
13	1.69			
14	1.76			
15	1.82			

图 10-136

9. COVARIANCE.S（返回样本协方差）

【函数功能】COVARIANCE.S 函数用于返回样本协方差，即两个数据集中每对数据点的偏差乘积的平均值。

【函数语法】COVARIANCE.S(array1,array2)

- array1：必需，第一个所含数据为整数的单元格区域。
- array2：必需，第二个所含数据为整数的单元格区域。

【用法解析】

=COVARIANCE.S (A2:A12,B2:B12)

参数必须是数字，或者是包含数字的名称、数组或引用。文本、逻辑值被忽略，但包含 0 值的单元格将计算在内。如果 array1 和 array2 具有不同数量的数据点，则返回错误值“#N/A”

当遇到含有多维数据的数据集时，需要引入协方差的概念，如判断施肥量与亩产的相关性、判断甲状腺与碘食用量的相关性等。协方差的结果有什么意义呢？如果结果为正值，则说明两者是正相关的；如果结果为负值，则说明两者是负相关的；如果结果为 0，也就是统计上说的“相互独立”。

例：计算甲状腺与碘食用量的协方差

例如，以 16 个调查地点的地方性甲状腺肿患病量与其食品、水中含碘量的调查数据为依据，通过计算协方差来判断甲状腺肿与碘食用量是否存在显著关系。

扫一扫，看视频

❶ 选中 E2 单元格，在编辑栏中输入公式：

```
=COVARIANCE.S(B2:B17,C2:C17)
```

❷ 按 Enter 键即可返回协方差为−114.8803，如图 10-137 所示。

E2   =COVARIANCE.S(B2:B17,C2:C17)

	A	B	C	D	E	F
1	序号	患病量	含碘量		协方差	
2	1	300	0.1		-114.8803	
3	2	310	0.05			
4	3	98	1.8			
5	4	285	0.2			
6	5	126	1.19			
7	6	80	2.1			
8	7	155	0.8			
9	8	50	3.2			
10	9	220	0.28			
11	10	120	1.25			
12	11	40	3.45			
13	12	210	0.32			
14	13	180	0.6			
15	14	56	2.9			
16	15	145	1.1			
17	16	35	4.65			

图 10-137

通过计算结果可以得出结论：甲状腺肿患病量与碘食用量有负相关，即食物及水中的含碘量越少，甲状腺肿患病率越高。

【公式解析】

=COVARIANCE.S(B2:B17,C2:C17)

返回对应在 B2:B17 和 C2:C17 单元格区域中每对数据点的偏差乘积的平均值

10. COVARIANCE.P（返回总体协方差）

【函数功能】COVARIANCE.P 函数用于返回总体协方差，即两个数据集中每对数据点的偏差乘积的平均值。

【函数语法】COVARIANCE.P(array1,array2)

- array1：必需，第一个所含数据为整数的单元格区域。
- array2：必需，第二个所含数据为整数的单元格区域。

【用法解析】

=COVARIANCE.P(A2:A12,B2:B12)

参数必须是数字，或者是包含数字的名称、数组或引用。文本、逻辑值被忽略，但包含0值的单元格将计算在内。如果array1和array2具有不同数量的数据点，则返回错误值“#N/A”

假设总体数量是100，样本数量是20，当要计算20个样本的协方差时使用COVARIANCE.S函数，但如果要根据20个样本值估算总体100个样本的协方差，则使用COVARIANCE.P函数。

例：以样本值估算总体的协方差

扫一扫，看视频

例如，以16个调查地点的地方性甲状腺肿患病率与其食品、水中含碘量的调查数据为依据，基于此样本估算总体的协方差。

❶ 选中E2单元格，在编辑栏中输入公式：

```
=COVARIANCE.P(B2:B17,C2:C17)
```

❷ 按Enter键即可返回总体协方差约为-107.7002，如图10-138所示。

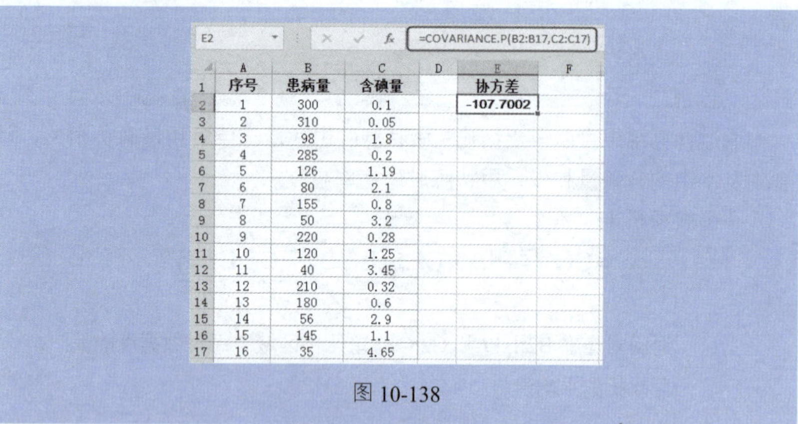
E2 =COVARIANCE.P(B2:B17,C2:C17)

	A	B	C	D	E	F
1	序号	患病量	含碘量		协方差	
2	1	300	0.1		-107.7002	
3	2	310	0.05			
4	3	98	1.8			
5	4	285	0.2			
6	5	126	1.19			
7	6	80	2.1			
8	7	155	0.8			
9	8	50	3.2			
10	9	220	0.28			
11	10	120	1.25			
12	11	40	3.45			
13	12	210	0.32			
14	13	180	0.6			
15	14	56	2.9			
16	15	145	1.1			
17	16	35	4.65			

图10-138

11. DEVSQ（返回平均值偏差的平方和）

【函数功能】DEVSQ函数用于返回数据点与各自样本平均值的偏差的平方和。

【函数语法】DEVSQ(number1,[number2],...)

number1,number2,...：number1 是必需参数，用于计算平均值偏差平方和的 1 ~ 30 个参数。

【用法解析】

=DEVSQ(A2:A12)

计算结果以 Q 值表示。Q 值越大，表示测定值之间的差异越大

如果 DEVSQ 函数使用单元格引用，则该函数只会计算参数中的数字，其他类型的值将会被忽略不计；如果 DEVSQ 函数是直接输入参数的值，则该函数将会计算参数中数字、文本格式的数字或逻辑值；如果参数值中包含文本，则返回错误值

例：计算零件质量系数的偏差平方和

本例数据表中为零件的质量系数，DEVSQ 函数可以返回其偏差平方和。计算结果以 Q 值表示，Q 值越大，表示测定值之间的差异越大。

扫一扫，看视频

❶ 选中 D2 单元格，在编辑栏中输入公式：

```
=DEVSQ(B2:B9)
```

❷ 按 Enter 键即可求出零件质量系数的偏差平方和，如图 10-139 所示。

D2 =DEVSQ(B2:B9)

	A	B	C	D
1	编号	零件质量系数		偏差平方和
2	1	75		42
3	2	72		
4	3	76		
5	4	70		
6	5	69		
7	6	71		
8	7	73		
9	8	74		

图 10-139

12. AVEDEV 函数（计算数值的平均绝对偏差）

【函数功能】AVEDEV 函数用于返回数值的平均绝对偏差。偏差表示每个数值与平均值之间的差，平均偏差表示每个偏差绝对值的平均值。该函数可以评测数据的离散度。

【函数语法】AVEDEV(number1,[number2],...)

number1,number2,...：number1 是必需参数，用于计算平均绝对偏差值的一组参数，其个数可以在 1 ~ 30 个之间。

【用法解析】

=AVEDEV(A2:A12)

计算结果值越大，表示测定值之间的差异越大

参数可以是数字，也可以是数字的数组、名称或引用。在计算过程中，该函数将忽略空白单元格、包含逻辑值和文本的单元格，但包含0值的单元格不会被忽略

例：判断哪个小组生产的货品的合格度更高

扫一扫，看视频

某公司要求每件货物的重量大致保持在500克左右，在两个小组中各抽取10件进行测试。通过计算平均绝对偏差可以判断哪组数据合格度更高，如图10-140所示。

❶ 选中E2单元格，在编辑栏中输入公式：

```
=AVEDEV(B2:B11)
```

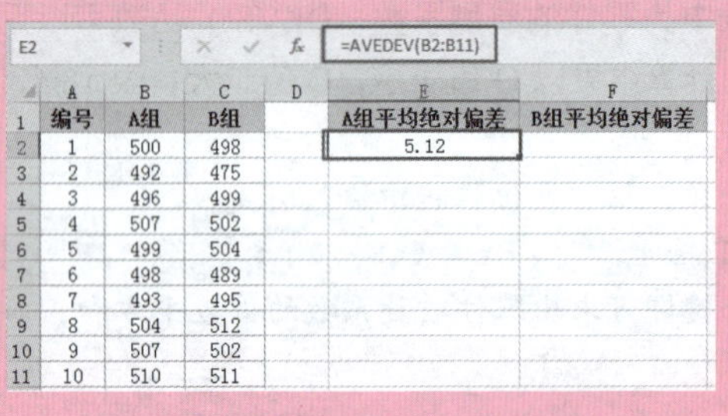

E2 =AVEDEV(B2:B11)

	A	B	C	D	E	F
1	编号	A组	B组		A组平均绝对偏差	B组平均绝对偏差
2	1	500	498		5.12	
3	2	492	475			
4	3	496	499			
5	4	507	502			
6	5	499	504			
7	6	498	489			
8	7	493	495			
9	8	504	512			
10	9	507	502			
11	10	510	511			

图 10-140

❷ 选中E2单元格，向右复制公式到F2单元格中，可计算出B组生产的货物重量的平均绝对偏差，如图10-141所示。完成计算后，通过比较，平均绝对偏差值越大，表示测定值之间的差异越大。由此判断出A组的货品合格度更高。

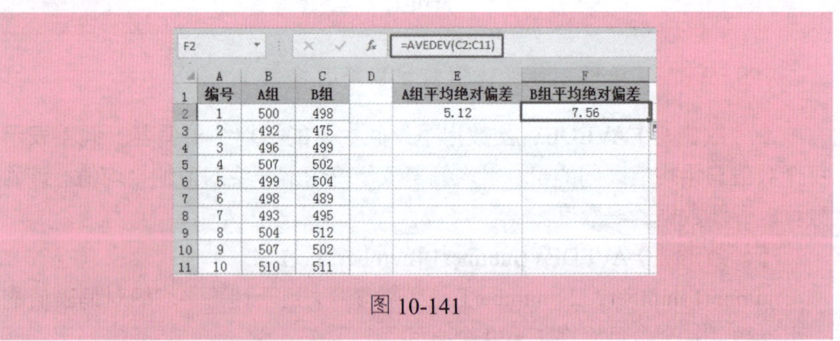

F2 =AVEDEV(C2:C11)

	A	B	C	D	E	F
1	编号	A组	B组		A组平均绝对偏差	B组平均绝对偏差
2	1	500	498		5.12	7.56
3	2	492	475			
4	3	496	499			
5	4	507	502			
6	5	499	504			
7	6	498	489			
8	7	493	495			
9	8	504	512			
10	9	507	502			
11	10	510	511			

图 10-141

10.6 数据预测

Excel 提供了关于估计线性模型参数和指数模型参数的几个预测函数。

1. LINEST（对已知数据进行最佳直线拟合）

【函数功能】LINEST 函数使用最小二乘法对已知数据进行最佳直线拟合，并返回描述此直线的数组。

【函数语法】LINEST(known_y's, [known_x's],[const],[stats])

- known_y's：必需，关系表达式 y=mx+b 中已知的 y 值的集合。
- known_x's：可选，关系表达式 y=mx+b 中已知的可选 x 值的集合。
- const：可选，逻辑值，指明是否强制使常量 b 为 0。若 const 为 TRUE 或省略，则 b 将正常参与计算；若 const 为 FALSE，则 b 将被设为 0，并同时调整 m 值，使得 y=mx。
- stats：可选，逻辑值，指明是否返回附加回归统计值。若 stats 为 TRUE，则函数返回附加回归统计值；若 stats 为 FALSE 或省略，则函数返回系数 m 和常量 b。

例：根据生产数量预测产品的单个成本

LINEST 函数是进行销售、成本预测分析时使用比较多的函数。图 10-142 所示的表格中 A 列为生产数量，B 列是对应产品的单个成本。要求预测：当生产 40 个产品时，相对应的成本是多少?

扫一扫，看视频

❶ 选中 D2:E2 单元格区域，在编辑栏中输入公式：

```
=LINEST($B$2:$B$8,$A$2:$A$8)
```

❷ 按 Ctrl+Shift+Enter 组合键，即可根据两组数据直接取得 a 和 b 的值（见图 10-142）。

D2 {=LINEST($B$2:$B$8,$A$2:$A$8)}

	A	B	C	D	E	F
1	生产数量	单个成本(元)		a值	b值	
2	1	45		-0.2045	41.46288	
3	5	42				
4	10	37				
5	15	36				
6	30	34				
7	70	27				
8	100	22				

图 10-142

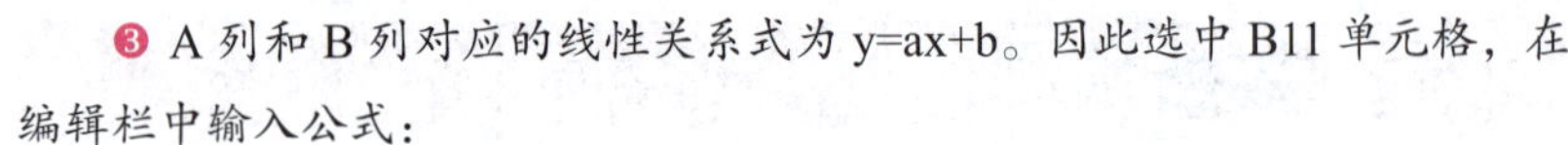

❸ A 列和 B 列对应的线性关系式为 y=ax+b。因此选中 B11 单元格，在编辑栏中输入公式：

```
=A11*D2+E2
```

❹ 按 Enter 键即可预测出生产数量为 40 件时的单个成本值，如图 10-143 所示。

❺ 更改 A11 单元格中的生产数量，可以预测出相应的单个成本的金额，如图 10-144 所示。

B11 =A11*D2+E2

	A	B	C	D	E
1	生产数量	单个成本(元)		a值	b值
2	1	45		-0.2045	41.46288
3	5	42			
4	10	37			
5	15	36			
6	30	34			
7	70	27			
8	100	22			
9					
10	单个成本预测				
11	40	33.28276601			

图 10-143

	A	B	C	D	E
1	生产数量	单个成本(元)		a值	b值
2	1	45		-0.2045	41.46288
3	5	42			
4	10	37			
5	15	36			
6	30	34			
7	70	27			
8	100	22			
9					
10	单个成本预测				
11	80	25.10265344			

图 10-144

2. TREND（构造线性回归直线方程）

【函数功能】TREND 函数用于返回一条线性回归拟合线的值，即找到适合已知数组 known_y's 和 known_x's 的直线（用最小二乘法），并返回指定数组 new_x's 在直线上对应的 y 值。

【函数语法】TREND(known_y's, [known_x's],[new_x's],[const])

- known_y's：必需，已知关系 y=mx+b 中的 y 值的集合。
- known_x's：可选，已知关系 y=mx+b 中可选的 x 值的集合。
- new_x's：可选，需要函数 TREND 返回对应 y 值的新 x 值。
- const：可选，逻辑值，指明是否强制使常量 b 为 0。

例：根据上半年的各月销售额预测后期销售额

扫一扫，看视频

在 Excel 中，如果需要根据趋势预测下个月的销售额，可以使用 TREND 函数。

❶ 选中 B10:B11 单元格区域，在编辑栏中输入公式：

```
=TREND(B2:B7,A2:A7,A10:A11)
```

❷ 按 Enter 键即可得到 7 月和 8 月销售额的预测值，如图 10-145 所示。

B10 fx {=TREND(B2:B7,A2:A7,A10:A11)}

	A	B	C	D	E
1	月份	销售额			
2	1	150080			
3	2	159980			
4	3	146650			
5	4	98997			
6	5	258900			
7	6	305200			
8					
9	预测七、八月份销售额				
10	7	289105.2			
11	8	318382.5429			

图 10-145

3. LOGEST（回归拟合曲线返回该曲线的数值）

【函数功能】LOGEST 函数用于在回归分析中计算最符合观测数据组的指数回归拟合曲线，并返回描述该曲线的数值数组。因为此函数返回数值数组，所以必须以数组公式的形式输入。

【函数语法】LOGEST(known_y's, [known_x's],[const],[stats])

- known_y's：必需，一组符合 y=b*m^x 运算关系的 y 值的集合。
- known_x's：可选，一组符合 y=b*m^x 运算关系的可选 x 值的集合。
- const：可选，逻辑值，指明是否强制使常数 b 为 0。若 const 为 TRUE 或省略，则 b 将正常参与计算；若 const 为 FALSE，则 b 将被设为 0，并同时调整 m 值使得 y=mx。
- stats：可选，逻辑值，指明是否返回附加回归统计值。若 stats 为 TRUE，则函数返回附加回归统计值；若 stats 为 FALSE 或省略，则函数返回系数 m 和常量 b。

例：预测网站专题的点击量

如果网站中某专题的点击量呈指数增长趋势，则可以使用 LOGEST 函数来对后期点击量进行预测。

扫一扫，看视频

❶ 选中 D2:E2 单元格区域，在编辑栏中输入公式：

```
=LOGEST(B2:B7,A2:A7,TRUE,FALSE)
```

❷ 按 Ctrl+Shift+Enter 组合键，即可根据两组数据直接取得 m 和 b 的值，如图 10-146 所示。

❸ A 列和 B 列对应的线性关系式为 y=b*m^x。因此选中 B10 单元格，在编辑栏中输入公式：

```
=E2*POWER(D2,A10)
```

❹ 按 Enter 键即可预测出 7 月的点击量，如图 10-147 所示。

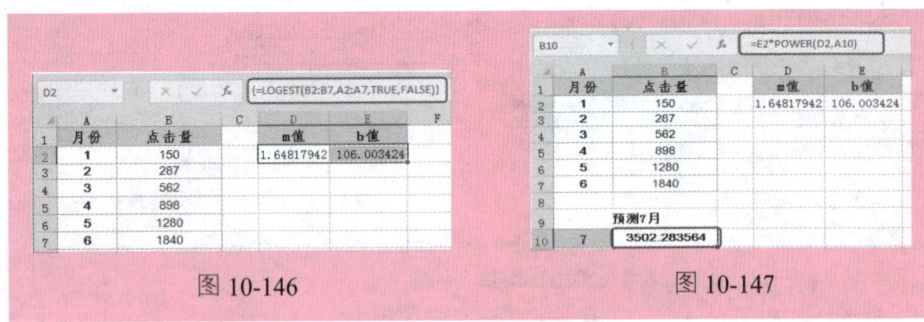

D2 {=LOGEST(B2:B7,A2:A7,TRUE,FALSE)}

	A	B	C	D	E	F
1	月份	点击量		m值	b值	
2	1	150		1.64817942	106.003424	
3	2	287				
4	3	562				
5	4	898				
6	5	1280				
7	6	1840				

图 10-146

B10 =E2*POWER(D2,A10)

	A	B	C	D	E
1	月份	点击量		m值	b值
2	1	150		1.64817942	106.003424
3	2	287			
4	3	562			
5	4	898			
6	5	1280			
7	6	1840			
8					
9		预测7月			
10	7	3502.283564			

图 10-147

4. GROWTH（对给定的数据预测指数增长值）

【函数功能】GROWTH 函数用于对给定的数据预测指数增长值。根据现有的 x 值和 y 值，GROWTH 函数返回一组新的 x 值对应的 y 值。GROWTH 函数可以拟合满足现有 x 值和 y 值的指数曲线。

【函数语法】GROWTH(known_y's, [known_x's],[new_x's],[const])

- known_y's：必需，满足指数回归拟合曲线的一组已知的 y 值。
- known_x's：可选，满足指数回归拟合曲线的一组已知的 x 值。
- new_x's：可选，一组新的 x 值，可通过 GROWTH 函数返回各自对应的 y 值。
- const：可选，逻辑值，指明是否将常量 b 强制设为 1。若 const 为 TRUE 或省略，则 b 将正常参与计算；若 const 为 FALSE，则 b 将被设为 1。

例：预测销售量

扫一扫，看视频

本例报表统计了 9 个月的销售量，通过 9 个月的销售量可以预算出 10—12 月的产品销售量。

❶ 选中 E2:E4 单元格区域，在编辑栏中输入公式：

```
=GROWTH(B2:B10,A2:A10,D2:D4)
```

❷ 按 Ctrl+Shift+Enter 组合键，即可预测出 10—12 月的产品销售量，如图 10-148 所示。

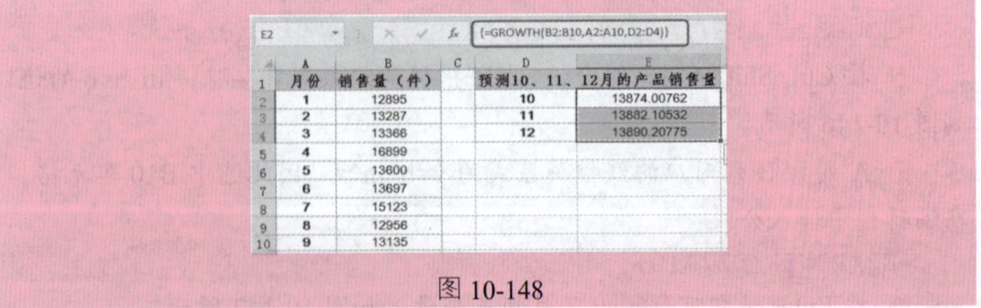

E2 {=GROWTH(B2:B10,A2:A10,D2:D4)}

	A	B	C	D	E
1	月份	销售量（件）		预测10、11、12月的产品销售量	
2	1	12895		10	13874.00762
3	2	13287		11	13882.10532
4	3	13366		12	13890.20775
5	4	16899			
6	5	13600			
7	6	13697			
8	7	15123			
9	8	12956			
10	9	13135			

图 10-148

5. FORECAST（根据已有的数值计算或预测未来值）

【函数功能】FORECAST 函数用于根据已有的数值计算或预测未来值。此预测值为基于给定的 x 值推导出的 y 值。已知的数值为已有的 x 值和 y 值，再利用线性回归对新值进行预测。该函数可以对未来销售额、库存需求或消费趋势进行预测。

【函数语法】FORECAST(x,known_y's,known_x's)

- x：必需，需要进行预测的数据点。
- known_y's：必需，因变量数组或数据区域。
- known_x's：必需，自变量数组或数据区域。

例：预测未来值

本例通过 1—11 月的库存需求量，预测 12 月的库存需求量。

❶ 选中 D2 单元格，在编辑栏中输入公式：

```
=FORECAST(8,B2:B12,A2:A12)
```

❷ 按 Enter 键即可预测出 12 月的库存需求量，如图 10-149 所示。

D2 =FORECAST(8,B2:B12,A2:A12)

	A	B	C	D	E
1	月份	库存量		12月库存量预测	
2	1	750		808.9090909	
3	2	950			
4	3	780			
5	4	610			
6	5	850			
7	6	710			
8	7	850			
9	8	850			
10	9	800			
11	10	850			
12	11	810			

图 10-149

注意：

FORECAST 函数与 TREND 函数都是根据已知的两列数据，得到线性回归方程，并根据给定的新的 x 值，得到相应的预测值。但在设置公式时，二者有如下区别。

（1）两者输入参数的顺序不同。例如，本例中使用公式“=TREND(B2:B12,A2:A12,D2)”可以得到相同的统计结果。

（2）两者参数个数不同。TREND 函数有 4 个参数，第 4 个参数用于控制回归公式 y=ax+b 中 b 是否为 0。当第 4 个参数为 1、TRUE 或省略时，与 FORECAST 函数得到的结果相同；当第 4 个参数为 0 时，会强制回归公式的 b 值为 0，此时两个公式得到的结果就不一样了。

6. SLOPE（求一元线性回归的斜率）

【函数功能】SLOPE 函数用于返回根据 known_y's 和 known_x's 中的数据点拟合的线性回归直线的斜率。斜率为直线上任意两点的垂直距离与水平距离的比值，也就是回归直线的变化率。

【函数语法】SLOPE(known_y's,known_x's)

- known_y's：必需，数字型因变量数据点数组或单元格区域。
- known_x's：必需，自变量数据点集合。

例：求拟合的线性回归直线的斜率

扫一扫，看视频

❶ 选中 E1 单元格，在编辑栏中输入公式：

```
=SLOPE(B2:B7,A2:A7)
```

❷ 按 Enter 键即可返回两组数据的线性回归直线的斜率，如图 10-150 所示。

E1 =SLOPE(B2:B7,A2:A7)

	A	B	C	D	E
1	完成时间（时）	奖金（元）		一元线性回归的斜率	36.0655738
2	18	500			
3	22	880			
4	30	1050			
5	24	980			
6	36	1250			
7	28	1000			

图 10-150

7. INTERCEPT（求一元线性回归的截距）

【函数功能】INTERCEPT 函数用于计算函数图形与坐标轴交点到原点的距离，分为 X-intercept（函数图形与 X 轴交点到原点的距离）和 Y-intercept（函数图形与 Y 轴交点到原点的距离）。

【函数语法】INTERCEPT(known_y's,known_x's)

- known_y's：必需，因变量的观察值或数据集合。
- known_x's：必需，自变量的观察值或数据集合。

例：计算直线与 Y 轴的截距

扫一扫，看视频

❶ 选中 E2 单元格，在编辑栏中输入公式：

```
=INTERCEPT(B2:B7,A2:A7)
```

❷ 按 Enter 键即可返回两组数据的线性回归直线的截距，如图 10-151 所示。

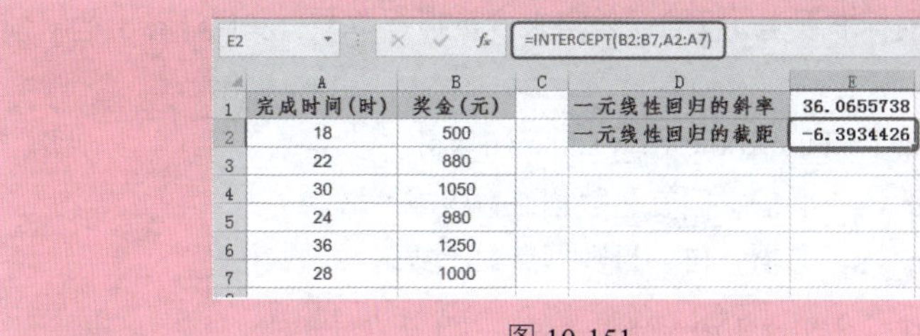

E2 =INTERCEPT(B2:B7,A2:A7)

	A	B	C	D	E
1	完成时间(时)	奖金(元)		一元线性回归的斜率	36.0655738
2	18	500		一元线性回归的截距	-6.3934426
3	22	880			
4	30	1050			
5	24	980			
6	36	1250			
7	28	1000			

图 10-151

8. CORREL（求一元线性回归的相关系数）

【函数功能】CORREL 函数用于返回两个不同事物之间的相关系数。使用相关系数可以确定两种属性之间的关系。例如，可以检测某地的平均温度和空调使用情况之间的关系。

【函数语法】CORREL(array1,array2)

- array1：必需，第一组数值单元格区域。
- array2：必需，第二组数值单元格区域。

例：返回两个不同事物之间的相关系数

不同的项目之间可以根据完成时间和奖金总额返回两者之间的相关系数。

扫一扫，看视频

❶ 选中 E3 单元格，在编辑栏中输入公式：

```
=CORREL(A2:A7,B2:B7)
```

❷ 按 Enter 键即可返回完成时间与奖金的相关系数，如图 10-152 所示。

E3 =CORREL(A2:A7,B2:B7)

	A	B	C	D	E
1	完成时间(时)	奖金(元)		一元线性回归的斜率	36.065574
2	18	500		一元线性回归的截距	-6.393443
3	22	880		一元线性回归的相关系数	0.9228753
4	30	1050			
5	24	980			
6	36	1250			
7	28	1000			

图 10-152

注意：

计算出的相关系数值越接近 1，表示二者的相关性越强。

9. STEYX（返回预测值时产生的标准误差）

【函数功能】STEYX 函数用于返回通过线性回归法计算每个 x 的 y 预

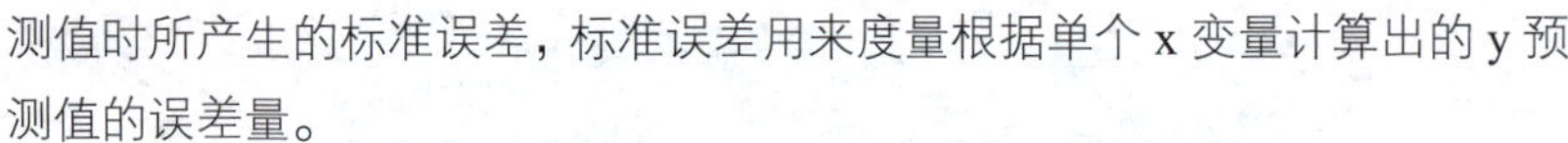

测值时所产生的标准误差，标准误差用来度量根据单个 x 变量计算出的 y 预测值的误差量。

【函数语法】STEYX(known_y's,known_x's)

- known_y's：必需，因变量数据点数组或区域。
- known_x's：必需，自变量数据点数组或区域。

例：返回预测值时产生的标准误差

扫一扫，看视频

例如，本例表格中的 A 列为原始数据，B 列为预测数据，根据这两列数据可以计算出在预测 B 列值时所产生的标准误差。

❶ 选中 B12 单元格，在编辑栏中输入公式：

```
=STEYX(A2:A10,B2:B10)
```

❷ 按 Enter 键即可得出在进行数据预测时产生的标准误差，如图 10-153 所示。

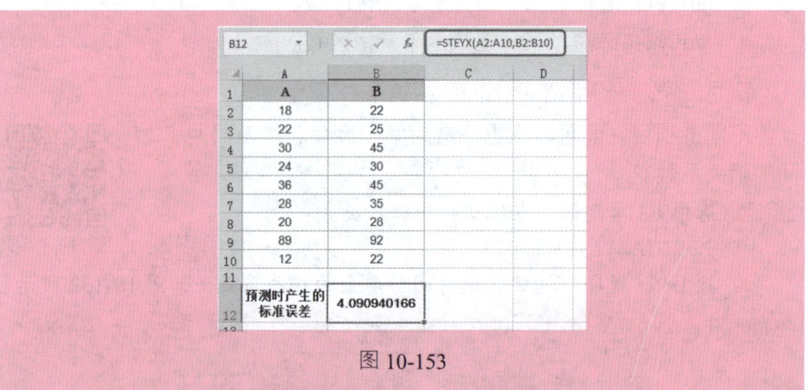

B12 | =STEYX(A2:A10,B2:B10)

	A	B	C	D
1	A	B		
2	18	22		
3	22	25		
4	30	45		
5	24	30		
6	36	45		
7	28	35		
8	20	28		
9	89	92		
10	12	22		
11				
12	预测时产生的标准误差	4.090940166		

图 10-153

10.7 假设检验

1. Z.TEST（返回 z 检验的单尾 P 值）

【函数功能】Z.TEST 函数用于返回 z 检验的单尾 *P*（概率）值。样本容量 $n>30$ 的正态分布或非正态分布的样本的均值检验用 z 检验；样本容量 $n<30$ 的正态分布样本的均值检验要用 t 检验。

【函数语法】Z.TEST(array,x,[sigma])

- array：必需，用来检验 x 的数组或数据区域。
- x：必需，要测试的值。
- sigma：可选，总体（已知）标准偏差。如果省略，则使用样本标准偏差。

注意：

z 检验是用于大样本（即样本容量大于 30）平均值差异性检验的方法。它用标准正态分布的理论来推断差异发生的概率，从而比较两个平均值的差异是否显著。

当样本容量 n>30 时，z 检验和 t 检验的结果是一致的；当 n<30 时，若样本是服从正态分布的，则要用 t 检验。

例：返回 z 检验的单尾 *P* 值

假设对 10 个人进行了智力测试，图 10-154 所示的表格中为测试结果数据。测试的总体平均值为 74.5。判断检测样本和总体平均值之间是否有统计上的显著差异（显著水平为 95%）。

扫一扫，看视频

❶ 选中 D2 单元格，在编辑栏中输入公式：

```
=Z.TEST(A2:A11,C2)
```

❷ 按 Enter 键即可返回单尾概率值约为 0.42647（见图 10-154）。

D2 =Z.TEST(A2:A11,C2)

	A	B	C	D
1	智力测试数据		总体平均值	单尾概率值
2	65		74.5	0.426475278
3	78			
4	88			
5	55			
6	78			
7	95			
8	66			
9	67			
10	79			
11	81			

图 10-154

【公式解析】

=Z.TEST(A2:A11,C2)

这里的单尾 *P* 值约为 0.42647，其值远大于 alpha=0.05 的临界。于是判断样本的平均与总体平均显著不同

2. T.TEST（返回 t 检验的双尾 *P* 值）

【函数功能】T.TEST 函数用于返回与 t 检验相关的概率。使用函数 T.TEST 确定两个样本是否可能来自两个具有相同平均值的基础总体。

【函数语法】T.TEST(array1,array2,tails,type)

- array1：必需，第一个数据集。
- array2：必需，第二个数据集。
- tails：必需，指定分布尾数。如果 tails=1，则 T.TEST 使用单尾分布；如果 tails=2，则 T.TEST 使用双尾分布。
- type：必需，要执行的 t 检验的类型。

例：判断培训后对员工业绩是否具有显著影响

扫一扫，看视频

为了验证某培训是否有效，从接受培训的员工中抽取 15 名员工，比较他们培训前后的业绩，判断培训后是否具有显著效果。图 10-155 所示为员工培训前后的业绩比较数据。

❶ 选中 D2 单元格，在编辑栏中输入公式：

```
=T.TEST(A2:A16,B2:B16,2,1)
```

❷ 按 Enter 键即可返回 t 检验的概率（双尾分布），如图 10-156 所示。

	A	B	C
1	培训前业绩(元)	培训后业绩（元）	
2	14750	22320	
3	11220	13660	
4	10670	12660	
5	11990	14100	
6	11110	13990	
7	10340	12210	
8	9680	12980	
9	11110	12210	
10	10890	12000	
11	11220	13770	
12	11440	12100	
13	10890	11990	
14	11440	12430	
15	11660	12980	
16	11110	13200	

图 10-155

D2 =T.TEST(A2:A16,B2:B16,2,1)

	A	B	C	D
1	培训前业绩（元）	培训后业绩（元）		t 检验的概率（双尾分布）
2	14750	22320		0.000158115
3	11220	13660		
4	10670	12660		
5	11990	14100		
6	11110	13990		
7	10340	12210		
8	9680	12980		
9	11110	12210		
10	10890	12000		
11	11220	13770		
12	11440	12100		
13	10890	11990		
14	11440	12430		
15	11660	12980		
16	11110	13200		

图 10-156

【公式解析】

=T.TEST(A2:A16,B2:B16,2,1)

t 检验的概率值约为 0.000158，其值远小于 alpha=0.05 的临界。于是我们论断培训后对业绩有显著影响

3. F.TEST（返回 f 检验的结果）

【函数功能】F.TEST 函数用于返回 f 检验的结果，即当 array1 和 array2 的方差无明显差异时的双尾概率。

【函数语法】F.TEST(array1,array2)

- array1：必需，第一个数组或数据区域。
- array2：必需，第二个数组或数据区域。

例：返回 f 检验的结果

例如，给定公立学校和私立学校的测试成绩表，可以检验各学校间测试成绩的差别程度。

扫一扫，看视频

❶ 选中 D2 单元格，在编辑栏中输入公式：

```
=F.TEST(A2:A13,B2:B13)
```

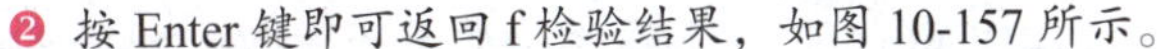

❷ 按 Enter 键即可返回 f 检验结果，如图 10-157 所示。

D2 =F.TEST(A2:A13,B2:B13)

	A	B	C	D
1	公立学校	私立学校		f 检验结果
2	80	98		0.911807755
3	85	82		
4	87	88		
5	95	82		
6	90	88		
7	88	89		
8	78	98		
9	95	88		
10	88	95		
11	87	92		
12	80	90		
13	85	92		

图 10-157

【公式解析】

=F.TEST(A2:A13,B2:B13)

f 检验结果值约为 0.9118，此值越接近 1，表示两组数据的差异越小，因此可以断定两组测试成绩差异不是太明显

10.8 概率分布函数

利用 Excel 中的统计函数可以计算二项式分布、泊松分布、正态分布等常用概率分布的概率值、累积（分布）概率等。

10.8.1 二项式分布

1. BINOM.DIST（返回一元二项式分布的概率）

【函数功能】BINOM.DIST 函数用于返回一元二项式分布的概率。BINOM.DIST 函数用于处理固定次数的试验问题，前提是任意试验的结果 d 仅为成功或失败两种情况，试验是独立试验，且在整个试验过程中成功的概率固定不变。

【函数语法】BINOM.DIST(number_s,trials,probability_s,cumulative)

- number_s：必需，试验的成功次数。
- trials：必需，独立试验次数。
- probability_s：必需，每次试验成功的概率。
- cumulative：必需，决定函数形式的逻辑值。如果 cumulative 为 TRUE，则 BINOM.DIST 函数返回累积分布函数，即最多存在 number_s 次成功的概率；如果为 FALSE，则返回概率密度函数，即存在 number_s 次成功的概率。

例：计算产品合格个数的概率

在日常工作中，除了需要了解二项式分布的概率外，有时还需要通过二项式分布的概率反推某种事件发生的概率。

假设某工厂生产 A 级产品的概率为 0.25，现从中抽样 20 个产品，需要使用 Excel 计算包含 *k* 个 A 级产品的概率。

❶ 选中 B6 单元格，在编辑栏中输入公式：

```
=BINOM.DIST(A6,$B$1,$B$2,0)
```

❷ 按 Enter 键即可计算出 A 级产品个数为 1 个的概率，如图 10-158 所示。

❸ 将光标移动到 B6 单元格右下角，拖动鼠标向下复制公式，即可计算出包含各个 A 级产品个数的概率，如图 10-159 所示。

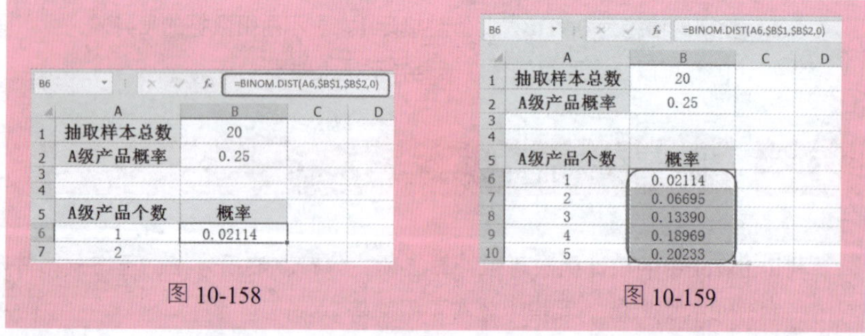

图 10-158

图 10-159

2. BINOM.INV（返回使累积二项式分布大于等于临界值的最小值）

【函数功能】BINOM.INV 函数用于返回使累积二项式分布大于等于临界值的最小值。

【函数语法】BINOM.INV(trials,probability_s,alpha)

- trials：必需，伯努利试验次数。
- probability_s：必需，每次试验成功的概率。
- alpha：必需，临界值。

例：通过二项式分布的概率反推某种事件发生的概率

假设某工厂生产 A 级产品的概率为 0.65，从产品中随机抽取 50 个样本，需要使用 Excel 计算出各个概率下应包含的 A 级产品个数。

扫一扫，看视频

❶ 选中 B6 单元格，在编辑栏中输入公式：

```
=BINOM.INV($B$1,$B$2,A6)
```

❷ 按 Enter 键即可计算出 0.45 概率下 A 级产品的个数，如图 10-160 所示。

❸ 将光标移动到 B6 单元格右下角，拖动鼠标向下复制公式，即可计算出各个概率下 A 级产品的个数，如图 10-161 所示。

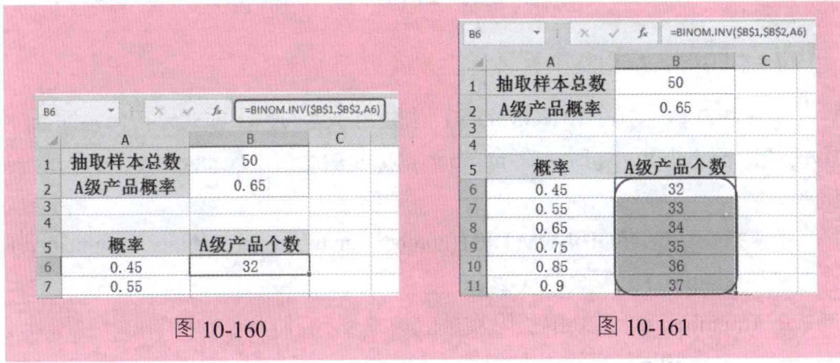

B6 =BINOM.INV($B$1,$B$2,A6)

	A	B	C
1	抽取样本总数	50	
2	A级产品概率	0.65	
3			
4			
5	概率	A级产品个数	
6	0.45	32	
7	0.55		

图 10-160

B6 =BINOM.INV($B$1,$B$2,A6)

	A	B	C
1	抽取样本总数	50	
2	A级产品概率	0.65	
3			
4			
5	概率	A级产品个数	
6	0.45	32	
7	0.55	33	
8	0.65	34	
9	0.75	35	
10	0.85	36	
11	0.9	37	

图 10-161

3. BINOM.DIST.RANGE 函数（返回试验结果成功的概率）

【函数功能】BINOM.DIST.RANGE 函数使用二项式分布返回试验结果成功的概率。

【函数语法】BINOM.DIST.RANGE(trials,probability_s,number_s,[number_s2])

- trials：必需，独立试验次数，必须大于或等于 0。
- probability_s：必需，每次试验成功的概率，必须大于或等于 0 并小

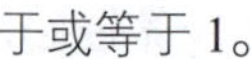

于或等于 1。

- number_s：必需，试验成功的次数，必须大于或等于 0 并小于或等于 trials。
- number_s2：可选，如果提供，则将返回试验成功的次数介于 number_s 和 number_s2 之间的概率。必须大于或等于 number_s 并小于或等于 trials。

例：返回试验结果的概率

扫一扫，看视频

试验次数为 50 次，试验成功率为 0.7，成功次数为 35，求试验成功的概率。

❶ 选中 D2 单元格，在编辑栏中输入公式：

```
=BINOM.DIST.RANGE(A2,B2,C2)
```

❷ 按 Enter 键即可返回此试验结果成功的概率为 12.23%，如图 10-162 所示。

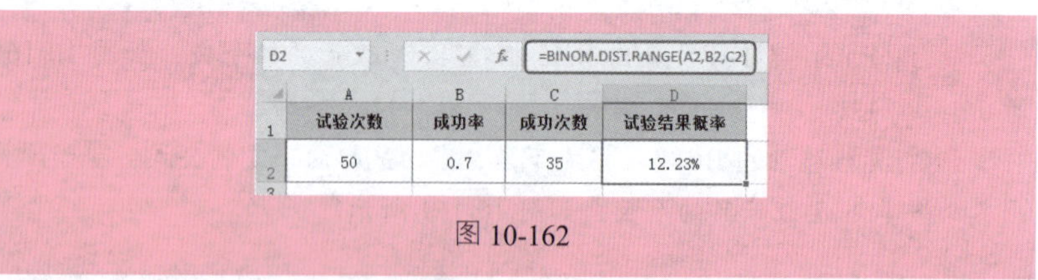

D2 =BINOM.DIST.RANGE(A2,B2,C2)

	A	B	C	D
1	试验次数	成功率	成功次数	试验结果概率
2	50	0.7	35	12.23%

图 10-162

4. NEGBINOM.DIST（返回负二项式分布值）

【函数功能】NEGBINOM.DIST 函数用于返回负二项式分布值，即当成功概率为 probability_s 时，在 number_s 次成功之前出现 number_f 次失败的概率。

【函数语法】NEGBINOM.DIST(number_f,number_s,probability_s,cumulative)

- number_f：失败的次数。
- number_s：成功的极限次数。
- probability_s：成功的概率。
- cumulative：决定函数形式的逻辑值。如果 cumulative 为 TRUE，则 NEGBINOM.DIST 函数返回累积分布函数值；如果为 FALSE，则返回概率密度函数值。

扫一扫，看视频

例：返回负二项式分布值

❶ 选中 D2 单元格，在编辑栏中输入公式：

```
=NEGBINOM.DIST(A2,B2,C2,FALSE)
```

❷ 按 Enter 键即可计算出在给定条件下的概率负二项式分布值约为 0.04582，如图 10-163 所示。

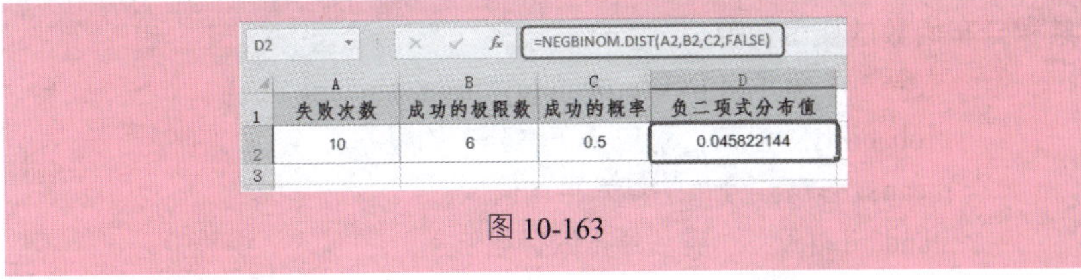

D2 =NEGBINOM.DIST(A2,B2,C2,FALSE)

	A	B	C	D
1	失败次数	成功的极限数	成功的概率	负二项式分布值
2	10	6	0.5	0.045822144
3				

图 10-163

10.8.2 正态分布

1. NORM.DIST（返回指定平均值和标准偏差的正态分布函数值）

【函数功能】NORM.DIST 函数用于返回指定平均值和标准偏差的正态分布函数值。此函数在统计方面应用范围广泛（包括假设检验）。

【函数语法】NORM.DIST(x,mean,standard_dev,cumulative)

- x：必需，需要计算其分布的数值。
- mean：必需，分布的算术平均值。
- standard_dev：必需，分布的标准偏差。
- cumulative：必需，决定函数形式的逻辑值。如果 cumulative 为 TRUE，则 NORM.DIST 函数返回累积分布函数值；如果为 FALSE，则返回概率密度函数值。

例：返回指定平均值和标准偏差的正态分布函数值

假设某公司产品月销量服从平均值为 300、标准差（即标准偏差）为 45 的正态分布。根据这个历史数据，使用正态分布函数计算销量是 280 的概率。

扫一扫，看视频

❶ 选中 C4 单元格，在编辑栏中输入公式：

```
=NORM.DIST(280,B1,B2,TRUE)
```

❷ 按 Enter 键即可计算出销量是 280 的概率，如图 10-164 所示。

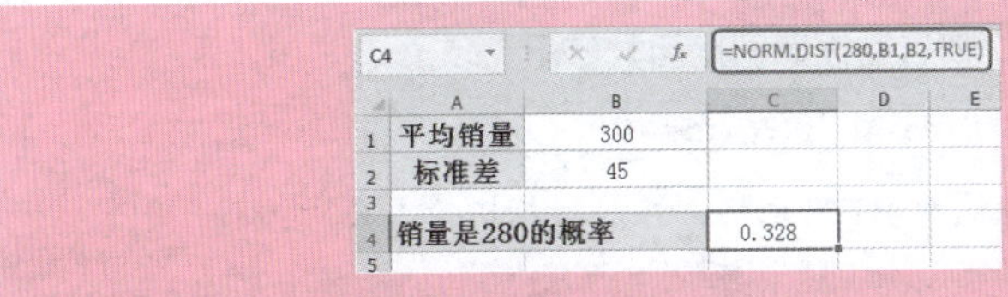

C4 =NORM.DIST(280,B1,B2,TRUE)

	A	B	C	D	E
1	平均销量	300			
2	标准差	45			
3					
4	销量是280的概率		0.328		
5					

图 10-164

2. NORM.INV（返回正态累积分布函数的反函数值）

【函数功能】NORM.INV 函数用于返回指定平均值和标准偏差的正态累积分布函数的反函数值。

【函数语法】NORM.INV(probability,mean,standard_dev)

- probability：必需，对应于正态分布的概率。
- mean：必需，分布的算术平均值。
- standard_dev：必需，分布的标准偏差。

例：返回正态累积分布的反函数值

扫一扫，看视频

当已知二项分布的概率时，可以推算出某种事件发生的概率。

❶ 选中 C4 单元格，在编辑栏中输入公式：

```
=NORM.INV(0.99,B1,B2)
```

❷ 按 Enter 键即可计算出 99%概率下对应的销量数值，如图 10-165 所示。

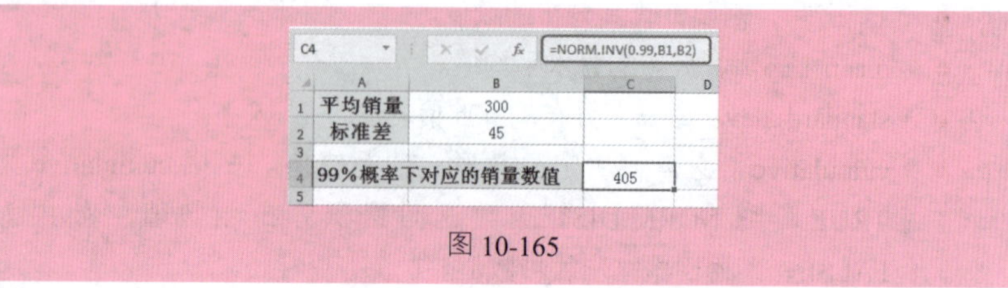

图 10-165

3. NORM.S.DIST（返回标准正态分布函数的累积函数值）

【函数功能】NORM.S.DIST 函数用于返回标准正态分布函数的累积函数值（该分布的平均值为 0、标准偏差为 1）。

【函数语法】NORM.S.DIST(z,cumulative)

- z：必需，需要计算其分布的数值。
- cumulative：必需，决定函数形式的逻辑值。如果 cumulative 为 TRUE，则 NORMS.DIST 函数返回累积分布函数值；如果为 FALSE，则返回概率密度函数值。

例：返回标准正态分布的累积函数值

扫一扫，看视频

❶ 选中 B2 单元格，在编辑栏中输入公式：

```
=NORM.S.DIST(A2,TRUE)
```

❷ 按 Enter 键，即可返回数值 1 的标准正态分布函数的累

积函数值（概率）。选中 B2 单元格，向下复制公式，即可得到数值 0.5 和 2 的标准正态分布的累积概率，如图 10-166 所示。

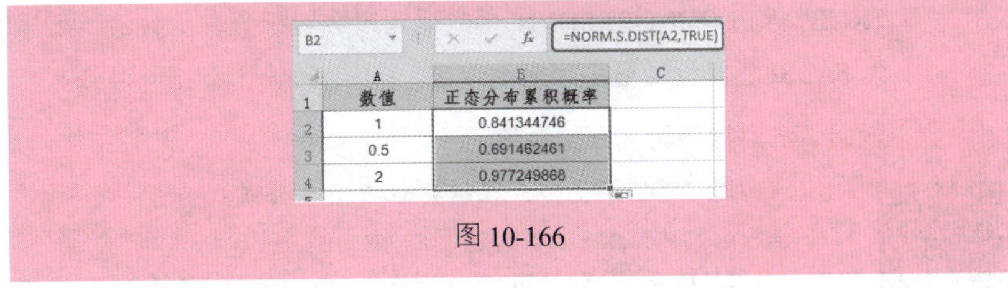

B2 | fx =NORM.S.DIST(A2,TRUE)

	A	B	C
1	数值	正态分布累积概率	
2	1	0.841344746	
3	0.5	0.691462461	
4	2	0.977249868	

图 10-166

4. NORM.S.INV（返回标准正态分布函数的反函数值）

【函数功能】NORM.S.INV 函数用于返回标准正态分布函数的反函数值（该分布的平均值为 0、标准偏差为 1）。

【函数语法】NORM.S.INV(probability)

probability：必需，对应于正态分布的概率。

例：返回标准正态分布函数的反函数值

扫一扫，看视频

❶ 选中 B2 单元格，在编辑栏中输入公式：

```
=NORM.S.INV(A2)
```

❷ 按 Enter 键，即可返回正态分布概率为 0.841344746 的标准正态分布函数的反函数值。选中 B2 单元格，向下复制公式，如图 10-167 所示（可与 NORM.S.DIST 函数的返回值相比较）。

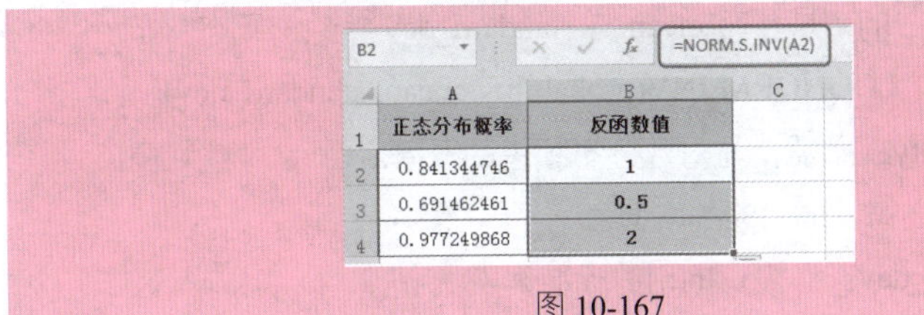

B2 | fx =NORM.S.INV(A2)

	A	B	C
1	正态分布概率	反函数值	
2	0.841344746	1	
3	0.691462461	0.5	
4	0.977249868	2	

图 10-167

5. LOGNORM.DIST（返回 x 的对数累积分布函数值）

【函数功能】LOGNORM.DIST 函数用于返回 x 的对数累积分布函数值，此处的 ln(x)是含有 mean 与 standard_dev 参数的正态分布。

【函数语法】LOGNORM.DIST(x,mean,standard_dev,cumulative)

- x：必需，用于函数计算的值。
- mean：必需，ln(x)的平均值。

- standard_dev 必需，：ln(x)的标准偏差。
- cumulative：必需，决定函数形式的逻辑值。如果 cumulative 为 TRUE，则 LOGNORM.DIST 函数返回对数累积分布函数值；如果为 FALSE，则返回概率密度函数值。

例：返回 x 的对数累积分布函数值

扫一扫，看视频

❶ 选中 D2 单元格，在编辑栏中输入公式：

```
=LOGNORM.DIST(A2,B2,C2,TRUE)
```

❷ 按 Enter 键即可返回数值为 3、平均值为 2.5 和标准偏差为 0.45 的 x 的对数累积分布函数值为 0.000922238，向下复制公式，即可返回另一组数值的对数累积分布函数值，如图 10-168 所示。

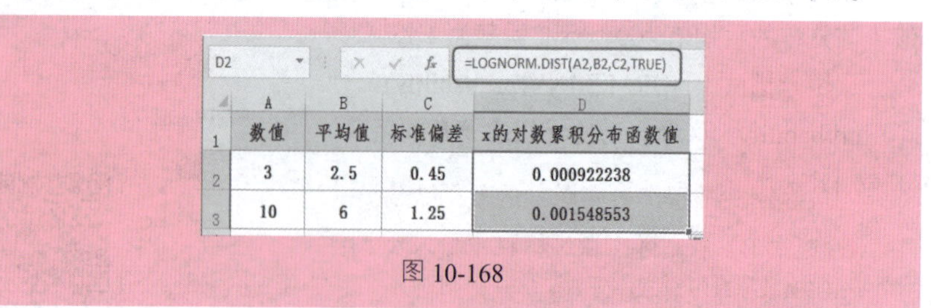

D2 =LOGNORM.DIST(A2,B2,C2,TRUE)

	A	B	C	D
1	数值	平均值	标准偏差	x的对数累积分布函数值
2	3	2.5	0.45	0.000922238
3	10	6	1.25	0.001548553

图 10-168

6. LOGNORM.INV（返回 x 的对数累积分布函数的反函数值）

【函数功能】LOGNORM.INV 函数用于返回 x 的对数累积分布函数的反函数值，此处的 ln(x)是含有 mean 与 standard_dev 参数的正态分布。

【函数语法】LOGNORM.INV(probability, mean, standard_dev)

- probability：必需，与对数分布相关的概率。
- mean：必需，ln(x)的平均值。
- standard_dev：必需，ln(x)的标准偏差。

例：返回 x 的对数累积分布函数的反函数值

扫一扫，看视频

❶ 选中 D2 单元格，在编辑栏中输入公式：

```
=LOGNORM.INV(A2,B2,C2)
```

❷ 按 Enter 键，即可得到对数分布概率为 0.000922238、平均值为 2.5 和标准偏差为 0.45 时，x 的对数累积分布函数的反函数值为 3。选中 D2 单元格，向下复制公式返回另一组对数的反函数值，如图 10-169 所示（可与 LOGNORM.DIST 函数的返回值相比较）。

D2 =LOGNORM.INV(A2,B2,C2)

	A	B	C	D
1	对数分布概率	平均值	标准偏差	x的对数累积分布函数的反函数值
2	0.000922238	2.5	0.45	3
3	0.001548553	6	1.25	10

图 10-169

10.8.3 X^2 分布

1. CHISQ.DIST（返回 X^2 分布）

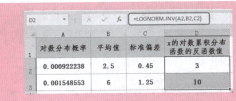

【函数功能】CHISQ.DIST 函数用于返回 X^2 分布。X^2 分布通常用于研究样本中某些事物变化的百分比，如人们一天中用来看电视的时间所占的比例。

【函数语法】CHISQ.DIST (x,deg_freedom,cumulative)

- x：必需，用来计算分布的数值。如果 x 为负数，则 CHISQ.DIST 函数返回"#NUM!"错误值。
- deg_freedom：必需，自由度数。如果 deg_freedom 不是整数，则将被截尾取整；如果 deg_freedom<1 或 deg_freedom>10^{10}，则 CHISQ .DIST 函数返回"#NUM!"错误值。
- cumulative：必需，决定函数形式的逻辑值。如果 cumulative 为 TRUE，则 CHISQ.DIST 函数返回累积分布函数值；如果为 FALSE，则返回概率密度函数值。

例：返回 X^2 分布的左尾概率

扫一扫，看视频

❶ 选中 B3 单元格，在编辑栏中输入公式：

```
=CHISQ.DIST(B1,B2,TRUE)
```

❷ 按 Enter 键，即可返回数值为 1.5 和自由度为 2 的 X^2 分布的左尾概率值约为 0.52763，如图 10-170 所示。

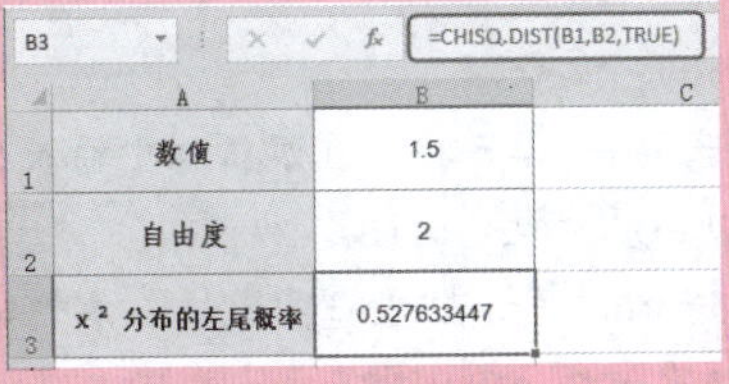

B3 =CHISQ.DIST(B1,B2,TRUE)

	A	B	C
1	数值	1.5	
2	自由度	2	
3	x^2 分布的左尾概率	0.527633447	

图 10-170

2. CHISQ.INV（返回 X^2 分布的左尾概率的反函数值）

【函数功能】CHISQ.INV 函数用于返回 X^2 分布的左尾概率的反函数值。

【函数语法】CHISQ.INV (probability,deg_freedom)

- probability：必需，与 X^2 分布相关的概率。
- deg_freedom：必需，自由度数。

例：返回 X^2 分布的左尾概率的反函数值

扫一扫，看视频

❶ 选中 B3 单元格，在编辑栏中输入公式：

```
=CHISQ.INV(B1,B2)
```

❷ 按 Enter 键，即可返回 X^2 分布的左尾概率为 0.527633447 和自由度为 2 的 X^2 分布的左尾概率的反函数值为 1.5，如图 10-171 所示（可与 CHISQ.DIST 函数的返回值相比较）。

B3 =CHISQ.INV(B1,B2)

	A	B	C
1	x² 分布的左尾概率	0.527633447	
2	自由度	2	
3	x² 分布的左尾概率的反函数值	1.5	

图 10-171

3. CHISQ.DIST.RT（返回 X^2 分布的右尾概率）

【函数功能】CHISQ.DIST.RT 函数用于返回 X^2 分布的右尾概率。X^2 分布与 X^2 测试相关联。使用 X^2 测试可以比较观察值和预期值。通过该函数比较观察结果和理论值，可以确定初始假设是否有效。

【函数语法】CHISQ.DIST.RT(x,deg_freedom)

- x：必需，用来计算分布的数值。
- deg_freedom：必需，自由度数。

例：返回 X^2 分布的右尾概率

扫一扫，看视频

❶ 选中 B3 单元格，在编辑栏中输入公式：

```
=CHISQ.DIST.RT(B1,B2)
```

❷ 按 Enter 键，即可返回数值为 8 和自由度为 2 的 X^2 分布的右尾概率值约为 0.01831，如图 10-172 所示。

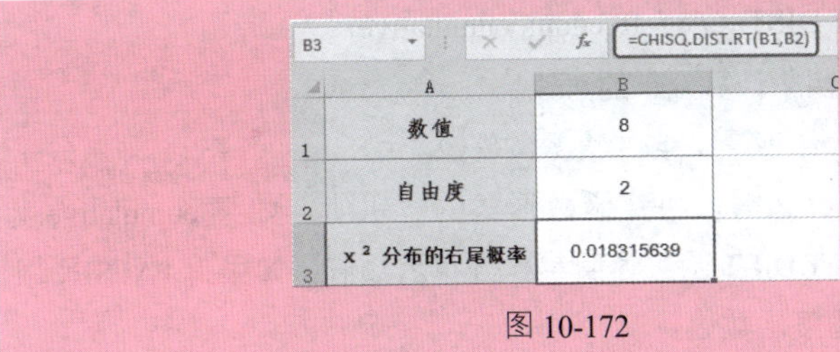

B3 =CHISQ.DIST.RT(B1,B2)

	A	B	C
1	数值	8	
2	自由度	2	
3	x²分布的右尾概率	0.018315639	

图 10-172

4. CHISQ.INV.RT（返回 X^2 分布的右尾概率的反函数值）

【函数功能】CHISQ.INV.RT 函数用于返回 X^2 分布的右尾概率的反函数值。

【函数语法】CHISQ.INV.RT(probability,deg_freedom)

- probability：必需，与 X^2 分布相关的概率。
- deg_freedom：必需，自由度数。

例：返回 X^2 分布的右尾概率的反函数值

❶ 选中 B3 单元格，在编辑栏中输入公式：

```
=CHISQ.INV.RT(B1,B2)
```

扫一扫，看视频

❷ 按 Enter 键即可返回 X^2 分布的右尾概率为 0.018315639 和自由度为 2 的 X^2 分布的右尾概率的反函数值为 8，如图 10-173 所示（可与 CHISQ.DIST.RT 函数的返回值相比较）。

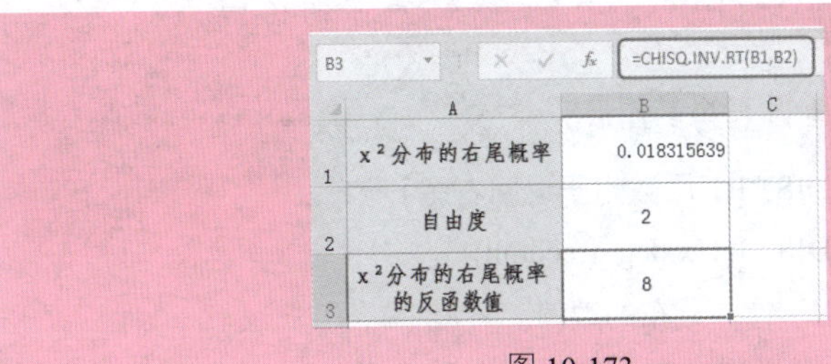

B3 =CHISQ.INV.RT(B1,B2)

	A	B	C
1	x²分布的右尾概率	0.018315639	
2	自由度	2	
3	x²分布的右尾概率的反函数值	8	

图 10-173

10.8.4 t 分布

1. T.DIST（返回左尾 t 分布）

【函数功能】T.DIST 函数用于返回左尾 t 分布。t 分布用于小型样本数据集的假设检验。

【函数语法】T.DIST(x,deg_freedom, cumulative)

- x：必需，用于计算分布的数值。
- deg_freedom：必需，自由度数的整数。
- cumulative：必需，决定函数形式的逻辑值。如果 cumulative 为 TRUE，则 T.DIST 函数返回累积分布函数值；如果为 FALSE，则返回概率密度函数值。

例：返回 t 分布的累积分布函数值

扫一扫，看视频

❶ 选中 C4 单元格，在编辑栏中输入公式：

```
=T.DIST(A2,B2,TRUE)
```

❷ 按 Enter 键，即可返回数值为 1.25675 和自由度为 45 的 t 分布的累积分布函数值为 0.892336，如图 10-174 所示。

❸ 选中 C5 单元格，在编辑栏中输入公式：

```
=T.DIST(A2,B2,FALSE)
```

❹ 按 Enter 键，即可返回数值为 1.25675 和自由度为 45 的 t 分布的概率密度函数值为 0.179441，如图 10-175 所示。

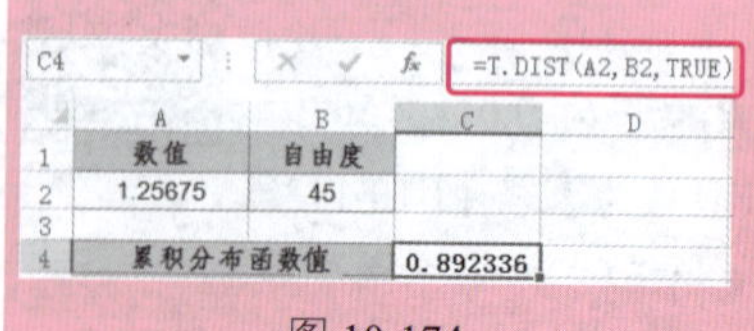

C4　=T.DIST(A2,B2,TRUE)

	A	B	C	D
1	数值	自由度		
2	1.25675	45		
3				
4	累积分布函数值		0.892336	

图 10-174

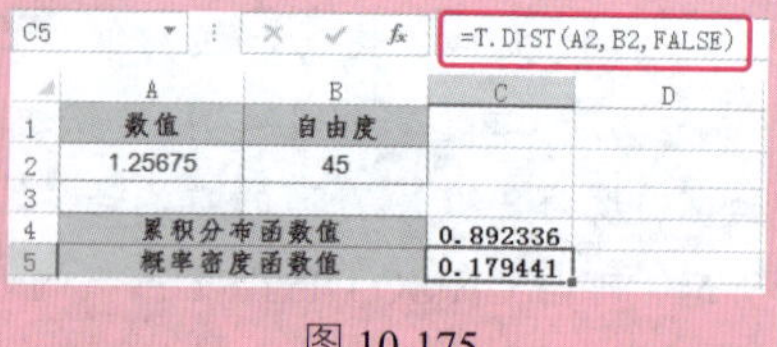

C5　=T.DIST(A2,B2,FALSE)

	A	B	C	D
1	数值	自由度		
2	1.25675	45		
3				
4	累积分布函数值		0.892336	
5	概率密度函数值		0.179441	

图 10-175

2. T.DIST.RT（返回右尾 t 分布）

【函数功能】T.DIST.RT 函数用于返回右尾 t 分布。

【函数语法】T.DIST.RT(x,deg_freedom)

- x：必需，用于计算分布的数值。
- deg_freedom：必需，自由度数。

例：返回右尾 t 分布

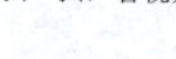

扫一扫，看视频

❶ 选中 C4 单元格，在编辑栏中输入公式：

```
=T.DIST.RT(A2,B2)
```

❷ 按 Enter 键，即可返回数值为 1.25675 和自由度为 45 的右尾 t 分布值为 0.107664354，如图 10-176 所示。

3. T.DIST.2T（返回双尾 t 分布）

【函数功能】T.DIST.2T 函数用于返回双尾 t 分布。

【函数语法】T.DIST.2T(x,deg_freedom)

- x：必需，用于计算分布的数值。
- deg_freedom：必需，自由度数。

例：返回双尾 t 分布

❶ 选中 C4 单元格，在编辑栏中输入公式：

```
=T.DIST.2T(A2,B2)
```

扫一扫，看视频

❷ 按 Enter 键，即可返回数值为 1.25675 和自由度为 45 的双尾 t 分布值为 0.215329，如图 10-177 所示。

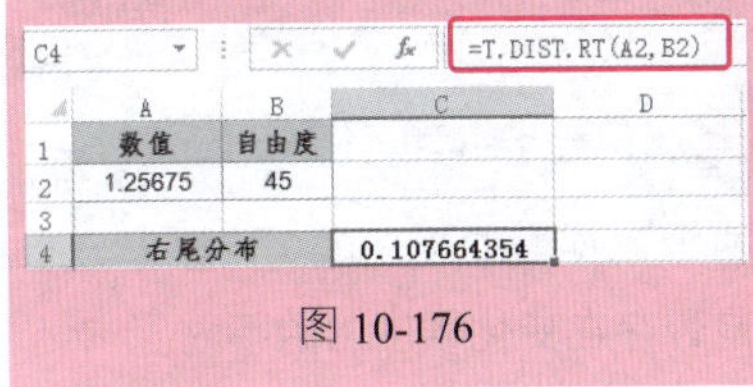

图 10-176

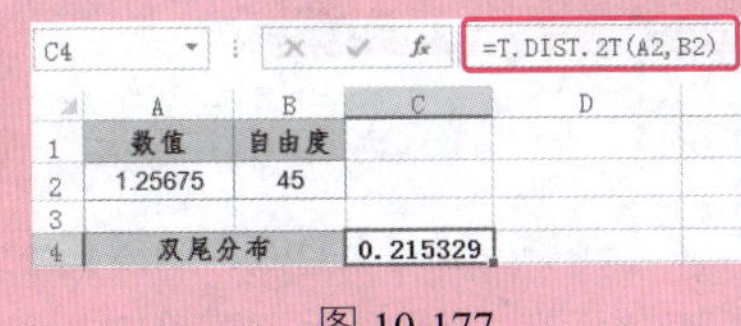

图 10-177

4. T.INV（返回 t 分布的左尾反函数值）

【函数功能】T.INV 函数用于返回学生 t 分布的左尾反函数值。

【函数语法】T.INV(probability,deg_freedom)

- probability：必需，与 t 分布相关的概率。
- deg_freedom：必需，自由度数。

例：返回 t 分布的左尾反函数值

扫一扫，看视频

❶ 选中 C2 单元格，在编辑栏中输入公式：

```
=T.INV(A2,B2)
```

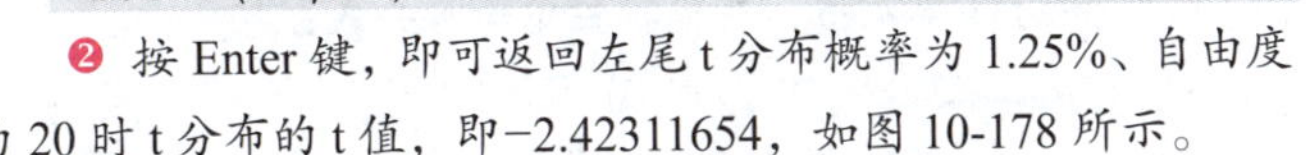

❷ 按 Enter 键，即可返回左尾 t 分布概率为 1.25%、自由度为 20 时 t 分布的 t 值，即-2.42311654，如图 10-178 所示。

5. T.INV.2T（返回 t 分布的双尾反函数值）

【函数功能】T.INV.2T 函数用于返回 t 分布的双尾反函数值。

【函数语法】T.INV.2T(probability,deg_freedom)

- probability：必需，表示与 t 分布相关的概率。
- deg_freedom：必需，自由度数。

例：返回 t 分布的双尾反函数值

扫一扫，看视频

❶ 选中 C2 单元格，在编辑栏中输入公式：

```
=T.INV.2T(A2,B2)
```

❷ 按 Enter 键，即可返回双尾 t 分布概率为 0.015、自由度为 30 时 t 分布的 t 值，即 2.580583233，如图 10-179 所示。

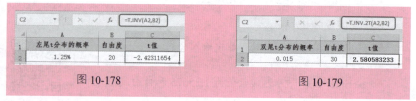

C2 =T.INV(A2,B2)

	A	B	C
1	左尾t分布的概率	自由度	t值
2	1.25%	20	-2.42311654

图 10-178

C2 =T.INV.2T(A2,B2)

	A	B	C
1	双尾t分布的概率	自由度	t值
2	0.015	30	2.580583233

图 10-179

10.8.5 F 概率分布

1. F.DIST [返回两个数据集的（左尾）F 概率分布]

【函数功能】F.DIST 函数用于返回两个数据集的（左尾）F 概率分布（变化程度）。此函数可以确定两组数据是否存在变化程度上的不同。

【函数语法】F.DIST (x,deg_freedom1,deg_freedom2,cumulative)

- x：用于函数计算的值。
- deg_freedom1：必需，分子自由度。
- deg_freedom2：必需，分母自由度。
- cumulative：必需，决定函数形式的逻辑值。如果 cumulative 为 TRUE，则 F.DIST 函数返回累积分布函数值；如果为 FALSE，则返回概率密度函数值。

例：返回 F 概率分布函数值（左尾）

扫一扫，看视频

❶ 选中 D4 单元格，在编辑栏中输入公式：

```
=F.DIST(A2,B2,C2,TRUE)
```

❷ 按 Enter 键，即可得出使用累积分布函数计算的 F 概率分布函数值为 0.9，如图 10-180 所示。

❸ 选中 D5 单元格，在编辑栏中输入公式：

```
=F.DIST(A2,B2,C2,FALSE)
```

❹ 按 Enter 键，即可得出使用概率密度函数计算的 F 概率分布函数值为 0.038555364，如图 10-181 所示。

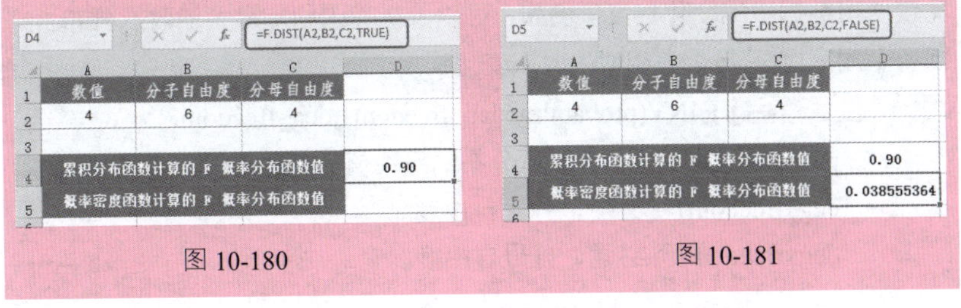

D4　=F.DIST(A2,B2,C2,TRUE)

	A	B	C	D
1	数值	分子自由度	分母自由度	
2	4	6	4	
3				
4	累积分布函数计算的 F 概率分布函数值			0.90
5	概率密度函数计算的 F 概率分布函数值			

图 10-180

D5　=F.DIST(A2,B2,C2,FALSE)

	A	B	C	D
1	数值	分子自由度	分母自由度	
2	4	6	4	
3				
4	累积分布函数计算的 F 概率分布函数值			0.90
5	概率密度函数计算的 F 概率分布函数值			0.038555364

图 10-181

2. F.DIST.RT［返回两个数据集的（右尾）F 概率分布］

【函数功能】F.DIST.RT 函数用于返回两个数据集的（右尾）F 概率分布（变化程度）。

【函数语法】F.DIST.RT(x,deg_freedom1,deg_freedom2,cumulative)

- x：用于函数计算的值。
- deg_freedom1：必需，分子的自由度。
- deg_freedom2：必需，分母的自由度。
- cumulative：必需，决定函数形式的逻辑值。如果 cumulative 为 TRUE，则 F.DIST.RT 函数返回累积分布函数值；如果为 FALSE，则返回概率密度函数值。

例：返回 F 概率分布函数值（右尾）

扫一扫，看视频

❶ 选中 D2 单元格，在编辑栏中输入公式：

```
=F.DIST.RT(A2,B2,C2)
```

❷ 按 Enter 键，即可返回数值为 6、分子自由度为 2 和分母自由度为 3 时的 F 概率分布函数值，即 0.089442719，如图 10-18 所示。

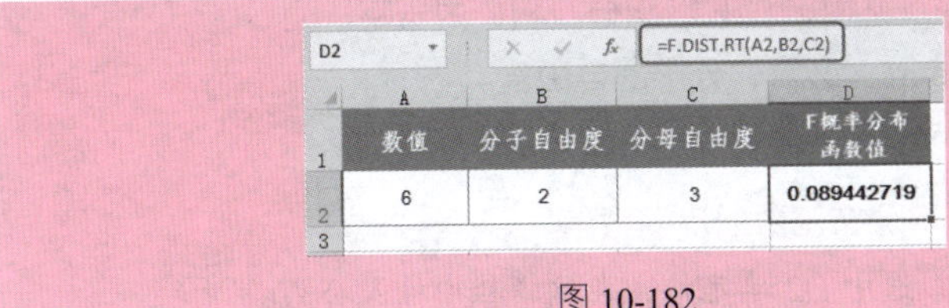

D2　=F.DIST.RT(A2,B2,C2)

	A	B	C	D
1	数值	分子自由度	分母自由度	F概率分布函数值
2	6	2	3	0.089442719
3				

图 10-182

3. F.INV［返回（左尾）F 概率分布函数的反函数值］

【函数功能】F.INV 函数返回（左尾）F 概率分布函数的反函数值。如果 p = F.DIST(x,...)，则 F.INV(p,...) = x。在 F(f)检验中，可以使用 F 概率分布比较两组数据中的变化程度。例如，可以分析美国和加拿大的收入分布，判断两个国家/地区是否有相似的收入变化程度。

【函数语法】F.INV(probability,deg_freedom1,deg_freedom2)

- probability：必需，F 累积分布的概率值。
- deg_freedom1：必需，分子自由度。
- deg_freedom2：必需，分母自由度。

例：返回 F 概率分布函数的反函数值

扫一扫，看视频

❶ 选中 D4 单元格，在编辑栏中输入公式：

```
=F.INV(A2,B2,C2)
```

❷ 按 Enter 键，即可返回 F 概率（左尾）分布函数的反函数值为 4.01，如图 10-183 所示（可与 F.DIST 函数的返回值进行对比）。

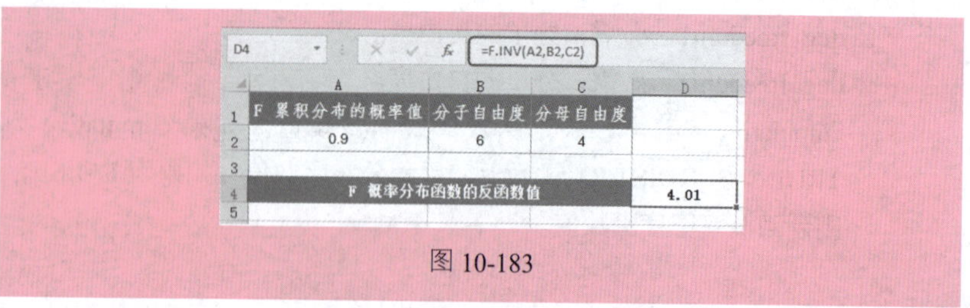

	A	B	C	D
1	F 累积分布的概率值	分子自由度	分母自由度	
2	0.9	6	4	
3				
4	F 概率分布函数的反函数值			4.01
5				

图 10-183

4. F.INV.RT［返回（右尾）F 概率分布函数的反函数值］

【函数功能】F.INV.RT 函数用于返回（右尾）F 概率分布函数的反函数值。

【函数语法】F.INV.RT(probability,deg_freedom1,deg_freedom2)

- probability：必需，与 F 累积分布相关的概率。
- deg_freedom1：必需，分子的自由度。
- deg_freedom2：必需，分母的自由度。

例：返回 F 概率分布函数的反函数值

扫一扫，看视频

❶ 选中 D2 单元格，在编辑栏中输入公式：

```
=F.INV.RT(A2,B2,C2)
```

❷ 按 Enter 键，即可返回 F 概率分布值为 0.089442719、分子自由度为 2 和分母自由度为 3 时的 F 概率分布函数的反函数值，即 6.000000006，如图 10-184 所示（可与 F.DIST.RT 函数的返回值进行对比）。

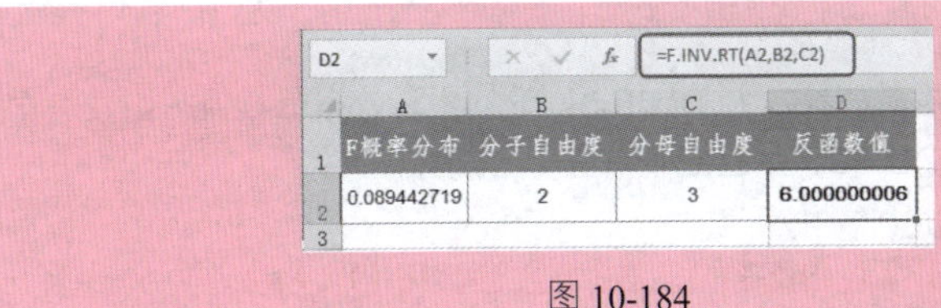

	A	B	C	D
1	F概率分布	分子自由度	分母自由度	反函数值
2	0.089442719	2	3	6.000000006
3				

D2 =F.INV.RT(A2,B2,C2)

图 10-184

10.8.6 Beta 分布

1. BETA.DIST（返回 Beta 分布）

【函数功能】BETA.DIST 函数用于返回 Beta 分布累积函数的函数值。

【函数语法】BETA.DIST(x,alpha,beta,cumulative,[a],[b])

- x：介于 a 和 b 之间用于函数计算的值。
- alpha：必需，分布参数。
- beta：必需，分布参数。
- cumulative：必需，决定函数形式的逻辑值。如果 cumulative 为 TRUE，则 BETA.DIST 函数返回 Beta 分布累积函数的函数值；如果为 FALSE，则返回概率密度函数值。
- a：可选，x 所属区间的下界。
- b：可选，x 所属区间的上界。

例：返回 Beta 累积分布的概率密度函数值

本例已知数值为 8，给定 alpha 分布参数为 3、Beta 分布参数为 4.5、下界为 1 和上界为 10，利用 BETA.DIST 函数可以返回累积分布函数值。

扫一扫，看视频

❶ 选中 D4 单元格，在编辑栏中输入公式：

```
=BETA.DIST(A2,B2,C2,TRUE,D2,E2)
```

❷ 按 Enter 键即可返回累积分布函数值 0.986220864，如图 10-185 所示。

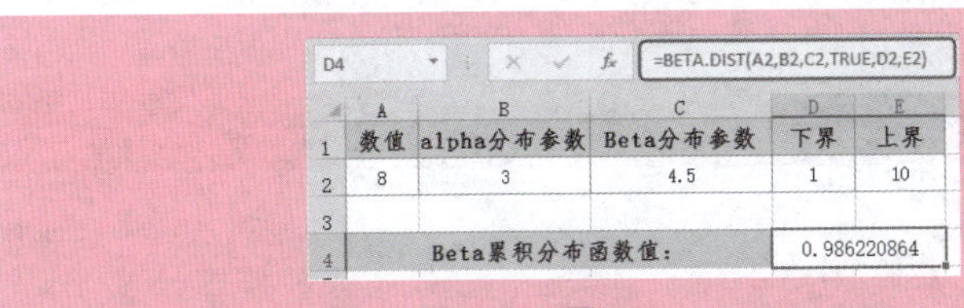

	A	B	C	D	E
1	数值	alpha分布参数	Beta分布参数	下界	上界
2	8	3	4.5	1	10
3					
4	Beta累积分布函数值:			0.986220864	

D4 =BETA.DIST(A2,B2,C2,TRUE,D2,E2)

图 10-185

【公式解析】

如果逻辑值参数为 TRUE，则返回累积分布函数值；如果为 FALSE，则返回概率密度函数值

=BETA.DIST(A2,B2,C2,TRUE,D2,E2)

2. BETA.INV（返回 Beta 累积概率密度函数的反函数值）

【函数功能】BETA.INV 函数用于返回 Beta 累积概率密度函数（BETA.DIST）的反函数值。

【函数语法】BETA.INV(probability,alpha,beta,[a],[b])

- probability：必需，与 Beta 分布相关的概率。
- alpha：必需，分布参数。
- beta：必需，分布参数。
- a：可选，x 所属区间的下界。
- b：可选，x 所属区间的上界。

例：返回指定 Beta 累积概率密度函数的反函数值

扫一扫，看视频

❶ 选中 D4 单元格，在编辑栏中输入公式：

```
=BETA.INV(A2,B2,C2,D2,E2)
```

❷ 按 Enter 键即可返回概率值为 0.685470581、分布参数为 8 和 10、下界和上界分别为 1 和 3 时的 Beta 累积概率密度函数的反函数值，即 2，如图 10-186 所示。

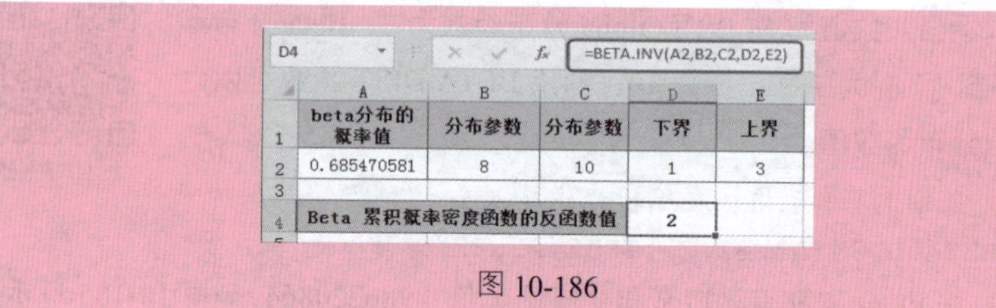

D4 | =BETA.INV(A2,B2,C2,D2,E2)

	A	B	C	D	E
1	beta分布的概率值	分布参数	分布参数	下界	上界
2	0.685470581	8	10	1	3
3					
4	Beta 累积概率密度函数的反函数值			2	

图 10-186

10.9 其他函数

1. PERMUT（返回排列数）

【函数功能】PERMUT 函数用于返回从给定数目的对象集合中选取的

若干对象的排列数。排列为有内部顺序的对象或事件的任意集合或子集。此函数可用于概率计算。

【函数语法】PERMUT(number,number_chosen)

- number：必需，元素总数。
- number_chosen：必需，每个排列中的元素数目。

【用法解析】

=PERMUT(4,2)

表示从 4 个数中提取两个数时，共有多少种排列方式

例：计算中奖率

本例规定中奖规则为：从 1 ~ 6 这 6 个数字中，随机抽取 4 个数字组合为一个 4 位数，作为中奖号码。

扫一扫，看视频

❶ 选中 B3 单元格，在编辑栏中输入公式：

```
=1/PERMUT(B1,B2)
```

❷ 按 Enter 键即可得出中奖率，如图 10-187 所示。

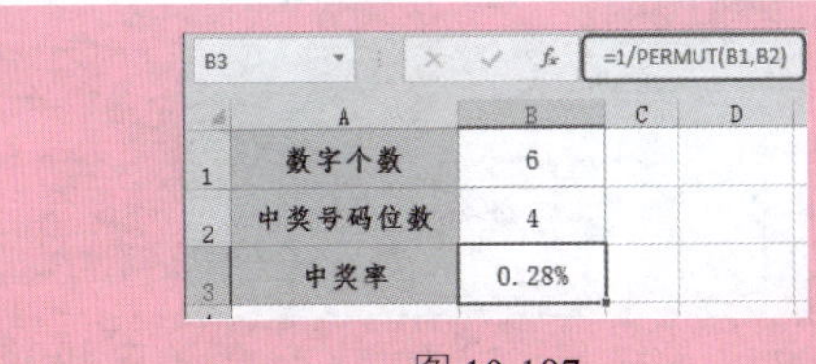

B3 =1/PERMUT(B1,B2)

	A	B	C	D
1	数字个数	6		
2	中奖号码位数	4		
3	中奖率	0.28%		

图 10-187

【公式解析】

① 返回值：在 6 个数字中，每个排列由 4 个数字组成，共有多少种排列方式

② 用 1 除以①的返回结果，得出中奖率

2. PERMUTATIONA 函数（允许在重复的情况下返回排列数）

【函数功能】PERMUTATIONA 函数用于返回可从对象总数中选择的给定数目对象（含重复）的排列数。

【函数语法】PERMUTATIONA(number, number_chosen)

- number：必需，表示对象总数的整数。
- number_chosen：必需，表示每个排列中对象数目的整数。

【用法解析】

=PERMUTATIONA(4,2)

与 PERMUT 函数的区别在于，PERMUTATIONA 函数返回的排列数允许重复

例：返回排列数

扫一扫，看视频

❶ 选中 B3 单元格，在编辑栏中输入公式：

```
=PERMUTATIONA(B1,B2)
```

❷ 按 Enter 键即可得出排列数为 16，如图 10-188 所示。

【公式解析】

使用公式“=PERMUT(B1,B2)”，可以看到返回值为 12，如图 10-189 所示。

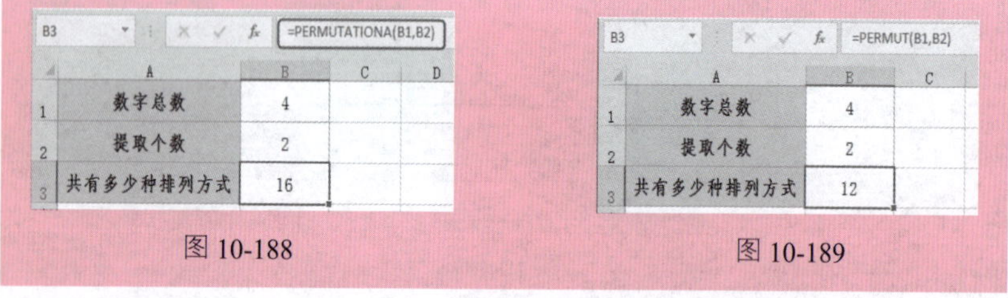

B3 =PERMUTATIONA(B1,B2)

	A	B	C	D
1	数字总数	4		
2	提取个数	2		
3	共有多少种排列方式	16		

图 10-188

B3 =PERMUT(B1,B2)

	A	B	C
1	数字总数	4	
2	提取个数	2	
3	共有多少种排列方式	12	

图 10-189

假设数字是 1、2、3、4，PERMUT 函数的返回结果可以是 12、13、14、23、24、34、43、42、41、32、31、21；而 PERMUTATIONA 函数的返回结果可以是 12、13、14、23、24、34、43、42、41、32、31、21、11、22、33、44。

3. MODE.SNGL（返回数组中的众数）

【函数功能】MODE.SNGL 函数用于返回在某一数组或数据区域中出现频率最高的数值。

【函数语法】MODE.SNGL (number1,[number2],...)

- number1：必需，要计算其众数的第一个参数。
- number2, ...：可选，表示要计算其众数的 2～254 个参数。

【用法解析】

=MODE.SNGL(A1:B10)

如果参数中不包含重复的数值，则 MODE.SNGL 函数返回“#N/A”错误值。参数可以是单一数组，也可以是多个数组，多个数组间使用逗号分隔。

例：返回最高气温中的众数（即出现频率最高的数）

图 10-190 所示的表格中给出的是 7 月份前半月的最高气温统计列表，要求统计出最高气温的众数。

扫一扫，看视频

❶ 选中 D2 单元格，在编辑栏中输入公式：

```
=MODE.SNGL(B2:B16)
```

❷ 按 Enter 键即可返回该数组中的众数为 36，如图 10-190 所示。

D2 =MODE.SNGL(B2:B16)

	A	B	C	D	E
1	日期	最高气温		最高气温众数	
2	2017/7/1	36		36	
3	2017/7/2	35			
4	2017/7/3	36			
5	2017/7/4	34			
6	2017/7/5	34			
7	2017/7/6	34			
8	2017/7/7	35			
9	2017/7/8	36			
10	2017/7/9	37			
11	2017/7/10	37			
12	2017/7/11	37			
13	2017/7/12	36			
14	2017/7/13	36			
15	2017/7/14	37			
16	2017/7/15	36			

图 10-190

4. MODE.MULT（返回一组数据中出现频率最高的数值）

【函数功能】MODE.MULT 函数用于返回一组数据或数据区域中出现频率最高或重复出现的数值的垂直数组。对于水平数组，则使用 TRANSPOSE(MODE.MULT(number1,number2,...))。

【函数语法】MODE.MULT(number1,[number2],...)

- number1：必需，要计算其众数的第一个数值参数（参数可以是数字或者包含数字的名称、数组或引用）。
- number2, ...：可选，表示要计算其众数的 2～254 个数值参数，也可以用单一数组或对某个数组的引用来代替用逗号分隔的参数。

如果数组或引用参数包含文本、逻辑值或空白单元格，则这些值将被忽略；但包含 0 值的单元格将计算在内。

【用法解析】

=MODE.MULT(A1:B10)

与 MODE.SNGL 函数的区别是，MODE.MULT 函数可以返回众数数组，即同时有多个众数时都会被一次性返回

如果参数中不包含重复的数值，则 MODE.MULT 函数返回“#N/A”错误值。参数可以用单一数组，也可以是多个数组，多个数组间使用逗号分隔

例：统计被投诉次数最多的工号

扫一扫，看视频

图 10-191 所示的表格中统计了本月被投诉的工号列表，可以使用 MODE.MULT 函数统计出被投诉次数最多的工号。被投诉相同次数的工号可能不止一个，如同时被投诉两次的可能有三个，使用 MODE.MULT 函数可以一次性返回。

❶ 选中 C2:C4 单元格区域，在编辑栏中输入公式：

```
=MODE.MULT(A2:A14)
```

❷ 按 Ctrl+Shift+Enter 组合键，即可返回该数据集中出现频率最高的数值列表，即 1085 和 1015 工号被投诉次数最多，如图 10-192 所示。

ASIN =MODE.MULT(A2:A14)

	A	B	C	D
1	本月被投诉的工号列表		被投诉次数最多的工号	
2	1085		LT(A2:A14)	
3	1015			
4	1021			
5	1015			
6	1060			
7	1011			
8	1070			
9	1085			
10	1009			
11	1007			
12	1022			
13	1019			
14	1018			

图 10-191

C2 {=MODE.MULT(A2:A14)}

	A	B	C	D
1	本月被投诉的工号列表		被投诉次数最多的工号	
2	1085		1085	
3	1015		1015	
4	1021		#N/A	
5	1015			
6	1060			
7	1011			
8	1070			
9	1085			
10	1009			
11	1007			
12	1022			
13	1019			
14	1018			

图 10-192

【公式解析】

=MODE.MULT(A2:A14)

因为返回的是众数列表，所以使用的是数组公式。在输入公式前选择的单元格个数根据情况而定，但要保证大于当前数据列表中的众数个数

5. FREQUENCY（频数分布统计）

【函数功能】FREQUENCY 函数用于计算数值在某个区域内出现的频率，然后返回一个垂直数组。例如，使用 FREQUENCY 函数可以在分数区域内计算测验分数的个数。因为 FREQUENCY 函数返回一个数组，所以它必须以数组公式的形式输入。

【函数语法】FREQUENCY(data_array,bins_array)

- data_array：必需，一个数组或对一组数值的引用，要为它计算频率。
- bins_array：必需，一个区间数组或对区间的引用，该区间用于对 data_array 中的数值进行分组。

【用法解析】

=FREQUENCY(B2:E26,G11:G14)

B2:E26 → 目标数据区域

G11:G14 → 使用该区域的数据进行分组，如果 bins_array 中不包含任何数值，则返回的值与 data_array 中的元素个数相等

例：统计考试分数的分布区间

图 10-193 所示的表格中统计了某次驾校考试中 80 名学员的考试成绩，现在需要统计出各个分数段的人数，可以使用 FREQUENCY 函数。

扫一扫，看视频

❶ 将数据分好组限并写好其代表的区间，一般组限间采用相同的组距，选中 H3:H6 单元格区域，在编辑栏中输入公式：

```
=FREQUENCY(A2:D21,F3:F6)
```

❷ 按 Ctrl+Shift+Enter 组合键，即可一次性统计出各个分数区间的人数，如图 10-193 所示。

H3 {=FREQUENCY(A2:D21, F3:F6)}

	A	B	C	D	E	F	G	H
1	驾校考试成绩表					分组结果		
2	82	99	99	98		组限	区间	频数
3	97	100	96	96		65	<=65	4
4	100	95	95	96		77	65-77	7
5	73	97	100	66		89	77-89	10
6	99	97	97	68		101	89-100	59
7	96	99	99	98				
8	54	98	95	98				
9	99	96	72	65				
10	99	100	98	98				
11	96	55	95	69				
12	81	96	95	97				
13	98	96	84	88				
14	97	97	77	100				
15	88	58	99	98				
16	71	100	96	99				
17	78	97	97	100				
18	96	78	95	78				
19	99	95	96	96				
20	79	97	88	100				
21	96	97	96	100				

图 10-193

【公式解析】

=FREQUENCY(A2:D21, F3:F6)

A2:D21：想统计的数据区间，先按自己的要求分好组

F3:F6：数据整体

6. PROB（返回数值落在指定区间内的概率）

【函数功能】PROB 函数用于返回区域中的数值落在指定区间内的概率。

【函数语法】PROB(x_range,prob_range, [lower_limit], [upper_limit])

- x_range：必需，具有各自相应概率值的 x 数值区域。
- prob_range：必需，与 x_range 中的数值相对应的一组概率值，并且一组概率值的和为 1。
- lower_limit：可选，用于概率求和计算的数值下界。
- upper_limit：可选，用于概率求和计算的数值可选上界。

例：计算出中奖概率

扫一扫，看视频

本例 A2:A7 单元格区域为奖项的编号，并设置了对应的奖项类别，C 列为中奖率统计。

❶ 选中 E2 单元格，在编辑栏中输入公式：

```
=PROB(A2:A7,C2:C7,1,2)
```

❷ 按 Enter 键即可返回中特等奖或一等奖的概率（默认是小数值），如图 10-194 所示。

❸ 选中 E2 单元格，将数据更改为包含两位小数的百分比值，如图 10-195 所示。

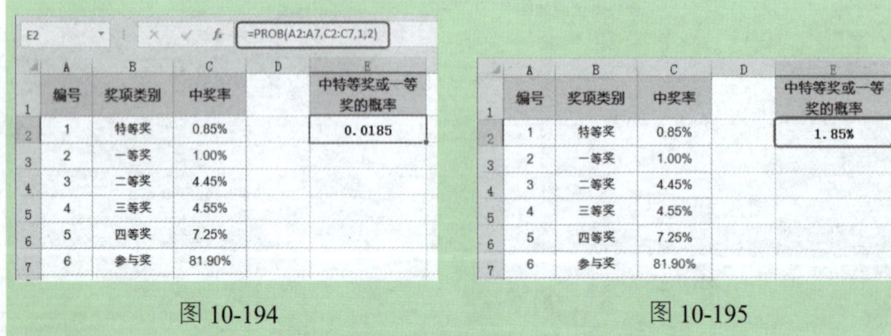

E2 =PROB(A2:A7,C2:C7,1,2)

	A	B	C	D	E
1	编号	奖项类别	中奖率		中特等奖或一等奖的概率
2	1	特等奖	0.85%		0.0185
3	2	一等奖	1.00%		
4	3	二等奖	4.45%		
5	4	三等奖	4.55%		
6	5	四等奖	7.25%		
7	6	参与奖	81.90%		

图 10-194

	A	B	C	D	E
1	编号	奖项类别	中奖率		中特等奖或一等奖的概率
2	1	特等奖	0.85%		1.85%
3	2	一等奖	1.00%		
4	3	二等奖	4.45%		
5	4	三等奖	4.55%		
6	5	四等奖	7.25%		
7	6	参与奖	81.90%		

图 10-195

7. HYPGEOM.DIST（返回超几何分布）

【函数功能】HYPGEOM.DIST 函数用于返回超几何分布。如果已知样本容量、总体成功次数和总体大小，则 HYPGEOM.DIST 函数返回样本取得已知成功次数的概率。使用 HYPGEOM.DIST 函数处理以下有限总体问题，在该有限总体中，每次观察结果或为成功或为失败，并且已知样本量的每个子集的选取是等可能的。

【函数语法】

HYPGEOM.DIST(sample_s, number_sample, population_s, number_pop, cumulative)

- sample_s：必需，样本中成功的次数。
- number_sample：必需，样本容量。
- population_s：必需，样本总体中成功的次数。
- number_pop：必需，样本总体的容量。
- cumulative：必需，决定函数形式的逻辑值。

例：返回超几何分布

员工总人数为 225，其中女员工 79 名，选出 35 名员工参加技术比赛，包括 9 名女员工。计算在选出的 9 名员工中，恰好选出 6 名女员工的概率。

❶ 选中 E2 单元格，在编辑栏中输入公式：

```
=HYPGEOM.DIST(D2,C2,B2,A2,FALSE)
```

❷ 按 Enter 键即可返回恰好选出 6 名女员工的概率为 0.071197693，如图 10-196 所示。

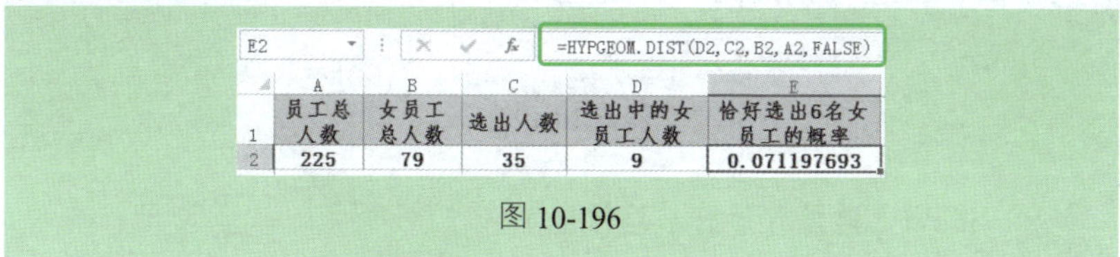

	A	B	C	D	E
1	员工总人数	女员工总人数	选出人数	选出中的女员工人数	恰好选出6名女员工的概率
2	225	79	35	9	0.071197693

图 10-196

8. KURT（返回数据集的峰值）

【函数功能】KURT 函数用于返回一组数据的峰值。峰值反映与正态分布相比某一分布的相对尖锐度或平坦度，正峰值表示相对尖锐的分布，负峰值表示相对平坦的分布。

【函数语法】KURT(number1, [number2], ...)

number1,number2,...：number1 是必需参数，表示需要计算其峰值的 1 ~ 30 个参数。可以使用逗号分隔参数的形式，还可以使用单一数组，即对数组单元格的引用。

【用法解析】

=KURT(B2:B26)

如果数组或引用参数里包含文本、逻辑值或空白单元格，这些值将被忽略，但包含 0 值的单元格将计算在内；如果数据点少于 4 个，或样本标准偏差等于 0，则返回“#DIV/0!”错误值

例：计算商品在一段时期内价格的峰值

扫一扫，看视频

图 10-197 所示的表格中为随机抽取一段时间内各地大米的价格，要计算这组数据的峰值，检验大米价格分布是尖锐还是平坦。

❶ 选中 G1 单元格，在编辑栏中输入公式：

```
=KURT(A2:D7)
```

❷ 按 Enter 键即可返回 A2:D7 单元格区域数据集的峰值，如图 10-197 所示。

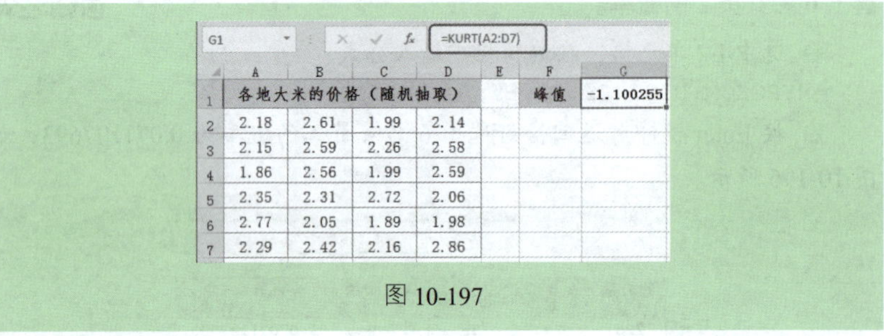

G1 =KURT(A2:D7)

	A	B	C	D	E	F	G
1	各地大米的价格（随机抽取）					峰值	-1.100255
2	2.18	2.61	1.99	2.14			
3	2.15	2.59	2.26	2.58			
4	1.86	2.56	1.99	2.59			
5	2.35	2.31	2.72	2.06			
6	2.77	2.05	1.89	1.98			
7	2.29	2.42	2.16	2.86			

图 10-197

9. SKEW（返回分布的不对称度）

【函数功能】SKEW 函数用于返回分布的不对称度。不对称度体现了某一分布相对于其平均值的不对称程度。正不对称度表明分布的不对称尾部趋向于正值；负不对称度表明分布的不对称尾部更多趋向于负值。

【函数语法】SKEW(number1,[number2],...)

number1,number2,...：number1 是必需参数，表示需要计算不对称度的

1～30 个参数。

【用法解析】

=SKEW(B2:B26)

参数必须为数字，其他类型的值都会被忽略。

如果 SKEW 函数参数中的数据点个数少于 3 个，或样本标准偏差为 0，则返回错误值“#DIV/0!”

例：计算商品在一段时期内价格的不对称度

根据表格中各地大米的价格可以计算其价格的不对称度。

扫一扫，看视频

❶ 选中 G1 单元格，在编辑栏中输入公式：

```
=SKEW(A2:D7)
```

❷ 按 Enter 键即可返回 A2:D7 单元格区域数据集的不对称度，如图 10-198 所示。

	A	B	C	D	E	F	G
1	各地大米的价格（随机抽取）					不对称度	0.7781761
2	3.18	2.61	1.75	2.14			
3	2.15	2.59	2.26	3.58			
4	1.86	1.56	1.83	2.99			
5	2.35	2.31	3.72	2.06			
6	2.97	2.05	1.79	1.58			
7	2.29	2.42	2.16	2.86			

图 10-198

10. CONFIDENCE.T（t 分布返回总体平均值的置信区间）

【函数功能】CONFIDENCE.T 函数用于使用 t 分布返回总体平均值的置信区间，它是样本平均值任意一侧的区域。

【函数语法】CONFIDENCE.T(alpha,standard_dev,size)

- alpha：必需，用于计算置信度的显著性水平。置信度等于 100×(1-alpha)%，也就是说，如果 alpha 为 0.05，则置信度为 95%。
- standard_dev：必需，数据区域的总体标准偏差，假设为已知。
- size：必需，样本大小。

例：使用 t 分布返回总体平均值的置信区间

扫一扫，看视频

例如，假设样本取自 50 名学生的考试成绩，他们的平均分为 70 分，总体标准偏差为 5 分，置信度为 95%。可以使用

CONFIDENCE.T 计算总体平均值的置信区间。

❶ 选中 B5 单元格，在编辑栏中输入公式：

```
=CONFIDENCE.T(B3,B2,B1)
```

❷ 按 Enter 键，返回结果约为 1.42，即此次考试总体平均值的置信区间为 70±1.42 分，如图 10-199 所示。

11. CONFIDENCE.NORM（正态分布返回总体平均值的置信区间）

【函数功能】CONFIDENCE.NORM 函数用于使用正态分布返回总体平均值的置信区间，它是样本平均值任意一侧的区域。

【函数语法】CONFIDENCE.NORM(alpha,standard_dev,size)

- alpha：必需，用于计算置信度的显著性水平。置信度等于 100×(1−alpha)%，也就是说，如果 alpha 为 0.05，则置信度为 95%。
- standard_dev：必需，数据区域的总体标准偏差，假设为已知。
- size：必需，样本大小。

例：使用正态分布返回总体平均值的置信区间

扫一扫，看视频

例如，假设样本取自 100 名工人完成某项工作的平均时间为 30 分钟，总体标准偏差为 4 分钟，置信度为 95%。可以使用 CONFIDENCE.NORM 函数计算总体平均值的置信区间。

❶ 选中 B5 单元格，在编辑栏中输入公式：

```
=CONFIDENCE.NORM(B3,B2,B1)
```

❷ 按 Enter 键，返回结果约为 0.78，即此次测试总体平均值的置信区间为 30±0.78 分，如图 10-200 所示。

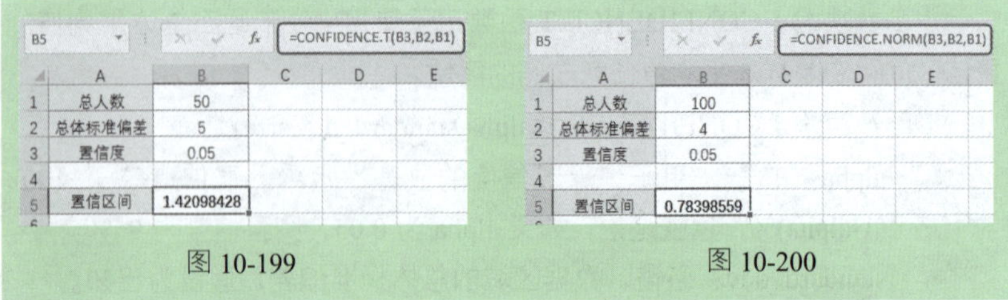

图 10-199　　图 10-200

12. PEARSON［返回皮尔逊（Pearson）乘积矩相关系数］

【函数功能】PEARSON 函数用于返回皮尔逊乘积矩相关系数 r，这是一个范围在−1.0～1.0 之间（包括−1.0 和 1.0 在内）的无量纲指数，反映了两

个数据集合之间的线性相关程度。

【函数语法】PEARSON(array1,array2)

- array1：必需，自变量集合。
- array2：必需，因变量集合。

例：返回两个数值集合之间的线性相关程度

❶ 选中 C9 单元格，在编辑栏中输入公式：

```
=PEARSON(B2:B7,C2:C7)
```

❷ 按 Enter 键，即可返回两类产品测试结果的线性相关程度值为-0.163940858，如图 10-201 所示。

13. RSQ（返回皮尔逊乘积矩相关系数的平方）

【函数功能】RSQ 函数通过 known_y's 和 known_x's 中的数据点返回皮尔逊乘积矩相关系数的平方。

【函数语法】RSQ(known_y's,known_x's)

- known_y's：必需，数组或数据点区域。
- known_x's：必需，数组或数据点区域。

例：返回皮尔逊乘积矩相关系数的平方

❶ 选中 C9 单元格，在编辑栏中输入公式：

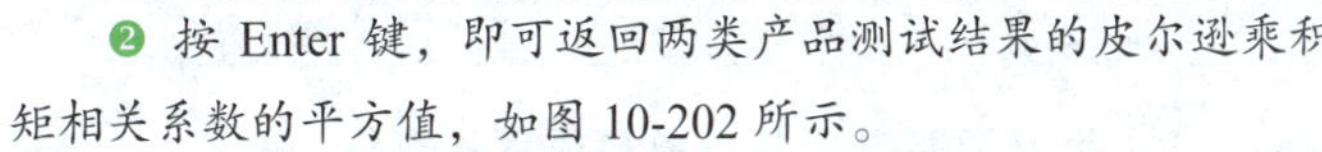

```
=RSQ(B2:B7,C2:C7)
```

❷ 按 Enter 键，即可返回两类产品测试结果的皮尔逊乘积矩相关系数的平方值，如图 10-202 所示。

C9 =PEARSON(B2:B7,C2:C7)

	A	B	C
1	测试次数	Ⅰ类产品测试结果	Ⅱ类产品测试结果
2	1	75	85
3	2	95	85
4	3	78	70
5	4	61	85
6	5	85	81
7	6	71	89
8			
9	测试结果的线性相关程度		-0.163940858

图 10-201

C9 =RSQ(B2:B7,C2:C7)

	A	B	C
1	测试次数	Ⅰ类产品测试结果	Ⅱ类产品测试结果
2	1	75	85
3	2	95	85
4	3	78	70
5	4	61	85
6	5	85	81
7	6	71	89
8			
9	测试结果乘积矩相关系数的平方值		0.026876605

图 10-202

14. GAMMA.DIST（返回伽马分布函数的函数值）

【函数功能】GAMMA.DIST 函数用于返回伽马分布函数的函数值。可以使用此函数来研究呈斜分布的变量。伽马分布通常用于排队分析。

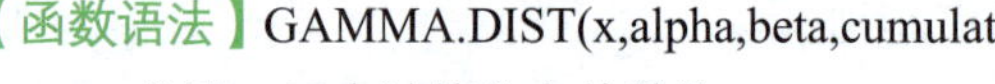

【函数语法】GAMMA.DIST(x,alpha,beta,cumulative)

- x：必需，用来计算分布的数值。
- alpha：必需，分布参数。
- beta：必需，分布参数。如果 beta=1，则 GAMMA.DIST 函数返回标准伽马分布。
- cumulative：必需，决定函数形式的逻辑值。如果 cumulative 为 TRUE，则 GAMMA.DIST 函数返回累积分布函数值；如果为 FALSE，则返回概率密度函数值。

扫一扫，看视频

例：返回伽马分布函数的函数值

❶ 选中 B4 单元格，在编辑栏中输入公式：

```
=GAMMA.DIST(A2,B2,C2,FALSE)
```

❷ 按 Enter 键即可返回概率密度值，如图 10-203 所示。

❸ 选中 B5 单元格，在编辑栏中输入公式：

```
=GAMMA.DIST(A2,B2,C2,TRUE)
```

❹ 按 Enter 键即可返回累积分布值，如图 10-204 所示。

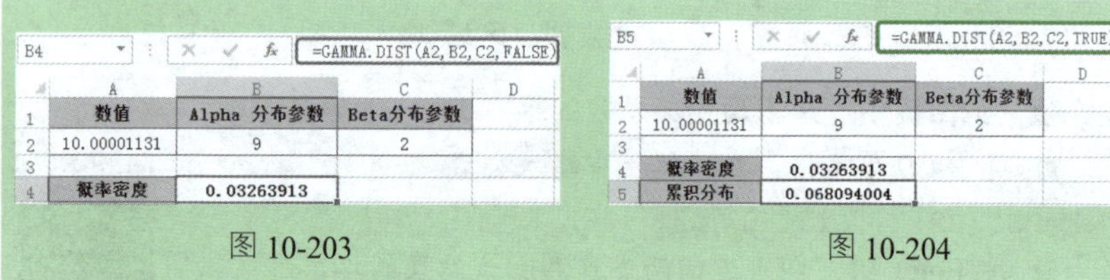

图 10-203　　图 10-204

15. GAMMA.INV（返回伽马累积分布函数的反函数值）

【函数功能】GAMMA.INV 函数用于返回伽马累积分布函数的反函数值。如果 p=GAMMA.DIST(x,...)，则 GAMMA.INV(p,...)=x。此函数可用于研究有可能呈斜分布的变量。

【函数语法】GAMMA.INV(probability,alpha,beta)

- probability：必需，伽马分布相关的概率。
- alpha：必需，分布参数。
- beta：必需，分布参数。如果 beta=1，则返回标准伽马分布。

扫一扫，看视频

例：返回伽马累积分布函数的反函数值

❶ 选中 C4 单元格，在编辑栏中输入公式：

```
=GAMMA.INV(A2,B2,C2)
```

❷ 按 Enter 键，即可返回给定条件的伽马累积分布函数的反函数值，如图 10-205 所示。

16. GAMMALN（返回伽马函数的自然对数）

【函数功能】GAMMALN 函数用于返回伽马函数的自然对数。

【函数语法】GAMMALN(x)

x：必需，要计算 GAMMALN 函数的数值（x>0）。

例：返回伽马函数的自然对数

❶ 选中 B2 单元格，在编辑栏中输入公式：

```
=GAMMALN(A2)
```

❷ 按 Enter 键即可返回数值 0.55 的伽马函数的自然对数，如图 10-206 所示。

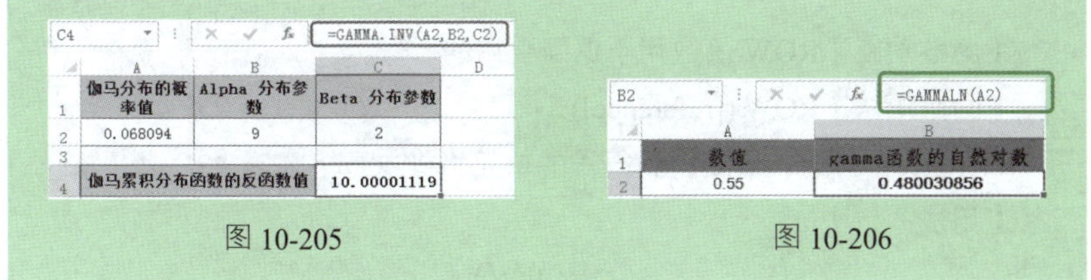

=GAMMA.INV(A2,B2,C2)

	A	B	C
1	伽马分布的概率值	Alpha 分布参数	Beta 分布参数
2	0.068094	9	2
3			
4	伽马累积分布函数的反函数值		10.00001119

图 10-205

=GAMMALN(A2)

	A	B
1	数值	gamma函数的自然对数
2	0.55	0.480030856

图 10-206

17. GAMMALN.PRECISE（返回伽马函数的自然对数）

【函数功能】GAMMALN.PRECISE 函数用于返回伽马函数的自然对数。

【函数语法】GAMMALN.PRECISE (x)

x：必需，要计算其 GAMMALN.PRECISE 的数值。若 x 为非数值型，则 GAMMALN.PRECISE 函数返回错误值“#VALUE!”；若 x≤0，则 GAMMALN. PRECISE 函数返回错误值“#NUM!”。

例：返回 4 的伽马函数的自然对数

❶ 选中 B2 单元格，在编辑栏中输入公式：

```
=GAMMALN.PRECISE(A2)
```

❷ 按 Enter 键，即可返回 4 的伽马函数的自然对数为 1.791759469，如图 10-207 所示。

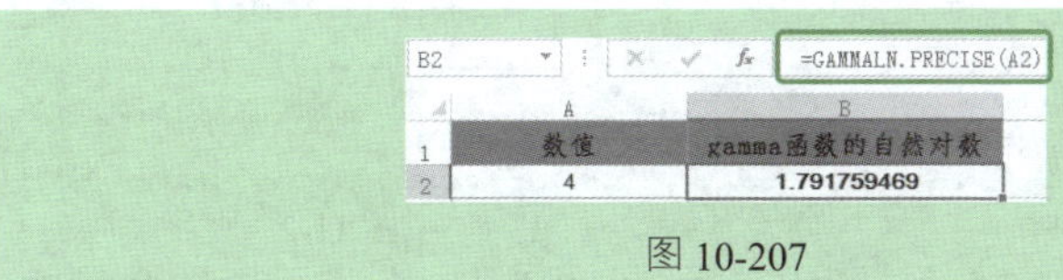

=GAMMALN.PRECISE(A2)

	A	B
1	数值	gamma函数的自然对数
2	4	1.791759469

图 10-207

第 11 章　查找函数和引用函数

11.1 查找函数

查找函数主要为 LOOKUP、VLOOKUP、HLOOKUP、MATCH、INDEX 几个函数，同时还包括 ROW、ROWS、COLUMN、COLUMNS 几个函数。它们是辅助函数，常搭配其他查找函数使用。本节将给出一些应用实例。

1. ROW（返回引用的行号）

【函数功能】ROW 函数用于返回引用的行号。

【函数语法】ROW ([reference])

reference：可选，需要得到行号的单元格或单元格区域。

【用法解析】

=ROW()

如果省略参数，则返回的是 ROW 函数所在单元格的行号。例如，在图 11-1 所示的表格中，在 B2 单元格中使用公式“=ROW()”，返回值就是 B2 的行号，所以返回 2

=ROW(C5)

如果参数是单个单元格，则返回的是给定引用单元格的行号。例如，在图 11-2 所示的表格中，使用公式“=ROW(C5)”，返回值就是 5。至于选择哪个单元格来显示返回值可以任意进行

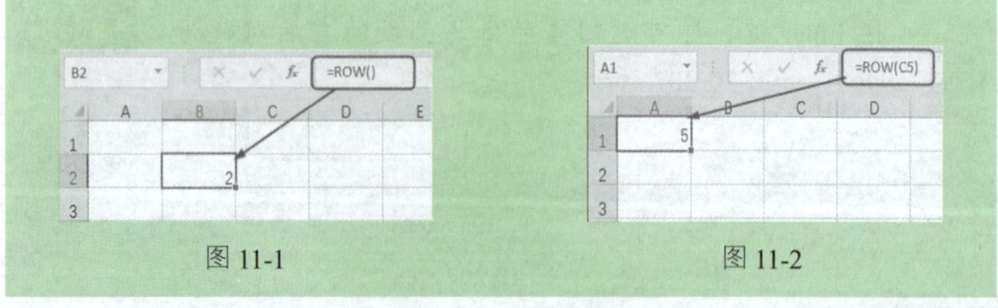

图 11-1　　图 11-2

如果参数是一个单元格区域，并且 ROW 函数作为垂直数组输入（因为水平数组无论有多少列，其行号只有一个），则 ROW 函数将 reference 的行号以垂直数组的形式返回。但注意要使用数组公式。例如，在图 11-3 所示的表格中，使用公式“=ROW(D2:D6)”，按 Ctrl+Shift+Enter 组合键，可以返回 D2:D6 单元格区域的一组行号

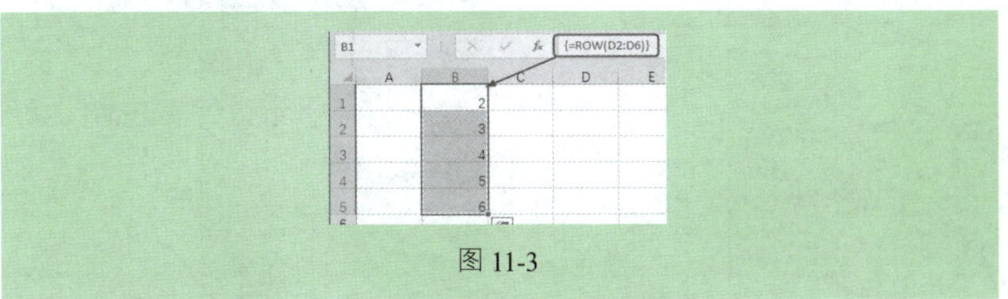

图 11-3

注意：

ROW 函数在进行运算时是一个构建数组的过程，数组中的元素可能只有一个数值，也可能有多个数值。当 ROW 函数没有参数，或参数只包含一行单元格时，函数返回包含一个数值的数组；当 ROW 函数的参数包含多行单元格时，函数返回包含多个数值的单列数组。

例 1：生成批量序列

巧用 ROW 函数的返回值，可以实现对批量递增序号的填充，如要输入 1000 条记录或更多记录的序号，则可以用 ROW 函数建立公式来实现快速输入。

扫一扫，看视频

❶ 在数据编辑区左上角的名称框中输入单元格地址，要在哪些单元格中填充就输入对应的地址（见图 11-4），按 Enter 键即可选中该区域，如图 11-5 所示。

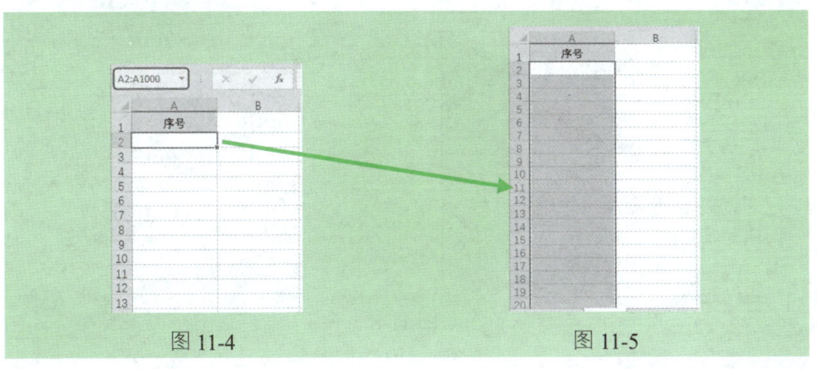

图 11-4　　图 11-5

❷ 在编辑栏中输入公式（见图 11-6）：

```
="PCQ_hp"&ROW()-1
```

❸ 按 Ctrl+Shift+Enter 组合键，即可实现一次性输入批量序号，如图 11-7 所示。

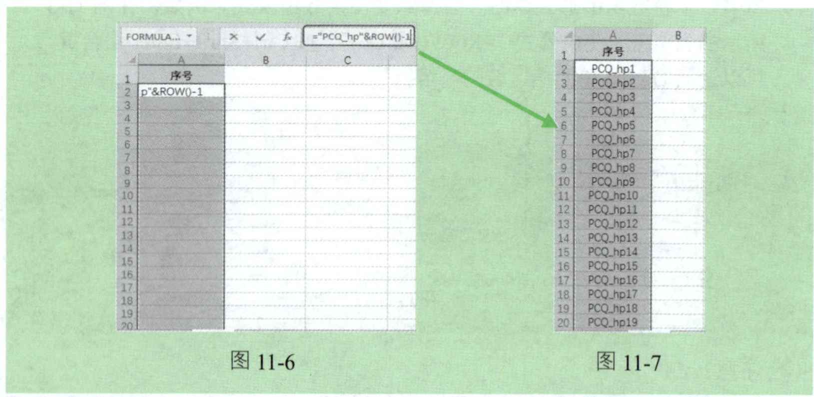

图 11-6　　　　图 11-7

【公式解析】

前面连接序号的文本可以自定义

="PCQ_hp"&ROW()-1

随着公式向下填充，行号不断增加，ROW 函数会不断返回当前单元格的行号，因此实现了序号的递增

例 2：让序号自动重复 3 行（自定义）

扫一扫，看视频

搭配使用 ROW 函数与 INT 函数可以批量获取自动重复几行的编号，如编号 1 重复 3 行后再自动进入编号 2，如图 11-8 所示。

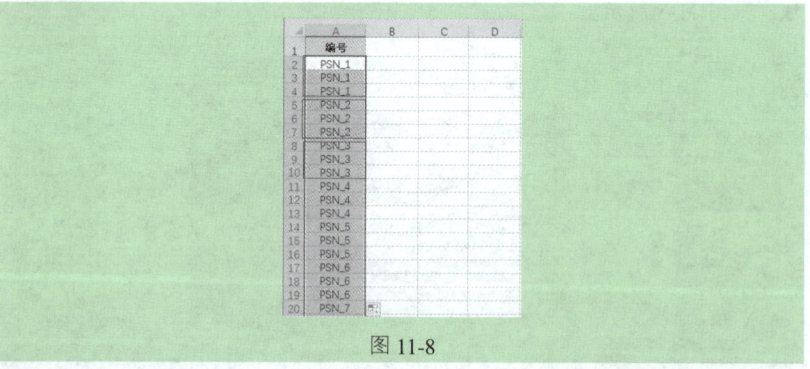

图 11-8

❶ 选中 A2 单元格，在编辑栏中输入公式（见图 11-9）：

```
="PSN_"&INT((ROW(A1)-1)/3)+1
```

❷ 按 Enter 键，得到第一个序号，如图 11-10 所示。将 A2 单元格的公式向下填充，可得到批量序号。

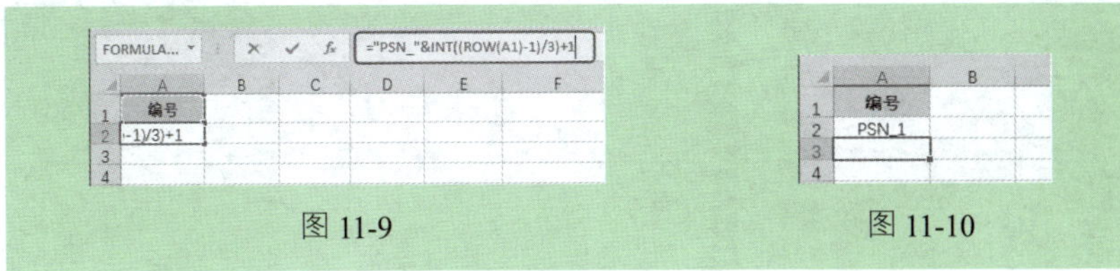

图 11-9　　　　图 11-10

【公式解析】

需要重复几遍就设置此值为几

="PSN_"&INT((ROW(A1)-1)/3)+1

当公式向下复制到 A4 单元格中时，ROW 函数的取值依次是 2、3、4，它们的行号减 1 后再除以 3，用 INT 函数取整的结果都为 0，进行加 1 处理，得到的是连续的 3 个 1；当公式复制到 A5 单元格中时，ROW 函数的取值为 5，5−2 后再除以 3，INT 函数取整结果为 1，进行加 1 处理，得到数字 2；以此类推，得出剩下的编号

例 3：分科目统计平均分

本例表格中统计了学生成绩，其统计方式如图 11-11 所示，即将语文与数学两个科目统计在一列中了，如果想分科目统计平均分，就无法直接求取了，此时可以使用 ROW 函数辅助，以使公式能自动判断奇偶行，从而完成只对目标数据的计算。

扫一扫，看视频

	A	B	C	D	E
1	姓名	科目	分数		
2	吴佳娜	语文	97	语文平均分	
3		数学	85	数学平均分	
4	刘琰	语文	100		
5		数学	85		
6	赵晓	语文	99		
7		数学	87		
8	左亮亮	语文	85		
9		数学	91		
10	汪心盈	语文	87		
11		数学	98		
12	王蒙蒙	语文	87		
13		数学	82		
14	周沐天	语文	75		
15		数学	90		

图 11-11

❶ 选中 E2 单元格，在编辑栏中输入公式：

```
=AVERAGE(IF(MOD(ROW(B2:B15),2)=0,C2:C15))
```

❷ 按 Ctrl+Shift+Enter 组合键，求出语文平均分，如图 11-12 所示。

E2 | {=AVERAGE(IF(MOD(ROW(B2:B15),2)=0,C2:C15))}

	A	B	C	D	E	F	G
1	姓名	科目	分数				
2	吴佳娜	语文	97	语文平均分	90		
3		数学	85	数学平均分			
4	刘瑛	语文	100				
5		数学	85				
6	赵晓	语文	99				
7		数学	87				
8	左亮亮	语文	85				
9		数学	91				
10	汪心盈	语文	87				
11		数学	98				
12	王蒙蒙	语文	87				
13		数学	82				
14	周沐天	语文	75				
15		数学	90				

图 11-12

❸ 选中 E3 单元格，在编辑栏中输入公式：

```
=AVERAGE(IF(MOD(ROW(B2:B15)+1,2)=0,C2:C15))
```

❹ 按 Ctrl+Shift+Enter 组合键，求出数学平均分，如图 11-13 所示。

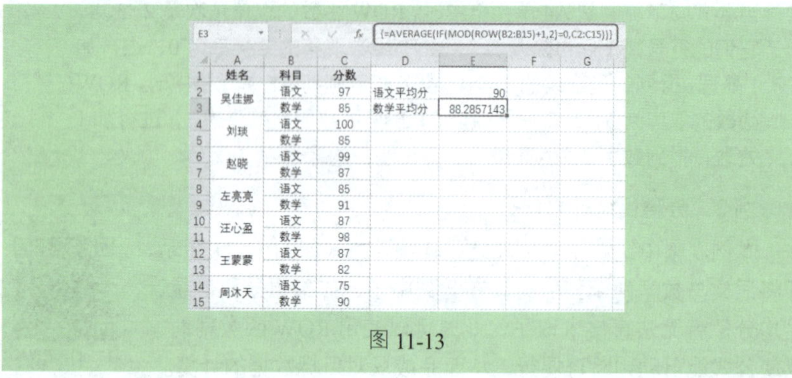

E3 | {=AVERAGE(IF(MOD(ROW(B2:B15)+1,2)=0,C2:C15))}

	A	B	C	D	E	F	G
1	姓名	科目	分数				
2	吴佳娜	语文	97	语文平均分	90		
3		数学	85	数学平均分	88.2857143		
4	刘瑛	语文	100				
5		数学	85				
6	赵晓	语文	99				
7		数学	87				
8	左亮亮	语文	85				
9		数学	91				
10	汪心盈	语文	87				
11		数学	98				
12	王蒙蒙	语文	87				
13		数学	82				
14	周沐天	语文	75				
15		数学	90				

图 11-13

【公式解析】

② 使用 MOD 函数将①返回数组中的各值除以 2。当①返回的数组值为偶数时，返回结果为 0；当①返回的数组值为奇数时，返回结果为 1

① 使用 ROW 函数返回 B2:B15 所有的行号。构建的是一个“{2;3;4;5;6;7;8;;10;11;12;13;14;15}”数组

④ 将③返回的数值进行求平均值运算

③ 使用 IF 函数判断②的结果是否为 0，若是则返回 TRUE，否则返回 FALSE。然后将结果为 TRUE 对应在 C2:C15 单元格区域中的数值返回，返回一个数组

注意：

由于ROW(B2:B15)返回的是“{2;3;4;5;6;7;8;9;10;11;12;13;14;15}”这样一个数组，首个是偶数，“语文”位于偶数行，因此求“语文”平均分时正好是对偶数行的值求平均值；相反，“数学”位于奇数行，因此需要加 1 处理，将ROW(B2:B15)的返回值转换成“{3;4;5;6;7;8;9;10;11;12;13;14;15;16}”，这时奇数行上的值除以 2，余数为 0，表示是符合求值条件的数据。

2. ROWS（返回引用的行数）

【函数功能】ROWS 函数用于返回引用或数组的行数。

【函数语法】ROWS (array)

array：必需，需要得到其行数的数组、数组公式或对单元格区域的引用。

【用法解析】

=ROWS(A1:A10)

ROWS 函数也用于计算“行”数，与 ROW 函数的区别在于，ROW 函数返回的是参数中区域各行行号组成的数组，而 ROWS 函数返回的是参数中区域的行数

例如，使用公式“=ROWS(A1:B5)”，按 Enter 键后返回的结果为 5（见图 11-14），表示这个区域共有 5 行。

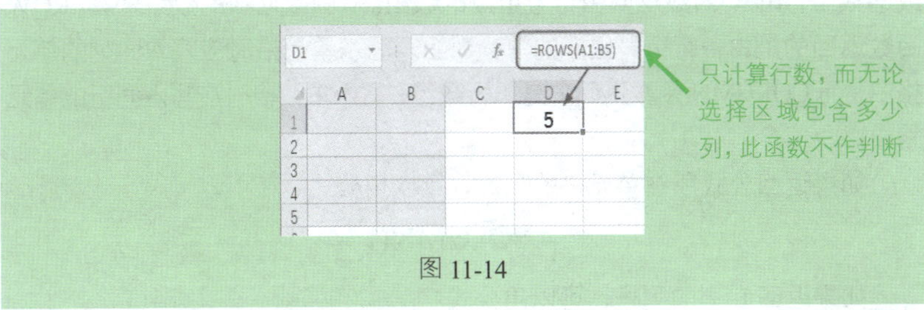

图 11-14

例：统计列表中销售记录的条数

扫一扫，看视频

根据 ROWS 函数的特性，可以用它来统计销售记录的条数。

❶ 选中 E3 单元格，在编辑栏中输入公式：

```
=ROWS(3:14)
```

❷ 按 Enter 键，变向统计出记录条数，如图 11-15 所示。

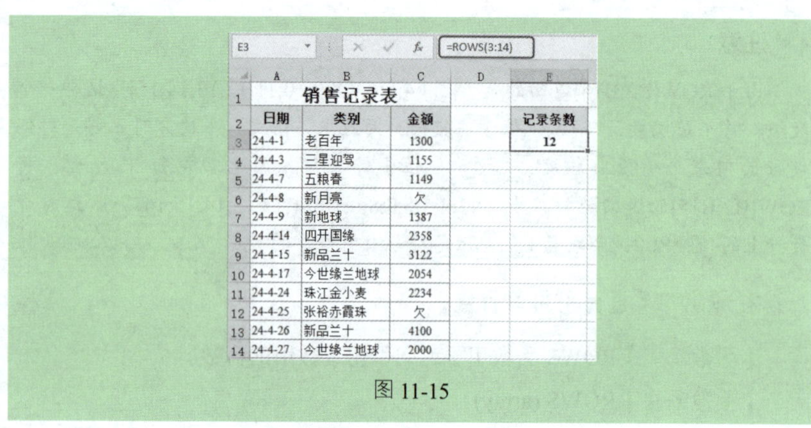

E3 =ROWS(3:14)

	A	B	C	D	E
1	销售记录表				
2	日期	类别	金额		记录条数
3	24-4-1	老百年	1300		12
4	24-4-3	三星迎驾	1155		
5	24-4-7	五粮春	1149		
6	24-4-8	新月亮	欠		
7	24-4-9	新地球	1387		
8	24-4-14	四开国缘	2358		
9	24-4-15	新品兰十	3122		
10	24-4-17	今世缘兰地球	2054		
11	24-4-24	珠江金小麦	2234		
12	24-4-25	张裕赤霞珠	欠		
13	24-4-26	新品兰十	4100		
14	24-4-27	今世缘兰地球	2000		

图 11-15

3. COLUMN（返回引用的列号）

【函数功能】COLUMN 函数用于返回引用单元格的列号。

【函数语法】COLUMN([reference])

reference：可选，要返回其列号的单元格或单元格区域。如果省略参数 reference 或该参数为一个单元格区域，并且 COLUMN 函数是以水平数组公式的形式输入的，则 COLUMN 函数将以水平数组的形式返回参数 reference 的列号。

【用法解析】

COLUMN 函数与 ROW 函数用法类似。COLUMN 函数返回由列号组成的数组，ROW 函数返回由行号组成的数组。从函数返回的数组来看，ROW 函数返回的是由各行行号组成的单列数组，写入单元格时应写入同列的单元格中，而 COLUMN 函数返回的是单行数组，写入单元格时应写入同行的单元格中。

如果返回公式所在单元格的列号，可以用公式：

=COLUMN()

如果返回 F 列的列号，可以用公式：

=COLUMN(F:F)

如果返回 A:F 中各列的列号数组，可以用公式：

=COLUMN(A:F)

效果如图 11-16 所示。

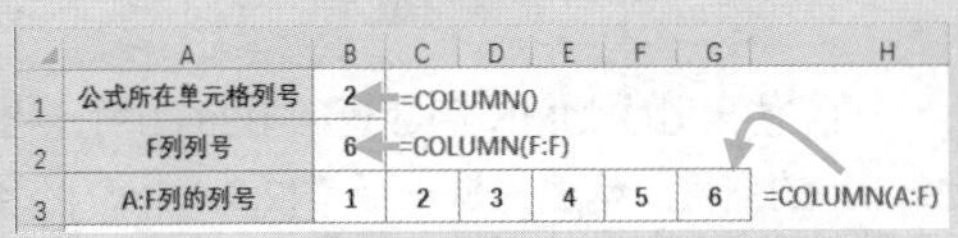

	A	B	C	D	E	F	G	H
1	公式所在单元格列号	2	=COLUMN()					
2	F列列号	6	=COLUMN(F:F)					
3	A:F列的列号	1	2	3	4	5	6	=COLUMN(A:F)

图 11-16

例：实现隔列计算销售金额

扫一扫，看视频

图 11-17 所示的表格中统计了每位销售员 1—6 月的销售额，现在要求计算每位销售员偶数月的总销售金额。

	A	B	C	D	E	F	G
1	姓名	1月	2月	3月	4月	5月	6月
2	赵晓	54.4	82.34	32.43	84.6	38.65	69.5
3	左亮亮	73.6	50.4	53.21	112.8	102.45	108.37
4	汪心盈	45.32	56.21	50.21	163.5	77.3	98.25
5	王蒙蒙	98.09	43.65	76	132.76	23.1	65.76

图 11-17

❶ 选中 H2 单元格，在编辑栏中输入公式：

```
=SUM(IF(MOD(COLUMN($B2:$G2),2)=1,$B2:$G2))
```

❷ 按 Ctrl+Shift+Enter 组合键，求出第一位销售员在偶数月的总销售金额，如图 11-18 所示。

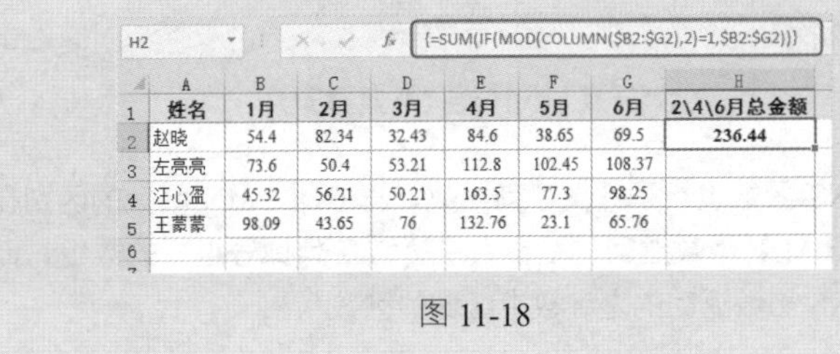

H2 {=SUM(IF(MOD(COLUMN($B2:$G2),2)=1,$B2:$G2))}

	A	B	C	D	E	F	G	H
1	姓名	1月	2月	3月	4月	5月	6月	2\4\6月总金额
2	赵晓	54.4	82.34	32.43	84.6	38.65	69.5	236.44
3	左亮亮	73.6	50.4	53.21	112.8	102.45	108.37	
4	汪心盈	45.32	56.21	50.21	163.5	77.3	98.25	
5	王蒙蒙	98.09	43.65	76	132.76	23.1	65.76	
6								

图 11-18

❸ 选中 H2 单元格，向下复制公式到 H5 单元格中，得出批量计算结果，如图 11-19 所示。

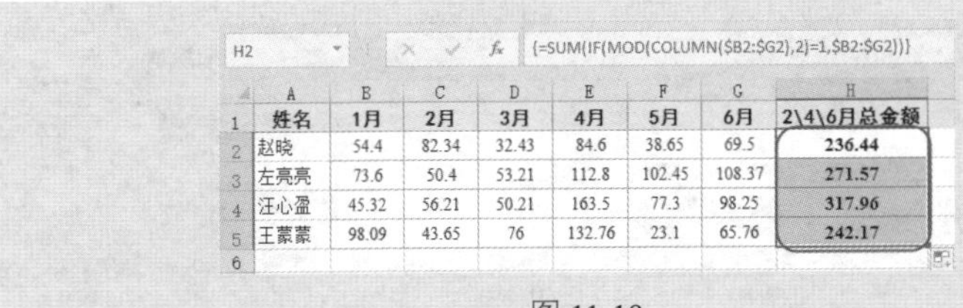

H2 {=SUM(IF(MOD(COLUMN($B2:$G2),2)=1,$B2:$G2))}

	A	B	C	D	E	F	G	H
1	姓名	1月	2月	3月	4月	5月	6月	2\4\6月总金额
2	赵晓	54.4	82.34	32.43	84.6	38.65	69.5	236.44
3	左亮亮	73.6	50.4	53.21	112.8	102.45	108.37	271.57
4	汪心盈	45.32	56.21	50.21	163.5	77.3	98.25	317.96
5	王蒙蒙	98.09	43.65	76	132.76	23.1	65.76	242.17
6								

图 11-19

【公式解析】

① 使用 COLUMN 函数返回 B2:G2 单元格区域中各列的列号。构建的是一个“{2;3;4;5;6;7}”数组

=SUM(IF(MOD(COLUMN($B2:$G2),2)=0,$B2:$G2))

③ 将②返回数组中结果为 1 的对应在 B2:G2 单元格区域中的值求和

② 使用 MOD 函数将①数组中各值除以 2。当①为偶数时，返回结果为 0；当①为奇数时，返回结果为 1

注意：

COLUMN 函数的返回值常作为参数辅助 VLOOKUP 类的查找函数使用，在后面的实例中会有所涉及。届时可再次体验COLUMN函数的应用环境。

4. COLUMNS（返回引用的列数）

【函数功能】COLUMNS 函数用于返回数组或引用的列数。

【函数语法】COLUMNS(array)

array：必需，需要得到其列数的数组或数组公式或对单元格区域的引用。

【用法解析】

=COLUMNS (A1:D10)

COLUMNS 函数也用于计算“列”数，与 COLUMN 函数的区别在于，COLUMN 函数返回的是参数中区域各列列号组成的数组，而 COLUMNS 函数返回的是参数中区域的列数

例如，使用公式“=COLUMNS(A1:C5)”，按 Enter 键后返回的结果为 3（见图 11-20），表示这个区域共有 3 列。

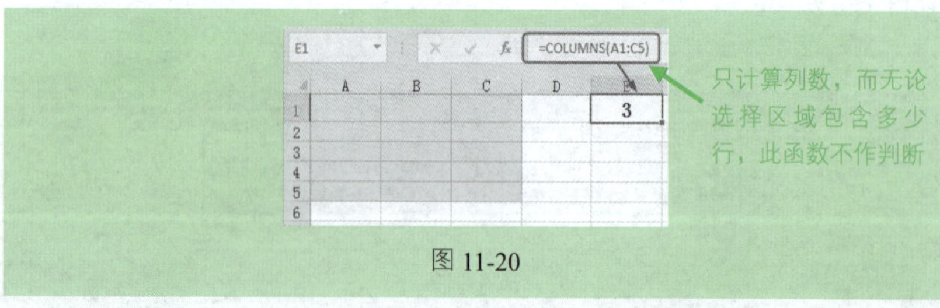

图 11-20

例：计算需要扣款的项目数量

图 11-21 所示的表格中统计了员工扣款的各个项目名称以及金额，需要统计出扣款的项目数量，可以通过统计列数变向统计出扣款的项目数量。

❶ 选中 H2 单元格，在编辑栏中输入公式：

```
=COLUMNS(B:F)
```

❷ 按 Enter 键变向统计出扣款的项目数量，如图 11-21 所示。

H2 =COLUMNS(B:F)

	A	B	C	D	E	F	G	H
1	姓名	迟到早退	缺勤	住房公积金	三险	个人所得税		扣款的项目数量
2	张跃进		100	287	357	574		5
3	吴佳娜	50		300	278	280		
4	刘琰	50		505	286	564		
5	赵晓		50	515	268	178		
6	左亮亮	30		451	296	451		
7	郑大伟		100	328	264	460		
8	汪满盈			487	198	259		
9	王蒙蒙		200	326	178	278		
10	贾云馨	60		256	152	356		

图 11-21

5. VLOOKUP（在数组第一列中查找并返回指定列中同一位置的值）

【函数功能】VLOOKUP 函数在表格或数值数组的第一列中查找指定的数值，并由此返回表格或数组当前行中指定列处的值。

【函数语法】VLOOKUP(lookup_value, table_array, col_index_num, [range_lookup])

- lookup_value：必需，要在表格或区域的第一列中搜索的值。lookup_value 参数可以是值或引用。
- table_array：必需，包含数据的单元格区域。可以使用对区域或区域名称的引用。
- col_index_num：必需，table_array 参数中必须返回的匹配值的列号。
- range_lookup：可选，一个逻辑值，指定希望 VLOOKUP 函数查找精确匹配值还是近似匹配值。

【用法解析】

可以从一个单元格区域中查找，也可以从一个常量数组或内存数组中查找。设置此区域时注意查找目标一定要在该区域的第一列，并且该区域中一定包含要返回的值所在的列

指定从哪一列中返回值

=VLOOKUP(查找值,查找范围,返回值所在列数,）精确 OR 模糊查找）

第 4 个参数是决定函数精确或模糊查找的关键。精确即完全一样，模糊即包含。如果第 4 个参数指定值为 0 或 FALSE，则表示精确查找，而值为 1 或 TRUE 则表示模糊查找

注意：

如果缺少第 4 个参数，就无法精确查找到结果，但 VLOOKUP 函数也可以进行模糊匹配，当需要模糊匹配时则需要省略此参数，或将此参数设置为 TRUE。

针对图 11-22 所示的表格进行查找，公式分析如下。

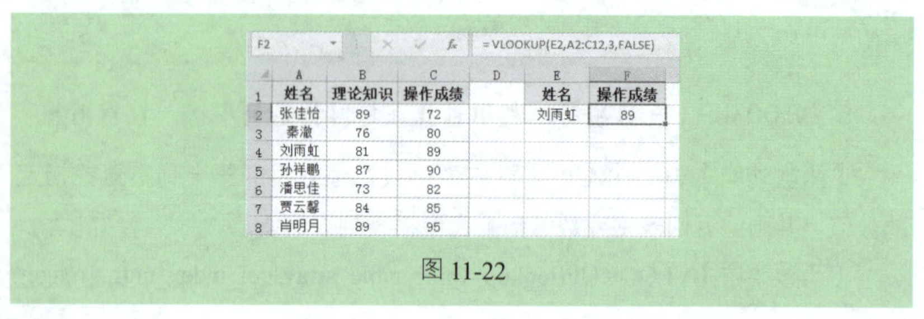

F2 = VLOOKUP(E2,A2:C12,3,FALSE)

	A	B	C	D	E	F
1	姓名	理论知识	操作成绩		姓名	操作成绩
2	张佳怡	89	72		刘雨虹	89
3	秦滟	76	80			
4	刘雨虹	81	89			
5	孙祥鹏	87	90			
6	潘思佳	73	82			
7	贾云馨	84	85			
8	肖明月	89	95			

图 11-22

指定需要查询的数据

第 2 个参数告诉 VLOOKUP 函数应该在哪里查找第 1 个参数的数据。第 2 个参数必须包含查找值和返回值，且第一列必须是查找值，如本例中“姓名”列是查找对象

=VLOOKUP(E2,A2:C12,3,FALSE)

第 3 个参数用来指定返回信息所在的位置。当在第 2 个参数的第一列找到查找值后，返回第 2 个参数中对应列中的数据。本例要在 A2:C12 的第 3 列中返回值，所以公式中将该参数设置为 3

也可以设置为 0，与 FALSE 一样表示精确查找

当查找的对象不存在时，会返回错误值，如图 11-23 所示。

F2　=VLOOKUP(E2,A2:C12,3,FALSE)

	A	B	C	D	E	F
1	姓名	理论知识	操作成绩		姓名	操作成绩
2	张佳怡	89	72		刘雨红	#N/A
3	秦澈	76	80			
4	刘雨虹	81	89			
5	孙祥鹏	87	90			
6	潘思佳	73	82			
7	贾云馨	84	85			

因为找不到"刘雨红"，所以返回错误值

图 11-23

例 1：按姓名查询员工的各项目考核成绩

在建立了员工考核表后，如果想实现对任意员工项目考核的成绩进行查询，可以建立一个查询表，只要输入想查询的编号即可实现查询明细数据。图 11-24 所示为原始表格与建立的查询表框架。

扫一扫，看视频

	A	B	C	D	E	F	G	H	I
1	员工编号	姓名	理论知识	操作成绩		员工编号	姓名	理论知识	操作成绩
2	Ktws-003	王明阳	76	79		Ktws-011			
3	Ktws-005	黄照先	89	90					
4	Ktws-011	夏红蕊	89	82					
5	Ktws-013	贾云馨	84	83					
6	Ktws-015	陈世发	90	81					
7	Ktws-017	马雪蕊	82	81					
8	Ktws-018	李沐天	82	86					
9	Ktws-019	朱明健	75	87					
10	Ktws-021	龙明江	81	90					
11	Ktws-022	刘碧	87	86					
12	Ktws-026	宁华功	73	89					

图 11-24

❶ 选中 G2 单元格，在编辑栏中输入公式：

```
=VLOOKUP($F2,$A:$D,COLUMN(B1),FALSE)
```

❷ 按 Enter 键，即可查找到 F2 单元格中指定员工编号对应的姓名，如图 11-25 所示。

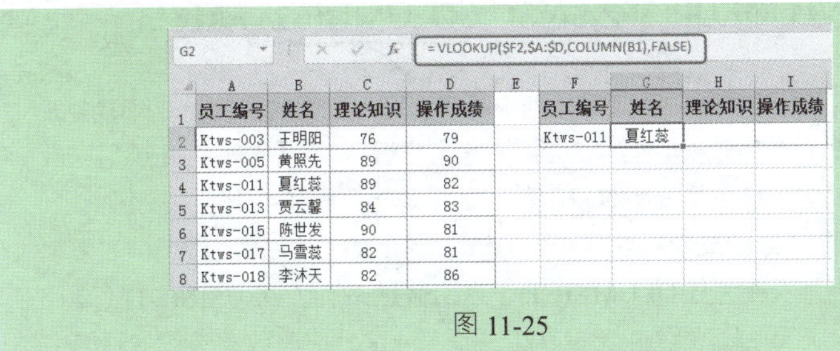

G2　=VLOOKUP($F2,$A:$D,COLUMN(B1),FALSE)

	A	B	C	D	E	F	G	H	I
1	员工编号	姓名	理论知识	操作成绩		员工编号	姓名	理论知识	操作成绩
2	Ktws-003	王明阳	76	79		Ktws-011	夏红蕊		
3	Ktws-005	黄照先	89	90					
4	Ktws-011	夏红蕊	89	82					
5	Ktws-013	贾云馨	84	83					
6	Ktws-015	陈世发	90	81					
7	Ktws-017	马雪蕊	82	81					
8	Ktws-018	李沐天	82	86					

图 11-25

❸ 将 G2 单元格的公式向右复制到 I2 单元格，即可实现查询到 F2 单元格中指定员工编号对应的所有明细数据。选中 H2 单元格，先在公式编辑栏中查看公式（只有划线部分发生了改变，下面会给出公式的解析），如图 11-26 所示。

H2　=VLOOKUP($F2,$A:$D,COLUMN(C1),FALSE)

	A	B	C	D	E	F	G	H	I
1	员工编号	姓名	理论知识	操作成绩		员工编号	姓名	理论知识	操作成绩
2	Ktws-003	王明阳	76	79		Ktws-011	夏红蕊	89	82
3	Ktws-005	黄照先	89	90					
4	Ktws-011	夏红蕊	89	82					
5	Ktws-013	贾云馨	84	83					
6	Ktws-015	陈世发	90	81					
7	Ktws-017	马雪蕊	82	81					
8	Ktws-018	李沐天	82	86					

图 11-26

❹ 当在 F2 单元格中更换其他员工编号时即可实现对应的查询，如图 11-27 所示。

	A	B	C	D	E	F	G	H	I
1	员工编号	姓名	理论知识	操作成绩		员工编号	姓名	理论知识	操作成绩
2	Ktws-003	王明阳	76	79		Ktws-018	李沐天	82	86
3	Ktws-005	黄照先	89	90					
4	Ktws-011	夏红蕊	89	82					
5	Ktws-013	贾云馨	84	83					
6	Ktws-015	陈世发	90	81					
7	Ktws-017	马雪蕊	82	81					
8	Ktws-018	李沐天	82	86					
9	Ktws-019	朱明健	75	87					
10	Ktws-021	龙明江	81	90					
11	Ktws-022	刘碧	87	86					
12	Ktws-026	宁华功	73	89					

图 11-27

【公式解析】

① 因为查找对象与用于查找的区域不能随着公式的复制而变动，所以采用绝对引用

=VLOOKUP($F2,$A:$D,COLUMN(B1),FALSE)

② 这个参数用于指定返回哪一列中的值，因为本例的目的是要随着公式向右复制，从而依次返回“姓名”“理论知识”“操作成绩”几项明细数据，所以这个参数是要随之变动的，如“姓名”在第 2 列、“理论知识”在第 3 列、“操作成绩”在第 4 列。COLUMN(B1)返回值为 2，向右复制公式时会依次变为 COLUMN(C1)（返回值是 3）、COLUMN(D1)（返回值是 4），这正好达到了批量复制公式而又不必逐一更改此参数的目的

注意：

这个公式是则 VLOOKUP 函数套用 COLUMN 函数的典型例子。如果只需返回单个值，则手动输入要返回值的那一列的列号即可，公式中也不必使用绝对引用。但因为要通过复制公式得到批量结果，所以才要使用此种设计。这种处理方式在后面的例子中可能还会用到，后面不再赘述。

例 2：跨表查询

在实际工作中，很多时候数据的查询并不只是在本表中进行，而是在单独的表格中建立查询表。这种情况下，公式的设计方法并没有改变，只是在引用单元格区域时需要切换到其他表格中进行选择，或者事先将其他表格中的数据区域定义为名称。

扫一扫，看视频

图 11-28 所示的表格为“固定资产折旧表”，要实现在此表中查询任意固定资产的月折旧额。

	A	B	C	D	E	F	G	H	I
1	固定资产折旧								
2	编号	固定资产名称	开始使用日期	预计使用年限	原值	净残值率	净残值	已计提月数	月折旧额
3	Ktws-1	轻型载货汽车	13.01.01	10	84000	5%	4200	58	665
4	Ktws-2	尼桑轿车	13.10.01	10	228000	5%	11400	49	1805
5	Ktws-3	电脑	13.01.01	5	2980	5%	149	58	47
6	Ktws-4	电脑	15.01.01	5	3205	5%	160	34	51
7	Ktws-5	打印机	16.02.03	5	2350	5%	118	21	37
8	Ktws-6	空调	13.11.07	5	2980	5%	149	47	47
9	Ktws-7	空调	14.06.05	5	5800	5%	290	40	92
10	Ktws-8	冷暖空调机	14.06.22	4	2200	5%	110	40	44
11	Ktws-9	uv喷绘机	14.05.01	10	98000	10%	9800	42	735
12	Ktws-10	印刷机	15.04.10	5	3080	5%	154	30	49
13	Ktws-11	覆膜机	15.10.01	10	35500	8%	2840	25	272
14	Ktws-12	平板彩印机	16.02.02	10	42704	8%	3416	21	327
15	Ktws-13	亚克力喷绘机	16.10.01	10	13920	8%	1114	13	107

固定资产折旧表 | 查询表 | 例 ...

图 11-28

❶ 在“查询表”中建立查询表框架，选中 C2 单元格，在编辑栏中输入公式：

```
=VLOOKUP(A2,固定资产折旧表!$A$3:$I$15,9,FALSE)
```

❷ 按 Enter 键，即可查到 A2 单元格中指定编号对应的月折旧额，如图 11-29 所示。

❸ 将 C2 单元格的公式向下复制，可查到其他固定资产的月折旧额，如图 11-30 所示。

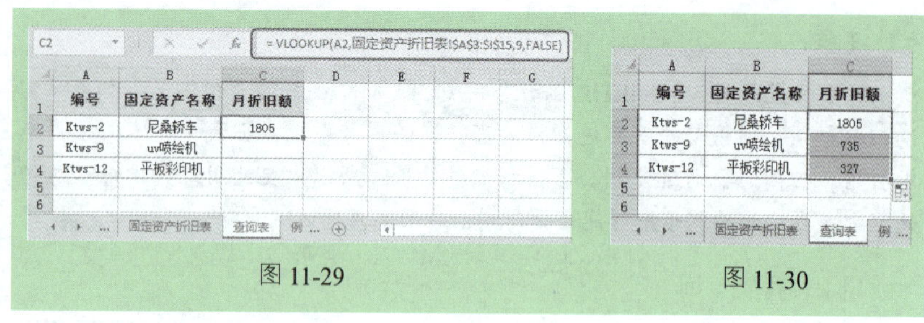
C2 =VLOOKUP(A2,固定资产折旧表!$A$3:$I$15,9,FALSE)

	A	B	C	D	E	F	G
1	编号	固定资产名称	月折旧额				
2	Ktws-2	尼桑轿车	1805				
3	Ktws-9	uv喷绘机					
4	Ktws-12	平板彩印机					
5							
6							

固定资产折旧表 | 查询表 | 例 ...

图 11-29

	A	B	C
1	编号	固定资产名称	月折旧额
2	Ktws-2	尼桑轿车	1805
3	Ktws-9	uv喷绘机	735
4	Ktws-12	平板彩印机	327
5			
6			

固定资产折旧表 | 查询表 | 例 ...

图 11-30

【公式解析】

① 在设置公式的这一处时，可以直接切换到“固定资产折旧表”工作表中选择目标单元格区域。如果不是本工作表的数据区域，前面都会带上工作表名称

=VLOOKUP(A2,固定资产折旧表!$A$3:$I$15,9,FALSE)

② 因为返回值始终位于①指定区域的第 9 列，所以直接输入常量指定

例 3：代替 IF 函数的多层嵌套（模糊匹配）

扫一扫，看视频

在图 11-31 所示的应用环境下，要根据不同的分数区间对员工按实际考核成绩进行等级评定，可以使用 IF 函数来实现，但有几个判断区间就需要有几层 IF 嵌套，而 VLOOKUP 函数的模糊匹配方法可以更加简便地解决此问题。

❶ 建立等级分布区间，即图 11-31 所示的表格中的 A3:B7 单元格区域（这个区域在公式中要被引用）。

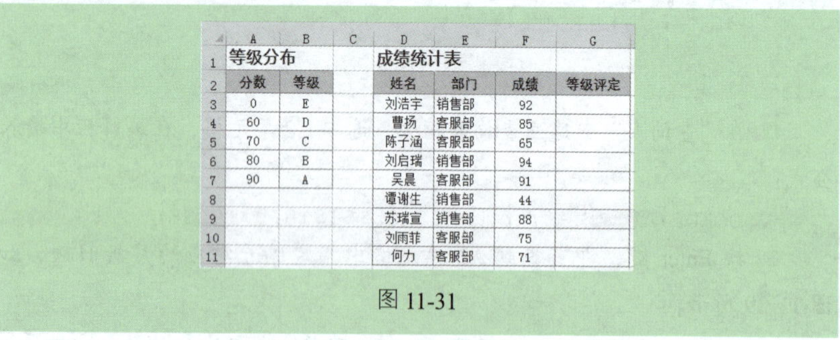

	A	B	C	D	E	F	G
1	等级分布			成绩统计表			
2	分数	等级		姓名	部门	成绩	等级评定
3	0	E		刘浩宇	销售部	92	
4	60	D		曹扬	客服部	85	
5	70	C		陈子涵	客服部	65	
6	80	B		刘启瑞	销售部	94	
7	90	A		吴晨	客服部	91	
8				谭谢生	销售部	44	
9				苏瑞宣	销售部	88	
10				刘雨菲	客服部	75	
11				何力	客服部	71	

图 11-31

❷ 选中 G3 单元格，在编辑栏中输入公式：

```
=VLOOKUP(F3,$A$3:$B$7,2)
```

❸ 按 Enter 键，即可根据 F3 单元格的成绩对其进行等级评定，如图 11-32 所示。

G3 =VLOOKUP(F3,$A$3:$B$7,2)

	A	B	C	D	E	F	G
1	等级分布			成绩统计表			
2	分数	等级		姓名	部门	成绩	等级评定
3	0	E		刘浩宇	销售部	92	A
4	60	D		曹扬	客服部	85	
5	70	C		陈子涵	客服部	65	
6	80	B		刘启瑞	销售部	94	
7	90	A		吴晨	客服部	91	
8				谭谢生	销售部	44	
9				苏瑞宣	销售部	88	
10				刘雨菲	客服部	75	
11				何力	客服部	71	

图 11-32

❹ 将 G3 单元格的公式向下复制可返回批量评定结果，如图 11-33 所示。

	A	B	C	D	E	F	G
1	等级分布			成绩统计表			
2	分数	等级		姓名	部门	成绩	等级评定
3	0	E		刘浩宇	销售部	92	A
4	60	D		曹扬	客服部	85	B
5	70	C		陈子涵	客服部	65	D
6	80	B		刘启瑞	销售部	94	A
7	90	A		吴晨	客服部	91	A
8				谭谢生	销售部	44	E
9				苏瑞宣	销售部	88	B
10				刘雨菲	客服部	75	C
11				何力	客服部	71	C

图 11-33

【公式解析】

要实现这种模糊查找，关键之处在于要省略第 4 个参数，或将此参数设置为 TRUE

=VLOOKUP(F3,$A$3:$B$7,2)

注意：

也可以直接将数组写到参数中，如本例中如果未建立 A2:B7 的等级分布区域，则可以直接将公式写为“=VLOOKUP(F3,{0,"E";60,"D";70,"C";80,"B";90,"A"},2)”，在这样的数组中，逗号间隔的为列，因此分数为第一列，等级为第 2 列，在第一列中判断分数区间，然后返回第二列中对应的值。

例 4：根据多条件派发赠品

扫一扫，看视频

针对图 11-34 所示的应用环境，发放规则中有“金卡”与“银卡”两个不同的卡种，而不同的卡种的不同金额区段对应的赠品有所不同。要解决这一问题则需要多一层判断，可以使用嵌套 IF 函数来解决。

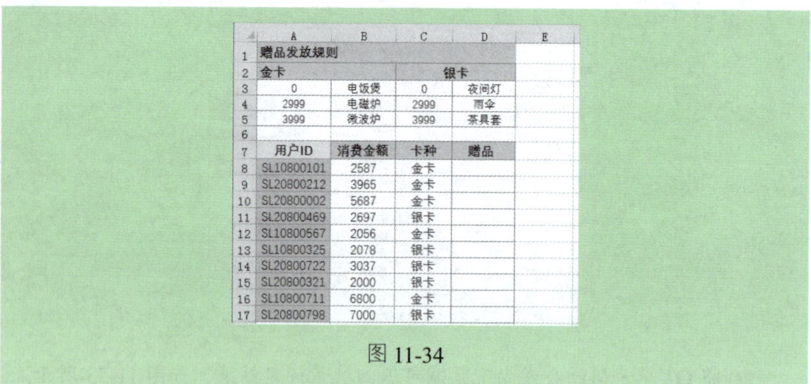

	A	B	C	D	E
1	赠品发放规则				
2	金卡		银卡		
3	0	电饭煲	0	夜间灯	
4	2999	电磁炉	2999	雨伞	
5	3999	微波炉	3999	茶具套	
6					
7	用户ID	消费金额	卡种	赠品	
8	SL10800101	2587	金卡		
9	SL20800212	3965	金卡		
10	SL20800002	5687	金卡		
11	SL20800469	2697	银卡		
12	SL10800567	2056	金卡		
13	SL10800325	2078	银卡		
14	SL20800722	3037	银卡		
15	SL20800321	2000	银卡		
16	SL10800711	6800	金卡		
17	SL20800798	7000	银卡		

图 11-34

❶ 选中 D8 单元格，在编辑栏中输入公式：

```
=VLOOKUP(B8,IF(C8="金卡",$A$3:$B$5,$C$3:$D$5),2)
```

❷ 按 Enter 键，即可根据 C8 单元格中的卡种与 B8 单元格中的金额所在的区间返回应发赠品，如图 11-35 所示。

❸ 将 D8 单元格的公式向下复制，即可返回应发赠品，如图 11-36 所示。

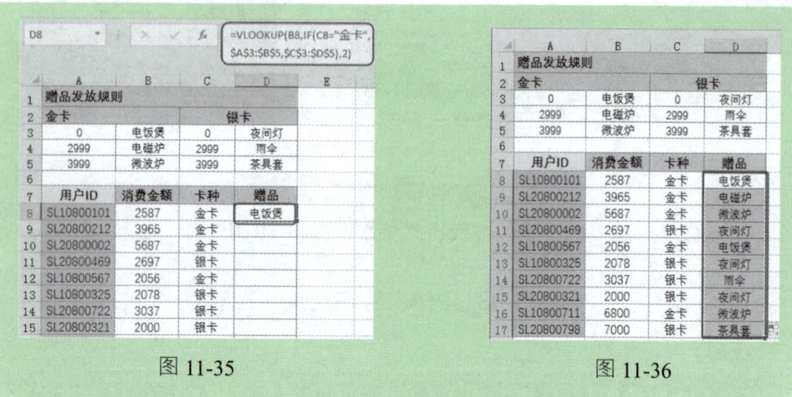

D8 =VLOOKUP(B8,IF(C8="金卡",$A$3:$B$5,$C$3:$D$5),2)

	A	B	C	D	E
1	赠品发放规则				
2	金卡		银卡		
3	0	电饭煲	0	夜间灯	
4	2999	电磁炉	2999	雨伞	
5	3999	微波炉	3999	茶具套	
6					
7	用户ID	消费金额	卡种	赠品	
8	SL10800101	2587	金卡	电饭煲	
9	SL20800212	3965	金卡		
10	SL20800002	5687	金卡		
11	SL20800469	2697	银卡		
12	SL10800567	2056	金卡		
13	SL10800325	2078	银卡		
14	SL20800722	3037	银卡		
15	SL20800321	2000	银卡		

图 11-35

	A	B	C	D
1	赠品发放规则			
2	金卡		银卡	
3	0	电饭煲	0	夜间灯
4	2999	电磁炉	2999	雨伞
5	3999	微波炉	3999	茶具套
6				
7	用户ID	消费金额	卡种	赠品
8	SL10800101	2587	金卡	电饭煲
9	SL20800212	3965	金卡	电磁炉
10	SL20800002	5687	金卡	微波炉
11	SL20800469	2697	银卡	夜间灯
12	SL10800567	2056	金卡	电饭煲
13	SL10800325	2078	银卡	夜间灯
14	SL20800722	3037	银卡	雨伞
15	SL20800321	2000	银卡	夜间灯
16	SL10800711	6800	金卡	微波炉
17	SL20800798	7000	银卡	茶具套

图 11-36

【公式解析】

使用一个 IF 判断函数来返回 VLOOKUP 函数的第 2 个参数。如果 C8 单元格中是“金卡”，则查找范围为“$A$3:$B$5”；否则查找范围为“$C$3:$D$5”

=VLOOKUP(B8,IF(C8="金卡",$A$3:$B$5,$C$3:$D$5),2)

例 5：实现通配符查找

扫一扫，看视频

当在具有众多数据的数据库中实现查询时，通常会不记得要查询对象的准确全称，只记得是以什么开头或什么结尾，这时可以在查找值参数中使用通配符。

❶ 在图 11-37 所示的表格中，某项固定资产以“轿车”结尾，在 B13 单元格中输入“轿车”，选中 C13 单元格，在编辑栏中输入公式：

```
=VLOOKUP("*"&B13,B1:I10,8,0)
```

C13 =VLOOKUP("*"&B13,B1:I10,8,0)

	A	B	C	D	E	F	G	H	I
1	编号	固定资产名称	开始使用日期	预计使用年限	原值	净残值率	净残值	已计提月数	月折旧额
2	Ktws-1	轻型载货汽车	13.01.01	10	84000	5%	4200	58	665
3	Ktws-2	尼桑轿车	13.10.01	10	228000	5%	11400	49	1805
4	Ktws-3	电脑	13.01.01	5	2980	5%	149	58	47
5	Ktws-4	电脑	15.01.01	5	3205	5%	160	34	51
6	Ktws-5	打印机	16.02.03	5	2350	5%	118	21	37
7	Ktws-6	空调	13.11.07	5	2980	5%	149	47	47
8	Ktws-7	空调	14.06.05	5	5800	5%	290	40	92
9	Ktws-8	冷暖空调机	14.06.22	4	2200	5%	110	40	44
10	Ktws-9	uv喷绘机	14.05.01	10	98000	10%	9800	42	735
11									
12		固定资产名称	月折旧额						
13		轿车	1805						

图 11-37

❷ 按 Enter 键，即可看到查到的月折旧额是正确的。

【公式解析】

记住这种连接方式。如果知道以某字符开头，则把通配符放在右侧即可

=VLOOKUP("*"&B13,B1:I10,8,0)

例 6：查找并返回符合条件的多条记录

扫一扫，看视频

在使用 VLOOKUP 函数进行查询时，如果同时有多条满足条件的记录（见图 11-38），默认只能查找出第一条满足条件的记录。而在这种情况下，用户都希望能找到并显示出所有找到的记录。要解决此问题可以借助辅助列，在辅助列中为每条记录添加一个唯一的、用于区分不同记录的字符来解决。

❶ 在原数据表的 A 列前插入新列（此列作为辅助列使用），选中 A2 单元格，在编辑栏中输入公式：

```
=COUNTIF(B$2:B2,$G$2)
```

	A	B	C	D
1	用户ID	消费日期	卡种	消费金额
2	SL10800101	2024-4-1	金卡	¥ 2,587.00
3	SL20800212	2024-4-1	银卡	¥ 1,960.00
4	SL20800002	2024-4-2	金卡	¥ 2,687.00
5	SL20800212	2024-4-2	银卡	¥ 2,697.00
6	SL10800567	2024-4-3	金卡	¥ 2,056.00
7	SL10800325	2024-4-3	银卡	¥ 2,078.00
8	SL20800212	2024-4-3	银卡	¥ 3,037.00
9	SL10800567	2024-4-4	银卡	¥ 2,000.00
10	SL20800002	2024-4-4	金卡	¥ 2,800.00
11	SL20800798	2024-4-5	银卡	¥ 5,208.00
12	SL10800325	2024-4-5	银卡	¥ 987.00

图 11-38

❷ 按 Enter 键返回值，如图 11-39 所示。

❸ 向下复制 A2 单元格的公式（复制到的位置由当前数据的条目数决定），如图 11-40 所示。

A2 =COUNTIF(B$2:B2,$G$2)

	A	B	C	D	E
1		用户ID	消费日期	卡种	消费金额
2	0	SL10800101	2024-4-1	金卡	¥ 2,587.00
3				银卡	¥ 1,960.00
4				金卡	¥ 2,687.00
5				银卡	¥ 2,697.00
6				金卡	¥ 2,056.00
7				银卡	¥ 2,078.00
8				银卡	¥ 3,037.00
9				银卡	¥ 2,000.00
10				金卡	¥ 2,800.00
11				银卡	¥ 5,208.00
12				银卡	¥ 987.00

图 11-39

	A	B	C	D	E
1		用户ID	消费日期	卡种	消费金额
2	0	SL10800101	2024-4-1	金卡	¥ 2,587.00
3	1	SL20800212	2024-4-1	银卡	¥ 1,960.00
4	1	SL20800002	2024-4-2	金卡	¥ 2,687.00
5	2	SL20800212	2024-4-2	银卡	¥ 2,697.00
6	2	SL10800567	2024-4-3	金卡	¥ 2,056.00
7	2	SL10800325	2024-4-3	银卡	¥ 2,078.00
8	3	SL20800212	2024-4-3	银卡	¥ 3,037.00
9	3	SL10800567	2024-4-4	银卡	¥ 2,000.00
10	3	SL20800002	2024-4-4	金卡	¥ 2,800.00
11	3	SL20800798	2024-4-5	银卡	¥ 5,208.00
12	3	SL10800325	2024-4-5	银卡	¥ 987.00

图 11-40

【公式解析】

统计区域，该参数所设置的引用方式非常关键，当向下填充公式时，其引用区域逐行递减，函数返回的结果也会改变

=COUNTIF(B$2:B2,$G$2)

在 B$2:B2 区域中统计$G$2 单元格中的查找值出现的次数

❹ 选中 H2 单元格，在编辑栏中输入公式：

```
=VLOOKUP(ROW(1:1),$A:$E,COLUMN(C:C),FALSE)
```

❺ 按 Enter 键，返回的是 G2 单元格中的查找值对应的第一个消费日期（默认日期显示为序列号，重新设置单元格的格式为“日期”格式即可正确显示），如图 11-41 所示。

❻ 向右复制 H2 单元格的公式到 J2 单元格，返回的是第一条找到的记录的相关数据，如图 11-42 所示。

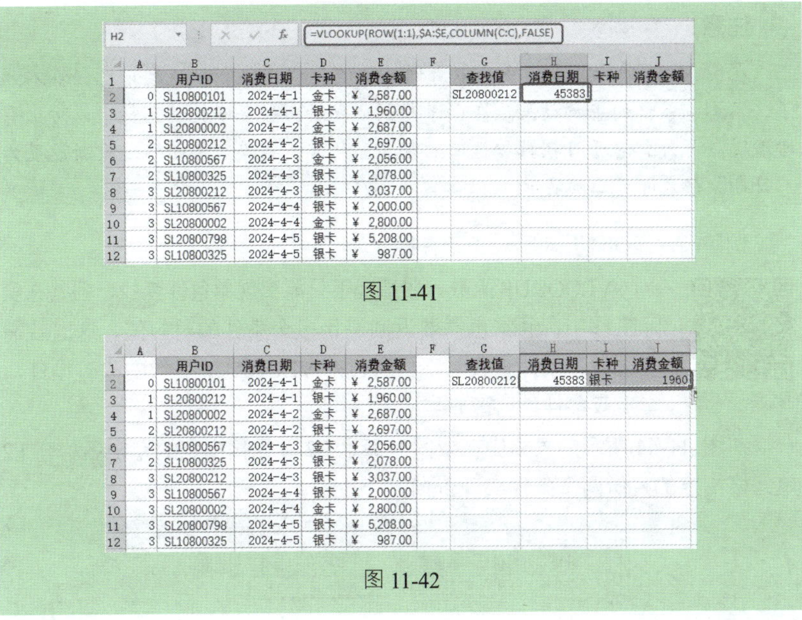

H2 =VLOOKUP(ROW(1:1),$A:$E,COLUMN(C:C),FALSE)

	A	B	C	D	E	F	G	H	I	J
1		用户ID	消费日期	卡种	消费金额		查找值	消费日期	卡种	消费金额
2	0	SL10800101	2024-4-1	金卡	¥ 2,587.00		SL20800212	45383		
3	1	SL20800212	2024-4-1	银卡	¥ 1,960.00					
4	1	SL20800002	2024-4-2	金卡	¥ 2,687.00					
5	2	SL20800212	2024-4-2	银卡	¥ 2,697.00					
6	2	SL10800567	2024-4-3	金卡	¥ 2,056.00					
7	2	SL10800325	2024-4-3	银卡	¥ 2,078.00					
8	3	SL20800212	2024-4-3	银卡	¥ 3,037.00					
9	3	SL10800567	2024-4-4	银卡	¥ 2,000.00					
10	3	SL20800002	2024-4-4	金卡	¥ 2,800.00					
11	3	SL20800798	2024-4-5	银卡	¥ 5,208.00					
12	3	SL10800325	2024-4-5	银卡	¥ 987.00					

图 11-41

	A	B	C	D	E	F	G	H	I	J
1		用户ID	消费日期	卡种	消费金额		查找值	消费日期	卡种	消费金额
2	0	SL10800101	2024-4-1	金卡	¥ 2,587.00		SL20800212	45383	银卡	1960
3	1	SL20800212	2024-4-1	银卡	¥ 1,960.00					
4	1	SL20800002	2024-4-2	金卡	¥ 2,687.00					
5	2	SL20800212	2024-4-2	银卡	¥ 2,697.00					
6	2	SL10800567	2024-4-3	金卡	¥ 2,056.00					
7	2	SL10800325	2024-4-3	银卡	¥ 2,078.00					
8	3	SL20800212	2024-4-3	银卡	¥ 3,037.00					
9	3	SL10800567	2024-4-4	银卡	¥ 2,000.00					
10	3	SL20800002	2024-4-4	金卡	¥ 2,800.00					
11	3	SL20800798	2024-4-5	银卡	¥ 5,208.00					
12	3	SL10800325	2024-4-5	银卡	¥ 987.00					

图 11-42

⑦ 选中 H2:J2 单元格区域，拖动此区域右下角的填充柄，向下复制公式，可以返回其他找到的记录，如图 11-43 所示。

	A	B	C	D	E	F	G	H	I	J
1		用户ID	消费日期	卡种	消费金额		查找值	消费日期	卡种	消费金额
2	0	SL10800101	2024-4-1	金卡	¥ 2,587.00		SL20800212	45383	银卡	1960
3	1	SL20800212	2024-4-1	银卡	¥ 1,960.00			45384	银卡	2697
4	1	SL20800002	2024-4-2	金卡	¥ 2,687.00			45385	银卡	3037
5	2	SL20800212	2024-4-2	银卡	¥ 2,697.00			#N/A	#N/A	#N/A
6	2	SL10800567	2024-4-3	金卡	¥ 2,056.00			#N/A	#N/A	#N/A
7	2	SL10800325	2024-4-3	银卡	¥ 2,078.00					
8	3	SL20800212	2024-4-3	银卡	¥ 3,037.00					
9	3	SL10800567	2024-4-4	银卡	¥ 2,000.00					
10	3	SL20800002	2024-4-4	金卡	¥ 2,800.00					
11	3	SL20800798	2024-4-5	银卡	¥ 5,208.00					
12	3	SL10800325	2024-4-5	银卡	¥ 987.00					

图 11-43

【公式解析】

查找值，当前返回第 1 行的行号 1。在向下填充公式时，会随之变为 ROW(2:2)，ROW(3:3)，以此类推，即先找 1，再找 2，最后找 3，直到找不到为止

=VLOOKUP(ROW(1:1),$A:$E,COLUMN(C:C),FALSE)

指定返回哪一列中的值。使用 COLUMN(C:C)的返回值是为了便于公式在向右复制时不必逐一指定此值。前面已详细介绍过这种用法

注意：

在图 11-43 所示的表格中可以看到返回值有“#N/A”，这表示已经找不到了，不影响最终的查询效果。在向下复制公式时一般会多拖动几行，以防止有所遗漏。另外，对于日期数据返回的是其序列号，将单元格的格式重新设置为“日期”格式即可正确显示。

例 7：VLOOKUP（应对多条件匹配）

扫一扫，看视频

VLOOKUP 函数一般情况下只能实现单条件查找，但是在实际工作中，通常也需要返回满足多个条件的对应值，这时就需要进行多条件查找。下面通过对 VLOOKUP 函数的改善设计，实现双条件的匹配查找。

在图 11-44 所示的表格中，要同时满足 E2 单元格指定的专柜名称与 F2 单元格指定的月份两个条件实现查询。

	A	B	C	D	E	F	G
1	分部	月份	销售额		专柜	月份	销售额
2	合肥分部	1月	¥ 24,689.00		合肥分部	2月	
3	南京分部	1月	¥ 27,976.00				
4	济南分部	1月	¥ 19,464.00				
5	绍兴分部	1月	¥ 21,447.00				
6	常州分部	1月	¥ 18,069.00				
7	合肥分部	2月	¥ 25,640.00				
8	南京分部	2月	¥ 21,434.00				
9	济南分部	2月	¥ 18,564.00				
10	绍兴分部	2月	¥ 23,461.00				
11	常州分部	2月	¥ 20,410.00				

图 11-44

❶ 选中 G2 单元格，在编辑栏中输入公式：

```
=VLOOKUP(E2&F2,IF({1,0},A2:A11&B2:B11,C2:C11),2,)
```

❷ 按 Ctrl+Shift+Enter 组合键返回查询结果，如图 11-45 所示。

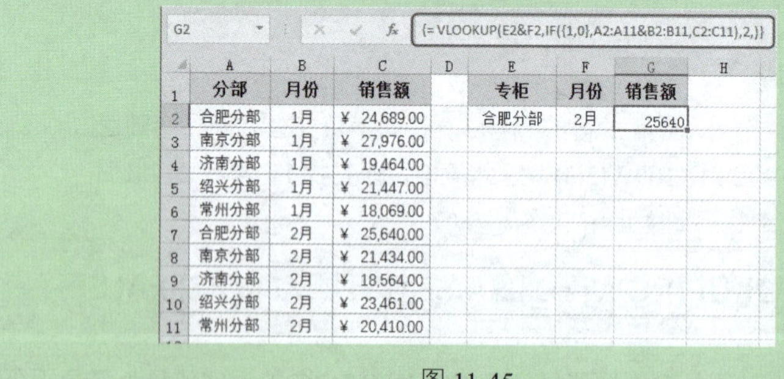

G2 {=VLOOKUP(E2&F2,IF({1,0},A2:A11&B2:B11,C2:C11),2,)}

	A	B	C	D	E	F	G	H
1	分部	月份	销售额		专柜	月份	销售额	
2	合肥分部	1月	¥ 24,689.00		合肥分部	2月	25640	
3	南京分部	1月	¥ 27,976.00					
4	济南分部	1月	¥ 19,464.00					
5	绍兴分部	1月	¥ 21,447.00					
6	常州分部	1月	¥ 18,069.00					
7	合肥分部	2月	¥ 25,640.00					
8	南京分部	2月	¥ 21,434.00					
9	济南分部	2月	¥ 18,564.00					
10	绍兴分部	2月	¥ 23,461.00					
11	常州分部	2月	¥ 20,410.00					

图 11-45

【公式解析】

① 查找值。因为是双条件，所以使用“&”合并条件

③ 满足条件时返回②数组中第 2 列中的值

=VLOOKUP(E2&F2,IF({1,0},A2:A11&B2:B11,C2:C11),2,)

② 返回一个数组，形成{"合肥分部 1 月",24689;"南京分部 1 月",27976;"济南分部 1 月",19464;"绍兴分部 1 月",21447;"常州分部 1 月",18069;"合肥分部 2 月",25640;"南京分部 2 月",21434;"济南分部 2 月",18564;"绍兴分部 2 月",23461;"常州分部 2 月",20410}的数组

6. LOOKUP（查找并返回同一位置的值）

LOOKUP 函数具有两种语法形式：数组形式和向量形式。

1）数组形式语法

【函数功能】LOOKUP 函数的数组形式是指在数组的第一行或第一列中查找指定的值，并返回数组最后一行或最后一列内同一位置的值。

【函数语法】LOOKUP(lookup_value, array)

- lookup_value：必需，要查找的值。此参数可以是数字、文本、逻辑值、名称或对值的引用。
- array：必需，包含要与 lookup_value 进行比较的数字、文本或逻辑值的单元格区域。

【用法解析】

可以设置为任意行列的常量数组或区域数组，在首列（行）中查找，返回值位于末列（行）

=LOOKUP(查找值,数组)

如图 11-46 所示，查找值为“合肥”，在 A2:B8 单元格区域的 A 列中查找，返回 B 列中同一位置上的值。

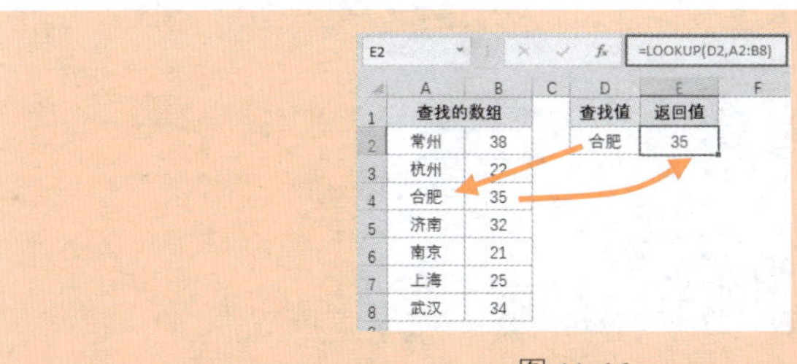

图 11-46

2）向量形式语法

【函数功能】LOOKUP 函数的向量形式是指在单行区域或单列区域（称为“向量”）中查找值，然后返回第二个单行区域或单列区域中相同位置的值。

【函数语法】LOOKUP(lookup_value, lookup_vector, [result_vector])

- lookup_value：要查找的值。此参数可以是数字、文本、逻辑值、名称或对值的引用。
- lookup_vector：用于条件判断的只包含一行或一列的区域。
- result_vector：可选，用于返回值的只包含一行或一列的区域。

【用法解析】

用于条件判断的单行（列）　　用于返回值的单行（列）

=LOOKUP(查找值,单行(列)区域,单行(列)区域)

如图 11-47 所示，查找值为“合肥”，在 A2:A8 单元格区域中查找，返回 C2:C8 同一位置上的值。

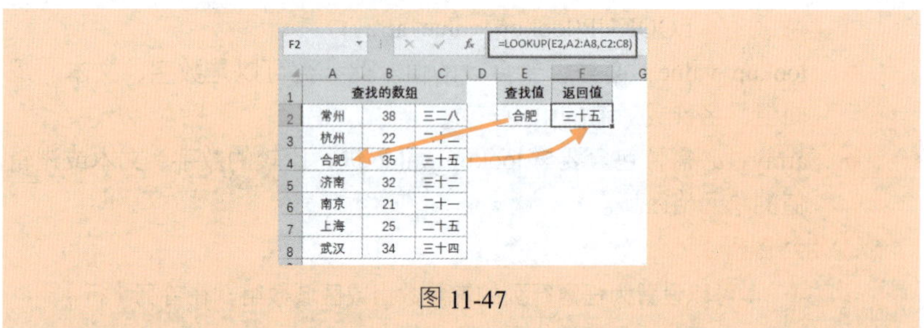

F2　=LOOKUP(E2,A2:A8,C2:C8)

	A	B	C	D	E	F
1	查找的数组				查找值	返回值
2	常州	38	三二八		合肥	三十五
3	杭州	22	[illegible]			
4	合肥	35	三十五			
5	济南	32	三十二			
6	南京	21	二十一			
7	上海	25	二十五			
8	武汉	34	三十四			

图 11-47

无论是数组形式语法还是向量形式语法，注意用于查找的行或列的数据都应按升序排列。如果不按升序排列，在查找时会出现查找结果错误的情况。例如，在图 11-48 所示的表格中，未对 A2:A8 单元格区域中的数据进行升序排列，因此在查询“济南”时，结果是错误的。

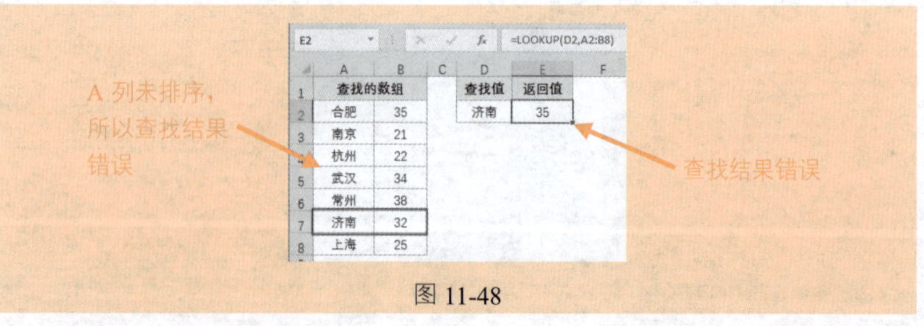

E2　=LOOKUP(D2,A2:B8)

	A	B	C	D	E
1	查找的数组			查找值	返回值
2	合肥	35		济南	35
3	南京	21			
4	杭州	22			
5	武汉	34			
6	常州	38			
7	济南	32			
8	上海	25			

图 11-48

针对 LOOKUP 函数模糊查找的特性，有如下两项重要的总结。

- 如果 lookup_value 小于 lookup_vector 中的最小值，LOOKUP 函数返回错误值“#N/A”。
- 如果 LOOKUP 函数找不到 lookup_value，则查找 lookup_vector 中小于或等于 lookup_value 的最大数值。利用这一特性可以用“=LOOKUP(1,0/(条件),引用区域)”这样一个通用公式进行查找引用（关于这个通用公式，在后面的实例中会多处使用到。因为这个公式很重要，在理解了其用法后，建议读者牢记）。

例 1：利用 LOOKUP 函数模糊查找

在 VLOOKUP 函数中通过设置第 4 个参数为 TRUE，可以实现模糊查找，而 LOOKUP 函数本身就具有模糊查找的属性。如果 LOOKUP 函数找不到所设定的目标值，则会寻找小于或等于目标值的最大数值。利用这个特性可以实现模糊匹配。

扫一扫，看视频

因此针对 VLOOKUP 函数的例 3，也可以使用 LOOKUP 函数实现。

❶ 选中 G3 单元格，在编辑栏中输入公式：

```
=LOOKUP(F3,$A$3:$B$7)
```

❷ 按 Enter 键，向下复制 G3 单元格的公式，可以看到得出的结果与 VLOOKUP 函数的例 3 中的结果一样，如图 11-49 所示。

G3 =LOOKUP(F3,$A$3:$B$7)

	A	B	C	D	E	F	G
1	等级分布			成绩统计表			
2	分数	等级		姓名	部门	成绩	等级评定
3	0	E		刘浩宇	销售部	92	A
4	60	D		曹扬	客服部	85	B
5	70	C		陈子涵	客服部	65	D
6	80	B		刘启瑞	销售部	94	A
7	90	A		吴晨	客服部	91	A
8				谭谢生	销售部	44	E
9				苏瑞宣	销售部	88	B
10				刘雨菲	客服部	75	C
11				何力	客服部	71	C

图 11-49

【公式解析】

=LOOKUP(F3,$A$3:$B$7)

其判断原理为：如果 92 在 A3:A7 单元格区域中找不到，则找到的就是小于 92 的最大数 90，其对应在 B 列中的数据是 A；如果 85 在 A3:A7 单元格区域中找不到，则找到的就是小于 85 的最大数 80，其对应在 B 列中的数据是 B

例2：利用LOOKUP函数模糊查找动态返回最后一条数据

扫一扫，看视频

利用LOOKUP函数的找不到目标值就寻找小于或等于目标值的最大数值的这一特征，只要将查找值设置为一个足够大的数值，就总能动态地返回最后一条数据。下面通过具体实例进行讲解。

❶ 选中D2单元格，在编辑栏中输入公式：

```
=LOOKUP(1,0/(B:B<>""),B:B)
```

❷ 按Enter键，返回的是B列中的最后一个数据，如图11-50所示。

❸ 当B列中有新数据添加时，D2单元格中的返回值自动更新，如图11-51所示。

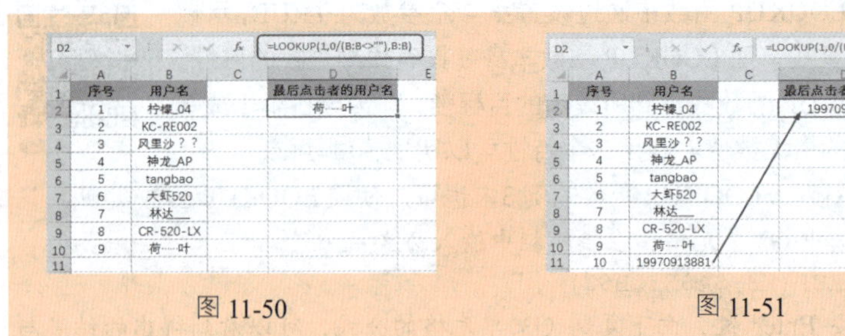

D2 =LOOKUP(1,0/(B:B<>""),B:B)

	A	B	C	D
1	序号	用户名		最后点击者的用户名
2	1	柠檬_04		荷---叶
3	2	KC-RE002		
4	3	风里沙？？		
5	4	神龙_AP		
6	5	tangbao		
7	6	大虾520		
8	7	林达__		
9	8	CR-520-LX		
10	9	荷---叶		
11				

图 11-50

D2 =LOOKUP(1,0/(B:B<>""),B:B)

	A	B	C	D
1	序号	用户名		最后点击者的用户名
2	1	柠檬_04		19970913881
3	2	KC-RE002		
4	3	风里沙？？		
5	4	神龙_AP		
6	5	tangbao		
7	6	大虾520		
8	7	林达__		
9	8	CR-520-LX		
10	9	荷---叶		
11	10	19970913881		

图 11-51

注意：

如果B列的数据只是文本，可以使用更简易的公式来返回B列中的最后一个数据，公式为“=LOOKUP("左",B:B)”。设置查找对象为“左”，也就是利用LOOKUP模糊匹配的功能，因为就文本数据而言，排序是以首字母的顺序进行的，所以Z是最大的一个字母。当要查找一个最大的字母时，要么能精确找到，要么只能返回比自己小的。所以这里只要设置查找值为Z字开始的汉字即可。

【公式解析】

① 判断B列中的各单元格是否不等于空。如果不等于空，则返回TRUE；否则返回FALSE，返回的是一个数组

=LOOKUP(1,0/(B:B<>""),B:B)

③ LOOKUP函数在②数组中查找1，而在②数组中最大的就是0，因此与0匹配，并且返回最后一个数据。用大于0的数来查找0，肯定能查到最后一个满足条件的。本例查找列与返回值列都指定为B列，如果要返回对应在其他列中的值，则用LOOKUP函数的第3个参数指定即可

② 0/TRUE返回0；0/FALSE返回“#DIV!0”。表示能找到数据返回0，没有找到数据返回错误值。构成一个由0或者错误值“#DIV!0”组成的数组

注意：

使用 LOOKUP 函数，一定要用好这个通用公式："=LOOKUP(1,0/(条件),引用区域)"。针对这一公式，只要根据查询目的，对通用公式的"条件"设定进行更改即可。下面通过范例让读者熟练这一公式的使用。

例 3：通过简称或关键字模糊匹配

本例知识点分以下两个方面：

扫一扫，看视频

（1）针对图 11-52 所示的表，A、B 两列是针对不同地区所给出的补贴标准。而在实际查询匹配时使用的地址是全称，要求根据地址全称能自动从 A、B 两列中匹配相应的补贴标准，即得到 F 列的数据。

❶ 选中 F2 单元格，在编辑栏中输入公式：

```
=LOOKUP(9^9,FIND($A$2:$A$7,D2),$B$2:$B$7)
```

❷ 按 Enter 键，返回数据如图 11-53 所示。

	A	B	C	D	E	F
1	地区	补贴标准		地址	租赁面积(m^2)	补贴标准
2	高新区	25%		珠江市包河区陈村路61号	169	0.19
3	经开区	24%		珠江市临桥区海岸御景15A	218	0.18
4	新站区	22%				
5	临桥区	18%				
6	包河区	19%				
7	蜀山区	23%				

图 11-52

F2 =LOOKUP(9^9,FIND($A$2:$A$7,D2),$B$2:$B$7)

	A	B	C	D	E	F
1	地区	补贴标准		地址	租赁面积(m^2)	补贴标准
2	高新区	25%		珠江市包河区陈村路61号	169	0.19
3	经开区	24%		珠江市临桥区海岸御景15A	218	
4	新站区	22%				
5	临桥区	18%				
6	包河区	19%				
7	蜀山区	23%				

图 11-53

❸ 如果要实现批量匹配，则向下复制 F2 单元格的公式。

【公式解析】

① 一个足够大的数字

=LOOKUP(9^9,FIND($A$2:$A$7,D2),$B$2:$B$7)

② 用 FIND 函数查找当前地址中是否包括 A2:A7 区域中的地区。查找成功返回起始位置数字；查找不到返回错误值"#VALUE!"

③ 忽略②中的错误值，查找比 9^9 小且最接近的数字，即②找到的那个数字，并返回对应在 B 列中的数据

（2）针对图 11-54 所示的表，A 列中给出的是公司名称，而在实际查询时给出的查询对象是公司简称，要求根据公司简称能自动从 A 列中匹配公司名称并返回订单数量。

	A	B	C	D	E
1	公司名称	订购数量		公司	订购数量
2	南京达尔利精密电子有限公司	3200		信华科技	
3	济南精河精密电子有限公司	3350			
4	德州信瑞精密电子有限公司	2670			
5	杭州信华科技集团精密电子分公司	2000			
6	台州亚东科技机械有限责任公司	1900			
7	合肥神力科技机械有限责任公司	2860			

图 11-54

❶ 选中 E2 单元格，在编辑栏中输入公式：

```
=LOOKUP(9^9,FIND(D2,$A$2:$A$7),$B$2:$B$7)
```

❷ 按 Enter 键，返回数据如图 11-55 所示。

E2 =LOOKUP(9^9,FIND(D2,$A$2:$A$7),$B$2:$B$7)

	A	B	C	D	E
1	公司名称	订购数量		公司	订购数量
2	南京达尔利精密电子有限公司	3200		信华科技	2000
3	济南精河精密电子有限公司	3350			
4	德州信瑞精密电子有限公司	2670			
5	杭州信华科技集团精密电子分公司	2000			
6	台州亚东科技机械有限责任公司	1900			
7	合肥神力科技机械有限责任公司	2860			

图 11-55

❸ 如果要实现批量匹配，则向下复制 E2 单元格的公式。

【公式解析】

=LOOKUP(9^9,FIND(D2,$A$2:$A$7),$B$2:$B$7)

此公式与上个公式的设置区别仅在于此，即在设置 FIND 函数的参数时，把公司名称作为查找区域，把公司名简称作为查找对象

注意：

在例 2 中也可以使用 VLOOKUP 函数配合通配符来设置公式（类似于 VLOOKUP 函数的例 5），设置公式为“=VLOOKUP("*"&D2&"*", A2:B7, 2,0)”，即在 D2 单元格中文本的前面与后面都添加通配符，所达到的查找效果也是相同的。如果日常工作中遇到用简称匹配全称的情况，都可以使用类似的公式来实现。

例 4：LOOKUP（满足多条件查找）

扫一扫，看视频

在前面学习 VLOOKUP 函数时，也学习了关于满足多条件的查找，而 LOOKUP 函数使用通用公式“=LOOKUP(1,0/(条件),引用区域)”也可以实现同时满足多条件的查找，并且也很容易理解。

例如，针对 VLOOKUP 函数中例 8 的数据，在 G2 单元格中使用公式 “=LOOKUP(1,0/((E2=A2:A11)*(F2=B2:B11)),C2:C11)”，也可以获取正确的查询结果，如图 11-56 所示。

G2 =LOOKUP(1,0/((E2=A2:A11)*(F2=B2:B11)),C2:C11)

	A	B	C	D	E	F	G	H
1	分部	月份	销售额		专柜	月份	销售额	
2	合肥分部	1月	¥ 24,689.00		合肥分部	2月	25640	
3	南京分部	1月	¥ 27,976.00					
4	济南分部	1月	¥ 19,464.00					
5	绍兴分部	1月	¥ 21,447.00					
6	常州分部	1月	¥ 18,069.00					
7	合肥分部	2月	¥ 25,640.00					
8	南京分部	2月	¥ 21,434.00					
9	济南分部	2月	¥ 18,564.00					
10	绍兴分部	2月	¥ 23,461.00					
11	常州分部	2月	¥ 20,410.00					

图 11-56

【公式解析】

=LOOKUP(1,0/((E2=A2:A11)*(F2=B2:B11)),C2:C11)

通过多处使用 LOOKUP 函数的通用公式可以看到，当满足不同的查找要求时，这一部分的条件会随着查找要求的不同而不同，此处要同时满足两个条件，中间用 “*” 连接。如果还有第 3 个条件，可再按相同方法连接第 3 个条件

例 5：LOOKUP（辅助数据提取）

扫一扫，看视频

通过上面的例子可以看到，LOOKUP 函数具有极强的数据查找能力。下面介绍使用 LOOKUP 函数辅助数据提取的例子，这在不规则数据的整理中经常用到。

（1）在图 11-57 所示的表格中，右侧是提取厚度数据，长度不一（如果长度一致，可以直接使用 RIGHT 函数）。

❶ 选中 B2 单元格，在编辑栏中输入公式：

```
=LOOKUP(9^9,RIGHT(A2,ROW(1:9))*1)
```

❷ 按 Enter 键，可从 A2 单元格中提取数据，如图 11-57 所示。

B2 =LOOKUP(9^9,RIGHT(A2,ROW(1:9))*1)

	A	B	C	D	E
1	规格	提取厚度			
2	PLY0.5	0.5			
3	Ktws1.65				
4	Qptiu2.5				

图 11-57

❸ 将 B2 单元格的公式向下复制，即可实现批量提取，如图 11-58 所示。

	A	B	C	D	E
1	规格	提取厚度			
2	PLY0.5	0.5			
3	Ktws1.65	1.65			
4	Qptiu2.5	2.5			

图 11-58

（2）在图 11-59 所示的表格中，左侧是提取厚度数据，长度不一（如果长度一致，可以直接使用 LEFT 函数）。

❶ 选中 B2 单元格，在编辑栏中输入公式：

```
=LOOKUP(9^9,LEFT(A2,ROW(1:9))*1)
```

❷ 按 Enter 键，可从 A2 单元格中提取数据，如图 11-59 所示。然后向下复制公式，实现批量提取。

B2 =LOOKUP(9^9,LEFT(A2,ROW(1:9))*1)

	A	B	C	D	E
1	规格	提取厚度			
2	0.5PLY	0.5			
3	1.65Ktws	1.65			
4	2.5Qptiu	2.5			
5					

图 11-59

【公式解析】

=LOOKUP(9^9,RIGHT(A2,ROW(1:9))*1)

① 一个足够大的数字

② 提取 1～9 行的行号。返回的是一个数组

③ 从 A2 单元格的右侧开始提取，分别提取 1、2、3、4、…、9 位，得到的也是一个数组。然后将数组中的各值乘以 1，得到的结果是：原数组中是数值的返回数值，是非数值的返回错误值 "#VALUE!"

④ 从③数组中查找①，找不到时返回小于此值的最大值

注意：

VLOOKUP 函数与 LOOKUP 函数对比：

第一，在多条件查找方面。使用 LOOKUP 函数进行多条件查找更加方便。

第二，VLOOKUP 函数总是用于从第一列中查找，对于反向查找比较不便

（需要嵌套其他函数实现）；而 LOOKUP 函数没有正反之分。因此在这方面，LOOKUP 函数会更加容易实现。

第三，VLOOKUP 函数在查找字符方面，可以使用“*”通配符；LOOKUP 函数是不支持通配符的，但可以使用“FIND (查找字符,数据源区域)”的形式代替。

7. HLOOKUP（查找数组的首行，并返回指定单元格的值）

【函数功能】HLOOKUP 函数用于在表格或数值数组的首行查找指定的数值，并在表格或数组中指定行的同一列中返回一个数值。

【函数语法】HLOOKUP(lookup_value,table_array,row_index_num,[range_lookup])

- lookup_value：必需，需要在表的第一行中进行查找的数值。
- table_array：必需，需要在其中查找数据的单元格区域，可以使用对区域或区域名称的引用。
- row_index_num：必需，table_array 中待返回的匹配值的行序号。
- range_lookup：可选，一个逻辑值，指明 HLOOKUP 函数在查找时是精确匹配，还是近似匹配。

【用法解析】

查找目标一定要在该区域的第一行

指定从哪一行中返回值

=HLOOKUP（查找值,查找范围,返回值所在列数,精确 OR 模糊查找）

与 VLOOKUP 函数的区别在于，VLOOKUP 函数用于从给定区域的第一列中查找，而 HLOOKUP 函数用于从给定区域的第一行中查找。其应用方法完全相同

决定函数精确或模糊查找的关键。当指定为 0 或 FALSE 时，表示精确查找；当指定为 1 或 TRUE 时，表示模糊查找

注意：

记录数据通常都是采用纵向记录方式，因此在实际工作中用于纵向查找的 VLOOKUP 函数比用于横向查找的 HLOOKUP 函数要常用得多。

例如，在图 11-60 所示的表格中，要查询某产品对应的某部门的销量则需要纵向查找。

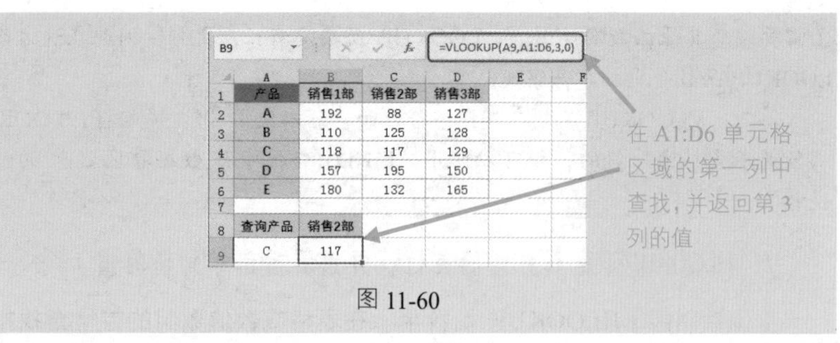

B9	=VLOOKUP(A9,A1:D6,3,0)		
产品	销售1部	销售2部	销售3部
A	192	88	127
B	110	125	128
C	118	117	129
D	157	195	150
E	180	132	165
查询产品	销售2部		
C	117		

图 11-60

例如，在图 11-61 所示的表格中，要查询某部门对应的某产品的销量，则需要横向查找。

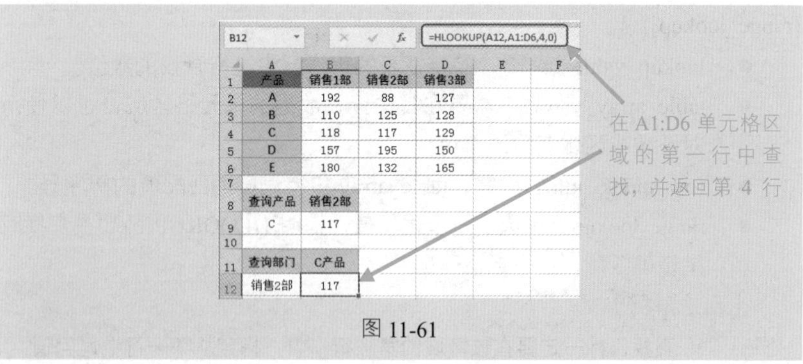

B12	=HLOOKUP(A12,A1:D6,4,0)		
产品	销售1部	销售2部	销售3部
A	192	88	127
B	110	125	128
C	118	117	129
D	157	195	150
E	180	132	165
查询产品	销售2部		
C	117		
查询部门	C产品		
销售2部	117		

图 11-61

例：根据不同的返利率计算各笔订单的返利金额

扫一扫，看视频

在图 11-62 所示的表格中，对总金额在不同区间时给出不同的返利率进行了约定，其建表方式是以横向建立的，表示总金额为 0 ~ 999 元时返利率为 2%，总金额为 1000 ~ 4999 元时返利率为 5%，总金额为 5000 ~ 9999 元时返利率为 8%，总金额超过 10000 元时返利率为 12%。现在要根据总金额自动计算返利金额。

总金额	0	1000	5000	10000
返利率	2.0%	5.0%	8.0%	0.12
编号	单价	数量	总金额	返利金额
ML_001	355	18	¥ 6,390.00	
ML_002	108	22	¥ 2,376.00	
ML_003	169	15	¥ 2,535.00	
ML_004	129	12	¥ 1,548.00	
ML_005	398	50	¥ 19,900.00	
ML_006	309	32	¥ 10,888.00	
ML_007	99	60	¥ 5,940.00	
ML_008	178	23	¥ 4,094.00	

图 11-62

❶ 选中 E5 单元格，在编辑栏中输入公式：

```
=D5*HLOOKUP(D5,$A$1:$E$2,2)
```

❷ 按 Enter 键，即可根据 D5 单元格中的总金额计算返利金额，如图 11-63 所示。

❸ 将 E5 单元格的公式向下复制，即可实现快速批量计算各订单的返利金额，如图 11-64 所示。

E5 =D5*HLOOKUP(D5,$A$1:$E$2,2)

	A	B	C	D	E	F
1	总金额	0	1000	5000	10000	
2	返利率	2.0%	5.0%	8.0%	0.12	
3						
4	编号	单价	数量	总金额	返利金额	
5	ML_001	355	18	¥ 6,390.00	511.20	
6	ML_002	108	22	¥ 2,376.00		
7	ML_003	169	15	¥ 2,535.00		
8	ML_004	129	12	¥ 1,548.00		

图 11-63

	A	B	C	D	E	F
1	总金额	0	1000	5000	10000	
2	返利率	2.0%	5.0%	8.0%	0.12	
3						
4	编号	单价	数量	总金额	返利金额	
5	ML_001	355	18	¥ 6,390.00	511.20	
6	ML_002	108	22	¥ 2,376.00	118.80	
7	ML_003	169	15	¥ 2,535.00	126.75	
8	ML_004	129	12	¥ 1,548.00	77.40	
9	ML_005	398	50	¥ 19,900.00	2388.00	
10	ML_006	309	32	¥ 10,888.00	1306.56	
11	ML_007	99	60	¥ 5,940.00	475.20	
12	ML_008	178	23	¥ 4,094.00	204.70	

图 11-64

【公式解析】

此例也使用了 HLOOKUP 函数的模糊匹配功能，因此省略了最后一个参数（也可以设置为 TRUE）

=D5*HLOOKUP(D5,$A$1:$E$2,2)

总金额乘以返利率即为返利金额

在 A1:E2 单元格区域的首行查找 D5 中指定的值，因为找不到完全相等的值，所以返回的是小于 D5 值的最大值，即 5000，然后返回对应在第 2 行中的值，即返回 8%

8. MATCH（查找并返回查找值所在位置）

【函数功能】MATCH 函数用于查找指定数值在指定数组中的位置。

【函数语法】MATCH(lookup_value,lookup_array,[match_type])

- lookup_value：必需，需要在数据表中查找的数值。
- lookup_ array：必需，可能包含所要查找数值的连续单元格区域。
- match_type：可选，数字-1、0 或 1，指明如何在 lookup_array 中查找 lookup_value。

【用法解析】

=MATCH(查找对象,查找对象所在的行或列，指明查找方式)

可以指定为−1、0、1。指定为 1 时，函数查找小于或等于指定查找值的最大数值，且查找区域必须按升序排列；指定为 0 时，函数查找等于指定查找值的第一个数值，查找区域无须排序（一般使用的都是这种方式）；指定为−1时，函数查找大于或等于指定查找值的最小值，且查找区域必须按降序排列

在图 11-65 所示的表格中查看标注，可以理解公式返回值。

	A	B	C	D	E
1	会员姓名	消费金额		苏娜的位置	公式
2	程丽莉	13200		5	=MATCH("苏娜",A1:A8,0)
3	欧群	6000			
4	姜玲玲	8400			
5	苏娜	14400			
6	刘洁	5200			
7	李正飞	4400			
8	卢云志	7200			

在 A1:A8 单元格区域中查找"苏娜"，并返回其在 A1:A8 单元格区域中的位置

图 11-65

注意：

MATCH 函数和 INDEX 函数都属于查找与引用函数。其中，MATCH 函数的作用是查找指定数据在指定数组中的位置；INDEX 函数的作用主要是返回指定行列号交叉处的值。因此这两个函数经常会搭配使用，即先用 MATCH 函数判断位置（因为如果最终只返回位置，则对日常数据的处理意义不大），再用 INDEX 函数返回这个位置的值。

扫一扫，看视频

例：用 MATCH 函数判断某数据是否包含在另一组数据中

在图 11-66 所示的表格中，要为假期安排值班人员，并且给了可选名单，要求判断安排的值班人员是否在可选名单中。

	A	B	C	D	E
1	值班日期	值班人员	是否在可选名单中		可选名单
2	2024-4-30	欧群	是		程丽莉
3	2024-5-1	刘洁	是		欧群
4	2024-5-2	李正飞	是		姜玲玲
5	2024-5-3	陈锐	否		苏娜
6	2024-5-4	苏娜	是		刘洁
7	2024-5-5	姜玲玲	是		李正飞
8	2024-5-6	卢云志	是		卢云志
9	2024-5-7	周志芳	否		杨明霞
10	2024-5-8	杨明霞	是		韩启云
11					孙祥鹏
12					贾云馨

图 11-66

❶ 选中 C2 单元格，在编辑栏中输入公式：

```
=IF(ISNA(MATCH(B2,$E$2:$E$12,0)),"否","是")
```

❷ 按 Enter 键，即可判断如果 B2 单元格中的值班人员在 E2:E12 单元格区域中，则返回“是”，如图 11-67 所示。

C2 =IF(ISNA(MATCH(B2,$E$2:$E$13,0)),"否","是")

	A	B	C	D	E
1	值班日期	值班人员	是否在可选名单中		可选名单
2	2024-4-30	欧群	是		程丽莉
3	2024-5-1	刘洁			欧群
4	2024-5-2	李正飞			姜玲玲
5	2024-5-3	陈锐			苏娜
6	2024-5-4	苏娜			刘洁
7	2024-5-5	姜玲玲			李正飞
8	2024-5-6	卢云志			卢云志
9	2024-5-7	周志芳			杨明霞
10	2024-5-8	杨明霞			韩启云
11					孙祥鹏
12					贾云馨

图 11-67

❸ 将 C2 单元格的公式向下复制，即可快速实现批量返回判断结果，如图 11-68 所示。

	A	B	C
1	值班日期	值班人员	是否在可选名单中
2	2024-4-30	欧群	是
3	2024-5-1	刘洁	是
4	2024-5-2	李正飞	是
5	2024-5-3	陈锐	否
6	2024-5-4	苏娜	是
7	2024-5-5	姜玲玲	是
8	2024-5-6	卢云志	是
9	2024-5-7	周志芳	否
10	2024-5-8	杨明霞	是

图 11-68

【公式解析】

一个信息函数，用于判断给定值是否为错误值“#N/A”。如果是，则返回 TRUE；如果不是，则返回 FALSE

=IF(ISNA(MATCH(B2,$E$2:$E$12,0)),"否","是")

② 判断①是否为错误“#N/A”，如果是，则返回“否”；否则返回“是”

① 查找 B2 单元格在 E2:E12 单元格区域中的精确位置，如果找不到，则返回错误值“#N/A”

9. INDEX（从引用或数组中返回指定位置的值）

【函数功能】INDEX 函数用于返回表格或区域中的值或值的引用，返回哪个位置的值用参数来指定。

【函数语法 1：数组形式】INDEX(array, row_num, [column_num])

- array：必需，单元格区域或数组常量。
- row_num：必需，选择数组中的某行，函数从该行返回数值。
- column_num：可选，选择数组中的某列，函数从该列返回数值。

【函数语法 2：引用形式】INDEX(reference, row_num, [column_num], [area_num])

- reference：必需，对一个或多个单元格区域的引用。
- row_num：必需，引用中某行的行号，函数从该行返回一个引用。
- column_num：可选，引用中某列的列号，函数从该列返回一个引用。
- area_num：可选，选择引用中的一个区域，以从中返回 row_num 和 column_num 的交叉区域。选中或输入的第一个区域序号为 1，第二个为 2，以此类推。如果省略 area_num，则 INDEX 函数使用区域 1。

【用法解析】

=INDEX(❶要查找的区域或数组,❷指定数据区域的第几行,❸指定数据区域的第几列)

数据公式的语法。最终结果是②与③指定的行列交叉处的值

可以使用其他函数返回值

在图 11-69 所示的表格中，查看标注可理解公式返回值。

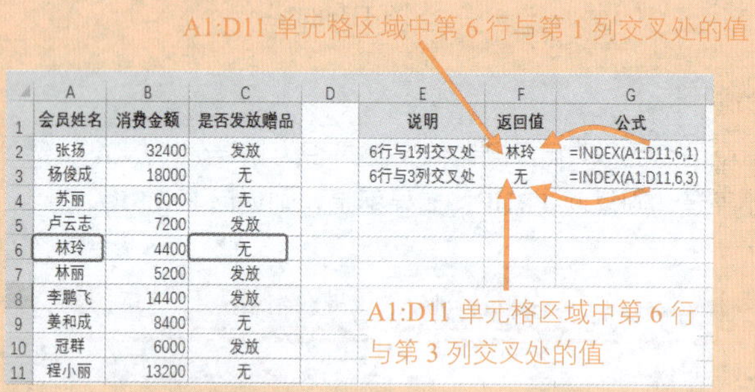

A1:D11 单元格区域中第 6 行与第 1 列交叉处的值

	A	B	C	D	E	F	G
1	会员姓名	消费金额	是否发放赠品		说明	返回值	公式
2	张扬	32400	发放		6行与1列交叉处	林玲	=INDEX(A1:D11,6,1)
3	杨俊成	18000	无		6行与3列交叉处	无	=INDEX(A1:D11,6,3)
4	苏丽	6000	无				
5	卢云志	7200	发放				
6	林玲	4400	无				
7	林丽	5200	发放				
8	李鹏飞	14400	发放				
9	姜和成	8400	无				
10	冠群	6000	发放				
11	程小丽	13200	无				

A1:D11 单元格区域中第 6 行与第 3 列交叉处的值

图 11-69

当 INDEX 函数的第一个参数为数组常量时，使用数组形式。数组形式

与引用形式没有本质区别，唯一区别就是参数设置的差异。多数情况下，使用的都是它的数组形式。当使用引用形式时，INDEX 函数的第 1 个参数可以由多个单元格区域组成，且函数可以设置第 4 个参数，第 4 个参数用来指定需要返回第几个区域中的单元格，如图 11-70 所示。

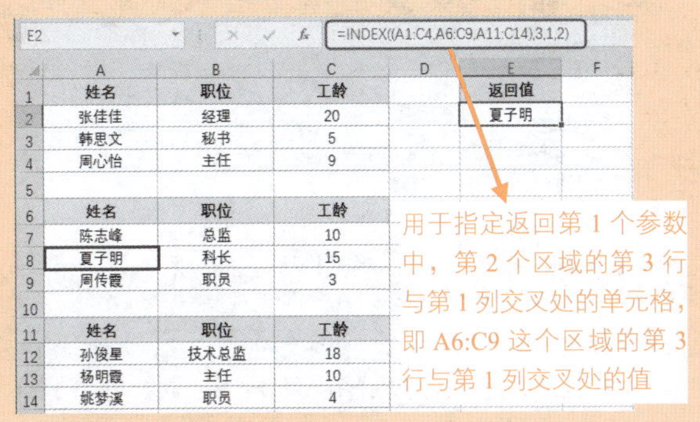

E2 =INDEX((A1:C4,A6:C9,A11:C14),3,1,2)

	A	B	C	D	E
1	姓名	职位	工龄		返回值
2	张佳佳	经理	20		夏子明
3	韩思文	秘书	5		
4	周心怡	主任	9		
5					
6	姓名	职位	工龄		
7	陈志峰	总监	10		
8	夏子明	科长	15		
9	周传霞	职员	3		
10					
11	姓名	职位	工龄		
12	孙俊星	技术总监	18		
13	杨明霞	主任	10		
14	姚梦溪	职员	4		

图 11-70

例 1：MATCH+INDEX 的搭配使用

MATCH 函数可以返回指定内容所在的位置，而 INDEX 函数又可以根据指定位置查询该位置所对应的数据。根据各自的特性，就可以将 MATCH 函数嵌套在 INDEX 函数中，用 INDEX 函数返回 MATCH 函数找到的那个位置处的值，从而实现灵活查找。下面先看实例（要求查询任意会员是否已发放赠品），再从“公式解析”中理解公式。

❶ 选中 G2 单元格，在编辑栏中输入公式：

```
=INDEX(A1:D11,MATCH(F2,A1:A11),4)
```

❷ 按 Enter 键，可查询到“卢云志”已发放赠品，如图 11-71 所示。

G2 =INDEX(A1:D11,MATCH(F2,A1:A11),4)

	A	B	C	D	E	F	G
1	会员姓名	消费金额	卡别	是否发放赠品		查找人	是否发放
2	程丽莉	13200	普通卡	无		卢云志	发放
3	欧群	6000	VIP卡	发放			
4	姜玲玲	8400	普通卡	无			
5	苏娜	14400	VIP卡	发放			
6	刘洁	5200	VIP卡	发放			
7	李正飞	4400	VIP卡	无			
8	卢云志	7200	VIP卡	发放			
9	杨明霞	6000	普通卡	无			
10	韩启云	18000	普通卡	无			
11	孙祥鹏	32400	VIP卡	发放			

图 11-71

❸ 当更改查询对象时，可实现自动查询，如图 11-72 所示。

G2 =INDEX(A1:D11,MATCH(F2,A1:A11),4)

	A	B	C	D	E	F	G
1	会员姓名	消费金额	卡别	是否发放赠品		查找人	是否发放
2	程丽莉	13200	普通卡	无		姜玲玲	无
3	欧群	6000	VIP卡	发放			
4	姜玲玲	8400	普通卡	无			
5	苏娜	14400	VIP卡	发放			
6	刘洁	5200	VIP卡	发放			
7	李正飞	4400	VIP卡	无			
8	卢云志	7200	VIP卡	发放			
9	杨明霞	6000	普通卡	无			
10	韩启云	18000	普通卡	无			
11	孙祥鹏	32400	VIP卡	发放			

图 11-72

【公式解析】

=INDEX(A1:D11,MATCH(F2,A1:A11),4)

② 返回 A1:D11 单元格区域中①返回值作为行与第 4 列（因为判断是否发放赠品在第 4 列中）交叉处的值

① 查询 F2 中的值在 A1:A11 单元格区域中的位置

例 2：查询总金额最高的销售员（逆向查找）

扫一扫，看视频

图 11-73 所示的表格中统计了各位销售员的销售总金额，现在想查询总金额最高的销售员，可以配合使用 INDEX 函数和 MATCH 函数来建立公式。

❶ 选中 C11 单元格，在编辑栏中输入公式：

```
=INDEX(A2:A9,MATCH(MAX(D2:D9),D2:D9,0))
```

❷ 按 Enter 键，返回最高销售总金额对应的销售员，如图 11-73 所示。

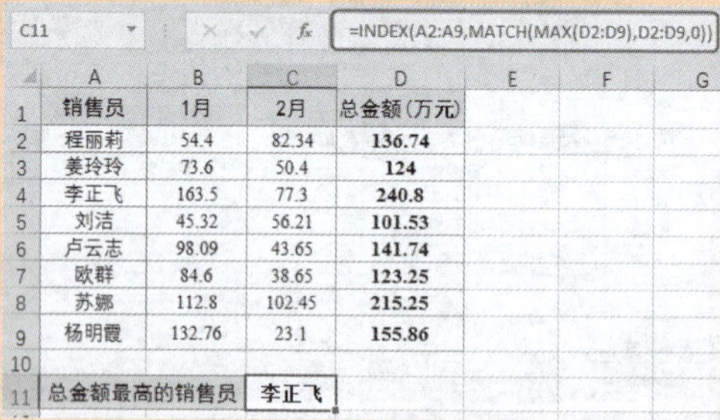

C11 =INDEX(A2:A9,MATCH(MAX(D2:D9),D2:D9,0))

	A	B	C	D	E	F	G
1	销售员	1月	2月	总金额(万元)			
2	程丽莉	54.4	82.34	136.74			
3	姜玲玲	73.6	50.4	124			
4	李正飞	163.5	77.3	240.8			
5	刘洁	45.32	56.21	101.53			
6	卢云志	98.09	43.65	141.74			
7	欧群	84.6	38.65	123.25			
8	苏娜	112.8	102.45	215.25			
9	杨明霞	132.76	23.1	155.86			
10							
11	总金额最高的销售员		李正飞				

图 11-73

【公式解析】

=INDEX(A2:A9,MATCH(MAX(D2:D9),D2:D9,0))

① 在 D2:D9 单元格区域中返回最大值

② 查找①找到的值在 D2:D9 单元格区域中的位置

③ 返回 A2:A9 单元格区域中②返回值指定行处的值

例 3：查找迟到次数最多的员工

图 11-74 所示的表格以列表的形式记录了每天迟到的员工姓名（如果一天中有多名员工迟到，就依次记录多次），要求返回迟到次数最多的员工姓名。

扫一扫，看视频

❶ 选中 D2 单元格，在编辑栏中输入公式：

```
=INDEX(B2:B12,MODE(MATCH(B2:B12,B2:B12,0)))
```

❷ 按 Enter 键，返回 B 列中出现次数最多的数据（即迟到次数最多的员工姓名），如图 11-74 所示。

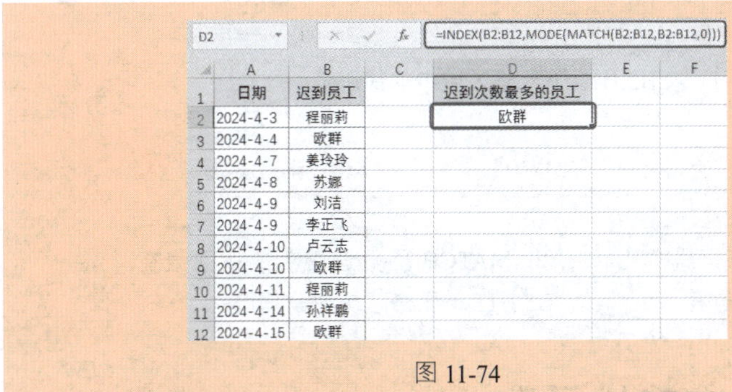

D2 =INDEX(B2:B12,MODE(MATCH(B2:B12,B2:B12,0)))

	A	B	C	D	E	F
1	日期	迟到员工		迟到次数最多的员工		
2	2024-4-3	程丽莉		欧群		
3	2024-4-4	欧群				
4	2024-4-7	姜玲玲				
5	2024-4-8	苏娜				
6	2024-4-9	刘洁				
7	2024-4-9	李正飞				
8	2024-4-10	卢云志				
9	2024-4-10	欧群				
10	2024-4-11	程丽莉				
11	2024-4-14	孙祥鹏				
12	2024-4-15	欧群				

图 11-74

【公式解析】

统计函数。返回在某一数组或数据区域中出现频率最高的数值

① 返回 B2:B12 单元格区域中 B2～B12 每个单元格的位置（出现多次的返回首个位置），返回的是一个数组

=INDEX(B2:B12,MODE(MATCH(B2:B12,B2:B12,0)))

③ 返回 B2:B12 单元格区域中②结果指定行处的值

② 返回①结果中出现频率最高的数值

例 4：返回多次短跑中用时最短的编号

扫一扫，看视频

图 11-75 所示的表格中统计了 200 米短跑中 10 次测试的成绩，要求快速判断出哪一次的成绩最好（即用时最短）。

❶ 选中 D2 单元格，在编辑栏中输入公式：

```
="第"&MATCH(MIN(B2:B11),B2:B11,0)&"次"
```

❷ 按 Enter 键即可得出结果（见图 11-75）。

D2　=“第"&MATCH(MIN(B2:B11),B2:B11,0)&"次"

	A	B	C	D	E
1	次数	100米用时(秒)		用时最少的是第几次	
2	1	30		第7次	
3	2	27			
4	3	33			
5	4	28			
6	5	30			
7	6	31			
8	7	26			
9	8	30			
10	9	29			
11	10	31			

图 11-75

【公式解析】

① 求 B2:B11 单元格区域中的最小值

用“&”符号将几个部分相连接

② MATCH 函数返回①的返回值在 B2:B11 单元格区域的第几行

11.2 动态查找函数

Excel 中最典型的动态查找函数是 OFFSET 函数，它可以先确定一个目标，然后通过指定不同的偏移量，从而获取动态的返回结果。

1. OFFSET（通过给定的偏移量得到新的引用）

【函数功能】OFFSET 函数以指定的引用为参照系，通过给定偏移量得到新的引用。返回的引用可以是一个单元格或单元格区域，并且可以指定返回的行数或列数。

【函数语法】OFFSET(reference,rows,cols, [height], [width])

- reference：必需，作为偏移量参照系的引用区域。
- rows：必需，相对于偏移量参照系的左上角单元格上（下）偏移的行数。
- cols：必需，相对于偏移量参照系的左上角单元格左（右）偏移的列数。
- height：可选，高度，即所要返回的引用区域的行数。
- width：可选，宽度，即所要返回的引用区域的列数。

【用法解析】

必须为对单元格或相连单元格区域的引用，否则返回错误值“#VALUE!”

指定要偏移几行，正数表示向下偏移，负数表示向上偏移

指定要偏移几列，正数表示向右偏移，负数表示向左

=OFFSET❶参照点,❷移动的行数,❸移动的列数,❹扩展选取的行数,❺扩展选取的列数)

按②和③指定的值偏移后最终返回几行新引用

按②和③指定的值偏移后最终返回几列新引用

如果不使用第 4 个和第 5 个参数，新引用的区域就是和参照点一样的大小，也就是完成了②和③指定的值偏移后那一处的值。如图 11-76 所示，公式“=OFFSET(快递公司,3,1)”表示以“快递公司”为参照点，向下偏移 3 行，再向右偏移 1 列，得到的是 D6 处的值。

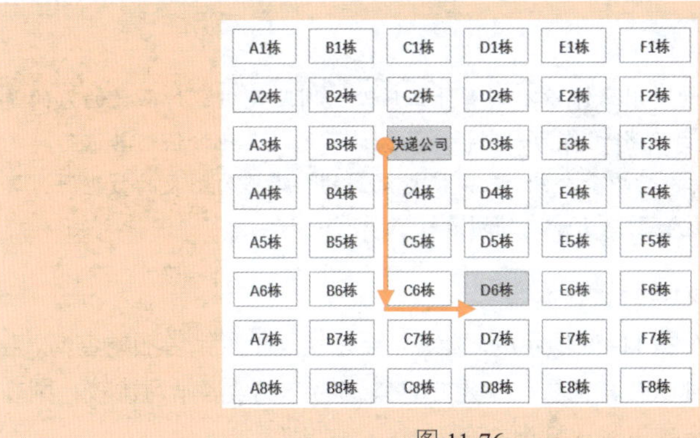

图 11-76

如果使用第 4 个和第 5 个参数，则新的返回值是一个区域。如图 11-77 所示，公式 “=OFFSET(快递公司,3,1,2,3)” 表示以 “快递公司” 为参照点，向下偏移 3 行，再向右偏移 1 列，然后返回 2 行 3 列的区域。

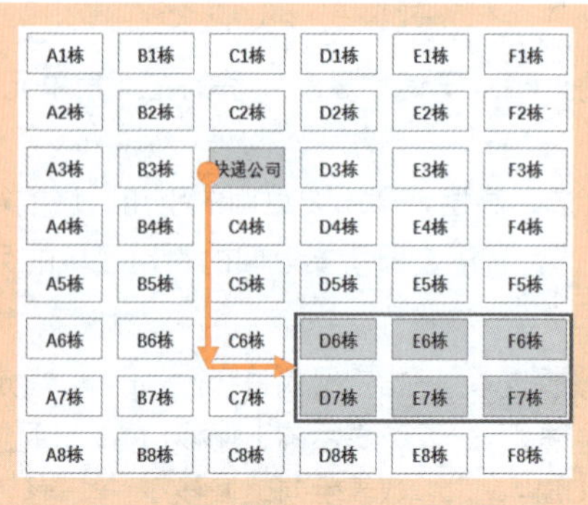

图 11-77

如果参数使用负数，则表示向相反的方向偏移。如图 11-78 所示，公式 “=OFFSET(出发地点,-3,-2,4,1)” 表示以 “快递公司” 为参照点，向上偏移 3 行，再向左偏移 1 列，然后返回 4 行 1 列的区域。

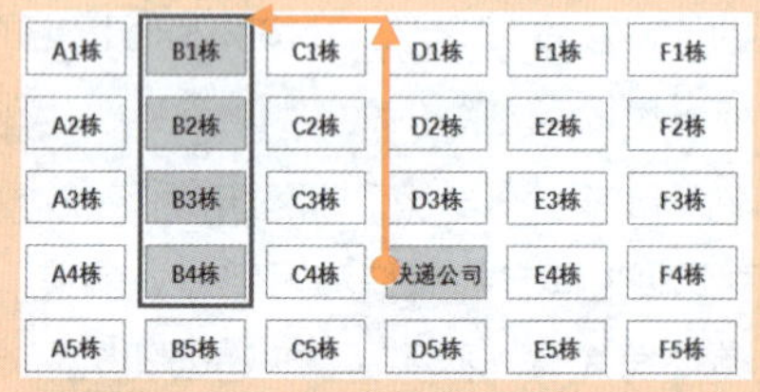

图 11-78

注意：

当然，仅仅得到引用好像看不到有什么用处，因此使用这种函数的目的是把 OFFSET 函数得到的引用作为一个半成品，然后通过其他方法对其进行再加工。例如，在后面的例子中会介绍，如果使用得到的引用作为图表的数据源，那么只要改变偏移量就能创建出动态的图表。

例 1：动态查询单月销售额

扫一扫，看视频

在图 11-79 所示的表格中，要求实现单月销售额的查询。查询表可以在其他表格中建立，本例为方便读者学习比较，则在本工作表中实现查询。

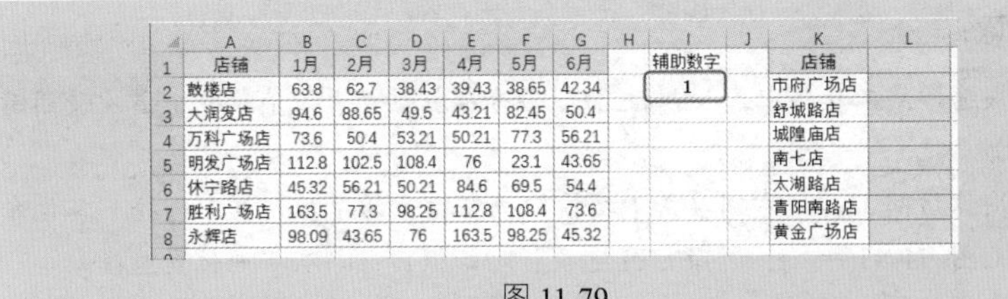

	A	B	C	D	E	F	G	H	I	J	K	L
1	店铺	1月	2月	3月	4月	5月	6月		辅助数字		店铺	
2	数楼店	63.8	62.7	38.43	39.43	38.65	42.34		1		市府广场店	
3	大润发店	94.6	88.65	49.5	43.21	82.45	50.4				舒城路店	
4	万科广场店	73.6	50.4	53.21	50.21	77.3	56.21				城隍庙店	
5	明发广场店	112.8	102.5	108.4	76	23.1	43.65				南七店	
6	休宁路店	45.32	56.21	50.21	84.6	69.5	54.4				太湖路店	
7	胜利广场店	163.5	77.3	98.25	112.8	108.4	73.6				青阳南路店	
8	永辉店	98.09	43.65	76	163.5	98.25	45.32				黄金广场店	

图 11-79

❶ 在 I2 单元格中输入辅助数字 1，并建立查询表格。

❷ 选中 L1 单元格，在编辑栏中输入公式：

```
=OFFSET(A1,0,$I$2)
```

❸ 按 Enter 键即可得出结果，如图 11-80 所示。

L1 | =OFFSET(A1,0,$I$2)

	A	B	C	D	E	F	G	H	I	J	K	L
1	店铺	1月	2月	3月	4月	5月	6月		辅助数字		店铺	1月
2	数楼店	63.8	62.7	38.43	39.43	38.65	42.34		1		市府广场店	
3	大润发店	94.6	88.65	49.5	43.21	82.45	50.4				舒城路店	
4	万科广场店	73.6	50.4	53.21	50.21	77.3	56.21				城隍庙店	
5	明发广场店	112.8	102.5	108.4	76	23.1	43.65				南七店	
6	休宁路店	45.32	56.21	50.21	84.6	69.5	54.4				太湖路店	
7	胜利广场店	163.5	77.3	98.25	112.8	108.4	73.6				青阳南路店	
8	永辉店	98.09	43.65	76	163.5	98.25	45.32				黄金广场店	

图 11-80

❹ 将 L1 单元格的公式向下复制，返回 1 月的销售额数据，如图 11-81 所示。

	A	B	C	D	E	F	G	H	I	J	K	L
1	店铺	1月	2月	3月	4月	5月	6月		辅助数字		店铺	1月
2	数楼店	63.8	62.7	38.43	39.43	38.65	42.34		1		市府广场店	63.8
3	大润发店	94.6	88.65	49.5	43.21	82.45	50.4				舒城路店	94.6
4	万科广场店	73.6	50.4	53.21	50.21	77.3	56.21				城隍庙店	73.6
5	明发广场店	112.8	102.5	108.4	76	23.1	43.65				南七店	112.8
6	休宁路店	45.32	56.21	50.21	84.6	69.5	54.4				太湖路店	45.32
7	胜利广场店	163.5	77.3	98.25	112.8	108.4	73.6				青阳南路店	163.5
8	永辉店	98.09	43.65	76	163.5	98.25	45.32				黄金广场店	98.09

图 11-81

❺ 在快速访问工具栏中单击“表单控件”下拉按钮，在打开的下拉列表中单击“数据调节钮”控件，如图 11-82 所示。

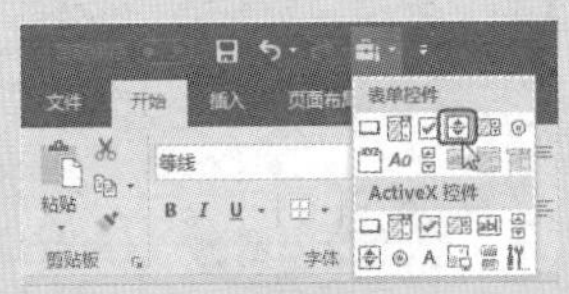

图 11-82

注意：

在快速访问工具栏中，“插入控件”命令按钮默认并没有提供，首次使用时需要添加。

在快速访问工具栏右侧单击下拉按钮，在打开的下拉列表中选择“其他命令”（见图 11-83），打开“Excel 选项”对话框，在“从下列位置选择命令”下拉列表中选择“‘开发工具’选项卡”，然后在下方的列表框中找到“插入控件”命令，单击“添加”按钮（见图 11-84）即可添加“插入控件”命令。

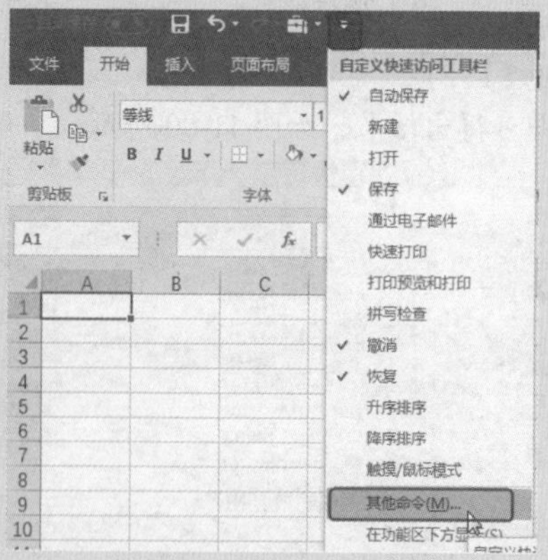

图 11-83

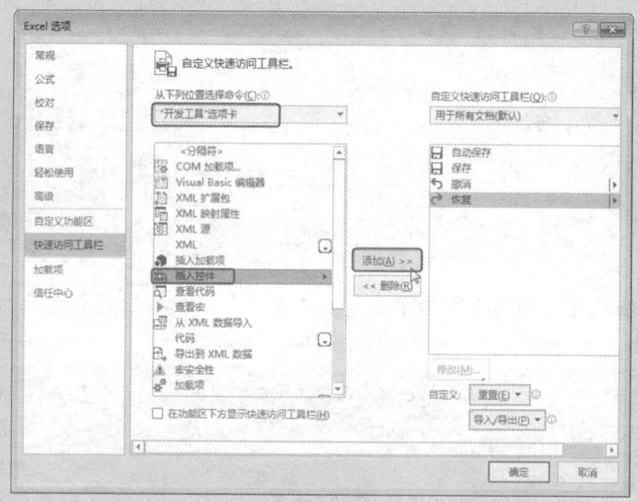

图 11-84

❻ 在I2单元格的辅助数字旁绘制数据调节钮并右击，在弹出的快捷菜单中选择“设置控件格式”命令（见图11-85），打开“设置对象格式”对话框。

❼ 设置“当前值”为1、“最小值”为1、“最大值”为6，然后设置“单元格链接”为$I$2，如图11-86所示。

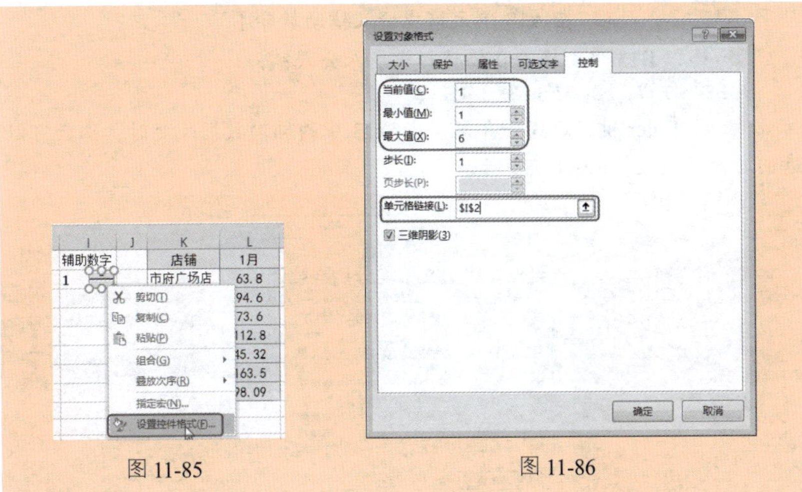

图 11-85　　　　图 11-86

❽ 单击“确定”按钮回到表格中，可以通过调节钮来控制查询结果的动态显示，如图11-87所示。单击向上按钮显示出2月的销售额，再单击向上按钮显示出3月的销售额，如图11-88所示。

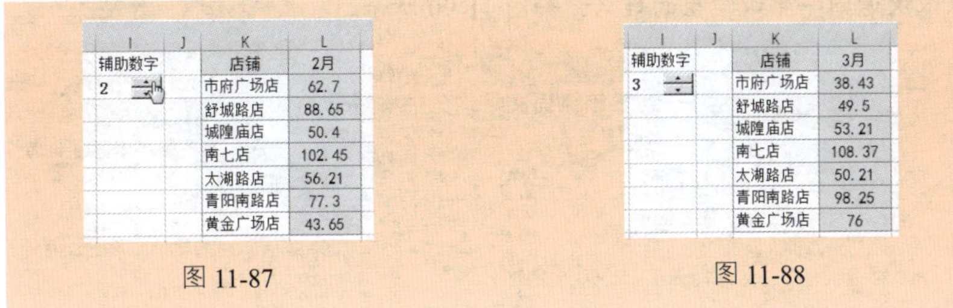

图 11-87　　　　图 11-88

【公式解析】

=OFFSET(A1,0,$I$2)

以A1作为参照点，向下偏移0，向右偏移为I2中的指定值，当A1为1时向右偏移1列，即1月的数据；当A1为2时向右偏移2列，即2月的数据，以此类推。当将L1单元格的公式向下复制时，参照单元格依次改变为A2、A3、A4等，因此可以返回整月的全部数据

例 2：OFFSET 函数用于创建动态图表的数据源 1

扫一扫，看视频

在图 11-89 所示的工作表中，要求建立图表能动态地查询任意年级的平均分（实际工作中可能有更多年级，本例中只显示三个年级）。仍然是使用 OFFSET 函数来建立图表的数据源。

❶ 在 A13 单元格中输入辅助数字 1。

❷ 选中 B13 单元格，在编辑栏中输入公式：

```
=OFFSET(A2,0,$A$13*2-2,,)
```

❸ 按 Enter 键，返回一年级（当 A13 中的辅助数据改变时，函数可以返回其他年级），如图 11-89 所示。

B13 =OFFSET(A2,0,$A$13*2-2,,)

	A	B	C	D	E	F
1	一到三年级语文平均分抽样统计					
2	一年级		二年级		三年级	
3	姓名	平均分	姓名	平均分	姓名	平均分
4	程丽莉	76.72	冷鑫	78.65	李伟	69.45
5	欧群	93.78	何心怡	81.21	丁洪勇	79.44
6	姜玲玲	90.74	秦雨	90.94	王子瑞	85.82
7	苏娜	86.67	李东霞	87.61	李章瑶	74.78
8	刘洁	85.56	马小雨	74.50	彭加普	84.07
9	李正飞	69.11	周佑琪	84.36	张廷顺	91.33
10	卢云志	78.64	孙文帅	91.36	苏小蝶	68.09
11	杨明霞	89.25	曾艺	87.88	丁洪伟	74.30
12						
13	1	一年级				
14						

图 11-89

❹ 选中 B13 单元格，将鼠标指针指向右下角填充柄，向下填充公式可以依次返回一年级学生的姓名，如图 11-90 所示。

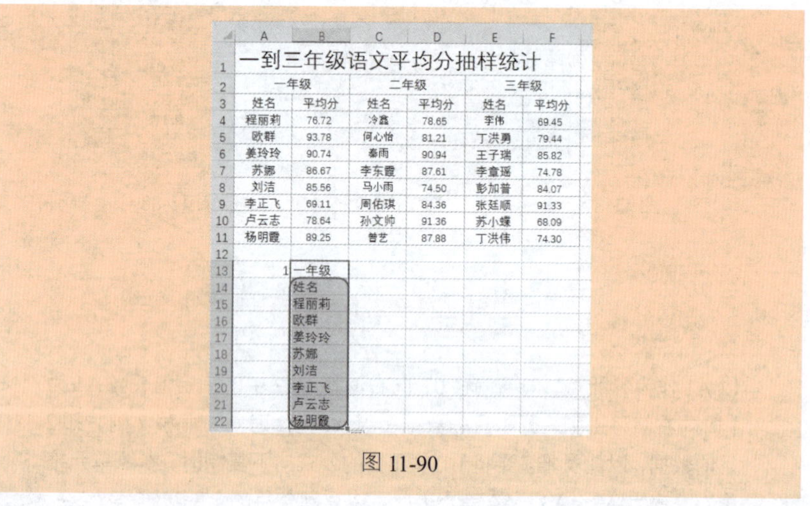

	A	B	C	D	E	F
1	一到三年级语文平均分抽样统计					
2	一年级		二年级		三年级	
3	姓名	平均分	姓名	平均分	姓名	平均分
4	程丽莉	76.72	冷鑫	78.65	李伟	69.45
5	欧群	93.78	何心怡	81.21	丁洪勇	79.44
6	姜玲玲	90.74	秦雨	90.94	王子瑞	85.82
7	苏娜	86.67	李东霞	87.61	李章瑶	74.78
8	刘洁	85.56	马小雨	74.50	彭加普	84.07
9	李正飞	69.11	周佑琪	84.36	张廷顺	91.33
10	卢云志	78.64	孙文帅	91.36	苏小蝶	68.09
11	杨明霞	89.25	曾艺	87.88	丁洪伟	74.30
12						
13	1	一年级				
14		姓名				
15		程丽莉				
16		欧群				
17		姜玲玲				
18		苏娜				
19		刘洁				
20		李正飞				
21		卢云志				
22		杨明霞				

图 11-90

❺ 选中 B14:B22 单元格区域，将鼠标指针指向右下角填充柄，向右拖动得到的是各学生对应的平均分，如图 11-91 所示。

	A	B	C	D	E	F
1	一到三年级语文平均分抽样统计					
2	一年级		二年级		三年级	
3	姓名	平均分	姓名	平均分	姓名	平均分
4	程丽莉	76.72	冷鑫	78.65	李伟	69.45
5	欧群	93.78	何心怡	81.21	丁洪勇	79.44
6	姜玲玲	90.74	秦雨	90.94	王子瑞	85.82
7	苏娜	86.67	李东霞	87.61	李童瑶	74.78
8	刘洁	85.56	马小雨	74.50	彭加普	84.07
9	李正飞	69.11	周佑琪	84.36	张廷顺	91.33
10	卢云志	78.64	孙文帅	91.36	苏小蝶	68.09
11	杨明霞	89.25	曾艺	87.88	丁洪伟	74.30
12						
13	1	一年级				
14		姓名	平均分			
15		程丽莉	76.72			
16		欧群	93.78			
17		姜玲玲	90.74			
18		苏娜	86.67			
19		刘洁	85.56			
20		李正飞	69.11			
21		卢云志	78.64			
22		杨明霞	89.25			

图 11-91

❻ 选中 B13:C22 单元格区域，建立图表，如图 11-92 所示。

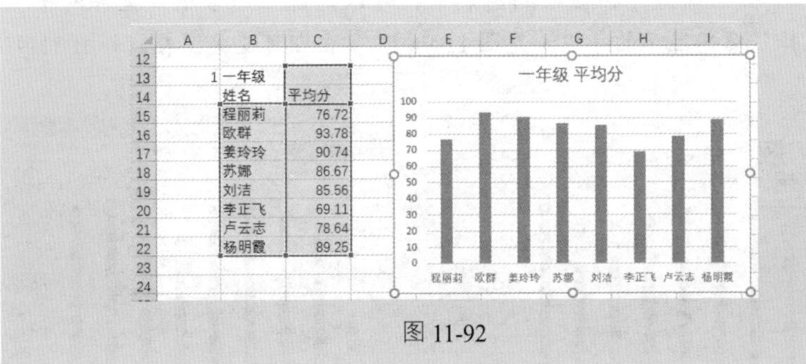

图 11-92

❼ 在快速访问工具栏中单击“表单控件”下拉按钮，在打开的下拉列表中单击“组合框（窗体控件）”控件，如图 11-93 所示。

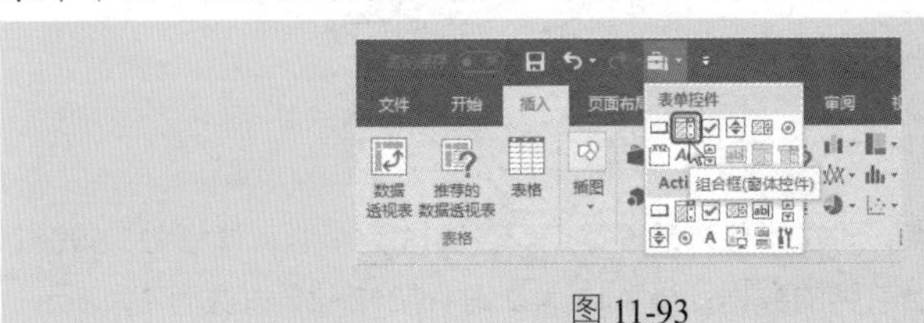

图 11-93

❽ 在图表空白处绘制“组合框”控件，注意也在表格的空白处建立一

个年级序列，如图 11-94 所示。

❾ 右击控件，打开该控件的“设置对象格式”对话框，设置“数据源区域”为前面建立的年级序列，设置“单元格链接”为 A13 单元格，如图 11-95 所示。

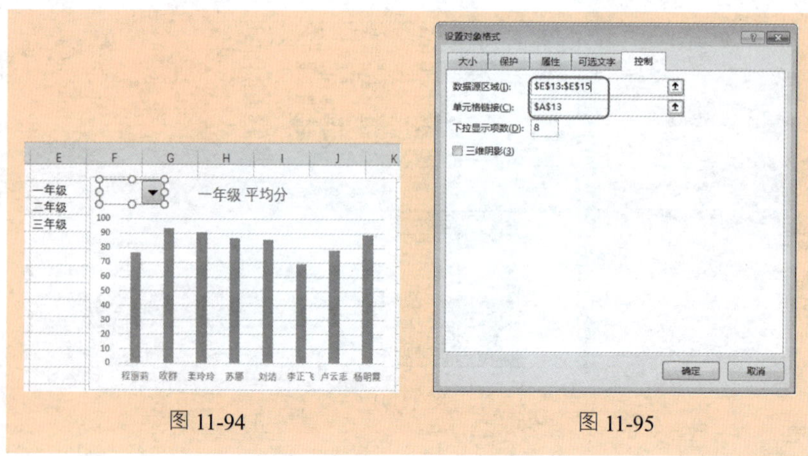

图 11-94　　图 11-95

❿ 单击“确定”按钮回到图表中，可以通过“组合框”控件的下拉列表选择任意想显示的年级（见图 11-96），单击即可变更图表，如图 11-97 所示。

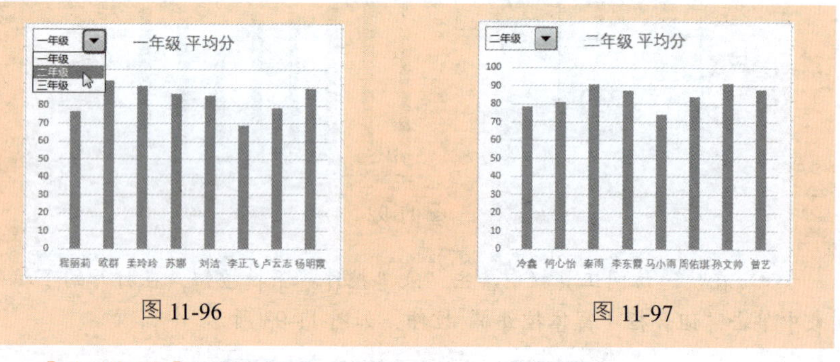

图 11-96　　图 11-97

【公式解析】

=OFFSET(A2,0,$A$13*2-2,,)

以 A2 作为参照点，向右偏移为设置重点。当 A13 为 1 时，“1*2−2”得数为 0，表示返回当前列的数据；当 A13 为 2 时，“2*2−2”得数为 2，表示返回第 2 列的数据（即一年级的平均分）；当 A13 为 3 时，“3*2−2”得数为 4，表示返回第 4 列的数据（即二年级的平均分）；以此类推

例 3：OFFSET 函数用于创建动态图表的数据源 2

OFFSET 函数在动态图表的创建中应用很广泛，只要活用公式，就可以创建出众多有特色的图表，下面再举一个实例。在图 11-98 所示的数据源中，要求图表中只显示最近 7 日的注册量情况，并且随着数据的更新，图表也会自动重新绘制最近 7 日的图像。

扫一扫，看视频

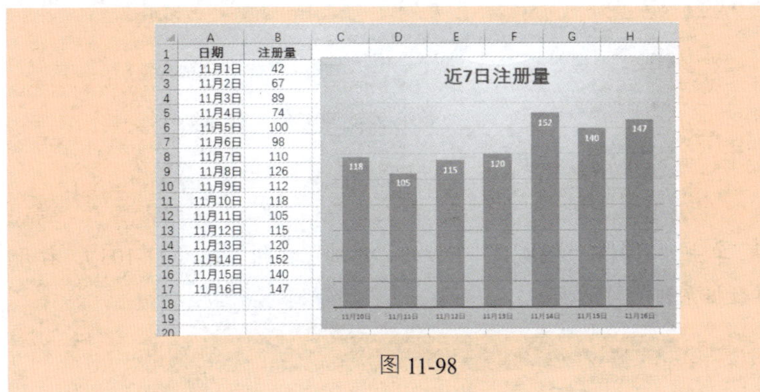

	A	B
1	日期	注册量
2	11月1日	42
3	11月2日	67
4	11月3日	89
5	11月4日	74
6	11月5日	100
7	11月6日	98
8	11月7日	110
9	11月8日	126
10	11月9日	112
11	11月10日	118
12	11月11日	105
13	11月12日	115
14	11月13日	120
15	11月14日	152
16	11月15日	140
17	11月16日	147

图 11-98

❶ 在“公式”选项卡的“定义的名称”组中单击“定义名称”功能按钮（见图 11-99），打开“新建名称”对话框。

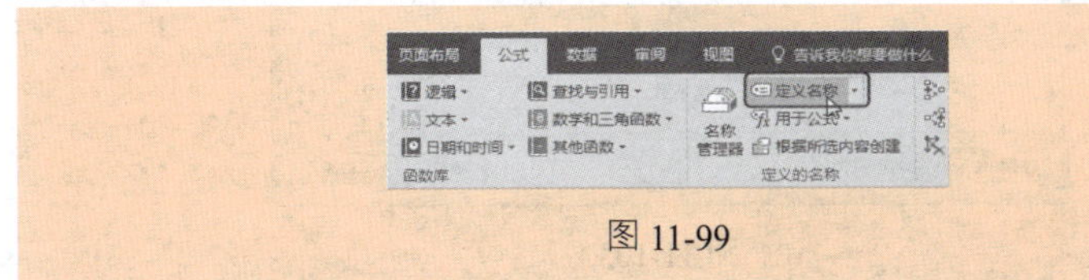

图 11-99

❷ 在“名称”框中输入“日期”，在“引用位置”组中输入公式“=OFFSET($A$1,COUNT($A:$A),0,-7)”（见图 11-100），单击“确定”按钮即可定义此名称。

❸ 在“名称”框中输入“注册量”，在“引用位置”组中输入公式“=OFFSET($B$1,COUNT($A:$A),0,-7)”（见图 11-101），单击“确定”按钮即可定义此名称。

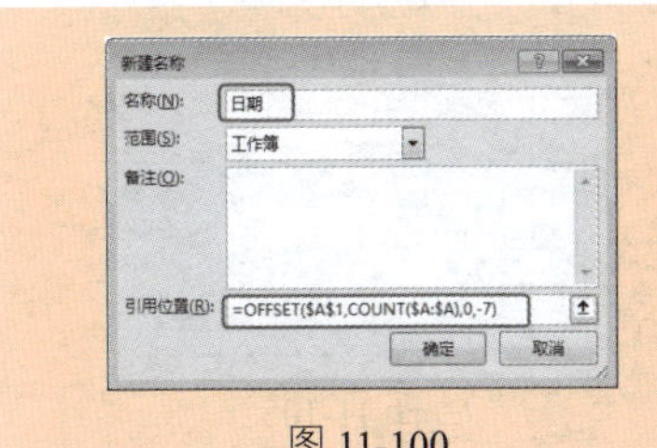

图 11-100

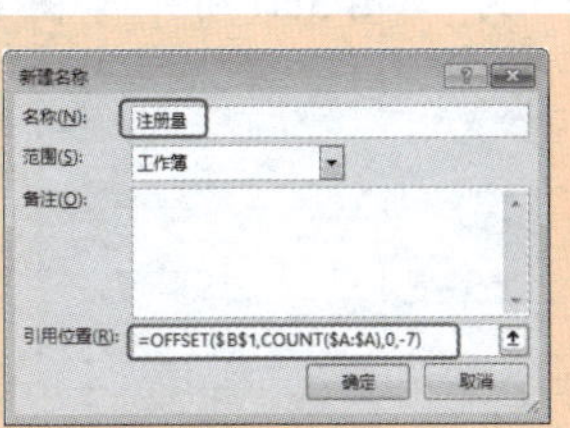

图 11-101

❹ 在工作表中建立一张空白的图表，在图表上右击，在弹出的快捷菜单中选择“选择数据”命令（见图 11-102），打开“选择数据源”对话框。

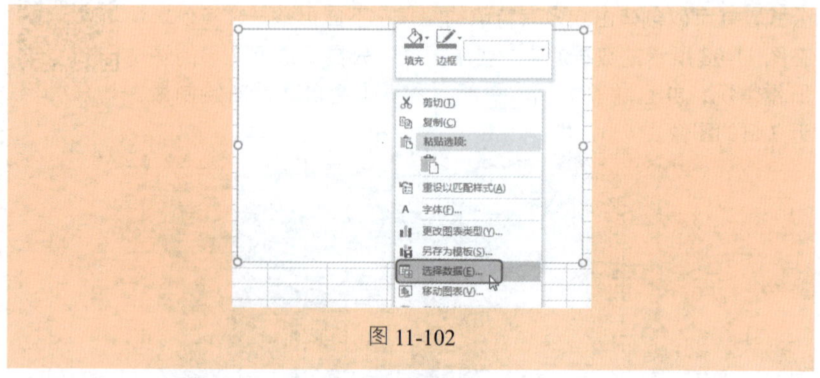

图 11-102

❺ 单击“图例项（系列）”下方的“添加”按钮（见图 11-103），打开“编辑数据系列”对话框。

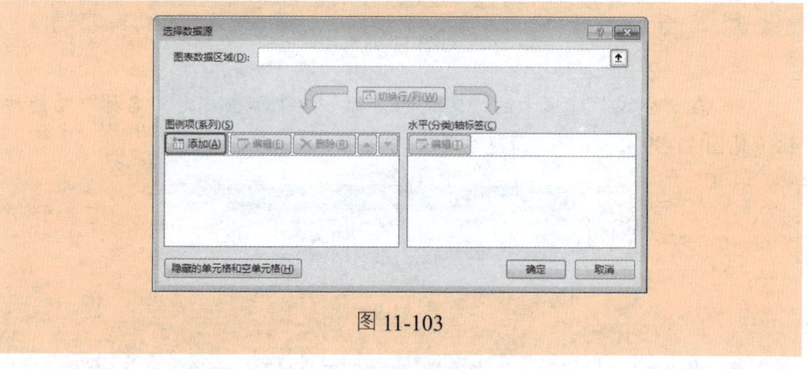

图 11-103

❻ 设置“系列值”为“=例 3!注册量”，如图 11-104 所示。

❼ 单击“确定”按钮，回到“选择数据源”对话框，再单击“水平（分类）轴标签”下方的“编辑”按钮，打开“轴标签”对话框，设置“轴标签区域”为“=例 3!日期”，如图 11-105 所示。

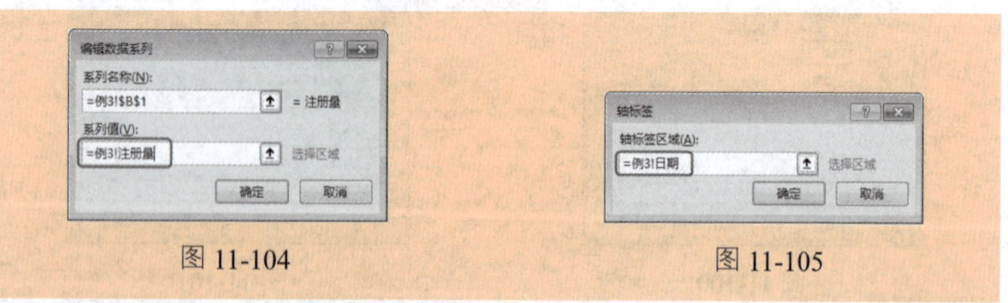

图 11-104

图 11-105

❽ 依次单击“确定”按钮回到表格中，可以看到图表显示的是最近 7 日的数据，如图 11-106 所示。

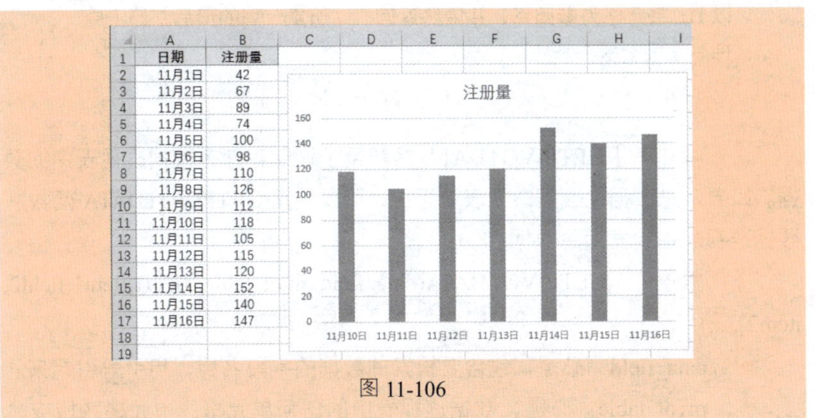

日期	注册量
11月1日	42
11月2日	67
11月3日	89
11月4日	74
11月5日	100
11月6日	98
11月7日	110
11月8日	126
11月9日	112
11月10日	118
11月11日	105
11月12日	115
11月13日	120
11月14日	152
11月15日	140
11月16日	147

图 11-106

❾ 当有新数据添加时，图表又随之自动更新，如图 11-107 所示。

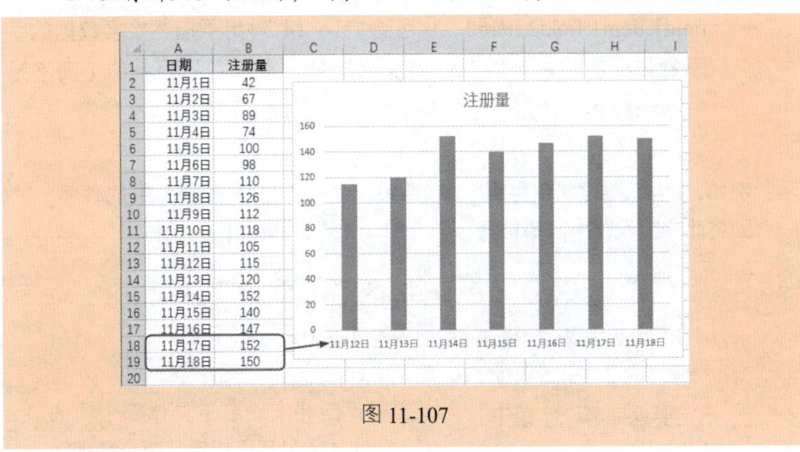

日期	注册量
11月1日	42
11月2日	67
11月3日	89
11月4日	74
11月5日	100
11月6日	98
11月7日	110
11月8日	126
11月9日	112
11月10日	118
11月11日	105
11月12日	115
11月13日	120
11月14日	152
11月15日	140
11月16日	147
11月17日	152
11月18日	150

图 11-107

【公式解析】

① 统计 A 列的条目数

=OFFSET(例 3!$A$1,COUNT(例 3!$A:$A),0,−7)

② 以 A1 单元格为参照点，向下偏移数为①的返回值，即偏移到最后一条记录。根据数据条目的变动，此返回值根据实际情况变动。向右偏移 0 列，并最终返回“日期”列的最后 7 行

=OFFSET('例 3'!$B$1,COUNT('例 3'!$A:$A),0,-7)

以 B1 单元格为参照点，并最终返回“注册量”列的最后 7 行（原理与上面公式一样）

2. GETPIVOTDATA（返回存储在数据透视表中的数据）

【函数功能】GETPIVOTDATA 函数用于返回存储在数据透视表中的数据。如果汇总数据在数据透视表中可见，可以使用 GETPIVOTDATA 函数从数据透视表中检索汇总数据。

【函数语法】GETPIVOTDATA(data_field,pivot_table,[field1,item1,field2,item2], ...)

- data_field：必需，包含要检索的数据的字段名称，用引号引起来。
- pivot_table：必需，数据透视表中的任何单元格、单元格区域或命名区域的引用。此参数用于确定包含要检索的数据透视表。
- field1,item1,field2,item2,...：可选，1～14 对用于描述检索数据的字段名和项名称，可以以任何次序排列。字段名和项名称（而不是日期和数字）用引号引起来。

【用法解析】

例如，如果设置了“销售额”为值字段，则将此参数设置为“销售额”

目标透视表中的任意单元格

=GETPIVOTDATA (❶检索字段,❷指定透视表,❸字段名,❹项名称)

指定要返回哪个字段下的值

指定要返回③字段名下具体哪个项的值，即③与④是用于指定从哪个数据字段下取哪个项的数据

例：返回数据透视表中的数据

扫一扫，看视频

建立数据透视表后，可以使用不同的公式从数据透视表中检索获取相关数据。

❶ 选中 B12 单元格，在编辑栏中输入公式：

```
=GETPIVOTDATA("订单总金额",$A$1,"仓库","仓库 1")
```

❷ 按 Enter 键，返“仓库 1”的订单总金额，如图 11-108 所示。

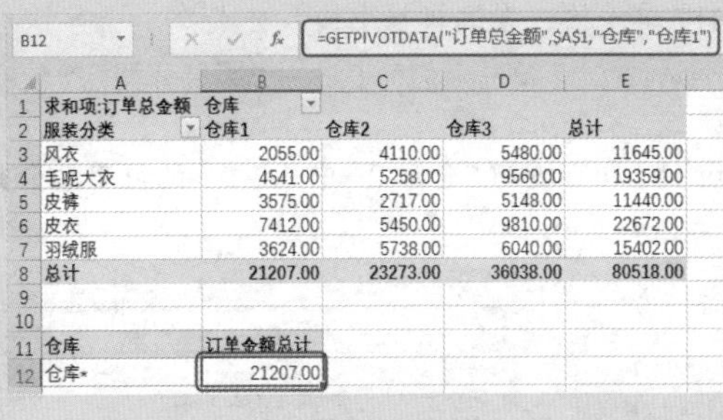

B12 =GETPIVOTDATA("订单总金额",$A$1,"仓库","仓库1")

	A	B	C	D	E
1	求和项:订单总金额	仓库			
2	服装分类	仓库1	仓库2	仓库3	总计
3	风衣	2055.00	4110.00	5480.00	11645.00
4	毛呢大衣	4541.00	5258.00	9560.00	19359.00
5	皮裤	3575.00	2717.00	5148.00	11440.00
6	皮衣	7412.00	5450.00	9810.00	22672.00
7	羽绒服	3624.00	5738.00	6040.00	15402.00
8	总计	21207.00	23273.00	36038.00	80518.00
9					
10					
11	仓库	订单金额总计			
12	仓库*	21207.00			

图 11-108

❸ 如果想返回“仓库 3”的订单总金额，则可将公式更改为

```
=GETPIVOTDATA("订单总金额",$A$1,"仓库","仓库3")
```

❹ 按 Enter 键，即可返回仓库 3 的订单总金额，如图 11-109 所示。

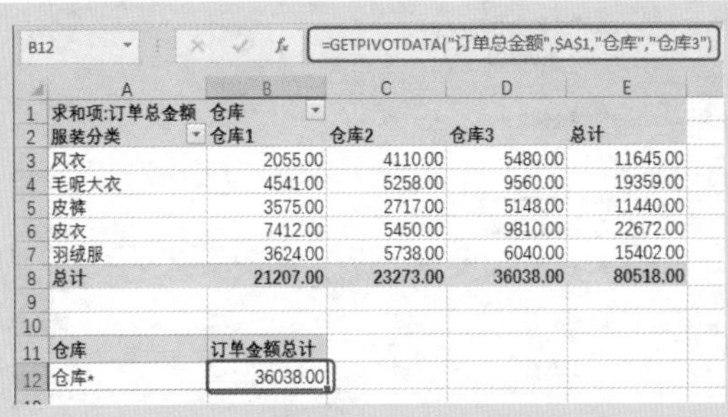

B12 =GETPIVOTDATA("订单总金额",$A$1,"仓库","仓库3")

	A	B	C	D	E
1	求和项:订单总金额	仓库			
2	服装分类	仓库1	仓库2	仓库3	总计
3	风衣	2055.00	4110.00	5480.00	11645.00
4	毛呢大衣	4541.00	5258.00	9560.00	19359.00
5	皮裤	3575.00	2717.00	5148.00	11440.00
6	皮衣	7412.00	5450.00	9810.00	22672.00
7	羽绒服	3624.00	5738.00	6040.00	15402.00
8	总计	21207.00	23273.00	36038.00	80518.00
9					
10					
11	仓库	订单金额总计			
12	仓库*	36038.00			

图 11-109

❺ 选中 B15 单元格，在编辑栏中输入公式：

```
=GETPIVOTDATA("订单总金额",$A$1,"服装分类","风衣")
```

❻ 按 Enter 键，即可返回“风衣”的订单总金额，如图 11-110 所示。

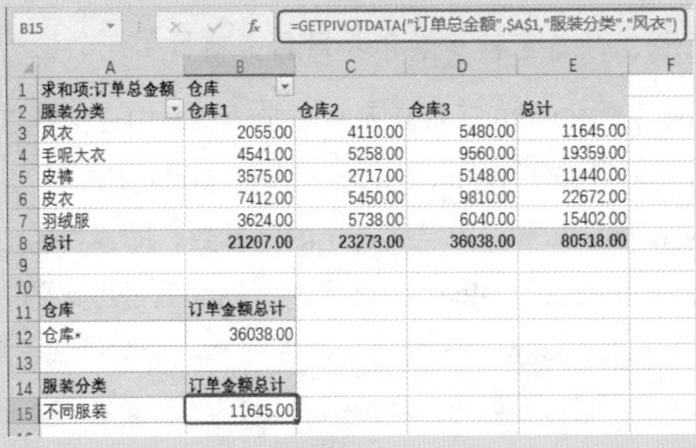

B15 =GETPIVOTDATA("订单总金额",$A$1,"服装分类","风衣")

	A	B	C	D	E	F
1	求和项:订单总金额	仓库				
2	服装分类	仓库1	仓库2	仓库3	总计	
3	风衣	2055.00	4110.00	5480.00	11645.00	
4	毛呢大衣	4541.00	5258.00	9560.00	19359.00	
5	皮裤	3575.00	2717.00	5148.00	11440.00	
6	皮衣	7412.00	5450.00	9810.00	22672.00	
7	羽绒服	3624.00	5738.00	6040.00	15402.00	
8	总计	21207.00	23273.00	36038.00	80518.00	
9						
10						
11	仓库	订单金额总计				
12	仓库*	36038.00				
13						
14	服装分类	订单金额总计				
15	不同服装	11645.00				

图 11-110

❼ 选中 B17 单元格，在编辑栏中输入公式：

```
=GETPIVOTDATA("订单总金额",$A$1,"服装分类","皮衣","仓库",
"仓库 2")
```

❽ 按 Enter 键，即可返回“仓库 2”中“皮衣”的订单总金额，如图 11-111 所示。

B17 =GETPIVOTDATA("订单总金额",$A$1,"服装分类","皮衣","仓库","仓库2")

	A	B	C	D	E	F	G
1	求和项:订单总金额	仓库					
2	服装分类	仓库1	仓库2	仓库3	总计		
3	风衣	2055.00	4110.00	5480.00	11645.00		
4	毛呢大衣	4541.00	5258.00	9560.00	19359.00		
5	皮裤	3575.00	2717.00	5148.00	11440.00		
6	皮衣	7412.00	5450.00	9810.00	22672.00		
7	羽绒服	3624.00	5738.00	6040.00	15402.00		
8	总计	21207.00	23273.00	36038.00	80518.00		
9							
10							
11	仓库	订单金额总计					
12	仓库*	36038.00					
13							
14	服装分类	订单金额总计					
15	风衣	11645.00					
16							
17	仓库2皮衣	5450.00					

图 11-111

11.3 引用函数

CHOOSE、INDIRECT、TRANSPOSE 等几个函数称为引用函数，引用函数常搭配其他函数使用，下面分别进行介绍。

1. CHOOSE（从给定的参数中返回指定的值）

【函数功能】CHOOSE 函数用于从给定的参数中返回指定的值。

【函数语法】CHOOSE(index_num, value1, [value2], ...)

- index_num：必需，指定所选定的值参数，即索引值。
- value1,value2,...：value1 是必需的，后续值是可选的。CHOOSE 函数基于 index_num 从这些值参数中选择一个数值或一项要执行的操作。参数可以为数字、单元格引用、已定义名称、公式、函数或文本。

【用法解析】

可以是表达式（运算结果是数值）或直接是数值，介于 1 ~ 254 之间

=CHOOSE(索引值,值 1,值 2,...)

当索引值等于 1 时，CHOOSE 函数返回值 1；当索引值等于 2 时，CHOOSE 函数返回值 2；以此类推

例如，在图 11-112 所示的表格中，公式“=CHOOSE(2,B2,B5,B8)”表示返回 B2、B5、B8 这几个值中的第 2 个值，即 B5 单元格的值。

D2 =CHOOSE(2,B2,B5,B8)

	A	B	C	D	E
1	月份	金额			
2	1月	¥24,689.00		¥ 21,447.00	
3	1月	¥27,976.00			
4	1月	¥19,464.00			
5	2月	¥21,447.00			
6	2月	¥18,069.00			
7	2月	¥25,640.00			
8	3月	¥21,434.00			
9	3月	¥18,564.00			
10	3月	¥23,461.00			

图 11-112

例 1：CHOOSE 函数配合 IF 函数进行条件判断

CHOOSE 函数也可以进行条件判断，如同使用 IF 函数一般。例如，在判断图 11-113 所示的表格中的销售额是否达标时，就使用了 CHOOSE 函数与 IF 函数相配合。

扫一扫，看视频

❶ 选中 C2 单元格，在编辑栏中输入公式：

```
=CHOOSE(IF(B2>20000,1,2),"达标","不达标")
```

❷ 按 Enter 键，即可判断 B2 单元格的销售额是否满足达标条件，如图 11-113 所示。

❸ 向下复制 C2 单元格的公式可以进行批量判断并返回相应结果，如图 11-114 所示。

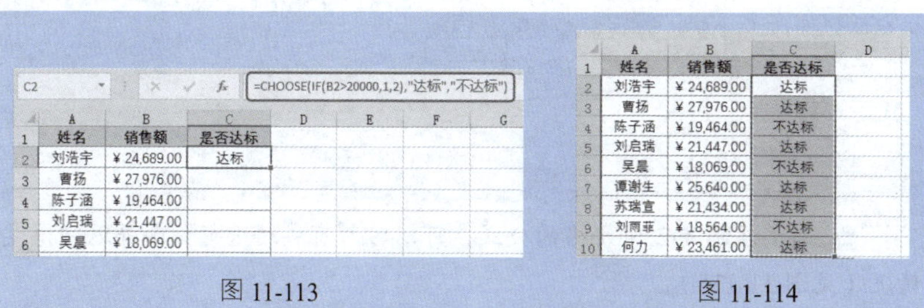

C2 =CHOOSE(IF(B2>20000,1,2),"达标","不达标")

	A	B	C	D	E	F	G
1	姓名	销售额	是否达标				
2	刘浩宇	¥ 24,689.00	达标				
3	曹扬	¥ 27,976.00					
4	陈子涵	¥ 19,464.00					
5	刘启瑞	¥ 21,447.00					
6	吴晨	¥ 18,069.00					

图 11-113

	A	B	C	D
1	姓名	销售额	是否达标	
2	刘浩宇	¥ 24,689.00	达标	
3	曹扬	¥ 27,976.00	达标	
4	陈子涵	¥ 19,464.00	不达标	
5	刘启瑞	¥ 21,447.00	达标	
6	吴晨	¥ 18,069.00	不达标	
7	谭谢生	¥ 25,640.00	达标	
8	苏瑞宣	¥ 21,434.00	达标	
9	刘雨菲	¥ 18,564.00	不达标	
10	何力	¥ 23,461.00	达标	

图 11-114

【公式解析】

① 如果 B2 大于 20000，则返回 1；否则返回 2

=CHOOSE(IF(B2>20000,1,2),"达标","不达标")

② 当①返回 1 时，返回 CHOOSE 函数指定的第一个值，即“达标”；当①返回 2 时，返回 CHOOSE 函数指定的第二个值，即“不达标”

例 2：找出短跑成绩的前三名

扫一扫，看视频

图 11-115 所示的表格是一份短跑成绩表，现在要求根据排名情况找出短跑成绩的前三名（也就是金、银、铜牌得主，非前三名的显示“未得奖”文字），即要通过设置公式得到 D 列中的结果。

❶ 选中 D2 单元格，在编辑栏中输入公式：

```
=IF(C2>3,"未得奖",CHOOSE(C2,"金牌","银牌","铜牌"))
```

	A	B	C	D
1	姓名	短跑成绩(秒)	排名	得奖情况
2	刘浩宇	30	5	未得奖
3	曹扬	27	2	银牌
4	陈子涵	33	8	未得奖
5	刘启瑞	28	3	铜牌
6	吴晨	30	5	未得奖
7	谭谢生	31	6	未得奖
8	苏瑞宣	26	1	金牌
9	刘雨菲	30	5	未得奖
10	何力	29	4	未得奖
11	苏子轩	32	7	未得奖

图 11-115

❷ 按 Enter 键，即可根据 C2 单元格的排名返回得奖情况，如图 11-116 所示。

D2　=IF(C2>3,"未得奖",CHOOSE(C2,"金牌","银牌","铜牌"))

	A	B	C	D	E	F	G	H
1	姓名	短跑成绩(秒)	排名	得奖情况				
2	刘浩宇	30	5	未得奖				
3	曹扬	27	2					
4	陈子涵	33	8					
5	刘启瑞	28	3					

图 11-116

❸ 向下复制 D2 单元格的公式，可以对所有成绩进行判断并返回得奖情况（见图 11-115）。

【公式解析】

① 只要 C2 大于 3，就都返回“未得奖”，这样首先排除了大于 3 的数字，只剩下 1、2、3 了

=IF(C2>3,"未得奖",CHOOSE(C2,"金牌","银牌","铜牌"))

②当 C2 值为 1 时返回“金牌”，当 C2 值为 2 时返回“银牌”，当 C2 值为 3 时返回“铜牌”

例 3：根据产品不合格率决定产品处理办法

图 11-117 所示的表格中统计了各产品的生产量与不格量，现在需要根据产品的不合格率来决定对各产品的处理办法。具体规则如下：

扫一扫，看视频

- 当不合格率在 0～1%之间时，该产品为“合格”。
- 当不合格率在 1%～3%之间时，该产品为“允许”。
- 当不合格率超过 3%时，该产品为“报废”。

也就是说，要通过设置公式得到 E 列中的结果。

	A	B	C	D	E
1	产品	生产量	不合格量	不合格率	处理办法
2	001	1455	14	0.96%	合格
3	002	1310	28	2.14%	允许
4	003	1304	43	3.30%	报废
5	004	347	30	8.65%	报废
6	005	1542	12	0.78%	合格
7	006	2513	35	1.39%	允许
8	007	3277	25	0.76%	合格
9	008	2209	20	0.91%	合格
10	009	2389	27	1.13%	允许
11	010	1255	95	7.57%	报废

图 11-117

❶ 选中 E2 单元格，在编辑栏中输入公式：

```
=CHOOSE(SUM(N(D2>={0,0.01,0.03})),"合格","允许","报废")
```

❷ 按 Enter 键，即可得出对第一种产品的处理办法，如图 11-118 所示。

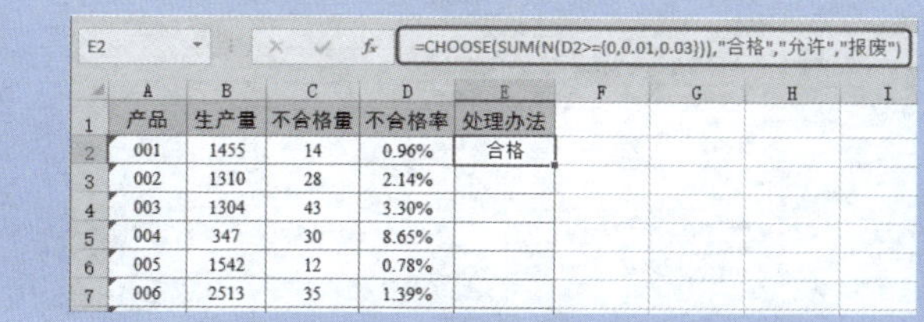

E2 =CHOOSE(SUM(N(D2>={0,0.01,0.03})),"合格","允许","报废")

	A	B	C	D	E	F	G	H	I
1	产品	生产量	不合格量	不合格率	处理办法				
2	001	1455	14	0.96%	合格				
3	002	1310	28	2.14%					
4	003	1304	43	3.30%					
5	004	347	30	8.65%					
6	005	1542	12	0.78%					
7	006	2513	35	1.39%					

图 11-118

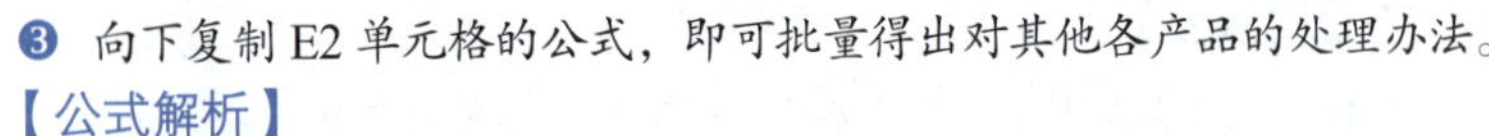

❸ 向下复制 E2 单元格的公式，即可批量得出对其他各产品的处理办法。

【公式解析】

① 判断 D2 的值是在哪个区间，返回的是一组逻辑值

=CHOOSE(SUM(N(D2>={0,0.01,0.03})),"合格","允许","报废")

最后根据③步中的指定值返回指定参数

② 用 N 函数将①步返回的逻辑值转换为数字，TRUE 转换为 1，FALSE 转换为 0

③ 用 SUM 函数将②步的结果求和，作为 CHOOSE 函数中指定返回哪个值的参数

2. AREAS（返回引用中涉及的区域个数）

【函数功能】AREAS 函数用于返回引用中包含的区域个数。区域表示连续的单元格区域或某个单元格。

【函数语法】AREAS(reference)

reference：必需，对某个单元格或单元格区域的引用，也可以引用多个单元格区域。

【用法解析】

如果引用是多个单元格区域，则必须用括号括起来。以免程序将逗号作为参数间的分隔符，从而判断参数不符合格式要求而返回错误值

=AREAS(单元格或单元格区域的引用)

例：返回数组个数

扫一扫，看视频

❶ 在图 11-119 所示的表格中，选中 F2 单元格，在编辑栏中输入公式：

```
=AREAS((A2:A10,B2:B10,C2:C10,D2:D10))
```

❷ 按 Enter 键，即可统计出引用中给出的数组的个数，如图 11-119 所示。

F2 =AREAS((A2:A10,B2:B10,C2:C10,D2:D10))

	A	B	C	D	E	F	G
1	姓名	短跑成绩(秒)	排名	得奖情况		列标识数	
2	刘浩宇	30	5	未得奖		4	
3	曹扬	27	2	银牌			
4	陈子涵	33	8	未得奖			
5	刘启瑞	28	3	铜牌			
6	吴晨	30	5	未得奖			
7	谭谢生	31	6	未得奖			
8	苏瑞宣	26	1	金牌			
9	刘雨菲	30	5	未得奖			
10	何力	29	4	未得奖			

图 11-119

【公式解析】

=AREAS((A2:A10,B2:B10,C2:C10,D2:D10))

允许使用多个单元格或单元格区域，但注意要用括号括起来，中间用逗号间隔

3. ADDRESS（建立文本类型的单元格地址）

【函数功能】ADDRESS 函数用于按照给定的行号和列号建立文本类型的单元格地址。

【函数语法】ADDRESS(row_num,column_num,a [abs_num], [a1], [sheet_text])

- row_num：必需，在单元格引用中使用的行号。
- column_num：必需，在单元格引用中使用的列号。
- abs_num：可选，用于指定返回的引用类型。
- a1：可选，用于指定 a1 或 R1C1 引用样式的逻辑值。如果 a1 为 TRUE 或省略，ADDRESS 函数返回 a1 样式的引用；如果 a1 为 FALSE，ADDRESS 函数返回 R1C1 样式的引用。
- sheet_text：可选，文本形式，指定作为外部引用的工作表的名称，如果省略 sheet_text，则不使用任何工作表名。

【用法解析】

1：返回地址行列都绝对引用；
2：返回地址绝对行号，相对列号；
3：返回地址相对行号，绝对列号；
4：返回地址行列都相对引用

=ADDRESS(行号,列号,指定行列的引用方式,指定引用样式,指定其他工作表名称)

一般不更改，省略。注意，如果只设置前 3 个参数，可以直接省略，如果包含第 5 个参数，则需要占位，如图 11-120 所示的 B5 单元格的公式

可选，如果要返回其他工作表中的单元格地址，则将工作表名称指定为文本

在图 11-120 所示的表格中，可以通过返回值及对应的公式学习 ADDRESS 函数的基本用法。

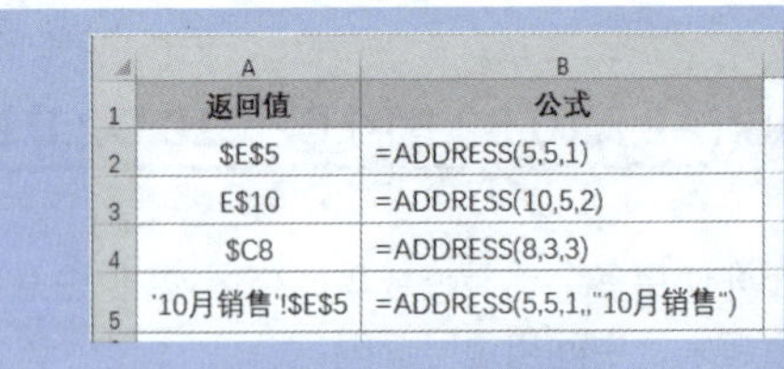

返回值	公式
$E$5	=ADDRESS(5,5,1)
E$10	=ADDRESS(10,5,2)
$C8	=ADDRESS(8,3,3)
'10月销售'!$E$5	=ADDRESS(5,5,1,,"10月销售")

图 11-120

例：查找最大出库量所在位置

扫一扫，看视频

下面再通过一个例子来学习 ADDRESS 函数。图 11-121 所示的表格中要求返回最大出库量的单元格地址，需要使用 ADDRESS 函数配合其他函数建立公式。

❶ 选中 F2 单元格，在编辑栏中输入公式：

```
=ADDRESS(MAX(IF(D2:D15=MAX(D2:D15),ROW(2:15))),4)
```

❷ 按 Ctrl+Shift+Enter 组合键，即可返回 D 列中最大出库量的单元格地址，如图 11-121 所示。

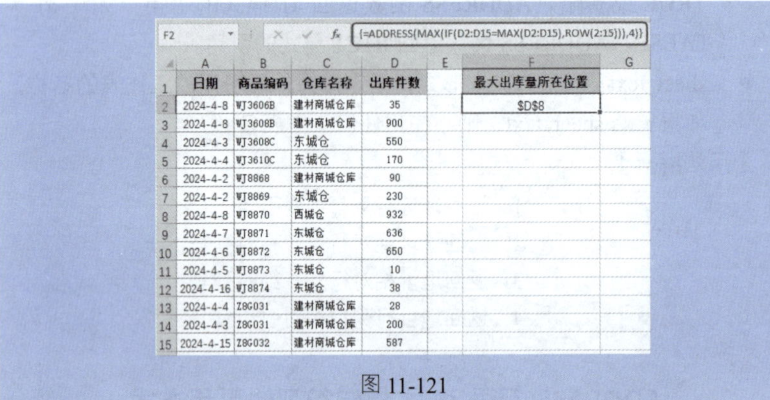

F2 {=ADDRESS(MAX(IF(D2:D15=MAX(D2:D15),ROW(2:15))),4)}

日期	商品编码	仓库名称	出库件数		最大出库量所在位置
2024-4-8	WJ3606B	建材商城仓库	35		$D$8
2024-4-8	WJ3608B	建材商城仓库	900		
2024-4-3	WJ3608C	东城仓	550		
2024-4-4	WJ3610C	东城仓	170		
2024-4-2	WJ8868	建材商城仓库	90		
2024-4-2	WJ8869	东城仓	230		
2024-4-8	WJ8870	西城仓	932		
2024-4-7	WJ8871	东城仓	636		
2024-4-6	WJ8872	东城仓	650		
2024-4-5	WJ8873	东城仓	10		
2024-4-16	WJ8874	东城仓	38		
2024-4-4	ZBG031	建材商城仓库	28		
2024-4-3	ZBG031	建材商城仓库	200		
2024-4-15	ZBG032	建材商城仓库	587		

图 11-121

【公式解析】

① 求 D2:D15 单元格区域中的最大值

=ADDRESS(MAX(IF(D2:D15=MAX(D2:D15),ROW(2:15))),4)

③ 用 ADDRESS 函数返回②返回值指定行与第 4 列交叉处的单元格地址

② 依次判断 D2:D15 单元格区域中的各值是否等于最大值，然后返回最大值对应的行号

4. INDIRECT（返回由文本字符串指定的引用）

【函数功能】INDIRECT 函数用于返回由文本字符串指定的引用。此函数立即对引用进行计算，并显示其内容。

【函数语法】INDIRECT(ref_text,[a1])

- ref_text：必需，对单元格的引用，此单元格可以包含 a1 样式的引用、R1C1 样式的引用、定义为引用的名称或对文本字符串单元格的引用。如果 ref_text 是对另一个工作簿的引用（外部引用），则那个工作簿必须被打开。
- a1：可选，逻辑值，用于指定 a1 或 R1C1 引用样式的逻辑值。如果 a1 为 TRUE 或省略，INDIRECT 函数返回 a1 样式的引用；如果 a1 为 FALSE，INDIRECT 函数返回 R1C1 样式的引用。

【用法解析】

返回 B10 单元格的值
=INDIRECT(B10)

INDIRECT 函数的引用有以下两种形式。

- =INDIRECT("A1")：参数加引号。
- =INDIRECT(A1)：参数不加引号。

应用示例如图 11-122 所示。

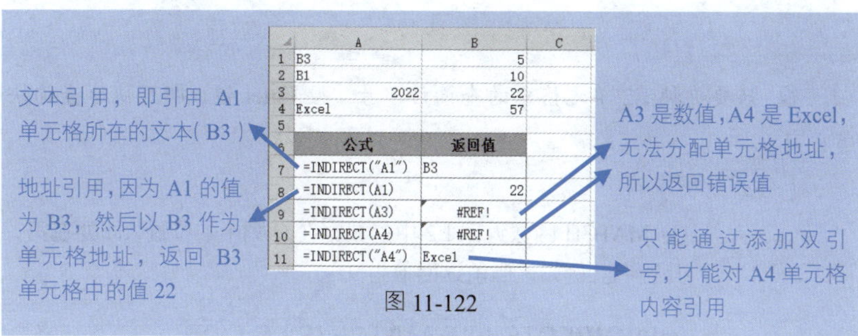

	A	B	C
1	B3	5	
2	B1	10	
3	2022	22	
4	Excel	57	
5			
6	公式	返回值	
7	=INDIRECT("A1")	B3	
8	=INDIRECT(A1)	22	
9	=INDIRECT(A3)	#REF!	
10	=INDIRECT(A4)	#REF!	
11	=INDIRECT("A4")	Excel	

文本引用，即引用 A1 单元格所在的文本（B3）
地址引用，因为 A1 的值为 B3，然后以 B3 作为单元格地址，返回 B3 单元格中的值 22
A3 是数值，A4 是 Excel，无法分配单元格地址，所以返回错误值
只能通过添加双引号，才能对 A4 单元格内容引用

图 11-122

例 1：单条件反向查找

扫一扫，看视频

INDIRECT 函数也可以如同 VLOOKUP、LOOKUP 函数一样实现查看，并且对实现反向查找（即从右向左）则更加便捷，但需要配合 MATCH 函数来使用。例如，在图 11-123 所示的例子中，如果需要根据订单号来查询快递公司，则可以按如下方法来设置公式。

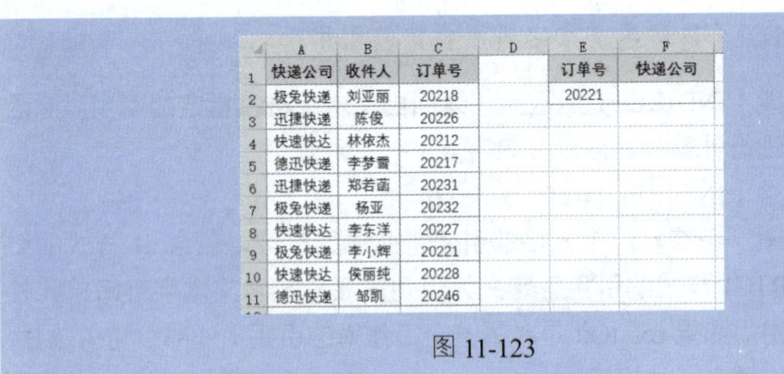

	A	B	C	D	E	F
1	快递公司	收件人	订单号		订单号	快递公司
2	极兔快递	刘亚丽	20218		20221	
3	迅捷快递	陈俊	20226			
4	快速快达	林依杰	20212			
5	德迅快递	李梦蕾	20217			
6	迅捷快递	郑若菡	20231			
7	极兔快递	杨亚	20232			
8	快速快达	李东洋	20227			
9	极兔快递	李小辉	20221			
10	快速快达	侯丽纯	20228			
11	德迅快递	邹凯	20246			

图 11-123

❶ 选中 F2 单元格，在编辑栏中输入公式：

```
=INDIRECT("A"&MATCH(E2,C:C,0))
```

❷ 按 Enter 键，返回的是 E2 中订单号对应的快递公司，如图 11-124 所示。

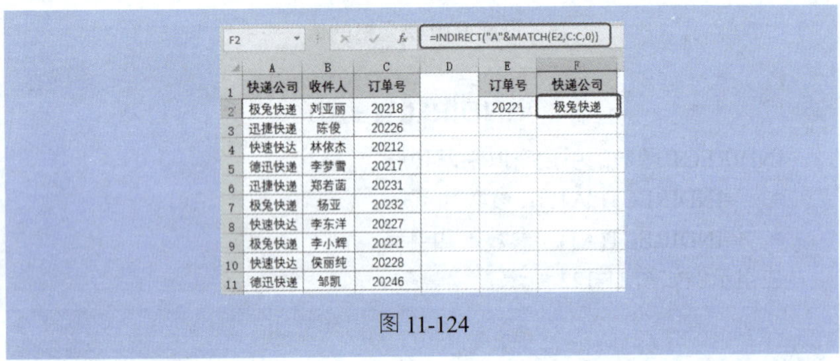

F2 =INDIRECT("A"&MATCH(E2,C:C,0))

	A	B	C	D	E	F
1	快递公司	收件人	订单号		订单号	快递公司
2	极兔快递	刘亚丽	20218		20221	极兔快递
3	迅捷快递	陈俊	20226			
4	快速快达	林依杰	20212			
5	德迅快递	李梦蕾	20217			
6	迅捷快递	郑若菡	20231			
7	极兔快递	杨亚	20232			
8	快速快达	李东洋	20227			
9	极兔快递	李小辉	20221			
10	快速快达	侯丽纯	20228			
11	德迅快递	邹凯	20246			

图 11-124

❸ 只要更换 E2 单元格中的查询订单号，按 Enter 键，即可快速查询快递公司。

【公式解析】

① MATCH 函数返回 E2 中的数据在 C 列中的位置，即处在第几行中。例如，当前返回值为 9

=INDIRECT("A"&MATCH(E2,C:C,0))

② 当前返回 A9 单元格中的值，E2 中的值对应在 A 列中的相应位置处的值

扫一扫，看视频

例 2：多条件查找

INDIRECT 函数还可以应用多条件查找，依然需要配合 MATCH 函数来使用。沿用上面的例 1，想通过快递公司和收件

人两个条件来查询订单号，以避免重名等情况，稍修改一下数据，如图 11-125 所示。

	A	B	C	D	E	F	G
1	快递公司	收件人	订单号		快递公司	收件人	订单号
2	极兔快递	刘亚丽	20218		快速快达	杨亚	
3	迅捷快递	陈俊	20226				
4	快速快达	杨亚	20212				
5	德迅快递	李梦雪	20217				
6	迅捷快递	郑若菡	20231				
7	极兔快递	杨亚	20232				
8	快速快达	李东洋	20227				
9	极兔快递	李小辉	20221				
10	快速快达	侯丽纯	20228				
11	德迅快递	邹凯	20246				

图 11-125

❶ 选中 F2 单元格，在编辑栏中输入公式：

```
=INDIRECT("C"&MATCH(E2&F2,A:A&B:B,0))
```

❷ 按 Ctrl+Shift+Enter 键，返回同时满足 E2 与 F2 两个条件对应的订单号，如图 11-126 所示。

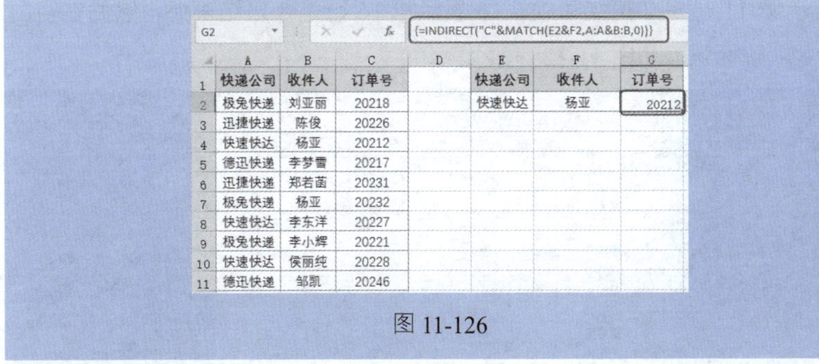

G2 {=INDIRECT("C"&MATCH(E2&F2,A:A&B:B,0))}

	A	B	C	D	E	F	G
1	快递公司	收件人	订单号		快递公司	收件人	订单号
2	极兔快递	刘亚丽	20218		快速快达	杨亚	20212
3	迅捷快递	陈俊	20226				
4	快速快达	杨亚	20212				
5	德迅快递	李梦雪	20217				
6	迅捷快递	郑若菡	20231				
7	极兔快递	杨亚	20232				
8	快速快达	李东洋	20227				
9	极兔快递	李小辉	20221				
10	快速快达	侯丽纯	20228				
11	德迅快递	邹凯	20246				

图 11-126

❸ 更换 E2 与 F2 单元格中的查询数据，按下 Enter 键，即可重新快速查询，如图 11-127 所示。

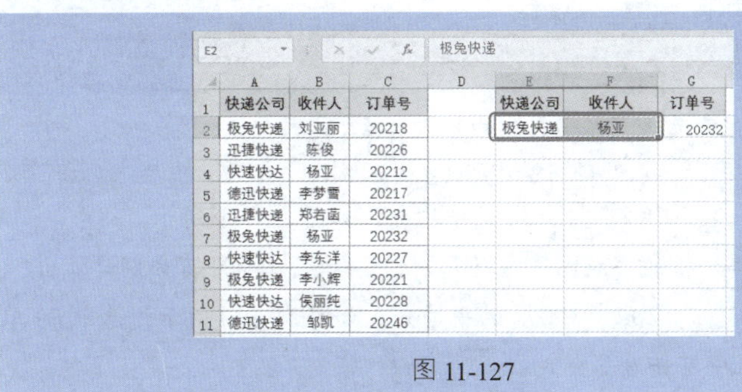

E2 极兔快递

	A	B	C	D	E	F	G
1	快递公司	收件人	订单号		快递公司	收件人	订单号
2	极兔快递	刘亚丽	20218		极兔快递	杨亚	20232
3	迅捷快递	陈俊	20226				
4	快速快达	杨亚	20212				
5	德迅快递	李梦雪	20217				
6	迅捷快递	郑若菡	20231				
7	极兔快递	杨亚	20232				
8	快速快达	李东洋	20227				
9	极兔快递	李小辉	20221				
10	快速快达	侯丽纯	20228				
11	德迅快递	邹凯	20246				

图 11-127

【公式解析】

注意公式是数组公式，MATCH 函数需要将合并后的查询值依次在查询区域中去判断

① 合并 E2 和 F2 作为 MATCH 函数的查询对象，合并 A 列和 B 列作为 MATCH 函数的查询区域，然后返回其所在位置

=INDIRECT("C"&MATCH(E2&F2,A:A&B:B,0))

② 在 C 列中返回①指定位置处的值

例 3：按指定的范围计算平均值

扫一扫，看视频

图 11-128 所示的表格中统计了每个班级的学生成绩，要求通过公式快速计算出“1 班”平均分，“1 班、2 班”平均分，“1 班、2 班、3 班”平均分。由于每个班级人数都为 5 人，根据这一特征可先输入几个辅助数字，6 表示第 6 行是 1 班结束处，11 表示第 11 行是 2 班结束处，16 表示第 16 行是 3 班结束处，然后在空白处建立求解标识，如图 11-128 所示。

	A	B	C	D	E	F
1	姓名	班级	分数	辅助数字	班级	平均分
2	侯喆	1	73	6	1班	
3	丁志勇	1	86	11	1班、2班	
4	张之源	1	85	16	1班、2班、3班	
5	王义来	1	62			
6	李晓洁	1	98			
7	陈一	2	60			
8	黄照先	2	92			
9	马雪蕊	2	94			
10	夏红燕	2	89			
11	王明轩	2	71			
12	李之源	3	92			
13	陈祥	3	87			
14	朱明健	3	90			
15	龙宏宇	3	87			
16	刘碧	3	72			

图 11-128

❶ 选中 F2 单元格，在编辑栏中输入公式：

```
=AVERAGE(INDIRECT("$C$2:C"&D2))
```

❷ 按 Enter 键，返回“1 班”的平均分，如图 11-129 所示。

❸ 将 F2 单元格的公式向下拖动复制到 F4 单元格，即可分别计算出“1 班、2 班”和“1 班、2 班、3 班”的平均分。如图 11-130 所示，选中 F3 单元格，在编辑栏中可查看其公式。

F2 =AVERAGE(INDIRECT("$C$2:C"&D2))

	A	B	C	D	E	F
1	姓名	班级	分数	辅助数字	班级	平均分
2	侯喆	1	73	6	1班	80.8
3	丁志勇	1	86	11	1班、2班	
4	张之源	1	85	16	1班、2班、3班	
5	王义来	1	62			
6	李晓洁	1	98			
7	陈一	2	60			
8	黄照先	2	92			
9	马雪蕊	2	94			
10	夏红燕	2	89			
11	王明轩	2	71			
12	李之源	3	92			
13	陈祥	3	87			
14	朱明健	3	90			
15	龙宏宇	3	87			
16	刘碧	3	72			

图 11-129

F3 =AVERAGE(INDIRECT("$C$2:C"&D3))

	A	B	C	D	E	F
1	姓名	班级	分数	辅助数字	班级	平均分
2	侯喆	1	73	6	1班	80.8
3	丁志勇	1	86	11	1班、2班	81
4	张之源	1	85	16	1班、2班、3班	82.533333
5	王义来	1	62			
6	李晓洁	1	98			
7	陈一	2	60			
8	黄照先	2	92			
9	马雪蕊	2	94			
10	夏红燕	2	89			
11	王明轩	2	71			
12	李之源	3	92			
13	陈祥	3	87			
14	朱明健	3	90			
15	龙宏宇	3	87			
16	刘碧	3	72			

图 11-130

【公式解析】

此公式只有一个相对引用，即公式向下复制时可分别返回 11、16，从而改变 AVERAGE 函数的求平均值区域

=AVERAGE(INDIRECT("$C$2:C"&D2))

② 用 AVERAGE 函数计算 C2:C6 单元格区域的平均值

① "$C$2:C"与 D2 单元格的值相连接，即得到"$C$2:C6"

5. TRANSPOSE（返回转置单元格区域）

【函数功能】TRANSPOSE 函数用于返回转置单元格区域，即将一行单元格区域转置成一列单元格区域，反之亦然。在行列数分别与数组行列数相同的区域中，必须将 TRANSPOSE 输入为数组公式。TRANSPOSE 函数可在工作表中转置数组的垂直和水平方向。

【函数语法】TRANSPOSE(array)

array：必需，需要进行转置的数组或工作表中的单元格区域。

【用法解析】

=TRANSPOSE (待转置的数组)

例：快速进行行列置换

在图 11-131 所示的表格中，除了可以使用自有功能技巧进行单元格行列互换，也可以通过函数公式完成行列的区域互换。

扫一扫，看视频

❶ 选中 A8:F11 单元格区域，在编辑栏中输入公式：

```
=TRANSPOSE(A1:D6)
```

❷ 按 Ctrl+Shift+Enter 组合键，返回转置后的数据，如图 11-131 所示。

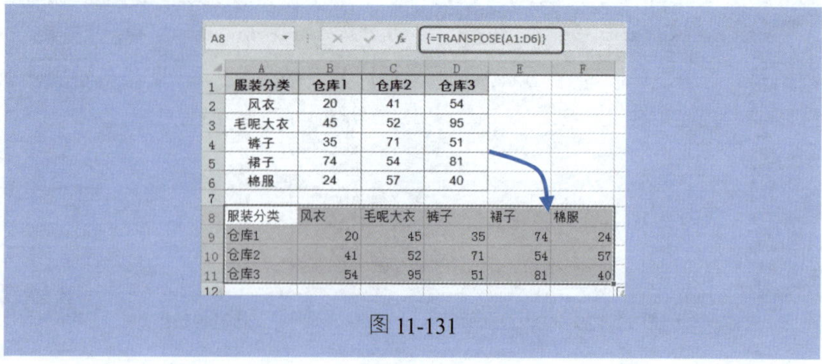

A8 | {=TRANSPOSE(A1:D6)}

	A	B	C	D	E	F
1	服装分类	仓库1	仓库2	仓库3		
2	风衣	20	41	54		
3	毛呢大衣	45	52	95		
4	裤子	35	71	51		
5	裙子	74	54	81		
6	棉服	24	57	40		
7						
8	服装分类	风衣	毛呢大衣	裤子	裙子	棉服
9	仓库1	20	45	35	74	24
10	仓库2	41	52	71	54	57
11	仓库3	54	95	51	81	40
12						

图 11-131

6. FORMULATEXT（返回指定引用处使用的公式）

【函数功能】FORMULATEXT 函数以文本形式返回给定引用处的公式（以字符串的形式返回公式）。

【函数语法】FORMULATEXT(reference)

reference：必需，对单元格或单元格区域的引用。该参数可以表示另一个工作表或工作簿（注意保证工作簿处于打开状态）。

例：查看计算公式

扫一扫，看视频

使用 FORMULATEXT 函数可以随时查看计算公式，从而方便对公式的理解。

❶ 选中 G3 单元格区域，在编辑栏中输入公式：

```
=FORMULATEXT(F3)
```

❷ 按 Enter 键，即可显示 F3 单元格中计算结果所使用的公式，如图 11-132 所示。

G3 | =FORMULATEXT(F3)

	A	B	C	D	E	F	G
1	姓名	班级	分数	辅助数字	班级	平均分	
2	侯喆	1	73	6	1班	80.8	
3	丁志勇	1	86	11	1班、2班	81	=AVERAGE(INDIRECT("$C$2:C"&D3))
4	张之源	1	85	16	1班、2班、3班	82.533333	
5	王义来	1	62				
6	李晓洁	1	98				
7	陈一	2	60				
8	黄照先	2	92				
9	马雪蕊	2	94				
10	夏红燕	2	89				
11	王明轩	2	71				

图 11-132

第12章 财务函数

12.1 投资计算

投资计算函数可分为与未来值（FV）有关的函数、与付款（PMT）有关的函数以及与现值（PV）有关的函数。在日常工作与生活中，我们经常会遇到要计算某项投资的未来值的情况，利用 Excel 中的 FV 函数进行计算后，可以帮助我们进行一些有计划、有目的、有效益的投资。PV 函数用来计算某项投资的现值。年金现值就是未来各期年金现在的价值总和。如果投资回收的当前价值大于投资的价值，则这项投资就是有收益的。

1. FV（返回某项投资的未来值）

【函数功能】FV 函数基于固定利率及等额分期付款方式，返回某项投资的未来值。

【函数语法】FV(rate,nper,pmt, [pv],[type])

- rate：必需，各期利率。
- nper：必需，总投资期，即该项投资的付款期总数。
- pmt：必需，各期所应支付的金额。
- pv：可选，现值，即从该项投资开始计算时已经入账的款项，或一系列未来付款的当前值的累计和，也称为本金。
- type：可选，数字 0 或 1（0 为期末，1 为期初）。

例 1：计算某项投资的未来值

例如，购买了某项理财产品，需要每月向银行存入 2000 元，年利率为 4.54%，现在想计算出 3 年后该账户的存款额。

扫一扫，看视频

❶ 选中 B4 单元格，在编辑栏中输入公式：

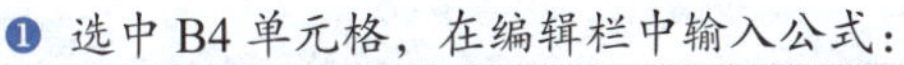

```
=FV(B1/12,3*12,B2,0,1)
```

❷ 按 Enter 键即可返回 3 年后该账户的存款额，如图 12-1 所示。

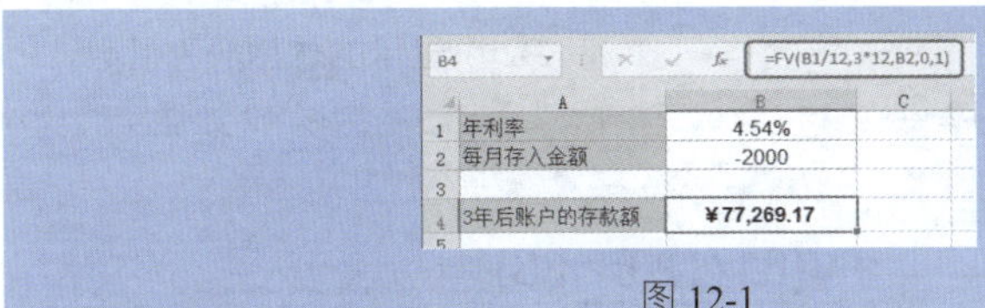

图 12-1

【公式解析】

① 年利率除以 12 得到月利率　　② 年限乘以 12 转换为月数

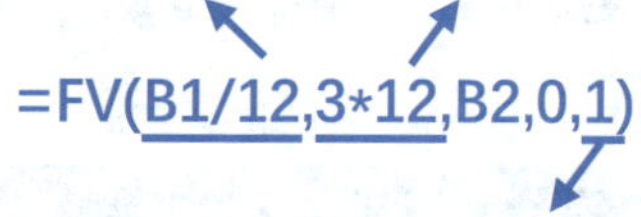

③ 表示期初支付

例 2：计算某项保险的未来值

扫一扫，看视频

已知购买某项保险需要分 30 年付款，每年付 8950 元，即总计需要付 268500 元，年利率为 4.8%，还款方式为期初还款，需要计算在这种付款方式下该保险的未来值。

❶ 选中 B5 单元格，在编辑栏中输入公式：

```
=FV(B1,B2,B3,1)
```

❷ 按 Enter 键即可得出购买该项保险的未来值，如图 12-2 所示。

例 3：计算住房公积金的未来值

扫一扫，看视频

假设某企业每月从员工工资中扣除 200 元作为住房公积金，然后按年利率为 22%返还给员工。需要计算 5 年（60 个月）后员工所得的住房公积金金额。

❶ 选中 B5 单元格，在编辑栏中输入公式：

```
=FV(B1/12,B2,B3)
```

❷ 按 Enter 键，即可计算出 5 年后该员工所得的住房公积金金额，如图 12-3 所示。

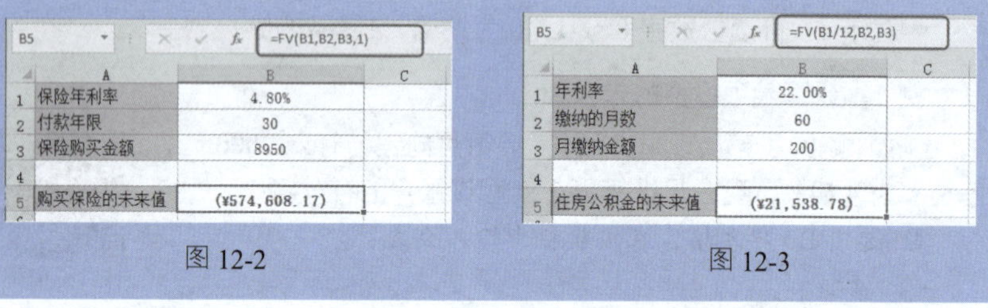

B5　fx　=FV(B1,B2,B3,1)

	A	B	C
1	保险年利率	4.80%	
2	付款年限	30	
3	保险购买金额	8950	
4			
5	购买保险的未来值	(¥574,608.17)	

图 12-2

B5　fx　=FV(B1/12,B2,B3)

	A	B	C
1	年利率	22.00%	
2	缴纳的月数	60	
3	月缴纳金额	200	
4			
5	住房公积金的未来值	(¥21,538.78)	

图 12-3

【公式解析】

① 年利率除以 12 得到月利率　　② B2 中显示的总期数为月数，所以不必进行乘以 12 处理

2. FVSCHEDULE（计算投资在变动或可调利率下的未来值）

【函数功能】FVSCHEDULE 函数基于一系列复利返回本金的未来值，用于计算某项投资在变动或可调利率下的未来值。

【函数语法】FVSCHEDULE(principal,schedule)

- principal：必需，现值。
- schedule：必需，利率数组。

例：计算投资在可调利率下的未来值

一笔 100000 元的借款，借款期限为 5 年，并且 5 年中每年的年利率不同，现在要计算出 5 年后该笔借款的回收金额。

扫一扫，看视频

❶ 选中 B8 单元格，在编辑栏中输入公式：

```
=FVSCHEDULE(100000,A2:A6)
```

❷ 按 Enter 键即可计算出 5 年后这笔借款的回收金额，如图 12-4 所示。

B8 | =FVSCHEDULE(100000,A2:A6)

	A	B	C	D
1	5年间不同利率			
2	3.32%			
3	4.58%			
4	4.79%			
5	5.31%			
6	5.78%			
7				
8	5年后借款回收金额	¥126,132.22		

图 12-4

3. IPMT（返回给定期限内的利息偿还额）

【函数功能】IPMT 函数基于固定利率和等额本息还款方式，返回投资或贷款在某一给定期限内的利息偿还额。

【函数语法】IPMT(rate,per,nper,pv, [fv], [type])

- rate：必需，各期利率。
- per：必需，用于计算其利息数额的期数，在 1～nper 之间。
- nper：必需，总投资期。
- pv：必需，现值，即本金。
- fv：可选，未来值，即最后一次付款后的现金余额。如果省略 fv，则假设其值为 0。
- type：可选，指定各期的付款时间是在期初还是期末。若是 0，为期末；若是 1，为期初。

例 1：计算每年偿还额中的利息金额

扫一扫，看视频

图 12-5 所示的表格中录入了某项贷款的总金额、贷款年利率、贷款年限，付款方式为期末付款。要求计算每年偿还金额中有多少是利息。

❶ 选中 B6 单元格，在编辑栏中输入公式：

```
=IPMT($B$1,A6,$B$2,$B$3)
```

❷ 按 Enter 键即可返回第 1 年的利息金额，如图 12-5 所示。

❸ 选中 B6 单元格，向下复制公式到 B11 单元格，即可返回直到第 6 年每年的利息金额，如图 12-6 所示。

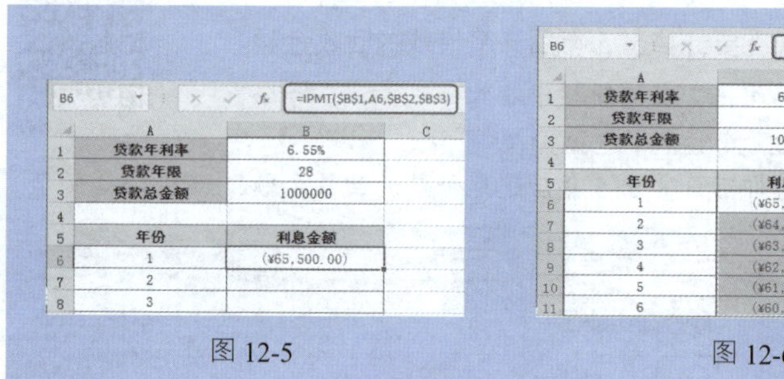

B6 =IPMT($B$1,A6,$B$2,$B$3)

	A	B	C
1	贷款年利率	6.55%	
2	贷款年限	28	
3	贷款总金额	1000000	
4			
5	年份	利息金额	
6	1	(¥65,500.00)	
7	2		
8	3		

图 12-5

B6 =IPMT($B$1,A6,$B$2,$B$3)

	A	B	C
1	贷款年利率	6.55%	
2	贷款年限	28	
3	贷款总金额	1000000	
4			
5	年份	利息金额	
6	1	(¥65,500.00)	
7	2	(¥64,626.00)	
8	3	(¥63,694.76)	
9	4	(¥62,702.52)	
10	5	(¥61,645.28)	
11	6	(¥60,518.80)	

图 12-6

例 2：计算每月偿还额中的利息金额

扫一扫，看视频

要计算每月偿还额中的利息金额，其公式设置和例 1 相同，只是第一项参数利率需要进行变动，需要将利率除以 12 得到每个月的利率。

❶ 选中 B6 单元格，在编辑栏中输入公式：

```
=IPMT($B$1/12,A6,$B$2,$B$3)
```

❷ 按 Enter 键即可返回 1 月的利息金额。

❸ 选中 B6 单元格，然后向下复制公式，即可依次计算出其他各月的利息金额，如图 12-7 所示。

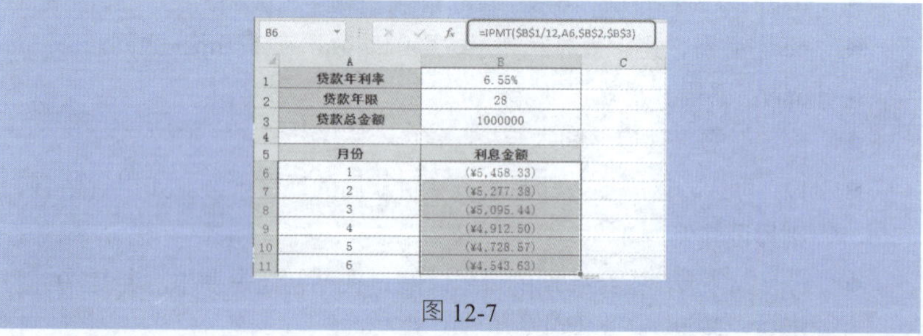

B6 =IPMT($B$1/12,A6,$B$2,$B$3)

	A	B	C
1	贷款年利率	6.55%	
2	贷款年限	28	
3	贷款总金额	1000000	
4			
5	月份	利息金额	
6	1	(¥5,458.33)	
7	2	(¥5,277.38)	
8	3	(¥5,095.44)	
9	4	(¥4,912.50)	
10	5	(¥4,728.57)	
11	6	(¥4,543.63)	

图 12-7

4. ISPMT（等额本金还款方式下的利息计算）

【函数功能】ISPMT 函数基于等额本金还款方式，计算特定投资期内要支付的利息额。

【函数语法】ISPMT(rate,per,nper,pv)

- rate：必需，投资的利率。
- per：必需，要计算利息的期数，在 1 ~ nper 之间。
- nper：必需，投资的总支付期数。
- pv：必需，投资的现值，而对于贷款来说，pv 为贷款数额。

例：计算投资期内需支付的利息金额

图 12-8 所示的表格显示了某项贷款的年利率、贷款年限、贷款总金额，要求基于等额本金还款方式计算每年的利息金额。

扫一扫，看视频

❶ 选中 B6 单元格，在编辑栏中输入公式：

```
=ISPMT($B$1,A6,$B$2,$B$3)
```

❷ 按 Enter 键即可返回此项贷款第 1 年的利息金额，如图 12-8 所示。

❸ 选中 B6 单元格，然后向下复制公式，即可依次计算出其他各年的利息金额，如图 12-9 所示。

B6 =ISPMT($B$1,A6,$B$2,$B$3)

	A	B	C	D
1	贷款年利率	6.55%		
2	贷款年限	28		
3	贷款总金额	1000000		
4				
5	年份	利息金额		
6	1	(¥63,160.71)		
7	2			
8	3			

图 12-8

	A	B	C
1	贷款年利率	6.55%	
2	贷款年限	28	
3	贷款总金额	1000000	
4			
5	年份	利息金额	
6	1	(¥63,160.71)	
7	2	(¥60,821.43)	
8	3	(¥58,482.14)	
9	4	(¥56,142.86)	
10	5	(¥53,803.57)	
11	6	(¥51,464.29)	

图 12-9

注意：

IPMT 函数与 ISPMT 函数都可用于计算利息，它们的区别如下：

这两个函数的还款方式不同。IPMT 函数基于固定利率和等额本息还款方式，返回一项投资或贷款在指定期间内的利息偿还额。

在等额本息还款方式下，贷款偿还过程中每期还款总金额保持相同，其中本金逐期递增、利息逐期递减。

ISPMT 函数基于等额本金还款方式，返回某一指定投资或贷款期间内所需支付的利息。在等额本金还款方式下，贷款偿还过程中，每期偿还的本金数额保持相同，利息逐期递减。

5. PMT（返回贷款的每期付款额）

【函数功能】PMT 函数基于固定利率及等额分期付款方式，返回贷款的每期付款额。

【函数语法】PMT(rate,nper,pv, [fv], [type])

- rate：必需，贷款利率。
- nper：必需，该项贷款的付款总数。
- pv：必需，现值，即本金。
- fv：可选，未来值，即最后一次付款后希望得到的现金余额。
- type：可选，指定各期的付款时间是在期初还是期末。若是 0，为期末；若是 1，为期初。

例 1：计算贷款的每年偿还金额

扫一扫，看视频

某银行的商业贷款利率为 6.55%，个人在银行贷款 100 万元，分 28 年还清，利用 PMT 函数可以返回每年的偿还金额。

❶ 选中 D2 单元格，在编辑栏中输入公式：

```
=PMT(B1,B2,B3)
```

❷ 按 Enter 键即可返回每年偿还金额，如图 12-10 所示。

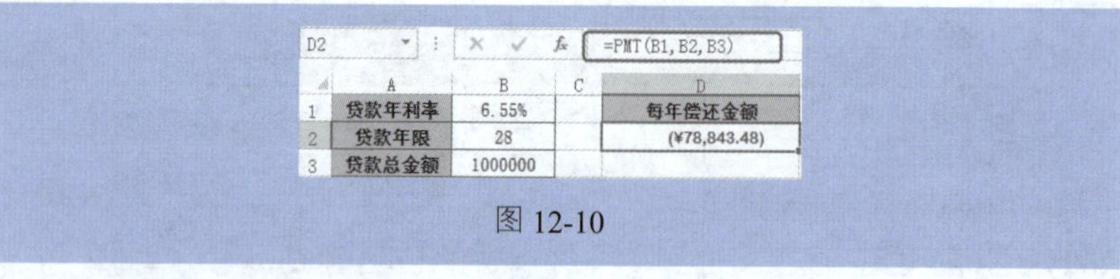

	A	B	C	D
1	贷款年利率	6.55%		每年偿还金额
2	贷款年限	28		(¥78,843.48)
3	贷款总金额	1000000		

图 12-10

例 2：按季（月）支付时计算每期应偿还额

扫一扫，看视频

图 12-11 所示的表格显示了某项贷款的年利率、贷款年限、贷款总金额，支付方式为按季度或月支付，现在要计算出每期应偿还额。由于现在是按季度支付，因此贷款利率应为年利率/4，付款总金额应为贷款年限*4；如果是按月支付，则贷款利率应为年利率/12，付款总金额应为贷款年限*12。其中，数值 4 表示一年有 4 个季度；数值 12 表示一年有 12 个月。

❶ 选中 B5 单元格，在编辑栏中输入公式：

```
=PMT(B1/4,B2*4,B3)
```

❷ 按 Enter 键即可计算出该项贷款的每季度偿还额，如图 12-11 所示。

❸ 选中 B6 单元格，输入公式：

```
=PMT(B1/12,B2*12,B3)
```

❹ 按 Enter 键即可计算出该项贷款的每月偿还额，如图 12-12 所示。

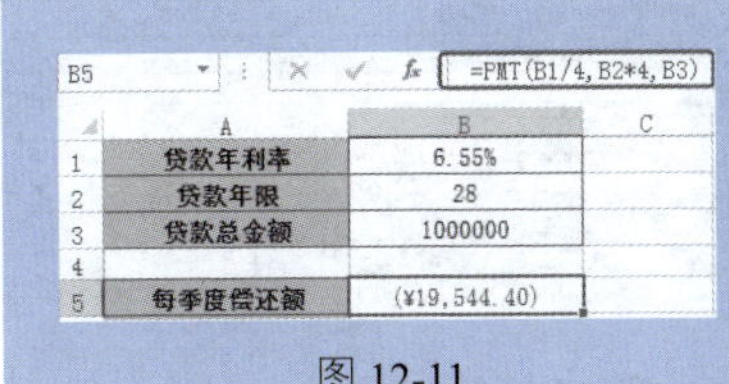

B5 =PMT(B1/4,B2*4,B3)

	A	B	C
1	贷款年利率	6.55%	
2	贷款年限	28	
3	贷款总金额	1000000	
4			
5	每季度偿还额	(¥19,544.40)	

图 12-11

B6 =PMT(B1/12,B2*12,B3)

	A	B	C
1	贷款年利率	6.55%	
2	贷款年限	28	
3	贷款总金额	1000000	
4			
5	每季度偿还额	(¥19,544.40)	
6	每月偿还额	(¥6,502.44)	

图 12-12

6. PPMT（返回给定期限内的本金偿还额）

【函数功能】PPMT 函数基于固定利率及等额分期还款方式，返回投资在某一给定期限内的本金偿还额。

【函数语法】PPMT(rate,per,nper,pv, [fv], [type])

- rate：必需，各期利率。
- per：必需，用于计算其利息数额的期数，在 1 ~ nper 之间。
- nper：必需，总投资期。
- pv：必需，现值，即本金。
- fv：可选，未来值，即最后一次付款后的现金余额。如果省略 fv，则假设其值为 0。
- type：可选，指定各期的付款时间是在期初还是期末。若是 0，为期末；若是 1，为期初。

例 1：计算指定期间的本金偿还额

PPMT 函数可以计算出每期偿还额中包含的本金金额。例如，本例中得知某项贷款的总金额、贷款年利率、贷款年限，还款方式为期末付款，现在要计算出第一年与第二年的偿还额中包含的本金金额。

扫一扫，看视频

❶ 选中 B5 单元格，在编辑栏中输入公式：

```
=PPMT($B$1,1,$B$2,$B$3)
```

❷ 按 Enter 键即可返回第一年的本金金额，如图 12-13 所示。

❸ 选中 B6 单元格，在编辑栏中输入公式：

```
=PPMT($B$1,2,$B$2,$B$3)
```

❹ 按 Enter 键即可返回第二年的本金金额，如图 12-14 所示。

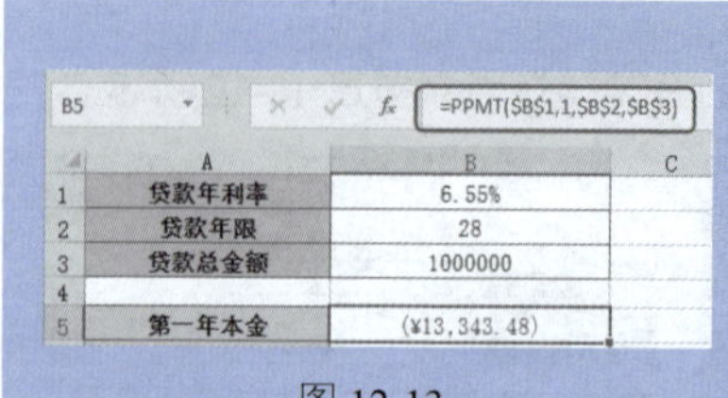

B5 =PPMT($B$1,1,$B$2,$B$3)

	A	B	C
1	贷款年利率	6.55%	
2	贷款年限	28	
3	贷款总金额	1000000	
4			
5	第一年本金	(¥13,343.48)	

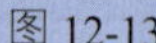

图 12-13

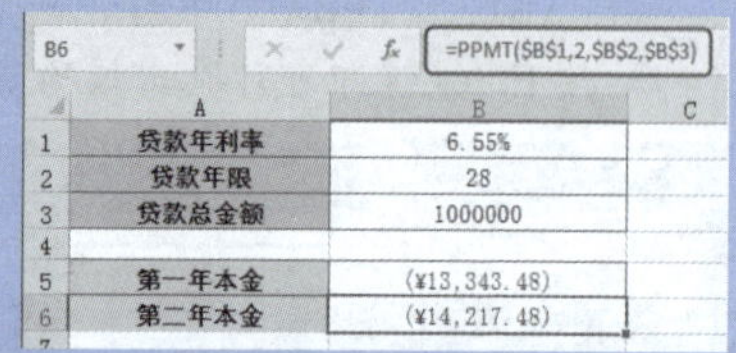

B6 =PPMT($B$1,2,$B$2,$B$3)

	A	B	C
1	贷款年利率	6.55%	
2	贷款年限	28	
3	贷款总金额	1000000	
4			
5	第一年本金	(¥13,343.48)	
6	第二年本金	(¥14,217.48)	

图 12-14

例 2：计算第一个月与最后一个月的本金偿还额

扫一扫，看视频

要求根据图 12-15 所示的表格中显示的贷款年利率、贷款年限、贷款总金额计算出第一个月和最后一个月应偿还的本金金额。

❶ 选中 B5 单元格，在编辑栏中输入公式：

```
=PPMT(B1/12,1,B2*12,B3)
```

❷ 按 Enter 键即可返回第一个月应付的本金，如图 12-15 所示。

❸ 选中 B6 单元格，在编辑栏中输入公式：

```
=PPMT(B1/12,336,B2*12,B3)
```

❹ 按 Enter 键即可返回最后一个月应付的本金，如图 12-16 所示。

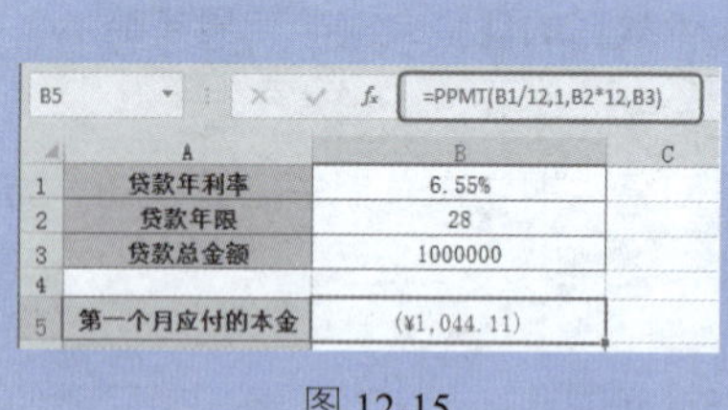

B5 =PPMT(B1/12,1,B2*12,B3)

	A	B	C
1	贷款年利率	6.55%	
2	贷款年限	28	
3	贷款总金额	1000000	
4			
5	第一个月应付的本金	(¥1,044.11)	

图 12-15

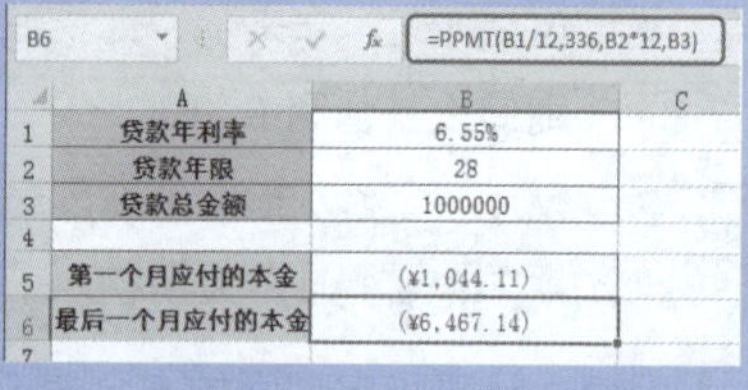

B6 =PPMT(B1/12,336,B2*12,B3)

	A	B	C
1	贷款年利率	6.55%	
2	贷款年限	28	
3	贷款总金额	1000000	
4			
5	第一个月应付的本金	(¥1,044.11)	
6	最后一个月应付的本金	(¥6,467.14)	

图 12-16

7. CUMIPMT 函数（返回两个期间的累计利息）

【函数功能】CUMIPMT 函数用于返回一笔贷款在给定的两个期间累计需要偿还的利息金额。

【函数语法】CUMIPMT(rate,nper,pv,start_period,end_period,type)

- rate：必需，利率。
- nper：必需，总付款期数。
- pv：必需，现值。

- start_period：必需，计算中的首期。
- end_period：必需，计算中的末期。
- type：付款时间类型。若为 0，表示期末付款；若为 1，表示期初付款。

例：根据贷款、利率和时间计算偿还的利息金额

本例和上例中的假设相同，需要计算出前 6 个月的利息，以及第 1 年和第 2 年总计需要支付的利息。

扫一扫，看视频

❶ 选中 B5 单元格，在编辑栏中输入公式：

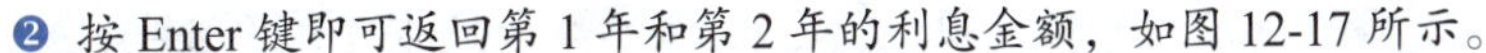

```
=CUMIPMT(B1,B2,B3,1,2,0)
```

❷ 按 Enter 键即可返回第 1 年和第 2 年的利息金额，如图 12-17 所示。

❸ 选中 B6 单元格，在编辑栏中输入公式：

```
=CUMIPMT(B1/12,B2*12,B3,1,6,0)
```

❹ 按 Enter 键即可返回第 1 年前 6 个月的利息，如图 12-18 所示。

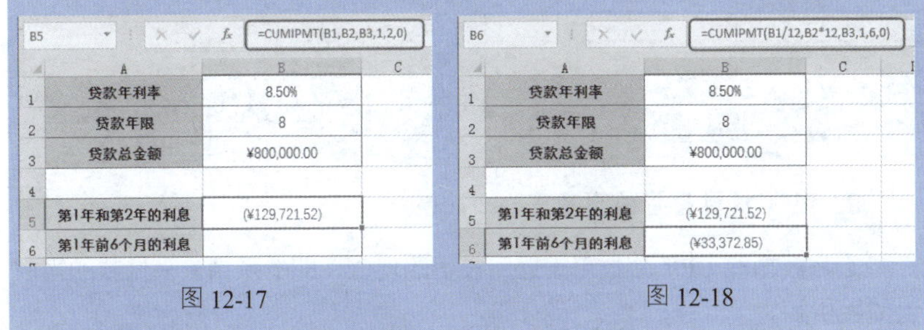

B5 =CUMIPMT(B1,B2,B3,1,2,0)

	A	B	C
1	贷款年利率	8.50%	
2	贷款年限	8	
3	贷款总金额	¥800,000.00	
4			
5	第1年和第2年的利息	(¥129,721.52)	
6	第1年前6个月的利息		

图 12-17

B6 =CUMIPMT(B1/12,B2*12,B3,1,6,0)

	A	B	C
1	贷款年利率	8.50%	
2	贷款年限	8	
3	贷款总金额	¥800,000.00	
4			
5	第1年和第2年的利息	(¥129,721.52)	
6	第1年前6个月的利息	(¥33,372.85)	

图 12-18

8. CUMPRINC 函数（返回两个期间的累计本金）

【函数功能】CUMPRINC 函数用于返回一笔贷款在给定的两个期间累计需要偿还的本金数额。

【函数语法】CUMPRINC(rate,nper,pv,start_period,end_period,type)

- rate：必需，利率。
- nper：必需，总付款期数。
- pv：必需，现值。
- start_period：必需，计算中的首期。
- end_period：必需，计算中的末期。
- type：必需，付款时间类型。若为 0 或零，表示期末付款；若为 1，表示期初付款。

例：根据贷款、利率和时间计算偿还的本金总计金额

扫一扫，看视频

假设一笔贷款共 80 万元，贷款时间为 8 年，年利率为 8.5%。要计算前 6 个月应支付的本金与第 1 年和第 2 年应支付的本金总计金额。

❶ 选中 B5 单元格，在编辑栏中输入公式：

```
=CUMPRINC(B1,B2,B3,1,2,0)
```

❷ 按 Enter 键即可返回第 1 年和第 2 年的本金，如图 12-19 所示。

❸ 选中 B6 单元格，在编辑栏中输入公式：

```
=CUMPRINC(B1/12,B2*12,B3,1,6,0)
```

❹ 按 Enter 键即可返回第 1 年前 6 个月的本金，如图 12-20 所示。

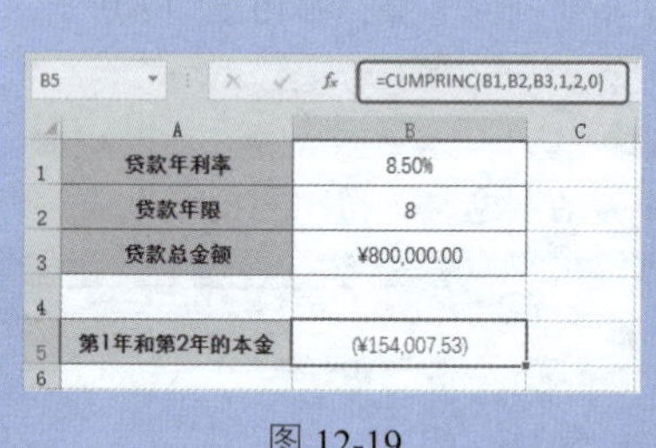

	A	B	C
1	贷款年利率	8.50%	
2	贷款年限	8	
3	贷款总金额	¥800,000.00	
4			
5	第1年和第2年的本金	(¥154,007.53)	
6			

图 12-19

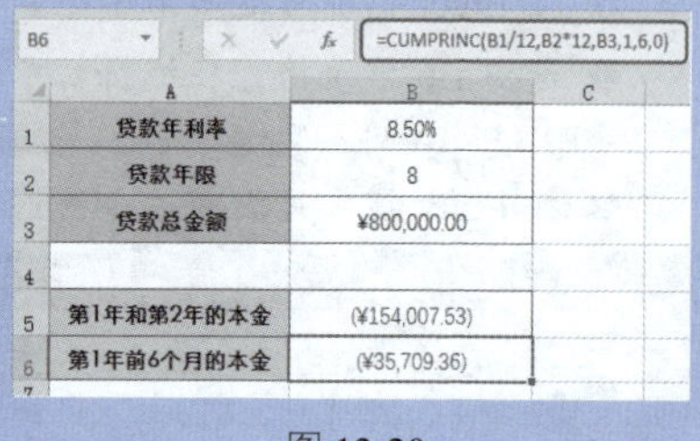

	A	B	C
1	贷款年利率	8.50%	
2	贷款年限	8	
3	贷款总金额	¥800,000.00	
4			
5	第1年和第2年的本金	(¥154,007.53)	
6	第1年前6个月的本金	(¥35,709.36)	

图 12-20

9. PV（返回投资的现值）

【函数功能】PV 函数用于返回投资的现值，即一系列未来付款的当前值的累积和。

【函数语法】PV(rate,nper,pmt, [fv], [type])

- rate：必需，各期利率。
- nper：必需，总投资（或贷款）期数。
- pmt：必需，各期所应支付的金额。
- fv：可选，未来值。
- type：可选，指定各期的付款时间是在期初，还是期末。若是 0，为期末；若是 1，为期初。

例：判断购买某项保险是否合算

扫一扫，看视频

假设要购买一项保险，投资回报率为 4.52%，该保险可以在今后 30 年内于每月末回报 900 元。此项保险的购买成本为 100000 元，要求计算出该项保险的现值是多少，从而判断该项投资是否合算。

❶ 选中 B5 单元格，在编辑栏中输入公式：

```
=PV(B1/12,B2*12,B3)
```

❷ 按 Enter 键即可计算出该项保险的现值，如图 12-21 所示。由于计算出的现值高于实际投资金额，因此这是一项合算的投资。

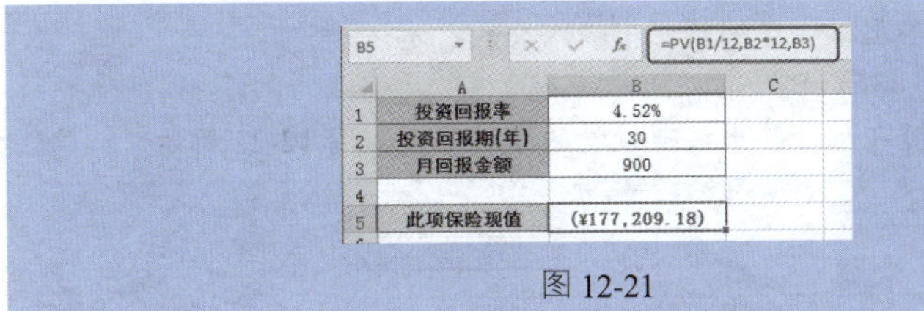
B5 =PV(B1/12,B2*12,B3)

	A	B	C
1	投资回报率	4.52%	
2	投资回报期(年)	30	
3	月回报金额	900	
4			
5	此项保险现值	(¥177,209.18)	

图 12-21

【公式解析】

① 年利率除以 12 得到月率　　② 年限乘以 12 转换为月数

=PV(B1/12,B2*12,B3)

10. NPV（返回一项投资的净现值）

【函数功能】NPV 函数基于一系列现金流和固定的各期贴现率，计算一项投资的净现值。投资的净现值是指未来各期支出（负值）和收入（正值）的当前值的总和。

【函数语法】NPV(rate,value1,[value2],...)

- rate：必需，某一期间的贴现率。
- value1,value2,...：value1 是必需参数，表示 1～29 个参数，代表支出及收入。

注意：

NPV 函数按次序使用 value1、value2 来注释现金流的次序，所以一定要保证支出和收入的数额按正确的顺序输入。如果参数是数值、空白单元格、逻辑值或表示数值的文字，则都会计算在内；如果参数是错误值或不能转换为数值的文字，则被忽略；如果参数是一个数组或引用，只有其中的数值部分计算在内，忽略数组或引用中的空白单元格、逻辑值、文字及错误值。

例：计算一项投资的净现值

扫一扫，看视频

假设开一家店铺需要投资 100000 元，希望未来 4 年中每年的收入分别为 10000 元、20000 元、50000 元、80000 元。假定每年的贴现率是 7.5%（相当于通货膨胀率或竞争投资的利率），要求计算如下结果。

- 该投资的净现值。
- 当期初投资的付款发生在期末时，该投资的净现值。
- 当第 5 年再投资 10000 元时，5 年后该投资的净现值。

❶ 选中 B9 单元格，在编辑栏中输入公式：

```
=NPV(B1,B3:B6)+B2
```

❷ 按 Enter 键即可计算出该项投资的净现值，如图 12-22 所示。

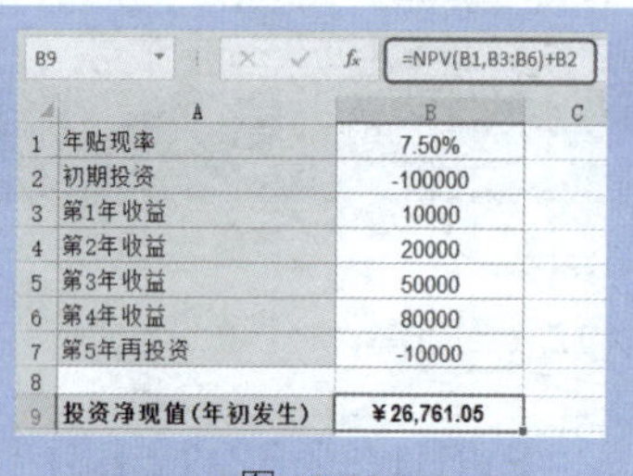

B9 =NPV(B1,B3:B6)+B2

	A	B	C
1	年贴现率	7.50%	
2	初期投资	-100000	
3	第1年收益	10000	
4	第2年收益	20000	
5	第3年收益	50000	
6	第4年收益	80000	
7	第5年再投资	-10000	
8			
9	投资净现值(年初发生)	¥26,761.05	

图 12-22

❸ 选中 B10 单元格，在编辑栏中输入公式：

```
=NPV(B1,B2:B6)
```

❹ 按 Enter 键即可计算出期初投资的付款发生在期末时，该项投资的净现值，如图 12-23 所示。

❺ 选中 B11 单元格，在编辑栏中输入公式：

```
=NPV(B1,B3:B6,B7)+B2
```

❻ 按 Enter 键，即可计算出 5 年后的投资净现值，如图 12-24 所示。

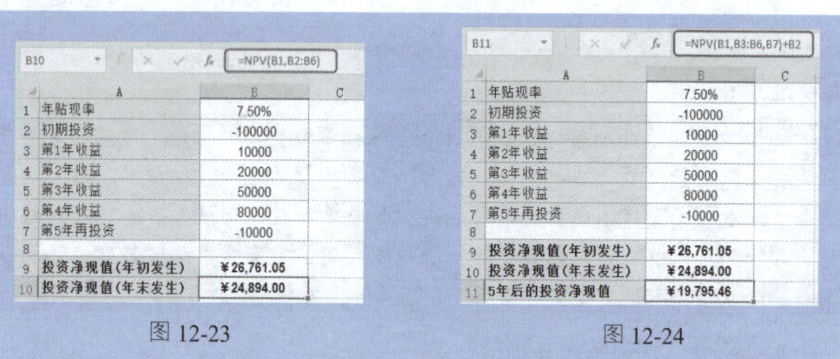

B10 =NPV(B1,B2:B6)

	A	B	C
1	年贴现率	7.50%	
2	初期投资	-100000	
3	第1年收益	10000	
4	第2年收益	20000	
5	第3年收益	50000	
6	第4年收益	80000	
7	第5年再投资	-10000	
8			
9	投资净现值(年初发生)	¥26,761.05	
10	投资净现值(年末发生)	¥24,894.00	

图 12-23

B11 =NPV(B1,B3:B6,B7)+B2

	A	B	C
1	年贴现率	7.50%	
2	初期投资	-100000	
3	第1年收益	10000	
4	第2年收益	20000	
5	第3年收益	50000	
6	第4年收益	80000	
7	第5年再投资	-10000	
8			
9	投资净现值(年初发生)	¥26,761.05	
10	投资净现值(年末发生)	¥24,894.00	
11	5年后的投资净现值	¥19,795.46	

图 12-24

11. XNPV（返回一组不定期现金流的净现值）

【函数功能】XNPV 函数用于返回一组不定期现金流的净现值。

【函数语法】XNPV(rate,values,dates)

- rate：必需，现金流的贴现率。
- values：必需，与 dates 中的支付时间相对应的一系列现金流转。
- dates：必需，与现金流支付相对应的支付日期表。

例：计算出一组不定期盈利额的净现值

假设某项投资的初期投资为 20000 元，未来几个月的收益日期不定，收益金额也不定（见图 12-25）。假定每年的贴现率是 7.5%（相当于通货膨胀率或竞争投资的利率），要求计算该项投资的净现值。

扫一扫，看视频

❶ 选中 C8 单元格，在编辑栏中输入公式：

```
=XNPV(C1,C2:C6,B2:B6)
```

❷ 按 Enter 键即可计算出该项投资的净现值，如图 12-25 所示。

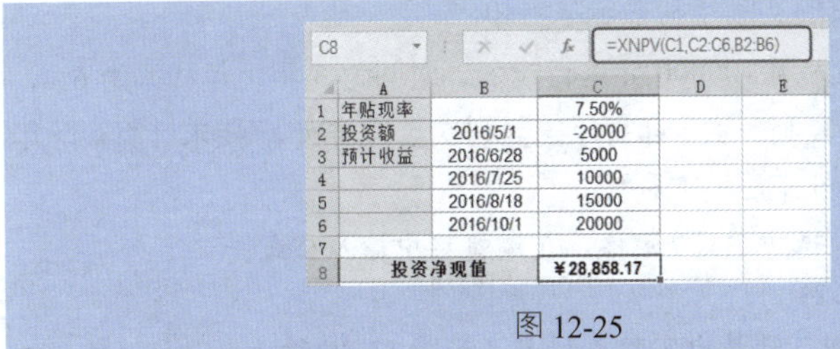

C8 =XNPV(C1,C2:C6,B2:B6)

	A	B	C	D	E
1	年贴现率		7.50%		
2	投资额	2016/5/1	-20000		
3	预计收益	2016/6/28	5000		
4		2016/7/25	10000		
5		2016/8/18	15000		
6		2016/10/1	20000		
7					
8	投资净现值		¥28,858.17		

图 12-25

12. EFFECT 函数（计算实际年利率）

【函数功能】EFFECT 函数是利用给定的名义年利率和一年中的复利期数，计算实际年利率。

【函数语法】EFFECT(nominal_rate,npery)

- nominal_rate：必需，名义年利率。
- npery：必需，每年的复利期数。

注意：

在经济分析中，复利计算通常以年为计息周期。但在实际经济活动中，计息周期有半年、季、月、周、日等多种。当利率的时间单位与计息周期不一致时，就出现了名义利率和实际利率的概念。实际利率为计算利息时实际采用的有效利率；名义利率为计息周期的利率乘以每年计息周期数。例如，按月计算利息，且其月利率为 1%，通常也称为年利率为 12%，每月计息 1 次，则 1%是月实际利率，1%*12=12%则为年名义利率。通常所说的利率都是名义利率，如果不对计息周期加以说明，则表示1年计息1次。

名义利率并不是投资者能够获得的真实收益，还与货币的购买力有关。如果发生通货膨胀，投资者所得的货币购买力会贬值，因此投资者所获得的真实收益必须剔除通货膨胀的影响，这就是实际利率。实际利率是指物价水平不变，货币购买力不变条件下的利息率。名义利率与实际利率存在着下述关系。

（1）当计息周期为1年时，名义利率和实际利率相等；当计息周期短于1年时，实际利率大于名义利率。

（2）名义利率不能完全反映资金的时间价值，实际利率才能真实反映资金的时间价值。

（3）名义利率与实际利率之间的关系为：1+名义利率=(1+实际利率)×(1+通货膨胀率)，一般简化为：名义利率=实际利率+通货膨胀率。

（4）名义利率越大，计息周期越短，实际利率与名义利率的差值就越大。

例1：计算投资的实际年利率与本利和

扫一扫，看视频

某人用100000元进行投资，时间为5年，年利率为6%，每季度复利一次（即每年的复利次数为4次），要求计算实际年利率与5年后的本利和。

❶ 选中B4单元格，在编辑栏中输入公式：

```
=EFFECT(B1,B2)
```

❷ 按Enter键即可计算出实际年利率，如图12-26所示。

❸ 选中B5单元格，在编辑栏中输入公式：

```
=B4*100000*20
```

❹ 按Enter键即可计出5年后的本利和，如图12-27所示。

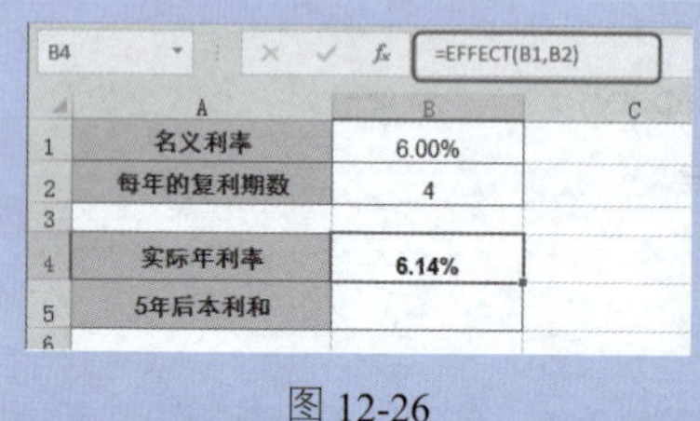

图12-26

B5 =B4*100000*20

	A	B	C
1	名义利率	6.00%	
2	每年的复利期数	4	
3			
4	实际年利率	6.14%	
5	5年后本利和	122727.1012	

图12-27

【公式解析】

公式中100000表示本金，20表示5年共复利次数（年数*每年复利次数）

例 2：计算信用卡的实际年利率

如果一张信用卡收费的月利率是 3%，要求计算出这张信用卡的实际年利率。

❶ 由于月利率是 3%，因此可用公式“=3%*12”计算出名义年利率，如图 12-28 所示。

❷ 此处的年复利期数为 12，选中 B4 单元格，在编辑栏中输入公式：

```
=EFFECT(B1,B2)
```

❸ 按 Enter 键即可计算出实际年利率，如图 12-29 所示。

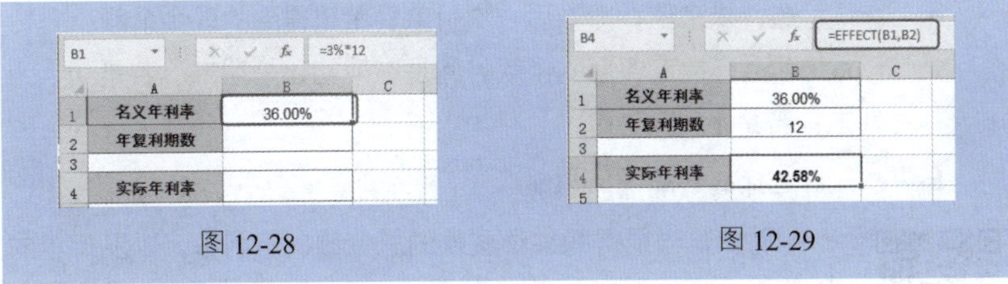

图 12-28　　　　图 12-29

13. NOMINAL 函数（计算名义年利率）

【函数功能】NOMINAL 函数基于给定的实际年利率和年复利期数返回名义年利率。

【函数语法】NOMINAL(effect_rate,npery)

- effect_rate：必需，实际年利率。
- npery：必需，每年的复利期数。

例：通过实际年利率计算名义年利率

NOMINAL 函数通过给定的实际年利率和年复利期数，回推计算名义年利率。与前面的 EFFECT 函数是相反的。

❶ 选中 B4 单元格，在编辑栏中输入公式：

```
=NOMINAL(B1,B2)
```

❷ 按 Enter 键，即可计算出实际年利率为 6.14%、每年的复利期数为 4 时的名义年利率，如图 12-30 所示。

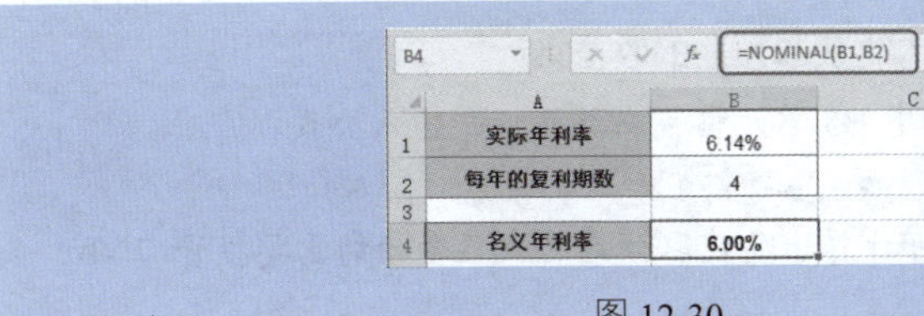

图 12-30

14. NPER（返回某项投资的总期数）

【函数功能】NPER 函数基于固定利率及等额分期付款方式，返回某项投资（或贷款）的总期数。

【函数语法】NPER(rate,pmt,pv, [fv],[type])

- rate：必需，各期利率。
- pmt：必需，各期所应支付的金额。
- pv：必需，现值，即本金。
- fv：可选，未来值，即最后一次付款后希望得到的现金余额。
- type：可选，指定各期的付款时间是在期初还是期末。若是 0，为期末；若是 1，为期初。

例 1：计算某项贷款的清还年数

扫一扫，看视频

例如，当前得知某项贷款的总金额、年利率，以及每年向贷款方支付的金额，现在要计算还清此项贷款需要的年数。

❶ 选中 B5 单元格，在编辑栏中输入公式：

```
=ABS(NPER(B1,B2,B3))
```

❷ 按 Enter 键即可计算出此项贷款的清还年数（约为 9 年），如图 12-31 所示。

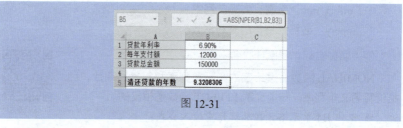

B5 =ABS(NPER(B1,B2,B3))

	A	B	C
1	贷款年利率	6.90%	
2	每年支付额	12000	
3	贷款总金额	150000	
4			
5	清还贷款的年数	9.3208306	

图 12-31

例 2：计算一项投资的期数

扫一扫，看视频

例如，某项投资的回报率为 6.38%，每月需要投资的金额为 1000 元，如果想最终获取 100000 元的收益，需要计算进行几年投资才能获取预期的收益。

❶ 选中 B5 单元格，在编辑栏中输入公式：

```
=ABS(NPER(B1/12,B2,B3))/12
```

❷ 按 Enter 键即可计算出要获取预期的收益金额约需要投资 7 年，如图 12-32 所示。

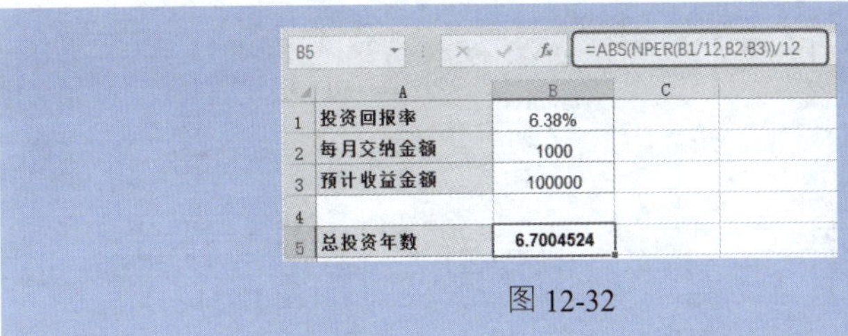

B5 =ABS(NPER(B1/12,B2,B3))/12

	A	B	C
1	投资回报率	6.38%	
2	每月交纳金额	1000	
3	预计收益金额	100000	
4			
5	总投资年数	6.7004524	

图 12-32

12.2 偿还率计算

偿还率函数是专门用来计算利率的函数，也用于计算内部收益率，包括 IRR、MIRR、XIRR 和 RATE 几个函数。

1. IRR（计算内部收益率）

【函数功能】IRR 函数返回由数值代表的一组现金流的内部收益率。这些现金流不必为均衡的，但作为年金，它们必须按固定的间隔产生，如按月或按年。内部收益率为投资的回收利率，其中包含定期支付（负值）和定期收入（正值）。

【函数语法】IRR(values,[guess])

- values：必需，进行计算的数组，即用来计算返回的内部收益率的数字。
- guess：可选，对 IRR 函数计算结果的估计值。

例：计算一笔投资的内部收益率

假设开设一家店铺需要投资 100000 元，希望未来 5 年中每年的收入分别为 10000 元、20000 元、50000 元、80000 元、120000 元。要求计算出第 3 年后的内部收益率与第 5 年后的内部收益率。

扫一扫，看视频

❶ 选中 B8 单元格，在编辑栏中输入公式：

```
=IRR(B1:B4)
```

❷ 按 Enter 键即可计算出 3 年后的内部收益率，如图 12-33 所示。

❸ 选中 B9 单元格，在编辑栏中输入公式：

```
=IRR(B1:B6)
```

❹ 按 Enter 键即可计算出 5 年后的内部收益率，如图 12-34 所示。

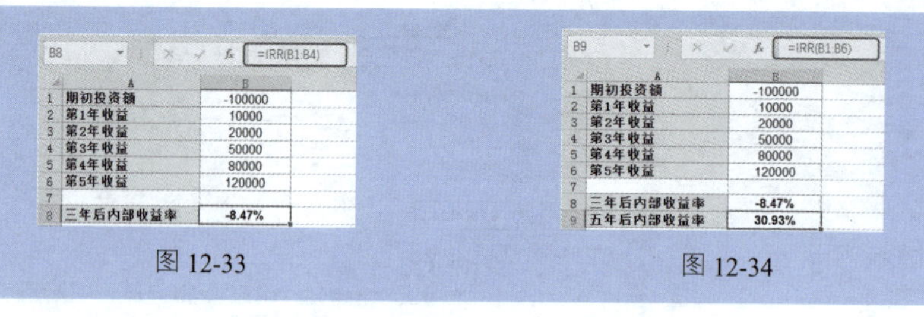

B8 =IRR(B1:B4)

	A	B
1	期初投资额	-100000
2	第1年收益	10000
3	第2年收益	20000
4	第3年收益	50000
5	第4年收益	80000
6	第5年收益	120000
7		
8	三年后内部收益率	-8.47%

图 12-33

B9 =IRR(B1:B6)

	A	B
1	期初投资额	-100000
2	第1年收益	10000
3	第2年收益	20000
4	第3年收益	50000
5	第4年收益	80000
6	第5年收益	120000
7		
8	三年后内部收益率	-8.47%
9	五年后内部收益率	30.93%

图 12-34

2. MIRR（计算修正内部收益率）

【函数功能】MIRR 函数用于返回某一连续期间内现金流的修正内部收益率。MIRR 函数同时考虑了投资的成本和现金再投资的收益率。

【函数语法】MIRR(values,finance_rate,reinvest_rate)

- values：必需，进行计算的数组，即用来计算返回的内部收益率的数字。
- finance_rate：必需，现金流中使用的资金支付的利率。
- reinvest_rate：必需，将现金流再投资的收益率。

例：计算不同利率下的修正内部收益率

扫一扫，看视频

假如开一家店铺需要投资 100000 元，预计今后 5 年中每年的收入分别为 10000 元、20000 元、50000 元、80000 元、120000 元。期初投资的 100000 元是从银行贷款所得，利率为 6.9%，并且将收益又投入店铺中，再投资收益的年利率为 12%。要求计算出 5 年后的修正内部收益率与 3 年后的修正内部收益率。

❶ 选中 B10 单元格，在编辑栏中输入公式：

```
=MIRR(B3:B8,B1,B2)
```

❷ 按 Enter 键即可计算出 5 年后的修正内部收益率，如图 12-35 所示。

❸ 选中 B11 单元格，在编辑栏中输入公式：

```
=MIRR(B3:B6,B1,B2)
```

❹ 按 Enter 键即可计算出 3 年后的修正内部收益率，如图 12-36 所示。

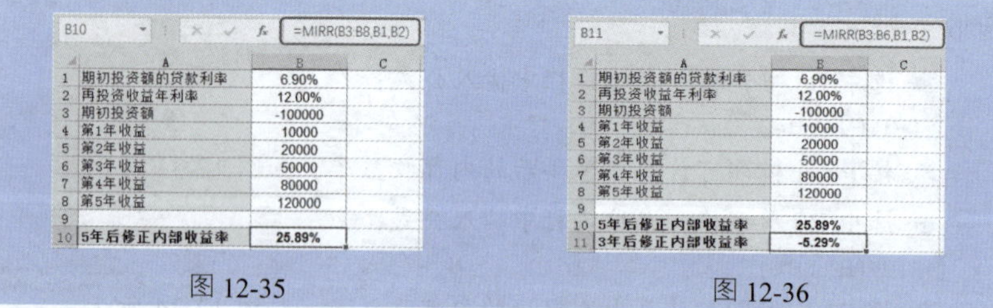

B10 =MIRR(B3:B8,B1,B2)

	A	B	C
1	期初投资额的贷款利率	6.90%	
2	再投资收益年利率	12.00%	
3	期初投资额	-100000	
4	第1年收益	10000	
5	第2年收益	20000	
6	第3年收益	50000	
7	第4年收益	80000	
8	第5年收益	120000	
9			
10	5年后修正内部收益率	25.89%	

图 12-35

B11 =MIRR(B3:B6,B1,B2)

	A	B	C
1	期初投资额的贷款利率	6.90%	
2	再投资收益年利率	12.00%	
3	期初投资额	-100000	
4	第1年收益	10000	
5	第2年收益	20000	
6	第3年收益	50000	
7	第4年收益	80000	
8	第5年收益	120000	
9			
10	5年后修正内部收益率	25.89%	
11	3年后修正内部收益率	-5.29%	

图 12-36

3. XIRR（计算不定期现金流的内部收益率）

【函数功能】XIRR 函数用于返回一组不定期现金流的内部收益率。

【函数语法】XIRR(values,dates,[guess])

- values：必需，与 dates 中的支付时间相对应的一系列现金流。
- dates：必需，与现金流支付相对应的支付日期表。
- guess：可选，对 XIRR 函数计算结果的估计值。

例：计算一组不定期盈利额的内部收益率

假设某项投资的期初投资为 20000 元，未来几个月的收益日期不定，收益金额也不定（见图 12-37）。要求计算出该项投资的内部收益率。

扫一扫，看视频

❶ 选中 C8 单元格，在编辑栏中输入公式：

```
=XIRR(C1:C6,B1:B6)
```

❷ 按 Enter 键即可计算出该投资的内部收益率，如图 12-37 所示。

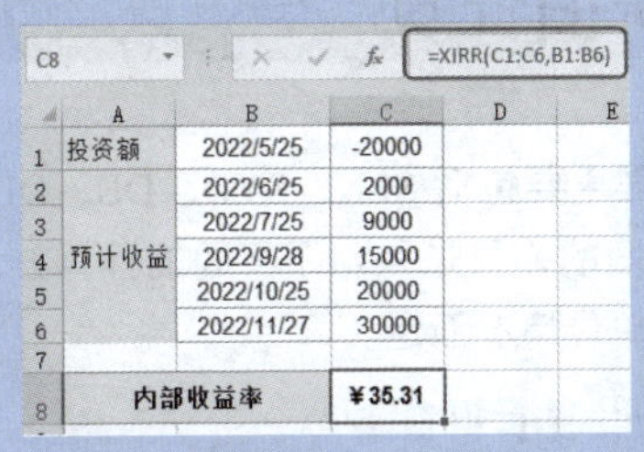

C8 =XIRR(C1:C6,B1:B6)

	A	B	C	D	E
1	投资额	2022/5/25	-20000		
2	预计收益	2022/6/25	2000		
3		2022/7/25	9000		
4		2022/9/28	15000		
5		2022/10/25	20000		
6		2022/11/27	30000		
7					
8	内部收益率		¥35.31		

图 12-37

4. RATE（返回年金的各期利率）

【函数功能】RATE 函数用于返回年金的各期利率。

【函数语法】RATE(nper,pmt,pv, [fv], [type], [guess])

- nper：必需，总投资期，即该项投资的总付款期数。
- pmt：必需，各期付款额。
- pv：必需，现值，即本金。
- fv：可选，未来值。
- type：可选，指定各期的付款时间是在期初还是期末。若是 0，为期末；若是 1，为期初。
- guess：可选，预期利率。如果省略预期利率，则假设该值为 10%。

例：计算一项投资的年收益率

扫一扫，看视频

如果需要使用 100000 元进行某项投资，该项投资的年回报金额为 28000 元，回报期为 5 年。现在要计算该项投资的收益率是多少，从而判断该项投资是否值得。

❶ 选中 B5 单元格，在编辑栏中输入公式：

```
=RATE(B1,B2,B3)
```

❷ 按 Enter 键即可计算出该项投资的收益率，如图 12-38 所示。

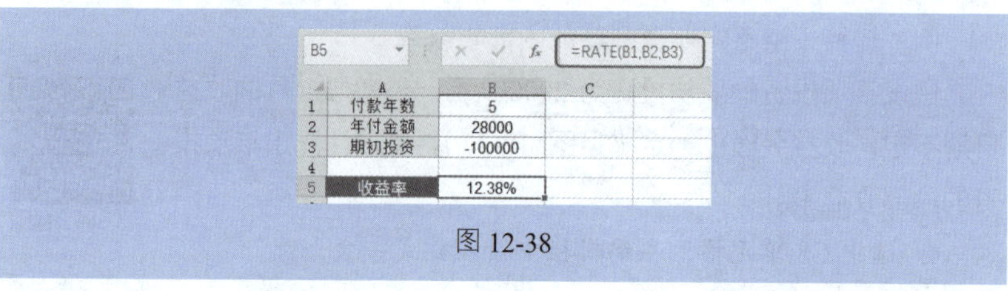

B5 =RATE(B1,B2,B3)

	A	B	C
1	付款年数	5	
2	年付金额	28000	
3	期初投资	-100000	
4			
5	收益率	12.38%	

图 12-38

12.3 资产折旧计算

资产折旧计算函数主要包括 SLN、SYD、DB、DDB、VDB。这些函数都是用来计算资产折旧的，只是采用了不同的计算方法。具体选用哪种资产折旧方法，则视各单位情况而定。

1. SLN（直线法计提折旧额）

【函数功能】SLN 函数用于返回某项资产在一定期限中的线性折旧额。

【函数语法】SLN(cost,salvage,life)

- cost：必需，资产原值。
- salvage：必需，资产在折旧期末的价值，即资产残值。
- life：必需，折旧期限，即资产的使用寿命。

【用法解析】

默认为年限，如果要计算月折旧额，则需要把使用寿命中的年数乘以 12，转换为可使用的月数

=SLN(资产原值,资产残值,资产寿命)

注意：

直线法计提折旧（Straight Line Method）又称平均年限法，是指将固定资

产按预计使用年限平均计算折旧均衡地分摊到各期的一种方法。采用这种方法计算的每期（年、月）折旧额都是相等的。

例 1：用直线法计算固定资产的年折旧额

扫一扫，看视频

用直线法计算固定资产折旧额对应的函数为 SLN 函数。

❶ 录入各项固定资产的原值、预计使用年限、预计残值等数据到工作表中，如图 12-39 所示。

	A	B	C	D	E
1	资产名称	原值	预计残值	预计使用年限	年折旧额
2	空调	3980	180	6	
3	冷暖空调机	2200	110	4	
4	uv喷绘机	98000	9800	10	
5	印刷机	3500	154	5	
6	覆膜机	3200	500	5	
7	平板彩印机	42704	3416	10	
8	亚克力喷绘机	13920	1113	10	

图 12-39

❷ 选中 E2 单元格，在编辑栏中输入公式：

```
=SLN(B2,C2,D2)
```

❸ 按 Enter 键即可计算出第一项固定资产的年折旧额。

❹ 选中 E2 单元格，向下复制公式，即可快速得出其他固定资产的年折旧额，如图 12-40 所示。

E2 =SLN(B2,C2,D2)

	A	B	C	D	E
1	资产名称	原值	预计残值	预计使用年限	年折旧额
2	空调	3980	180	6	633.33
3	冷暖空调机	2200	110	4	522.50
4	uv喷绘机	98000	9800	10	8820.00
5	印刷机	3500	154	5	669.20
6	覆膜机	3200	500	5	540.00
7	平板彩印机	42704	3416	10	3928.80
8	亚克力喷绘机	13920	1113	10	1280.70

图 12-40

例 2：用直线法计算固定资产的月折旧额

扫一扫，看视频

如果要计算固定资产的每月折旧额，则只需将 SLN 函数的第 3 个参数（资产寿命）更改为月数即可。

❶ 录入各项固定资产的原值、预计使用年限、预计残值等数据到工作表中。

❷ 选中 E2 单元格，在编辑栏中输入公式：

```
=SLN(B2,C2,D2*12)
```

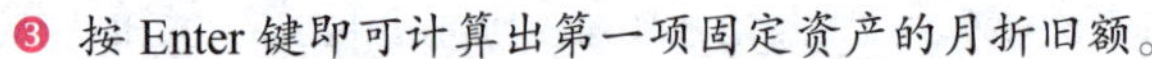

❸ 按 Enter 键即可计算出第一项固定资产的月折旧额。

❹ 选中 E2 单元格，向下复制公式，即可计算出其他各项固定资产的月折旧额，如图 12-41 所示。

E2　=SLN(B2,C2,D2*12)

	A	B	C	D	E
1	资产名称	原值	预计残值	预计使用年限	月折旧额
2	空调	3980	180	6	52.78
3	冷暖空调机	2200	110	4	43.54
4	uv喷绘机	98000	9800	10	735.00
5	印刷机	3500	154	5	55.77
6	覆膜机	3200	500	5	45.00
7	平板彩印机	42704	3416	10	327.40
8	亚克力喷绘机	13920	1113	10	106.73

图 12-41

【公式解析】

=SLN(B2,C2,D2*12)

计算月折旧额时，需要将资产寿命中的年数乘以 12，转换为可使用的月数

2. SYD（年数总和法计提折旧额）

【函数功能】SYD 函数用于返回某项资产按年数总和法计算的指定期间的折旧额。

【函数语法】SYD(cost,salvage,life,per)

- cost：必需，资产原值。
- salvage：必需，资产在折旧期末的价值，即资产残值。
- life：必需，折旧期限，即资产的使用寿命。
- per：必需，期间，单位与 life 要相同。

【用法解析】

=SYD(❶资产原值,❷资产残值,❸资产寿命,❹指定要计算的期数)

指定要计算折旧额的期数（年或月），单位要与参数③相同，即如果要计算指定月份的折旧额，则要把参数③的使用寿命更改为月数

注意：

年数总和法又称合计年限法，是将固定资产的原值减去净残值后的净额乘

以一个逐年递减的分数计算每年的折旧额，这个分数的分子代表固定资产尚可使用的年数，分母代表使用年限的逐年数字总和。年数总和法计提的折旧额是逐年递减的。

例：用年数总和法计算固定资产的年折旧额

用年数总和法计算固定资产折旧额对应的函数为 SYD。

扫一扫，看视频

❶ 录入固定资产的原值、可使用年限、残值等数据到工作表中。如果想一次求出每年的折旧额，可以事先根据固定资产的预计使用年限建立一个数据序列（见图 12-42 的 D 列），从而方便公式的引用。

❷ 选中 E2 单元格，在编辑栏中输入公式：

```
=SYD($B$2,$B$3,$B$4,D2)
```

❸ 按 Enter 键即可计算出该项固定资产第 1 年的折旧额，如图 12-43 所示。

	A	B	C	D	E
1	固定资产名称	uv喷绘机		年限	折旧额
2	原值	98000		1	
3	残值	9800		2	
4	预计使用年	10		3	
5				4	
6				5	
7				6	
8				7	
9				8	
10				9	
11				10	

图 12-42

E2 =SYD($B$2,$B$3,$B$4,D2)

	A	B	C	D	E
1	固定资产名称	uv喷绘机		年限	折旧额
2	原值	98000		1	¥16,036.36
3	残值	9800		2	
4	预计使用年	10		3	
5				4	

图 12-43

❹ 选中 E2 单元格，拖动右下角的填充柄向下复制公式，即可计算出该项固定资产各个年份的折旧额，如图 12-44 所示。

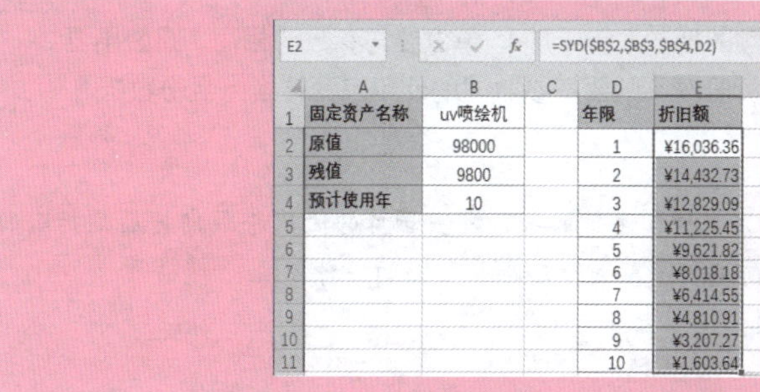

E2 =SYD($B$2,$B$3,$B$4,D2)

	A	B	C	D	E
1	固定资产名称	uv喷绘机		年限	折旧额
2	原值	98000		1	¥16,036.36
3	残值	9800		2	¥14,432.73
4	预计使用年	10		3	¥12,829.09
5				4	¥11,225.45
6				5	¥9,621.82
7				6	¥8,018.18
8				7	¥6,414.55
9				8	¥4,810.91
10				9	¥3,207.27
11				10	¥1,603.64

图 12-44

【公式解析】

=SYD($B$2,$B$3,$B$4,D2)

求解期数是年份，想求解哪一年就指定此参数为几，本例为了查看整个 10 年的折旧额，则在 D 列中输入年份值，方便公式引用

注意：

由于用年数总和法求出的折旧值各期是不等的，因此如果使用此法求解，则必须单项求解，而不能像直线法那样一次性求解多项固定资产的折旧额。

如果要求解指定月份（用 n 表示）的折旧额，则使用公式“=SYD(资产原值,资产残值,可使用年数*12,n)”。

3. DB（固定余额递减法计算折旧额）

【函数功能】DB 函数使用固定余额递减法计算一笔资产在给定期间内的折旧额。

【函数语法】DB(cost,salvage,life,period,[month])

- cost：必需，资产原值。
- salvage：必需，资产在折旧期末的价值，也称为资产残值。
- life：必需，折旧期限，也称为资产的使用寿命。
- period：必需，需要计算折旧额的期间，单位与 life 相同。
- month：可选，第 1 年的月份数，省略时假设为 12。

【用法解析】

=DB(❶资产原值,❷资产残值,❸资产寿命,❹指定要计算的期数)

指定要计算折旧额的期数（年或月），单位要与参数③相同，即如果要计算指定月份的折旧额，则要把参数③的使用寿命转换为月份数

注意：

固定余额递减法是一种加速折旧法，即在预计的使用年限内将后期折旧的一部分移到前期，使前期折旧额大于后期折旧额的一种方法。

扫一扫，看视频

例：用固定余额递减法计算固定资产的年折旧额

用固定余额递减法计算固定资产折旧额对应的函数为 DB。

❶ 录入固定资产的原值、预计使用年限、预计残值等数据

到工作表中，如果想查看每年的折旧额，可以事先根据固定资产的使用年限建立一个数据序列（见图 12-45 的 D 列），从而方便公式的引用。

❷ 选中 E2 单元格，在编辑栏中输入公式：

```
=DB($B$2,$B$3,$B$4,D2)
```

❸ 按 Enter 键即可计算出该项固定资产第 1 年的折旧额，如图 12-45 所示。

❹ 选中 E2 单元格，拖动右下角的填充柄向下复制公式，即可计算出其他各年的折旧额，如图 12-46 所示。

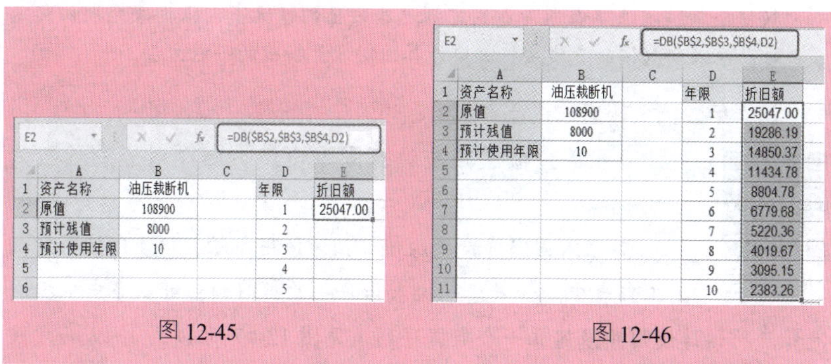

E2 =DB($B$2,$B$3,$B$4,D2)

	A	B	C	D	E
1	资产名称	油压裁断机		年限	折旧额
2	原值	108900		1	25047.00
3	预计残值	8000		2	
4	预计使用年限	10		3	
5				4	
6				5	

图 12-45

E2 =DB($B$2,$B$3,$B$4,D2)

	A	B	C	D	E
1	资产名称	油压裁断机		年限	折旧额
2	原值	108900		1	25047.00
3	预计残值	8000		2	19286.19
4	预计使用年限	10		3	14850.37
5				4	11434.78
6				5	8804.78
7				6	6779.68
8				7	5220.36
9				8	4019.67
10				9	3095.15
11				10	2383.26

图 12-46

注意：

如果要求解指定月份（用 n 表示）的折旧额，则使用公式“=DB(资产原值,资产残值,可使用年数*12,n)”。

4. DDB（双倍余额递减法计算折旧额）

【函数功能】DDB 函数采用双倍余额递减法计算一笔资产在给定期间内的折旧额。

【函数语法】DDB(cost,salvage,life,period,[factor])

- cost：必需，资产原值。
- salvage：必需，资产在折旧期末的价值，也称为资产残值。
- life：必需，折旧期限，也称为资产的使用寿命。
- period：必需，需要计算折旧额的期间。period 必须使用与 life 相同的单位。
- factor：可选，余额递减速率。若省略，则假设为 2。

【用法解析】

=DDB(❶资产原值,❷资产残值,❸资产寿命,
❹指定要计算的期数)

指定要计算折旧额的期数（年或月），单位要与参数③相同，即如果要计算指定月份的折旧额，则要把参数③的使用寿命转换为月份数

注意：

双倍余额递减法是在不考虑固定资产净残值的情况下，根据每期期初固定资产账面余额和双倍的直线法折旧率计算固定资产折旧的一种方法。

例：用双倍余额递减法计算固定资产的年折旧额

扫一扫，看视频

用双倍余额递减法计算固定资产折旧额对应的函数为 DDB。

❶ 录入固定资产的原值、预计使用年限、预计残值等数据到工作表中。如果想一次求出每年的折旧额，可以事先根据固定资产的预计使用年限建立一个数据序列（见图 12-47 的 D 列），从而方便公式的引用。

❷ 选中 E2 单元格，在编辑栏中输入公式：

```
=DDB($B$2,$B$3,$B$4,D2)
```

❸ 按 Enter 键即可计算出该项固定资产第 1 年的折旧额，如图 12-47 所示。

❹ 选中 E2 单元格，向下拖动复制公式，即可计算出其他各年的折旧额，如图 12-48 所示。

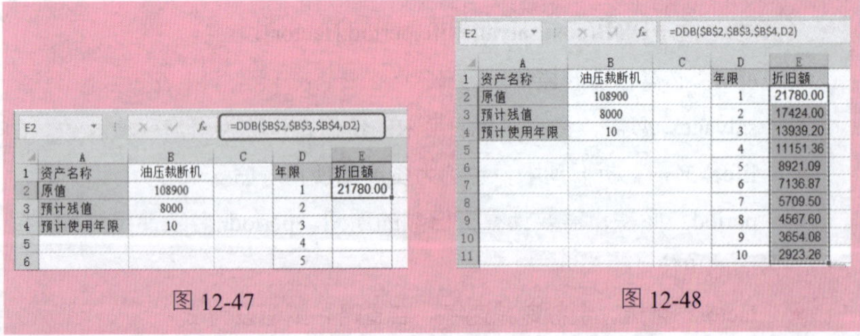

E2 =DDB($B$2,$B$3,$B$4,D2)

	A	B	C	D	E
1	资产名称	油压裁断机		年限	折旧额
2	原值	108900		1	21780.00
3	预计残值	8000		2	
4	预计使用年限	10		3	
5				4	
6				5	

图 12-47

E2 =DDB($B$2,$B$3,$B$4,D2)

	A	B	C	D	E
1	资产名称	油压裁断机		年限	折旧额
2	原值	108900		1	21780.00
3	预计残值	8000		2	17424.00
4	预计使用年限	10		3	13939.20
5				4	11151.36
6				5	8921.09
7				6	7136.87
8				7	5709.50
9				8	4567.60
10				9	3654.08
11				10	2923.26

图 12-48

注意：

如果要求解指定月份（用 n 表示）的折旧额，则使用公式 “=DDB(资产原值,资产残值,可使用年数*12,n)” 。

5. VDB（返回指定期间的折旧额）

【函数功能】VDB 函数使用双倍余额递减法或其他指定方法返回指定的任何期间内（包括部分期间）的资产折旧额。

【函数语法】VDB(cost,salvage,life,start_period,end_period, [factor], [no_switch])

- cost：必需，资产原值。
- salvage：必需，资产在折旧期末的价值，即资产残值。
- life：必需，折旧期限，即资产的使用寿命。
- start_period：必需，进行折旧计算的起始期间。
- end_period：必需，进行折旧计算的结束期间。
- factor：可选，余额递减速率。若省略，则假设为 2。
- no_switch：可选，一个逻辑值，指定当折旧额大于余额递减计算值时，是否转用直线法。若为 TRUE，即使折旧额大于余额递减计算值，也不转用直线法；若为 FALSE 或忽略，且当折旧额大于余额递减计算值时，转用直线法。

【用法解析】

=VDB(❶资产原值,❷资产残值,❸资产寿命,❹起始期间,❺结束期间)

指定的期数④⑤（年或月）单位要与参数③相同，即如果要计算指定月份的折旧额，则要把参数③的使用寿命转换为月份数

例：计算任意指定期间的资产折旧额

要求计算出固定资产部分期间（如第 6 ~ 12 个月、第 3 ~ 4 年等）的折旧额，可以使用 VDB 函数实现。

扫一扫，看视频

❶ 录入固定资产的原值、预计使用年限、预计残值等数据到工作表中。

❷ 选中 B6 单元格，在编辑栏中输入公式：

```
=VDB(B2,B3,B4*12,0,1)
```

❸ 按 Enter 键即可计算出该项固定资产第 1 个月的折旧额，如图 12-49 所示。

❹ 选中 B7 单元格，在编辑栏中输入公式：

```
=VDB(B2,B3,B4,0,2)
```

❺ 按 Enter 键即可计算出该项固定资产第 2 年的折旧额，如图 12-50 所示。

B6 =VDB(B2,B3,B4*12,0,1)

	A	B	C
1	资产名称	电脑	
2	原值	5000	
3	预计残值	500	
4	预计使用年限	5	
5			
6	第1个月的折旧额	166.67	

图 12-49

B7 =VDB(B2,B3,B4,0,2)

	A	B	C	D
1	资产名称	电脑		
2	原值	5000		
3	预计残值	500		
4	预计使用年限	5		
5				
6	第1个月的折旧额	166.67		
7	第2年的折旧额	3200.00		

图 12-50

❻ 选中 B8 单元格，在编辑栏中输入公式：

```
=VDB(B2,B3,B4*12,6,12)
```

❼ 按 Enter 键即可计算出该项固定资产第 6～12 月的折旧额，如图 12-51 所示。

❽ 选中 B9 单元格，在编辑栏中输入公式：

```
=VDB(B2,B3,B4,3,4)
```

❾ 按 Enter 键即可计算出该项固定资产第 3～4 年的折旧额，如图 12-52 所示。

B8 =VDB(B2,B3,B4*12,6,12)

	A	B	C	D
1	资产名称	电脑		
2	原值	5000		
3	预计残值	500		
4	预计使用年限	5		
5				
6	第1个月的折旧额	166.67		
7	第2年的折旧额	3200.00		
8	第6～12月的折旧额	750.90		

图 12-51

B9 =VDB(B2,B3,B4,3,4)

	A	B	C	D
1	资产名称	电脑		
2	原值	5000		
3	预计残值	500		
4	预计使用年限	5		
5				
6	第1个月的折旧额	166.67		
7	第2年的折旧额	3200.00		
8	第6～12月的折旧额	750.90		
9	第3～4年的折旧额	432.00		

图 12-52

【公式解析】

=VDB(B2,B3,B4*12,6,12)

由于工作表中给定了固定资产的使用年限，因此在计算某月、某些月的折旧额时，需要将使用寿命转换为月数，即转换为“使用年限*12”

6. AMORDEGRC（计算每个会计期间的折旧额）

【函数功能】AMORDEGRC 函数用于计算每个会计期间的折旧额。

【函数语法】AMORDEGRC(cost,date_purchased,first_period,salvage,period,rate,[basis])

- cost：必需，资产原值。
- date_purchased：必需，购入资产的日期。
- first_period：必需，第一个期间结束时的日期。
- salvage：必需，资产在使用寿命结束时的残值。
- period：必需，期间。
- rate：必需，折旧率。
- basis：可选，年基准。若为 0 或省略，按 360 天为基准；若为 1，按实际天数为基准；若为 3，按一年（365 天）为基准；若为 4，按一年（360 天）为基准。

例：计算每个会计期间的折旧额

某企业 2023 年 1 月 10 日新增一项固定资产，原值为 68000 元，第一个会计期间结束日期为 2024 年 1 月 10 日，其资产残值为 5440 元，折旧率为 8.00%。要求按实际天数为基准，计算每个会计期间的折旧额。

扫一扫，看视频

❶ 选中 B7 单元格，在编辑栏中输入公式：

```
=AMORDEGRC(B1,B3,B4,B2,1,B5,1)
```

❷ 按 Enter 键即可计算出每个会计期间的折旧额，如图 12-53 所示。

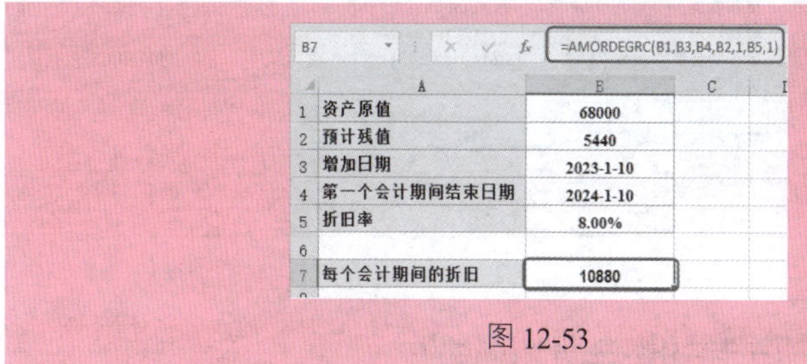

B7 =AMORDEGRC(B1,B3,B4,B2,1,B5,1)

	A	B	C
1	资产原值	68000	
2	预计残值	5440	
3	增加日期	2023-1-10	
4	第一个会计期间结束日期	2024-1-10	
5	折旧率	8.00%	
6			
7	每个会计期间的折旧	10880	

图 12-53

7. AMORLINC（返回每个会计期间的折旧额）

【函数功能】AMORLINC 函数用于返回每个会计期间的折旧额，该函数为法国会计系统提供。如果某项资产是在会计期间内购入的，则按直线折旧法计算。

【函数语法】AMORLINC(cost,date_purchased,first_period,salvage,period,rate,[basis])

- cost：必需，资产原值。
- date_purchased：必需，购入资产的日期。
- first_period：必需，第一个期间结束时的日期。
- salvage：必需，资产在使用寿命结束时的残值。
- period：必需，期间。
- rate：必需，折旧率。
- basis：可选，所使用的年基准。若为 0 或省略，按 360 天为基准；若为 1，按实际天数为基准；若为 3，按一年（365 天）为基准；若为 4，按一年（360 天）为基准。

例：以法国会计系统计算每个会计期间的折旧额

扫一扫，看视频

某企业 2023 年 1 月 10 日新增一项固定资产，原值为 68000 元，第一个会计期间结束日期为 2024 年 1 月 10 日，其资产残值为 5440 元，折旧率为 8.00%。要求以法国会计系统计算每个会计期间的折旧额。

❶ 选中 B7 单元格，在编辑栏中输入公式：

```
=AMORLINC(B1,B3,B4,B2,1,B5,1)
```

❷ 按 Enter 键即可计算出每个会计期间的折旧额，如图 12-54 所示。

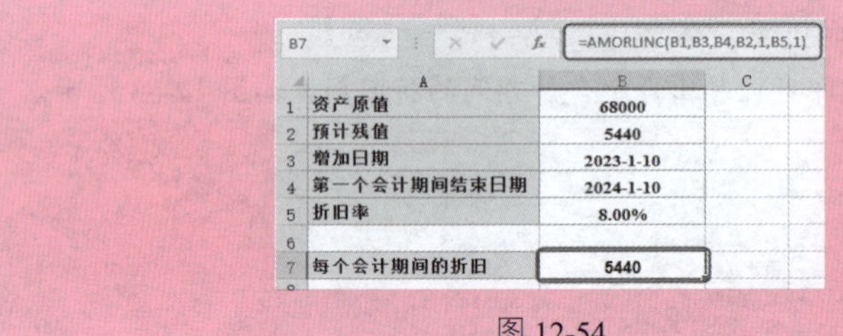

B7 =AMORLINC(B1,B3,B4,B2,1,B5,1)

	A	B	C
1	资产原值	68000	
2	预计残值	5440	
3	增加日期	2023-1-10	
4	第一个会计期间结束日期	2024-1-10	
5	折旧率	8.00%	
6			
7	每个会计期间的折旧	5440	

图 12-54

12.4 债券及其他金融函数

债券及其他金融函数又可分为计算本金、利息的函数，与利息支付时间有关的函数，与利率收益率有关的函数，与修正期限有关的函数，以及与有价证券有关的函数。

12.4.1 计算本金、利息的函数

1. ACCRINT（计算定期付息有价证券的利息）

【函数功能】ACCRINT 函数用于返回定期付息有价证券的应计利息。

【函数语法】ACCRINT(issue,first_interest,settlement,rate,par,frequency,[basis])

- issue：必需，有价证券的发行日。
- first_interest：必需，证券的起息日。
- settlement：必需，证券的成交日，即发行日之后证券卖给购买者的日期。
- rate：必需，有价证券的年息票利率。
- par：必需，有价证券的票面价值。若省略 par，默认将 par 看作 1000。
- frequency：必需，年付息次数。若按年支付，frequency=1；若按半年期支付，frequency=2；若按季支付，frequency=4。
- basis：可选，日计数基准类型。若为 0 或省略，按美国（NASD）30/360；若为 1，按实际天数/实际天数；若为 2，按实际天数/360；若为 3，按实际天数/365；若为 4，按欧洲 30/360。

例：计算定期付息有价证券的应计利息

某人于 2023 年 12 月 18 日购买了 10 万元的有价证券，发行日为 2023 年 5 月 1 日，起息日为 2024 年 6 月 1 日，年利率为 10%，按半年期付息，要求以美国（NASD）30/360 为日计数基准，计算出到期利息。

❶ 选中 B9 单元格，在编辑栏中输入公式：

```
=ACCRINT(B1,B2,B3,B4,B5,B6,B7)
```

❷ 按 Enter 键即可计算出到期利息，如图 12-55 所示。

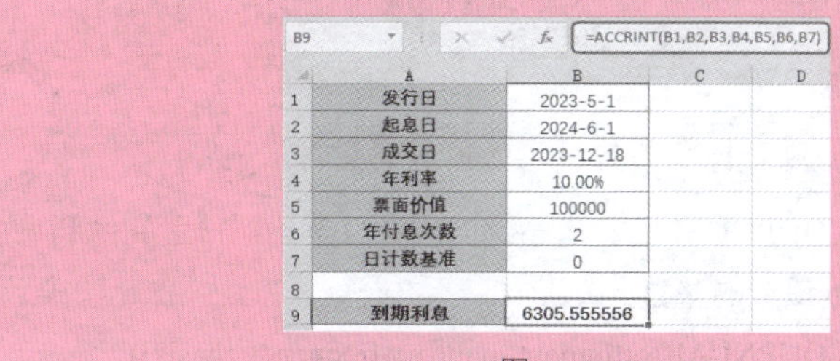

B9 =ACCRINT(B1,B2,B3,B4,B5,B6,B7)

	A	B	C	D
1	发行日	2023-5-1		
2	起息日	2024-6-1		
3	成交日	2023-12-18		
4	年利率	10.00%		
5	票面价值	100000		
6	年付息次数	2		
7	日计数基准	0		
8				
9	到期利息	6305.555556		

图 12-55

2. ACCRINTM（计算一次性付息有价证券的利息）

【函数功能】ACCRINTM 函数用于返回到期一次性付息有价证券的应计利息。

【函数语法】ACCRINTM(issue,maturity,rate,par,[basis])

- issue：必需，有价证券的发行日。
- maturity：必需，有价证券的到期日。
- rate：必需，有价证券的年息票利息。
- par：必需，有价证券的票面价值。
- basis：可选，日计数基准类型。若为 0 或省略，按美国（NASD）30/360；若为 1，按实际天数/实际天数；若为 2，按实际天数/360；若为 3，按实际天数/365；若为 4，按欧洲 30/360。

例：计算到期一次性付息有价证券的应计利息

扫一扫，看视频

如果购买了价值为 5 万元的短期债券，其发行日为 2024 年 1 月 1 日，到期日为 2024 年 6 月 18 日，债券年利率为 10%，以实际天数/360 为日计数基准，计算出债券的应计利息。

❶ 选中 B7 单元格，在编辑栏中输入公式：

```
=ACCRINTM(B1,B2,B3,B4,B5)
```

❷ 按 Enter 键即可计算出有价证券到期一次性付息的应计利息，如图 12-56 所示。

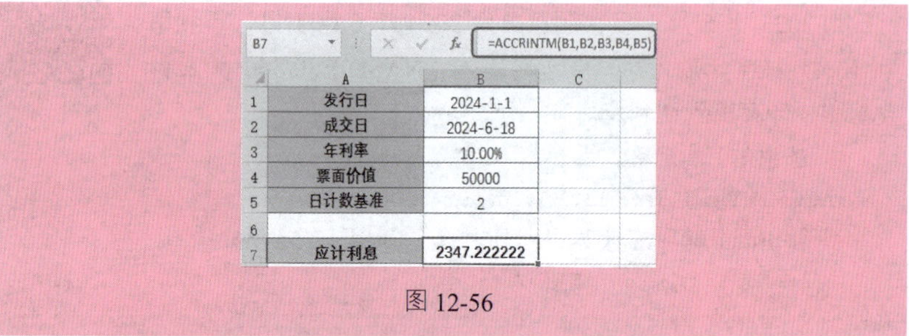

B7 =ACCRINTM(B1,B2,B3,B4,B5)

	A	B	C
1	发行日	2024-1-1	
2	成交日	2024-6-18	
3	年利率	10.00%	
4	票面价值	50000	
5	日计数基准	2	
6			
7	应计利息	2347.222222	

图 12-56

3. COUPNUM（成交日至到期日之间应付利息次数）

【函数功能】COUPNUM 函数用于返回成交日至到期日之间的利息应付次数，向上取整到最近的整数。

【函数语法】COUPNUM(settlement,maturity,frequency,[basis])

- settlement：必需，证券的成交日，即发行日之后证券卖给购买者的日期。
- maturity：必需，有价证券的到期日，即有价证券有效期截止时的日期。
- frequency：必需，年付息次数。若按年支付，frequency=1；若按半年期支付，frequency=2；若按季支付，frequency=4。
- basis：可选，日计数基准类型。若为 0 或省略，按美国（NASD）30/360；若为 1，按实际天数/实际天数；若为 2，按实际天数 /360；若为 3，按实际天数/365；若为 4，按欧洲 30/360。

例：计算出债券成交日至到期日之间的利息应付次数

某债券成交日为 2023 年 3 月 10 日，到期日为 2024 年 6 月 10 日，按半年期付息，以实际天数/实际天数为日计数基准，要求计算出该债券成交日至到期日之间的付息次数。

扫一扫，看视频

❶ 选中 B6 单元格，在编辑栏中输入公式：

```
=COUPNUM(B1,B2,B3,B4)
```

❷ 按 Enter 键即可计算出债券成交日至到期日之间的付息次数，如图 12-57 所示。

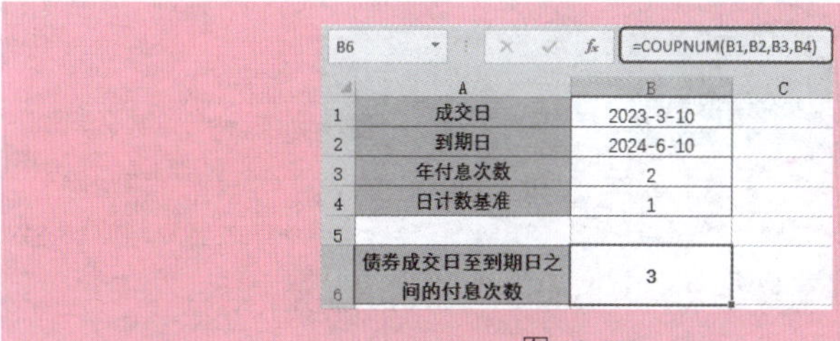
B6 =COUPNUM(B1,B2,B3,B4)

	A	B	C
1	成交日	2023-3-10	
2	到期日	2024-6-10	
3	年付息次数	2	
4	日计数基准	1	
5			
6	债券成交日至到期日之间的付息次数	3	

图 12-57

12.4.2 与利息支付时间有关的函数

1. COUPDAYBS（返回票息期开始到结算日之间的天数）

【函数功能】COUPDAYBS 函数用于返回票息期开始到结算日之间的天数。

【函数语法】COUPDAYBS(settlement,maturity,frequency,[basis])

- settlement：必需，证券的成交日，即发行日之后证券卖给购买者的日期。

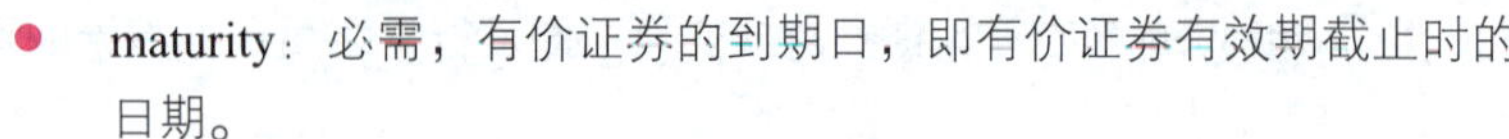

- maturity：必需，有价证券的到期日，即有价证券有效期截止时的日期。
- frequency：必需，年付息次数。若按年支付，frequency=1；若按半年期支付，frequency=2；若按季支付，frequency=4。
- basis：可选，日计数基准类型。若为 0 或省略，按美国（NASD）30/360；若为 1，按实际天数/实际天数；若为 2，按实际天数/360；若为 3，按实际天数/365；若为 4，按欧洲 30/360。

例：计算票息期开始到结算日之间的天数

扫一扫，看视频

某债券成交日为 2023 年 1 月 1 日，到期日为 2024 年 6 月 10 日，按美国（NASD）30/360 为日计数基准，要求计算出该债券成交日至到期日的天数。

❶ 选中 B6 单元格，在编辑栏中输入公式：

```
=COUPDAYBS(B1,B2,B3,B4)
```

❷ 按 Enter 键即可计算出成交日至到期日的天数，如图 12-58 所示。

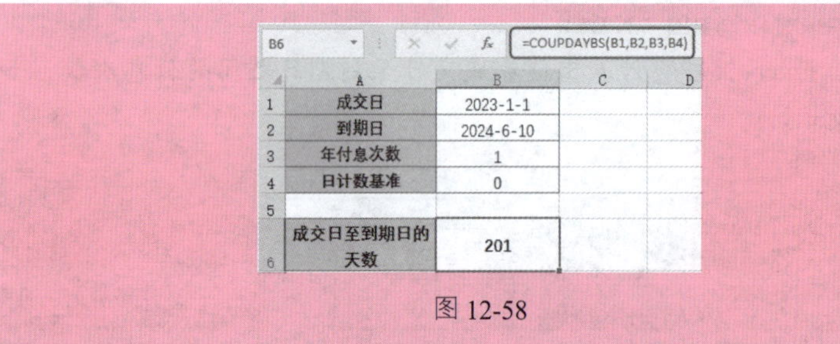

B6 =COUPDAYBS(B1,B2,B3,B4)

	A	B	C	D
1	成交日	2023-1-1		
2	到期日	2024-6-10		
3	年付息次数	1		
4	日计数基准	0		
5				
6	成交日至到期日的天数	201		

图 12-58

2. COUPDAYS（返回包含结算日的票息期的天数）

【函数功能】COUPDAYS 函数用于返回包含结算日的票息期的天数。

【函数语法】COUPDAYS(settlement,maturity,frequency,[basis])

- settlement：必需，证券的成交日，即发行日之后证券卖给购买者的日期。
- maturity：必需，有价证券的到期日，即有价证券有效期截止时的日期。
- frequency：必需，年付息次数。若按年支付，frequency=1；若按半年期支付，frequency=2；若按季支付，frequency=4。
- basis：可选，日计数基准类型。若为 0 或省略，按美国（NASD）

30/360；若为 1，按实际天数/实际天数；若为 2，按实际天数/360；若为 3，按实际天数/365；若为 4，按欧洲 30/360。

例：计算包括成交日的付息期的天数

某债券成交日为 2023 年 1 月 1 日，到期日为 2024 年 6 月 10 日，按实际天数/360 为日计数基准。计算该债券包括成交日的付息期的天数。

扫一扫，看视频

❶ 选中 B6 单元格，在编辑栏中输入公式：

```
=COUPDAYS(B1,B2,B3,B4)
```

❷ 按 Enter 键即可计算出包括成交日的付息期的天数，如图 12-59 所示。

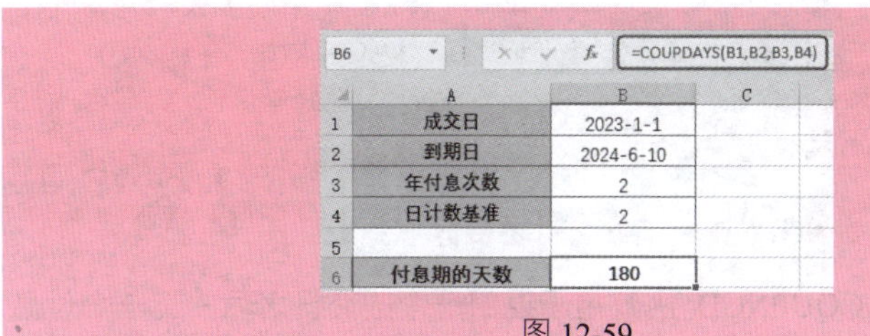

图 12-59

3. COUPDAYSNC（从成交日到下一个付息日之间的天数）

【函数功能】COUPDAYSNC 函数用于返回从成交日到下一付息日之间的天数。

【函数语法】COUPDAYSNC(settlement,maturity,frequency,[basis])

- settlement：必需，证券的成交日，即发行日之后证券卖给购买者的日期。
- maturity：必需，有价证券的到期日，即有价证券有效期截止时的日期。
- frequency：必需，年付息次数。若按年支付，frequency=1；若按半年期支付，frequency=2；若按季支付，frequency=4。
- basis：可选，日计数基准类型。若为 0 或省略，按美国（NASD）30/360；若为 1，按实际天数/实际天数；若为 2，按实际天数/360；若为 3，按实际天数/365；若为 4，按欧洲 30/360。

例：计算出从成交日到下一个付息日之间的天数

扫一扫，看视频

某债券成交日为 2023 年 1 月 1 日，到期日为 2024 年 6 月 10 日，以实际天数/360 为日计数基准。计算该债券从成交日到

下一个付息日之间的天数。

❶ 选中 B6 单元格，在编辑栏中输入公式：

```
=COUPDAYSNC(B1,B2,B3,B4)
```

❷ 按 Enter 键即可计算出债券从成交日到下一个付息日之间的天数，如图 12-60 所示。

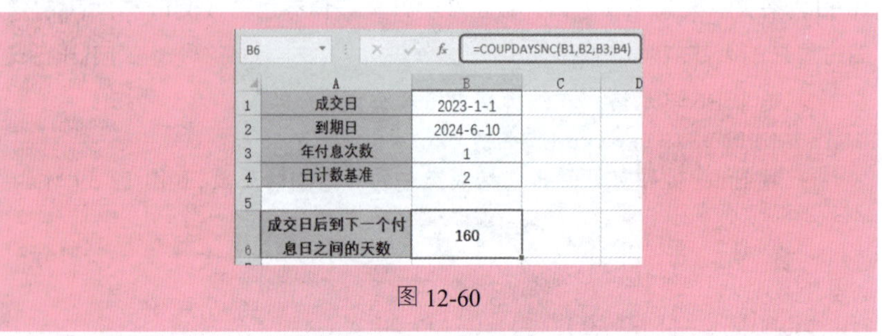
B6 =COUPDAYSNC(B1,B2,B3,B4)

	A	B	C	D
1	成交日	2023-1-1		
2	到期日	2024-6-10		
3	年付息次数	1		
4	日计数基准	2		
5				
6	成交日后到下一个付息日之间的天数	160		

图 12-60

4. COUPNCD 函数（返回一个成交日之后的下一个付息日的日期序列号）

【函数功能】COUPNCD 函数用于返回一个成交日之后的下一个付息日的日期序列号。

【函数语法】COUPNCD(settlement,maturity,frequency,[basis])

- settlement：必需，证券的成交日，即发行日之后证券卖给购买者的日期。
- maturity：必需，有价证券的到期日，即有价证券有效期截止时的日期。
- frequency：必需，年付息次数。若按年支付，frequency=1；若按半年期支付，frequency=2；若按季支付，frequency=4。
- basis：可选，日计数基准类型。若为 0 或省略，按美国（NASD）30/360；若为 1，按实际天数/实际天数；若为 2，按实际天数/360；若为 3，按实际天数/365；若为 4，按欧洲 30/360。

例：计算一个成交日之后的下一个付息日的具体日期

扫一扫，看视频

某债券成交日为 2023 年 10 月 10 日，到期日为 2024 年 6 月 10 日，以实际天数/360 为日计数基准，要求计算出该债券自成交日之后的下一个付息日的具体日期。

❶ 选中 B6 单元格，在编辑栏中输入公式：

```
=COUPNCD(B1,B2,B3,B4)
```

❷ 按Enter键即可计算出一个成交日之后的下一个付息日期所对应的序列号，如图 12-61 所示。

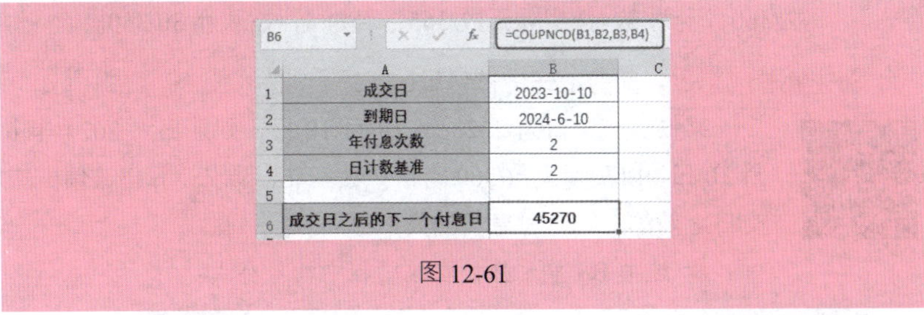

图 12-61

❸ 选中 B6 单元格，在“开始”选项卡的“数字”组中单击格式设置的下拉按钮，在下拉列表中选择“短日期”命令，即可将其转换为具体的日期格式，如图 12-62 所示。

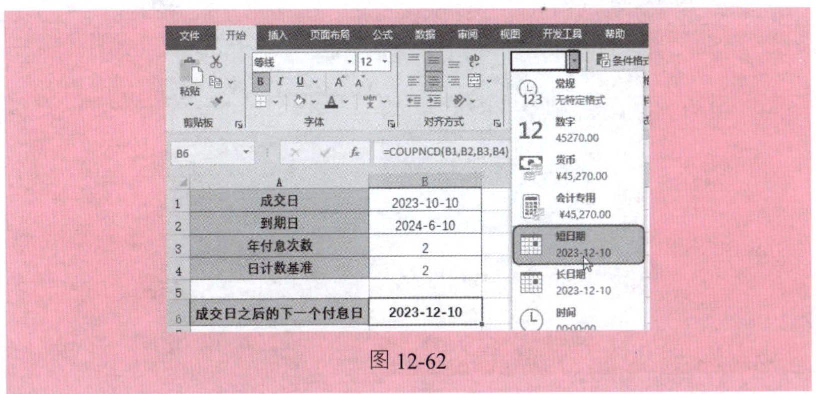

图 12-62

5. COUPPCD（返回成交日之前的上一个付息日的日期序列号）

【函数功能】COUPPCD 函数用于返回成交日之前的上一个付息日的日期序列号。

【函数语法】COUPPCD(settlement,maturity,frequency,[basis])

- settlement：必需，证券的成交日，即发行日之后证券卖给购买者的日期。
- maturity：必需，有价证券的到期日，即有价证券有效期截止时的日期。
- frequency：必需，年付息次数。若按年支付，frequency=1；若按半年期支付，frequency=2；若按季支付，frequency=4。

- basis：可选，日计数基准类型。若为 0 或省略，按美国（NASD）30/360；若为 1，按实际天数/实际天数；若为 2，按实际天数/360；若为 3，按实际天数/365；若为 4，按欧洲 30/360。

例：计算成交日之前的上一个付息日的具体日期

扫一扫，看视频

某债券成交日为 2023 年 10 月 10 日，到期日为 2024 年 6 月 10 日，以实际天数/360 为日计数基准，要求计算出该债券成交日之前的上一个付息日的具体日期。

❶ 选中 B6 单元格，在编辑栏中输入公式：

```
=COUPPCD(B1,B2,B3,B4)
```

❷ 按 Enter 键，即可计算出成交日之前的上一个付息日的具体日期（注意，返回日期序列号后，如同上例一样进行单元格格式设置，即可正确显示日期），如图 12-63 所示。

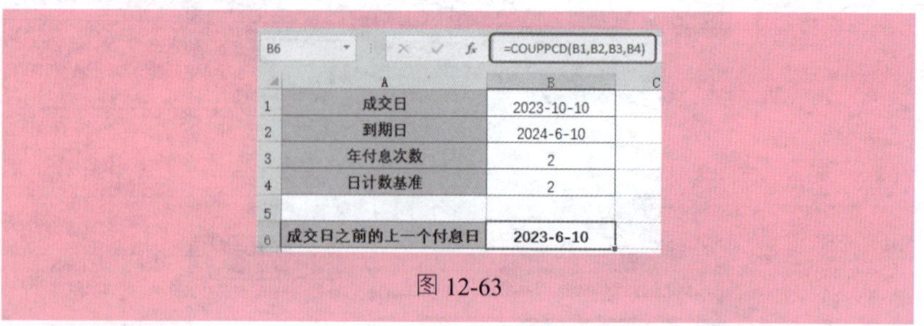

B6 =COUPPCD(B1,B2,B3,B4)

	A	B
1	成交日	2023-10-10
2	到期日	2024-6-10
3	年付息次数	2
4	日计数基准	2
5		
6	成交日之前的上一个付息日	2023-6-10

图 12-63

12.4.3 与利率收益率有关的函数

1. INTRATE（返回一次性付息证券的利率）

【函数功能】INTRATE 函数用于返回一次性付息证券的利率。

【函数语法】INTRATE(settlement,maturity,investment,redemption,[basis])

- settlement：必需，证券的成交日。
- maturity：必需，有价证券的到期日。
- investment：必需，有价证券的投资额。
- redemption：必需，有价证券到期时的清偿价值。
- basis：可选，日计数基准类型。若为 0 或省略，按美国（NASD）30/360；若为 1，按实际天数/实际天数；若为 2，按实际天数/360；若为 3，按实际天数/365；若为 4，按欧洲 30/360。

例：计算债券的一次性付息利率

扫一扫，看视频

某债券的成交日为 2023 年 10 月 10 日，到期日为 2024 年 4 月 10 日，债券的投资金额为 400000 元，清偿价值为 420000 元，按实际天数/360 为日计数基准，计算出该债券的一次性付息利率。

❶ 选中 B7 单元格，输入公式：

```
=INTRATE(B1,B2,B3,B4,B5)
```

❷ 按 Enter 键即可计算出债券的一次性付息利率，如图 12-64 所示。

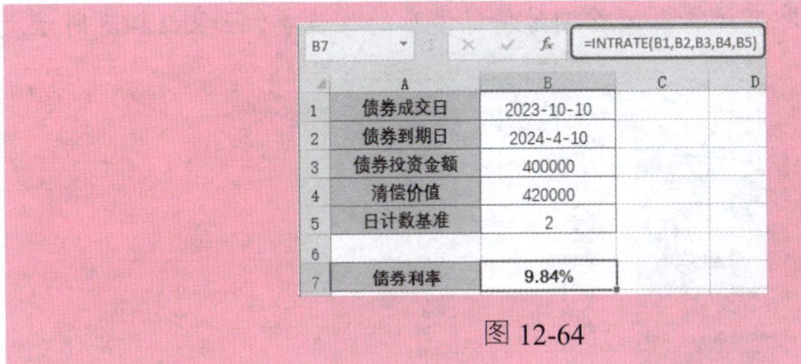

B7 =INTRATE(B1,B2,B3,B4,B5)

	A	B	C	D
1	债券成交日	2023-10-10		
2	债券到期日	2024-4-10		
3	债券投资金额	400000		
4	清偿价值	420000		
5	日计数基准	2		
6				
7	债券利率	9.84%		

图 12-64

2. ODDFYIELD（返回首期付息日不固定的有价证券收益率）

【函数功能】ODDFYIELD 函数用于返回首期付息日不固定的有价证券（长期或短期）收益率。

【函数语法】ODDFYIELD(settlement,maturity,issue,first_coupon,rate,pr,redemption,frequency,[basis])

- settlement：必需，证券的成交日。
- maturity：必需，有价证券的到期日。
- issue：必需，有价证券的发行日。
- first_coupon：必需，有价证券的首期付息日。
- rate：必需，有价证券的利率。
- pr：必需，有价证券的价格。
- redemption：必需，面值为 100 元的有价证券的清偿价值。
- frequency：必需，年付息次数。若按年支付，frequency=1；若按半年期支付，frequency=2；若按季支付，frequency=4。
- basis：可选，日计数基准类型。若为 0 或省略，按美国（NASD）30/360；若为 1，按实际天数/实际天数；若为 2，按实际天数/360；若为 3，按实际天数/365；若为 4，按欧洲 30/360。

例：计算首期付息日不固定的债券的收益率

扫一扫，看视频

购买债券的日期为 2023 年 10 月 1 日，该债券到期日期为 2027 年 12 月 1 日，发行日期为 2023 年 5 月 1 日，首期付息日期为 2023 年 12 月 1 日，付息利率为 8.95%，债券价格为 103.5 元，以半年期付息，以按实际天数/365 为日计数基准，计算出该首期付息日债券的收益率。

❶ 选中 B11 单元格，在编辑栏中输入公式：

```
=ODDFYIELD(B1,B2,B3,B4,B5,B6,B7,B8,B9)
```

❷ 按 Enter 键即可计算出该首期付息日债券的收益率，如图 12-65 所示。

B11 =ODDFYIELD(B1,B2,B3,B4,B5,B6,B7,B8,B9)

	A	B	C	D	E
1	债券成交日	2023-10-1			
2	债券到期日	2027-12-1			
3	债券发行日	2023-5-1			
4	债券首期付息日	2023-12-1			
5	付息利率	8.95%			
6	债券价格	103.5			
7	清偿价值	100			
8	付息次数	2			
9	日计数基准	3			
10					
11	年收益率	7.94%			

图 12-65

3. ODDLYIELD（返回末期付息日不固定的有价证券收益率）

【函数功能】ODDLYIELD 函数用于返回末期付息日不固定的有价证券（长期或短期）的收益率。

【函数语法】ODDLYIELD(settlement,maturity,issue,last_interest,rate,pr,redemption,frequency,[basis[)

- settlement：必需，证券的成交日。
- maturity：必需，有价证券的到期日。
- issue：必需，有价证券的发行日。
- last_interest：必需，有价证券的末期付息日。
- rate：必需，有价证券的利率。
- pr：必需，有价证券的价格。
- redemption：必需，面值为 100 元的有价证券的清偿价值。
- frequency：必需，年付息次数。若按年支付，frequency=1；若按半年期支付，frequency=2；若按季支付，frequency=4。

- basis：可选，日计数基准类型。若为 0 或省略，按美国（NASD）30/360；若为 1，按实际天数/实际天数；若为 2，按实际天数/360；若为 3，按实际天数/365；若为 4，按欧洲 30/360。

例：计算末期付息日不固定的债券的收益率

购买债券的日期为 2023 年 10 月 1 日，该债券的到期日期为 2025 年 12 月 1 日，末期付息日期为 2023 年 5 月 1 日，付息利率为 8.95%，债券价格为 103.5 元，以半年期付息，以按实际天数/365 为日计数基准，计算出该债券末期付息日的收益率。

扫一扫，看视频

❶ 选中 B10 单元格，在编辑栏中输入公式：

```
=ODDLYIELD(B1,B2,B3,B4,B5,B6,B7)
```

❷ 按 Enter 键即可计算出该末期付息日债券的收益率，如图 12-66 所示。

B10 =ODDLYIELD(B1,B2,B3,B4,B5,B6,B7)

	A	B	C	D
1	债券成交日	2023-10-1		
2	债券到期日	2025-12-1		
3	债券末期付息日	2023-5-1		
4	付息利率	8.95%		
5	债券价格	103.5		
6	清偿价值	100		
7	付息次数	2		
8	日计数基准	3		
9				
10	年收益率	6.84%		

图 12-66

4. TBILLEQ（返回国库券的等效收益率）

【函数功能】TBILLEQ 函数用于返回国库券的等效收益率。

【函数语法】TBILLEQ(settlement,maturity,discount)

- settlement：必需，国库券的成交日，即在发行日之后，国库券卖给购买者的日期。
- maturity：必需，国库券的到期日。
- discount：必需，国库券的贴现率。

例：计算国库券的等效收益率

张某于 2023 年 1 月 20 日购买了国库券，该国库券的到期日为 2024 年 1 月 20 日，贴现率为 12.68%，要求计算出该国库券的等效收益率。

扫一扫，看视频

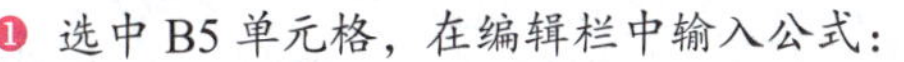

❶ 选中 B5 单元格，在编辑栏中输入公式：

```
=TBILLEQ(B1,B2,B3)
```

❷ 按 Enter 键即可计算出国库券的等效收益率，如图 12-67 所示。

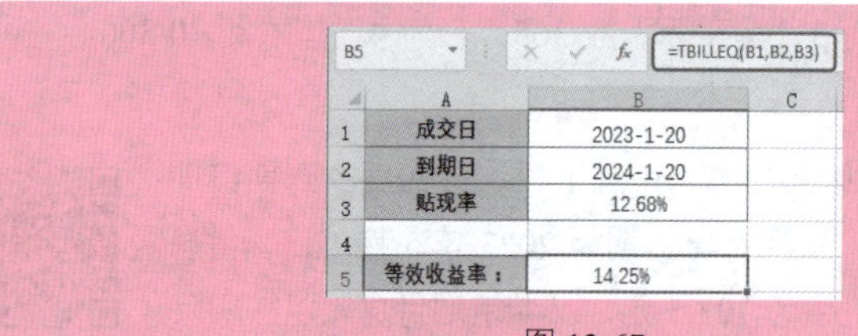

B5 =TBILLEQ(B1,B2,B3)

	A	B	C
1	成交日	2023-1-20	
2	到期日	2024-1-20	
3	贴现率	12.68%	
4			
5	等效收益率：	14.25%	

图 12-67

5. TBILLYIELD（返回国库券的收益率）

【函数功能】TBILLYIELD 函数用于返回国库券的收益率。

【函数语法】TBILLYIELD(settlement,maturity,pr)

- settlement：必需，国库券的成交日，即在发行日之后，国库券卖给购买者的日期。
- maturity：必需，国库券的到期日。
- pr：必需，面值为 100 元的国库券的价格。

例：计算国库券的收益率

扫一扫，看视频

张某于 2023 年 8 月 20 日以 92.5 元购买了面值为 100 元的国库券，该国库券的到期日为 2024 年 6 月 8 日，要求计算出该国库券的收益率。

❶ 选中 B5 单元格，在编辑栏中输入公式：

```
=TBILLYIELD(B1,B2,B3)
```

❷ 按 Enter 键即可计算出国库券的收益率，如图 12-68 所示。

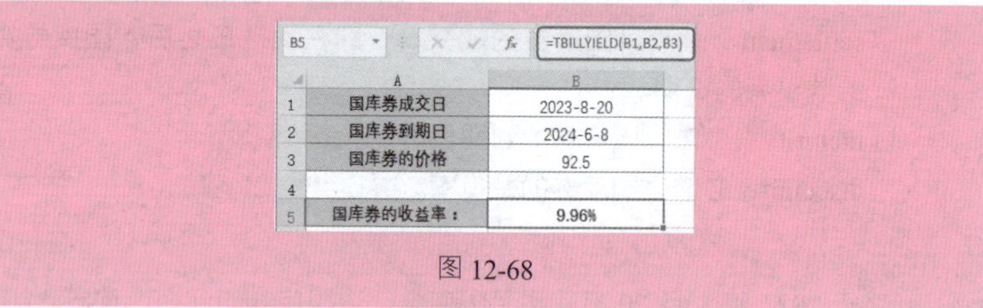

B5 =TBILLYIELD(B1,B2,B3)

	A	B
1	国库券成交日	2023-8-20
2	国库券到期日	2024-6-8
3	国库券的价格	92.5
4		
5	国库券的收益率：	9.96%

图 12-68

6. TBILLPRICE（返回面值为 100 元的国库券的价格）

【函数功能】TBILLPRICE 函数用于返回面值为 100 元的国库券的

价格。

【函数语法】TBILLPRICE(settlement,maturity,discount)

- settlement：必需，国库券的成交日，即在发行日之后，国库券卖给购买者的日期。
- maturity：必需，国库券的到期日。
- discount：必需，国库券的贴现率。

例：计算面值为 100 元的国库券的价格

张某于 2023 年 5 月 20 日购买了面值为 100 元的国库券，该国库券的到期日为 2024 年 4 月 20 日，贴现率为 6.59%，要求计算出该国库券的价格。

扫一扫，看视频

❶ 选中 B5 单元格，在编辑栏中输入公式：

```
=TBILLPRICE(B1,B2,B3)
```

❷ 按 Enter 键即可计算出国库券的价格，如图 12-69 所示。

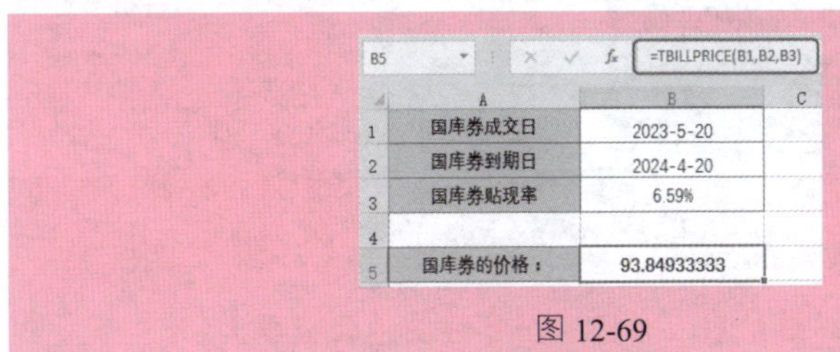

B5 =TBILLPRICE(B1,B2,B3)

	A	B	C
1	国库券成交日	2023-5-20	
2	国库券到期日	2024-4-20	
3	国库券贴现率	6.59%	
4			
5	国库券的价格：	93.84933333	

图 12-69

7. YIELD（返回定期付息有价证券的收益率）

【函数功能】YIELD 函数用于返回定期付息有价证券的收益率。

【函数语法】YIELD(settlement,maturity,rate,pr,redemption,frequency,[basis])

- settlement：必需，证券的成交日。
- maturity：必需，有价证券的到期日。
- rate：必需，有价证券的年息票利率。
- pr：必需，面值为 100 元的有价证券的价格。
- redemption：必需，面值为 100 元的有价证券的清偿价值。
- frequency：必需，年付息次数。若按年支付，frequency=1；若按半年期支付，frequency=2；若按季支付，frequency=4。
- basis：可选，日计数基准类型。若为 0 或省略，按美国（NASD）30/360；若为 1，按实际天数/实际天数；若为 2，按实际天

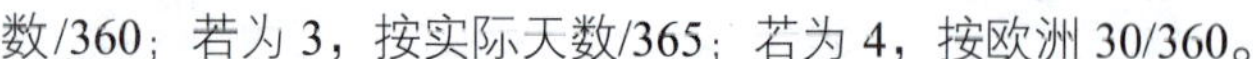
数/360；若为 3，按实际天数/365；若为 4，按欧洲 30/360。

例：计算定期支付利息的债券的收益率

张某于 2022 年 6 月 18 日以 96.5 元购买了 2024 年 6 月 18 日到期的面值为 100 元的债券，息票半年利率为 7.62%，按半年期支付一次，以实际天数/365 为日计数基准，要求计算出该债券的收益率。

❶ 选中 B9 单元格，在编辑栏中输入公式：

```
=YIELD(B1,B2,B3,B4,B5,B6,B7)
```

❷ 按 Enter 键即可计算出该债券的收益率，如图 12-70 所示。

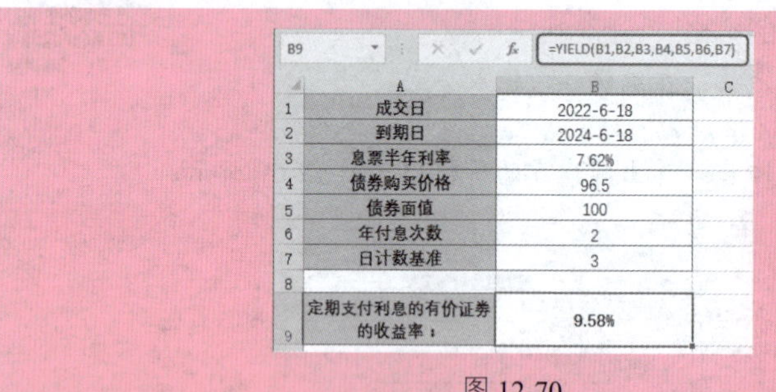
B9 =YIELD(B1,B2,B3,B4,B5,B6,B7)

	A	B	C
1	成交日	2022-6-18	
2	到期日	2024-6-18	
3	息票半年利率	7.62%	
4	债券购买价格	96.5	
5	债券面值	100	
6	年付息次数	2	
7	日计数基准	3	
8			
9	定期支付利息的有价证券的收益率：	9.58%	

图 12-70

8. YIELDDISC（返回折价发行的有价证券的年收益率）

【函数功能】YIELDDISC 函数用于返回折价发行的有价证券的年收益率。

【函数语法】YIELDDISC(settlement,maturity,pr,redemption,[basis])

- settlement：必需，证券的成交日。
- maturity：必需，有价证券的到期日。
- pr：必需，面值为 100 元的有价证券的价格。
- redemption：必需，面值为 100 元的有价证券的清偿价值。
- basis：可选，日计数基准类型。若为 0 或省略，按美国（NASD）30/360；若为 1，按实际天数/实际天数；若为 2，按实际天数/360；若为 3，按实际天数/365；若为 4，按欧洲 30/360。

例：计算出折价发行债券的年收益

张某于 2023 年 12 月 1 日以 96.5 元购买了 2024 年 5 月 1 日到期的面值为 100 元的债券，以实际天数/365 为日计数基准，要求计算出该债券的收益率。

❶ 选中 B7 单元格，在编辑栏中输入公式：

```
=YIELDDISC(B1,B2,B3,B4,B5)
```

❷ 按 Enter 键即可计算出该债券的折价收益率，如图 12-71 所示。

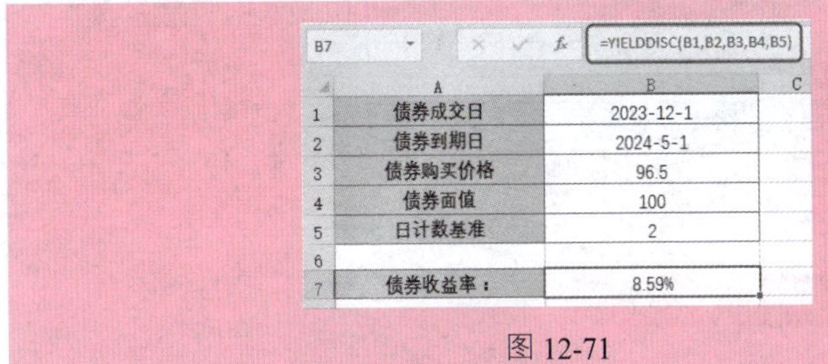
B7 =YIELDDISC(B1,B2,B3,B4,B5)

	A	B	C
1	债券成交日	2023-12-1	
2	债券到期日	2024-5-1	
3	债券购买价格	96.5	
4	债券面值	100	
5	日计数基准	2	
6			
7	债券收益率：	8.59%	

图 12-71

9. YIELDMAT（返回到期付息的有价证券的年收益率）

【函数功能】YIELDMAT 函数用于返回到期付息的有价证券的年收益率。

【函数语法】YIELDMAT(settlement,maturity,issue,rate,pr,[basis])

- settlement：必需，证券的成交日。
- maturity：必需，有价证券的到期日。
- issue：必需，有价证券的发行日。
- rate：必需，有价证券在发行日的利率。
- pr：必需，面值为 100 元的有价证券的价格。
- basis：可选，日计数基准类型。若为 0 或省略，按美国（NASD）30/360；若为 1，按实际天数/实际天数；若为 2，按实际天数/360；若为 3，按实际天数/365；若为 4，按欧洲 30/360。

例：计算到期付息的有价债券的年收益率

张某于 2023 年 5 月 1 日以 102.5 元卖出 2026 年 1 月 28 日到期的 100 元面值的债券。该债券的发行日期为 2023 年 2 月 28 日，息票半年利率为 8.56%，以实际天数/365 为日计数基准，要求计算出该债券的收益率。

扫一扫，看视频

❶ 选中 B8 单元格，在编辑栏中输入公式：

```
=YIELDMAT(B1,B2,B3,B4,B5,B6)
```

❷ 按 Enter 键即可计算出该债券的收益率，如图 12-72 所示。

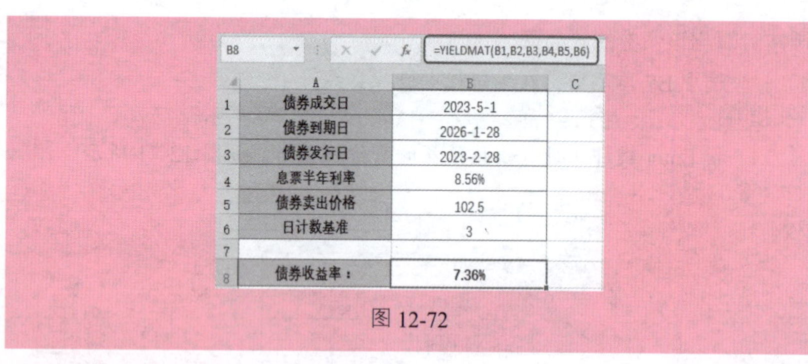

B8 =YIELDMAT(B1,B2,B3,B4,B5,B6)

	A	B	C
1	债券成交日	2023-5-1	
2	债券到期日	2026-1-28	
3	债券发行日	2023-2-28	
4	息票半年利率	8.56%	
5	债券卖出价格	102.5	
6	日计数基准	3	
7			
8	债券收益率：	7.36%	

图 12-72

12.4.4 与修正期限有关的函数

1. DURATION（返回定期付息有价证券的修正期限）

【函数功能】DURATION 函数用于返回定期付息有价证券的修正期限。

【函数语法】DURATION(settlement,maturity,coupon,yld,frequency,[basis])

- settlement：必需，证券的成交日。
- maturity：必需，有价证券的到期日。
- coupon：必需，有价证券的年息票利率。
- yld：必需，有价证券的年收益率。
- frequency：必需，年付息次数。若按年支付，frequency=1；若按半年期支付，frequency=2；若按季支付，frequency=4。
- basis：可选，日计数基准类型。若为 0 或省略，按美国（NASD）30/360；若为 1，按实际天数/实际天数；若为 2，按实际天数/360；若为 3，按实际天数/365；若为 4，按欧洲 30/360。

例：计算定期付息有价债券的修正期限

扫一扫，看视频

某债券的成交日为 2023 年 5 月 10 日，到期日为 2024 年 6 月 20 日，年息票利率为 10%，收益率为 8%，以实际天数/实际天数为日计数基准，要求计算出该债券的修正期限。

❶ 选中 B8 单元格，在编辑栏中输入公式：

```
=DURATION(B1,B2,B3,B4,B6)
```

❷ 按 Enter 键即可计算出该债券的修正期限，如图 12-73 所示。

B8 =DURATION(B1,B2,B3,B4,B6)

	A	B	C
1	成交日	2023-5-10	
2	到期日	2024-6-20	
3	年息票利率	10.00%	
4	收益率	8.00%	
5	年付息次数	1	
6	日计数基准	1	
7			
8	修正期限	1.021707138	

图 12-73

2. MDURATION（返回有价证券的 Macauley 修正期限）

【函数功能】MDURATION 函数用于返回有价证券的 Macauley 修正期限。

【函数语法】MDURATION(settlement,maturity,coupon,yld,frequency,[basis])

- settlement：必需，证券的成交日。
- maturity：必需，有价证券的到期日。
- coupon：必需，有价证券的年息票利率。
- yld：必需，有价证券的年收益率。
- frequency：必需，年付息次数。若按年支付，frequency=1；若按半年期支付，frequency=2；若按季支付，frequency=4。
- basis：可选，日计数基准类型。若为 0 或省略，按美国（NASD）30/360；若为 1，按实际天数/实际天数；若为 2，按实际天数/360；若为 3，按实际天数/365；若为 4，按欧洲 30/360。

例：计算定期债券的 Macauley 修正期限

某债券的成交日为 2023 年 1 月 1 日，到期日期为 2024 年 6 月 10 日，年息票利率为 7.5%，收益率为 8.5%，以半年期来付息，以实际天数/360 为日计数基准，计算出该债券的 Macauley 修正期限。

扫一扫，看视频

❶ 选中 B8 单元格，在编辑栏中输入公式：

```
=MDURATION(B1,B2,B3,B4,B5,B6)
```

❷ 按 Enter 键即可计算出债券的 Macauley 修正期限，如图 12-74 所示。

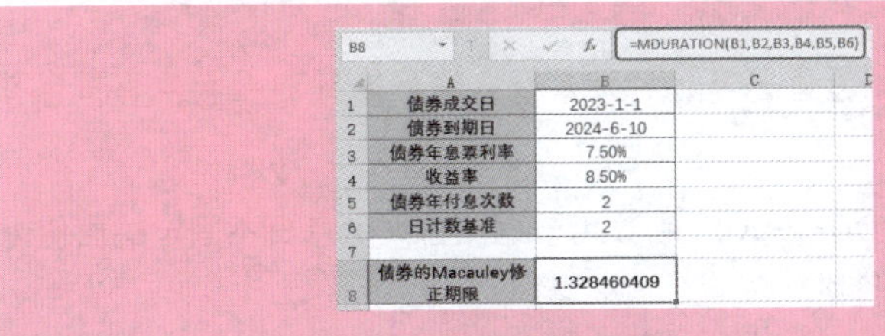

B8 =MDURATION(B1,B2,B3,B4,B5,B6)

	A	B	C
1	债券成交日	2023-1-1	
2	债券到期日	2024-6-10	
3	债券年息票利率	7.50%	
4	收益率	8.50%	
5	债券年付息次数	2	
6	日计数基准	2	
7			
8	债券的Macauley修正期限	1.328460409	

图 12-74

12.4.5　与有价证券有关的函数

1. DISC（返回有价证券的贴现率）

【函数功能】DISC 函数用于返回有价证券的贴现率。

【函数语法】DISC(settlement,maturity,pr,redemption,[basis])

- settlement：必需，证券的成交日，即在发行日之后，证券卖给购买者的日期。
- maturity：必需，有价证券的到期日。
- pr：必需，面值为 100 元的有价证券的价格。
- redemption：必需，面值为 100 元的有价证券的清偿价值。
- basis：可选，日计数基准类型。若为 0 或省略，按美国（NASD）30/360；若为 1，按实际天数/实际天数；若为 2，按实际天数/360；若为 3，按实际天数/365；若为 4，按欧洲 30/360。

例：计算有价债券的贴现率

扫一扫，看视频

某债券的成交日为 2023 年 5 月 10 日，到期日为 2024 年 6 月 10 日，价格为 89 元，清偿价格为 100 元，按实际天数/360 为日计数基准，计算该债券的贴现率。

❶ 选中 B7 单元格，在编辑栏中输入公式：

```
=DISC(B1,B2,B3,B4,B5)
```

❷ 按 Enter 键即可计算该债券的贴现率，如图 12-75 所示。

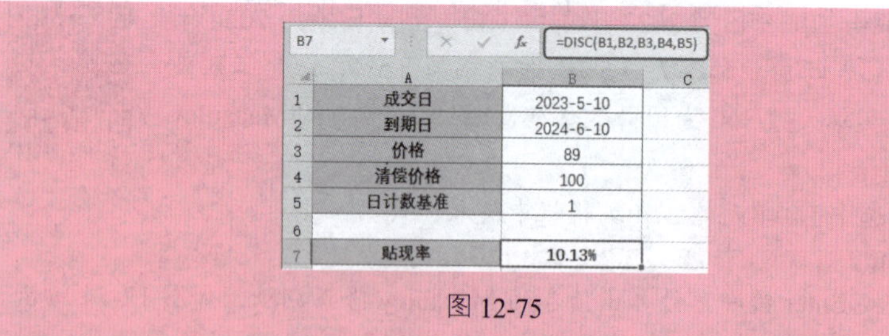
B7　=DISC(B1,B2,B3,B4,B5)

	A	B	C
1	成交日	2023-5-10	
2	到期日	2024-6-10	
3	价格	89	
4	清偿价格	100	
5	日计数基准	1	
6			
7	贴现率	10.13%	

图 12-75

2. ODDFPRICE（返回首期付息日不固定的面值为 100 元的有价证券价格）

【函数功能】ODDFPRICE 函数用于返回首期付息日不固定的面值为 100 元的有价证券的价格。

【函数语法】ODDFPRICE(settlement,maturity,issue,first_coupon,rate,yld,redemption,frequency,[basis])

- settlement：必需，证券的成交日。
- maturity：必需，有价证券的到期日。
- issue：必需，有价证券的发行日。
- first_coupon：必需，有价证券的首期付息日。
- rate：必需，有价证券的利率。
- yld：必需，有价证券的年收益率。
- redemption：必需，面值为 100 元的有价证券的清偿价值。
- frequency：必需，年付息次数。若按年支付，frequency=1；若按半年期支付，frequency=2；若按季支付，frequency=4。
- basis：可选，日计数基准类型。若为 0 或省略，按美国（NASD）30/360；若为 1，按实际天数/实际天数；若为 2，按实际天数/360；若为 3，按实际天数/365；若为 4，按欧洲 30/360。

例：计算首期付息日不固定的有价债券的价格

购买债券的日期为 2023 年 10 月 1 日，该债券到期日期为 2027 年 12 月 1 日，发行日期为 2023 年 5 月 1 日，首期付息日期为 2023 年 12 月 1 日，付息利率为 8.95%，年收益率为 6.26%，以半年期付息，以按实际天数/365 为日计数基准，计算出该首期付息日债券的价格。

扫一扫，看视频

❶ 选中 B11 单元格，在编辑栏中输入公式：

```
=ODDFPRICE(B1,B2,B3,B4,B5,B6,B7,B8,B9)
```

❷ 按 Enter 键即可计算出该首期付息日债券的价格，如图 12-76 所示。

B11 =ODDFPRICE(B1,B2,B3,B4,B5,B6,B7,B8,B9)

	A	B	C	D	E
1	债券成交日	2023-10-1			
2	债券到期日	2027-12-1			
3	债券发行日	2023-5-1			
4	债券首期付息日	2023-12-1			
5	付息利率	8.95%			
6	年收益率	6.26%			
7	清偿价值	100			
8	付息次数	2			
9	日计数基准	3			
10					
11	债券价格	109.698664			

图 12-76

3. ODDLPRICE（返回末期付息日不固定的面值为 100 元的有价证券价格）

【函数功能】ODDLPRICE 函数用于返回末期付息日不固定的面值为 100 元的有价证券的价格。

【函数语法】ODDLPRICE(settlement,maturity,last_interest,rate,yld,redemption,frequency,[basis])

- settlement：必需，证券的成交日。
- maturity：必需，有价证券的到期日。
- last_interest：必需，有价证券的末期付息日。
- rate：必需，有价证券的利率。
- yld：必需，有价证券的年收益率。
- redemption：必需，面值为 100 元的有价证券的清偿价值。
- frequency：必需，年付息次数。若按年支付，frequency=1；若按半年期支付，frequency=2；若按季支付，frequency=4。
- basis：可选，日计数基准类型。若为 0 或省略，按美国（NASD）30/360；若为 1，按实际天数/实际天数；若为 2，按实际天数/360；若为 3，按实际天数/365；若为 4，按欧洲 30/360。

例：计算末期付息日不固定的有价债券的价格

扫一扫，看视频

购买债券的日期为 2023 年 10 月 1 日，该债券到期日期为 2027 年 12 月 1 日，末期付息日期为 2023 年 5 月 1 日，付息利率为 8.95%，年收益率为 6.26%，以半年期付息，以实际天数/365 为日计数基准，计算出该末期付息日债券的价格。

❶ 选中 B10 单元格，在编辑栏中输入公式：

```
=ODDLPRICE(B1,B2,B3,B4,B5,B6,B7,B8)
```

❷ 按 Enter 键即可计算出该末期付息日债券的价格，如图 12-77 所示。

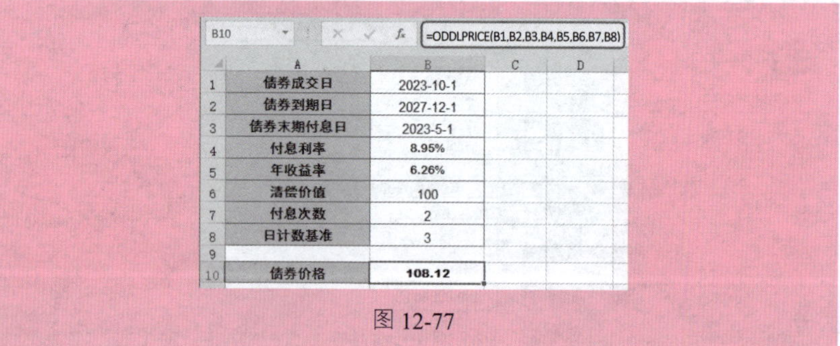

B10　=ODDLPRICE(B1,B2,B3,B4,B5,B6,B7,B8)

	A	B	C	D
1	债券成交日	2023-10-1		
2	债券到期日	2027-12-1		
3	债券末期付息日	2023-5-1		
4	付息利率	8.95%		
5	年收益率	6.26%		
6	清偿价值	100		
7	付息次数	2		
8	日计数基准	3		
9				
10	债券价格	108.12		

图 12-77

4. PRICE（返回定期付息的面值为 100 元的有价证券的价格）

【函数功能】PRICE 函数用于返回定期付息的面值为 100 元的有价证券的价格。

【函数语法】PRICE(settlement,maturity,rate,yld,redemption,frequency,[basis])

- settlement：必需，证券的成交日。
- maturity：必需，有价证券的到期日。
- rate：必需，有价证券的年息票利率。
- yld：必需，有价证券的年收益率。
- redemption：必需，面值为 100 元的有价证券的清偿价值。
- frequency：必需，年付息次数。若按年支付，frequency=1；若按半年期支付，frequency=2；若按季支付，frequency=4。
- basis：可选，日计数基准类型。若为 0 或省略，按美国（NASD）30/360；若为 1，按实际天数/实际天数；若为 2，按实际天数/360；若为 3，按实际天数/365；若为 4，按欧洲 30/360。

例：计算定期付息面值为 100 元的有价债券的发行价格

2023 年 8 月 10 日购买了面值为 100 元的债券，债券到期日期为 2024 年 12 月 31 日，息票半年利率为 6.59%，按半年期支付，收益率为 8.7%，以实际天数/365 为日计数基准，计算出该债券的发行价格。

扫一扫，看视频

❶ 选中 B9 单元格，在编辑栏中输入公式：

```
=PRICE(B1,B2,B4,B5,B3,B6,B7)
```

❷ 按 Enter 键即可计算出该债券的发行价格，如图 12-78 所示。

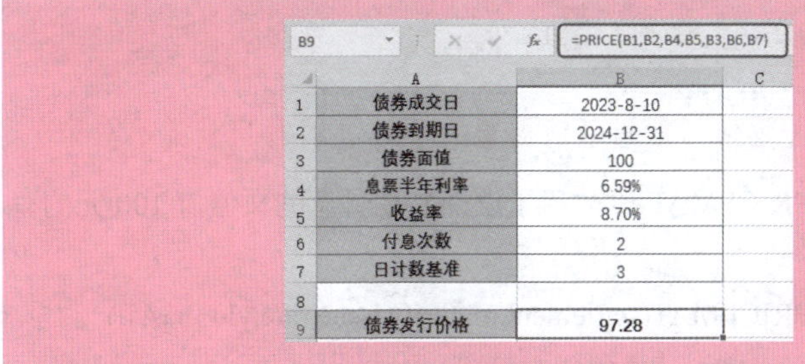

B9 =PRICE(B1,B2,B4,B5,B3,B6,B7)

	A	B	C
1	债券成交日	2023-8-10	
2	债券到期日	2024-12-31	
3	债券面值	100	
4	息票半年利率	6.59%	
5	收益率	8.70%	
6	付息次数	2	
7	日计数基准	3	
8			
9	债券发行价格	97.28	

图 12-78

5. PRICEDISC（返回折价发行的面值为 100 元的有价证券的价格）

【函数功能】PRICEDISC 函数返回折价发行的面值为 100 元的有价证

券的价格。

【函数语法】PRICEDISC(settlement,maturity,discount,redemption,[basis])

- settlement：必需，证券的成交日。
- maturity：必需，有价证券的到期日。
- discount：必需，有价证券的贴现率。
- redemption：必需，面值为 100 元的有价证券的清偿价值。
- basis：可选，日计数基准类型。若为 0 或省略，按美国（NASD）30/360；若为 1，按实际天数/实际天数；若为 2，按实际天数/360；若为 3，按实际天数/365；若为 4，按欧洲 30/360。

例：计算面值为 100 元的债券的折价发行价格

扫一扫，看视频

2023 年 8 月 10 日购买了面值为 100 元的债券，债券到期日期为 2024 年 12 月 31 日，贴现率为 6.35%，以实际天数/365 为日计数基准，计算出该债券的折价发行价格。

❶ 选中 B7 单元格，在编辑栏中输入公式：

```
=PRICEDISC(B1,B2,B3,B4,B5)
```

❷ 按 Enter 键即可计算出该债券的折价发行价格，如图 12-79 所示。

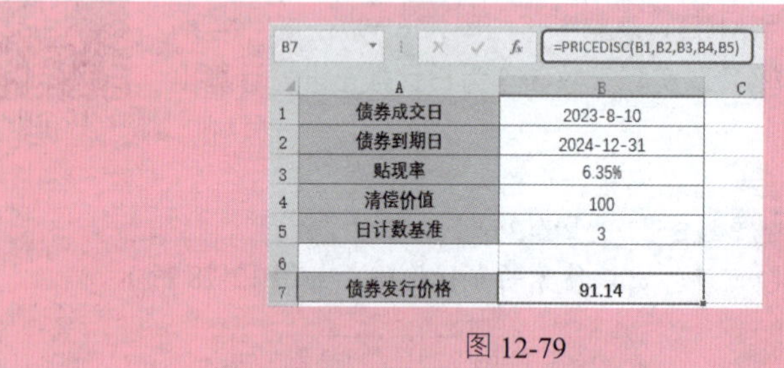
B7　=PRICEDISC(B1,B2,B3,B4,B5)

	A	B	C
1	债券成交日	2023-8-10	
2	债券到期日	2024-12-31	
3	贴现率	6.35%	
4	清偿价值	100	
5	日计数基准	3	
6			
7	债券发行价格	91.14	

图 12-79

6. PRICEMAT（返回到期付息的面值为 100 元的有价证券的价格）

【函数功能】PRICEMAT 函数用于返回到期付息的面值为 100 元的有价证券的价格。

【函数语法】PRICEMAT(settlement,maturity,issue,rate,yld,[basis])

- settlement：必需，证券的成交日。
- maturity：必需，有价证券的到期日。
- issue：必需，有价证券的发行日。
- rate：必需，有价证券在发行日的利率。

- yld：必需，有价证券的年收益率。
- basis：可选，日计数基准类型。若为 0 或省略，按美国（NASD）30/360；若为 1，按实际天数/实际天数；若为 2，按实际天数/360；若为 3，按实际天数/365；若为 4，按欧洲 30/360。

例：计算到期付息的面值为 100 元的有价债券的价格

2024 年 5 月 18 日购买了面值为 100 元的债券，债券到期日期为 2026 年 1 月 1 日，发行日期为 2024 年 1 月 1 日，息票半年利率为 5.56%，收益率为 7.2%，以实际天数/365 为日计数基准，现在需要计算出该债券的发行价格。

扫一扫，看视频

❶ 选中 B8 单元格，在编辑栏中输入公式：

```
=PRICEMAT(B1,B2,B3,B4,B5,B6)
```

❷ 按 Enter 键即可计算出该债券的发行价格，如图 12-80 所示。

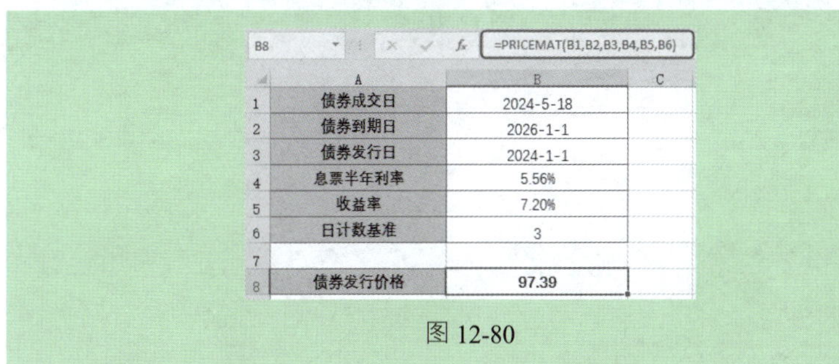

B8 =PRICEMAT(B1,B2,B3,B4,B5,B6)

	A	B	C
1	债券成交日	2024-5-18	
2	债券到期日	2026-1-1	
3	债券发行日	2024-1-1	
4	息票半年利率	5.56%	
5	收益率	7.20%	
6	日计数基准	3	
7			
8	债券发行价格	97.39	

图 12-80

7. RECEIVED（返回一次性付息的有价证券到期收回的金额）

【函数功能】RECEIVED 函数用于返回一次性付息的有价证券到期收回的金额。

【函数语法】RECEIVED(settlement,maturity,investment,discount,[basis])

- settlement：必需，证券的成交日。
- maturity：必需，有价证券的到期日。
- investment：必需，有价证券的投资额。
- discount：必需，有价证券的贴现率。
- basis：可选，日计数基准类型。若为 0 或省略，按美国（NASD）30/360；若为 1，按实际天数/实际天数；若为 2，按实际天数/360；若为 3，按实际天数/365；若为 4，按欧洲 30/360。

例：计算债券到期时的总收回金额

扫一扫，看视频

2023 年 2 月 1 日购买 500000 元的债券，到期日为 2024 年 6 月 10 日，贴现率为 6.65%，以实际天数/365 为日计数基准，要求计算出该债券到期时的总收回金额。

❶ 选中 B7 单元格，在编辑栏中输入公式：

```
=RECEIVED(B1,B2,B3,B4,B5)
```

❷ 按 Enter 键即可计算出该债券到期时的总收回金额，如图 12-81 所示。

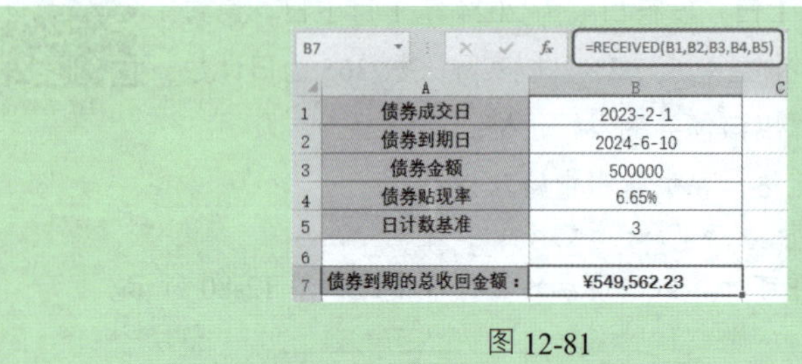

	A	B	C
1	债券成交日	2023-2-1	
2	债券到期日	2024-6-10	
3	债券金额	500000	
4	债券贴现率	6.65%	
5	日计数基准	3	
6			
7	债券到期的总收回金额：	¥549,562.23	

图 12-81

第 13 章　数据库函数

13.1 常规统计

数据库函数用于对存储在列表或数据库中的数据进行分析。这里所说的数据库只是一个工作表区域，其中包含一组相关数据记录（包含相关信息的行）、数据库字段（列）、列标签（相关单元格区域的第一行）。

数据库函数与其他函数的区别在于，它需要用户事先对判断条件做好约定，并且每个数据库函数具有相同的参数，主要归纳如下。

（1）每个函数均有 3 个参数，即 database、field 和 criteria，这些参数指向函数所使用的工作表区域。

（2）每个函数都以字母 D 开头。

（3）如果将字母 D 去掉，会发现大多数数据库函数已经在 Excel 其他函数类型中出现过。例如，如果将 DSUM 函数中的 D 去掉，就是普通的求和函数 SUM。DSUM 函数的作用是求数据清单中符合特定条件的字段列中的数据的和。类似于 SUMIF 函数和 SUMIFS 函数，这两种不同的函数都可以达到相同的统计目的，但各有优势，可根据实际情况选用。

1. DSUM（从数据库中按给定条件求和）

【函数功能】DSUM 函数用于返回列表或数据库中满足指定条件的记录字段（列）中的数字之和。

【函数语法】DSUM(database, field, criteria)

- database：必需，构成列表或数据库的单元格区域。
- field：必需，指定函数所使用的列。
- criteria：必需，包含指定条件的单元格区域。

【用法解析】

数据列表要求第 1 行包含每列的标签，行为记录，列为字段

=DSUM (数据区域,字段名,条件区域)

指定进行求和的数据列。可以使用两端带双引号的列标签，如"销量"；也可以使用列号：1 表示第 1 列，2 表示第 2 列，以此类推

包含条件的单元格区域。条件区域至少有一个列标签，并且列标签下方至少包含一个指定条件的单元格，可以是一个或者多个条件

例 1：计算指定销售员的订单金额

扫一扫，看视频

图 13-1 所示的表格中统计了各订单的数据，包括销售日期、销售员、销售额。要求计算指定销售员的订单金额。

❶ 在 F1:F2 单元格区域中设置条件，其中包括列标签与要统计的销售员姓名，如图 13-1 所示。

	A	B	C	D	E	F	G
1	编号	销售日期	销售员	销售额		销售员	订单金额
2	Y-030301	2024-4-3	何慧兰	12900.00		吴若晨	
3	Y-030302	2024-4-3	周云溪	1670.00			
4	Y-030501	2024-4-5	夏楚玉	9800.00			
5	Y-030502	2024-4-5	吴若晨	8870.00			
6	Y-030601	2024-4-6	何慧兰	12000.00			

图 13-1

❷ 选中 G2 单元格，在编辑栏中输入公式：

```
=DSUM(A1:D15,4,F1:F2)
```

❸ 按 Enter 键，即可计算销售员“吴若晨”的订单金额，如图 13-2 所示。

G2 =DSUM(A1:D15,4,F1:F2)

	A	B	C	D	E	F	G
1	编号	销售日期	销售员	销售额		销售员	订单金额
2	Y-030301	2024-4-3	何慧兰	12900.00		吴若晨	45840.00
3	Y-030302	2024-4-3	周云溪	1670.00			
4	Y-030501	2024-4-5	夏楚玉	9800.00			
5	Y-030502	2024-4-5	吴若晨	8870.00			
6	Y-030601	2024-4-6	何慧兰	12000.00			
7	Y-030901	2024-4-9	周云溪	11200.00			
8	Y-030902	2024-4-9	夏楚玉	9500.00			
9	Y-031302	2024-4-13	吴若晨	13600.00			
10	Y-031401	2024-4-14	周云溪	10200.00			
11	Y-031701	2024-4-17	夏楚玉	8900.00			
12	Y-032001	2024-4-20	何慧兰	9100.00			
13	Y-032502	2024-4-25	吴若晨	12000.00			
14	Y-032801	2024-4-28	吴若晨	11370.00			
15	Y-033001	2024-4-30	何慧兰	12540.00			

图 13-2

【公式解析】

=DSUM(A1:D15,4,F1:F2)

此参数也可以设置为字段名，即使用公式“=DSUM(A1:D15,"销售额",F1:F2)”

条件区域中指定的列标签必须与数据区域中的一致

例 2：计算指定月份的总出库量（满足双条件）

扫一扫，看视频

图 13-3 所示的表格中按日期统计了产品的出库记录，要求计算指定月份的总出库量。

❶ 在 F1:G2 单元格区域中设置条件（注意包括列标签与要统计的时间段），如图 13-3 所示。

	A	B	C	D	E	F	G	H
1	日期	品牌	产品类别	出库		日期	日期	4月份出库量
2	2024-4-1	玉肌	保湿	79		>=2024/4/1	<=2024/4/30	
3	2024-5-7	贝莲娜	保湿	91				
4	2024-4-19	薇姿薇可	保湿	112				
5	2024-5-26	贝莲娜	保湿	136				
6	2024-4-4	贝莲娜	防晒	88				

图 13-3

❷ 选中 H2 单元格，在编辑栏中输入公式：

```
=DSUM(A1:D14,4,F1:G2)
```

❸ 按 Enter 键即可计算出 4 月份的总出库量，如图 13-4 所示。

H2 =DSUM(A1:D14,4,F1:G2)

	A	B	C	D	E	F	G	H
1	日期	品牌	产品类别	出库		日期	日期	4月份出库量
2	2024-4-1	玉肌	保湿	79		>=2024/4/1	<=2024/4/30	823
3	2024-5-7	贝莲娜	保湿	91				
4	2024-4-19	薇姿薇可	保湿	112				
5	2024-5-26	贝莲娜	保湿	136				
6	2024-4-4	贝莲娜	防晒	88				
7	2024-4-5	玉肌	防晒	125				
8	2024-5-11	薇姿薇可	防晒	96				
9	2024-5-18	贝莲娜	紧致	110				
10	2024-4-18	玉肌	紧致	95				
11	2024-5-25	薇姿薇可	紧致	186				
12	2024-4-11	玉肌	修复	99				
13	2024-4-12	贝莲娜	修复	120				
14	2024-4-26	玉肌	修复	105				

图 13-4

【公式解析】

=DSUM(A1:D14,4,F1:G2)

此区域是双条件，并且都是判断日期，所以两个条件都要带上“日期”列标签。条件可以使用表达式判断

例 3：在计算总工资时去除某个部门

图 13-5 所示的表格中统计了员工的工资情况，包括员工的姓名、性别、所属部门、工资等信息。在统计总工资时要求去除某一个（或多个）部门。

扫一扫，看视频

❶ 在 F1:F2 单元格区域中设置条件，其中要包括列标签需要去除的所属部门名称，如图 13-5 所示。

	A	B	C	D	E	F	G
1	姓名	性别	所属部门	工资		所属部门	总工资
2	何慧兰	女	企划部	5565.00		<>销售部	
3	周云溪	女	财务部	2800.00			
4	夏楚玉	男	销售部	14900.00			
5	张心怡	女	销售部	6680.00			
6	孙丽萍	女	办公室	2200.00			
7	李悦	女	财务部	3500.00			

图 13-5

❷ 选中 G2 单元格，在编辑栏中输入公式：

```
=DSUM(A1:D13,4,F1:F2)
```

❸ 按 Enter 键，即可计算去除“销售部”之后的所有部门员工的总工资，如图 13-6 所示。

G2　=DSUM(A1:D13,4,F1:F2)

	A	B	C	D	E	F	G
1	姓名	性别	所属部门	工资		所属部门	总工资
2	何慧兰	女	企划部	5565.00		<>销售部	22845
3	周云溪	女	财务部	2800.00			
4	夏楚玉	男	销售部	14900.00			
5	张心怡	女	销售部	6680.00			
6	孙丽萍	女	办公室	2200.00			
7	李悦	女	财务部	3500.00			
8	苏洋	男	销售部	7800.00			
9	张文涛	男	销售部	5200.00			
10	吴若晨	女	销售部	5800.00			
11	周保国	男	办公室	2280.00			
12	崔志飞	男	企划部	6500.00			
13	李梅	女	销售部	5500.00			

图 13-6

【公式解析】

=DSUM(A1:D13,4, F1:F2)

设置条件时可以使用“<>”符号，表示去除某些数据

例 4：在设置条件时使用通配符

扫一扫，看视频

图 13-7 所示的表格中统计了本月店铺各电器商品的销量数据，现在只想统计电视类商品的总销量。要找出电视类商品，其规则是：只要商品名称中包含“电视”文字，就为符合条件的数据，但由于“电视”文字的位置不固定，因此需要在前后都使用通配符。

❶ 在 D1:D2 单元格区域中设置条件，如图 13-7 所示。

❷ 选中 E2 单元格，在编辑栏中输入公式：

```
=DSUM(A1:B11,2,D1:D2)
```

❸ 按 Enter 键即可计算出电视类商品的总销量，如图 13-8 所示。

	A	B	C	D	E
1	商品名称	销量		商品名称	电视的总销量
2	长虹电视机	35		*电视*	
3	Haier电冰箱	29			
4	TCL平板电视机	28			
5	三星手机	31			
6	三星智能电视	29			
7	美的电饭锅	270			
8	创维电视机3D	30			
9	手机索尼SONY	104			
10	电冰箱长虹品牌	21			
11	海尔电视机57寸	17			

图 13-7

E2 =DSUM(A1:B11,2,D1:D2)

	A	B	C	D	E
1	商品名称	销量		商品名称	电视的总销量
2	长虹电视机	35		*电视*	139
3	Haier电冰箱	29			
4	TCL平板电视机	28			
5	三星手机	31			
6	三星智能电视	29			
7	美的电饭锅	270			
8	创维电视机3D	30			
9	手机索尼SONY	104			
10	电冰箱长虹品牌	21			
11	海尔电视机57寸	17			

图 13-8

【公式解析】

=DSUM(A1:B11,2,D1:D2)

通配符有两种，分别是“?”与“*”。其中，“*”可以代表任意字符；“?”代表一个字符。因为“电视”文字前面的字符与后面的字符数量都不确定，所以前后都使用“*”通配符

例 5：解决模糊匹配造成的统计错误问题

DSUM 函数的模糊匹配（默认情况）在判断条件并进行计算时，如果查找区域中有以给定条件的单元格中的字符开头的，都将被列入计算范围。例如，图 13-9 所示的设置条件为“产品编号→B”，那么在统计总销售数量时，可以看到 B 列中所有以 B 开头的产品编号都作为了计算对象。

扫一扫，看视频

F5 =DSUM(A1:C10,3,E4:E5)

	A	B	C	D	E	F
1	销售日期	产品编号	销售数量			
2	2024-5-1	B	22			
3	2024-5-1	BWO	20		模糊匹配结果（错误）	
4	2024-5-2	ABW	34		产品编号	销售数量
5	2024-5-3	BUUD	32		B	115
6	2024-5-4	AXCC	23			
7	2024-5-4	BOUC	29			
8	2024-5-5	PIA	33			
9	2024-5-5	B	12			
10	2024-5-6	PIA	22			

图 13-9

如果只想统计以 B 开头的产品编号的产品的总销售数量，就可以按下面的方法来设置条件。

❶ 为解决模糊匹配的问题，需要完整匹配字符串。选中 E9 单元格，以文本的形式输入“=B”（先设置单元格的格式为文本格式，然后进行输入），如图 13-10 所示。

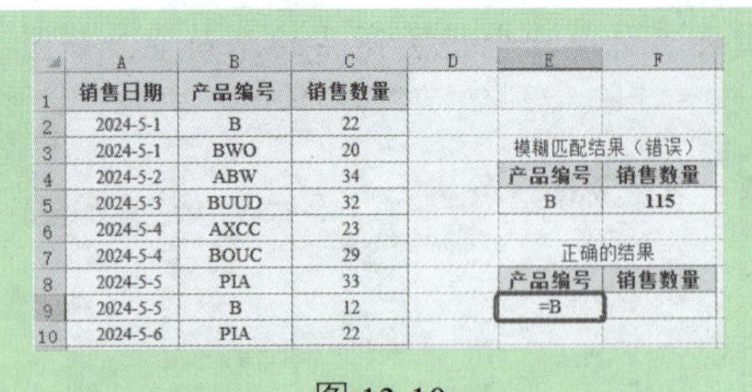

	A	B	C	D	E	F
1	销售日期	产品编号	销售数量			
2	2024-5-1	B	22			
3	2024-5-1	BWO	20		模糊匹配结果（错误）	
4	2024-5-2	ABW	34		产品编号	销售数量
5	2024-5-3	BUUD	32		B	115
6	2024-5-4	AXCC	23			
7	2024-5-4	BOUC	29		正确的结果	
8	2024-5-5	PIA	33		产品编号	销售数量
9	2024-5-5	B	12		=B	
10	2024-5-6	PIA	22			

图 13-10

❷ 选中 F9 单元格，在编辑栏中输入公式：

```
=DSUM(A1:C10,3,E8:E9)
```

❸ 按 Enter 键即可得到正确的计算结果，如图 13-11 所示。

F9 =DSUM(A1:C10,3,E8:E9)

	A	B	C	D	E	F
1	销售日期	产品编号	销售数量			
2	2024-5-1	B	22			
3	2024-5-1	BWO	20		模糊匹配结果（错误）	
4	2024-5-2	ABW	34		产品编号	销售数量
5	2024-5-3	BUUD	32		B	115
6	2024-5-4	AXCC	23			
7	2024-5-4	BOUC	29		正确的结果	
8	2024-5-5	PIA	33		产品编号	销售数量
9	2024-5-5	B	12		=B	34
10	2024-5-6	PIA	22			

图 13-11

2. DAVERAGE（从数据库中按给定条件求平均值）

【函数功能】DAVERAGE 函数用于对列表或数据库中满足指定条件的记录字段（列）中的数值求平均值。

【函数语法】DAVERAGE(database, field, criteria)

- database：必需，构成列表或数据库的单元格区域。
- field：必需，指定函数所使用的列。
- criteria：必需，包含指定条件的单元格区域。

【用法解析】

数据列表要求第 1 行包含每列的标签，行为记录，列为字段

=DAVERAGE(数据区域,字段名,条件区域)

指定求平均值的数据列，可以使用两端带双引号的列标签，如"销量"；也可以使用列号：1 表示第 1 列，2 表示第 2 列，以此类推

包含条件的单元格区域。条件区域至少有一个列标签，并且列标签下方至少包含一个指定条件的单元格，可以是一个或者多个条件

例 1：计算指定车间的平均工资

图 13-12 所示的表格中对不同车间职工的工资进行了统计，现在想计算“服装车间”的平均工资。

扫一扫，看视频

❶ 在 G1:G2 单元格区域中设置条件，其中包括列标签与指定的要计算的车间，如图 13-12 所示。

	A	B	C	D	E	F	G	H
1	职工工号	姓名	车间	性别	基本工资		车间	平均工资
2	RCH001	张佳佳	服装车间	女	3580.00		服装车间	
3	RCH002	周传明	鞋包车间	男	2900.00			
4	RCH003	陈秀月	鞋包车间	女	2800.00			
5	RCH004	杨世奇	服装车间	男	3150.00			
6	RCH005	袁晓宇	鞋包车间	男	2900.00			

图 13-12

❷ 选中 H2 单元格，在编辑栏中输入公式：

```
=DAVERAGE(A1:E13,5,G1:G2)
```

❸ 按 Enter 键即可计算“服装车间”的平均工资，如图 13-13 所示。

H2 =DAVERAGE(A1:E13,5,G1:G2)

	A	B	C	D	E	F	G	H
1	职工工号	姓名	车间	性别	基本工资		车间	平均工资
2	RCH001	张佳佳	服装车间	女	3580.00		服装车间	3040.00
3	RCH002	周传明	鞋包车间	男	2900.00			
4	RCH003	陈秀月	鞋包车间	女	2800.00			
5	RCH004	杨世奇	服装车间	男	3150.00			
6	RCH005	袁晓宇	鞋包车间	男	2900.00			
7	RCH006	夏甜甜	服装车间	女	2700.00			
8	RCH007	吴晶晶	鞋包车间	女	3850.00			
9	RCH008	蔡天放	服装车间	男	3050.00			
10	RCH009	朱小琴	鞋包车间	女	3120.00			
11	RCH010	袁庆元	服装车间	男	2780.00			
12	RCH011	张芯瑜	鞋包车间	女	3400.00			
13	RCH012	李慧珍	服装车间	女	2980.00			

图 13-13

例 2：计算每个班级每个科目的平均分

图 13-14 所示的表格中统计了某次竞赛的成绩情况，其中包含语文、数学两个科目，在两个班级共选取了 10 名学生参加。现要求分别统计每个班级每个科目的平均分。

扫一扫，看视频

❶ 在 G1:H2 单元格区域中设置条件，其中要包括列标签与指定的班级和科目，如图 13-15 所示。

❷ 选中 I2 单元格，在编辑栏中输入公式：

```
=DAVERAGE(A1:E21,5,G1:H2)
```

❸ 按 Enter 键即可计算“二(1)班”中“语文”科目的平均分，如图 13-16 所示。

	A	B	C	D	E
1	姓名	性别	班级	科目	成绩
2	张轶煊	男	二(1)班	语文	95
3	张轶煊	男	二(1)班	数学	98
4	王华均	男	二(2)班	语文	76
5	王华均	男	二(2)班	数学	85
6	李成杰	男	二(1)班	语文	82
7	李成杰	男	二(1)班	数学	88
8	夏正霏	女	二(2)班	语文	90
9	夏正霏	女	二(2)班	数学	87
10	万文锦	男	二(1)班	语文	87
11	万文锦	男	二(1)班	数学	87
12	刘岚轩	男	二(2)班	语文	79
13	刘岚轩	男	二(2)班	数学	89
14	孙悦	女	二(1)班	语文	85
15	孙悦	女	二(1)班	数学	85
16	徐梓瑞	男	二(2)班	语文	80
17	徐梓瑞	男	二(2)班	数学	92
18	许宸浩	男	二(1)班	语文	88
19	许宸浩	男	二(1)班	数学	93
20	王硕彦	男	二(2)班	语文	75
21	王硕彦	男	二(2)班	数学	99

图 13-14

	A	B	C	D	E	F	G	H	I
1	姓名	性别	班级	科目	成绩		班级	科目	平均分
2	张轶煊	男	二(1)班	语文	95		二(1)班	语文	
3	张轶煊	男	二(1)班	数学	98				
4	王华均	男	二(2)班	语文	76				
5	王华均	男	二(2)班	数学	85				
6	李成杰	男	二(1)班	语文	82				
7	李成杰	男	二(1)班	数学	88				
8	夏正霏	女	二(2)班	语文	90				
9	夏正霏	女	二(2)班	数学	87				
10	万文锦	男	二(1)班	语文	87				

图 13-15

I2 =DAVERAGE(A1:E21,5,G1:H2)

	A	B	C	D	E	F	G	H	I
1	姓名	性别	班级	科目	成绩		班级	科目	平均分
2	张轶煊	男	二(1)班	语文	95		二(1)班	语文	87.4
3	张轶煊	男	二(1)班	数学	98				
4	王华均	男	二(2)班	语文	76				
5	王华均	男	二(2)班	数学	85				
6	李成杰	男	二(1)班	语文	82				
7	李成杰	男	二(1)班	数学	88				
8	夏正霏	女	二(2)班	语文	90				
9	夏正霏	女	二(2)班	数学	87				
10	万文锦	男	二(1)班	语文	87				
11	万文锦	男	二(1)班	数学	87				
12	刘岚轩	男	二(2)班	语文	79				
13	刘岚轩	男	二(2)班	数学	89				
14	孙悦	女	二(1)班	语文	85				
15	孙悦	女	二(1)班	数学	85				
16	徐梓瑞	男	二(2)班	语文	80				
17	徐梓瑞	男	二(2)班	数学	92				
18	许宸浩	男	二(1)班	语文	88				
19	许宸浩	男	二(1)班	数学	93				
20	王硕彦	男	二(2)班	语文	75				
21	王硕彦	男	二(2)班	数学	99				

图 13-16

例 3：在计算平均值时使用通配符

扫一扫，看视频

图 13-17 所示的表格中统计了工厂各部门员工的基本工资，其中既包括行政人员，也包括“一车间”和“二车间”的工人，现在需要计算车间工人的平均工资。在这种情况下，可以在设置条件时使用通配符。

❶ 在 G1:G2 单元格区域中设置条件，包含列标签与条件“?车间”，表示以“车间”结尾的均在统计范围之内，如图 13-17 所示。

	A	B	C	D	E	F	G	H
1	所属部门	姓名	性别	职位	基本工资		所属部门	车间工人平均工资
2	一车间	何志新	男	高级技工	3800		?车间	
3	二车间	周志鹏	男	技术员	4500			
4	财务部	吴思兰	女	会计	3500			
5	一车间	周金星	女	初级技工	2600			
6	人事部	张明宇	男	人事专员	3200			

图 13-17

❷ 选中 H2 单元格，在编辑栏中输入公式：

```
=DAVERAGE(A1:E14,5,G1:G2)
```

❸ 按 Enter 键即可统计“车间”工人的平均工资，如图 13-18 所示。

	A	B	C	D	E	F	G	H
1	所属部门	姓名	性别	职位	基本工资		所属部门	车间工人平均工资
2	一车间	何志新	男	高级技工	3800		?车间	3137.5
3	二车间	周志鹏	男	技术员	4500			
4	财务部	吴思兰	女	会计	3500			
5	一车间	周金星	女	初级技工	2600			
6	人事部	张明宇	男	人事专员	3200			
7	一车间	赵思飞	男	中级技工	3200			
8	财务部	赵新芳	女	出纳	3000			
9	一车间	刘莉莉	女	初级技工	2600			
10	二车间	吴世芳	女	中级技工	3200			
11	后勤部	杨传霞	女	主管	3500			
12	二车间	郑嘉新	男	初级技工	2600			
13	后勤部	顾心怡	女	文员	3000			
14	二车间	侯诗奇	男	初级技工	2600			

图 13-18

【公式解析】

=DAVERAGE(A1:E14,5,G1:G2)

通配符有两种，分别是“?”与“*”，“*”可以代表任意字符，“?”代表一个字符。因为“车间”前只有一个字，所以使用代表单个字符的“?”通配符即可

3. DCOUNT（从数据库中按给定条件统计记录条数）

【函数功能】DCOUNT 函数用于返回列表或数据库中满足指定条件的记录字段（列）中包含数字的单元格个数。

【函数语法】DCOUNT(database, field, criteria)

- database：必需，构成列表或数据库的单元格区域。
- field：必需，指定函数所使用的列。
- criteria：必需，包含指定条件的单元格区域。

【用法解析】

数据列表要求第 1 行包含每列的标签，行为记录，列为字段

=DCOUNT(数据区域,字段名,条件区域)

指定进行计数的数据列，可以使用两端带双引号的列标签，如"销量"；也可以使用列号：1 表示第 1 列，2 表示第 2 列，以此类推

包含条件的单元格区域。条件区域至少有一个列标签，并且列标签下方包含至少一个指定条件的单元格，可以是一个或者多个条件

例 1：统计成绩表中大于等于 90 分的人数

扫一扫，看视频

图 13-19 所示的表格中统计了学生的成绩，要求统计成绩大于等于 90 分的人数。

❶ 在 F1:F2 单元格区域中设置条件，成绩条件为“>=90”，如图 13-19 所示。

	A	B	C	D	E	F	G
1	姓名	性别	班级	成绩		成绩	大于等于90分的人数
2	张轶煊	男	二(1)班	95		>=90	
3	王华均	男	二(2)班	76			
4	李成杰	男	二(3)班	82			
5	夏正霏	女	二(1)班	90			
6	万文锦	男	二(2)班	87			
7	刘岚轩	男	二(3)班	79			
8	孙悦	女	二(1)班	92			
9	徐梓瑞	男	二(2)班	80			
10	许宸浩	男	二(3)班	88			
11	王硕彦	男	二(1)班	75			
12	姜美	女	二(2)班	98			
13	蔡浩轩	男	二(3)班	88			
14	王晓蝶	女	二(1)班	78			
15	刘雨	女	二(2)班	87			
16	王佑琪	女	二(3)班	92			

图 13-19

❷ 选中 G2 单元格，在编辑栏中输入公式：

```
=DCOUNT(A1:D16,4,F1:F2)
```

❸ 按 Enter 键即可统计成绩大于等于 90 分的人数，如图 13-20 所示。

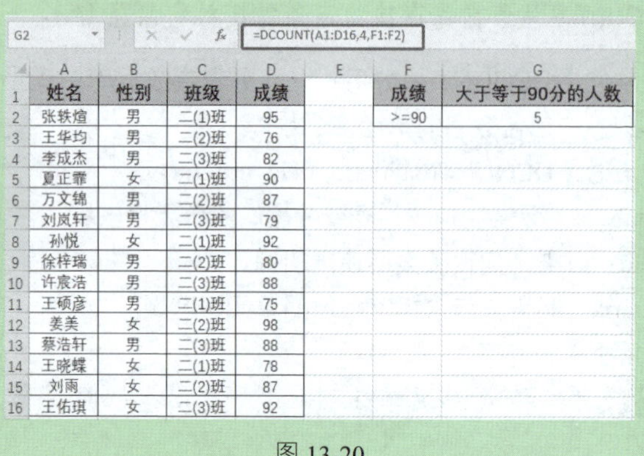

G2 =DCOUNT(A1:D16,4,F1:F2)

	A	B	C	D	E	F	G
1	姓名	性别	班级	成绩		成绩	大于等于90分的人数
2	张轶煊	男	二(1)班	95		>=90	5
3	王华均	男	二(2)班	76			
4	李成杰	男	二(3)班	82			
5	夏正霏	女	二(1)班	90			
6	万文锦	男	二(2)班	87			
7	刘岚轩	男	二(3)班	79			
8	孙悦	女	二(1)班	92			
9	徐梓瑞	男	二(2)班	80			
10	许宸浩	男	二(3)班	88			
11	王硕彦	男	二(1)班	75			
12	姜美	女	二(2)班	98			
13	蔡浩轩	男	二(3)班	88			
14	王晓蝶	女	二(1)班	78			
15	刘雨	女	二(2)班	87			
16	王佑琪	女	二(3)班	92			

图 13-20

例 2：统计指定部门销售量大于指定值的人数

扫一扫，看视频

图 13-21 所示的表格中分部门对每位销售人员的月销量进行了统计，现在需要统计指定部门销量达标的人数。例如，

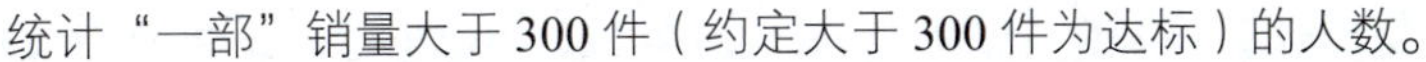

统计“一部”销量大于 300 件（约定大于 300 件为达标）的人数。

❶ 在 E1:F2 单元格区域中设置条件，包含“部门”与“月销量”两个条件，如图 13-21 所示。

	A	B	C	D	E	F
1	员工姓名	部门	月销量		部门	月销量
2	徐梓瑞	一部	234		一部	>300
3	许宸浩	三部	352			
4	王硕彦	二部	526			
5	姜美	一部	367			
6	蔡浩轩	二部	527			
7	王晓蝶	三部	109			
8	刘雨	一部	446			
9	刘楠楠	三部	135			
10	张宇	二部	537			
11	李想	一部	190			

图 13-21

❷ 选中 G2 单元格，在编辑栏中输入公式：

```
=DCOUNT(A1:C11,3,E1:F2)
```

❸ 按 Enter 键即可统计“一部”销量大于 300 件的人数，如图 13-22 所示。

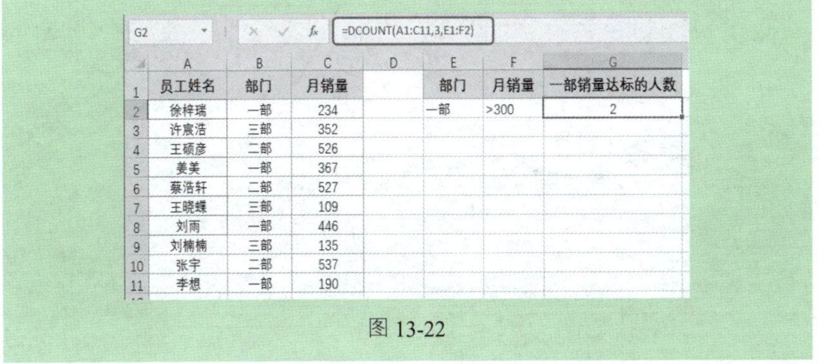

G2 =DCOUNT(A1:C11,3,E1:F2)

	A	B	C	D	E	F	G
1	员工姓名	部门	月销量		部门	月销量	一部销量达标的人数
2	徐梓瑞	一部	234		一部	>300	2
3	许宸浩	三部	352				
4	王硕彦	二部	526				
5	姜美	一部	367				
6	蔡浩轩	二部	527				
7	王晓蝶	三部	109				
8	刘雨	一部	446				
9	刘楠楠	三部	135				
10	张宇	二部	537				
11	李想	一部	190				

图 13-22

4. DCOUNTA（从数据库中按给定条件统计非空单元格的个数）

【函数功能】DCOUNTA 函数用于返回列表或数据库中满足指定条件的记录字段（列）中非空单元格的个数。

【函数语法】DCOUNTA(database, field, criteria)

- database：必需，构成列表或数据库的单元格区域。
- field：必需，指定函数所使用的列。
- criteria：必需，包含指定条件的单元格区域。

【用法解析】

数据列表要求第 1 行包含每一列的标签，行为记录，列为字段

=DCOUNTA(数据区域,字段名,条件区域)

指定进行计数的数据列，可以使用两端带双引号的列标签，如"销量"；也可以使用列号：1 表示第 1 列，2 表示第 2 列，以此类推

条件区域至少有一个列标签，并且列标签下方至少包含一个指定条件的单元格，可以是一个或者多个条件

DCOUNT 函数统计的是包含数字的单元格个数，而 DCOUNTA 函数统计的是非空单元格的个数。因此，如果第二个参数指定的列是数字，则使用 DCOUNT 函数与 DCOUNTA 函数（因为它是统计非空单元格个数）都可以统计，如图 13-23 和图 13-24 所示。

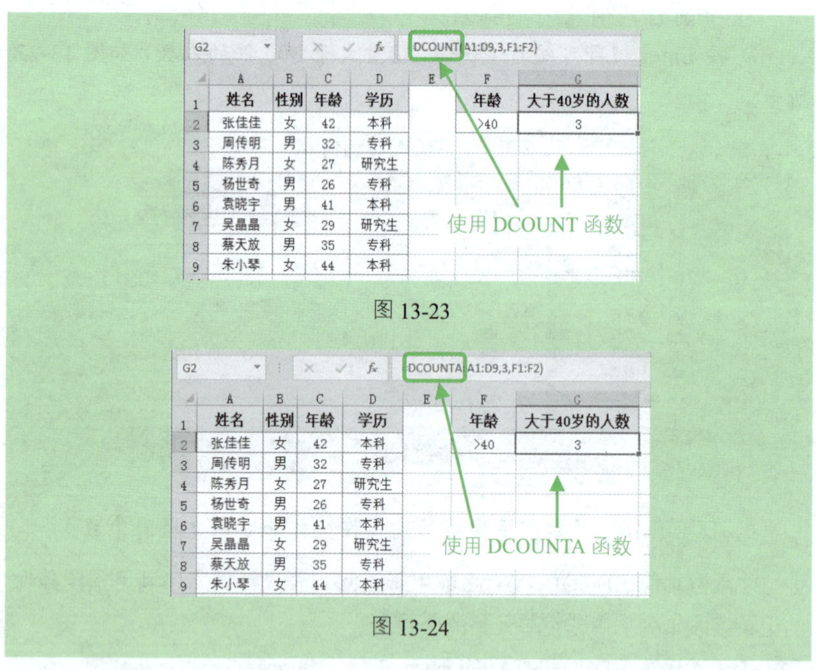

	A	B	C	D	E	F	G
1	姓名	性别	年龄	学历		年龄	大于40岁的人数
2	张佳佳	女	42	本科		>40	3
3	周传明	男	32	专科			
4	陈秀月	女	27	研究生			
5	杨世奇	男	26	专科			
6	袁晓宇	男	41	本科			
7	吴晶晶	女	29	研究生			
8	蔡天放	男	35	专科			
9	朱小琴	女	44	本科			

图 13-23

	A	B	C	D	E	F	G
1	姓名	性别	年龄	学历		年龄	大于40岁的人数
2	张佳佳	女	42	本科		>40	3
3	周传明	男	32	专科			
4	陈秀月	女	27	研究生			
5	杨世奇	男	26	专科			
6	袁晓宇	男	41	本科			
7	吴晶晶	女	29	研究生			
8	蔡天放	男	35	专科			
9	朱小琴	女	44	本科			

图 13-24

但如果第二个参数指定的列是文本，就必须使用 DCOUNTA 函数统计，DCOUNT 函数无法统计（因为它只能统计数字），如图 13-25 和图 13-26 所示。

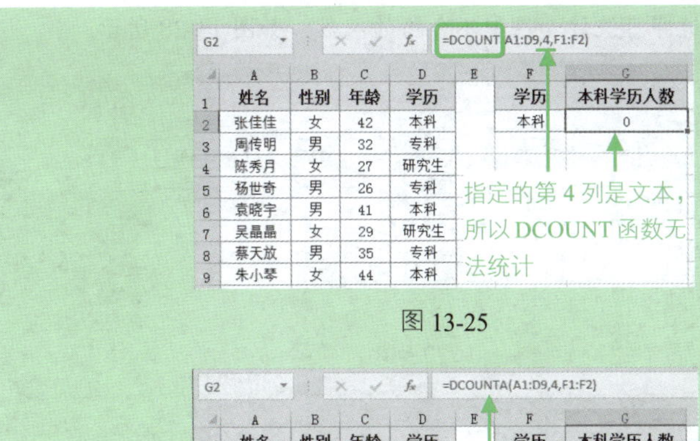

图 13-25

G2 =DCOUNTA(A1:D9,4,F1:F2)

	A	B	C	D	E	F	G
1	姓名	性别	年龄	学历		学历	本科学历人数
2	张佳佳	女	42	本科		本科	3
3	周传明	男	32	专科			
4	陈秀月	女	27	研究生			
5	杨世奇	男	26	专科			
6	袁晓宇	男	41	本科			
7	吴晶晶	女	29	研究生			
8	蔡天放	男	35	专科			
9	朱小琴	女	44	本科			

使用 DCOUNTA 函数则可以正确统计

图 13-26

例：统计跑步成绩不合格的人数

扫一扫，看视频

图 13-27 所示的表格中统计的是某次 200 米跑步的测试成绩。如果性别为女，则在 32 秒之内跑完的判定为合格；否则为不合格。现要统计女性中不合格的人数。

❶ 在 F1:G2 单元格区域中设置条件，包含“性别”与“是否合格”两个条件，如图 13-27 所示。

	A	B	C	D	E	F	G	H
1	姓名	性别	200米用时(秒)	是否合格		性别	是否合格	人数
2	徐梓瑞	女	30	合格		女	不合格	
3	许宸浩	男	27	合格				
4	王硕彦	女	33	不合格				
5	姜美	男	28	合格				
6	蔡浩轩	男	30	不合格				
7	王晓蝶	女	31	合格				
8	刘雨	男	26	合格				
9	刘楠楠	女	30	合格				
10	张宇	女	29	合格				
11	李想	男	31	不合格				
12	张怡伶	女	34	不合格				

图 13-27

❷ 选中 H2 单元格，在编辑栏中输入公式：

```
=DCOUNTA(A1:D12,4,F1:G2)
```

❸ 按 Enter 键即可统计女性中不合格的人数，如图 13-28 所示。

H2　　=DCOUNTA(A1:D12,4,F1:G2)

	A	B	C	D	E	F	G	H
1	姓名	性别	200米用时(秒)	是否合格		性别	是否合格	人数
2	徐梓瑞	女	30	合格		女	不合格	2
3	许宸浩	男	27	合格				
4	王硕彦	女	33	不合格				
5	姜美	男	28	合格				
6	蔡浩轩	男	30	不合格				
7	王晓蝶	女	31	合格				
8	刘雨	男	26	合格				
9	刘楠楠	女	30	合格				
10	张宇	女	29	合格				
11	李想	男	31	不合格				
12	张怡伶	女	34	不合格				

图 13-28

5. DMAX（从数据库中按给定条件求最大值）

【函数功能】DMAX 函数用于返回列表或数据库中满足指定条件的记录字段（列）中的最大值。

【函数语法】DMAX(database, field, criteria)

- database：必需，构成列表或数据库的单元格区域。
- field：必需，指定函数所使用的列。
- criteria：必需，包含指定条件的单元格区域。

【用法解析】

数据列表要求第 1 行包含每一列的标签，行为记录，列为字段

=DMAX(数据区域,字段名,条件区域)

指定判断最大值的数据列，可以使用两端带双引号的列标签，如"销量"；也可以使用列号：1 表示第 1 列，2 表示第 2 列，以此类推

条件区域至少有一个列标签，并且列标签下方至少包含一个指定条件的单元格，可以是一个或者多个条件

例 1：返回指定部门的最高工资

扫一扫，看视频

图 13-29 所示的表格中统计了不同车间员工的工资，要求返回指定车间中的最高工资。

❶ 在 G1:G2 单元格区域中设置条件，表示想查询的车间，如图 13-29 所示。

❷ 选中 H2 单元格，在编辑栏中输入公式：

```
=DMAX(A1:E13,5,G1:G2)
```

	A	B	C	D	E	F	G	H
1	职工工号	姓名	车间	性别	基本工资		车间	最高工资
2	RCH001	张佳佳	服装车间	女	3580.00		服装车间	
3	RCH002	周传明	鞋包车间	男	2900.00			
4	RCH003	陈秀月	鞋包车间	女	2800.00			
5	RCH004	杨世奇	服装车间	男	3150.00			
6	RCH005	袁晓宇	鞋包车间	男	2900.00			
7	RCH006	夏甜甜	服装车间	女	2700.00			
8	RCH007	吴晶晶	鞋包车间	女	3850.00			
9	RCH008	蔡天放	服装车间	男	3050.00			
10	RCH009	朱小琴	鞋包车间	女	3120.00			
11	RCH010	袁庆元	服装车间	男	2780.00			
12	RCH011	张芯瑜	鞋包车间	女	3400.00			
13	RCH012	李慧珍	服装车间	女	2980.00			

图 13-29

❸ 按 Enter 键即可返回“服装车间”中的最高工资，如图 13-30 所示。

H2 =DMAX(A1:E13,5,G1:G2)

	A	B	C	D	E	F	G	H
1	职工工号	姓名	车间	性别	基本工资		车间	最高工资
2	RCH001	张佳佳	服装车间	女	3580.00		服装车间	3580.00
3	RCH002	周传明	鞋包车间	男	2900.00			
4	RCH003	陈秀月	鞋包车间	女	2800.00			
5	RCH004	杨世奇	服装车间	男	3150.00			
6	RCH005	袁晓宇	鞋包车间	男	2900.00			
7	RCH006	夏甜甜	服装车间	女	2700.00			
8	RCH007	吴晶晶	鞋包车间	女	3850.00			
9	RCH008	蔡天放	服装车间	男	3050.00			
10	RCH009	朱小琴	鞋包车间	女	3120.00			
11	RCH010	袁庆元	服装车间	男	2780.00			
12	RCH011	张芯瑜	鞋包车间	女	3400.00			
13	RCH012	李慧珍	服装车间	女	2980.00			

图 13-30

例 2：一次性查询各科目成绩中的最高分

图 13-31 所示的表格中统计了各班学生各科目的考试成绩（为方便显示，只列举部分记录），现在要求返回指定班级各个科目的最高分，从而实现查询指定班级各科目的最高分。

❶ 在 B11:B12 单元格区域中设置条件并建立查询标识，如图 13-31 所示。

	A	B	C	D	E	F
1	班级	姓名	语文	数学	英语	总分
2	1班	袁晓宇	87	92	96	275
3	2班	夏甜甜	98	84	85	267
4	1班	吴心怡	91	98	92	281
5	2班	蔡天放	87	84	75	246
6	1班	朱小蝶	78	78	80	236
7	1班	袁逸涛	57	89	78	224
8	2班	张芯瑜	78	78	60	216
9	2班	陈文婷	87	84	75	246
10						
11		班级	最高分(语文)	最高分(数学)	最高分(英语)	最高分(总分)
12		1班				

图 13-31

❷ 选中 C12 单元格，在编辑栏中输入公式：

```
=DMAX($A$1:$F$9,COLUMN(C1),$B$11:$B$12)
```

❸ 按 Enter 键即可返回“1 班”的语文科目最高分，如图 13-32 所示。

C12　=DMAX($A$1:$F$9,COLUMN(C1),$B$11:$B$12)

班级	姓名	语文	数学	英语	总分
1班	袁晓宇	87	92	96	275
2班	夏甜甜	98	84	85	267
1班	吴心怡	91	98	92	281
2班	蔡天放	87	84	75	246
1班	朱小蝶	78	78	80	236
1班	袁逸涛	57	89	78	224
2班	张芯瑜	78	78	60	216
2班	陈文婷	87	84	75	246

班级	最高分(语文)	最高分(数学)	最高分(英语)	最高分(总分)
1班	91			

图 13-32

❹ 选中 C12 单元格，拖动右下角的填充柄向右复制公式，可以得到“1 班”的各个科目的最高分，如图 13-33 所示。

班级	姓名	语文	数学	英语	总分
1班	袁晓宇	87	92	96	275
2班	夏甜甜	98	84	85	267
1班	吴心怡	91	98	92	281
2班	蔡天放	87	84	75	246
1班	朱小蝶	78	78	80	236
1班	袁逸涛	57	89	78	224
2班	张芯瑜	78	78	60	216
2班	陈文婷	87	84	75	246

班级	最高分(语文)	最高分(数学)	最高分(英语)	最高分(总分)
1班	91	98	96	281

图 13-33

❺ 要想查询其他班级各科目的最高分，在 B12 单元格中更改查询条件即可，如图 13-34 所示。

班级	姓名	语文	数学	英语	总分
1班	袁晓宇	87	92	96	275
2班	夏甜甜	98	84	85	267
1班	吴心怡	91	98	92	281
2班	蔡天放	87	84	75	246
1班	朱小蝶	78	78	80	236
1班	袁逸涛	57	89	78	224
2班	张芯瑜	78	78	60	216
2班	陈文婷	87	84	75	246

班级	最高分(语文)	最高分(数学)	最高分(英语)	最高分(总分)
2班	98	84	85	267

图 13-34

【公式解析】

=DMAX($A$1:$F$9,COLUMN(C1),$B$11:$B$12)

返回 C 列的列号，即返回值为 3。此值为指定返回 A1:F9 单元格区域中哪一列中的值。要想返回某一班级各个科目的最高分，其查询条件不变，需要改变的就是 field 参数，即指定对哪一列求最大值。本例中为了方便对公式的复制，使用 COLUMN(C1)公式来返回这一列数。当公式向右复制时，会依次返回 4、5、6，从而返回各个科目的最高分

6. DMIN（从数据库中按给定条件求最小值）

【函数功能】DMIN 函数用于返回列表或数据库中满足指定条件的记录字段（列）中的最小数字。

【函数语法】DMIN(database, field, criteria)

- database：必需，构成列表或数据库的单元格区域。
- field：必需，指定函数所使用的列。
- criteria：必需，包含指定条件的单元格区域。

【用法解析】

数据列表要求第 1 行包含每一列的标签，行为记录，列为字段

=DMIN(数据区域,字段名,条件区域)

指定判断最小值的数据列，可以使用两端带双引号的列标签，如"销量"；也可以使用列号：1 表示第 1 列，2 表示第 2 列，以此类推

条件区域至少有一个列标签，并且列标签下方至少包含一个指定条件的单元格，可以是一个或者多个条件

例：返回指定班级的最低分

图 13-35 所示的表格中统计了各个班级学生的成绩，要求返回指定班级学生成绩的最低分。

扫一扫，看视频

❶ 在 E1:E2 单元格区域中设置条件，其中包括列标签与指定的班级，如图 13-35 所示。

❷ 选中 F2 单元格，在编辑栏中输入公式：

```
=DMIN(A1:C13,3,E1:E2)
```

❸ 按 Enter 键即可返回“2 班”中学生成绩的最低分，如图 13-36 所示。

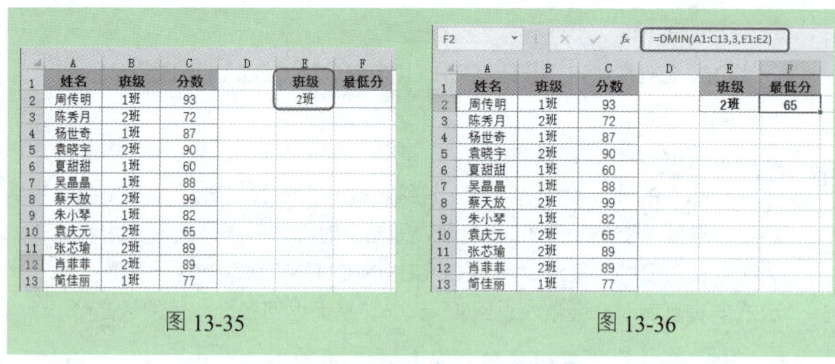

图 13-35　　图 13-36

7. DGET（从数据库中提取符合条件的单个值）

【函数功能】DGET 函数用于从列表或数据库的列中提取符合指定条件的单个值。

【函数语法】DGET(database, field, criteria)

- database：必需，构成列表或数据库的单元格区域。
- field：必需，指定函数所使用的列。
- criteria：必需，包含指定条件的单元格区域。

【用法解析】

数据列表要求第 1 行包含每一列的标签，行为记录，列为字段

=DGET(数据区域,字段名,条件区域)

指定函数运算的数据列，可以使用两端带双引号的列标签，如"销量"；也可以使用列号：1 表示第 1 列，2 表示第 2 列，以此类推

条件区域至少有一个列标签，并且列标签下方至少包含一个指定条件的单元格，可以是一个或者多个条件

注意：

DGET 函数类似于查找函数，可以实现单条件查找，也可以实现多条件查找。尤其是针对多条件查找，DGET 函数比 VLOOKUP、LOOKUP 等查找函数要方便得多。

扫一扫，看视频

例 1：实现单条件查询

图 13-37 所示的表格中统计了学生的考试成绩，要求查询任意学生的成绩。

❶ 在 D1:D2 单元格区域中设置条件，其中包括列标签与指定的姓名，如图 13-37 所示。

❷ 选中 E2 单元格，在编辑栏中输入公式：

```
=DGET(A1:B13,2,D1:D2)
```

❸ 按 Enter 键即可查到“夏心怡”的成绩，如图 13-38 所示。

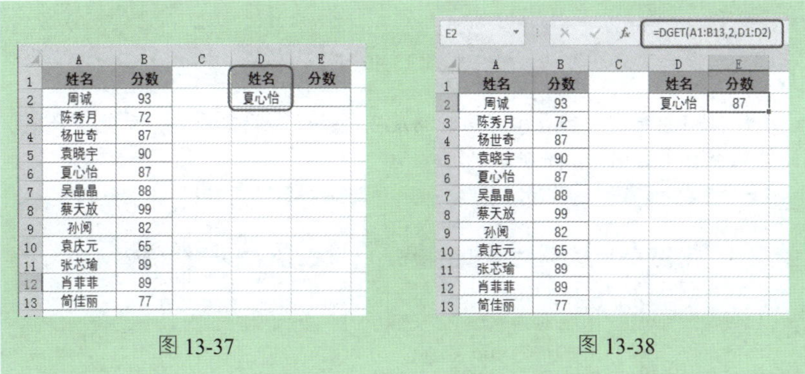

	A	B	C	D	E
1	姓名	分数		姓名	分数
2	周诚	93		夏心怡	
3	陈秀月	72			
4	杨世奇	87			
5	袁晓宇	90			
6	夏心怡	87			
7	吴晶晶	88			
8	蔡天放	99			
9	孙阅	82			
10	袁庆元	65			
11	张芯瑜	89			
12	肖菲菲	89			
13	简佳丽	77			

图 13-37

E2 =DGET(A1:B13,2,D1:D2)

	A	B	C	D	E
1	姓名	分数		姓名	分数
2	周诚	93		夏心怡	87
3	陈秀月	72			
4	杨世奇	87			
5	袁晓宇	90			
6	夏心怡	87			
7	吴晶晶	88			
8	蔡天放	99			
9	孙阅	82			
10	袁庆元	65			
11	张芯瑜	89			
12	肖菲菲	89			
13	简佳丽	77			

图 13-38

❹ 如果要查询其他学生的成绩，在 D2 单元格中更改查询姓名即可，如图 13-39 所示。

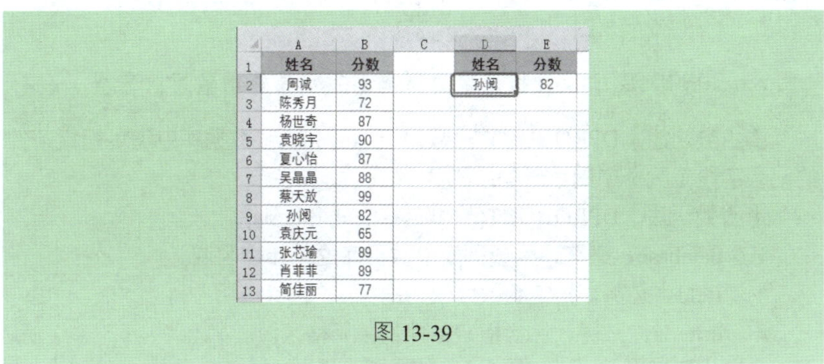

	A	B	C	D	E
1	姓名	分数		姓名	分数
2	周诚	93		孙阅	82
3	陈秀月	72			
4	杨世奇	87			
5	袁晓宇	90			
6	夏心怡	87			
7	吴晶晶	88			
8	蔡天放	99			
9	孙阅	82			
10	袁庆元	65			
11	张芯瑜	89			
12	肖菲菲	89			
13	简佳丽	77			

图 13-39

例 2：实现多条件查询

图 13-40 所示的表格中统计了产品的相关信息，要求根据产品名称、瓦数和产地查询指定产品的采购盒数。

扫一扫，看视频

❶ 在 G1:I2 单元格区域中设置条件，其中包括列标签与指定的多个条件，如图 13-40 所示。

❷ 选中 J2 单元格，在编辑栏中输入公式：

```
=DGET(A1:E12,5,G1:I2)
```

	A	B	C	D	E	F	G	H	I
1	产品	瓦数	产地	单价	采购盒数		产品	瓦数	产地
2	白炽灯	200	南京	¥ 4.50	5		白炽灯	100	广州
3	led灯带	2米	广州	¥ 12.80	2				
4	日光灯	100	广州	¥ 8.80	6				
5	白炽灯	80	南京	¥ 2.00	12				
6	白炽灯	100	南京	¥ 3.20	8				
7	2d灯管	5	广州	¥ 12.50	10				
8	2d灯管	10	南京	¥ 18.20	6				
9	led灯带	5米	南京	¥ 22.00	5				
10	led灯带	10米	广州	¥ 36.50	2				
11	白炽灯	100	广州	¥ 3.80	10				
12	白炽灯	40	广州	¥ 1.80	10				

图 13-40

③ 按 Enter 键即可查询到同时满足 3 个条件（指定产品、瓦数、产地）的采购盒数，如图 13-41 所示。

J2 =DGET(A1:E12,5,G1:I2)

	A	B	C	D	E	F	G	H	I	J
1	产品	瓦数	产地	单价	采购盒数		产品	瓦数	产地	采购盒数
2	白炽灯	200	南京	¥ 4.50	5		白炽灯	100	广州	10
3	led灯带	2米	广州	¥ 12.80	2					
4	日光灯	100	广州	¥ 8.80	6					
5	白炽灯	80	南京	¥ 2.00	12					
6	白炽灯	100	南京	¥ 3.20	8					
7	2d灯管	5	广州	¥ 12.50	10					
8	2d灯管	10	南京	¥ 18.20	6					
9	led灯带	5米	南京	¥ 22.00	5					
10	led灯带	10米	广州	¥ 36.50	2					
11	白炽灯	100	广州	¥ 3.80	10					
12	白炽灯	40	广州	¥ 1.80	10					

图 13-41

8. DPRODUCT（从数据库中返回满足指定条件的数值的乘积）

【函数功能】DPRODUCT 函数用于返回列表或数据库中满足指定条件的记录字段（列）中的数值的乘积。

【函数语法】DPRODUCT(database, field, criteria)

- database：必需，构成列表或数据库的单元格区域。
- field：必需，指定函数所使用的列。
- criteria：必需，包含指定条件的单元格区域。

【用法解析】

数据列表要求第 1 行包含每一列的标签，行为记录，列为字段

=DPRODUCT(数据区域,字段名,条件区域)

指定进行求和的数据列，可以使用两端带双引号的列标签，如"销量"；也可以使用列号：1 表示第 1 列，2 表示第 2 列，以此类推

条件区域至少有一个列标签，并且列标签下方至少包含一个指定条件的单元格，可以是一个或者多个条件

注意：

PRODUCT 函数是将所有以参数形式给出的数字相乘，并返回乘积值。DPRODUCT 函数是先进行条件判断，然后将满足指定条件的各个数值进行相乘。下面通过例子演示其用法。

例：对满足指定条件的数值进行乘积运算

例如，在图 13-42 所示的表格中进行如下操作。

❶ 在 D1:D2 单元格区域中设置条件。

❷ 选中 E2 单元格，在编辑栏中输入公式：

```
=DPRODUCT(A1:B11,2,D1:D2)
```

❸ 按 Enter 键，即可得出所有"美的"产品的数量的乘积，即 2×2×1=4，如图 13-42 所示。

E2 =DPRODUCT(A1:B11,2,D1:D2)

	A	B	C	D	E
1	商品品牌	数量		商品品牌	DPRODUCT结果
2	美的BX-0908	2		美的*	4
3	海尔KT-1067	2			
4	格力KT-1188	2			
5	美菱BX-676C	4			
6	美的BX-0908	2			
7	荣事达XYG-710Y	3			
8	海尔XYG-8796F	2			
9	格力KT-1109	1			
10	格力KT-1188	1			
11	美的BX-0908	1			

图 13-42

13.2 方差、标准差计算

方差、标准差计算函数是从统计函数中归纳出的，其应用方法仍与前面的统计函数相同。

1. DSTDEV（按指定条件以样本估算标准偏差）

【函数功能】DSTDEV 函数用于返回以列表或数据库中满足指定条件的记录字段（列）中的数字为一个样本估算出的总体标准偏差。

【函数语法】DSTDEV(database, field, criteria)

- database：必需，构成列表或数据库的单元格区域。
- field：必需，指定函数所使用的列。
- criteria：必需，包含所指定条件的单元格区域。

【用法解析】

数据列表要求第 1 行包含每一列的标签，行为记录，列为字段

=DSTDEV(数据区域,字段名,条件区域)

指定求解标准偏差的数据列，可以使用两端带双引号的列标签，如"销量"；也可以使用列号：1 表示第 1 列，2 表示第 2 列，以此类推

条件区域至少有一个列标签，并且列标签下方至少包含一个指定条件的单元格，可以是一个或者多个条件

注意：

如果数据库中的数据只是整个数据的一个样本，则使用 DSTDEV 函数计算的是以此样本估算出的标准偏差。标准偏差用来测度统计数据的差异程度，标准偏差越接近于 0，表示差异程度越小。

例：计算女性选手年龄的标准偏差（以此数据为样本）

扫一扫，看视频

图 13-43 所示的数据列表中显示了选手编号、性别、年龄等数据，要求以此数据为样本估算女性选手年龄的标准偏差。

❶ 在 E1:E2 单元格区域中设置条件，指定性别为“女”。

❷ 选中 F2 单元格，在编辑栏中输入公式：

```
=DSTDEV(A1:C16,3,E1:E2)
```

❸ 按 Enter 键，即可计算以此数据为样本的女性选手年龄的标准偏差，如图 13-43 所示。

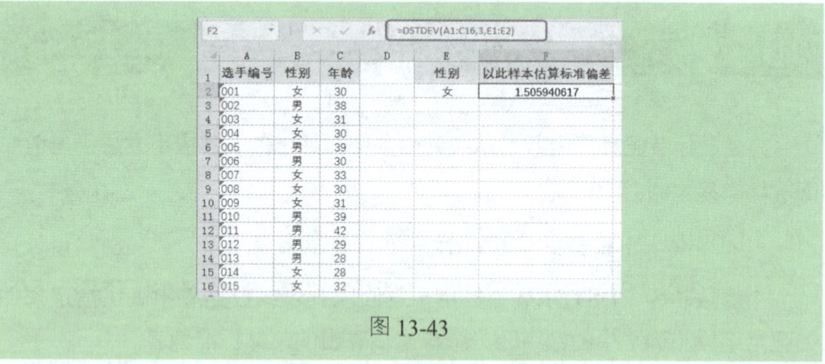

F2 =DSTDEV(A1:C16,3,E1:E2)

	A	B	C	D	E	F
1	选手编号	性别	年龄		性别	以此样本估算标准偏差
2	001	女	30		女	1.505940617
3	002	男	38			
4	003	女	31			
5	004	女	30			
6	005	男	39			
7	006	男	30			
8	007	女	33			
9	008	女	30			
10	009	女	31			
11	010	男	39			
12	011	男	42			
13	012	男	29			
14	013	男	28			
15	014	女	28			
16	015	女	32			

图 13-43

2. DSTDEVP（按指定条件计算总体标准偏差）

【函数功能】DSTDEVP 函数用于返回以列表或数据库中满足指定条件的记录字段（列）中的数字为样本总体估算出的总体标准偏差。

【函数语法】DSTDEVP(database, field, criteria)

- database：必需，构成列表或数据库的单元格区域。
- field：必需，指定函数所使用的列。
- criteria：必需，包含指定条件的单元格区域。

【用法解析】

数据列表要求第 1 行包含每一列的标签，行为记录，列为字段

=DSTDEVP(数据区域,字段名,条件区域)

指定求解标准偏差的数据列，可以使用两端带双引号的列标签，如"销量"；也可以使用列号：1 表示第 1 列，2 表示第 2 列，以此类推

条件区域至少有一个列标签，并且列标签下方至少包含一个指定条件的单元格，可以是一个或者多个条件

注意：

如果数据库中的数据只是整个数据总体，则使用 DSTDEVP 函数计算出的是整个数据整体的真实标准偏差。

例：计算女性选手年龄的标准偏差（以此数据为样本总体）

图 13-44 所示的数据列表中显示了选手编号、性别、年龄等数据，此数据为总体数据，要求计算总体标准偏差。

❶ 在 E1:E2 单元格区域中设置条件，指定性别为“女”。

❷ 选中 F2 单元格，在编辑栏中输入公式：

```
=DSTDEVP(A1:C16,3,E1:E2)
```

❸ 按 Enter 键即可计算该样本总体的标准偏差，即真实的标准偏差，如图 13-44 所示。

	A	B	C	D	E	F
1	选手编号	性别	年龄		性别	样本总体标准偏差(真实标准偏差)
2	001	女	30		女	1.408678459
3	002	男	38			
4	003	女	31			
5	004	女	30			
6	005	男	39			
7	006	男	30			
8	007	女	33			
9	008	女	30			
10	009	女	31			
11	010	男	39			
12	011	男	42			
13	012	男	29			
14	013	男	28			
15	014	女	28			
16	015	女	32			

图 13-44

3. DVAR（按指定条件以样本估算总体方差）

【函数功能】DVAR 函数用于返回以列表或数据库中满足指定条件的

记录字段（列）中的数字为一个样本估算出的总体方差。

【函数语法】DVAR(database, field, criteria)

- database：必需，构成列表或数据库的单元格区域。
- field：必需，指定函数所使用的列。
- criteria：必需，包含指定条件的单元格区域。

【用法解析】

数据列表要求第 1 行包含每一列的标签，行为记录，列为字段

=DVAR(数据区域,字段名,条件区域)

指定求解总体方差的数据列，可以使用两端带双引号的列标签，如"销量"；也可以使用列号：1 表示第 1 列，2 表示第 2 列，以此类推

条件区域至少有一个列标签，并且列标签下方至少包含一个指定条件的单元格，可以是一个或者多个条件

注意：

如果数据库中的数据只是整个数据的一个样本，则使用 DVAR 函数计算出的是根据此样本估算出的方差。方差和标准差是测度数据变异程度的最重要、最常用的指标，用来描述一线数据的波动性（集中还是分散）。

例：计算女性选手年龄的总体方差（以此数据为样本）

扫一扫，看视频

图 13-45 所示的数据列表中显示了选手编号、性别、年龄等数据，要求以此数据为样本估算女性选手年龄的总体方差。

❶ 在 E1:E2 单元格区域中设置条件，指定性别为“女”。

❷ 选中 F2 单元格，在编辑栏中输入公式：

```
=DVAR(A1:C16,3,E1:E2)
```

❸ 按 Enter 键，即可计算以此数据为样本的女性选手年龄的总体方差，如图 13-45 所示。

F2 =DVAR(A1:C16,3,E1:E2)

	A	B	C	D	E	F
1	选手编号	性别	年龄		性别	以此样本估算方差
2	001	女	30		女	2.267857143
3	002	男	38			
4	003	女	31			
5	004	女	30			
6	005	男	39			
7	006	男	30			
8	007	女	33			
9	008	女	30			
10	009	女	31			
11	010	男	39			
12	011	男	42			
13	012	男	29			
14	013	男	28			
15	014	女	28			
16	015	女	32			

图 13-45

4. DVARP（按指定条件计算总体方差）

【函数功能】DVARP 函数用于返回以列表或数据库中满足指定条件的记录字段（列）中的数字作为样本总体计算出的总体方差。

【函数语法】DVARP(database, field, criteria)

- database：必需，构成列表或数据库的单元格区域。
- field：必需，指定函数所使用的列。
- criteria：必需，包含指定条件的单元格区域。

【用法解析】

数据列表要求第 1 行包含每一列的标签，行为记录，列为字段

=DVARP(数据区域,字段名,条件区域)

指定求解总体方差的数据列，可以使用两端带双引号的列标签，如"销量"；也可以使用列号：1 表示第 1 列，2 表示第 2 列，以此类推

条件区域至少有一个列标签，并且列标签下方至少包含一个指定条件的单元格，可以是一个或者多个条件

注意：

如果数据库中的数据只是整个数据总体，则使用 DVARP 函数算出的是整个数据整体的真实方差。

例：计算女性选手年龄的总体方差

图 13-46 所示的数据列表中显示了选手编号、性别、年龄等数据，以此数据为全部总体数据，要求计算总体方差。

扫一扫，看视频

❶ 在 E1:E2 单元格区域中设置条件，指定性别为“女”。

❷ 选中 F2 单元格，在编辑栏中输入公式：

```
=DVARP(A1:C16,3,E1:E2)
```

❸ 按 Enter 键，即可算出该样本的总体方差，即真实的方差，如图 13-46 所示。

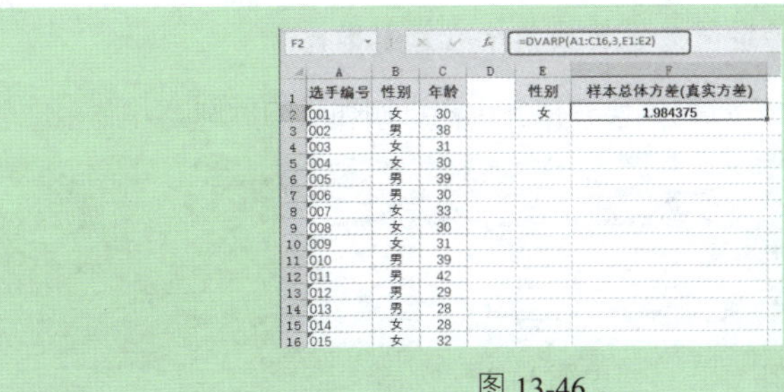

F2 =DVARP(A1:C16,3,E1:E2)

	A	B	C	D	E	F
1	选手编号	性别	年龄		性别	样本总体方差(真实方差)
2	001	女	30		女	1.984375
3	002	男	38			
4	003	女	31			
5	004	女	30			
6	005	男	39			
7	006	男	30			
8	007	女	33			
9	008	女	30			
10	009	女	31			
11	010	男	39			
12	011	男	42			
13	012	男	29			
14	013	男	28			
15	014	女	28			
16	015	女	32			

图 13-46

第14章 工程函数

14.1 进制编码转换函数

14.1.1 二进制编码转换为其他进制编码

扫一扫，看视频

二进制编码可以分别转换为八进制、十进制与十六进制编码。用于转换的函数都以 B 开头，参数格式统一，均有 number 和 places 两个参数。

- number：必需，待转换的二进制编码。字符位数不能多于 10 位。number 的最高位为符号位，其余 9 位是数量位。负数用二进制补码记数法表示。
- places：必需，要使用的字符数。如果省略，将使用必需的最小字符数。

1. BIN2OCT（二进制编码转换为八进制编码）

图 14-1 所示为将二进制编码转换为八进制编码的示例。

2. BIN2DEC（二进制编码转换为十进制编码）

图 14-2 所示为将二进制编码转换为十进制编码的示例。

	A	B	C
1	二进制编码	公式	八进制编码
2	11010011	=BIN2OCT(A2)	323
3	11011101	=BIN2OCT(A3)	335
4	11001011	=BIN2OCT(A4)	313

图 14-1

	A	B	C
1	二进制编码	公式	十进制编码
2	11010011	=BIN2DEC(A2)	211
3	11011001	=BIN2DEC(A3)	217
4	11001011	=BIN2DEC(A4)	203

图 14-2

3. BIN2HEX（二进制编码转换为十六进制编码）

图 14-3 所示为将二进制编码转换为十六进制编码的示例。

	A	B	C
1	二进制编码	公式	十六进制编码
2	11010011	=BIN2HEX(A2)	D3
3	11011001	=BIN2HEX(A3)	D9
4	11001011	=BIN2HEX(A4)	CB

图 14-3

14.1.2　十进制编码转换为其他进制编码

扫一扫，看视频

十进制编码可以分别转换为二进制、八进制与十六进制编码。用于转换的函数都以 D 开头，参数格式统一，均有 number 和 places 两个参数。

- number：必需，待转换的十进制编码。如果为负数，则忽略有效的 places 值，且 DEC2BIN 返回 10 位二进制数，其中最高位为符号位，其余 9 位是数量位。负数用二进制补码记数法表示。
- places：必需，要使用的字符数。如果省略，将使用必需的最小字符数。

1. DEC2BIN（十进制编码转换为二进制编码）

图 14-4 所示为将十进制编码转换为二进制编码的示例。

2. DEC2OCT（十进制编码转换为八进制编码）

图 14-5 所示为将十进制编码转换为八进制编码的示例。

	A	B	C
1	十进制编码	公式	二进制编码
2	9	=DEC2BIN(A2)	1001
3	28	=DEC2BIN(A3)	11100
4	165	=DEC2BIN(A4)	10100101
5	430	=DEC2BIN(A5)	110101110

图 14-4

	A	B	C
1	十进制编码	公式	八进制编码
2	9	=DEC2OCT(A2)	11
3	28	=DEC2OCT(A3)	34
4	165	=DEC2OCT(A4)	245
5	430	=DEC2OCT(A5)	656

图 14-5

3. DEC2HEX（十进制编码转换为十六进制编码）

图 14-6 所示为将十进制编码转换为十六进制编码的示例。

	A	B	C
1	十进制编码	公式	十六进制编码
2	9	=DEC2HEX(A2)	9
3	28	=DEC2HEX(A3)	1C
4	165	=DEC2HEX(A4)	A5
5	430	=DEC2HEX(A5)	1AE

图 14-6

14.1.3　八进制编码转换为其他进制编码

扫一扫，看视频

八进制编码可以分别转换为二进制、十进制与十六进制编码。用于转换的函数都以 O 开头，参数格式统一，均有 number

和 places 两个参数。

- number：必需，待转换的八进制编码。字符位数不能多于 10 位。number 的最高位为符号位，其余 9 位是数量位。负数用二进制补码记数法表示。
- places：必需，要使用的字符数。如果省略，将使用必需的最小字符数。

1. OCT2BIN 函数（八进制编码转换为二进制编码）

图 14-7 所示为将八进制编码转换为二进制编码的示例。

2. OCT2DEC 函数（八进制编码转换为十进制编码）

图 14-8 所示为将八进制编码转换为十进制编码的示例。

	A	B	C
1	八进制编码	公式	二进制编码
2	7	=OCT2BIN(A2)	111
3	65	=OCT2BIN(A3)	110101
4	127	=OCT2BIN(A4)	1010111
5	343	=OCT2BIN(A5)	11100011

图 14-7

	A	B	C
1	八进制编码	公式	十进制编码
2	7	=OCT2DEC(A2)	7
3	65	=OCT2DEC(A3)	53
4	127	=OCT2DEC(A4)	87
5	343	=OCT2DEC(A5)	227

图 14-8

3. OCT2HEX 函数（八进制编码转换为十六进制编码）

图 14-9 所示为将八进制编码转换为十六进制编码的示例。

	A	B	C
1	八进制编码	公式	十六进制编码
2	7	=OCT2HEX(A2)	7
3	65	=OCT2HEX(A3)	35
4	127	=OCT2HEX(A4)	57
5	343	=OCT2HEX(A5)	E3

图 14-9

14.1.4 十六进制编码转换为其他进制编码

扫一扫，看视频

十六进制编码可以分别转换为二进制、八进制与十进制编码。用于转换的函数都以 H 开头，参数格式统一，均有 number 和 places 两个参数。

- number：必需，待转换的十六进制编码。字符位数不能多于 10 位。number 的最高位为符号位，其余 9 位是数量位。负数用二进制补码记数法表示。

- places：必需，要使用的字符数。如果省略，将使用必需的最小字符数。

1. HEX2BIN（十六进制编码转换为二进制编码）

图 14-10 所示为将十六进制编码转换为二进制编码的示例。

2. HEX2OCT（十六进制编码转换为八进制编码）

图 14-11 所示为将十六进制编码转换为八进制编码的示例。

	A	B	C
1	十六进制编码	公式	二进制编码
2	9	=HEX2BIN(A2)	1001
3	1C	=HEX2BIN(A3)	11100
4	A5	=HEX2BIN(A4)	10100101
5	1AE	=HEX2BIN(A5)	110101110

图 14-10

	A	B	C
1	十六进制编码	公式	八进制编码
2	9	=HEX2OCT(A2)	11
3	1C	=HEX2OCT(A3)	34
4	A5	=HEX2OCT(A4)	245
5	1AE	=HEX2OCT(A5)	656

图 14-11

3. HEX2DEC（十六进制编码转换为十进制编码）

图 14-12 所示为将十六进制编码转换为十进制编码的示例。

	A	B	C
1	十六进制编码	公式	十进制编码
2	9	=HEX2DEC(A2)	9
3	1C	=HEX2DEC(A3)	28
4	A5	=HEX2DEC(A4)	165
5	1AE	=HEX2DEC(A5)	430

图 14-12

14.2 复数计算函数

1. COMPLEX（将实系数及虚系数转换为复数）

【函数功能】COMPLEX 函数用于将实系数及虚系数转换为 $x+yi$ 或 $x+yj$ 形式的复数。

扫一扫，看视频

【函数语法】COMPLEX(real_num,i_num,[suffix])

- real_num：必需，复数的实部。
- i_num：必需，复数的虚部。

- suffix：可选，复数中虚部的后缀。如果省略，则认为它为 i。

图 14-13 所示为将实系数及虚系数转换为 $x+yi$ 或 $x+yj$ 形式的复数的示例。

	A	B	C	D
1	实系数	虚系数	公式	转换为复数形式
2	0	0	=COMPLEX(A2,B2)	0
3	2	3	=COMPLEX(A3,B3,"i")	2+3i
4	10	7	=COMPLEX(A4,B4,"j")	10+7j

图 14-13

2. IMABS（返回复数的模）

扫一扫，看视频

【函数功能】IMABS 函数用于返回以 $x+yi$ 或 $x+yj$ 形式表示的复数的绝对值，即模。

【函数语法】IMABS(inumber)

inumber：必需，需要计算其模的复数。

图 14-14 所示为返回复数的模的示例。

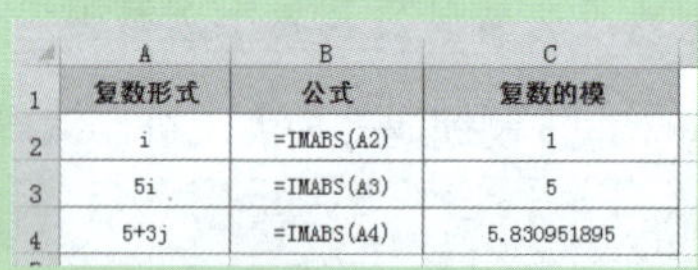

	A	B	C
1	复数形式	公式	复数的模
2	i	=IMABS(A2)	1
3	5i	=IMABS(A3)	5
4	5+3j	=IMABS(A4)	5.830951895

图 14-14

3. IMREAL（返回复数的实系数）

扫一扫，看视频

【函数功能】IMREAL 函数用于返回以 $x+yi$ 或 $x+yj$ 形式表示的复数的实系数。

【函数语法】IMREAL (inumber)

inumber：必需，需要计算实系数的复数。

图 14-15 所示为返回复数的实系数的示例。

	A	B	C
1	复数	公式	实系数
2	10-5i	=IMREAL(A2)	10
3	2i	=IMREAL(A3)	0
4	4+3j	=IMREAL(A4)	4

图 14-15

4. IMAGINARY（返回复数的虚系数）

扫一扫，看视频

【函数功能】IMAGINARY 函数用于返回以 $x+yi$ 或 $x+yj$ 形式表示的复数的虚系数。

【函数语法】IMAGINARY (inumber)

inumber：必需，需要计算虚系数的复数。

图 14-16 所示为返回复数的虚系数的示例。

	A	B	C
1	复数	公式	复数的虚系数
2	10-5i	=IMAGINARY(A2)	-5
3	2i	=IMAGINARY(A3)	2
4	4+3j	=IMAGINARY(A4)	3

图 14-16

5. IMCONJUGATE（返回复数的共轭复数）

扫一扫，看视频

【函数功能】IMCONJUGATE 函数用于返回以 $x+yi$ 或 $x+yj$ 形式表示的复数的共轭复数。

【函数语法】IMCONJUGATE(inumber)

inumber：必需，需要计算共轭复数的复数。

图 14-17 所示为返回复数的共轭复数的示例。

	A	B	C
1	复数形式	公式	共轭复数
2	10-5i	=IMCONJUGATE(A2)	10+5i
3	2i	=IMCONJUGATE(A3)	-2i
4	4+3j	=IMCONJUGATE(A4)	4-3j

图 14-17

6. IMSUM（计算两个或多个复数的和）

扫一扫，看视频

【函数功能】IMSUM 函数用于返回以 $x+yi$ 或 $x+yj$ 形式表示的两个或多个复数的和。

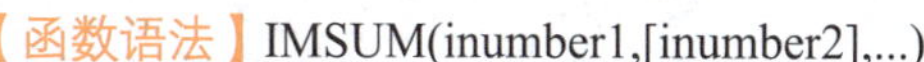

【函数语法】IMSUM(inumber1,[inumber2],...)

inumber1,inumber2,...：inumber1 为必需。表示 1～29 个需要相加的复数。

图 14-18 所示为返回两个或多个复数的和的示例。

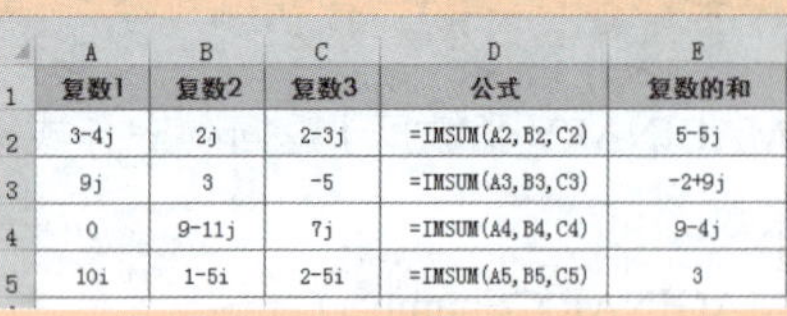

	A	B	C	D	E
1	复数1	复数2	复数3	公式	复数的和
2	3-4j	2j	2-3j	=IMSUM(A2,B2,C2)	5-5j
3	9j	3	-5	=IMSUM(A3,B3,C3)	-2+9j
4	0	9-11j	7j	=IMSUM(A4,B4,C4)	9-4j
5	10i	1-5i	2-5i	=IMSUM(A5,B5,C5)	3

图 14-18

7. IMSUB 函数（计算两个复数的差）

扫一扫，看视频

【函数功能】IMSUB 函数用于返回以 *x*+*y*i 或 *x*+*y*j 形式表示的两个复数的差。

【函数语法】IMSUB(inumber1,inumber2)

- inumber1：必需，被减（复）数。
- inumber2：必需，减（复）数。

图 14-19 所示为计算两个复数的差的示例。

	A	B	C	D
1	复数1	复数2	公式	复数的差
2	3-4j	2j	=IMSUB(A2,B2)	3-6j
3	9j	3	=IMSUB(A3,B3)	-3+9j
4	0	9-11j	=IMSUB(A4,B4)	-9+11j
5	10i	1-5i	=IMSUB(A5,B5)	-1+15i

图 14-19

8. IMDIV（计算两个复数的商）

扫一扫，看视频

【函数功能】IMDIV 函数用于返回以 *x*+*y*i 或 *x*+*y*j 形式表示的两个复数的商。

【函数语法】IMDIV(inumber1,inumber2)

- inumber1：必需，复数分子（被除数）。
- inumber2：必需，复数分母（除数）。

图 14-20 所示为计算两个复数的商的示例。

	A	B	C	D
1	复数1	复数2	公式	复数的商
2	3-4j	2j	=IMDIV(A2,B2)	-2-1.5j
3	9j	3	=IMDIV(A3,B3)	3j
4	0	9-11j	=IMDIV(A4,B4)	0
5	10i	3+4i	=IMDIV(A5,B5)	1.6+1.2i

图 14-20

9. IMPRODUCT（计算两个复数的积）

【函数功能】IMPRODUCT 函数用于返回以 $x+yi$ 或 $x+yj$ 形式表示的 2～29 个复数的乘积。

【函数语法】IMPRODUCT(inumber1,[inumber2],...)

inumber1, inumber2,…：inumber1 为必需。表示第 1～29 个用来相乘的复数。

图 14-21 所示为计算两个复数的积的示例。

	A	B	C	D
1	复数1	复数2	公式	复数的积
2	3-4j	2j	=IMPRODUCT(A2,B2)	8+6j
3	9j	3	=IMPRODUCT(A3,B3)	27j
4	0	9-11j	=IMPRODUCT(A4,B4)	0
5	10i	3+4i	=IMPRODUCT(A5,B5)	-40+30i

图 14-21

10. IMEXP（计算复数的指数）

扫一扫，看视频

【函数功能】IMEXP 用于返回以 $x+yi$ 或 $x+yj$ 形式表示的复数的指数。

【函数语法】IMEXP(inumber)

inumber：需要计算其指数的复数。

图 14-22 所示为计算任意复数的指数的示例。

	A	B	C
1	复数	公式	复数的指数
2	0	=IMEXP(A2)	1
3	3	=IMEXP(A3)	20.0855369231877
4	10i	=IMEXP(A4)	-0.839071529076452-0.54402111088937i
5	3-4j	=IMEXP(A5)	-13.1287830814622+15.200784463068j
6	9-11j	=IMEXP(A6)	35.861802235277+8103.00457043379j

图 14-22

11. IMSQRT（计算复数的平方根）

扫一扫，看视频

【函数功能】IMSQRT 函数用于返回以 $x+yi$ 或 $x+yj$ 形式表示的复数的平方根。

【函数语法】IMSQRT(inumber)

inumber：必需，需要计算平方根的复数。

图 14-23 所示为计算任意复数的平方根的示例。

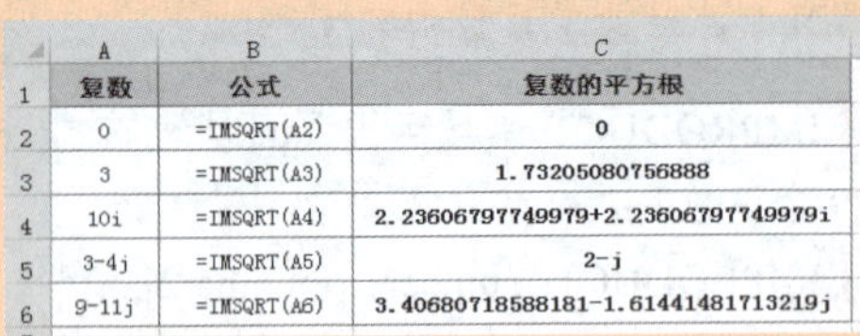

	A	B	C
1	复数	公式	复数的平方根
2	0	=IMSQRT(A2)	0
3	3	=IMSQRT(A3)	1.73205080756888
4	10i	=IMSQRT(A4)	2.23606797749979+2.23606797749979i
5	3-4j	=IMSQRT(A5)	2-j
6	9-11j	=IMSQRT(A6)	3.40680718588181-1.61441481713219j

图 14-23

12. IMARGUMENT（将复数转换为以弧度表示的角）

扫一扫，看视频

【函数功能】IMARGUMENT 函数用于将复数转换为以弧度表示的角。

【函数语法】IMARGUMENT(inumber)

inumber：必需，用于计算角度值的复数。

图 14-24 所示为将复数转换为以弧度表示的角的示例。

	A	B	C
1	复数	公式	以弧度表示的角
2	3	=IMARGUMENT(A2)	0
3	10i	=IMARGUMENT(A3)	1.570796327
4	3-4j	=IMARGUMENT(A4)	-0.927295218
5	9-11j	=IMARGUMENT(A5)	-0.885066816
6	1+2j	=IMARGUMENT(A6)	1.107148718

图 14-24

13. IMSIN（计算复数的正弦值）

扫一扫，看视频

【函数功能】IMSIN 函数用于返回以 $x+yi$ 或 $x+yj$ 形式表示的复数的正弦值。

【函数语法】IMSIN(inumber)

inumber：必需，需要计算正弦值的复数。

图 14-25 所示为计算复数的正弦值的示例。

	A	B	C
1	复数	公式	复数的正弦值
2	3	=IMSIN(A2)	0.141120008059867
3	10i	=IMSIN(A3)	11013.2328747034i
4	3-4j	=IMSIN(A4)	3.85373803791938+27.0168132580039j
5	9-11j	=IMSIN(A5)	12337.6202978503+27276.5712029355j
6	1+2j	=IMSIN(A6)	3.16577851321617+1.95960104142161j

图 14-25

14. IMSINH（计算复数的双曲正弦值）

扫一扫，看视频

【函数功能】IMSINH 函数用于返回以 *x*+*y*i 或 *x*+*y*j 形式表示的复数的双曲正弦值。

【函数语法】IMSINH (inumber)

inumber：必需，需要计算其双曲正弦值的复数。如果 inumber 为非 *x*+*y*i 或 *x*+*y*j 形式的值，则 IMSINH 函数返回错误值“#NUM!”；如果 inumber 为逻辑值，则 IMSINH 函数返回错误值“#VALUE!”。

图 14-26 所示为计算复数的双曲正弦值的示例。

	A	B	C
1	复数	公式	复数的双曲正弦值
2	3	=IMSINH(A2)	10.0178749274099
3	10i	=IMSINH(A3)	-0.54402111088937i
4	3-4j	=IMSINH(A4)	-6.548120040911+7.61923172032141j
5	9-11j	=IMSINH(A5)	17.9309008445513+4051.50234692119j
6	1+2j	=IMSINH(A6)	-0.489056259041294+1.40311925062204j

图 14-26

15. IMCOS（计算复数的余弦值）

扫一扫，看视频

【函数功能】IMCOS 函数用于返回以 *x*+*y*i 或 *x*+*y*j 形式表示的复数的余弦值。

【函数语法】IMCOS(inumber)

inumber：必需，需要计算余弦值的复数。

图 14-27 所示为计算复数的余弦值的示例。

	A	B	C
1	复数	公式	复数的余弦值
2	10i	=IMCOS(A2)	11013.2329201033
3	3-4j	=IMCOS(A3)	-27.0349456030742+3.85115333481178j
4	9-11j	=IMCOS(A4)	-27276.5712181529+12337.6202909673j
5	1+2j	=IMCOS(A5)	2.03272300701967-3.0518977991518j

图 14-27

16. IMCOSH（计算复数的双曲余弦值）

扫一扫，看视频

【函数功能】IMCOSH 函数用于返回以 *x*+*y*i 或 *x*+*y*j 形式表示的复数的双曲余弦值。

【函数语法】IMCOSH (inumber)

inumber：必需，需要计算双曲余弦值的复数。如果 inumber 为非 *x*+*y*i 或 *x*+*y*j 形式的值，则 IMCOSH 函数返回错误值“#NUM!”；如果 inumber 为逻辑值，则 IMCOSH 函数返回错误值“#VALUE!”。

图 14-28 所示为计算复数的双曲余弦值的示例。

	A	B	C
1	复数	公式	复数的双曲余弦值
2	10i	=IMCOSH(A2)	-0.839071529076452
3	3-4j	=IMCOSH(A3)	-6.58066304055116+7.58155274274654j
4	9-11j	=IMCOSH(A4)	17.9309013907258+4051.5022235126j
5	1+2j	=IMCOSH(A5)	-0.642148124715522+1.06860742138278j

图 14-28

17. IMCOT（计算复数的余切值）

扫一扫，看视频

【函数功能】IMCOT 函数用于返回以 *x*+*y*i 或 *x*+*y*j 形式表示的复数的余切值。

【函数语法】IMCOT (inumber)

inumber：必需，需要计算余切值的复数。如果 inumber 为非 *x*+*y*i 或 *x*+*y*j 形式的值，则 IMCOT 函数返回错误值“#NUM!”；如果 inumber 为逻辑值，则 IMCOT 函数返回错误值“#VALUE!”。

图 14-29 所示为计算复数的余切值的示例。

	A	B	C
1	复数	公式	复数的余切值
2	4i	=IMCOT(A2)	-1.00067115040168i
3	1+2j	=IMCOT(A3)	0.0327977555337526-0.984329226458191j
4	5-3j	=IMCOT(A4)	-0.00268579840575853+0.995845318575854j

图 14-29

18. IMCSC（计算复数的余割值）

扫一扫，看视频

【函数功能】IMCSC 函数用于返回以 *x*+*y*i 或 *x*+*y*j 形式表示的复数的余割值。

【函数语法】IMCSC (inumber)

inumber：必需，需要计算余割值的复数。如果 inumber 为非 *x*+*y*i 或 *x*+*y*j 形式的值，则 IMCSC 函数返回错误值“#NUM!”；如果 inumber 为逻辑值，则 IMCSC 函数返回错误值“#VALUE!”。

图 14-30 所示为计算复数的余割值的示例。

	A	B	C
1	复数	公式	复数的余割值
2	10i	=IMCSC(A2)	-0.0000907998597121222i
3	5-4j	=IMCSC(A3)	-0.0351186310057677+0.0103815770277425j
4	2-3j	=IMCSC(A4)	0.0904732097532074-0.0412009862885741j

图 14-30

19. IMCSCH（计算复数的双曲余割值）

扫一扫，看视频

【函数功能】IMCSCH 函数用于返回以 x+yi 或 x+yj 形式表示的复数的双曲余割值。

【函数语法】IMCSCH (inumber)

inumber：必需，需要计算双曲余割值的复数。如果 inumber 为非 x+yi 或 x+yj 形式的值，则 IMCSCH 函数返回错误值“#NUM!”；如果 inumber 为逻辑值，则 IMCSCH 函数返回错误值“#VALUE!”。

图 14-31 所示为计算复数的双曲余割值的示例。

	A	B	C
1	复数	公式	复数的双曲余割值
2	10i	=IMCSCH(A2)	1.83816396088967i
3	5-4j	=IMCSCH(A3)	-0.00880791586223676-0.0101989184567642j
4	2-3j	=IMCSCH(A4)	-0.27254866146294+0.0403005788568915j

图 14-31

20. IMSEC（计算复数的正割值）

【函数功能】IMSEC 函数用于返回以 x+yi 或 x+yj 形式表示的复数的正割值。

【函数语法】IMSEC (inumber)

扫一扫，看视频

inumber：必需，需要计算正割值的复数。如果 inumber 为非 x+yi 或 x+yj 形式的值，则 IMSEC 函数返回错误值“#NUM!”；如果 inumber 为逻辑值，则 IMSEC 函数返回错误值“#VALUE!”。

图 14-32 所示为计算复数的正割值的示例。

	A	B	C
1	复数	公式	复数的正割值
2	10i	=IMSEC(A2)	0.0000907998593378173
3	5-4j	=IMSEC(A3)	0.0104002477656774+0.0351346130309063j
4	2-3j	=IMSEC(A4)	-0.0416749644111443-0.0906111371962376j

图 14-32

21. IMSECH（计算复数的双曲正割值）

【函数功能】IMSECH 函数用于返回以 $x+yi$ 或 $x+yj$ 形式表示的复数的双曲正割值。

【函数语法】IMSECH (inumber)

inumber：必需，需要计算双曲正割值的复数。如果 inumber 为非 $x+yi$ 或 $x+yj$ 形式的值，则 IMSECH 函数返回错误值“#NUM!”；如果 inumber 为逻辑值，则 IMSECH 函数返回错误值“#VALUE!”。

图 14-33 所示为计算复数的双曲正割值的示例。

	A	B	C
1	复数	公式	复数的双曲正割值
2	10i	=IMSECH(A2)	-1.1917935066879
3	5-4j	=IMSECH(A3)	-0.00880894840977089-0.0101982619011619j
4	2-3j	=IMSECH(A4)	-0.263512975158389+0.0362116365587685j
5			

图 14-33

22. IMTAN（计算复数的正切值）

【函数功能】IMTAN 函数用于返回以 $x+yi$ 或 $x+yj$ 形式表示的复数的正切值。

【函数语法】IMTAN (inumber)

inumber：必需，需要计算正切值的复数。如果 inumber 为非 $x+yi$ 或 $x+yj$ 形式的值，则 IMTAN 函数返回错误值“#NUM!”；如果 inumber 为逻辑值，则 IMTAN 函数返回错误值“#VALUE!”。

图 14-34 所示为计算复数的正切值的示例。

	A	B	C
1	复数	公式	复数的正切值
2	10i	=IMTAN(A2)	0.999999995877693i
3	5-4j	=IMTAN(A3)	-0.000365203054511304-1.00056304611579j
4	2-3j	=IMTAN(A4)	-0.00376402564150425-1.00323862735361j
5			

图 14-34

23. IMLN（计算复数的自然对数）

【函数功能】IMLN 函数用于返回以 $x+yi$ 或 $x+yj$ 形式表示的复数的自然对数。

【函数语法】IMLN(inumber)

inumber：必需，需要计算自然对数的复数。

图 14-35 所示为计算复数的自然对数的示例。

	A	B	C
1	复数	公式	复数的自然对数
2	10i	=IMLN(A2)	2.30258509299405+1.5707963267949i
3	5-4j	=IMLN(A3)	1.85678603335215-0.674740942223553j
4	2-3j	=IMLN(A4)	1.28247467873077-0.982793723247329j

图 14-35

24. IMLOG10（返回复数以 10 为底的常用对数）

【函数功能】IMLOG10 函数用于返回以 *x*+*y*i 或 *x*+*y*j 形式表示的复数的常用对数（以 10 为底数）。

【函数语法】IMLOG10(inumber)

inumber：必需，需要计算以 10 为底的常用对数的复数。

图 14-36 所示为计算复数以 10 为底的常用对数的示例。

	A	B	C
1	复数	公式	复数的常用对数(以10为底数)
2	5i	=IMLOG10(A2)	0.698970004336019+0.682188176920921i
3	5-4j	=IMLOG10(A3)	0.806391928359868-0.29303626792189j
4	2-3j	=IMLOG10(A4)	0.556971676153418-0.426821890855467j

图 14-36

25. IMLOG2（返回复数以 2 为底的对数）

【函数功能】IMLOG2 函数用于返回以 *x*+*y*i 或 *x*+*y*j 形式表示的复数以 2 为底的对数。

【函数语法】IMLOG2(inumber)

inumber：必需，需要计算以 2 为底的对数的复数。

图 14-37 所示为计算复数以 2 为底的对数的示例。

	A	B	C
1	复数	公式	复数的对数（以2为底数）
2	5i	=IMLOG2(A2)	2.32192809488736+2.2661800709136i
3	5-4j	=IMLOG2(A3)	2.67877600230904-0.973445411230666j
4	2-3j	=IMLOG2(A4)	1.85021985907055-1.41787163074572j

图 14-37

26. IMPOWER（计算复数的 n 次幂值）

扫一扫，看视频

【函数功能】IMPOWER 函数用于返回以 $x+yi$ 或 $x+yj$ 形式表示的复数的 n 次幂。

【函数语法】IMPOWER(inumber,number)

- inumber：必需，需要计算幂值的复数。
- number：必需，需要计算的幂次。

图 14-38 所示为计算复数的 n 次幂值的示例。

	A	B	C	D
1	复数	幂数	公式	复数的n次幂值
2	4i	1	=IMPOWER(A2,B2)	2.45029690981724E-16+4i
3	1+2j	2	=IMPOWER(A3,B3)	-3+4j
4	5i	5	=IMPOWER(A4,B4)	9.57147230397359E-13+3125i
5	5-3i	7	=IMPOWER(A5,B5)	-183640+137112i

图 14-38

14.3 Bessel 函数

1. BESSELJ（返回 Bessel 函数值）

【函数功能】BESSELJ 函数用于返回 Bessel 函数值。

【函数语法】BESSELJ(x,n)

- x：必需，参数值。
- n：必需，函数的阶数。如果 n 为非整数，则截尾取整。

例：计算 Bessel 函数值

扫一扫，看视频

❶ 选中 C2 单元格，在编辑栏中输入公式：

```
=BESSELJ(A2,B2)
```

❷ 按 Enter 键，即可计算出 3.5 的 1 阶 Bessel 函数值为 0.137377527。然后向下复制公式，得到其他数值的 Bessel 函数值，如图 14-39 所示。

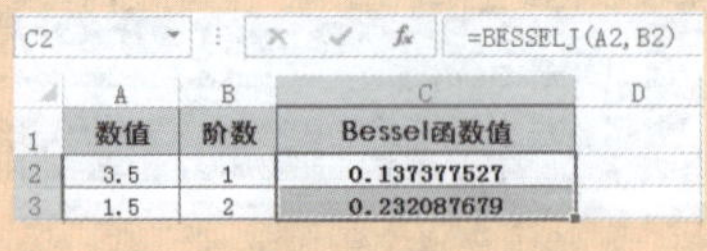

C2 =BESSELJ(A2,B2)

	A	B	C	D
1	数值	阶数	Bessel函数值	
2	3.5	1	0.137377527	
3	1.5	2	0.232087679	

图 14-39

2. BESSELI 函数（返回修正 Bessel 函数值）

【函数功能】BESSELI 函数用于返回修正 Bessel 函数值，它与用纯虚数参数运算时的 Bessel 函数值相等。

【函数语法】BESSELI(x,n)

- x：必需，参数值。
- n：必需，函数的阶数。如果 n 为非整数，则截尾取整。

例：计算修正 Bessel 函数值 In(X)

❶ 选中 C2 单元格，在编辑栏中输入公式：

```
=BESSELI(A2,B2)
```

❷ 按 Enter 键，即可计算出 3.5 的 1 阶修正 Bessel 函数值 ln(x)为 6.205834932。然后向下复制公式，得到其他数值的修正 Bessel 函数值，如图 14-40 所示。

扫一扫，看视频

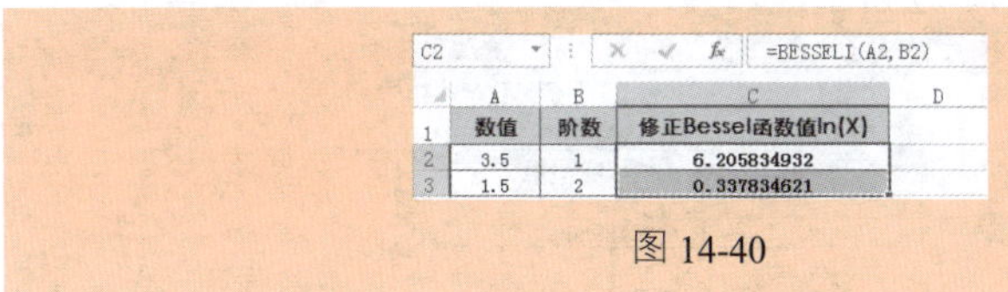

	A	B	C
1	数值	阶数	修正Bessel函数值In(X)
2	3.5	1	6.205834932
3	1.5	2	0.337834621

图 14-40

3. BESSELY 函数（返回 Bessel 函数值）

【函数功能】BESSELY 函数也称为 Weber 函数或 Neumann 函数，用于返回 Bessel 函数值。

【函数语法】BESSELY(x,n)

- x：必需，参数值。
- n：必需，函数的阶数。如果 n 为非整数，则截尾取整。

例：计算 Bessel 函数值 Yn(X)

❶ 选中 C2 单元格，在编辑栏中输入公式：

```
= BESSELY(A2,B2)
```

❷ 按 Enter 键即可计算出 3.5 的 1 阶 Bessel 函数值 Yn(X)为 0.410188417。然后向下复制公式，得到其他数值的 Bessel 函数值 Yn(X)，如图 14-41 所示。

扫一扫，看视频

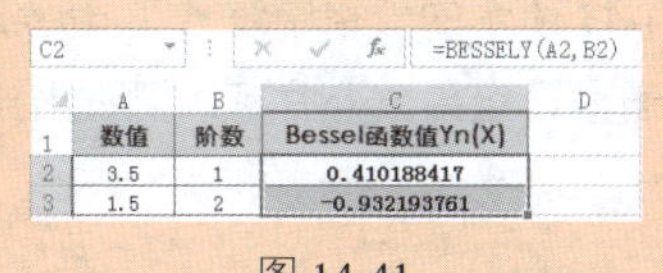

	A	B	C
1	数值	阶数	Bessel函数值Yn(X)
2	3.5	1	0.410188417
3	1.5	2	-0.932193761

图 14-41

4. BESSELK（返回修正 Bessel 函数值）

【函数功能】BESSELK 函数用于返回修正 Bessel 函数值，它与用纯虚数参数运算时的 Bessel 函数值相等。

【函数语法】BESSELK(x,n)

- x：必需，参数值。
- n：必需，函数的阶数。如果 n 为非整数，则截尾取整。

例：计算修正 Bessel 函数值 Kn(X)

扫一扫，看视频

❶ 选中 C2 单元格，在编辑栏中输入公式：

```
=BESSELK(A2,B2)
```

❷ 按 Enter 键即可计算出 3.5 的 1 阶 Bessel 函数值 Kn(X)为 0.022239393。然后向下复制公式，得到其他数值的 Bessel 函数值 Kn(X)，如图 14-42 所示。

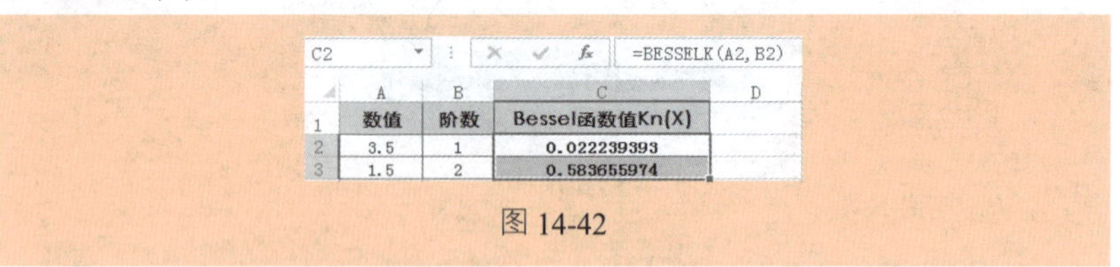

C2 =BESSELK(A2,B2)

	A	B	C	D
1	数值	阶数	Bessel函数值Kn(X)	
2	3.5	1	0.022239393	
3	1.5	2	0.583655974	

图 14-42

14.4 其他工程函数

1. DELTA（测试两个数值是否相等）

【函数功能】DELTA 函数用于测试两个数值是否相等。如果 number1 = number2，则返回 1，否则返回 0。

【函数语法】DELTA(number1,[number2])

- number1：必需，第一个参数。
- number2：可选，如果省略，假设 number2 值为 0。

例：测试两个数值是否相等

扫一扫，看视频

图 14-43 所示的表格中统计了 6 月份产品的预测销量和实际销量，通过设置函数公式可以测试出产品的销量是否与预期相同。

❶ 选中 E2 单元格，在编辑栏中输入公式：

```
=IF(DELTA(C2,D2)=0,"不同","相同")
```

❷ 按 Enter 键，即可返回第一件产品的预测销量与实际销量是否相同的判断结果。然后向下复制 E2 单元格的公式，即可得出批量判断结果，如图 14-43 所示。

E2 =IF(DELTA(C2,D2)=0,"不同","相同")

	A	B	C	D	E
1	销售日期	产品名称	预测销量	实际销量	销量变化
2	2017/6/1	显示器	100	85	不同
3	2017/6/2	加湿器	82	82	相同
4	2017/6/3	文件柜	100	120	不同
5	2017/6/4	打印机	135	120	不同
6	2017/6/5	碎纸机	150	150	相同
7	2017/6/6	录音笔	80	120	不同
8	2017/6/7	传真机	20	35	不同

图 14-43

2. GESTEP（比较给定参数的大小）

【函数功能】GESTEP 函数用于比较给定参数的大小。如果 number 大于等于 step，则返回 1，否则返回 0。

【函数语法】GESTEP(number,[step])

- number：必需，待测试的数值。
- step：可选，阈值。如果省略 step，则函数假设其为 0。

例：判断是否需要缴纳税金

假设个人所得税的起征点为 3500 元，现在需要根据公司员工工资表中的工资数据将需要缴纳税金的人员标记出来（1 表示要缴纳，0 表示不需要缴纳）。

扫一扫，看视频

❶ 选中 D2 单元格，在编辑栏中输入公式：

```
=GESTEP(C2,3500)
```

❷ 按 Enter 键即可得出第一位员工是否要缴纳税金的判断结果。然后向下复制 D2 单元格的公式，即可得到批量判断结果，如图 14-44 所示。

D2 =GESTEP(C2, 3500)

	A	B	C	D
1	工号	姓名	工资	是否需要缴纳税金
2	A-001	张智云	3600	1
3	A-002	刘琴	2500	0
4	A-004	周雪	2800	0
5	B-001	梁美媛	4600	1
6	B-003	尹宝琴	2900	0
7	C-001	廖雪辉	1800	0
8	C-005	周云	5000	1

图 14-44

3. ERF 函数（返回误差函数在上下限之间的积分）

【函数功能】ERF 函数用于返回误差函数在上下限之间的积分。

【函数语法】ERF(lower_limit,[upper_limit])

- lower_limit：必需，ERF 函数的积分下限。
- upper_limit：可选，ERF 函数的积分上限。如果省略积分上限，ERF 函数的积分范围为在 0 到下限积分。

例：返回误差函数在上下限之间的积分

扫一扫，看视频

图 14-45 所示的表格中给定了误差值的上限和下限范围，使用 ERF 函数可以计算其误差值。

❶ 选中 B2 单元格，在编辑栏中输入公式：

```
=ERF(A2)
```

❷ 按 Enter 键即可计算出误差函数在 0～0.8 之间的积分值，如图 14-45 所示。

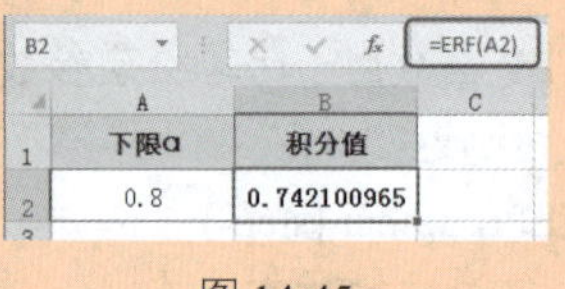

	A	B	C
1	下限a	积分值	
2	0.8	0.742100965	

图 14-45

4. ERFC（返回从 x 到无穷大积分的互补 ERF 函数）

【函数功能】ERFC 函数用于返回从 x 到无穷大积分的互补 ERF 函数。

【函数语法】ERFC(x)

x：必需，ERF 函数的积分下限。

例：返回从 x 到无穷大积分的互补 ERF 函数

扫一扫，看视频

❶ 选中 C2 单元格，在编辑栏中输入公式：

```
=ERFC(A2)
```

❷ 按 Enter 键即可计算出 0.8 的 ERF 函数的补余误差函数，如图 14-46 所示。

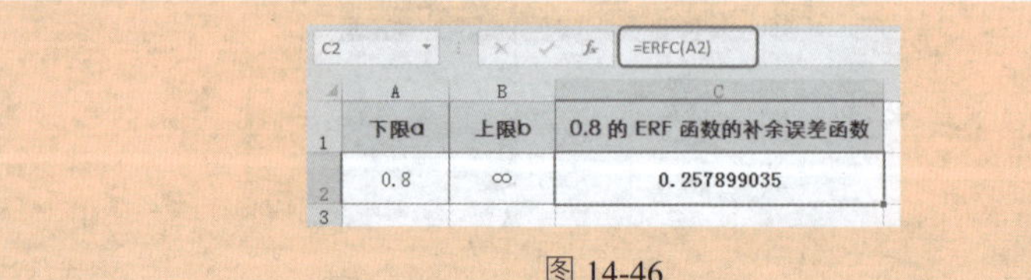

	A	B	C
1	下限a	上限b	0.8 的 ERF 函数的补余误差函数
2	0.8	∞	0.257899035
3			

图 14-46

注意：

ERF 是误差函数，它是高斯概率密度函数的积分。在很多涉及高斯分布的场合中，由于理论分析的需要，会涉及一些关于高斯概率密度函数的积分，这些积分无法求出具体的表达式，可是这些积分又非常常见，为了表示的需要，后来专门将这类积分定义为 ERF 函数。

ERFC 函数与 ERF 函数是互补误差函数，ERFC 函数是在 x 到无穷上的积分，所以 ERFC(x) + ERF(x) = 1。

ERFC 是单调增函数，在通信原理中常用于计算误码率与信噪比的关系，信噪比越高，误码率越低。

5. ERF.PRECISE（返回误差函数在 0 与指定下限间的积分）

【函数功能】ERF.PRECISE 函数用于返回误差函数在 0 与指定下限间的积分。

【函数语法】ERF.PRECISE (x)

x：必需，ERF.PRECISE 函数的积分下限。如果 x 为非数值型，则 ERF.PRECISE 函数返回错误值“#VALUE!”。

例：返回误差函数在 0 与指定下限间的积分

❶ 选中 B2 单元格，在编辑栏中输入公式：

```
=ERF.PRECISE(A2)
```

❷ 按 Enter 键即可计算出误差函数在 0～0.875 之间的积分值，如图 14-47 所示。

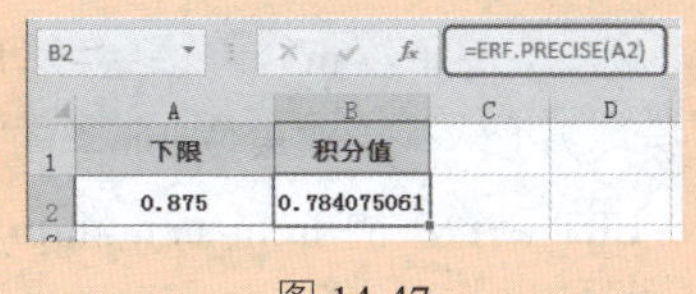

图 14-47

6. ERFC.PRECISE 函数（返回从 x 到无穷大积分的互补 ERF.PRECISE 函数）

【函数功能】ERFC.PRECISE 函数用于返回从 x 到无穷大积分的互补 ERF.PRECISE 函数。

【函数语法】ERFC.PRECISE (x)

x：必需，ERFC.PRECISE 函数的积分下限。如果 x 为非数值型，则 ERFC.PRECISE 返回错误值“#VALUE!”。

例：返回从 x 到无穷大积分的互补 ERF.PRECISE 函数

扫一扫，看视频

❶ 选中 B2 单元格，在编辑栏中输入公式：

```
=ERFC.PRECISE(A2)
```

❷ 按 Enter 键即可返回 0.875 的 ERF.PRECISE 函数的补余误差函数，如图 14-48 所示。

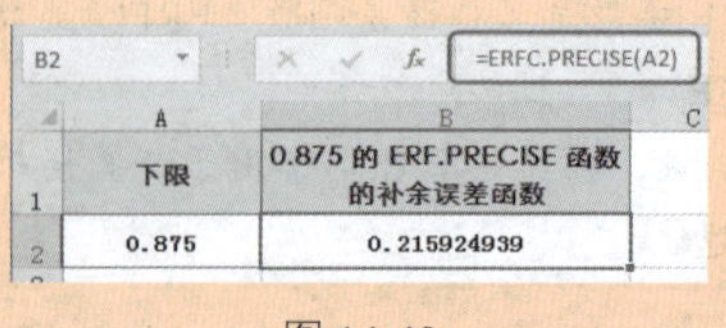

图 14-48

7. CONVERT（从一种度量系统转换到另一种度量系统）

【函数功能】CONVERT 函数可以将数值从一种度量系统转换到另一种度量系统。

【函数语法】CONVERT(number,from_unit,to_unit)

- number：必需，以 from_unit 为单位需要转换的数值。
- from_unit：必需，数值 number 的单位。
- to_unit：必需，结果的单位。

例：将“加仑”转换为“升”

扫一扫，看视频

CONVERT 函数可以将数值从一种度量系统转换到另一种度量系统。例如，将单位 m（米）转换为 ft（英尺）、将单位 gal（加仑）转换为 l（升），将单位 lbm（磅）转换为 g（克）等。

CONVERT 函数中的 from_unit 和 to_unit 参数可设置的文本值见表 14-1。

表 14-1　from_unit 和 to_unit 参数可设置的文本值

重量和质量	from_unit 或 to_unit	能　量	from_unit 或 to_unit
克	"g"	焦耳	"J"
斯勒格	"sg"	尔格	"e"
磅（常衡制）	"lbm"	热力学卡	"c"

续表

重量和质量	from_unit 或 to_unit	能　　量	from_unit 或 to_unit
U（原子质量单位）	"u"	IT	卡
盎司（常衡制）	"ozm"	电子伏	"eV"
距　　离	from_unit	马力/小时	"HPh"
米	"m"	瓦特/小时	"Wh"
法定英里	"mi"	英尺磅	"flb"
海里	"Nmi"	BTU	"BTU"
英寸	"in"	乘　　幂	from_unit
英尺	"ft"	马力	"HP"
码	"yd"	瓦特	"W"
埃	"ang"	磁	from_unit
皮卡（1/72 英寸）	"Pica"	特斯拉	"T"
日　　期	from_unit	高斯	"ga"
年	"yr"	温　　度	from_unit
日	"day"	摄氏度	"C"
小时	"hr"	华氏度	"F"
分钟	"mn"	开氏温标	"K"
秒	"sec"	液 体 度 量	from_unit
压　　强	from_unit	茶匙	"tsp"
帕斯卡	"Pa"	汤匙	"tbs"
大气压	"atm"	液量盎司	"oz"
毫米汞柱	"mmHg"	杯	"cup"
力	from_unit	U.S.	品脱
牛顿	"N"	U.K.	品脱
达因	"dyn"	夸脱	"qt"
磅力	"lbf"	加仑	"gal"
		升	"l"

❶ 选中 C2 单元格，在编辑栏中输入公式：

```
=ROUND(CONVERT(B2,"gal","l"),2)
```

❷ 按 Enter 键即可将单位 gal（加仑）转换为 l（升）。然后向下复制 C2 单元格的公式，即可实现批量转换，如图 14-49 所示。

C2 =ROUND(CONVERT(B2,"gal","l"),2)

	A	B	C
1	食品	用量(加仑gal)	用量(升l)
2	威士忌	5.12	19.38
3	酸奶	8.95	33.88
4	葡萄汁	1.75	6.62
5	水	5.85	22.14
6	芝士	3.36	12.72

图 14-49

8. BITAND（按位进行 AND 运算）

【函数功能】BITAND 函数用于返回两个数值型数值按位进行 AND 运算后的结果（即两个数按位进行“与”运算）。将 nExpression1（二进制的）的每一位同 nExpression2（二进制的）的相应位进行比较，如果 nExpression1 和 nExpression2 的位都是 1，相应的结果位就是 1；否则相应的结果位是 0。

【函数语法】BITAND (nExpression1, nExpression2)

- nExpression1：必需，必须为十进制格式并大于或等于 0。
- nExpression2：必需，必须为十进制格式并大于或等于 0。

例：以二进制形式比较两个数值（“与”对比）

扫一扫，看视频

❶ 选中 C2 单元格，在编辑栏中输入公式：

```
=BITAND(A2,B2)
```

❷ 按 Enter 键，返回的结果为 4。因为数字 5 的二进制编码为 101，数字 6 的二进制编码为 110，二者按位进行“与”对比，得到的是 100，此二进制编码对应的十进制编码就是 4，如图 14-50 所示。

C2 =BITAND(A2,B2)

	A	B	C
1	数值1	数值2	比较结果
2	5	6	4
3	101	110	100

图 14-50

9. BITOR（按位进行 OR 运算）

【函数功能】BITOR 函数用于返回两个数值型数值按位进行 OR 运算后的结果（即两个数按位进行"或"运算）。将 nExpression1（二进制的）的每一位同 nExpression2（二进制的）的相应位进行比较，如果 nExpression1 和 nExpression2 的位有一个为 1，相应的结果位就是 1；只有当两个位都是 0 时，相应的结果位才是 0。

【函数语法】BITOR (nExpression1, nExpression2)

- nExpression1：必需，必须为十进制格式并大于或等于 0。
- nExpression2：必需，必须为十进制格式并大于或等于 0。

例：以二进制形式比较两个数值（"或"对比）

❶ 选中 C2 单元格，在编辑栏中输入公式：

```
=BITOR(A2,B2)
```

扫一扫，看视频

❷ 按 Enter 键，返回的结果为 7。因为数字 5 的二进制编码为 101，数字 6 的二进制编码为 110，二者按位进行"或"对比，得到的是 111，此二进制编码对应的十进制编码就是 7，如图 14-51 所示。

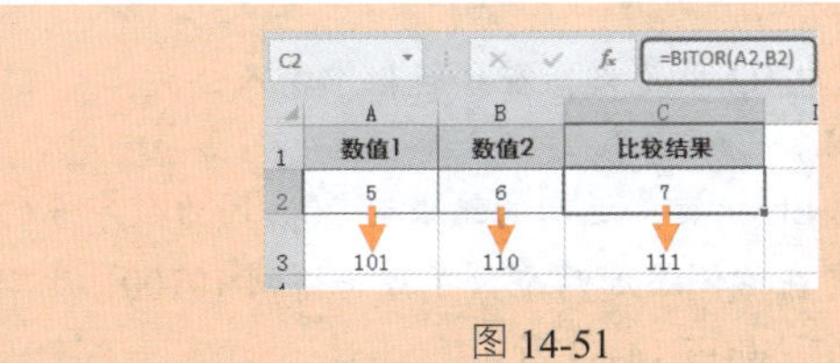

图 14-51

10. BITXOR 函数（返回两个数值的按位"异或"结果）

【函数功能】BITXOR 函数用于返回两个数值的按位"异或"结果。将 nExpression1（二进制的）的每一位同 nExpression2（二进制的）的相应位进行比较，如果 nExpression1 和 nExpression2 的位有一个为 1，相应的结果位就是 1；只有当两个位都是 0 或者都是 1 时，相应的结果位才是 0。

【函数语法】BITXOR (nExpression1, nExpression2)

- nExpression1：必需，必须为十进制格式并大于或等于 0。
- nExpression2：必需，必须为十进制格式并大于或等于 0。

例：以二进制形式比较两个数值（"异或"对比）

扫一扫，看视频

❶ 选中 C2 单元格，在编辑栏中输入公式：

```
=BITXOR(A2,B2)
```

❷ 按 Enter 键，返回的结果为 3。因为数字 5 的二进制编码为 101，数字 6 的二进制编码为 110，二者按位进行“异或”对比，得到的是 011，此二进制编码对应的十进制编码就是 3，如图 14-52 所示。

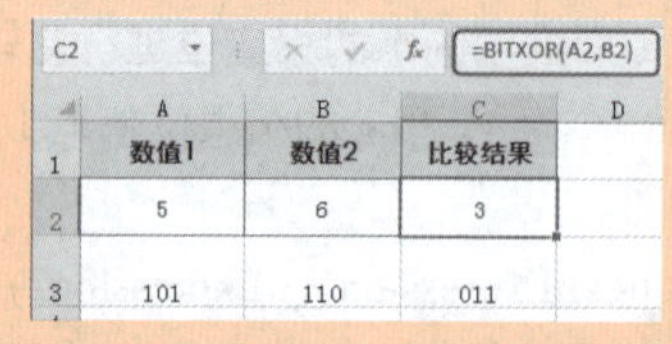

图 14-52

11. BITLSHIFT（左移指定位数并返回十进制编码）

【函数功能】BITLSHIFT 函数用于返回向左移动指定位数后的数值。

【函数语法】BITLSHIFT(number, shift_amount)

- number：必需，number 必须为大于或等于 0 的整数。
- shift_amount：必需，shift_amount 必须为整数。

例：左移指定位数并用十进制表示

扫一扫，看视频

❶ 选中 B2 单元格，在编辑栏中输入公式：

```
=BITLSHIFT(A2,2)
```

❷ 按 Enter 键，返回的结果为 20。因为数字 5 的二进制编码为 101，在右侧添加两个数字 0 将得到 10100，此二进制编码对应的十进制编码为 20，如图 14-53 所示。

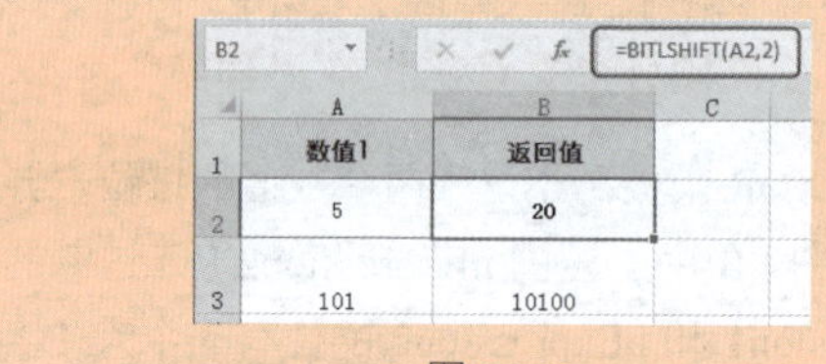

图 14-53

12. BITRSHIFT（右移指定位数并返回十进制编码）

【函数功能】BITRSHIFT 函数用于返回向右移动指定位数后的数值。

【函数语法】BITRSHIFT(number, shift_amount)

- number：必需，number 必须为大于或等于 0 的整数。
- shift_amount：必需，shift_amount 必须为整数。

例：右移指定位数并用十进制表示

扫一扫，看视频

❶ 选中 B2 单元格，在编辑栏中输入公式：

```
=BITRSHIFT(A2,2)
```

❷ 按 Enter 键，返回的结果为 5。因为数字 22 的二进制编码为 10110，删除最右边的两位数得到 101，此二进制编码对应的十进制编码为 5，如图 14-54 所示。

B2 =BITRSHIFT(A2,2)

	A	B	C	D
1	数值1	返回值		
2	22	5		
3	10110	101		

图 14-54

附录 1　ChatGPT 辅助创建函数公式[①]

附录 1.1　初识 ChatGPT

ChatGPT 是一种基于人工智能技术的聊天机器人，它由 OpenAI 团队开发，通过将大量的训练数据输入到模型中进行训练，以便能够理解和生成人类语言，从而实现与用户进行高质量的对话。由于 ChatGPT 具有强大的自然语言处理能力，可以处理和理解复杂的语言表达，因此可以更好地满足用户需求。此外，ChatGPT 还可以根据不同的应用场景进行优化，可以更好地适应各种需求。本章将初步学习使用 ChatGPT 辅助在 Excel 中创建满足条件的公式。

注意：

由于 OpenAI 公司并未对国内开放使用 ChatGPT 官网，只要是国内的 IP 都会被 OpenAI 服务器拒绝访问，因此国内暂时不可以直接使用 ChatGPT。正是由于国内用户使用 ChatGPT 存在一些障碍和限制，因此一些国内的 AI 创作软件应运而生，为用户提供了另一种选择。国内版的 ChatGPT 是通过 API 接口调用的方式实现对话服务的，OpenAI 官网允许用户通过 API 调用其语言模型，国内开发的 ChatGPT 网站可以通过 API 调用 OpenAI 官网的 GPT 语言模型，这样用户的每一次对话数据都来自 OpenAI 官网的服务器。同时使用国内版的 ChatGPT 网站非常便利，并且没有过多限制，因此它们成为了很多人体验，以及办公学习的首选工具。本书主要介绍一款名为 Chataa 的国产 ChatGPT 平台来带领读者学习。

1. 注册 Chataa 并登录账号

启动浏览器，进入 Chataa 官网首页（如图 A1-1 所示），初次使用需要先进行注册，后期使用可以直接登录。

❶ 在首页中可以单击“登录”或“注册”按钮，这里单击“注册”按钮，如图 A1-2 所示。

❷ 输入手机号，设置密码，并单击“发送”按钮获取验证码，如图 A1-3 所示。

---

① 附录中的图片是 ChatGPT 的智能回复，具有一定的随机性。为了展现 ChatGPT 回复的原生态，我们未对这些图片进行任何修改。

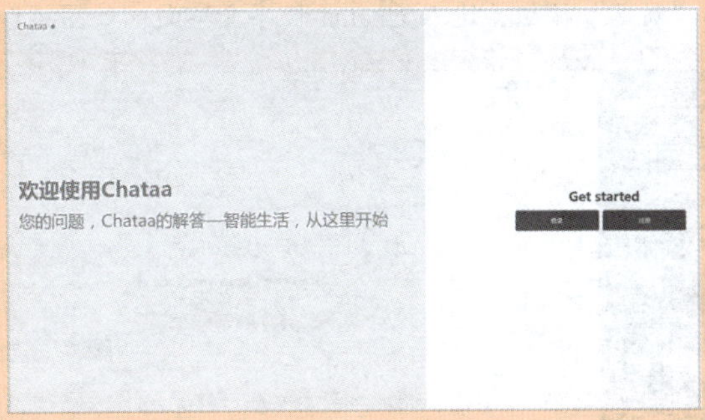

图 A1-1

图 A1-2

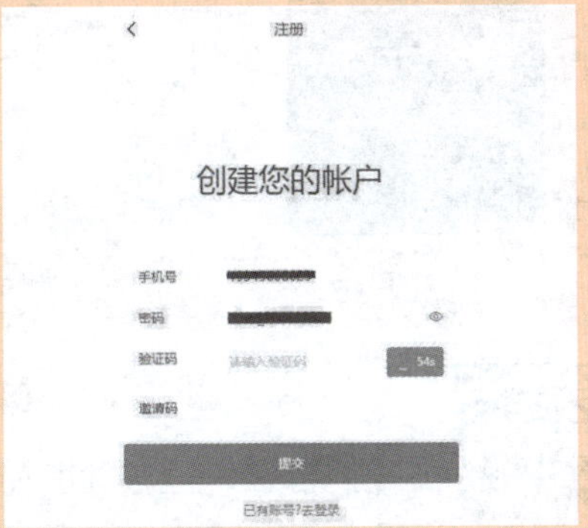

图 A1-3

❸ 输入验证码后，单击“提交”按钮，再次根据提示进行验证，如图 A1-4 所示。

图 A1-4

④ 单击“确定”按钮，进入 Chataa 程序主界面，如图 A1-5 所示。

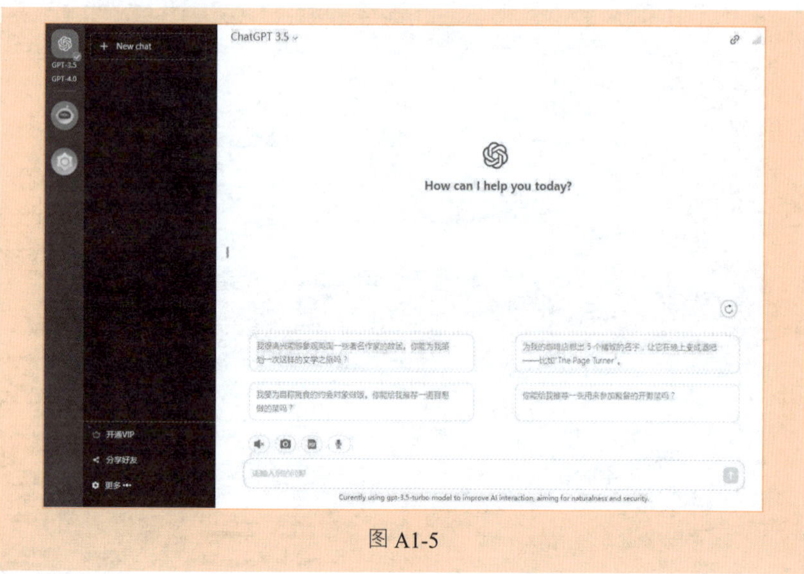

图 A1-5

扫一扫，看视频

2. 了解 Chataa 程序主界面

完成账号注册并进入 Chataa 程序主界面后，先了解一下主程序界面的基本功能项，如图 A1-6 所示。

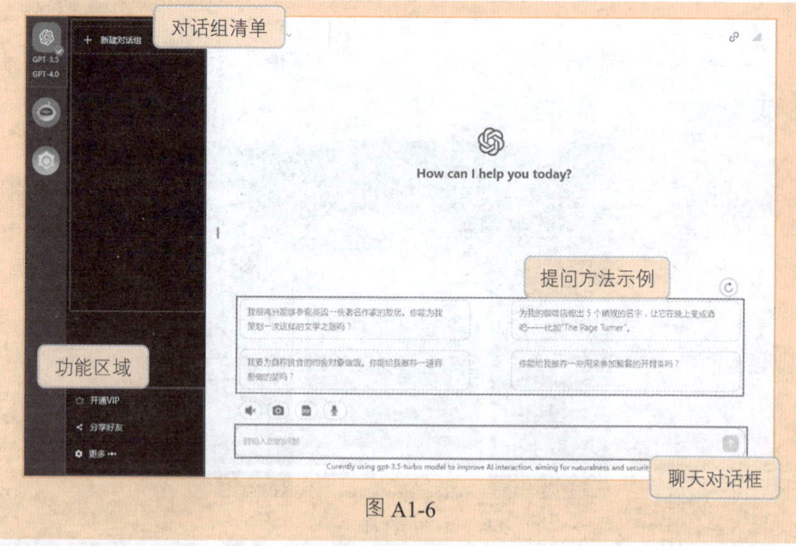

图 A1-6

- **对话组清单**：单击“新建对话组”按钮，发起对话组，已开启的对话组都会在下面列出清单，可以任意切换进入。不同的对话组便于对提问进行分类管理。
- **功能区域**：通过开通 VIP 升级版本，分享好友，单击“更多…”按钮，可以进行个人中心的设置，退出登录等。
- **提问方法示例**：给出一些提问方法的示例。后面进行提问时，聊天内容显示在此处。
- **聊天对话框**：输入要询问的问题，单击按钮将问题发送出去。

3. 开始使用 Chataa

扫一扫，看视频

将光标定位到输入框中，组织好提问文字（图 A1-7），单击按钮送出问题，Chataa 将回答你的问题，如图 A1-8 所示。

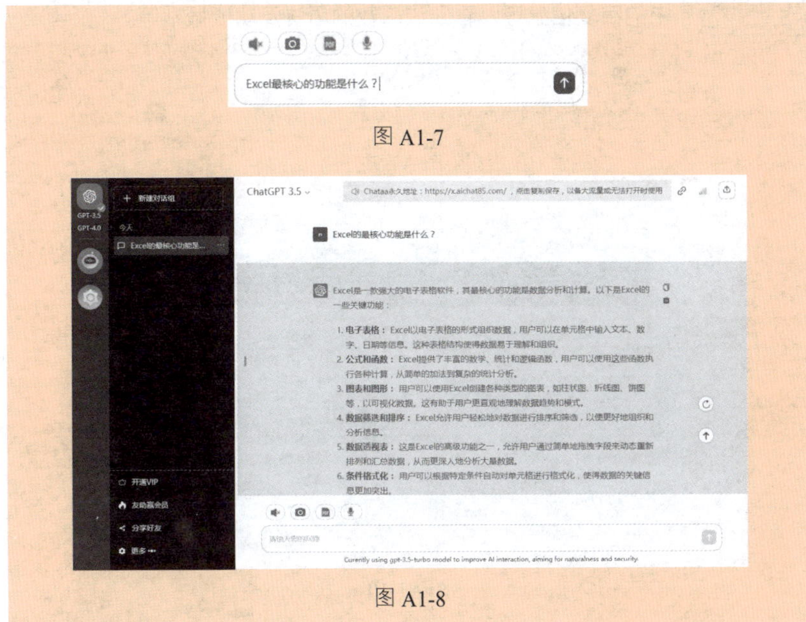

图 A1-7

图 A1-8

注意：

Chataa 在回答问题时具有随机性，针对同一个问题，在不同的时间或情况下，可能会得到不同的答案，这是因为 ChatGPT 是基于语言模型及当前知识水平和上下文的资讯，这些因素都会影响最后回答的结果。因此，在无法控制 ChatGPT 回答结果的情况下，只能通过尽量提供准确的提问关键字或分段式提问等方式，逐渐提高 ChatGPT 的准确性。

附录 1.2 了解 ChatGPT 对函数的帮助

灵活的公式设计可以解决日常办公中的数据计算、统计、分析需求，让日常工作变得高效、智能。而很多用户在使用公式时会面临学不会、记不住、不会用等众多困扰。进入 AI 时代，用户可以通过向 ChatGPT 提问学习函数语法、示例，甚至只要能把准确需求描述出来，就能直接获取解决问题的公式。

1. 向 ChatGPT 询问 Excel 函数的语法和示例

扫一扫，看视频

例如，在 ChatGPT 中提问“在 Excel 中，SUMPRODUCT 函数具有什么功能？”，如图 A1-9 所示。

送出问题，得到的回复信息如图 A1-10 所示。从图 A1-10 中的回复信息可以看到该函数的语法及功能概括等。

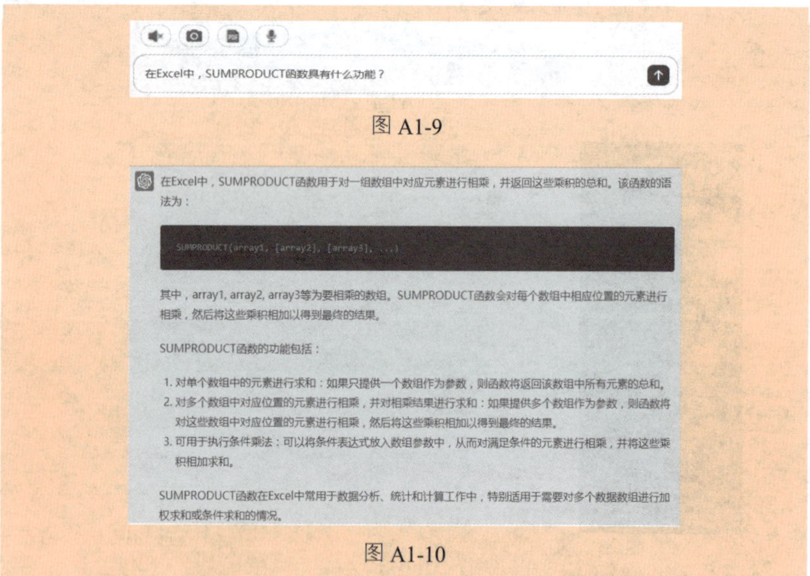

图 A1-9

图 A1-10

继续提问“请给出一个典型的应用范例。”如图 A1-11 所示。这时 ChatGPT 给出的是对数组先求乘积再求和的范例，如图 A1-12 所示。

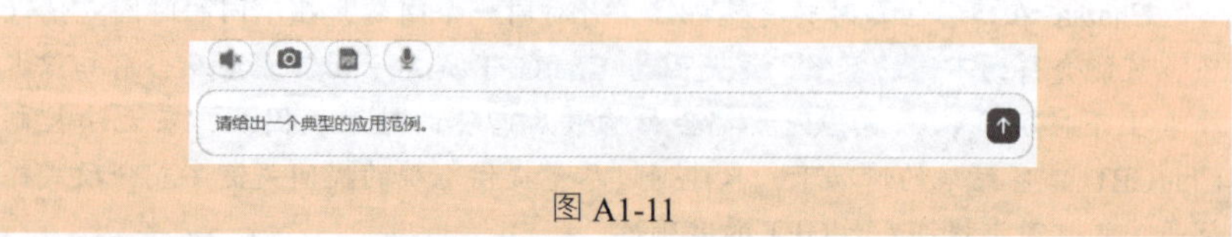

图 A1-11

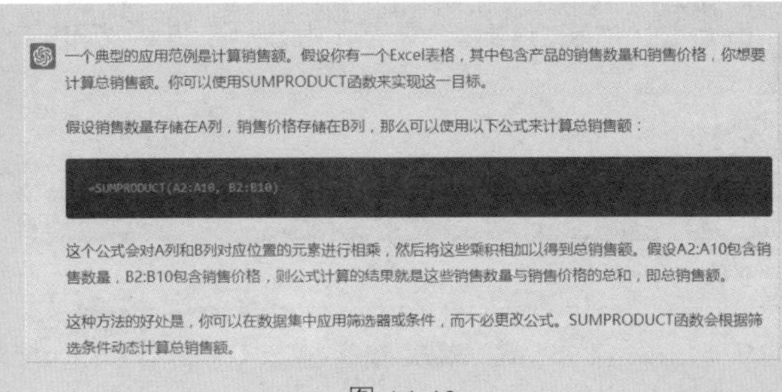

图 A1-12

继续提问“请给出一个按条件求和的例子。”如图 A1-13 所示。ChatGPT 给出的是先判断条件，再对满足条件的数据进行求和的范例，如图 A1-14 所示。

图 A1-13

图 A1-14

继续提问“请继续给出一个按条件统计条目数量的例子。”如图 A1-15 所示。ChatGPT 给出的是先判断条件，再对满足条件的数据条目进行计数的范例，如图 A1-16 所示。

图 A1-15

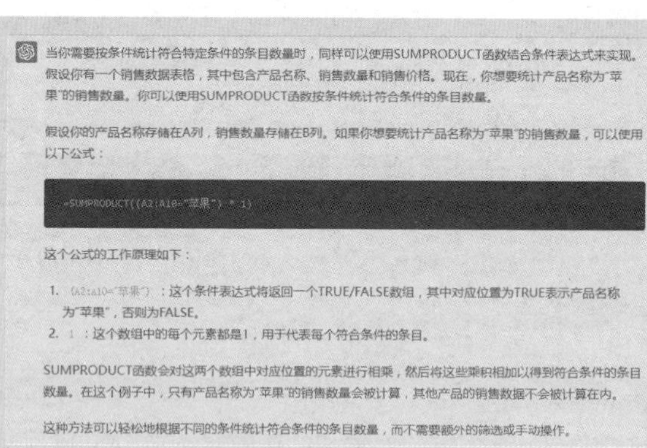

图 A1-16

继续提问“SUMPRODUCT 函数可以进行满足多重条件的加总运算吗？请举例。”如图 A1-17 所示。ChatGPT 给出的公式是先对双重条件进行判断，然后只对同时满足双重条件的数据进行加总运算，如图 A1-18 所示。

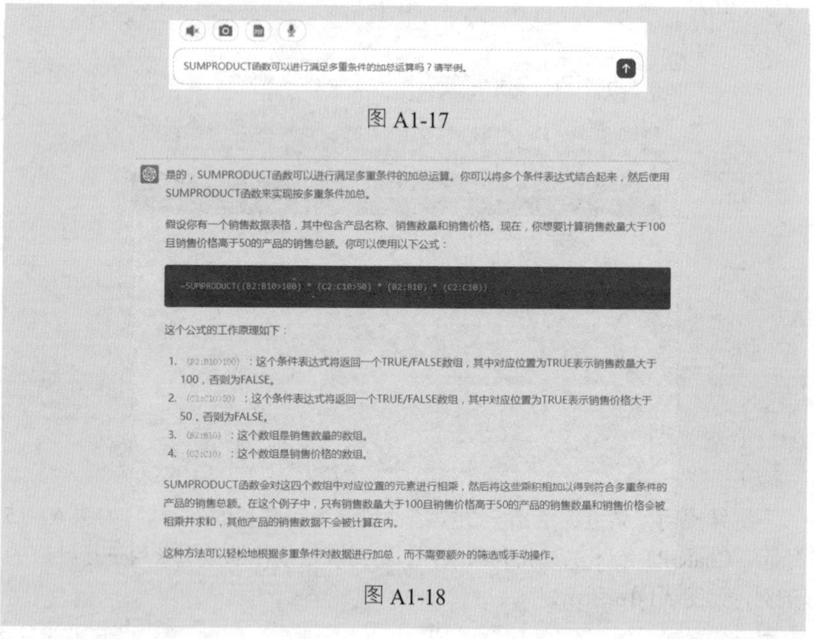

图 A1-17

图 A1-18

注意：

通过上面一系列的提问以及得到的回复信息，可以体会到 ChatGPT 的功能是非常强大的，它能为现阶段快节奏的工作提供极大的帮助。

2. ChatGPT 按给定任务提供 Excel 公式建议

ChatGPT 可以按用户给定任务提供 Excel 函数建议，即只要用户能正确表达需求，ChatGPT 就能提供一些应用建议，同时还可以通过追问逐步细化问题，最终得出想要的方案。笔者在应用的过程过，体会到这一点是非常实用的。

例如，在 ChatGPT 中提问“Excel 表格中统计了员工的入职日期，试用期为 60 天，想建立公式判断每位员工的试用期是否结束。”，如图 A1-19 所示。

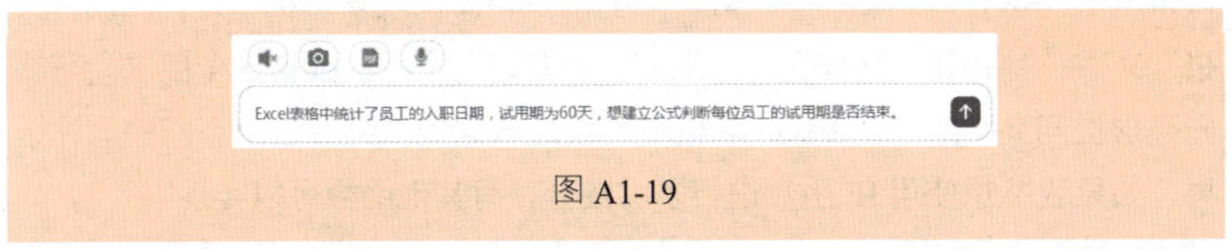

图 A1-19

送出问题，得到的回复信息如图 A1-20 所示。

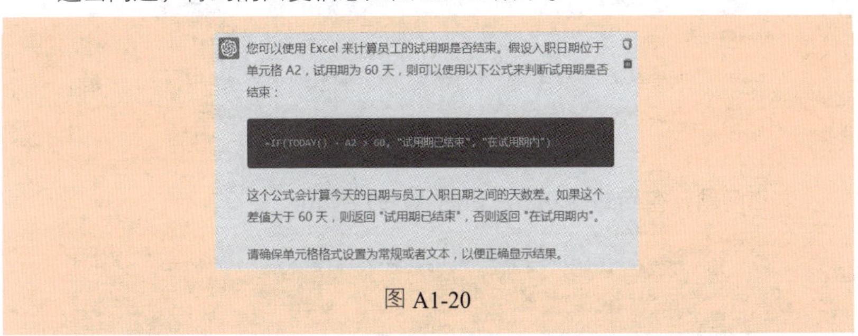

图 A1-20

根据 ChatGPT 回复的公式，将其应用到 Excel 中进行求解，其求解结果如图 A1-21 所示。

D2 =IF(TODAY() - C2 > 60, "试用期已结束", "在试用期内")

	A	B	C	D	E	F
1	员工姓名	部门	入职时间	是否到试用期		
2	鲍亮	设计部	2024-3-19	试用期已结束		
3	于青青	销售部	2024-2-12	试用期已结束		
4	程志远	市场部	2024-2-19	试用期已结束		
5	刘平	研发部	2024-2-12	试用期已结束		
6	韩学平	研发部	2024-4-9	在试用期内		
7	张成	设计部	2024-2-4	试用期已结束		
8	邓宏	财务部	2024-3-8	试用期已结束		
9	杨娜	财务部	2024-3-1	试用期已结束		
10	邓超超	财务部	2024-4-10	在试用期内		
11	苗兴华	设计部	2024-4-1	在试用期内		
12	包娟娟	财务部	2024-3-14	试用期已结束		
13	于涛	销售部	2024-3-1	试用期已结束		
14	陈潇	研发部	2024-3-1	试用期已结束		
15	江雷	研发部	2024-5-8	在试用期内		
16	陈在全	设计部	2024-5-8	在试用期内		
17	廖勇	财务部	2024-5-8	在试用期内		

图 A1-21

3. 根据 ChatGPT 的提示完成公式的编写

扫一扫，看视频

用户将分析意图整理成文字并得到 ChatGPT 的回复后，需要根据提示回到 Excel 中完成公式的编写，在这个编写的过程中可以不断提升对 Excel 的应用能力。

例如，下面的例子中设置了五层判断条件："面试成绩=100"时，返回"满分"文字；"100>面试成绩>=95"时，返回"优秀"文字；"95>面试成绩>=80"时，返回"良好"文字；"80>面试成绩>=60"时，返回"及格"文字；"面试成绩<60"时，返回"不及格"文字。根据这个要求，需要先整理提问文字为"在 Excel 表格中，我想根据测试分数返回不同的测评结果，如果我不想使用 IF 函数进行多层嵌套，有其他函数可以实现吗？"，如图 A1-22 所示。

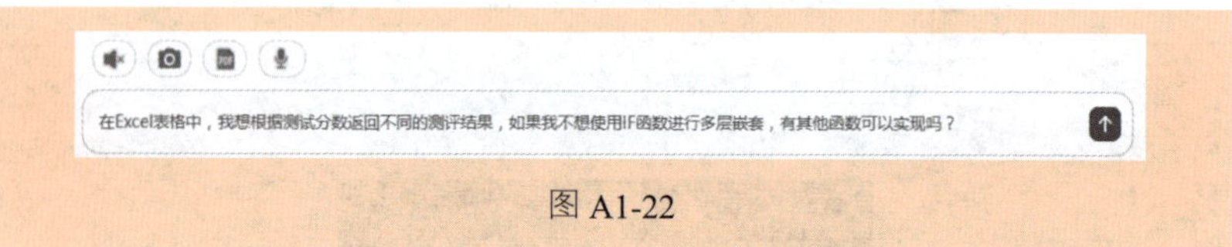

图 A1-22

送出问题，得到的回复信息如图 A1-23 所示。

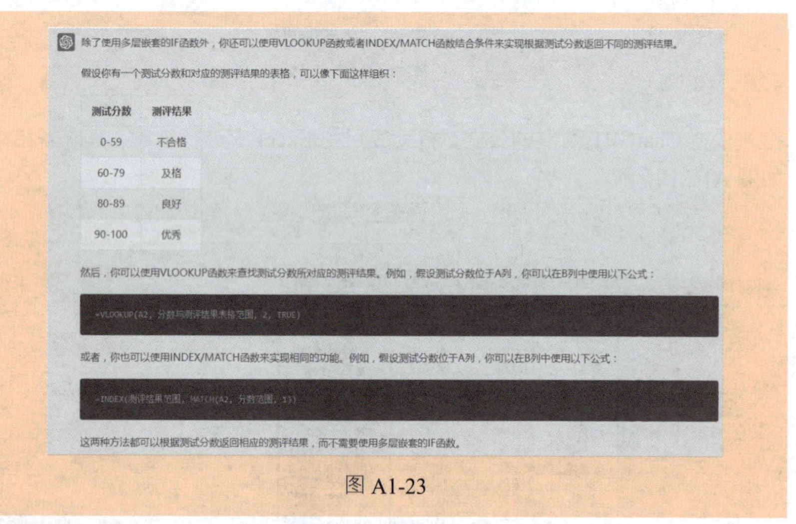

图 A1-23

根据 ChatGPT 的提示，回到 Excel 中去编辑公式。

❶ 编辑测试分数与测评结果作为辅助数据，如图 A1-24 所示。

	A	B	C	D	E	F
1	姓名	面试	测评结果		测试分数	测评结果
2	苏文娇	80			0	不及格
3	黄辰辰	96			60	及格
4	尤越	73			80	良好
5	何启新	90			95	优秀
6	周志鹏	55			100	满分
7	夏奇	77				
8	周金星	95				
9	张明宇	76				
10	赵飞	99				
11	韩玲玲	78				
12	刘莉	78				
13	李杰	89				
14	周莉美	64				

图 A1-24

❷ 选中 C2 单元格，将 ChatGPT 提供的公式“=VLOOKUP(A2, 分数与测评结果表格范围, 2, TRUE)”复制到编辑器中，由于当前表格的测试分数显示在 B 列中，因此选中 A2 单元格（图 A1-25），将其更改为 B2（图 A1-26）。

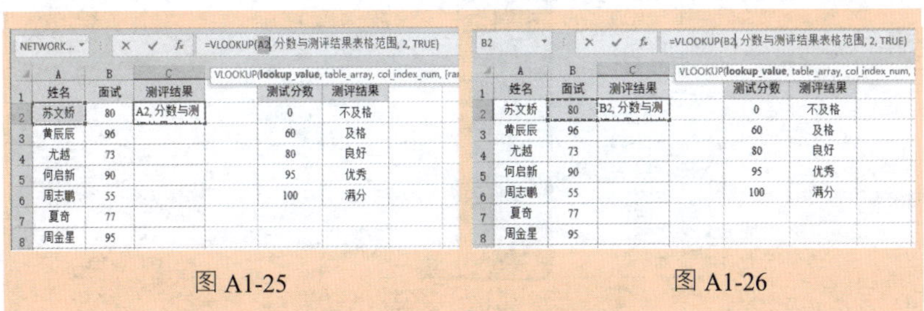

	A	B	C	D	E	F
1	姓名	面试	测评结果		测试分数	测评结果
2	苏文娇	80	A2, 分数与测		0	不及格
3	黄辰辰	96			60	及格
4	尤越	73			80	良好
5	何启新	90			95	优秀
6	周志鹏	55			100	满分
7	夏奇	77				
8	周金星	95				

图 A1-25

	A	B	C	D	E	F
1	姓名	面试	测评结果		测试分数	测评结果
2	苏文娇	80	B2, 分数与测		0	不及格
3	黄辰辰	96			60	及格
4	尤越	73			80	良好
5	何启新	90			95	优秀
6	周志鹏	55			100	满分
7	夏奇	77				
8	周金星	95				

图 A1-26

❸ 选中公式中的“分数与测评结果表格范围”，接着在 E2:F6 单元格区域中拖动选取（图 A1-27）。

❹ 在公式编辑区中选中“E2:F6”部分，按 F4 键转换为绝对引用方式，如图 A1-28 所示。

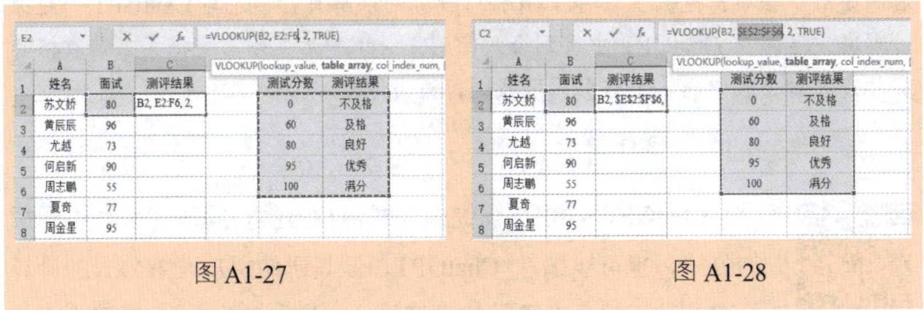

	A	B	C	D	E	F
1	姓名	面试	测评结果		测试分数	测评结果
2	苏文娇	80	B2, E2:F6, 2,		0	不及格
3	黄辰辰	96			60	及格
4	尤越	73			80	良好
5	何启新	90			95	优秀
6	周志鹏	55			100	满分
7	夏奇	77				
8	周金星	95				

图 A1-27

	A	B	C	D	E	F
1	姓名	面试	测评结果		测试分数	测评结果
2	苏文娇	80	B2, $E$2:$F$6,		0	不及格
3	黄辰辰	96			60	及格
4	尤越	73			80	良好
5	何启新	90			95	优秀
6	周志鹏	55			100	满分
7	夏奇	77				
8	周金星	95				

图 A1-28

❺ 按 Enter 键得到第一个公式的返回结果，如图 A1-29 所示。

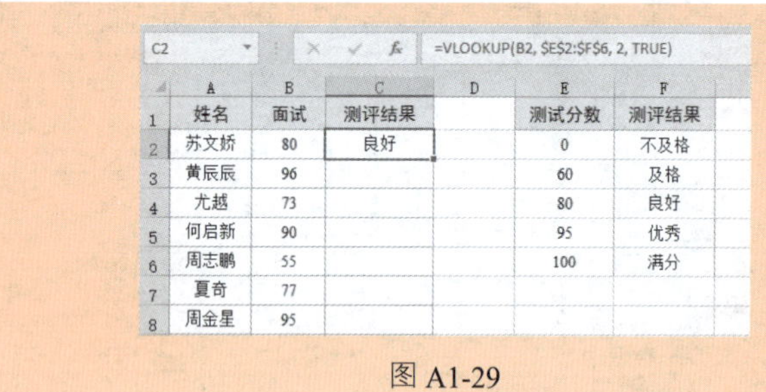

C2 =VLOOKUP(B2, $E$2:$F$6, 2, TRUE)

	A	B	C	D	E	F
1	姓名	面试	测评结果		测试分数	测评结果
2	苏文娇	80	良好		0	不及格
3	黄辰辰	96			60	及格
4	尤越	73			80	良好
5	何启新	90			95	优秀
6	周志鹏	55			100	满分
7	夏奇	77				
8	周金星	95				

图 A1-29

⑥ 通过向下填充公式即可根据 E 列中的测评分数得到批量的结果，如图 A1-30 所示。

C2 =VLOOKUP(B2, $E$2:$F$6, 2, TRUE)

	A	B	C	D	E	F
1	姓名	面试	测评结果		测试分数	测评结果
2	苏文娇	80	良好		0	不及格
3	黄辰辰	96	优秀		60	及格
4	尤越	73	及格		80	良好
5	何启新	90	良好		95	优秀
6	周志鹏	55	不及格		100	满分
7	夏奇	77	及格			
8	周金星	95	优秀			
9	张明宇	76	及格			
10	赵飞	99	优秀			
11	韩玲玲	78	及格			
12	刘莉	78	及格			
13	李杰	89	良好			
14	周莉美	64	及格			

图 A1-30

注意：

当求解目的非常明确时，可以在向 ChatGPT 提问时就将单元格的区域指定出来，这样ChatGPT在给出公式时通常给出的就是可以直接复制使用的公式(在后面小节中会举出范例)。如果只有相对模糊的求解目标，想与 ChatGPT 一起探讨解决方案，在 ChatGPT 中得到公式回到 Excel 中后，则需要根据当前表格的实际情况对公式中的单元格引用区域进行适当修正。

4. 用 ChatGPT 帮助理解公式

扫一扫，看视频

ChatGPT 不仅可以提供公式应用方案，同时如果有不理解的公式，也可以请教 ChatGPT，让其帮助用户理解公式的计算原理，从而提升对函数的学习。

例如，向 ChatGPT 提问 "请问"=TEXTJOIN("、",TRUE,IF(C2:C10="录取",A2:A10,""))"这个公式如何理解？能解决什么问题？"，如图 A1-31 所示。

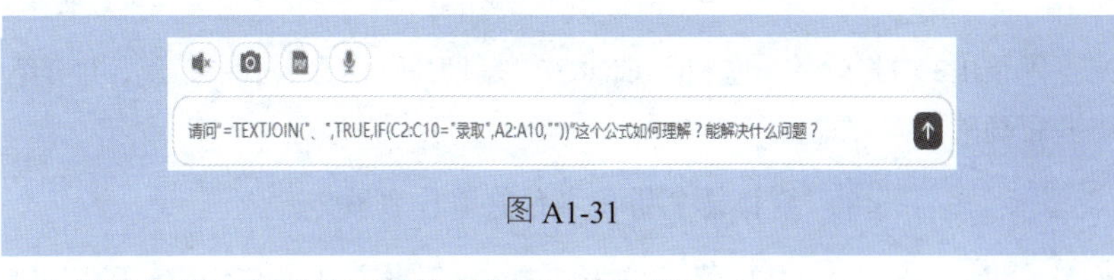
请问"=TEXTJOIN("、",TRUE,IF(C2:C10="录取",A2:A10,""))"这个公式如何理解？能解决什么问题？

图 A1-31

送出问题，得到的回复信息如图 A1-32 所示。

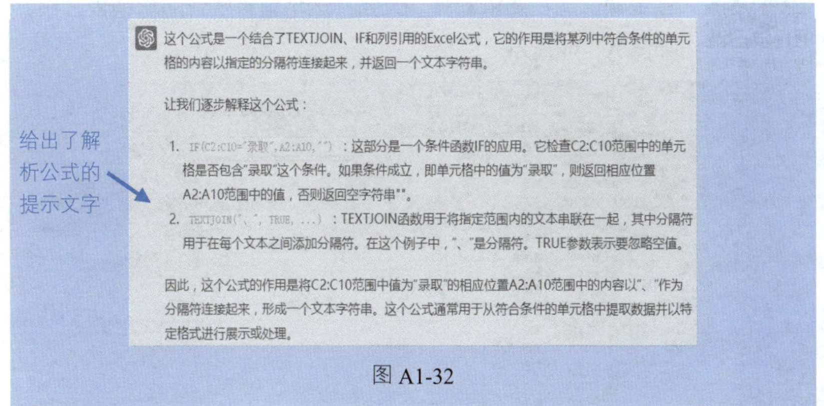
给出了解析公式的提示文字

这个公式是一个结合了TEXTJOIN、IF和列引用的Excel公式，它的作用是将某列中符合条件的单元格的内容以指定的分隔符连接起来，并返回一个文本字符串。

让我们逐步解释这个公式：

1. IF(C2:C10="录取",A2:A10,"")：这部分是一个条件函数IF的应用。它检查C2:C10范围中的单元格是否包含"录取"这个条件。如果条件成立，即单元格中的值为"录取"，则返回相应位置A2:A10范围中的值，否则返回空字符串""。
2. TEXTJOIN("、",TRUE,...)：TEXTJOIN函数用于将指定范围内的文本串联在一起，其中分隔符用于在每个文本之间添加分隔符。在这个例子中，"、"是分隔符。TRUE参数表示要忽略空值。

因此，这个公式的作用是将C2:C10范围中值为"录取"的相应位置A2:A10范围中的内容以"、"作为分隔符连接起来，形成一个文本字符串。这个公式通常用于从符合条件的单元格中提取数据并以特定格式进行展示或处理。

图 A1-32

对照 ChatGPT 的提示，再回到表格去理解，则更便于对函数的学习与掌握。如图 A1-33 所示，IF 函数先判断 C2:C10 单元格区域中是否是"录取"，如果是，则返回相应位置 A2:A10 范围中的值；否则返回空字符串""。然后使用 TEXTJOIN 函数将 IF 函数那一部分的返回值用"、"连接起来。所以最终的返回结果就是所有录取人员的名单。

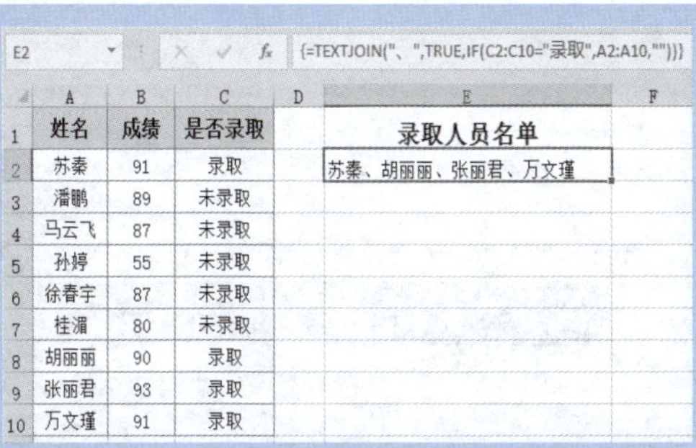

E2 {=TEXTJOIN("、",TRUE,IF(C2:C10="录取",A2:A10,""))}

	A	B	C	D	E	F
1	姓名	成绩	是否录取		录取人员名单	
2	苏秦	91	录取		苏秦、胡丽丽、张丽君、万文瑾	
3	潘鹏	89	未录取			
4	马云飞	87	未录取			
5	孙婷	55	未录取			
6	徐春宇	87	未录取			
7	桂湄	80	未录取			
8	胡丽丽	90	录取			
9	张丽君	93	录取			
10	万文瑾	91	录取			

图 A1-33

附录 1.3 ChatGPT 辅助生成函数公式范例

附录 1.3 中将列举一些利用 ChatGPT 辅助生成函数公式的范例，并介绍一些正确的提问方式。

1. 统计某个销售平台的销售金额

扫一扫，看视频

图 A1-34 所示的表格中统计了各商品在不同销售平台的销售金额，现在要求计算“天猫”这个销售平台的总销售金额，如图 A1-34 所示。

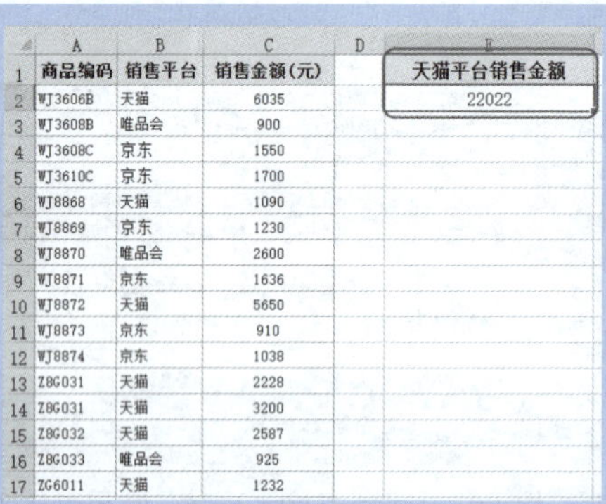

	A	B	C	D	E
1	商品编码	销售平台	销售金额(元)		天猫平台销售金额
2	WJ3606B	天猫	6035		22022
3	WJ3608B	唯品会	900		
4	WJ3608C	京东	1550		
5	WJ3610C	京东	1700		
6	WJ8868	天猫	1090		
7	WJ8869	京东	1230		
8	WJ8870	唯品会	2600		
9	WJ8871	京东	1636		
10	WJ8872	天猫	5650		
11	WJ8873	京东	910		
12	WJ8874	京东	1038		
13	Z8G031	天猫	2228		
14	Z8G031	天猫	3200		
15	Z8G032	天猫	2587		
16	Z8G033	唯品会	925		
17	ZG6011	天猫	1232		

图 A1-34

❶ 在聊天对话框中输入“B2:B17 单元格区域中是销售平台，C2:C17 单元格区域中是销售金额，写一个公式统计出“天猫”平台的总销售额。”，如图 A1-35 所示。送出问题，得到图 A1-36 所示的回复信息。

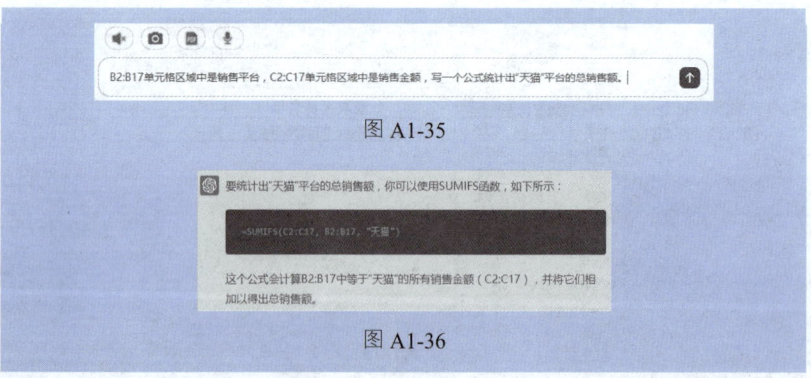
B2:B17单元格区域中是销售平台，C2:C17单元格区域中是销售金额，写一个公式统计出“天猫”平台的总销售额。
要统计出“天猫”平台的总销售额，你可以使用SUMIFS函数，如下所示：
=SUMIFS(C2:C17, B2:B17, "天猫")
这个公式会计算B2:B17中等于“天猫”的所有销售金额（C2:C17），并将它们相加以得出总销售额。

图 A1-35

图 A1-36

❷ 选中公式并复制。切换到 Excel 程序，选中 E2 单元格，将光标定位到编辑栏中，按 Ctrl+V 组合键粘贴，如图 A1-37 所示。

NETWORK... =SUMIFS(C2:C17, B2:B17, "天猫")

	A	B	C	D	E
1	商品编码	销售平台	销售金额(元)		天猫平台销售金额
2	WJ3606B	天猫	6035		B17, "天猫")
3	WJ3608B	唯品会	900		
4	WJ3608C	京东	1550		
5	WJ3610C	京东	1700		
6	WJ8868	天猫	1090		
7	WJ8869	京东	1230		
8	WJ8870	唯品会	2600		
9	WJ8871	京东	1636		
10	WJ8872	天猫	5650		
11	WJ8873	京东	910		
12	WJ8874	京东	1038		
13	Z8G031	天猫	2228		
14	Z8G031	天猫	3200		
15	Z8G032	天猫	2587		
16	Z8G033	唯品会	925		
17	ZG6011	天猫	1232		

图 A1-37

❸ 粘贴公式后，按 Enter 键即可得出计算结果。

2. 统计各班级平均分数

如图 A1-38 所示，表格中统计了学生成绩（分属于不同的班级），要求计算出各个班级的平均分数，即得到 F2:F4 单元格区域中的值。

扫一扫，看视频

	A	B	C	D	E	F
1	班级	姓名	分数		班级	平均分数
2	五(1)班	林若涵	93		五(1)班	87.5
3	五(2)班	张轩	72		五(2)班	84.75
4	五(1)班	张亚文	87		五(3)班	82
5	五(2)班	陆路	90			
6	五(3)班	罗佳怡	60			
7	五(1)班	王小蝶	88			
8	五(3)班	刘余	99			
9	五(1)班	韩智贤	82			
10	五(2)班	杨维玲	88			
11	五(3)班	王翔	89			
12	五(2)班	徐志恒	89			
13	五(3)班	朱虹丽	80			

图 A1-38

❶ 在聊天对话框中输入“A2:A13 单元格区域中是班级，C2:C13 单元格区域中是分数，请依照 E2:E4 中的班级名称计算平均分数，并分别显示于 F2:F4 区域。”如图 A1-39 所示。送出问题，得到图 A1-40 所示的回复信息。

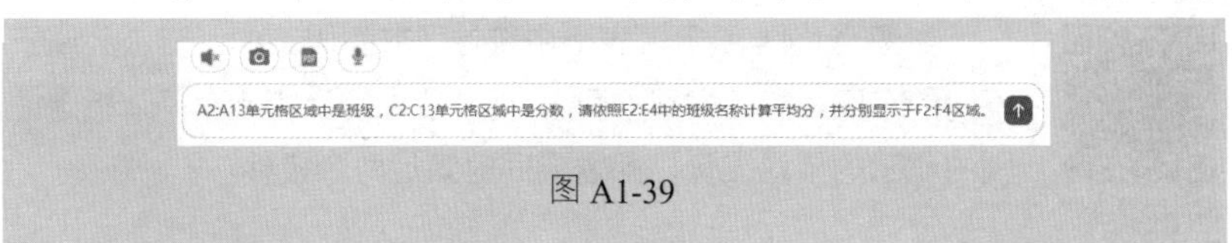

图 A1-39

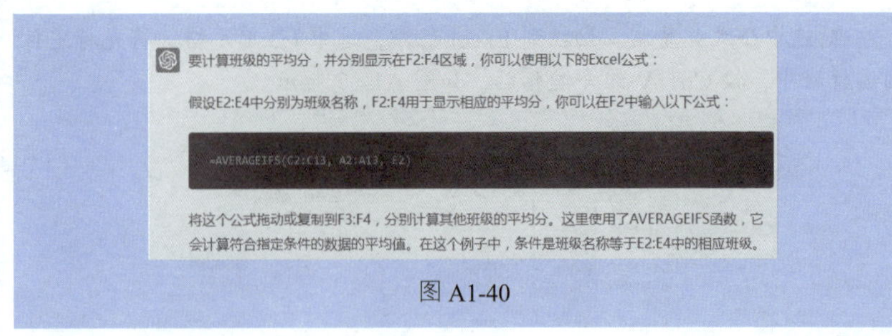

图 A1-40

❷ 选中公式并复制。切换到 Excel 程序，选中 F2 单元格，将光标定位到编辑栏中，按 Ctrl+V 组合键粘贴，如图 A1-41 所示。

❸ 由于建立的公式还需要向下复制以实现对其他班级求平均分数，因此需要将单元格的引用改为绝对引用方式，如图 A1-42 所示。

NETWORK... =AVERAGEIFS(C2:C13, A2:A13, E2)

	A	B	C	D	E	F	G
1	班级	姓名	分数		班级	平均分数	
2	五(1)班	林若涵	93		五(1)班	A13, E2)	
3	五(2)班	张轩	72		五(2)班		
4	五(1)班	张亚文	87		五(3)班		
5	五(2)班	陆路	90				
6	五(3)班	罗佳怡	60				
7	五(1)班	王小蝶	88				
8	五(3)班	刘余	99				
9	五(1)班	韩智贤	82				
10	五(2)班	杨维玲	88				
11	五(3)班	王翔	89				
12	五(2)班	徐志恒	89				
13	五(3)班	朱虹丽	80				

图 A1-41

NETWORK... =AVERAGEIFS($C$2:$C$13, $A$2:$A$13, E2)

	A	B	C	D	E	F	G
1	班级	姓名	分数		班级	平均分数	
2	五(1)班	林若涵	93		五(1)班	$A$13, E2)	
3	五(2)班	张轩	72		五(2)班		
4	五(1)班	张亚文	87		五(3)班		
5	五(2)班	陆路	90				
6	五(3)班	罗佳怡	60				
7	五(1)班	王小蝶	88				
8	五(3)班	刘余	99				
9	五(1)班	韩智贤	82				
10	五(2)班	杨维玲	88				
11	五(3)班	王翔	89				
12	五(2)班	徐志恒	89				
13	五(3)班	朱虹丽	80				

图 A1-42

❹ 按 Enter 键得出计算结果，然后选中 F2 单元格，向下复制公式到 F4 单元格中即可。

注意：

依照不同的求解需求与提问方式，有时 ChatGPT 回复的答案或函数可能与当前的求解目的稍有差异，这时可以再次细化要求重新提问或追问，如同在本例中一样，进行了两次修正才得到需要的公式。但根据笔者的使用经验，只要将问题表述清楚，ChatGPT 一般都能找到正确的求解公式。

3. 计算一车间女职工平均工资

扫一扫，看视频

如图 A1-43 所示，表格中统计了车间职工的工资（分属于不同的车间，并且性别不同），现在要求统计指定车间、指定性别的职工的平均工资，即需要同时满足两个条件。

	A	B	C	D	E
1	姓名	车间	性别	工资	
2	赵青军	一车间	女	3620	
3	石小波	二车间	女	3540	
4	杨恩	二车间	女	2600	
5	王伟	一车间	女	2520	
6	胡组丽	二车间	女	3450	
7	苗新军	一车间	男	4600	
8	张轩	二车间	女	2460	
9	夏褚	一车间	男	2500	
10	顾玉凤	一车间	女	3400	
11	余冬梅	二车间	女	3510	
12	张亚文	一车间	男	4000	
13					
14	一车间女职工平均工资	3180			

图 A1-43

❶ 在聊天对话框中输入“B2:B12 单元格区域中是车间名称，C2:C12 单元格区域中是性别，D2:D12 单元格区域中是工资，现在需要计算"一车间"中"女"职工的平均工资。”如图 A1-44 所示。送出问题，得到图 A1-45 所示的回复信息。

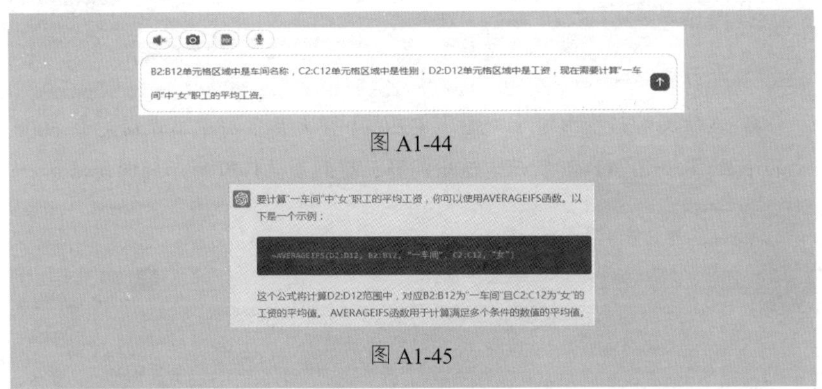

图 A1-44

图 A1-45

❷ 选中公式并复制。切换到 Excel 程序，选中 B14 单元格，将光标定位到编辑栏中，按 Ctrl+V 组合键粘贴，如图 A1-46 所示。

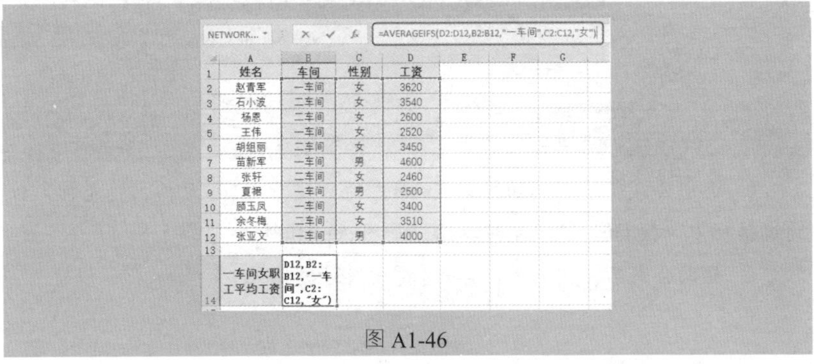

	A	B	C	D	E	F	G
1	姓名	车间	性别	工资			
2	赵青军	一车间	女	3620			
3	石小波	二车间	女	3540			
4	杨恩	二车间	女	2600			
5	王伟	一车间	女	2520			
6	胡组丽	二车间	女	3450			
7	苗新军	一车间	男	4600			
8	张轩	二车间	女	2460			
9	夏褚	一车间	男	2500			
10	顾玉凤	一车间	女	3400			
11	余冬梅	二车间	女	3510			
12	张亚文	一车间	男	4000			
13							
14	一车间女职工平均工资	D12,B2:B12,"一车间",C2:C12,"女")					

图 A1-46

❸ 粘贴公式后，按 Enter 键即可得出计算结果。

扫一扫，看视频

4. 统计工资大于 6000 元的人数

图 A1-47 所示的表格中统计了每位员工的工资，要求统计工资金额大于 6000 元的共有几人，统计结果（见图 A1-47）。

	A	B	C	D	E
1	姓名	部门	应发工资		大于6000元的人数
2	陈华	行政部	4968		6
3	周逸	人事部	5460		
4	于宝强	行政部	4516		
5	于娜	设计部	5570		
6	陈振海	行政部	6605		
7	黄俊杰	人事部	5828		
8	常丽	销售部	12589		
9	郑立媛	设计部	6297		
10	马同燕	设计部	5155		
11	莫云	销售部	14269		
12	钟华	研发部	6238		
13	张燕	人事部	5384		
14	柳小续	研发部	6788		

图 A1-47

❶ 在聊天对话框中输入“统计 C2:C14 单元格区域中工资额大于 6000 元的个数。”如图 A1-48 所示。送出问题，得到图 A1-49 所示的回复信息。

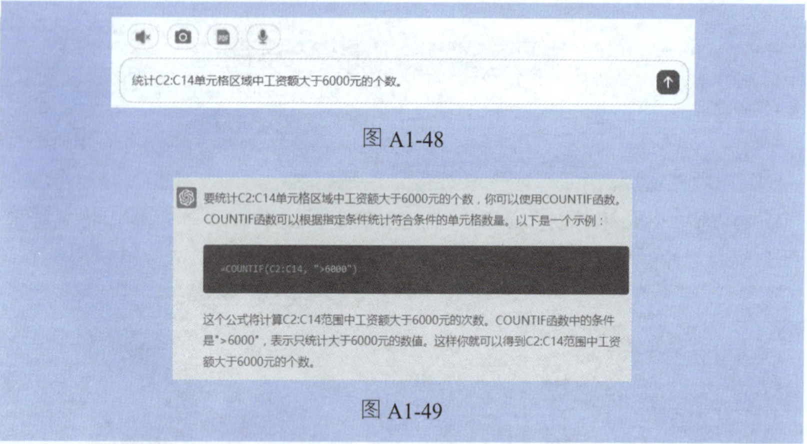

图 A1-48

要统计C2:C14单元格区域中工资额大于6000元的个数，你可以使用COUNTIF函数。COUNTIF函数可以根据指定条件统计符合条件的单元格数量。以下是一个示例：
=COUNTIF(C2:C14, ">6000")
这个公式将计算C2:C14范围中工资额大于6000元的次数。COUNTIF函数中的条件是">6000"，表示只统计大于6000元的数值。这样你就可以得到C2:C14范围中工资额大于6000元的个数。

图 A1-49

❷ 选中公式并复制。切换到 Excel 程序，选中 E2 单元格，将光标定位到编辑栏中，按 Ctrl+V 组合键粘贴，如图 A1-50 所示。

❸ 粘贴公式后，按 Enter 键即可得出统计的结果。

NETWORK... ▾ | × ✓ *fx* | =COUNTIF(C2:C14, ">6000")

	A	B	C	D	E
1	姓名	部门	应发工资		大于6000元的人数
2	陈华	行政部	4968		">6000")
3	周逸	人事部	5460		
4	于宝强	行政部	4516		
5	于娜	设计部	5570		
6	陈振海	行政部	6605		
7	黄俊杰	人事部	5828		
8	常丽	销售部	12589		
9	郑立媛	设计部	6297		
10	马同燕	设计部	5155		
11	莫云	销售部	14269		
12	钟华	研发部	6238		
13	张燕	人事部	5384		
14	柳小续	研发部	6788		

图 A1-50

5. 按学历统计人数

扫一扫，看视频

如图 A1-51 所示，表格统计了公司某次应聘中应聘者的相关信息，现在想统计出各个学历的人数。

	A	B	C	D	E	F	G	H
1	姓名	性别	部门	年龄	学历		学历	人数
2	穆宇飞	男	财务部	29	研究生		研究生	7
3	于青青	女	企划部	32	研究生		本科	5
4	吴小华	女	财务部	27	研究生		专科	1
5	刘平	男	后勤部	26	研究生			
6	韩学平	男	企划部	30	本科			
7	张成	男	后勤部	27	研究生			
8	邓宏	男	财务部	29	研究生			
9	杨娜	男	财务部	35	专科			
10	邓超超	女	后勤部	25	本科			
11	苗兴华	男	企划部	34	本科			
12	包娟娟	女	人事部	27	研究生			
13	于涛	女	企划部	30	本科			
14	陈潇	男	人事部	28	本科			

图 A1-51

❶ 在聊天对话框中输入“E2:E14 单元格区域中显示的是学历名称，请依照 G2:G4 单元格中指定的学历名称分别统计人数，并显示于 H2:H4 区域。”，如图 A1-52 所示。送出问题，得到图 A1-53 所示的回复信息。

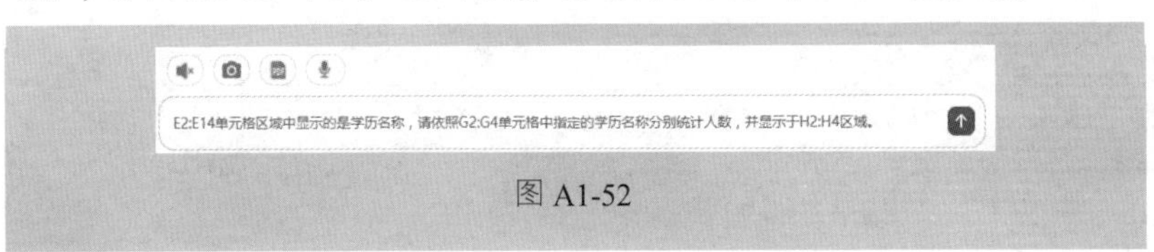
E2:E14单元格区域中显示的是学历名称，请依照G2:G4单元格中指定的学历名称分别统计人数，并显示于H2:H4区域。

图 A1-52

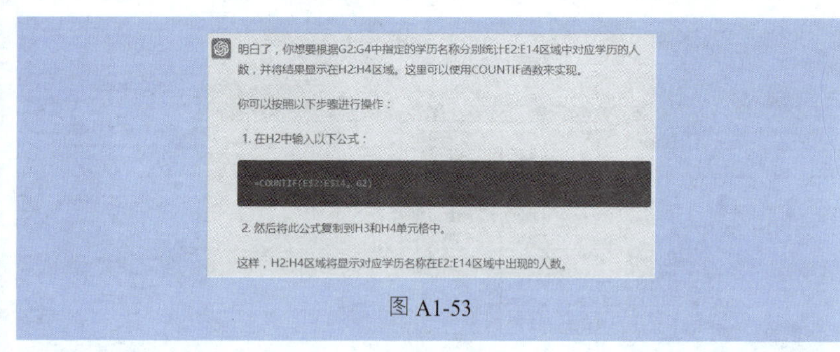

图 A1-53

❷ 选中公式并复制。切换到 Excel 程序，选中 H2 单元格，将光标定位到编辑栏中，按 Ctrl+V 组合键粘贴，如图 A1-54 所示。

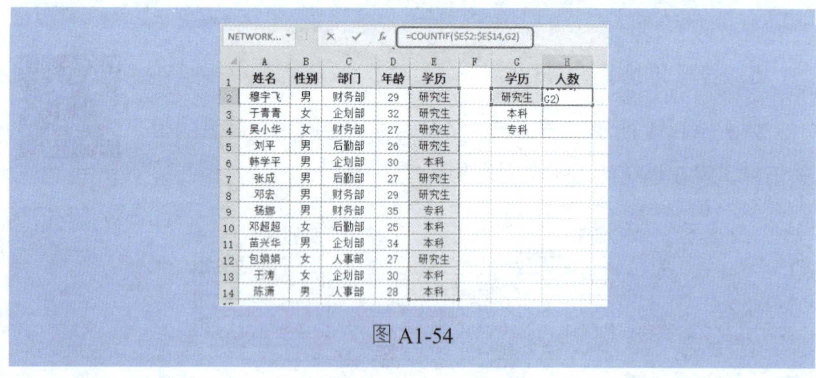

	A	B	C	D	E	F	G	H
1	姓名	性别	部门	年龄	学历		学历	人数
2	穆宇飞	男	财务部	29	研究生		研究生	G2)
3	于青青	女	企划部	32	研究生		本科	
4	吴小华	女	财务部	27	研究生		专科	
5	刘平	男	后勤部	26	研究生			
6	韩学平	男	企划部	30	本科			
7	张成	男	后勤部	27	研究生			
8	邓宏	男	财务部	29	研究生			
9	杨娜	男	财务部	35	专科			
10	邓超超	女	后勤部	25	本科			
11	苗兴华	男	企划部	34	本科			
12	包娟娟	女	人事部	27	研究生			
13	于涛	女	企划部	30	本科			
14	陈潇	男	人事部	28	本科			

图 A1-54

❸ 按 Enter 键即可得出统计的结果。选中 H2 单元格，向下复制公式到 H4 单元格，即可统计出各个学历的人数。

6. 统计同时在两列数据中出现的条目数

扫一扫，看视频

本例表格的 A 列中显示了三好学生的姓名，B 列中显示了参加数学竞赛的三好学生姓名，要求统计出既是三好学生又参加了数学竞赛的人数。

❶ 在聊天对话框中输入“A2:A11 单元格为姓名，B2:B11 单元格为姓名，要求用公式统计出既在 A2:A11 中出现又在 B2:B11 中出现的条目数。”如图 A1-55 所示。送出问题，得到图 A1-56 所示的回复信息。

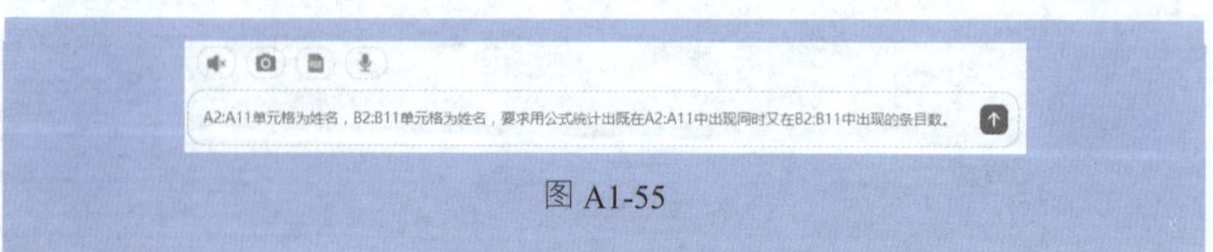

图 A1-55

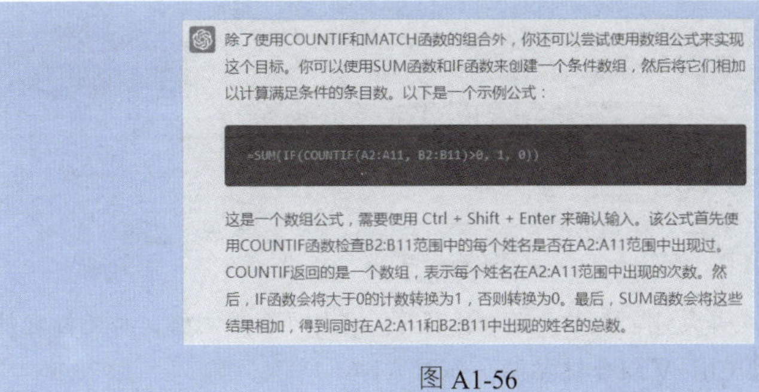
除了使用COUNTIF和MATCH函数的组合外，你还可以尝试使用数组公式来实现这个目标。你可以使用SUM函数和IF函数来创建一个条件数组，然后将它们相加以计算满足条件的条目数。以下是一个示例公式：

```
=SUM(IF(COUNTIF(A2:A11, B2:B11)>0, 1, 0))
```

这是一个数组公式，需要使用 Ctrl + Shift + Enter 来确认输入。该公式首先使用COUNTIF函数检查B2:B11范围中的每个姓名是否在A2:A11范围中出现过。COUNTIF返回的是一个数组，表示每个姓名在A2:A11范围中出现的次数。然后，IF函数会将大于0的计数转换为1，否则转换为0。最后，SUM函数会将这些结果相加，得到同时在A2:A11和B2:B11中出现的姓名的总数。

图 A1-56

❷ 选中公式并复制。切换到 Excel 程序，选中 D2 单元格，将光标定位到编辑栏中，按 Ctrl+V 组合键粘贴，如图 A1-57 所示。

❸ 粘贴公式后，因为是一个数组公式，ChatGPT 已经给出了提示，即要按 Shift+Ctrl+Enter 组合键得出结果，如图 A1-58 所示。

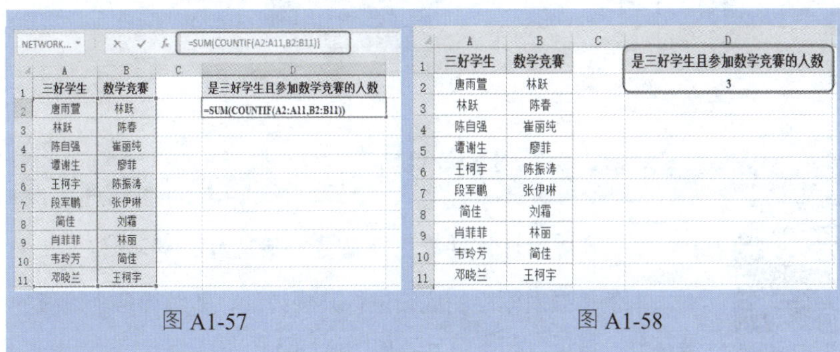

	A	B	C	D
1	三好学生	数学竞赛		是三好学生且参加数学竞赛的人数
2	唐雨萱	林跃		=SUM(COUNTIF(A2:A11,B2:B11))
3	林跃	陈春		
4	陈自强	崔丽纯		
5	谭谢生	廖菲		
6	王柯宇	陈振涛		
7	段军鹏	张伊琳		
8	简佳	刘霜		
9	肖菲菲	林丽		
10	韦玲芳	简佳		
11	邓晓兰	王柯宇		

图 A1-57

	A	B	C	D
1	三好学生	数学竞赛		是三好学生且参加数学竞赛的人数
2	唐雨萱	林跃		3
3	林跃	陈春		
4	陈自强	崔丽纯		
5	谭谢生	廖菲		
6	王柯宇	陈振涛		
7	段军鹏	张伊琳		
8	简佳	刘霜		
9	肖菲菲	林丽		
10	韦玲芳	简佳		
11	邓晓兰	王柯宇		

图 A1-58

7. 统计销售部女员工的人数

本例表格中显示了员工姓名、所属部门及性别，现在需要统计销售部女员工的人数。

扫一扫，看视频

❶ 在聊天对话框中输入“B2:B14 单元格区域中是部门，C2:C14 单元格区域中是性别，要求统计出销售部女员工的人数。”，如图 A1-59 所示。送出问题后，得到图 A1-60 所示的回复信息。

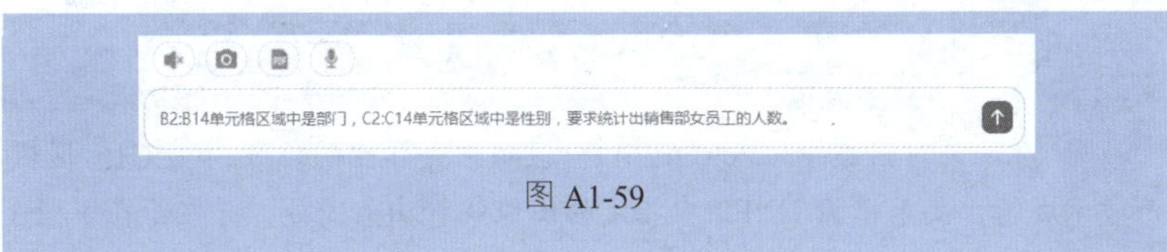

图 A1-59

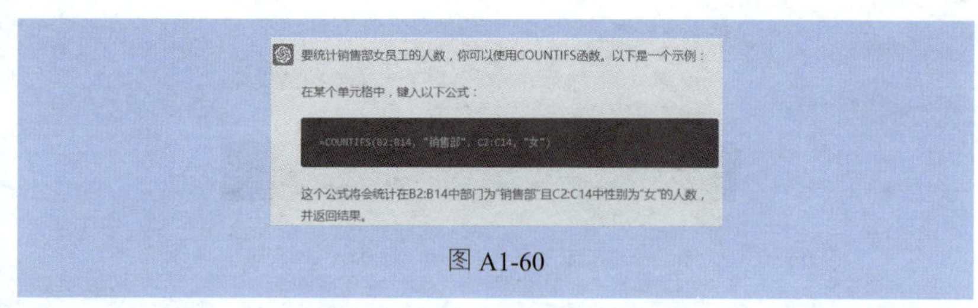

图 A1-60

❷ 选中公式并复制。切换到 Excel 程序，选中 H2 单元格，将光标定位到编辑栏中，按 Ctrl+V 组合键粘贴，如图 A1-61 所示。

❸ 粘贴公式后，按 Enter 键即可得出统计结果，如图 A1-62 所示。

NETWORK... =COUNTIFS(B2:B14, "销售部", C2:C14, "女")

	A	B	C	D	E	F
1	姓名	部门	性别		销售部女员工人数	
2	潘鹏	销售部	男		"女")	
3	马云飞	企划部	男			
4	孙婷	销售部	女			
5	徐春宇	企划部	女			
6	桂湄	研发部	男			
7	胡丽丽	企划部	女			
8	张丽君	研发部	男			
9	万文瑾	企划部	女			
10	邓敏婕	研发部	女			
11	钟琛	销售部	男			
12	李萍	销售部	女			
13	陆穗平	研发部	女			
14	黄晓俊	销售部	男			

图 A1-61

	A	B	C	D	E
1	姓名	部门	性别		销售部女员工人数
2	潘鹏	销售部	男		2
3	马云飞	企划部	男		
4	孙婷	销售部	女		
5	徐春宇	企划部	女		
6	桂湄	研发部	男		
7	胡丽丽	企划部	女		
8	张丽君	研发部	男		
9	万文瑾	企划部	女		
10	邓敏婕	研发部	女		
11	钟琛	销售部	男		
12	李萍	销售部	女		
13	陆穗平	研发部	女		
14	黄晓俊	销售部	男		

图 A1-62

扫一扫，看视频

8. 分别统计各班级的最高分、最低分、平均分

本例需要对学生的成绩进行几项统计，即统计各个班级的最高分、最低分和平均分，如图 A1-63 所示。

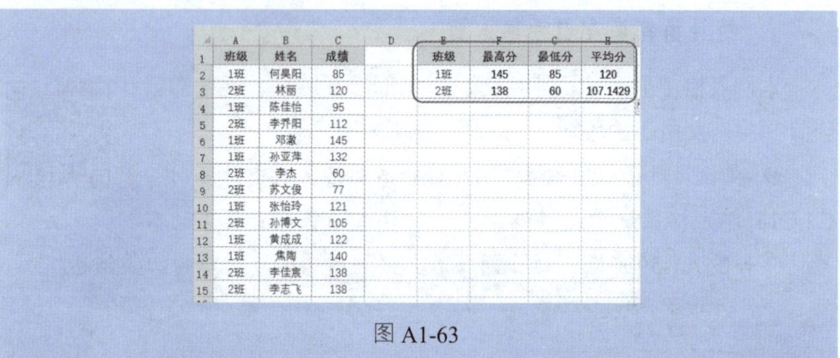

	A	B	C	D	E	F	G	H
1	班级	姓名	成绩		班级	最高分	最低分	平均分
2	1班	何昊阳	85		1班	145	85	120
3	2班	林丽	120		2班	138	60	107.1429
4	1班	陈佳怡	95					
5	2班	李乔阳	112					
6	1班	邓澈	145					
7	1班	孙亚萍	132					
8	2班	李杰	60					
9	2班	苏文俊	77					
10	1班	张怡玲	121					
11	2班	孙博文	105					
12	1班	黄成成	122					
13	1班	焦陶	140					
14	2班	李佳宸	138					
15	2班	李志飞	138					

图 A1-63

❶ 在聊天对话框中输入"A2:A15 区域中是学生的班级，C2:C15 区域是考试成绩，要求根据 E2:E3 中指定的班级统计出最高分，并显示在 F2:F3

区域中。”如图 A1-64 所示。送出问题后，得到图 A1-65 所示的回复信息。

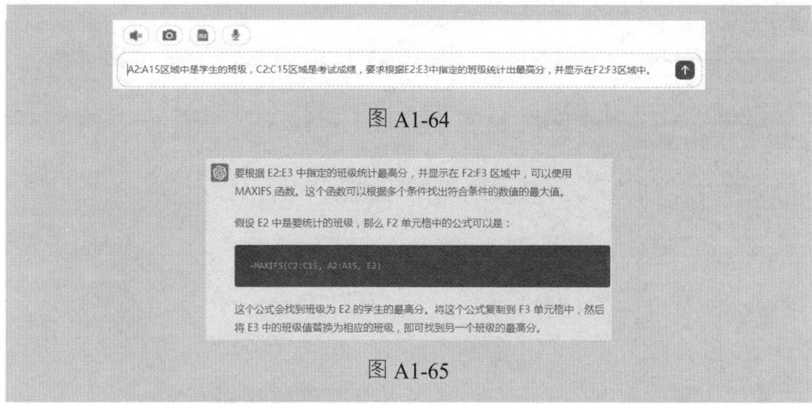

A2:A15区域中是学生的班级，C2:C15区域是考试成绩，要求根据E2:E3中指定的班级统计出最高分，并显示在F2:F3区域中。
要根据 E2:E3 中指定的班级统计最高分，并显示在 F2:F3 区域中，可以使用 MAXIFS 函数。这个函数可以根据多个条件找出符合条件的数值的最大值。
假设 E2 中是要统计的班级，那么 F2 单元格中的公式可以是：
=MAXIFS(C2:C15, A2:A15, E2)
这个公式会找到班级为 E2 的学生的最高分。将这个公式复制到 F3 单元格中，然后将 E3 中的班级值替换为相应的班级，即可找到另一个班级的最高分。

图 A1-64

图 A1-65

❷ 选中公式并复制。切换到 Excel 程序，选中 F2 单元格，将光标定位到编辑栏中，按 Ctrl+V 组合键粘贴，并将除 E2 之外的单元格区域都改为绝对引用方式，如图 A1-66 所示。

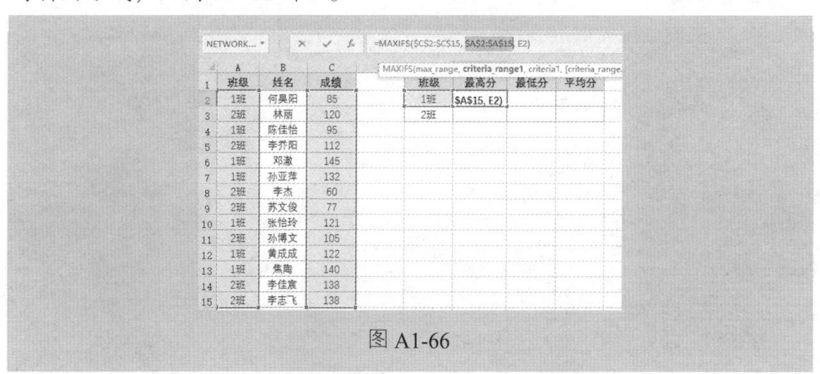

	A	B	C	D	E	F	G	H
1	班级	姓名	成绩		班级	最高分	最低分	平均分
2	1班	何昊阳	85		1班	$A$15, E2)		
3	2班	林丽	120		2班			
4	1班	陈佳怡	95					
5	2班	李乔阳	112					
6	1班	邓澈	145					
7	1班	孙亚萍	132					
8	2班	李杰	60					
9	2班	苏文俊	77					
10	1班	张怡玲	121					
11	2班	孙博文	105					
12	1班	黄成成	122					
13	1班	焦陶	140					
14	2班	李佳宸	138					
15	2班	李志飞	138					

图 A1-66

❸ 要统计最低分，只需将函数改为 MINIFS 函数即可，如图 A1-67 所示。

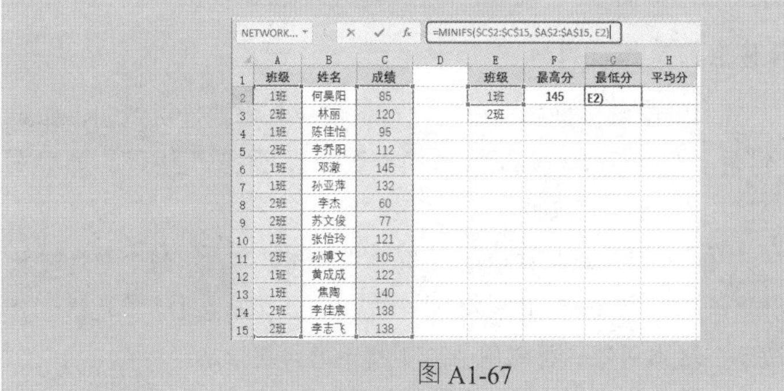

	A	B	C	D	E	F	G	H
1	班级	姓名	成绩		班级	最高分	最低分	平均分
2	1班	何昊阳	85		1班	145	E2)	
3	2班	林丽	120		2班			
4	1班	陈佳怡	95					
5	2班	李乔阳	112					
6	1班	邓澈	145					
7	1班	孙亚萍	132					
8	2班	李杰	60					
9	2班	苏文俊	77					
10	1班	张怡玲	121					
11	2班	孙博文	105					
12	1班	黄成成	122					
13	1班	焦陶	140					
14	2班	李佳宸	138					
15	2班	李志飞	138					

图 A1-67

❹ 要统计平均分，只需将函数改为 AVERAGEIFS 函数即可，如图 A1-68 所示。

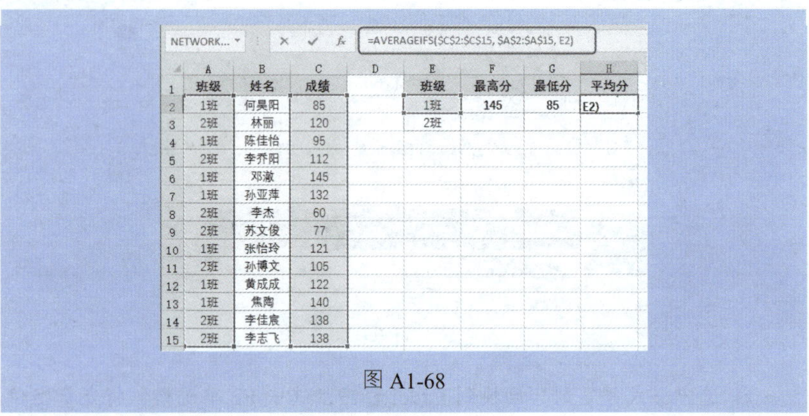

NETWORK... =AVERAGEIFS($C$2:$C$15, $A$2:$A$15, E2)

	A	B	C	D	E	F	G	H
1	班级	姓名	成绩		班级	最高分	最低分	平均分
2	1班	何昊阳	85		1班	145	85	E2)
3	2班	林丽	120		2班			
4	1班	陈佳怡	95					
5	2班	李乔阳	112					
6	1班	邓澈	145					
7	1班	孙亚萍	132					
8	2班	李杰	60					
9	2班	苏文俊	77					
10	1班	张怡玲	121					
11	2班	孙博文	105					
12	1班	黄成成	122					
13	1班	焦陶	140					
14	2班	李佳宸	138					
15	2班	李志飞	138					

图 A1-68

❺ 选中 F2:H2 单元格区域，鼠标指向右下角，出现填充柄时向下拖动，即可一次性返回其他班级的最高分、最低分和平均分，如图 A1-69 所示。

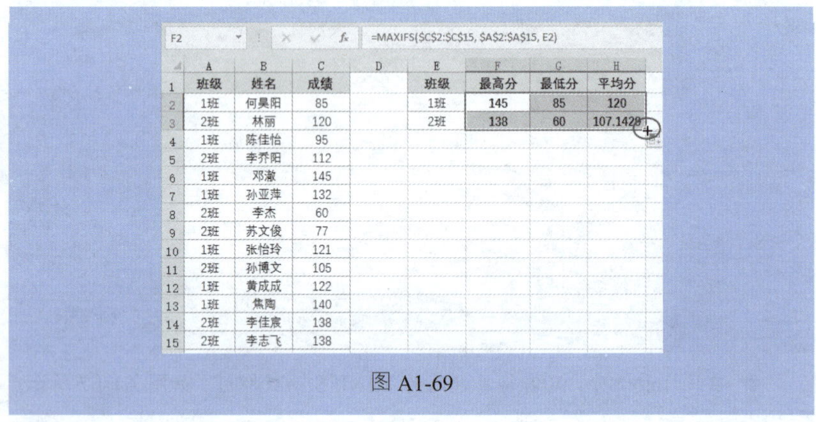

F2 =MAXIFS($C$2:$C$15, $A$2:$A$15, E2)

	A	B	C	D	E	F	G	H
1	班级	姓名	成绩		班级	最高分	最低分	平均分
2	1班	何昊阳	85		1班	145	85	120
3	2班	林丽	120		2班	138	60	107.1428
4	1班	陈佳怡	95					
5	2班	李乔阳	112					
6	1班	邓澈	145					
7	1班	孙亚萍	132					
8	2班	李杰	60					
9	2班	苏文俊	77					
10	1班	张怡玲	121					
11	2班	孙博文	105					
12	1班	黄成成	122					
13	1班	焦陶	140					
14	2班	李佳宸	138					
15	2班	李志飞	138					

图 A1-69

9. 判断应收账款是否到期

扫一扫，看视频

本例要求根据到期日期判断各项应收账款是否到期，如果到期（约定超过还款日期 90 天为到期），返回“到期”；如果未到期，返回“未到期”。

❶ 在聊天对话框中输入“C2 中是还款日期，约定超过还款日期 90 天返回"到期"，否则返回"未到期"，并将结果显示在 D2 单元格。”，如图 A1-70 所示。送出问题，得到图 A1-71 所示的回复信息。

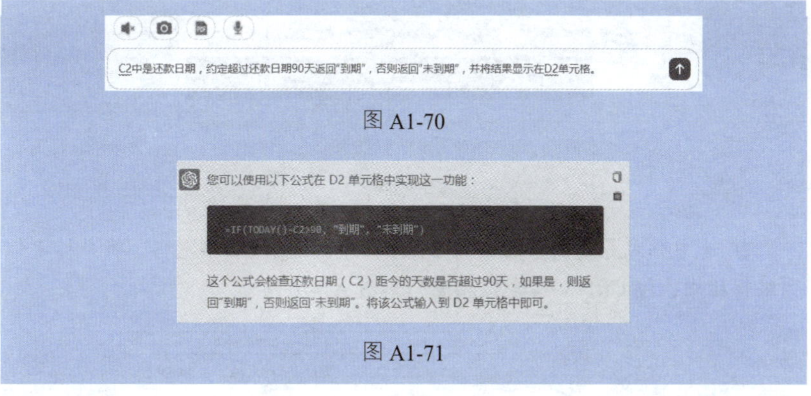

图 A1-70

图 A1-71

❷ 选中公式并复制。切换到 Excel 程序，选中 D2 单元格，将光标定位到编辑栏中，按 Ctrl+V 组合键粘贴，如图 A1-72 所示。

❸ 粘贴公式后，按 Enter 键即可得出判断结果。重新选中 D2 单元格，向下复制公式，可以得到批量判断的结果，如图 A1-73 所示。

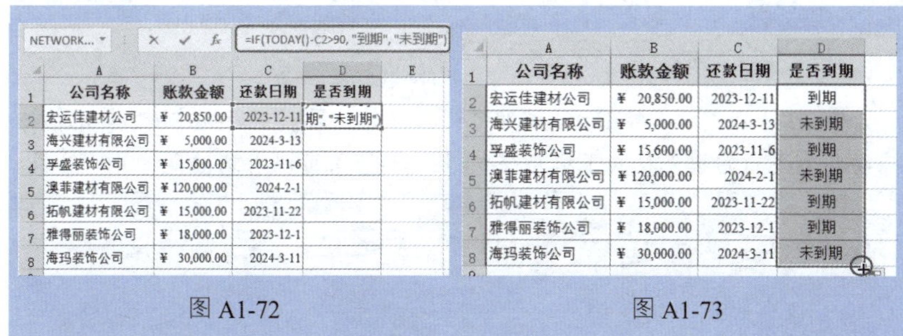

=IF(TODAY()-C2>90, "到期", "未到期")

	A	B	C	D	E
1	公司名称	账款金额	还款日期	是否到期	
2	宏运佳建材公司	¥ 20,850.00	2023-12-11	期", "未到期")	
3	海兴建材有限公司	¥ 5,000.00	2024-3-13		
4	孚盛装饰公司	¥ 15,600.00	2023-11-6		
5	澳菲建材有限公司	¥ 120,000.00	2024-2-1		
6	拓帆建材有限公司	¥ 15,000.00	2023-11-22		
7	雅得丽装饰公司	¥ 18,000.00	2023-12-1		
8	海玛装饰公司	¥ 30,000.00	2024-3-11		

图 A1-72

	A	B	C	D
1	公司名称	账款金额	还款日期	是否到期
2	宏运佳建材公司	¥ 20,850.00	2023-12-11	到期
3	海兴建材有限公司	¥ 5,000.00	2024-3-13	未到期
4	孚盛装饰公司	¥ 15,600.00	2023-11-6	到期
5	澳菲建材有限公司	¥ 120,000.00	2024-2-1	未到期
6	拓帆建材有限公司	¥ 15,000.00	2023-11-22	到期
7	雅得丽装饰公司	¥ 18,000.00	2023-12-1	到期
8	海玛装饰公司	¥ 30,000.00	2024-3-11	未到期

图 A1-73

10. 计算展品上架的时长(“*个月*日”形式)

本例将根据展品的上架时间来计算总展示时长，并且想将最终的结果显示为“*个月*日”这种形式。

扫一扫，看视频

❶ 在聊天对话框中输入“B2 中是展品上架日期，要求计算出总展示时长，并显示为"*个月*日"，结果显示在 C2 单元格中。”如图 A1-74 所示。送出问题，得到图 A1-75 所示的回复信息。

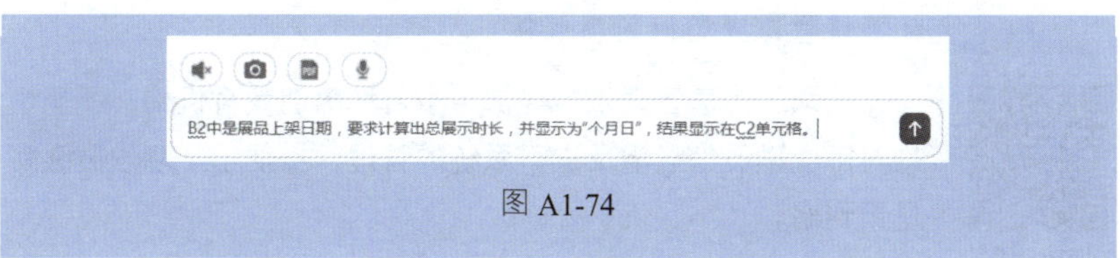

图 A1-74

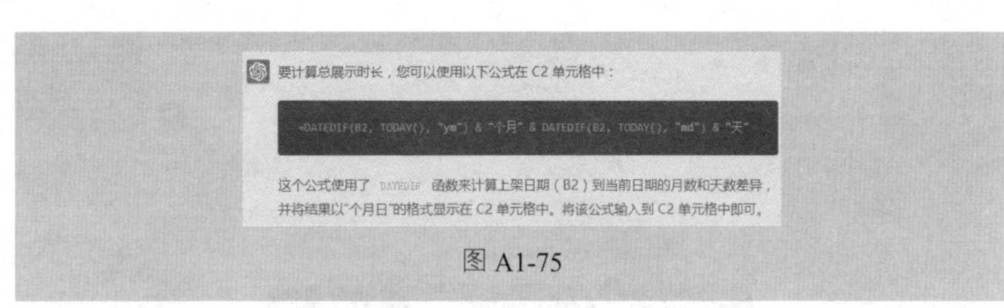

要计算总展示时长，您可以使用以下公式在 C2 单元格中：
=DATEDIF(B2, TODAY(), "ym") & "个月" & DATEDIF(B2, TODAY(), "md") & "天"
这个公式使用了 DATEDIF 函数来计算上架日期（B2）到当前日期的月数和天数差异，并将结果以"个月日"的格式显示在 C2 单元格中。将该公式输入到 C2 单元格中即可。

图 A1-75

❷ 选中公式并复制。切换到 Excel 程序，选中 C2 单元格，将光标定位到编辑栏中，按 Ctrl+V 组合键粘贴，如图 A1-76 所示。

NETWORK... =DATEDIF(B2, TODAY(), "ym") & "个月" & DATEDIF(B2, TODAY(), "md") & "天"

	A	B	C	D	E	F	G	H
1	展品编号	上架时间	展示时长					
2	WJ8873	2024-1-19	"天"					
3	WJ8874	2024-2-12						
4	Z8G031	2024-1-25						
5	Z8G031	2024-2-12						
6	Z8G033	2024-1-9						
7	ZG6011	2024-2-4						
8	ZG6012	2024-3-8						
9	ZG6013	2024-3-1						
10	ZG6016	2024-1-10						
11	ZG6017	2024-1-1						

图 A1-76

❸ 粘贴公式后，按 Enter 键即可得出计算结果。重新选中 C2 单元格，拖动其右下角的填充柄向下填充公式（图 A1-77），可以看到批量计算的结果。

	A	B	C	D
1	展品编号	上架时间	展示时长	
2	WJ8873	2024-1-19	2个月10天	
3	WJ8874	2024-2-12	1个月17天	
4	Z8G031	2024-1-25	2个月4天	
5	Z8G031	2024-2-12	1个月17天	
6	Z8G033	2024-1-9	2个月20天	
7	ZG6011	2024-2-4	1个月25天	
8	ZG6012	2024-3-8	0个月21天	
9	ZG6013	2024-3-1	0个月28天	
10	ZG6016	2024-1-10	2个月19天	
11	ZG6017	2024-1-1	2个月28天	
12	ZG63010	2024-3-14	0个月15天	
13	ZG63011A	2024-3-1	0个月28天	
14	ZG63016B	2024-1-15	2个月14天	
15	WJ3608C	2024-2-14	1个月15天	
16	WJ3610C	2024-3-1	0个月28天	
17	WJ8868	2024-3-5	0个月24天	

图 A1-77

11. 学员信息管理表中的到期提醒

扫一扫，看视频

"学员信息管理表"经常用于各种培训教育机构，便于机构对每位学员信息情况进行系统的管理，也便于了解学员缴费是否到期。

❶ 在聊天对话框中输入“D3中是交费方式，分“年交”和“半年交”，F3中是交费日期，需要在G3中显示到期日期。”如图A1-78所示。送出问题，得到图A1-79所示的回复信息。

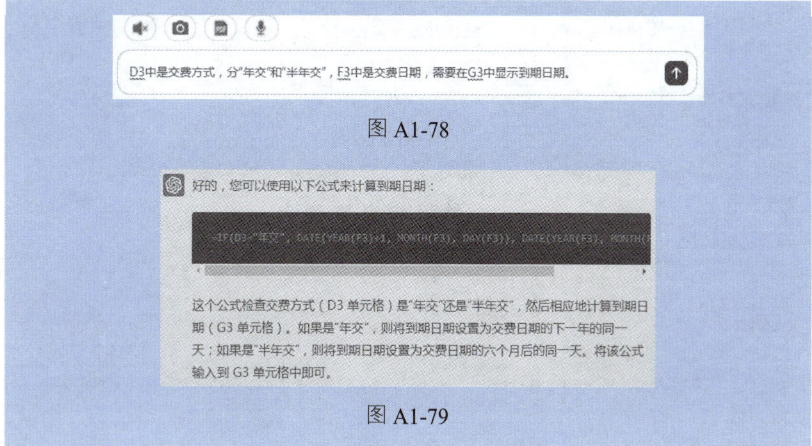

图 A1-78

图 A1-79

❷ 由于回复的公式比较长，可以在聊天对话框中继续追问“这个公式比较长，有简短一点的公式吗？”如图A1-80所示。送出问题，得到图A1-81所示的回复信息。这时ChatGPT给出的公式就比较简洁了。

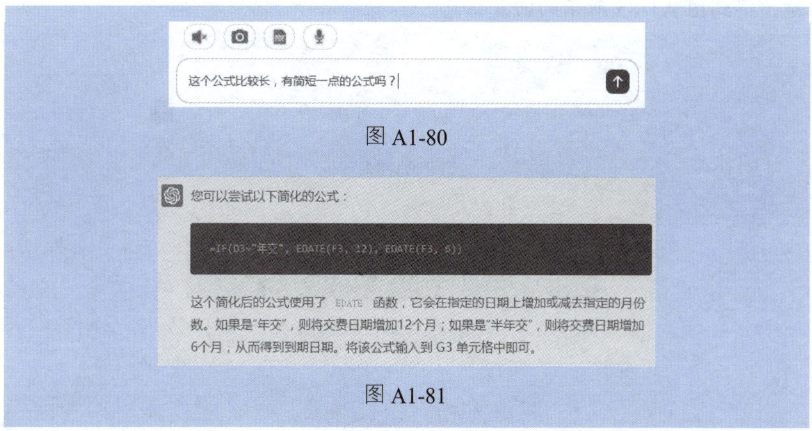

图 A1-80

图 A1-81

❸ 选中公式并复制。切换到Excel程序，选中G3单元格，将光标定位到编辑栏中，按Ctrl+V组合键粘贴，如图A1-82所示。

❹ 粘贴公式后，按Enter键即可得出计算结果。重新选中G3单元格，向下复制公式，即可得出批量的计算结果，如图A1-83所示。

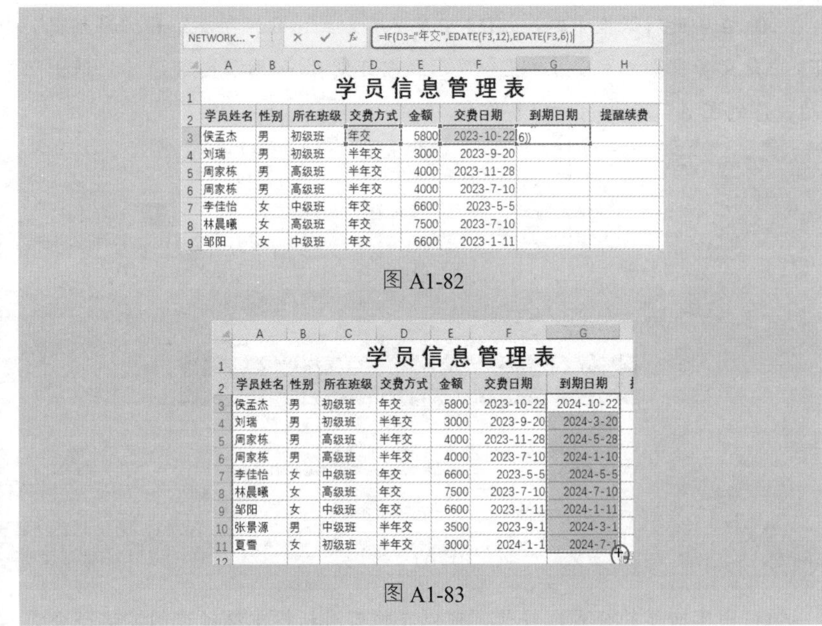

学员信息管理表

学员姓名	性别	所在班级	交费方式	金额	交费日期	到期日期	提醒续费
侯孟杰	男	初级班	年交	5800	2023-10-22	6))	
刘瑞	男	初级班	半年交	3000	2023-9-20		
周家栋	男	高级班	半年交	4000	2023-11-28		
周家栋	男	高级班	半年交	4000	2023-7-10		
李佳怡	女	中级班	年交	6600	2023-5-5		
林晨曦	女	高级班	年交	7500	2023-7-10		
邹阳	女	中级班	年交	6600	2023-1-11		

图 A1-82

学员信息管理表

学员姓名	性别	所在班级	交费方式	金额	交费日期	到期日期
侯孟杰	男	初级班	年交	5800	2023-10-22	2024-10-22
刘瑞	男	初级班	半年交	3000	2023-9-20	2024-3-20
周家栋	男	高级班	半年交	4000	2023-11-28	2024-5-28
周家栋	男	高级班	半年交	4000	2023-7-10	2024-1-10
李佳怡	女	中级班	年交	6600	2023-5-5	2024-5-5
林晨曦	女	高级班	年交	7500	2023-7-10	2024-7-10
邹阳	女	中级班	年交	6600	2023-1-11	2024-1-11
张景源	男	中级班	半年交	3500	2023-9-1	2024-3-1
夏雪	女	初级班	半年交	3000	2024-1-1	2024-7-1

图 A1-83

❺ 切换回到 ChatGPT，在聊天对话框中输入“当 G3 中的日期距今日小于等于 5 天时，在 H3 单元格中显示"提醒"文字。”如图 A1-84 所示。送出问题，得到图 A1-85 所示的回复信息。

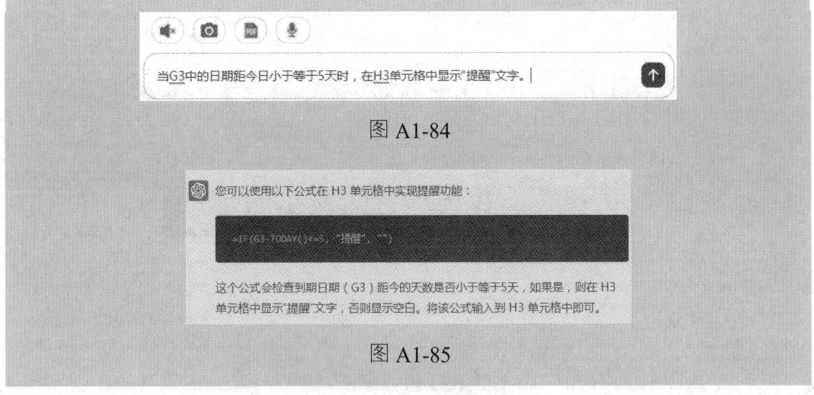

图 A1-84

图 A1-85

❻ 选中公式并复制。切换到 Excel 程序，选中 H3 单元格，将光标定位到编辑栏中，按 Ctrl+V 组合键粘贴，如图 A1-86 所示。

❼ 粘贴公式后，按 Enter 键即可得出判断结果。重新选中 H3 单元格，向下复制公式，即可得出批量的判断结果，如图 A1-87 所示。

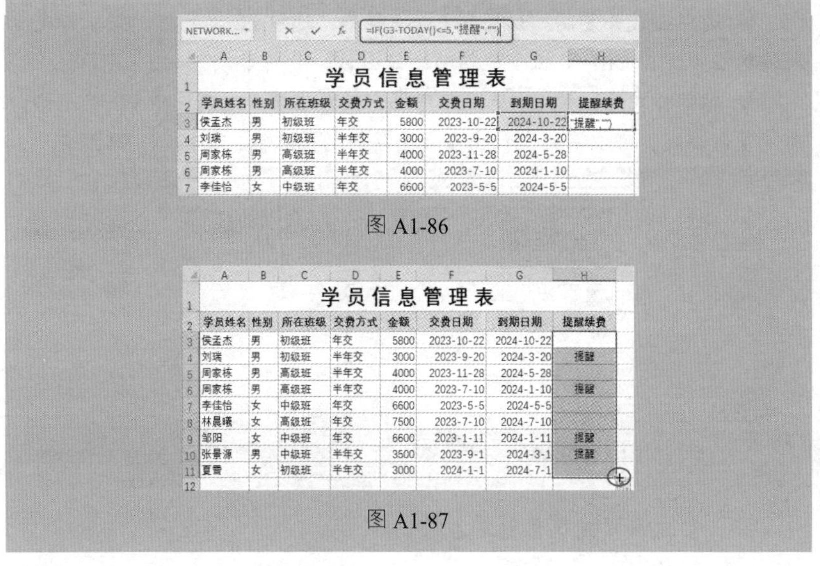

	A	B	C	D	E	F	G	H
1	学员信息管理表							
2	学员姓名	性别	所在班级	交费方式	金额	交费日期	到期日期	提醒续费
3	侯孟杰	男	初级班	年交	5800	2023-10-22	2024-10-22	"提醒","")
4	刘瑞	男	初级班	半年交	3000	2023-9-20	2024-3-20	
5	周家栋	男	高级班	半年交	4000	2023-11-28	2024-5-28	
6	周家栋	男	高级班	半年交	4000	2023-7-10	2024-1-10	
7	李佳怡	女	中级班	年交	6600	2023-5-5	2024-5-5	

图 A1-86

	A	B	C	D	E	F	G	H
1	学员信息管理表							
2	学员姓名	性别	所在班级	交费方式	金额	交费日期	到期日期	提醒续费
3	侯孟杰	男	初级班	年交	5800	2023-10-22	2024-10-22	
4	刘瑞	男	初级班	半年交	3000	2023-9-20	2024-3-20	提醒
5	周家栋	男	高级班	半年交	4000	2023-11-28	2024-5-28	
6	周家栋	男	高级班	半年交	4000	2023-7-10	2024-1-10	提醒
7	李佳怡	女	中级班	年交	6600	2023-5-5	2024-5-5	
8	林晨曦	女	高级班	年交	7500	2023-7-10	2024-7-10	
9	邹阳	女	中级班	年交	6600	2023-1-11	2024-1-11	提醒
10	张景源	男	中级班	半年交	3500	2023-9-1	2024-3-1	提醒
11	夏雪	女	初级班	半年交	3000	2024-1-1	2024-7-1	
12								

图 A1-87

12. 统计各个年级参赛的人数合计

本例为某高中各年级各班的参赛人数表，需要按年级统计出参赛的总人数。

❶ 在聊天对话框中输入“A2:A11 区域是年级名称，其中前两个字符代表年级。B2:B11 区域是人数。要求统计出 D2:D4 区域中各个年级的总人数，并显示在 E2:E4 区域。”如图 A1-88 所示。送出问题，得到图 A1-89 所示的回复信息。

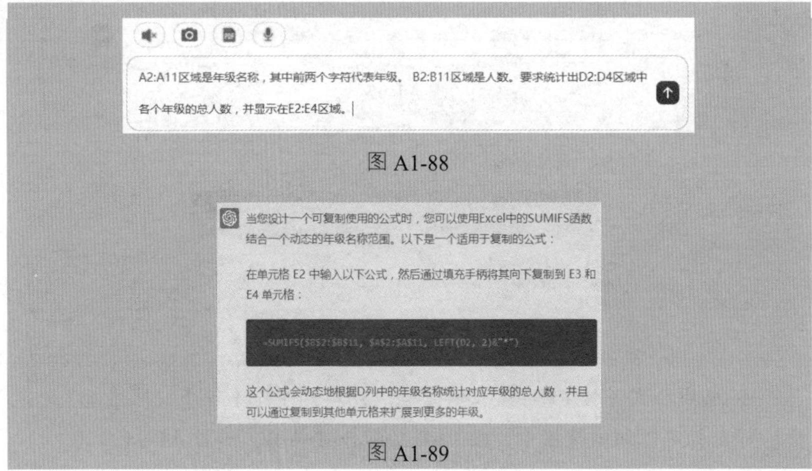

图 A1-88

图 A1-89

❷ 选中公式并复制。切换到 Excel 程序，选中 E2 单元格，将光标定位到编辑栏中，按 Ctrl+V 组合键粘贴，如图 A1-90 所示。

❸ 粘贴公式后，按 Enter 键即可得出判断结果。重新选中 E2 单元格，向下复制公式，可以看到统计出了各个年级的总人数，如图 A1-91 所示。

NETWORK... =SUMIFS($B$2:$B$11, $A$2:$A$11, LEFT(D2, 2)&"*")

	A	B	C	D	E	F	G
1	年级	参加人数		年级	总人数		
2	高一（1)班	8		高一	2)&"*")		
3	高二（2)班	10		高二			
4	高一（3)班	12		高三			
5	高三（4)班	5					
6	高三（5)班	11					
7	高二（6)班	13					
8	高一（7)班	12					
9	高一（5)班	17					
10	高二（5)班	8					
11	高二（1)班	5					

图 A1-90

	A	B	C	D	E
1	年级	参加人数		年级	总人数
2	高一（1)班	8		高一	49
3	高二（2)班	10		高二	36
4	高一（3)班	12		高三	16
5	高三（4)班	5			
6	高三（5)班	11			
7	高二（6)班	13			
8	高一（7)班	12			
9	高一（5)班	17			
10	高二（5)班	8			
11	高二（1)班	5			

图 A1-91

13. 显示本年度销售冠军名单

扫一扫，看视频

本例的表格中统计了每位销售员对应的销售金额，想查找本月的销售冠军，即在 B 列中判断最大值，然后返回对应在 A 列中的销售员。

❶ 在聊天对话框中输入“A2:A12 单元格区域中是姓名，B2:B12 单元格区域中是销售额，写一个公式返回最高销售额对应的姓名。”如图 A1-92 所示。送出问题，得到图 A1-93 所示的回复信息。

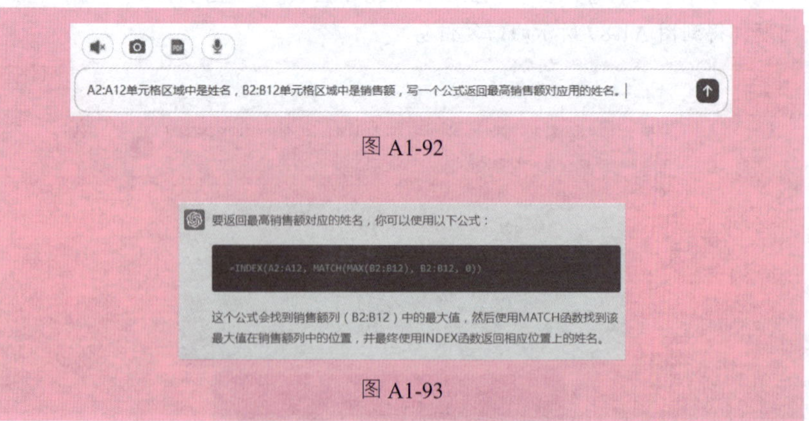

A2:A12单元格区域中是姓名，B2:B12单元格区域中是销售额，写一个公式返回最高销售额对应用的姓名。
要返回最高销售额对应的姓名，你可以使用以下公式：
=INDEX(A2:A12, MATCH(MAX(B2:B12), B2:B12, 0))
这个公式会找到销售额列（B2:B12）中的最大值，然后使用MATCH函数找到该最大值在销售额列中的位置，并最终使用INDEX函数返回相应位置上的姓名。

图 A1-92

图 A1-93

❷ 选中公式并按 Ctrl+组合键复制。切换到 Excel 程序，选中 D2 单元格，将光标定位到编辑栏中，按 Ctrl+V 组合键粘贴，如图 A1-94 所示。

❸ 粘贴公式后，按 Enter 键即可得出月销售冠军，如图 A1-95 所示。

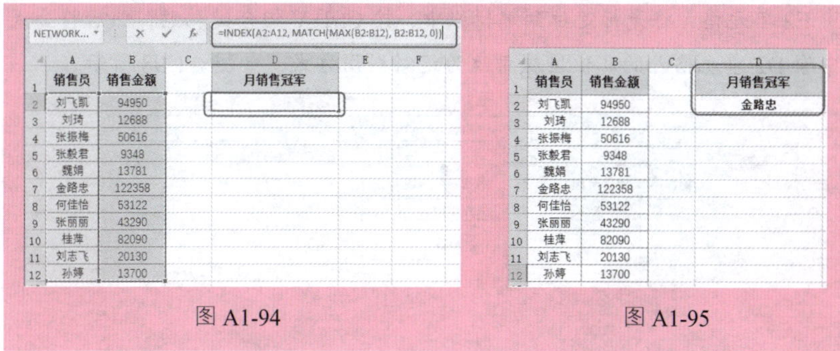

	A	B	C	D	E	F
1	销售员	销售金额		月销售冠军		
2	刘飞凯	94950				
3	刘琦	12688				
4	张振梅	50616				
5	张毅君	9348				
6	魏娟	13781				
7	金路忠	122358				
8	何佳怡	53122				
9	张丽丽	43290				
10	桂萍	82090				
11	刘志飞	20130				
12	孙婷	13700				

图 A1-94

	A	B	C	D
1	销售员	销售金额		月销售冠军
2	刘飞凯	94950		金路忠
3	刘琦	12688		
4	张振梅	50616		
5	张毅君	9348		
6	魏娟	13781		
7	金路忠	122358		
8	何佳怡	53122		
9	张丽丽	43290		
10	桂萍	82090		
11	刘志飞	20130		
12	孙婷	13700		

图 A1-95

如果想建立公式来返回月销售冠、亚、季军，也可以向 ChatGPT 提问获取公式。

❶ 在聊天对话框中输入“A2:A12 区域中是姓名，B2:B12 区域中是销售额，依照 D2:D4 区域中指定的名次判断销售额的大小，然后返回对应的姓名并显示于 E2:E4 区域。”如图 A1-96 所示。送出问题后则得到图 A1-97 所示的回复信息。

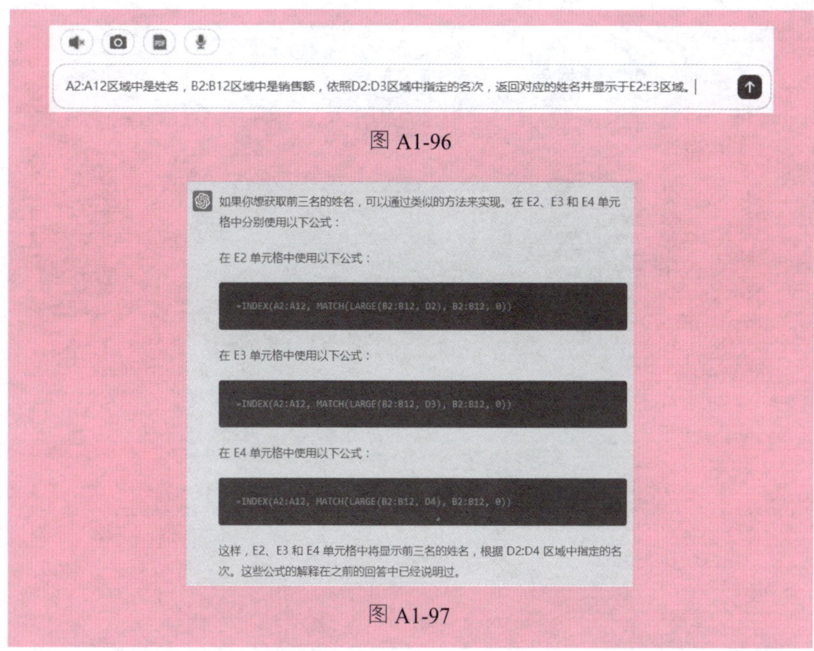

图 A1-96

图 A1-97

❷ 这时看到 ChatGPT 给出了三个公式，其实可以合并为一个可复制使

用的公式。选中第一个公式，按 Ctrl+C 组合键复制，切换到 Excel 程序，选中 E2 单元格，将光标定位到编辑栏中，按 Ctrl+V 组合键粘贴，然后将公式中除 D2 单元格外的其他区域都改为绝对引用方式，如图 A1-98 所示。

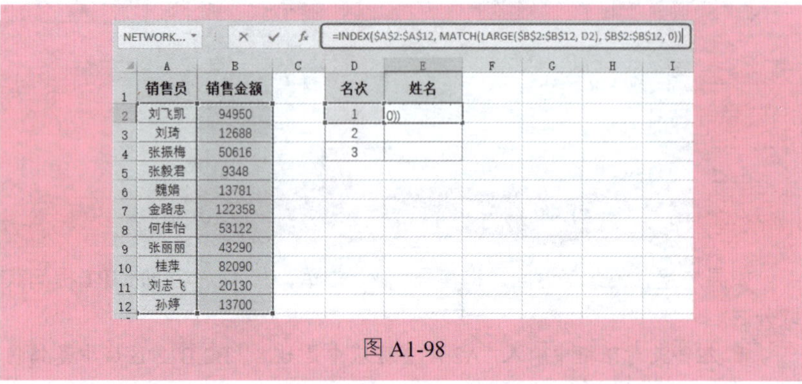

NETWORK... =INDEX($A$2:$A$12, MATCH(LARGE($B$2:$B$12, D2), $B$2:$B$12, 0))

	A	B	C	D	E
1	销售员	销售金额		名次	姓名
2	刘飞凯	94950		1	0))
3	刘琦	12688		2	
4	张振梅	50616		3	
5	张毅君	9348			
6	魏娟	13781			
7	金路忠	122358			
8	何佳怡	53122			
9	张丽丽	43290			
10	桂萍	82090			
11	刘志飞	20130			
12	孙婷	13700			

图 A1-98

❸ 按 Enter 键后。重新选中 E2 单元格，向下复制公式（图 A1-99），即可得到前三名对应的姓名。

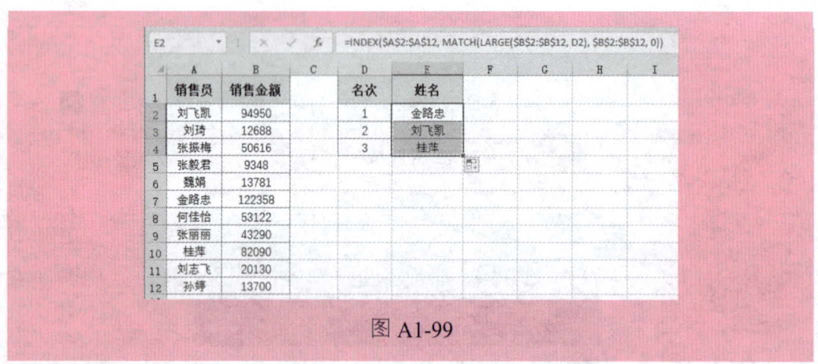

E2 =INDEX($A$2:$A$12, MATCH(LARGE($B$2:$B$12, D2), $B$2:$B$12, 0))

	A	B	C	D	E
1	销售员	销售金额		名次	姓名
2	刘飞凯	94950		1	金路忠
3	刘琦	12688		2	刘飞凯
4	张振梅	50616		3	桂萍
5	张毅君	9348			
6	魏娟	13781			
7	金路忠	122358			
8	何佳怡	53122			
9	张丽丽	43290			
10	桂萍	82090			
11	刘志飞	20130			
12	孙婷	13700			

图 A1-99

附录 2　ChatGPT 辅助创建公式进行数据验证与条件判断

附录 2.1　函数在条件格式中的应用

Excel 可以通过条件格式的设置来让满足条件的数据以特殊的格式显示出来，这是数据分析中的典型应用。除了程序所给定的判断条件外，还可以设定公式来设置判断条件，这让条件的判断更加灵活多变。如果有些判断条件不会设定，可以在 ChatGPT 中询问。

1. 自动标识周末日期

扫一扫，看视频

本例中的表格统计了公司员工的加班日期，需要将双休日加班的记录以特殊格式显示，如图 A2-1 所示。

	A	B	C	D	E
1	加班日期	加班人员	开始时间	结束时间	加班小时数
2	2024-3-1	张红军	18:00	22:00	4
3	2024-3-1	李诗诗	18:00	21:00	3
4	2024-3-3	杜月红	8:30	12:00	3.5
5	2024-3-4	刘大为	18:00	20:30	2.5
6	2024-3-5	张艳	18:00	20:30	2.5
7	2024-3-8	程小丽	17:30	21:30	4
8	2024-3-9	张艳	8:00	11:00	3
9	2024-3-15	卢红	17:30	22:30	5
10	2024-3-16	刘丽	14:30	18:00	3.5
11	2024-3-17	杜月	8:00	12:00	4
12	2024-3-18	张成	10:00	17:30	7.5
13	2024-3-28	卢红燕	10:00	16:00	6
14	2024-3-29	刘丽	13:00	17:00	4
15	2024-3-30	杜月红	14:00	18:00	4

图 A2-1

❶ 在聊天对话框中输入“在 Excel 中，将 A2:A16 区域中的周末日期自动特殊标识出来。”如图 A2-2 所示。送出问题，得到图 A2-3 所示的回复信息。

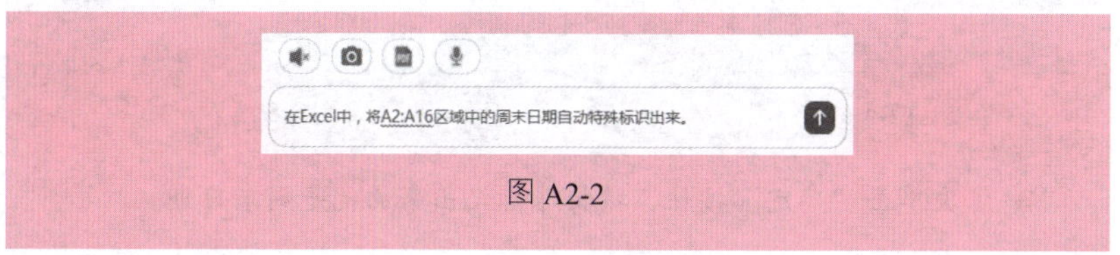
在Excel中，将A2:A16区域中的周末日期自动特殊标识出来。

图 A2-2

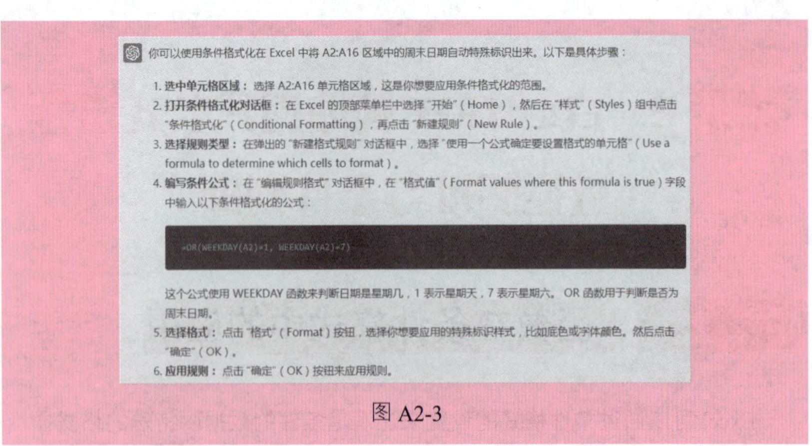

你可以使用条件格式化在 Excel 中将 A2:A16 区域中的周末日期自动特殊标识出来。以下是具体步骤：
1. 选中单元格区域：选择 A2:A16 单元格区域，这是你想要应用条件格式化的范围。
2. 打开条件格式化对话框：在 Excel 的顶部菜单栏中选择 "开始"（Home），然后在 "样式"（Styles）组中点击 "条件格式化"（Conditional Formatting），再点击 "新建规则"（New Rule）。
3. 选择规则类型：在弹出的 "新建格式规则" 对话框中，选择 "使用一个公式确定要设置格式的单元格"（Use a formula to determine which cells to format）。
4. 编写条件公式：在 "编辑规则格式" 对话框中，在 "格式值"（Format values where this formula is true）字段中输入以下条件格式化的公式：
=OR(WEEKDAY(A2)=1, WEEKDAY(A2)=7)
这个公式使用 WEEKDAY 函数来判断日期是星期几，1 表示星期天，7 表示星期六。OR 函数用于判断是否为周末日期。
5. 选择格式：点击 "格式"（Format）按钮，选择你想要应用的特殊标识样式，比如底色或字体颜色。然后点击 "确定"（OK）。
6. 应用规则：点击 "确定"（OK）按钮来应用规则。

图 A2-3

❷ 选中要设置的单元格区域，在“开始”选项卡的“样式”组中单击“条件格式”→“新建规则”命令。

❸ 打开“新建格式规则”对话框，选择“使用公式确定要设置格式的单元格”规则类型，“为符合此公式的值设置格式”→“=OR(WEEKDAY(A2)=1, WEEKDAY(A2)=7)”，如图 A2-4 所示。

❹ 单击“格式”按钮，打开“设置单元格格式”对话框，可以选择设置想使用的特殊格式，如图 A2-5 所示。

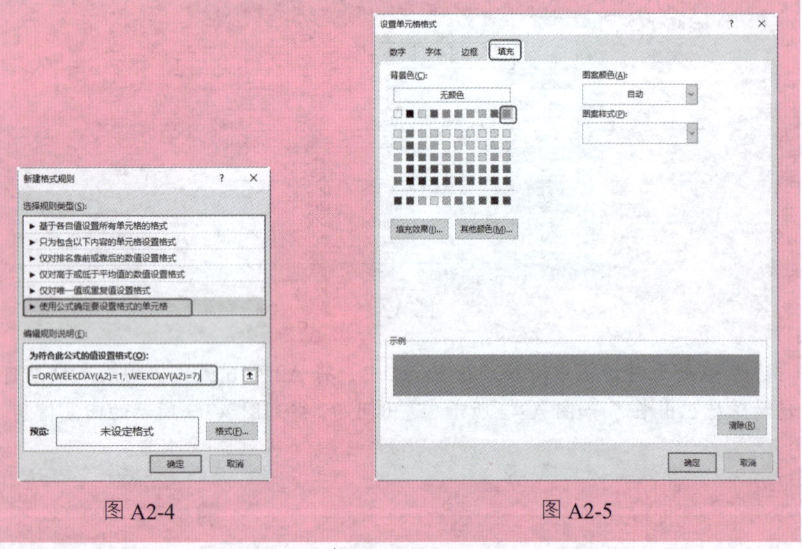

图 A2-4　　图 A2-5

❺ 依次单击“确定”按钮，被特殊标记出来的就是周末日期。

注意：

关于格式的设定这里统一做个说明，一般设置不同的字体、边框格式、填充色等格式，设置格式的目的是特殊显示，一般只要醒目易查看即可。

2. 次日值班人员自动提醒

扫一扫，看视频

图 A2-6 所示为一份值班人员安排表，要求当前日期的下一天日期总能自动特殊标记，以达到自动提醒次日值班的目的。

	A	B	C
1	值班人姓名	值班日期	
2	韩要荣	2024-4-1	
3	何云洁	2024-4-3	
4	黄博	2024-4-5	
5	高成	2024-4-7	
6	李平	2024-4-8	
7	陈佳佳	2024-4-11	
8	柯娜	2024-4-12	
9	陈怡	2024-4-15	
10	姚金年	2024-4-17	
11	刘江波	2024-4-18	
12	李杰	2024-4-19	
13	王磊	2024-4-21	
14	何灵云	2024-4-23	
15	郝艳艳	2024-4-25	
16	林云	2024-4-16	

图 A2-6

❶ 在聊天对话框中输入“在 Excel 中，判断 B2:B16 区域中的日期是否是当前日期的下一天日期，如果是就特殊标识出来。”如图 A2-7 所示。送出问题，得到图 A2-8 所示的回复信息。

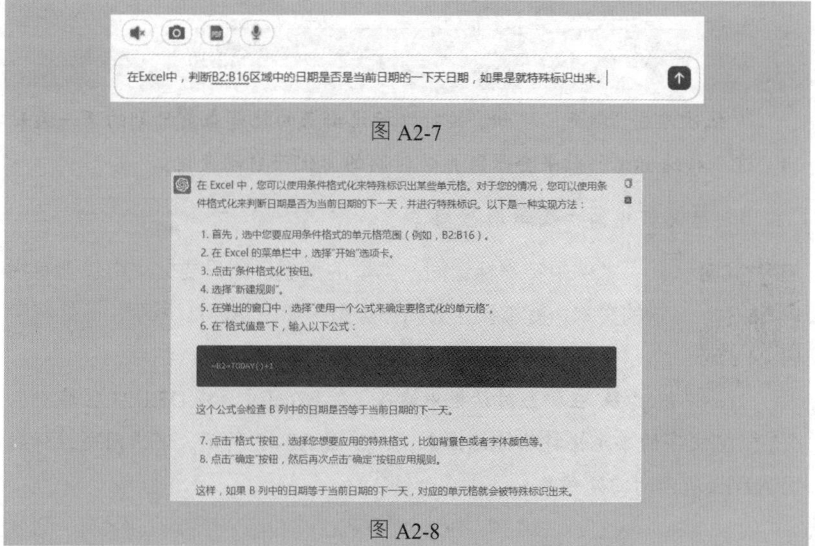
在Excel中，判断B2:B16区域中的日期是否是当前日期的一下天日期，如果是就特殊标识出来。
在 Excel 中，您可以使用条件格式化来特殊标识出某些单元格。对于您的情况，您可以使用条件格式化来判断日期是否为当前日期的下一天，并进行特殊标识。以下是一种实现方法：
1. 首先，选中您要应用条件格式的单元格范围（例如，B2:B16）。
2. 在 Excel 的菜单栏中，选择"开始"选项卡。
3. 点击"条件格式化"按钮。
4. 选择"新建规则"。
5. 在弹出的窗口中，选择"使用一个公式来确定要格式化的单元格"。
6. 在"格式值是"下，输入以下公式：
=B2=TODAY()+1
这个公式会检查 B 列中的日期是否等于当前日期的下一天。
7. 点击"格式"按钮，选择您想要应用的特殊格式，比如背景色或者字体颜色等。
8. 点击"确定"按钮，然后再次点击"确定"按钮应用规则。
这样，如果 B 列中的日期等于当前日期的下一天，对应的单元格就会被特殊标识出来。

图 A2-7

图 A2-8

❷ 选中要设置的单元格区域，在“开始”选项卡的“样式”组中单击“条件格式”→“新建规则”命令。

❸ 打开“新建格式规则”对话框，选择“使用公式确定要设置格式的单元格”规则类型，“为符合此公式的值设置格式”→“=OR(WEEKDAY(A2)=1,”，如图 A2-9 所示。

❹ 单击“格式”按钮，打开“设置单元格格式”对话框，可以选择设置想使用的特殊格式，如图 A2-10 所示。

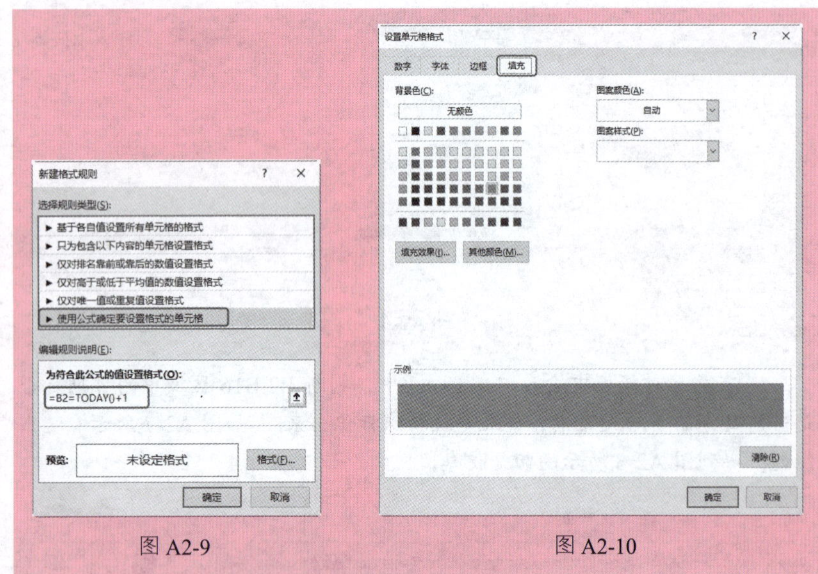

图 A2-9　　　　图 A2-10

❺ 依次单击“确定”按钮，被特殊标记出来的就是当前日期的下一天日期。这个特殊标记的效果会跟随系统时间的变化而自动变化。

3. 特殊标记同一类型的数据

扫一扫，看视频

本例中特殊标记同一类型的数据，即只要文本中包含有指定的文本，就被认定为同一类型（如图 A2-11 所示，此处将包含“手工”的数据认定为同一类型数据）。

❶ 在聊天对话框中输入“在 Excel 中，将 D2:D21 区域中包含"手工"文字的单元格特殊标记出来。”，如图 A2-12 所示。送出问题，得到图 A2-13 所示的回复信息。

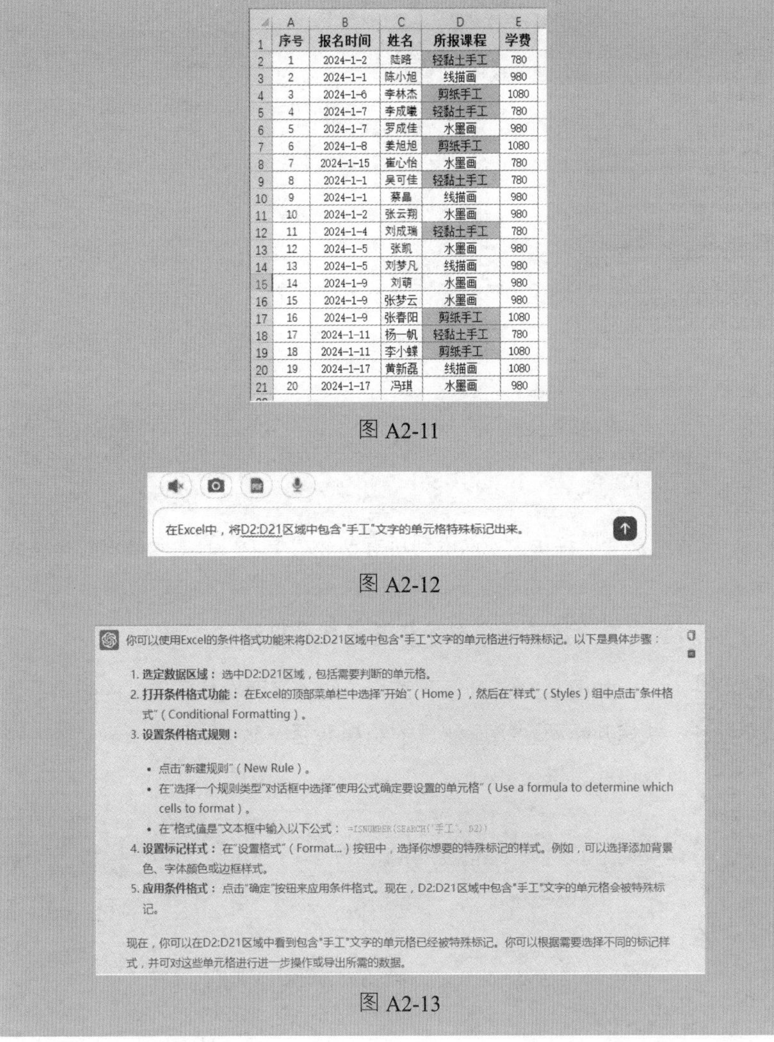

	A	B	C	D	E
1	序号	报名时间	姓名	所报课程	学费
2	1	2024-1-2	陆路	轻黏土手工	780
3	2	2024-1-1	陈小旭	线描画	980
4	3	2024-1-6	李林杰	剪纸手工	1080
5	4	2024-1-7	李成曦	轻黏土手工	780
6	5	2024-1-7	罗成佳	水墨画	980
7	6	2024-1-8	姜旭旭	剪纸手工	1080
8	7	2024-1-15	崔心怡	水墨画	780
9	8	2024-1-1	吴可佳	轻黏土手工	780
10	9	2024-1-1	蔡晶	线描画	980
11	10	2024-1-2	张云翔	水墨画	980
12	11	2024-1-4	刘成瑞	轻黏土手工	780
13	12	2024-1-5	张凯	水墨画	980
14	13	2024-1-5	刘梦凡	线描画	980
15	14	2024-1-9	刘萌	水墨画	980
16	15	2024-1-9	张梦云	水墨画	980
17	16	2024-1-9	张春阳	剪纸手工	1080
18	17	2024-1-11	杨一帆	轻黏土手工	780
19	18	2024-1-11	李小蝶	剪纸手工	1080
20	19	2024-1-17	黄新磊	线描画	1080
21	20	2024-1-17	冯琪	水墨画	980

图 A2-11

图 A2-12

你可以使用Excel的条件格式功能来将D2:D21区域中包含"手工"文字的单元格进行特殊标记。以下是具体步骤：

1. **选定数据区域：** 选中D2:D21区域，包括需要判断的单元格。
2. **打开条件格式功能：** 在Excel的顶部菜单栏中选择"开始"（Home），然后在"样式"（Styles）组中点击"条件格式"（Conditional Formatting）。
3. **设置条件格式规则：**
   - 点击"新建规则"（New Rule）。
   - 在"选择一个规则类型"对话框中选择"使用公式确定要设置的单元格"（Use a formula to determine which cells to format）。
   - 在"格式值是"文本框中输入以下公式：=ISNUMBER(SEARCH("手工", D2))
4. **设置标记样式：** 在"设置格式"（Format...）按钮中，选择你想要的特殊标记的样式。例如，可以选择添加背景色、字体颜色或边框样式。
5. **应用条件格式：** 点击"确定"按钮来应用条件格式。现在，D2:D21区域中包含"手工"文字的单元格会被特殊标记。

现在，你可以在D2:D21区域中看到包含"手工"文字的单元格已经被特殊标记。你可以根据需要选择不同的标记样式，并可对这些单元格进行进一步操作或导出所需的数据。

图 A2-13

❷ 选中 D2:D21 单元格区域，在“开始”选项卡的“样式”组中单击“条件格式”→“新建规则”命令。

❸ 打开“新建格式规则”对话框，选择“使用公式确定要设置格式的单元格”规则类型，“为符合此公式的值设置格式”→“=ISNUMBER(SEARCH("手工", D2))”，如图 A2-14 所示。

❹ 单击“格式”按钮，打开“设置单元格格式”对话框，可以选择设置想使用的特殊格式，如图 A2-15 所示。

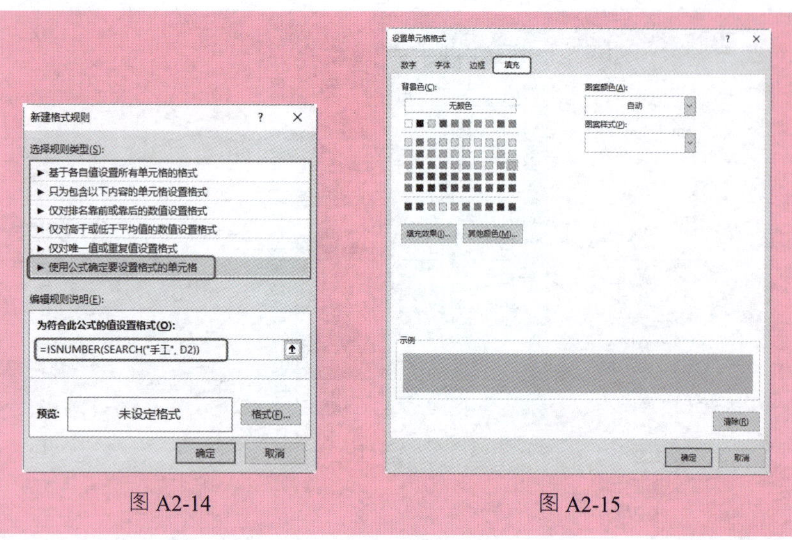

图 A2-14　　　　图 A2-15

❺ 单击“确定”按钮，可以看到所有包含“手工”的单元格以特殊格式显示。

4. 比较两个单元格测试是否相同

扫一扫，看视频

如图 A2-16 所示，表格中统计了两次抗压测试的结果，想快速判断两次抗压测试的结果是否一致，如果不一致，就以特殊格式显示。

	A	B	C
1	抗压测试	一次测试	二次测试
2	1	125	125
3	2	128	125
4	3	120	120
5	4	119	119
6	5	120	120
7	6	128	125
8	7	120	120
9	8	119	119
10	9	122	122
11	10	120	120
12	11	119	119
13	12	120	120

图 A2-16

❶ 在聊天对话框中输入“将 B2 与 C2 比较，将 B3 与 C3 比较，将 B4 与 C4 比较，依次类推，如果二者不同就特殊标记出来。”，如图 A2-17 所示。送出问题，得到图 A2-18 所示的回复信息。

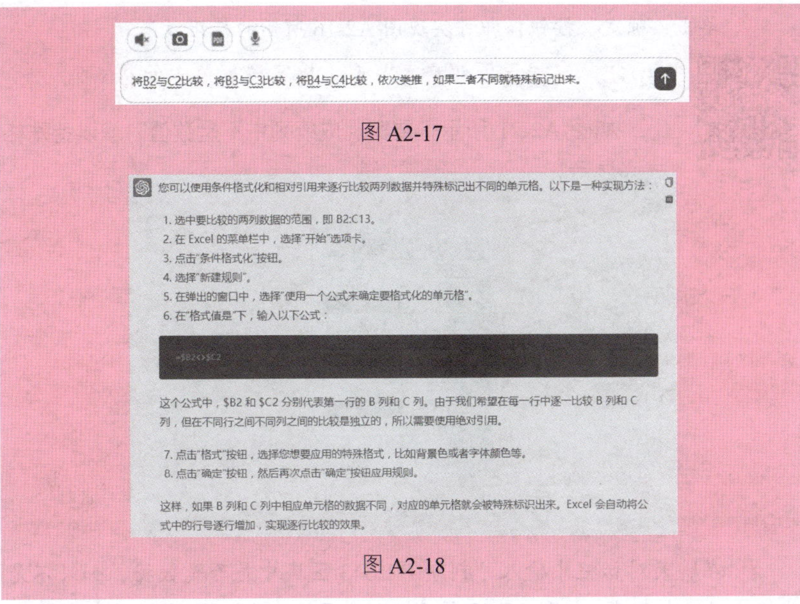

将B2与C2比较，将B3与C3比较，将B4与C4比较，依次类推，如果二者不同就特殊标记出来。
图 A2-17
您可以使用条件格式化和相对引用来逐行比较两列数据并特殊标记出不同的单元格。以下是一种实现方法：
1. 选中要比较的两列数据的范围，即 B2:C13。
2. 在 Excel 的菜单栏中，选择"开始"选项卡。
3. 点击"条件格式化"按钮。
4. 选择"新建规则"。
5. 在弹出的窗口中，选择"使用一个公式来确定要格式化的单元格"。
6. 在"格式值是"下，输入以下公式：
=$B2<>$C2
这个公式中，$B2 和 $C2 分别代表第一行的 B 列和 C 列。由于我们希望在每一行中逐一比较 B 列和 C 列，但在不同行之间不同列之间的比较是独立的，所以需要使用绝对引用。
7. 点击"格式"按钮，选择您想要应用的特殊格式，比如背景色或者字体颜色等。
8. 点击"确定"按钮，然后再次点击"确定"按钮应用规则。
这样，如果 B 列和 C 列中相应单元格的数据不同，对应的单元格就会被特殊标识出来。Excel 会自动将公式中的行号逐行增加，实现逐行比较的效果。

图 A2-18

❷ 选中要设置的单元格区域，在“开始”选项卡的“样式”组中单击“条件格式”→“新建规则”命令。

❸ 打开“新建格式规则”对话框，选择“使用公式确定要设置格式的单元格”规则类型，“为符合此公式的值设置格式”→“=$B2<>$C2”，如图 A2-19 所示。

❹ 单击“格式”按钮，打开“设置单元格格式”对话框，切换到“填充”选项卡下，选择填充颜色；再切换到“字体”选项卡下设置字体。

❺ 单击“确定”按钮，回到“新建格式规则”对话框中，可以看到格式的预览格式，如图 A2-20 所示。

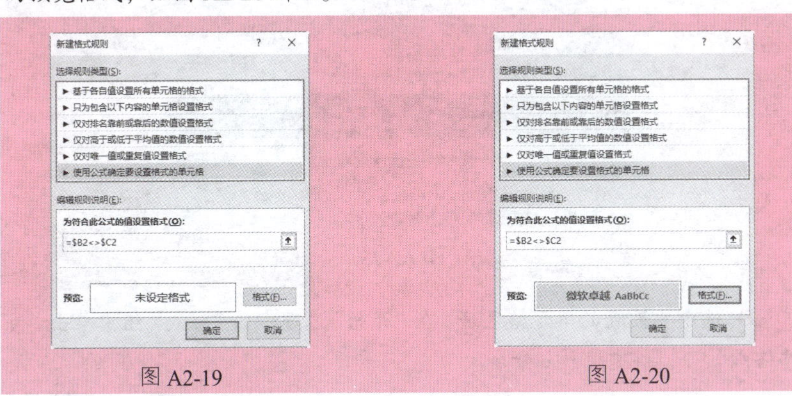

图 A2-19　　图 A2-20

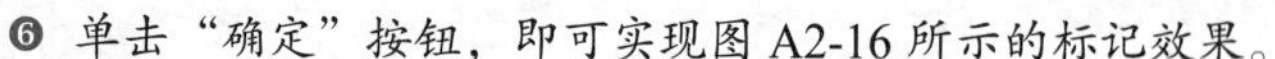

❻ 单击“确定”按钮，即可实现图 A2-16 所示的标记效果。

扫一扫，看视频

5. 突出显示“缺考”或未填写数据的单元格

如图 A2-21 所示，要实现成绩列中不是数值时就以特殊格式来显示。

	A	B
1	姓名	面试成绩
2	张明亮	85
3	石兴红	86
4	周燕飞	缺考
5	周松	78
6	何亮亮	90
7	李丽	不合格
8	郑磊	91
9	杨亚	83
10	李敏	不合格
11	李小辉	92
12	韩微	95
13	刘明浩	85

图 A2-21

❶ 在聊天对话框中输入“判断 B2:B13 区域中是否是数据，如果不是就特殊标记出来。”，如图 A2-22 所示。送出问题，得到图 A2-23 所示的回复信息。

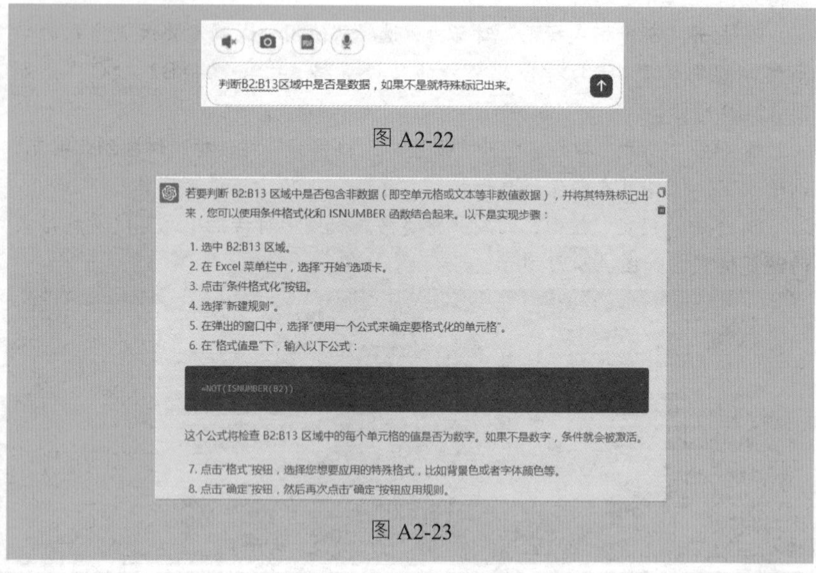
判断B2:B13区域中是否是数据，如果不是就特殊标记出来。
若要判断 B2:B13 区域中是否包含非数据（即空单元格或文本等非数值数据），并将其特殊标记出来，您可以使用条件格式化和 ISNUMBER 函数结合起来。以下是实现步骤：
1. 选中 B2:B13 区域。
2. 在 Excel 菜单栏中，选择"开始"选项卡。
3. 点击"条件格式化"按钮。
4. 选择"新建规则"。
5. 在弹出的窗口中，选择"使用一个公式来确定要格式化的单元格"。
6. 在"格式值是"下，输入以下公式：
=NOT(ISNUMBER(B2))
这个公式将检查 B2:B13 区域中的每个单元格的值是否为数字。如果不是数字，条件就会被激活。
7. 点击"格式"按钮，选择您想要应用的特殊格式，比如背景色或者字体颜色等。
8. 点击"确定"按钮，然后再次点击"确定"按钮应用规则。

图 A2-22

图 A2-23

❷ 选中要设置的单元格区域，在“开始”选项卡的“样式”组中单击“条件格式”→“新建规则”命令。

❸ 打开“新建格式规则”对话框，选择“使用公式确定要设置格式的单元格”规则类型，“为符合此公式的值设置格式”→“=NOT(ISNUMBER(B2))”，如图 A2-24 所示。

❹ 单击“格式”按钮，打开“设置单元格格式”对话框，切换到“填充”选项卡下，选择填充颜色；再切换到“字体”选项卡下设置字体。

❺ 单击“确定”按钮，回到“新建格式规则”对话框中，可以看到格式预览格式，如图 A2-25 所示。

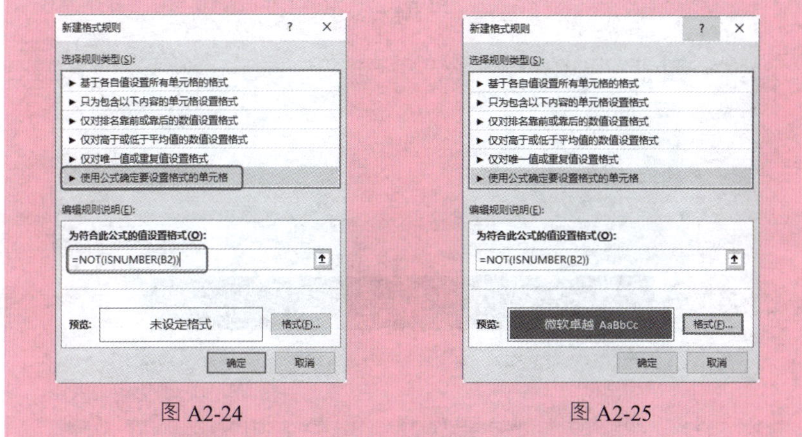

图 A2-24　　图 A2-25

❻ 单击“确定”按钮，即可达到图 A2-21 所示的效果。

6. 满足条件的整行突出显示

某招聘单位在招聘主管的年龄上要求年龄在 30～35 岁之间，即希望将表格中满足指定年龄段的人员信息整行以特殊格式标记出来（图 A2-26），以方便查看。

扫一扫，看视频

	A	B	C	D
1	面试人员	年龄	学历	工作经验
2	吴丹晨	29	专科	6
3	蓝琳达	31	本科	7
4	陈强	27	本科	4
5	钟琛	33	本科	8
6	谭谢生	34	专科	8
7	黄中杨	27	专科	6
8	周成	28	研究生	2
9	简佳丽	26	专科	5
10	胡家兴	42	本科	12
11	苏海涛	33	研究生	7
12	王保国	30	本科	6
13	周玲	36	专科	10
14	唐雨萱	28	本科	5
15	胡杰	29	专科	7

图 A2-26

❶ 在聊天对话框中输入“数据区域为 A2:D15，判断 B2:B15 区域中的年龄是否大于等于 30 且小于等于 35，如果是就将整行记录都以特殊格式显示。”，如图 A2-27 所示。送出问题，得到图 A2-28 所示的回复信息。

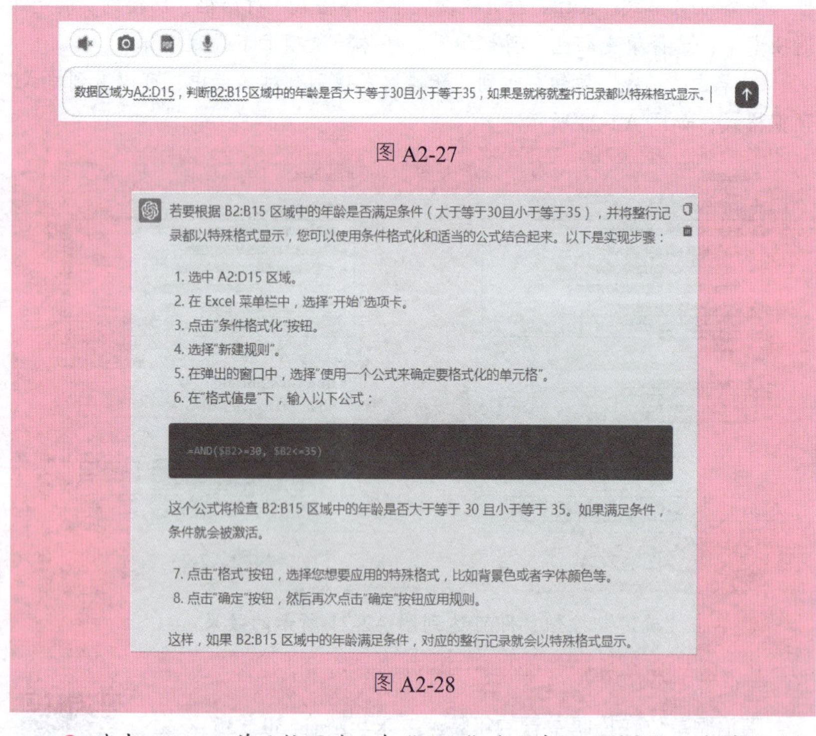

图 A2-27

图 A2-28

❷ 选中 A2:D15 单元格区域，在“开始”选项卡的“样式”组中单击“条件格式”→“新建规则”命令。

❸ 打开“新建格式规则”对话框，选择“使用公式确定要设置格式的单元格”规则类型，“为符合此公式的值设置格式”→“=AND($B2>=30, $B2<=35)”，如图 A2-29 所示。

❹ 单击“格式”按钮，打开“设置单元格格式”对话框，切换到“填充”选项卡下，选择填充颜色。单击“确定”按钮，回到“新建格式规则”对话框中，可以看到预览格式，如图 A2-30 所示。

❺ 单击“确定”按钮，就可以看到年龄段在 30 ~ 35 的记录整行以黄色底纹填充效果显示。

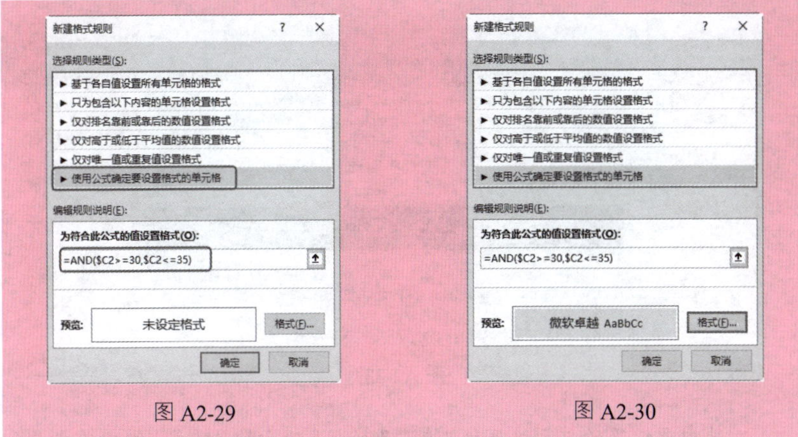

图 A2-29　　图 A2-30

7. 高亮显示每行数据中的最大值

要突出显示每行中的最大值也需要使用公式进行条件格式的设置。本例通过设置突出显示每列中的最大值可以很直观地看到每位学生在几次月考中哪一次的成绩是最好的，如图 A2-31 所示。

扫一扫，看视频

	A	B	C	D	E	F	G
1	姓名	1月月考	2月月考	3月月考	4月月考	5月月考	6月月考
2	周薇	486	597	508	480	608	606.5
3	杨佳	535.5	540.5	540	549.5	551	560.5
4	刘勋	587	482	493	501	502	588
5	张智志	529	589.5	587.5	587	588	578
6	宋云飞	504.5	505	503	575	488.5	581
7	王婷	587	493.5	572.5	573	588	574
8	王伟	502	493	587	588.5	500.5	580.5
9	李欣	552	538	552	568	589	592
10	周钦伟	498	487	488	499.5	445.5	468.5

图 A2-31

❶ 在聊天对话框中输入“在 Excel 中，将 B2:G10 区域中每一行中的最大值特殊标识出来。”如图 A2-32 所示。送出问题，得到图 A2-33 所示的回复信息。

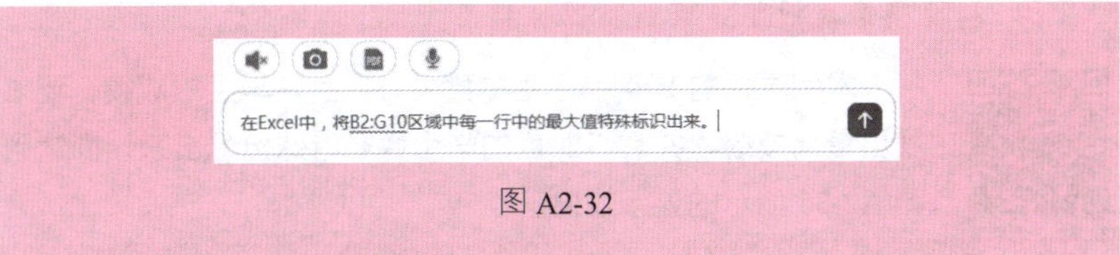

图 A2-32

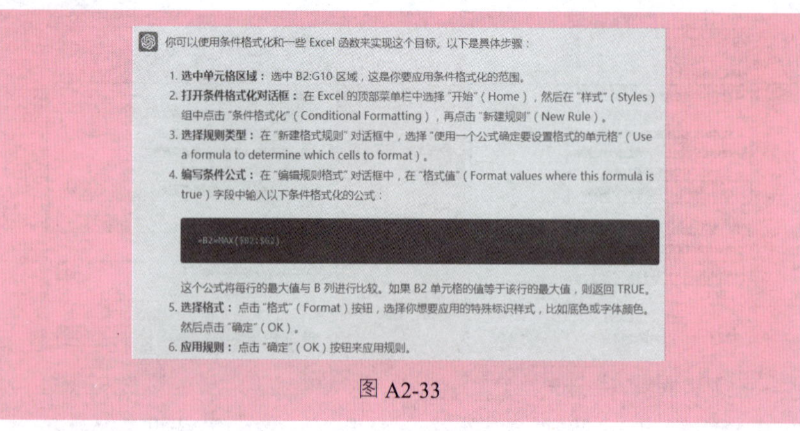

图 A2-33

❷ 选中要设置的单元格区域，在“开始”选项卡的“样式”组中单击“条件格式”→“新建规则”命令。

❸ 打开“新建格式规则”对话框，选择“使用公式确定要设置格式的单元格”规则类型，“为符合此公式的值设置格式”→“=B2=MAX($B2:$G2)”，如图 A2-34 所示。

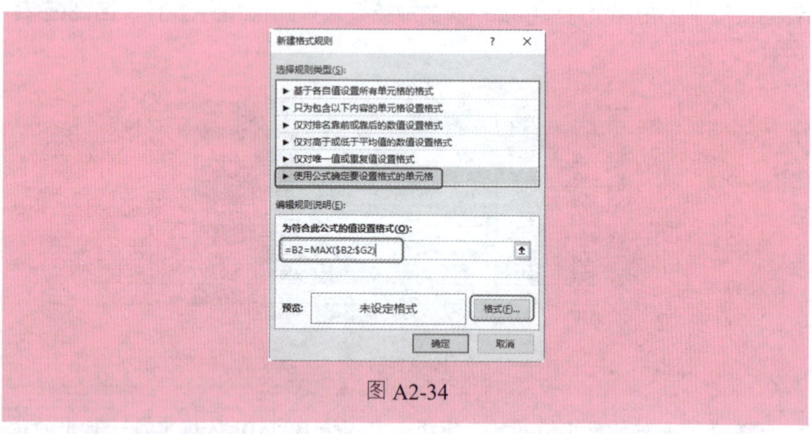

图 A2-34

❹ 单击“格式”按钮，打开“设置单元格格式”对话框，按前面例子的方法去设置想使用的特殊格式。

8. 将成绩最高的学生姓名特殊标记

扫一扫，看视频

本例表格的 B 列是学生的姓名，D 列是学生的成绩，要求找出最高成绩，并且将对应的学生姓名特殊标记出来，即达到图 A2-35 所示的显示效果。

	A	B	C	D
1	序号	姓名	性别	模考成绩
2	7	钱诚	男	525
3	3	周学成	男	554
4	14	周松	男	568
5	13	李烟	女	575
6	16	赵晓波	女	578
7	4	陶毅	男	655
8	1	王晗	女	592
9	6	方小飞	男	612
10	11	陈雅丽	女	595
11	10	王成婷	女	597
12	8	程明宇	男	599
13	9	牧渔风	男	655
14	2	陈亮	男	611
15	5	于泽	男	612

图 A2-35

❶ 在聊天对话框中输入“在 Excel 中，B2:B16 区域是姓名，D2:D16 区域中是成绩，要求将 D2:D16 区域中成绩最高的对应在 B 列中的姓名特殊标记。”，如图 A2-36 所示。送出问题，得到图 A2-37 所示的回复信息。

❷ 选中 B2:B16 区域，在“开始”选项卡的“样式”组中单击“条件格式”→“新建规则”命令。

在Excel中，B2:B16区域是姓名，D2:D16区域中是成绩，要求将D2:D16区域中成绩最高的对应在B列中的姓名特殊标记。

图 A2-36

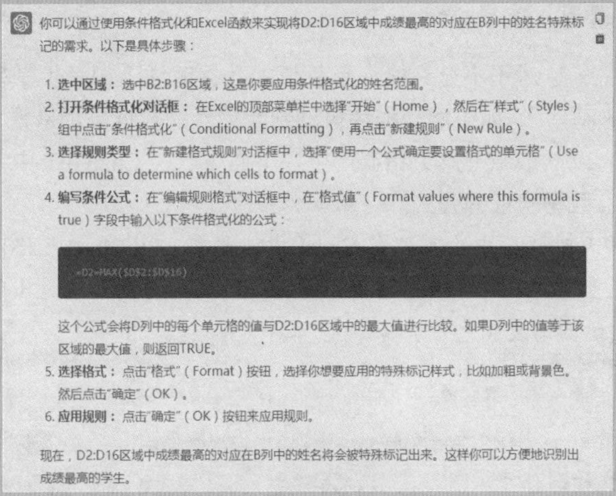

你可以通过使用条件格式化和Excel函数来实现将D2:D16区域中成绩最高的对应在B列中的姓名特殊标记的需求。以下是具体步骤：

1. **选中区域：** 选中B2:B16区域，这是你要应用条件格式化的姓名范围。
2. **打开条件格式化对话框：** 在Excel的顶部菜单栏中选择"开始"（Home），然后在"样式"（Styles）组中点击"条件格式化"（Conditional Formatting），再点击"新建规则"（New Rule）。
3. **选择规则类型：** 在"新建格式规则"对话框中，选择"使用一个公式确定要设置格式的单元格"（Use a formula to determine which cells to format）。
4. **编写条件公式：** 在"编辑规则格式"对话框中，在"格式值"（Format values where this formula is true）字段中输入以下条件格式化的公式：

```
=D2=MAX($D$2:$D$16)
```

这个公式会将D列中的每个单元格的值与D2:D16区域中的最大值进行比较。如果D列中的值等于该区域的最大值，则返回TRUE。

5. **选择格式：** 点击"格式"（Format）按钮，选择你想要应用的特殊标记样式，比如加粗或背景色。然后点击"确定"（OK）。
6. **应用规则：** 点击"确定"（OK）按钮来应用规则。

现在，D2:D16区域中成绩最高的对应在B列中的姓名将会被特殊标记出来。这样你可以方便地识别出成绩最高的学生。

图 A2-37

❸ 打开“新建格式规则”对话框，选择“使用公式确定要设置格式的单元格”规则类型，“为符合此公式的值设置格式”→“=D2=MAX($D2:$D16)”，如图 A2-38 所示。

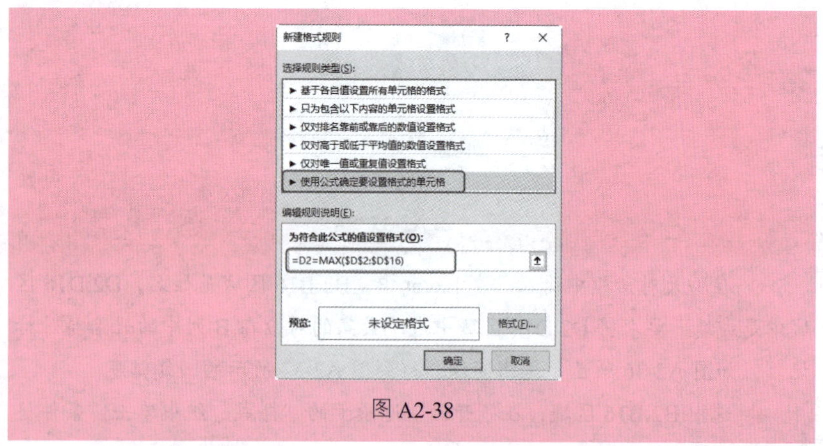

图 A2-38

❹ 单击“格式”按钮，打开“设置单元格格式”对话框，按前面例子的方法去设置想使用的特殊格式。

附录 2.2 函数在数据有效性中的应用

1. 限制输入重复值

扫一扫，看视频

对于不允许输入重复值的数据区域（如学生学号、产品编码等），如果能让程序自动判断输入的数据是否是重复的，则可以从根源上避免错误产生。下面可以在 ChatGPT 中提问来获取数据验证的公式。

❶ 在聊天对话框中输入“在 Excel 中，要求 C2:C20 单元格区域中的数据不能出现重复，否则弹出错误提示。”，如图 A2-39 所示。送出问题，得到图 A2-40 所示的回复信息。

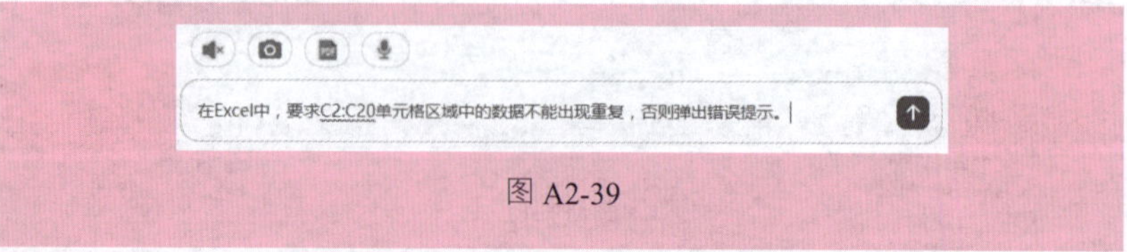

图 A2-39

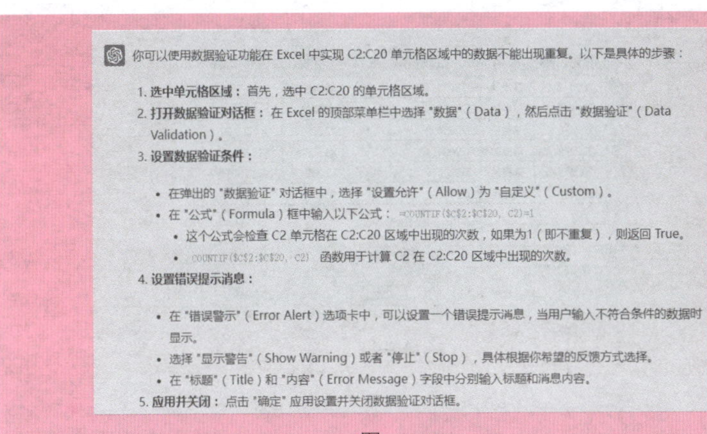

你可以使用数据验证功能在 Excel 中实现 C2:C20 单元格区域中的数据不能出现重复。以下是具体的步骤：

1. **选中单元格区域：** 首先，选中 C2:C20 的单元格区域。
2. **打开数据验证对话框：** 在 Excel 的顶部菜单栏中选择 "数据"（Data），然后点击 "数据验证"（Data Validation）。
3. **设置数据验证条件：**
   - 在弹出的 "数据验证" 对话框中，选择 "设置允许"（Allow）为 "自定义"（Custom）。
   - 在 "公式"（Formula）框中输入以下公式： `=COUNTIF($C$2:$C$20, C2)=1`
     - 这个公式会检查 C2 单元格在 C2:C20 区域中出现的次数，如果为1（即不重复），则返回 True。
     - `COUNTIF($C$2:$C$20, C2)` 函数用于计算 C2 在 C2:C20 区域中出现的次数。
4. **设置错误提示消息：**
   - 在 "错误警示"（Error Alert）选项卡中，可以设置一个错误提示消息，当用户输入不符合条件的数据时显示。
   - 选择 "显示警告"（Show Warning）或者 "停止"（Stop），具体根据你希望的反馈方式选择。
   - 在 "标题"（Title）和 "内容"（Error Message）字段中分别输入标题和消息内容。
5. **应用并关闭：** 点击 "确定" 应用设置并关闭数据验证对话框。

图 A2-40

❷ 回到 Excel 程序中，按照 ChatGPT 给出的操作步骤，选中“销售日期”列的单元格区域，在“数据”选项卡的“数据工具”组中单击“数据验证”按钮，打开“数据验证”对话框。

❸ 依次设置验证条件为：“允许”条件为“自定义”，“公式”条件为“=COUNTIF($C$2:$C$20, C2)=1”（ChatGPT 给出的公式），如图 A2-41 所示。

❹ 切换到“出错警告”选项卡下，输入想呈现的出错警告信息，如图 A2-42 所示。

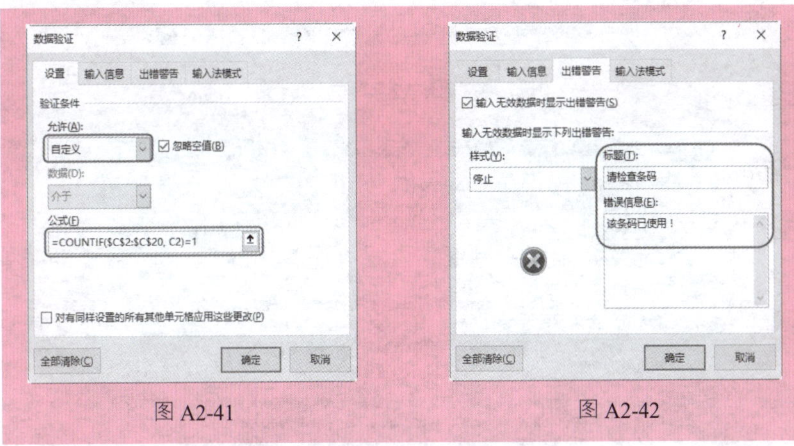

图 A2-41　　图 A2-42

❺ 单击“确定”按钮完成设置，在 C 列中输入数据时可以看到，一旦输入了重复的条码，则会弹出错误提示框，如图 A2-43 所示。

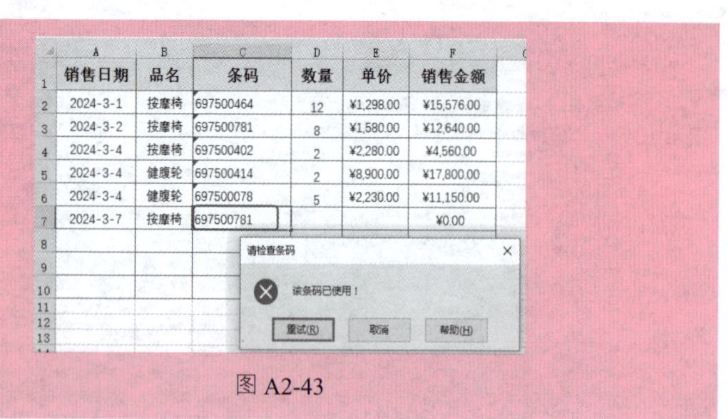

	A	B	C	D	E	F
1	销售日期	品名	条码	数量	单价	销售金额
2	2024-3-1	按摩椅	697500464	12	¥1,298.00	¥15,576.00
3	2024-3-2	按摩椅	697500781	8	¥1,580.00	¥12,640.00
4	2024-3-4	按摩椅	697500402	2	¥2,280.00	¥4,560.00
5	2024-3-4	健腹轮	697500414	2	¥8,900.00	¥17,800.00
6	2024-3-4	健腹轮	697500078	5	¥2,230.00	¥11,150.00
7	2024-3-7	按摩椅	697500781			¥0.00

图 A2-43

2. 禁止输入空格

扫一扫，看视频

手工输入数据时经常会有意或无意地输入一些多余的空格，如果这些数据只用于查看，有空格并无大碍，但数据要用于统计或查找等，这时的空格将为数据分析带来困扰，因此可通过设置实现在输入数据时禁止空格的出现。

❶ 在聊天对话框中输入“在 Excel 中，要求 B2:B20 单元格区域中的数据不能有空格间隔，否则弹出错误提示。”如图 A2-44 所示。送出问题，得到图 A2-45 所示的回复信息。

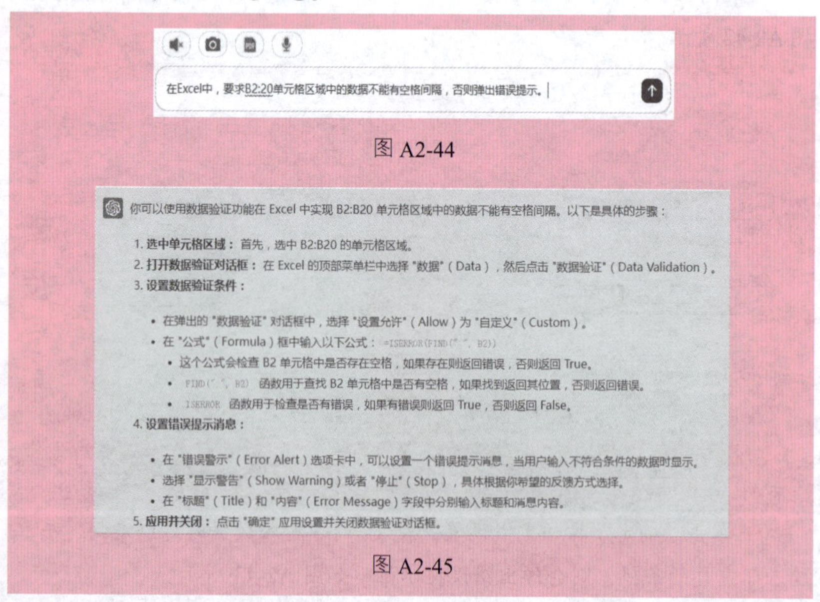

图 A2-44

你可以使用数据验证功能在 Excel 中实现 B2:B20 单元格区域中的数据不能有空格间隔。以下是具体的步骤：

1. **选中单元格区域：** 首先，选中 B2:B20 的单元格区域。
2. **打开数据验证对话框：** 在 Excel 的顶部菜单栏中选择 "数据"（Data），然后点击 "数据验证"（Data Validation）。
3. **设置数据验证条件：**
   - 在弹出的 "数据验证" 对话框中，选择 "设置允许"（Allow）为 "自定义"（Custom）。
   - 在 "公式"（Formula）框中输入以下公式： `=ISERROR(FIND(" ", B2))`
     - 这个公式会检查 B2 单元格中是否存在空格，如果存在则返回错误，否则返回 True。
     - `FIND(" ", B2)` 函数用于查找 B2 单元格中是否有空格，如果找到返回其位置，否则返回错误。
     - `ISERROR` 函数用于检查是否有错误，如果有错误则返回 True，否则返回 False。
4. **设置错误提示消息：**
   - 在 "错误警示"（Error Alert）选项卡中，可以设置一个错误提示消息，当用户输入不符合条件的数据时显示。
   - 选择 "显示警告"（Show Warning）或者 "停止"（Stop），具体根据你希望的反馈方式选择。
   - 在 "标题"（Title）和 "内容"（Error Message）字段中分别输入标题和消息内容。
5. **应用并关闭：** 点击 "确定" 应用设置并关闭数据验证对话框。

图 A2-45

❷ 回到 Excel 程序中，按照 ChatGPT 给出的操作步骤，选中要设置的单元格区域，在“数据”选项卡的“数据工具”组中单击“数据验证”按钮，打开“数据验证”对话框。

❸ 依次设置验证条件为：“允许”条件为“自定义”，“公式”条件为“=ISERROR(FIND(" ",B2))”（ChatGPT 给出的公式），如图 A2-46 所示。

❹ 切换到“出错警告”选项卡下，输入想呈现的出错警告信息，如图 A2-47 所示。

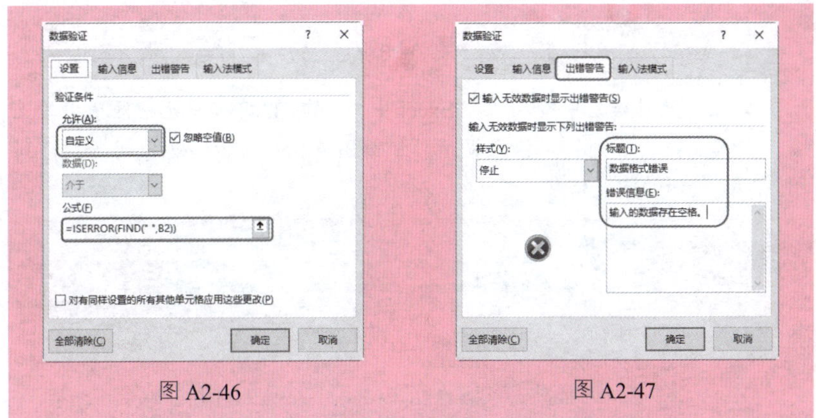

图 A2-46　　图 A2-47

❺ 单击“确定”按钮完成设置，当输入带空格的文本后会弹出错误提示框，如图 A2-48 所示。

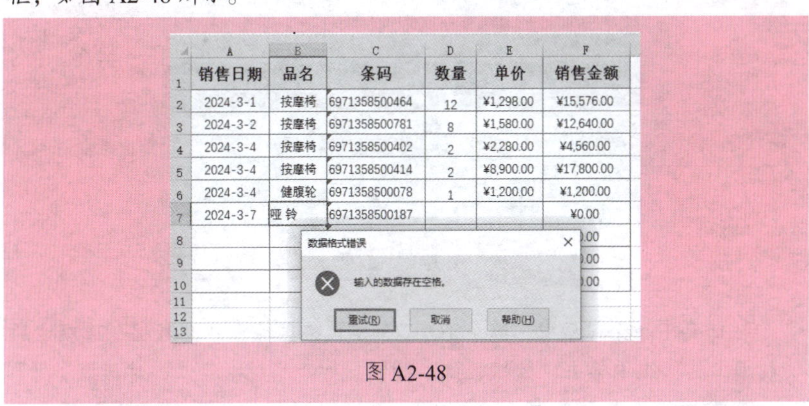

图 A2-48

3. 禁止输入文本值

扫一扫，看视频

如图 A2-49 所示，通过验证的设置，实现禁止在特定的单元格中输入文本值。

	A	B	C	D	E	F
1	产品名称	销售单价	销售数量	销售金额		
2	定位铜芯管	158	104	16432		
3	铜心双簧管	117	185	21645		
4	紫光杆	318	350	111300		
5	紫光定位器	358	290	103820		
6	双向轴	168	无	#VALUE!		
7	铜心双向轴					
8	方向轴					
9	铜心方向轴					
10	铜三轴					
11	定位铜三轴					
12						
13						

Microsoft Excel

请输入数字！

重试(R)　取消　帮助(H)

图 A2-49

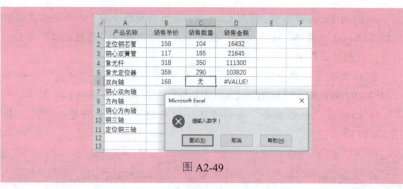

❶ 在聊天对话框中输入“在 Excel 中，要求 B2:C13 单元格区域中禁止输入文本数据，否则弹出错误提示。”，如图 A2-50 所示。送出问题，得到图 A2-51 所示的回复信息。

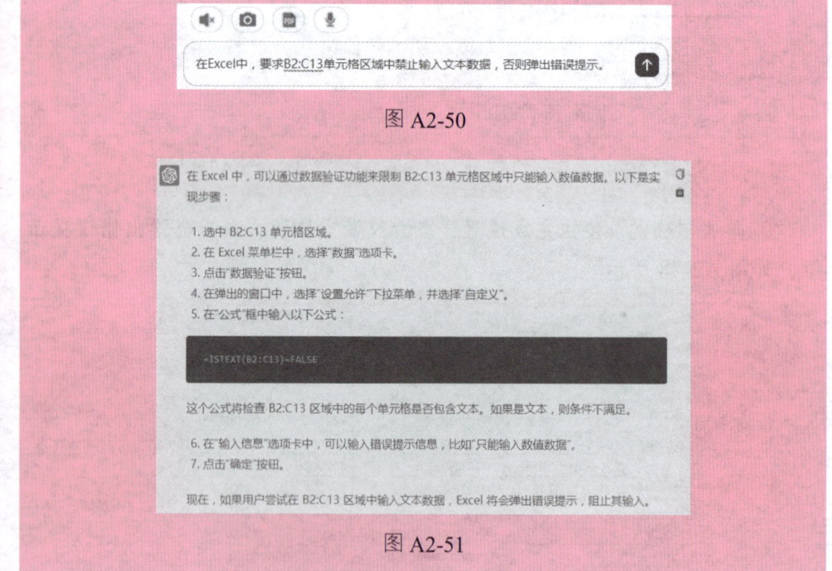

图 A2-50

图 A2-51

❷ 回到 Excel 程序中，选中 B2:C13 单元格区域，在“数据”选项卡的“数据工具”组中单击“数据验证”按钮，打开“数据验证”对话框。

❸ 依次设置验证条件为：“允许”条件为“自定义”，“公式”条件为“=ISTEXT(B2:C13)=FALSE”（ChatGPT 给出的公式），如图 A2-52 所示。

❹ 切换到“出错警告”选项卡下，输入想呈现的出错警告信息，如图 A2-53 所示。

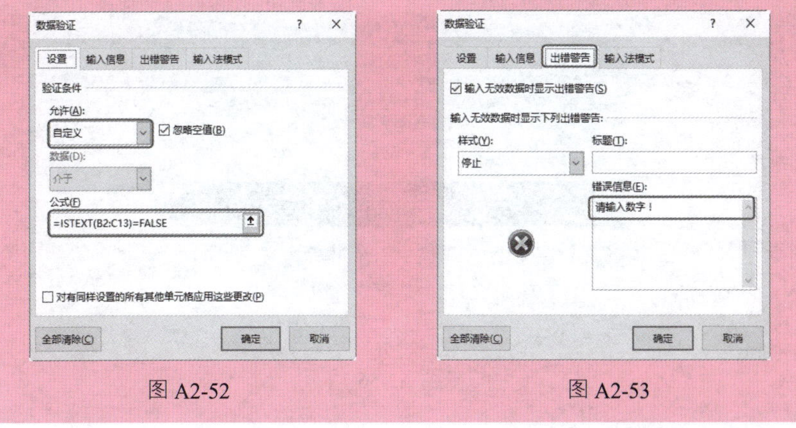

图 A2-52　　　　图 A2-53

❺ 单击“确定”按钮完成设置，当在这个区域中输入文字时就会弹出错误提示框。

4. 禁止输入周末日期

扫一扫，看视频

如图 A2-54 所示，通过验证的设置，实现禁止在特定的单元格中输入周末日期。

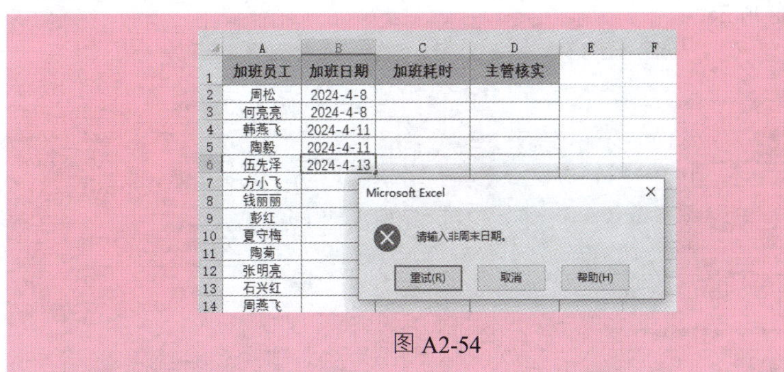

加班员工	加班日期	加班耗时	主管核实
周松	2024-4-8		
何亮亮	2024-4-8		
韩燕飞	2024-4-11		
陶毅	2024-4-11		
伍先泽	2024-4-13		
方小飞			
钱丽丽			
彭红			
夏守梅			
陶菊			
张明亮			
石兴红			
周燕飞			

图 A2-54

❶ 在聊天对话框中输入“在 Excel 中，要求在 B 列中禁止输入周末日期，否则弹出错误提示。”，如图 A2-55 所示。送出问题后则得到图 A2-56 所示的回复信息。

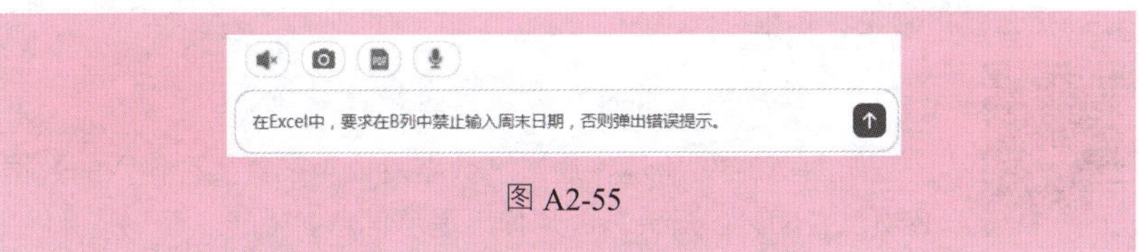

图 A2-55

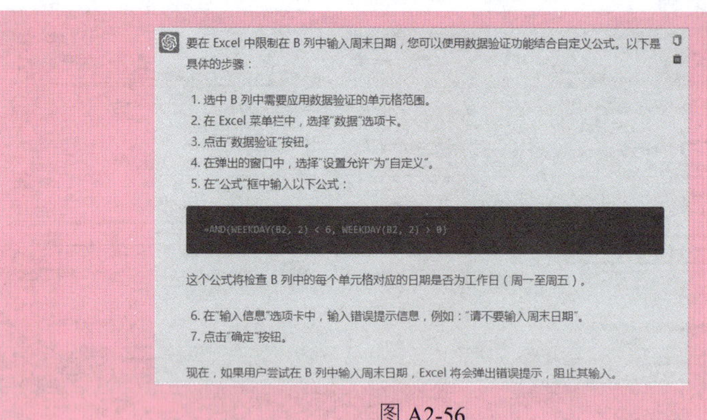

图 A2-56

❷ 回到 Excel 程序中，选中要设置的单元格区域，在"数据"选项卡的"数据工具"组中单击"数据验证"按钮，打开"数据验证"对话框。

❸ 依次设置验证条件为："允许"条件为"自定义"，"公式"条件为"=AND(WEEKDAY(B2, 2) < 6, WEEKDAY(B2, 2) > 0)"（ChatGPT 给出的公式），如图 A2-57 所示。

❹ 切换到"出错警告"选项卡下，输入想呈现的出错警告信息，如图 A2-58 所示。

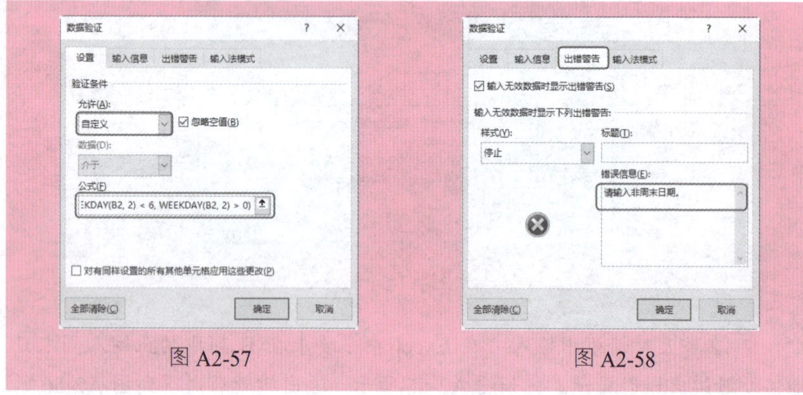

图 A2-57　　　　图 A2-58

❺ 单击"确定"按钮完成设置，当在这个区域中输入的日期是周末日期时，就会弹出错误提示框。

5. 设置单元格输入必须以指定内容开头

如图 A2-59 所示，通过"数据验证"设置实现输入的数据必须以"NL_"开头，否则弹出提示信息。

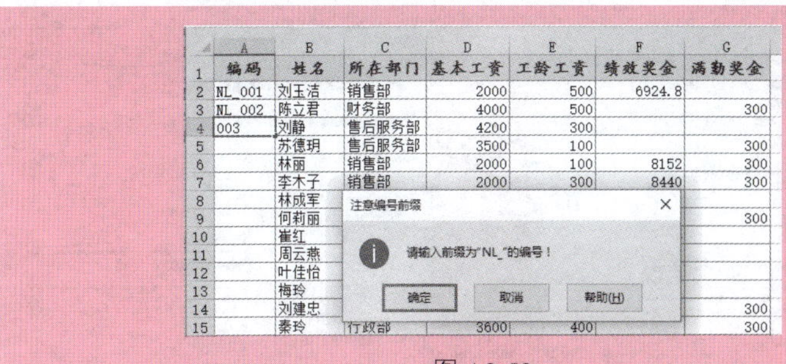

	A	B	C	D	E	F	G
1	编码	姓名	所在部门	基本工资	工龄工资	绩效奖金	满勤奖金
2	NL_001	刘玉洁	销售部	2000	500	6924.8	
3	NL_002	陈立君	财务部	4000	500		300
4	003	刘静	售后服务部	4200	300		
5		苏德玥	售后服务部	3500	100		300
6		林丽	销售部	2000	100	8152	300
7		李木子	销售部	2000	300	8440	300
8		林成军					
9		何莉丽					300
10		崔红					
11		周云燕					
12		叶佳怡					
13		梅玲					
14		刘建忠					300
15		秦玲	行政部	3600	400		300

图 A2-59

❶ 在聊天对话框中输入“在 Excel 中，要求在 A 列中输入的数据必须以“NL_”开头，否则弹出错误提示。”，如图 A2-60 所示。送出问题，得到图 A2-61 所示的回复信息。

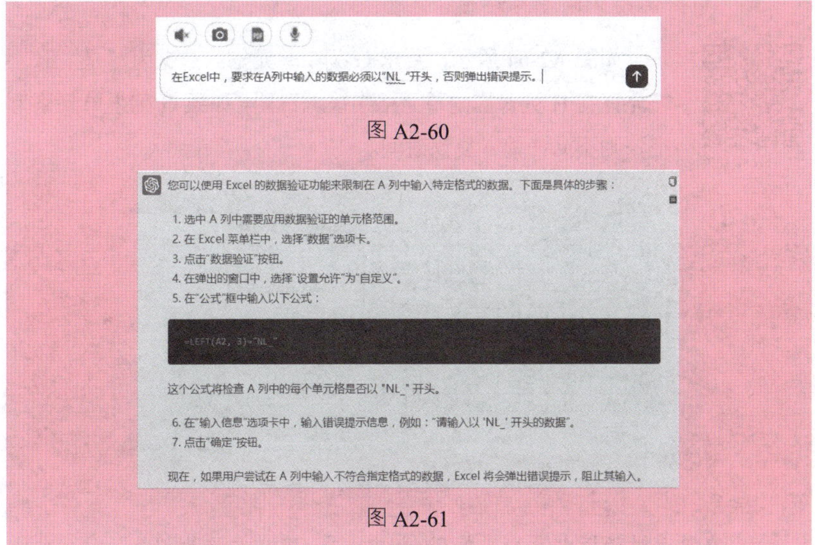

图 A2-60

图 A2-61

❷ 回到 Excel 程序中，选中要设置的单元格区域，在“数据”选项卡的“数据工具”组中单击“数据验证”按钮，打开“数据验证”对话框。

❸ 依次设置验证条件为：“允许”条件为“自定义”，“公式”条件为“=LEFT(A2, 3)="NL_"”（ChatGPT 给出的公式），如图 A2-62 所示。

❹ 切换到“出错警告”选项卡下，输入想呈现的出错警告信息，如图 A2-63 所示。

❺ 单击“确定”按钮完成设置，当在这个区域中输入的数据不是以“NL_”开头时，就会弹出错误提示框。

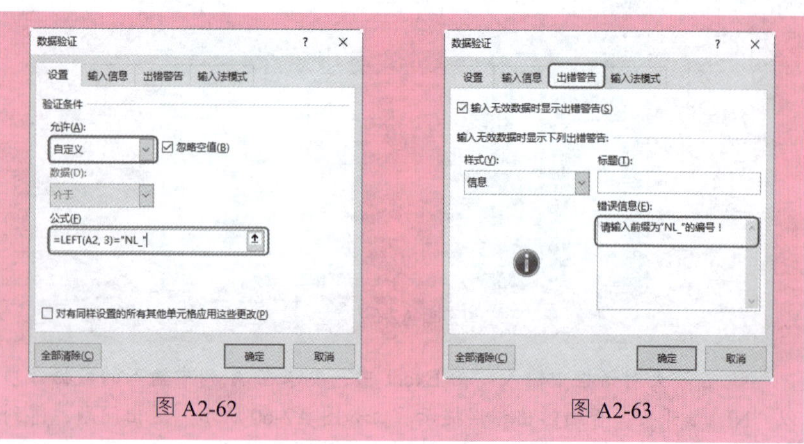

图 A2-62　　　　图 A2-63

6. 达到某条件时才能输入数据

扫一扫，看视频

如图 A2-64 所示，要求 G 列中单元格的数据为“是”时，才允许在 H 列对应的单元格中输入日期；如果 G 列中单元格为空，则不允许输入复试时间。

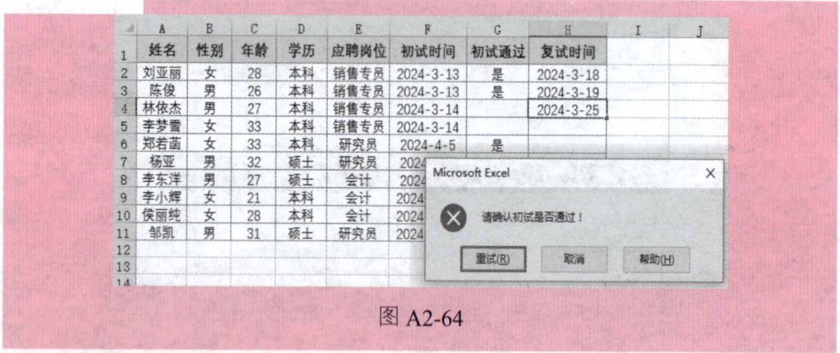

	A	B	C	D	E	F	G	H	I	J
1	姓名	性别	年龄	学历	应聘岗位	初试时间	初试通过	复试时间		
2	刘亚丽	女	28	本科	销售专员	2024-3-13	是	2024-3-18		
3	陈俊	男	26	本科	销售专员	2024-3-13	是	2024-3-19		
4	林依杰	男	27	本科	销售专员	2024-3-14		2024-3-25		
5	李梦雪	女	33	本科	销售专员	2024-3-14				
6	郑若菡	女	33	本科	研究员	2024-4-5	是			
7	杨亚	男	32	硕士	研究员	2024				
8	李东洋	男	27	硕士	会计	2024				
9	李小辉	女	21	本科	会计	2024				
10	侯丽纯	女	28	本科	会计	2024				
11	邹凯	男	31	硕士	研究员	2024				
12										
13										
14										

图 A2-64

❶ 在聊天对话框中输入“在 Excel 中，当 G2 单元格为“是”时，允许在 H2 单元格中输入，否则弹出错误提示。”，如图 A2-65 所示。送出问题后则得到如图 A2-66 所示的回复信息。

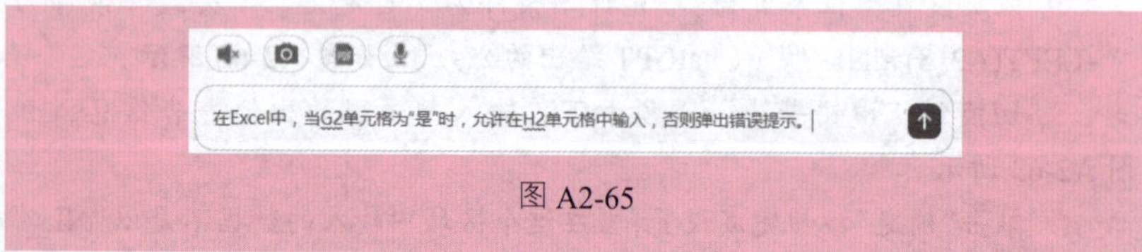

图 A2-65

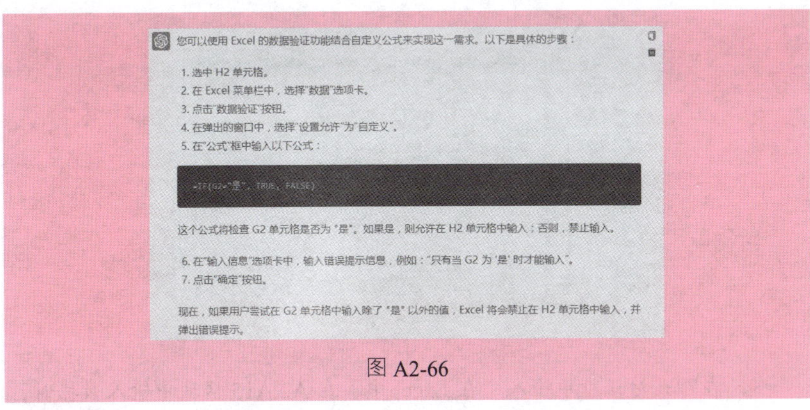

图 A2-66

❷ 回到 Excel 程序中，选中 G 列和 H 列的数据区域，在“数据”选项卡的“数据工具”组中单击“数据验证”按钮，打开“数据验证”对话框。

❸ 依次设置验证条件为：“允许”条件为“自定义”，“公式”条件为“=IF(G2="是", TRUE, FALSE)”（ChatGPT 给出的公式），如图 A2-67 所示。

❹ 切换到“出错警告”选项卡下，输入想呈现的出错警告信息，如图 A2-68 所示。

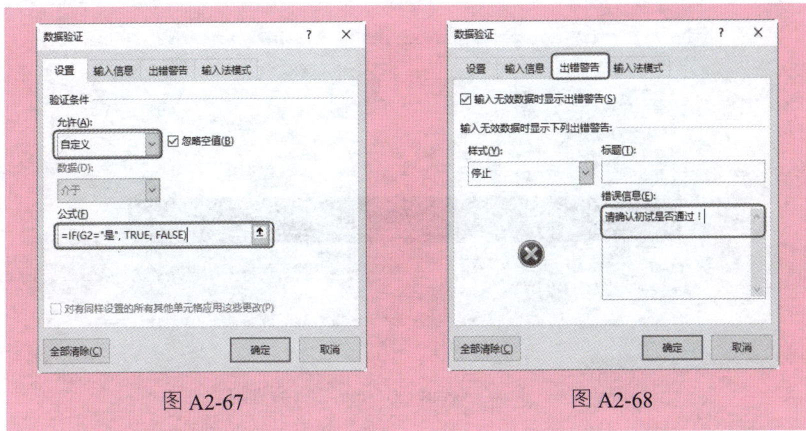

图 A2-67　　图 A2-68

❺ 单击“确定”按钮完成设置，可以看到当 H 列单元格数据为“是”时，则允许在对应的 G 列中输入，否则不允许输入。

7. 禁止隔行输入内容

如图 A2-69 所示，要求在 A 列中输入姓名时，保障数据是连续存在的，不允许留有空行，如果有空行出现，则弹出错误提示。

扫一扫，看视频

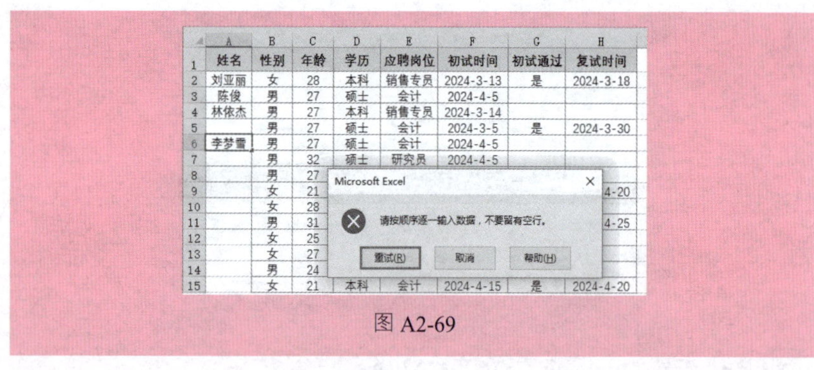

图 A2-69

❶ 在聊天对话框中输入“在 Excel 中，在 A2:A15 区域中输入数据时，要求按顺序逐一输入数据，不要留有空行，否则弹出错误提示。”，如图 A2-70 所示。送出问题，得到图 A2-71 所示的回复信息。

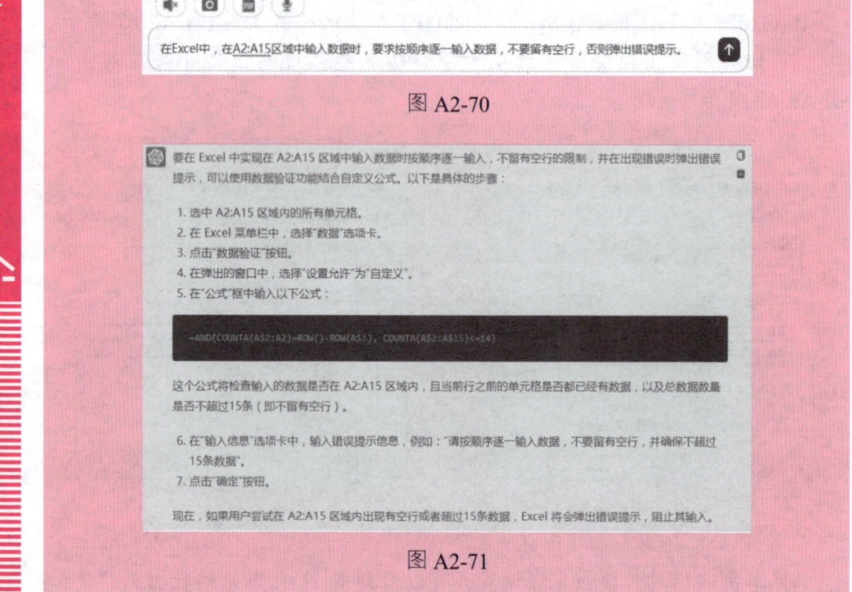

图 A2-70

图 A2-71

❷ 回到 Excel 程序中，选中 A 列的数据区域，在“数据”选项卡的“数据工具”组中单击“数据验证”按钮，打开“数据验证”对话框。

❸ 依次设置验证条件为：“允许”条件为“自定义”，“公式”条件为“=AND(COUNTA(A$2:A2)=ROW()-ROW(A$1), COUNTA(A$2:A$15)<=14)”（ChatGPT 给出的公式），如图 A2-72 所示。

❹ 切换到“出错警告”选项卡下，输入想呈现的出错警告信息，如图 A2-73 所示。

❺ 单击“确定”按钮完成设置，可以看到，当 A 列中试图跳行输入数据时，就会弹出错误提示。

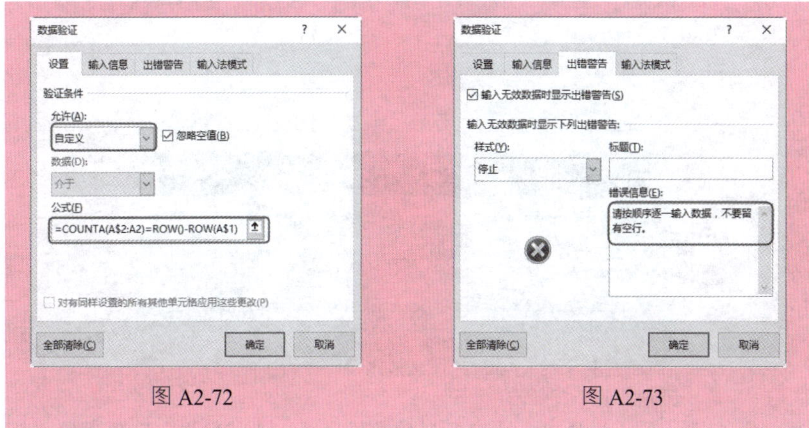

图 A2-72　　图 A2-73

8. 禁止出库数量大于库存数

本例的表格中记录了商品上月的结余量和本月的入库量，当商品要出库时，显然出库数量应当小于库存数。为了保证可以及时发现错误，需要设置数据验证，禁止输入的出库数量大于库存数，如图 A2-74 所示。

扫一扫，看视频

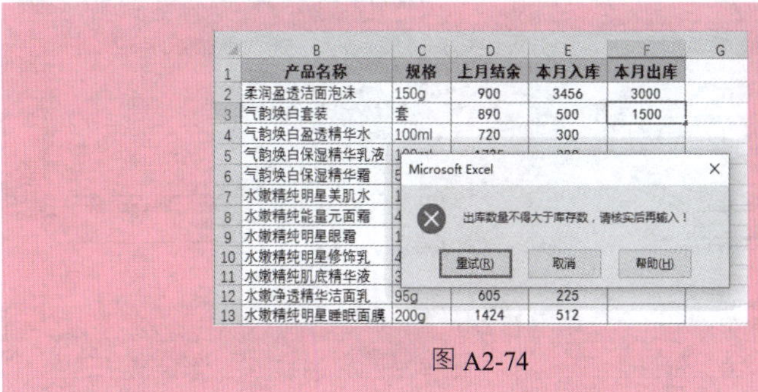

	B	C	D	E	F	G
1	产品名称	规格	上月结余	本月入库	本月出库	
2	柔润盈透洁面泡沫	150g	900	3456	3000	
3	气韵焕白套装	套	890	500	1500	
4	气韵焕白盈透精华水	100ml	720	300		
5	气韵焕白保湿精华乳液					
6	气韵焕白保湿精华霜					
7	水嫩精纯明星美肌水					
8	水嫩精纯能量元面霜					
9	水嫩精纯明星眼霜					
10	水嫩精纯明星修饰乳					
11	水嫩精纯肌底精华液					
12	水嫩净透精华洁面乳	95g	605	225		
13	水嫩精纯明星睡眠面膜	200g	1424	512		

图 A2-74

❶ 在聊天对话框中输入“在 Excel 中，要求在 F2 单元格中输入的数据必须小于等于 D2 与 E2 中的数据之和，否则弹出错误提示。”，如图 A2-75 所示。送出问题，得到图 A2-76 所示的回复信息。

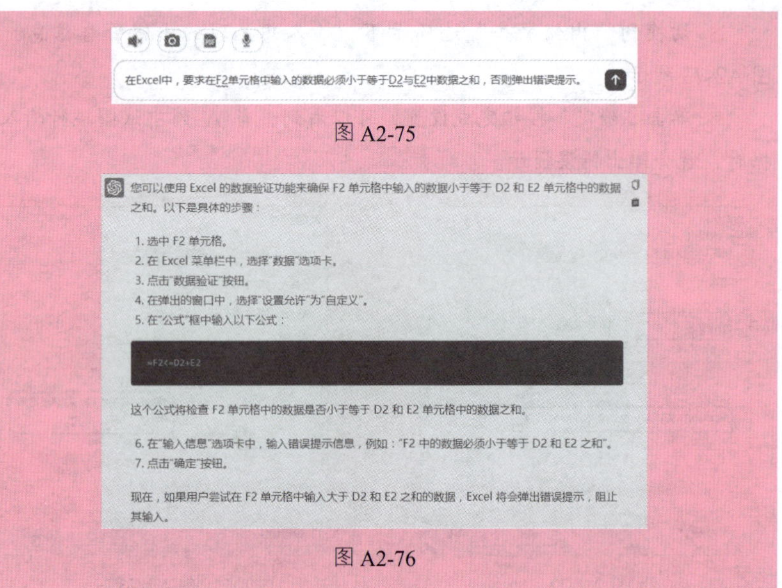

在Excel中，要求在F2单元格中输入的数据必须小于等于D2与E2中数据之和，否则弹出错误提示。
您可以使用 Excel 的数据验证功能来确保 F2 单元格中输入的数据小于等于 D2 和 E2 单元格中的数据之和。以下是具体的步骤：
1. 选中 F2 单元格。
2. 在 Excel 菜单栏中，选择"数据"选项卡。
3. 点击"数据验证"按钮。
4. 在弹出的窗口中，选择"设置允许"为"自定义"。
5. 在"公式"框中输入以下公式：
=F2<=D2+E2
这个公式将检查 F2 单元格中的数据是否小于等于 D2 和 E2 单元格中的数据之和。
6. 在"输入信息"选项卡中，输入错误提示信息，例如："F2 中的数据必须小于等于 D2 和 E2 之和"。
7. 点击"确定"按钮。
现在，如果用户尝试在 F2 单元格中输入大于 D2 和 E2 之和的数据，Excel 将会弹出错误提示，阻止其输入。

图 A2-75

图 A2-76

❷ 回到 Excel 程序中，选中 F 列的数据区域，在“数据”选项卡的“数据工具”组中单击“数据验证”按钮，打开“数据验证”对话框。

❸ 依次设置验证条件为：“允许”条件为“自定义”，“公式”条件为“=F2<=D2+E2”（ChatGPT 给出的公式），如图 A2-77 所示。

❹ 切换到“出错警告”选项卡下，输入想呈现的出错警告信息，如图 A2-78 所示。

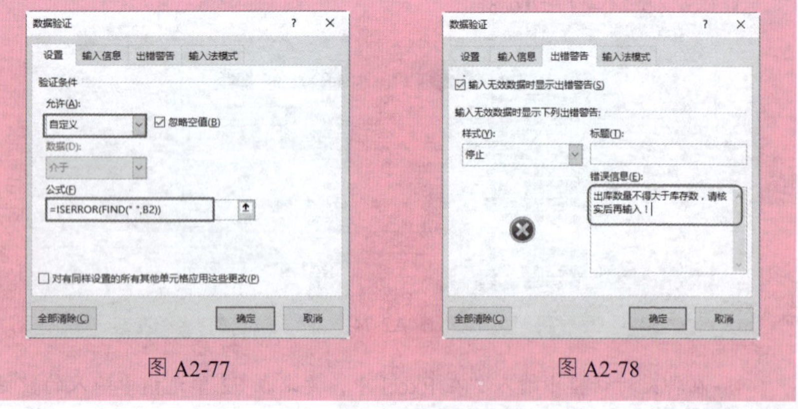

数据验证
设置
输入信息
出错警告
输入法模式
验证条件
允许(A):
自定义
忽略空值(B)
数据(D):
介于
公式(F)
=ISERROR(FIND(" ",B2))
对有同样设置的所有其他单元格应用这些更改(P)
全部清除(C)
确定
取消
数据验证
设置
输入信息
出错警告
输入法模式
输入无效数据时显示出错警告(S)
输入无效数据时显示下列出错警告:
样式(Y):
停止
标题(T):
错误信息(E):
出库数量不得大于库存数，请核实后再输入！
全部清除(C)
确定
取消

图 A2-77

图 A2-78

❺ 单击“确定”按钮完成设置，可以看到当录入的出库数据大于上月结余与本期入库之和时就会弹出错误提示。